Berliner Studienreihe zur Mathematik

herausgegeben von

H. Begehr und R. Gorenflo

Fachbereich Mathematik
Freie Universität
Berlin

Heldermann Verlag

Hans Havlicek
Institut für Diskrete Mathematik und Geometrie
Forschungsgruppe Differentialgeometrie und Geometrische Strukturen
Technische Universität Wien
Wiedner Hauptstraße 8-10/104
A–1040 Wien

1. Auflage 2006
2. Auflage 2008

Gedruckt auf säurefreiem Papier.

ISBN 3–88538–116–8

Berliner Studienreihe zur Mathematik
Band 16

Hans Havlicek

Lineare Algebra für Technische Mathematiker

zweite, korrigierte und erweiterte Auflage
mit 108 Abbildungen und 345 Aufgaben

Heldermann Verlag

Inhaltsverzeichnis

Vorwort

Dies ist ein Buch für (angehende) Mathematikerinnen und Mathematiker. Bei dessen Abfassung haben mich zwei Gedanken geleitet, die sich wie ein roter Faden durch den Text ziehen:

- *Körper, Vektorraum, lineare Abbildung*. Das umfangreiche Lehrgebäude der linearen Algebra baut im Wesentlichen auf diesen wenigen Grundbegriffen auf. Das macht die innere Schönheit der linearen Algebra aus.
- *Elementare Umformungen, Eigenwerte*. Viele Probleme der linearen Algebra lassen sich durch Algorithmen lösen, welche auf elementaren Umformungen von Matrizen beruhen. Bei anderen Fragestellungen kommt noch die Bestimmung von Eigenwerten hinzu.

Das Buch ist aus Vorlesungen entstanden, die ich seit dem Studienjahr 1990/91 für die Studierenden der Studienrichtung *Technische Mathematik* an der Technischen Universität Wien gehalten habe. Es geht in Inhalt und Umfang über eine Jahresvorlesung mit fünf Semesterwochenstunden hinaus. Die Kapitel über lineare Algebra sind von jenen, die der Geometrie gewidmet sind, unabhängig zu lesen. Dies soll aber nicht als Aufforderung verstanden werden, die Kapitel zur Geometrie einfach zu überblättern.

Was steht nun in diesem Buch? Kapitel 1 spielt eine Sonderrolle, da hier jene Grundlagen bereitgestellt werden, die wir später benötigen. In den Kapiteln 2, 3 und 4 entwickeln wir die Theorie der Vektorräume und linearen Abbildungen bis hin zum dualen Vektorraum. Die linearen Gleichungssysteme finden hier ihre natürliche Einordung. Die endlichdimensionalen Räume stehen immer im Vordergrund, es erscheint mir aber nützlich und wichtig, von Anfang an jene Phänomene aufzuzeigen, die sich bei unendlicher Dimension ergeben. Das kurze Kapitel 5 behandelt die semilinearen Abbildungen, die bei den Skalarprodukten und in der Geometrie von Bedeutung sind. Determinantenformen und Determinanten werden in eher knapper Form in Kapitel 7 besprochen. Das anschließende Kapitel 8 ist anspruchsvoller. Hier werden die linearen Selbstabbildungen untersucht. Die Jordan-Normalform wird auf möglichst elementarem Wege eingeführt. Das Kapitel 9 ist Sesquilinearformen, Bilinearformen, quadratischen und hermiteschen Formen gewidmet. Insbesondere bestimmen wir jene Sesquilinearformen, die dann in Kapitel 11 als Skalarprodukte auf einem Vektorraum in Frage kommen. Dabei ist es mir in Kapitel 11 ein Anliegen, nicht nur die euklidischen und unitären Skalarprodukte zu betrachten. In Kapitel 12 wird nun alles das zusammengeführt, was zuvor erarbeitet wurde. Das erklärte Ziel ist dabei der Spektralsatz. Er ist der Schlüssel für eine Reihe weiterer Ergebnisse, wie etwa den Satz über die Hauptachsentransformation und die Singulärwertedarstellung.

In der obigen Aufstellung fehlen drei Kapitel, die der Geometrie gewidmet sind. Diese wurden so eingeordnet, dass sie nur auf dem Stoff der davor liegenden Kapitel aufbauen. In Kapitel 6 behandeln wir die affine Geometrie und die Anfänge der projektiven Geometrie, während Kapitel 10 die Quadriken in affinen und projektiven Räumen zum Inhalt hat. Zum Abschluss werden in Kapitel 13 metrisch-affine Räume besprochen, unter denen sich die euklidischen und unitären Räume wiederfinden.

Jedes Kapitel beginnt mit einer kurzen Zusammenfassung, die später auch zur Wiederholung dienen kann. Viele Kapitel sind derart aufgebaut, dass zunächst jene Fakten aus dem Schulunterricht in Erinnerung gebracht werden, die es nun zu verallgemeinern gilt. Wo nichts ist, kann nämlich nicht abstrahiert werden! Wichtige Ergebnisse werden als Sätze formuliert. Bei einigen Sätzen wurden die Beweise absichtlich weggelassen und als Übungsaufgaben gestellt. Wird in weiterer Folge auf eine Formel verwiesen, so bekommt sie eine Nummer. Über ihren Stellenwert sagt das nichts aus. Die immer wieder eingestreuten Beispiele sollen beim Erarbeiten des Stoffes helfen. Der anschaulich-geometrische Aspekt der linearen Algebra findet seinen Niederschlag in mehr als neunzig Figuren. Diese mögen auch dazu ermuntern, immer dann selbst eine Skizze anzufertigen, wenn etwas unklar oder unübersichtlich scheint. Schließlich endet jeder Abschnitt eines Kapitels mit Aufgaben, wobei in vielen Fällen auch Hinweise und Anleitungen gegeben werden. Insgesamt gibt es 281 Aufgaben ganz verschiedener Art: von Beweisen zur Abrundung des gebotenen Stoffes über Aufgaben zum Einüben von Algorithmen bis hin zu solchen Anwendungen der linearen Algebra, die ohne besondere Vorkenntnisse behandelt werden können. Bei Rechenaufgaben liegen gelegentlich für eine Fragestellung mehrere Angaben vor, die mit (α), (β), (γ) usw. bezeichnet sind.

Zur raschen Orientierung gibt es neben dem Inhaltsverzeichnis noch ein Symbolverzeichnis und ein Sachverzeichnis. Das Literaturverzeichnis umfasst einerseits einige Lehrbücher zur linearen Algebra und Geometrie sowie andererseits weiterführende Bücher zu solchen Themen, die im Text leider zu kurz kommen mussten. Ergänzende Informationen zu diesem Buch können auf meinen Internetseiten gefunden werden: *www.geometrie.tuwien.ac.at/havlicek/*

An dieser Stelle möchte ich jenen Studierenden der Technischen Mathematik, die ich in den letzten Jahren an der Technischen Universität Wien unterrichten durfte, meinen Dank aussprechen: für den regelmäßigen Besuch meiner Vorlesungen (zu doch eher früher Morgenstunde), ihre Fragen und kritischen Bemerkungen zum Stoff der Vorlesung, Hinweise auf Fehler in den Skripten und vieles andere mehr. Sie haben – ohne es zu wissen – wesentlich zum Entstehen dieses Buches beigetragen.

Ich darf aber auch jenen Kollegen herzlich danken, die mich bei der Abfassung des Manuskripts tatkräftig unterstützt haben. Von Herrn H. Stachel stammte die Anregung, dieses Buch beim Heldermann-Verlag zu veröffentlichen. Eine gute Basis für dieses Buch bildeten zwei von Herrn K. List in LaTeX geschriebene Skripten, da Teile daraus nahezu unverändert übernommen werden konnten. Die Herren B. Gittenberger, F. Manhart, B. Odehnal und J. Wallner haben das gesamte Manuskript oder Teile davon nochmals kritisch durchgelesen, nützliche Vorschläge gemacht und zahlreiche Ungereimtheiten aufgezeigt. Herr Wallner hat überdies eine Reihe von Aufgaben beigesteuert. Ferner hat einer meiner Studenten, Herr M. Wielach, im Rahmen eines Projektpraktikums ein Programmpaket erstellt, welches zur Erstellung zahlreicher Figuren diente. Zum Schluss möchte ich auch Herrn N. Heldermann für die stets angenehme Zusammenarbeit und das Eingehen auf meine Wünsche danken.

Wien, im Mai 2006 Hans Havlicek

Vorwort zur zweiten Auflage

Die günstige Aufnahme des Werkes macht schon nach kurzer Zeit eine Neuauflage notwendig. Diese ermöglicht eine Reihe von Ergänzungen und Änderungen gegenüber der ersten Auflage.

Neu hinzugekommen sind zahlreiche Aufgaben. In einigen davon werden lineare Codes über endlichen Körpern behandelt. Der Hintergedanke dabei ist es, eine der faszinierenden Anwendungen der linearen Algebra zumindest ansatzweise vorzustellen. Ein Blick ins Sachverzeichnis zeigt schnell, auf welchen Seiten derartige Aufgaben zu finden sind. Für die zweite Auflage wurde außerdem das Literaturverzeichnis erweitert, das Druckformat modifiziert und der Text sorgfältig auf Druckfehler überprüft. Es wurden auch einige Abbildungen hinzugefügt und kleinere inhaltliche Änderungen vorgenommen. Dabei konnten zahlreiche wertvolle Hinweise berücksichtigt werden, für die ich insbesondere meinem Kollegen G. EIGENTHALER zu großem Dank verpflichtet bin.

Wien, im Juli 2008 HANS HAVLICEK

Kapitel 1

Grundlagen

Wir stellen mathematische Grundbegriffe und Ergebnisse in jenem Umfang bereit, den wir in den folgenden Kapiteln benötigen werden. Zunächst werfen wir einen Blick auf Logik und Mengenlehre. Aus dem Mengenbegriff, den wir hier naiv verwenden, lassen sich dann Relationen und Abbildungen erklären. Ein kurzer Exkurs führt uns zu Halbordnungen und zum Lemma von Zorn. Wir behandeln auch Gruppen und Körper. Die Abschnitte über Gruppenhomomorphismen, Körperisomorphismen und symmetrische Gruppen können beim ersten Durchlesen überblättert werden. Sie werden erst in den Kapiteln 3, 5 bzw. 7 benötigt.

Einige wenige Begriffe, die zum Standardstoff der reellen Analysis gehören, setzen wir als bekannt voraus. Dazu gehört insbesondere das Induktionsprinzip für die Menge der natürlichen Zahlen. Wir verweisen ferner auf [28], [12] und [8] für eine erste Einführung in Logik, Mengenlehre bzw. Algebra.

1.1 Vorbemerkungen über die Logik

1.1.1 Wir gehen von der Annahme aus, dass eine *Aussage* entweder *wahr* oder *falsch* ist. Eine dritte Möglichkeit wird ausgeschlossen. So ist etwa „$1 + 1 = 2$“ eine wahre und „$1 + 1 = 3$“ eine falsche Aussage. Aussagen wie

„*In Tirol ist es schön*“

gehören nicht hierher. Aus einer oder mehreren Aussagen können nun neue Aussagen gewonnen werden.

Die *Negation* einer Aussage A ist das logische Gegenteil von A. Dafür wird auch $\neg A$ (lies: nicht A) geschrieben. Bei den obigen Beispielen lautet $\neg A$ dann „$1 + 1 \neq 2$“ (falsch) bzw. „$1 + 1 \neq 3$“ (wahr).

Zwei Aussagen A, B können mit der *Konjunktion* zu einer neuen Aussage $A \wedge B$ (lies: A und B) verbunden werden. Ist sowohl A als auch B eine wahre Aussage, so gilt $A \wedge B$ als wahr, in jedem anderen Fall liegt mit $A \wedge B$ eine falsche Aussage vor. So ist etwa

$$„1 + 1 = 2 \ \wedge \ 1 + 1 \neq 3“$$

eine wahre Aussage.

Zwei Aussagen A, B können mit der *Disjunktion* zu einer neuen Aussage $A \vee B$ (lies: A oder B) verbunden werden. Ist sowohl A als auch B eine falsche Aussage, so gilt $A \vee B$ als falsch, in jedem anderen Fall liegt mit $A \vee B$ eine wahre Aussage vor. So ist etwa

$$„1 + 1 = 2 \vee 1 + 1 = 3“$$

eine wahre Aussage.

Zwei Aussagen A, B können durch die *Implikation* zu einer neuen Aussage $A \Rightarrow B$ (lies: wenn A, dann B) verknüpft werden. Falls A eine wahre und B eine falsche Aussage ist, gilt $A \Rightarrow B$ als falsche Aussage, in jedem anderen Fall liegt mit $A \Rightarrow B$ eine wahre Aussage vor. So sind etwa

$$„1 + 1 = 2 \Rightarrow 1 + 2 = 3“ \text{ und } „4 - 1 = -3 \Rightarrow 3 = -3“$$

zwei wahre Aussagen. Hingegen ist

$$„1 + 1 = 2 \Rightarrow 1 + 1 = 0“$$

eine falsche Aussage.

Ist eine Aussage $A \Rightarrow B$ wahr, so kann $B \Rightarrow A$ trotzdem falsch sein. Es kommt auf die Reihenfolge von A und B an. Das zeigt etwa die wahre Aussage

$$„4 - 1 = -3 \Rightarrow 9 = 9“$$

und die folgende falsche Aussage:

$$„9 = 9 \Rightarrow 4 - 1 = -3“$$

Die Sprechweise „*wenn A, dann B*“ erinnert an das Wechselspiel von Ursache und Wirkung. Wir können das Implikationszeichen aber zwischen irgend zwei Aussagen A und B setzen. Selbst wenn $A \Rightarrow B$ wahr ist, bedeutet das nicht unbedingt, dass die Gültigkeit von A die Gültigkeit von B in irgend einer Weise beeinflusst. So ist etwa

„*Rom ist Hauptstadt von Italien* $\Rightarrow 1 + 1 = 2$“

eine wahre Aussage, aber „$1 + 1 = 2$“ hat gar nichts mit der Hauptstadt Italiens zu tun.

Die letzte Verknüpfung zweier Aussagen A, B, die besprochen werden soll, ist die *Äquivalenz* $A \Leftrightarrow B$. Damit $A \Leftrightarrow B$ als wahr gilt, müssen entweder A, B beide wahr oder A, B beide falsch sein. In jedem anderen Fall ist $A \Leftrightarrow B$ eine falsche Aussage. Sprachlich wird $A \Leftrightarrow B$ als „genau dann A, wenn B“ oder „dann und nur dann A, wenn B“ formuliert. Hier kommt es auf die Reihenfolge von A und B nicht an. Es ist $A \Leftrightarrow B$ nur eine andere Schreibweise für $(A \Rightarrow B) \wedge (B \Rightarrow A)$.

Ist für zwei Aussagen A und B die Aussage $A \Leftrightarrow B$ wahr, so sagt man auch kurz, die Aussagen seien äquivalent.

1.1.2 Wird in einer Aussage A ein Subjekt durch eine Variable x ersetzt, so gelangen wir zu einer *Aussageform* $A(x)$. So wird etwa aus „5 *ist eine Primzahl*“ folgende Aussageform: „*x ist eine Primzahl.*“ Setzt man für x ein passendes Subjekt ein, so entsteht wieder eine Aussage, etwa: „178481 *ist eine Primzahl.*“

Eine Aussageform $A(x)$ wird ebenfalls zu einer Aussage, wenn wir Ausdrücke folgender Form bilden:

„*Für alle x gilt* $A(x)$.“

„*Es gibt mindestens ein x mit* $A(x)$.“

„*Es gibt genau ein x mit* $A(x)$.“

Dabei ist noch festzulegen, was an Stelle von x eingesetzt werden darf. Ferner sind die Symbole $\forall$ (lies: für alle), $\exists$ (lies: es gibt mindestens ein) und $\exists^*$ (lies: es gibt genau ein) gebräuchlich. Wir kommen so etwa zu folgender wahren Aussage:

„*Für alle ganzen Zahlen x gilt: x ist genau dann durch* 3 *teilbar, wenn die Ziffernsumme von x durch* 3 *teilbar ist.*“

Andererseits ist folgende Aussage falsch:

„*Es gibt eine gerade Primzahl x mit $x > 2$.*“

1.1.3 Große Vorsicht ist bei der Negation zusammengesetzter Aussagen geboten. Es ist etwa $\neg(A \vee B)$ äquivalent zu $(\neg A) \wedge (\neg B)$. Aus dem „oder“ wird also ein „und“! So geht etwa die wahre Aussage

„*2 ist gerade oder ungerade Zahl*“

durch Negation in folgende falsche Aussage über:

„*2 ist ungerade und gerade Zahl.*“

Analog ist $\neg(A \wedge B)$ äquivalent zu $(\neg A) \vee (\neg B)$. Zu beachten ist weiters: Die Negation einer Aussage der Form

„*Für alle … gilt …*“

lautet:

„*Es gibt mindestens ein …, für das … nicht gilt.*“

Zum Beispiel ist das logische Gegenteil der falschen Aussage

„*Alle geraden Zahlen sind Primzahlen*“

nicht

„*Alle geraden Zahlen sind keine Primzahlen.*“

Denn 2 ist Primzahl. Das Gegenteil lautet vielmehr:

„*Es gibt mindestens eine gerade Zahl, die keine Primzahl ist.*“

1.1.4 Wir wissen schon, dass für eine wahre Implikation $A \Rightarrow B$ die Gültigkeit von $B \Rightarrow A$ nicht gesichert ist. Hingegen ist dann die *Kontraposition* $(\neg B) \Rightarrow (\neg A)$ stets wahr, zum Beispiel:

„*Wenn die Zahl* 103823 *eine Primzahl ist, dann ist sie nicht durch* 37 *teilbar.*“

„*Wenn die Zahl* 103823 *durch* 37 *teilbar ist, dann ist sie keine Primzahl.*“

Ist andererseits die Implikation $A \Rightarrow B$ falsch, so ist auch $(\neg B) \Rightarrow (\neg A)$ eine falsche Aussage. Insgesamt gilt also die Äquivalenz $(A \Rightarrow B) \Leftrightarrow ((\neg B) \Rightarrow (\neg A))$.

1.1.5 Ein *Satz* ist wahre Aussage. In vielen Fällen haben mathematische Sätze die folgende Bauart: „*$A \Rightarrow B$ ist wahr.*“ Dabei wird meist das Wort „Satz“ vor die Aussage gestellt und nicht extra betont, dass es sich um eine wahre Aussage handelt. Das sei am folgenden Beispiel illustriert, in dem a, b ganze Zahlen bezeichnen:

„Satz. *Wenn $a^2 \neq b^2$, dann sind a und b verschieden.*“

Ein *direkter Beweis* für die Gültigkeit von $A \Rightarrow B$ läuft etwa so: „*Beweis. Wir nehmen an, A sei wahr. Daher ist auch … wahr, und weiters … wahr, … und schließlich auch B wahr. Somit* *ist $A \Rightarrow B$ eine wahre Aussage.*“ Den Fall, dass A falsch ist, brauchen wir erst gar nicht zu studieren, weil dann $A \Rightarrow B$ definitionsgemäß wahr ist.

Manchmal ist es einfacher, einen *indirekten Beweis* zu führen. Anstatt zu zeigen, dass $A \Rightarrow B$ wahr ist, wird die Kontraposition $(\neg B) \Rightarrow (\neg A)$ analog zu oben als wahre Aussage nachgewiesen. In unserem Beispiel gilt etwa offensichtlich:

„*Wenn $a = b$, so sind a^2 und b^2 gleich.*“

Aufgaben

A 1.1.1 An einer Weggabelung führt ein Weg nach Oberstockstall, der andere nach Unterstockstall. Der Wegweiser fehlt seit Jahren. In einem Haus an der Weggabelung wohnen aber drei Brüder, Otto, Hans und Karl. Otto sagt stets die Wahrheit, Hans lügt immer, und Karl findet Spass daran, manchmal die Wahrheit und manchmal die Unwahrheit zu sagen.

(a) Einer der Brüder sitzt vor dem Haus. Es handelt sich dabei nicht um Karl. Wie kann mit nur einer Frage herausgefunden werden, welcher der beiden Wege nach Unterstockstall führt?

(b) Alle drei Brüder sitzen auf einer Bank vor dem Haus. Wie kann mit zwei Fragen herausgefunden werden, welcher der beiden Wege nach Oberstockstall führt?

Hinweis zu (b): Frage zuerst einen am Rand sitzenden Bruder: „*Sagt der neben Dir sitzende Bruder eher die Wahrheit als dein anderer Bruder?*“ Die zweite Frage ist an einen Bruder zu stellen, von dem dann schon bekannt ist, dass er nicht Karl ist.

A 1.1.2 Wo ist jeweils der Fehler?

(a) „*Dieser Satz hat sechs Wörter*“ ist eine falsche Aussage, da der Satz nur aus fünf Wörtern besteht. Das logische Gegenteil lautet „*Dieser Satz hat nicht sechs Wörter*“. Neuerliches Nachzählen zeigt, dass das auch falsch ist!

(b) Die folgenden Aussagen sind offensichtlich wahr: A: „*Nichts ist besser als wahre Liebe.*“ B: „*Ein Wurstbrot ist besser als nichts.*“ Daher ist $A \Rightarrow B$ auch wahr: „*Ein Wurstbrot ist besser als wahre Liebe.*“

(c) Satz. *Unter den Zahlen* $1, 2, 3, \ldots$ *ist* 1 *die größte Zahl. Beweis.* Jede von 1 verschiedene Zahl x wird beim Quadrieren größer. Da x^2 auch zu den betrachteten Zahlen gehört, kommt x als größte Zahl nicht in Frage. Auf die Zahl 1 trifft das alles nicht zu, denn $1^2 = 1$. Somit ist 1 die größte unter den angegebenen Zahlen.[1]

A 1.1.3 Wird aus einer oder mehreren Aussagen eine neue Aussage gebildet, so können die auftretenden Möglichkeiten in einer *Wahrheitstabelle* aufgeschrieben werden, wobei wir WAHR bzw. FALSCH mit W bzw. F abkürzen. Etwa für die Konjunktion $A \wedge B$ erhalten wir:

A	W	W	F	F
B	W	F	W	F
$A \wedge B$	W	F	F	F

Beachte, dass oberhalb der horizontalen Trennlinie alle möglichen Fälle aufzuschreiben sind.
Erstelle die Wahrheitstabellen für $\neg A$, $A \vee B$, $A \Rightarrow B$, $A \Leftrightarrow B$ und schließlich für $(\neg A) \vee B$. Leite daraus ab, dass die zusammengesetzte Aussage $A \Rightarrow B$ zur Aussage $(\neg A) \vee B$ stets äquivalent ist.

[1]Dieser scharfsinnige „Beweis“ stammt von Oskar Perron (1880–1975).

A 1.1.4 Eine *Tautologie* ist eine Aussage, die unabhängig davon, welche Wahrheitswerte den in ihr vorkommenden Aussagevariablen zuordnet werden, immer wahr ist. Überprüfe mit Hilfe von Wahrheitstabellen, ob im Folgenden Tautologien vorliegen oder nicht:

(α) $A \vee (\neg A)$.

(β) $A \wedge (\neg A)$.

(γ) $(A \wedge (A \Rightarrow B)) \Rightarrow B$.

(δ) $((\neg A) \wedge (\neg B)) \Leftrightarrow (\neg(A \vee B))$.

(ε) $(A \Rightarrow B) \Rightarrow ((B \Rightarrow C) \wedge (C \Rightarrow A))$.

(ζ) $A \Rightarrow (B \Rightarrow A)$.

(η) $(A \wedge (\neg B)) \vee B$.

(ϑ) $(A \Rightarrow (B \Rightarrow C)) \Rightarrow ((A \Rightarrow B) \Rightarrow (A \Rightarrow C))$.

1.2 Vorbemerkungen über Mengen

1.2.1 Für unsere Zwecke genügt es, sich unter einer *Menge* eine Zusammenfassung von wohl unterschiedenen Objekten unserer Anschauung oder unseres Denkens vorzustellen. Jedes solche Objekt heißt ein *Element* der Menge. Für jedes Objekt ist dabei feststellbar, ob es zur Menge gehört oder nicht.[2] Gehört x der Menge A an, so schreiben wir $x \in A$. Manchmal beschreiben wir eine Menge durch Angabe ihrer Elemente, führen die Menge also explizit auf. Etwa

$$\{12, 55, 34\}, \quad \{A, B, \ldots, Z\} \text{ oder } \{45, 46, 47, \ldots\},$$

wobei bei der Schreibweise mit den drei Pünktchen aus dem Zusammenhang heraus klar sein muss, was gemeint ist. Eine Menge kann auch beschreibend festgelegt werden, etwa in der Form

$$\{x \mid x \text{ ist Primzahl}\};$$

dabei ist das Zeichen | als „für die gilt“ zu lesen.

Die *leere Menge* $\emptyset$ ist die Menge, welche kein Element enthält.[3] Mengen mit nur endlich vielen Elementen einschließlich der leeren Menge heißen *endlich*. Eine nicht endliche Menge wird *unendlich* genannt. Zwei Mengen A, B heißen *gleich*, in Zeichen $A = B$, falls sie dieselben Elemente besitzen. So ist etwa

$$\{12, 55, 34\} = \{55, 12, 12, 34\}.$$

Weder Mehrfachnennungen noch die Reihenfolge der genannten Elemente spielen irgend eine Rolle. Die Gleichheitsaussage $A = B$ ist von der *Definition* $A := B$ zu unterscheiden. Das Symbol := bringt zum Ausdruck, dass die gegebenen Menge B ab sofort auch mit dem Symbol A bezeichnet wird. Bei diesem Zeichen kommt es auf die Reihenfolge an. Auf der Seite mit dem Doppelpunkt steht die neue Bezeichnung der Menge. Gleiches gilt für Elemente einer Menge, etwa[4] $c := -2$.

[2]Diese Definition geht auf Georg Cantor (1845–1918) zurück.

[3]Insbesondere in Schulbüchern wird oft {} für die leere Menge geschrieben.

[4]Diese Schreibweise wird auch in einigen Programmiersprachen für das Belegen einer Variablen mit einem vorgegebenen Wert herangezogen. Wird in einer Definition eine neue Begriffsbildung oder Bezeichnung eingeführt, so muss diese *wohldefiniert* (d. h. sinnvoll definiert) sein. So macht etwa $c := \frac{1}{0}$ beim Rechnen mit Bruchzahlen keinen Sinn, da 1 nicht durch 0 dividiert werden kann.

1.2.2 Wenn jedes Element einer Menge A auch Element einer Menge B ist, dann heißt A eine *Teilmenge* von B. In diesem Fall nennen wir B auch eine *Obermenge* von A. Dafür schreiben wir $A \subset B$ (lies: A Teilmenge von B) bzw. $B \supset A$ (lies: B Obermenge von A). Die Schreibweisen $A \subset B$ bzw. $B \supset A$ schließen also die Gleichheit nicht aus. Ist zusätzlich $A \neq B$, so sprechen wir von einer *echten Teilmenge*[5] bzw. einer *echten Obermenge*.

Die Menge aller Teilmengen einer Menge A heißt die *Potenzmenge* von A. Sie wird mit 2^A bezeichnet. Diese Bezeichnung kommt daher, dass für eine endliche Menge A mit genau n Elementen die Potenzmenge 2^A aus genau 2^n Elementen besteht.

Bemerkung 1.2.3 Soll für zwei Mengen A und B die Gleichheit $A = B$ nachgewiesen werden, so ist es oft zweckmäßig, in zwei Schritten vorzugehen: Zuerst wird $A \subset B$ und dann $B \subset A$ verifiziert.

Beispiele 1.2.4 Die folgenden Mengen sind aus dem Schulunterricht bekannt. Ihre präzise Beschreibung gehört zur reellen Analysis.

1. $\mathbb{N} := \{0, 1, 2, 3, 4, \dots\}$ ist die Menge der *natürlichen Zahlen*.[6]
2. $\mathbb{Z} := \{0, 1, -1, 2, -2, 3, -3, \dots\}$ ist die Menge der *ganzen Zahlen*.
3. $\mathbb{Q} := \{\frac{m}{n} \mid m \in \mathbb{Z} \wedge n \in \mathbb{Z} \wedge n \neq 0\}$ ist die Menge der *rationalen Zahlen*.
4. $\mathbb{R}$ ist die Menge der *reellen Zahlen*. Es ist $\mathbb{N} \subset \mathbb{Z} \subset \mathbb{Q} \subset \mathbb{R}$.

1.2.5 Es seien A und B Mengen. Es bezeichnet

$$A \cup B := \{x \mid x \in A \vee x \in B\}$$

die *Vereinigung*,

$$A \cap B := \{x \mid x \in A \wedge x \in B\}$$

den *Durchschnitt* sowie

$$A \setminus B := \{x \mid x \in A \wedge x \notin B\}$$

die *Differenz* von A und B. Im Sonderfall, dass eine der beiden Mengen leer ist, ergibt sich sofort $A \cup \emptyset = \emptyset \cup A = A$, $A \cap \emptyset = \emptyset \cap A = \emptyset$, $A \setminus \emptyset = A$ und $\emptyset \setminus A = \emptyset$.

Wir werden oft aus einer Menge $M \subset \mathbb{R}$ die Zahl 0 entfernen. Wir schreiben dafür

$$M^\times := M \setminus \{0\}$$

und erhalten so etwa $\mathbb{N}^\times = \{1, 2, 3, \dots\}$, $\mathbb{Z}^\times$, $\mathbb{Q}^\times$, $\mathbb{R}^\times$.

Bemerkung 1.2.6 Es soll nicht unerwähnt bleiben, dass unser „naiver“ Zugang zum Mengenbegriff zu Widersprüchen führt. Berühmt ist das folgende *Paradoxon von Russell*[7]. Sei M die Menge aller Mengen, die sich selbst nicht als Element enthalten. Dann ist $M \in M$ unmöglich nach der Definition der Elemente von M. Andererseits ist aber $M \notin M$ ebenso unmöglich, weil sich dann ja M selbst als Element enthielte. Solche und ähnliche Widersprüchlichkeiten lassen sich vermeiden, indem man die Art und Weise einschränkt, wie Mengen gebildet werden dürfen. Damit erreicht man dann, dass es unzulässig wird, die Gesamtheit aller Mengen, die sich selbst nicht als Element enthalten, als eine Menge aufzufassen.

[5] Manche Autoren benützen $\subseteq$ an Stelle von $\subset$ und reservieren $\subset$ für echte Teilmengen.

[6] Gemäß ÖNORM ist 0 eine natürliche Zahl. Es gibt gute Gründe, die Null zu den natürlichen Zahlen zu zählen, und ebenso gute Gründe, als Menge der natürlichen Zahlen die Menge $\{1, 2, 3, \dots\}$ zu verstehen.

[7] Bertrand Russell (1872–1970).

Aufgaben

A 1.2.1 Gegeben sei die Menge $A = \{1, 2, 3\}$. Bestimme alle acht Elemente ihrer Potenzmenge 2^A.

A 1.2.2 Es seien A und B Mengen. Beweise:

(a) $2^A \cap 2^B = 2^{A \cap B}$.

(b) $2^A \cup 2^B \subset 2^{A \cup B}$.

(c) In (b) gilt genau dann ein Gleichheitszeichen, wenn $A \subset B$ oder $B \subset A$.

Hinweis: Vgl. Bemerkung 1.2.3.

1.3 Geordnete Paare, Relationen und Abbildungen

1.3.1 Es seien A und B Mengen. Greifen wir aus A und B je ein Element x bzw. y heraus, so können wir das *geordnete Paar* (x, y) bilden. Die *Gleichheit*

$$(x, y) = (x', y')$$

bedeutet dabei $x = x'$ und $y = y'$. Bei einem geordneten Paar (x, y) ist also, im Gegensatz zur Menge $\{x, y\}$, die Reihenfolge der Eintragungen zu beachten. (Vgl. dazu auch Bemerkung 1.3.7.) Wir können nun das *Produkt*

$$A \times B := \{(x, y) \mid x \in A \wedge y \in B\}$$

der Mengen A und B bilden. Ist eine der beiden Mengen leer, so können wir gar keine Paare bilden. Es gilt also $A \times \emptyset = \emptyset \times B = \emptyset$. Die Produktmenge $A \times B$ wird auch *kartesisches Produkt*[8] genannt, da sich $A \times B$ manchmal in einem ebenen *kartesischen Koordinatensystem*[9] veranschaulichen lässt; vgl. Abbildung 1.1.

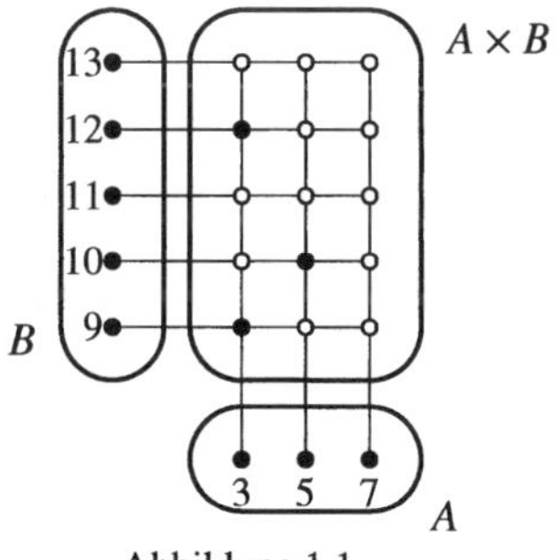

Abbildung 1.1

Das Produkt zweier Mengen kann dazu benützt werden, um in der Sprache der Mengenlehre zu beschreiben, dass gewisse Elemente der Menge A mit gewissen Elementen der Menge B in einer Beziehung (Relation) stehen. Wir betrachten dazu vorweg einige Beispiele:

[8]Benannt nach René Descartes (1596–1650), latinisiert Cartesius.

[9]Bei einem ebenen kartesischen Koordinatensystem bilden der Ursprung und die Einheitspunkte auf den beiden Koordinatenachsen ein Quadrat. Wir werden diesen Begriff, der aus der Schulmathematik bekannt sein sollte, in 13.3.2 in allgemeinerer Form definieren.

Beispiele 1.3.2

1. Es seien $A = \{3, 5, 7\}$ und $B = \{9, 10, 11, 12, 13\}$. Wir sagen, dass $x \in A$ mit $y \in B$ in Relation steht, falls x ein Teiler von y ist. Dafür schreiben wir dann $x \sim y$ (lies: x Schlange y). Diese Relation ist dadurch vollständig bestimmt, dass wir alle Paare $(x, y) \in A \times B$ mit der Eigenschaft $x \sim y$ in einer Menge zusammenfassen. Wir erhalten so eine Menge
$$R := \{(3, 9), (3, 12), (5, 10)\} \subset A \times B.$$
In Abbildung 1.1 sind jene Elemente von $A \times B$, die zu R gehören, durch gefüllte Punkte illustriert.
2. Sei $A = B$ die Menge der Studierenden in einem Hörsaal. Wir sagen, dass $x \in A$ mit $y \in A$ in Relation steht, falls sie noch nie miteinander gesprochen haben. Wie zuvor ist diese Beziehung zwischen den Studierenden durch eine Teilmenge von $A \times A$ völlig beschrieben.

Die obigen Beispielen zeigen, dass es nur auf die Menge $R \subset A \times B$ ankommt. Das führt uns zur folgenden Begriffsbildung:

Definition 1.3.3 Sind A und B Mengen, so heißt jede Teilmenge R von $A \times B$ eine *Relation* aus A in B. Statt $(x, y) \in R$ bzw. $(x, y) \notin R$ wird auch $x\,R\,y$ bzw. $x\,\not R\,y$ geschrieben.

Beachte, dass es hier für die Menge $R \subset A \times B$ keinerlei Einschränkungen gibt. Um eine Relation anzugeben, kann also völlig willkürlich festgesetzt werden, welche Elemente von A mit welchen Elementen von B in Relation stehen sollen. An die Stelle des Relationszeichens R treten in vielen Fällen andere Symbole wie $\sim$, $\approx$, $\equiv$, $\leq$, $<$, $\sqsubseteq$, ...

Wir besprechen jetzt einen weiteren zentralen Begriff der Mathematik und ordnen ihn formal dem Begriff der Relation unter:

Definition 1.3.4 Es seien A, B Mengen und $R \subset A \times B$ eine solche Relation, bei der jedes Element $x \in A$ mit genau einem $y \in B$ in Relation steht. Durch diese drei Mengen ist dann eine *Abbildung* (oder *Funktion*) von A in B festgelegt. Wir bezeichnen eine Funktion oft mit einem eigenen Symbol, etwa f, und schreiben dann
$$f : A \to B : x \mapsto f(x),$$
wobei $x \mapsto f(x)$ eine andere Schreibweise für $(x, f(x)) \in R$ ist.

Die Menge A heißt *Definitionsmenge* von f, die Menge B wird *Zielmenge* von f genannt. Wenn $f(x) = y \in B$, so heißt y das *Bild* (oder der *Funktionswert*) von x unter f und x ein *Urbild* von y unter f. Die Menge R, also
$$\{(x, f(x)) \mid x \in A\} \subset A \times B,$$
wird auch als *Graph* der Abbildung f bezeichnet. Zu beachten sind die verschiedenen Pfeilformen: Wir schreiben zur Unterscheidung $\to$ zwischen Definitions- und Zielmenge, aber $\mapsto$ zwischen zugeordneten Elementen. Die Definitionsmenge A kann gleich der Zielmenge B sein. In diesem Fall nennen wir f auch eine *Selbstabbildung* von A. Bei einer solchen Abbildung f interessiert oft die Menge $\mathrm{Fix}(f) := \{x \in A \mid x = f(x)\}$ aller *Fixelemente* von f.

Wir kommen zur *Gleichheit von Abbildungen*: Sind $f : A \to B$ und $f' : A' \to B'$ Abbildungen, so bedeutet $f = f'$, dass die beiden Abbildungen dieselbe Definitionsmenge, dieselbe Zielmenge und denselben Graphen besitzen. Das heißt ausführlich geschrieben:
$$A = A' \text{ und } B = B' \text{ und } f(x) = f'(x) \text{ für alle } x \in A.$$

Ist auch nur eine dieser Bedingungen verletzt, so gelten f und f' nicht als gleich.

Beispiele 1.3.5

1. Es seien $A := \{0, -1, 1, -2, 2, -3, 3\}$ und $B := \{100, 101, \ldots, 111\}$. Durch die Vorschrift

$$x \mapsto x^2 + 100 \text{ für alle } x \in A$$

wird eine Abbildung $f : A \to B$ festgelegt. Sie hat den Graphen

$$\{(0, 100), (-1, 101), (1, 101), (-2, 104), (2, 104), (-3, 109), (3, 109)\}.$$

Es ist $0 \in A$ das einzige Urbild von $100 \in B$, $-1 \in A$ und $1 \in A$ sind sämtliche Urbilder von $101 \in B$, etwa die Zahl $102 \in B$ hat kein Urbild; vgl. Abbildung 1.2.

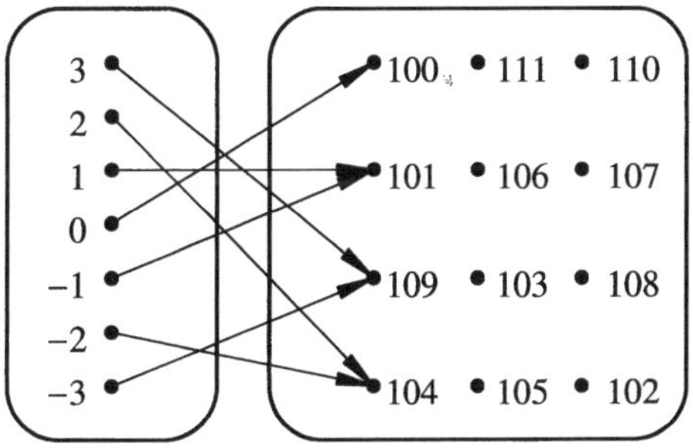

Abbildung 1.2

2. Es seien A und B wie im vorhergehenden Beispiel gegeben. Wir können eine Abbildung $g : A \to B$ auch völlig willkürlich durch ihren Graphen festlegen, etwa in der Form

$$\{(0, 100), (-1, 101), (1, 102), (-2, 103), (2, 104), (-3, 109), (3, 109)\}.$$

Der Graph von g ist also eine Art Wertetabelle, aus der für jedes x das Bildelement $g(x)$ abgelesen werden kann.

1.3.6 Ist $f : A \to B$ eine Abbildung und M eine Teilmenge von A, so heißt die Abbildung

$$f|M : M \to B : x \mapsto f(x)$$

die *Einschränkung* von f auf M. Diese Definition ermöglicht zum Beispiel präzise Aussagen über das Verhalten einer Abbildung auf einer Teilmenge ihres Definitionsbereichs. So sind etwa für $f : \mathbb{Z} \to \mathbb{Z} : x \mapsto x^2$ alle Funktionswerte nicht negativ, wohingegen $f|\mathbb{Z}^\times$ nur positive Funktionswerte besitzt.

Ist andererseits C eine Obermenge von A und $g : C \to B$ eine Abbildung mit $g|A = f$, so wird g eine *Fortsetzung* von f genannt. Während eine Einschränkung von f alleine durch die Angabe der Teilmenge M bestimmt ist, muss zur Festlegung einer Fortsetzung von f neben der Menge C auch noch für jedes Element aus $C \setminus A$ das Bildelement unter g festgelegt werden, was im Allgemeinen auf mehrere Arten möglich sein wird.

Bemerkung 1.3.7 Ein geordnetes Paar (x, y) kann auch als Menge $\{\{x\}, \{x, y\}\}$ definiert werden. Es ist in der Tat $\{\{x\}, \{x, y\}\} = \{\{x'\}, \{x', y'\}\}$ äquivalent zu $x = x'$ und $y = y'$. Diese Überlegung ist theoretisch wichtig, weil sie zeigt, dass der Begriff des geordneten Paares aus dem Begriff der Menge hergeleitet werden kann. Für das praktische Arbeiten mit geordneten Paaren ist diese Überlegung aber eher hinderlich.

Aufgaben

A 1.3.1 Begründe, warum im Folgenden *keine* Abbildungen vorliegen. Modifiziere jeweils die Definitionsmenge oder Zielmenge so, dass durch die gegebenen Vorschriften Abbildungen festgelegt werden.

(a) $f : \mathbb{R} \to \mathbb{R} : x \mapsto \frac{x}{x+1}$.

(b) $f : \mathbb{R} \to \mathbb{Q} : x \mapsto \sqrt{x}$ (nicht negative Quadratwurzel).

(c) $f : \mathbb{Q} \to \mathbb{Z} : \frac{m}{n} \mapsto m + n$, wobei $m, n \in \mathbb{Z}$ und $n \neq 0$.

A 1.3.2 Es seien A und B Mengen. Beweise: $A \times B = B \times A$ gilt genau dann, wenn $A = B$ oder mindestens eine der gegebenen Mengen A, B leer ist.

1.4 Eigenschaften von Abbildungen

1.4.1 Sei im Folgenden $f : A \to B$ eine Abbildung. Für jede Teilmenge $M \subset A$ bzw. $N \subset B$ definieren wir

$$f(M) := \{f(x) \mid x \in M\} \quad \text{bzw.} \quad f^{-1}(N) := \{x \mid f(x) \in N\}.$$

Die Menge $f(M)$ bzw. $f^{-1}(N)$ wird als *Bildmenge* von M bzw. *Urbildmenge* von N bezeichnet. Die Bildmenge $f(A)$ heißt auch die *Bildmenge* (oder kurz das *Bild*) von f. Die Urbildmenge $f^{-1}(B)$ stimmt stets mit A überein und hat keinen eigenen Namen.

1.4.2 Eine Abbildung $f : A \to B$ wird *surjektiv* genannt, falls es zu jedem $y \in B$ mindestens ein Urbild gibt. Wir sprechen in diesem Fall auch von einer *Surjektion* oder einer Abbildung von A *auf* B. Eine surjektive Abbildung liegt genau dann vor, falls die Bildmenge $f(A)$ und die Zielmenge B übereinstimmen.

Eine Abbildung $f : A \to B$ heißt *injektiv*, wenn jedes $y \in B$ höchstens ein Urbild besitzt. Eine injektive Abbildung, auch *Injektion* genannt, liegt also genau dann vor, falls für alle $x, x' \in A$ gilt: Aus $f(x) = f(x')$ folgt $x = x'$. Letzteres ist nach 1.1.4 äquivalent dazu, dass aus $x \neq x'$ stets $f(x) \neq f(x')$ folgt.

Eine Abbildung heißt *bijektiv*, falls es zu jedem $y \in B$ genau ein Urbild gibt. Eine bijektive Abbildung nennen wir auch eine *Bijektion*. Eine Abbildung ist offenbar genau dann bijektiv, falls sie sowohl surjektiv als auch injektiv ist.

Beispiele 1.4.3

1. $f : \mathbb{Z} \to \mathbb{Z} : x \mapsto -x$ ist eine bijektive Selbstabbildung von $\mathbb{Z}$.
2. Die Sinusfunktion $\sin : \mathbb{R} \to \mathbb{R} : x \mapsto \sin x$ ist nicht surjektiv, denn $2 \in \mathbb{R}$ hat kein Urbild, und wegen $\sin 0 = \sin(2\pi) = 0$ auch nicht injektiv.
3. Die Abbildung $f : \mathbb{N} \to \mathbb{R} : x \mapsto x^3$ ist injektiv, da wir aus $x^3 = x'^3$ auf $x = x'$ schließen können, aber nicht surjektiv wegen $2 \notin f(\mathbb{N})$.
4. Die Abbildung $f : \{1, 2, 3, 4\} \to \{2, 3, 4\} : 1 \mapsto 2,\ 2 \mapsto 3,\ 3 \mapsto 4,\ 4 \mapsto 2$ ist offensichtlich surjektiv, aber nicht injektiv.
5. Sei A eine Menge. Die Abbildung $\mathrm{id}_A : A \to A : x \mapsto x$ heißt die *identische Abbildung* von A auf A oder einfach die *Identität* von A. Offensichtlich ist id_A bijektiv.

1.4.4 Liegt mit $f : A \to B$ eine bijektive Abbildung vor, so heißt die Abbildung

$$f^{-1} : B \to A : y \mapsto x \text{ mit } f(x) = y$$

die *Umkehrabbildung* oder *inverse Abbildung* von f. Diese Definition ist sinnvoll, da jedes Element $y \in B$ das f-Bild von genau einem $x \in A$ ist. Es ist klar, dass die Abbildung f^{-1} ebenfalls Bijektion ist. Ferner gilt

$$(f^{-1})^{-1} = f.$$

Das Symbol f^{-1} haben wir schon in 1.4.1 verwendet, um jeder Teilmenge von B eine Teilmenge von A zuzuordnen. Bei einer Bijektion lässt sich dies auf die Elemente von B ausdehnen.

1.4.5 Der Begriff der Bijektion kann dazu verwendet werden, um die „Größe" von Mengen zu vergleichen: Mengen A und B heißen *gleichmächtig*, in Zeichen $\#A = \#B$, falls es mindestens eine Bijektion $A \to B$ gibt. An Stelle von $\#A = \#\{1, 2, \dots, n\}$ mit[10] $n \in \mathbb{N}$ schreiben wir auch $\#A = n$. Bei einer endlichen Menge A bedeutet also $\#A = n$, dass A genau n Elemente hat mit $n \in \mathbb{N}$. Für unendliche Mengen können wir immer nur Mengen miteinander vergleichen.[11]

1.4.6 Für endliche Mengen[12] gilt: Aus $A' \subset A$ und $\#A' = \#A$ folgt stets $A' = A$. Sind weiters A, B gleichmächtige endliche Mengen, und ist $f : A \to B$ eine injektive Abbildung, so gilt $\#A = \#f(A)$, da

$$g : A \to f(A) : x \mapsto f(x)$$

eine Bijektion ist. Das zeigt $\#A = \#f(A) = \#B$, also $f(A) = B$. Aus der Injektivität von f folgt hier die Surjektivität! Analog erweist sich jede Surjektion $A \to B$ als injektiv, falls A, B gleichmächtig und endlich sind.

Für unendliche gleichmächtige Mengen gelten die letzten Überlegungen nicht. So gilt etwa $\#\mathbb{N} = \#\mathbb{N}^\times$, wie die Bijektion $f : \mathbb{N} \to \mathbb{N}^\times : n \mapsto n+1$ lehrt. Weiters seien $\#\mathbb{Q} = \#\mathbb{Z}$ und $\#\mathbb{Z} = \#\mathbb{N}$ ohne Beweis mitgeteilt. Schließlich gibt es unendliche Mengen, die nicht gleichmächtig sind, zum Beispiel $\#\mathbb{Q} \neq \#\mathbb{R}$. Vgl. dazu auch A 1.4.3.

Aufgaben

A 1.4.1 Welche der folgenden Abbildungen sind injektiv, surjektiv, bijektiv?

(α) $f : \mathbb{N} \to \mathbb{Z} : x \mapsto x^3 + 3x^2 + 3x + 1$.

(β) $f : \mathbb{R} \to \mathbb{Q} : x \mapsto -x$, falls $x \in \mathbb{Q}$, und $x \mapsto -126$, falls $x \in \mathbb{R} \setminus \mathbb{Q}$.

(γ) $f : \mathbb{R} \to \mathbb{R} : x \mapsto x^3 + 3x^2 + 3x + 1$.

(δ) $f : M \to \{a\} : x \mapsto a$; dabei sei $M \neq \emptyset$ beliebig. (Fallunterscheidung!)

(ε) $f : \mathbb{R} \to \mathbb{Q} : x \mapsto \log((x + 12)^2 - x(x + 24)) - 2(\log 3 + \log 4)$ (natürlicher Logarithmus).

(ζ) $f : \mathbb{R} \to \mathbb{R}^+ \cup \{0\} : x \mapsto |x|$ ($\mathbb{R}^+ := \{x \in \mathbb{R} \mid x > 0\}$, absoluter Betrag).

(η) $f : \mathbb{R} \to \mathbb{R} : x \mapsto |x|$.

(ϑ) $f : \mathbb{R}^+ \to \mathbb{R} : x \mapsto |x|$.

[10] Für $n = 0$ ist unter $\{1, 2, \dots, n\}$ die leere Menge zu verstehen.

[11] Jede unendliche Menge bestimmt auch genau eine „Zahl"; auf diese *unendlichen Kardinalzahlen* soll hier nicht eingegangen werden.

[12] Da wir den Begriff „endliche Menge" naiv verwenden, können wir für die folgenden Ergebnisse keine strengen Beweise angeben.

A 1.4.2

(a) Ein Briefträger hat noch vier verschiedene Briefe auf vier verschiedene Häuser aufzuteilen. Er ist jedoch in Eile und gibt einfach in jedem der vier Häuser je einen Brief ab, ohne auf die Adressen zu achten. Es werden daher $n \leq 4$ Briefe richtig zugestellt. Welche Werte für n sind dabei möglich und welche sind unmöglich?

(b) In einem Saal sind 400 Personen. Zeige: Mindestens zwei davon feiern am selben Tag ihren Geburtstag.

(c) Hat von 400 Personen mindestens eine am 2. Jänner Geburtstag? Oder muss die Zahl 400 vergrößert werden, um diesen Schluss zu ermöglichen?

Hinweis: In (b) braucht nur die *Existenz* von mindestens zwei geeigneten Personen gezeigt zu werden. Wie man diese dann tatsächlich findet, ist ein anderes Problem.

A 1.4.3 Es seien A eine Menge und $f : A \to 2^A$ eine Abbildung von A in die Potenzmenge von A.

(a) Beweise, dass f nicht surjektiv ist.

(b) Leite aus (a) die Gültigkeit von $\#A \neq \#(2^A)$ her.

Hinweis: Obwohl über A und f so gut wie nichts bekannt ist, kann dennoch eine Teilmenge von A angegeben werden, die nicht als Bild unter f auftritt. Beachte dazu, dass für jedes Element $x \in A$ entweder $x \in f(x)$ oder $x \notin f(x)$ gilt.

Bemerkung: Für eine endliche Menge A mit genau n Elementen folgt leicht, dass ihre Potenzmenge genau 2^n Elemente hat. Damit sind die Behauptungen in diesem Sonderfall sofort klar. Die Endlichkeit von A ist aber oben nicht vorausgesetzt!

1.5 Produkt von Abbildungen

1.5.1 Sind $f : A \to B'$ und $g : B \to C$ Abbildungen mit $f(A) \subset B$, so wird ihr *Produkt* als die Abbildung

$$g \circ f : A \to C : x \mapsto g(f(x))$$

erklärt. Zu beachten dabei ist die Reihenfolge $g \circ f$ und nicht $f \circ g$. Das kommt daher, dass auch bei $g(f(x))$ zuerst der Buchstabe g und dann f geschrieben wird. Es ist hilfreich, $g \circ f$ als „g nach f" zu lesen. In vielen Fällen werden wir beim Produkt von Abbildungen der Einfachheit halber nicht nur $f(A) \subset B$, sondern sogar $B' = B$ voraussetzen. Wir beschränken uns also auf den Fall, dass die Zielmenge der ersten mit der Definitionsmenge der zweiten Abbildung übereinstimmt.

1.5.2 Es seien $f : A \to B$, $g : B \to C$ und $h : C \to D$ Abbildungen. Dann können wir auf jedes $x \in A$ folgende Abbildungen anwenden:

$$\begin{array}{ccccccc}
x & \overset{f}{\longmapsto} & f(x) & \overset{g}{\longmapsto} & g(f(x)) & \overset{h}{\longmapsto} & h(g(f(x))) \\
x & \overset{g\circ f}{\longmapsto} & (g \circ f)(x) & \overset{h}{\longmapsto} & h((g \circ f)(x)) & = & (h \circ (g \circ f))(x) \\
x & \overset{f}{\longmapsto} & f(x) & \overset{h\circ g}{\longmapsto} & (h \circ g)(f(x)) & = & ((h \circ g) \circ f)(x)
\end{array}$$

Das Endergebnis ist in jedem Fall dasselbe Element von D. Formal bedeutet das

$$(h \circ g) \circ f = h \circ (g \circ f). \tag{1.1}$$

Wir können diese Klammern aber auch sparen und einfach $h \circ g \circ f$ schreiben.[13] Nun überlegen wir, was beim Produkt von Abbildungen hinsichtlich der Injektivität, Surjektivität oder Bijektivität passiert.

Satz 1.5.3 *Es seien $f : A \to B$ und $g : B \to C$ Abbildungen. Dann gilt:*

(a) *Wenn f und g surjektiv sind, dann ist auch $g \circ f$ surjektiv.*

(b) *Wenn f und g injektiv sind, dann ist auch $g \circ f$ injektiv.*

(c) *Wenn f und g bijektiv sind, dann ist auch $g \circ f$ bijektiv.*

Beweis. (a) Es seien f und g surjektiv. Da $f(A) = B$ und $g(B) = C$, folgt $(g \circ f)(A) = C$.

(b) Es seien f und g injektiv. Für alle $x, x' \in A$ gilt: Aus $(g \circ f)(x) = (g \circ f)(x')$ folgt $f(x) = f(x')$, da g injektiv ist, und weiter $x = x'$, da f injektiv ist.

(c) Der Rest folgt sofort aus (a) und (b). □

Die folgenden beiden Sätze sind für Beweise oft nützlich:

Satz 1.5.4 *Es seien $f : A \to B$ und $g : B \to A$ Abbildungen mit $g \circ f = \mathrm{id}_A$. Dann ist f injektiv und g surjektiv.*

Beweis. Wir wählen $y \in A$ beliebig und beachten $y = \mathrm{id}_A(y) = g(f(y))$. Daher ist g surjektiv. Sei nun $f(x) = f(x')$ mit $x, x' \in A$. Daher gilt auch $g(f(x)) = g(f(x'))$ bzw. $x = x'$, was f als Injektion erweist. □

Satz 1.5.5 *Eine Abbildung $f : A \to B$ ist genau dann bijektiv, falls es eine Abbildung $g : B \to A$ gibt mit $g \circ f = \mathrm{id}_A$ und $f \circ g = \mathrm{id}_B$.*

Beweis. (a) Sei f bijektiv. Dann existiert $f^{-1} : B \to A$. Es gilt $f^{-1} \circ f = \mathrm{id}_A$ nach der Definition von f^{-1} und $f \circ f^{-1} = \mathrm{id}_B$, da $(f^{-1})^{-1} = f$. Daher hat $g := f^{-1}$ die gewünschten Eigenschaften.

(b) Umgekehrt folgt aus der Existenz von g mit $g \circ f = \mathrm{id}_A$ und $f \circ g = \mathrm{id}_B$ nach Satz 1.5.4, dass f injektiv und surjektiv, also eine Bijektion ist. □

Beispiele 1.5.6

1. Gegeben seien die Abbildungen

$$\begin{aligned} f &: \mathbb{N} \to \mathbb{N} \times \mathbb{N} : x \mapsto (0, x), \\ f' &: \mathbb{N} \to \mathbb{N} \times \mathbb{N} : x \mapsto (x^2, x), \\ g &: \mathbb{N} \times \mathbb{N} \to \mathbb{N} : (a, b) \mapsto a + b, \\ g' &: \mathbb{N} \times \mathbb{N} \to \mathbb{N} : (a, b) \mapsto b. \end{aligned}$$

Wir haben $g \circ f = \mathrm{id}_{\mathbb{N}}$, aber auch $g' \circ f = \mathrm{id}_{\mathbb{N}}$. Daher ist f injektiv, und sowohl g als auch g' sind Surjektionen. Weiters zeigt $g' \circ f' = \mathrm{id}_{\mathbb{N}}$, dass auch f' injektiv ist. Mit Hilfe von g lässt sich das so nicht herleiten, denn $(g \circ f')(x) = x^2 + x$.

[13] Ob Klammern weggelassen werden dürfen, ist in jedem Fall genau zu überlegen: So ist etwa $(15 : 5) : 3 = 1$, aber $15 : (5 : 3) = 9$. Auch in der Alltagssprache tritt dieses Problem auf. Ein Leder-Hosengürtel ist etwas anderes als ein Lederhosen-Gürtel.

2. Sei M eine beliebige Menge. Hat eine Abbildung $f : M \to M$ die Eigenschaft $f \circ f = \mathrm{id}_M$, so ist f bijektiv. Falls zusätzlich $f \neq \mathrm{id}_M$, so heißt f eine *involutorische Abbildung* oder kurz eine *Involution*. Elementare Beispiele für eine Involution sind eine Geradenspiegelung in einer Ebene oder die Abbildung $f : \mathbb{Z} \to \mathbb{Z} : x \mapsto -x$.

Aufgaben

A 1.5.1 Gegeben sei die Funktion $f : \mathbb{N} \to \mathbb{N} : x \mapsto x^2$. Gib zwei verschiedene Abbildungen $g : \mathbb{N} \to \mathbb{N}$ und $g' : \mathbb{N} \to \mathbb{N}$ mit $g \circ f = g' \circ f = \mathrm{id}_{\mathbb{N}}$ an. Gibt es auch eine Abbildung $h : \mathbb{N} \to \mathbb{N}$ mit $f \circ h = \mathrm{id}_{\mathbb{N}}$?

A 1.5.2 Es seien $f : A \to B$ und $g : B \to A$ Abbildungen. Zeige:

(a) Wenn $g \circ f$ injektiv ist, dann ist auch f injektiv.

(b) Wenn $g \circ f$ surjektiv ist, dann ist auch g surjektiv.

Wie lauten die Kontrapositionen und Negationen dieser beiden wahren Aussagen?

A 1.5.3 Gib je eine Bijektion von $\mathbb{N}$ auf $\mathbb{Z}$, von $\mathbb{N}$ auf $3\mathbb{N} := \{0, 3, 6, \dots\}$ und von $3\mathbb{N}$ auf $\mathbb{Z}$ an.
Hinweis: Jedes Produkt von Bijektionen ist wieder eine Bijektion.

A 1.5.4 Es seien A, B und C Mengen. Beweise:

(a) $\#A = \#A$.

(b) Aus $\#A = \#B$ folgt $\#B = \#A$.

(c) Aus $\#A = \#B$ und $\#B = \#C$ folgt $\#A = \#C$.

A 1.5.5 Eine Abbildung $f : A \to B$ heißt *konstant*, falls $f(A)$ aus nur einem Element besteht. Beweise: Sind $f : M \to M$ und $g : M \to M$ verschiedene konstante Abbildungen, so gilt $g \circ f \neq f \circ g$. Warum gilt das auch, wenn M nur ein Element besitzt?

1.6 Familien und Mengenfamilien

1.6.1 Sollen aus einer Menge M Elemente ausgewählt werden, unter denen auch einige oder alle gleich sein können, so ist die Angabe der Menge der ausgewählten Elemente nicht ausreichend, denn etwa für $a \neq b$ ist $\{a, b, b, b\} = \{a, a, b\} = \{a, b\}$. Der Abbildungsbegriff bietet einen Ausweg: Es seien I und M Mengen sowie

$$a : I \to M : i \mapsto a(i) =: a_i$$

eine Abbildung. Dann heißt a auch eine *Familie* in M (oder auch: über M) mit *Indexmenge* I. Die Menge aller Familien (Abbildungen) $I \to M$ wird mit M^I bezeichnet.

Eine Familie ist nicht mehr und nicht weniger als eine Abbildung; dabei bevorzugen wir für das Bild von i unter a die *Indexschreibweise* a_i an Stelle von $a(i)$. Wir schreiben eine Familie auch in der Form

$$(a_i)_{i \in I}, \tag{1.2}$$

sobald die Zielmenge aus dem Zusammenhang klar (oder nicht weiter von Interesse) ist. Soll die Zielmenge M betont werden, so nennen wir $(a_i)_{i\in I}$ auch eine Familie von Elementen der Menge M. Wir verwenden für Familien dieselben Sprechweisen wie für Mengen. So nennen wir etwa jedes a_i ein *Element* der Familie $(a_i)_{i\in I}$, genauer das Element an der Stelle i. Ist I' eine Teilmenge von I, so wird $(a_i)_{i\in I'}$ eine *Teilfamilie* von $(a_i)_{i\in I}$ genannt. Familien $(a_i)_{i\in I}$ und $(b_j)_{j\in J}$ heißen *gleichmächtig*, falls es eine Bijektion $I \to J$ gibt.

1.6.2 Familien mit Indexmenge $I \subset \mathbb{Z}$ heißen *Folgen*. Wir deuten etwa eine Folge $(a_i)_{i \in \mathbb{N}}$ auch in der Form

$$(a_0, a_1, \ldots)$$

an. Für $\#I = n \in \mathbb{N}$ heißt eine Familie $I \to M$ ein *n-Tupel* über M. Statt M^I schreiben wir dann auch M^n, sobald I aus dem Zusammenhang klar ist. Im Normalfall ist bei einem n-Tupel die Indexmenge I gleich $\{1, 2, \ldots, n\}$, es kommen aber auch n-Tupel mit Indexmenge $\{0, 1, \ldots, n-1\}$ vor. Etwa an Stelle von $(a_i)_{i \in \{1,2,\ldots,n\}}$ wird auch $(a_1, a_2, \ldots, a_n)$ geschrieben. Ein 2-Tupel ist im Prinzip dasselbe wie ein geordnetes Paar, ein 3-Tupel, 4-Tupel, 5-Tupel heißt auch *Tripel, Quadrupel, Quintupel*. Jedes n-Tupel hat also n Elemente, die aber nicht alle verschieden sein müssen.

Wir haben oben den Grenzfall $n = 0$ nicht ausgeschlossen, um später Fallunterscheidungen vermeiden zu können. Ein 0-Tupel in M ist eine Familie mit leerer Indexmenge, kurz eine *leere Familie* in M. Sie kann etwa in der Form () angeschrieben werden. Es ist dann $M^0 = M^\emptyset = \{()\}$. Daraus folgt $\#(M^0) = 1$.

Beispiele 1.6.3

1. Es ist $\mathbb{R}^2 = \{(x_1, x_2) \mid x_1, x_2 \in \mathbb{R}\}$, $\mathbb{R}^3 = \{(x_1, x_2, x_3) \mid x_1, x_2, x_3 \in \mathbb{R}\}$ und analog
$$\mathbb{R}^n = \{(x_1, x_2, \ldots, x_n) \mid x_1, x_2, \ldots, x_n \in \mathbb{R}\} \quad \text{für alle } n \in \mathbb{N}.$$
2. Wir haben
$$\begin{aligned}\mathbb{N}^2 = \mathbb{N} \times \mathbb{N} = \{&(0,0), (0,1), (0,2), \ldots \\ &(1,0), (1,1), (1,2), \ldots \\ &(2,0), (2,1), (2,2), \ldots \\ &\ldots\ldots\ldots\ldots\ldots\ldots\}.\end{aligned}$$
3. Sei $I := \{\text{Stunde}, \text{Minute}\}$ und $M := \mathbb{N}$. Jede Zeitangabe, wie 16.31, 16h31min oder 16h31, gehört zu $\mathbb{N}^I$, wobei aus den üblichen Schreibweisen die Zuordnung Stunde $\mapsto 16$, Minute $\mapsto 31$ klar ist.

1.6.4 Wir kommen zu einem weiteren Typus von Familien mit einem eigenen Namen: Es seien I und J Mengen mit $\#I = m \in \mathbb{N}$, $\#J = n \in \mathbb{N}$ und M eine Menge. Eine Familie[14]

$$I \times J \to M : (i, j) \mapsto a_{(i,j)} =: a_{i,j} =: a_{ij}$$

heißt eine $m \times n$ *Matrix* über M. In Übereinstimmung mit (1.2) schreiben wir diese Matrix in der Form $(a_{ij})_{(i,j) \in I \times J}$ oder, kurz und unpräzise, als (a_{ij}). Die Menge $M^{I \times J}$ besteht aus allen Matrizen über M mit Indexmenge $I \times J$. Sobald I und J aus dem Zusammenhang klar sind, wird diese Menge auch mit $M^{m \times n}$ bezeichnet.

Jede Matrix A kann als rechteckiges Zahlenschema aufgeschrieben werden. Etwa für $I = \{1, 2, \ldots, m\}$ und $J = \{1, 2, \ldots, n\}$ in der Form

$$A = \begin{pmatrix} a_{11} & a_{12} & \ldots & a_{1n} \\ a_{21} & a_{22} & \ldots & a_{2n} \\ \ldots & \ldots & \ldots & \ldots \\ a_{m1} & a_{m2} & \ldots & a_{mn} \end{pmatrix}.$$

[14]Die Schreibweise $a_{(i,j)}$ ist unüblich. Zur Vermeidung von Unklarheiten werden die beiden Indizes oft durch ein Komma getrennt, etwa $a_{12,6}$ statt a_{126}. Sind solche Probleme nicht zu erwarten, so wird das Komma meist weggelassen.

Zur Vermeidung von Missverständnissen werden die Elemente einer Matrix gelegentlich durch Beistriche oder andere Symbole getrennt. Für $(i, j) \in I \times J$ verstehen wir unter der *i-ten Zeile* von A die $1 \times n$ Matrix

$$(a_{i1}, a_{i2}, \ldots, a_{in}),$$

unter der *j-ten Spalte* von A die $m \times 1$ Matrix

$$\begin{pmatrix} a_{1j} \\ a_{2j} \\ \vdots \\ a_{mj} \end{pmatrix}.$$

Für diese Matrizen ist nun $\{i\} \times \{1, 2, \ldots, n\}$ bzw. $\{1, 2, \ldots, m\} \times \{j\}$ die Indexmenge.

Bei einer $1 \times n$ Matrix oder einer $m \times 1$ Matrix vermeiden wir oft Doppelindizes und deuten alleine durch die Schreibweise an, welcher Typus von Matrix vorliegt. Wir nennen eine solche Matrix auch eine *Zeile* bzw. *Spalte*, also z. B.

$$(2, 3, -3, 6) \in \mathbb{R}^{1\times 4}, \qquad \begin{pmatrix} 3 \\ 2 \end{pmatrix} \in \mathbb{R}^{2\times 1}.$$

Wir können jedes n-Tupel in natürlicher Weise als $1 \times n$ oder $n \times 1$ Matrix auffassen; es ist aber dennoch oft zweckmäßig, zwischen M^n und $M^{1\times n}$ bzw. $M^{n\times 1}$ zu unterscheiden. Die Tatsache, dass wir n-Tupel meist als Zeilen schreiben, liegt nur daran, dass wir – im Gegensatz zu anderen Kulturkreisen – von links nach rechts und nicht etwa von oben nach unten schreiben.

Eine Teilfamilie A' einer Matrix A mit Indexmenge $I \times J$ wird als *Teilmatrix* bezeichnet, wenn ihre Indexmenge die Form $I' \times J'$ mit $I' \subset I$ und $J' \subset J$ besitzt. Anschaulich formuliert entsteht eine Teilmatrix von A folgendermaßen: Aus A werden alle Elemente ausgewählt, die an den Kreuzungspunkten gewisser Zeilen und Spalten stehen.

Aus formalen Gründen werden auch $0 \times n$ Matrizen und $m \times 0$ Matrizen zugelassen. Diese gehören zu einer leeren Indexmenge und haben die Form (); es liegt also eine *leere Matrix* vor.

1.6.5 Ist $A = (a_{ij}) \in M^{m\times n}$, so entsteht die zu A *transponierte Matrix* $A^{\mathrm{T}} \in M^{n\times m}$ dadurch, dass das (i, j)-Element der Matrix A als (j, i)-Element der Matrix A^{T} festgesetzt wird. Die Zeilen von A werden also der Reihe nach als Spalten von A^{T} geschrieben. Offensichtlich gilt

$$(A^{\mathrm{T}})^{\mathrm{T}} = A.$$

Um Platz zu sparen, werden wir eine Spalte oft in Form einer transponierten Zeile schreiben, z. B. $(1, 3, 0, 1)^{\mathrm{T}} \in \mathbb{R}^{4\times 1}$.

Beispiele 1.6.6

1. Es seien I = {Heiligenstadt, Oberdöbling, Krottenbachstraße, Gersthof} (eine Menge von Haltestellen), $J = \{20698, 20704, 20710, 20716, 20722\}$ (eine Menge von Zugnummern) und als Zielmenge M die Menge aller Uhrzeiten gegeben. Das ergibt eine Matrix (Auszug aus einem alten Fahrplan der Wiener Schnellbahnlinie S45) der Form:

	20698	20704	20710	20716	20722
Heiligenstadt	12.55	13.10	13.25	13.40	13.55
Oberdöbling	12.58	13.13	13.28	13.43	13.58
Krottenbachstraße	12.59	13.14	13.29	13.44	13.59
Gersthof	13.02	13.17	13.32	13.47	14.02

Durch Wegstreichen zweier Zeilen und einer Spalte entsteht die folgende Teilmatrix mit der Indexmenge {Heiligenstadt, Gersthof} $\times$ {20698, 20704, 20716, 20722}:

	20698	20704	20716	20722
Heiligenstadt	12.55	13.10	13.40	13.55
Gersthof	13.02	13.17	13.47	14.02

2. Jedes gerasterte rechteckige Bild (Computerbildschirm, Digitalkamera) kann als Matrix (a_{ij}) aufgefasst werden. Dabei gibt das Element a_{ij} an, welchen Farbwert der Punkt in der i-ten Zeile und j-ten Spalte hat. Die Zielmenge M ist etwa eine Palette von Farben.
3. Die erste Matrix aus Beispiel 1 ist gleichmächtig zum 20-Tupel $(0, 0, \dots, 0) \in \mathbb{N}^{20}$.
4. Für die Matrix

$$A := \begin{pmatrix} 2 & 4 & 5 \\ 8 & 3 & 5 \end{pmatrix} \in \mathbb{R}^{2\times 3} \text{ folgt } A^{\mathrm{T}} = \begin{pmatrix} 2 & 8 \\ 4 & 3 \\ 5 & 5 \end{pmatrix} \in \mathbb{R}^{3\times 2}.$$

1.6.7 Sei $(A_i)_{i\in I}$ eine Familie von Mengen. Unter der *Vereinigung* dieser Mengenfamilie verstehen wir die Menge

$$\bigcup_{i\in I} A_i := \{x \mid \exists\, i \in I \text{ mit } x \in A_i\}.$$

Falls $I \neq \emptyset$, so ist der *Durchschnitt* dieser Mengenfamilie erklärt als

$$\bigcap_{i\in I} A_i := \{x \mid \forall\, i \in I \text{ gilt } x \in A_i\}.$$

Bei nur endlich vielen Mengen, etwa $A_1, A_2, \dots, A_k$ mit $k \in \mathbb{N}^{\times}$, schreiben wir deren Vereinigung bzw. Durchschnitt auch als

$$A_1 \cup A_2 \cup \dots \cup A_k \text{ bzw. } A_1 \cap A_2 \cap \dots \cap A_k.$$

Eine Mengenfamilie mit leerem Durchschnitt heißt *disjunkt*.

Für eine Vereinigung ist $I = \emptyset$ nicht ausgeschlossen, denn die Vereinigungsmenge lautet dann

$$\{x \mid \exists\, i \in \emptyset \text{ mit } x \in A_i\} = \{x \mid x \text{ erfüllt eine falsche Aussage}\} = \emptyset.$$

Das entspricht ganz der Vorstellung: Je weniger Mengen vereinigt werden, desto kleiner wird die Vereinigungsmenge.

Bemerkung 1.6.8 Sind in 1.6.7 alle Mengen A_i Teilmengen einer festen Menge M, so kann zusätzlich festgesetzt werden

$$\bigcap (A_i \mid i \in \emptyset,\ A_i \subset M) := M.$$

Dahinter steht die Vorstellung, dass ein Durchschnitt größer wird, falls weniger Mengen daran beteiligt sind. Diese Zusatzdefinition hängt aber davon ab, welche Menge M als gemeinsame Obermenge für alle A_i betrachtet wird.

1.6.9 Jede Menge M kann auch als Familie aufgefasst werden, indem man M als Indexmenge wählt und durch $\mathrm{id}_M : M \to M : x \mapsto \mathrm{id}_M(x) = x$ auf die Menge M abbildet. Die Menge M tritt hier in doppelter Rolle auf. Jedes Element von M ist zugleich sein eigener Index. Ist etwa $M := \{X \subset \mathbb{N} \mid 5 \in X\}$, so erhalten wir

$$\bigcap_{X\in M} X = \{5\}, \qquad \bigcup_{X\in M} X = \mathbb{N}.$$

Wir ersparen uns so die Suche nach einer passenden Indexmenge, um den Durchschnitt und die Vereinigung anschreiben zu können.

Aufgaben

A 1.6.1 Gegeben seien die Mengenfamilie $(A_i)_{i\in\mathbb{N}}$ mit $A_i = \{-i, -i+1, \ldots, i\} \subset \mathbb{Z}$ und die Teilfamilie $(A_j)_{j\in J}$ mit $J = \{2n+1 \mid n \in \mathbb{N}\} = \{1, 3, 5, \ldots\}$. Bestimme $\bigcup_{i\in\mathbb{N}} A_i$, $\bigcap_{i\in\mathbb{N}} A_i$, $\bigcup_{j\in J} A_j$ und $\bigcap_{j\in J} A_j$.

A 1.6.2 Ein Sparverein hat unendlich viele Mitglieder, die sich mit $a_1, a_2, a_3, \ldots$ bezeichnen lassen. Jedes Mitglied hat gerade einmal einen Euro. Der Kassier verspricht allen Mitgliedern eine Verdoppelung ihres Kapitals. Dazu müsse nur jeder seinen einzigen Euro einem anderen Mitglied geben. Ist das wirklich möglich? Wenn ja, dann beschreibe eine entsprechende Vorgangsweise.

1.7 Äquivalenzrelationen

1.7.1 So wir im täglichen Leben kommt es auch in der Mathematik oft nicht darauf an, ob Elemente einer Menge gleich oder verschieden sind. Wichtig ist vielmehr, ob sie in einem gewissen Sinne gleichwertig sind oder nicht. Die mathematische Beschreibung einer „Gleichwertigkeit" kann mit Hilfe von gewissen Relationen erfolgen:

Definition 1.7.2 Eine Relation $R \subset M \times M$ heißt *Äquivalenzrelation*, falls sie folgende Eigenschaften hat:

1. Es gilt $x\,R\,x$ für alle $x \in M$ (*Reflexivität*).
2. Aus $x\,R\,y$ folgt stets $y\,R\,x$ (*Symmetrie*).
3. Wenn $x\,R\,y$ und $y\,R\,z$, dann ist auch $x\,R\,z$ (*Transitivität*).

Wir bezeichnen eine Äquivalenzrelation oft mit dem Zeichen $\sim$.

Beispiele 1.7.3

1. Auf einer beliebigen Menge M gelte $x \sim y$ genau für $x = y$. Diese Äquivalenzrelation $\{(x, x) \mid x \in M\}$ heißt *Gleichheitsrelation* auf M.
2. Sei M eine Menge. Die Relation $M \times M$ heißt *Allrelation* auf M. Sie ist eine Äquivalenzrelation, in der je zwei Elemente aus M in Relation stehen.
3. Sei $m \in \mathbb{N}$ fest gewählt. Wir definieren $\mathbb{Z}m := \{km \mid k \in \mathbb{Z}\}$. Auf der Menge $\mathbb{Z}$ erklären wir eine Relation durch (lies: x kongruent y modulo m)

$$x \equiv y \pmod{m} \text{ genau für } x - y \in \mathbb{Z}m.$$

   Zwei ganze Zahlen stehen also genau dann in Relation, wenn $x - y$ durch m teilbar ist. Wir überprüfen die drei Eigenschaften einer Äquivalenzrelation.
   Reflexivität: Für alle $x \in \mathbb{Z}$ gilt $x - x = 0 = 0m$, also $x - x \in \mathbb{Z}m$.
   Symmetrie: Aus $x - y \in \mathbb{Z}m$ folgt $x - y = im$ mit $i \in \mathbb{Z}$. Das zeigt $y - x = (-i)m$. Da $-i$ ebenfalls in $\mathbb{Z}$ liegt, folgt $y - x \in \mathbb{Z}m$.
   Transitivität: Aus $x - y \in \mathbb{Z}m$ und $y - z \in \mathbb{Z}m$ folgt $x - y = im$ und $y - z = jm$ mit $i, j \in \mathbb{Z}$. Dann gilt $(x - y) + (y - z) = x - z = (i + j)m$. Da $i + j \in \mathbb{Z}$, ergibt das $x - z \in \mathbb{Z}m$.
   Für $m = 0$ liegt die Gleichheitsrelation auf $\mathbb{Z}$ vor, da $\mathbb{Z}0 = \{0\}$. Für $m = 1$ liegt die Allrelation auf $\mathbb{Z}$ vor, da $\mathbb{Z}1 = \mathbb{Z}$.

4. Sei $f : M \to N$ eine Abbildung. Es gelte

$$x \sim y \quad \text{genau für} \quad f(x) = f(y).$$

Dann liegt offenbar eine Äquivalenzrelation auf M vor.

1.7.4 Im Alltag sind ständig Äquivalenzrelationen anzutreffen, wenn es darum geht, in einer Menge von Dingen nach einem gewissen Gesichtspunkt Ordnung zu schaffen. Zum Beispiel kann auf einer Menge von Drahtstiften die Äquivalenzrelation „gleiche Länge und gleicher Durchmesser" eingeführt werden, um in diesem Sinne gleichartige Stifte dann in einzelnen Behältern zu sammeln. Wir umschreiben diesen Vorgang jetzt in mathematischer Sprache:

Sei $\sim$ eine Äquivalenzrelation auf einer Menge M und $a \in M$. Dann heißt

$$C_a := \{x \mid x \sim a\}$$

eine *Äquivalenzklasse* bezüglich $\sim$ und a ein *Repräsentant* dieser Äquivalenzklasse. Die Menge aller Äquivalenzklassen bezüglich $\sim$ wird mit $M/\!\sim$ (lies: M modulo Schlange) bezeichnet.

Wir untersuchen nun die Menge aller Äquivalenzklassen.[15]

Satz 1.7.5 *Sei $\sim$ eine Äquivalenzrelation auf M. Dann gilt:*

(a) *$C_a \neq \emptyset$ für alle $a \in M$.*

(b) *Wenn $C_a \neq C_b$, dann folgt $C_a \cap C_b = \emptyset$ für alle $a, b \in M$.*

(c) *$\bigcup_{a \in M} C_a = M$.*

Beweis. (a) Wegen der Reflexivität von $\sim$ enthält die Äquivalenzklasse C_a zumindest das Element $a \in M$ und ist daher nicht leer.

(b) Wir beweisen die Kontraposition und nehmen $C_a \cap C_b \neq \emptyset$ an. Es gibt also ein Element $y \in M$ mit $y \sim a$ und $y \sim b$. Wir zeigen zunächst $C_a \subset C_b$: Wegen der Symmetrie von $\sim$ ist $a \sim y$ erfüllt. Für alle $x \in C_a$ folgt dann aus $x \sim a$, $a \sim y$ und $y \sim b$ unter zweimaliger Anwendung der Transitivität von $\sim$ sofort $x \sim b$, also $x \in C_b$. Analog ist $C_b \subset C_a$ zu beweisen, was insgesamt $C_a = C_b$ ergibt.

(c) Für alle $x \in M$ gilt einerseits $x \in C_x \subset \bigcup_{a \in M} C_a$, also $M \subset \bigcup_{a \in M} C_a$, und andererseits $C_x \subset M$, also $\bigcup_{a \in M} C_a \subset M$. Das bedeutet aber die gewünschte Gleichheit. □

Beispiele 1.7.6 Wir bestimmen die Äquivalenzklassen der Beispiele aus 1.7.3.

1. Zu $a \in M$ ist $C_a = \{a\}$. Weiters ist $M/\!\sim\, = \{\{x\} \mid x \in M\}$.
2. Hier ist für $M \neq \emptyset$ die Menge der Äquivalenzklassen gleich $\{M\}$.
3. Die Äquivalenzklassen heißen hier *Restklassen modulo m*. Die Restklasse von $a \in \mathbb{Z}$ ist

$$C_a = \{a, a \pm m, a \pm 2m, \dots\} =: \overline{a}.$$

Die Menge aller Restklassen ist für $m \geq 1$ gegeben durch $\mathbb{Z}_m := \{\overline{0}, \overline{1}, \dots, \overline{m-1}\}$. Diesen Restklassen werden wir noch öfters begegnen, daher führen wir die Kurzschreibweise mit dem Querstrich ein, bei der aber aus dem Zusammenhang klar sein muss, welchen Wert m gerade hat. Für $m = 0$ gibt es unendlich viele Äquivalenzklassen mit je genau einem Element.

[15]Ist M die leere Menge, so gibt es kein $a \in M$ und daher auch keine Äquivalenzklassen, das heißt $M/\!\sim\, = \emptyset$. Dieser Fall ist nicht interessant.

4. Die Äquivalenzklassen werden *Fasern* von f genannt. Ist etwa f jene Abbildung, welche jedem Punkt X einer Ebene den Abstand von einem festen Punkt P dieser Ebene zuweist, so sind die Fasern genau die Kreise mit Mittelpunkt P (Radius beliebig > 0) sowie die Menge $\{P\}$. Eine Faser von f wird auch als *Niveaumenge* bezeichnet. Der Name leitet sich von den Höhenschichtenlinien (Kurven gleicher Höhe) im Gelände ab.

Die folgende Begriffsbildung hängt mit der Menge $M/{\sim}$ aller Restklassen bezüglich $\sim$ eng zusammen:

Definition 1.7.7 Sei M eine Menge. Unter einer *Partition* oder *Klasseneinteilung* verstehen wir eine Teilmenge Π der Potenzmenge der Menge M mit folgenden Eigenschaften:

1. $\emptyset \notin \Pi$.
2. Wenn $A, B \in \Pi$ und $A \neq B$, dann folgt $A \cap B = \emptyset$.
3. $\bigcup_{A \in \Pi} A = M$.

Ist $M \neq \emptyset$, so ist $\Pi \neq \emptyset$, und M wird in disjunkte, nicht leere Mengen zerlegt. Für $M = \emptyset$ ist $\Pi := \emptyset$ die einzige Partition.

Satz 1.7.8 *Sei M eine Menge. Dann gilt:*

(a) *Ist $\sim$ eine Äquivalenzrelation auf M, so ist $M/{\sim}$ eine Partition von M.*

(b) *Ist Π eine Partition von M, so bestimmt Π eine Äquivalenzrelation*[16]

$$\sim_\Pi := \{(x, y) \in M \times M \mid \exists A \in \Pi \ \ mit \ \ x, y \in A\} = \bigcup_{A \in \Pi} (A \times A).$$

Es ist dann Π die Menge der Äquivalenzklassen bezüglich $\sim_\Pi$.

Beweis. (a) Nach Satz 1.7.5 ist $M/{\sim}$ eine Partition.

(b) Wir zeigen, dass $\sim_\Pi$ eine Äquivalenzrelation ist.

Reflexivität: Sei $x \in M$. Dann gibt es genau eine Menge $A \in \Pi$ mit $x \in A$, und $(x, x) \in A \times A$ zeigt $x \sim_\Pi x$.

Symmetrie: Es bedeutet $x \sim_\Pi y$, dass x und y derselben Menge $A \in \Pi$ angehören, also gilt auch $y \sim_\Pi x$.

Transitivität: Aus $x \sim_\Pi y$ und $y \sim_\Pi z$ folgt, dass x, y, z zur selben Menge $A \in \Pi$ gehören, was $x \sim_\Pi z$ bewirkt.

Nach den obigen Überlegungen ist $\sim_\Pi$ eine Äquivalenzrelation auf M, und die Äquivalenzklasse von $x \in A \in \Pi$ ist gerade die Menge A. □

Der letzte Teil des Satzes zeigt, dass die Vorgabe einer Äquivalenzrelation auf einer Menge M zur Angabe einer Partition von M gleichwertig ist.

Bemerkung 1.7.9 Ist $\sim$ eine Äquivalenzrelation auf M, so kann die Zuordnung $x \mapsto C_x$ als Abbildung (Familie) von M auf $M/{\sim}$ aufgefasst werden. Diese *kanonische Abbildung* ist surjektiv und ordnet jedem $x \in M$ jene Äquivalenzklasse zu, der x angehört.

[16] Die Schreibweise $\sim_\Pi$ (lies: *äquivalent bezüglich* Π) soll andeuten, dass diese Relation durch die Partition Π festgelegt wird.

Aufgaben

A 1.7.1 Bestimme alle Partitionen der folgenden Teilmengen von $\mathbb{N}$: $\{1\}$, $\{1,2\}$ und $\{1,2,3\}$. Gib auch alle Äquivalenzrelationen auf diesen Mengen an.

A 1.7.2

(a) Wo ist der Fehler? Satz. *Jede symmetrische und transitive Relation* $\sim$ *ist eine Äquivalenzrelation.* *Beweis.* Aus $x \sim y$ folgt $y \sim x$, weil $\sim$ symmetrisch ist. Wegen $x \sim y$ und $y \sim x$ folgt aber dann $x \sim x$ für alle x, weil $\sim$ transitiv ist.

(b) Gib ein Beispiel einer symmetrischen und transitiven Relation einer endlichen Menge so an, dass keine Äquivalenzrelation vorliegt.

A 1.7.3 Die bis Ende 2006 verwendete *Internationale Standardbuchnummer* eines Buches, abgekürzt ISBN-10, besteht aus 10 Symbolen $a_1, a_2, \dots, a_{10}$. Dabei sind $a_1, a_2, \dots, a_9 \in \{0, 1, \dots, 9\}$ frei wählbare *Nutzsymbole*, wohingegen das *Kontrollsymbol* (oder: *Prüfsymbol*) $a_{10} \in \{0, 1, \dots, 9, \mathrm{X}\}$ gemäß der *Kontrollgleichung*

$$a_{10} \equiv \sum_{i=1}^{9} i \cdot a_i \pmod{11}$$

zu berechnen ist, wobei aber statt $a_{10} = 10$ stets $a_{10} = \mathrm{X}$ zu schreiben ist; z. B. 3-466-34008-X, 3-528-06419-6, 0-09-990900-6. Die Trennstriche haben keine mathematische Bedeutung.

(a) Überprüfe nach eigener Wahl die ISBN-10 eines Buches auf ihre Richtigkeit.

(b) Zeige, dass die fehlerhafte Eingabe genau eines Symbols (auch des Prüfsymbols) mittels der Kontrollgleichung erkannt werden kann.

(c) Zeige, dass jede Vertauschung von zwei benachbarten Symbolen einer ISBN-10 mittels der Kontrollgleichung erkannt werden kann.
Hinweis: Schreibe die Kontrollgleichung als $\sum_{i=1}^{10} i \cdot a_i \equiv 0 \pmod{11}$.

Bemerkung: Seit 2007 ist eine aus dreizehn Ziffern aufgebaute ISBN-13 in Verwendung, die sich der European Article Number (vgl. A 1.7.4) unterordnet.

A 1.7.4 Der *EAN-Code* (*European Article Number*) besteht aus dreizehn Ziffern $a_1, a_2, \dots, a_{13} \in \{0, 1, \dots, 9\}$, die der Kontrollgleichung

$$a_{13} \equiv -(1 \cdot a_1 + 3 \cdot a_2 + 1 \cdot a_3 + 3 \cdot a_4 + \cdots + 3 \cdot a_{12}) \pmod{10}$$

genügen. Ein Beispiel dafür ist in Abbildung 1.3 zu sehen. Auf den dazugehörigen Strichcode zur optoelektronischen Eingabe gehen wir hier nicht ein.

(a) Überprüfe nach eigener Wahl einen EAN-Code auf seine Richtigkeit.

(b) Zeige, dass die fehlerhafte Eingabe genau eines Symbols mittels der Kontrollgleichung erkannt werden kann.

(c) Gib einen unter Umständen fiktiven, aber mathematisch korrekten EAN-Code so an, dass mittels der Kontrollgleichung die Vertauschung von zwei benachbarten Symbolen nicht stets erkannt werden kann.

8 007758 012172

Abbildung 1.3

Abbildung 1.4

A 1.7.5 Die Schienenfahrzeuge vieler europäischer Eisenbahnverwaltungen werden durch Ziffern $a_1, a_2, \ldots, a_n \in \{0, 1, \ldots, 9\}$ gekennzeichnet, die durch eine *Prüfziffer* a_{n+1} ergänzt werden. Allerdings ist die Anzahl n variabel (meist $n \geq 6$), etwa 50 85 18-33 130-3 (Reisezugwagen erster Klasse der Schweizerischen Bundesbahnen), 1044 077-4 (Elektrolokomotive der Österreichischen Bundesbahnen), 294 212-6 (Diesellokomotive der Deutschen Bahn AG). Die Trennzeichen und Unterstreichungen haben keine mathematische Bedeutung (Abbildung 1.4[17]). Zur Berechnung von a_{n+1} dienen die Funktion

$$q : \{0, 1, \ldots, 18\} \to \{0, 1, \ldots, 9\} : x \mapsto \text{Ziffernsumme von } x,$$

so ist z. B. $q(13) = 1 + 3 = 4$, sowie die Kontrollgleichung

$$a_{n+1} \equiv -(q(2a_n) + q(a_{n-1}) + q(2a_{n-2}) + \cdots + q(ma_1)) \pmod{10},$$

wobei $m = 1$ bzw. $m = 2$ zu setzen ist, je nachdem n eine gerade oder ungerade Zahl ist.

(a) Der Triebwagen 4090 001-? der Schmalspurbahn St. Pölten – Mariazell war im Sommer 1994 bei einer Probefahrt mit der falschen Aufschrift 4090 001-2 unterwegs. Berechne die korrekte Prüfziffer.

(b) Zeige, dass die fehlerhafte Eingabe genau eines Symbols (auch des Prüfsymbols) mittels der Kontrollgleichung erkannt werden kann.

(c) Gib eine unter Umständen fiktive, aber mathematisch korrekte Fahrzeugnummer mit mindestens 6 Nutzsymbolen so an, dass mittels der Kontrollgleichung die Vertauschung von zwei benachbarten Symbolen nicht stets erkannt werden kann.

A 1.7.6 Sei $\sim$ eine reflexive Relation auf einer Menge M. Beweise, dass $\sim$ genau dann eine Äquivalenzrelation ist, falls für alle $x, y, z \in M$ aus $(x \sim y) \wedge (x \sim z)$ stets $y \sim z$ folgt.

1.8 Halbordnungen

1.8.1 Wir besprechen zwei weitere Typen von Relationen. Als Vorbild diene dabei etwa die Menge $\mathbb{Z}$ der ganzen Zahlen gemeinsam mit der Relation $\leq$.

Definition 1.8.2 Sei M eine Menge. Eine *Halbordnung* auf M ist eine Relation $R \subset M \times M$, die reflexiv, transitiv und *antisymmetrisch* ist, d. h., für alle $x, y \in M$ folgt aus $x R y$ und $y R x$ die Gleichheit $x = y$. Ein Element $y \in M$ heißt mit $x \in M$ *vergleichbar*, falls $x R y$ oder $y R x$ erfüllt ist. Sind je zwei Elemente von M vergleichbar, so wird R eine *lineare Ordnung* genannt.

Wir bezeichnen eine Halbordnung im Folgenden etwa mit dem Zeichen $\sqsubseteq$; es ist dem Zeichen $\leq$ nachempfunden. Statt $x \sqsubseteq y$ wird auch $y \sqsupseteq x$ geschrieben. Eine Menge M mit einer Halbordnung heißt kurz eine *halbgeordnete Menge*. Analog sprechen wir auch von einer *linear geordneten Menge*. Eine linear geordnete Menge wird auch *Kette* genannt.

1.8.3 Sei $(M, \sqsubseteq)$ eine halbgeordnete Menge. Ein Element $m \in M$ heißt *maximal*, falls es kein $x \in M \setminus \{m\}$ mit $m \sqsubseteq x$ gibt. Demgegenüber ist $g \in M$ ein *größtes Element*, falls $x \sqsubseteq g$ für alle $x \in M$. Wegen der Antisymmetrie von $\sqsubseteq$ kann es nur höchstens ein größtes Element geben. Wenn es ein größtes Element gibt, so ist dieses auch maximal. Umgekehrt braucht ein maximales Element nicht mit allen Elementen vergleichbar und daher auch kein größtes Element zu sein. Analog zu oben heißt $n \in M$ ein *minimales Element*, falls es kein $x \in M \setminus \{n\}$ mit $x \sqsubseteq n$ gibt; ein *kleinstes Element* $k \in M$ ist durch $k \sqsubseteq x$ für alle $x \in M$ erklärt.

[17] Wiener Neustadt Hauptbahnhof, 2005.

Jede Teilmenge T von M ist mit der Relation $\{(x, y) \in T \times T \mid x \sqsubseteq y\}$ wieder halbgeordnet. Ist diese Halbordnung auf T sogar eine lineare Ordnung, so wird T auch als *Teilkette* von M bezeichnet. Ein Element $s \in M$ heißt eine *obere Schranke* einer Teilmenge $T \subset M$, falls $x \sqsubseteq s$ für alle $x \in T$. Eine obere Schranke von T braucht nicht in T zu liegen. Ist dies aber dennoch der Fall, so ist sie das größte Element von T. Eine *untere Schranke* von T ist ein Element $r \in M$ mit $r \sqsubseteq x$ für alle $x \in T$.

Beispiele 1.8.4

1. Die übliche Relation $\leq$ (*kleiner oder gleich*) ist eine lineare Ordnung auf der Menge $\mathbb{R}$ der reellen Zahlen. Es gibt kein maximales und kein minimales Element. Wenn wir diese Relation auf $\mathbb{N}$ einschränken, ist 0 das kleinste Element.
2. Sei A eine Menge. Wir erklären eine Relation R auf der Potenzmenge 2^A, indem wir jede Teilmenge X von A genau mit jenen Teilmengen Y von A in Relation setzen, für die $X \subset Y$ gilt. Dann liegt eine Halbordnung vor, wobei wir $\subset$ auch gleich als Relationssymbol verwenden. Es ist A das größte Element von 2^A und $\emptyset$ das kleinste Element.
3. Sei $A = \{1, 2\} \subset \mathbb{N}$ und $(M, \subset)$ die halbgeordnete Menge aller Teilmengen von A, die höchstens ein Element besitzen, also $M = \{\emptyset, \{1\}, \{2\}\}$. Dann sind $\{1\}$ und $\{2\}$ maximale Elemente; es gibt aber kein größtes Element in M. Das kleinste Element von M ist $\emptyset$.

Wichtig ist für uns das folgende Ergebnis, da wir damit die Existenz von Basen in Vektorräumen beweisen werden. Wir geben es ohne Beweis an.

Satz 1.8.5 (Lemma von Zorn[18]) *Sei $(M, \sqsubseteq)$ eine nicht leere halbgeordnete Menge mit der Eigenschaft, dass jede nicht leere Teilkette von M eine obere Schranke in M besitzt. Dann gibt es in M mindestens ein maximales Element.*

Bemerkung 1.8.6 Der hier übergangene Beweis des Lemmas von Zorn ist übrigens ein reiner Existenzbeweis. Er stellt nur sicher, dass es mindestens ein maximales Element gibt. Die Frage, ob und wie ein solches Element in einem konkreten Beispiel tatsächlich gefunden werden kann, bleibt dabei unbeantwortet. Ein Beweis gelingt etwa im Rahmen einer axiomatisch definierten Mengenlehre, wie sie E. Zermelo[19] und A. Fraenkel[20] angegeben haben. Dort erweist sich das Lemma von Zorn als äquivalent zum sogenannten *Auswahlaxiom*, das auf den ersten Blick ziemlich einsichtig erscheinen mag. Es besagt: Zu jeder Menge M nicht leerer Mengen gibt es eine Funktion $f : M \to \bigcup_{X \in M} X$ mit der Eigenschaft $f(X) \in X$ für alle $X \in M$. Die Funktion f wählt also aus jeder zu M gehörenden Menge X eines ihrer Elemente aus, weshalb auch von einer *Auswahlfunktion* gesprochen wird. Das Auswahlaxiom postuliert also die Existenz einer solchen Funktion, ohne sie anzugeben. Vgl. dazu etwa [12].

Aufgaben

A 1.8.1 Wir erklären eine Relation $\sqsubseteq$ auf $\mathbb{N}$ durch $x \sqsubseteq y$ genau für $y \in \mathbb{N}x$, also wenn y ein Vielfaches von x ist. Zeige:

(a) Es liegt eine Halbordnung, aber keine lineare Ordnung vor.

[18] Max Zorn (1906–1993). Ein *Lemma* bezeichnet in der Mathematik einen Hilfssatz.

[19] Ernst Friedrich Ferdinand Zermelo (1871–1953).

[20] Adolf (später: Abraham Halevi) Fraenkel (1891–1965).

(b) In der halbgeordneten Menge $(\mathbb{N}, \sqsubseteq)$ gibt es genau ein größtes Element g und genau ein kleinstes Element k. Wie lauten diese Elemente?

A 1.8.2 Wie ändern sich die Ergebnisse aus A 1.8.1, wenn $\mathbb{N}$ überall durch $\mathbb{N}^\times$ bzw. $\mathbb{Z}$ ersetzt wird?

1.9 Gruppen

1.9.1 Wir besprechen nun Mengen, auf denen Rechenoperationen erklärt sind. Als Vorbild diene dabei etwa die Menge $\mathbb{Z}$ der ganzen Zahlen gemeinsam mit der Addition $+$.

Sei M eine Menge. Eine *innere Verknüpfung* in M ist eine Abbildung

$$* : M \times M \to M : (x, y) \mapsto x * y.$$

Eine innere Verknüpfung führt also aus der Menge M nicht heraus, es wird M auch als *abgeschlossen* gegenüber $*$ bezeichnet. An die Stelle von $*$ kann auch ein anderes Symbol $(\circ, \cdot, \odot, +, \times, \ldots)$ treten. Viele Beispiele ordnen sich der folgenden Begriffsbildung unter:

Definition 1.9.2 Eine *Gruppe* ist eine Menge G gemeinsam mit einer inneren Verknüpfung $\cdot : G \times G \to G : (x, y) \mapsto x \cdot y$, für die folgende Axiome[21] gelten:

1. Für alle $x, y, z \in G$ gilt das *Assoziativgesetz*
$$(x \cdot y) \cdot z = x \cdot (y \cdot z).$$
2. Es gibt mindestens ein *links-neutrales Element* $e \in G$ mit
$$e \cdot x = x \quad \text{für alle} \quad x \in G.$$
3. Zu jedem Element $x \in G$ gibt es mindestens ein *links-inverses Element* $l \in G$ mit der Eigenschaft $l \cdot x = e$.

Eine Gruppe G heißt *kommutativ*, falls $x \cdot y = y \cdot x$ für alle $x, y \in G$.

Wir bezeichnen im Folgenden eine Gruppe mit $(G, \cdot)$ oder auch bloß mit G und schreiben statt $x \cdot y$ auch xy. Eine kommutative Gruppe wird auch *abelsche*[22] Gruppe genannt. Wegen $e \in G$ ist stets $G \neq \emptyset$.

Die Axiome einer Gruppe sind so formuliert, dass sich die üblichen Rechenregeln daraus herleiten lassen. Wenn wir also jetzt „abstrakt" vorgehen, so gelten alle diese Ergebnisse in jeder Gruppe. Die Gruppenaxiome sind weiters möglichst mager gehalten. Es könnte etwa in Axiom 2 auch verlangt werden, dass es genau ein links-neutrales Element $e \in G$ gibt. Das lässt sich aber schon beweisen; wir würden also mehr verlangen, als tatsächlich notwendig ist.

Beispiele 1.9.3

1. Sei M eine Menge. Dann ist die Menge S_M aller Bijektionen von M auf sich gemeinsam mit dem Abbildungsprodukt $\circ$ eine Gruppe:
Die Abgeschlossenheit folgt aus Satz 1.5.3 (c). Das Assoziativgesetz gilt nach Formel (1.1) aus 1.5.2. Es ist id_M eine Bijektion von M und $\mathrm{id}_M \circ f = f$ für alle Bijektionen $f : M \to M$.

[21] *Axiome* sind als wahr angenommener Anfangssätze einer Theorie, die innerhalb der Theorie selbst nicht bewiesen werden, aus denen aber dann die Sätze der Theorie erschlossen werden.

[22] Niels Henrik Abel (1802–1829).

Schließlich gibt es zu jeder Bijektion $f : M \to M$ die inverse Bijektion f^{-1}; wegen $f^{-1} \circ f = \mathrm{id}_M$ ist auch das dritte Gruppenaxiom erfüllt.
Die Gruppe S_M heißt die *symmetrische Gruppe* von M. Die Elemente von S_M werden auch *Permutationen* genannt. Insbesondere für $M = \{1, 2, \ldots, n\}$ wird statt S_M auch S_n geschrieben; S_n heißt die *symmetrische Gruppe von n Elementen.*

2. Die Gruppe S_3 besteht aus genau 6 Permutationen, nämlich

$$e : \begin{pmatrix} 1 & 2 & 3 \\ 1 & 2 & 3 \end{pmatrix}, \quad f : \begin{pmatrix} 1 & 2 & 3 \\ 1 & 3 & 2 \end{pmatrix}, \quad g : \begin{pmatrix} 1 & 2 & 3 \\ 3 & 2 & 1 \end{pmatrix},$$
$$h : \begin{pmatrix} 1 & 2 & 3 \\ 2 & 1 & 3 \end{pmatrix}, \quad i : \begin{pmatrix} 1 & 2 & 3 \\ 2 & 3 & 1 \end{pmatrix}, \quad j : \begin{pmatrix} 1 & 2 & 3 \\ 3 & 1 & 2 \end{pmatrix}.$$

Dabei legen wir jede Abbildung durch eine 2×3 Matrix fest: Jedes Element der ersten Zeile hat als Bild das darunter stehende Element. (Auf die Reihenfolge der Spalten kommt es dabei nicht an.) Es gilt $e = \mathrm{id}_M$; f, g und h haben je genau ein Fixelement. Die Permutationen i und j fixieren keine Elemente.
Die Gruppe $\mathrm{S}_3 = \{e, f, \ldots, j\}$ lässt sich bequem durch eine *Verknüpfungstafel* beschreiben. Das ist hier eine 6×6 Matrix mit S_3 als Zeilen- und Spaltenindexmenge:

$\circ$	e	f	g	h	i	j
e	e	f	g	h	i	j
f	f	e	i	j	g	h
g	g	j	e	i	h	f
h	h	i	j	e	f	g
i	i	h	f	g	j	e
j	j	g	h	f	e	i

Am Kreuzungspunkt der Zeile x mit der Spalte y steht das Element $x \circ y$. Wir lesen etwa aus der Tabelle $g \circ i = h$ ab. Das Gruppenaxiom 2 bewirkt, dass sich in der Zeile neben e die Indexzeile wiederholt, Axiom 3 drückt sich darin aus, dass in jeder Spalte mindestens einmal das Element e steht. Wegen $i \circ g = f \neq h = g \circ i$, liegt eine nicht kommutative Gruppe vor.

3. Die übliche Multiplikation $\cdot$ ist eine innere Verknüpfung in $\mathbb{Q}^\times$. Es liegt eine kommutative Gruppe vor, da $1 \cdot x = x$, $\frac{1}{x} \cdot x = 1$ und $x \cdot y = y \cdot x$ für alle $x, y \in \mathbb{Q}^\times$. Analog ist $(\mathbb{R}^\times, \cdot)$ eine kommutative Gruppe.[23]

4. Es ist $\mathbb{Z}$ mit der üblichen Addition $+$ eine kommutative Gruppe, aber auch $(\mathbb{Q}, +)$ und $(\mathbb{R}, +)$ sind kommutative Gruppen.

5. Sei $G = \{e\}$ eine beliebige Menge mit genau einem Element. Wir definieren $e \cdot e := e$. Das liefert eine kommutative Gruppe $(G, \cdot)$.

1.9.4 Wir zeigen nun einfachste Eigenschaften einer Gruppe $(G, \cdot)$. In bestimmten Fällen kommt es bei einem Produkt nicht auf die Reihenfolge der Faktoren an: Zu jedem $x \in G$ gibt es ein $l \in G$ mit $lx = e$ und zu l ebenfalls ein Element $k \in G$ mit $kl = e$. Wir berechnen

$$lx = e = kl = k(el) = k((lx)l) = k(l(xl)) = (kl)(xl) = e(xl) = xl. \tag{1.3}$$

[23] $(\mathbb{Z}^\times, \cdot)$ ist aber keine Gruppe: Es ist zwar $1 \in \mathbb{Z}^\times$ ein links-neutrales Element, zu $2 \in \mathbb{Z}^\times$ existiert aber in der Menge $\mathbb{Z}^\times$ kein links-inverses Element.

Hier geht das Assoziativgesetz wesentlich ein. Weiters gilt

$$xe = x(lx) = (xl)x = ex = x \quad \text{für alle} \quad x \in G. \tag{1.4}$$

Mit Hilfe von (1.3) und (1.4) zeigen wir die sogenannten *Kürzungsregeln* und diskutieren die Lösbarkeit gewisser Gleichungen:

Satz 1.9.5 *Sei G eine Gruppe.*

(a) *Aus $xy = xy'$ folgt $y = y'$ für alle $x, y, y' \in G$.*

(b) *Aus $xy = x'y$ folgt $x = x'$ für alle $x, x', y \in G$.*

(c) *Zu je zwei Elementen $u, v \in G$ gibt es genau ein $y \in G$ mit $uy = v$ und genau ein $x \in G$ mit $xu = v$.*

Beweis. (a) Es gibt mindestens ein Element $l \in G$ mit $lx = xl = e$. Wir haben daher:

$$\begin{array}{rcll} xy &=& xy' & \text{Wir multiplizieren mit } l \text{ von links.} \\ l(xy) &=& l(xy') & \text{Wir wenden das Assoziativgesetz an.} \\ (lx)y &=& (lx)y' & lx = e \\ ey &=& ey' & ey = y, \quad ey' = y' \\ y &=& y' & \end{array}$$

(b) Durch Multiplikation der Gleichung $xy = x'y$ von rechts mit einem zu y links-inversen Element folgt analog $x = x'$, da jedes links-inverse Element nach (1.3) auch rechts-invers ist.

(c) Nach (a) kann es nur höchstens ein $y \in G$ mit der gewünschten Eigenschaft geben. Andererseits gibt es ein Element $l \in G$ mit $ul = lu = e$. Dann ist $y := lv$ eine Lösung, da

$$uy = u(lv) = (ul)v = ev = v.$$

Die Richtigkeit der zweiten Behauptung ergibt sich analog aus (b) und $x := vl$. □

Ist $*$ eine innere Verknüpfung in einer Menge M, so heißt ein $e \in M$ mit

$$e * x = x * e = x \quad \text{für alle} \quad x \in M$$

ein *neutrales Element* bezüglich $*$. Mit dieser Sprechweise gilt dann:

Satz 1.9.6 *In jeder Gruppe gibt es genau ein neutrales Element.*

Beweis. Nach Axiom 2 und Formel (1.4) hat jede Gruppe mindestens ein neutrales Element e. Ist $e' \in G$ ebenfalls ein neutrales Element, so wählen wir aus $G \neq \emptyset$ ein beliebiges Element y aus. Es folgt $ey = y = e'y$. Die Kürzungsregel aus Satz 1.9.5 (b) zeigt nun $e = e'$. □

Es seien $*$ eine innere Verknüpfung in einer Menge M und $e \in M$ ein neutrales Element bezüglich $*$. Dann heißt ein $l \in M$ ein *inverses Element* zu $x \in M$ bezüglich $*$, falls

$$l * x = x * l = e.$$

Wir zeigen jetzt:

Satz 1.9.7 *Sei G eine Gruppe. Dann gibt es zu jedem Element $x \in G$ genau ein inverses Element.*

Beweis. Nach Axiom 3 und Formel (1.3) gibt es zu jedem $x \in G$ mindestens ein inverses Element l. Ist $l' \in G$ ebenfalls ein zu x inverses Element, so folgt $lx = e = l'x$. Die Kürzungsregel aus Satz 1.9.5 (b) zeigt nun $l = l'$. □

Wir bezeichnen das eindeutig bestimmte inverse Element von $x \in G$ mit x^{-1}. Aus $xx^{-1} = x^{-1}x = e$ folgt

$$(x^{-1})^{-1} = x \quad \text{für alle} \quad x \in G.$$

Nützlich ist auch die Formel

$$(xy)^{-1} = y^{-1}x^{-1} \quad \text{für alle} \quad x, y \in G.$$

In einer kommutativen Gruppe wird an Stelle von $\cdot$ oft das Symbol $+$ für die innere Verknüpfung verwendet. Das kommt daher, dass etwa $(\mathbb{Z}, +)$, $(\mathbb{Q}, +)$ und $(\mathbb{R}, +)$ kommutative Gruppen sind. In einer additiv geschriebenen Gruppe $(G, +)$ bezeichnen wir das inverse Element von $x \in G$ nicht mit x^{-1} sondern mit $-x$ und setzen $x + (-y) =: x - y$ für alle $x, y \in G$.

1.9.8 Eine *Untergruppe U* einer Gruppe G ist eine Teilmenge von G, die mit der von G stammenden Verknüpfungsvorschrift eine Gruppe bildet.[24]

Jede Gruppe G hat genau ein neutrales Element. Das trifft auch auf jede ihrer Untergruppen zu. Jedes Element einer Untergruppe $U \subset G$ hat also genau ein inverses Element im Sinne der Gruppe U und genau ein inverses Element im Sinne der Gruppe G. Wir sehen jetzt aber gleich, dass hier keine spitzfindigen Unterscheidungen nötig sind.

Satz 1.9.9 *Sei U eine Untergruppe einer Gruppe G. Dann ist das neutrale Element e der Gruppe G auch das neutrale Element der Untergruppe U. Ferner stimmt für jedes Element $x \in U$ das inverse Element im Sinne von U mit dem inversen Element im Sinne von G überein.*

Beweis. Wir bezeichnen das neutrale Element von U vorübergehend mit e'. Da U für sich eine Gruppe ist, folgt $e'e' = e'$. Andererseits gilt aber in der Gruppe G die Gleichung $ee' = e'$, also insgesamt $e'e' = ee'$. Wir können diese Gleichung in G von rechts kürzen, was $e' = e$ ergibt.[25]

Da U und G beides Gruppen sind, gibt es zu jedem $x \in U$ genau ein inverses Element x^* im Sinne von U und genau ein inverses Element x^{-1} im Sinne von G. Wir rechnen in G und erhalten $x^*x = e' = e = x^{-1}x$. Durch Kürzen von rechts folgt $x^* = x^{-1}$. □

Soll gezeigt werden, dass eine Teilmenge U einer Gruppe G eine Untergruppe ist, so brauchen nicht alle Gruppenaxiome verifiziert zu werden. Ein Teil vererbt sich von G nach U.

Satz 1.9.10 (Untergruppenkriterium[26]) *Eine Teilmenge U einer Gruppe G ist genau dann eine Untergruppe, falls U die folgenden beiden Eigenschaften erfüllt:*

1. $U \neq \emptyset$.
2. $xy^{-1} \in U$ *für alle* $x, y \in U$.

[24]Ist U eine echte Teilmenge von G, so sprechen wir auch von einer *echten Untergruppe*. Diese Sprechweise werden wir in weiterer Folge sinngemäß auch für Unterkörper und Unterräume anwenden.

[25]Es ist also nicht so, dass es in U ein eigenes neutrales Element gibt, sondern U übernimmt das neutrale Element der Gruppe G. Demgegenüber ist etwa Wien die Hauptstadt der Republik Österreich, und jedes der neun Bundesländer hat ebenfalls eine Hauptstadt. Aber nur für das Bundesland Wien ist die Stadt Wien auch Landeshauptstadt.

[26]Ein *Kriterium* ist ein Satz der Form $A \Leftrightarrow B$.

Beweis. (a) Sei U eine Untergruppe. Da U ein neutrales Element besitzt, folgt $U \neq \emptyset$. Für alle $x, y \in U$ ergibt sich $y^{-1} \in U$ nach Satz 1.9.9 und dann $xy^{-1} \in U$ aus der Abgeschlossenheit gegenüber der Multiplikation. Somit gelten die Eigenschaften 1 und 2.

(b) Sei $xy^{-1} \in U$ für alle $x, y \in U \neq \emptyset$. Wir können insbesondere $x = y$ setzen. Das zeigt $xx^{-1} = e \in U$, womit e ein links-neutrales Element für U ist. Ersetzen wir hingegen x durch e in Bedingung 2, so erkennen wir, dass mit jedem $y \in U$ auch $ey^{-1} = y^{-1}$ in U liegt. Damit besitzt y ein links-inverses Element in U. Nun folgt leicht, dass die Multiplikation aus U nicht hinausführt: Für alle $x, y \in U$ gilt ja $y^{-1} \in U$ und daher $x(y^{-1})^{-1} = xy \in U$. Das Assoziativgesetz gilt klarerweise auch in U. □

Beispiele 1.9.11

1. Für jede Gruppe G sind $\{e\}$ und G die sogenannten *trivialen Untergruppen.*
2. Es ist $(\mathbb{Z}, +)$ eine Untergruppe von $(\mathbb{Q}, +)$, und beide Gruppen sind Untergruppen von $(\mathbb{R}, +)$.
3. Für alle $m \in \mathbb{Z}$ ist $\mathbb{Z}m$ eine Untergruppe von $(\mathbb{Z}, +)$.
4. Innerhalb der Gruppe S_M aller Bijektionen einer Menge M auf sich ist die Menge aller Bijektionen $f \in S_M$, die eine fest gewählte Teilmenge N von M als Ganzes fest lassen (d. h. $f(N) = N$) eine Untergruppe. Ebenso ist die Menge aller $f \in S_M$, die N elementweise fest lassen (d. h. $f(x) = x$ für alle $x \in N$) eine Untergruppe von S_M.

Aufgaben

A 1.9.1 Sei M eine Menge. Wir setzen $A \triangle B := (A \setminus B) \cup (B \setminus A)$ für alle $A, B \subset M$ (*symmetrische Differenz* von A und B).

(a) Zeige, dass die Potenzmenge 2^M gemeinsam mit $\triangle$ eine kommutative Gruppe ist.
(b) Stelle für $M = \{1, 2\}$ die Verknüpfungstafel dieser Gruppe auf.

A 1.9.2

(a) Stelle Verknüpfungstafeln der Gruppen S_1 und S_2 auf.
(b) Bestimme alle Permutationen $f \in S_4$, die keine Fixelemente haben und die Eigenschaft $f \circ f = \mathrm{id}_{\{1,2,3,4\}}$ besitzen. Zeige, dass diese Permutationen gemeinsam mit der Identität eine Untergruppe V von S_4 bilden, die sogenannte *Vierergruppe von Klein*[27]. Ist V kommutativ?

A 1.9.3 Sei $(G, \cdot)$ eine Gruppe mit dem neutralen Element e. Beweise: Gilt die Eigenschaft $xx = e$ für alle $x \in G$, so ist G kommutativ.
Hinweis: $(xy)^{-1} = \ldots$

A 1.9.4 Sei $(G, \cdot)$ eine Gruppe mit dem neutralen Element e. Für alle $a \in G$ sind die *Potenzen* von a erklärt durch $a^0 := e$, $a^n := a \cdot a^{n-1}$ sowie $a^{-n} := (a^{-1})^n$ mit $n \in \mathbb{N}^\times$.

(a) Beweise die Rechenregel $a^n a^m = a^{n+m}$ für alle $n, m \in \mathbb{Z}$. (Fallunterscheidung!)
(b) Zeige: $\langle a \rangle := \{a^i \mid i \in \mathbb{Z}\}$ ist eine kommutative Untergruppe von G; sie wird die von a erzeugte *zyklische Untergruppe* von G genannt.
(c) Bestimme in $(\mathbb{R}^\times, \cdot)$ alle Elemente a, für die $(a^i)_{i\in\mathbb{Z}}$ keine injektive Familie ist.

A 1.9.5 Sei G eine Gruppe. Beweise:

(a) Ist $(U_i)_{i\in I}$ eine nicht leere Familie von Untergruppen von G, so ist $\bigcap_{i\in I} U_i$ wieder eine Untergruppe von G.

[27] Felix Christian Klein (1849–1925).

(b) Sind U_1 und U_2 Untergruppen von G, so ist $U_1 \cup U_2$ genau dann eine Untergruppe von G, wenn $U_1 \subset U_2$ oder $U_2 \subset U_1$ gilt.

A 1.9.6 Ergänze die folgende (unvollständige) Verknüpfungstafel so, dass eine Gruppe mit genau drei bzw. genau vier Elementen festgelegt wird.

(α)

$*$	a	b	c
a	a		
b			
c			

(β)

$*$	a	b	c
a	b		
b			
c			

(γ)

$*$	a	b	c	d
a	a			
b		a		
c			a	
d				

(δ)

$*$	a	b	c	d
a	a			
b		c		
c				
d				

A 1.9.7 Sei M die Menge aller Untergruppen der symmetrischen Gruppe S_3. Bestimme alle Elemente von M und erstelle eine Verknüpfungstafel für $(M, \cap)$.
Hinweis: Die Menge M ist nach A 1.9.5 gegenüber der Durchschnittsbildung abgeschlossen.

1.10 Körper

1.10.1 Wir kommen nun zu Mengen mit zwei inneren Verknüpfungen. Vorbild ist dabei die Menge $\mathbb{R}$ der reellen Zahlen gemeinsam mit der Addition und Multiplikation.

Definition 1.10.2 Ein *Körper* ist eine Menge K gemeinsam mit zwei inneren Verknüpfungen, einer *Addition*

$$+ : K \times K \to K : (x, y) \mapsto x + y$$

und einer *Multiplikation*

$$\cdot : K \times K \to K : (x, y) \mapsto x \cdot y,$$

wobei folgendes gilt:

1. $(K, +)$ ist eine Gruppe. Ihr neutrales Element heiße 0.
2. Die Multiplikation ist kommutativ und assoziativ.
3. Es gibt in K mindestens ein Element $1 \neq 0$ mit der Eigenschaft
$$1 \cdot x = x \text{ für alle } x \in K \setminus \{0\}.$$
4. Zu jedem $x \in K \setminus \{0\}$ gibt es mindestens ein Element $l \in K$ mit $l \cdot x = 1$.
5. Es gilt das *Links-Distributivgesetz*
$$x \cdot (y + z) = (x \cdot y) + (x \cdot z) \text{ für alle } x, y, z \in K.$$

Es heißt 0 das *Nullelement*[28] von K. Wir schreiben $(K, +, \cdot)$ oder kurz K für einen Körper und übernehmen die aus der Schule bekannte *Vorrangregel* (Punktrechnung vor Strichrechnung), um Klammern zu sparen. Weiters schreiben wir statt $x \cdot y$ auch xy. Es sei ferner $M^\times := M \setminus \{0\}$ für alle $M \subset K$, in Verallgemeinerung der schon bisher verwendeten Schreibweise; vgl. 1.2.5.

Beispiele 1.10.3

1. Es sind $(\mathbb{Q}, +, \cdot)$ und $(\mathbb{R}, +, \cdot)$ Körper.

[28]Dass die Zeichen 0 und 1 einerseits zwei natürliche Zahlen und andererseits Elemente aus dem gerade betrachteten Körper K bezeichnen, sollte zu keinen Missverständnissen führen.

2. Es gibt auch endliche Körper. Sei $K := \{0, 1, a, b\}$. Wir definieren eine Addition und eine Multiplikation auf K durch die folgenden Verknüpfungstafeln:

$+$	0	1	a	b
0	0	1	a	b
1	1	0	b	a
a	a	b	0	1
b	b	a	1	0

$\cdot$	0	1	a	b
0	0	0	0	0
1	0	1	a	b
a	0	a	b	1
b	0	b	1	a

Der Nachweis der Körperaxiome, insbesondere der Assoziativgesetze, ist mühsam und soll hier entfallen. Dieser Körper wird mit GF(4) bezeichnet und heißt das *Galois-Feld*[29] mit vier Elementen. Vgl. auch Bemerkung 1.12.7.

3. Sei $\equiv$ die in 1.7.3 Beispiel 3 eingeführte Äquivalenzrelation, wobei wir aber jetzt die Zahl $m \in \mathbb{N}$ als Primzahl wählen und mit p bezeichnen. Wir setzen $\mathbb{Z}_p := \{\overline{0}, \overline{1}, \ldots, \overline{p-1}\}$ (vgl. 1.7.6) und erklären eine Addition bzw. Multiplikation durch

$$\overline{x} + \overline{y} := \overline{x+y}, \quad \overline{x} \cdot \overline{y} := \overline{xy} \quad \text{für alle } x, y \in \mathbb{Z}.$$

Dabei sind unterhalb der Querstriche die Addition und Multiplikation in $\mathbb{Z}$ gemeint. Es bleibt zu zeigen, dass diese Festsetzung nicht von der Auswahl eines Elements aus der jeweiligen Restklasse abhängt. Tatsächlich ist

$$\overline{x+pz_1} + \overline{y+pz_2} = \overline{x+pz_1+y+pz_2} = \overline{x+y} = \overline{x} + \overline{y}$$
$$(\overline{x+pz_1})(\overline{y+pz_2}) = \overline{(x+pz_1)(y+pz_2)} = \overline{xy} = \overline{x} \cdot \overline{y}$$

für alle $x, y, z_1, z_2 \in \mathbb{Z}$ (vgl. auch 1.11.12 Beispiel 1). Der Nachweis der Körperaxiome ist ohne theoretischen Überbau ziemlich langweilig und soll hier entfallen. (Die Tatsache, dass p Primzahl ist, geht beim Beweis der Existenz von links-inversen Elementen bezüglich der Multiplikation wesentlich ein.) Es heißt $\mathbb{Z}_p$ der *Restklassenkörper modulo p* oder das *Galois-Feld* mit p Elementen; statt $\mathbb{Z}_p$ wird auch GF(p) geschrieben.

4. Wir setzen $\mathbb{C} := \mathbb{R} \times \mathbb{R}$ und erklären für alle $(x, x'), (y, y') \in \mathbb{C}$ folgende inneren Verknüpfungen:

$$(x, y) + (x', y') := (x + x', y + y'), \quad (x, y) \cdot (x', y') := (xx' - yy', xy' + yx').$$

Dabei sind innerhalb der Klammern die Addition und Multiplikation in $\mathbb{R}$ gemeint. Es entsteht der Körper der *komplexen Zahlen*. An Stelle von $(x, 0)$ schreiben wir auch x und an Stelle von $(0, 1)$ auch i. Dann gilt

$$(x, y) = (x, 0) + (0, y) = (x, 0) + (y, 0) \cdot (0, 1) = x + y \cdot i$$

und $i \cdot i = -1$. Das läuft darauf hinaus, die komplexe Zahl $(x, 0)$ mit der reellen Zahl x zu identifizieren. Das ergibt keine Probleme, da

$$(x, 0) + (x', 0) = (x + x', 0), \quad (x, 0) \cdot (x', 0) = (xx', 0).$$

Komplexe Zahlen können in der *Gaußschen Zahlenebene*[30] veranschaulicht werden (Abbildung 1.5). Dabei wird $(x, y) \in \mathbb{C}$ als kartesisches Koordinatenpaar eines Punktes der Ebene aufgefasst. Die Funktion

$$\overline{} : \mathbb{C} \to \mathbb{C} : z = x + yi \mapsto \overline{z} := x - yi \quad \text{mit } x, y \in \mathbb{R}$$

[29] Nach Evariste Galois (1811–1832); die englische Bezeichnung für Körper ist „field“.
[30] Carl Friedrich Gauß (1777–1855).

wird *Konjugation* genannt. Offenbar gilt $\bar{\bar{z}} = z$ für alle $z \in \mathbb{C}$; da $\bar{i} = -i \neq i$, ist die Konjugation eine Involution, also bijektiv. Es werden z und $\bar{z}$ auch als zueinander *konjugiert komplexe Zahlen* bezeichnet. In der Gaußschen Zahlenebene entspricht die Konjugation der Spiegelung an der ersten Koordinatenachse.

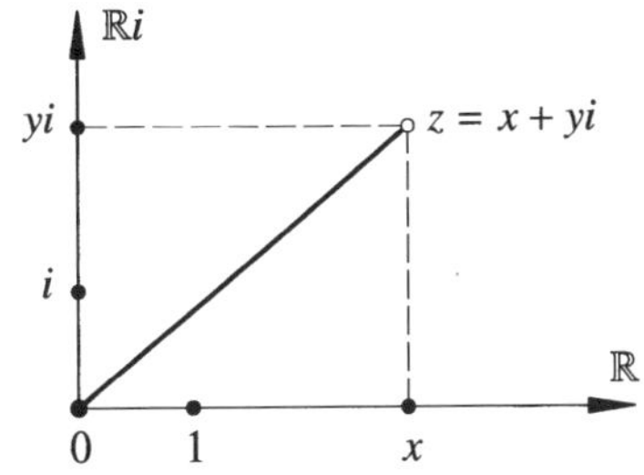

Abbildung 1.5

Für jede komplexe Zahl $z = x + yi$ mit $x, y \in \mathbb{R}$ heißt $\operatorname{Re} z := x$ ihr *Realteil* und $\operatorname{Im} z := y$ ihr *Imaginärteil*. Es folgt

$$z\bar{z} = (x + yi)(x - yi) = x^2 - (yi)^2 = x^2 + y^2 \in \mathbb{R}.$$

Die reelle Zahl $|z| := \sqrt{z\bar{z}} \geq 0$ heißt der *absolute Betrag* von z. Er gibt den Abstand von z zum Ursprung des Koordinatensystems an. Für $z \neq 0$ ist $z\bar{z} \neq 0$ und

$$\left(\frac{x}{x^2 + y^2} - \frac{yi}{x^2 + y^2}\right)(x + yi) = 1.$$

Damit lässt sich die Bestimmung von z^{-1} (vgl. 1.10.5) auf die Bestimmung der zu z konjugiert komplexen Zahl $\bar{z}$ und eine Division durch eine reelle Zahl zurückführen.
Eine komplexe Zahl z heißt *rein imaginär*, falls $\operatorname{Re} z = 0$.

1.10.4 Wir leiten einige in jedem Körper K gültige Rechenregeln her: Wegen $x0 = x(0 + 0) = x0 + x0$ erhalten wir:

$$x0 - 0 \quad \text{für alle} \quad x \in K.$$

Hier geht das Links-Distributivgesetz ein. Auf Grund der Kommutativität der Multiplikation gilt in K auch das *Rechts-Distributivgesetz*

$$(x + y)z = xz + yz \quad \text{für alle} \quad x, y, z \in K,$$

sowie

$$0x = 0 \quad \text{für alle} \quad x \in K.$$

Insbesondere ist daher auch $1 \cdot 0 = 0 \cdot 1 = 0$, also 1 ein neutrales Element bezüglich der Multiplikation. Berechnen wir $(1 + 1)(x + y)$ auf zwei Arten, so folgt

$$(1 + 1)(x + y) = 1(x + y) + 1(x + y) = x + y + x + y,$$
$$(1 + 1)(x + y) = (1 + 1)x + (1 + 1)y = x + x + y + y,$$

also insgesamt, nach zweimaliger Anwendung der Kürzungsregeln aus Satz 1.9.5,

$$x + y = y + x \quad \text{für alle} \quad x, y \in K.$$

Die Addition in K ist daher kommutativ. Weiters bewirken

$$0 = 0y = (x + (-x))y = xy + (-x)y, \qquad 0 = x0 = x(y + (-y)) = xy + x(-y)$$

die Gültigkeit von

$$(-x)y = x(-y) = -(xy) \text{ für alle } x, y \in K,$$

was insbesondere $(-1) \cdot (-1) = 1 \cdot (-(-1)) = 1 \cdot 1 = 1$ zur Folge hat.

Ist für $x, y \in K$ das Produkt $xy = 0$ und etwa $x \neq 0$, so gibt es ein $l \in K$ mit $lx = 1$. Wir bekommen

$$y = 1y = (lx)y = l(xy) = l0 = 0.$$

Da es auf die Reihenfolge von x und y nicht ankommt, haben wir daher gezeigt:

$$\text{Aus } xy = 0 \text{ folgt } x = 0 \text{ oder } y = 0 \text{ für alle } x, y \in K.$$

Die Kontraposition ergibt, dass $K^\times$ gegenüber der Multiplikation abgeschlossen ist. Zusammenfassend gilt somit:

Satz 1.10.5 *In jedem Körper* $(K, +, \cdot)$ *sind* $(K, +)$ *und* $(K^\times, \cdot)$ *kommutative Gruppen.*

Es wird $1 \in K$ das *Einselement* von K genannt. Zu jedem $x \in K^\times$ gehört genau ein multiplikatives inverses Element, das mit x^{-1} oder $\frac{1}{x}$ bezeichnet wird.

1.10.6 Ein *Unterkörper* L eines Körpers K ist eine Teilmenge von K, die mit den von K stammenden Verknüpfungsvorschriften einen Körper bildet.

Bei einem Unterkörper L von K ist $(L, +)$ eine Untergruppe von $(K, +)$ und $(L^\times, \cdot)$ eine Untergruppe von $(K^\times, \cdot)$. Jeder Unterkörper $L \subset K$ enthält daher zumindest die Elemente $0 \in K$ und $1 \in K$.

Beispiele 1.10.7

1. In GF(4) ist $\{0, 1\}$ ein Unterkörper. Es ist aber $\{0, 1\} \subset \mathbb{R}$ kein Unterkörper!
2. Es ist $\mathbb{Q}$ ein Unterkörper von $\mathbb{R}$; weiters sind $\mathbb{Q}$ und $\mathbb{R}$ Unterkörper von $\mathbb{C}$.
3. Jeder Körper ist ein Unterkörper von sich selbst.

1.10.8 Aus der reellen Analysis ist bekannt, dass es positive und negative reelle Zahlen gibt. Dahinter steht folgender Begriff:

Definition 1.10.9 Ein Körper K heißt *angeordnet*, falls in K ein *Positivitätsbereich* $P \subset K$ ausgezeichnet ist, das ist eine Teilmenge von K mit den folgenden Eigenschaften:

1. Für jedes $x \in K$ gilt genau eine der drei Aussagen $x \in P$, $-x \in P$, $x = 0$.
2. Für alle $x, y \in P$ ist auch $x + y \in P$ und $xy \in P$.

Die Elemente aus P heißen *positiv*, die Elemente von $K \setminus (P \cup \{0\})$ heißen *negativ*.

In einem angeordneten Körper K werden Relationen $<$ (*kleiner*) und $\leq$ (*kleiner oder gleich*) auf $K \times K$ durch

$$x < y \text{ genau für } y - x \in P \text{ bzw. } x \leq y \text{ genau für } x = y \text{ oder } x < y$$

definiert. Die Bedeutung von $>$ und $\geq$ liegt auf der Hand. Weiters wird die *Signumfunktion* erklärt durch

$$\operatorname{sgn} : K \to K : x \mapsto \begin{cases} +1 & \text{für} \quad x > 0, \\ 0 & \text{für} \quad x = 0, \\ -1 & \text{für} \quad x < 0. \end{cases}$$

Der Beweis, dass $(K, \leq)$ eine linear geordnete Menge ist, wird als Übungsaufgabe gestellt.

1.10.10 Sei K angeordnet. Dann ist $x \in K^\times$ entweder positiv oder negativ; wegen

$$xx = (-x)(-x) = x^2$$

ist x^2 jedenfalls positiv. Insbesondere gilt $0 < 1^2 = 1$, also ist 1 positiv und -1 negativ. Da $(-1)x = -x$, folgen für alle $x, y \in K$ die Regeln

$$\begin{aligned} x > 0 \wedge y < 0 &\Rightarrow xy < 0, \\ x < 0 \wedge y < 0 &\Rightarrow xy > 0, \\ x > 0 &\Leftrightarrow x^{-1} > 0. \end{aligned}$$

Für alle $x \in K$ ist $(\operatorname{sgn} x)x =: |x| \geq 0$ und wird der *absolute Betrag* von x genannt. Für reelle Zahlen $x \in \mathbb{R} \subset \mathbb{C}$ ist diese Definition mit der in 1.10.3 Beispiel 4 gleichwertig.

Da K angeordnet ist, sind alle Elemente der Folge

$$a_1 := 1 \in K, \quad a_2 := 1 + 1 \in K, \quad a_3 := 1 + 1 + 1 \in K, \ldots$$

positiv. Ferner sind je zwei Elemente a_r und a_s mit $r < s$ verschieden, da $a_{s-r} > 0$.

1.10.11 Unabhängig davon, ob ein Körper K einen Positivitätsbereich besitzt, ist folgende Bezeichnung üblich: Gibt es mindestens eine Zahl $n \in \mathbb{N}^\times$ mit der Eigenschaft

$$\underbrace{1 + 1 + \cdots + 1}_{n \text{ Summanden}} = 0 \quad (0, 1 \in K),$$

so heißt die kleinste derartige Zahl die *Charakteristik* von K und wird mit $\operatorname{Char} K$ bezeichnet. Gibt es keine solche Zahl, so setzen wir $\operatorname{Char} K := 0$. Die Charakteristik eines Körpers ist übrigens entweder 0 oder eine Primzahl. Jeder angeordnete Körper hat nach den Überlegungen aus 1.10.10 die Charakteristik 0.

Beispiele 1.10.12

1. Es ist $\operatorname{Char} \mathbb{Q} = 0$ und $\mathbb{Q}^+ := \{\frac{m}{n} \mid m, n \in \mathbb{N}^\times\}$ ein Positivitätsbereich von $\mathbb{Q}$. Ist umgekehrt $P \subset \mathbb{Q}$ ein Positivitätsbereich, so folgt aus $1 \in P$ mit vollständiger Induktion $m \in P$ sowie $mn^{-1} \in P$ für alle $m, n \in \mathbb{N}^\times$. Somit ist $\mathbb{Q}^+ \subset P$. Nach Axiom 1 kann eine echte Teilmenge eines Positivitätsbereichs niemals ein Positivitätsbereich sein, womit $P = \mathbb{Q}^+$.
2. Es ist $\operatorname{Char} \mathbb{R} = 0$. Aus dem Positivitätsbereich $\mathbb{Q}^+$ wird in der Analysis der Positivitätsbereich $\mathbb{R}^+ \subset \mathbb{R}$ konstruiert. Die Elemente von $\mathbb{R}^+$ sind genau jene von 0 verschiedenen reellen Zahlen, die sich in der Form x^2 mit $x \in \mathbb{R}^\times$ darstellen lassen. Ist andererseits $P \subset \mathbb{R}$ ein Positivitätsbereich, so ist $x^2 \in P$ für alle $x \in \mathbb{R}^\times$, also $\mathbb{R}^+ \subset P$. Wie in Beispiel 1 folgt $\mathbb{R}^+ = P$.
3. Der Körper $\mathbb{C}$ hat die Charakteristik 0, besitzt aber dennoch keinen Positivitätsbereich: Es sind hier nämlich sowohl 1 als auch $-1 = i^2$ Quadratzahlen, müssten also beide positiv sein, was nicht möglich ist.
4. Für jeden endlichen Körper K kommen in der unendlichen Folge $a_1 := 1$, $a_2 := 1 + 1$, $a_3 := 1+1+1, \ldots$ höchstens $\#K$ verschiedene Elemente vor. Es gibt daher Indizes $r < s$ mit $a_r = a_s$. Dann ist aber $a_{s-r} = 0$, was $\operatorname{Char} K \neq 0$ zeigt. Daher besitzt K keinen Positivitätsbereich. Insbesondere gilt $\operatorname{Char} \mathbb{Z}_p = p$ für jede Primzahl p und ferner $\operatorname{Char} \mathrm{GF}(4) = 2$.

Aufgaben

A 1.10.1

(a) Gibt es eine Gruppe mit genau einem Element? Gibt es einen Körper mit genau einem Element?

(b) Stelle die Verknüpfungstafeln der Restklassenkörper $\mathbb{Z}_2$, $\mathbb{Z}_3$ und $\mathbb{Z}_5$ auf.

(c) Löse durch Probieren die quadratische Gleichung $x^2 + x + \bar{1} = \bar{0}$ in $\mathbb{Z}_2, \mathbb{Z}_3$ und $\mathbb{Z}_5$. In welchen Fällen lässt sich die aus der Schule geläufige Lösungsformel für quadratische Gleichungen anwenden?

A 1.10.2

(a) Sei $n \in \mathbb{N}$ und $\sqrt{n} \in \mathbb{R}^+ \cup \{0\}$. Beweise: $\mathbb{Q}(\sqrt{n}) := \{a + b\sqrt{n} \mid a, b \in \mathbb{Q}\}$ ist ein Unterkörper von $\mathbb{R}$.

(b) Zeige: $\{a + bi \mid a, b \in \mathbb{Q}\}$ ist ein Unterkörper von $\mathbb{C}$.

A 1.10.3

(a) Zeige, dass die Körper $\mathbb{Q}$, $\mathbb{Z}_2$ und $\mathbb{Z}_3$ keine echten Unterkörper besitzen.

(b) Sei K ein Unterkörper von $\mathbb{R}$. Zeige: $\mathbb{Q} \subset K$.

(c) Bestimme *alle* Unterkörper von GF(4).

A 1.10.4 Es seien K ein Körper und $(L_i)_{i\in I}$ eine nicht leere Familie von Unterkörpern von K. Beweise, dass dann $\bigcap_{i\in I} L_i$ wieder ein Unterkörper von K ist.
Hinweis: Vgl. A 1.9.5.

1.11 Gruppenhomomorphismen

1.11.1 Für Gruppen G und G' Gruppen sind solche Abbildungen $G \to G'$ von Interesse, welche die innere Verknüpfung der Gruppe G in „richtiger Weise" im Rahmen der Gruppe G' wiedergeben. Die formale Beschreibung derartiger Abbildungen lautet folgendermaßen:

Definition 1.11.2 Sind $(G, \cdot)$ und $(G', \odot)$ Gruppen, so heißt eine Abbildung $\psi : G \to G'$ ein *Homomorphismus*, falls

$$\psi(a \cdot b) = \psi(a) \odot \psi(b) \text{ für alle } a, b \in G.$$

Ein bijektiver Homomorphismus wird auch *Isomorphismus*, bei $G = G'$ auch *Automorphismus* genannt.

Wir sprechen manchmal auch von einem Gruppenhomomorphismus usw. Wenn es einen Isomorphismus $G \to G'$ gibt, so werden die Gruppen G und G' *isomorph* genannt. Im Folgenden werden wir für die inneren Verknüpfungen in G und in G' meist dasselbe Symbol verwenden. Werden die inneren Verknüpfungen in G und G' additiv geschrieben, so erhält die Homomorphiebedingung die Form

$$\psi(a + b) = \psi(a) + \psi(b) \text{ für alle } a, b \in G.$$

Beispiele 1.11.3

1. Sei K ein angeordneter Körper. Dann ist $\{-1, +1\}$ eine Untergruppe von $(K^\times, \cdot)$. Die *Signumfunktion*

$$\operatorname{sgn} : K^\times \to \{-1, +1\} : x \mapsto \operatorname{sgn} x := \begin{cases} +1 & \text{für } x > 0 \\ -1 & \text{für } x < 0 \end{cases}$$

ist ein surjektiver Homomorphismus. (Die übliche Festsetzung $\operatorname{sgn} 0 := 0$ ist hier nicht von Bedeutung. Vgl. 1.10.9.)

2. Wir setzen $\mathbb{R}^+ := \{x \in \mathbb{R} \mid x > 0\}$. Die Exponentialfunktion

$$\exp : \mathbb{R} \to \mathbb{R}^+ : x \mapsto \exp x := e^x$$

ist ein Isomorphismus der Gruppe $(\mathbb{R}, +)$ auf $(\mathbb{R}^+, \cdot)$. Der inverse Isomorphismus ist der natürliche Logarithmus

$$\log : \mathbb{R}^+ \to \mathbb{R} : x \mapsto \log x.$$

3. Durch die Verknüpfungstafel

$\cdot$	e	a	b	c
e	e	a	b	c
a	a	b	c	e
b	b	c	e	a
c	c	e	a	b

wird eine Gruppe $(G, \cdot)$ festgelegt. Dabei gilt $aa = a^2 = b$, $ab = a^3 = c$, $ac = a^4 = e$. Sei $(\mathbb{C}^\times, \cdot)$ die multiplikative Gruppe von $\mathbb{C}$. Dann ist durch

$$e \mapsto 1, \quad a \mapsto i, \quad b \to -1, \quad c \mapsto -i$$

ein injektiver Homomorphismus $\psi : G \to \mathbb{C}^\times$ festgelegt.

4. Ordnen wir jeder komplexen Zahl $z = x + yi$ mit $x, y \in \mathbb{R}$ ihren Realteil $\operatorname{Re} z = x$ bzw. ihren Imaginärteil $\operatorname{Im} z = y$ zu, so liegen surjektive Homomorphismen der Gruppe $(\mathbb{C}, +)$ auf die Gruppe $(\mathbb{R}, +)$ vor.

5. Sei $(G, \cdot)$ eine Gruppe mit dem neutralen Element e. Für alle $c \in G$ heißt die Abbildung

$$\psi_c : G \to G : x \mapsto c^{-1}xc$$

der durch c bestimmte *innere Automorphismus* von G. Mit ψ_c liegt nach Satz 1.5.5 eine Bijektion von G vor, da $\psi_c \circ \psi_{c^{-1}} = \psi_{c^{-1}} \circ \psi_c = \mathrm{id}_G$. Wegen

$$(c^{-1}xc)(c^{-1}yc) = (c^{-1}x)(cc^{-1})(yc) = c\ ^{1}(xy)c$$

ist ψ_c in der Tat ein Homomorphismus. Insbesondere ψ_e ist die identische Abbildung von G. Für eine kommutative Gruppe G ist $\psi_c = \mathrm{id}_G$ für alle $c \in G$.

6. Ist G eine Gruppe mit dem neutralen Element e, so ist $\psi : G \to G : x \mapsto e$ ein Homomorphismus von G in sich. Für $G \neq \{e\}$ ist dieser Homomorphismus weder injektiv noch surjektiv. Für $G = \{e\}$ ist $\psi = \mathrm{id}_G$ ein Automorphismus von G.

1.11.4 Einfachste Eigenschaften eines Gruppenhomomorphismus $\psi : G \to G'$ sind

$$\psi(e) = e',$$

wo e, e' die neutralen Elemente von G, G' bezeichnen, und

$$\psi(a^{-1}) = \psi(a)^{-1} \quad \text{für alle } a \in G.$$

Ist $\psi' : G' \to G''$ ein Gruppenhomomorphismus, so ist auch $\psi' \circ \psi : G \to G''$ ein Homomorphismus. Für einen Isomorphismus ψ ist die inverse Bijektion ψ^{-1} ein Isomorphismus $G' \to G$. Die Beweise dazu sind Übungsaufgaben.

1.11.5 Wir wollen jetzt die Fasern eines Gruppenhomomorphismus genauer untersuchen. Ist $\psi : G \to G'$ ein Gruppenhomomorphismus, so heißt

$$\psi^{-1}\{e'\} =: \ker\psi$$

der *Kern* des Homomorphismus ψ.

Der Kern von ψ besteht also aus allen Elementen von G, die unter ψ auf $e' \in G'$ abgebildet werden. Mit Hilfe des Kerns können wir aber für jedes Element $a \in G$ sehr einfach alle Elemente von G beschreiben, die dasselbe Bild wie a haben. Das zeigt uns der folgende Satz:

Satz 1.11.6 *Sei $\psi : G \to G'$ ein Homomorphismus.*

(a) *Der Kern von ψ ist eine Untergruppe von G.*

(b) *Zwei Elemente $a, b \in G$ haben genau dann dasselbe Bild unter ψ, falls mindestens eine der folgenden Bedingungen erfüllt ist:*

$$ab^{-1} \in \ker\psi, \quad ba^{-1} \in \ker\psi, \quad a^{-1}b \in \ker\psi, \quad b^{-1}a \in \ker\psi.$$

(c) *Genau für* $\ker\psi = \{e\}$ *ist ψ injektiv.*

Beweis. (a) Aus $e \in \ker\psi$ folgt $\ker\psi \neq \emptyset$. Weiters gilt für $x, y \in \ker\psi$, wegen

$$\psi(xy^{-1}) = \psi(x) \cdot \psi(y^{-1}) = \psi(x) \cdot \psi(y)^{-1} = e'e'^{-1} = e'e' = e',$$

dann $xy^{-1} \in \ker\psi$; es erfüllt also $\ker\psi$ das Untergruppenkriterium 1.9.10.

(b) Es ist $\psi(a) = \psi(b)$ äquivalent zu

$$e' = \psi(a) \cdot \psi(b)^{-1} = \psi(ab^{-1})$$

also $ab^{-1} \in \ker\psi$. Die Gleichwertigkeit der restlichen Bedingungen kann analog nachgewiesen werden.

(c) Nach (b) ist $\ker\psi = \{e\}$ für die Injektivität von ψ kennzeichnend. □

Der obige Satz lässt umgangssprachlich so merken: Je größer $\ker\psi$, desto gröber ist das homomorphe Abbild von G. Wir wechseln jetzt aber in die Zielmenge von ψ und beschreiben das Bild von ψ:

Satz 1.11.7 *Ist $\psi : G \to G'$ ein Gruppenhomomorphismus, so ist $\psi(G)$ eine Untergruppe der Gruppe G'.*

Beweis. Es gilt $e' \in \psi(G) \neq \emptyset$. Die Menge $\psi(G)$ erfüllt das Untergruppenkriterium 1.9.10 wegen $\psi(a)\psi(b)^{-1} = \psi(ab^{-1}) \in \psi(G)$ für alle $a, b \in G$. □

Beispiele 1.11.8 Wir bestimmen Kern und Bild der Homomorphismen aus 1.11.3:

1. $\ker \operatorname{sgn} = \mathbb{R}^+$, $\operatorname{sgn}(\mathbb{R}^\times) = \{-1, +1\}$.
2. $\ker \exp = \{0\}$, $\exp(\mathbb{R}) = \mathbb{R}^+$; $\ker \log = \{1\}$, $\log(\mathbb{R}^+) = \mathbb{R}$.
3. $\ker\psi = \{e\}$, $\psi(G) = \{1, i, -1, -i\}$.
4. $\ker \operatorname{Re} = \mathbb{R}i$, $\operatorname{Re}(\mathbb{C}) = \mathbb{R}$; $\ker \operatorname{Im} = \mathbb{R}$, $\operatorname{Im}(\mathbb{C}) = \mathbb{R}$.
5. $\ker\psi_c = \{e\}$, $\psi_c(G) = G$.
6. $\ker\psi = G$, $\psi(G) = \{e\}$.

1.11.9 Suchen wir für einen Homomorphismus $\psi : G \to G'$ die ψ-Faser zu $a \in G$, also alle Elemente $x \in G$ mit $\psi(a) = \psi(x)$, so erhalten wir aus $xa^{-1} \in \ker\psi$ das Kriterium $x \in (\ker\psi) \cdot a$. Durch $\ker\psi$ und a ist die Faser also schon bestimmt. Wählen wir andererseits die äquivalente Bedingung $a^{-1}x \in \ker\psi$, so erhalten wir $x \in a \cdot (\ker\psi)$, womit

$$a \cdot (\ker\psi) = (\ker\psi) \cdot a \quad \text{für alle} \quad a \in G.$$

Wir sind damit auf folgende Begriffsbildung gestoßen: Hat eine Untergruppe U einer Gruppe G die Eigenschaft

$$a \cdot U \subset U \cdot a \quad \text{für alle} \quad a \in G,$$

so heißt U ein *Normalteiler* von G. Ist U Normalteiler von G, so heißt jede Teilmenge $a \cdot U$ mit $a \in G$ eine *Nebenklasse* von U in G. Für jeden Normalteiler U einer Gruppe G gilt sogar

$$a \cdot U = U \cdot a \quad \text{für alle} \quad a \in G,$$

was aus $a^{-1} \cdot U \subset U \cdot a^{-1}$ durch Multiplikation mit a von links und rechts sofort folgt. Es ist also der Kern eines jeden Gruppenhomomorphismus $\psi : G \to G'$ ein Normalteiler von G, und die Nebenklassen von $\ker\psi$ in G geben die Fasern von ψ ab.

1.11.10 Ziel der folgenden Überlegungen ist es, bei gegebener Gruppe G einen Überblick über alle Bilder von G unter Homomorphismen zu gewinnen. Dazu konstruieren wir ausgehend von G neue Gruppen, die dann – bis auf Isomorphie – alle solchen Bilder von G liefern. Sei U ein Normalteiler von G. Wir erklären eine Relation $\sim_U$ (lies: *äquivalent bezüglich* U) auf $G \times G$ durch

$$a \sim_U b \quad \text{genau für} \quad ba^{-1} \in U.$$

Die Relation $\sim_U$ ist in der Tat eine Äquivalenzrelation: Wegen $e \in U$ ist $\sim_U$ reflexiv. Aus $a \sim_U b$ folgt mit $(ba^{-1})^{-1} = ab^{-1} \in U$ sofort $b \sim_U a$. Sind $a \sim_U b$ und $b \sim_U c$ erfüllt, so liefert dies $(cb^{-1})(ba^{-1}) = ca^{-1} \in U$, das heißt $a \sim_U c$. Die Äquivalenzklasse von $a \in G$ bezüglich $\sim_U$ ist[31]

$$Ua = aU,$$

also eine Nebenklasse von U in G. Die Menge aller Nebenklassen von U in G wird mit G/U bezeichnet. Das ist nur eine andere Schreibweise für $G/\sim_U$.

Satz 1.11.11 *Sei G eine Gruppe und U ein Normalteiler von G. Gemeinsam mit der Multiplikation*

$$(aU) \cdot (bU) := (ab)U \quad \textit{für alle} \quad aU, bU \in G/U \tag{1.5}$$

wird G/U zu einer Gruppe.

Beweis. Wir zeigen, dass die obige Definition von der Auswahl der Repräsentanten a, b unabhängig ist. Für $a' = au' \in aU$ folgt

$$(a'U) \cdot (bU) = (au'b)U = (au')(bU) = a(u'U)b = a(Ub) = (ab)U,$$

da $u'U = U$ und $bU = Ub$; analog gilt für $b'' = bu'' \in bU$

$$(aU) \cdot (b''U) = (abu'')U = (ab)(u''U) = (ab)U.$$

[31] Bis hierher gelten alle Überlegungen, falls U bloß Untergruppe von G ist. Allerdings braucht für eine Untergruppe U und ein $a \in G$ die Menge Ua nicht mit aU übereinzustimmen.

Damit liegt eine innere Verknüpfung auf G/U vor. Diese ist assoziativ, da wir in $abcU$ beliebig Klammern setzen können. Es ist $U = eU$ ein neutrales Element, und zu aU gibt $(a^{-1})U$ ein inverses Element ab. □

Die oben konstruierte Gruppe $(G/U, \cdot)$ heißt die *Faktorgruppe* von G modulo U.

Beispiele 1.11.12

1. Für fest gewähltes $m \in \mathbb{Z}$ ist $\mathbb{Z}m$ ein Normalteiler von $(\mathbb{Z}, +)$. Die Faktorgruppe $(\mathbb{Z}/\mathbb{Z}m, +)$ wird die *additive Restklassengruppe modulo m* genannt. Vgl. 1.7.6 Beispiel 3.
2. Sei G eine beliebige Gruppe. Für $U := G$ erhalten wir mit $\sim_G$ die Allrelation $G \times G$. Die Faktorgruppe $G/G = \{G\}$ hat genau ein Element. Ebenso trivial ist $U := \{e\}$: Die Relation $\sim_{\{e\}}$ ist die Gleichheitsrelation auf G. Die Faktorgruppe $G/\{e\} = \{\{x\} \mid x \in G\}$ ist von G nur formal verschieden: An die Stelle von $x \in G$ tritt $\{x\} \subset G$.

1.11.13 Ist G eine Gruppe und U ein Normalteiler von G, so ordnet die kanonische Abbildung $p_U : G \to G/U$ jedem $x \in G$ seine Nebenklasse xU zu. Formel (1.5) besagt dann, dass p_U ein surjektiver Homomorphismus von G auf G/U ist. Der Kern von p_U ist genau der Normalteiler U. Somit ist auch umgekehrt jeder Normalteiler einer Gruppe der Kern eines Gruppenhomomorphismus.

Satz 1.11.14 (Homomorphiesatz für Gruppen) *Sei $\psi : G \to G'$ ein Gruppenhomomorphismus. Dann ist die Abbildung*

$$\varphi : G/\ker\psi \to \psi(G) : a\ker\psi \mapsto \psi(a)$$

ein Isomorphismus der Faktorgruppe $G/\ker\psi$ auf die Gruppe $\psi(G)$.

Beweis. Da die Nebenklassen von $\ker\psi$ in G genau die Fasern von ψ abgeben, ist die Definition von φ sinnvoll. Wegen

$$(a\ker\psi)\cdot(b\ker\psi) = (ab)\ker\psi \overset{\varphi}{\mapsto} \psi(ab) = \psi(a)\psi(b) \quad \text{für alle} \quad a, b \in G$$

ist φ ein Gruppenhomomorphismus. Der Kern von φ ist $\{\ker\psi\} \subset G/\ker\psi$. Er besteht also nur aus dem neutralen Element der Faktorgruppe $G/\ker\psi$. Nach Satz 1.11.6 (c) ist φ daher injektiv und nach Konstruktion auch surjektiv. □

Der Homomorphiesatz zeigt uns, dass wir mit den Faktorgruppen von G bereits (bis auf Isomorphie) *alle* homomorphen Bilder der Gruppe kennen. Es ist beachtenswert, dass bei dieser Beschreibung eines homomorphen Bildes keine Information über jene Gruppe G' benötigt wird, in der das Bild enthalten ist.

Aufgaben

A 1.11.1 Beweise: Die Abbildung $\psi : \mathbb{C}^\times \to \mathbb{R}^+ : z \mapsto |z|$ ist ein surjektiver Gruppenhomomorphismus von $(\mathbb{C}^\times, \cdot)$ auf $(\mathbb{R}^+, \cdot)$. Bestimme ferner $\ker\psi$, die Nebenklassen des Kerns in $\mathbb{C}^\times$ und veranschauliche die Ergebnisse in der Gaußschen Zahlenebene.

A 1.11.2

(a) Beweise: In jeder kommutativen Gruppe $(G, \cdot)$ ist $\psi : G \to G : x \mapsto x^n$ für alle $n \in \mathbb{Z}$ ein Homomorphismus.

(b) Die Abbildung $\psi : \mathbb{C}^\times \to \mathbb{C}^\times : x \mapsto x^4$ ist nach (a) ein Homomorphismus bezüglich der Multiplikation. Berechne $\ker\psi$.

(c) Bestimme für den Homomorphismus aus (b) die Menge $\psi^{-1}(16)$, also alle $x \in \mathbb{C}^\times$ mit $x^4 = 16$, sowie $\psi^{-1}(-1)$.

Hinweis zu (c): Es genügt, jeweils eine Lösung zu bestimmen, die anderen ergeben sich mittels $\ker\psi$. Beachte $(1 + i)^4 = \dots$

A 1.11.3 Die *Filmempfindlichkeit* kann bekanntlich nach *ASA* (American Standards Association) oder *DIN* (Deutsches Institut für Normung e. V.) gemessen werden, wobei 21 DIN genau 100 ASA entspricht. Wird die DIN-Zahl um 3 erhöht (erniedrigt), so verdoppelt (halbiert) sich die ASA-Zahl.
Bestimme einen Gruppenisomorphismus $\psi : (\mathbb{R}, +) \to (\mathbb{R}^+, \cdot)$ und eine Konstante $c \in \mathbb{R}$ so, dass das Umrechnen von DIN (d) in ASA (a) durch $a = \psi\left(\frac{1}{3}(d + c)\right)$ beschrieben wird.

A 1.11.4 Sei G eine Untergruppe der Gruppe S_M aller Bijektionen einer Menge M auf sich. Für jedes $p \in M$ heißt $G(p) := \{\varphi \in G \mid \varphi(p) = p\}$ der *Stabilisator* von p in G.

(a) Zeige, dass $G(p)$ eine Untergruppe von G ist.

(b) Beweise: Falls es zu Elementen $p, q \in M$ eine Bijektion $\gamma \in G$ gibt mit $\gamma(p) = q$, so gilt $G(q) = \gamma \circ G(p) \circ \gamma^{-1}$.

(c) Bestimme in der Gruppe S_3 den Stabilisator $S_3(1)$ und mit Hilfe von (b) auch $S_3(2)$.

(d) Zeige, dass der Stabilisator $S_3(1)$ kein Normalteiler von S_3 ist.

A 1.11.5 Sei U die Menge der komplexen Zahlen mit dem absoluten Betrag 1.

(a) Begründe, warum U, $\mathbb{R}^+$ und $\mathbb{R}^\times$ Normalteiler von $(\mathbb{C}^\times, \cdot)$ sind.

(b) Bestimme eine Untergruppe von $\mathbb{C}^\times$, die zu $\mathbb{C}^\times/U$ isomorph ist.

(c) Bestimme eine Untergruppe von $\mathbb{C}^\times$, die zu $\mathbb{C}^\times/\mathbb{R}^+$ isomorph ist.

(d) Bestimme eine Untergruppe von $\mathbb{C}^\times$, die zu $\mathbb{C}^\times/\mathbb{R}^\times$ isomorph ist.

Veranschauliche die zu den einzelnen Faktorgruppen gehörenden kanonischen Abbildungen jeweils in der Gaußschen Zahlenebene.
Anleitung zu (d): Verwende die Abbildung $z \mapsto (\frac{z}{|z|})^2$.

A 1.11.6 Es seien G eine Gruppe und $U \subset G$ eine Untergruppe. Nach 1.11.10 ist die Relation $\sim_U$ mit $a \sim_U b$ genau für $ba^{-1} \in U$ eine Äquivalenzrelation auf G.

(a) Beweise, dass alle Äquivalenzklassen von $\sim_U$ gleichmächtig sind.

(b) Leite aus (a) den folgenden *Satz von Lagrange*[32] ab: Ist U eine Untergruppe einer endlichen Gruppe G, so ist $\#U$ ein Teiler von $\#G$.

A 1.11.7 Wir fassen $\mathbb{Z}$ als Gruppe bezüglich der Addition auf. Beweise:

(a) Für jedes $m \in \mathbb{Z}$ ist die Abbildung $\mu_m : \mathbb{Z} \to \mathbb{Z} : x \mapsto m \cdot x$ ein Gruppenhomomorphismus.

(b) Für jeden Homomorphismus $\psi : \mathbb{Z} \to \mathbb{Z}$ gilt $\psi = \mu_m$, wenn $m := \psi(1)$ gesetzt wird.

A 1.11.8 Sei $(G, \cdot)$ eine Gruppe. Wir definieren eine Abbildung $\varphi : G \to G : x \mapsto x^{-1}$. Beweise:

(a) φ ist eine Bijektion.

(b) φ ist genau dann ein Automorphismus von G, falls G kommutativ ist.

[32] Joseph-Louis Lagrange (1736–1813).

1.12 Körperisomorphismen

1.12.1 In Analogie zur Gruppentheorie lassen sich Homomorphismen eines Körpers K in einen Körper K' erklären. Wir benötigen im Folgenden aber nur bijektive Homomorphismen. Diese sind folgendermaßen erklärt:

Definition 1.12.2 Sind $(K, +, \cdot)$ und $(K', +, \cdot)$ Körper, so heißt eine Bijektion $\zeta : K \to K'$ ein *Isomorphismus*, falls für alle $x, y \in K$ gilt:

1. $\zeta(x + y) = \zeta(x) + \zeta(y)$,
2. $\zeta(x \cdot y) = \zeta(x) \cdot \zeta(y)$.

Für $K = K'$ wird ζ auch ein *Automorphismus* genannt.

Wir sprechen auch von einem *Körperisomorphismus* bzw. *Körperautomorphismus*. Wenn es einen Isomorphismus $K \to K'$ gibt, so werden die Körper K und K' *isomorph* genannt.

Beispiele 1.12.3

1. Jeder Körper K besitzt den *trivialen Automorphismus* id_K.
2. Die Konjugation $\bar{\ } : \mathbb{C} \to \mathbb{C}$ ist ein involutorischer Körperautomorphismus. Es besitzt $\mathbb{C}$ daneben noch unendlich viele nicht triviale Automorphismen, die aber nur theoretische Bedeutung haben, da sie sich nicht explizit angeben lassen. Vgl. etwa [15, 317].
3. Im endlichen Körper GF(4) (vgl. 1.10.3 Beispiel 2) ist $x \mapsto x^2$ ein involutorischer Automorphismus.
4. Setzen wir $\mathbb{C} = \mathbb{R} \times \mathbb{R}$, so ist $K := \{(x, 0) \mid x \in \mathbb{R}\}$ ein Unterkörper von $\mathbb{C}$ und $\zeta : \mathbb{R} \to K : x \mapsto (x, 0)$ ein Körperisomorphismus. Mit Hilfe von ζ haben wir die isomorphen Körper $\mathbb{R}$ und $K \subset \mathbb{C}$ schon bisher identifiziert. Vgl. 1.10.3 Beispiel 4.

1.12.4 Unter einem Körperisomorphismus $\zeta : K \to K'$ werden sowohl die additiven Gruppen $(K, +)$ und $(K', +)$ als auch die multiplikativen Gruppen $(K^\times, \cdot)$ und $(K'^\times, \cdot)$ isomorph aufeinander abgebildet. Es gilt daher insbesondere $\zeta(0) = 0'$, $\zeta(1) = 1'$ sowie $\zeta(-1) = -1'$. Die Bijektion ζ^{-1} ist ein Isomorphismus $K' \to K$. Ist $\zeta' : K' \to K''$ ein Körperisomorphismus, so ist auch $\zeta' \circ \zeta : K \to K''$ ein Isomorphismus.

Die Menge aller Automorphismen eines Körpers K wird mit $\mathrm{Aut}(K)$ bezeichnet. Sie ist eine Untergruppe der symmetrischen Gruppe S_K (Übungsaufgabe).

Satz 1.12.5 *Alle Restklassenkörper $\mathbb{Z}_p$, der Körper $\mathbb{Q}$ der rationalen Zahlen und der Körper $\mathbb{R}$ der reellen Zahlen gestatten jeweils nur den trivialen Automorphismus.*

Beweis. (a) Sei $\zeta \in \mathrm{Aut}(\mathbb{Z}_p)$. Jedes Element $x \in \mathbb{Z}_p$ lässt sich in der Form $x = \bar{1} + \bar{1} + \cdots + \bar{1}$ schreiben. Das zeigt

$$\zeta(x) = \zeta(\bar{1}) + \zeta(\bar{1}) + \cdots + \zeta(\bar{1}) = \bar{1} + \bar{1} + \cdots + \bar{1} = x.$$

(b) Sei $\zeta \in \mathrm{Aut}(\mathbb{Q})$. Da $\zeta(0) = 0$, $\zeta(1) = 1$ und $\zeta(-1) = -1$, folgt analog zu (a), dass alle ganzen Zahlen unter ζ fest bleiben. Da sich jedes $x \in \mathbb{Q}$ in der Form $x = mn^{-1}$ mit $m \in \mathbb{Z}$, $n \in \mathbb{N}^\times$ darstellen lässt, folgt $\zeta(x) = mn^{-1} = x$.

(c) Sei $\zeta \in \operatorname{Aut}(\mathbb{R})$. Wie in (b) ergibt sich $\zeta(x) = x$ für alle $x \in \mathbb{Q}$. Es ist $y \in \mathbb{R}$ genau dann positiv, falls ein $x \in \mathbb{R}^\times$ existiert mit $y = x^2$, was zu $\zeta(y) = \zeta(x^2) = \zeta(x)^2 \in \mathbb{R}^+$ äquivalent ist. Somit gilt $\zeta(\mathbb{R}^+) = \mathbb{R}^+$. Das zeigt für alle $x, y \in \mathbb{R}$:

$$x < y \quad \Leftrightarrow \quad y - x \in \mathbb{R}^+ \quad \Leftrightarrow \quad \zeta(y) - \zeta(x) \in \mathbb{R}^+ \quad \Leftrightarrow \quad \zeta(x) < \zeta(y).$$

Ist $x \in \mathbb{R} \setminus \mathbb{Q}$, so existiert zu jedem $t \in \mathbb{Q}^+$ eine Zahl $y(t) \in \mathbb{Q}$ mit $y(t) < x < y(t) + t$, was $y(t) < \zeta(x) < y(t) + t$ sowie $\zeta(x) = x$ bewirkt. □

Satz 1.12.6 *Die Konjugation und* $\mathrm{id}_{\mathbb{C}}$ *sind die einzigen Automorphismen von* $\mathbb{C}$*, die den Unterkörper* $\mathbb{R} \subset \mathbb{C}$ *als Ganzes fest lassen.*[33]

Beweis. Sei $\zeta \in \operatorname{Aut}(\mathbb{C})$ und $\zeta(\mathbb{R}) = \mathbb{R}$. Dann ist $\zeta(x) = x$ für alle $x \in \mathbb{R}$ nach Satz 1.12.5. Aus $i^2 = -1$ erkennen wir $\zeta(i^2) = \zeta(i)^2 = -1$, also $\zeta(i) = \pm i$. Für alle $x + yi \in \mathbb{C}$ mit $x, y \in \mathbb{R}$ gilt daher

$$\zeta(x + yi) = \zeta(x) + \zeta(y)\zeta(i) = x \pm yi,$$

womit ζ entweder die Identität oder die Konjugation ist. □

Bemerkung 1.12.7 Zu jeder Primzahl p und zu jedem $j \in \mathbb{N}^\times$ gibt es bis auf Isomorphie genau einen Körper mit $q := p^j$ Elementen, das sogenannte *Galois-Feld* mit q Elementen. Es wird mit $\mathrm{GF}(q)$ bezeichnet. Die uns bekannten Körper $\mathbb{Z}_p = \mathrm{GF}(p)$ und $\mathrm{GF}(4)$ ordnen sich hier unter.

Aufgaben

A 1.12.1 Bestimme *alle* Automorphismen von GF(4).

A 1.12.2 Beweise, dass jeder Körper K mit Charakteristik 0 einen zu $\mathbb{Q}$ isomorphen Unterkörper besitzt und daher unendlich viele Elemente besitzt.

A 1.12.3 Streichen wir in der Definition eines Körperisomorphismus $\zeta : K \to K'$ die Forderung nach der Bijektivität weg, so erhalten wir die Definition eines *Körperhomomorphismus*. Zeige: Für jeden Körperhomomorphismus ist entweder $\zeta(1) = 0'$ oder $\zeta(1) = 1'$. Im ersten Fall gilt $\zeta(K) = \{0'\}$, im zweiten Fall ist ζ injektiv und $\zeta(K)$ ein zu K isomorpher Unterkörper von K'.

A 1.12.4

(a) Beweise: Ist K ein Körper, $P \subset K$ ein Positivitätsbereich und $\zeta : K \to K$ ein Körperautomorphismus, so ist auch $\zeta(P)$ ein Positivitätsbereich.

(b) Zeige, dass jeder Körper $\mathbb{Q}(\sqrt{n})$ zwei verschiedene Anordnungen gestattet, falls $\sqrt{n} \notin \mathbb{Q}$; vgl. A 1.10.2.

Hinweis zu (b): Beachte die Abbildung $a + b\sqrt{n} \mapsto a - b\sqrt{n}$ mit $a, b \in \mathbb{Q}$.

---

[33] Dieser Satz ist mit Vorsicht zu genießen: Wir haben ausgehend vom Körper $\mathbb{R}$ der reellen Zahlen den Körper $\mathbb{C}$ der komplexen Zahlen konstruiert. Daher kennen wir a priori jenen Unterkörper von $\mathbb{C}$, den wir mit $\mathbb{R}$ identifizieren. Es besitzt aber $\mathbb{C}$ unendlich viele voneinander verschiedene zu $\mathbb{R}$ isomorphe Unterkörper, wie hier ohne Beweis angemerkt sei. Das hängt mit den in 1.12.3 Beispiel 2 erwähnten Automorphismen von $\mathbb{C}$ zusammen.

1.13 Symmetrische Gruppen

1.13.1 Wir untersuchen jetzt die in 1.9.3 Beispiel 1 vorgestellte symmetrische Gruppe S_n aller Bijektionen der endlichen Menge $\{1, 2, \ldots, n\} \subset \mathbb{N}$ auf sich. Zunächst beschreiben wir einen besonders einfachen Typus von Permutationen: Sind $i, j \in \{1, 2, \ldots, n\}$ verschieden, so sei $\pi_{ij} \in \mathrm{S}_n$ jene Permutation, die i mit j vertauscht und alle anderen Elemente fest lässt. Diese Abbildung heißt die *Transposition* der Elemente i, j.

Die Gruppen $\mathrm{S}_0 = \{\mathrm{id}_\emptyset\}$, $\mathrm{S}_1 = \{\mathrm{id}_{\{1\}}\}$ und $\mathrm{S}_2 = \{\mathrm{id}_{\{1,2\}}, \pi_{12}\}$ sind kommutativ. Die Gruppe S_3 ist nach 1.9.3 Beispiel 2 nicht kommutativ. Für $n > 3$ bilden alle Permutationen aus S_n, die $4, 5, \ldots, n$ einzeln festhalten, eine zu S_3 isomorphe Untergruppe, womit S_n für alle $n \geq 3$ nicht kommutativ ist.

Wir bestimmen jetzt für beliebiges $n \in \mathbb{N}$ die Anzahl der Elemente der symmetrischen Gruppe S_n:

Satz 1.13.2 *Die symmetrische Gruppe* S_n *hat genau*[34] $n!$ *Elemente.*

Beweis. Es gilt $\#\mathrm{S}_0 = \#\mathrm{S}_1 = 1$. Für $n \geq 2$ nehmen wir an, dass $\#\mathrm{S}_{n-1} = (n-1)!$ bereits gezeigt sei. Es ist

$$\mathrm{S}_n(n) := \{\sigma \in \mathrm{S}_n \mid \sigma(n) = n\}$$

eine zu S_{n-1} isomorphe Gruppe, was $\#\mathrm{S}_n(n) = (n-1)!$ ergibt. Wir konstruieren eine Abbildung von S_n in die Produktmenge $\mathrm{S}_n(n) \times \{1, 2, \ldots, n\}$.

$$\text{Für } \sigma \in \mathrm{S}_n \text{ und } \left\{ \begin{array}{l} \sigma(n) \neq n \\ \sigma(n) = n \end{array} \right\} \text{ gelte: } \left\{ \begin{array}{l} \sigma \mapsto (\pi_{\sigma(n)n} \circ \sigma, \sigma(n)) \\ \sigma \mapsto (\sigma, n) \end{array} \right.$$

Diese Abbildung ist bijektiv, da jedes Paar $(\sigma', j) \in \mathrm{S}_n(n) \times \{1, 2, \ldots, n-1\}$ genau als Bild der Permutation $\pi_{jn} \circ \sigma'$ und jedes Paar $(\sigma', n) \in \mathrm{S}_n(n) \times \{n\}$ genau als Bild von σ' auftritt. Nun folgt aus $\#\mathrm{S}_n = \#(\mathrm{S}_n(n) \times \{1, 2, \ldots, n\}) = (n-1)! \cdot n = n!$ die Gültigkeit des Satzes. □

Die Bedeutung der Transpositionen liegt im folgenden Satz:

Satz 1.13.3 *Jede Permutation* $\sigma \in \mathrm{S}_n$ *ist als Produkt von höchstens n Transpositionen darstellbar.*

Beweis. Die Identität $\mathrm{id}_{\{1,2,\ldots,n\}}$ kann stets als leeres Produkt[35] geschrieben werden. Sei nun $\sigma \neq \mathrm{id}_{\{1,2,\ldots,n\}}$ und daher $n \geq 2$. Dann gibt es genau ein kleinstes $i_1 \in \{1, 2, \ldots, n\}$ mit $\sigma(i_1) = j_1 \neq i_1$. Sei $\sigma_1 := \pi_{i_1 j_1} \circ \sigma$. Bei $\sigma_1 = \mathrm{id}_{\{1,2,\ldots,n\}}$ sind wir fertig. Andernfalls gibt es genau ein kleinstes i_2 mit $\sigma_1(i_2) = j_2 \neq i_2$. Wir setzen $\sigma_2 := \pi_{i_2 j_2} \circ \sigma_1$ und so weiter. Das Verfahren muss bei einem σ_k mit $k \leq n$ abbrechen. Dann gilt $\mathrm{id}_{\{1,2,\ldots,n\}} = \pi_{i_k j_k} \circ \cdots \circ \pi_{i_1 j_1} \circ \sigma$ bzw. $\sigma = \pi_{j_1 i_1} \circ \cdots \circ \pi_{j_k i_k}$. □

1.13.4 Jede Permutation aus S_n kann bei $n \geq 2$ auf sehr viele verschiedene Arten als endliches Produkt von Transpositionen geschrieben werden, da wir zu einer Produktdarstellung etwa beliebig oft den irrelevanten Faktor $\pi_{12} \circ \pi_{12}$ hinzufügen können. Wir zeigen aber nun in mehreren Schritten, dass jede Permutation, die *mindestens einmal* als Produkt einer geraden Anzahl von

[34] Es ist $n!$ (lies: n Faktorielle) rekursiv erklärt durch $0! := 1$ und $n! := n \cdot (n-1)!$

[35] In jeder multiplikativ geschriebenen Gruppe sei ein *leeres Produkt* (null Faktoren) gleich dem neutralen Element.

Transpositionen geschrieben werden kann, *ausschließlich* in ein Produkt einer geraden Anzahl von Transpositionen faktorisiert werden kann. Dabei verwenden wir die folgenden Begriffe:

Ein Paar (i, j) natürlicher Zahlen mit $1 \leq i < j \leq n$ heißt ein *Fehlstand* einer Permutation $\sigma \in S_n$, falls $\sigma(i) > \sigma(j)$. Das *Signum* von σ ist erklärt als

$$\operatorname{sgn}\sigma := \prod_{i<j} \frac{\sigma(j) - \sigma(i)}{j - i} \in \{+1, -1\} \subset \mathbb{Z} \text{ mit } i, j \in \{1, 2, \ldots, n\}. \tag{1.6}$$

Je nachdem $\operatorname{sgn}\sigma = +1$ oder $\operatorname{sgn}\sigma = -1$ heißt σ *gerade* oder *ungerade*. Die Kurzschreibweise $\prod_{i<j}$ bedeutet, dass (i, j) die Menge

$$\{(1,2), (1,3), \ldots, (1,n), (2,3), (2,4) \ldots, (2,n), \ldots, (n-1,n)\} \tag{1.7}$$

durchläuft, also die leere Menge für $n \leq 1$. Es ist vielleicht auf den ersten Blick nicht klar, dass das Produkt in (1.6) nur die Werte ± 1 annehmen kann. Aber mit $j - i$ im Nenner tritt auch $\pm(j - i)$ im Zähler auf, und zwar für jene Indizes l, k mit $\sigma(l) = j$, $\sigma(k) = i$. Hat nun die Permutation σ genau $q \geq 0$ Fehlstände, so folgt

$$\operatorname{sgn}\sigma = (-1)^q, \tag{1.8}$$

denn genau für einen Fehlstand (i, j) haben Zähler und Nenner des zu (i, j) gehörigen Bruchs verschiedene Vorzeichen. Weiters kommt es bei den Paaren in (1.7) nicht auf die Reihenfolge der Elemente eines Paares an: Denn ersetzen wir (i, j) durch (j, i), so ändert der betreffende Bruch in (1.6) sowohl im Zähler als auch im Nenner das Vorzeichen.

Beispiel 1.13.5 Wir berechnen das Signum folgender Permutation:

$$\operatorname{sgn}\begin{pmatrix} 1 & 2 & 3 & 4 \\ 3 & 2 & 4 & 1 \end{pmatrix} = \frac{2-3}{2-1} \cdot \frac{4-3}{3-1} \cdot \frac{1-3}{4-1} \cdot \frac{4-2}{3-2} \cdot \frac{1-2}{4-2} \cdot \frac{1-4}{4-3} \cdot = (-1)^4 = +1.$$

Satz 1.13.6 *Jede Transposition ist eine ungerade Permutation.*

Beweis. Gegeben sei $\pi_{ij} \in S_n$; dabei gelte etwa $i < j$. Dann ist (i, j) *ein* Fehlstand. Weitere Fehlstände können nur in solchen Paaren auftreten, die i oder j enthalten, und deren andere Komponente k die Bedingung $i < k < j$ erfüllt. Für jedes solche k sind dann (i, k) und (k, j) *zwei* Fehlstände, also gibt es insgesamt eine ungerade Anzahl von Fehlständen. Mit (1.8) folgt $\operatorname{sgn}\pi_{ij} = -1$. □

Nun können wir den entscheidenden Satz über die Signumfunktion beweisen und daraus eine Formel für das Signum einer Permutation herleiten:

Satz 1.13.7 *Die Abbildung*

$$\operatorname{sgn} : S_n \to \{+1, -1\}$$

ist ein Gruppenhomomorphismus in die multiplikative Gruppe $(\{+1, -1\}, \cdot)$. *Wenn sich eine Permutation* $\sigma \in S_n$ *als Produkt von* $k \geq 0$ *Transpositionen schreiben lässt, dann ist*

$$\operatorname{sgn}\sigma = (-1)^k.$$

Beweis. (a) Für alle $\sigma_1, \sigma_2 \in \mathrm{S}_n$ ist

$$\begin{aligned}\operatorname{sgn}(\sigma_2 \circ \sigma_1) &= \prod_{i<j} \frac{(\sigma_2 \circ \sigma_1)(j) - (\sigma_2 \circ \sigma_1)(i)}{j-i} \\ &= \prod_{i<j} \frac{(\sigma_2 \circ \sigma_1)(j) - (\sigma_2 \circ \sigma_1)(i)}{\sigma_1(j) - \sigma_1(i)} \cdot \prod_{i<j} \frac{\sigma_1(j) - \sigma_1(i)}{j-i} \\ &= \prod_{i<j} \frac{\sigma_2(j') - \sigma_2(i')}{j'-i'} \cdot \prod_{i<j} \frac{\sigma_1(j) - \sigma_1(i)}{j-i},\end{aligned}$$

wobei wir $i' := \sigma_1(i)$ und $j' := \sigma_1(j)$ setzen. Da die Reihenfolge von i' und j' nicht eingeht, folgt weiter

$$\operatorname{sgn}(\sigma_2 \circ \sigma_1) = \prod_{i'<j'} \frac{\sigma_2(j') - \sigma_2(i')}{j'-i'} \cdot \prod_{i<j} \frac{\sigma_1(j) - \sigma_1(i)}{j-i} = \operatorname{sgn}(\sigma_2) \cdot \operatorname{sgn}(\sigma_1).$$

(b) Die Gültigkeit der zweiten Aussage folgt sofort mit Satz 1.13.6 und (a). □

Damit haben wir das in 1.13.4 gesteckte Ziel erreicht: Jede Permutation σ ist entweder gerade oder ungerade. Dementsprechend tritt in sämtlichen Darstellungen von σ als Produkt von Transpositionen entweder stets eine gerade oder stets eine ungerade Anzahl von Faktoren auf.

Der Kern des in Satz 1.13.7 beschriebenen Homomorphismus ist ein Normalteiler von S_n. Er wird mit A_n bezeichnet und die *alternierende Gruppe* von n Elementen genannt. Satz 1.13.7 zeigt ferner

$$\operatorname{sgn}(\sigma^{-1}) = (\operatorname{sgn}\sigma)^{-1} = \operatorname{sgn}\sigma \quad \text{für alle } \sigma \in \mathrm{S}_n\,.$$

Aufgaben

A 1.13.1 Zeige: Jede Permutation $\sigma \in \mathrm{S}_n$ ist als Produkt von Transpositionen $\pi_{i,i+1}$ benachbarter Elemente darstellbar.

A 1.13.2 Berechne $\operatorname{sgn}\begin{pmatrix} 1 & 2 & \dots & n \\ n & n-1 & \dots & 1 \end{pmatrix}$ und $\operatorname{sgn}\begin{pmatrix} 1 & 2 & \dots & n-1 & n \\ 2 & 3 & \dots & n & 1 \end{pmatrix}$.

A 1.13.3 Sei $n \in \mathbb{N}$.

(a) Bestimme die Anzahl der Elemente der alternierenden Gruppe A_n.

(b) Beweise: Die Signumfunktion $\operatorname{sgn} : \mathrm{S}_n \to \{+1, -1\}$ ist genau dann surjektiv, wenn $n \geq 2$.

(c) Beweise: Die alternierende Gruppe A_n ist genau dann kommutativ, wenn $n \leq 3$.

Hinweis: Beachte in (a) die Sonderfälle $n = 0$ und $n = 1$.

Kapitel 2

Vektorräume

In Verallgemeinerung der elementaren Vektorrechung im Anschauungsraum erklären wir Vektorräume über beliebigen Körpern. Jeder Familie von Vektoren eines Vektorraumes $\boldsymbol{V}$ ordnen wir ihre Hülle zu, das ist der kleinste Unterraum, welcher die gegebenen Vektoren enthält. Die Hülle kann auf zwei Arten beschrieben werden: Sie ist einerseits die Menge aller Linearkombinationen der gegebenen Vektoren (Beschreibung von innen) und andererseits der Durchschnitt aller Unterräume von $\boldsymbol{V}$, welche die gegebenen Vektoren enthalten (Beschreibung von außen). Liegt kein Vektor der Familie in der Hülle der restlichen Vektoren, so ist sie linear unabhängig. Spannt sie außerdem den ganzen Vektorraum auf, so liegt eine Basis von $\boldsymbol{V}$ vor.

Da je zwei Basen von $\boldsymbol{V}$ gleichmächtig sind, kann die Mächtigkeit einer Basis als Dimension von $\boldsymbol{V}$ erklärt werden. Die Dimension ist die wichtigste Kenngröße für einen Vektorraum. Es gibt Vektorräume mit endlicher, aber auch mit unendlicher Dimension.

Die mengentheoretische Vereinigung von Unterräumen braucht kein Unterraum zu sein. Daher erklären wir eine Summe von Unterräumen so, dass wieder ein Unterraum vorliegt. Der Dimensionssatz gestattet es, Aufgaben über die gegenseitige Lage von Unterräumen auf Rechnungen mit ganzen Zahlen zurückzuführen.

Mittels elementarer Spaltenumformungen von Matrizen können eine Reihe von Aufgaben explizit gelöst werden.

2.1 Elementare Vektorrechung

2.1.1 Zeichnen wir im Anschauungsraum, das ist der Raum der Schulgeometrie, einen Punkt O aus, so kann jeder Punkt A des Raumes durch seinen *Ortsvektor* $\boldsymbol{a} = \overrightarrow{OA}$ erfasst werden. Für $O \neq A$ veranschaulichen wir $\boldsymbol{a}$ durch einen Pfeil von O nach A; bei $O = A$ erhalten wir den *Nullvektor* $\boldsymbol{o}$, der nur durch den Punkt O alleine angedeutet werden kann. Mit $\boldsymbol{V}_O$ bezeichnen wir die Menge aller von O ausstrahlenden Vektoren des Raumes.

2.1.2 Wir beschreiben die aus der Schule geläufige Vektorrechnung in $\boldsymbol{V}_O$. Je zwei Vektoren $\boldsymbol{a}, \boldsymbol{b} \in \boldsymbol{V}_O$ wird nach der *Parallelogrammregel* (Abbildung 2.1) ihr *Summenvektor* $\boldsymbol{a} + \boldsymbol{b}$ zugeordnet. Es ist $(\boldsymbol{V}_O, +)$ eine kommutative Gruppe. Ein strenger mathematischer Beweis ist hier nicht möglich, aber die Gruppenaxiome sollen zumindest veranschaulicht werden: Die Abbildung 2.2 illustriert die Assoziativität der Vektoraddition und kann als Bild eines Würfels gedeutet werden. Die Kommutativität der Addition liegt auf der Hand. Der Nullvektor ist ein neutrales

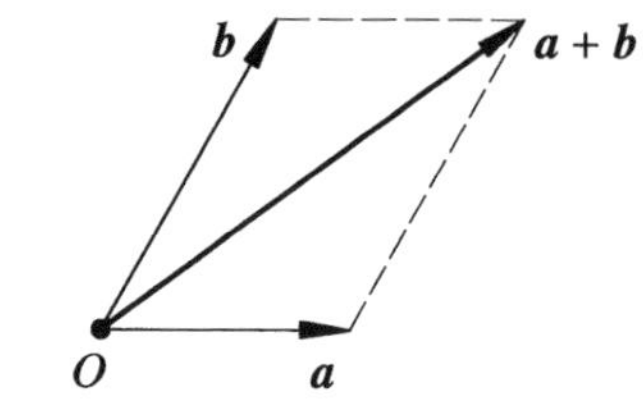

Abbildung 2.1

Element. Zum Ortsvektor $\boldsymbol{a}$ eines beliebigen Punktes A erhalten wir durch Spiegelung von A an O den zu $\boldsymbol{a}$ entgegengesetzten Vektor $-\boldsymbol{a}$.

Daneben gibt es noch eine Multiplikation „reelle Zahl mal Vektor" (Abbildung 2.3). Sie wird geometrisch durch die Streckungen zum Zentrum O beschrieben: Unter einer Streckung zum Faktor $x \in \mathbb{R}^\times$ geht ein Vektor $\boldsymbol{a}$ in den Vektor $x\boldsymbol{a}$ über. Bei $x = 0$ degeneriert eine Streckung zur Abbildung $A \mapsto O$ für alle Punkte A des Raumes, was auf $0\boldsymbol{a} = \boldsymbol{o}$ führt. Es ist insbesondere $(-1)\boldsymbol{a} = -\boldsymbol{a}$, da die Streckung zum Faktor -1 eine Punktspiegelung ist, und $1\boldsymbol{a} = \boldsymbol{a}$, da die Streckung zum Faktor 1 die Identität des Raumes ist. Die Elemente von $\mathbb{R}$ nennen wir hier auch *Skalare*. Die Abbildung

$$\mathbb{R} \times \boldsymbol{V}_O \to \boldsymbol{V}_O : (x, \boldsymbol{a}) \mapsto x\boldsymbol{a}$$

ist übrigens ein Beispiel einer äußeren Verknüpfung[1]. Wir nennen diese auch eine Multiplikation („Skalar mal Vektor").

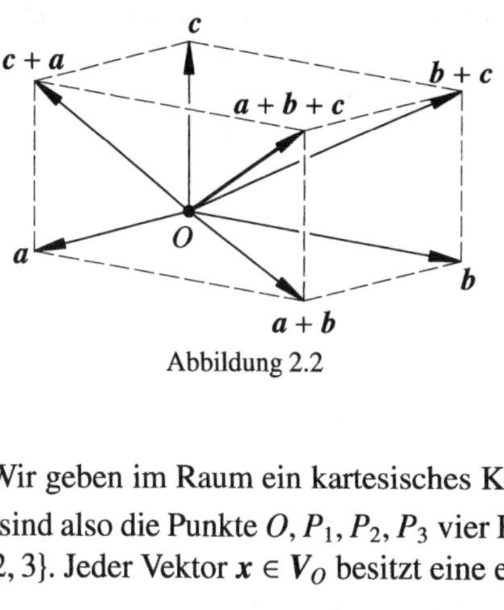

Abbildung 2.2

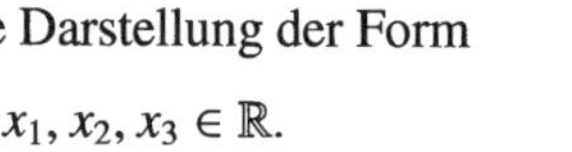

Abbildung 2.3

2.1.3 Wir geben im Raum ein kartesisches Koordinatensystem (O, P_1, P_2, P_3) mit Ursprung O vor; es sind also die Punkte O, P_1, P_2, P_3 vier Ecken eines Würfels. Wir schreiben $\boldsymbol{b}_i := \overrightarrow{OP_i}$ für $i \in \{1, 2, 3\}$. Jeder Vektor $\boldsymbol{x} \in \boldsymbol{V}_O$ besitzt eine eindeutige Darstellung der Form

$$\boldsymbol{x} = x_1\boldsymbol{b}_1 + x_2\boldsymbol{b}_2 + x_3\boldsymbol{b}_3 \quad \text{mit} \quad x_1, x_2, x_3 \in \mathbb{R}. \tag{2.1}$$

Dabei sind x_1, x_2, x_3 die Koordinaten des Punktes mit dem Ortsvektor $\boldsymbol{x}$ bezüglich des gegebenen Koordinatensystems. Fassen wir $\boldsymbol{b}_1$, $\boldsymbol{b}_2$, $\boldsymbol{b}_3$ zu einem Tripel $\boldsymbol{B} := (\boldsymbol{b}_1, \boldsymbol{b}_2, \boldsymbol{b}_3)$ zusammen, so ist durch $\boldsymbol{B}$ und (2.1) eine Bijektion

$$\boldsymbol{B}^* : \boldsymbol{V}_O \to \mathbb{R}^{3\times 1} : \boldsymbol{x} \mapsto \begin{pmatrix} x_1 \\ x_2 \\ x_3 \end{pmatrix} \tag{2.2}$$

[1] Sind K und M Mengen, so heißt eine Abbildung $K \times M \to M$ eine *äußere Verknüpfung*. Der erste Operand kann dabei außerhalb von M liegen, da K keine Teilmenge von M sein muss.

festgelegt, die jedem Vektor seine *Koordinatenspalte* bezüglich $\boldsymbol{B}$ zuordnet. Diese Koordinatenspalten werden oft auch als *Spaltenvektoren* bezeichnet. Für je zwei Spaltenvektoren ist eine *Summe*

$$\begin{pmatrix} a_1 \\ a_2 \\ a_3 \end{pmatrix} + \begin{pmatrix} b_1 \\ b_2 \\ b_3 \end{pmatrix} := \begin{pmatrix} a_1 + b_1 \\ a_2 + b_2 \\ a_3 + b_3 \end{pmatrix}$$

und für jeden Spaltenvektor sowie jede reelle Zahl x ein *Produkt*

$$x \begin{pmatrix} a_1 \\ a_2 \\ a_3 \end{pmatrix} := \begin{pmatrix} xa_1 \\ xa_2 \\ xa_3 \end{pmatrix}$$

erklärt. Die Vektoraddition und die Multiplikation eines Skalars mit einem Vektor in $\boldsymbol{V}_O$ laufen dann auf die betreffenden Verknüpfungen der Koordinatenspalten hinaus: Für alle Vektoren $\boldsymbol{a}, \boldsymbol{b} \in \boldsymbol{V}_O$ und alle $x \in \mathbb{R}$ gilt mit

$$\boldsymbol{B}^*(\boldsymbol{a}) =: \begin{pmatrix} a_1 \\ a_2 \\ a_3 \end{pmatrix}, \quad \boldsymbol{B}^*(\boldsymbol{b}) =: \begin{pmatrix} b_1 \\ b_2 \\ b_3 \end{pmatrix}$$

nämlich einerseits

$$\boldsymbol{B}^*(\boldsymbol{a} + \boldsymbol{b}) = \begin{pmatrix} a_1 + b_1 \\ a_2 + b_2 \\ a_3 + b_3 \end{pmatrix} = \begin{pmatrix} a_1 \\ a_2 \\ a_3 \end{pmatrix} + \begin{pmatrix} b_1 \\ b_2 \\ b_3 \end{pmatrix} = \boldsymbol{B}^*(\boldsymbol{a}) + \boldsymbol{B}^*(\boldsymbol{b})$$

sowie andererseits

$$\boldsymbol{B}^*(x\boldsymbol{a}) = \begin{pmatrix} xa_1 \\ xa_2 \\ xa_3 \end{pmatrix} = x \begin{pmatrix} a_1 \\ a_2 \\ a_3 \end{pmatrix} = x\boldsymbol{B}^*(\boldsymbol{a}).$$

Auch hier ist ein strenger Beweis nicht möglich, da wir nur eine anschauliche Begründung der Vektorrechung in $\boldsymbol{V}_O$ gegeben haben. Die Bijektion $\boldsymbol{B}^*$ gestattet es jedenfalls, Probleme der elementaren Vektorrechung in den $\mathbb{R}^{3\times 1}$ zu übertragen und dort rechnerisch zu behandeln. In manchen Büchern wird sogar zwischen den Vektoren aus $\boldsymbol{V}_O$ und ihren Koordinatenspalten nicht unterschieden.

2.2 Definition und Beispiele von Vektorräumen

2.2.1 Sei $(K, +, \cdot)$ ein Körper mit dem Nullelement 0 und dem Einselement 1. Ferner sei $(\boldsymbol{V}, +)$ eine Gruppe. Dass wir das Zeichen + sowohl im Körper K als auch in der Gruppe $\boldsymbol{V}$ verwenden, ist zwar unpräzise, wird aber zu keinen Verwirrungen führen.

Definition 2.2.2 Sind eine Gruppe $(\boldsymbol{V}, +)$, ein Körper $(K, +, \cdot)$ und eine Abbildung

$$K \times \boldsymbol{V} \to \boldsymbol{V} : (x, \boldsymbol{a}) \mapsto x\boldsymbol{a}$$

gegeben, so heißt $\boldsymbol{V}$ ein *Vektorraum* über K, wenn für alle $x, y \in K$ und alle $\boldsymbol{a}, \boldsymbol{b} \in \boldsymbol{V}$ folgende Axiome erfüllt sind:

1. $x(\boldsymbol{a} + \boldsymbol{b}) = (x\boldsymbol{a}) + (x\boldsymbol{b})$,
2. $(x + y)\boldsymbol{a} = (x\boldsymbol{a}) + (y\boldsymbol{a})$,

3. $(xy)\boldsymbol{a} = x(y\boldsymbol{a})$,
4. $1\boldsymbol{a} = \boldsymbol{a}$.

Wir bezeichnen die Elemente von $\boldsymbol{V}$ als *Vektoren*. Das neutrale Element von $(\boldsymbol{V}, +)$ heißt *Nullvektor* $\boldsymbol{o}$. Die Elemente von K werden *Skalare* genannt. Statt $\boldsymbol{V}$ schreiben wir gelegentlich auch $(\boldsymbol{V}, K)$ oder ganz ausführlich $(\boldsymbol{V}, +, K)$, wenn hinsichtlich des Skalarkörpers K Zweifel bestehen könnten. Wir verwenden im Folgenden die übliche *Vorrangregel* auch für die Multiplikation „Skalar mal Vektor“ und die Addition. Damit lautet dann etwa das erste Axiom einfach $x(\boldsymbol{a}+\boldsymbol{b}) = x\boldsymbol{a}+x\boldsymbol{b}$. Hingegen zeigt das dritte Axiom, dass es keiner Vorrangregel für die beiden Multiplikationen $K \times K \to K$ und $K \times \boldsymbol{V} \to \boldsymbol{V}$ bedarf.

Beispiele 2.2.3

1. Die Menge $\boldsymbol{V}_O$ der Vektoren des Anschauungsraumes (mit ausgezeichnetem Punkt O) bildet einen Vektorraum über dem Körper $\mathbb{R}$, wenn wir die in 2.1.2 betrachteten Rechenoperationen zu Grunde legen.
2. Sei M irgendeine Menge und K ein beliebiger Körper. Wir betrachten die Menge K^M aller Abbildungen $M \to K$. Sind $f, g \in K^M$ und $c \in K$ gegeben, so ordnen wir diesen die Abbildungen $f + g \in K^M$ und $cf \in K^M$ zu; wir definieren diese durch
$$(f + g)(m) := f(m) + g(m), \quad (cf)(m) := c(f(m)) \text{ für alle } m \in M.$$
Es wird also die Addition in K^M (*Summe* von Abbildungen) und die Multiplikation von Skalaren und Abbildungen mit Hilfe der gegebenen Addition und Multiplikation in K erklärt. Liegt mit K^M ein Vektorraum über K vor? Zum Beweis müssen wir zunächst zeigen, dass K^M bezüglich der Addition eine Gruppe ist:
Für alle $f, g \in K^M$ gilt $f + g \in K^M$ nach der Definition der Summe von Abbildungen.
Das Assoziativgesetz $(f + g) + h = f + (g + h)$ für alle $f, g, h \in K^M$ ist erfüllt, da für alle $m \in M$ in der Summe $f(m) + g(m) + h(m) \in K$ beliebig Klammern gesetzt werden können.
Es gibt die *Nullfunktion* $o : M \to K : m \mapsto 0$. Diese ist ein neutrales Element von $(K^M, +)$.
Für alle $f \in K^M$ ist die Abbildung $(-1)f : M \to K : m \mapsto -(f(m))$ ein zu f inverses Element.
Die restlichen Vektorraumaxiome lassen sich analog nachprüfen.
Dieses Beispiel ist so allgemein, dass wir nachfolgend noch eine Reihe von Sonderfällen erwähnen.
3. Setzen wir $M \subset \mathbb{R}$ und $K = \mathbb{R}$, so ist K^M der Vektorraum der Funktionen $M \to \mathbb{R}$. Abbildung 2.4 illustriert die Summe von zwei Funktionen. Dieser Vektorraum wird schon in der Schule verwendet und kommt in der reellen Analysis ständig vor. So ist etwa
$$\sin^2 x + \cos^2 x = 1 \text{ für alle } x \in \mathbb{R}$$
ein Satz über den Vektorraum $\mathbb{R}^{\mathbb{R}}$. Die Summe der Funktionen $x \mapsto \sin^2 x$ und $x \mapsto \cos^2 x$ ist die konstante Funktion $x \mapsto 1$.
4. Für $M = \{1, 2, \dots, n\}$ mit $n \in \mathbb{N}$ sind die Abbildungen $M \to K$ genau die n-Tupel von Elementen in K, also $K^{\{1,2,\dots,n\}} = K^n$. Die Vektoraddition und die Multiplikation mit Skalaren erhalten nun die Gestalt
$$(f_1, f_2, \dots, f_n) + (g_1, g_2, \dots, g_n) = (f_1 + g_1, f_2 + g_2, \dots, f_n + g_n)$$
$$c(f_1, f_2, \dots, f_n) = (cf_1, cf_2, \dots, cf_n).$$

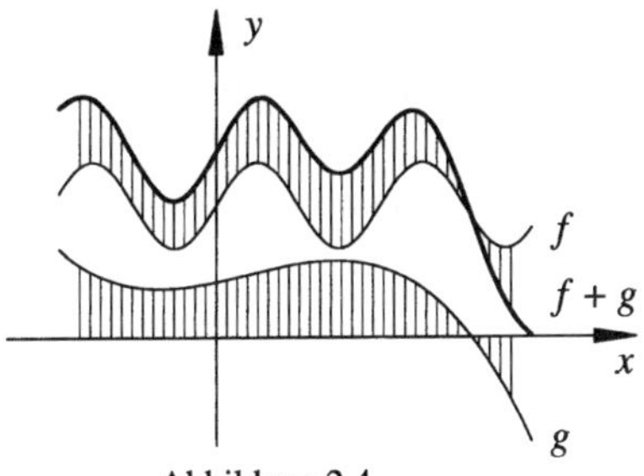

Abbildung 2.4

Etwa in $\mathbb{R}^4$ haben wir

$$(-1,2,3,1) + (1,-2,-3,-1) = (0,0,0,0),$$

$$5(1,2,3,4) = (5,10,15,20).$$

5. Setzen wir $M = \mathbb{N}$, so erhalten wir den *Vektorraum* $K^{\mathbb{N}}$ *der Folgen* von $\mathbb{N}$ in K.
6. Setzen wir $M = \{1,2,\dots,m\} \times \{1,2,\dots,n\}$ mit $m,n \in \mathbb{N}$, so erhalten wir den *Vektorraum der* $m \times n$ *Matrizen* über K. Der Nullvektor in diesem Raum ist die $m \times n$ *Nullmatrix* über K; ihre Elemente sind alle Null. Etwa für $\mathbb{C}^{2\times 2}$ haben wir

$$\begin{pmatrix} 1 & 1 \\ 2 & i \end{pmatrix} + \begin{pmatrix} 1 & 1 \\ 0 & 0 \end{pmatrix} = \begin{pmatrix} 2 & 2 \\ 2 & i \end{pmatrix}, \quad 2i\begin{pmatrix} 1 & 1 \\ i & -1 \end{pmatrix} = \begin{pmatrix} 2i & 2i \\ -2 & -2i \end{pmatrix}.$$

Hat eine Matrix über K genau eine Zeile bzw. genau eine Spalte, so wird sie auch als *Zeilenvektor* bzw. *Spaltenvektor* bezeichnet.

2.2.4 Die folgenden Gesetze sind für Vektoren im Anschauungsraum klar. Die folgende Herleitung verwendet jedoch nur die Definition eines Vektorraumes:

$$0\boldsymbol{a} = \boldsymbol{o} \text{ für alle } \boldsymbol{a} \in \boldsymbol{V}. \tag{2.3}$$

$$(-1)\boldsymbol{a} = -\boldsymbol{a} \text{ für alle } \boldsymbol{a} \in \boldsymbol{V}. \tag{2.4}$$

$$x\boldsymbol{o} = \boldsymbol{o} \text{ für alle } x \in K. \tag{2.5}$$

$$\text{Ist } x \in K,\ \boldsymbol{a} \in \boldsymbol{V} \text{ und } x\boldsymbol{a} = \boldsymbol{o}, \text{ so folgt } x = 0 \text{ oder } \boldsymbol{a} = \boldsymbol{o}. \tag{2.6}$$

$$\boldsymbol{a} + \boldsymbol{b} = \boldsymbol{b} + \boldsymbol{a} \text{ für alle } \boldsymbol{a},\boldsymbol{b} \in \boldsymbol{V}. \tag{2.7}$$

Der Beweis ist in jedem Fall sehr einfach:

Zu (2.3): $0\boldsymbol{a} = (0+0)\boldsymbol{a} \overset{2.}{=} 0\boldsymbol{a} + 0\boldsymbol{a}$, daher ist $0\boldsymbol{a} = \boldsymbol{o}$.

Zu (2.4): $\boldsymbol{o} \overset{(2.3)}{=} 0\boldsymbol{a} = (1-1)\boldsymbol{a} \overset{2.}{=} 1\boldsymbol{a} + (-1)\boldsymbol{a} \overset{4.}{=} \boldsymbol{a} + (-1)\boldsymbol{a}$, daher ist $(-1)\boldsymbol{a} = -\boldsymbol{a}$.

Zu (2.5): $x\boldsymbol{o} = x(\boldsymbol{o}+\boldsymbol{o}) \overset{1.}{=} x\boldsymbol{o} + x\boldsymbol{o}$, daher ist $x\boldsymbol{o} = \boldsymbol{o}$.

Zu (2.6): Sei $x\boldsymbol{a} = \boldsymbol{o}$. Wir unterscheiden zwei Fälle: Für $x = 0$ ist (2.6) richtig. Ist jedoch $x \neq 0$, so gilt

$$\boldsymbol{o} \overset{(2.5)}{=} x^{-1}\boldsymbol{o} = x^{-1}(x\boldsymbol{a}) \overset{3.}{=} (x^{-1}x)\boldsymbol{a} = 1\boldsymbol{a} \overset{4.}{=} \boldsymbol{a}.$$

Zu (2.7): Wir berechnen $(1+1)(\boldsymbol{a}+\boldsymbol{b})$ auf zwei Arten:

$$(1+1)(\boldsymbol{a}+\boldsymbol{b}) \overset{1.}{=} (1+1)\boldsymbol{a} + (1+1)\boldsymbol{b} \overset{2.}{=} 1\boldsymbol{a} + 1\boldsymbol{a} + 1\boldsymbol{b} + 1\boldsymbol{b} \overset{4.}{=} \boldsymbol{a}+\boldsymbol{a}+\boldsymbol{b}+\boldsymbol{b},$$

$$(1+1)(\boldsymbol{a}+\boldsymbol{b}) \overset{2.}{=} 1(\boldsymbol{a}+\boldsymbol{b}) + 1(\boldsymbol{a}+\boldsymbol{b}) \overset{1.}{=} 1\boldsymbol{a} + 1\boldsymbol{b} + 1\boldsymbol{a} + 1\boldsymbol{b} \overset{4.}{=} \boldsymbol{a}+\boldsymbol{b}+\boldsymbol{a}+\boldsymbol{b}.$$

Nun setzen wir die Ergebnisse gleich und kürzen anschließend auf beiden Seiten. Das ergibt $\boldsymbol{a}+\boldsymbol{b}=\boldsymbol{b}+\boldsymbol{a}$. Wir schreiben die wichtige Formel (2.7) nochmals mit anderen Worten auf:

Satz 2.2.5 *In jedem Vektorraum V ist $(V,+)$ eine kommutative Gruppe.*

Aufgaben

A 2.2.1 Wir erklären in $\mathbb{R}^{2\times 1}$ die Addition wie üblich, aber eine Multiplikation $\star : \mathbb{R}\times\mathbb{R}^{2\times 1}\to\mathbb{R}^{2\times 1}$ („Skalar mal Spalte") durch

(a) $x\star(a_1,a_2)^{\mathrm{T}} := (xa_1,a_2)^{\mathrm{T}}$,

(b) $x\star(a_1,a_2)^{\mathrm{T}} := (0,0)^{\mathrm{T}}$.

Ist damit $\mathbb{R}^{2\times 1}$ ein Vektorraum über $\mathbb{R}$? Überprüfe in jedem Fall alle Vektorraumaxiome, auch wenn schon klar ist, dass kein Vektorraum vorliegt.

A 2.2.2

(a) Es seien $(G,+)$ eine kommutative Gruppe mit dem neutralen Element e und $\mathbb{Z}_2$ der Restklassenkörper modulo 2. Wir erklären eine Multiplikation $\star : \mathbb{Z}_2\times G\to G : \overline{0}\star a := e,\ \overline{1}\star a := a$. Welche notwendige und hinreichende Eigenschaft muss die Gruppe G haben, damit G ein Vektorraum über $\mathbb{Z}_2$ ist?

(b) Sei nun $(G,+)$ die kommutative Gruppe $(2^M,\triangle)$ aus A 1.9.1. Zeige, dass dann gemäß (a) ein Vektorraum über $\mathbb{Z}_2$ auftritt.

(c) Gib ein Beispiel einer kommutativen Gruppe an, die gemäß (a) *keinen* Vektorraum über $\mathbb{Z}_2$ ergibt.

Hinweis zu (a): Berechne $(\overline{1}+\overline{1})\star a$ auf zwei Arten.

A 2.2.3 Sei K ein Unterkörper eines Körpers $(L,+,\cdot)$. Beweise, dass $(L,+)$ gemeinsam mit der auf $K\times L$ eingeschränkten Multiplikation ein Vektorraum über K ist. Gib für $K=\mathbb{Z}_2$, $K=\mathbb{Q}$, $K=\mathbb{R}$ und $K=\mathbb{C}$ je mindestens ein Beispiel für einen solchen Vektorraum an.

Bemerkung: Die Elemente von K spielen eine doppelte Rolle: Sie sind Skalare und zugleich Vektoren.

2.3 Unterräume

2.3.1 Betrachten wir im Anschauungsraum eine feste Ebene (oder eine feste Gerade) durch den ausgezeichneten Punkt O, so bilden offensichtlich alle Vektoren dieser Ebene (Geraden) für sich genommen schon einen Vektorraum. Allgemeiner führt das zu folgendem Begriff:

Eine Teilmenge $\boldsymbol{U}$ eines Vektorraumes $\boldsymbol{V}$ über K heißt ein *Unterraum*, wenn $\boldsymbol{U}$ bezüglich den von $\boldsymbol{V}$ stammenden Verknüpfungsvorschriften ein Vektorraum über K ist.

Analog zum Untergruppenkriterium 1.9.10 gilt die folgende Kennzeichnung:

Satz 2.3.2 (Unterraumkriterium) *Eine Teilmenge $\boldsymbol{U}$ von $\boldsymbol{V}$ ist genau dann Unterraum, falls $\boldsymbol{U}$ die folgenden beiden Eigenschaften erfüllt:*

1. $\boldsymbol{U}\neq\emptyset$.
2. $\boldsymbol{a}+x\boldsymbol{b}\in\boldsymbol{U}$ *für alle* $\boldsymbol{a},\boldsymbol{b}\in\boldsymbol{U}$ *und alle* $x\in K$.

Beweis. (a) Sind die beiden Bedingungen erfüllt, so folgt $\boldsymbol{a}+(-1)\boldsymbol{b} = \boldsymbol{a}-\boldsymbol{b} \in \boldsymbol{U}$ für alle $\boldsymbol{a}, \boldsymbol{b} \in \boldsymbol{U}$. Nach dem Untergruppenkriterium 1.9.10 ist $(\boldsymbol{U}, +)$ daher eine Untergruppe von $(\boldsymbol{V}, +)$. Das zeigt $\boldsymbol{o} \in \boldsymbol{U}$ und weiter $x\boldsymbol{b} = \boldsymbol{o} + x\boldsymbol{b} \in \boldsymbol{U}$ für alle $\boldsymbol{b} \in \boldsymbol{U}$ und alle $x \in K$. Es ist also $\boldsymbol{U}$ gegenüber der Multiplikation mit Skalaren abgeschlossen und somit ein Unterraum.

(b) Sei $\boldsymbol{U}$ ein Unterraum von $\boldsymbol{V}$. Dann gelten die Eigenschaften 1 und 2. □

Beispiele 2.3.3 In den folgenden Beispielen kann leicht nachgeprüft werden, dass die beiden Bedingungen des Unterraumkriteriums erfüllt sind.

1. In jedem Vektorraum $\boldsymbol{V}$ ist $\{x\boldsymbol{a} \mid x \in K\}$ für festes $\boldsymbol{a} \in \boldsymbol{V}$ ein Unterraum.
2. In $\mathbb{R}^{5\times 1}$ ist $\{(x_1, x_2, 0, 0, 0)^{\mathrm{T}} \mid x_1, x_2 \in \mathbb{R}\}$ ein Unterraum.
3. Die Menge aller Vektoren $(x_1, x_2, x_3, x_4, x_5)^{\mathrm{T}} \in \mathbb{C}^{5\times 1}$ mit der Eigenschaft $x_1 + x_2 = 0$ ist ein Unterraum von $\mathbb{C}^{5\times 1}$.
4. Jeder Vektorraum $\boldsymbol{V}$ hat die *trivialen Unterräume* $\boldsymbol{V}$ und $\{\boldsymbol{o}\}$. Für $\boldsymbol{V} = \{\boldsymbol{o}\}$ fallen diese Unterräume zusammen.
5. Im Vektorraum $\mathbb{R}^{\mathbb{R}}$ bildet sowohl die Menge aller stetigen als auch die Menge aller differenzierbaren Funktionen einen Unterraum.

2.3.4 Wir bereiten jetzt ein Verfahren zur Konstruktion von Unterräumen vor: Es seien I eine Indexmenge und $(\boldsymbol{m}_i)_{i\in I}$ eine Familie von Vektoren in $\boldsymbol{V}$. Ist $I' \subset I$ eine *endliche* Menge und $(x_j)_{j\in I'}$ eine (endliche) Familie in K, so ist jede Summe der Form

$$\sum_{j\in I'} x_j \boldsymbol{m}_j \tag{2.8}$$

ein Vektor aus $\boldsymbol{V}$. Eine solche Summe hat immer nur endlich viele Summanden.[2] Etwa für $I' = \{1, 2, \dots, k\}$ mit $k \in \mathbb{N}^{\times}$ schreiben wir (2.8) auch als $x_1\boldsymbol{m}_1 + x_2\boldsymbol{m}_2 + \cdots + x_k\boldsymbol{m}_k$. Falls $I' = \emptyset$, so ist die auftretende *leere Summe* gleich $\boldsymbol{o}$ zu setzen.

Der Vektor in Formel (2.8) ändert sich nicht, wenn alle Summanden $x_j\boldsymbol{m}_j$ weggestrichen werden, in denen $x_j = 0$ ist. Dies wird uns zu einer anderen Schreibweise für derartige Summen führen. Dabei sagen wir, dass eine Eigenschaft für *fast alle* Elemente einer Menge I zutrifft, falls es eine endliche Teilmenge $I' \subset I$ so gibt, dass diese Eigenschaft für alle Elemente von $I \setminus I'$ zutrifft.[3]

Es seien weiterhin I eine Indexmenge und $(\boldsymbol{m}_i)_{i\in I}$ eine Familie von Vektoren in $\boldsymbol{V}$, aber $(x_i)_{i\in I}$ eine Familie in K mit der Eigenschaft $x_i = 0$ für fast alle $i \in I$. Dann setzen wir

$$I' := \{j \in I \mid x_j \neq 0\}$$

und definieren

$$\sum_{i\in I} x_i \boldsymbol{m}_i := \sum_{j\in I'} x_j \boldsymbol{m}_j.$$

Jede solche Summe heißt eine *Linearkombination* von $(\boldsymbol{m}_i)_{i\in I}$. Die Skalare x_i werden die *Koeffizienten* der Linearkombination genannt. Diese Schreibweise für Linearkombinationen hat

[2]Hat der Vektorraum jedoch eine zusätzliche Struktur, die es gestattet, Grenzwerte von Vektorfolgen zu betrachten, so können konvergente unendliche Reihen erklärt werden, etwa in der Form $\sum_{i=1}^{\infty} x_i\boldsymbol{m}_i := \lim_{s\to\infty} \left(\sum_{j=1}^{s} x_j\boldsymbol{m}_j\right)$, falls der Grenzwert existiert. Solche Grenzwertuntersuchungen gehören nicht hierher.

[3]Bei einer endlichen Menge I braucht somit kein einziges Element diese Eigenschaft zu besitzen.

einen großen Vorteil. Es ist bei theoretischen Überlegungen nicht nötig, die Menge jener Indizes aufzuschreiben, über die tatsächlich summiert wird. Es sind aber in jedem Fall nur endlich viele!

Der Begriff der Linearkombination lässt sich sinngemäß auch für jede Menge $\boldsymbol{M} \subset \boldsymbol{V}$ erklären. Dabei übernimmt, wie in 1.6.9 beschrieben wurde, $\boldsymbol{M}$ die Rolle der Indexmenge: Jedem Index $\boldsymbol{m} \in \boldsymbol{M}$ wird durch $\mathrm{id}_{\boldsymbol{M}}$ der Vektor $\boldsymbol{m}$ zugeordnet. Eine Linearkombination von $\boldsymbol{M}$ hat dann die Gestalt

$$\sum_{\boldsymbol{m}\in\boldsymbol{M}} x_{\boldsymbol{m}}\boldsymbol{m},$$

wobei $x_{\boldsymbol{m}} = 0$ für fast alle $\boldsymbol{m} \in \boldsymbol{M}$.

2.3.5 Ist $\boldsymbol{M} = (\boldsymbol{m}_i)_{i\in I}$ eine Familie in $\boldsymbol{V}$, so wird die Menge aller Linearkombinationen von $\boldsymbol{M}$ als die *Hülle* der Familie $\boldsymbol{M}$ bezeichnet; wir schreiben dafür $[\boldsymbol{M}]$. Falls $\boldsymbol{M}$ nur aus einem einzigen Vektor besteht, etwa $\boldsymbol{M} = (\boldsymbol{m}_1)$, so notieren wir die Hülle auch kurz als $[\boldsymbol{m}_1]$. Der folgende Satz zeigt, dass wir durch Hüllenbildung stets einen Unterraum erhalten. Die Hülle von $\boldsymbol{M}$ wird daher auch der von $\boldsymbol{M}$ *aufgespannte* oder *erzeugte* Unterraum genannt.

Satz 2.3.6 *Sei $\boldsymbol{M} = (\boldsymbol{m}_i)_{i\in I}$ eine Familie in $\boldsymbol{V}$. Dann ist die Hülle von $\boldsymbol{M}$ ein Unterraum des Vektorraumes $\boldsymbol{V}$.*

Beweis. Wir wenden das Unterraumkriterium an: Es ist $\boldsymbol{o} \in [\boldsymbol{M}] \neq \emptyset$, da wir den Nullvektor jedenfalls als leere Linearkombination darstellen können. Ferner seien Linearkombinationen

$$\boldsymbol{x} = \sum_{i\in I} x_i\boldsymbol{m}_i, \quad \boldsymbol{y} = \sum_{i\in I} y_i\boldsymbol{m}_i$$

und ein Skalar $c \in K$ gegeben. Sei $J \subset I$ die Menge aller Indizes j, für die $x_j \neq 0$ oder $y_j \neq 0$. Dann ist $x_i + cy_i = 0$ für alle $i \in I \setminus J$. Da J eine endliche Menge ist, folgt $x_i + cy_i = 0$ für fast alle $i \in I$. Somit ist $\sum_{i\in I}(x_i + cy_i)\boldsymbol{m}_i$ eine Linearkombination von $\boldsymbol{M}$ und offensichtlich gilt

$$\boldsymbol{x} + c\boldsymbol{y} = \sum_{i\in I} x_i\boldsymbol{m}_i + c\sum_{i\in I} y_i\boldsymbol{m}_i = \sum_{i\in I}(x_i + cy_i)\boldsymbol{m}_i. \qquad \square$$

Der entscheidende Schritt im obigen Beweis ist nicht so sehr die letzte Formel, sondern die Überlegung, dass $\sum_{i\in I}(x_i + cy_i)\boldsymbol{m}_i$ eine Linearkombination ist.

Beispiele 2.3.7

1. Es seien $\boldsymbol{V} = \mathbb{R}^{3\times 1}$, $\boldsymbol{m}_1 = (1,1,0)^{\mathrm{T}}$ und $\boldsymbol{m}_2 = (0,0,1)^{\mathrm{T}}$. Die Hülle von $\boldsymbol{M} := (\boldsymbol{m}_1, \boldsymbol{m}_2)$ besteht aus allen Vektoren der Bauart
$$x_1(1,1,0)^{\mathrm{T}} + x_2(0,0,1)^{\mathrm{T}} = (x_1, x_1, x_2)^{\mathrm{T}}$$
mit $(x_1, x_2) \in \mathbb{R}^2$.
2. Es seien $\boldsymbol{V} = \mathbb{Z}_2^{3\times 1}$ und $\boldsymbol{M} = (\boldsymbol{m}_1, \boldsymbol{m}_2, \boldsymbol{m}_3)$ mit $\boldsymbol{m}_1 = (\overline{0}, \overline{1}, \overline{0})^{\mathrm{T}}$, $\boldsymbol{m}_2 = (\overline{1}, \overline{1}, \overline{1})^{\mathrm{T}}$, $\boldsymbol{m}_3 = (\overline{1}, \overline{0}, \overline{1})^{\mathrm{T}}$. Wir können auf genau acht Arten Linearkombinationen von $\boldsymbol{M}$ aufschreiben. Es ergeben sich aber nur die vier verschiedenen Vektoren $\boldsymbol{o}$, $\boldsymbol{m}_1$, $\boldsymbol{m}_2$, $\boldsymbol{m}_3$:
$$\begin{aligned}
\overline{0}\boldsymbol{m}_1 + \overline{0}\boldsymbol{m}_2 + \overline{0}\boldsymbol{m}_3 &= (\overline{0}, \overline{0}, \overline{0})^{\mathrm{T}}, & \overline{1}\boldsymbol{m}_1 + \overline{1}\boldsymbol{m}_2 + \overline{1}\boldsymbol{m}_3 &= (\overline{0}, \overline{0}, \overline{0})^{\mathrm{T}},\\
\overline{1}\boldsymbol{m}_1 + \overline{0}\boldsymbol{m}_2 + \overline{0}\boldsymbol{m}_3 &= (\overline{0}, \overline{1}, \overline{0})^{\mathrm{T}}, & \overline{0}\boldsymbol{m}_1 + \overline{1}\boldsymbol{m}_2 + \overline{1}\boldsymbol{m}_3 &= (\overline{0}, \overline{1}, \overline{0})^{\mathrm{T}},\\
\overline{0}\boldsymbol{m}_1 + \overline{1}\boldsymbol{m}_2 + \overline{0}\boldsymbol{m}_3 &= (\overline{1}, \overline{1}, \overline{1})^{\mathrm{T}}, & \overline{1}\boldsymbol{m}_1 + \overline{0}\boldsymbol{m}_2 + \overline{1}\boldsymbol{m}_3 &= (\overline{1}, \overline{1}, \overline{1})^{\mathrm{T}},\\
\overline{1}\boldsymbol{m}_1 + \overline{1}\boldsymbol{m}_2 + \overline{0}\boldsymbol{m}_3 &= (\overline{1}, \overline{0}, \overline{1})^{\mathrm{T}}, & \overline{0}\boldsymbol{m}_1 + \overline{0}\boldsymbol{m}_2 + \overline{1}\boldsymbol{m}_3 &= (\overline{1}, \overline{0}, \overline{1})^{\mathrm{T}}.
\end{aligned}$$

3. Es ist $\mathbb{R}^{\mathbb{N}}$ der Vektorraum aller Folgen $\mathbb{N} \to \mathbb{R}$. Wir betrachten die Folgen
$$\boldsymbol{e}_0 := (1, 0, 0, 0, \ldots), \quad \boldsymbol{e}_1 := (0, 1, 0, 0, \ldots), \quad \boldsymbol{e}_2 := (0, 0, 1, 0, \ldots), \quad \ldots$$
Die Hülle der Familie $(\boldsymbol{e}_i)_{i\in\mathbb{N}}$ besteht aus allen Linearkombinationen
$$\sum_{i\in\mathbb{N}} x_i \boldsymbol{e}_i = (x_0, x_1, x_2, \ldots),$$
wobei aber $x_i = 0$ für fast alle $i \in \mathbb{N}$. Wir bezeichnen diese Hülle mit $\mathbb{R}^{\langle\mathbb{N}\rangle}$. Die konstante Folge
$$\boldsymbol{e} := (1, 1, 1, \ldots)$$
liegt zwar in $\mathbb{R}^{\mathbb{N}}$, aber nicht in $\mathbb{R}^{\langle\mathbb{N}\rangle}$, da alle Elemente der Folge $\neq 0$ sind.
Die Folgen $\boldsymbol{e}_0, \boldsymbol{e}_1, \ldots$ lassen sich einfacher beschreiben, wenn wir den folgenden Begriff verwenden: Es seien I eine Menge und K ein Körper. Die Abbildung
$$\delta : I \times I \to K : (i, j) \mapsto \delta_{ij} := \begin{cases} 0 & \text{für } i \neq j \\ 1 & \text{für } i = j \end{cases}$$
heißt das *Kronecker-Symbol*[4] in K. Es gilt dann einfach
$$\boldsymbol{e}_j = (\delta_{0j}, \delta_{1j}, \delta_{2j}, \ldots) = (\delta_{ij})_{i\in\mathbb{N}} \quad \text{für alle } j \in \mathbb{N}.$$

4. Es seien M eine Menge und K ein Körper. In Verallgemeinerung des vorhergehenden Beispiels betrachten wir im Vektorraum K^M aller Funktionen $M \to K$ die Funktionenfamilie $(f_m)_{m\in M}$ mit
$$f_m : x \mapsto \delta_{xm}.$$
Eine Funktion f_m nimmt also an der Stelle $m \in M$ den Wert $1 \in K$ an und sonst überall den Wert $0 \in K$. Die Hülle von $(f_m)_{m\in M}$ besteht aus allen Funktionen $M \to K$, die fast allen Elementen von M den Wert $0 \in K$ zuordnen. Sie wird mit $K^{\langle M\rangle}$ bezeichnet.

Wir kennen mit der Hüllenbildung bereits ein Verfahren, um Unterräume zu konstruieren. Aus bekannten Unterräumen lassen sich aber einfach weitere Unterräume finden:

Satz 2.3.8 *Der Durchschnitt $\bigcap_{i\in I} \boldsymbol{U}_i$ einer nicht leeren Familie von Unterräumen $\boldsymbol{U}_i$ von $\boldsymbol{V}$ ist wieder ein Unterraum von $\boldsymbol{V}$.*

Beweis. Für alle $i \in I$ ist $\boldsymbol{o} \in \boldsymbol{U}_i$, also ist $\boldsymbol{o} \in \bigcap_{i\in I} \boldsymbol{U}_i \neq \emptyset$. Sind $\boldsymbol{a}, \boldsymbol{b} \in \bigcap_{i\in I} \boldsymbol{U}_i$ und $x \in K$ gegeben, so folgt $\boldsymbol{a} + x\boldsymbol{b} \in \boldsymbol{U}_i$ für alle $i \in I$. Daher gilt weiter $\boldsymbol{a} + x\boldsymbol{b} \in \bigcap_{i\in I} \boldsymbol{U}_i$. Anwendung des Unterraumkriteriums erweist $\bigcap_{i\in I} \boldsymbol{U}_i$ als Unterraum. □

Dieser Satz führt nun zu einer alternativen Beschreibung der Hülle:

Satz 2.3.9 *Sei $(\boldsymbol{m}_i)_{i\in I}$ eine Familie in $\boldsymbol{V}$. Dann ist die Hülle $[(\boldsymbol{m}_i)_{i\in I}]$ gleich dem Durchschnitt jener Unterräume von $\boldsymbol{V}$, welche die Menge $\{\boldsymbol{m}_i \mid i \in I\}$ enthalten.*

[4]Leopold Kronecker (1821–1891).

Beweis. (a) Sei S die Menge aller Unterräume von $\boldsymbol{V}$, welche $\{\boldsymbol{m}_i \mid i \in I\}$ enthalten. Wegen $\boldsymbol{V} \in S$ ist diese Menge nicht leer und daher $\boldsymbol{X} := \bigcap_{U \in S} \boldsymbol{U}$ ein Unterraum.

(b) Der Unterraum $[(\boldsymbol{m}_i)_{i \in I}]$ gehört zu S, da sich für alle $i \in I$ der Vektor $\boldsymbol{m}_i$ als Linearkombination $\boldsymbol{m}_i = 1\boldsymbol{m}_i$ schreiben lässt. Somit gilt $\boldsymbol{X} \subset [(\boldsymbol{m}_i)_{i \in I}]$.

(c) Sämtliche Vektoren $\boldsymbol{m}_i$ liegen in allen Unterräumen $\boldsymbol{U} \in S$ und daher auch in deren Durchschnitt $\boldsymbol{X}$. Da $\boldsymbol{X}$ ein Unterraum ist, enthält $\boldsymbol{X}$ auch jede Linearkombination von $(\boldsymbol{m}_i)_{i \in I}$. Das heißt $[(\boldsymbol{m}_i)_{i \in I}] \subset \boldsymbol{X}$. □

Der obige Beweis illustriert nebenbei die ziemlich selbstverständliche Tatsache, dass die Hülle einer Familie $(\boldsymbol{m}_i)_{i \in I}$ alleine von der Menge $\{\boldsymbol{m}_i \mid i \in I\}$ abhängt. Ob ein Vektor in der gegebenen Familie mehrfach auftritt oder nicht, spielt für die Hülle keine Rolle.

2.3.10 Ist $\boldsymbol{M}$ eine Teilmenge von $\boldsymbol{V}$, so folgen aus Satz 2.3.9 unmittelbar die folgenden Eigenschaften der Hüllenbildung:

$$\boldsymbol{M} \subset [\boldsymbol{M}] \subset \boldsymbol{U} \text{ für alle Unterräume } \boldsymbol{U} \subset \boldsymbol{V} \text{ mit } \boldsymbol{M} \subset \boldsymbol{U}. \tag{2.9}$$

Die Hülle $[\boldsymbol{M}]$ ist somit der kleinste Unterraum, in dem $\boldsymbol{M}$ enthalten ist.

$$\text{Aus } \boldsymbol{M}_1 \subset \boldsymbol{M}_2 \subset \boldsymbol{V} \text{ folgt } [\boldsymbol{M}_1] \subset [\boldsymbol{M}_2] \subset \boldsymbol{V}. \tag{2.10}$$

Die Hüllenbildung erhält also Inklusionen. Außerdem gilt

$$[\boldsymbol{U}] = \boldsymbol{U} \text{ für jeden Unterraum } \boldsymbol{U} \text{ von } \boldsymbol{V} \tag{2.11}$$

sowie

$$[[\boldsymbol{M}]] = [\boldsymbol{M}] \text{ für jede Teilmenge } \boldsymbol{M} \text{ von } \boldsymbol{V}, \tag{2.12}$$

denn $[\boldsymbol{M}]$ ist ein Unterraum.

Aufgaben

A 2.3.1 Welche der folgenden Teilmengen von $\mathbb{R}^{n\times 1}$ sind Unterräume?

(a) $\{(a_1, a_2, \dots, a_n)^{\mathrm{T}} \in \mathbb{R}^{n\times 1} \mid a_1 \le 0\}$.

(b) $\{(a_1, a_2, \dots, a_n)^{\mathrm{T}} \in \mathbb{R}^{n\times 1} \mid a_1 a_n = 0\}$.

(c) $\{(a_1, a_2, \dots, a_n)^{\mathrm{T}} \in \mathbb{R}^{n\times 1} \mid a_1 + a_2 + \dots + a_n = 0\}$.

(d) $\{(a_1, a_2, \dots, a_n)^{\mathrm{T}} \in \mathbb{R}^{n\times 1} \mid a_1^2 + a_2^2 + \dots + a_n^2 = 0\}$.

(e) $\{(a_1, a_2, \dots, a_n)^{\mathrm{T}} \in \mathbb{R}^{n\times 1} \mid a_1 = a_2 = \dots = a_n\}$.

(f) $\{(a_1, a_2, \dots, a_n)^{\mathrm{T}} \in \mathbb{R}^{n\times 1} \mid a_1 \le a_2 \le \dots \le a_n\}$.

Wähle ein Koordinatensystem in einer Ebene und veranschauliche diese Vektormengen für $n = 2$.
Hinweis zu (d): Jede Summe von $m \ge 1$ positiven reellen Zahlen ist positiv.

A 2.3.2

(a) Sei K ein Körper. Bestimme alle Unterräume von $K^{1\times 1}$.

(b) Bestimme alle Unterräume des Vektorraumes $\mathbb{Z}_2^{2\times 1}$. Ist jede Teilmenge von $\mathbb{Z}_2^{2\times 1}$, die $(0, 0)$ enthält, schon ein Unterraum?

Bemerkung zu (a): Zur Eingewöhnung ist es hilfreich, zwischen dem Skalar $x \in K$ und dem Vektor $(x) \in K^{1\times 1}$ zu unterscheiden. Längerfristig lohnt das aber nicht.

A 2.3.3 Gegeben seien der Vektorraum $\mathbb{R}^{\mathbb{N}}$ aller Folgen $\mathbb{N} \to \mathbb{R}$ sowie die Menge aller ...

(a) nach oben beschränkten Folgen $(a_i)_{i \in \mathbb{N}}$ (d. h., es gibt ein $c_a \in \mathbb{R}$ mit $a_i \le c_a$ für alle $i \in \mathbb{N}$).

(b) konvergenten Folgen $(a_i)_{i\in\mathbb{N}}$ (d. h. $\lim_{i\to\infty} a_i \in \mathbb{R}$ existiert).

(c) divergenten (d. h. nicht konvergenten) Folgen.

(d) Nullfolgen $(a_i)_{i\in\mathbb{N}}$ (d. h. $\lim_{i\to\infty} a_i = 0$).

(e) Folgen $(a_i)_{i\in\mathbb{N}}$ mit $\lim_{i\to\infty} a_i = 1$.

(f) konstanten Folgen $(a_i)_{i\in\mathbb{N}}$ (d. h. $a_i = a_0$ für alle $i \in \mathbb{N}^\times$).

(g) Folgen $(a_i)_{i\in\mathbb{N}}$, bei denen $a_i \neq 0$ für fast alle $i \in \mathbb{N}$.

(h) periodischen Folgen $(a_i)_{i\in\mathbb{N}}$ (d. h., es gibt eine natürliche Zahl $n_a > 0$ mit $a_i = a_{i+n_a}$ für alle $i \in \mathbb{N}$).

(i) gemischt periodischen Folgen $(a_i)_{i\in\mathbb{N}}$ (d. h., es gibt natürliche Zahlen $n_a > 0, m_a \geq 0$ mit $a_i = a_{i+n_a}$ für alle $i \in \{m_a, m_a + 1, \dots\} \subset \mathbb{N}$).

(j) arithmetischen Folgen $(a_i)_{i\in\mathbb{N}}$ (d. h. $a_i = a_0 + i \cdot s_a$, $s_a \in \mathbb{R}$).

(k) geometrischen Folgen $(a_i)_{i\in\mathbb{N}}$ (d. h. $a_i = a_0 q_a^i$, $q_a \in \mathbb{R}^\times$).

Welche der oben genannten Mengen sind Unterräume von $\mathbb{R}^\mathbb{N}$?
Bemerkung: Die Zahlen $c_a, n_a, m_a, \dots$ können von Folge zu Folge variieren. Mit Schulkenntnissen argumentieren!

A 2.3.4 Es seien K ein Körper und $N \subset M$ Mengen. Zeige: Im Vektorraum K^M ist die Menge aller Funktionen, die allen bzw. fast allen Elementen von N den Skalar $0 \in K$ zuordnen, ein Unterraum $\boldsymbol{U}_1$ bzw. $\boldsymbol{U}_2$. Dabei gilt $\boldsymbol{U}_1 \subset \boldsymbol{U}_2$.
Bemerkung: Für $N = M$ stimmt $\boldsymbol{U}_2$ mit dem Vektorraum $K^{\langle M\rangle}$ aus 2.3.7 Beispiel 4 überein.

2.4 Linear abhängige und linear unabhängige Familien

2.4.1 Betrachten wir noch einmal die Familie $(\boldsymbol{m}_1, \boldsymbol{m}_2, \boldsymbol{m}_3)$ aus Beispiel 2 in 2.3.7. Es gilt dort $[(\boldsymbol{m}_1, \boldsymbol{m}_2, \boldsymbol{m}_3)] = [(\boldsymbol{m}_1, \boldsymbol{m}_2)]$. Der Vektor $\boldsymbol{m}_3$ trägt also nichts zur Hülle bei. Wir fragen nun allgemeiner nach einer Kennzeichnung jener Familien von Vektoren, die für die Hüllenbildung überzählige Vektoren besitzen. Dazu dient folgende Sprechweise:

Eine Familie $(\boldsymbol{m}_i)_{i\in I}$ von Vektoren eines Vektorraumes $\boldsymbol{V}$ heißt *linear abhängig*, falls es mindestens einen Index $j \in I$ so gibt, dass sich der Vektor $\boldsymbol{m}_j$ als Linearkombination der Form

$$\boldsymbol{m}_j = \sum_{i\in I\setminus\{j\}} x_i \boldsymbol{m}_i \quad \text{mit} \quad x_i \in K$$

darstellen lässt. Eine nicht linear abhängige Familie heißt *linear unabhängig*. Wir kürzen „linear unabhängig" bzw. „linear abhängig" mit „l. u." bzw. „l. a." ab. Bei einer l. a. Familie gilt also (mit den obigen Bezeichnungen) für mindestens einen Index j

$$\boldsymbol{m}_j \in [(\boldsymbol{m}_i)_{i\in I\setminus\{j\}}]. \tag{2.13}$$

Es liegt also ein Vektor der Familie in der Hülle der anderen Vektoren.

Beispiele 2.4.2

1. Sei $\boldsymbol{M} = (\boldsymbol{m}_i)_{i\in I}$ eine Familie in $\boldsymbol{V}$. Gibt es zwei verschiedene Indizes $j, k \in I$ mit $\boldsymbol{m}_j = \boldsymbol{m}_k$, so ist die Familie $\boldsymbol{M}$ offenbar l. a. Wir erkennen also: Nicht injektive Familien sind stets l. a.
2. Gibt es bei einer Familie $\boldsymbol{M} = (\boldsymbol{m}_i)_{i\in I}$ in $\boldsymbol{V}$ einen Index $j \in I$ mit $\boldsymbol{m}_j = \boldsymbol{o}$, so folgt aus $\boldsymbol{o} = \sum_{i\in I\setminus\{j\}} 0 \cdot \boldsymbol{m}_i$, dass $\boldsymbol{M}$ l. a. ist.
3. Eine Familie $(\boldsymbol{m}_1)$ aus nur einem Vektor $\boldsymbol{m}_1 \neq \boldsymbol{o}$ ist l. u., da $\boldsymbol{m}_1 \notin [()] = \{\boldsymbol{o}\}$. Hier steht () für jene leere Familie, die wir bekommen, wenn wir $\boldsymbol{m}_1$ aus der Familie $(\boldsymbol{m}_1)$ wegnehmen.

4. Die in 2.3.7 Beispiel 1 betrachtete Familie ist l. u., da

$$\boldsymbol{m}_1 = (1,1,0)^{\mathrm{T}} \notin [\boldsymbol{m}_2] = \{x_2(0,0,1)^{\mathrm{T}} \mid x_2 \in \mathbb{R}\},$$
$$\boldsymbol{m}_2 = (0,0,1)^{\mathrm{T}} \notin [\boldsymbol{m}_1] = \{x_1(1,1,0)^{\mathrm{T}} \mid x_1 \in \mathbb{R}\}.$$

5. Die in 2.3.7 Beispiel 2 betrachtete Familie ist injektiv, aber dennoch l. a., da $\boldsymbol{m}_3 = \boldsymbol{m}_1 + \boldsymbol{m}_2$.

Eine Kennzeichnung l. a. Familien liefert der folgende Satz.

Satz 2.4.3 *Eine Familie $\boldsymbol{M} = (\boldsymbol{m}_i)_{i \in I}$ in $\boldsymbol{V}$ ist genau dann linear abhängig, wenn es eine Familie $(x_i)_{i \in I}$ von Skalaren so gibt, dass*

$$\boldsymbol{o} = \sum_{i \in I} x_i \boldsymbol{m}_i \tag{2.14}$$

wobei für mindestens einen Index $j \in I$ gilt $x_j \neq 0$.

Beweis. (a) Ist $\boldsymbol{M}$ l. a., so gibt es einen Index j und Skalare x_i $(i \in I \setminus \{j\})$ mit

$$\boldsymbol{m}_j = \sum_{i \in I \setminus \{j\}} x_i \boldsymbol{m}_i.$$

Bringen wir $\boldsymbol{m}_j$ auf die rechte Seite der Gleichung und definieren wir $x_j := -1$, so folgt

$$\boldsymbol{o} = \sum_{i \in I} x_i \boldsymbol{m}_i \text{ und } x_j \neq 0.$$

(b) Existiert eine Linearkombination (2.14) mit den angegebenen Eigenschaften, so addieren wir auf beiden Seiten $-x_j \boldsymbol{m}_j$ und dividieren durch $-x_j$. Das ergibt

$$\boldsymbol{m}_j = \sum_{i \in I \setminus \{j\}} \frac{x_i}{-x_j} \boldsymbol{m}_i,$$

was $\boldsymbol{M}$ als l. a. erweist. □

Jede Linearkombination des Nullvektors, welche die in Satz 2.4.3 beschriebenen Eigenschaften hat, heißt *nicht trivial*. Eine Familie $(\boldsymbol{m}_i)_{i \in I}$ ist daher genau dann l. u., wenn sich der Nullvektor nur als *triviale Linearkombination*

$$\boldsymbol{o} = \sum_{i \in I} x_i \boldsymbol{m}_i \quad \text{mit} \quad x_i = 0 \quad \text{für alle} \quad i \in I$$

darstellen lässt.

Satz 2.4.4 *Es seien $(\boldsymbol{m}_i)_{i \in I}$ eine linear unabhängige Familie in $\boldsymbol{V}$, $J := I \cup \{j\}$ eine echte Obermenge von I und $(\boldsymbol{m}_i)_{i \in J}$ eine Fortsetzung von $(\boldsymbol{m}_i)_{i \in I}$. Es ist $(\boldsymbol{m}_i)_{i \in J}$ genau dann linear unabhängig, falls*

$$\boldsymbol{m}_j \notin [(\boldsymbol{m}_i)_{i \in I}]. \tag{2.15}$$

Beweis. (a) Falls $(\boldsymbol{m}_i)_{i \in J}$ l. u. ist, lässt sich $\boldsymbol{m}_j$ definitionsgemäß nicht als Linearkombination der Familie $(\boldsymbol{m}_i)_{i \in I}$ schreiben, was zu (2.15) gleichwertig ist.

(b) Sei (2.15) erfüllt. Wir betrachten eine beliebige Linearkombination

$$\sum_{i \in I} x_i \boldsymbol{m}_i + x_j \boldsymbol{m}_j = \boldsymbol{o}. \tag{2.16}$$

Da sich $\boldsymbol{m}_j$ nicht als Linearkombination der Familie $(\boldsymbol{m}_i)_{i \in I}$ schreiben lässt, folgt $x_j = 0$. Wegen der linearen Unabhängigkeit von $(\boldsymbol{m}_i)_{i \in I}$ folgt weiter $x_i = 0$ für alle $i \in I$. Es ist daher (2.16) eine triviale Linearkombination des Nullvektors. Die Bemerkung im Anschluss an Satz 2.4.3 ergibt nun, dass die Familie $(\boldsymbol{m}_i)_{i\in J}$ l. u. ist. □

Beispiel 2.4.5 Als Anwendung von Satz 2.4.4 betrachten wir im Vektorraum $K^{n\times 1}$ eine Familie von $n \geq 0$ Vektoren mit folgender Bauart:

$$\boldsymbol{m}_1 = \begin{pmatrix} 1 \\ 0 \\ 0 \\ \vdots \\ 0 \end{pmatrix}, \quad \boldsymbol{m}_2 = \begin{pmatrix} * \\ 1 \\ 0 \\ \vdots \\ 0 \end{pmatrix}, \quad \ldots, \quad \boldsymbol{m}_n = \begin{pmatrix} * \\ * \\ \vdots \\ * \\ 1 \end{pmatrix}.$$

An den mit Sternen bezeichneten Stellen stehen dabei beliebige Skalare aus K. Diese Familie ist für $n \geq 1$ l. u., da kein Vektor in der Hülle seiner Vorgänger liegt und der erste Vektor $\boldsymbol{m}_1$ nicht $\boldsymbol{o}$ ist. Das folgt aus der strategisch günstigen Position der Skalare 0 und 1 (*Stufenform*). Statt der Einsen können auch andere Skalare $\neq 0$ auftreten. Für $n = 0$ ist die Familie leer und damit in trivialer Weise l. u. Diese Überlegungen gelten sinngemäß auch in K^n und $K^{1\times n}$.

Auch jede Teilfamilie von $(\boldsymbol{m}_1, \boldsymbol{m}_2, \ldots, \boldsymbol{m}_n)$ ist l. u. Es treten dann eben weniger Stufen auf, und die einzelnen Stufen können verschieden hoch sein. Vgl. dazu auch A 2.4.4.

2.4.6 Da sich nach 1.6.9 jede *Menge* $\boldsymbol{M}$ von Vektoren als Familie auffassen lässt, ist durch die obigen Festsetzungen auch erklärt, wann eine Menge von Vektoren l. a. bzw. l. u. ist. Jede Menge entspricht dabei einer injektiv indizierten Familie.

Aufgaben

A 2.4.1 Untersuche, ob im gegebenen Vektorraum V über K eine l. a. oder l. u. Menge vorliegt:

(α) $V = \mathbb{R}^{3\times 1}, K = \mathbb{R}$: $\{(3,5,2)^T, (0,1,1)^T, (3,6,2)^T\}$, $\{(5,2,5)^T, (1,1,1)^T, (6,2,6)^T\}$.

(β) $V = \mathbb{Z}_5^{3\times 1}, K = \mathbb{Z}_5$: $\{(\bar{1},\bar{2},\bar{3})^T, (\bar{0},\bar{1},\bar{2})^T, (\bar{3},\bar{1},\bar{4})^T\}$, $\{(\bar{0},\bar{2},\bar{4})^T, (\bar{3},\bar{1},\bar{3})^T, (\bar{4},\bar{2},\bar{1})^T\}$.

(γ) $V = \mathbb{C}^{2\times 1}, K = \mathbb{C}$: $\{(i, i-1)^T, (1, 1+i)^T\}$, $\{(1+i, -i)^T, (i, 1-i)^T\}$.

(δ) $V = \mathbb{C}, K = \mathbb{R}$: $\{1-i, 1+i\}$, $\{1-i, -1+i\}$.

(ε) $V = \mathbb{R}^{3\times 1}, K = \mathbb{R}$: $\{(1,3,2)^T, (2,6,5)^T, (1,3,0)^T\}$, $\{(-1,4,2)^T, (2,-1,3)^T, (5,2,10)^T\}$.

A 2.4.2 Sei K ein Körper. Zeige:

(a) Sind $\boldsymbol{x} = (x_1, x_2)^T$ und $\boldsymbol{y} = (y_1, y_2)^T$ Vektoren aus $K^{2\times 1}$, so ist die Familie $(\boldsymbol{x}, \boldsymbol{y})$ genau dann l. u., falls $x_1y_2 - x_2y_1 \neq 0$.

(b) Sind $\boldsymbol{x} = (x_1, x_2, \ldots, x_n)^T$ und $\boldsymbol{y} = (y_1, y_2, \ldots, y_n)^T$ Vektoren aus $K^{n\times 1}$ mit $n \geq 2$, so ist die Familie $(\boldsymbol{x}, \boldsymbol{y})$ genau dann l. u., falls es $i, j \in \{1, 2, \ldots, n\}$ gibt mit $i \neq j$ und $x_iy_j - x_jy_i \neq 0$.

A 2.4.3 Sei $(f_n)_{n\in\mathbb{N}}$ erklärt durch $f_n : \mathbb{R} \to \mathbb{R} : x \mapsto \sin(2^{-n}x)$. Zeige: Die Familie $(f_n)_{n\in\mathbb{N}}$ ist l. u. Hinweis: Für $n \geq 1$ haben die Funktionen $f_0, f_1, \ldots, f_{n-1}$ eine gemeinsame Nullstelle, die keine Nullstelle von f_n ist. Skizze!

A 2.4.4 Es seien $(\boldsymbol{m}_i)_{i\in I}$ eine Familie in $\boldsymbol{V}$, $H \subset I \subset J$ und $(\boldsymbol{m}_i)_{i\in J}$ eine Fortsetzung von $(\boldsymbol{m}_i)_{i\in I}$. Beweise:

(a) Ist $(\boldsymbol{m}_i)_{i\in I}$ linear unabhängig, so ist die Teilfamilie $(\boldsymbol{m}_i)_{i\in H}$ linear unabhängig.

(b) Ist $(\boldsymbol{m}_i)_{i\in I}$ linear abhängig, so ist die Fortsetzung $(\boldsymbol{m}_i)_{i\in J}$ linear abhängig.

A 2.4.5 Es seien V ein Vektorraum und $(A_i)_{i\in\mathbb{N}}$ eine Folge von l. u. Teilmengen von V mit $A_i \subset A_{i+1}$ für alle $i \in \mathbb{N}$. Zeige: $\bigcup_{i\in\mathbb{N}} A_i$ ist l. u.

A 2.4.6 Für welche $t \in \mathbb{Q}$ ist die aus den Vektoren

$$\begin{pmatrix} t \\ 0 \\ 2 \end{pmatrix}, \quad \begin{pmatrix} 0 \\ t \\ 1 \end{pmatrix}, \quad \begin{pmatrix} 2 \\ 2t \\ t \end{pmatrix}$$

bestehende Teilmenge von $\mathbb{Q}^{3\times 1}$ linear unabhängig?

A 2.4.7 Gegeben sei der Vektorraum $\mathbb{R}^{3\times 1}$.

(a) Bestimme drei linear abhängige Vektoren m_1, m_2, m_3 so, dass je zwei dieser Vektoren l. u. sind.

(b) Bestimme vier Vektoren m_1, m_2, m_3, m_4 so, dass je drei dieser Vektoren l. u. sind.

2.5 Erzeugendensysteme und Basen

2.5.1 Wir wollen nun möglichst kleine Familien eines Vektorraumes V untersuchen, die ganz V aufspannen. Optimal wäre eine l. u. Familie mit dieser Eigenschaft.

Eine Familie $(m_i)_{i\in I}$ in einem Vektorraum V heißt ein *Erzeugendensystem* von V, falls $[(m_i)_{i\in I}] = V$ ist. Ein linear unabhängiges Erzeugendensystem von V heißt eine *Basis* von V.

Beispiele 2.5.2

1. Mit den Bezeichnungen aus 2.1.3 ist anschaulich klar, dass (b_1, b_2, b_3) eine Basis des Vektorraumes V_O ist.
2. In jedem Körper K gibt es zwei ausgezeichnete Elemente, nämlich 0 und 1. Darauf baut für $n \in \mathbb{N}$ die *kanonische Basis* des Vektorraumes $K^{n\times 1}$ auf, die wir mit Hilfe des Kronecker-Symbols aus 2.3.7 Beispiel 3 beschreiben: Sei

   $$E := (e_i := (\delta_{i1}, \delta_{i2}, \ldots, \delta_{in})^{\mathrm{T}} \mid i \in \{1, 2, \ldots, n\})$$

   also, ausführlich geschrieben,

   $$e_1 := (1, 0, \ldots, 0)^{\mathrm{T}}, \quad e_2 := (0, 1, \ldots, 0)^{\mathrm{T}}, \quad \ldots, \quad e_n := (0, 0, \ldots, 1)^{\mathrm{T}}.$$

   Da sich jeder Vektor $(x_1, x_2, \ldots, x_n)^{\mathrm{T}} \in K^{n\times 1}$ als Linearkombination $\sum_{i=1}^{n} x_i e_i$ schreiben lässt und E nach Beispiel 2.4.5 l. u. ist, liegt in der Tat eine Basis vor.
   Dieselben Bezeichnungen und Überlegungen gelten sinngemäß in $K^{1\times n}$ und K^n.
3. Auch der Vektorraum $K^{m\times n}$ aller $m \times n$ Matrizen über K ($m, n \in \mathbb{N}$) besitzt eine *kanonische Basis*. Das ist die Familie

   $$(E_{kl} \mid k \in \{1, 2, \ldots, m\},\ l \in \{1, 2, \ldots, n\}),$$

   wo $E_{kl} \in K^{m\times n}$ jene Matrix bezeichnet, die an der Stelle (k, l) eine Eins und sonst lauter Nullen besitzt. So ist etwa

   $$\begin{pmatrix} 2 & 1 & i \\ 0 & 0 & 3 \end{pmatrix} = 2E_{11} + 1E_{12} + iE_{13} + 3E_{23} \in \mathbb{C}^{2\times 3}.$$
4. In Verallgemeinerung der vorhergehenden Beispiele bildet die Familie $(f_m)_{m\in M}$ aus 2.3.7 Beispiel 4 die *kanonische Basis* des Vektorraumes $K^{\langle M\rangle}$.

Der folgende Satz ist von zentraler Bedeutung, da wir darauf in 3.4.1 den Koordinatenbegriff aufbauen werden.

Satz 2.5.3 *Ist $(\boldsymbol{b}_i)_{i\in I}$ eine Basis von $\boldsymbol{V}$, so besitzt jeder Vektor $\boldsymbol{x} \in \boldsymbol{V}$ eine eindeutig bestimmte Darstellung als Linearkombination der Form*

$$\boldsymbol{x} = \sum_{i\in I} x_i \boldsymbol{b}_i \ \textit{mit} \ x_i \in K. \tag{2.17}$$

Beweis. Da $(\boldsymbol{b}_i)_{i\in I}$ Erzeugendensystem von $\boldsymbol{V}$ ist, hat jeder Vektor $\boldsymbol{x} \in \boldsymbol{V}$ mindestens eine Darstellung (2.17). Aus

$$\boldsymbol{x} = \sum_{i\in I} x_i \boldsymbol{b}_i = \sum_{i\in I} x_i' \boldsymbol{b}_i \ \text{ mit } \ x_i, x_i' \in K$$

folgt

$$\boldsymbol{o} = \sum_{i\in I} x_i \boldsymbol{b}_i - \sum_{i\in I} x_i' \boldsymbol{b}_i = \sum_{i\in I} (x_i - x_i') \boldsymbol{b}_i.$$

Da $(\boldsymbol{b}_i)_{i\in I}$ l. u. ist, gilt $x_i - x_i' = 0$ für alle $i \in I$. Das zeigt die Eindeutigkeit. □

Jeder Vektorraum $\boldsymbol{V}$ hat ein Erzeugendensystem, nämlich $\boldsymbol{V}$ selbst. Die Frage, ob jeder Vektorraum mindestens eine Basis hat, ist weitaus schwieriger zu beantworten. Der folgende Satz sagt über dieses Existenzproblem noch gar nichts aus, enthält jedoch eine Kennzeichnung von Basen eines Vektorraumes. Wir beschränken uns bei den folgenden theoretischen Überlegungen auf Teilmengen von $\boldsymbol{V}$. Das bedeutet keine Einschränkung, da jede l. u. Familie nach 2.4.2 Beispiel 1 ohnehin injektiv ist. Außerdem können wir uns so das Anschreiben von Indizes ersparen.

Satz 2.5.4 *Für jede Teilmenge $\boldsymbol{B}$ eines Vektorraumes $\boldsymbol{V}$ sind folgende Aussagen äquivalent:*

(a) *$\boldsymbol{B}$ ist eine Basis von $\boldsymbol{V}$.*

(b) *$\boldsymbol{B}$ ist ein minimales Erzeugendensystem von $\boldsymbol{V}$. Das heißt, jede Teilmenge $\boldsymbol{B}_1 \subset \boldsymbol{B}$ mit $\boldsymbol{B}_1 \neq \boldsymbol{B}$ ist kein Erzeugendensystem von $\boldsymbol{V}$.*

(c) *$\boldsymbol{B}$ ist eine maximale linear unabhängige Teilmenge von $\boldsymbol{V}$, Das heißt, jede Menge $\boldsymbol{B}_2$ mit $\boldsymbol{B} \subset \boldsymbol{B}_2 \subset \boldsymbol{V}$ und $\boldsymbol{B} \neq \boldsymbol{B}_2$ ist linear abhängig.*

Beweis. (a) ⇒ (b). Sei $\boldsymbol{b} \in \boldsymbol{B} \setminus \boldsymbol{B}_1$. Da die Basis $\boldsymbol{B}$ l. u. ist, kann $\boldsymbol{b}$ nicht als Linearkombination von $\boldsymbol{B} \setminus \{\boldsymbol{b}\}$ und daher auch nicht als Linearkombination von $\boldsymbol{B}_1$ geschrieben werden. Somit ist $\boldsymbol{B}_1$ kein Erzeugendensystem von $\boldsymbol{V}$ und $\boldsymbol{B}$ minimales Erzeugendensystem.

(b) ⇒ (a). Für jeden Vektor $\boldsymbol{b} \in \boldsymbol{B}$ ist $\boldsymbol{B} \setminus \{\boldsymbol{b}\}$ nach Voraussetzung kein Erzeugendensystem von $\boldsymbol{V}$. Daher lässt sich mindestens ein Vektor aus $\boldsymbol{V}$, und zwar insbesondere der Vektor $\boldsymbol{b}$ selbst, nicht als Linearkombination von $\boldsymbol{B} \setminus \{\boldsymbol{b}\}$ schreiben, was das Erzeugendensystem $\boldsymbol{B}$ als l. u. kennzeichnet.

(a) ⇒ (c). Sei $\boldsymbol{b} \in \boldsymbol{B}_2 \setminus \boldsymbol{B}$. Dann kann $\boldsymbol{b}$ als Linearkombination der Basis $\boldsymbol{B}$ geschrieben werden. Die Menge $\boldsymbol{B} \cup \{\boldsymbol{b}\}$ ist daher l. a., und dies gilt nach A 2.4.4 auch für $\boldsymbol{B}_2$.

(c) ⇒ (a). Sei $\boldsymbol{x} \in \boldsymbol{V}$ beliebig gewählt. Für $\boldsymbol{x} \in \boldsymbol{B}$ lässt sich $\boldsymbol{x}$ klarerweise als Linearkombination von $\boldsymbol{B}$ schreiben. Liegt hingegen $\boldsymbol{x}$ nicht in $\boldsymbol{B}$, so ist $\boldsymbol{B} \cup \{\boldsymbol{x}\}$ als echte Obermenge von $\boldsymbol{B}$ nach Voraussetzung l. a. Wir wenden Satz 2.4.4 auf die l. a. Menge $\boldsymbol{B} \cup \{\boldsymbol{x}\}$ und die l. u. Menge $\boldsymbol{B}$ an. Das zeigt, dass sich $\boldsymbol{x}$ als Linearkombination von $\boldsymbol{B}$ schreiben lässt. Somit ist die l. u. Menge $\boldsymbol{B}$ ein Erzeugendensystem, also eine Basis. □

Satz 2.5.5 *Ist $\boldsymbol{M}$ eine Teilmenge von $\boldsymbol{V}$ und $\boldsymbol{A} \subset \boldsymbol{M}$ eine linear unabhängige Menge, so existiert mindestens eine maximale l. u. Menge $\boldsymbol{B}$ mit $\boldsymbol{A} \subset \boldsymbol{B} \subset \boldsymbol{M}$.*

Beweis. Wir setzen zunächst $\boldsymbol{A}_0 := \boldsymbol{A}$.

- Ist $\boldsymbol{A}_0$ maximal, so sind wir fertig.
- Andernfalls gibt es einen Vektor $\boldsymbol{m}_1 \in \boldsymbol{M} \setminus \boldsymbol{A}_0$ mit $\boldsymbol{A}_1 := \boldsymbol{A}_0 \cup \{\boldsymbol{m}_1\}$ l. u.

Diese Überlegung ist jetzt mit $\boldsymbol{A}_1$ zu wiederholen, usw. Es gibt nun zwei Möglichkeiten:

Fall 1: Das Verfahren bricht nach endlich vielen Schritten ab, d. h., für ein $r \in \mathbb{N}$ ist die Menge $\boldsymbol{A}_r$ maximal. Dieser Fall tritt sicherlich ein, wenn $\boldsymbol{M}$ endliche Menge ist.

Fall 2: Das Verfahren bricht nicht ab; wir erhalten eine unendliche Folge von l. u. Teilmengen

$$\boldsymbol{A}_0 \subset \boldsymbol{A}_1 \subset \cdots \subset \boldsymbol{A}_k \subset \cdots \subset \boldsymbol{M} \quad \text{mit} \quad \boldsymbol{A}_0 \neq \boldsymbol{A}_1 \neq \cdots \neq \boldsymbol{A}_k \neq \cdots,$$

wobei keine der Mengen eine maximale l. u. Teilmenge von $\boldsymbol{M}$ ist. Hier betrachten wir die halbgeordnete Menge $(2^{\boldsymbol{V}}, \subset)$ und in dieser die halbgeordnete Teilmenge

$$N := \{\boldsymbol{Y} \mid \boldsymbol{Y} \text{ ist l. u. und } \boldsymbol{A} \subset \boldsymbol{Y} \subset \boldsymbol{M}\}.$$

Wir zeigen nun, dass wir das Lemma von Zorn aus 1.8.5 auf die halbgeordnete Menge N anwenden können. Daraus folgt die Existenz mindestens eines maximalen Elementes $\boldsymbol{B}$ in N.

Wir haben zunächst $\boldsymbol{A} \in N \neq \emptyset$. Sei ferner T eine nicht leere Teilkette von N. Wir bilden $\boldsymbol{S} := \bigcup_{\boldsymbol{Y} \in T} \boldsymbol{Y}$. Es folgt $\boldsymbol{A} \subset \boldsymbol{Y} \subset \boldsymbol{S}$ für alle $\boldsymbol{Y} \in T$. Somit ist $\boldsymbol{S} \subset \boldsymbol{V}$ eine obere Schranke von T. Wir zeigen, dass $\boldsymbol{S} \in N$ erfüllt ist: $\boldsymbol{A} \subset \boldsymbol{S} \subset \boldsymbol{M}$ ist klar. Die lineare Unabhängigkeit von $\boldsymbol{S}$ beweisen wir mit Hilfe der Kontraposition von Satz 2.4.3. Sei $\sum_{i=1}^{r} c_i \boldsymbol{y}_i = \boldsymbol{o}$ eine beliebige Linearkombination mit Vektoren $\boldsymbol{y}_i \in \boldsymbol{S}$ und Skalaren $c_i \in K$. Für jedes $i \in \{1, 2, \dots, r\}$ gibt es eine Menge aus T – wir nennen sie $\boldsymbol{Y}_i$ – mit $\boldsymbol{y}_i \in \boldsymbol{Y}_i$. Da T eine nicht leere Kette ist, existiert eine Menge $\boldsymbol{X} \in T$ mit $\boldsymbol{Y}_i \subset \boldsymbol{X}$ für alle $i \in \{1, 2, \dots, r\}$. Die l. u. Menge $\boldsymbol{X}$ enthält $\boldsymbol{y}_1, \boldsymbol{y}_2, \dots, \boldsymbol{y}_r$, was $c_1 = c_2 = \cdots = c_r = 0$ zeigt. Es liegt also in der Tat eine triviale Linearkombination vor. □

Zum Fall 2 im obigen Beweis noch ein Hinweis: Die Menge $\{\boldsymbol{A}_0, \boldsymbol{A}_1, \dots\}$ ist eine nicht leere Teilkette in N und daher auch $\bigcup_{k \in \mathbb{N}} \boldsymbol{A}_k \in N$. In *manchen Fällen* ist diese Vereinigungsmenge die gesuchte maximale l. u. Menge; es wäre aber falsch, zu glauben, dass dies *stets* zutrifft.

Satz 2.5.6 *Ist $\boldsymbol{A}$ linear unabhängige Teilmenge eines Erzeugendensystems $\boldsymbol{M}$ von $\boldsymbol{V}$, so kann $\boldsymbol{M}$ durch Wegstreichen von Elementen aus $\boldsymbol{M} \setminus \boldsymbol{A}$ zu einer Basis von $\boldsymbol{V}$ verkürzt werden, d. h., es gibt mindestens eine Basis $\boldsymbol{B}$ von $\boldsymbol{V}$ mit $\boldsymbol{A} \subset \boldsymbol{B} \subset \boldsymbol{M}$.*

Beweis. Wir wenden Satz 2.5.5 an. Es gibt daher mindestens eine maximale l. u. Teilmenge $\boldsymbol{B}$ mit $\boldsymbol{A} \subset \boldsymbol{B} \subset \boldsymbol{M}$. Wir zeigen $\boldsymbol{m} \in [\boldsymbol{B}]$ für alle $\boldsymbol{m} \in \boldsymbol{M}$: Für $\boldsymbol{m} \in \boldsymbol{M} \setminus \boldsymbol{B}$ folgt das aus Satz 2.4.4, für $\boldsymbol{m} \in \boldsymbol{B}$ aus (2.9). Wegen $\boldsymbol{M} \subset [\boldsymbol{B}]$ gilt $[\boldsymbol{M}] \subset [[\boldsymbol{B}]] = [\boldsymbol{B}]$ nach (2.10) und (2.12), was $\boldsymbol{V} = [\boldsymbol{M}] \subset [\boldsymbol{B}]$ ergibt. Daher ist $\boldsymbol{B}$ ein Erzeugendensystem von $\boldsymbol{V}$. □

Wir notieren zwei unmittelbare Folgerungen:

Satz 2.5.7 *Jeder Vektorraum $\boldsymbol{V}$ besitzt mindestens eine Basis.*

Beweis. Wir brauchen nur Satz 2.5.6 auf $\boldsymbol{A} := \emptyset$ und $\boldsymbol{M} := \boldsymbol{V}$ anzuwenden. □

Satz 2.5.8 (Basisergänzungssatz) *Jede linear unabhängige Menge $\boldsymbol{A} \subset \boldsymbol{V}$ kann zu einer Basis von $\boldsymbol{V}$ verlängert werden, d. h., es gibt mindestens eine Basis $\boldsymbol{B} \supset \boldsymbol{A}$ von $\boldsymbol{V}$.*

Beweis. Wir brauchen nur Satz 2.5.6 auf die gegebene Menge $\boldsymbol{A}$ und $\boldsymbol{M} := \boldsymbol{V}$ anzuwenden. □

Aufgaben

A 2.5.1 Sei K ein Körper. Eine Funktion $f : K \to K$ der Bauart $x \mapsto a_n x^n + a_{n-1}x^{n-1} + \cdots + a_0$ mit $n \in \mathbb{N}$ und $a_0, a_1, \ldots, a_n \in K$ heißt eine *Polynomfunktion*. (Vgl. auch 8.2.2.)

(a) Zeige: Alle Polynomfunktionen bilden einen Unterraum $\boldsymbol{T}$ von K^K.

(b) Gib ein Erzeugendensystem von $\boldsymbol{T}$ an, das von $\boldsymbol{T}$ verschieden ist.

(c) Bestimme für $K = \mathbb{Z}_2$ aus dem in (b) gefundenen Erzeugendensystem eine Basis von $\boldsymbol{T}$. Stelle für alle $n \in \mathbb{N}$ die Funktionen $x \mapsto x^n$ als Linearkombinationen dieser Basis dar.

(d) Löse die Aufgabe aus (c) für $K = \mathbb{Z}_3$.

A 2.5.2 Sei $(\boldsymbol{m}_i)_{i\in I}$ ein Erzeugendensystem eines Vektorraumes $\boldsymbol{V}$. Beweise: Dieses ist genau dann eine Basis von $\boldsymbol{V}$, falls sich *mindestens ein* Vektor $\boldsymbol{x} \in \boldsymbol{V}$ eindeutig als Linearkombination der Form $\boldsymbol{x} = \sum_{i\in I} x_i \boldsymbol{m}_i$ darstellen lässt.

2.6 Endlich erzeugte Vektorräume

2.6.1 Ein Vektorraum heißt *endlich erzeugt*, falls er mindestens ein endliches Erzeugendensystem besitzt. Aus diesem können wir nach Satz 2.5.6 eine endliche Basis von $\boldsymbol{V}$ aussondern. Wir wissen bisher jedoch noch nicht, ob *jede* Basis eines endlich erzeugten Vektorraumes nur endlich viele Vektoren besitzt. Vorbereitend zeigen wir für beliebige Vektorräume:

Satz 2.6.2 (Austauschlemma) *Es seien $(\boldsymbol{m}_i)_{i\in I}$ eine Basis eines Vektorraumes $\boldsymbol{V}$, $j \in I$ und*

$$\boldsymbol{a} = \sum_{i\in I} x_i \boldsymbol{m}_i \quad mit \quad x_j \neq 0. \tag{2.18}$$

Dann ist die Familie $(\tilde{\boldsymbol{m}}_i)_{i\in I}$ mit $\tilde{\boldsymbol{m}}_i := \boldsymbol{m}_i$ für $i \neq j$ und $\tilde{\boldsymbol{m}}_j := \boldsymbol{a}$ auch eine Basis von $\boldsymbol{V}$.

Beweis. Wir berechnen

$$\boldsymbol{m}_j = \frac{1}{x_j}\Big(\boldsymbol{a} - \sum_{i\in I\setminus\{j\}} x_i \boldsymbol{m}_i\Big).$$

Mit Hilfe dieser Formel lässt sich jede Linearkombination von $(\boldsymbol{m}_i)_{i\in I}$ in eine Linearkombination von $(\tilde{\boldsymbol{m}}_i)_{i\in I}$ umschreiben. Somit ist $(\tilde{\boldsymbol{m}}_i)_{i\in I}$ ein Erzeugendensystem von $\boldsymbol{V}$.

Da $x_j \neq 0$ und bezüglich einer Basis die Darstellung (2.18) eindeutig ist, lässt sich $\boldsymbol{a}$ nicht als Linearkombination der Teilfamilie $(\boldsymbol{m}_i)_{i\in I\setminus\{j\}}$ schreiben. Diese Teilfamilie ist l. u. gemäß A 2.4.4 (a). Somit ist $(\tilde{\boldsymbol{m}}_i)_{i\in I}$ l. u. nach Satz 2.4.4. □

Ist die Familie $(\boldsymbol{m}_i)_{i\in I}$ bloß ein Erzeugendensystem von $\boldsymbol{V}$, so zeigt der Beweis, dass $(\tilde{\boldsymbol{m}}_i)_{i\in I}$ wieder ein Erzeugendensystem von $\boldsymbol{V}$ ist.

Satz 2.6.3 (Austauschsatz von Steinitz[5]) *Es seien $\boldsymbol{M}$ ein endliches Erzeugendensystem eines Vektorraumes $\boldsymbol{V}$ mit $\#\boldsymbol{M} = s$ und $(\boldsymbol{a}_1, \boldsymbol{a}_2, \ldots, \boldsymbol{a}_r)$ eine endliche linear unabhängige Familie in $\boldsymbol{V}$. Dann gibt es r verschiedene Elemente $\boldsymbol{m}_1, \boldsymbol{m}_2, \ldots, \boldsymbol{m}_r \in \boldsymbol{M}$ so, dass*

$$\{\boldsymbol{a}_1, \boldsymbol{a}_2, \ldots, \boldsymbol{a}_r\} \cup (\boldsymbol{M} \setminus \{\boldsymbol{m}_1, \boldsymbol{m}_2, \ldots, \boldsymbol{m}_r\})$$

auch ein Erzeugendensystem von $\boldsymbol{V}$ ist. Daher gilt $r \leq s$.

Beweis. Wir nehmen an, dass wir bereits $k \geq 0$ verschiedene Vektoren $\boldsymbol{m}_1, \boldsymbol{m}_2, \ldots, \boldsymbol{m}_k \in \boldsymbol{M}$ so gefunden haben, dass für $\boldsymbol{M}_k := \boldsymbol{M} \setminus \{\boldsymbol{m}_1, \boldsymbol{m}_2, \ldots, \boldsymbol{m}_k\}$ die Menge

$$\{\boldsymbol{a}_1, \boldsymbol{a}_2, \ldots, \boldsymbol{a}_k\} \cup \boldsymbol{M}_k$$

ein Erzeugendensystem von $\boldsymbol{V}$ ist. Das ist für $k = 0$ in trivialer Weise möglich. Nun gehen wir schrittweise vor:

- Falls $k = r$, so sind wir fertig.
- Andernfalls ist $k < r$, es existiert $\boldsymbol{a}_{k+1}$, und dieser Vektor lässt sich mit Hilfe des obigen Erzeugendensystems in der Form

  $$\boldsymbol{a}_{k+1} = \sum_{i=1}^{k} y_i \boldsymbol{a}_i + \sum_{\boldsymbol{m} \in \boldsymbol{M}_k} x_{\boldsymbol{m}} \boldsymbol{m}$$

  schreiben. Da $(\boldsymbol{a}_1, \boldsymbol{a}_2, \ldots, \boldsymbol{a}_{k+1})$ l. u. ist, kann $\boldsymbol{a}_{k+1}$ keine Linearkombination von $(\boldsymbol{a}_1, \boldsymbol{a}_2, \ldots, \boldsymbol{a}_k)$ alleine sein. Daher ist $\sum_{\boldsymbol{m} \in \boldsymbol{M}_k} x_{\boldsymbol{m}} \boldsymbol{m} \neq \boldsymbol{o}$. Wir können daher aus $\boldsymbol{M}_k$ einen Vektor $\boldsymbol{m}'$ so auswählen, dass $x_{\boldsymbol{m}'} \boldsymbol{m}' \neq \boldsymbol{o}$. Diesen Vektor nennen wir $\boldsymbol{m}_{k+1}$, und wir setzen $\boldsymbol{M}_{k+1} := \boldsymbol{M}_k \setminus \{\boldsymbol{m}_{k+1}\}$. Nach dem Austauschlemma 2.6.2 ist dann

  $$\{\boldsymbol{a}_1, \boldsymbol{a}_2, \ldots, \boldsymbol{a}_{k+1}\} \cup \boldsymbol{M}_{k+1}$$

  wieder ein Erzeugendensystem.

Nach Konstruktion bricht dieses Austauschverfahren nach genau r Schritten ab. Daher gilt in der Tat $r \leq s$. □

Der Austauschsatz von Steinitz gilt natürlich auch, wenn das Erzeugendensystem in Form einer Familie gegeben ist. Wir ziehen jetzt eine wichtige Folgerung:

Satz 2.6.4 *Sei $\boldsymbol{V}$ ein endlich erzeugter Vektorraum. Dann hat jede linear unabhängige Familie nur endlich viele Elemente. Je zwei Basen von $\boldsymbol{V}$ sind gleichmächtig.*

Beweis. Es hat $\boldsymbol{V}$ jedenfalls ein endliches Erzeugendensystem $\boldsymbol{M}$ mit $s \geq 0$ Elementen. Nach dem Austauschsatz 2.6.3 kann jede l. u. Familie nur höchstens s Elemente besitzen und ist daher endlich. Sind $(\boldsymbol{b}_1, \boldsymbol{b}_2, \ldots, \boldsymbol{b}_n)$ und $(\tilde{\boldsymbol{b}}_1, \tilde{\boldsymbol{b}}_2, \ldots, \tilde{\boldsymbol{b}}_m)$ zwei Basen von $\boldsymbol{V}$, so wenden wir den Austauschsatz 2.6.3 zweimal an. Wir erhalten so $n \leq m$ und $m \leq n$, also insgesamt $m = n$. □

Die Aussage über die Gleichmächtigkeit je zweier Basen gilt übrigens auch, falls $\boldsymbol{V}$ nicht endlich erzeugt ist. Da es unendliche Mengen mit verschiedener Mächtigkeit gibt, z. B. $\mathbb{Q}$ und $\mathbb{R}$, ist dazu aber ein eigener Beweis nötig.

Wir sind jetzt in der Lage, einen der wichtigsten Begriffe aus der Theorie der Vektorräume einzuführen:

[5]Ernst Steinitz (1871–1928).

Definition 2.6.5 Ist V ein endlich erzeugter Vektorraum, so heißt die Anzahl der Elemente einer Basis von V die *Dimension* von V; diese wird mit $\dim V$ bezeichnet. Falls V nicht endlich erzeugt ist, so schreiben wir $\dim V = \infty$.

Nach Satz 2.6.4 ist diese Definition sinnvoll, das heißt, es ist egal, welche Basis von V wir zur Bestimmung von $\dim V$ heranziehen. Wir verwenden im Folgenden die Übereinkunft $n < \infty$ für alle $n \in \mathbb{Z}$. Damit kennzeichnet $0 \leq \dim V < \infty$ die endlich erzeugten Vektorräume V. Solche Vektorräume heißen auch *endlichdimensional*. Vektorräume V mit $\dim V = \infty$ werden *unendlichdimensional* genannt.

Viele allgemeinere Sätze lassen sich einfacher formulieren, wenn ein endlichdimensionaler Vektorraum zu Grunde liegt. Oft genügt es auch schon, wenn (ohne Voraussetzung über die Dimension von V) endlichdimensionale Unterräume betrachtet werden. Wir geben dazu einige Beispiele:

Satz 2.6.6 *In einem endlichdimensionalen Vektorraum V hat jede linear unabhängige Familie höchstens $n := \dim V$ Elemente und jedes Erzeugendensystem mindestens n Elemente. Ein Erzeugendensystem oder eine linear unabhängige Familie ist genau dann Basis von V, wenn sie genau n Elemente besitzt.*

Beweis. Folgt aus Satz 2.5.8, Satz 2.5.6 sowie Satz 2.5.4. □

Satz 2.6.7 *In einem Vektorraum V gilt für je zwei endlichdimensionale Unterräume U_1, U_2 mit $U_1 \subset U_2$ die Ungleichung* $\dim U_1 \leq \dim U_2$. *Ferner ist U_1 echte Teilmenge von U_2 genau für* $\dim U_1 < \dim U_2$.

Beweis. Eine Basis von U_1 ist l. u. in U_2, daher gilt $\dim U_1 \leq \dim U_2$. Es ist U_1 genau dann echt in U_2 enthalten, falls eine Basis von U_1 kein Erzeugendensystem von U_2 ist, was zu $\dim U_1 < \dim U_2$ äquivalent ist. □

Wenn wir in Satz 2.6.7 für U_2 den gesamten Vektorraum V setzen, so erkennen wir, dass jeder Unterraum von V für $\dim V < \infty$ ebenfalls endlichdimensional ist, wobei die Dimension des Unterraumes nicht größer als die Dimension des Gesamtraumes ist. Die zweite Aussage von Satz 2.6.7 zeigt uns, dass die Dimension tatsächlich ein scharfes Maß für die Ausdehnung eines Vektorraumes ist.

Aufgaben

A 2.6.1 Sei $(b_1, b_2, \ldots, b_n)$ Basis eines Vektorraumes V. Beschreibe alle Vektoren $x \in V$ derart, dass jede der Familien $(x, b_2, \ldots, b_n)$, $(b_1, x, \ldots, b_n)$, $\ldots$, $(b_1, \ldots, b_{n-1}, x)$ eine Basis von V ist.
Anleitung: Stelle x als Linearkombination der Basis $(b_1, b_2, \ldots, b_n)$ dar.

A 2.6.2

(a) Sei V ein n-dimensionaler Vektorraum über einem endlichen Körper $K = \mathrm{GF}(q)$ mit $n < \infty$. Zeige, dass die Anzahl der Vektoren von V gleich q^n ist.

(b) Die Menge aller möglichen rein schwarz-weißen Bilder auf einem rechteckigen Computerbildschirm lässt sich gemäß A 2.2.2 (b) als Vektorraum über $\mathbb{Z}_2$ auffassen, wenn wir jedes angezeigte Bild mit der Teilmenge der weißen Bildpunkte identifizieren. Bestimme die Dimension und die Anzahl der Elemente dieses Vektorraumes etwa für einen Bildschirm mit 1024×768 Punkten.

A 2.6.3 Sei V ein n-dimensionaler Vektorraum über einem Körper $K = \mathrm{GF}(q)$ mit $n < \infty$.

(a) Zeige, dass V genau $(q^n - 1)(q^n - q)\cdots(q^n - q^{n-1})$ Basen $(\boldsymbol{b}_1, \boldsymbol{b}_2, \ldots, \boldsymbol{b}_n)$ besitzt. Die Reihenfolge der Basisvektoren ist hier relevant.

(b) Bestimme die Anzahl der (ungeordneten) Basen $\{\boldsymbol{b}_1, \boldsymbol{b}_2, \ldots, \boldsymbol{b}_n\}$ von V.

Hinweis: Benütze A 2.6.2.

A 2.6.4 Es seien V ein Vektorraum und entweder $I = \{0, 1, \ldots, r\} \subset \mathbb{N}$ mit $r \geq 0$ oder $I = \mathbb{N}$. Eine Familie $(\boldsymbol{U}_i)_{i \in I}$ von Unterräumen $\boldsymbol{U}_i \subset \boldsymbol{V}$ heißt eine *aufsteigende Unterraumkette* in V, falls

$$\boldsymbol{U}_{i-1} \subset \boldsymbol{U}_i \text{ und } \boldsymbol{U}_{i-1} \neq \boldsymbol{U}_i \text{ für alle } i \in I \setminus \{0\}.$$

Beweise:

(a) V ist genau dann unendlichdimensional, wenn es in V eine unendliche aufsteigende Unterraumkette gibt.

(b) Es gilt genau dann $\dim V = n < \infty$, falls in V eine aufsteigende Unterraumkette $(\boldsymbol{U}_0, \boldsymbol{U}_1, \ldots, \boldsymbol{U}_n)$, aber keine aufsteigende Unterraumkette $(\boldsymbol{U}_0, \boldsymbol{U}_1, \ldots, \boldsymbol{U}_{n+1})$ existiert.

2.7 Elementare Umformungen

2.7.1 Wir betrachten im Folgenden einen Körper K und den Vektorraum $K^{n\times 1}$ mit $n \in \mathbb{N}$. Gegeben sei eine Familie $(\boldsymbol{a}_1, \boldsymbol{a}_2, \ldots, \boldsymbol{a}_k)$ von Vektoren mit $k \in \mathbb{N}$. Gesucht ist eine Basis von $\boldsymbol{U} := [(\boldsymbol{a}_1, \boldsymbol{a}_2, \ldots, \boldsymbol{a}_k)]$. Wir fassen dazu zunächst die Spalten $\boldsymbol{a}_1, \boldsymbol{a}_2, \ldots, \boldsymbol{a}_k$ zu einer Matrix

$$A := (\boldsymbol{a}_1, \boldsymbol{a}_2, \ldots, \boldsymbol{a}_k) = \left(\begin{array}{c|c|c|c} a_{11} & a_{12} & \ldots & a_{1k} \\ a_{21} & a_{22} & \ldots & a_{2k} \\ \vdots & \vdots & \ldots & \vdots \\ a_{n1} & a_{n2} & \ldots & a_{nk} \end{array}\right) \in K^{n\times k}$$

zusammen und beschreiben jetzt in mehreren Schritten, wie eine Basis von $\boldsymbol{U}$ berechnet werden kann. Zunächst führen wir zwei Begriffe ein: Für $r \in \mathbb{N}$ heißt

$$E_r := (\delta_{ij}) = \begin{pmatrix} 1 & 0 & \ldots & 0 \\ 0 & 1 & \ldots & 0 \\ \vdots & \vdots & \ddots & \vdots \\ 0 & 0 & \ldots & 1 \end{pmatrix} \in K^{r\times r}$$

die $r \times r$ *Einheitsmatrix* über K. Die *elementaren Spaltenumformungen* einer Matrix $A \in K^{n\times k}$ werden für $i, j \in \{1, 2, \ldots, k\}$ und $y \in K$ wie folgt erklärt:

- Vertauschen der i-ten Spalte mit der j-ten Spalte.
- Multiplikation der i-ten Spalte mit $y \neq 0$.
- Addition der mit y multiplizierten i-ten Spalte zur j-ten Spalte ($i \neq j$).

Wir unterscheiden also drei Typen von elementaren Spaltenumformungen und schreiben das Bild einer Matrix A unter einer solchen Umformung s auch als $s(A)$. Die Bedeutung dieser Umformungen liegt im folgenden Ergebnis:

Satz 2.7.2 *Wird eine Matrix $A \in K^{n\times k}$ einer elementaren Spaltenumformung s unterworfen, so erzeugen die Spalten der Matrix A denselben Unterraum von $K^{n\times 1}$ wie die Spalten der umgeformten Matrix $s(A)$.*

Beweis. Sei $A := (\boldsymbol{a}_1, \boldsymbol{a}_2, \ldots, \boldsymbol{a}_k)$. Wir wenden eine elementare Umformung s an und zerlegen die umgeformte Matrix $s(A)$ wieder in Spalten. Wir bekommen Vektoren $\boldsymbol{b}_1, \boldsymbol{b}_2, \ldots, \boldsymbol{b}_k \in K^{n\times 1}$ mit

$$[(\boldsymbol{b}_1, \boldsymbol{b}_2, \ldots, \boldsymbol{b}_k)] = [(\boldsymbol{a}_1, \boldsymbol{a}_2, \ldots, \boldsymbol{a}_k)].$$

Das ist für die ersten beiden Typen von Umformungen trivial und folgt für den dritten Typus aus dem Austauschlemma für Erzeugendensysteme. □

Eine entsprechende Gleichheit der Hüllen gilt auch, falls wir endlich viele elementare Spaltenumformungen hintereinander ausführen. Das verwenden wir im folgenden Beweis.

Satz 2.7.3 *Sei $A \in K^{n\times k}$. Dann kann A schrittweise durch elementare Spaltenumformungen in eine $n \times k$ Matrix übergeführt werden, die – abgesehen von der Reihenfolge der Zeilen – die Form*

$$\left(\begin{array}{ccc|ccc} & E_r & & 0 & \ldots & 0 \\ \hline * & \ldots & * & \vdots & & \vdots \\ \vdots & & \vdots & \vdots & & \vdots \\ * & \ldots & * & 0 & \ldots & 0 \end{array}\right)$$

besitzt. Dabei tritt im linken oberen Teil eine $r \times r$ Einheitsmatrix auf mit $r \geq 0$. Die Sterne bezeichnen beliebige Elemente von K.

Beweis. (a) Wir beschreiben zunächst eine Matrixumformung, die aus elementaren Spaltenumformungen zusammengesetzt ist. Sei $a_{ij} \neq 0$ ein Element von A. Wir multiplizieren die j-te Spalte mit a_{ij}^{-1} und addieren dann für alle $s \neq j$ zur s-ten Spalte $(-a_{is})$-mal die j-te Spalte, also

$$\begin{pmatrix} a_{11} & \ldots & \boxed{a_{1j}} & \ldots & a_{1k} \\ \vdots & & \vdots & & \vdots \\ a_{i1} & \ldots & \boxed{a_{ij}} & \ldots & a_{ik} \\ \vdots & & \vdots & & \vdots \\ a_{n1} & \ldots & \boxed{a_{nj}} & \ldots & a_{nk} \end{pmatrix} \mapsto \begin{pmatrix} a_{11} & \ldots & \boxed{*} & \ldots & a_{1k} \\ \vdots & & \vdots & & \vdots \\ a_{i1} & \ldots & \boxed{1} & \ldots & a_{ik} \\ \vdots & & \vdots & & \vdots \\ a_{n1} & \ldots & \boxed{*} & \ldots & a_{nk} \end{pmatrix} \mapsto \begin{pmatrix} * & \ldots & * & \ldots & * \\ \vdots & & \vdots & & \vdots \\ \boxed{0} & \ldots & 1 & \ldots & 0 \\ \vdots & & \vdots & & \vdots \\ * & \ldots & * & \ldots & * \end{pmatrix}.$$

Wir erhalten so eine Matrix, die in der i-ten Zeile mit Ausnahme der Stelle (i, j) nur Nullen besitzt.

(b) Wir gehen wie folgt vor:

- Falls A eine Nullmatrix[6] ist, sind wir schon fertig.
- Andernfalls ist ein Element der Matrix ungleich Null. Da wir auf die Reihenfolge der Zeilen keine Rücksicht nehmen, können wir annehmen, dass dieses Element in der ersten Zeile ist. Durch höchstens eine Spaltenvertauschung erreichen wir, dass dieses Element an

[6] Wir beachten dabei, dass jede leere Matrix () eine Nullmatrix ist.

die Stelle $(1,1)$ kommt. Auf die so umgeformte Matrix wenden wir nun die Umformung aus (a) an. Das Ergebnis ist eine Matrix

$$\left(\begin{array}{c|ccc} 1 & 0 & \dots & 0 \\ \hline * & * & \dots & * \\ \vdots & \vdots & & \vdots \\ * & * & \dots & * \end{array}\right).$$

- Sind alle Elemente der Teilmatrix rechts unten gleich Null, so sind wir fertig.
- Falls es im rechten unteren Teil der Matrix ein Element ungleich Null gibt, so nehmen wir an, es sei in der zweiten Zeile. Wir bringen dieses Element durch höchstens eine Spaltenvertauschung an die Stelle (2, 2) und wenden dann die Umformung (a) an. Dabei ändert sich die erste Zeile nicht. Das Ergebnis ist eine Matrix der Form

$$\left(\begin{array}{cc|ccc} 1 & 0 & 0 & \dots & 0 \\ 0 & 1 & 0 & \dots & 0 \\ \hline * & * & * & \dots & * \\ \vdots & \vdots & \vdots & & \vdots \\ * & * & * & \dots & * \end{array}\right).$$

Dieses Verfahren kann so lange wiederholt werden, bis wir nach endlich vielen Schritten eine Matrix der gewünschten Form erhalten. □

Der obige Beweis zeigt eine von vielen Möglichkeiten, um die gewünschte Matrix zu erhalten. Bei konkreten Beispielen lässt sich das Ziel durch geschickte Auswahl von elementaren Umformungen oft schneller erzielen.

Kehren wir zur Problemstellung aus 2.7.1 zurück, so erkennen wir: Wenn wir gemäß Satz 2.7.3 eine Matrix A – abgesehen von der Reihenfolge der Zeilen – in eine Matrix B umformen, so geben die ersten r Spalten von B eine Basis von $\boldsymbol{U}$ ab; es gilt also $r = \dim \boldsymbol{U}$. Die Zeilen der Einheitsmatrix E_r müssen dabei aber *nicht* in den ersten r Zeilen von B stehen. Das illustriert etwa die Matrix

$$B = \left(\begin{array}{cc|cccc} 0 & 0 & 0 & 0 & 0 & 0 \\ \hline \boxed{1 \quad 0} & & 0 & 0 & 0 & 0 \\ \hline 3 & 0 & 0 & 0 & 0 & 0 \\ \hline \boxed{0 \quad 1} & & 0 & 0 & 0 & 0 \\ \hline 4 & 5 & 0 & 0 & 0 & 0 \end{array}\right) \in \mathbb{R}^{5\times 6},$$

wo die Zeilen der Einheitsmatrix E_2 in der *zweiten* und *vierten* Zeile von B zu finden sind. Es empfiehlt sich, die Zeilen der Einheitsmatrix dabei so wie oben hervorzuheben.

Beispiel 2.7.4 Gegeben sei

$$A = \begin{pmatrix} 0 & 2 & 1 & 3 & 4 \\ 2 & 1 & 0 & 1 & 3 \\ 1 & 0 & 0 & 0 & 1 \\ 0 & 1 & 1 & 2 & 3 \end{pmatrix} \in \mathbb{Q}^{4\times 5}.$$

Wir vertauschen die dritte mit der ersten Spalte, und addieren dann geeignete Vielfache der ersten Spalte zu den anderen Spalten:

$$A \mapsto \left(\begin{array}{c|cccc} 1 & 2 & 0 & 3 & 4 \\ \hline 0 & 1 & 2 & 1 & 3 \\ 0 & 0 & 1 & 0 & 1 \\ 1 & 1 & 0 & 2 & 3 \end{array}\right) \mapsto \left(\begin{array}{c|cccc} 1 & 0 & 0 & 0 & 0 \\ \hline 0 & 1 & 2 & 1 & 3 \\ 0 & 0 & 1 & 0 & 1 \\ 1 & -1 & 0 & -1 & -1 \end{array}\right).$$

Wir addieren geeignete Vielfache der zweiten Spalte zu den anderen Spalten, also

$$\left(\begin{array}{cc|ccc} 1 & 0 & 0 & 0 & 0 \\ 0 & 1 & 2 & 1 & 3 \\ \hline 0 & 0 & 1 & 0 & 1 \\ 1 & -1 & 0 & -1 & -1 \end{array}\right) \mapsto \left(\begin{array}{cc|ccc} 1 & 0 & 0 & 0 & 0 \\ 0 & 1 & 0 & 0 & 0 \\ \hline 0 & 0 & 1 & 0 & 1 \\ 1 & -1 & 2 & 0 & 2 \end{array}\right).$$

Nun addieren wir (-1)-mal die dritte Spalte zur fünften Spalte,

$$\left(\begin{array}{ccc|cc} 1 & 0 & 0 & 0 & 0 \\ 0 & 1 & 0 & 0 & 0 \\ 0 & 0 & 1 & 0 & 1 \\ \hline 1 & -1 & 2 & 0 & 2 \end{array}\right) \mapsto \left(\begin{array}{ccc|cc} 1 & 0 & 0 & 0 & 0 \\ 0 & 1 & 0 & 0 & 0 \\ 0 & 0 & 1 & 0 & 0 \\ \hline 1 & -1 & 2 & 0 & 0 \end{array}\right),$$

und erhalten die gesuchte Matrix. Eine *Parameterdarstellung* von $\boldsymbol{U}$ lautet dann

$$\boldsymbol{U} = \left\{ \left(\begin{array}{c} t_1 \\ t_2 \\ t_3 \\ t_1 - t_2 + 2t_3 \end{array} \right) \middle| \; t_1, t_2, t_3 \in \mathbb{Q} \right\}.$$

Die hier auftretenden Zahlen t_1, t_2, t_3 können beliebig in $\mathbb{Q}$ gewählt werden. Sie werden als *Parameter* bezeichnet. Mit Hilfe dieser Parameterdarstellung kann auch für jeden Vektor $\boldsymbol{x}$ aus $\mathbb{Q}^{4\times 1}$ entschieden werden, ob er in $\boldsymbol{U}$ liegt. Etwa für

$$\boldsymbol{x} = (5, 0, -1, 7)^{\mathrm{T}}$$

ergeben sich notwendig die Parameter $t_1 = 5$, $t_2 = 0$, $t_3 = -1$, aber $5 - 0 - 2 \neq 7$ zeigt $\boldsymbol{x} \notin \boldsymbol{U}$.

2.7.5 Wir untersuchen weiterhin die Problemstellung aus 2.7.1, also die Bestimmung einer Basis von $\boldsymbol{U}$. Der Ansatz aus Satz 2.7.3 lässt sich insofern vereinfachen, als es genügt, die Matrix A – bis auf die Reihenfolge der Zeilen – auf die Form

$$\left(\begin{array}{cccc|ccc} 1 & 0 & \dots & 0 & 0 & \dots & 0 \\ * & 1 & \ddots & \vdots & \vdots & & \vdots \\ * & * & \ddots & 0 & \vdots & & \vdots \\ \vdots & & \ddots & 1 & \vdots & & \vdots \\ \vdots & & & * & \vdots & & \vdots \\ \vdots & & & \vdots & \vdots & & \vdots \\ * & * & \dots & * & 0 & \dots & 0 \end{array}\right)$$

zu bringen, was Rechenschritte spart. Weiters reicht es aus, wenn statt der Einsen irgendwelche Elemente $\neq 0$ stehen. Die ersten r Spalten ergeben wieder eine Basis von $\boldsymbol{U}$, da sie linear unabhängig sind. Allerdings ist die weiter oben genannte Basis für manche Zwecke bequemer zu handhaben, etwa um zu überprüfen, ob ein Vektor zu $\boldsymbol{U}$ gehört oder nicht.

Aufgaben

A 2.7.1 Bestimme durch elementare Umformungen einer Matrix auf Stufenform eine Basis des von den gegebenen Vektoren aufgespannten Unterraumes $\boldsymbol{U}$ von $K^{3\times 1}$:

(α) $K = \mathbb{R}$: $(1,2,3)^{\mathrm{T}}$, $(1,2,4)^{\mathrm{T}}$, $(1,2,5)^{\mathrm{T}}$, $(9,8,7)^{\mathrm{T}}$.

(β) $K = \mathbb{C}$: $(i,1,1)^{\mathrm{T}}$, $(i,1,2)^{\mathrm{T}}$, $(-i,-1,5)^{\mathrm{T}}$, $(-1,i,i)^{\mathrm{T}}$.

(γ) $K = \mathbb{Z}_7$: $(\bar{4},\bar{5},\bar{6})^{\mathrm{T}}$, $(\bar{1},\bar{3},\bar{5})^{\mathrm{T}}$, $(\bar{3},\bar{2},\bar{1})^{\mathrm{T}}$, $(\bar{6},\bar{4},\bar{2})^{\mathrm{T}}$.

(δ) $K = \mathrm{GF}(4)$: $(0,0,0)^{\mathrm{T}}$, $(1,1,1)^{\mathrm{T}}$, $(1,1,a)^{\mathrm{T}}$, $(0,0,b)^{\mathrm{T}}$, $(b,b,0)^{\mathrm{T}}$.

(ε) $K = \mathbb{Z}_3$: $(\bar{1},\bar{2},\bar{0})^{\mathrm{T}}$, $(\bar{2},\bar{1},\bar{2})^{\mathrm{T}}$, $(\bar{0},\bar{1},\bar{0})^{\mathrm{T}}$, $(\bar{0},\bar{1},\bar{1})^{\mathrm{T}}$.

Hinweis: Schreibe die gegebenen Vektoren als Spalten auf.

A 2.7.2 Gegeben seien der Unterraum $\boldsymbol{U}$ aus A 2.7.1 und ein Vektor $\boldsymbol{x} \in K^{3\times 1}$ mit

$$(\alpha)\ \boldsymbol{x} = (1,3,5)^{\mathrm{T}},\quad (\beta)\ \boldsymbol{x} = (0,1,0)^{\mathrm{T}},\quad (\gamma)\ \boldsymbol{x} = (\bar{2},\bar{1},\bar{0})^{\mathrm{T}},\quad (\delta)\ \boldsymbol{x} = (b,b,a)^{\mathrm{T}},\quad (\varepsilon)\ \boldsymbol{x} = (\bar{2},\bar{2},\bar{0})^{\mathrm{T}}.$$

Untersuche, ob $\boldsymbol{x}$ dem Unterraum $\boldsymbol{U}$ angehört, und stelle $\boldsymbol{x}$ gegebenenfalls als Linearkombination einer Basis von $\boldsymbol{U}$ dar.

A 2.7.3 Es seien $K = \mathrm{GF}(q)$ ein endlicher Körper mit q Elementen und $n \geq 1$ eine fest gewählte natürliche Zahl. Ein *q-ärer linearer Code*[7] der *Länge n* ist ein k-dimensionaler Unterraum von K^n, wobei $1 \leq k \leq n-1$. Wir sprechen auch kurz von einem q-ären $[n,k]$-Code. (Für $q = 2$ liegt ein *binärer* Code vor.) Jedes Element von K^n wird auch ein *Wort*, jedes Element von $\boldsymbol{C}$ auch ein *Codewort* genannt. Es ist in der Codierungstheorie üblich, mit *Zeilenvektoren* zu arbeiten. Wir fassen einen linearen Code $\boldsymbol{C}$ daher meist als Unterraum von $K^{1\times n}$ auf.

Sind $\boldsymbol{a} = (a_1,a_2,\dots,a_n)$ und $\boldsymbol{b} = (b_1,b_2,\dots,b_n)$ Wörter, so bezeichnet $\mathrm{dist_H}(\boldsymbol{a},\boldsymbol{b})$ ihren *Hamming-Abstand*[8], das ist die Anzahl der Indizes $i \in \{1,2,\dots,n\}$ mit der Eigenschaft $a_i \neq b_i$; vgl. dazu auch A 11.3.3. Eine wichtige Kenngröße eines linearen Codes $\boldsymbol{C}$ ist sein *Minimalabstand* $\mathrm{dist_{min}}(\boldsymbol{C})$: Das ist der kleinste Hamming-Abstand, der zwischen zwei verschiedenen Codewörtern auftritt.

(a) Beweise: Ein $[n,k]$-Code $\boldsymbol{C}$ hat genau dann den Minimalabstand d, wenn es in $\boldsymbol{C}$ ein Wort $\neq \boldsymbol{o}$ mit dem Hamming-Gewicht d, aber kein Wort $\neq \boldsymbol{o}$ mit einem kleineren Hamming-Gewicht gibt. Dabei ist das *Hamming-Gewicht* eines Worts gleich der Anzahl der von 0 verschiedenen Koordinaten.

(b) Beweise: Für den Minimalabstand d eines $[n,k]$-Codes $\boldsymbol{C}$ gilt die Ungleichung $d \leq n-k+1$ (*Singleton-Schranke*[9]).

Anleitung zu (b): Werden die Vektoren einer Basis von $\boldsymbol{C}$ als Zeilen einer Matrix $G \in K^{k\times n}$ geschrieben, so ergibt das eine sogenannte *Generatormatrix* von $\boldsymbol{C}$. Auf die Zeilen dieser Matrix kann Satz 2.7.3 sinngemäß angewendet werden. Das ergibt – abgesehen von der Reihenfolge der Spalten – eine Generatormatrix der Form $(E_k|G')$.

Bemerkung: Lineare Codes dienen zur digitalen Kommunikation. Dabei ist $\boldsymbol{C}$ sowohl dem Absender als auch dem Empfänger bekannt. Wird ein Codewort $\boldsymbol{a}$ ausgesendet und treten bei der Übertragung an $0 \leq t \leq n$ Stellen Fehler auf, so erreicht den Empfänger ein Wort $\boldsymbol{a}'$. Es gilt somit $\mathrm{dist_H}(\boldsymbol{a},\boldsymbol{a}') = t$.

[7] Wir beschränken uns hier (ohne Rücksicht auf mögliche Verallgemeinerungen) auf lineare Codes, da diese auf Begriffen der linearen Algebra beruhen. Eine sehr gut lesbare Einführung in die Codierungstheorie bietet [24].

[8] Richard Wesley Hamming (1915–1998).

[9] Von Richard C. Singleton im Jahre 1964 angegeben.

– Für $\mathrm{dist}_{\min}(\boldsymbol{C}) \geq t+1$ werden diese Fehler vom Empfänger erkannt, da $\boldsymbol{a}' \in K^{1\times n} \setminus \boldsymbol{C}$. Hier kann das fehlerhaft übermittelte Wort nochmals angefordert werden.

– Gilt sogar $\mathrm{dist}_{\min}(\boldsymbol{C}) \geq 2t+1$, so ist $\boldsymbol{a}$ das einzige Codewort mit einem Hamming-Abstand $\leq t$ vom empfangenen Wort $\boldsymbol{a}'$: Ist nämlich $\boldsymbol{b} \in K^{1\times n} \setminus \{\boldsymbol{a}\}$ ein Wort mit $\mathrm{dist}_{\mathrm{H}}(\boldsymbol{a}', \boldsymbol{b}) \leq t$, so unterscheiden sich $\boldsymbol{a}$ und $\boldsymbol{b}$ an höchstens $2t$ Stellen. Das zeigt $\boldsymbol{b} \notin \boldsymbol{C}$. Diese Übertragungsfehler können also ohne Rückfrage beim Absender korrigiert werden, indem $\boldsymbol{a}'$ durch das einzige Codewort mit Abstand $\leq t$ ersetzt wird!

Daher heißt ein Code *t-fehlererkennend* bzw. *t-fehlerkorrigierend*, wenn sein Minimalabstand mindestens $t+1$ bzw. mindestens $2t+1$ ist.

A 2.7.4 Der *binäre Hamming-Code* der Länge 7 wird von den Zeilen der Matrix

$$\begin{pmatrix} \overline{1} & \overline{0} & \overline{0} & \overline{0} & \overline{1} & \overline{0} & \overline{1} \\ \overline{0} & \overline{1} & \overline{0} & \overline{0} & \overline{1} & \overline{1} & \overline{1} \\ \overline{0} & \overline{0} & \overline{1} & \overline{0} & \overline{1} & \overline{1} & \overline{0} \\ \overline{0} & \overline{0} & \overline{0} & \overline{1} & \overline{0} & \overline{1} & \overline{1} \end{pmatrix} \in \mathbb{Z}_2^{4\times 7}$$

erzeugt. Beweise, dass ein $[7,4]$-Code mit dem Minimalabstand 3 vorliegt.
Bemerkung: Der Code ist daher 1-fehlerkorrigierend; vgl. A 2.7.3.

A 2.7.5 Jede internationale Standardbuchnummer (ISBN-10, vgl. A 1.7.3) lässt sich als Element des Vektorraumes $\mathbb{Z}_{11}^{1\times 10}$ auffassen, das die dort angegebene Kontrollgleichung erfüllt. Zeige, dass die Menge aller Elemente von $\mathbb{Z}_{11}^{1\times 10}$, die dieser Kontrollgleichung genügen, einen linearen $[10,9]$-Code $\boldsymbol{C}$ bildet. Lege dazu $\boldsymbol{C}$ durch eine Generatormatrix (Basis) fest; vgl. A 2.7.3.

A 2.7.6 Durch die Generatormatrix

$$G = \begin{pmatrix} \overline{1} & \overline{0} & \overline{1} & \overline{0} & \overline{1} & \overline{0} & \overline{1} & \overline{1} & \overline{0} & \overline{0} & \overline{0} & \overline{1} \\ \overline{2} & \overline{0} & \overline{0} & \overline{0} & \overline{0} & \overline{1} & \overline{2} & \overline{0} & \overline{1} & \overline{1} & \overline{0} & \overline{2} \\ \overline{0} & \overline{0} & \overline{0} & \overline{1} & \overline{0} & \overline{0} & \overline{2} & \overline{2} & \overline{1} & \overline{0} & \overline{1} & \overline{2} \\ \overline{0} & \overline{0} & \overline{0} & \overline{0} & \overline{1} & \overline{0} & \overline{2} & \overline{2} & \overline{2} & \overline{1} & \overline{0} & \overline{1} \\ \overline{0} & \overline{2} & \overline{0} & \overline{0} & \overline{1} & \overline{0} & \overline{0} & \overline{2} & \overline{1} & \overline{2} & \overline{1} & \overline{0} \\ \overline{0} & \overline{0} & \overline{0} & \overline{0} & \overline{0} & \overline{1} & \overline{2} & \overline{1} & \overline{2} & \overline{2} & \overline{1} & \overline{0} \end{pmatrix} \in \mathbb{Z}_3^{6\times 12}$$

wird ein $[12,6]$-Code bestimmt. Er wird *erweiterter ternärer Golay-Code*[10] genannt.

(a) Zeige, dass die Matrix G alleine durch elementare Zeilenumformungen, also ohne Spaltenvertauschungen, in die Form $(E_6|G')$ übergeführt werden kann. Wende dazu Satz 2.7.3 sinngemäß auf die Zeilen von G an.

(b) Beweise: In jedem Codewort $\boldsymbol{a} = (a_1, a_2, \ldots, a_{12})$ können die ersten sechs Koordinaten (als Nutzsymbole) frei in $\mathbb{Z}_3$ gewählt werden, die letzten sechs Koordinaten (als Kontrollsymbole) sind dann eindeutig bestimmt. Wie lautet insbesondere das Codewort $(\overline{1}, \overline{2}, \overline{0}, \overline{2}, \overline{1}, \overline{1}, \ldots)$?

(c) Beim Empfänger kommen folgende Wörter an:

$$(\overline{1},\overline{2},\overline{2},\overline{2},\overline{2},\overline{1},\overline{0},\overline{0},\overline{2},\overline{2},\overline{0},\overline{1}), \quad (\overline{1},\overline{1},\overline{0},\overline{0},\overline{1},\overline{1},\overline{1},\overline{1},\overline{1},\overline{1},\overline{1},\overline{1}), \quad (\overline{2},\overline{2},\overline{2},\overline{1},\overline{1},\overline{1},\overline{2},\overline{0},\overline{0},\overline{1},\overline{0},\overline{2}).$$

Welche davon sind Codewörter?

Bemerkung: Dieser Code hat den Minimalabstand 6 und ist daher 2-fehlerkorrigierend; vgl. A 2.7.3.

---

[10]Marcel J. E. Golay (1902–1989). Codes über $\mathbb{Z}_3$ heißen *ternär*.

2.8 Der Dimensionssatz

2.8.1 Wir betrachten im Anschauungsraum eine Ebene und eine Gerade durch den ausgezeichneten Punkt O. Diese bestimmen zwei Unterräume $\boldsymbol{U}_1$ und $\boldsymbol{U}_2$ von $\boldsymbol{V}_O$. Wenn die Gerade nicht in der Ebene liegt, dann ist $\boldsymbol{U}_1 \cup \boldsymbol{U}_2$ gegenüber der Addition nicht abgeschlossen. Vgl. dazu die Vektoren $\boldsymbol{u}_1 \in \boldsymbol{U}_1, \boldsymbol{u}_2 \in \boldsymbol{U}_2$ und $\boldsymbol{x} = \boldsymbol{u}_1 + \boldsymbol{u}_2 \notin \boldsymbol{U}_1 \cup \boldsymbol{U}_2$ in Abbildung 3.1 auf Seite 77. Wir erkennen daraus, dass die *Vereinigungsmenge* zweier Unterräume kein Unterraum zu sein braucht. Durch die folgende Konstruktion wird jeder Familie von Unterräumen wieder ein Unterraum zugeordnet:

Die *Summe* $\sum_{i\in I} \boldsymbol{U}_i$ einer Familie von Unterräumen von $\boldsymbol{V}$ ist die Menge aller Vektoren

$$\sum_{i\in I} \boldsymbol{u}_i, \quad \text{wobei } \boldsymbol{u}_i \in \boldsymbol{U}_i \text{ und } \boldsymbol{u}_i = \boldsymbol{o} \text{ für fast alle } i \in I. \tag{2.19}$$

Dabei sind bei der Summenbildung nur die endlich vielen von $\boldsymbol{o}$ verschiedenen Summanden zu berücksichtigen; eine leere Summe ist wie üblich gleich $\boldsymbol{o}$ zu setzen. Bei nur endlich vielen Unterräumen, etwa $\boldsymbol{U}_1, \boldsymbol{U}_2, \ldots, \boldsymbol{U}_k$ mit $k \in \mathbb{N}^\times$, schreiben wir deren Summe auch in der Form $\boldsymbol{U}_1 + \boldsymbol{U}_2 + \cdots + \boldsymbol{U}_k$.

Das Unterraumkriterium erweist $\sum_{i\in I} \boldsymbol{U}_i$ als Unterraum von $\boldsymbol{V}$. Es gilt offenbar

$$\Big(\bigcup_{i\in I} \boldsymbol{U}_i\Big) \subset \Big(\sum_{i\in I} \boldsymbol{U}_i\Big). \tag{2.20}$$

Daraus folgt nun leicht, dass die Summe $\sum_{i\in I} \boldsymbol{U}_i$ gleich der Hülle der Vereinigungsmenge $\bigcup_{i\in I} \boldsymbol{U}_i$ ist: Da wir in (2.19) nur Linearkombinationen einer ganz speziellen Bauart betrachten, ist die Summe in $[\bigcup_{i\in I} \boldsymbol{U}_i]$ enthalten. Da aber andererseits die Summe ein Unterraum ist, zeigen (2.20) und (2.9), dass auch $[\bigcup_{i\in I} \boldsymbol{U}_i]$ in der Summe enthalten ist.

Beispiel 2.8.2 Es seien $\boldsymbol{V} = K^{6\times 1}$,

$$\boldsymbol{U} = \{(u_1, u_2, u_3, 0, 0, 0)^{\mathrm{T}} \in K^{6\times 1} \mid u_1, u_2, u_3 \in K\},$$
$$\boldsymbol{T} = \{(0, t_2, t_3, t_4, 0, t_6)^{\mathrm{T}} \in K^{6\times 1} \mid t_2, t_3, t_4, t_6 \in K\}.$$

Die Summe von $\boldsymbol{U}$ und $\boldsymbol{T}$ ist

$$\boldsymbol{U} + \boldsymbol{T} = \{\boldsymbol{u} + \boldsymbol{t} \mid \boldsymbol{u} \in \boldsymbol{U},\ \boldsymbol{t} \in \boldsymbol{T}\} = \{(x_1, x_2, x_3, x_4, 0, x_6)^{\mathrm{T}} \in K^{6\times 1} \mid x_1, x_2, x_3, x_4, x_6 \in K\}.$$

Der Vektor $(1, 2, 3, 4, 0, 6)^{\mathrm{T}}$ liegt in $\boldsymbol{U} + \boldsymbol{T}$. Er besitzt sogar mehrere Darstellungen der Form $\boldsymbol{u} + \boldsymbol{t}$, nämlich $(1, u_2, u_3, 0, 0, 0)^{\mathrm{T}} + (0, t_2, t_3, 4, 0, 6)^{\mathrm{T}}$, wobei nur die Bedingungen $u_2 + t_2 = 2$ und $u_3 + t_3 = 3$ erfüllt sein müssen.

2.8.3 Die Frage, wann für jeden Vektor aus $\sum_{i\in I} \boldsymbol{U}_i$ die Darstellung (2.19) eindeutig ist, führt uns zu folgendem Begriff:

Die Summe $\sum_{i\in I} \boldsymbol{U}_i$ einer Familie von Unterräumen von $\boldsymbol{V}$ heißt *direkt*, wir schreiben dann $\bigoplus_{i\in I} \boldsymbol{U}_i$, wenn für alle $j \in I$ gilt

$$\boldsymbol{U}_j \cap \Big(\sum_{i\in I\setminus\{j\}} \boldsymbol{U}_i\Big) = \{\boldsymbol{o}\}. \tag{2.21}$$

Es hat also jeder Unterraum $\boldsymbol{U}_j$ mit der Summe der restlichen Unterräume den kleinstmöglichen Durchschnitt $\{\boldsymbol{o}\}$. Für zwei Unterräume $\boldsymbol{U}_1, \boldsymbol{U}_2$ ist $\boldsymbol{U}_1 + \boldsymbol{U}_2$ genau dann direkt, falls $\boldsymbol{U}_1 \cap \boldsymbol{U}_2 = \{\boldsymbol{o}\}$. Für drei Unterräume bedeutet (2.21) ausführlich geschrieben

$$\boldsymbol{U}_1 \cap (\boldsymbol{U}_2 + \boldsymbol{U}_3) = \{\boldsymbol{o}\} \text{ und } \boldsymbol{U}_2 \cap (\boldsymbol{U}_3 + \boldsymbol{U}_1) = \{\boldsymbol{o}\} \text{ und } \boldsymbol{U}_3 \cap (\boldsymbol{U}_1 + \boldsymbol{U}_2) = \{\boldsymbol{o}\},$$

was *nicht* zu $\boldsymbol{U}_1 \cap \boldsymbol{U}_2 = \boldsymbol{U}_2 \cap \boldsymbol{U}_3 = \boldsymbol{U}_3 \cap \boldsymbol{U}_1 = \{\boldsymbol{o}\}$ äquivalent ist. Vgl. dazu A 2.8.10.

Satz 2.8.4 *Ein Unterraum $\boldsymbol{S} := \sum_{i\in I} \boldsymbol{U}_i$ ist genau dann direkte Summe der Unterräume $\boldsymbol{U}_i$ von $\boldsymbol{V}$, falls jeder Vektor $\boldsymbol{x} \in \boldsymbol{S}$ genau eine Darstellung der Form $\boldsymbol{x} = \sum_{i\in I} \boldsymbol{u}_i$ besitzt, wobei $\boldsymbol{u}_i \in \boldsymbol{U}_i$ und $\boldsymbol{u}_i = \boldsymbol{o}$ für fast alle $i \in I$.*

Beweis. (a) Gegeben seien eine direkte Summe und für $\boldsymbol{x} \in \boldsymbol{S}$ die Darstellungen

$$\boldsymbol{x} = \sum_{i\in I} \boldsymbol{u}_i = \sum_{i\in I} \boldsymbol{u}'_i$$

der Form (2.19). Durch Subtraktion erhalten wir

$$\boldsymbol{o} = \sum_{i\in I} (\boldsymbol{u}_i - \boldsymbol{u}'_i).$$

Wir wählen nun einen Index $j \in I$ fest aus. Dann gilt

$$-(\boldsymbol{u}_j - \boldsymbol{u}'_j) = \sum_{i\in I\setminus\{j\}} (\boldsymbol{u}_i - \boldsymbol{u}'_i).$$

Der Vektor $-(\boldsymbol{u}_j - \boldsymbol{u}'_j) \in \boldsymbol{U}_j$ liegt daher auch in $\sum_{i\in I\setminus\{j\}} \boldsymbol{U}_i$. Mit (2.21) folgt daher $\boldsymbol{u}_j = \boldsymbol{u}'_j$. Da dies für alle $j \in I$ gilt, stimmen die beiden Darstellungen von $\boldsymbol{x}$ überein.

(b) Vorausgesetzt sei nun die Eindeutigkeit der Darstellung. Wir wählen einen Index $j \in I$ und dann einen Vektor

$$\boldsymbol{x} \in \boldsymbol{U}_j \cap \sum_{i\in I\setminus\{j\}} \boldsymbol{U}_i.$$

Wir setzen $\boldsymbol{u}_j := \boldsymbol{x}$ und $\boldsymbol{u}_i := \boldsymbol{o}$ für alle $i \neq j$. Wegen $\boldsymbol{x} \in \boldsymbol{U}_j$ gilt daher

$$\boldsymbol{x} = \sum_{i\in I} \boldsymbol{u}_i \quad \text{mit} \quad \boldsymbol{u}_i \in \boldsymbol{U}_i \quad \text{für alle} \quad i \in I.$$

Andererseits zeigt $\boldsymbol{x} \in \sum_{i\in I\setminus\{j\}} \boldsymbol{U}_i$ die Existenz einer Darstellung

$$\boldsymbol{x} = \sum_{i\in I} \boldsymbol{u}'_i \quad \text{mit} \quad \boldsymbol{u}'_i \in \boldsymbol{U}_i \quad \text{für alle} \quad i \in I \quad \text{und} \quad \boldsymbol{u}'_j = \boldsymbol{o}.$$

Die Eindeutigkeit der Darstellung ergibt somit $\boldsymbol{u}_j = \boldsymbol{u}'_j = \boldsymbol{o}$ und $\boldsymbol{u}_i = \boldsymbol{u}'_i = \boldsymbol{o}$ für alle $i \neq j$, also $\boldsymbol{x} = \boldsymbol{o}$. □

Beispiele 2.8.5

1. Es seien $\boldsymbol{V} = K^{6\times 1}$,

$$\begin{aligned}\boldsymbol{U}_1 &= \{(x_1, x_2, \ldots, x_6)^{\mathrm{T}} \in K^{6\times 1} \mid x_4 = x_5 = x_6 = 0\},\\ \boldsymbol{U}_2 &= \{(x_1, x_2, \ldots, x_6)^{\mathrm{T}} \in K^{6\times 1} \mid x_1 = x_2 = x_3 = x_5 = x_6 = 0\},\\ \boldsymbol{U}_3 &= \{(x_1, x_2, \ldots, x_6)^{\mathrm{T}} \in K^{6\times 1} \mid x_1 = x_2 = \cdots = x_5 = 0\}.\end{aligned}$$

   Dann ist

$$\boldsymbol{S} := \boldsymbol{U}_1 + \boldsymbol{U}_2 + \boldsymbol{U}_3 = \{(x_1, x_2, \ldots, x_6)^{\mathrm{T}} \in K^{6\times 1} \mid x_5 = 0\}$$

   ein Unterraum von $\boldsymbol{V}$. Für alle $(x_1, x_2, x_3, x_4, 0, x_6)^{\mathrm{T}} \in \boldsymbol{S}$ ist

$$(x_1, x_2, x_3, x_4, 0, x_6)^{\mathrm{T}} = (x_1, x_2, x_3, 0, 0, 0)^{\mathrm{T}} + (0, 0, 0, x_4, 0, 0)^{\mathrm{T}} + (0, 0, 0, 0, 0, x_6)^{\mathrm{T}}$$

   die einzig mögliche Summendarstellung. Daher gilt $\boldsymbol{S} = \boldsymbol{U}_1 \oplus \boldsymbol{U}_2 \oplus \boldsymbol{U}_3$.

2. Für jede l. u. Familie $(\boldsymbol{a}_i)_{i\in I}$ in $\boldsymbol{V}$ gilt $[(\boldsymbol{a}_i)_{i\in I}] = \bigoplus_{i\in I} [\boldsymbol{a}_i]$.

2.8.6 Aus Sätzen über Basen eines Vektorraumes lassen sich Sätze über direkte Summen herleiten. Dazu führen wir zunächst folgende Sprechweise ein:

Zwei Unterräume $\boldsymbol{U}$, $\boldsymbol{T}$ eines Vektorraumes $\boldsymbol{V}$ heißen *komplementär*[11] bezüglich $\boldsymbol{V}$, falls $\boldsymbol{V} = \boldsymbol{U} \oplus \boldsymbol{T}$. Wir nennen in diesem Zusammenhang $\boldsymbol{T}$ auch ein *Komplement* von $\boldsymbol{U}$; auf die Reihenfolge von $\boldsymbol{T}$ und $\boldsymbol{U}$ kommt es dabei nicht an. Wir zeigen jetzt die Existenz mindestens eines Komplements.

Satz 2.8.7 *Ist $\boldsymbol{U}$ ein Unterraum von $\boldsymbol{V}$, so gibt es mindestens einen komplementären Unterraum von $\boldsymbol{U}$ bezüglich $\boldsymbol{V}$.*

Beweis. Wir wählen eine Basis $\boldsymbol{A}$ von $\boldsymbol{U}$ und ergänzen diese durch eine l. u. Menge $\boldsymbol{A}_1$ zu einer Basis von $\boldsymbol{V}$. Nun weisen wir nach, dass $\boldsymbol{U}$ und $[\boldsymbol{A}_1]$ komplementär bezüglich $\boldsymbol{V}$ sind: Sei $\boldsymbol{m} \in \boldsymbol{U} \cap [\boldsymbol{A}_1]$. Der Vektor $\boldsymbol{m}$ besitzt nach Satz 2.5.3 eine eindeutig bestimmte Darstellung als Linearkombination in der Basis $\boldsymbol{A} \cup \boldsymbol{A}_1$ von $\boldsymbol{V}$. Wegen $\boldsymbol{m} \in \boldsymbol{U} = [\boldsymbol{A}]$ sind in dieser Linearkombination die Koeffizienten bei allen Vektoren aus $\boldsymbol{A}_1$ gleich Null. Wegen $\boldsymbol{m} \in [\boldsymbol{A}_1]$ sind auch die restlichen Koeffizienten alle gleich Null. Insgesamt ergibt das $\boldsymbol{m} = \boldsymbol{o}$. Somit gilt $\boldsymbol{U} \cap [\boldsymbol{A}_1] = \{\boldsymbol{o}\}$. Der Summenraum $\boldsymbol{U}+[\boldsymbol{A}_1]$ enthält nach Konstruktion die Basis $\boldsymbol{A}\cup\boldsymbol{A}_1$ von $\boldsymbol{V}$, was $\boldsymbol{U}+[\boldsymbol{A}_1] = \boldsymbol{V}$ ergibt. □

Beispiele 2.8.8

1. In jedem Vektorraum $\boldsymbol{V}$ gilt $\boldsymbol{V} = \boldsymbol{V} \oplus \{\boldsymbol{o}\}$.
2. Im Vektorraum $\boldsymbol{V}_O$ seien $\boldsymbol{U}_1$ die Menge der Ortsvektoren einer Ebene durch den ausgezeichneten Punkt O und $\boldsymbol{U}_2$ die Menge der Ortsvektoren einer Geraden durch O. Es gilt genau dann $\boldsymbol{V}_O = \boldsymbol{U}_1 \oplus \boldsymbol{U}_2$, wenn die gegebene Gerade nicht in der gegebenen Ebene liegt. (Vgl. Abbildung 3.1 auf Seite 77.) Dieses Beispiel zeigt, dass ein Unterraum mehr als einen Komplementärraum besitzen kann.

Die gegenseitige Lage von zwei Unterräumen kann durch die Dimensionen ihres Durchschnitts und ihrer Summe beschrieben werden. Diese beiden Dimensionszahlen sind durch eine wichtige Formel gekoppelt.

Satz 2.8.9 (Dimensionssatz) *Es seien $\boldsymbol{U}$ und $\boldsymbol{T}$ endlichdimensionale Unterräume eines Vektorraumes $\boldsymbol{V}$. Dann gilt*

$$\dim(\boldsymbol{U} \cap \boldsymbol{T}) + \dim(\boldsymbol{U} + \boldsymbol{T}) = \dim \boldsymbol{U} + \dim \boldsymbol{T}.$$

Beweis. Es gibt eine Basis $\boldsymbol{A}$ des Unterraumes $\boldsymbol{U}\cap\boldsymbol{T}$. Wir können $\boldsymbol{A}$ durch l. u. Mengen $\boldsymbol{B}$ bzw. $\boldsymbol{C}$ zu Basen von $\boldsymbol{U}$ bzw. $\boldsymbol{T}$ verlängern. Wir haben damit

$$\boldsymbol{U} = (\boldsymbol{U} \cap \boldsymbol{T}) \oplus [\boldsymbol{B}], \quad \boldsymbol{T} = (\boldsymbol{U} \cap \boldsymbol{T}) \oplus [\boldsymbol{C}], \quad \boldsymbol{U} + \boldsymbol{T} = [\boldsymbol{A} \cup \boldsymbol{B} \cup \boldsymbol{C}].$$

Jede Linearkombination von $\boldsymbol{A} \cup \boldsymbol{B} \cup \boldsymbol{C}$ mit Wert $\boldsymbol{o}$ können wir auf die Form $\boldsymbol{o} = \boldsymbol{a} + \boldsymbol{b} + \boldsymbol{c}$ bringen, wobei $\boldsymbol{a}$ eine Linearkombination von $\boldsymbol{A}$ ist usw. Dann folgt $-\boldsymbol{c} = \boldsymbol{a} + \boldsymbol{b} \in \boldsymbol{U}$, was $\boldsymbol{c} \in \boldsymbol{U}\cap[\boldsymbol{C}] = \boldsymbol{U}\cap\boldsymbol{T}\cap[\boldsymbol{C}] = \{\boldsymbol{o}\}$ ergibt. Analog folgt $\boldsymbol{b} = \boldsymbol{o}$ und damit schließlich $\boldsymbol{a} = \boldsymbol{o}$. Da jede

[11] Vorsicht! Zwei Teilmengen A, B einer Menge M heißen *komplementär*, falls $A \cap B = \emptyset$ und $A \cup B = M$. Wir verwenden den Begriff „komplementär" hier in einem anderen Sinne.

der Mengen $\boldsymbol{A}$, $\boldsymbol{B}$, $\boldsymbol{C}$ l. u. ist, liegt insgesamt eine triviale Linearkombination von $\boldsymbol{A} \cup \boldsymbol{B} \cup \boldsymbol{C}$ vor. Daher ist $\boldsymbol{A} \cup \boldsymbol{B} \cup \boldsymbol{C}$ eine Basis von $\boldsymbol{U} + \boldsymbol{T}$. Aus

$$\begin{aligned} \dim(\boldsymbol{U} \cap \boldsymbol{T}) + \dim(\boldsymbol{U} + \boldsymbol{T}) &= \#\boldsymbol{A} + (\#\boldsymbol{A} + \#\boldsymbol{B} + \#\boldsymbol{C}), \\ \dim \boldsymbol{U} + \dim \boldsymbol{T} &= (\#\boldsymbol{A} + \#\boldsymbol{B}) + (\#\boldsymbol{A} + \#\boldsymbol{C}) \end{aligned}$$

ergibt sich nun die Gültigkeit des Dimensionssatzes. □

Im obigen Satz darf $\boldsymbol{V}$ auch unendlichdimensional sein. Alle Überlegungen laufen nämlich im endlichdimensionalen Unterraum $\boldsymbol{U} + \boldsymbol{T}$ von $\boldsymbol{V}$ ab.

Beispiele 2.8.10

1. Es seien $\dim \boldsymbol{V} = 4$, $\dim \boldsymbol{U} = 2$ und $\dim \boldsymbol{T} = 3$. Welche gegenseitige Lage für $\boldsymbol{U}$ und $\boldsymbol{T}$ ist denkbar? Wir haben
$$\dim(\boldsymbol{U} \cap \boldsymbol{T}) + \dim(\boldsymbol{U} + \boldsymbol{T}) = 2 + 3 = 5,$$
was auf folgende Wertetabelle führt:

$\dim(\boldsymbol{U} \cap \boldsymbol{T})$	0	1	2	3	4	5
$\dim(\boldsymbol{U} + \boldsymbol{T})$	5	4	3	2	1	0

Da $\dim(\boldsymbol{U} \cap \boldsymbol{T}) \leq 2$ und $\dim(\boldsymbol{U} + \boldsymbol{T}) \leq 4$ sein muss, kommen von den sechs angegebenen Möglichkeiten nur zwei in Frage. Dass diese beiden Fälle tatsächlich auftreten, muss dabei gesondert überlegt werden.

2. Ist $\dim \boldsymbol{V} = n < \infty$, so folgt aus $\boldsymbol{U} \oplus \boldsymbol{T} = \boldsymbol{V}$ die Gleichung $\dim \boldsymbol{T} = n - \dim \boldsymbol{U}$. Dieser Schluss ist allerdings nicht umkehrbar.
Etwa für $\dim \boldsymbol{V} = 6$ ist jedes Komplement eines 3-dimensionalen Unterraumes wieder ein 3-dimensionaler Unterraum, denn $6 - 3 = 3$.

Bemerkung 2.8.11 Eine nicht leere Menge L mit zwei inneren Verknüpfungen $\sqcap$ und $\sqcup$ heißt ein *Verband*, falls beide Verknüpfungen kommutativ und assoziativ sind und die beiden *Verschmelzungsgesetze* $x \sqcap (x \sqcup y) = x$ und $x \sqcup (x \sqcap y) = x$ für alle $x, y \in L$ erfüllt sind.

Bezeichnen wir die Menge aller Unterräume eines Vektorraumes $\boldsymbol{V}$ mit $\mathrm{Sub}(\boldsymbol{V})$, so lassen sich $\cap$ und $+$ als innere Verknüpfungen auf $\mathrm{Sub}(\boldsymbol{V})$ auffassen. Es ist $(\mathrm{Sub}(\boldsymbol{V}), \cap, +)$ ein Verband, welcher der *Unterraumverband* von $\boldsymbol{V}$ genannt wird.

Aufgaben

A 2.8.1 Beweise, dass im Vektorraum $\mathbb{R}^{\mathbb{R}}$ aller Funktionen $\mathbb{R} \to \mathbb{R}$ mit

$$U_1 := \{f \in \mathbb{R}^{\mathbb{R}} \mid f(x) = f(-x) \text{ für alle } x \in \mathbb{R}\}$$ (Menge der *geraden Funktionen*) und

$$U_2 := \{f \in \mathbb{R}^{\mathbb{R}} \mid f(x) = -f(-x) \text{ für alle } x \in \mathbb{R}\}$$ (Menge der *ungeraden Funktionen*)

Unterräume vorliegen. Zeige weiters $\mathbb{R}^{\mathbb{R}} = \boldsymbol{U}_1 \oplus \boldsymbol{U}_2$.
Hinweis: Betrachte für $f \in \mathbb{R}^{\mathbb{R}}$ die Funktion $f_1 : \mathbb{R} \to \mathbb{R} : x \mapsto \frac{1}{2}(f(x) + f(-x))$.

A 2.8.2 In $\mathbb{R}^{4\times1}$ seien drei Unterräume $\boldsymbol{U}_1 = [\boldsymbol{a}]$, $\boldsymbol{U}_2 = [\{\boldsymbol{b}, \boldsymbol{c}\}]$, $\boldsymbol{U}_3 = [\{\boldsymbol{b}, \boldsymbol{a}\}]$ mit

$$\boldsymbol{a} = (0, 1, 1, 0)^{\mathrm{T}}, \quad \boldsymbol{b} = (1, 0, 0, 1)^{\mathrm{T}}, \quad \boldsymbol{c} = (0, 1, 0, 0)^{\mathrm{T}}$$

gegeben. Bestimme Basen von $\boldsymbol{U}_1 + \boldsymbol{U}_2$, $\boldsymbol{U}_2 + \boldsymbol{U}_3$, $\boldsymbol{U}_1 + \boldsymbol{U}_2 + \boldsymbol{U}_3$. Welche dieser Summen sind direkt?

A 2.8.3 Bestimme für die Unterräume $\boldsymbol{U}_1, \boldsymbol{U}_2, \boldsymbol{U}_3$ aus A 2.8.2 Basen der Unterräume $\boldsymbol{U}_1 \cap \boldsymbol{U}_2$, $\boldsymbol{U}_2 \cap \boldsymbol{U}_3$ und $\boldsymbol{U}_1 + (\boldsymbol{U}_2 \cap \boldsymbol{U}_3)$.

A 2.8.4 Es seien U_1, U_2 und U_3 endlichdimensionale Unterräume eines Vektorraumes V. Beweise den *Dimensionssatz* für drei Unterräume:

$$\begin{aligned}
&4\dim U_1 + 4\dim U_2 + 4\dim U_3 \\
&\quad = \dim((U_1 \cap U_2) + U_3) + \dim((U_2 \cap U_3) + U_1) + \dim((U_3 \cap U_1) + U_2) \\
&\qquad + \dim((U_1 + U_2) \cap U_3) + \dim((U_2 + U_3) \cap U_1) + \dim((U_3 + U_1) \cap U_2) \\
&\qquad + 3\dim(U_1 \cap U_2 \cap U_3) + 3\dim(U_1 + U_2 + U_3).
\end{aligned}$$

A 2.8.5 Gegeben sei der Vektorraum $\mathbb{R}^{\mathbb{N}}$ aller Folgen in $\mathbb{R}$. Es seien weiters: $U_1 = \mathbb{R}^{(\mathbb{N})}$ der Unterraum aller Folgen $(a_i)_{i\in\mathbb{N}}$, bei denen $a_i = 0$ für fast alle $i \in \mathbb{N}$; U_2 der Unterraum der periodischen Folgen; U_3 der Unterraum der Nullfolgen; U_4 der Unterraum der konstanten Folgen. Vgl. A 2.3.3.

(a) Bestimme für je zwei dieser Unterräume den Durchschnitt und die Summe.

(b) Untersuche, ob die folgenden Summen direkt sind:

$$U_1 + U_2 + U_3, \quad U_1 + U_2 + U_4, \quad U_1 + U_3 + U_4, \quad U_2 + U_3 + U_4.$$

A 2.8.6 Es seien U_1, U_2 und U_3 Unterräume eines Vektorraumes V.

(a) Zeige die Gültigkeit des *Modularitätsgesetzes*:

$$\text{Falls } U_1 \subset U_3, \quad \text{so gilt } U_1 + (U_2 \cap U_3) = (U_1 + U_2) \cap U_3.$$

(b) Zeige anhand eines Beispiels, dass in (a) auf die Voraussetzung $U_1 \subset U_3$ nicht verzichtet werden kann.

(c) Zeige anhand von Beispielen, dass keines der Distributivgesetze

$$U_1 \cap (U_2 + U_3) = (U_1 \cap U_2) + (U_1 \cap U_3), \qquad U_1 + (U_2 \cap U_3) = (U_1 + U_2) \cap (U_1 + U_3)$$

zu gelten braucht.

A 2.8.7 Es seien V ein n-dimensionaler Vektorraum, $n < \infty$, und $U_1, U_2, \ldots, U_r$ Unterräume von V, deren Summenraum ganz V ist. Beweise:

$$V = U_1 \oplus U_2 \oplus \cdots \oplus U_r \quad \Leftrightarrow \quad \dim U_1 + \dim U_2 + \cdots + \dim U_r = n.$$

A 2.8.8 Wir betrachten k-dimensionale Unterräume in einem n-dimensionalen Vektorraum V, wobei (α) $n = 7, k = 4$; (β) $n = 6, k = 3$; (γ) $n = 5, k = 3$; (δ) $n = 8, k = 5$.

(a) Bestimme mit Hilfe des Dimensionssatzes die möglichen Dimensionen von $U \cap T$ bzw. $U + T$ für k-dimensionale Unterräume U, T von V.

(b) Überlege, welche der in (a) gefundenen Möglichkeiten tatsächlich auftreten. Gib dazu passende Unterräume an, die durch Vektoren einer fest gewählten Basis $(b_1, b_2, \ldots, b_n)$ aufgespannt werden.

A 2.8.9 Es seien V ein Vektorraum und $(U_i)_{i\in\mathbb{N}}$ eine Folge von Unterräumen von V mit $U_i \subset U_{i+1}$ für alle $i \in \mathbb{N}$. Zeige: $\bigcup_{i\in\mathbb{N}} U_i = \sum_{i\in\mathbb{N}} U_i$.

A 2.8.10 Gib in $\mathbb{R}^{3\times 1}$ drei Unterräume U_1, U_2 und U_3 so an, dass $U_1 + U_2 + U_3$ keine direkte Summe ist, obwohl $U_1 \cap U_2 = U_2 \cap U_3 = U_3 \cap U_1 = \{o\}$.

A 2.8.11 Bestimme in $\mathbb{R}^{4\times 1}$ zwei verschiedene Komplemente von $U = [\{a, b\}]$ für:

$$(\alpha)\ a = \begin{pmatrix} 1 \\ 0 \\ 0 \\ 0 \end{pmatrix},\ b = \begin{pmatrix} 1 \\ 1 \\ 1 \\ 0 \end{pmatrix}. \quad (\beta)\ a = \begin{pmatrix} 1 \\ 0 \\ 0 \\ 0 \end{pmatrix},\ b = \begin{pmatrix} 0 \\ 1 \\ 1 \\ 0 \end{pmatrix}. \quad (\gamma)\ a = \begin{pmatrix} 1 \\ 0 \\ 0 \\ 1 \end{pmatrix},\ b = \begin{pmatrix} 0 \\ 1 \\ 1 \\ 1 \end{pmatrix}.$$

Hinweis: Achte darauf, nicht ein Komplement auf zwei verschiedene Arten festzulegen!

Kapitel 3

Lineare Abbildungen

Jede lineare Abbildung bestimmt zwei ausgezeichnete Unterräume, ihren Kern und ihren Bildraum. Deren Dimensionszahlen werden als Defekt bzw. Rang der linearen Abbildung bezeichnet. Bei endlicher Dimension sind Rang und Defekt durch die Rangformel gekoppelt. Der Fortsetzungssatz garantiert die Existenz von linearen Abbildungen zwischen je zwei Vektorräumen über demselben Körper. Er ist der Schlüssel für die Koordinatisierung von Vektorräumen und für die Beschreibung von linearen Abbildungen durch Matrizen. Damit wird es möglich, Probleme aus abstrakten Vektorräumen mit Hilfe von Koordinaten zu lösen. Bei fest gewähltem Grundkörper bilden alle linearen Abbildungen eines Vektorraumes in einen Vektorraum selbst einen Vektorraum.

3.1 Elementare Vorbemerkungen

3.1.1 Für Vektorräume sind die sogenannten *linearen Abbildungen* von Bedeutung. Eine lineare Abbildung ist mit der Addition und auch mit der Multiplikation „Skalar mal Vektor" verträglich; vgl. Definition 3.2.1. Ein Beispiel ist uns schon in Formel (2.2) aus 2.1.3 begegnet, wo wir mit einer Bijektion $\boldsymbol{B}^* : \boldsymbol{V}_O \to \mathbb{R}^{3\times 1}$ jedem Vektor seine Koordinatenspalte zugeordnet haben. Eine lineare Abbildung wurde auch verwendet, um Abbildung 3.1 auf Seite 77 zu erstellen. Diese Figur ist ja nur ein Abbild von Vektoren aus $\boldsymbol{V}_O$ auf einem Blatt Papier, also in einem zweidimensionalen Unterraum von $\boldsymbol{V}_O$. Auf Grund der Linearität werden aber die wesentlichen Details der Situation im dreidimensionalen Vektorraum $\boldsymbol{V}_O$ richtig wiedergegeben. Dasselbe gilt für viele unserer Abbildungen.

3.1.2 Lineare Abbildungen begegnen uns auf Schritt und Tritt, etwa in der Physik bei einer geradlinigen Bewegung mit konstanter Geschwindigkeit v. Der zurückgelegte Weg s ist eine Funktion der Zeit t. Unter der Annahme $s(0) = 0$ gilt bekanntlich $s(t) = vt$, was einer linearen Abbildung $\mathbb{R} \to \mathbb{R} : t \mapsto s(t)$ entspricht. Dabei ist $\mathbb{R}$ als eindimensionaler Vektorraum $\mathbb{R}^1$ aufzufassen. Die Bedeutung der linearen Abbildungen geht aber viel weiter. Liegt nämlich keine gleichförmige Bewegung vor, so können wir die Momentangeschwindigkeit v als eine Funktion von t interpretieren. In der Praxis wird diese Funktion stetig sein. Dann gilt für kleine Werte von t die Formel $s(t) \approx v(0)t$. Es kann also eine Funktion, die nicht linear ist, durch eine lineare Funktion approximiert werden, was in vielen Fällen schon ausreicht.

Ein anderes Beispiel sind Produktionsprozesse. Werden zum Beispiel aus fünf Rohstoffen $\boldsymbol{c}_1, \boldsymbol{c}_2, \ldots, \boldsymbol{c}_5$ drei Endprodukte $\boldsymbol{b}_1, \boldsymbol{b}_2, \boldsymbol{b}_3$ produziert, so können wir jeden Verbrauch von Rohstoffen als Rohstoffvektor $\sum_{i=1}^{5} y_i \boldsymbol{c}_i$ deuten und jede Packung mit Endprodukten als Endproduktvektor $\sum_{j=1}^{3} x_j \boldsymbol{b}_j$, jeweils mit reellen Koeffizienten und linear unabhängigen Vektoren $\boldsymbol{c}_i$ bzw. $\boldsymbol{b}_j$. Die Zuordnung Endproduktvektor $\mapsto$ Rohstoffvektor wird in vielen Fällen linear sein. Liegt keine lineare Abbildung vor, etwa weil der Rohstoffverbrauch nicht proportional mit den produzierten Endprodukten steigt, so kann er durch eine lineare Abbildung zumindest angenähert werden.

3.2 Definition und Beispiele linearer Abbildungen

Definition 3.2.1 Es seien $\boldsymbol{V}$ und $\boldsymbol{W}$ Vektorräume über demselben Körper K. Eine Abbildung $f : \boldsymbol{V} \to \boldsymbol{W}$ heißt *linear*, wenn für alle $\boldsymbol{x}, \boldsymbol{y} \in \boldsymbol{V}$ und alle $c \in K$ gilt

1. $f(\boldsymbol{x} + \boldsymbol{y}) = f(\boldsymbol{x}) + f(\boldsymbol{y})$,
2. $f(c\boldsymbol{x}) = cf(\boldsymbol{x})$.

Mit $\mathrm{L}(\boldsymbol{V}, \boldsymbol{W})$ bezeichnen wir die Menge aller linearen Abbildungen von $\boldsymbol{V}$ in $\boldsymbol{W}$.

Nach Axiom 1 ist jede Abbildung $f \in \mathrm{L}(\boldsymbol{V}, \boldsymbol{W})$ ein Homomorphismus der Gruppe $(\boldsymbol{V}, +)$ in die Gruppe $(\boldsymbol{W}, +)$. Wir erhalten[1]

$$\ker f = f^{-1}(\{\boldsymbol{o}\}) = \{\boldsymbol{x} \in \boldsymbol{V} \mid f(\boldsymbol{x}) = \boldsymbol{o}\}$$

als Kern von f. Die Fasern von f sind die Nebenklassen von $\ker f$ in $\boldsymbol{V}$ und haben die Form $\boldsymbol{x} + \ker f$ mit $\boldsymbol{x} \in \boldsymbol{V}$. Eine lineare Abbildung $f : \boldsymbol{V} \to \boldsymbol{W}$ ist surjektiv genau für $f(\boldsymbol{V}) = \boldsymbol{W}$ und nach Satz 1.11.6 injektiv genau für $\ker f = \{\boldsymbol{o}\}$.

Zur Überprüfung der Linearität einer Abbildung greifen wir oft auf den folgenden einfachen Satz zurück.

Satz 3.2.2 *Es seien $\boldsymbol{V}$ und $\boldsymbol{W}$ Vektorräume über demselben Körper. Eine Abbildung $f : \boldsymbol{V} \to \boldsymbol{W}$ ist genau dann linear, falls gilt*

$$f(\boldsymbol{x} + c\boldsymbol{y}) = f(\boldsymbol{x}) + cf(\boldsymbol{y}) \text{ für alle } \boldsymbol{x}, \boldsymbol{y} \in \boldsymbol{V} \text{ und alle } c \in K. \tag{3.1}$$

Beweis. (a) Ist f linear, so folgt (3.1) aus $f(\boldsymbol{x} + c\boldsymbol{y}) = f(\boldsymbol{x}) + f(c\boldsymbol{y}) = f(\boldsymbol{x}) + cf(\boldsymbol{y})$.

(b) Sei (3.1) erfüllt. Die Gültigkeit des ersten Axioms einer linearen Abbildung erhalten wir, indem wir $c := 1$ in (3.1) setzen. Damit ist f ein Gruppenhomomorphismus, was $f(\boldsymbol{o}) = \boldsymbol{o}$ liefert. Wir substituieren nun $\boldsymbol{x} := \boldsymbol{o}$ in (3.1), womit auch das zweite Axiom erfüllt ist. □

Beispiele 3.2.3

1. Sei K ein Körper. Dann ist

$$f : K^{3\times 1} \to K^{2\times 1} : (x_1, x_2, x_3)^{\mathrm{T}} \mapsto (x_1, x_2)^{\mathrm{T}}$$

eine surjektive lineare Abbildung, aber keine Injektion, da $\ker f = \{(0, 0, x_3)^{\mathrm{T}} \mid x_3 \in K\}$ nicht nur aus dem Nullvektor besteht.

[1]Es bezeichne $\boldsymbol{o}$ sowohl den Nullvektor von $\boldsymbol{V}$ als auch den Nullvektor von $\boldsymbol{W}$.

2. Sei I ein reelles Intervall mit inneren Punkten oder $I = \mathbb{R}$. Wir schreiben $C^k(I)$ für die Menge aller Funktionen $I \to \mathbb{R}$, die k-mal stetig differenzierbar in I sind, wobei $k \in \mathbb{N} \cup \{\infty\}$. Dabei möge $g \in C^\infty(I)$ bedeuten, dass die Funktion g in I beliebig oft stetig differenzierbar ist. Sowohl $C^1(\mathbb{R})$ als auch $C^0(\mathbb{R})$, das ist die Menge der stetigen Funktionen, sind Unterräume des Vektorraumes $\mathbb{R}^\mathbb{R}$. Dann ist der *Differentiationsoperator*
$$\frac{\mathrm{d}}{\mathrm{d}x} : C^1(\mathbb{R}) \to C^0(\mathbb{R}) : g \mapsto \frac{\mathrm{d}}{\mathrm{d}x}(g) := \frac{\mathrm{d}g}{\mathrm{d}x}$$
– er ordnet also jeder Funktion $g \in C^1(\mathbb{R})$ ihre erste Ableitung zu – eine lineare Abbildung. Die Forderungen 1 bzw. 2 für eine lineare Abbildung sind die bekannte Summenregel für das Berechnen der ersten Ableitung bzw. die Regel zur Differentiation konstanter Faktoren. Der Kern der Abbildung besteht aus allen konstanten Funktionen $I \to \mathbb{R}$, da genau diese die Nullfunktion $x \mapsto 0$ als erste Ableitung besitzen.
3. Sei $\boldsymbol{V} = \boldsymbol{U}_1 \oplus \boldsymbol{U}_2$ direkte Summe zweier Unterräume. Jeder Vektor $\boldsymbol{x} \in \boldsymbol{V}$ hat eine eindeutige Darstellung der Form $\boldsymbol{x} = \boldsymbol{u}_1 + \boldsymbol{u}_2$ mit $\boldsymbol{u}_i \in \boldsymbol{U}_i$ für $i \in \{1, 2\}$. Es ist
$$p : \boldsymbol{V} \to \boldsymbol{U}_1 : \boldsymbol{x} \mapsto \boldsymbol{u}_1$$
eine lineare Abbildung mit Kern $\boldsymbol{U}_2$ und Bildmenge $\boldsymbol{U}_1$ (Übungsaufgabe). Diese Abbildung heißt die *Projektion von* $\boldsymbol{V}$ *auf* $\boldsymbol{U}_1$ *in Richtung* $\boldsymbol{U}_2$ (Abbildung 3.1). Als Zielmenge kann an Stelle von $\boldsymbol{U}_1$ auch $\boldsymbol{V}$ verwendet werden.

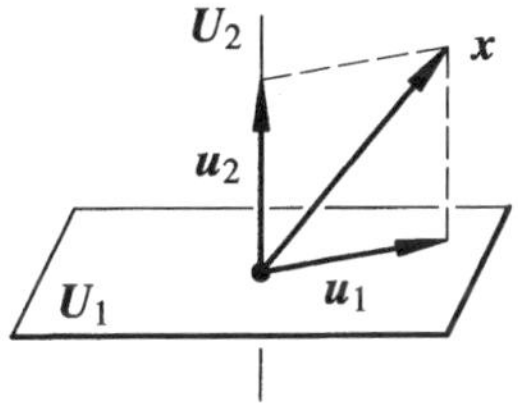

Abbildung 3.1

4. Es seien K ein Körper und $m, n \in \mathbb{N}$. Wir ordnen jeder $m \times n$ Matrix über K ihre transponierte Matrix zu. Die bijektive Abbildung
$$K^{m \times n} \to K^{n \times m} : A \mapsto A^\mathrm{T}$$
ist linear, da für alle $A_1, A_2 \in K^{m \times n}$ und alle $c \in K$ gilt $(A_1 + cA_2)^\mathrm{T} = A_1^\mathrm{T} + cA_2^\mathrm{T}$.
5. Für beliebige Vektorräume $\boldsymbol{V}$ und $\boldsymbol{W}$ über K ist die *Nullabbildung* $\boldsymbol{V} \to \boldsymbol{W} : \boldsymbol{x} \mapsto \boldsymbol{o}$ linear.

Wir stellen einige einfache Eigenschaften linearer Abbildungen zusammen.

Satz 3.2.4 *Sei* $f \in \mathrm{L}(\boldsymbol{V}, \boldsymbol{W})$. *Dann gilt:*

(a) *Das Bild* $f(\boldsymbol{U})$ *jedes Unterraumes* $\boldsymbol{U} \subset \boldsymbol{V}$ *ist ein Unterraum von* $\boldsymbol{W}$.

(b) *Das Urbild* $f^{-1}(\boldsymbol{T})$ *jedes Unterraumes* $\boldsymbol{T} \subset \boldsymbol{W}$ *ist ein Unterraum von* $\boldsymbol{V}$.

(c) $f([(\boldsymbol{m}_i)_{i \in I}]) = [(f(\boldsymbol{m}_i))_{i \in I}]$ *für alle Familien* $(\boldsymbol{m}_i)_{i \in I}$ *in* $\boldsymbol{V}$.

(d) *Ist* f *injektiv, so liegt mit* $g : f(\boldsymbol{V}) \to \boldsymbol{V} : f(\boldsymbol{x}) \mapsto \boldsymbol{x}$ *eine lineare Abbildung vor.*

Beweis. (a) Wir wenden das Unterraumkriterium 2.3.2 an: Es gilt $f(\boldsymbol{o}) \in f(\boldsymbol{U})$. Wählen wir $\boldsymbol{x}', \boldsymbol{y}' \in f(\boldsymbol{U})$ beliebig, so gibt es Vektoren $\boldsymbol{x}, \boldsymbol{y} \in \boldsymbol{U}$ mit $\boldsymbol{x}' = f(\boldsymbol{x})$, $\boldsymbol{y}' = f(\boldsymbol{y})$. Für alle $c \in K$ folgt $\boldsymbol{x} + c\boldsymbol{y} \in \boldsymbol{U}$, was $\boldsymbol{x}' + c\boldsymbol{y}' = f(\boldsymbol{x}) + cf(\boldsymbol{y}) = f(\boldsymbol{x} + c\boldsymbol{y}) \in f(\boldsymbol{U})$ ergibt.

(b) Wir wenden wieder das Unterraumkriterium an: Es gilt $\boldsymbol{o} \in f^{-1}(\boldsymbol{T})$. Für alle $\boldsymbol{x}, \boldsymbol{y} \in f^{-1}(\boldsymbol{T})$ und alle $c \in K$ ist $f(\boldsymbol{x} + c\boldsymbol{y}) = f(\boldsymbol{x}) + cf(\boldsymbol{y}) \in \boldsymbol{T}$, also $\boldsymbol{x} + c\boldsymbol{y} \in f^{-1}(\boldsymbol{T})$.

(c) Sei $\boldsymbol{w} \in \boldsymbol{W}$. Dann ist $\boldsymbol{w} \in f([(\boldsymbol{m}_i)_{i \in I}])$ äquivalent zur Existenz einer Linearkombination

$$\boldsymbol{w} = f\Big(\sum_{i \in I} x_i \boldsymbol{m}_i\Big) = \sum_{i \in I} x_i f(\boldsymbol{m}_i) \quad \text{mit} \quad x_i \in K,$$

was aber andererseits zu $\boldsymbol{w} \in [(f(\boldsymbol{m}_i))_{i \in I}]$ gleichwertig ist.

(d) Die Injektivität von f und (a) stellen sicher, dass g eine wohldefinierte Abbildung zwischen Vektorräumen ist. Für alle $\boldsymbol{x}, \boldsymbol{y} \in \boldsymbol{V}$ und alle $c \in K$ gilt

$$g(f(\boldsymbol{x}) + cf(\boldsymbol{y})) = g(f(\boldsymbol{x} + c\boldsymbol{y})) = \boldsymbol{x} + c\boldsymbol{y} = g(f(\boldsymbol{x})) + cg(f(\boldsymbol{y})).$$

Nach Satz 3.2.2 ist g daher eine lineare Abbildung. □

Sind $\boldsymbol{V}, \boldsymbol{W}, \boldsymbol{X}$ Vektorräume über K und sind $f \in \mathrm{L}(\boldsymbol{V}, \boldsymbol{W})$, $g \in \mathrm{L}(\boldsymbol{W}, \boldsymbol{X})$, so folgt $g \circ f \in \mathrm{L}(\boldsymbol{V}, \boldsymbol{X})$. Ist f eine lineare Bijektion, so ist f^{-1} nach Satz 3.2.4 (d) ebenfalls linear.

Wir zeigen jetzt, dass sich die Injektivität und die Surjektivität einer linearen Abbildung alleine aus dem Bild einer Basis erkennen lassen. Anschließend drücken wir diese Ergebnisse bei endlicher Dimension durch die Gleichheit gewisser Dimensionszahlen aus.

Satz 3.2.5 *Es seien $f \in \mathrm{L}(\boldsymbol{V}, \boldsymbol{W})$ und $(\boldsymbol{b}_i)_{i \in I}$ eine Basis von $\boldsymbol{V}$. Dann gilt:*

(a) *f ist genau dann injektiv, falls $(f(\boldsymbol{b}_i))_{i \in I}$ eine linear unabhängige Familie in $\boldsymbol{W}$ ist.*

(b) *f ist genau dann surjektiv, falls $(f(\boldsymbol{b}_i))_{i \in I}$ ein Erzeugendensystem von $\boldsymbol{W}$ ist.*

(c) *f ist genau dann bijektiv, falls $(f(\boldsymbol{b}_i))_{i \in I}$ eine Basis von $\boldsymbol{W}$ ist.*

Beweis. (a) Alleine aus der Linearität von f folgt für alle $x_i \in K$:

$$\sum_{i \in I} x_i f(\boldsymbol{b}_i) = f\Big(\sum_{i \in I} x_i \boldsymbol{b}_i\Big) = \boldsymbol{o} \quad \Leftrightarrow \quad \sum_{i \in I} x_i \boldsymbol{b}_i \in \ker f. \tag{3.2}$$

Nach Satz 1.11.6 ist die Injektivität von f äquivalent zu $\ker f = \{\boldsymbol{o}\}$. Letzteres ist nach (3.2) gleichbedeutend damit, dass sich der Nullvektor von $\boldsymbol{W}$ aus der Familie $(f(\boldsymbol{b}_i))_{i \in I}$ nur in trivialer Weise linear kombinieren lässt, also zur linearen Unabhängigkeit dieser Familie.

(b) Alleine aus der Linearität von f folgt nach Satz 3.2.4 (c):

$$f(\boldsymbol{V}) = f([(\boldsymbol{b}_i)_{i \in I}]) = [(f(\boldsymbol{b}_i))_{i \in I}]. \tag{3.3}$$

Das heißt, das Bild der gegebenen Basis ist ein Erzeugendensystem von $f(\boldsymbol{V})$. Die Abbildung f ist genau für $f(\boldsymbol{V}) = \boldsymbol{W}$ surjektiv. Mit (3.3) ist das äquivalent dazu, dass die Familie $(f(\boldsymbol{b}_i))_{i \in I}$ ein Erzeugendensystem von $\boldsymbol{W}$ ist.

(c) folgt aus (a) und (b). □

Satz 3.2.6 *Sei $f \in \mathrm{L}(\boldsymbol{V}, \boldsymbol{W})$. Ist* $\dim \boldsymbol{V} < \infty$ *oder* $\dim \boldsymbol{W} < \infty$ *erfüllt, so gilt:*

(a) *f ist genau dann injektiv, falls* $\dim \boldsymbol{V} = \dim f(\boldsymbol{V})$.

(b) *f ist genau dann surjektiv, falls* $\dim f(\boldsymbol{V}) = \dim \boldsymbol{W}$.

(c) *f ist genau dann bijektiv, falls* $\dim \boldsymbol{V} = \dim f(\boldsymbol{V}) = \dim \boldsymbol{W}$.

(d) $\dim f(V) < \infty$

Beweis. Sei $(\boldsymbol{b}_i)_{i\in I}$ eine Basis von $\boldsymbol{V}$. Da $(f(\boldsymbol{b}_i))_{i\in I}$ ein Erzeugendensystem von $f(\boldsymbol{V}) \subset \boldsymbol{W}$ ist, gilt mindestens eine der Ungleichungen

$$\dim f(\boldsymbol{V}) \leq \dim \boldsymbol{V} < \infty, \qquad \dim f(\boldsymbol{V}) \leq \dim \boldsymbol{W} < \infty.$$

Somit ist $\dim f(\boldsymbol{V}) < \infty$. Die Familie $(f(\boldsymbol{b}_i))_{i\in I}$ ist genau dann Basis von $f(\boldsymbol{V})$, wenn sie l. u. ist, was nach Satz 2.6.6 zur Bedingung $\dim \boldsymbol{V} = \dim f(\boldsymbol{V})$ aus (a) äquivalent ist. Nach Satz 2.6.7 spannt die Familie $(f(\boldsymbol{b}_i))_{i\in I}$ genau dann $\boldsymbol{W}$ auf, falls die Bedingung $\dim f(\boldsymbol{V}) = \dim \boldsymbol{W}$ aus (b) erfüllt ist. Nun liefert Satz 3.2.5 die Gültigkeit der Behauptungen. □

3.2.7 Ist $f \in \mathrm{L}(\boldsymbol{V}, \boldsymbol{W})$, so heißt $\operatorname{def} f := \dim \ker f$ der *Defekt* von f und $\operatorname{rg} f := \dim f(\boldsymbol{V})$ der *Rang* von f. Rang und Defekt einer linearen Abbildung sind wie folgt gekoppelt:

Satz 3.2.8 (Rangformel) *Ist* $f \in \mathrm{L}(\boldsymbol{V}, \boldsymbol{W})$ *und gilt* $\dim \boldsymbol{V} < \infty$, *so folgt*

$$\operatorname{rg} f + \operatorname{def} f = \dim \boldsymbol{V}.$$

Beweis. Wir wählen ein Komplement $\boldsymbol{T}$ von $\ker f$. Dann folgt aus dem Dimensionssatz

$$\dim \boldsymbol{T} + \operatorname{def} f = \dim \boldsymbol{V}.$$

Wegen $\ker(f|\boldsymbol{T}) = \boldsymbol{T} \cap \ker f = \{\boldsymbol{o}\}$ ist $f|\boldsymbol{T}$ injektiv. Mit Satz 3.2.6 (a) folgt $\dim \boldsymbol{T} = \dim f(\boldsymbol{T})$. Weiters zeigt

$$f(\boldsymbol{V}) = f(\boldsymbol{T} + \ker f) = f(\boldsymbol{T}) + f(\ker f) = f(\boldsymbol{T}) + \{\boldsymbol{o}\} = f(\boldsymbol{T})$$

dann $\operatorname{rg} f = \dim f(\boldsymbol{T}) = \dim \boldsymbol{T}$. □

Es ist beachtenswert, dass $\dim \boldsymbol{W}$ in der Rangformel gar nicht vorkommt! Als Anwendung der Rangformel zeigen wir:

Satz 3.2.9 *Sei* $f \in \mathrm{L}(\boldsymbol{V}, \boldsymbol{W})$ *und gelte* $\dim \boldsymbol{V} = \dim \boldsymbol{W} < \infty$. *Dann folgt die Bijektivität von* f *bereits aus der Injektivität oder der Surjektivität von* f.

Beweis. Wegen $\dim \boldsymbol{V} = \dim \boldsymbol{W}$ gilt jetzt $\operatorname{rg} f + \operatorname{def} f = \dim \boldsymbol{W}$. Es folgt daher die Bijektivität ($\operatorname{def} f = 0$ und $\operatorname{rg} f = \dim \boldsymbol{W}$) bereits aus der Injektivität ($\operatorname{def} f = 0$) oder aus der Surjektivität ($\operatorname{rg} f = \dim \boldsymbol{W}$). □

Aufgaben

A 3.2.1 Welche der folgenden Abbildungen $f : K^{3\times 1} \to K^{2\times 1}$ sind linear? Bestimme für eine lineare Abbildung f auch Basen von $\ker f$ und $f(K^{3\times 1})$.

(a) $(x_1, x_2, x_3)^{\mathrm{T}} \mapsto (x_1^2 + x_2^2, 0)^{\mathrm{T}}$ für $K = \mathbb{R}, \mathbb{Z}_2$.

(b) $(x_1, x_2, x_3)^{\mathrm{T}} \mapsto (x_1, \overline{x}_2)^{\mathrm{T}}$ für $K = \mathbb{C}$.

(c) $(x_1, x_2, x_3)^{\mathrm{T}} \mapsto (0, x_1 + x_2 + x_3)^{\mathrm{T}}$ für beliebiges K.

(d) $(x_1, x_2, x_3)^{\mathrm{T}} \mapsto (1, x_1)^{\mathrm{T}}$ für beliebiges K.

(e) $(x_1, x_2, x_3)^{\mathrm{T}} \mapsto (x_1, x_1 + x_2)^{\mathrm{T}}$ für beliebiges K.

(f) $(x_1, x_2, x_3)^{\mathrm{T}} \mapsto (x_1, x_1)^{\mathrm{T}}$ für beliebiges K.

A 3.2.2 Sei $\boldsymbol{V}$ ein Vektorraum, wobei $\dim \boldsymbol{V} < \infty$ *nicht* vorausgesetzt wird. Beweise: Eine Abbildung $f \in \mathrm{L}(\boldsymbol{V}, \boldsymbol{V})$ ist genau dann Projektion, falls f *idempotent* ist, d. h. $f \circ f = f$.
Hinweis: Schließe aus $f \circ f = f$ zunächst auf $\boldsymbol{V} = \ker f \oplus f(\boldsymbol{V})$. Beachte dabei $f(x - f(x)) = \ldots$

A 3.2.3 Gib im Vektorraum $\mathbb{R}^{\mathbb{N}}$ eine injektive, aber nicht surjektive Abbildung $f_1 \in \mathrm{L}(\mathbb{R}^{\mathbb{N}}, \mathbb{R}^{\mathbb{N}})$ und eine surjektive, aber nicht injektive Abbildung $f_2 \in \mathrm{L}(\mathbb{R}^{\mathbb{N}}, \mathbb{R}^{\mathbb{N}})$ an. Beschreibe Kern und Bildraum dieser linearen Abbildungen.
Hinweis: Ordne jeder Folge $(a_i)_{i\in\mathbb{N}}$ eine neue Folge zu, die durch Verschieben mancher Elemente a_i, Wegstreichen mancher Elemente a_i und gegebenenfalls Hinzufügen neuer Elemente entsteht.

A 3.2.4 Sei $\boldsymbol{T}$ der Vektorraum der Polynomfunktionen $\mathbb{R} \to \mathbb{R}$ (vgl. A 2.5.1).

(a) Zeige, dass die Familie $(f_i)_{i\in\mathbb{N}}$ mit $f_i : \mathbb{R} \to \mathbb{R} : x \mapsto x^i$ eine (unendliche) Basis von $\boldsymbol{T}$ ist.

(b) Zeige, dass für festes $n \in \mathbb{N}$ die Menge aller Polynomfunktionen aus $\boldsymbol{T}$ mit der Form

$$x \mapsto a_n x^n + a_{n-1}x^{n-1} + \cdots + a_0$$

einen $(n+1)$-dimensionalen Unterraum $\boldsymbol{U}_n$ bildet.

Anleitung zu (a): Wende auf eine Linearkombination $a_n f_n + a_{n-1} f_{n-1} + \cdots + a_0 f_0 = 0$ (Nullfunktion) den Differentiationsoperator $\frac{\mathrm{d}}{\mathrm{d}x}$ (mehrfach) an.

A 3.2.5 Sei $f \in \mathrm{L}(\boldsymbol{V}, \boldsymbol{W})$. Beweise: Haben zwei Unterräume $\boldsymbol{U}_1, \boldsymbol{U}_2 \subset \boldsymbol{V}$ mit $\boldsymbol{U}_1 \subset \boldsymbol{U}_2$ unter f dasselbe Bild, so existiert ein Unterraum $\boldsymbol{T} \subset \ker f$ mit $\boldsymbol{T} \oplus \boldsymbol{U}_1 = \boldsymbol{U}_2$.

3.3 Der Fortsetzungssatz

3.3.1 Wir untersuchen lineare Abbildungen für Vektorräume $\boldsymbol{V}$, $\boldsymbol{W}$ über demselben Körper K. Zunächst zeigen wir eine Bedingung, welche die Gleichheit zweier linearer Abbildungen sicherstellt.

Satz 3.3.2 *Sind $f_1, f_2 \in \mathrm{L}(\boldsymbol{V}, \boldsymbol{W})$ und ist $(\boldsymbol{m}_i)_{i\in I}$ ein Erzeugendensystem von $\boldsymbol{V}$, so gilt $f_1 = f_2$ genau dann, wenn*

$$f_1(\boldsymbol{m}_i) = f_2(\boldsymbol{m}_i) \text{ für alle } i \in I. \tag{3.4}$$

Beweis. Jeder Vektor $\boldsymbol{x} \in \boldsymbol{V}$ kann auf mindestens eine Art als Linearkombination $\sum_{i\in I} x_i \boldsymbol{m}_i$ mit Skalaren $x_i \in K$ dargestellt werden. Aus (3.4) folgt daher

$$f_1(\boldsymbol{x}) = \sum_{i\in I} x_i f_1(\boldsymbol{m}_i) = \sum_{i\in I} x_i f_2(\boldsymbol{m}_i) = f_2(\boldsymbol{x}).$$

Die Umkehrung ist klar. □

Dieser Satz hat eine weit reichende Konsequenz: Für $\dim \boldsymbol{V} < \infty$ genügt es, für die *endlich vielen* Vektoren einer einzigen Basis zu überprüfen, ob f_1 und f_2 dasselbe leisten, selbst wenn $\boldsymbol{V}$ eine *unendliche* Menge ist.

Wir beweisen nun einen Existenzsatz für lineare Abbildungen. Er besagt, dass wir zur eindeutigen Angabe einer linearen Abbildung $\boldsymbol{V} \to \boldsymbol{W}$ die Bildvektoren einer Basis von $\boldsymbol{V}$ völlig frei in $\boldsymbol{W}$ wählen können.

Satz 3.3.3 (Fortsetzungssatz) *Es seien $\boldsymbol{B} = (\boldsymbol{b}_i)_{i\in I}$ eine Basis von $\boldsymbol{V}$ und $\beta : \{\boldsymbol{b}_i \mid i \in I\} \to \boldsymbol{W}$ eine beliebige Abbildung. Dann existiert genau eine lineare Abbildung $f : \boldsymbol{V} \to \boldsymbol{W}$, welche β fortsetzt, das heißt*

$$f(\boldsymbol{b}_i) = \beta(\boldsymbol{b}_i) \text{ für alle } i \in I.$$

Beweis. Nach Satz 3.3.2 genügt es, die Existenz einer Lösung zu zeigen. Jeder Vektor $\boldsymbol{x} \in \boldsymbol{V}$ hat nach Satz 2.5.3 eine *eindeutige* Darstellung als Linearkombination von $\boldsymbol{B}$. Das ermöglicht die Definition einer Abbildung

$$f : \boldsymbol{V} \to \boldsymbol{W} : \boldsymbol{x} = \sum_{i \in I} x_i \boldsymbol{b}_i \mapsto \sum_{i \in I} x_i \beta(\boldsymbol{b}_i).$$

Wir erhalten also das f-Bild eines Vektors $\boldsymbol{x} \in \boldsymbol{V}$, indem wir ihn zunächst als Linearkombination der Basisvektoren $\boldsymbol{b}_i$ darstellen und dann mit den hierbei auftretenden Skalaren die oben angeschriebene Linearkombination der Vektoren $\beta(\boldsymbol{b}_i)$ bilden. Es bleibt zu zeigen, dass f tatsächlich linear ist. Wir berechnen für $\boldsymbol{x} = \sum_{i \in I} x_i \boldsymbol{b}_i$, $\boldsymbol{y} = \sum_{j \in I} y_j \boldsymbol{b}_j$ und $c \in K$:

$$\begin{aligned} f(\boldsymbol{x} + c\boldsymbol{y}) &= f\Big(\sum_{i \in I} x_i \boldsymbol{b}_i + c \sum_{j \in I} y_j \boldsymbol{b}_j\Big) = f\Big(\sum_{i \in I} (x_i + cy_i) \boldsymbol{b}_i\Big) \\ &= \sum_{i \in I} (x_i + cy_i) \beta(\boldsymbol{b}_i) = \sum_{i \in I} x_i \beta(\boldsymbol{b}_i) + c \sum_{j \in I} y_j \beta(\boldsymbol{b}_j) \\ &= f(\boldsymbol{x}) + cf(\boldsymbol{y}). \end{aligned}$$

Die Linearität ergibt sich nun aus Satz 3.2.2. □

Satz 3.2.5 zeigt uns, wie wir die Abbildung β wählen müssen, damit f injektiv, surjektiv oder bijektiv ist. Wir wenden den Fortsetzungssatz nun an, um die linearen Abbildungen $K^{n \times 1} \to K^{m \times 1}$ durch Matrizen zu beschreiben:

Satz 3.3.4 *Sei $A = (a_{ij}) \in K^{m \times n}$ eine Matrix. Dann ist durch*

$$\begin{pmatrix} x_1 \\ x_2 \\ \vdots \\ x_n \end{pmatrix} \mapsto x_1 \begin{pmatrix} a_{11} \\ a_{21} \\ \vdots \\ a_{m1} \end{pmatrix} + x_2 \begin{pmatrix} a_{12} \\ a_{22} \\ \vdots \\ a_{m2} \end{pmatrix} + \cdots + x_n \begin{pmatrix} a_{1n} \\ a_{2n} \\ \vdots \\ a_{mn} \end{pmatrix}$$

eine Abbildung $f_A \in \mathrm{L}(K^{n \times 1}, K^{m \times 1})$ erklärt. Umgekehrt lässt sich jedes $f \in \mathrm{L}(K^{n \times 1}, K^{m \times 1})$ in dieser Weise durch genau eine Matrix beschreiben.

Beweis. (a) Wir zerlegen die gegebene Matrix A in Spalten $\boldsymbol{a}_1, \boldsymbol{a}_2, \ldots, \boldsymbol{a}_n \in K^{m \times 1}$ und betrachten die kanonische Basis $(\boldsymbol{e}_1, \boldsymbol{e}_2, \ldots, \boldsymbol{e}_n)$ von $K^{n \times 1}$. Dann existiert nach dem Fortsetzungssatz 3.3.3 genau eine lineare Abbildung mit

$$\boldsymbol{e}_j \mapsto \boldsymbol{a}_j \quad \text{für alle} \quad j \in \{1, 2, \ldots, n\}.$$

Diese lineare Abbildung stimmt mit der oben beschriebenen Abbildung f_A überein.

(b) Ist umgekehrt $f \in \mathrm{L}(K^{n \times 1}, K^{m \times 1})$, so gehen wir von den Vektoren der kanonischen Basis von $K^{n \times 1}$ aus und schreiben deren Bilder unter f der Reihe nach in die Spalten einer Matrix $A \in K^{m \times n}$. Dann gilt $f = f_A$ nach Satz 3.3.2, und nach (a) ist A die einzige Lösung. □

Die Wirkung von f_A lässt sich übersichtlich in der tiefer stehenden Form schreiben, die wir in 3.3.9 als Matrizenprodukt deuten werden:

$$\begin{pmatrix} a_{11} & a_{12} & \ldots & a_{1n} \\ a_{21} & a_{22} & \ldots & a_{2n} \\ \ldots & \ldots & \ldots & \ldots \\ a_{m1} & a_{m2} & \ldots & a_{mn} \end{pmatrix} \cdot \begin{pmatrix} x_1 \\ x_2 \\ \vdots \\ x_n \end{pmatrix} = \begin{pmatrix} x_1 a_{11} + x_2 a_{12} + \cdots + x_n a_{1n} \\ x_1 a_{21} + x_2 a_{22} + \cdots + x_n a_{2n} \\ \vdots \\ x_1 a_{m1} + x_2 a_{m2} + \cdots + x_n a_{mn} \end{pmatrix}.$$

Beispiel 3.3.5 Gegeben sei die reelle Matrix

$$A = \begin{pmatrix} 2 & 1 & 0 & -1 \\ -4 & 0 & 0 & 1 \\ 1 & 1 & 0 & 0 \end{pmatrix}.$$

Die zugehörige Abbildung $f \in (\mathbb{R}^{4\times 1}, \mathbb{R}^{3\times 1})$ leistet dann etwa

$$\begin{pmatrix} 2 & 1 & 0 & -1 \\ -4 & 0 & 0 & 1 \\ 1 & 1 & 0 & 0 \end{pmatrix} \cdot \begin{pmatrix} 0 \\ 1 \\ 0 \\ 0 \end{pmatrix} = \begin{pmatrix} 1 \\ 0 \\ 1 \end{pmatrix},$$

was nochmals illustriert, dass in der zweiten Spalte der Matrix das Bild des zweiten Vektors der kanonischen Basis von $\mathbb{R}^{4\times 1}$ steht, sowie

$$\begin{pmatrix} 2 & 1 & 0 & -1 \\ -4 & 0 & 0 & 1 \\ 1 & 1 & 0 & 0 \end{pmatrix} \cdot \begin{pmatrix} 2 \\ 1 \\ 1 \\ 1 \end{pmatrix} = \begin{pmatrix} 4 \\ -7 \\ 3 \end{pmatrix}.$$

3.3.6 Der *Spaltenrang* einer Matrix $A \in K^{m\times n}$ ist die Dimension jenes Unterraumes von $K^{m\times 1}$, der von den n Spalten der Matrix A aufgespannt wird. Dieser Unterraum ist der Bildraum von f_A, womit der Spaltenrang von A mit dem Rang der durch A bestimmten linearen Abbildung f_A übereinstimmt. Zur Bestimmung des Spaltenranges einer Matrix A können elementare Spaltenumformungen verwendet werden. Vgl. Beispiel 2.7.4; die Dimension des dort festgelegten Unterraumes $\boldsymbol{U}$ ist der gesuchte Spaltenrang.

3.3.7 Ist $f \in \mathrm{L}(K^{n\times 1}, K^{m\times 1})$ nach dem Fortsetzungssatz 3.3.3 durch das Bild einer Basis $(\boldsymbol{b}_1, \boldsymbol{b}_2, \ldots, \boldsymbol{b}_n)$ von $K^{n\times 1}$ vermöge

$$\boldsymbol{b}_j \mapsto \boldsymbol{d}_j \in K^{m\times 1} \quad \text{für } j \in \{1, 2, \ldots, n\}$$

bestimmt, so können wir die f beschreibende Matrix A durch elementare Spaltenumformungen bestimmen. Wir fassen dazu sowohl die Vektoren $\boldsymbol{b}_j$ als auch die Vektoren $\boldsymbol{d}_j$, wie unten links angegeben, in einer Matrix zusammen:

$$f\Big\downarrow \begin{pmatrix} \boldsymbol{b}_1 & \boldsymbol{b}_2 & \ldots & \boldsymbol{b}_n \\ \boldsymbol{d}_1 & \boldsymbol{d}_2 & \ldots & \boldsymbol{d}_n \end{pmatrix} \mapsto \ldots \mapsto \begin{pmatrix} \boldsymbol{e}_1 & \boldsymbol{e}_2 & \ldots & \boldsymbol{e}_n \\ \hline f(\boldsymbol{e}_1) & f(\boldsymbol{e}_2) & \ldots & f(\boldsymbol{e}_n) \end{pmatrix}$$

Wenden wir auf die Spalten dieser zusammengesetzten Matrix elementare Spaltenumformungen an, so stehen nach den Gesetzen einer linearen Abbildung wieder unter f zugeordnete Vektoren untereinander. Nach Satz 2.7.3 erhalten wir nach endlich vielen Schritten die rechts angegebene zusammengesetzte Matrix: Es müssen dabei im oberen Teil *alle* Vektoren der kanonischen Basis auftreten, womit keine Zeilenvertauschungen notwendig sind. Unten rechts steht dann die Matrix A.

Beispiel 3.3.8 Wir bestimmen die zu $f \in \mathrm{L}(\mathbb{R}^{3\times 1}, \mathbb{R}^{2\times 1})$ gehörige Matrix A:

$$f \Big\downarrow \begin{array}{ccc} 1 & 0 & 0 \\ 1 & 1 & 0 \\ 1 & 1 & 1 \\ \hline 1 & -2 & 0 \\ 1 & 1 & 1 \end{array} \quad \mapsto \quad \begin{array}{ccc} 1 & 0 & 0 \\ 0 & 1 & 0 \\ 0 & 1 & 1 \\ \hline 3 & -2 & 0 \\ 0 & 1 & 1 \end{array} \quad \mapsto \quad \begin{array}{ccc} 1 & 0 & 0 \\ 0 & 1 & 0 \\ 0 & 0 & 1 \\ \hline 3 & -2 & 0 \\ 0 & 0 & 1 \end{array}$$

Dabei haben wir auf die Klammern bei den Matrizen verzichtet. Somit gilt

$$A = \begin{pmatrix} 3 & -2 & 0 \\ 0 & 0 & 1 \end{pmatrix}.$$

3.3.9 Wir führen jetzt ein *Matrizenprodukt* ein, das es gestattet, das Produkt linearer Abbildungen koordinatenmäßig zu beschreiben: Für Matrizen $B = (b_{ij}) \in K^{l\times m}$ und $A = (a_{jk}) \in K^{m\times n}$ ist $B \cdot A$ erklärt als $C = (c_{ik}) \in K^{l\times n}$ mit

$$c_{ik} := \sum_{j=1}^{m} b_{ij} a_{jk} \quad \text{für alle } i \in \{1, 2, \ldots, l\}, \quad k \in \{1, 2, \ldots, n\}. \tag{3.5}$$

Dieses Produkt ist also nur für solche Matrizen über demselben Körper K definiert, deren Formate zusammenpassen: Die Spaltenanzahl der ersten Matrix muss mit der Zeilenanzahl der zweiten Matrix übereinstimmen.[2] Denken wir uns die Matrix B in Zeilen und die Matrix A in Spalten zerlegt, so lässt sich (3.5) auf die Kurzform bringen:

$$c_{ik} = (i\text{-te Zeile von } B) \ \text{mal} \ (k\text{-te Spalte von } A).$$

In Rechteckschreibweise erhält Formel (3.5) die Gestalt

$$\begin{pmatrix} b_{11} & b_{12} & \ldots & b_{1m} \\ b_{21} & b_{22} & \ldots & b_{2m} \\ \ldots & \ldots & \ldots & \ldots \\ b_{l1} & b_{l2} & \ldots & b_{lm} \end{pmatrix} \cdot \begin{pmatrix} a_{11} & a_{12} & \ldots & a_{1n} \\ a_{21} & a_{22} & \ldots & a_{2n} \\ \ldots & \ldots & \ldots & \ldots \\ a_{m1} & a_{m2} & \ldots & a_{mn} \end{pmatrix} = \begin{pmatrix} \sum_{j=1}^m b_{1j} a_{j1} & \sum_{j=1}^m b_{1j} a_{j2} & \ldots & \sum_{j=1}^m b_{1j} a_{jn} \\ \sum_{j=1}^m b_{2j} a_{j1} & \sum_{j=1}^m b_{2j} a_{j2} & \ldots & \sum_{j=1}^m b_{2j} a_{jn} \\ \ldots & \ldots & \ldots & \ldots \\ \sum_{j=1}^m b_{lj} a_{j1} & \sum_{j=1}^m b_{lj} a_{j2} & \ldots & \sum_{j=1}^m b_{lj} a_{jn} \end{pmatrix}.$$

Oft lassen wir den Punkt beim Matrizenprodukt weg, schreiben also BA statt $B \cdot A$. Die schon bisher verwendete Schreibweise bei der Matrixdarstellung einer linearen Abbildung kann nun als Produkt einer $m \times n$ Matrix mit einer $n \times 1$ Matrix (Spalte) interpretiert werden.

Eine einfache Rechnung zeigt die Gültigkeit der Formel

$$(BA)^{\mathrm{T}} = A^{\mathrm{T}} B^{\mathrm{T}}. \tag{3.6}$$

Beispiele 3.3.10

1. Wir betrachten Matrizen über $\mathbb{R}$. Das Produkt einer 2×3 Matrix mit einer 3×4 Matrix ergibt eine 2×4 Matrix:

$$\begin{pmatrix} 1 & 2 & 1 \\ 3 & 0 & 0 \end{pmatrix} \cdot \begin{pmatrix} 1 & 2 & 4 & 0 \\ 0 & 0 & 1 & 0 \\ 1 & 0 & 0 & 2 \end{pmatrix} = \begin{pmatrix} 2 & 2 & 6 & 2 \\ 3 & 6 & 12 & 0 \end{pmatrix}.$$

[2] Strenggenommen muss die Spaltenindexmenge von A mit der Zeilenindexmenge von B übereinstimmen.

2. Wir betrachten Matrizen über $\mathbb{C}$. Das Produkt einer 2×2 Matrix mit einer 2×2 Matrix ergibt wieder eine 2×2 Matrix:

$$\begin{pmatrix} 0 & -i \\ i & 0 \end{pmatrix} \cdot \begin{pmatrix} i & 0 \\ 0 & i \end{pmatrix} = \begin{pmatrix} 0 & 1 \\ -1 & 0 \end{pmatrix}.$$

Satz 3.3.11 *Es seien lineare Abbildungen f_A und f_B durch $A \in K^{m\times n}$ bzw. $B \in K^{l\times m}$ festgelegt. Dann beschreibt die Produktmatrix BA die zusammengesetzte Abbildung $f_B \circ f_A$.*

Beweis. Für alle $k \in \{1, 2, \ldots, n\}$ steht in der k-ten Spalte der Matrix A das Bild von $\boldsymbol{e}_k$ unter f_A und, gemäß der Definition des Matrizenprodukts, daher in der k-ten Spalte der Matrix BA das Bild von $\boldsymbol{e}_k$ unter $f_B \circ f_A$. □

Die Definition des Matrizenprodukts liefert somit genau das Gewünschte. Nebenbei zeigt der obige Satz sofort die Gültigkeit des Assoziativgesetzes

$$C(BA) = (CB)A$$

für alle Matrizen $C \in K^{k\times l}$, $B \in K^{l\times m}$ und $A \in K^{m\times n}$. Dazu brauchen A, B und C nur als Matrizen linearer Abbildungen aufgefasst werden, für deren Produkt das Assoziativgesetz nach Formel (1.1) aus 1.5.2 gilt.

Aufgaben

A 3.3.1 Jede der folgenden Matrizen über $\mathbb{R}$ bestimmt eine lineare Abbildung:

$$\begin{pmatrix} 0 & 1 \\ 0 & 0 \end{pmatrix}, \begin{pmatrix} 1 & 2 & 3 \\ 1 & 2 & 3 \end{pmatrix}, \begin{pmatrix} 0 & -1 \\ 1 & 0 \end{pmatrix}, \begin{pmatrix} 1 & 0 \\ 0 & 0 \\ 0 & 4 \end{pmatrix}, \begin{pmatrix} 1 & 1 & 1 \\ 0 & 1 & 1 \\ 0 & 0 & 1 \end{pmatrix}, \begin{pmatrix} 1 & 1 & 0 & 0 \\ 0 & 2 & 0 & 0 \\ 0 & 0 & 1 & 2 \end{pmatrix}, \begin{pmatrix} 0 & 1 & 0 & 0 \\ 1 & 0 & 0 & 0 \\ 0 & 0 & 1 & 0 \\ 0 & 0 & 0 & 1 \end{pmatrix}.$$

Untersuche für jede Matrix alleine an Hand ihrer Spalten, ob die zugehörige lineare Abbildung injektiv, surjektiv oder bijektiv ist.
Hinweis: Wende Satz 3.2.5 auf die Spalten der Matrix an. Diese sind die Bilder der Vektoren der kanonischen Basis.

A 3.3.2 Sei $\boldsymbol{E}$ die kanonische Basis von $\mathbb{R}^{3\times1}$. Bestimme die zu f gehörige Matrix für jene Abbildung $f \in \mathrm{L}(\mathbb{R}^{3\times1}, \mathbb{R}^{3\times1})$, welche leistet:

(α) $(1,2,3)^\mathrm{T} \mapsto (3,2,1)^\mathrm{T}$, $(2,3,4)^\mathrm{T} \mapsto (5,3,1)^\mathrm{T}$, $(2,4,5)^\mathrm{T} \mapsto (3,2,2)^\mathrm{T}$.

(β) $(1,2,3)^\mathrm{T} \mapsto (2,1,2)^\mathrm{T}$, $(2,3,4)^\mathrm{T} \mapsto (3,0,0)^\mathrm{T}$, $(2,4,5)^\mathrm{T} \mapsto (1,0,0)^\mathrm{T}$.

(γ) $(1,2,3)^\mathrm{T} \mapsto (3,1,1)^\mathrm{T}$, $(2,3,4)^\mathrm{T} \mapsto (-3,2,0)^\mathrm{T}$, $(2,4,5)^\mathrm{T} \mapsto (2,4,0)^\mathrm{T}$.

(δ) $(1,2,3)^\mathrm{T} \mapsto (1,0,1)^\mathrm{T}$, $(2,3,4)^\mathrm{T} \mapsto (3,2,1)^\mathrm{T}$, $(2,4,5)^\mathrm{T} \mapsto (1,0,2)^\mathrm{T}$.

(ε) $(1,2,3)^\mathrm{T} \mapsto (0,0,1)^\mathrm{T}$, $(2,3,4)^\mathrm{T} \mapsto (-1,2,3)^\mathrm{T}$, $(2,4,5)^\mathrm{T} \mapsto (1,-2,2)^\mathrm{T}$.

(ζ) $(1,2,3)^\mathrm{T} \mapsto (1,1,1)^\mathrm{T}$, $(2,3,4)^\mathrm{T} \mapsto (2,2,2)^\mathrm{T}$, $(2,4,5)^\mathrm{T} \mapsto (3,3,3)^\mathrm{T}$.

A 3.3.3 Betrachte die in A 3.3.1 gegebenen Matrizen mit Ausnahme jener Matrizen, die $\mathbb{R}^{2\times2}$ oder $\mathbb{R}^{3\times3}$ angehören. Bestimme – soweit erklärt – das Produkt je zweier dieser Matrizen.

A 3.3.4 Gegeben seien Matrizen B und A über demselben Körper K, die in der unten angegebenen Form aus lm bzw. mn Teilmatrizen zusammengesetzt sind. Derartige Matrizen werden *Blockmatrizen* genannt. Beweise

$$\begin{pmatrix} B_{11} & B_{12} & \dots & B_{1m} \\ B_{21} & B_{22} & \dots & B_{2m} \\ \dots & \dots & \dots & \dots \\ B_{l1} & B_{l2} & \dots & B_{lm} \end{pmatrix} \cdot \begin{pmatrix} A_{11} & A_{12} & \dots & A_{1n} \\ A_{21} & A_{22} & \dots & A_{2n} \\ \dots & \dots & \dots & \dots \\ A_{m1} & A_{m2} & \dots & A_{mn} \end{pmatrix} = \begin{pmatrix} \sum_{j=1}^m B_{1j}A_{j1} & \sum_{j=1}^m B_{1j}A_{j2} & \dots & \sum_{j=1}^m B_{1j}A_{jn} \\ \sum_{j=1}^m B_{2j}A_{j1} & \sum_{j=1}^m B_{2j}A_{j2} & \dots & \sum_{j=1}^m B_{2j}A_{jn} \\ \dots & \dots & \dots & \dots \\ \sum_{j=1}^m B_{lj}A_{j1} & \sum_{j=1}^m B_{lj}A_{j2} & \dots & \sum_{j=1}^m B_{lj}A_{jn} \end{pmatrix}$$

unter der Voraussetzung, dass alle rechts vom Gleichheitszeichen angeschriebenen Matrizenprodukte definiert sind. Was bedeutet diese Voraussetzung für die Zeilen- bzw. Spaltenanzahl der einzelnen Teilmatrizen?
Bemerkung: Das Produkt geeignet unterteilter Blockmatrizen kann also selbst wie ein Matrizenprodukt berechnet werden.

3.4 Koordinaten und Koordinatenmatrizen

3.4.1 Wir kommen jetzt zu einem der historischen Ausgangspunkte der gesamten linearen Algebra, nämlich zur koordinatenmäßigen Beschreibung von Vektorräumen und linearen Abbildungen. Heute ist es in der linearen Algebra (und vielen anderen Teildisziplinen der Mathematik) üblich, koordinatenfrei zu argumentieren und erst bei konkreten Anwendungsbeispielen auf den Koordinatenkalkül zurückzugreifen. Wir präzisieren jetzt den Koordinatenbegriff:

Sei $\boldsymbol{B} = (\boldsymbol{b}_j)_{j\in I}$ eine Basis von $\boldsymbol{V}$. Dann kann nach Satz 2.5.3 jeder Vektor $\boldsymbol{x} \in \boldsymbol{V}$ in genau einer Weise als Linearkombination

$$\boldsymbol{x} = \sum_{j\in I} x_j \boldsymbol{b}_j \quad \text{mit} \quad x_j \in K$$

dargestellt werden. Für jedes $i \in I$ heißt der Skalar x_i die *i-te Koordinate* des Vektors $\boldsymbol{x}$ bezüglich der Basis $\boldsymbol{B} = (\boldsymbol{b}_j)_{j\in I}$. Mit der Basis $\boldsymbol{B} = (\boldsymbol{b}_j)_{j\in I}$ ist daher für jeden Index $i \in I$ eine Abbildung

$$\boldsymbol{b}_i^* : \boldsymbol{V} \to K : \boldsymbol{x} = \sum_{j\in I} x_j \boldsymbol{b}_j \mapsto x_i$$

mitbestimmt, welche die *i-te Koordinatenform* heißt. Es gilt also[3]

$$x_i = \boldsymbol{b}_i^*(\boldsymbol{x}) =: \langle \boldsymbol{b}_i^*, \boldsymbol{x} \rangle.$$

Es ist klar (vgl. den Beweis von Satz 2.3.6), dass $\boldsymbol{b}_i^*$ eine lineare Abbildung $\boldsymbol{V} \to K$ ist, wenn wir $K = K^1$ als eindimensionalen Vektorraum über sich selbst auffassen.

Wir schreiben im Folgenden $\boldsymbol{B}^* := (\boldsymbol{b}_i^*)_{i\in I}$ für die Familie aller zur Basis $\boldsymbol{B} = (\boldsymbol{b}_j)_{j\in I}$ gehörigen Koordinatenformen und fassen $\boldsymbol{B}^*$ als eine einzige Abbildung von $\boldsymbol{V}$ in den Vektorraum $K^{\langle I \rangle}$ (vgl. 2.3.7 Beispiel 4) auf. Dazu setzen wir

$$\boldsymbol{B}^* : \boldsymbol{V} \to K^{\langle I \rangle} : \boldsymbol{x} = \sum_{j\in I} x_j \boldsymbol{b}_j \mapsto (x_j)_{j\in I} =: \langle \boldsymbol{B}^*, \boldsymbol{x} \rangle.$$

[3]Die Schreibweise mit den gespitzten Klammern und die Notation $\boldsymbol{b}_i^*$ stellen einen Vorgriff auf Kapitel 4 dar und werden dort motiviert. Vgl. 4.2.3.

Diese Definition ist sinnvoll, da nach der Definition einer Linearkombination tatsächlich $x_j = 0$ für fast alle $j \in I$ gilt. Die Abbildung $\boldsymbol{B}^*$ wird als die zu $\boldsymbol{B}$ gehörende *Koordinatisierung* bezeichnet. Sie ist nach Satz 3.2.5 (c) eine lineare Bijektion, da sie die Basis $\boldsymbol{B}$ auf die kanonische Basis von $K^{\langle I\rangle}$ abbildet. Diese Koordinatisierung gestattet es, Probleme von $\boldsymbol{V}$ nach $K^{\langle I\rangle}$ zu übertragen, dort rechnerisch zu lösen und dann die Lösung mit Hilfe von $(\boldsymbol{B}^*)^{-1}$ nach $\boldsymbol{V}$ zurückzubringen.

Ist $\dim \boldsymbol{V} = n < \infty$, so können wir $\boldsymbol{B} = (\boldsymbol{b}_1, \boldsymbol{b}_2, \ldots, \boldsymbol{b}_n)$ voraussetzen. In diesem Falle schreiben wir die Koordinaten eines Vektors als Spalte[4] und sprechen auch von einer *Koordinatenspalte*. Somit erhält die Koordinatisierung $\boldsymbol{B}^*$ jetzt die Form

$$\boldsymbol{B}^* : \boldsymbol{V} \to K^{n\times 1} : \boldsymbol{x} = \sum_{j=1}^{n} x_j \boldsymbol{b}_j \mapsto \begin{pmatrix} x_1 \\ x_2 \\ \vdots \\ x_n \end{pmatrix} = \begin{pmatrix} \langle \boldsymbol{b}_1^*, \boldsymbol{x}\rangle \\ \langle \boldsymbol{b}_2^*, \boldsymbol{x}\rangle \\ \vdots \\ \langle \boldsymbol{b}_n^*, \boldsymbol{x}\rangle \end{pmatrix}.$$

Die Abbildung $\boldsymbol{B}^*$ führt die Basis $\boldsymbol{B}$ in richtiger Reihenfolge in die kanonische Basis von $K^{n\times 1}$ über.

Beispiele 3.4.2

1. Sei $\boldsymbol{U}$ der von den l. u. Vektoren

$$\boldsymbol{b}_1 := \begin{pmatrix} 1 \\ 1 \\ 0 \end{pmatrix} \text{ und } \boldsymbol{b}_2 := \begin{pmatrix} 1 \\ 1 \\ 1 \end{pmatrix}$$

aufgespannte Unterraum von $\mathbb{R}^{3\times 1}$. Dann legt $\boldsymbol{B} := (\boldsymbol{b}_1, \boldsymbol{b}_2)$ eine Koordinatisierung

$$\boldsymbol{B}^* : \boldsymbol{U} \to \mathbb{R}^{2\times 1} : x_1 \begin{pmatrix} 1 \\ 1 \\ 0 \end{pmatrix} + x_2 \begin{pmatrix} 1 \\ 1 \\ 1 \end{pmatrix} \mapsto \begin{pmatrix} x_1 \\ x_2 \end{pmatrix}$$

fest.

2. Im Vektorraum $K^{n\times 1}$ bestimmt die kanonische Basis $\boldsymbol{E} = (\boldsymbol{e}_1, \boldsymbol{e}_2, \ldots, \boldsymbol{e}_n)$ die *kanonische Koordinatisierung*: Für alle $i \in \{1, 2, \ldots, n\}$ ordnet die Koordinatenform $\boldsymbol{e}_i^*$ jedem Spaltenvektor einfach seine i-te Komponente zu. Daher gilt $\boldsymbol{E}^* = \mathrm{id}_{K^{n\times 1}}$. Es stimmt also in diesem Beispiel jeder Vektor mit seiner Koordinatenspalte überein.

3.4.3 Wir nennen zwei Vektorräume $\boldsymbol{V}$, $\boldsymbol{W}$ über demselben Körper K *linear isomorph*, falls es mindestens eine lineare Bijektion $\boldsymbol{V} \to \boldsymbol{W}$ gibt. Zwei linear isomorphe Vektorräume sind vom theoretischen Standpunkt nicht verschieden. Der folgende Satz beschreibt, wann zwei Vektorräume linear isomorph sind.

Satz 3.4.4 *Zwei Vektorräume über K sind genau dann linear isomorph, falls sie gleichmächtige Basen haben. Insbesondere sind zwei endlichdimensionale Vektorräume über K genau dann linear isomorph, falls sie dieselbe Dimension haben.*

[4] Manche Autoren schreiben die Koordinaten eines Vektors als Zeile.

Beweis. (a) Sei $f \in \mathrm{L}(\boldsymbol{V}, \boldsymbol{W})$ bijektiv. Es gibt eine Basis $(\boldsymbol{b}_i)_{i \in I}$ von $\boldsymbol{V}$. Dann liegt nach Satz 3.2.5 (c) mit $\big(f(\boldsymbol{b}_i)\big)_{i \in I}$ eine dazu gleichmächtige Basis von $\boldsymbol{W}$ vor.

(b) Haben die Vektorräume $\boldsymbol{V}$ und $\boldsymbol{W}$ gleichmächtige Basen $(\boldsymbol{b}_i)_{i \in I}$ bzw. $(\boldsymbol{c}_j)_{j \in J}$, so gibt es eine Bijektion $\varphi : I \to J$. Dann wird aber durch

$$\boldsymbol{b}_i \mapsto \boldsymbol{c}_{\varphi(i)}$$

eine Bijektion der Basen festgelegt, die nach dem Fortsetzungssatz 3.3.3 und nach Satz 3.2.5 (c) eine lineare Bijektion $\boldsymbol{V} \to \boldsymbol{W}$ liefert. □

Mit diesem Satz haben wir insbesondere das Klassifikationsproblem für endlichdimensionale Vektorräume über einem festen Körper K gelöst: Für je zwei solche Vektorräume können wir über deren Dimensionszahlen sofort entscheiden, ob sie linear isomorph sind oder nicht. Weiters haben wir mit $K^{n \times 1}$ ein besonders einfaches Modell eines n-dimensionalen Vektorraumes über K. Jeder andere n-dimensionale Vektorraum über K ist davon nicht wesentlich verschieden. Analog folgt, dass jeder Vektorraum $\boldsymbol{V}$ über K zu einem Vektorraum $K^{(I)}$ linear isomorph ist. Dabei ist I eine beliebige Menge, die zu einer Basis von $\boldsymbol{V}$ gleichmächtig ist. Sind I und J Indexmengen, so ist $K^{(I)}$ linear isomorph zu $K^{(J)}$ genau dann, wenn es eine Bijektion $I \to J$ gibt.

3.4.5 Wir wenden die Ergebnisse über die Koordinatisierung nun auf lineare Abbildungen an. Es seien $f : \boldsymbol{V} \to \boldsymbol{W}$ eine lineare Abbildung und $\boldsymbol{B} = (\boldsymbol{b}_1, \boldsymbol{b}_2, \ldots, \boldsymbol{b}_n)$ bzw. $\boldsymbol{C} = (\boldsymbol{c}_1, \boldsymbol{c}_2, \ldots, \boldsymbol{c}_m)$ Basen von $\boldsymbol{V}$ bzw. $\boldsymbol{W}$. Dann heißt die Abbildung

$$\boldsymbol{C}^* \circ f \circ (\boldsymbol{B}^*)^{-1} : K^{n \times 1} \to K^{m \times 1} : \langle \boldsymbol{B}^*, \boldsymbol{x} \rangle \mapsto \langle \boldsymbol{C}^*, f(\boldsymbol{x}) \rangle$$

die *Koordinatendarstellung* von f bezüglich der Basen $\boldsymbol{B}$ und $\boldsymbol{C}$. Sie beschreibt die Abbildung f in Koordinaten. Die obige Definition kann im kommutativen Diagramm[5]

$$\begin{array}{ccc} \boldsymbol{V} & \xrightarrow{\quad f \quad} & \boldsymbol{W} \\ {\scriptstyle \boldsymbol{B}^*}\big\downarrow & & \big\downarrow{\scriptstyle \boldsymbol{C}^*} \\ K^{n \times 1} & \xrightarrow[\boldsymbol{C}^* \circ f \circ (\boldsymbol{B}^*)^{-1}]{} & K^{m \times 1} \end{array}$$

illustriert werden. Ferner kann die Abbildung $\boldsymbol{C}^* \circ f \circ (\boldsymbol{B}^*)^{-1}$ nach Satz 3.3.4 durch genau eine Matrix aus $K^{m \times n}$ festgelegt werden, welche die *Koordinatenmatrix* der linearen Abbildung f bezüglich der Basen $\boldsymbol{B}$ und $\boldsymbol{C}$ genannt wird. Zerlegen wir diese Matrix in Spalten, so hat sie nach Satz 3.3.4 die Form

$$\begin{aligned} & \Big((\boldsymbol{C}^* \circ f \circ (\boldsymbol{B}^*)^{-1})(\boldsymbol{e}_1), (\boldsymbol{C}^* \circ f \circ (\boldsymbol{B}^*)^{-1})(\boldsymbol{e}_2), \ldots, (\boldsymbol{C}^* \circ f \circ (\boldsymbol{B}^*)^{-1})(\boldsymbol{e}_n)\Big) \\ = \; & (\langle \boldsymbol{C}^*, f(\boldsymbol{b}_1) \rangle, \langle \boldsymbol{C}^*, f(\boldsymbol{b}_2) \rangle, \ldots, \langle \boldsymbol{C}^*, f(\boldsymbol{b}_n) \rangle). \end{aligned}$$

Wir verwenden für diese Koordinatenmatrix von f im Folgenden die prägnante, aber unpräzise Kurzschreibweise

$$\langle \boldsymbol{C}^*, f(\boldsymbol{B}) \rangle.$$

Sie illustriert, dass in den Spalten der Matrix die Koordinaten der Bilder der Basisvektoren stehen.

[5] Ein solches Diagramm heißt *kommutativ*, falls verschiedene Wege im Diagramm stets dieselbe Abbildung beschreiben.

Beispiele 3.4.6

1. Sei $\mathbb{C}$ als Vektorraum über $\mathbb{R}$ aufgefasst. Es ist $\boldsymbol{B} := (1, i)$ eine Basis. Die Konjugation $\bar{\ } : \mathbb{C} \to \mathbb{C}$ ist eine lineare Bijektion. Aus $\bar{1} = 1 \cdot 1 + 0 \cdot i$ und $\bar{i} = 0 \cdot 1 + (-1) \cdot i$ folgt
$$\langle \boldsymbol{B}^*, \overline{\boldsymbol{B}} \rangle = \begin{pmatrix} 1 & 0 \\ 0 & -1 \end{pmatrix}.$$
Andererseits ist auch $\boldsymbol{C} := (i, 1)$ eine Basis. Das liefert dann etwa
$$\langle \boldsymbol{C}^*, \overline{\boldsymbol{B}} \rangle = \begin{pmatrix} 0 & -1 \\ 1 & 0 \end{pmatrix}.$$
Die Reihenfolge der Basisvektoren ist also wesentlich.
2. Ist $f \in \mathrm{L}(K^{n\times 1}, K^{m\times 1})$, und wählen wir für $\boldsymbol{B}$ und $\boldsymbol{C}$ die jeweiligen kanonischen Basen, so erhalten wir die (mit f übereinstimmende) *kanonische Koordinatendarstellung* von f bzw. die (schon in Satz 3.3.4 beschriebene) *kanonische Koordinatenmatrix* von f.

3.4.7 Wir zeigen zwei einfache Eigenschaften von Koordinatenmatrizen:

Soll der Rang einer linearen Abbildung $f : \boldsymbol{V} \to \boldsymbol{W}$ bestimmt werden, so genügt es, eine Koordinatenmatrix $\langle \boldsymbol{C}^*, f(\boldsymbol{B}) \rangle$ zu ermitteln. Wegen der Dimensionstreue der Koordinatisierung $\boldsymbol{C}^* : \boldsymbol{W} \to K^{m\times 1}$ ist der Spaltenrang dieser Matrix gleich dem Rang von f.

Es seien nun zusätzlich ein Vektorraum $\boldsymbol{X}$ über K, eine lineare Abbildung $g : \boldsymbol{W} \to \boldsymbol{X}$ sowie eine Basis $\boldsymbol{D} = (\boldsymbol{d}_1, \boldsymbol{d}_2, \dots, \boldsymbol{d}_l)$ von $\boldsymbol{X}$ gegeben. Die Koordinatendarstellung von $g \circ f$ bezüglich $\boldsymbol{C}$ und $\boldsymbol{D}$ ist dann
$$\boldsymbol{D}^* \circ (g \circ f) \circ (\boldsymbol{B}^*)^{-1} = (\boldsymbol{D}^* \circ g \circ (\boldsymbol{C}^*)^{-1}) \circ (\boldsymbol{C}^* \circ f \circ (\boldsymbol{B}^*)^{-1}) : K^{n\times 1} \to K^{l\times 1}.$$
Das spiegelt sich in der Matrixgleichung
$$\langle \boldsymbol{D}^*, (g \circ f)(\boldsymbol{B}) \rangle = \langle \boldsymbol{D}^*, g(\boldsymbol{C}) \rangle \cdot \langle \boldsymbol{C}^*, f(\boldsymbol{B}) \rangle$$
wider. Die Koordinatenmatrix eines Produktes linearer Abbildungen ist also das Produkt der betreffenden Koordinatenmatrizen.

Aufgaben

A 3.4.1 Der Vektorraum $\mathbb{Z}_2^{1\times 8}$ entspricht bijektiv den 256 Zeichen des 8-Bit-*ASCII-Codes*[6] (American Standard Code for Information Interchange), da wir jedes Bitmuster als Vektor $\boldsymbol{x} \in \mathbb{Z}_2^{1\times 8}$ auffassen können, z. B. 01001001 $\mapsto (\bar{0}, \bar{1}, \bar{0}, \bar{0}, \bar{1}, \bar{0}, \bar{0}, \bar{1})$. Bei einem Datentransfer werde jedes ASCII-Zeichen zur Kontrolle von Übertragungsfehlern durch ein neuntes Bit (*Kontrollbit*) ergänzt, was je nach Übertragungsprotokoll mit einer der folgenden Abbildungen geschehe:

$f_1 : \mathbb{Z}_2^{1\times 8} \to \mathbb{Z}_2^{9\times 1} : \boldsymbol{x} \mapsto f_1(\boldsymbol{x})$, wobei das Hamming-Gewicht von $f_1(\boldsymbol{x})$ gerade sei.
$f_2 : \mathbb{Z}_2^{1\times 8} \to \mathbb{Z}_2^{9\times 1} : \boldsymbol{x} \mapsto f_2(\boldsymbol{x})$, wobei das Hamming-Gewicht von $f_2(\boldsymbol{x})$ ungerade sei.
$f_3 : \mathbb{Z}_2^{1\times 8} \to \mathbb{Z}_2^{9\times 1} : \boldsymbol{x} \mapsto f_3(\boldsymbol{x})$, wobei das neunte Bit von $f_3(\boldsymbol{x})$ gleich 0 sei.
$f_4 : \mathbb{Z}_2^{1\times 8} \to \mathbb{Z}_2^{9\times 1} : \boldsymbol{x} \mapsto f_4(\boldsymbol{x})$, wobei das neunte Bit von $f_4(\boldsymbol{x})$ gleich 1 sei.

(a) Welche dieser Abbildungen sind linear? Beschreibe die linearen Abbildungen durch 8×9 Matrizen[7]. Zeige ferner, dass der Bildraum jeder solchen linearen Abbildung einen binären [9, 8]-Code bildet.

[6]Trotz seines Namens ist der ASCII-Code ist *kein* linearer Code im Sinne von A 2.7.3.

[7]Da wir hier mit Zeilen arbeiten, sind die Bilder der kanonischen Basisvektoren in die *Zeilen* der Matrix einzutragen. Um das Bild einer Zeile zu erhalten, ist diese von *rechts* mit der Matrix zu multiplizieren.

(b) Wir betrachten jene Abbildungen f_i, die nicht linear sind. Zeige, dass die Bildmenge $f_i(\mathbb{Z}_2^{1\times 8})$ jeder solchen Abbildung eine Nebenklasse eines Unterraumes $\boldsymbol{U}_i \subset \mathbb{Z}_2^{9\times 1}$ ist. Welche Dimension hat dieser Unterraum?

(c) Auf der Empfängerseite sei nicht bekannt, welches der vier genannten Übertragungsprotokolle verwendet wird. Überlege, dass bei jedem Protokoll durch fehlerfreie Übermittlung von zwei geeigneten Vektoren (welchen?) das verwendete Verfahren vom Empfänger festgestellt werden kann.

Bemerkung: Vgl. auch A 11.2.4. Bei f_3 und f_4 läuft die Übermittlungskontrolle weitgehend leer.

A 3.4.2 Im Vektorraum $C^\infty(\mathbb{R})$ seien Funktionen $f_1, f_2, \ldots, f_n$ und g gegeben:

(α) $n = 2$: $f_1 = \sin$, $f_2 = \cos$, $g : x \mapsto 3\sin x + 4\cos x$.

(β) $n = 3$: $f_1 = \exp$, $f_2 = \mathrm{id}_{\mathbb{R}}$, $f_3 : x \mapsto 1$, $g : x \mapsto 2e^x + 5x$.

(γ) $n = 3$: $f_1 = \sin$, $f_2 = \cos$, $f_3 : x \mapsto 1$, $g : x \mapsto 5 + 4\sin x + 2\cos x$.

Ferner sei $\boldsymbol{U}$ jener Unterraum, welcher von den Funktionen $f_1, f_2, \ldots, f_n$ aufgespannt wird.

(a) Zeige: $\boldsymbol{B} = (f_1, f_2, \ldots, f_n)$ ist eine Basis von $\boldsymbol{U}$.

(b) Zeige: Der Differentiationsoperator $\frac{\mathrm{d}}{\mathrm{d}x}$ bildet $\boldsymbol{U}$ in $\boldsymbol{U}$ ab.

(c) Bestimme die Matrix $\langle \boldsymbol{B}^*, \frac{\mathrm{d}}{\mathrm{d}x}(\boldsymbol{B})\rangle$. Berechne mit ihrer Hilfe die erste Ableitung der Funktion g.

A 3.4.3 Ein Unternehmen stellt drei Produkte A, B und C her. Dabei fallen Kosten für Arbeit (a), Energie (e), sowie für zwei Rohstoffe (r, s) an. Wir nehmen an, dass jeweils lineare Zusammenhänge bestehen; um die doppelte Menge von Produkt A herzustellen, ist also doppelt soviel Energie nötig wie für die einfache Menge usw.
Eine andere Firma verwendet die Produkte A, B, C als Zwischenprodukte zur Herstellung von drei Endprodukten Odil (in Tuben), Xio (in Flaschen) und Tanx (in Dosen). Die Zusammenhänge werden in *Verbrauchsmatrizen* beschrieben:

	A	B	C
a	150	200	100
e	30	10	50
r	10	10	15
s	20	15	10

	Odil	Xio	Tanx
A	5	4	10
B	7	3	4
C	10	4	1

Wie viele Einheiten an den primären Ressourcen a, e, r, s sind notwendig, um 100 Tuben Odil, 200 Flaschen Xio und 150 Dosen Tanx herzustellen?
Hinweis: Die durch die Verbrauchsmatrizen beschriebenen linearen Abbildungen laufen „entgegengesetzt“ zur Produktionsrichtung.

3.5 Lineare Selbstabbildungen

3.5.1 Für jeden Vektorraum $\boldsymbol{V}$ über K ist das Abbildungsprodukt eine innere Verknüpfung in $\mathrm{L}(\boldsymbol{V}, \boldsymbol{V})$. Es ist $(\mathrm{L}(\boldsymbol{V}, \boldsymbol{V}), \circ)$ jedoch nur für $\boldsymbol{V} = \{\boldsymbol{o}\}$ eine Gruppe, da es andernfalls lineare Abbildungen gibt, die keine inverse Abbildung haben. Es gilt jedoch:

Satz 3.5.2 *Die Menge aller linearen Bijektionen von* $\boldsymbol{V}$ *auf sich bildet bezüglich des Abbildungsprodukts eine Gruppe.*

Beweis. Das Untergruppenkriterium 1.9.10 erweist die Menge der linearen Bijektionen von $\boldsymbol{V}$ auf sich als Untergruppe der symmetrischen Gruppe $\mathrm{S}_{\boldsymbol{V}}$. □

Die im obigen Satz beschriebene Gruppe heißt die *allgemeine lineare Gruppe* von V und wird mit $\mathrm{GL}(V)$ abgekürzt. Die Buchstaben „GL" leiten sich von der englischen Bezeichnung „general linear group" ab.

3.5.3 Eine $n \times n$ Matrix heißt auch *quadratisch*, da sie gleich viele Zeilen wie Spalten besitzt. Genau die quadratischen Matrizen aus $K^{n\times n}$ legen die linearen Selbstabbildungen von $K^{n\times 1}$ fest. Wir stellen für

$$A = \begin{pmatrix} a_{11} & a_{12} & \dots & a_{1n} \\ a_{21} & a_{22} & \dots & a_{2n} \\ \vdots & \vdots & \ddots & \vdots \\ a_{n1} & a_{n2} & \dots & a_{nn} \end{pmatrix} \in K^{n\times n}$$

einige Bezeichnungen zusammen: Die Elemente $a_{11}, a_{22}, \dots, a_{nn}$ bilden die *Hauptdiagonale* von A. Die *Nebendiagonale* von A besteht aus $a_{n1}, a_{n-1,2}, \dots, a_{1n}$. Gilt $a_{ij} = 0$ für alle $i > j$, so liegt eine *obere Dreiecksmatrix*

$$A = \begin{pmatrix} a_{11} & a_{12} & \dots & a_{1n} \\ 0 & a_{22} & \dots & a_{2n} \\ \vdots & \vdots & \ddots & \vdots \\ 0 & 0 & \dots & a_{nn} \end{pmatrix}$$

vor. Falls jedoch $a_{ij} = 0$ für alle $i < j$, so ist A eine *untere Dreiecksmatrix*. Eine *Diagonalmatrix* A ist durch $a_{ij} = 0$ für alle $i \neq j$ erklärt; sie wird auch in der Form

$$A = \mathrm{diag}(a_{11}, a_{22}, \dots, a_{nn})$$

angegeben. Eine Diagonalmatrix A mit $a_{11} = a_{22} = \dots = a_{nn}$ heißt *skalare Matrix*. Wir kennen schon eine spezielle skalare Matrix, nämlich die Einheitsmatrix $E_n = \mathrm{diag}(1, 1, \dots, 1)$. Die lineare Abbildung f_{E_n} ist die Identität von $K^{n\times 1}$.

Eine Matrix $A \in K^{n\times n}$ heißt *regulär*, falls es mindestens eine Matrix $B \in K^{n\times n}$ mit der Eigenschaft $BA = E_n$ gibt. Eine nicht reguläre $n \times n$ Matrix heißt *singulär*.

Satz 3.5.4 *Eine Matrix $A \in K^{n\times n}$ ist genau dann regulär, falls f_A eine lineare Bijektion von $K^{n\times 1}$ ist. Die Menge aller regulären Matrizen aus $K^{n\times n}$ bildet bezüglich des Matrizenprodukts eine zu* $\mathrm{GL}(K^{n\times 1})$ *isomorphe Gruppe.*

Beweis. (a) Ist A regulär, so gibt es eine Matrix $B \in K^{n\times n}$ mit der Eigenschaft $BA = E_n$. Es folgt $f_B \circ f_A = \mathrm{id}_{K^{n\times 1}}$. Nach Satz 1.5.4 ist f_A injektiv und nach Satz 3.2.9 sogar bijektiv.

(b) Ist f_A eine lineare Bijektion, so existiert deren Umkehrabbildung $(f_A)^{-1}$ und eine Matrix $B \in K^{n\times n}$ mit $f_B = (f_A)^{-1}$. Aus $f_B \circ f_A = \mathrm{id}_{K^{n\times 1}}$ folgt dann $BA = E_n$ nach Satz 3.3.11.

(c) Sind $A, B \in K^{n\times n}$ regulär, so gilt das nach (a) und (b) auch für BA, da $f_B \circ f_A = f_{BA}$ eine lineare Bijektion von $K^{n\times 1}$ ist. Das Matrizenprodukt ist nach 3.3.11 assoziativ. Die Einheitsmatrix E_n ist ein links-neutrales Element. Zu jeder regulären Matrix $A \in K^{n\times n}$ gibt es definitionsgemäß ein links-inverses Element. Daher liegt mit der Menge aller regulären Matrizen aus $K^{n\times n}$ eine Gruppe vor. Diese wird gemäß Satz 3.3.11 durch die Vorschrift $A \mapsto f_A$ isomorph auf $\mathrm{GL}(K^{n\times 1})$ abgebildet. □

3.5.5 Die Gruppe aller regulären $n \times n$ Matrizen über K wird in Analogie zu oben mit $\mathrm{GL}_n(K)$ bezeichnet und heißt die *allgemeine lineare Gruppe in n Variablen über K*. Ihr neutrales Element ist die Einheitsmatrix E_n. Für $A \in \mathrm{GL}_n(K)$ wird A^{-1} die zu A *inverse Matrix* genannt. Es ist dann A^{T} ebenfalls regulär: Aus $AA^{-1} = E_n$ folgt durch Übergang zu transponierten Matrizen $(A^{-1})^{\mathrm{T}}A^{\mathrm{T}} = E_n^{\mathrm{T}} = E_n$ und daher

$$(A^{-1})^{\mathrm{T}} = (A^{\mathrm{T}})^{-1}.$$

Da die Abbildungen $f_A \in \mathrm{GL}(K^{n\times 1})$ durch $\mathrm{rg}\, f_A = n$ gekennzeichnet sind, ist nach Satz 3.2.5 eine $n \times n$ Matrix genau dann regulär, falls sie den Spaltenrang n hat. Damit lässt sich die Regularität einer Matrix durch elementare Spaltenumformungen leicht überprüfen.

3.5.6 Sei nun $A \in \mathrm{GL}_n(K)$. Die Bestimmung von A^{-1} lässt sich wie folgt durch elementare Spaltenumformungen erledigen: Wir fassen A als Matrix einer linearen Bijektion f_A auf, dann ist A^{-1} die Matrix zu f_A^{-1}. Die Spalten von A bilden jene Basis von $K^{n\times 1}$, die unter f_A^{-1} in die kanonische Basis von $K^{n\times 1}$ übergeht. Es ist daher wie folgt umzuformen:

$$f_A^{-1}\downarrow \begin{pmatrix} A \\ \hline E_n \end{pmatrix} \mapsto \cdots \mapsto \begin{pmatrix} E_n \\ \hline A^{-1} \end{pmatrix}$$

Beispiel 3.5.7 Gegeben sei die Matrix

$$A = \begin{pmatrix} 2 & 1 \\ 1 & -1 \end{pmatrix} \in \mathrm{GL}_2(\mathbb{R}).$$

Wir erhalten (ohne Klammern und ohne Pfeile)

$$A = \left\{ \begin{array}{rr|rr|rr|rr|rr} 2 & 1 & 1 & 2 & 1 & 0 & 1 & 0 & 1 & 0 \\ 1 & -1 & -1 & 1 & -1 & 3 & -1 & 1 & 0 & 1 \\ \hline 1 & 0 & 0 & 1 & 0 & 1 & 0 & 1/3 & 1/3 & 1/3 \\ 0 & 1 & 1 & 0 & 1 & -2 & 1 & -2/3 & 1/3 & -2/3 \end{array} \right\} = A^{-1}$$

und lesen rechts unten A^{-1} ab.

3.5.8 Die Gruppe $\mathrm{GL}_1(K)$ ist isomorph zur multiplikativen Gruppe $K^{\times}$, also kommutativ. Für $n \geq 2$ ist $\mathrm{GL}_n(K)$ nicht kommutativ. Zum Beweis betrachten wir die Matrizen

$$A := \begin{pmatrix} 1 & 0 \\ 1 & 1 \end{pmatrix}, \quad B := \begin{pmatrix} 0 & 1 \\ 1 & 0 \end{pmatrix}.$$

Beide Matrizen haben den Spaltenrang 2, sind also regulär. Es gilt

$$AB = \begin{pmatrix} 0 & 1 \\ 1 & 1 \end{pmatrix} \neq \begin{pmatrix} 1 & 1 \\ 1 & 0 \end{pmatrix} = BA.$$

Für beliebiges $n \geq 3$ nehmen wir Blockmatrizen

$$\begin{pmatrix} A & 0 \\ 0 & E_{n-2} \end{pmatrix}, \quad \begin{pmatrix} B & 0 \\ 0 & E_{n-2} \end{pmatrix},$$

wobei 0 passende Nullmatrizen abkürzt. Die Rechnungen von vorher reproduzieren sich dann in der linken oberen Ecke. Vgl. A 3.3.4.

Ist $\boldsymbol{B} = (\boldsymbol{b}_1, \boldsymbol{b}_2, \ldots, \boldsymbol{b}_n)$ eine Basis eines n-dimensionalen Vektorraumes $\boldsymbol{V}$, so folgt mit 3.4.7, dass ein Isomorphismus von $\mathrm{GL}(\boldsymbol{V})$ auf $\mathrm{GL}_n(K)$ durch

$$f \mapsto \langle \boldsymbol{B}^*, f(\boldsymbol{B}) \rangle$$

festgelegt wird. Das zeigt, dass die allgemeine lineare Gruppe von $\boldsymbol{V}$ für $n \geq 2$ nicht kommutativ ist. Das gilt auch für $\dim \boldsymbol{V} = \infty$, da sich das obige Beispiel unschwer übertragen lässt, indem man $\boldsymbol{V}$ in eine direkte Summe $\boldsymbol{U} \oplus \boldsymbol{T}$ mit $\dim \boldsymbol{U} = 2$ zerlegt.

Aufgaben

A 3.5.1 Zwischen zwei Orten gibt es drei Telefonleitungen. Auf Grund von Beobachtungen liegen Werte für die Wahrscheinlichkeit der Leitungsbelegung vor. Diese wird zu jedem Zeitpunkt durch einen *Wahrscheinlichkeitsvektor* beschrieben, z. B.

	(0,1	0,5	0,3	0,1)	
Wahrscheinlichkeit, dass	0	1	2	3	Leitungen besetzt sind.

Die Summe der Elemente eines solchen Vektors ist 1, da irgendein Ereignis jedenfalls eintritt. Wir gehen davon aus, dass die Leitungsbelegung nach einer Minute immer nur von der gegenwärtigen Belegung abhängt und nicht von anderen Faktoren. Es liegen folgende Werte für die Übergangswahrscheinlichkeit vor:

		nach einer Minute besetzt			
		0	1	2	3
gegenwärtig besetzt	0	0,5	0,3	0,2	0,0
	1	0,2	0,4	0,3	0,1
	2	0,1	0,3	0,4	0,2
	3	0,0	0,2	0,5	0,3

In der obigen *Übergangsmatrix*, sie wird auch eine *Markov-Matrix*[8] genannt, stellt jede *Zeile* einen Wahrscheinlichkeitsvektor dar. Das Produkt der transponierten Übergangsmatrix mit einem als Spalte geschriebenen Wahrscheinlichkeitsvektor (wahrscheinliche gegenwärtige Leitungsbelegung) ergibt die wahrscheinliche Belegung nach einer Minute.

Wir nehmen an, dass zu einem Zeitpunkt alle möglichen Leitungsbelegungen gleich wahrscheinlich sind. Wie groß ist dann die Wahrscheinlichkeit, dass nach drei Minuten alle Leitungen besetzt sind?

Bemerkung: Die Wahrscheinlichkeit, mit der ein Ereignis eintritt, wird durch eine reelle Zahl w mit $0 \leq w \leq 1$ beschrieben. Dabei wird einem Ereignis die Zahl 0 bzw. 1 zugewiesen, wenn es nicht bzw. sicherlich eintritt. Die Wahrscheinlichkeit, dass zwei unabhängige Ereignisse beide eintreten, ergibt sich als das Produkt der Einzelwahrscheinlichkeiten, schließen einander zwei Ereignisse jeweils aus (zu jedem Zeitpunkt kann nur genau eines auftreten), so ist die Wahrscheinlichkeit, dass eines dieser Ereignisse eintritt, gleich der Summe der einzelnen Wahrscheinlichkeiten.

A 3.5.2 Ein Mann besitzt einen rasanten Sportwagen und einen kostengünstigen Kleinwagen, die er nach folgenden Richtlinien bei der Fahrt zum Arbeitsplatz benützt: Falls er an einem Tag mit dem Sportwagen unterwegs war, benützt er am nächsten Tag aus Kostengründen den Kleinwagen. Andererseits stehen nach einer Fahrt mit dem Kleinwagen die Chancen für eine Fahrt mit dem Sportwagen auf 2/3. (Wer hat, der hat!)

Heute war der Sportwagen an der Reihe. Wie groß ist die Wahrscheinlichkeit, dass der Mann in fünf Tagen wieder mit dem Sportwagen unterwegs ist? Löse die Aufgabe mit Hilfe einer Übergangsmatrix. (Vgl. die Bemerkungen zu A 3.5.1.)

A 3.5.3 Invertiere eine der folgenden Matrizen aus $\mathbb{R}^{4\times 4}$:

$$(\alpha)\begin{pmatrix} 1 & -1 & 0 & 1 \\ 0 & 1 & -3 & 2 \\ 1 & 0 & 0 & 1 \\ 1 & -2 & -1 & 1 \end{pmatrix}, \quad (\beta)\begin{pmatrix} 1 & 0 & 1 & 1 \\ 0 & 1 & -3 & 2 \\ 1 & 1 & 1 & 1 \\ 1 & -1 & 0 & 1 \end{pmatrix}, \quad (\gamma)\begin{pmatrix} 1 & -2 & -1 & 1 \\ 0 & 1 & -3 & 2 \\ 1 & -1 & -1 & 1 \\ 1 & -3 & -2 & 1 \end{pmatrix},$$

[8] Andrei Andreevich Markov (oder: Andrei Andrejewitsch Markow) (1856–1922).

$$(\delta)\ \begin{pmatrix} 1 & 2 & 0 & 3 \\ 2 & 5 & 1 & 8 \\ 0 & 1 & 2 & 4 \\ 3 & 8 & 4 & 18 \end{pmatrix},\quad (\varepsilon)\ \begin{pmatrix} 14 & 8 & 6 & 3 \\ 8 & 5 & 4 & 2 \\ 6 & 4 & 5 & 2 \\ 3 & 2 & 2 & 1 \end{pmatrix},\quad (\zeta)\ \begin{pmatrix} 1 & -2 & 0 & 3 \\ -2 & 5 & 0 & -8 \\ 0 & 0 & 1 & -2 \\ 3 & -8 & -2 & 18 \end{pmatrix}.$$

A 3.5.4 Es seien V ein Vektorraum mit $\dim V = n < \infty$ und $f \in L(V, V)$ eine *nilpotente* Abbildung, d. h., für mindestens ein $k \in \mathbb{N}$ ist f^k die Nullabbildung. Dabei sind die *Potenzen* von f rekursiv durch $f^0 := \mathrm{id}_V$ und $f^m := f^{m-1} \circ f$ für alle $m \in \mathbb{N}^\times$ erklärt. Gleiches gilt sinngemäß für die Potenzen von Matrizen aus $K^{n\times n}$.

(a) Zeige: $\operatorname{def} f \geq \frac{n}{k}$.

(b) Gib zwei Matrizen $A_1, A_2 \in \mathbb{R}^{3\times 3}$ an, die nilpotente lineare Abbildungen $\mathbb{R}^{3\times 1} \to \mathbb{R}^{3\times 1}$ bestimmen (*nilpotente Matrizen*). Als Zusatzbedingungen seien $A_1 \neq (0)$, $A_1^2 = (0)$ bzw. $A_2^2 \neq (0)$ aufgestellt.

A 3.5.5 Durch die folgenden Matrizen $A_i \in \mathbb{R}^{5\times 5}$ sind lineare Abbildungen f_i aus $L(\mathbb{R}^{5\times 1}, \mathbb{R}^{5\times 1})$ festgelegt. Welche davon sind Involutionen, Projektionen ($f_i \circ f_i = f_i$) bzw. nilpotente Abbildungen?

$$(\mathrm{a})\ \begin{pmatrix} 1 & 0 & 0 & 1 & 0 \\ 0 & 1 & 0 & -1 & 0 \\ 0 & 0 & 0 & 0 & 0 \\ 0 & 0 & 0 & 0 & 0 \\ 0 & 0 & 0 & 0 & 1 \end{pmatrix},\quad (\mathrm{b})\ \begin{pmatrix} 0 & 0 & 0 & -1 & 0 \\ 0 & 0 & 0 & 1 & 0 \\ 0 & 0 & 0 & 0 & 0 \\ 0 & 0 & 0 & 0 & 0 \\ 0 & 0 & 1 & 1 & 0 \end{pmatrix},$$

$$(\mathrm{c})\ \begin{pmatrix} 1 & 0 & 2 & 2 & 2 \\ -2 & -1 & -2 & -2 & -2 \\ 0 & 0 & 1 & 0 & 0 \\ 0 & 0 & -2 & -1 & 0 \\ 0 & 0 & 0 & 0 & -1 \end{pmatrix},\quad (\mathrm{d})\ \begin{pmatrix} 1 & -1 & -2 & 1 & 1 \\ 1 & 0 & -1 & 0 & 0 \\ 0 & -1 & -1 & 1 & 1 \\ 1 & -1 & -1 & 1 & 0 \\ 0 & -1 & -2 & 1 & 2 \end{pmatrix},$$

$$(\mathrm{e})\ \begin{pmatrix} 1 & -2 & 0 & 0 & 0 \\ 0 & -1 & 0 & 0 & 0 \\ 1 & -1 & -1 & 0 & 0 \\ 1 & -1 & 0 & 1 & -2 \\ 1 & -1 & 0 & 0 & -1 \end{pmatrix},\quad (\mathrm{f})\ \begin{pmatrix} -1 & 2 & 3 & -1 & -1 \\ -1 & 1 & 1 & 0 & 0 \\ 0 & 1 & 2 & -1 & -1 \\ -1 & 2 & 3 & -1 & -1 \\ 0 & 1 & 2 & -1 & -1 \end{pmatrix}.$$

A 3.5.6 Sei $A \in K^{m\times n}$. Beweise: A hat genau dann den Spaltenrang $r \geq 0$, wenn A eine reguläre $r \times r$ Teilmatrix, aber keine reguläre $(r+1) \times (r+1)$ Teilmatrix besitzt.

A 3.5.7 Sei $K = \mathrm{GF}(q)$ ein endlicher Körper und $n \in \mathbb{N}^\times$. Bestimme alle Matrizen $A \in \mathrm{GL}_n(K)$ so, dass die lineare Abbildung f_A sämtliche Hamming-Abstände erhält, d. h.

$$\mathrm{dist_H}(\boldsymbol{x}, \boldsymbol{y}) = \mathrm{dist_H}(f_A(\boldsymbol{x}), f_A(\boldsymbol{y})) \quad \text{für alle} \quad \boldsymbol{x}, \boldsymbol{y} \in K^{n\times 1}.$$

Hinweis: Vgl. A 2.7.3. In dieser Aufgabe werden Worte jedoch als Spaltenvektoren geschrieben.

3.6 Vektorräume linearer Abbildungen

3.6.1 Schon in 2.2.3 Beispiel 2 haben wir gesehen, dass die Menge K^M aller Funktionen einer Menge M in einen Körper K einen Vektorraum über K bildet. Dieses Beispiel lässt sich unmittelbar auf die Menge aller Abbildungen einer Menge M in einen Vektorraum V über K verallgemeinern, womit dann auch hier ein Vektorraum über K vorliegt. Weiters gilt:

Satz 3.6.2 *Es seien* $\boldsymbol{V}$ *und* $\boldsymbol{W}$ *Vektorräume über* K. *Dann ist* $\mathrm{L}(\boldsymbol{V},\boldsymbol{W})$ *ein Unterraum des Vektorraumes aller Abbildungen* $\boldsymbol{V}\to\boldsymbol{W}$.

Beweis. Die Menge $\mathrm{L}(\boldsymbol{V},\boldsymbol{W})$ enthält die Nullabbildung $\boldsymbol{V}\to\boldsymbol{W}:\boldsymbol{x}\mapsto\boldsymbol{o}$. Sind weiters Abbildungen $f_1, f_2\in\mathrm{L}(\boldsymbol{V},\boldsymbol{W})$, Vektoren $\boldsymbol{a},\boldsymbol{b}\in\boldsymbol{V}$ und Skalare $c, x\in K$ beliebig gegeben, so gilt

$$\begin{aligned}(f_1+cf_2)(\boldsymbol{a}+x\boldsymbol{b}) &= f_1(\boldsymbol{a}+x\boldsymbol{b})+cf_2(\boldsymbol{a}+x\boldsymbol{b})\\ &= f_1(\boldsymbol{a})+xf_1(\boldsymbol{b})+cf_2(\boldsymbol{a})+xcf_2(\boldsymbol{b})\\ &= (f_1+cf_2)(\boldsymbol{a})+x((f_1+cf_2)(\boldsymbol{b})).\end{aligned}$$

Daher ist f_1+cf_2 eine lineare Abbildung. Somit erfüllt $\mathrm{L}(\boldsymbol{V},\boldsymbol{W})$ die beiden Bedingungen des Unterraumkriteriums 2.3.2. □

Sind $\boldsymbol{X}$ ein Vektorraum und $g_1, g_2\in\mathrm{L}(\boldsymbol{W},\boldsymbol{X})$, so gilt mit den obigen Bezeichnungen[9]

$$\begin{aligned} g_1\circ(cf_1)=(cg_1)\circ f_1 &= c(g_1\circ f_1),\\ g_1\circ(f_1+f_2) &= g_1\circ f_1+g_1\circ f_2,\\ (g_1+g_2)\circ f_1 &= g_1\circ f_1+g_2\circ f_1.\end{aligned}\tag{3.7}$$

Der einfache Beweis wird als Übungsaufgabe gestellt.

Beispiele 3.6.3

1. Es ist
$$p:\mathbb{R}^{2\times1}\to\mathbb{R}^{2\times1}:\begin{pmatrix}x_1\\x_2\end{pmatrix}\mapsto\begin{pmatrix}0\\x_2\end{pmatrix}$$
eine lineare Abbildung, nämlich die Projektion auf die x_2-Achse in Richtung der x_1-Achse, also $\operatorname{def} p=\operatorname{rg} p=1$. Die lineare Abbildung id_V-2p leistet dann
$$\begin{pmatrix}x_1\\x_2\end{pmatrix}\mapsto\begin{pmatrix}x_1\\x_2\end{pmatrix}-2\begin{pmatrix}0\\x_2\end{pmatrix}=\begin{pmatrix}x_1\\-x_2\end{pmatrix}.$$
In elementarer Interpretation ist das die Spiegelung an der x_1-Achse in Richtung der x_2-Achse. Die Abbildung id_V-2p ist involutorisch, also bijektiv.
2. Ist $\boldsymbol{V}$ ein Vektorraum, so ist $c\cdot\mathrm{id}_V\in\mathrm{L}(\boldsymbol{V},\boldsymbol{V})$ für alle $c\in K$. Gilt $c\neq0$, so wird $c\cdot\mathrm{id}_V$ als *Homothetie* bezeichnet; für $c=0$ liegt die Nullabbildung vor.
3. Es seien $\boldsymbol{V}=\boldsymbol{U}_1\oplus\boldsymbol{U}_2$ eine direkte Summe zweier Unterräume und $p_i:\boldsymbol{V}\to\boldsymbol{V}$ die Projektionen von $\boldsymbol{V}$ auf $\boldsymbol{U}_i$ in Richtung $\boldsymbol{U}_j$, wobei $\{i,j\}=\{1,2\}$. Dann gilt $p_1+p_2=\mathrm{id}_V$.

Für endlichdimensionale Vektorräume $\boldsymbol{V}$ und $\boldsymbol{W}$ kennen wir schon einen zu $\mathrm{L}(\boldsymbol{V},\boldsymbol{W})$ isomorphen Vektorraum:

Satz 3.6.4 *Es seien* $\boldsymbol{B}=(\boldsymbol{b}_1,\boldsymbol{b}_2,\ldots,\boldsymbol{b}_n)$ *und* $\boldsymbol{C}=(\boldsymbol{c}_1,\boldsymbol{c}_2,\ldots,\boldsymbol{c}_m)$ *Basen von* $\boldsymbol{V}$ *bzw.* $\boldsymbol{W}$. *Dann wird durch*

$$f\mapsto\langle\boldsymbol{C}^*,f(\boldsymbol{B})\rangle\tag{3.8}$$

eine lineare Bijektion des Vektorraumes $\mathrm{L}(\boldsymbol{V},\boldsymbol{W})$ *auf den Vektorraum* $K^{m\times n}$ *erklärt. Es gilt*

$$\dim\mathrm{L}(\boldsymbol{V},\boldsymbol{W})=\dim\boldsymbol{V}\cdot\dim\boldsymbol{W}.\tag{3.9}$$

[9]Es möge ∘ stärker binden als +.

Beweis. Nach 3.4.5 liegt mit (3.8) eine Bijektion von $\mathrm{L}(\boldsymbol{V},\boldsymbol{W})$ auf $K^{m\times n}$ vor. Sind $f, g \in \mathrm{L}(\boldsymbol{V},\boldsymbol{W})$ und $c \in K$ beliebig gegeben, so folgt

$$(f+cg)(\boldsymbol{b}_j) = f(\boldsymbol{b}_j) + cg(\boldsymbol{b}_j) \quad \text{für alle} \quad j \in \{1,2,\dots,n\}.$$

Das spiegelt sich in den Spalten der betreffenden Matrizen wider, also

$$\langle \boldsymbol{C}^*, (f+cg)(\boldsymbol{B})\rangle = \langle \boldsymbol{C}^*, f(\boldsymbol{B})\rangle + c\langle \boldsymbol{C}^*, g(\boldsymbol{B})\rangle.$$

Damit ist die Abbildung in (3.8) linear. Aus $\dim \boldsymbol{V} \cdot \dim \boldsymbol{W} = mn = \dim K^{m\times n}$ ergibt sich schließlich (3.9). □

3.6.5 Als Anwendung der Sätze 3.3.11 und 3.6.4 erhalten wir ohne weitere Rechnungen die zu (3.7) analogen Ergebnisse für alle Matrizen $B_1, B_2 \in K^{l\times m}$, $A_1, A_2 \in K^{m\times n}$ sowie alle $c \in K$. Es gilt

$$\begin{aligned} B_1(cA_1) &= (cB_1)A_1 = c(B_1A_1), \\ B_1(A_1+A_2) &= B_1A_1 + B_1A_2, \\ (B_1+B_2)A_1 &= B_1A_1 + B_2A_1. \end{aligned} \tag{3.10}$$

Aufgaben

A 3.6.1 Sei $f \in \mathrm{L}(\boldsymbol{V},\boldsymbol{V})$ idempotent und daher eine Projektion (vgl. A 3.2.2). Zeige:

(a) $g := \mathrm{id}_V - f$ ist ebenfalls idempotent (eine Projektion).

(b) $g \circ f = f \circ g = 0 \cdot \mathrm{id}_V$ (Nullabbildung).

(c) $\ker g = f(\boldsymbol{V})$, $\ker f = g(\boldsymbol{V})$.

A 3.6.2 Der Vektorraum $\mathbb{R}^{5\times 1}$ hat die kanonische Basis $\boldsymbol{E}$. Es seien die Vektoren

$$\begin{aligned} \boldsymbol{a}_1 &= (1,0,1,0,0)^{\mathrm{T}}, \quad \boldsymbol{a}_2 = (0,1,0,1,0)^{\mathrm{T}}, \quad \boldsymbol{a}_3 = (1,1,0,1,1)^{\mathrm{T}}, \\ \boldsymbol{a}_4 &= (1,0,1,1,0)^{\mathrm{T}}, \quad \boldsymbol{a}_5 = (0,1,1,1,1)^{\mathrm{T}} \end{aligned}$$

gegeben. Weiters sei $\boldsymbol{U}_1$ die Hülle von (α) einem, (β) zwei oder (γ) drei dieser Vektoren.

(a) Ermittle ein Komplement $\boldsymbol{U}_2$ von $\boldsymbol{U}_1$.

(b) Bestimme für die Projektionen $p_1 : \mathbb{R}^{5\times 1} \to \mathbb{R}^{5\times 1}$ auf $\boldsymbol{U}_1$ in Richtung $\boldsymbol{U}_2$ und $p_2 : \mathbb{R}^{5\times 1} \to \mathbb{R}^{5\times 1}$ auf $\boldsymbol{U}_2$ in Richtung $\boldsymbol{U}_1$ die Koordinatenmatrizen $\langle \boldsymbol{E}^*, p_1(\boldsymbol{E})\rangle$ bzw. $\langle \boldsymbol{E}^*, p_2(\boldsymbol{E})\rangle$.

Hinweis: Nach 3.6.3 Beispiel 3 gilt $p_1 + p_2 = \mathrm{id}_V$, was $\langle \boldsymbol{E}^*, p_1(\boldsymbol{E})\rangle + \langle \boldsymbol{E}^*, p_2(\boldsymbol{E})\rangle = \dots$ zur Folge hat.

A 3.6.3 Es seien $\boldsymbol{V}$ ein Vektorraum mit $\dim \boldsymbol{V} = n < \infty$ und $f \in \mathrm{L}(\boldsymbol{V},\boldsymbol{V})$ eine nilpotente Abbildung.

(a) Zeige: Die Abbildung $g := \mathrm{id}_V - f$ ist bijektiv und $g^{-1} = \mathrm{id}_V + f + f^2 + \dots + f^{k-1}$.

(b) Übersetze (a) in eine Aussage über Matrizen und bestimme damit die Inverse zu einer der folgenden Matrizen aus $\mathbb{R}^{5\times 5}$:

$$(\alpha)\ \begin{pmatrix} 1&2&3&4&5\\ 0&1&2&3&4\\ 0&0&1&2&3\\ 0&0&0&1&2\\ 0&0&0&0&1 \end{pmatrix}, \quad (\beta)\ \begin{pmatrix} 1&2&3&4&4\\ 0&1&2&3&3\\ 0&0&1&2&2\\ 0&0&0&1&1\\ 0&0&0&0&1 \end{pmatrix}, \quad (\gamma)\ \begin{pmatrix} 1&2&3&4&6\\ 0&1&2&3&5\\ 0&0&1&2&4\\ 0&0&0&1&3\\ 0&0&0&0&1 \end{pmatrix}.$$

Kapitel 4

Duale Vektorräume

Zu jedem Vektorraum V gehört der Vektorraum aller linearen Abbildungen von V in seinen Skalarkörper; diese Abbildungen heißen auch Linearformen und bilden den zu V dualen Vektorraum V^*. Die Kernräume nicht trivialer Linearformen sind genau die Hyperebenen von V. Bei endlicher Dimension bestimmt jede Basis von V eine Basis des dualen Vektorraumes; sie besteht aus allen Koordinatenformen zur gegebenen Basis. Bei unendlicher Dimension sind diese Koordinatenformen zwar linear unabhängig, spannen aber den dualen Vektorraum V^* nicht auf. Derartige Unterschiede zwischen endlich- und unendlichdimensionalen Vektorräumen treten in diesem Kapitel mehrfach auf.

Im endlichdimensionalen Fall werden Linearformen durch Zeilenvektoren beschrieben. Dementsprechend kann auch die Matrix eines Koordinatenwechsels spalten- und zeilenweise interpretiert werden. Alle Koordinatenmatrizen einer linearen Abbildung bilden eine Klasse äquivalenter Matrizen. Als Anwendung behandeln wir lineare Gleichungssysteme.

Jede Menge von Vektoren aus V bestimmt einen Unterraum des dualen Vektorraumes V^*. Bei endlicher Dimension führen uns diese sogenannten Annullatorräume zu einem Dualitätsprinzip.

Zu jeder linearen Abbildung gehört eine transponierte Abbildung zwischen den zugehörigen dualen Vektorräumen. Kern- und Bildraum der gegebenen Abbildung haben als Annullatorräume genau den Bild- bzw. Kernraum der transponierten Abbildung. Bei endlicher Dimension bekommen wir so eine Interpretation für die Zeilen einer Koordinatenmatrix einer linearen Abbildung.

4.1 Elementare Vorbemerkungen

4.1.1 Wir geben in einer Ebene ein kartesisches Koordinatensystem (O, P_1, P_2) mit Ursprung O vor und betrachten eine lineare Abbildung

$$f : \mathbb{R}^{2\times 1} \to \mathbb{R} : (x_1, x_2)^{\mathrm{T}} \mapsto a_1x_1 + a_2x_2 \text{ mit } (0,0) \neq (a_1, a_2) \in \mathbb{R}^2.$$

Dann wird für jedes $s \in \mathbb{R}$ durch die Gleichung

$$a_1x_1 + a_2x_2 = s$$

eine Gerade beschrieben. Alle diese Geraden sind zueinander parallel. Sie werden auch als *Niveaugeraden* der Funktion f bezeichnet (Abbildung 4.1) und sind nichts anderes als die Fasern von f. Durch jeden Punkt der Ebene geht genau eine solche Niveaugerade. Zur Veranschaulichung von f können einige Niveaugeraden dargestellt werden, wobei neben jeder solchen Geraden der betreffende Funktionswert notiert wird. Analoge Darstellungen nicht linearer Funktionen sind von Landkarten mit Höhenschichtenlinien oder Wetterkarten mit Isobaren bekannt (Abbildung 4.2). Oft werden Punkte mit demselben Funktionswert auch durch dieselbe Farbe gekennzeichnet, etwa bei Falschfarbenbildern zur Illustration der Außenwandtemperatur eines beheizten Hauses.

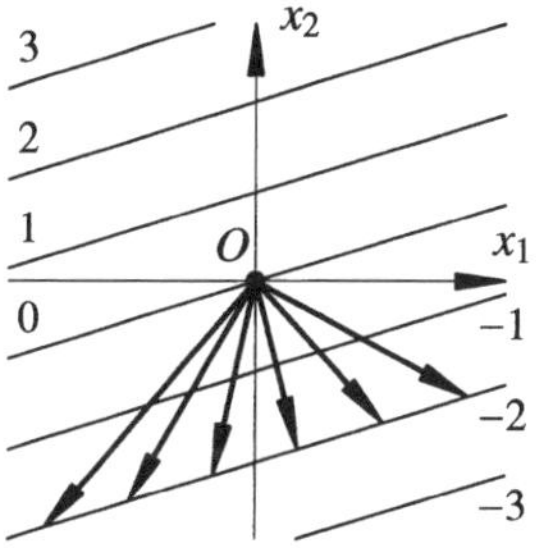

Abbildung 4.1

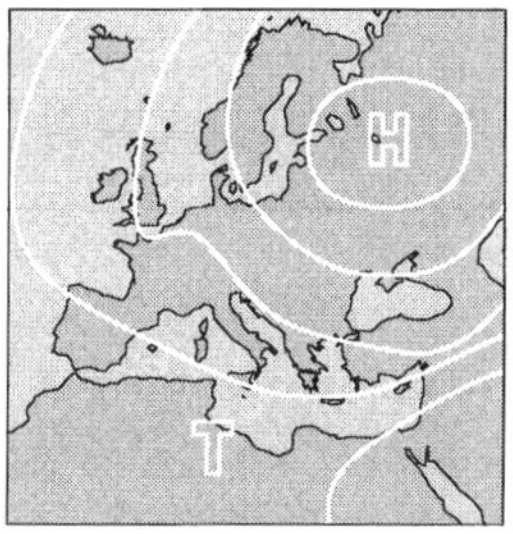

Abbildung 4.2

4.1.2 Analog zu oben wird bei festem Koordinatensystem im Anschauungsraum durch eine lineare Abbildung

$$f : \mathbb{R}^{3\times 1} \to \mathbb{R} : (x_1, x_2, x_3)^{\mathrm{T}} \mapsto a_1x_1 + a_2x_2 + a_3x_3 \text{ mit } (0,0,0) \neq (a_1, a_2, a_3) \in \mathbb{R}^3$$

für jedes $s \in \mathbb{R}$ durch die Gleichung

$$a_1x_1 + a_2x_2 + a_3x_3 = s$$

eine Ebene beschrieben. Alle diese Ebenen sind zueinander parallel und geben die Fasern von f ab. Die Funktion f kann somit durch ihre *Niveauebenen* (Punktmengen gleichen Funktionswertes) veranschaulicht werden.

Jede Gerade im Raum ist Schnitt zweier Ebenen; dementsprechend kann jede Gerade durch zwei Gleichungen der obigen Form beschrieben werden. Umgekehrt bestimmen aber zwei solche Gleichungen nicht stets eine Gerade. Das zeigen zwei zueinander parallele Ebenen. Die Verallgemeinerung der obigen Überlegungen führt uns jetzt zum Studium der linearen Abbildungen eines Vektorraumes in seinen Skalarkörper und in weiterer Folge zur Theorie der linearen Gleichungssysteme.

4.2 Linearformen und Hyperebenen

4.2.1 Ist $\boldsymbol{V}$ ein Vektorraum über K, so können wir auch K als Vektorraum über K auffassen. Es ist $\boldsymbol{E} = (\boldsymbol{e}_1) = (1)$ die kanonische Basis von K, was $\dim K = 1$ ergibt. Nach Satz 3.6.2 ist

$$\boldsymbol{V}^* := \mathrm{L}(\boldsymbol{V}, K)$$

ein Vektorraum. Er heißt der *duale Vektorraum* von $\boldsymbol{V}$. Die Elemente von $\boldsymbol{V}^*$ sind die linearen Abbildungen von $\boldsymbol{V}$ in K; sie werden auch *Linearformen* genannt.

Beispiele 4.2.2

1. Es seien $(\boldsymbol{b}_i)_{i\in I}$ eine Basis von $\boldsymbol{V}$ und $(a_i)_{i\in I}$ eine Familie in K. Nach dem Fortsetzungssatz 3.3.3 gibt es genau ein $f \in \boldsymbol{V}^*$ mit

$$\boldsymbol{b}_i \mapsto a_i \text{ für alle } i \in I.$$

Unter Benützung der Koordinaten eines Vektors $\boldsymbol{x} \in \boldsymbol{V}$ gilt dann

$$\boldsymbol{x} = \sum_{i\in I} x_i \boldsymbol{b}_i \mapsto f(\boldsymbol{x}) = \sum_{i\in I} x_i a_i.$$

2. Setzen wir in Beispiel 1 insbesondere $\boldsymbol{V} = K^{n\times 1}$, und wählen wir für $(\boldsymbol{b}_i)_{i\in I}$ die kanonische Basis von $K^{n\times 1}$, so erhalten wir die Linearform

$$(x_1, x_2, \ldots, x_n)^{\mathrm{T}} \mapsto x_1 a_1 + x_2 a_2 + \cdots + x_n a_n.$$

3. Wir setzen in Beispiel 1 nun $K = \mathbb{Q}$ und fassen $(\boldsymbol{b}_i)_{i\in I}$ als Familie der in einem Supermarkt erhältlichen Artikel auf. Es ist dann $\boldsymbol{V}$ ein endlichdimensionaler Vektorraum, dessen Dimension vom aktuellen Sortiment abhängt. Die Abbildung $\boldsymbol{b}_i \mapsto a_i$ möge den Preis eines Artikels beschreiben (Preisliste). Die so festgelegte Linearform $f \in \boldsymbol{V}^*$ wird dann an der Kasse auf den im Einkaufswagen befindlichen Vektor $\boldsymbol{x}$ (Linearkombination der Basisvektoren) angewendet. Der Funktionswert $f(\boldsymbol{x})$ ist am Kassenbon abzulesen und an der Kasse zu bezahlen.

4. Sei $\mathrm{C}^0(I)$ der Vektorraum aller auf einem abgeschlossenen Intervall $I = [a, b] \subset \mathbb{R}$ stetigen Funktionen $I \to \mathbb{R}$, wobei $a \leq b$. Jede Funktion $g \in \mathrm{C}^0(I)$ besitzt ein bestimmtes Integral $\int_a^b g(x)\mathrm{d}x \in \mathbb{R}$. Es ist

$$\int_a^b (\,\cdot\,)\mathrm{d}x : \mathrm{C}^0(I) \to \mathbb{R} : g \mapsto \int_a^b g(x)\mathrm{d}x$$

eine Linearform $\mathrm{C}^0(I) \to \mathbb{R}$, denn für alle $g, h \in \mathrm{C}^0(I)$ und alle $c \in \mathbb{R}$ gilt

$$\int_a^b (g + ch)(x)\mathrm{d}x = \int_a^b g(x)\mathrm{d}x + c\int_a^b h(x)\mathrm{d}x.$$

Das ist eine aus der Analysis bekannte Regel.

5. Sei K^M die Menge aller Abbildungen einer Menge $M \neq \emptyset$ in K. Wir wählen $t \in M$ beliebig, aber fest. Dann ist die *Evaluierungsabbildung*

$$v_t : K^M \to K : g \mapsto g(t)$$

– jede Funktion g wird an der Stelle t ausgewertet – eine lineare Abbildung, da für alle $g, h \in K^M$ und alle $c \in K$ gilt, dass

$$v_t(g + ch) = (g + ch)(t) = g(t) + ch(t) = v_t(g) + cv_t(h).$$

An die Stelle von K^M kann auch ein beliebiger Unterraum von K^M treten, etwa der Unterraum $K^{\langle M\rangle}$.

Die Beispiele 4 und 5 sind insofern bemerkenswert, als hier Linearformen festgelegt werden, ohne dass auf eine Angabe mit Hilfe des Fortsetzungssatzes zurückgegriffen wird.

4.2.3 Wir bezeichnen eine Linearform im Folgenden meist so wie einen Vektor mit einem kleinen fett gedruckten Buchstaben, dem aber oben rechts ein Stern hinzugefügt wird, z. B. $\boldsymbol{a}^* : \boldsymbol{V} \to K$. Weiters führen wir für das Bild eines Vektors $\boldsymbol{x} \in \boldsymbol{V}$ unter $\boldsymbol{a}^* \in \boldsymbol{V}^*$ eine modifizierte Schreibweise ein, die uns schon in 3.4.1 begegnet ist: Die Abbildung

$$\langle \cdot, \cdot \rangle : \boldsymbol{V}^* \times \boldsymbol{V} \to K : (\boldsymbol{a}^*, \boldsymbol{x}) \mapsto \langle \boldsymbol{a}^*, \boldsymbol{x} \rangle := \boldsymbol{a}^*(\boldsymbol{x})$$

heißt die *kanonische Paarung* von $\boldsymbol{V}^*$ und $\boldsymbol{V}$. Diese Schreibweise unterstreicht die Tatsache, dass sowohl $\boldsymbol{V}^*$ als auch $\boldsymbol{V}$ Vektorräume sind. Die Rechenregeln

$$\langle \boldsymbol{a}^* + c\boldsymbol{b}^*, \boldsymbol{x} \rangle = \langle \boldsymbol{a}^*, \boldsymbol{x} \rangle + c\langle \boldsymbol{b}^*, \boldsymbol{x} \rangle, \tag{4.1}$$

$$\langle \boldsymbol{a}^*, \boldsymbol{x} + c\boldsymbol{y} \rangle = \langle \boldsymbol{a}^*, \boldsymbol{x} \rangle + c\langle \boldsymbol{a}^*, \boldsymbol{y} \rangle, \tag{4.2}$$

gelten für alle $\boldsymbol{x}, \boldsymbol{y} \in \boldsymbol{V}$, $\boldsymbol{a}^*, \boldsymbol{b}^* \in \boldsymbol{V}^*$ und alle $c \in K$. Sie folgen einerseits aus der Definition der Abbildung $\boldsymbol{a}^* + c\boldsymbol{b}^* \in \boldsymbol{V}^*$ bzw. andererseits aus der Linearität von $\boldsymbol{a}^*$. Wir sagen auch, die kanonische Paarung sei linear in jedem der beiden Argumente. Diese Eigenschaft lässt eine gewisse Symmetrie in der Rolle von $\boldsymbol{V}$ und $\boldsymbol{V}^*$ vermuten, die jedoch nicht immer gegeben sein wird. Beachte: Zuerst ist $\boldsymbol{V}$ da, dann erst kommt $\boldsymbol{V}^*$ ins Spiel.

4.2.4 Nach Satz 3.2.4 ist $\langle \boldsymbol{a}^*, \boldsymbol{V} \rangle$ für jede Linearform $\boldsymbol{a}^* \in \boldsymbol{V}^*$ ein Unterraum von K. Wegen $\dim K = 1$ sind nur zwei Fälle möglich.

Fall 1: $\langle \boldsymbol{a}^*, \boldsymbol{V} \rangle = \{0\} \Leftrightarrow \ker \boldsymbol{a}^* = \boldsymbol{V} \Leftrightarrow \operatorname{rg} \boldsymbol{a}^* = 0$. In diesem Fall heißt $\boldsymbol{a}^* =: \boldsymbol{o}^*$ eine *triviale Linearform* oder *Nullform*.

Fall 2: $\langle \boldsymbol{a}^*, \boldsymbol{V} \rangle = K \Leftrightarrow \ker \boldsymbol{a}^* \neq \boldsymbol{V} \Leftrightarrow \operatorname{rg} \boldsymbol{a}^* = 1$. Nun heißt der Unterraum $\ker \boldsymbol{a}^*$ eine *Hyperebene* von $\boldsymbol{V}$.

Der folgende Satz charakterisiert die Hyperebenen eines Vektorraumes:

Satz 4.2.5 *Ein Unterraum eines Vektorraumes $\boldsymbol{V}$ ist genau dann eine Hyperebene, falls er mindestens einen eindimensionalen Komplementärraum besitzt.*

Beweis. (a) Ist $\boldsymbol{a}^* \in \boldsymbol{V}^*$ eine nicht triviale Linearform, so folgt $\ker \boldsymbol{a}^* \neq \boldsymbol{V}$. Für einen beliebig gewählten komplementären Unterraum $\boldsymbol{T}$ gilt daher $\dim \boldsymbol{T} \geq 1$. Da $\boldsymbol{a}^*|\boldsymbol{T}$ injektiv ist, folgt mit Satz 3.2.6 (a) $\dim \boldsymbol{T} = \dim \langle \boldsymbol{a}^*, \boldsymbol{T} \rangle \leq \dim K = 1$, was insgesamt $\dim \boldsymbol{T} = 1$ liefert.

(b) Hat ein Unterraum $\boldsymbol{H}$ von $\boldsymbol{V}$ ein eindimensionales Komplement $\boldsymbol{T}$, so ist $\boldsymbol{H}$ der Kern der Projektion p von $\boldsymbol{V}$ auf $\boldsymbol{T}$ in Richtung $\boldsymbol{H}$. Wegen $\dim \boldsymbol{T} = 1$ existiert nach Satz 3.4.4 mindestens eine lineare Bijektion $g : \boldsymbol{T} \to K$. Dann ist $g \circ p : \boldsymbol{V} \to K$ eine nicht triviale Linearform mit dem Kern $\boldsymbol{H}$, also $\boldsymbol{H}$ eine Hyperebene. □

Nach Beweisteil (a) ist *jeder* Komplementärraum einer Hyperebene eindimensional. Für $\dim \boldsymbol{V} = n < \infty$ sind die Hyperebenen nach der Rangformel genau die Unterräume mit Dimension $n - 1$. Für $\dim \boldsymbol{V} = 0$ gibt es keine Hyperebenen.

4.2.6 Als Wiederholung besprechen wir die Koordinatendarstellung einer Linearform. Es seien $\boldsymbol{B} = (\boldsymbol{b}_1, \boldsymbol{b}_2, \dots, \boldsymbol{b}_n)$ eine Basis von $\boldsymbol{V}$ und $\boldsymbol{E} = (\boldsymbol{e}_1) = (1)$ die kanonische Basis von K. Eine andere Basiswahl in K wollen wir hier nicht betrachten. Es ist dann $\boldsymbol{E}^* = (\boldsymbol{e}_1^*) = (\mathrm{id}_K)$, wenn wir $K^{1\times 1}$ mit K identifizieren. Die Koordinatendarstellung einer Linearform $\boldsymbol{a}^* \in \boldsymbol{V}^*$ beruht auf folgendem kommutativen Diagramm:

$$\begin{array}{ccc} \boldsymbol{V} & \xrightarrow{\ \boldsymbol{a}^*\ } & K \\ {\scriptstyle \boldsymbol{B}^*}\downarrow & & \downarrow{\scriptstyle \mathrm{id}_K} \\ K^{n\times 1} & \xrightarrow[\mathrm{id}_K \circ \boldsymbol{a}^* \circ (\boldsymbol{B}^*)^{-1}]{} & K \end{array}$$

Wir erhalten (unter Vermeidung von Doppelindizes) die Zeile

$$\langle \boldsymbol{E}^*, \langle \boldsymbol{a}^*, \boldsymbol{B}\rangle\rangle = \langle \boldsymbol{a}^*, \boldsymbol{B}\rangle = (\langle \boldsymbol{a}^*, \boldsymbol{b}_1\rangle, \langle \boldsymbol{a}^*, \boldsymbol{b}_2\rangle, \ldots, \langle \boldsymbol{a}^*, \boldsymbol{b}_n\rangle) =: (a_1, a_2, \ldots, a_n)$$

als Koordinatenmatrix von $\boldsymbol{a}^*$ (Abbildung 4.3). Wir können dann für $\boldsymbol{x} \in \boldsymbol{V}$ mit $\langle \boldsymbol{B}^*, \boldsymbol{x}\rangle = (x_1, x_2, \ldots, x_n)^{\mathrm{T}}$ die kanonische Paarung wie folgt als Matrizenprodukt schreiben:

$$\langle \boldsymbol{a}^*, \boldsymbol{x}\rangle = \langle \boldsymbol{a}^*, \boldsymbol{B}\rangle \cdot \langle \boldsymbol{B}^*, \boldsymbol{x}\rangle = a_1x_1 + a_2x_2 + \cdots + a_nx_n.$$

Die *Gleichung*

$$\langle \boldsymbol{a}^*, \boldsymbol{x}\rangle = 0$$

beschreibt also für festes $\boldsymbol{a}^* \neq \boldsymbol{o}^*$ koordinatenfrei die Hyperebene $\ker \boldsymbol{a}^*$. Unter Benützung der oben eingeführten Koordinaten lautet diese Gleichung dann

$$a_1x_1 + a_2x_2 + \cdots + a_nx_n = 0,$$

wobei $(a_1, a_2, \ldots, a_n) \neq (0, 0, \ldots, 0)$.

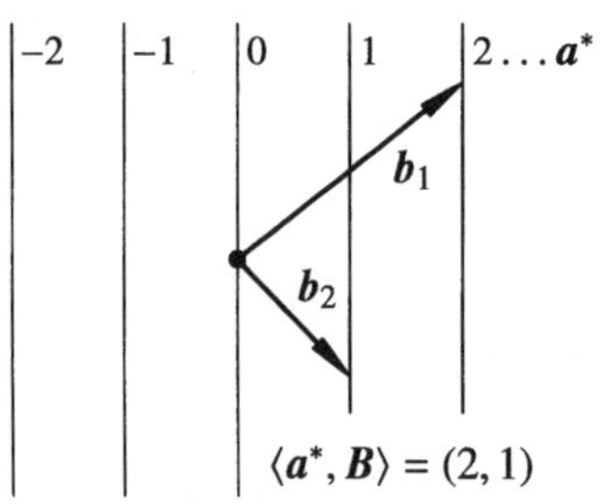

Abbildung 4.3

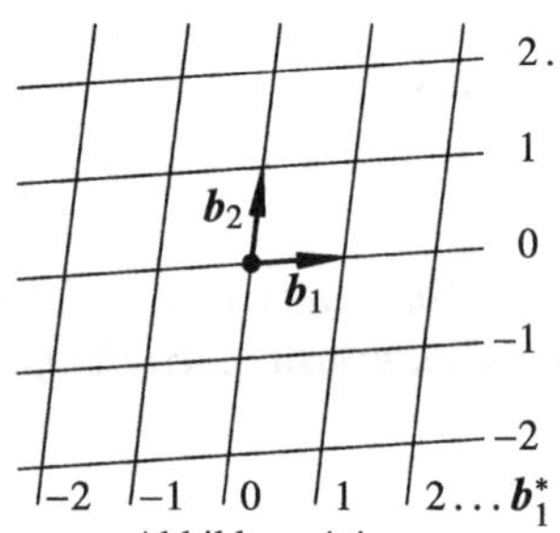

Abbildung 4.4

Beispiele 4.2.7 Mit Hilfe von Linearformen und Vektoren lassen sich gewisse Typen linearer Abbildungen eines Vektorraumes $\boldsymbol{V}$ in einen Vektorraum $\boldsymbol{W}$ einfach beschreiben.

1. Es seien eine Linearform $\boldsymbol{a}^* \in \boldsymbol{V}^*$ und ein Vektor $\boldsymbol{w} \in \boldsymbol{W}$ gegeben. Dann ist die Abbildung

   $$f : \boldsymbol{V} \to \boldsymbol{W} : \boldsymbol{x} \mapsto \langle \boldsymbol{a}^*, \boldsymbol{x}\rangle \boldsymbol{w}$$

   linear, da sie Produkt der Linearform $\boldsymbol{a}^*$ mit der linearen Abbildung $K \to \boldsymbol{W} : x \mapsto x\boldsymbol{w}$ ist. Für $\boldsymbol{a}^* \neq \boldsymbol{o}^*$ und $\boldsymbol{w} \neq \boldsymbol{o}$ ist $\ker f = \ker \boldsymbol{a}^*$ eine Hyperebene und $f(\boldsymbol{V}) = [\boldsymbol{w}]$ eindimensional. In jedem anderen Fall liegt mit f die Nullabbildung $\boldsymbol{V} \to \boldsymbol{W}$ vor.

2. Für $\boldsymbol{a}^* \in \boldsymbol{V}^*$, $\boldsymbol{v} \in \boldsymbol{V}$ und $\langle \boldsymbol{a}^*, \boldsymbol{v}\rangle \neq 0$ ist $\boldsymbol{V} = [\boldsymbol{v}] \oplus \ker \boldsymbol{a}^*$. Wir bezeichnen die Hyperebene $\ker \boldsymbol{a}^*$ mit $\boldsymbol{H}$. Die Abbildung

   $$p : \boldsymbol{V} \to \boldsymbol{V} : \boldsymbol{x} \mapsto \frac{\langle \boldsymbol{a}^*, \boldsymbol{x}\rangle}{\langle \boldsymbol{a}^*, \boldsymbol{v}\rangle} \boldsymbol{v}$$

ist die Projektion von $\boldsymbol{V}$ auf $[\boldsymbol{v}]$ in Richtung $\boldsymbol{H}$: Zerlegen wir nämlich den Vektor $\boldsymbol{x}$ in seine beiden Anteile, also $\boldsymbol{x} = x\boldsymbol{v} + \boldsymbol{h}$ mit $x \in K$ und $\boldsymbol{h} \in \boldsymbol{H}$, so folgt in der Tat $p(\boldsymbol{x}) = xp(\boldsymbol{v}) = x\boldsymbol{v}$. Wir erkennen daraus, dass für beliebiges $c \in K$ die lineare Abbildung

$$\mathrm{id}_V + (c-1)p : \boldsymbol{V} \to \boldsymbol{V} : \boldsymbol{x} \mapsto \boldsymbol{x} + (c-1)\frac{\langle \boldsymbol{a}^*, \boldsymbol{x}\rangle}{\langle \boldsymbol{a}^*, \boldsymbol{v}\rangle}\boldsymbol{v}$$

alle Vektoren der Hyperebene $\boldsymbol{H}$ fest lässt und $\boldsymbol{v} \mapsto c\boldsymbol{v}$ leistet. Genau für $c = 0$ erhalten wir die Projektion auf $\boldsymbol{H}$ in Richtung $[\boldsymbol{v}]$, bei $c \neq 0$ sind die zu c und c^{-1} gehörenden Abbildungen zueinander invers. Insbesondere für $\mathrm{Char}\, K \neq 2$ und $c = -1$ liegt mit $\mathrm{id}_V - 2p$ eine Involution vor. Vgl. 3.6.3 Beispiele 1 und 3.

3. Für $\boldsymbol{a}^* \in \boldsymbol{V}^* \setminus \{\boldsymbol{o}^*\}$, $\boldsymbol{v} \in \boldsymbol{V} \setminus \{\boldsymbol{o}\}$ und $\langle \boldsymbol{a}^*, \boldsymbol{v}\rangle = 0$ liegt $[\boldsymbol{v}]$ in der Hyperebene $\ker \boldsymbol{a}^* =: \boldsymbol{H}$. Die Abbildung

$$g : \boldsymbol{V} \to \boldsymbol{V} : \boldsymbol{x} \mapsto \langle \boldsymbol{a}^*, \boldsymbol{x}\rangle \boldsymbol{v}$$

ist keine Projektion, vielmehr ist $g \circ g$ die Nullabbildung. Für beliebiges $c \in K$ lässt die lineare Abbildung

$$\mathrm{id}_V + cg : \boldsymbol{V} \to \boldsymbol{V} : \boldsymbol{x} \mapsto \boldsymbol{x} + c\langle \boldsymbol{a}^*, \boldsymbol{x}\rangle \boldsymbol{v}$$

alle Vektoren der Hyperebene $\boldsymbol{H}$ fest. Die zu c und $-c$ gehörenden Abbildungen sind zueinander invers. Insbesondere für $\mathrm{Char}\, K = 2$ und $c \neq 0$ liegt mit $\mathrm{id}_V + cg$ eine Involution vor, da $c + c = 0$.

Aufgaben

A 4.2.1 Ein Glas Sekt, drei Glas Rotwein und sieben belegte Brote kosten 33 Euro; ein Glas Sekt, vier Glas Rotwein und zehn belegte Brote kosten 44 Euro.

(a) Was kosten ein Glas Sekt, ein Glas Rotwein und ein belegtes Brot?

(b) Was kosten zwei Glas Sekt, drei Glas Rotwein und fünf belegte Brote?

(c) Ist es auch möglich, die Frage nach dem Preis eines Glases Sekt zu beantworten?

A 4.2.2 Sei $\boldsymbol{B} = (\boldsymbol{b}_1, \boldsymbol{b}_2)$ eine Basis eines Vektorraumes $\boldsymbol{V}$ über $\mathbb{R}$.

(a) Zeige die Existenz genau einer Linearform $\boldsymbol{a}^* \in \boldsymbol{V}^*$ mit $\langle \boldsymbol{a}^*, \boldsymbol{b}_1 + \boldsymbol{b}_2\rangle = a_1$, $\langle \boldsymbol{a}^*, \boldsymbol{b}_2 - \boldsymbol{b}_1\rangle = a_2$ zu einer der folgenden Angaben: (α) $(a_1, a_2) = (7, 3)$; (β) $(a_1, a_2) = (2, 3)$; (γ) $(a_1, a_2) = (4, 2)$. Berechne dazu die Koordinatenmatrix $\langle \boldsymbol{a}^*, \boldsymbol{B}\rangle$.

(b) Bestimme Basen von $\ker \boldsymbol{a}^*$ und $\boldsymbol{a}^*(\boldsymbol{V})$ sowie die Zahlen $\mathrm{rg}\, \boldsymbol{a}^*$ und $\mathrm{def}\, \boldsymbol{a}^*$.

(c) Veranschauliche die Fasern von $\boldsymbol{a}^*$, also die Nebenklassen von $\ker \boldsymbol{a}^*$, in einer Skizze.

4.3 Duale Basen

4.3.1 Sei $\boldsymbol{B} = (\boldsymbol{b}_j)_{j \in I}$ eine Basis eines Vektorraumes $\boldsymbol{V}$. Durch diese Basis ist die Familie $\boldsymbol{B}^* = (\boldsymbol{b}_i^*)_{i \in I}$ der zugehörigen Koordinatenformen mitbestimmt; vgl. 3.4.1. Da die Koordinatenformen linear sind, gehören sie dem dualen Vektorraum $\boldsymbol{V}^*$ an. Wir untersuchen nun, ob mit $\boldsymbol{B}^*$ eine Basis von $\boldsymbol{V}^*$ vorliegt. Dabei verwenden wir die folgende Formel zur Berechnung der i-ten Koordinate des j-ten Basisvektors (Abbildung 4.4):

$$\langle \boldsymbol{b}_i^*, \boldsymbol{b}_j\rangle = \delta_{ij} \quad \text{für alle } i, j \in I. \tag{4.3}$$

Satz 4.3.2 *Es seien V ein Vektorraum und $\boldsymbol{B} = (\boldsymbol{b}_j)_{j\in I}$ eine Basis von V. Die Familie $\boldsymbol{B}^* = (\boldsymbol{b}_i^*)_{i\in I}$ der zugehörigen Koordinatenformen ist linear unabhängig; sie ist genau dann eine Basis von V^*, wenn V endlichdimensional ist.*

Beweis. (a) Wir gehen von einer beliebigen Linearkombination $\boldsymbol{a}^* = \sum_{i\in I} a_i \boldsymbol{b}_i^*$ mit $a_i \in K$ aus und berechnen mit Hilfe von (4.3) für festes $j \in I$ den Funktionswert

$$\langle \boldsymbol{a}^*, \boldsymbol{b}_j\rangle = \Big\langle \sum_{i\in I} a_i \boldsymbol{b}_i^*, \boldsymbol{b}_j\Big\rangle = \sum_{i\in I} a_i \langle \boldsymbol{b}_i^*, \boldsymbol{b}_j\rangle = \sum_{i\in I} a_i \delta_{ij} = a_j. \tag{4.4}$$

Wir führen die obige Rechnung jetzt für $\boldsymbol{a}^* := \boldsymbol{o}^*$ durch. Daraus erkennen wir $0 = \langle \boldsymbol{o}^*, \boldsymbol{b}_j\rangle = a_j$ für alle $j \in I$. Die Nullform $\boldsymbol{o}^*$ kann also nur in trivialer Weise aus $\boldsymbol{B}^*$ linear kombiniert werden. Die Familie $\boldsymbol{B}^*$ ist somit l. u.

(b) Für $\dim V = n < \infty$ gilt $\dim V^* = \dim V \cdot \dim K = n \cdot 1 = n$ nach Satz 3.6.4. Wegen $\#I = n$ ist $\boldsymbol{B}^*$ eine Basis von V^*.

(c) Sei $\dim V$ zunächst beliebig und $\boldsymbol{a}^* = \sum_{i\in I} a_i \boldsymbol{b}_i^*$ eine Linearkombination; es gilt also $a_j = 0$ für fast alle $j \in I$. Nach (4.4) ordnet jede solche Linearform $\boldsymbol{a}^*$ daher *fast allen* Vektoren der Basis $\boldsymbol{B}$ die Zahl Null zu. Ist nun aber $\dim V$ unendlich, so gibt es nach dem Fortsetzungssatz 3.3.3 eine Linearform $\boldsymbol{c}^* \in V^*$, die durch

$$\langle \boldsymbol{c}^*, \boldsymbol{b}_j\rangle = 1 \quad \text{für alle} \quad j \in I$$

erklärt ist. Da I jetzt unendlich ist, liegt $\boldsymbol{c}^*$ nicht in der Hülle von $\boldsymbol{B}^*$. □

Soll für eine Linearform $\boldsymbol{a}^* \in V^*$ überprüft werden, ob sie sich als Linearkombination von $\boldsymbol{B}^*$ darstellen lässt, so betrachten wir für alle $j \in I$ die Skalare $\langle \boldsymbol{a}^*, \boldsymbol{b}_j\rangle =: a_j$. Genau dann, wenn die Bedingung

$$a_j = 0 \quad \text{für fast alle} \quad j \in I \tag{4.5}$$

erfüllt ist, liegt $\boldsymbol{a}^*$ in der Hülle von $\boldsymbol{B}^*$. In diesem Fall gilt dann $\boldsymbol{a}^* = \sum_{i\in I} a_i \boldsymbol{b}_i^*$. Hat V endliche Dimension, so ist für jede Linearform $\boldsymbol{a}^* \in V^*$ die Bedingung (4.5) in trivialer Weise erfüllt, da hier I endlich ist.

4.3.3 Ist $\boldsymbol{B} = (\boldsymbol{b}_j)_{j\in I}$ eine Basis eines endlichdimensionalen Vektorraumes V, so wird die von den Koordinatenformen $(\boldsymbol{b}_i^*)_{i\in I}$ gebildete Basis $\boldsymbol{B}^*$ von V^* die zu $\boldsymbol{B}$ *duale Basis* genannt. Bei gegebener Basis $\boldsymbol{B} = (\boldsymbol{b}_1, \boldsymbol{b}_2, \ldots, \boldsymbol{b}_n)$ sind für jede Linearform $\boldsymbol{a}^* \in V^*$ wegen

$$\langle \boldsymbol{a}^*, \boldsymbol{B}\rangle = (\langle \boldsymbol{a}^*, \boldsymbol{b}_1\rangle, \langle \boldsymbol{a}^*, \boldsymbol{b}_2\rangle, \ldots, \langle \boldsymbol{a}^*, \boldsymbol{b}_n\rangle) =: (a_1, a_2, \ldots, a_n)$$

die Elemente der Koordinatenmatrix $\langle \boldsymbol{a}^*, \boldsymbol{B}\rangle$ genau die Koordinaten von $\boldsymbol{a}^*$ bezüglich der dualen Basis. Vgl. Abbildung 4.3. Die Koordinaten bezüglich der dualen Basis treten daher bei dieser Schreibweise als die Elemente eines Zeilenvektors auf. Ist $\boldsymbol{a}^*$ insbesondere die i-te Koordinatenform, also der i-te Vektor der dualen Basis, so ist seine Koordinatenmatrix der i-te Vektor der kanonischen Basis von $K^{1\times n}$.

Beispiele 4.3.4

1. Gegeben sei die Basis

$$\boldsymbol{b}_1 = \begin{pmatrix} 1 \\ 0 \end{pmatrix}, \quad \boldsymbol{b}_2 = \begin{pmatrix} 1 \\ 1 \end{pmatrix}$$

von $\mathbb{R}^{2\times 1}$. Ferner sei die Linearform $\boldsymbol{a}^* : \mathbb{R}^{2\times 1} \to \mathbb{R}$ gegeben durch

$$\langle \boldsymbol{a}^*, \boldsymbol{b}_1\rangle = 4, \quad \langle \boldsymbol{a}^*, \boldsymbol{b}_2\rangle = 6.$$

Um die Koordinatenmatrix von $\boldsymbol{a}^*$ bezüglich der kanonischen Basen $\boldsymbol{E} = (\boldsymbol{e}_1, \boldsymbol{e}_2)$ und (1) von $\mathbb{R}^{2\times 1}$ bzw. $\mathbb{R}$ zu erhalten, wenden wir elementare Spaltenumformungen an:

$$\boldsymbol{a}^* \Big\downarrow \quad \begin{array}{cc|cc} 1 & 1 & 1 & 0 \\ 0 & 1 & 0 & 1 \\ \hline 4 & 6 & 4 & 2 \end{array}$$

Das zeigt

$$\langle \boldsymbol{a}^*, \boldsymbol{E} \rangle = (4, 2) \in \mathbb{R}^{1\times 2},$$

was zu $\boldsymbol{a}^* = 4\boldsymbol{e}_1^* + 2\boldsymbol{e}_2^*$ gleichwertig ist. Somit ist $4x_1 + 2x_2 = 0$ eine Gleichung von $\ker \boldsymbol{a}^*$. Ein gleichartiger Ansatz gestattet die Bestimmung der zu $\boldsymbol{B}$ dualen Basis: Wir schreiben in den beiden Zeilen unterhalb der doppelten Trennlinie die Bilder von $\boldsymbol{B}$ unter den Linearformen $\boldsymbol{b}_1^*$ und $\boldsymbol{b}_2^*$:

$$\boldsymbol{b}_1^* \Big\downarrow \quad \boldsymbol{b}_2^* \Big\downarrow \quad \begin{array}{cc|cc} 1 & 1 & 1 & 0 \\ 0 & 1 & 0 & 1 \\ \hline\hline 1 & 0 & 1 & -1 \\ \hline 0 & 1 & 0 & 1 \end{array}$$

Rechts unten können dann die Matrizen $\langle \boldsymbol{b}_1^*, \boldsymbol{E} \rangle = (1, -1)$ und $\langle \boldsymbol{b}_2^*, \boldsymbol{E} \rangle = (0, 1)$ abgelesen werden. Das Beispiel zeigt nebenbei, dass die Bestimmung der dualen Basis einfach auf das Invertieren einer Matrix hinausläuft, wobei aber die Ausgangsmatrix spaltenweise und die inverse Matrix zeilenweise zu lesen ist.

2. Wir betrachten jenen Unterraum $\boldsymbol{T} \subset \mathrm{C}^0(\mathbb{R})$, der von den Funktionen

$$f_j : \mathbb{R} \to \mathbb{R} : x \mapsto x^j \quad \text{für} \quad j \in \mathbb{N}$$

aufgespannt wird. Mit $(f_j)_{j\in\mathbb{N}}$ liegt nach A 3.2.4 eine Basis von $\boldsymbol{T}$ vor. Die i-te Koordinatenform ordnet jeder Funktion

$$\sum_{j\in\mathbb{N}} c_j f_j : \mathbb{R} \to \mathbb{R} : x \mapsto \sum_{j\in\mathbb{N}} c_j x^j$$

die Zahl $c_i \in \mathbb{R}$ zu. Die Linearform

$$\int_0^1 (\,\cdot\,)\mathrm{d}x : \boldsymbol{T} \to \mathbb{R} : f \mapsto \int_0^1 f(x)\mathrm{d}x$$

ordnet *allen* Basisfunktionen einen Wert $\neq 0$ zu, da

$$\int_0^1 x^j \mathrm{d}x = \frac{1}{j+1} \neq 0 \quad \text{für alle} \quad j \in \mathbb{N}.$$

Die Evaluierungsabbildung $v_1 : \boldsymbol{T} \to \mathbb{R} : f \mapsto f(1)$ ordnet ebenfalls *allen* Basisfunktionen einen Wert $\neq 0$ zu, da $f_j(1) = 1$ für alle $j \in \mathbb{N}$. Diese beiden Linearformen lassen sich daher aus den Koordinatenformen nicht linear kombinieren.

Die Evaluierungsabbildung v_0 leistet $f_j \mapsto 0$ für fast alle $j \in \mathbb{N}$. Nur für $j = 0$ gilt $f_0 \mapsto 1$. In der Tat ist v_0 die Koordinatenform zum Index $j = 0$. (Die anderen Koordinatenformen sind keine Evaluierungsabbildungen.)

Bemerkung 4.3.5 Jeder Vektorraum $\boldsymbol{V}$ ist nach 3.4.1 linear isomorph zu einem Vektorraum $K^{(I)}$. Es lässt sich leicht zeigen, dass dann $\boldsymbol{V}^*$ linear isomorph zu K^I ist. Bei endlicher Indexmenge I gilt $K^{(I)} = K^I$. Bei unendlicher Indexmenge sind $K^{(I)}$ und K^I niemals linear isomorph, wie ohne Beweis mitgeteilt sei.

Aufgaben

A 4.3.1 Es seien V ein Vektorraum über K und $\boldsymbol{B} = (\boldsymbol{b}_1, \boldsymbol{b}_2, \boldsymbol{b}_3)$ eine Basis von V.

(a) Zeige: Für alle $t \in K$ bilden $\boldsymbol{c}_{1,t} := \boldsymbol{b}_1$, $\boldsymbol{c}_{2,t} := \boldsymbol{b}_1 + \boldsymbol{b}_2$, $\boldsymbol{c}_{3,t} := t\boldsymbol{b}_1 + \boldsymbol{b}_2 + \boldsymbol{b}_3$ eine Basis $\boldsymbol{C}_t := (\boldsymbol{c}_{1,t}, \boldsymbol{c}_{2,t}, \boldsymbol{c}_{3,t})$ von V.

(b) Bestimme die zu $\boldsymbol{C}_t$ duale Basis $\boldsymbol{C}_t^* = (\boldsymbol{c}_{1,t}^*, \boldsymbol{c}_{2,t}^*, \boldsymbol{c}_{3,t}^*)$.

Anleitung: Erfasse Vektoren $\boldsymbol{x} \in V$ durch ihre Koordinatenspalten $\langle \boldsymbol{B}^*, \boldsymbol{x}\rangle$ und Linearformen $\boldsymbol{a}^* \in V^*$ durch ihre Koordinatenmatrizen $\langle \boldsymbol{a}^*, \boldsymbol{B}\rangle$.

A 4.3.2 Im Vektorraum $\mathbb{R}^{(\mathbb{N})}$ sei die kanonische Basis $(\boldsymbol{e}_n)_{n\in\mathbb{N}}$ mit $\boldsymbol{e}_n = (\delta_{in})_{i\in\mathbb{N}}$ gegeben.

(a) Zeige, dass die Familie $(\boldsymbol{b}_j)_{j\in\mathbb{N}}$ mit

$$\boldsymbol{b}_0 := (1,0,0,0,\ldots),\quad \boldsymbol{b}_1 := (-1,1,0,\ldots),\quad \boldsymbol{b}_2 := (0,-1,1,0,\ldots),\quad \ldots$$

ebenfalls eine Basis von $\mathbb{R}^{(\mathbb{N})}$ ist.

(b) Berechne $\langle \boldsymbol{b}_j^*, (a_i)_{i\in\mathbb{N}}\rangle \in \mathbb{R}$ und gib an, welche der Linearformen $\boldsymbol{b}_j^*$ in der Hülle von $(\boldsymbol{e}_n^*)_{n\in\mathbb{N}}$ liegen.

Hinweis: $\langle \boldsymbol{b}_0^*, (a_i)_{i\in\mathbb{N}}\rangle = \sum_{i\in\mathbb{N}} a_i$. Warum ist diese Summe endlich?

A 4.3.3 Fortsetzung von A 4.3.2: Zeige, dass die Abbildung $f : (\mathbb{R}^{(\mathbb{N})})^* \to \mathbb{R}^{\mathbb{N}} : \boldsymbol{a}^* \mapsto (\langle \boldsymbol{a}^*, \boldsymbol{e}_n\rangle)_{n\in\mathbb{N}}$ eine lineare Bijektion ist. ($\mathbb{R}^{\mathbb{N}}$ ist der Vektorraum *aller* Folgen $\mathbb{N} \to \mathbb{R}$.)

Bemerkung: Damit ist die Tatsache, dass ein unendlichdimensionaler Vektorraum und sein dualer Vektorraum niemals linear isomorph sind, zwar nicht bewiesen, aber vielleicht ein wenig plausibel gemacht.

4.4 Koordinatenwechsel

4.4.1 Wir haben bisher beim Rechnen mit Koordinaten immer eine feste Basis vorausgesetzt. Oft ist es aber notwendig, von einer Koordinatendarstellung auf andere Koordinaten umzurechnen. Das nötige Handwerkszeug haben wir schon entwickelt, es müssen nur die betreffenden Sätze richtig eingesetzt werden. Wir setzen im Folgenden einen Vektorraum V mit $\dim V = n < \infty$ voraus.

Sind $\boldsymbol{B}$ und $\tilde{\boldsymbol{B}}$ Basen von V, so heißt die lineare Bijektion

$$\tilde{\boldsymbol{B}}^* \circ (\boldsymbol{B}^*)^{-1} : K^{n\times 1} \to K^{n\times 1}$$

ein *Koordinatenwechsel*. Wegen

$$\tilde{\boldsymbol{B}}^* \circ (\boldsymbol{B}^*)^{-1} = \tilde{\boldsymbol{B}}^* \circ \mathrm{id}_V \circ (\boldsymbol{B}^*)^{-1}$$

können wir einen Koordinatenwechsel als Koordinatendarstellung der Identität von V bezüglich der beiden Basen $\boldsymbol{B}$ und $\tilde{\boldsymbol{B}}$ interpretieren. Die Matrix

$$\langle \tilde{\boldsymbol{B}}^*, \mathrm{id}_V(\boldsymbol{B})\rangle = \langle \tilde{\boldsymbol{B}}^*, \boldsymbol{B}\rangle \in \mathrm{GL}_n(K)$$

heißt die zum Koordinatenwechsel gehörige *Transformationsmatrix*. Die Koordinatentransformation $\langle \boldsymbol{B}^*, \boldsymbol{x}\rangle \mapsto \langle \tilde{\boldsymbol{B}}^*, \boldsymbol{x}\rangle$ ist daher durch

$$\langle \tilde{\boldsymbol{B}}^*, \boldsymbol{B}\rangle \cdot \langle \boldsymbol{B}^*, \boldsymbol{x}\rangle = \langle \tilde{\boldsymbol{B}}^*, \boldsymbol{x}\rangle$$

gegeben. Die Transformationsmatrix hat die Form

$$\langle \tilde{\boldsymbol{B}}^*, \boldsymbol{B}\rangle = \begin{pmatrix} \langle \tilde{\boldsymbol{b}}_1^*, \boldsymbol{b}_1\rangle & \dots & \langle \tilde{\boldsymbol{b}}_1^*, \boldsymbol{b}_j\rangle & \dots & \langle \tilde{\boldsymbol{b}}_1^*, \boldsymbol{b}_n\rangle \\ \dots & \dots & \dots & \dots & \dots \\ \langle \tilde{\boldsymbol{b}}_i^*, \boldsymbol{b}_1\rangle & \dots & \langle \tilde{\boldsymbol{b}}_i^*, \boldsymbol{b}_j\rangle & \dots & \langle \tilde{\boldsymbol{b}}_i^*, \boldsymbol{b}_n\rangle \\ \dots & \dots & \dots & \dots & \dots \\ \langle \tilde{\boldsymbol{b}}_n^*, \boldsymbol{b}_1\rangle & \dots & \langle \tilde{\boldsymbol{b}}_n^*, \boldsymbol{b}_j\rangle & \dots & \langle \tilde{\boldsymbol{b}}_n^*, \boldsymbol{b}_n\rangle \end{pmatrix}.$$

Es stehen also in der j-ten Spalte die „neuen" Koordinaten des „alten" Basisvektors $\boldsymbol{b}_j$ und in der i-ten Zeile die „alten" Koordinaten des „neuen" dualen Basisvektors $\tilde{\boldsymbol{b}}_i^*$. Tauschen $\boldsymbol{B}$ und $\tilde{\boldsymbol{B}}$ ihre Rollen, so bekommen wir die Transformationsmatrix

$$\langle \tilde{\boldsymbol{B}}^*, \boldsymbol{B}\rangle^{-1} = \langle \boldsymbol{B}^*, \tilde{\boldsymbol{B}}\rangle.$$

Umgekehrt kann jede reguläre $n \times n$ Matrix als Transformationsmatrix aufgefasst werden.

Beispiel 4.4.2 Es seien $\boldsymbol{B} = (\boldsymbol{b}_1, \boldsymbol{b}_2)$ und $\tilde{\boldsymbol{B}} = (\tilde{\boldsymbol{b}}_1, \tilde{\boldsymbol{b}}_2)$ Basen eines zweidimensionalen Vektorraumes $\boldsymbol{V}$ über $\mathbb{R}$ mit

$$\langle \boldsymbol{B}^*, \tilde{\boldsymbol{b}}_1\rangle = \begin{pmatrix} 1 \\ 1 \end{pmatrix}, \quad \langle \boldsymbol{B}^*, \tilde{\boldsymbol{b}}_2\rangle = \begin{pmatrix} 0 \\ 1 \end{pmatrix}.$$

Daher ergibt sich

$$\langle \boldsymbol{B}^*, \tilde{\boldsymbol{B}}\rangle = \begin{pmatrix} 1 & 0 \\ 1 & 1 \end{pmatrix}.$$

Um Koordinaten bezüglich $\boldsymbol{B}$ in Koordinaten bezüglich $\tilde{\boldsymbol{B}}$ umrechnen zu können, benötigen wir die inverse Matrix

$$\langle \boldsymbol{B}^*, \tilde{\boldsymbol{B}}\rangle^{-1} = \langle \tilde{\boldsymbol{B}}^*, \boldsymbol{B}\rangle = \begin{pmatrix} 1 & 0 \\ -1 & 1 \end{pmatrix}.$$

Für $\boldsymbol{x} \in \boldsymbol{V}$ setzen wir

$$\langle \boldsymbol{B}^*, \boldsymbol{x}\rangle =: \begin{pmatrix} x_1 \\ x_2 \end{pmatrix}, \quad \langle \tilde{\boldsymbol{B}}^*, \boldsymbol{x}\rangle =: \begin{pmatrix} \tilde{x}_1 \\ \tilde{x}_2 \end{pmatrix}.$$

Dann lauten die Transformationsformeln, ausführlich geschrieben,

$$\begin{aligned} \tilde{x}_1 &= x_1, \\ \tilde{x}_2 &= -x_1 + x_2. \end{aligned}$$

Äquivalent dazu ist

$$\begin{aligned} \tilde{\boldsymbol{b}}_1^* &= \boldsymbol{b}_1^*, \\ \tilde{\boldsymbol{b}}_2^* &= -\boldsymbol{b}_1^* + \boldsymbol{b}_2^*, \end{aligned}$$

was aus den beiden Zeilen der Transformationsmatrix $\langle \tilde{\boldsymbol{B}}^*, \boldsymbol{B}\rangle$ abzulesen ist.

Aufgaben

A 4.4.1 Es seien $\boldsymbol{V}$ und $\boldsymbol{W}$ Vektorräume über $\mathbb{R}$. Ferner seien $\boldsymbol{B} = (\boldsymbol{b}_1, \boldsymbol{b}_2, \boldsymbol{b}_3)$ und $\tilde{\boldsymbol{B}} = (\tilde{\boldsymbol{b}}_1, \tilde{\boldsymbol{b}}_2, \tilde{\boldsymbol{b}}_3)$ bzw. $\boldsymbol{C} = (\boldsymbol{c}_1, \boldsymbol{c}_2)$ und $\tilde{\boldsymbol{C}} = (\tilde{\boldsymbol{c}}_1, \tilde{\boldsymbol{c}}_2)$ Basen von $\boldsymbol{V}$ bzw. $\boldsymbol{W}$ mit

$$\langle \tilde{\boldsymbol{B}}^*, \boldsymbol{B}\rangle = \begin{pmatrix} 1 & 1 & 1 \\ 0 & 1 & 1 \\ 0 & 0 & 1 \end{pmatrix}, \quad \langle \boldsymbol{C}^*, \tilde{\boldsymbol{C}}\rangle = \frac{1}{2}\begin{pmatrix} 1 & -1 \\ 1 & 1 \end{pmatrix}.$$

Eine Abbildung $f \in \mathrm{L}(\boldsymbol{V}, \boldsymbol{W})$ sei gegeben durch $\langle \tilde{\boldsymbol{C}}^*, f(\tilde{\boldsymbol{B}}) \rangle = \dots$

$$(\alpha) \begin{pmatrix} 2 & 4 & 2 \\ 1 & -1 & 0 \end{pmatrix}, \quad (\beta) \begin{pmatrix} 3 & 1 & 2 \\ 3 & -5 & 1 \end{pmatrix}, \quad (\gamma) \begin{pmatrix} -1 & -1 & 4 \\ 2 & 2 & 0 \end{pmatrix}.$$

Bestimme zuerst die Matrizen $\langle \boldsymbol{B}^*, \tilde{\boldsymbol{B}} \rangle$ und $\langle \tilde{\boldsymbol{C}}^*, \boldsymbol{C} \rangle$ sowie danach die Matrix $\langle \boldsymbol{C}^*, f(\boldsymbol{B}) \rangle$.

4.5 Bidualräume

4.5.1 Da es zu jedem Vektorraum einen Dualraum gibt, existiert auch der Vektorraum

$$(\boldsymbol{V}^*)^* =: \boldsymbol{V}^{**},$$

der sogenannte *Bidualraum* von $\boldsymbol{V}$. Seine Elemente sind die linearen Abbildungen von $\boldsymbol{V}^*$ in K. Der Bidualraum ist nur deshalb interessant, weil er mit dem Ausgangsvektorraum $\boldsymbol{V}$ eng zusammenhängt. Jeder Vektor $\boldsymbol{x} \in \boldsymbol{V}$ bestimmt nämlich die Evaluierungsabbildung[1]

$$\langle \cdot\,, \boldsymbol{x} \rangle : \boldsymbol{V}^* \to K : \boldsymbol{a}^* \mapsto \langle \boldsymbol{a}^*, \boldsymbol{x} \rangle.$$

Diese ist eine lineare Abbildung $\boldsymbol{V}^* \to K$. Die Frage ist, ob wir so *alle* linearen Abbildungen $\boldsymbol{V}^* \to K$ bekommen.

Satz 4.5.2 *Die Abbildung*

$$e : \boldsymbol{V} \to \boldsymbol{V}^{**} : \boldsymbol{x} \mapsto \langle \cdot\,, \boldsymbol{x} \rangle$$

ist linear und injektiv. Genau für $\dim \boldsymbol{V} < \infty$ *ist die Abbildung e surjektiv.*

Beweis. (a) Die Linearität von e folgt aus der Linearität der kanonischen Paarung im zweiten Argument: Denn für $\boldsymbol{x}, \boldsymbol{y} \in \boldsymbol{V}$ und $c \in K$ gilt

$$\langle \boldsymbol{a}^*, \boldsymbol{x} + c\boldsymbol{y} \rangle = \langle \boldsymbol{a}^*, \boldsymbol{x} \rangle + c\langle \boldsymbol{a}^*, \boldsymbol{y} \rangle \text{ für alle } \boldsymbol{a}^* \in \boldsymbol{V}^*.$$

Das ist gleichwertig zu $\langle \cdot\,, \boldsymbol{x} + c\boldsymbol{y} \rangle = \langle \cdot\,, \boldsymbol{x} \rangle + c\langle \cdot\,, \boldsymbol{y} \rangle$.

Ist $\boldsymbol{x} \in \boldsymbol{V} \setminus \{\boldsymbol{o}\}$, so können wir $\boldsymbol{x}$ zu einer Basis von $\boldsymbol{V}$ erweitern. Nach dem Fortsetzungssatz 3.3.3 gibt es mindestens eine Linearform $\boldsymbol{a}^* \in \boldsymbol{V}^*$ mit

$$\langle \boldsymbol{a}^*, \boldsymbol{x} \rangle = 1,$$

das heißt $\langle \cdot\,, \boldsymbol{x} \rangle$ ist nicht die Nullform $\boldsymbol{V}^* \to K$. Daher ist $\ker e = \{\boldsymbol{o}\}$, was e als injektiv erweist.

(b) Gilt $\dim \boldsymbol{V} = n < \infty$, so folgt

$$\dim \boldsymbol{V} = \dim \boldsymbol{V}^* = \dim \boldsymbol{V}^{**} = n.$$

Nach Satz 3.2.9 ist e daher in diesem Falle surjektiv.

(c) Es sei nun $\dim \boldsymbol{V} = \infty$ und $(\boldsymbol{b}_j)_{j \in I}$ eine Basis von $\boldsymbol{V}$. Wir wählen einen Vektor

$$\boldsymbol{x} = \sum_{j \in I} x_j \boldsymbol{b}_j \in \boldsymbol{V}$$

beliebig aus. Wegen $\langle \boldsymbol{b}_i^*, \boldsymbol{x} \rangle = x_i$ für alle $i \in I$ folgt

$$\langle \boldsymbol{b}_i^*, \boldsymbol{x} \rangle = 0 \text{ für fast alle } i \in I.$$

[1] Beachte: Es ist $\boldsymbol{x}$ fest und $\boldsymbol{a}^*$ variabel.

Nach Satz 4.3.2 ist $(\boldsymbol{b}_i^*)_{i\in I}$ eine l. u. Familie in V^* und kann daher zu einer Basis von V^* erweitert werden. Nach dem Fortsetzungssatz gibt es eine Linearform $f : V^* \to K$, die jedem Basisvektor den Wert $1 \in K$ zuordnet. Daher gilt

$$f(\boldsymbol{b}_i^*) = 1 \quad \text{für alle} \quad i \in I.$$

Somit ist $f \neq \langle\,\cdot\,, \boldsymbol{x}\rangle$ für alle $\boldsymbol{x} \in V$. Es ist also e bei $\dim V = \infty$ nicht surjektiv. □

4.5.3 Wir setzen bis zum Ende dieses Abschnitts $\dim V = n < \infty$ voraus. Dann heißt die lineare Bijektion

$$e : V \to V^{**} : \boldsymbol{x} \mapsto \langle\,\cdot\,, \boldsymbol{x}\rangle$$

die *kanonische Identifizierung* von V und V^{**}. Für $\dim V < \infty$ sind somit V und V^{**} linear isomorph. Die Abbildung e hat dabei die besondere Eigenschaft, dass sie alleine durch die Vektorräume V und V^{**} bestimmt ist und nicht von der Auswahl je einer Basis von V und V^{**} abhängig ist.

Mit Hilfe der kanonischen Identifizierung können wir statt V^{**} immer den Vektorraum V verwenden. Wir werden daher im Folgenden zwischen einem Vektor $\boldsymbol{x} \in V$ und der Linearform $\langle\,\cdot\,, \boldsymbol{x}\rangle \in V^{**}$ nicht streng unterscheiden. Die kanonische Identifizierung e zeigt uns, dass V und V^* bei endlicher Dimension gleichberechtigt sind: Jeder der beiden Vektorräume ist der Dualraum des anderen.

4.5.4 Für jede Basis von V bilden die zugehörigen Koordinatenformen die duale Basis von V^*. Mit Hilfe der kanonischen Identifizierung e folgt aber sofort, dass jede Basis von V^* auf diese Weise entsteht:

Sei $\boldsymbol{B}^* = (\boldsymbol{b}_1^*, \boldsymbol{b}_2^*, \dots, \boldsymbol{b}_n^*)$ eine Basis von V^*. Wir wenden Satz 4.3.2 über die Existenz der dualen Basis auf den Vektorraum V^* und seinen Dualraum, also V, an. Das ergibt die Existenz einer Basis $\boldsymbol{B} = (\boldsymbol{b}_1, \boldsymbol{b}_2, \dots, \boldsymbol{b}_n)$ von V so, dass

$$\langle\,\cdot\,, \boldsymbol{b}_j\rangle : V^* \to K$$

gerade die j-te Koordinatenform bezüglich $\boldsymbol{B}^*$ ist. Es gilt also

$$\boldsymbol{a}^* = \sum_{j=1}^{n} \langle \boldsymbol{a}^*, \boldsymbol{b}_j\rangle \boldsymbol{b}_j^* \quad \text{für alle} \quad \boldsymbol{a}^* \in V^*.$$

Setzen wir hier insbesondere die Linearformen $\boldsymbol{b}_i^*$ ein, so erhalten wir

$$\langle \boldsymbol{b}_i^*, \boldsymbol{b}_j\rangle = \delta_{ij} \quad \text{für alle} \quad i, j \in \{1, 2, \dots, n\}.$$

Formel (4.3) zeigt, dass $\boldsymbol{B}^*$ tatsächlich die duale Basis von $\boldsymbol{B}$ ist.

4.5.5 Die gleichberechtigte Stellung von V und V^* kommt auch beim Rechnen mit Koordinaten zur Geltung. Bei gegebener Basis $\boldsymbol{B}$ von V schreiben wir die Koordinaten eines Vektors $\boldsymbol{x} \in V$ als Spalte $\langle \boldsymbol{B}^*, \boldsymbol{x}\rangle$ und die Koordinatenmatrix einer Linearform $\boldsymbol{a}^* \in V^*$ als Zeile $\langle \boldsymbol{a}^*, \boldsymbol{B}\rangle$. Wir könnten V^* – so wie jeden n-dimensionalen Vektorraum – aber auch durch Spalten koordinatisieren. Dann würden die Linearformen $V^* \to K$, also (vermöge der kanonischen Identifizierung) die Vektoren von V, durch Zeilen erfasst werden. So hätten V und V^* ihre Rollen getauscht.

Wir werden im Folgenden die Koordinaten der Elemente von V^* weiterhin durch Zeilen und nicht, wie oben angedeutet, durch Spalten erfassen. Wir wenden statt dessen unsere bisherigen Ergebnisse „in transponierter Weise“ an. Wir kommen so etwa zum *Zeilenrang* einer Matrix und zum Satz, dass sich der Zeilenrang einer Matrix bei *elementaren Zeilenumformungen* nicht ändert. Eine solche Umformung kürzen wir manchmal mit dem Buchstaben z ab.

Bemerkung 4.5.6 Wir können ausgehend von einem Vektorraum die unendliche Folge von Vektorräumen

$$\boldsymbol{V},\ \boldsymbol{V}^*,\ \boldsymbol{V}^{**},\ \boldsymbol{V}^{***},\ldots$$

bilden. Bei $\dim \boldsymbol{V} < \infty$ erhalten wir mittels der kanonischen Identifizierungen $\boldsymbol{V}^{**} = \boldsymbol{V}$, $\boldsymbol{V}^{***} = \boldsymbol{V}^*$ und so weiter. Bei $\dim \boldsymbol{V} = \infty$ ist die obige Folge interessanter. Es kann dann nämlich $\boldsymbol{V}$ nur mit dem echten Unterraum $e(\boldsymbol{V})$ von $\boldsymbol{V}^{**}$ identifiziert werden, analog $\boldsymbol{V}^*$ mit einem echten Unterraum von $\boldsymbol{V}^{***}$ und so weiter. Ohne Beweis sei mitgeteilt: Kein Vektorraum dieser Folge ist zu einem der nachfolgenden Vektorräume linear isomorph.

Aufgaben

A 4.5.1 Es seien $\boldsymbol{V}$ ein Vektorraum über $\mathbb{R}$, $\boldsymbol{B} = (\boldsymbol{b}_1, \boldsymbol{b}_2, \boldsymbol{b}_3)$ eine Basis von $\boldsymbol{V}$ und $\boldsymbol{B}^*$ die dazu duale Basis. Zeige, dass die Linearformenfamilie $(\boldsymbol{c}_1^*, \boldsymbol{c}_2^*, \boldsymbol{c}_3^*)$ mit
(α) $\langle \boldsymbol{c}_1^*, \boldsymbol{B}\rangle = (0,1,1)$, $\langle \boldsymbol{c}_2^*, \boldsymbol{B}\rangle = (1,2,1)$, $\langle \boldsymbol{c}_3^*, \boldsymbol{B}\rangle = (1,1,1)$,
(β) $\langle \boldsymbol{c}_1^*, \boldsymbol{B}\rangle = (0,1,1)$, $\langle \boldsymbol{c}_2^*, \boldsymbol{B}\rangle = (0,2,1)$, $\langle \boldsymbol{c}_3^*, \boldsymbol{B}\rangle = (1,1,2)$,
(γ) $\langle \boldsymbol{c}_1^*, \boldsymbol{B}\rangle = (0,1,1)$, $\langle \boldsymbol{c}_2^*, \boldsymbol{B}\rangle = (1,2,1)$, $\langle \boldsymbol{c}_3^*, \boldsymbol{B}\rangle = (1,2,2)$,
eine Basis $\boldsymbol{C}^*$ von $\boldsymbol{V}^*$ bildet. Bestimme jene Basis $\boldsymbol{C} = (\boldsymbol{c}_1, \boldsymbol{c}_2, \boldsymbol{c}_3)$ von $\boldsymbol{V}$, welche nach Identifikation von $\boldsymbol{V}$ und $\boldsymbol{V}^{**}$ die Rolle der zu $\boldsymbol{C}^*$ dualen Basis $\boldsymbol{C}^{**}$ übernimmt.

4.6 Äquivalente Matrizen

4.6.1 Wir untersuchen jetzt, wie die Koordinatenmatrix einer linearen Abbildung $f : \boldsymbol{V} \to \boldsymbol{W}$ bei einem Koordinatenwechsel zu transformieren ist. Es seien $\boldsymbol{B}, \tilde{\boldsymbol{B}}$ und $\boldsymbol{C}, \tilde{\boldsymbol{C}}$ jeweils Basen von $\boldsymbol{V}$ bzw. $\boldsymbol{W}$. Wir setzen dabei $\dim \boldsymbol{V} = n$ und $\dim \boldsymbol{W} = m$ voraus. Ein gleichzeitiger Koordinatenwechsel in $\boldsymbol{V}$ und $\boldsymbol{W}$ stützt sich auf folgendes kommutatives Diagramm:

$$\begin{array}{ccccccc}
\boldsymbol{V} & \xrightarrow{\ \mathrm{id}_V\ } & \boldsymbol{V} & \xrightarrow{\ f\ } & \boldsymbol{W} & \xrightarrow{\ \mathrm{id}_W\ } & \boldsymbol{W} \\
{\scriptstyle \tilde{\boldsymbol{B}}^*}\downarrow & & {\scriptstyle \boldsymbol{B}^*}\downarrow & & \downarrow{\scriptstyle \boldsymbol{C}^*} & & \downarrow{\scriptstyle \tilde{\boldsymbol{C}}^*} \\
K^{n\times 1} & \xrightarrow[\langle \boldsymbol{B}^*, \tilde{\boldsymbol{B}}\rangle]{} & K^{n\times 1} & \xrightarrow[\langle \boldsymbol{C}^*, f(\boldsymbol{B})\rangle]{} & K^{m\times 1} & \xrightarrow[\langle \tilde{\boldsymbol{C}}^*, \boldsymbol{C}\rangle]{} & K^{m\times 1}
\end{array}$$

Dabei stehen bei den Pfeilen in der unteren Zeile statt der Abbildungen die jeweiligen Matrizen angeschrieben. Nach Satz 3.3.11 folgt daher

$$\langle \tilde{\boldsymbol{C}}^*, f(\tilde{\boldsymbol{B}})\rangle = \langle \tilde{\boldsymbol{C}}^*, \boldsymbol{C}\rangle \cdot \langle \boldsymbol{C}^*, f(\boldsymbol{B})\rangle \cdot \langle \boldsymbol{B}^*, \tilde{\boldsymbol{B}}\rangle. \tag{4.6}$$

Beispiel 4.6.2 Wir schließen an Beispiel 4.4.2 an und rechnen die Koordinatenmatrix

$$\langle \boldsymbol{B}^*, f(\boldsymbol{B})\rangle = \begin{pmatrix} 0 & 0 \\ 0 & 1 \end{pmatrix}$$

einer linearen Abbildung $f : \boldsymbol{V} \to \boldsymbol{V}$ auf $\langle \tilde{\boldsymbol{B}}^*, f(\tilde{\boldsymbol{B}})\rangle$ um. Nach (4.6) gilt

$$\langle \tilde{\boldsymbol{B}}^*, f(\tilde{\boldsymbol{B}})\rangle = \langle \tilde{\boldsymbol{B}}^*, \boldsymbol{B}\rangle \cdot \langle \boldsymbol{B}^*, f(\boldsymbol{B})\rangle \cdot \langle \boldsymbol{B}^*, \tilde{\boldsymbol{B}}\rangle = \begin{pmatrix} 1 & 0 \\ -1 & 1 \end{pmatrix}\begin{pmatrix} 0 & 0 \\ 0 & 1 \end{pmatrix}\begin{pmatrix} 1 & 0 \\ 1 & 1 \end{pmatrix} = \begin{pmatrix} 0 & 0 \\ 1 & 1 \end{pmatrix}.$$

4.6.3 Sind eine lineare Abbildung $f : \boldsymbol{V} \to \boldsymbol{W}$ und eine Koordinatenmatrix $A \in K^{m \times n}$ von f vorgegeben, so fragen wir jetzt nach allen $m \times n$ Matrizen, die bei beliebiger Basiswahl in $\boldsymbol{V}$ und $\boldsymbol{W}$ als Koordinatenmatrizen von f auftreten. Wir erhalten diese nach (4.6), indem wir A von links mit einer beliebigen Matrix $Q \in \mathrm{GL}_m(K)$ und von rechts mit einer beliebigen Matrix $P \in \mathrm{GL}_n(K)$ multiplizieren. Dies führt zur folgenden Begriffsbildung:

Eine Matrix $A \in K^{m \times n}$ heißt *äquivalent* zu einer Matrix $B \in K^{m \times n}$, in Zeichen $A \sim B$, falls Matrizen $P \in \mathrm{GL}_n(K)$ und $Q \in \mathrm{GL}_m(K)$ mit

$$B = QAP$$

existieren. Wir zeigen, dass $\sim$ seinem Namen gerecht wird, also dass $\sim$ eine Äquivalenzrelation auf $K^{m \times n}$ ist. Dabei geht wesentlich ein, dass $\mathrm{GL}_n(K)$ und $\mathrm{GL}_m(K)$ Gruppen sind.

Reflexivität: Es gilt $A \sim A$ für alle $A \in K^{m \times n}$, wegen $A = E_m A E_n$.

Symmetrie: Aus $A \sim B$, also $B = QAP$ mit $P \in \mathrm{GL}_n(K)$ und $Q \in \mathrm{GL}_m(K)$, folgt $A = Q^{-1} B P^{-1}$, was $B \sim A$ ergibt.

Transitivität: Aus $A \sim B$, also $B = QAP$ mit $P \in \mathrm{GL}_n(K)$ und $Q \in \mathrm{GL}_m(K)$, sowie $B \sim C$, also $C = SBR$ mit $S \in \mathrm{GL}_n(K)$ und $R \in \mathrm{GL}_m(K)$, ergibt sich $C = S(QAP)R = (SQ)A(PR)$, das heißt $A \sim C$.

Für jedes $f \in \mathrm{L}(\boldsymbol{V}, \boldsymbol{W})$ ist daher

$$\{\langle \boldsymbol{C}^*, f(\boldsymbol{B}) \rangle \mid \boldsymbol{B} \text{ ist eine Basis von } \boldsymbol{V} \text{ und } \boldsymbol{C} \text{ ist eine Basis von } \boldsymbol{W}\}$$

eine Klasse äquivalenter Matrizen aus $K^{m \times n}$.

4.6.4 Wir zeigen jetzt, dass jede elementare Zeilen- und Spaltenumformung einer gegebenen Matrix $A \in K^{m \times n}$ eine zu A äquivalente Matrix liefert. Dazu betrachten wir die durch A bestimmte lineare Abbildung $f_A : K^{n \times 1} \to K^{m \times 1}$.

Ist s eine für A erklärte elementare Spaltenumformung, so ist auch $s(E_n)$ erklärt. Die Spaltenvektoren dieser Matrix bilden eine Basis $\boldsymbol{B}$ von $K^{n \times 1}$, und die Matrix[2]

$$s(E_n) = \langle \boldsymbol{E}_n^*, \boldsymbol{B} \rangle$$

beschreibt den Koordinatenwechsel von der Basis $\boldsymbol{B}$ zur kanonischen Basis $\boldsymbol{E}_n$. Da f_A nach den Axiomen einer linearen Abbildung die Vektoren der Basis $\boldsymbol{B}$ in richtiger Reihenfolge in die Spaltenvektoren der Matrix $s(A)$ überführt, folgt

$$s(A) = \langle \boldsymbol{E}_m^*, f_A(\boldsymbol{B}) \rangle = A \cdot s(E_n). \tag{4.7}$$

Ist z eine für A erklärte elementare Zeilenumformung, so ist auch $z(E_m)$ erklärt. Die Zeilenvektoren dieser Matrix bilden eine Basis $\boldsymbol{C}^*$ des zu $K^{m \times 1}$ dualen Vektorraumes. Dazu gehört eine Basis $\boldsymbol{C}$ von $K^{m \times 1}$. Die Matrix

$$z(E_m) = \langle \boldsymbol{C}^*, \boldsymbol{E}_m \rangle$$

beschreibt den Koordinatenwechsel von der kanonischen Basis $\boldsymbol{E}_m$ zur Basis $\boldsymbol{C}$. Da in den Spalten der Matrix $z(A)$ gerade die Koordinaten der Vektoren von $f_A(\boldsymbol{E}_n)$ bezüglich der Basis $\boldsymbol{C}$ stehen, folgt

$$z(A) = z(E_m) \cdot A. \tag{4.8}$$

Die Matrizen $s(E_n)$ und $z(E_m)$ heißen auch *Elementarmatrizen*. Jede elementare Spaltenumformung (Zeilenumformung) von A entspricht also einem bestimmten Koordinatenwechsel im

[2]Zur Unterscheidung schreiben wir hier $\boldsymbol{E}_n$ bzw. $\boldsymbol{E}_m$ für die kanonischen Basen von $K^{n \times 1}$ bzw. $K^{m \times 1}$. Das gilt sinngemäß auch für deren duale Basen.

Ausgangsraum (im Zielraum) von f_A, während die Koordinaten im Zielraum (im Ausgangsraum) unverändert bleiben.

4.6.5 Sind $A, B \in K^{m\times n}$ äquivalente Matrizen, so gilt etwa $B = QAP$ mit regulären Matrizen P, Q. Wir notieren das in folgender Form:

$$\begin{array}{c|c} & P \\ \hline Q & B \end{array}$$

Wenden wir nun auf die Spalten der übereinander stehenden Matrizen P und B dieselbe elementare Spaltenumformung s an, so erhalten wir einerseits das Schema

$$\begin{array}{c|c} & s(P) \\ \hline Q & s(B) \end{array}$$

und andererseits nach (4.7) die Matrizengleichung

$$s(B) = B \cdot s(E_n) = Q \cdot A \cdot (P \cdot s(E_n)) = Q \cdot A \cdot s(P).$$

Wenden wir hingegen im Ausgangsschema auf die Zeilen der nebeneinander stehenden Matrizen Q und B dieselbe elementare Zeilenumformung z an, so folgt mit (4.8) in analoger Weise

$$z(B) = z(Q) \cdot A \cdot P.$$

Wir können also in beiden Fällen aus dem umgeformten Schema Matrizen ablesen, die A in $s(B)$ bzw. $z(B)$ transformieren.

Satz 4.6.6 *Sei A eine $m \times n$ Matrix über K mit Spaltenrang r. Dann gilt:*

(a) *Jede zu A äquivalente Matrix hat denselben Spaltenrang und denselben Zeilenrang wie die Matrix A.*

(b) *Es existiert eine zu A äquivalente $m \times n$ Matrix der Form*

$$\begin{pmatrix} E_r & 0 \\ 0 & 0 \end{pmatrix}; \tag{4.9}$$

diese kann aus A schrittweise durch elementare Umformungen gewonnen werden.

(c) *Der Zeilenrang und der Spaltenrang von A sind gleich.*

Beweis. (a) Sei $B = QAP$ mit $P \in \mathrm{GL}_n(K)$ und $Q \in \mathrm{GL}_m(K)$. Wir fassen A als Matrix einer linearen Abbildung f_A auf. Der Spaltenrang von A ist gleich dem Rang von f_A. Die Matrix B ist ebenfalls eine Koordinatenmatrix von f_A und hat daher denselben Spaltenrang.

Nach 3.5.5 sind P^{T} und Q^{T} ebenfalls regulär. Wegen

$$B^{\mathrm{T}} = P^{\mathrm{T}} A^{\mathrm{T}} Q^{\mathrm{T}}$$

ist B^{T} zu A^{T} äquivalent; diese Matrizen haben somit denselben Spaltenrang, welcher aber mit dem Zeilenrang von B und A übereinstimmt.

(b) Ausgehend von A erhalten wir nach Satz 2.7.3 durch elementare Spaltenumformungen – abgesehen von der Reihenfolge der Zeilen – eine Matrix der Form

$$\begin{pmatrix} E_r & 0 \\ * & 0 \end{pmatrix}.$$

Um diese Matrix tatsächlich zu bekommen, müssen wir also nach den Spaltenumformungen noch die Zeilen geeignet permutieren. Jede Permutation der Zeilen kann aber nach Satz 1.13.3

durch endlich viele Vertauschungen (Transpositionen) von Zeilen erreicht werden. Wir unterscheiden nun zwei Fälle:

- Bei $r = 0$ oder $r = m$ sind wir schon fertig.
- Ist $0 < r < m$, so ist noch der durch einen Stern angedeutete Teil der Matrix unterhalb von E_r umzuformen. Dazu wenden wir das in 2.7.3 beschriebene Verfahren in transponierter Weise auf die Zeilen der Matrix an.

Das Endergebnis hat dann die gewünschte Form.

(c) Für die in Formel (4.9) angegebene Matrix ist der Spaltenrang offensichtlich gleich dem Zeilenrang. Nach (a) gilt das auch für die Matrix A. □

Der obige Satz zeigt, dass eine Unterscheidung von Spalten- und Zeilenrang nicht notwendig ist. Wir sprechen daher im Folgenden kurz vom *Rang* einer Matrix A und schreiben dafür $\operatorname{rg} A$. Als unmittelbare Folgerung ergibt sich:

Satz 4.6.7 *Zu jeder linearen Abbildung $f : \boldsymbol{V} \to \boldsymbol{W}$ gibt es Basen $\boldsymbol{B}$ von $\boldsymbol{V}$ und $\boldsymbol{C}$ von $\boldsymbol{W}$ derart, dass*

$$\langle \boldsymbol{C}^*, f(\boldsymbol{B}) \rangle = \begin{pmatrix} E_r & 0 \\ 0 & 0 \end{pmatrix} \in K^{m \times n};$$

dabei ist $r = \operatorname{rg} f$.

Die im obigen Satz angesprochenen Basen $\boldsymbol{B} = (\boldsymbol{b}_1, \boldsymbol{b}_2, \ldots, \boldsymbol{b}_n)$ und $\boldsymbol{C} = (\boldsymbol{c}_1, \boldsymbol{c}_2, \ldots, \boldsymbol{c}_m)$ haben auf Grund der Bauart der Matrix $\langle \boldsymbol{C}^*, f(\boldsymbol{B}) \rangle$ folgende Eigenschaften: Die Familie

$$(\boldsymbol{b}_{r+1}, \boldsymbol{b}_{r+2}, \ldots, \boldsymbol{b}_n)$$

ist eine Basis von $\ker f$, und die Familie

$$(\boldsymbol{c}_1, \boldsymbol{c}_2, \ldots, \boldsymbol{c}_r) = (f(\boldsymbol{b}_1), f(\boldsymbol{b}_2), \ldots, f(\boldsymbol{b}_r))$$

ist eine Basis von $f(\boldsymbol{V})$. Ferner ist nun eine sehr einfache Kennzeichnung äquivalenter Matrizen möglich:

Satz 4.6.8 *Zwei Matrizen $A, B \in K^{m \times n}$ sind genau dann äquivalent, falls sie denselben Rang besitzen.*

Beweis. (a) Sind A und B äquivalent, so haben sie nach Satz 4.6.6 denselben Rang.

(b) Haben umgekehrt A und B den Rang r, so ist sowohl A als auch B zur Matrix aus (4.9) äquivalent, was $A \sim B$ ergibt. □

Alle $m \times n$ Matrizen über K mit Rang r sind also äquivalent zu der in Formel (4.9) angegebenen Matrix, welche die *Normalform* aus dieser Klasse äquivalenter Matrizen heißt. Die Normalform einer regulären $n \times n$ Matrix ist die Einheitsmatrix E_n.

Beispiel 4.6.9 Gegeben sei die Matrix

$$A = \begin{pmatrix} 0 & 1 & 1 \\ 0 & 2 & 2 \end{pmatrix} \in \mathbb{R}^{2\times 3}.$$

Gesucht ist eine Transformation von A in Normalform. Wir beginnen mit dem trivialen Ansatz $A = E_2 \cdot A \cdot E_3$, der zu folgendem Schema führt:

$$\begin{array}{cc|ccc} & & 1 & 0 & 0 \\ & & 0 & 1 & 0 \\ & & 0 & 0 & 1 \\ \hline 1 & 0 & 0 & 1 & 1 \\ 0 & 1 & 0 & 2 & 2 \end{array}$$

Wir subtrahieren von der zweiten Zeile[3] das Zweifache der ersten Zeile und erhalten:

$$\begin{array}{cc|ccc} & & 1 & 0 & 0 \\ & & 0 & 1 & 0 \\ & & 0 & 0 & 1 \\ \hline 1 & 0 & 0 & 1 & 1 \\ -2 & 1 & 0 & 0 & 0 \end{array}$$

Jetzt tauschen wir die erste mit der zweiten Spalte

$$\begin{array}{cc|ccc} & & 0 & 1 & 0 \\ & & 1 & 0 & 0 \\ & & 0 & 0 & 1 \\ \hline 1 & 0 & 1 & 0 & 1 \\ -2 & 1 & 0 & 0 & 0 \end{array}$$

und ziehen danach von der dritten Spalte die erste Spalte ab:

$$\begin{array}{cc|ccc} & & 0 & 1 & 0 \\ & & 1 & 0 & -1 \\ & & 0 & 0 & 1 \\ \hline 1 & 0 & 1 & 0 & 0 \\ -2 & 1 & 0 & 0 & 0 \end{array}$$

Daraus lesen wir die Transformation

$$\begin{pmatrix} 1 & 0 & 0 \\ 0 & 0 & 0 \end{pmatrix} = \underbrace{\begin{pmatrix} 1 & 0 \\ -2 & 1 \end{pmatrix}}_{=:Q} \cdot \underbrace{\begin{pmatrix} 0 & 1 & 1 \\ 0 & 2 & 2 \end{pmatrix}}_{=A} \cdot \underbrace{\begin{pmatrix} 0 & 1 & 0 \\ 1 & 0 & -1 \\ 0 & 0 & 1 \end{pmatrix}}_{=:P}$$

und $\operatorname{rg} A = r = 1$ ab. Fassen wir A als Matrix einer linearen Abbildung f_A auf, so bilden die letzten $3 - r = 2$ Spalten der Matrix P nach Satz 4.6.7 eine Basis von $\ker f_A$. Multiplizieren wir hingegen A mit der restlichen Spalte von P, so erhalten wir $(1, 2)^{\mathrm{T}}$; dieser Vektor bildet eine Basis von $f_A(\mathbb{R}^{3\times 1})$. Wir werden in Beispiel 4.9.9 sehen, wie sich aus dieser Produktdarstellung der Kern und der Bildraum von f_A noch in anderer Weise ablesen lässt.

[3] Die Zeilen- und Spaltennummern beziehen sich immer auf die Matrix rechts unten.

Aufgaben

A 4.6.1

(a) Gib an, ob die folgenden beiden Matrizen mit Elementen aus GF(4) äquivalent sind oder nicht:

$$\begin{pmatrix} 1 & 1 & 1 \\ 1 & a & 0 \\ 1 & b & 0 \end{pmatrix}, \quad \begin{pmatrix} 1 & a & b \\ 0 & b & b \\ 1 & 1 & 0 \end{pmatrix}.$$

(b) Zerlege die Menge $\mathbb{Z}_2^{2\times 2}$ in Klassen äquivalenter Matrizen.

A 4.6.2 Gib zur folgenden reellen Matrix die äquivalente Matrix in Normalform und die zugehörigen Transformationsmatrizen an. Führe auch die Probe durch.

$$(\alpha) \begin{pmatrix} -1 & -2 & 1 \\ 1 & 1 & 0 \end{pmatrix}, \quad (\beta) \begin{pmatrix} -2 & 2 & 1 \\ 4 & -3 & -2 \end{pmatrix}, \quad (\gamma) \begin{pmatrix} 2 & 1 & 1 \\ 1 & 1 & 0 \end{pmatrix}.$$

A 4.6.3 Es seien $A, B \in K^{n\times n}$. Diese Matrizen heißen *kommutierend*, falls $AB = BA$. Zeige: Eine Matrix $A \in K^{n\times n}$ kommutiert genau dann mit allen Matrizen aus $K^{n\times n}$, falls A eine skalare Matrix ist.
Hinweis: Überlege zuerst, wie eine Matrix A aufgebaut sein muss, damit sie mit jenen Elementarmatrizen kommutiert, deren Elemente nur 0 und 1 sind.

4.7 Lineare Gleichungssysteme

4.7.1 Unter einem *linearen Gleichungssystem mit m Gleichungen und n Unbekannten* $x_1, x_2, \ldots, x_n$ über einem Körper K (kurz als (m, n)-*LGS* bezeichnet) verstehen wir ein System der Form

$$\begin{array}{ccccccccc} a_{11}x_1 & + & a_{12}x_2 & + & \cdots & + & a_{1n}x_n & = & s_1 \\ a_{21}x_1 & + & a_{22}x_2 & + & \cdots & + & a_{2n}x_n & = & s_2 \\ \multicolumn{9}{c}{\dots\dots\dots\dots\dots\dots\dots\dots} \\ a_{m1}x_1 & + & a_{m2}x_2 & + & \cdots & + & a_{mn}x_n & = & s_m \end{array}$$

mit *Koeffizienten* $a_{ij}, s_i \in K$, $i \in \{1, 2, \ldots, m\}$, $j \in \{1, 2, \ldots, n\}$. Für $s_1 = s_2 = \cdots = s_m = 0$ heißt das lineare Gleichungssystem *homogen* und sonst *inhomogen*.

Die Bauart des obigen linearen Gleichungssystems legt es nahe, zur Matrixschreibweise

$$\begin{pmatrix} a_{11} & a_{12} & \cdots & a_{1n} \\ a_{21} & a_{22} & \cdots & a_{2n} \\ \dots & \dots & \dots & \dots \\ a_{m1} & a_{m2} & \cdots & a_{mn} \end{pmatrix} \cdot \begin{pmatrix} x_1 \\ x_2 \\ \vdots \\ x_n \end{pmatrix} = \begin{pmatrix} s_1 \\ s_2 \\ \vdots \\ s_m \end{pmatrix}$$

überzugehen. Setzen wir $A := (a_{ij})$, und kürzen wir die Spalten der x_j und s_i mit (x_j) bzw. (s_i) ab, so können wir das platzsparender (und dafür etwas unpräzise) als

$$A \cdot (x_j) = (s_i)$$

schreiben, sobald über m und n kein Zweifel besteht.

Eine *Lösung* eines (m, n)-LGS $A \cdot (x_j) = (s_i)$ ist ein Vektor $(l_1, l_2, \ldots, l_n)^{\mathrm{T}} \in K^{n\times 1}$ mit $A \cdot (l_j) = (s_i)$. Die Menge aller Lösungen wird auch als *Lösungsmenge* bezeichnet. Zwei (m, n)-LGS $A \cdot (x_j) = (s_i)$ und $\tilde{A} \cdot (x_j) = (\tilde{s}_i)$ heißen *äquivalent*, falls sie dieselbe Lösungsmenge besitzen.

4.7.2 Wir betrachten für ein (m,n)-LGS $A \cdot (x_j) = (s_i)$ im Folgenden die lineare Abbildung $f_A : K^{n\times 1} \to K^{m\times 1}$. So können wir in einfacher Weise aus Sätzen über lineare Abbildungen Sätze über lineare Gleichungssysteme gewinnen. Zuerst zeigen wir ein Kriterium über die Lösbarkeit von linearen Gleichungssystemen.

Satz 4.7.3 (Kronecker-Capelli[4]) *Ein (m,n)-LGS $A \cdot (x_j) = (s_i)$ hat genau dann mindestens eine Lösung, falls die Matrix A und die um die Spalte (s_i) erweiterte Matrix $(A|s_i)$ denselben Rang besitzen.*

Beweis. Die Existenz einer Lösung des LGS $A \cdot (x_j) = (s_i)$ bedeutet

$$(s_i) \in f_A(K^{n\times 1}).$$

Das ist äquivalent zu

$$\operatorname{rg} A = \operatorname{rg}(A\,|\,s_i),$$

da die Spalten der Matrix A den Bildraum von f_A aufspannen. □

4.7.4 Ein inhomogenes LGS braucht keine Lösungen zu besitzen. Einfachstes Beispiel ist wohl das $(1,1)$-LGS $0x_1 = 1$. Hingegen hat jedes homogene (m,n)-LGS mindestens eine Lösung, nämlich die Nullspalte aus $K^{n\times 1}$. Diese heißt die *triviale Lösung*. Wir beschreiben jetzt die Lösungsmenge eines beliebigen LGS.

Satz 4.7.5 *Gegeben sei ein (m,n)-LGS $A \cdot (x_j) = (s_i)$. Die Lösungsmenge des zugehörigen homogenen LGS $A \cdot (x_j) = (0)$ ist ein Unterraum $\boldsymbol{U}$ von $K^{n\times 1}$ mit der Dimension*

$$\dim \boldsymbol{U} = n - \operatorname{rg} A.$$

Falls das LGS $A \cdot (x_j) = (s_i)$ mindestens eine Lösung $(p_j) \in K^{n\times 1}$ besitzt, so bilden alle Lösungen dieses Systems die Nebenklasse

$$(p_j) + \boldsymbol{U} \subset K^{n\times 1}$$

des Unterraumes $\boldsymbol{U}$.

Beweis. Die Lösungsmenge des zugehörigen homogenen linearen Gleichungssystems ist der Kern von f_A, also ein Unterraum $\boldsymbol{U}$ von $K^{n\times 1}$. Dabei gilt nach der Rangformel

$$\dim \boldsymbol{U} = \operatorname{def} f_A = n - \operatorname{rg} f_A = n - \operatorname{rg} A.$$

Falls (p_j) eine Lösung ist, so ist die Nebenklasse $(p_j)+\boldsymbol{U}$ von $\boldsymbol{U}$ genau die Menge aller Vektoren, die unter f_A auf (s_i) abgebildet werden, also die Lösungsmenge des LGS. □

Wir nennen die Lösungsmenge eines homogenen LGS auch ihren *Lösungsraum*. Was noch fehlt, ist ein Verfahren zur Bestimmung der Lösungsmenge eines beliebigen LGS.

Satz 4.7.6 *Gegeben seien ein (m,n)-LGS $A \cdot (x_j) = (s_i)$ und eine Matrix $Q \in \mathrm{GL}_m(K)$. Setzen wir $\tilde{A} := Q \cdot A$ und $(\tilde{s}_i) = Q \cdot (s_i)$, so ist das (m,n)-LGS $\tilde{A} \cdot (x_j) = (\tilde{s}_i)$ zum Ausgangssystem äquivalent.*

[4] Alfredo Capelli (1858–1916).

Beweis. Sei $(l_j) \in K^{n\times 1}$ eine Lösung von $A \cdot (x_j) = (s_i)$, also $A \cdot (l_j) = (s_i)$. Multiplikation mit Q von links liefert

$$Q \cdot A \cdot (l_j) = Q \cdot (s_i) \;\text{ bzw. }\; \tilde{A} \cdot (l_j) = (\tilde{s}_i),$$

womit (l_j) eine Lösung des zweiten LGS ist. Umgekehrt lehrt die Multiplikation mit Q^{-1} von links, dass auch jede Lösung des zweiten LGS eine Lösung des Ausgangssystems ergibt. □

Dieser Satz zeigt uns, dass jede elementare Zeilenumformung der erweiterten Matrix $(A|s_i)$ ein äquivalentes LGS liefert. Dabei kann diese Umformung aus zwei Blickwinkeln gesehen werden.

Erste Interpretation: Wir führen eine Koordinatentransformation im Zielraum $K^{m\times 1}$ von f_A durch. Dann ist $\tilde{A}$ eine andere Koordinatenmatrix von f_A; vgl. 4.6.4.

Zweite Interpretation: Wir führen keinen Koordinatenwechsel durch, sondern gehen zu jener linearen Abbildung $f_{\tilde{A}}$ über, die mit dem Produkt $f_Q \circ f_A$ übereinstimmt.

Beide Standpunkte sind aber völlig gleichberechtigt.

4.7.7 Wir verwenden im Folgenden für ein LGS $A \cdot (x_j) = (s_i)$ eine Kurzschreibweise: Über der Matrix $(A|s_i)$ werden die Unbekannten $x_1, x_2, \ldots, x_n$ als Kopfzeile hinzugefügt, über der Spalte der (s_i) schreiben wir 1 und an Stelle der Gleichheitszeichen eine vertikalen Linie.

Wir beschreiben nun mit Hilfe von Satz 4.7.5 die Lösungsmenge eines LGS mit folgender Bauart:

$$
\begin{array}{cccc|ccc|c}
x_1 & x_2 & \cdots & x_r & x_{r+1} & \cdots & x_n & 1\\
\hline
1 & 0 & \cdots & 0 & a_{1,r+1} & \cdots & a_{1n} & s_1\\
0 & 1 & \cdots & 0 & a_{2,r+1} & \cdots & a_{2n} & s_2\\
\vdots & \vdots & \ddots & \vdots & \vdots & & \vdots & \vdots\\
0 & 0 & \cdots & 1 & a_{r,r+1} & \cdots & a_{rn} & s_r\\
\hline
0 & 0 & \cdots & 0 & 0 & \cdots & 0 & s_{r+1}\\
\cdots & \cdots & \cdots & \cdots & \cdots & \cdots & \cdots & \cdots\\
0 & 0 & \cdots & 0 & 0 & \cdots & 0 & s_m
\end{array} \tag{4.10}
$$

Wir können sofort ablesen: $\operatorname{rg} A = r$.

Das zugehörige homogene LGS besitzt daher einen $(n-r)$-dimensionalen Lösungsraum $\boldsymbol{U} \subset K^{n\times 1}$. Es sind zwei Fälle zu unterscheiden: Für $r = n$ gibt es nur die triviale Lösung. Für $r < n$ hat die Matrix A die Form

$$\begin{pmatrix} E_r & A' \\ 0 & 0 \end{pmatrix}.$$

Wir suchen nun eine Lösung des zugehörigen homogenen LGS mit der Gestalt

$$(v_1, v_2, \ldots, v_r, 1, 0, \ldots, 0)^{\mathrm{T}}.$$

Indem wir der Reihe nach in die Gleichungen einsetzen, ergibt sich

$$(v_1, v_2, \ldots, v_r, 1, 0, \ldots, 0)^{\mathrm{T}} = (-a_{1,r+1}, -a_{2,r+1}, \ldots, -a_{r,r+1}, 1, 0, \ldots, 0)^{\mathrm{T}}.$$

Analog folgt, dass sämtliche Spalten der Matrix

$$\begin{pmatrix} -A' \\ E_{n-r} \end{pmatrix}$$

dem Lösungsraum $\boldsymbol{U}$ des homogenen LGS angehören. Da diese Lösungen l. u. sind, bilden sie eine Basis von $\boldsymbol{U}$.

Das gegebene LGS $A \cdot (x_j) = (s_i)$ ist genau dann lösbar, falls

$$s_{r+1} = s_{r+2} = \ldots = s_m = 0.$$

Ist das der Fall, so ergibt sich insgesamt die Lösungsmenge

$$(s_1, s_2, \ldots, s_r, 0, \ldots, 0)^{\mathrm{T}} + \boldsymbol{U} \subset K^{n\times 1}.$$

Alles dies gilt aber nur wegen der ganz speziellen Bauart des Gleichungssystems in (4.10).

Der *Algorithmus von Gauß-Jordan*[5] beruht darauf, in Analogie zu Satz 2.7.3 ein gegebenes (m, n)-LGS mit Hilfe von elementaren Zeilenumformungen und Spaltenvertauschungen in ein äquivalentes LGS mit der in (4.10) angegebenen Form überzuführen. Dabei sind aber nur Spaltenvertauschungen innerhalb der ersten n Spalten erlaubt; die Kopfzeile ist in diesem Fall ebenfalls entsprechend zu transformieren.

Beispiel 4.7.8 Gegeben sei das LGS

$$\begin{aligned} x_3 + 3x_4 + 3x_5 &= 2 \\ x_1 + 2x_2 + x_3 + 4x_4 + 3x_5 &= 3 \\ x_1 + 2x_2 + 2x_3 + 7x_4 + 6x_5 &= 5 \\ 2x_1 + 4x_2 + x_3 + 5x_4 + 3x_5 &= 4 \end{aligned}$$

mit Koeffizienten aus $\mathbb{R}$. Wir setzen an:

x_1	x_2	x_3	x_4	x_5	1		
0	0	1	3	3	2		wird neue 3. Zeile
1	2	1	4	3	3		wird neue 1. Zeile
1	2	2	7	6	5	$+(-1)\cdot$ (2. Zeile)	wird neue 2. Zeile
2	4	1	5	3	4	$+(-2)\cdot$ (2. Zeile)	

Die angegebenen Umformungen ergeben

x_1	x_2	x_3	x_4	x_5	1	
1	2	1	4	3	3	$+(-1)\cdot$ (2. Zeile)
0	0	1	3	3	2	
0	0	1	3	3	2	$+(-1)\cdot$ (2. Zeile)
0	0	−1	−3	−3	−2	+(2. Zeile)

und schließlich:

x_1	x_2	x_3	x_4	x_5	1
1	2	0	1	0	1
0	0	1	3	3	2
0	0	0	0	0	0
0	0	0	0	0	0

Wir verzichten hier darauf, die zweite mit der dritten Spalte zu tauschen. Statt dessen heben wir die Spalten 1 und 3 hervor, da sie die gesuchte Einheitsmatrix E_2 enthalten. Daraus lesen wir ab: $r = 2$, $n - r = 5 - 2 = 3$.

[5] Wilhelm Jordan (1842–1899).

Das homogene LGS hat als Lösungsmenge einen 3-dimensionalen Unterraum $\boldsymbol{U} \subset \mathbb{R}^{5\times 1}$. Eine Basis von $\boldsymbol{U}$ ergibt sich aus den Spalten der Matrix

$$\begin{pmatrix} -2 & -1 & 0 \\ 1 & 0 & 0 \\ 0 & -3 & -3 \\ 0 & 1 & 0 \\ 0 & 0 & 1 \end{pmatrix},$$

wobei die Einheitsmatrix E_3 aus den Zeilen 2, 4 und 5 aufgebaut ist. (Das sind die Nummern jener Spalten, die oben nicht in E_2 vorkommen.)

Das inhomogene LGS ist lösbar und hat die Lösungsmenge

$$(1, 0, 2, 0, 0)^{\mathrm{T}} + \boldsymbol{U} \subset \mathbb{R}^{5\times 1}.$$

Eine *Parameterdarstellung* der Lösungsmenge ist gegeben durch

$$\begin{aligned} l_1 &= 1 - 2t_1 - t_2 \\ l_2 &= t_1 \\ l_3 &= 2 - 3t_2 - 3t_3 \quad \text{mit } (t_1, t_2, t_3) \in \mathbb{R}^3 \\ l_4 &= + t_2 \\ l_5 &= t_3 \end{aligned}$$

4.7.9 Wir verallgemeinern jetzt die Ergebnisse aus 4.7.7 und beschreiben mit Hilfe von Satz 4.7.5 die Lösungsmenge eines LGS $A \cdot (x_j) = (s_i)$ mit der folgenden Bauart:

$$\begin{array}{cccccccc|c} x_1 & x_2 & \cdots & x_r & x_{r+1} & \cdots & x_n & & 1 \\ \hline 1 & * & \cdots & * & * & \cdots & * & & s_1 \\ 0 & 1 & \cdots & * & * & \cdots & * & & s_2 \\ \vdots & \vdots & \ddots & \vdots & \vdots & & \vdots & & \vdots \\ 0 & 0 & \cdots & 1 & * & \cdots & * & & s_r \\ 0 & 0 & \cdots & 0 & 0 & \cdots & 0 & & s_{r+1} \\ \cdots & \cdots & \cdots & \cdots & \cdots & \cdots & \cdots & & \cdots \\ 0 & 0 & \cdots & 0 & 0 & \cdots & 0 & & s_m \end{array} \qquad (4.11)$$

Es gibt nur einen Unterschied zu (4.10). An die Stelle der Einheitsmatrix E_r tritt hier eine obere Dreiecksmatrix, deren Diagonalelemente alle gleich 1 sind.

Der Lösungsraum $\boldsymbol{U}$ des homogenen (m, n)-LGS $A \cdot (x_j) = (0)$ hat die Dimension $n - r$. Für $r = n$ gibt es daher nur die triviale Lösung. Für $r < n$ setzen wir genau eine der Unbekannten $x_{r+1}, x_{r+2}, \ldots, x_n$ gleich 1 und die anderen alle gleich 0. Mit dieser Festsetzung wird das umgeformte Gleichungssystem von unten nach oben fortschreitend aufgerollt: In der r-ten Zeile kommt nur noch die Unbekannte x_r vor, deren Wert daher sogleich berechnet werden kann. Damit sind in der $(r-1)$-ten Zeile die Werte für $x_r, x_{r+1}, \ldots, x_n$ schon bekannt. Der Wert für x_{r-1} kann nun bestimmt werden und so weiter. Führen wir diese Berechnungen für die $n - r$ möglichen Positionen der Zahl 1 durch, so liefert das eine Basis des Lösungsraumes $\boldsymbol{U}$.

Genau für $s_{r+1} = s_{r+2} = \cdots = s_m = 0$ ist das (m, n)-LGS $A \cdot (x_j) = (s_i)$ lösbar, wobei in diesem Fall eine Lösung dadurch gefunden werden kann, dass alle Unbekannten $x_{r+1}, x_{r+2}, \ldots, x_n$ gleich 0 gesetzt werden. Anschließend werden von unten nach oben fortschreitend die Werte für $x_r, x_{r-1}, \ldots, x_1$ bestimmt.

Der *Algorithmus von Gauß* (auch: *klassisches Eliminationsverfahren*) ist eine Variante des Algorithmus von Gauß-Jordan: Ein gegebenes (m,n)-LGS wird durch elementare Zeilenumformungen und gegebenenfalls Vertauschungen der ersten n Spalten auf die Gestalt (4.11) gebracht. Im Unterschied zum Algorithmus von Gauß-Jordan erspart das zunächst Rechenschritte, dafür ist nachher das „Hinaufrechnen" der Lösungen etwas mühseliger.

Beispiel 4.7.10 Nach Anwendung des Algorithmus von Gauß liege folgendes LGS mit reellen Koeffizienten vor:

x_1	x_2	x_3	x_4	x_5	1
1	2	1	3	1	6
0	1	1	3	2	4
0	0	1	4	1	2
0	0	0	0	0	0

Wir lesen ab: $r = 3$, $n - r = 2$.

Das homogene LGS hat als Lösungsmenge einen 2-dimensionalen Unterraum $U \subset \mathbb{R}^{5\times 1}$. Wir bestimmen zwei Basisvektoren von U der Form

$$(v_1, v_2, v_3, 1, 0)^{\mathrm{T}}, \quad (w_1, w_2, w_3, 0, 1)^{\mathrm{T}}.$$

Die dritte Zeile zeigt $v_3 = -4$, die zweite Zeile liefert $v_2 = 1$ und die erste Zeile schließlich $v_1 = -1$. Analog folgt $w_3 = -1$, $w_2 = -1$ und $w_1 = 2$.

Das inhomogene LGS ist lösbar. Eine Lösung ergibt sich wie oben mit einem Ansatz

$$(p_1, p_2, p_3, 0, 0)^{\mathrm{T}},$$

was auf $p_3 = 2$, $p_2 = 2$ und $p_1 = 0$ führt. Eine Parameterdarstellung der Lösungsmenge ist gegeben durch

$$\begin{pmatrix} l_1 \\ l_2 \\ l_3 \\ l_4 \\ l_5 \end{pmatrix} = \begin{pmatrix} 0 \\ 2 \\ 2 \\ 0 \\ 0 \end{pmatrix} + t_1 \begin{pmatrix} -1 \\ 1 \\ -4 \\ 1 \\ 0 \end{pmatrix} + t_2 \begin{pmatrix} 2 \\ -1 \\ -1 \\ 0 \\ 1 \end{pmatrix} \quad \text{mit } (t_1, t_2) \in \mathbb{R}^2.$$

4.7.11 Liegen mehrere lineare Gleichungssysteme mit derselben Matrix A vor, so können diese gleichzeitig gelöst werden, indem neben der gemeinsamen Matrix A mehrere Spalten (s_i), $(s_i'), \ldots$ angeschrieben werden.

Die bei der Umformung eines (m,n)-LGS auftretenden Zeilenumformungen lassen sich in einer Transformationsmatrix abspeichern: Dabei wird von einem Ansatz der Form

$$E_m|A|(s_i)$$

ausgegangen. Nach Durchführung des Algorithmus von Gauß (oder: Gauß-Jordan) lautet das Schema dann

$$Q|\tilde{A}|(\tilde{s}_i)$$

mit $Q \in \mathrm{GL}_m(K)$. Soll zu einem späteren Zeitpunkt ein LGS der Form $A \cdot (x_j) = (s_i')$ gelöst werden, so sind genau dieselben Zeilenumformungen wie vorher durchzuführen. Um das umgeformte LGS zu erhalten, müssen wir nur die Spalte $Q \cdot (s_i')$ berechnen und neben die bereits bekannte Matrix $\tilde{A}$ schreiben.

Aufgaben

A 4.7.1 Löse nach Gauß oder Gauß-Jordan die folgenden beiden (4, 4)-LGS über $\mathbb{R}$:

$$(\alpha)\quad \begin{array}{rcrcrcrcr} x_1 &+& 2x_2 & & &+& 3x_4 &=& 3\\ & & & & x_3 &-& x_4 &=& 0\\ 2x_1 &+& 4x_2 &+& 2x_3 &+& 4x_4 &=& 6\\ x_1 &+& 2x_2 &-& x_3 &+& 4x_4 &=& 3 \end{array} \qquad \begin{array}{rcrcrcrcr} x_1 &+& 2x_2 & & &+& 3x_4 &=& 4\\ & & & & x_3 &-& x_4 &=& 1\\ 2x_1 &+& 4x_2 &+& 2x_3 &+& 4x_4 &=& 12\\ x_1 &+& 2x_2 &-& x_3 &+& 4x_4 &=& 4 \end{array}$$

$$(\beta)\quad \begin{array}{rcrcrcrcr} x_1 &-& x_2 &+& 7x_3 &+& 7x_4 &=& 14\\ & & x_2 &+& 2x_3 &+& 2x_4 &=& 5\\ 2x_1 & & &+& 20x_3 &+& 20x_4 &=& 42\\ x_1 &-& 2x_2 &+& 5x_3 &+& 5x_4 &=& 10 \end{array} \qquad \begin{array}{rcrcrcrcr} x_1 &-& x_2 &+& 7x_3 &+& 7x_4 &=& 0\\ & & x_2 &+& 2x_3 &+& 2x_4 &=& 1\\ 2x_1 & & &+& 20x_3 &+& 20x_4 &=& 2\\ x_1 &-& 2x_2 &+& 5x_3 &+& 5x_4 &=& -1 \end{array}$$

$$(\gamma)\quad \begin{array}{rcrcrcrcr} 2x_1 &+& x_2 & & &+& 4x_4 &=& 7\\ x_1 &+& 3x_2 &-& x_3 &+& 7x_4 &=& -5\\ & & -x_2 &+& x_3 &-& 2x_4 &=& 4\\ x_1 &+& x_2 & & &+& 3x_4 &=& 2 \end{array} \qquad \begin{array}{rcrcrcrcr} 2x_1 &+& x_2 & & &+& 4x_4 &=& 4\\ x_1 &+& 3x_2 &-& x_3 &+& 7x_4 &=& 4\\ & & -x_2 &+& x_3 &-& 2x_4 &=& 0\\ x_1 &+& x_2 & & &+& 3x_4 &=& 3 \end{array}$$

Hinweis: Beachte 4.7.11.

A 4.7.2 Über einem Körper K sei ein LGS $A \cdot (x_j) = (s_i)$ mit $A \in \mathrm{GL}_n(K)$ gegeben.

(a) Beweise, dass $A^{-1} \cdot (s_i)$ die einzige Lösung dieses LGS ist.

(b) Wähle eine Primzahl p und löse gemäß (a) das LGS $A \cdot (x_j) = (s_i)$ über $\mathbb{Z}_p$ mit

$$A := \begin{pmatrix} 1 & 0 & 1 & 0\\ 1 & 1 & 1 & 1\\ 1 & 0 & 0 & 0\\ 0 & 0 & 1 & 1 \end{pmatrix} \quad \text{und} \quad (s_i) := \begin{pmatrix} 1\\ 0\\ 1\\ 0 \end{pmatrix}.$$

A 4.7.3 Eine *Dreieckschaltung* (Abbildung 4.5 links) kann nach Einfügen eines neuen Punktes durch eine *Sternschaltung* (Abbildung 4.5 rechts) ersetzt werden. Dabei muss der Gesamtwiderstand zwischen je zwei der Punkte 1, 2 und 3 konstant bleiben. Leite die Umwandlungsformeln von Dreieck- in Sternschaltung her, wobei die Widerstände R_{12}, R_{23} und R_{31} gegeben seien.
Hinweis: Bei Serienschaltung ist der Gesamtwiderstand R gleich der Summe der Einzelwiderstände R_i, bei Parallelschaltung ist der Reziprokwert des Gesamtwiderstandes gleich der Summe der Reziprokwerte der Einzelwiderstände.

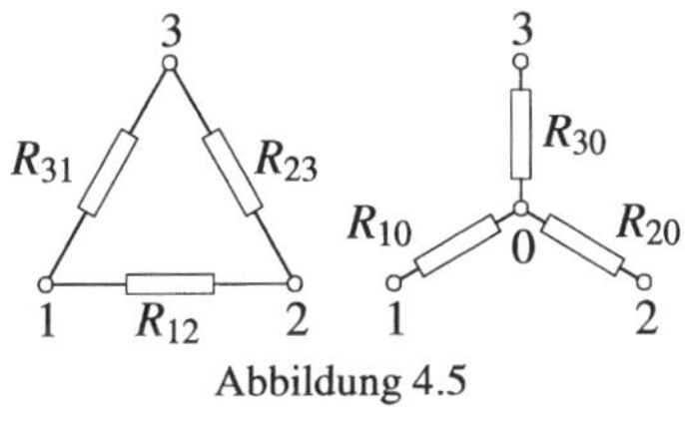

Abbildung 4.5

A 4.7.4 Die Aufzüge in einem Firmengebäude sind ständig überlastet. Im Rahmen einer Untersuchung wurden 25080 Wege von Mitarbeitern im Laufe mehrerer Arbeitstage erfasst. Am Beginn und am Ende jedes Beobachtungszeitraumes befanden sich alle Personen stets an ihrem Arbeitsplatz. Jeder Weg von einem in ein anderes Stockwerk wurde mit den Aufzügen zurückgelegt. Folgende Prozentzahlen für die Fahrten mit den Aufzügen liegen vor (0 = Erdgeschoß, 1 = erster Stock usw.):

Nach →		0	1	2	3
Von →	0	0,0	0,4	0,3	0,3
	1	0,3	0,0	0,5	0,2
	2	0,2	0,1	0,0	0,7
	3	0,3	0,5	0,2	0,0

Bestimme für je zwei verschiedene Stockwerke die Anzahl der Fahrten vom einen in das andere Geschoß. Hinweis: Es liegt ein *geschlossenes System* vor: Die Summe x aller Fahrten in das i-te Geschoß ist gleich der Summe der Fahrten aus dem i-ten Geschoß.

A 4.7.5 Einer Chemikerin stehen folgende Flüssigkeiten zur Verfügung:

- 300 Liter bestehend aus 80% destilliertem Wasser (H_2O) und 20% anderen Stoffen,
- 1,4 Liter bestehend aus 20% H_2O, 70% Schwefelsäure (H_2SO_4) und 10% anderen Stoffen,
- 3,2 Liter bestehend aus 40% H_2O und 60% H_2SO_4.

Berechne, ob sie daraus Flüssigkeiten mit folgenden Zusammensetzungen mischen kann, und gib das maximal mögliche Flüssigkeitsvolumen an:

(a) 40% H_2O, 54% H_2SO_4 und 6% andere Stoffe,

(b) 34% H_2O, 53% H_2SO_4 und 13% andere Stoffe.

A 4.7.6 Wir betrachten geschlossene *Gleichstromnetze*, die aus Spannungsquellen und Widerständen aufgebaut sind. Wir vernachlässigen dabei den Widerstand der verbindenden Leitungen und den Innenwiderstand der Spannungsquellen. Abbildung 4.6 zeigt einen Stromkreis bestehend aus einer Spannungsquelle U_1 mit einer elektromotorischen Kraft von 12 V (Volt[6]) und einem Widerstand mit $R = 60\,\Omega$ (Ohm[7]). Der Spannungsabfall U am Widerstand R muss ebenfalls 12 V betragen. Nach dem *Gesetz von Ohm* gilt daher $U_1 = U = R \cdot I$. Es fließt daher ein Strom I von 0,2 A (Ampere[8]). Dabei wird vereinbart, dass der Strom von + nach − fließt (technische Stromrichtung), was durch einen Pfeil verdeutlicht wird.

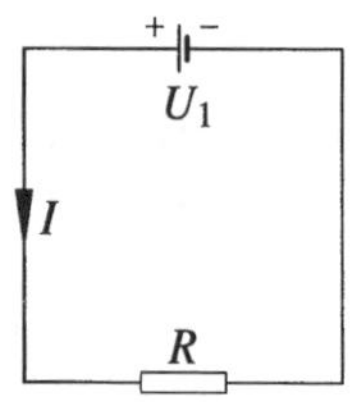

Abbildung 4.6

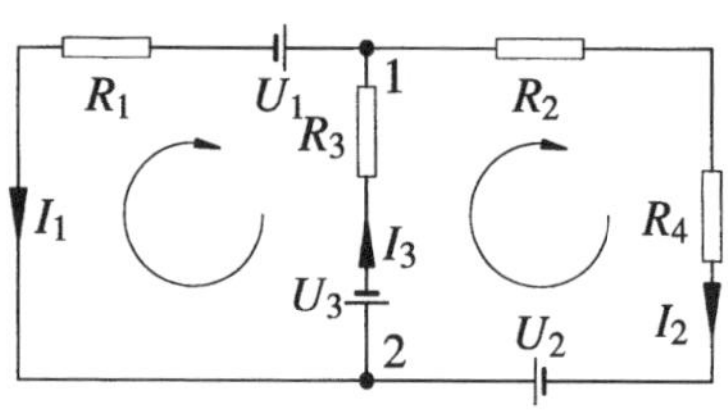

Abbildung 4.7

Kommen in einem Punkt eines Stromnetzes drei oder mehr Leitungen zusammen, so wird dieser als *Knoten* bezeichnet. Eine *Masche* ist ein geschlossener Teilstromkreis. Es gelten die beiden *Gesetze von Kirchhoff*[9]:

- *Knotenregel*: Für jeden Knoten ist die Summe der zufließenden Ströme gleich der Summe der abfließenden Ströme.
- *Maschenregel*: Wird eine Masche in einem willkürlich festgelegten Umlaufsinn durchlaufen, so ist die Summe aller Spannungsabfälle gleich der Summe aller elektromotorischen Kräfte.

[6]Conte Alessandro Giuseppe Antonio Anastasio Volta (1745–1827).
[7]Georg Simon Ohm (1789–1854).
[8]André Marie Ampère (1775–1836).
[9]Gustav Robert Kirchhoff (1824–1887).

Bei der Maschenregel sind Vorzeichen zu beachten. Wir erklären die Vorgangsweise an Hand eines Netzes mit vier Widerständen und drei Stromquellen. Das Netz hat die beiden Knoten 1 und 2 (Abbildung 4.7). Jede Verbindung benachbarter Knoten heißt ein *Zweig*. Im Zweig von 1 über U_1 und R_1 nach 2 fließt ein Strom der Stärke I_1. Dessen Fließrichtung legen wir *willkürlich* durch einen Pfeil fest. Wenn sich am Schluss der Rechnung für I_1 ein negativer Wert ergibt, war die gewählte Richtung falsch. In diesem Fall ist der Pfeil umzudrehen und das negative Vorzeichen bei der Maßzahl für I_1 einfach wegzulassen. Analog werden Richtungen für I_2 und I_3 willkürlich festgelegt. Die Knotenregel für 1 liefert

$$I_3 = I_1 + I_2.$$

Durchlaufen wir die linke bzw. die rechte Masche von 2 beginnend im Uhrzeigersinn, so bekommen wir mit Hilfe der Maschenregel die Gleichungen

$$-R_1I_1 - R_3I_1 = U_1 + U_3 \quad \text{bzw.} \quad R_3I_3 + R_2I_2 + R_4I_2 = -U_3 + U_2.$$

Hier treten genau dann Minuszeichen auf, wenn ein Widerstand entgegen der gewählten Stromrichtung durchlaufen wird bzw. eine Spannungsquelle im Pluspol erreicht und im Minuspol verlassen wird. Diese drei linearen Gleichungen für I_1, I_2 und I_3 sind l. u. Der Knoten 2 und die Masche von 1 über R_2, R_4, U_2, 2, R_1 und U_1 zurück nach 1 ergeben davon l. a. Gleichungen, die wir nicht anschreiben.

Ohne Beweis sei angemerkt: In einem Netzwerk mit k Knoten und z Zweigen können (von trivialen Fällen abgesehen) $k - 1$ l. u. Knotengleichungen und $z - k + 1$ l. u. Maschengleichungen gefunden werden. Aus diesen z Gleichungen lassen sich die Ströme in den z Zweigen eindeutig bestimmen.

Bestimme im Netz aus Abbildung 4.8 für jeden der fünf Zweige den auftretenden Strom zu einer der folgenden Angaben:

(α) $R_1 = 1\,\Omega$, $R_2 = 1\,\Omega$, $R_3 = 1\,\Omega$, $R_4 = 1\,\Omega$, $R_5 = 1\,\Omega$, $R_6 = 1\,\Omega$, $U_1 = 7\,\text{V}$, $U_2 = 12\,\text{V}$.

(β) $R_1 = 1\,\Omega$, $R_2 = 2\,\Omega$, $R_3 = 3\,\Omega$, $R_4 = 4\,\Omega$, $R_5 = 5\,\Omega$, $R_6 = 6\,\Omega$, $U_1 = 7\,\text{V}$, $U_2 = 12\,\text{V}$.

(γ) $R_1 = 1\,\Omega$, $R_2 = 2\,\Omega$, $R_3 = 1\,\Omega$, $R_4 = 1\,\Omega$, $R_5 = 1\,\Omega$, $R_6 = 2\,\Omega$, $U_1 = 8\,\text{V}$, $U_2 = 24\,\text{V}$.

(δ) $R_1 = 1\,\Omega$, $R_2 = 1\,\Omega$, $R_3 = 1\,\Omega$, $R_4 = 3\,\Omega$, $R_5 = 1\,\Omega$, $R_6 = 2\,\Omega$, $U_1 = 24\,\text{V}$, $U_2 = 32\,\text{V}$.

(ε) $R_1 = 6\,\Omega$, $R_2 = 5\,\Omega$, $R_3 = 4\,\Omega$, $R_4 = 3\,\Omega$, $R_5 = 2\,\Omega$, $R_6 = 1\,\Omega$, $U_1 = 8\,\text{V}$, $U_2 = 16\,\text{V}$.

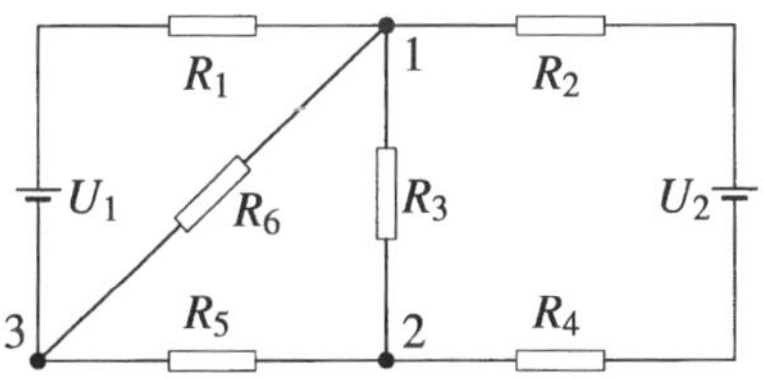

Abbildung 4.8

4.8 Annullatorräume

4.8.1 In diesem Abschnitt sei $\boldsymbol{V}$ ein Vektorraum über K und $\boldsymbol{V}^*$ dessen Dualraum. Wir zeigen, dass jeder Teilmenge von $\boldsymbol{V}$ in natürlicher Weise eine Teilmenge von $\boldsymbol{V}^*$ zugeordnet werden kann.

Ist $\boldsymbol{m} \in \boldsymbol{V}$, $\boldsymbol{a}^* \in \boldsymbol{V}^*$ und $\langle \boldsymbol{a}^*, \boldsymbol{m} \rangle = 0$, so sagen wir, $\boldsymbol{a}^*$ *annulliere* den Vektor $\boldsymbol{m}$. Für $\boldsymbol{M} \subset \boldsymbol{V}$ ist der *Annullatorraum* von $\boldsymbol{M}$ definiert als

$$\boldsymbol{M}^\circ := \{\boldsymbol{a}^* \in \boldsymbol{V}^* \mid \langle \boldsymbol{a}^*, \boldsymbol{m} \rangle = 0 \ \text{ für alle } \ \boldsymbol{m} \in \boldsymbol{M}\}.$$

Es ist klar, dass $\boldsymbol{M}^\circ$ ein Unterraum von $\boldsymbol{V}^*$ ist: Offenbar gilt $\boldsymbol{o}^* \in \boldsymbol{M}^\circ$. Für alle $\boldsymbol{a}^*, \boldsymbol{b}^* \in \boldsymbol{M}^\circ$, $c \in K$ und alle $\boldsymbol{m} \in \boldsymbol{M}$ ist

$$\langle \boldsymbol{a}^* + c\boldsymbol{b}^*, \boldsymbol{m}\rangle = \langle \boldsymbol{a}^*, \boldsymbol{m}\rangle + c\langle \boldsymbol{b}^*, \boldsymbol{m}\rangle = 0 + c \cdot 0 = 0.$$

Einfachste Beispiele sind

$$\emptyset^\circ = \boldsymbol{V}^*, \quad \{\boldsymbol{o}\}^\circ = \boldsymbol{V}^*, \quad \boldsymbol{V}^\circ = \{\boldsymbol{o}^*\}.$$

Wir können jeder Linearform $\boldsymbol{a}^* \in \boldsymbol{V}^*$ eine lineare homogene Gleichung $\langle \boldsymbol{a}^*, \boldsymbol{x}\rangle = 0$ zuordnen, wobei $\boldsymbol{x}$ einen unbekannten Vektor bezeichnet. Die Lösungsmenge einer solchen Gleichung ist der Unterraum $\ker \boldsymbol{a}^* \subset \boldsymbol{V}$. Allgemeiner entspricht jede Teilmenge $\boldsymbol{M}^* \subset \boldsymbol{V}^*$ einem (eventuell unendlichen) linearen homogenen Gleichungssystem mit dem Lösungsraum

$$\bigcap_{\boldsymbol{a}^* \in \boldsymbol{M}^*} \ker \boldsymbol{a}^*.$$

Der Annullatorraum einer Menge $\boldsymbol{M} \subset \boldsymbol{V}$ liefert daher eine Menge linearer homogener Gleichungen, deren Lösungsraum die Menge $\boldsymbol{M}$ enthält, denn nach Definition gilt

$$\boldsymbol{M} \subset \Big(\bigcap_{\boldsymbol{a}^* \in \boldsymbol{M}^\circ} \ker \boldsymbol{a}^* \Big). \tag{4.12}$$

Wir können jedoch nicht erwarten, dass die Menge $\boldsymbol{M}$ mit dem Lösungsraum übereinstimmt.

Satz 4.8.2 *Aus $\boldsymbol{M}_1 \subset \boldsymbol{M}_2 \subset \boldsymbol{V}$ folgt $\boldsymbol{M}_1^\circ \supset \boldsymbol{M}_2^\circ$. Weiters gilt $\boldsymbol{M}^\circ = [\boldsymbol{M}]^\circ$ für alle Teilmengen $\boldsymbol{M}$ von $\boldsymbol{V}$.*

Beweis. Die erste Aussage ist offensichtlich richtig. Die Gültigkeit der zweiten Aussage ergibt sich mit Hilfe von Formel (2.9) aus 2.3.10 wegen

$$\boldsymbol{a}^* \in \boldsymbol{M}^\circ \quad \Leftrightarrow \quad \boldsymbol{M} \subset \ker \boldsymbol{a}^* \quad \Leftrightarrow \quad [\boldsymbol{M}] \subset \ker \boldsymbol{a}^* \quad \Leftrightarrow \quad \boldsymbol{a}^* \in [\boldsymbol{M}]^\circ$$

für alle $\boldsymbol{a}^* \in \boldsymbol{V}^*$. □

Wir versuchen nun, eine Basis eines Annullatorraumes zu finden. Wie wir soeben gesehen haben, ist es dabei keine Einschränkung, den Annullatorraum eines Unterraumes zu betrachten. Zur Vermeidung von Fallunterscheidungen verwenden wir im Folgenden die Vereinbarung

$$\bigcap (\boldsymbol{U}_i \mid i \in \emptyset,\ \boldsymbol{U}_i \subset \boldsymbol{V}) := \boldsymbol{V};$$

vgl. 1.6.8. Das gelte sinngemäß auch für einen leeren Durchschnitt von Unterräumen aus $\boldsymbol{V}^*$.

Satz 4.8.3 *Sei $\boldsymbol{U}$ ein Unterraum von $\boldsymbol{V}$. Ist dann $(\boldsymbol{b}_j)_{j \in I_1}$ eine Basis von $\boldsymbol{U}$ und $(\boldsymbol{b}_j)_{j \in I_1 \cup I_2}$ eine Basis von $\boldsymbol{V}$, so gilt*

$$\boldsymbol{U} = \bigcap_{i \in I_2} \ker \boldsymbol{b}_i^*. \tag{4.13}$$

Daraus folgt

$$\boldsymbol{U} = \bigcap_{\boldsymbol{a}^* \in \boldsymbol{U}^\circ} \ker \boldsymbol{a}^*. \tag{4.14}$$

Falls I_2 endlich ist, liegt mit $(\boldsymbol{b}_i^*)_{i \in I_2}$ eine Basis des Annullatorraumes $\boldsymbol{U}^\circ$ vor.

Beweis. (a) Sei $I := I_1 \cup I_2$. Ein Vektor $\boldsymbol{x} = \sum_{i \in I} x_i \boldsymbol{b}_i$ liegt genau dann in $\boldsymbol{U}$, falls gilt

$$x_i = \langle \boldsymbol{b}_i^*, \boldsymbol{x} \rangle = 0 \text{ für alle } i \in I_2.$$

Daher ist (4.13) erfüllt.

(b) Aus (4.12) (mit $\boldsymbol{U}$ statt $\boldsymbol{M}$) und (4.13) folgt unmittelbar (4.14), da für alle $i \in I_2$ die Koordinatenform $\boldsymbol{b}_i^*$ in $\boldsymbol{U}^\circ$ liegt.

(c) Sei I_2 endlich. Für alle $\boldsymbol{a}^* \in \boldsymbol{U}^\circ$ ist $\sum_{i \in I_2} \langle \boldsymbol{a}^*, \boldsymbol{b}_i \rangle \boldsymbol{b}_i^*$ eine Linearkombination, die nach Satz 3.3.2 mit $\boldsymbol{a}^*$ übereinstimmt. Daher ist die l. u. Familie $(\boldsymbol{b}_i^*)_{i \in I_2}$ eine Basis von $\boldsymbol{U}^\circ$. □

Die Familie $(\boldsymbol{b}_i^*)_{i \in I_2}$ ist für eine unendliche Indexmenge I_2 kein Erzeugendensystem des Annullatorraumes $\boldsymbol{U}^\circ$. Das kann wie im Beweis von Satz 4.3.2 gezeigt werden.

Setzen wir im obigen Beweis $\boldsymbol{U} := [\boldsymbol{M}]$ für eine Teilmenge $\boldsymbol{M}$ von $\boldsymbol{V}$, so erkennen wir aus (4.14): Zur Bestimmung der Hülle von $\boldsymbol{M}$ genügt es, alle *Hyperebenen* von $\boldsymbol{V}$ zum Schnitt zu bringen, in denen $\boldsymbol{M}$ enthalten ist. Es ist also zur Hüllenbildung gar nicht notwendig, alle $\boldsymbol{M}$ umfassenden *Unterräume* von $\boldsymbol{V}$ zu schneiden.

Ist $\boldsymbol{U}$ insbesondere eine Hyperebene, so folgt $\dim \boldsymbol{U}^\circ = 1$ mit dem obigen Satz und Satz 4.2.5. Zwei nicht triviale Linearformen besitzen daher genau dann denselben Kern, wenn sie linear abhängig sind. Wir ziehen noch eine einfache Folgerung:

Satz 4.8.4 *Sei $\boldsymbol{V}$ ein endlichdimensionaler Vektorraum der Dimension n. Dann hat der Annullatorraum jedes r-dimensionalen Unterraumes $\boldsymbol{U}$ von $\boldsymbol{V}$ die Dimension $n - r$.*

Beweis. Die Gültigkeit der Behauptung folgt aus Satz 4.8.3 wegen $n = \#I$, $r = \#I_1$ und $n - r = \#I_2$. □

Dieser Satz zeigt uns, dass sich jeder r-dimensionale Unterraum von $\boldsymbol{V}$ nach Einführung von Koordinaten als Lösungsraum eines homogenen LGS mit $n - r$ Gleichungen erfassen lässt.

4.8.5 Wir illustrieren Satz 4.8.4 im Vektorraum $K^{n \times 1}$. Jeder r-dimensionale Unterraum $\boldsymbol{U}$ hat nach Satz 2.7.3 eine Basis, die – abgesehen von der Reihenfolge der Zeilen – zu einer Matrix

$$\begin{pmatrix} E_r \\ A' \end{pmatrix} \in K^{n \times r}$$

mit einer $(n-r) \times r$ Teilmatrix A' zusammengefasst werden kann. Wir bilden nun die $(n-r) \times n$ Matrix $(-A' | E_{n-r})$. Dann folgt

$$(-A' | E_{n-r}) \begin{pmatrix} E_r \\ A' \end{pmatrix} = (0).$$

Die $n - r$ Zeilen der Matrix $(-A' | E_{n-r})$ sind l. u. Wir fassen diese Zeilen als kanonische Koordinatenmatrizen von Linearformen $\boldsymbol{a}_i^* : K^{n \times 1} \to K$ auf und haben so eine Basis des Annullatorraumes gefunden. Dann ist

$$[\{\boldsymbol{a}_1^*, \boldsymbol{a}_2^*, \ldots, \boldsymbol{a}_{n-r}^*\}] = \boldsymbol{U}^\circ$$

und

$$\boldsymbol{U} = \ker \boldsymbol{a}_1^* \cap \ker \boldsymbol{a}_2^* \cap \cdots \cap \ker \boldsymbol{a}_{n-r}^*.$$

Beispiel 4.8.6 In $\mathbb{C}^{5\times 1}$ seien die Vektoren

$$\begin{pmatrix}1\\0\\0\\1\\i\end{pmatrix}, \begin{pmatrix}0\\1\\0\\2\\1\end{pmatrix}, \begin{pmatrix}0\\0\\1\\1\\0\end{pmatrix}$$

gegeben. Ihre Hülle $\boldsymbol{U}$ ist 3-dimensional, also $\dim \boldsymbol{U}^\circ = 5-3 = 2$. Wir fügen die drei Vektoren zu einer Matrix zusammen. Deren erste drei Zeilen bilden bereits eine 3×3 Einheitsmatrix. Daher bauen wir aus den restlichen zwei Zeilen eine Matrix auf, an die wir eine 2×2 Einheitsmatrix rechts anfügen. Wir bekommen

$$\begin{pmatrix}-1 & -2 & -1 & 1 & 0\\ -i & -1 & -0 & 0 & 1\end{pmatrix}.$$

Daraus lesen wir ab, dass

$$\begin{aligned} -x_1 - 2x_2 - x_3 + x_4 \quad &= 0\\ -ix_1 - \quad x_2 \qquad\quad + x_5 &= 0 \end{aligned}$$

ein LGS mit Lösungsraum $\boldsymbol{U}$ ist. Eine Basis von $\boldsymbol{U}^\circ$ ist gegeben durch

$$(-\boldsymbol{e}_1^* - 2\boldsymbol{e}_2^* - \boldsymbol{e}_3^* + \boldsymbol{e}_4^*, -i\boldsymbol{e}_1^* - \boldsymbol{e}_2^* + \boldsymbol{e}_5^*).$$

Satz 4.8.7 *Für jede Familie $(\boldsymbol{U}_i)_{i\in I}$ von Unterräumen von $\boldsymbol{V}$ gilt*

$$\Big(\sum_{i\in I} \boldsymbol{U}_i\Big)^\circ = \bigcap_{i\in I} (\boldsymbol{U}_i^\circ) \tag{4.15}$$

$$\Big(\bigcap_{i\in I} \boldsymbol{U}_i\Big)^\circ \supset \sum_{i\in I} (\boldsymbol{U}_i^\circ). \tag{4.16}$$

Für jede endliche Familie $(\boldsymbol{U}_1, \boldsymbol{U}_2, \dots, \boldsymbol{U}_r)$ von $r \geq 0$ Unterräumen von $\boldsymbol{V}$ gilt

$$(\boldsymbol{U}_1 \cap \boldsymbol{U}_2 \cap \dots \cap \boldsymbol{U}_r)^\circ = \boldsymbol{U}_1^\circ + \boldsymbol{U}_2^\circ + \dots + \boldsymbol{U}_r^\circ. \tag{4.17}$$

Beweis. (a) Es ist $\boldsymbol{a}^* \in \bigcap_{i\in I} (\boldsymbol{U}_i^\circ)$ gleichwertig zu

$$\boldsymbol{a}^* \in \Big(\bigcup_{i\in I} \boldsymbol{U}_i\Big)^\circ = \Big(\Big[\bigcup_{i\in I} \boldsymbol{U}_i\Big]\Big)^\circ = \Big(\sum_{i\in I} \boldsymbol{U}_i\Big)^\circ.$$

(b) Sei $\boldsymbol{a}^* \in \sum_{i\in I} (\boldsymbol{U}_i^\circ)$, das heißt

$$\boldsymbol{a}^* = \sum_{i\in I} \boldsymbol{a}_i^* \quad \text{mit} \quad \boldsymbol{a}_i^* \in \boldsymbol{U}_i^\circ \quad \text{und} \quad \boldsymbol{a}_i^* = \boldsymbol{o}^* \quad \text{für fast alle} \quad i \in I.$$

Wegen $\bigcap_{i\in I} \boldsymbol{U}_i \subset \boldsymbol{U}_j$ für alle $j \in I$ annulliert jede Linearform $\boldsymbol{a}_j^*$ alle Vektoren dieses Durchschnitts, und das gilt daher auch für $\boldsymbol{a}^*$.

(c) Für $r \leq 1$ ist (4.17) klar. Sei $r = 2$. Aus dem Beweis des Dimensionssatzes in 2.8.9 entnehmen wir, dass eine Basis $\boldsymbol{A}$ von $\boldsymbol{U}_1 \cap \boldsymbol{U}_2$ durch Hinzunehmen von l. u. Mengen $\boldsymbol{A}_1$ bzw. $\boldsymbol{A}_2$ zu Basen von $\boldsymbol{U}_1$ bzw. $\boldsymbol{U}_2$ erweitert werden kann, wobei dann $\boldsymbol{A} \cup \boldsymbol{A}_1 \cup \boldsymbol{A}_2$ eine Basis von $\boldsymbol{U}_1 + \boldsymbol{U}_2$ ergibt. Schließlich kann $\boldsymbol{A} \cup \boldsymbol{A}_1 \cup \boldsymbol{A}_2$ durch eine l. u. Menge $\tilde{\boldsymbol{A}}$ zu einer Basis von $\boldsymbol{V}$ ergänzt werden.

Sei nun $a^* \in (U_1 \cap U_2)^\circ$. Wir definieren Linearformen $a_1^* \in U_1^\circ$ und $a_2^* \in U_2^\circ$ durch

$$\begin{aligned}\langle a_1^*, b\rangle &:= \langle a^*, b\rangle \quad \text{für alle} \quad b \in A_2 \cup \tilde{A},\\ \langle a_2^*, b\rangle &:= \langle a^*, b\rangle \quad \text{für alle} \quad b \in A_1,\\ \langle a_2^*, b\rangle &:= 0 \qquad\qquad \text{für alle} \quad b \in \tilde{A}.\end{aligned}$$

Dann gilt $a_1^* + a_2^* = a^*$, da die Abbildungen für alle Vektoren der Basis $A \cup A_1 \cup A_2 \cup \tilde{A}$ dasselbe leisten. Somit ist $a^* \in U_1^\circ + U_2^\circ$.

Nun gelingt ein einfacher Induktionsbeweis: Sei (4.17) schon für $1, 2, \ldots, r-1 \geq 2$ gezeigt. Dann gilt

$$\begin{aligned}(U_1 \cap U_2 \cap \cdots \cap U_r)^\circ &= ((U_1 \cap U_2 \cap \cdots \cap U_{r-1}) \cap U_r)^\circ\\ &= (U_1 \cap U_2 \cap \cdots \cap U_{r-1})^\circ + U_r^\circ\\ &= U_1^\circ + U_2^\circ + \cdots + U_{r-1}^\circ + U_r^\circ,\end{aligned}$$

was zu beweisen war. □

Beispiel 4.8.8 Wir zeigen, dass in (4.16) für $\dim V = \infty$ kein Gleichheitszeichen stehen muss: Es seien $(b_j)_{j\in I}$ eine (unendliche) Basis von V und $(b_i^*)_{i\in I}$ die Familie der Koordinatenformen. Wir setzen nun

$$U_i := \ker b_i^* \quad \text{für alle} \quad i \in I.$$

Ein Vektor $x = \sum_{j\in I} x_j b_j \in V$ liegt genau dann in $\bigcap_{i\in I} U_i$, falls

$$\langle b_i^*, x\rangle = x_i = 0 \quad \text{für alle} \quad i \in I$$

erfüllt ist. Diese Eigenschaft hat aber nur der Nullvektor. Daher ist $\bigcap_{i\in I} U_i = \{o\}$ und weiter

$$\Big(\bigcap_{i\in I} U_i\Big)^\circ = \{o\}^\circ = V^*.$$

Andererseits ist $U_i^\circ = [b_i^*]$ nach 4.8.3, aber nach Satz 4.3.2 gilt

$$\sum_{i\in I}(U_i^\circ) = \sum_{i\in I}[b_i^*] = [(b_i^*)_{i\in I}] \neq V^*.$$

4.8.9 Ordnen wir jedem Unterraum U von V seinen Annullatorraum U° zu, so liegt nach (4.14) eine injektive Abbildung $\mathrm{Sub}(V) \to \mathrm{Sub}(V^*)$ vor. Für $\dim V = \infty$ tritt nicht jeder Unterraum von V^* als Annullatorraum auf. Vgl. A 4.8.4.

Für $\dim V = n < \infty$ folgt jedoch mit Hilfe der kanonischen Identifizierung $V = V^{**}$ sofort, dass jeder $(n-r)$-dimensionale Unterraum $T^* \subset V^*$ der Annullatorraum eines r-dimensionalen Unterraumes von V ist: Es hat ja T^* den r-dimensionaler Unterraum

$$(T^*)^\circ = \{x \in V \mid \langle t^*, x\rangle = 0 \text{ für alle } t^* \in T^*\} =: U \subset V$$

als Annullatorraum.[10] Dessen Annullatorraum U° hat die Dimension $n-r$ und enthält offensichtlich T^*, was

$$(T^*)^{\circ\circ} = U^\circ = T^*$$

ergibt. Es wird daher durch die Vorschrift $U \mapsto U^\circ$ eine Bijektion $\mathrm{Sub}(V) \to \mathrm{Sub}(V^*)$ festgelegt. Vermöge der kanonischen Identifizierung gilt daher

$$U = U^{\circ\circ} \quad \text{für alle Unterräume} \quad U \subset V. \tag{4.18}$$

[10] Wenn wir ein endliches Erzeugendensystem a_i^* von T^* wählen, so ist $(T^*)^\circ$ – nach Einführung von Koordinaten – einfach der Lösungsraum des homogenen LGS $\langle a_i^*, x\rangle = 0$.

Wir verschärfen damit die Formeln (4.16) und (4.17):

Satz 4.8.10 *Sei V ein endlichdimensionaler Vektorraum. Für jede Familie $(U_i)_{i\in I}$ von Unterräumen von V gilt*

$$\left(\bigcap_{i\in I} U_i\right)^\circ = \sum_{i\in I}(U_i^\circ). \tag{4.19}$$

Beweis. Wir berechnen

$$\sum_{i\in I}(U_i^\circ) \overset{(4.18)}{=} \left(\sum_{i\in I}(U_i^\circ)\right)^{\circ\circ} = \left(\left(\sum_{i\in I}(U_i^\circ)\right)^\circ\right)^\circ \overset{(4.15)}{=} \left(\bigcap_{i\in I}(U_i^{\circ\circ})\right)^\circ \overset{(4.18)}{=} \left(\bigcap_{i\in I} U_i\right)^\circ$$

und erhalten so das gewünschte Ergebnis. □

4.8.11 Wir schließen diesen Abschnitt mit einem grundlegenden Satz der Theorie endlichdimensionaler Vektorräume. Sei A eine Aussage über Unterräume eines n-dimensionalen Vektorraumes V, wobei von Inklusionen, Durchschnitten, Summen und Dimensionszahlen die Rede ist. Dann können wir eine neue Aussage A^* über Unterräume desselben Vektorraumes V bilden, indem wir

- alle Inklusionszeichen umkehren,
- Summenzeichen und Durchschnittszeichen vertauschen,
- jede Dimensionszahl r durch $n - r$ ersetzen.

Diese neue Aussage A^* heißt dann die zu A *duale Aussage*. Wenn wir eine Aussage zweimal dualisieren, erhalten wir wieder die ursprüngliche Aussage.

Satz 4.8.12 (Dualitätsprinzip) *Sei A eine Aussage über Inklusionen, Durchschnitte, Summen und Dimensionszahlen von Unterräumen, die in allen n-dimensionalen Vektorräumen über einem Körper K wahr ist. Dann gilt auch die dazu duale Aussage A^* in allen n-dimensionalen Vektorräumen über K.*

Beweis. Sei V ein n-dimensionaler Vektorraum über K. Nach den Sätzen 4.8.2 und 4.8.4 sowie den Formeln (4.15) und (4.19) ist die Aussage A^* über Unterräume von V genau dann wahr, wenn die duale Aussage $A^{**} = A$ für deren Annullatorräume wahr ist. Letzteres trifft zu, da der Vektorraum V^* ein n-dimensionaler Vektorraum über K ist. Daher ist auch die Aussage A^* in V wahr. □

Aus dem obigen Beweis ist auch abzulesen, dass beim Dualisieren einer falschen Aussage wieder eine falsche Aussage entsteht.

Beispiel 4.8.13 Sei A die folgende Aussage, welche bei beliebigem Skalarkörper richtig ist:

In jedem 4-dimensionalen Vektorraum ist der Summenraum eines 1-dimensionalen Unterraumes mit einem 2-dimensionalen Unterraum in einem 3-dimensionalen Unterraum enthalten.

Die duale Aussage lautet:[11]

In jedem 4-dimensionalen Vektorraum enthält der Schnittraum eines 3-dimensionalen Unterraumes mit einem 2-dimensionalen Unterraum einen 1-dimensionalen Unterraum.

[11] Die einzige Schwierigkeit beim Dualisieren ist meistens die korrekte sprachliche Formulierung der dualen Aussage.

Aufgaben

A 4.8.1 In $\mathbb{R}^{5\times 1}$ seien die Unterräume $\boldsymbol{U}_1 = [\boldsymbol{a}]$, $\boldsymbol{U}_2 = [\boldsymbol{b}]$ und $\boldsymbol{U}_3 = [\{\boldsymbol{a}, \boldsymbol{b}, \boldsymbol{c}\}]$ mit

$$\boldsymbol{a} = (1,0,0,1,0)^{\mathrm{T}}, \quad \boldsymbol{b} = (0,1,0,0,1)^{\mathrm{T}}, \quad \boldsymbol{c} = (3,2,0,3,2)^{\mathrm{T}}$$

gegeben. Bestimme $\dim \boldsymbol{U}_i$, $\dim \boldsymbol{U}_i^\circ$ und eine Basis von $\boldsymbol{U}_i^\circ$ für $i \in 1,2,3$.

A 4.8.2 Gegeben seien die Linearformen $\boldsymbol{b}_1^*, \boldsymbol{b}_2^* \in (\mathbb{R}^{4\times 1})^*$ mit den Koordinatenmatrizen

(α) $\langle \boldsymbol{b}_1^*, \boldsymbol{E}\rangle = (1,1,1,1)$, $\langle \boldsymbol{b}_2^*, \boldsymbol{E}\rangle = (1,0,0,1)$,

(β) $\langle \boldsymbol{b}_1^*, \boldsymbol{E}\rangle = (1,1,1,1)$, $\langle \boldsymbol{b}_2^*, \boldsymbol{E}\rangle = (1,0,-1,0)$,

(γ) $\langle \boldsymbol{b}_1^*, \boldsymbol{E}\rangle = (1,1,1,1)$, $\langle \boldsymbol{b}_2^*, \boldsymbol{E}\rangle = (1,0,1,0)$,

wobei $\boldsymbol{E}$ die kanonische Basis von $\mathbb{R}^{4\times 1}$ bezeichnet.

(a) Ergänze $\boldsymbol{b}_1^*, \boldsymbol{b}_2^*$ durch Vektoren der Basis $\boldsymbol{E}^*$ von $(\mathbb{R}^{4\times 1})^*$ zu einer Basis $\boldsymbol{B}^* = (\boldsymbol{b}_1^*, \boldsymbol{b}_2^*, \boldsymbol{b}_3^*, \boldsymbol{b}_4^*)$ von $(\mathbb{R}^{4\times 1})^*$.

(b) Bestimme die zu $\boldsymbol{B}^*$ duale Basis $\boldsymbol{B}$ von $\mathbb{R}^{4\times 1}$.

(c) Gib ohne weitere Rechnung Basen folgender Unterräume an:

$$\{\boldsymbol{b}_1^*\}^\circ, \quad \{\boldsymbol{b}_2^*\}^\circ, \quad \{\boldsymbol{b}_1^*\}^\circ + \{\boldsymbol{b}_2^*\}^\circ, \quad (\ker \boldsymbol{b}_3^*) \cap (\ker \boldsymbol{b}_4^*), \quad \{\boldsymbol{b}_1^*, \boldsymbol{b}_3^*\}^\circ.$$

A 4.8.3 Führe die Überlegungen aus Beispiel 4.8.8 in einem der nachfolgend genannten Vektorräume explizit durch. Gib außerdem an, wie für $\boldsymbol{x} \in \boldsymbol{V}$ das Bild unter jener Linearform zu berechnen ist, die allen Basisvektoren den Wert 1 zuordnet.

(α) $\boldsymbol{V}$ sei der Vektorraum $\mathbb{R}^{\langle \mathbb{N}\rangle}$; als Basis wähle die kanonische Basis.

(β) $\boldsymbol{V}$ sei der Vektorraum der Polynomfunktionen über $\mathbb{R}$. Wähle die in A 3.2.4 angegebene Basis.

A 4.8.4 Beweise: Für jeden unendlichdimensionalen Vektorraum $\boldsymbol{V}$ wird durch $\boldsymbol{U} \mapsto \boldsymbol{U}^\circ$ eine nicht surjektive Abbildung $\mathrm{Sub}(\boldsymbol{V}) \to \mathrm{Sub}(\boldsymbol{V}^*)$ festgelegt.
Anleitung: Ist $(\boldsymbol{b}_j)_{j\in I}$ eine Basis von $\boldsymbol{V}$, so gibt es keinen Unterraum $\boldsymbol{T}$ von $\boldsymbol{V}$ mit der Eigenschaft $\boldsymbol{T}^\circ = [(\boldsymbol{b}_i^*)_{i\in I}] \neq \boldsymbol{V}^*$.

A 4.8.5 Dualisiere folgende Aussagen über einen 4-dimensionalen Vektorraum $\boldsymbol{V}$ über K.

(a) „*Wenn* $\boldsymbol{V} = \boldsymbol{U}_1 \oplus \boldsymbol{U}_2 = \boldsymbol{U}_2 \oplus \boldsymbol{U}_3 = \boldsymbol{U}_3 \oplus \boldsymbol{U}_1$ *und* $\dim \boldsymbol{U}_1 = 2$, *so existiert zu jedem* 1*-dimensionalen Unterraum* $\boldsymbol{X}_1 \subset \boldsymbol{U}_1$ *genau ein* 1*-dimensionaler Unterraum* $\boldsymbol{X}_2 \subset \boldsymbol{U}_2$ *mit der Eigenschaft* $\dim(\boldsymbol{X}_1 + \boldsymbol{X}_2) \cap \boldsymbol{U}_3 = 1$."

(b) „*Sind von vier verschiedenen 2-dimensionalen Unterräumen* $\boldsymbol{U}_1, \boldsymbol{U}_2, \boldsymbol{U}_3, \boldsymbol{U}_4$ *je zwei verschiedene Unterräume komplementär, so gibt es mindestens einen 2-dimensionalen Unterraum* $\boldsymbol{T}$ *mit der Eigenschaft* $\dim(\boldsymbol{T} \cap \boldsymbol{U}_i) = 1$ *für alle* $i \in \{1,2,3,4\}$."

Hinweis: Schreibe eine Aussage der Form $\boldsymbol{V} = \ldots$ bzw. $\{\boldsymbol{o}\} = \ldots$ als $\dim(\ldots) = n$ bzw. $\dim(\ldots) = 0$.
Bemerkung: Die Aussage in (b) gilt genau dann, falls *jede* quadratische Gleichung über K mindestens eine Lösung besitzt, also etwa *nicht* im Vektorraum $\mathbb{R}^{4\times 1}$, jedoch *stets* im Vektorraum $\mathbb{C}^{4\times 1}$.

A 4.8.6 Sei $G \subset K^{k\times n}$ eine Generatormatrix eines linearen $[n,k]$-Codes $\boldsymbol{C} \subset K^{1\times n}$. Eine $(n-k)\times n$ Matrix H über K wird eine *Kontrollmatrix* von $\boldsymbol{C}$ genannt, falls die beiden Bedingungen $H \cdot G^{\mathrm{T}} = (0)$ und $\mathrm{rg}\, H = n-k$ erfüllt sind. Die Zeilen von H bestimmen also eine Basis des Annullatorraumes von $\boldsymbol{C}$, wenn die Codewörter als *Spalten* geschrieben werden. Damit ist die Existenz mindestens einer Kontrollmatrix gesichert.

(a) Beweise: Ist $\boldsymbol{C}$ ein linearer Code mit der Kontrollmatrix H, so gilt $\mathrm{dist}_{\min}(\boldsymbol{C}) \geq d$ genau dann, falls je $d-1$ verschiedene Spalten der Matrix H l. u. sind.

(b) Beweise: Ist $\boldsymbol{C}$ ein linearer Code mit der Kontrollmatrix H, so gilt $\operatorname{dist}_{\min}(\boldsymbol{C}) \le d$ genau dann, falls d verschiedene Spalten der Matrix H existieren, die l. a. sind.

(c) Berechne eine Kontrollmatrix des binären Hamming-Codes aus A 2.7.4 und leite daraus erneut her, dass dieser Code 1-fehlerkorrigierend ist.

A 4.8.7 Berechne eine Kontrollmatrix H des erweiterten ternären Golay-Codes aus A 2.7.6 so, dass in den Spalten $j_1, j_2, \ldots, j_5$ von H der Reihe nach die ersten fünf Vektoren der kanonischen Basis von $\mathbb{Z}_3^{6\times 1}$ stehen:

(α) $(j_1, j_2, \ldots, j_5) = (1, 3, 5, 7, 9)$.

(β) $(j_1, j_2, \ldots, j_5) = (2, 3, 8, 9, 10)$.

(γ) $(j_1, j_2, \ldots, j_5) = (1, 2, 7, 9, 12)$.

(δ) $(j_1, j_2, \ldots, j_5) = (4, 5, 6, 10, 11)$.

(ε) $(j_1, j_2, \ldots, j_5) = (8, 9, 10, 11, 12)$.

Zeige, dass von den restlichen sieben Spalten der Matrix H genau eine in der Hülle der Spalten $j_1, j_2, \ldots, j_5$ liegt.
Bemerkung: Die oben beschriebene Aufgabe ist für je fünf verschiedene Spaltenindizes $j_1, j_2, \ldots, j_5 \in \{1, 2, \ldots, 12\}$ lösbar.

4.9 Transponierte Abbildungen

4.9.1 Es seien $\boldsymbol{V}$ und $\boldsymbol{W}$ zwei Vektorräume über K und $f : \boldsymbol{V} \to \boldsymbol{W}$ eine lineare Abbildung. Zu jedem der beiden Vektorräume gibt es den Dualraum $\boldsymbol{V}^*$ bzw. $\boldsymbol{W}^*$. Wir zeigen in diesem Abschnitt, dass durch f eine lineare Abbildung $\boldsymbol{W}^* \to \boldsymbol{V}^*$ mitbestimmt ist. Die „falsche Richtung“ dieser neuen Abbildung erscheint zunächst vielleicht merkwürdig, ergibt sich jedoch aus der folgenden Konstruktion:

Ist $f \in \mathrm{L}(\boldsymbol{V}, \boldsymbol{W})$, so heißt die Abbildung

$$f^{\mathrm{T}} : \boldsymbol{W}^* \to \boldsymbol{V}^* : \boldsymbol{c}^* \mapsto \boldsymbol{c}^* \circ f$$

die zu f *transponierte Abbildung*. Diese Definition ist sinnvoll, da $f^{\mathrm{T}}(\boldsymbol{c}^*)$ als Produkt zweier linearer Abbildungen tatsächlich eine lineare Abbildung von $\boldsymbol{V}$ in K ist. Vgl. das kommutative Diagramm:

$$\begin{array}{ccc} \boldsymbol{V} & \xrightarrow{\;f\;} & \boldsymbol{W} \\ {\scriptstyle f^{\mathrm{T}}(\boldsymbol{c}^*)}\big\downarrow & & \big\downarrow{\scriptstyle \boldsymbol{c}^*} \\ K & \xleftarrow[\mathrm{id}_K]{} & K \end{array}$$

Den Zusammenhang von f und f^{T} zeigt die zentrale Formel

$$\langle f^{\mathrm{T}}(\boldsymbol{c}^*), \boldsymbol{x}\rangle = (\boldsymbol{c}^* \circ f)(\boldsymbol{x}) = \langle \boldsymbol{c}^*, f(\boldsymbol{x})\rangle \text{ für alle } \boldsymbol{c}^* \in \boldsymbol{W}^* \text{ und alle } \boldsymbol{x} \in \boldsymbol{V}. \tag{4.20}$$

Merkregel: Wird f an der zweiten Stelle (von $\langle \cdot, \cdot \rangle$) weggelassen, so muss dafür f^{T} an der ersten Stelle eingefügt werden.

Beispiele 4.9.2

1. Die reelle Matrix

$$A := \begin{pmatrix} 1 & 0 & 0 \\ 0 & 1 & 0 \\ 0 & 0 & 1 \\ 1 & 0 & 0 \\ 0 & 1 & 0 \end{pmatrix}$$

bestimmt eine lineare Abbildung $f_A : \mathbb{R}^{3\times 1} \to \mathbb{R}^{5\times 1}$ und die Zeile

$$(c_1, c_2, c_3, c_4, c_5) \in \mathbb{R}^{1\times 5}$$

eine Linearform $\boldsymbol{c}^* : \mathbb{R}^{5\times 1} \to \mathbb{R}$. Um deren Bild unter $(f_A)^{\mathrm{T}}$ zu bekommen, müssen wir die betreffenden Matrizen nur multiplizieren

$$(c_1, c_2, c_3, c_4, c_5) \cdot A = (c_1 + c_4, c_2 + c_5, c_3)$$

und das Ergebnis als Matrix einer Linearform $\mathbb{R}^{3\times 1} \to \mathbb{R}$ auffassen. Nehmen wir einen Vektor $\boldsymbol{x} = (x_1, x_2, x_3)^{\mathrm{T}} \in \mathbb{R}^{3\times 1}$, so erkennen wir aus

$$\langle \boldsymbol{c}^*, f_A(\boldsymbol{x})\rangle = (c_1, c_2, c_3, c_4, c_5) \cdot (A \cdot \boldsymbol{x}) = ((c_1, c_2, c_3, c_4, c_5) \cdot A) \cdot \boldsymbol{x} = \langle (f_A)^{\mathrm{T}}(\boldsymbol{c}^*), \boldsymbol{x}\rangle,$$

dass die transponierte Abbildung hier auf das Umklammern eines Matrizenprodukts mit drei Faktoren hinausläuft.

2. Es seien $I \subset \mathbb{R}$ ein offenes Intervall und $a < b$ Elemente von I. Der Differentiationsoperator

$$\frac{\mathrm{d}}{\mathrm{d}x} : \mathrm{C}^1(I) \to \mathrm{C}^0(I) : f \mapsto \frac{\mathrm{d}f}{\mathrm{d}x} =: f'$$

ist eine lineare Abbildung; vgl. 3.2.3 Beispiel 2. Das bestimmte Integral

$$\int_a^b (\,\cdot\,)\mathrm{d}x : \mathrm{C}^0(I) \to \mathbb{R} : f \mapsto \int_a^b f(x)\mathrm{d}x$$

ist eine Linearform; vgl. 4.2.2 Beispiel 4. Produktbildung ergibt die Linearform

$$\left(\int_a^b (\,\cdot\,)\mathrm{d}x\right) \circ \frac{\mathrm{d}}{\mathrm{d}x} : \mathrm{C}^1(\mathbb{R}) \to \mathbb{R} : f \mapsto \int_a^b f'(x)\mathrm{d}x.$$

Es gilt bekanntlich

$$\int_a^b f'(x)\mathrm{d}x = f(b) - f(a) \ \text{ für alle } \ f \in \mathrm{C}^1(\mathbb{R}).$$

Nach 4.2.2 Beispiel 5 ist die Evaluierungsabbildung $v_a : \mathrm{C}^1(\mathbb{R}) \to \mathbb{R} : f \mapsto f(a)$ ebenso wie v_b eine Linearform. Zusammenfassend gilt daher

$$\left(\frac{\mathrm{d}}{\mathrm{d}x}\right)^{\mathrm{T}}\left(\int_a^b (\,\cdot\,)\mathrm{d}x\right) = \left(\int_a^b (\,\cdot\,)\mathrm{d}x\right) \circ \frac{\mathrm{d}}{\mathrm{d}x} = v_b - v_a.$$

Das ist der sogenannte *Hauptsatz der Differential- und Integralrechnung*.

3. Sei $f \in \mathrm{L}(\boldsymbol{V}, \boldsymbol{W})$. Gilt $f(\boldsymbol{V}) = \{\boldsymbol{o}\}$, dann ist $f^{\mathrm{T}} : \boldsymbol{W}^* \to \boldsymbol{V}^*$ ebenfalls Nullabbildung. Für $\boldsymbol{V} = \boldsymbol{W}$ und $f = \mathrm{id}_{\boldsymbol{V}}$, folgt $f^{\mathrm{T}} = \mathrm{id}^*_{\boldsymbol{V}}$.

In den nachfolgenden Sätzen stellen wir einige Eigenschaften transponierter Abbildungen zusammen:

Satz 4.9.3 *Sei* $f \in \mathrm{L}(\boldsymbol{V}, \boldsymbol{W})$. *Dann ist die transponierte Abbildung* $f^{\mathrm{T}} : \boldsymbol{W}^* \to \boldsymbol{V}^*$ *ebenfalls linear.*

Beweis. Es seien $\boldsymbol{c}^*, \boldsymbol{d}^* \in \boldsymbol{W}^*$ und $x \in K$. Die Linearität folgt aus

$$f^{\mathrm{T}}(\boldsymbol{c}^* + x\boldsymbol{d}^*) = (\boldsymbol{c}^* + x\boldsymbol{d}^*) \circ f = \boldsymbol{c}^* \circ f + x(\boldsymbol{d}^* \circ f) = f^{\mathrm{T}}(\boldsymbol{c}^*) + x f^{\mathrm{T}}(\boldsymbol{d}^*)$$

nach Formel (3.7) aus 3.6.2. □

Sind $f_1, f_2 \in \mathrm{L}(\boldsymbol{V}, \boldsymbol{W})$ und $c \in K$ gegeben, so ergibt sich wie oben durch Nachrechnen

$$(f_1 + cf_2)^{\mathrm{T}} = f_1^{\mathrm{T}} + cf_2^{\mathrm{T}}. \tag{4.21}$$

Durch $f \mapsto f^{\mathrm{T}}$ wird daher der Vektorraum $\mathrm{L}(\boldsymbol{V}, \boldsymbol{W})$ linear in den Vektorraum $\mathrm{L}(\boldsymbol{W}^*, \boldsymbol{V}^*)$ abgebildet. Diese Abbildung ist injektiv; sie ist genau dann surjektiv, falls $\boldsymbol{V} = \{\boldsymbol{o}\}$ oder $\dim \boldsymbol{W} < \infty$. Vgl. dazu A 4.9.3.

Satz 4.9.4 *Es seien* $\boldsymbol{V}$, $\boldsymbol{W}$ *und* $\boldsymbol{X}$ *Vektorräume über* K. *Für alle* $f \in \mathrm{L}(\boldsymbol{V}, \boldsymbol{W})$ *und alle* $g \in \mathrm{L}(\boldsymbol{W}, \boldsymbol{X})$ *gilt*

$$(g \circ f)^{\mathrm{T}} = f^{\mathrm{T}} \circ g^{\mathrm{T}}.$$

Beweis. Wir wählen $\boldsymbol{d}^* \in \boldsymbol{X}^*$ beliebig. Aus dem kommutativen Diagramm

$$\begin{array}{ccccc}
\boldsymbol{V} & \xrightarrow{f} & \boldsymbol{W} & \xrightarrow{g} & \boldsymbol{X} \\
{\scriptstyle f^{\mathrm{T}}(g^{\mathrm{T}}(\boldsymbol{d}^*)) = (g\circ f)^{\mathrm{T}}(\boldsymbol{d}^*)}\downarrow & & \downarrow{\scriptstyle g^{\mathrm{T}}(\boldsymbol{d}^*)} & & \downarrow{\scriptstyle \boldsymbol{d}^*} \\
K & \xleftarrow[\mathrm{id}_K]{} & K & \xleftarrow[\mathrm{id}_K]{} & K
\end{array}$$

ist die Richtigkeit der Behauptung unmittelbar ersichtlich. □

4.9.5 Wir besprechen die Koordinatendarstellung transponierter Abbildungen für endlichdimensionale Vektorräume. Es seien $\boldsymbol{B} = (\boldsymbol{b}_1, \boldsymbol{b}_2, \ldots, \boldsymbol{b}_n)$ und $\boldsymbol{C} = (\boldsymbol{c}_1, \boldsymbol{c}_2, \ldots, \boldsymbol{c}_m)$ Basen der Vektorräume $\boldsymbol{V}$ bzw. $\boldsymbol{W}$ sowie $f \in \mathrm{L}(\boldsymbol{V}, \boldsymbol{W})$. Ferner seien $\boldsymbol{B}^* = (\boldsymbol{b}_1^*, \boldsymbol{b}_2^*, \ldots, \boldsymbol{b}_n^*)$ bzw. $\boldsymbol{C}^* = (\boldsymbol{c}_1^*, \boldsymbol{c}_2^*, \ldots, \boldsymbol{c}_m^*)$ die jeweiligen dualen Basen. Aus 3.4.5 folgt

$$\langle \boldsymbol{C}^*, f(\boldsymbol{B}) \rangle = \begin{pmatrix}
\langle \boldsymbol{c}_1^*, f(\boldsymbol{b}_1) \rangle & \ldots & \langle \boldsymbol{c}_1^*, f(\boldsymbol{b}_j) \rangle & \ldots & \langle \boldsymbol{c}_1^*, f(\boldsymbol{b}_n) \rangle \\
\cdots & \cdots & \cdots & \cdots & \cdots \\
\langle \boldsymbol{c}_i^*, f(\boldsymbol{b}_1) \rangle & \ldots & \langle \boldsymbol{c}_i^*, f(\boldsymbol{b}_j) \rangle & \ldots & \langle \boldsymbol{c}_i^*, f(\boldsymbol{b}_n) \rangle \\
\cdots & \cdots & \cdots & \cdots & \cdots \\
\langle \boldsymbol{c}_m^*, f(\boldsymbol{b}_1) \rangle & \ldots & \langle \boldsymbol{c}_m^*, f(\boldsymbol{b}_j) \rangle & \ldots & \langle \boldsymbol{c}_m^*, f(\boldsymbol{b}_n) \rangle
\end{pmatrix}.$$

Nach (4.20) stimmt diese Matrix mit

$$\langle f^{\mathrm{T}}(\boldsymbol{C}^*), \boldsymbol{B} \rangle = \begin{pmatrix}
\langle f^{\mathrm{T}}(\boldsymbol{c}_1^*), \boldsymbol{b}_1 \rangle & \ldots & \langle f^{\mathrm{T}}(\boldsymbol{c}_1^*), \boldsymbol{b}_j \rangle & \ldots & \langle f^{\mathrm{T}}(\boldsymbol{c}_1^*), \boldsymbol{b}_n \rangle \\
\cdots & \cdots & \cdots & \cdots & \cdots \\
\langle f^{\mathrm{T}}(\boldsymbol{c}_i^*), \boldsymbol{b}_1 \rangle & \ldots & \langle f^{\mathrm{T}}(\boldsymbol{c}_i^*), \boldsymbol{b}_j \rangle & \ldots & \langle f^{\mathrm{T}}(\boldsymbol{c}_i^*), \boldsymbol{b}_n \rangle \\
\cdots & \cdots & \cdots & \cdots & \cdots \\
\langle f^{\mathrm{T}}(\boldsymbol{c}_m^*), \boldsymbol{b}_1 \rangle & \ldots & \langle f^{\mathrm{T}}(\boldsymbol{c}_m^*), \boldsymbol{b}_j \rangle & \ldots & \langle f^{\mathrm{T}}(\boldsymbol{c}_m^*), \boldsymbol{b}_n \rangle
\end{pmatrix}$$

überein. Es stehen also der Reihe nach in den *Zeilen* der Matrix die Koordinatenmatrizen der f^{T}-Bilder der dualen Basisvektoren $\boldsymbol{c}_1^*, \boldsymbol{c}_2^*, \ldots, \boldsymbol{c}_m^*$. Das obige Ergebnis können wir kurz als

$$\langle \boldsymbol{C}^*, f(\boldsymbol{B}) \rangle = \langle f^{\mathrm{T}}(\boldsymbol{C}^*), \boldsymbol{B} \rangle \tag{4.22}$$

schreiben. Damit haben wir nun auch eine Interpretation für die Zeilen einer Koordinatenmatrix gefunden. Um das f^{T}-Bild einer Linearform $\boldsymbol{d}^*$ zu erhalten, ist das Matrizenprodukt

$$\langle \boldsymbol{d}^*, \boldsymbol{C}\rangle \cdot \langle \boldsymbol{C}^*, f(\boldsymbol{B})\rangle = \langle \boldsymbol{d}^*, \boldsymbol{C}\rangle \cdot \langle f^{\mathrm{T}}(\boldsymbol{C}^*), \boldsymbol{B}\rangle \tag{4.23}$$

zu berechnen. Es wird also die Matrix $\langle f^{\mathrm{T}}(\boldsymbol{C}^*), \boldsymbol{B}\rangle$ von links mit einer Zeile multipliziert. Vgl. dazu 4.9.2 Beispiel 1.

Bemerkung 4.9.6 Werden die dualen Vektorräume nicht durch Zeilen, sondern durch Spalten koordinatisiert, so muss die Matrixgleichung (4.23) auf beiden Seiten transponiert werden. Die zu f transponierte Abbildung f^{T} wird dann durch die transponierte Matrix von $\langle \boldsymbol{C}^*, f(\boldsymbol{B})\rangle$ beschrieben. Daher kommt auch der Name „transponierte Abbildung". In dieser Schreibweise folgen dann auch Sätze über transponierte Matrizen, wie etwa $(BA)^{\mathrm{T}} = A^{\mathrm{T}}B^{\mathrm{T}}$ oder die Linearität der Abbildung $A \mapsto A^{\mathrm{T}}$ aus 3.2.3 Beispiel 4, unmittelbar aus den betreffenden Sätzen über transponierte Abbildungen. Wir nehmen diesen Standpunkt jedoch *nicht* ein und lesen statt dessen die Matrix (4.22) *zeilenweise* als Koordinatenmatrix von f^{T}.

Satz 4.9.7 *Sei* $f \in \mathrm{L}(\boldsymbol{V}, \boldsymbol{W})$. *Dann gilt:*

(a) $(f(\boldsymbol{V}))^\circ = \ker f^{\mathrm{T}}$.

(b) $(\ker f)^\circ = f^{\mathrm{T}}(\boldsymbol{W}^*)$.

(c) *Die Abbildung* f *ist genau dann injektiv bzw. surjektiv, falls* f^{T} *surjektiv bzw. injektiv ist.*

(d) $\operatorname{rg} f = \operatorname{rg} f^{\mathrm{T}}$, *falls* $\dim \boldsymbol{V} < \infty$ *oder* $\dim \boldsymbol{W} < \infty$.

Beweis. (a) Es ist $\boldsymbol{c}^* \in (f(\boldsymbol{V}))^\circ$ äquivalent zu $f^{\mathrm{T}}(\boldsymbol{c}^*) = \boldsymbol{o}^*$, da nach (4.20) gilt

$$\langle \boldsymbol{c}^*, f(\boldsymbol{x})\rangle = \langle f^{\mathrm{T}}(\boldsymbol{c}^*), \boldsymbol{x}\rangle \quad \text{für alle } \boldsymbol{x} \in \boldsymbol{V}.$$

Daher gilt $(f(\boldsymbol{V}))^\circ = \ker f^{\mathrm{T}}$.

(b) Wir zeigen zunächst $(\ker f)^\circ \subset f^{\mathrm{T}}(\boldsymbol{W}^*)$: Dazu wählen wir vorbereitend eine Basis $(\boldsymbol{b}_i)_{i\in I_1}$ von $\ker f$ und erweitern diese durch eine Familie $(\boldsymbol{b}_i)_{i\in I_2}$ zu einer Basis $(\boldsymbol{b}_i)_{i\in I_1\cup I_2}$ von $\boldsymbol{V}$. Dann ist $(f(\boldsymbol{b}_i))_{i\in I_2}$ eine Basis von $f(\boldsymbol{V})$.

Sei nun $\boldsymbol{a}^* \in (\ker f)^\circ$. Es gibt dann mindestens eine Linearform $\boldsymbol{c}^* \in \boldsymbol{W}^*$ mit

$$\langle \boldsymbol{c}^*, f(\boldsymbol{b}_i)\rangle = \langle \boldsymbol{a}^*, \boldsymbol{b}_i\rangle \quad \text{für alle } i \in I_2.$$

Was $\boldsymbol{c}^*$ außerhalb von $f(\boldsymbol{V})$ leistet, ist dabei irrelevant. Wegen

$$\begin{aligned}
\langle f^{\mathrm{T}}(\boldsymbol{c}^*), \boldsymbol{b}_i\rangle &= \langle \boldsymbol{c}^*, f(\boldsymbol{b}_i)\rangle = \langle \boldsymbol{c}^*, \boldsymbol{o}\rangle = 0 = \langle \boldsymbol{a}^*, \boldsymbol{b}_i\rangle && \text{für alle } i \in I_1\\
\langle f^{\mathrm{T}}(\boldsymbol{c}^*), \boldsymbol{b}_i\rangle &= \langle \boldsymbol{c}^*, f(\boldsymbol{b}_i)\rangle = \langle \boldsymbol{a}^*, \boldsymbol{b}_i\rangle && \text{für alle } i \in I_2
\end{aligned}$$

ergibt sich $f^{\mathrm{T}}(\boldsymbol{c}^*) = \boldsymbol{a}^*$.

Ist umgekehrt $f^{\mathrm{T}}(\boldsymbol{c}^*) \in f^{\mathrm{T}}(\boldsymbol{W}^*)$ gegeben, so folgt aus

$$0 = \langle \boldsymbol{c}^*, \boldsymbol{o}\rangle = \langle \boldsymbol{c}^*, f(\boldsymbol{x})\rangle = \langle f^{\mathrm{T}}(\boldsymbol{c}^*), \boldsymbol{x}\rangle \quad \text{für alle } \boldsymbol{x} \in \ker f$$

die Inklusion $f^{\mathrm{T}}(\boldsymbol{W}^*) \subset (\ker f)^\circ$.

(c) Es ist f surjektiv genau für $f(\boldsymbol{V}) = \boldsymbol{W}$ bzw. $\ker f^{\mathrm{T}} = (f(\boldsymbol{V}))^\circ = \boldsymbol{W}^\circ = \{\boldsymbol{o}^*\}$, was f^{T} als injektive Abbildung kennzeichnet.

Es ist f^{T} surjektiv genau für $f^{\mathrm{T}}(\boldsymbol{W}^*) = \boldsymbol{V}^* = (\ker f)^\circ$ bzw. $\ker f = \{\boldsymbol{o}\}$, was f als injektive Abbildung kennzeichnet.

(d) Für $\dim \boldsymbol{V} = n < \infty$ ist

$$\operatorname{rg} f = n - \dim \ker f = \dim f^{\mathrm{T}}(\boldsymbol{W}^*) = \operatorname{rg} f^{\mathrm{T}}.$$

Für $\dim \boldsymbol{W} = m < \infty$ folgt analog $\operatorname{rg} f^{\mathrm{T}} = m - \dim \ker f^{\mathrm{T}} = \dim f(\boldsymbol{V}) = \operatorname{rg} f$. □

Ist $f : \boldsymbol{V} \to \boldsymbol{W}$ eine lineare Bijektion, so ist nach dem obigen Satz auch f^{T} bijektiv. Aus $\mathrm{id}_{\boldsymbol{V}^*} = (\mathrm{id}_{\boldsymbol{V}})^{\mathrm{T}} = (f \circ f^{-1})^{\mathrm{T}} = (f^{-1})^{\mathrm{T}} \circ f^{\mathrm{T}}$ folgt

$$(f^{-1})^{\mathrm{T}} = (f^{\mathrm{T}})^{-1}.$$

Eine entsprechende Aussage über reguläre Matrizen haben wir schon in 3.5.5 bewiesen. Analog liefert der obige Beweisteil (d) eine neue Begründung dafür, dass für jede Matrix der Spaltenrang mit dem Zeilenrang übereinstimmt.

Satz 4.9.7 lässt sich bei endlicher Dimension von $\boldsymbol{V}$ und $\boldsymbol{W}$ einfacher beweisen, indem für f eine Koordinatenmatrix in Normalform (vgl. Satz 4.6.7) vorausgesetzt wird. Dieselbe Matrix beschreibt ja (zeilenweise gelesen) die Abbildung f^{T} bezüglich der dualen Basen.

Satz 4.9.8 *Sind sowohl $\boldsymbol{V}$ als auch $\boldsymbol{W}$ endlichdimensional, so gilt mit den kanonischen Identifizierungen $\boldsymbol{V} = \boldsymbol{V}^{**}$ und $\boldsymbol{W} = \boldsymbol{W}^{**}$ für jede lineare Abbildung $f : \boldsymbol{V} \to \boldsymbol{W}$ dann $(f^{\mathrm{T}})^{\mathrm{T}} = f$.*

Beweis. Es gilt nach (4.20) für alle $\boldsymbol{c}^* \in \boldsymbol{W}^*$ und alle $\boldsymbol{x} \in \boldsymbol{V}$

$$\langle \boldsymbol{c}^*, f(\boldsymbol{x}) \rangle = \langle f^{\mathrm{T}}(\boldsymbol{c}^*), \boldsymbol{x} \rangle = \langle \boldsymbol{c}^*, (f^{\mathrm{T}})^{\mathrm{T}}(\boldsymbol{x}) \rangle,$$

was zu $\langle \boldsymbol{c}^*, f(\boldsymbol{x}) - (f^{\mathrm{T}})^{\mathrm{T}}(\boldsymbol{x}) \rangle = 0$ äquivalent ist. Halten wir hierbei $\boldsymbol{x}$ fest und lassen wir $\boldsymbol{c}^*$ in $\boldsymbol{V}^*$ laufen, so erkennen wir, dass $f(\boldsymbol{x}) - (f^{\mathrm{T}})^{\mathrm{T}}(\boldsymbol{x})$ von allen Linearformen annulliert wird, also $f(\boldsymbol{x}) - (f^{\mathrm{T}})^{\mathrm{T}}(\boldsymbol{x}) = \boldsymbol{o}$. Da dies für alle $\boldsymbol{x} \in \boldsymbol{V}$ zutrifft, ergibt sich $f = (f^{\mathrm{T}})^{\mathrm{T}}$. □

Dieser Satz spiegelt die triviale Aussage $(A^{\mathrm{T}})^{\mathrm{T}} = A$ für alle $A \in K^{m \times n}$ wider; vgl. 1.6.5.

Beispiel 4.9.9 Wir greifen noch einmal Beispiel 4.6.9 auf, wo wir zur Matrix

$$A = \begin{pmatrix} 0 & 1 & 1 \\ 0 & 2 & 2 \end{pmatrix} \in \mathbb{R}^{2\times 3}$$

eine äquivalente Matrix in Normalform berechnet haben. Es gilt $\operatorname{rg} A = r = 1$. Wir notieren nochmals das letzte Matrizenschema:

$$f_A \downarrow \quad \begin{array}{rr|rrr} & & 0 & 1 & 0 \\ & & 1 & 0 & -1 \\ & & 0 & 0 & 1 \\ \hline 1 & 0 & 1 & 0 & 0 \\ -2 & 1 & 0 & 0 & 0 \end{array}$$

$$\xrightarrow{\qquad\qquad} \\ (f_A)^{\mathrm{T}}$$

Lesen wir A nun zeilenweise als Matrix der linearen Abbildung $(f_A)^{\mathrm{T}}$, so bildet die letzte Zeile der im Endschema auftretenden 2×2 Matrix Q eine Basis von $\ker(f_A)^{\mathrm{T}}$. Multiplizieren wir hingegen die restliche Zeile von Q mit A, so erhalten wir $(0, 1, 1)$ als Basisvektor des Bildraumes von $(f_A)^{\mathrm{T}}$.

Da $\ker(f_A)^{\mathrm{T}}$ nach Satz 4.9.7 der Annullatorraum des Bildraumes von f_A ist, hat das (hier nur aus einer Gleichung bestehende) LGS

$$-2x_1 + x_2 = 0$$

als Lösungsraum genau den Bildraum von f_A. In gleicher Weise lässt sich aus dem Basisvektor $(0, 1, 1)$ des Bildraumes von $(f_A)^{\mathrm{T}}$ ablesen, dass $\ker f_A$ mit dem Lösungsraum von $x_2 + x_3 = 0$ übereinstimmt.

Analog kann ausgehend von der in 4.6.9 beschriebenen Basis von $\ker f_A$ der Bildraum der transponierten Abbildung als Lösungsraum von

$$\begin{aligned} x_1 \qquad\qquad &= 0 \\ -x_2 + x_3 &= 0 \end{aligned}$$

beschrieben werden. Ebenso lässt sich aus dem in 4.6.9 berechneten Basisvektor $(1, 2)$ des Bildraumes von f_A das (hier nur aus einer Gleichung bestehende) LGS $x_1 + 2x_2 = 0$ für den Kern von $(f_A)^{\mathrm{T}}$ gewinnen. In beiden Fällen sind aber die Lösungen dieser LGS zu transponieren, da sie ja als Koordinatenmatrizen von Linearformen auftreten.

Aufgaben

A 4.9.1 Eine Abbildung $f \in \mathrm{L}(\mathbb{R}^{4\times 1}, \mathbb{R}^{4\times 1})$ hat bezüglich der kanonischen Basis $\boldsymbol{E}$ die Koordinatenmatrix

$$\langle \boldsymbol{E}^*, f(\boldsymbol{E}) \rangle = \begin{pmatrix} 2 & 0 & 4 & 6 \\ 1 & 3 & 2 & 6 \\ -1 & 2 & -2 & -1 \\ 0 & 1 & 0 & 1 \end{pmatrix}.$$

(a) Bestimme durch elementare Spalten- bzw. Zeilenumformungen von $\langle \boldsymbol{E}^*, f(\boldsymbol{E}) \rangle$ Basen von $f(\mathbb{R}^{4\times 1})$ und $f^{\mathrm{T}}((\mathbb{R}^{4\times 1})^*)$.

(b) Lege die Annullatorräume der Unterräume $f(\mathbb{R}^{4\times 1})$ und $f^{\mathrm{T}}((\mathbb{R}^{4\times 1})^*)$ durch Basen fest.

(c) Welche Bedeutung haben die Unterräume $f(\mathbb{R}^{4\times 1})^\circ$ und $f^{\mathrm{T}}((\mathbb{R}^{4\times 1})^*)^\circ$ für f^{T} bzw. f?

A 4.9.2 Fortsetzung von A 3.4.3: In der ersten Firma laufen folgende Selbstkosten je Einheit auf:

Arbeit (a) : 0,10 Euro, Rohstoff (r) : 0,10 Euro, Energie (e) : 0,30 Euro, Rohstoff (s) : 0,20 Euro.

(a) Wie hoch sind die Gestehungskosten (in Euro) für die Zwischenprodukte A, B und C?

(b) Wie hoch sind die reinen Materialkosten (in Euro) für eine Tube Odil, eine Flasche Xio bzw. eine Dose Tanx unter der (unrealistischen) Annahme, dass die erste Firma die Zwischenprodukte A, B und C der zweiten Firma zum Selbstkostenpreis abgibt.

Anleitung: Verwende Verbrauchsmatrizen und erstelle ein passendes kommutatives Diagramm.

A 4.9.3 Beweise:

(a) Sind $f \in \mathrm{L}(\boldsymbol{V}, \boldsymbol{W})$, $\boldsymbol{x} \in \boldsymbol{V}$ und eine Basis $(\boldsymbol{c}_i)_{i\in I}$ von $\boldsymbol{W}$ gegeben, so gilt:

$$\langle f^{\mathrm{T}}(\boldsymbol{c}_i^*), \boldsymbol{x} \rangle = 0 \ \text{ für fast alle } \ i \in I.$$

(b) Die lineare Abbildung $\mathrm{L}(\boldsymbol{V}, \boldsymbol{W}) \to \mathrm{L}(\boldsymbol{W}^*, \boldsymbol{V}^*) : f \mapsto f^{\mathrm{T}}$ ist injektiv; vgl. (4.21).

(c) Die Abbildung aus (b) ist genau dann surjektiv, falls $\boldsymbol{V} = \{\boldsymbol{o}\}$ oder $\dim \boldsymbol{W} < \infty$.

Hinweis: Verwende (a) zum Beweis von (c). Für $\boldsymbol{V} \neq \{\boldsymbol{o}\}$ und $\dim \boldsymbol{W} = \infty$ gibt es einen Vektor $\boldsymbol{x} \in \boldsymbol{V}$, eine Linearform $\boldsymbol{a}^* \in \boldsymbol{V}^*$ mit $\langle \boldsymbol{a}^*, \boldsymbol{x} \rangle = 1$ und eine Abbildung $g \in \mathrm{L}(\boldsymbol{W}^*, \boldsymbol{V}^*)$ mit $\boldsymbol{c}_i^* \mapsto \boldsymbol{a}^*$ für alle $i \in I$. Diese Abbildung g tritt nicht als transponierte Abbildung auf.

Kapitel 5

Semilineare Abbildungen

In diesem kurzen Kapitel erklären wir semilineare Abbildungen. So wie bei einer linearen Abbildung gehen auch hier Linearkombinationen stets in Linearkombinationen über, die Skalare werden aber unter einem Körperautomorphismus transformiert. Viele Ergebnisse und Formeln über lineare Abbildungen gelten auch für semilineare Abbildungen, wenn nur an der „richtigen Stelle" ein Körperautomorphismus eingefügt wird.

Mit den Faktorräumen eines Vektorraumes haben wir eine weitere Möglichkeit, aus einem gegebenen Vektorraum neue Vektorräume zu gewinnen. Mit dem Homomorphiesatz für semilineare Abbildungen bekommen wir einen Überblick über alle Bilder eines Vektorraumes unter semilinearen Abbildungen.

5.1 Definition semilinearer Abbildungen

5.1.1 Neben den bisher untersuchten linearen Abbildungen eines Vektorraumes $\boldsymbol{V}$ in einen Vektorraum $\boldsymbol{W}$ über K kann es noch weitere Abbildungen geben, welche mit der Vektorraumstruktur verträglich sind.

Definition 5.1.2 Es seien $\boldsymbol{V}, \boldsymbol{W}$ Vektorräume über einem Körper K und ζ ein Automorphismus von K. Eine Abbildung $f : \boldsymbol{V} \to \boldsymbol{W}$ heißt *semilinear* bezüglich $\zeta \in \mathrm{Aut}(K)$, wenn für alle $\boldsymbol{x}, \boldsymbol{y} \in \boldsymbol{V}$ und alle $c \in K$ gilt:

1. $f(\boldsymbol{x} + \boldsymbol{y}) = f(\boldsymbol{x}) + f(\boldsymbol{y})$.
2. $f(c\boldsymbol{x}) = \zeta(c)f(\boldsymbol{x})$.

Wir bezeichnen die Menge aller bezüglich ζ semilinearen Abbildungen von $\boldsymbol{V}$ in $\boldsymbol{W}$ mit $\zeta\text{-L}(\boldsymbol{V}, \boldsymbol{W})$.

In der Literatur wird an Stelle des Begriffes „semilinear" auch die Bezeichnung „halblinear" verwendet. Wir sprechen auch kurz von einer *ζ-semilinearen Abbildung* oder, noch sparsamer, von einer *ζ-linearen Abbildung*. Eine id_K-lineare Abbildung ist einfach eine lineare Abbildung.

Beispiel 5.1.3 Die Abbildung $f : \mathbb{C}^{3\times 1} \to \mathbb{C}^{2\times 1} : (x_1, x_2, x_3)^{\mathrm{T}} \mapsto (\overline{x}_1, \overline{x}_2)^{\mathrm{T}}$ ist semilinear bezüglich der Konjugation, kurz, eine *konjugiert lineare Abbildung*.

Wir zeigen jetzt zwei alternative Beschreibungen semilinearer Abbildungen.

Satz 5.1.4 *Es seien V und W Vektorräume über demselben Körper K und $\zeta \in \mathrm{Aut}(K)$. Eine Abbildung $f : V \to W$ ist genau dann ζ-semilinear, falls gilt*

$$f(\boldsymbol{x} + c\boldsymbol{y}) = f(\boldsymbol{x}) + \zeta(c)f(\boldsymbol{y}) \text{ für alle } \boldsymbol{x}, \boldsymbol{y} \in V \text{ und alle } c \in K. \tag{5.1}$$

Beweis. Analog zum Beweis von Satz 3.2.2. □

Das zweite Ergebnis besagt, dass sich diese Kennzeichnung semilinearer Abbildungen – abgesehen von einem trivialen Fall – noch abschwächen lässt:

Satz 5.1.5 *Es seien V und W Vektorräume über K, $\zeta : K \to K$ eine Bijektion und schließlich $f : V \to W$ eine Abbildung mit folgenden beiden Eigenschaften:*

1. $f(V) \neq \{\boldsymbol{o}\}$.
2. $f(\boldsymbol{x} + c\boldsymbol{y}) = f(\boldsymbol{x}) + \zeta(c)f(\boldsymbol{y})$ *für alle* $\boldsymbol{x}, \boldsymbol{y} \in V$ *und alle* $c \in K$.

Dann ist ζ ein Automorphismus von K und f eine ζ-semilineare Abbildung.

Beweis. Im Folgenden bezeichnen $c, d \in K$ beliebige Skalare und $\boldsymbol{y} \in V$ einen beliebigen Vektor. Nach Eigenschaft 1 gibt es einen Vektor $\boldsymbol{a} \in V$ mit $f(\boldsymbol{a}) \neq \boldsymbol{o}$. Aus Eigenschaft 2 folgt

$$f(\boldsymbol{o}) = f(\boldsymbol{o} + \zeta^{-1}(1)\boldsymbol{o}) = f(\boldsymbol{o}) + 1f(\boldsymbol{o}) = f(\boldsymbol{o}) + f(\boldsymbol{o}),$$

was $f(\boldsymbol{o}) = \boldsymbol{o}$ ergibt. Ein weiteres Zwischenergebnis lautet daher

$$f(c\boldsymbol{y}) = f(\boldsymbol{o} + c\boldsymbol{y}) = f(\boldsymbol{o}) + \zeta(c)f(\boldsymbol{y}) = \zeta(c)f(\boldsymbol{y}).$$

Wir berechnen damit $f((cd)\boldsymbol{a}) = f(c(d\boldsymbol{a}))$ auf zwei Arten und erhalten $\zeta(cd)f(\boldsymbol{a}) = \zeta(c)\zeta(d)f(\boldsymbol{a})$. Wegen $f(\boldsymbol{a}) \neq \boldsymbol{o}$ können wir

$$\zeta(cd) = \zeta(c)\zeta(d)$$

ablesen. Aus $f((c + d)\boldsymbol{a}) = \zeta(c + d)f(\boldsymbol{a})$ und

$$f((c + d)\boldsymbol{a}) = f(c\boldsymbol{a} + d\boldsymbol{a}) = f(c\boldsymbol{a}) + \zeta(d)f(\boldsymbol{a}) = \zeta(c)f(\boldsymbol{a}) + \zeta(d)f(\boldsymbol{a}) = (\zeta(c) + \zeta(d))f(\boldsymbol{a})$$

folgt analog

$$\zeta(c + d) = \zeta(c) + \zeta(d).$$

Damit ist $\zeta \in \mathrm{Aut}(K)$. Mit Satz 5.1.4 ergibt sich die Gültigkeit der Behauptung. □

Ersetzen wir im obigen Satz die Bedingung 1 durch ihr Gegenteil, also $f(V) = \{\boldsymbol{o}\}$, so ist Bedingung 2 für jede Bijektion $\zeta : K \to K$ erfüllt.

Satz 5.1.6 *Sei $f : V \to W$ eine semilineare Abbildung sowohl bezüglich $\zeta \in \mathrm{Aut}(K)$ als auch bezüglich $\tilde{\zeta} \in \mathrm{Aut}(K)$. Ferner sei $f(V) \neq \{\boldsymbol{o}\}$. Dann folgt $\zeta = \tilde{\zeta}$.*

Beweis. Es gibt mindestens einen Vektor $\boldsymbol{a} \in V$ mit $f(\boldsymbol{a}) \neq \boldsymbol{o}$. Dann gilt einerseits $f(c\boldsymbol{a}) = \zeta(c)f(\boldsymbol{a})$ und andererseits $f(c\boldsymbol{a}) = \tilde{\zeta}(c)f(\boldsymbol{a})$. Wegen $f(\boldsymbol{a}) \neq \boldsymbol{o}$ folgt daraus $\zeta(c) = \tilde{\zeta}(c)$ für alle $c \in K$. □

Die Nullabbildung von V in W ist ζ-semilinear für jeden Automorphismus $\zeta \in \mathrm{Aut}(K)$. Diese Eigenschaft wird im Folgenden gelegentlich Fallunterscheidungen nach sich ziehen.

Bemerkung 5.1.7 Wir betrachten hier nur semilineare Abbildungen für Vektorräume über demselben Körper. Ist $\boldsymbol{V}$ ein Vektorraum über einem Körper K, $\boldsymbol{V}'$ ein Vektorraum über einem Körper K' und $\zeta : K \to K'$ ein Körperisomorphismus, so können in Verallgemeinerung von Definition 5.1.2 semilineare Abbildungen $\boldsymbol{V} \to \boldsymbol{V}'$ bezüglich ζ erklärt werden. Alle Ergebnisse können sinngemäß auf diesen allgemeineren Fall übertragen werden.

5.2 Eigenschaften semilinearer Abbildungen

5.2.1 Wir stellen im Folgenden die wichtigsten Eigenschaften semilinearer Abbildungen zusammen. Die zugehörigen Beweise unterscheiden sich von den entsprechenden Beweisen für lineare Abbildungen nur geringfügig und werden als Übungsaufgabe gestellt.

Sind $\boldsymbol{V}, \boldsymbol{W}, \boldsymbol{X}$ Vektorräume über K und sind $f : \boldsymbol{V} \to \boldsymbol{W}$, $g : \boldsymbol{W} \to \boldsymbol{X}$ semilineare Abbildungen bezüglich $\zeta, \eta \in \mathrm{Aut}(K)$, so ist $g \circ f : \boldsymbol{V} \to \boldsymbol{X}$ semilinear bezüglich $\eta \circ \zeta$.

Die bekannten Eigenschaften linearer Abbildungen aus Abschnitt 3.2 über die Bilder und Urbilder von Unterräumen, Kern, Fasern sowie die Definitionen und Bezeichnungen für den *Rang* und *Defekt* gelten auch für semilineare Abbildungen. Zu Satz 3.2.4 ist zu bemerken, dass für jede injektive ζ-lineare Abbildung $f : \boldsymbol{V} \to \boldsymbol{W}$ mit

$$g : f(\boldsymbol{V}) \to \boldsymbol{V} : f(\boldsymbol{x}) \mapsto \boldsymbol{x}$$

eine ζ^{-1}-lineare Abbildung vorliegt. Daher ist für jede ζ-lineare Bijektion f die Umkehrabbildung f^{-1} semilinear bezüglich ζ^{-1}. Satz 3.6.2 lässt sich dahingehend verallgemeinern, dass $\zeta\text{-L}(\boldsymbol{V}, \boldsymbol{W})$ für festes $\zeta \in \mathrm{Aut}(K)$ ein Vektorraum über K ist.

Satz 5.2.2 *Sind $f_1, f_2 \in \zeta\text{-L}(\boldsymbol{V}, \boldsymbol{W})$, und ist $(\boldsymbol{m}_i)_{i\in I}$ ein Erzeugendensystem von $\boldsymbol{V}$, so gilt $f_1 = f_2$ genau dann, wenn*

$$f_1(\boldsymbol{m}_i) = f_2(\boldsymbol{m}_i) \text{ für alle } i \in I.$$

Beweis. Analog zum Beweis von Satz 3.3.2. □

Achtung! In diesem Satz müssen beide Abbildungen zum selben Automorphismus ζ gehören. Ferner gilt folgende Verallgemeinerung von Satz 3.3.3:

Satz 5.2.3 (Fortsetzungssatz) *Es seien $\boldsymbol{B} = (\boldsymbol{b}_i)_{i\in I}$ eine Basis von $\boldsymbol{V}$, ζ ein Automorphismus von K und $\beta : \{\boldsymbol{b}_i \mid i \in I\} \to \boldsymbol{W}$ eine beliebige Abbildung. Dann existiert genau eine ζ-semilineare Abbildung $f : \boldsymbol{V} \to \boldsymbol{W}$, welche β fortsetzt, das heißt*

$$f(\boldsymbol{b}_i) = \beta(\boldsymbol{b}_i) \text{ für alle } i \in I.$$

Beweis. Nach Satz 5.2.2 genügt es, die Existenz einer Lösung zu zeigen. Jeder Vektor $\boldsymbol{x} \in \boldsymbol{V}$ hat nach Satz 2.5.3 eine *eindeutige* Darstellung als Linearkombination von $\boldsymbol{B}$. Das ermöglicht die Definition einer Abbildung

$$f : \boldsymbol{V} \to \boldsymbol{W} : \boldsymbol{x} = \sum_{i\in I} x_i \boldsymbol{b}_i \mapsto \sum_{i\in I} \zeta(x_i)\beta(\boldsymbol{b}_i).$$

Durch Nachrechnen ergibt sich, dass f tatsächlich ζ-linear ist. □

Die Kennzeichnung injektiver und surjektiver linearer Abbildungen in Satz 3.2.5 kann unmittelbar auf semilineare Abbildungen übertragen werden. Wir kommen nun zur Beschreibung der semilinearen Abbildungen $K^{n\times 1} \to K^{m\times 1}$ durch Matrizen und Körperautomorphismen:

Satz 5.2.4 *Es seien $A = (a_{ij}) \in K^{m\times n}$ eine Matrix und $\zeta \in \mathrm{Aut}(K)$. Dann ist durch*

$$\begin{pmatrix} x_1 \\ x_2 \\ \vdots \\ x_n \end{pmatrix} \mapsto \begin{pmatrix} a_{11} & a_{12} & \dots & a_{1n} \\ a_{21} & a_{22} & \dots & a_{2n} \\ \dots & \dots & \dots & \dots \\ a_{m1} & a_{m2} & \dots & a_{mn} \end{pmatrix} \cdot \begin{pmatrix} \zeta(x_1) \\ \zeta(x_2) \\ \vdots \\ \zeta(x_n) \end{pmatrix}$$

eine ζ-lineare Abbildung $f_{A,\zeta} : K^{n\times 1} \to K^{m\times 1}$ erklärt. Umgekehrt lässt sich jede semilineare Abbildung $f : K^{n\times 1} \to K^{m\times 1}$ in dieser Weise durch genau eine Matrix A und mindestens einen Körperautomorphismus beschreiben.[1]

Beweis. Vgl. den Beweis zu Satz 3.3.4. □

Wegen $\zeta(0) = 0$ und $\zeta(1) = 1$ stehen auch hier in den Spalten der Matrix A die f-Bilder der Vektoren der kanonischen Basis von $K^{n\times 1}$. In Erweiterung von Satz 3.6.4 ist für festes $\zeta \in \mathrm{Aut}(K)$ die Abbildung

$$A \mapsto f_{A,\zeta}$$

eine lineare Bijektion von $K^{m\times n}$ auf den Vektorraum $\zeta\text{-L}(K^{n\times 1}, K^{m\times 1})$.

Beispiel 5.2.5 Eine konjugiert lineare Abbildung $f : \mathbb{C}^{4\times 1} \to \mathbb{C}^{3\times 1}$ sei gegeben durch

$$\begin{pmatrix} 1 \\ 0 \\ 0 \\ 0 \end{pmatrix} \mapsto \begin{pmatrix} 2 \\ 5 \\ 1 \end{pmatrix}, \quad \begin{pmatrix} 0 \\ 1 \\ 0 \\ 0 \end{pmatrix} \mapsto \begin{pmatrix} 1 \\ 0 \\ i \end{pmatrix}, \quad \begin{pmatrix} 0 \\ 0 \\ 1 \\ 0 \end{pmatrix} \mapsto \begin{pmatrix} 0 \\ 0 \\ 0 \end{pmatrix}, \quad \begin{pmatrix} 0 \\ 0 \\ 0 \\ i \end{pmatrix} \mapsto \begin{pmatrix} -i \\ 1 \\ 0 \end{pmatrix}.$$

Multiplizieren wir den letzten Angabevektor aus $\mathbb{C}^{4\times 1}$ mit $-i$, so erhalten wir den vierten Vektor der kanonischen Basis. Da f konjugiert linear ist, muss der vierte Bildvektor mit $\overline{-i} = i$ multipliziert werden. Das ergibt die fehlende vierte Spalte der zugehörigen Matrix A. Die Berechnung des f-Bildes eines Vektors, wie etwa $(2i, 1, 1+i, -3)^{\mathrm{T}}$, erfolgt folgendermaßen:

$$\begin{pmatrix} 2 & 1 & 0 & 1 \\ 5 & 0 & 0 & i \\ 1 & i & 0 & 0 \end{pmatrix} \cdot \begin{pmatrix} \overline{2i} \\ \overline{1} \\ \overline{1+i} \\ \overline{-3} \end{pmatrix} = \begin{pmatrix} -2-4i \\ -13i \\ -i \end{pmatrix}$$

Dieses Beispiel zeigt zugleich, wie die Ergebnisse über elementare Umformungen aus 3.3.7 bei semilinearen Abbildungen zu modifizieren sind.

5.2.6 Die Begriffsbildungen und Ergebnisse aus 3.4 (*Koordinatendarstellung*, *Koordinatenmatrix* usw.) lassen sich sinngemäß auf semilineare Abbildungen übertragen. Wir vereinbaren für jede Matrix $A = (a_{ij}) \in K^{m\times n}$ und $\zeta \in \mathrm{Aut}(K)$ die Kurzschreibweise

$$\zeta(A) := (\zeta(a_{ij}));$$

es wird also ζ auf jedes Element der Matrix angewendet.

[1] Ist A keine Nullmatrix, so ist dieser Körperautomorphismus nach Satz 5.1.6 eindeutig bestimmt.

Satz 5.2.7 *Es seien semilineare Abbildungen $f_{A,\zeta}$ und $f_{B,\eta}$ durch $A \in K^{m\times n}$ und $\zeta \in \mathrm{Aut}(K)$ bzw. $B \in K^{l\times m}$ und $\eta \in \mathrm{Aut}(K)$ festgelegt. Dann beschreiben die Matrix $B \cdot \eta(A)$ und der Automorphismus $\eta \circ \zeta$ die zusammengesetzte Abbildung $f_{B,\eta} \circ f_{A,\zeta}$.*

Beweis. Das Bild einer beliebigen Spalte $(x_j) \in K^{n\times 1}$ unter $f_{B,\eta} \circ f_{A,\zeta}$ ist

$$B \cdot \eta\big(A \cdot \zeta((x_j))\big) = B \cdot \eta(A) \cdot (\eta \circ \zeta)((x_j)),$$

womit die Matrix $B \cdot \eta(A)$ gemeinsam mit $\eta \circ \zeta \in \mathrm{Aut}(K)$ die zusammengesetzte Abbildung beschreibt. □

Der obige Satz lässt sich kurz so einprägen: Wird eine semilineare Abbildung durch eine Matrix und einen Automorphismus beschrieben, so wirkt der Automorphismus auf alle Matrizen, die *rechts* von der Matrix der Abbildung stehen.

Als Anwendung notieren wir, wie die Koordinatenmatrix einer ζ-linearen Abbildung $f : \boldsymbol{V} \to \boldsymbol{W}$ bei einem Koordinatenwechsel zu transformieren ist: Es seien $\boldsymbol{B}, \tilde{\boldsymbol{B}}$ bzw. $\boldsymbol{C}, \tilde{\boldsymbol{C}}$ Basen der endlichdimensionalen Vektorräume $\boldsymbol{V}$ bzw. $\boldsymbol{W}$. Wir erhalten

$$\langle \tilde{\boldsymbol{C}}^*, f(\tilde{\boldsymbol{B}})\rangle = \langle \tilde{\boldsymbol{C}}^*, \boldsymbol{C}\rangle \cdot \langle \boldsymbol{C}^*, f(\boldsymbol{B})\rangle \cdot \zeta(\langle \boldsymbol{B}^*, \tilde{\boldsymbol{B}}\rangle). \tag{5.2}$$

Beispiel 5.2.8 Es seien f und g konjugiert lineare Abbildungen des Vektorraumes $\mathbb{C}^{2\times 1}$ und

$$\begin{pmatrix} i & 0 \\ 0 & i \end{pmatrix} \text{ bzw. } \begin{pmatrix} 0 & -i \\ i & 0 \end{pmatrix}$$

die zugehörigen Matrizen. Dann ist $g \circ f$ die lineare Abbildung zur Matrix

$$\begin{pmatrix} 0 & -i \\ i & 0 \end{pmatrix} \cdot \begin{pmatrix} \bar{i} & \bar{0} \\ \bar{0} & \bar{i} \end{pmatrix} = \begin{pmatrix} 0 & -1 \\ 1 & 0 \end{pmatrix}.$$

5.2.9 Alle semilinearen Bijektionen eines Vektorraumes $\boldsymbol{V}$ auf sich bilden die *allgemeine semilineare Gruppe* $\Gamma\mathrm{L}(\boldsymbol{V})$. Für $\dim \boldsymbol{V} = n < \infty$ sind die Koordinatenmatrizen der Abbildungen aus $\Gamma\mathrm{L}(\boldsymbol{V})$ genau die Matrizen mit Rang n, also die Matrizen aus $\mathrm{GL}_n(K)$; vgl. Satz 3.5.4.

Ist $f_{A,\zeta} \in \Gamma\mathrm{L}(K^{n\times 1})$, so wird die inverse Abbildung durch die Matrix $B := \zeta^{-1}(A^{-1})$ und den Automorphismus ζ^{-1} festgelegt, da

$$B \cdot \zeta^{-1}(A) = \zeta^{-1}(A^{-1}) \cdot \zeta^{-1}(A) = \zeta^{-1}(E_n) = E_n.$$

5.2.10 Ist $f \in \zeta\text{-L}(\boldsymbol{V}, \boldsymbol{W})$, so heißt die Abbildung

$$f^{\mathrm{T}} : \boldsymbol{W}^* \to \boldsymbol{V}^* : \boldsymbol{c}^* \mapsto \zeta^{-1} \circ \boldsymbol{c}^* \circ f$$

die zu f *transponierte Abbildung*. Diese Definition ist sinnvoll, da für jede Linearform $\boldsymbol{c}^* \in \boldsymbol{W}^*$ das Produkt $\zeta^{-1} \circ \boldsymbol{c}^* \circ f$ eine $(\zeta^{-1} \circ \mathrm{id}_K \circ \zeta)$-lineare Abbildung von $\boldsymbol{V}$ in K ist, also eine Linearform $\boldsymbol{V} \to K$. Den Zusammenhang von f und f^{T} zeigt die Formel

$$\langle f^{\mathrm{T}}(\boldsymbol{c}^*), \boldsymbol{x}\rangle = \zeta^{-1}(\langle \boldsymbol{c}^*, f(\boldsymbol{x})\rangle) \text{ für alle } \boldsymbol{c}^* \in \boldsymbol{W} \text{ und alle } \boldsymbol{x} \in \boldsymbol{V}. \tag{5.3}$$

In Verallgemeinerung von Satz 4.9.3 erweist sich f^{T} als eine ζ^{-1}-lineare Abbildung. Die weiteren Ergebnisse aus 4.9 übertragen sich mit einer Ausnahme:

Es seien $\boldsymbol{B} = (\boldsymbol{b}_1, \boldsymbol{b}_2, \ldots, \boldsymbol{b}_n)$ und $\boldsymbol{C} = (\boldsymbol{c}_1, \boldsymbol{c}_2, \ldots, \boldsymbol{c}_m)$ Basen der Vektorräume $\boldsymbol{V}$ bzw. $\boldsymbol{W}$ und $\boldsymbol{B}^* = (\boldsymbol{b}_1^*, \boldsymbol{b}_2^*, \ldots, \boldsymbol{b}_n^*)$ bzw. $\boldsymbol{C}^* = (\boldsymbol{c}_1^*, \boldsymbol{c}_2^*, \ldots, \boldsymbol{c}_m^*)$ die jeweiligen dualen Basen. Aus Formel (5.3) folgt dann

$$\langle f^{\mathrm{T}}(\boldsymbol{C}^*), \boldsymbol{B}\rangle = \zeta^{-1}(\langle \boldsymbol{C}^*, f(\boldsymbol{B})\rangle).$$

Für das f^{T}-Bild einer Linearform $\boldsymbol{d}^* \in \boldsymbol{W}^*$ gilt daher

$$\langle f^{\mathrm{T}}(\boldsymbol{d}^*), \boldsymbol{B}\rangle = \zeta^{-1}(\langle \boldsymbol{d}^*, \boldsymbol{C}\rangle) \cdot \zeta^{-1}(\langle \boldsymbol{C}^*, f(\boldsymbol{B})\rangle).$$

Es beschreibt also die unter ζ^{-1} transformierte Matrix von f gemeinsam mit ζ^{-1} die transponierte Abbildung f^{T}.

Aufgaben

A 5.2.1 Beweise: Vektorräume $\boldsymbol{V}$ und $\boldsymbol{W}$ über K sind genau dann *semilinear isomorph*, d. h., es gibt mindestens eine semilineare Bijektion $\boldsymbol{V} \to \boldsymbol{W}$, falls sie linear isomorph sind.

A 5.2.2 Im Vektorraum $\mathbb{C}^{3\times 1}$ gibt es genau eine lineare Abbildung f_1 und genau eine konjugiert lineare Abbildung f_2 mit

$$(1,0,0)^{\mathrm{T}} \mapsto (i,i,i)^{\mathrm{T}}, \quad (i,-i,0)^{\mathrm{T}} \mapsto (2,2,0)^{\mathrm{T}}, \quad (1,1,1)^{\mathrm{T}} \mapsto (1,i,-i)^{\mathrm{T}}.$$

Bestimme bezüglich der kanonischen Basis $\boldsymbol{E}$ die Koordinatenmatrizen $\langle \boldsymbol{E}^*, f_1(\boldsymbol{E})\rangle$ und $\langle \boldsymbol{E}^*, f_2(\boldsymbol{E})\rangle$.

A 5.2.3 Eine konjugiert lineare Abbildung $f : \mathbb{C}^{2\times 1} \to \mathbb{C}^{2\times 1}$ hat die Koordinatenmatrix $\langle \boldsymbol{B}^*, f(\boldsymbol{B})\rangle = \operatorname{diag}(1, i)$ bezüglich der Basis $\boldsymbol{B} = \{(1,0)^{\mathrm{T}}, (-1,-i)^{\mathrm{T}}\}$. Bestimme die Koordinatenmatrix $\langle \boldsymbol{E}^*, f(\boldsymbol{E})\rangle$ für die kanonische Basis $\boldsymbol{E}$ von $\mathbb{C}^{2\times 1}$.

A 5.2.4 Es seien $f \in \zeta\text{-L}(\boldsymbol{V}, \boldsymbol{W})$, $\boldsymbol{c}^* \in \boldsymbol{W}^*$ und $\boldsymbol{T} := \ker \boldsymbol{c}^*$ gegeben. Zeige: $f^{-1}(\boldsymbol{T}) = \ker(f^{\mathrm{T}}(\boldsymbol{c}^*))$. Leite daraus ab, dass das f-Urbild einer Hyperebene von $\boldsymbol{W}$ entweder eine Hyperebene von $\boldsymbol{V}$ oder ganz $\boldsymbol{V}$ ist.

5.3 Faktorräume

5.3.1 Die additive Gruppe eines Vektorraumes $\boldsymbol{V}$ ist kommutativ. Daher ist jede Untergruppe von $\boldsymbol{V}$ ein Normalteiler, und wir können gemäß Satz 1.11.13 eine Faktorgruppe konstruieren. Wir wählen als Untergruppe insbesondere einen Unterraum von $\boldsymbol{V}$ und zeigen:

Satz 5.3.2 *Es seien $\boldsymbol{V}$ ein Vektorraum über K und $\boldsymbol{U}$ ein Unterraum von $\boldsymbol{V}$. Gemeinsam mit der Multiplikation*

$$x(\boldsymbol{a} + \boldsymbol{U}) := (x\boldsymbol{a}) + \boldsymbol{U} \ \textit{ für alle } \ x \in K \ \textit{ und alle } \ \boldsymbol{a} + \boldsymbol{U} \in \boldsymbol{V}/\boldsymbol{U} \tag{5.4}$$

wird die Faktorgruppe $(\boldsymbol{V}/\boldsymbol{U}, +)$ zu einem Vektorraum über K.

Beweis. Für $\boldsymbol{a}' = \boldsymbol{a} + \boldsymbol{u}' \in \boldsymbol{a} + \boldsymbol{U}$ und $x \in K$ folgt aus

$$x(\boldsymbol{a}' + \boldsymbol{U}) = (x\boldsymbol{a} + x\boldsymbol{u}') + \boldsymbol{U} = x\boldsymbol{a} + \boldsymbol{U},$$

dass die Multiplikation mit Skalaren von der Auswahl eines Repräsentanten unabhängig ist. Der Beweis der Vektorraumaxiome ist eine einfache Übungsaufgabe. □

Der oben konstruierte Vektorraum $\boldsymbol{V}/\boldsymbol{U}$ heißt der *Faktorraum* von $\boldsymbol{V}$ modulo $\boldsymbol{U}$. Mit 1.11.13 und (5.4) folgt, dass die kanonische Abbildung

$$p_U : \boldsymbol{V} \to \boldsymbol{V}/\boldsymbol{U} : \boldsymbol{x} \mapsto \boldsymbol{x} + \boldsymbol{U}$$

linear und surjektiv ist. Ihr Kern ist der Unterraum $\boldsymbol{U}$.

Beispiel 5.3.3 Im Vektorraum V_O der Vektoren des Anschauungsraumes mit Anfangspunkt O ist für einen eindimensionalen Unterraum $\boldsymbol{U}$ der Faktorraum $\boldsymbol{V}_O/\boldsymbol{U}$ gegeben durch die Menge aller zu $\boldsymbol{U}$ parallelen Geraden. Vgl. Abbildung 6.1 auf Seite 142.

5.3.4 Sei $\boldsymbol{U}$ ein Unterraum von $\boldsymbol{V}$. Dann wird die *Kodimension* von $\boldsymbol{U}$ bezüglich $\boldsymbol{V}$ durch

$$\operatorname{codim}_{\boldsymbol{V}} \boldsymbol{U} := \dim \boldsymbol{V}/\boldsymbol{U}$$

erklärt. Der Beweis von Satz 3.2.8 kann auf die kanonische Abbildung $p_{\boldsymbol{U}}$ angewendet werden. Das zeigt, dass jedes Komplement $\boldsymbol{T}$ von $\boldsymbol{U}$ bezüglich $\boldsymbol{V}$ zum Faktorraum $\boldsymbol{V}/\boldsymbol{U}$ linear isomorph ist.[2] Wir erhalten für $\dim \boldsymbol{V} < \infty$ nach dem Dimensionssatz 2.8.9 die Gleichung

$$\operatorname{codim}_{\boldsymbol{V}} \boldsymbol{U} = \dim \boldsymbol{V} - \dim \boldsymbol{U}.$$

Wir werden nur wenig mit Faktorräumen arbeiten. Dennoch ist die Tatsache, dass jeder Unterraum $\boldsymbol{U}$ die beiden Vektorräume $\boldsymbol{U}$ und $\boldsymbol{V}/\boldsymbol{U}$ bestimmt, von großer theoretischer Bedeutung. Als Anwendung zeigen wir:

Satz 5.3.5 (Homomorphiesatz für semilineare Abbildungen) *Sei* $f \in \zeta\text{-L}(\boldsymbol{V}, \boldsymbol{W})$. *Dann ist die Abbildung*

$$g : \boldsymbol{V}/\ker f \to f(\boldsymbol{V}) : \boldsymbol{x} + \ker f \mapsto f(\boldsymbol{x})$$

eine ζ*-semilineare Bijektion.*

Beweis. Die ζ-Linearität von g ergibt sich aus

$$(\boldsymbol{x} + \ker f) + c(\boldsymbol{y} + \ker f) = (\boldsymbol{x} + c\boldsymbol{y}) + \ker f \overset{g}{\mapsto} f(\boldsymbol{x} + c\boldsymbol{y}) = f(\boldsymbol{x}) + \zeta(c)f(\boldsymbol{y})$$

für alle $\boldsymbol{x}, \boldsymbol{y} \in \boldsymbol{V}$ und alle $c \in K$, der Rest aus dem Homomorphiesatz für Gruppen. □

Der Homomorphiesatz zeigt, dass der Bildraum einer semilinearen Abbildung $f : \boldsymbol{V} \to \boldsymbol{W}$ zum Faktorraum $\boldsymbol{V}/\ker f$ semilinear isomorph ist. Durch die Faktorräume von $\boldsymbol{V}$ sind also *alle* semilinearen Bilder von $\boldsymbol{V}$ bereits bekannt.

Aufgaben

A 5.3.1 Sei $\boldsymbol{V}$ ein Vektorraum über K. Zeige:

(a) $\mathrm{GL}(\boldsymbol{V})$ ist ein Normalteiler von $\Gamma\mathrm{L}(\boldsymbol{V})$.

(b) Die Faktorgruppe $\Gamma\mathrm{L}(\boldsymbol{V})/\mathrm{GL}(\boldsymbol{V})$ ist isomorph zu $\mathrm{Aut}(K)$, falls $\boldsymbol{V} \neq \{\boldsymbol{o}\}$.

Anleitung zu (b): Nach Satz 5.1.6 gehört für $\boldsymbol{V} \neq \{\boldsymbol{o}\}$ zu jedem $f \in \Gamma\mathrm{L}(\boldsymbol{V})$ genau ein $\zeta \in \mathrm{Aut}(K)$. Untersuche die Abbildung $f \mapsto \zeta$.

A 5.3.2 Im Vektorraum $\mathbb{R}^{3\times1}$ sei der Unterraum $\boldsymbol{U} = [(0,1,1)^{\mathrm{T}}]$ gegeben.

(a) Gib eine Basis von $\mathbb{R}^{3\times1}/\boldsymbol{U}$ an und berechne $\operatorname{codim}_{\mathbb{R}^{3\times1}} \boldsymbol{U}$.

(b) Sind die folgenden beiden Aussagen wahr oder falsch?

$$((1,1,1)^{\mathrm{T}} + \boldsymbol{U}) + 2((0,1,0)^{\mathrm{T}} + \boldsymbol{U}) = (1,4,2)^{\mathrm{T}} + \boldsymbol{U};$$
$$((1,1,1)^{\mathrm{T}} + \boldsymbol{U}) + 4((0,1,0)^{\mathrm{T}} + \boldsymbol{U}) = (0,2,2)^{\mathrm{T}} + \boldsymbol{U}.$$

---

[2] Im Gegensatz dazu muss es bei einer Faktorgruppe G/U keine Untergruppe von G geben, die zu G/U isomorph ist.

Kapitel 6

Lineare Geometrie

Im Rahmen der affinen Geometrie stehen die Nebenklassen der Unterräume eines Vektorraumes $\boldsymbol{V}$ im Vordergrund. Jede solche Nebenklasse (insbesondere auch $\boldsymbol{V}$ selbst) ist ein affiner Raum. Der zu einem affinen Raum gehörige Unterraum von $\boldsymbol{V}$ ist die Menge seiner Richtungsvektoren. Auf der Menge der affinen Unterräume eines affinen Raumes gibt es eine Parallelitätsrelation.

Die eindimensionalen Unterräume eines Vektorraumes $\boldsymbol{V}$ sind die Punkte des projektiven Raumes über $\boldsymbol{V}$. Wird aus einem projektiven Raum eine Hyperebene entfernt, so entsteht (abgesehen von der Bezeichnung) ein affiner Raum. Umgekehrt kann jeder affine Raum in einen projektiven Raum eingebettet werden. Jene Punkte, die dabei nicht als Bildpunkte auftreten, werden Fernpunkte genannt. Zwei parallele affine Geraden haben nach der Einbettung in einen projektiven Raum einen gemeinsamen Fernpunkt.

Die Hüllenbildung in affinen und projektiven Räumen kann mit Hilfe von affinen Linearkombinationen bzw. Linearkombinationen beschrieben werden. Semiaffine Abbildungen affiner Räume setzen sich aus semilinearen Abbildungen und Translationen zusammen. Hingegen werden kollineare Abbildungen projektiver Räume alleine durch semilineare Abbildungen beschrieben.

Für weitergehende Ergebnisse aus der projektiven Geometrie sei etwa auf [5] und [11] verwiesen.

6.1 Affine Räume

6.1.1 Wir haben in Abschnitt 2.1 aus dem nicht näher definierten Anschauungsraum nach Auszeichnung eines Punktes O den Vektorraum $\boldsymbol{V}_O$ der Vektoren mit Anfangspunkt O konstruiert. Im Folgenden werden wir, ausgehend von Vektorräumen, sogenannte affine Räume erklären und damit den Raumbegriff der Elementargeometrie verallgemeinern. Wir führen zunächst folgende Bezeichnung ein:

Sind $\boldsymbol{V}$ ein Vektorraum und $\boldsymbol{s} \in \boldsymbol{V}$, so heißt die Abbildung

$$\tau_s : \boldsymbol{V} \to \boldsymbol{V} : \boldsymbol{x} \mapsto \boldsymbol{s} + \boldsymbol{x}$$

die *Translation* zum Vektor $\boldsymbol{s}$. Wir schreiben für jede Teilmenge $\boldsymbol{M} \subset \boldsymbol{V}$ statt $\tau_s(\boldsymbol{M})$ auch (so wie schon bisher) $\boldsymbol{s} + \boldsymbol{M}$. Setzen wir $\mathrm{T}(\boldsymbol{V}) := \{\tau_s \mid \boldsymbol{s} \in \boldsymbol{V}\}$, so ist $(\mathrm{T}(\boldsymbol{V}), \circ)$ eine kommutative Gruppe; sie wird *Translationsgruppe* von $\boldsymbol{V}$ genannt. Durch $\boldsymbol{s} \mapsto \tau_s$ wird die Gruppe $(\boldsymbol{V}, +)$ isomorph auf $(\mathrm{T}(\boldsymbol{V}), \circ)$ abgebildet. Eine Translation wird auch als *Schiebung* bezeichnet. Sind

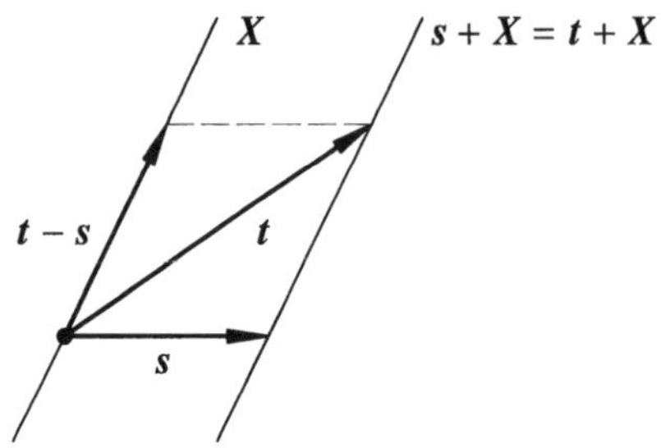

Abbildung 6.1

X ein Unterraum eines Vektorraumes V und $s \in V$, so geht X unter der Translation τ_s in seine Nebenklasse $s + X$ über. Ist $t \in V$, so gilt

$$s + X = t + X \quad \Leftrightarrow \quad t - s \in X \quad \Leftrightarrow \quad t \in s + X \tag{6.1}$$

nach 1.11.10 (Abbildung 6.1). Wir zeigen damit folgende einfache Eigenschaft:

Satz 6.1.2 *Ist $\mathcal{N}$ eine Nebenklasse eines Unterraumes $X \subset V$, so ist X durch die Menge $\mathcal{N}$ eindeutig festgelegt.*

Beweis. Da $\mathcal{N}$ als Nebenklasse eines Unterraumes nicht leer ist, können wir einen Vektor $u \in \mathcal{N}$ auswählen. Nach (6.1) gilt daher $\mathcal{N} = u + X$ und somit

$$\tau_{-u}(\mathcal{N}) = \{x - u \mid x \in \mathcal{N}\} = X.$$

Damit ist aber X durch $\mathcal{N}$ eindeutig festgelegt. □

Nun können wir affine Räume definieren:

Definition 6.1.3 Es seien X ein Unterraum eines Vektorraumes V über K und $r \in V$. Dann heißt die Nebenklasse $r + X$ ein *affiner Raum über K*. Die Elemente von $r + X$ werden *Punkte* genannt, die Elemente von X hingegen als *Richtungsvektoren*[1] des affinen Raumes $r + X$ bezeichnet. Die *Dimension* eines affinen Raumes $r + X$ wird als $\dim(r + X) := \dim X$ festgesetzt.

Nach Satz 6.1.2 ist die obige Definition der Dimension eines affinen Raumes sinnvoll, weil jeder affine Raum den Unterraum seiner Richtungsvektoren eindeutig bestimmt. Wir schreiben im Folgenden etwa $\mathcal{A} = r + X$ für einen affinen Raum. Nach unserer Definition *ist* jeder Vektor aus $r + X$ ein Punkt von $\mathcal{A}$. Wir leiten also den Punktbegriff aus dem Vektorbegriff ab. Daher verwenden wir für Punkte und Vektoren auch dieselben Symbole. Im Anschauungsraum ist es genau umgekehrt: Zuerst kommen die Punkte. Danach wird jeder Punkt P durch seinen Ortsvektor $\overrightarrow{OP}$ *beschrieben.*

Durch die Auswahl eines Punktes $u \in \mathcal{A} = r + X$, wir sprechen auch von einem *Ursprung*, wird die Menge der Punkte von $\mathcal{A}$ vermöge $x \mapsto x - u$ bijektiv auf den Unterraum X der Richtungsvektoren von $\mathcal{A}$ abgebildet. Da wir den Ursprung $u \in \mathcal{A}$ beliebig wählen können, stimmt X mit der Menge aller Differenzvektoren

$$\{x - y \mid x, y \in \mathcal{A}\}$$

[1] Um schleppende Formulierungen zu vermeiden, bezeichnen wir den Nullvektor auch als Richtungsvektor.

überein. Ein Richtungsvektor von $\mathcal{A}$ lässt sich im Allgemeinen auf viele Arten als Differenz zweier Punkte von $\mathcal{A}$ schreiben.

6.1.4 Es seien $\mathcal{A}' = \boldsymbol{s} + \boldsymbol{U}$ und $\mathcal{A} = \boldsymbol{r} + \boldsymbol{X}$ zwei in $\boldsymbol{V}$ liegende affine Räume. Es gilt $\mathcal{A}' \subset \mathcal{A}$ genau dann, falls

$$\boldsymbol{s} \in \mathcal{A} \text{ und } \boldsymbol{U} \subset \boldsymbol{X}.$$

In diesem Fall nennen wir $\mathcal{A}'$ einen *affinen Unterraum* von $\mathcal{A}$.

In Analogie zur Elementargeometrie bezeichnen wir einen affinen Raum auch als eine *affine Gerade* bzw. eine *affine Ebene*, falls seine Dimension gleich 1 bzw. 2 ist. Ein Unterraum $\boldsymbol{s} + \boldsymbol{U}$ eines affinen Raumes $\mathcal{A} = \boldsymbol{r} + \boldsymbol{X}$ wird eine *affine Hyperebene* von $\mathcal{A}$ genannt, falls $\boldsymbol{U}$ eine Hyperebene des Vektorraumes $\boldsymbol{X}$ ist.

Beispiele 6.1.5

1. Jeder Vektorraum $\boldsymbol{V}$ bestimmt den affinen Raum $\mathcal{A} = \boldsymbol{V}$. Der Unterschied zwischen den beiden Räumen besteht darin, dass im Vektorraum $\boldsymbol{V}$ der Nullvektor eine ausgezeichnete Rolle spielt, da er das neutrale Element für die Vektoraddition abgibt. Im affinen Raum $\mathcal{A}$ sind hingegen alle Punkte gleichberechtigt.
2. Wir haben ausgehend vom Anschauungsraum nach Auszeichnung eines Punktes O den Vektorraum $\boldsymbol{V}_O$ konstruiert. Der zu $\boldsymbol{V}_O$ gehörige affine Raum ist dann – abgesehen von der Bezeichnungsweise – wieder der Anschauungsraum. Jede Gerade im Anschauungsraum ist ein affiner Raum; der Vektorraum ihrer Richtungsvektoren ist 1-dimensional. Er bestimmt die Richtung der Geraden; daher kommt der Name „Richtungsvektor". Jede Ebene im Anschauungsraum ist ein affiner Raum, wobei ihre Richtungsvektoren einen 2-dimensionalen Unterraum von $\boldsymbol{V}_O$ bilden.
3. Sei $\boldsymbol{V} = \mathbb{Z}_2^{2\times 1}$. Der affine Raum $\mathcal{A} = \mathbb{Z}_2^{2\times 1}$ besitzt genau 4 Punkte

$$(\bar{0},\bar{0})^{\mathrm{T}},\quad (\bar{1},\bar{0})^{\mathrm{T}},\quad (\bar{0},\bar{1})^{\mathrm{T}},\quad (\bar{1},\bar{1})^{\mathrm{T}}.$$

Die eindimensionalen Unterräume von $\boldsymbol{V}$ sind genau die Mengen $[(\bar{1},\bar{0})^{\mathrm{T}}]$, $[(\bar{0},\bar{1})^{\mathrm{T}}]$ und $[(\bar{1},\bar{1})^{\mathrm{T}}]$. Jeder dieser drei Unterräume hat noch genau eine von ihm verschiedene Nebenklasse; es gibt also insgesamt 6 Geraden. Jede Gerade besteht aus genau zwei Punkten, durch jeden Punkt gehen genau 3 Geraden. Abbildung 6.2 zeigt eine schematische Darstellung dieser affinen Ebene.

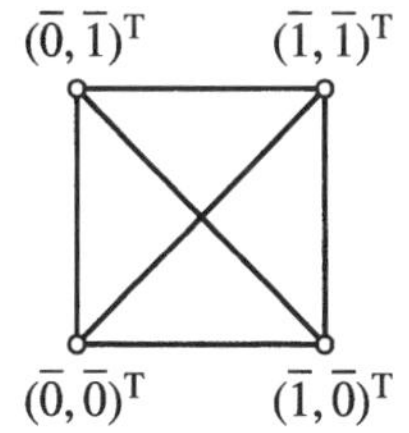

Abbildung 6.2

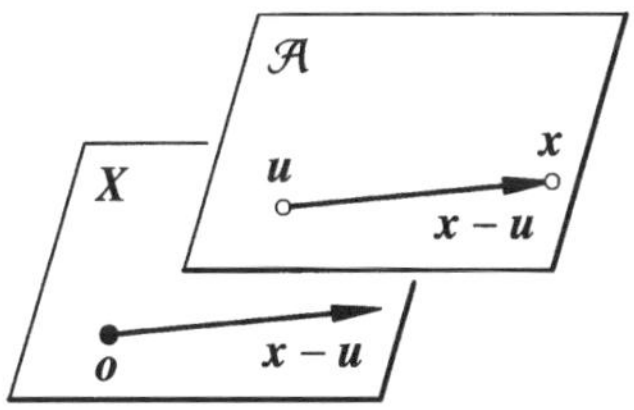

Abbildung 6.3

4. Im $(n+1)$-dimensionalen Vektorraum $K^{(n+1)\times 1}$ bilden alle Elemente, die einer linearen Gleichung

$$a_1x_1 + a_2x_2 + \cdots + a_{n+1}x_{n+1} = 1$$

mit $(a_1, a_2, \ldots, a_{n+1}) \neq (0, 0, \ldots, 0)$ genügen, einen n-dimensionalen affinen Raum, der den Nullvektor nicht enthält.

5. Ist die Lösungsmenge eines linearen inhomogenen Gleichungssystems nicht leer, so bildet sie einen affinen Raum.

Bemerkung 6.1.6 Wählen wir in einem affinen Raum $\mathcal{A} = \boldsymbol{r} + X \subset V$ einen Punkt $\boldsymbol{u}$ als Ursprung aus, so können wir jedem Punkt $\boldsymbol{x} \in \mathcal{A}$ den Vektor $\boldsymbol{x} - \boldsymbol{u} \in X$ zuordnen. Im anschaulichen Vektorraum V_O haben wir einen solchen Vektor bisher immer als Pfeil mit Anfangspunkt O gezeichnet, der für $\boldsymbol{x} = \boldsymbol{u}$ zum Punkt O degeneriert. Beim Studium affiner Räume ist es aber oft besser, sich den Vektor $\boldsymbol{x} - \boldsymbol{u}$ als Pfeil mit Anfangspunkt $\boldsymbol{u}$ und Endpunkt $\boldsymbol{x}$ vorzustellen. Abbildung 6.3 illustriert dies für eine affine Ebene. Setzen wir $\mathcal{A} = V_O$, so kommen wir damit zu einem anderen anschaulichen Vektorbegriff: Dazu gehen wir von der Menge *aller* Pfeile im Anschauungsraum aus, wobei wie schon bisher auch Pfeile mit Länge Null zuzulassen sind. Alle Pfeile, die aus einem festen Pfeil durch Verschiebung von dessen Anfangs- und Endpunkt hervorgehen, bilden eine Klasse äquivalenter Pfeile. Jede solche Äquivalenzklasse wird dann ein *Vektor* genannt. Mit diesen Vektoren kann dann so wie bisher gerechnet werden, indem Repräsentanten durch einen beliebigen Punkt des Anschauungsraumes gewählt werden.

6.1.7 Zwei affine Unterräume $\mathcal{A}_1 = \boldsymbol{s}_1 + \boldsymbol{U}_1$ und $\mathcal{A}_2 = \boldsymbol{s}_2 + \boldsymbol{U}_2$ eines affinen Raumes $\mathcal{A}$ heißen *parallel*, in Zeichen $\mathcal{A}_1 \parallel \mathcal{A}_2$, falls $\boldsymbol{U}_1 \subset \boldsymbol{U}_2$ oder $\boldsymbol{U}_2 \subset \boldsymbol{U}_1$. Haben zwei parallele Unterräume $\boldsymbol{s}_1 + \boldsymbol{U}_1$ und $\boldsymbol{s}_2 + \boldsymbol{U}_2$ einen nicht leeren Durchschnitt, so ist einer der Unterräume im anderen enthalten. Ist nämlich $\boldsymbol{a}$ ein gemeinsamer Punkt, und gilt etwa $\boldsymbol{U}_1 \subset \boldsymbol{U}_2$, so folgt

$$\boldsymbol{s}_1 + \boldsymbol{U}_1 = \boldsymbol{a} + \boldsymbol{U}_1 \subset \boldsymbol{a} + \boldsymbol{U}_2 = \boldsymbol{s}_2 + \boldsymbol{U}_2.$$

Fassen wir diese Parallelität als Relation $\parallel$ auf der Menge aller affinen Unterräume von $\mathcal{A}$ auf, so ist $\parallel$ reflexiv und symmetrisch. Jeder einpunktige Unterraum $\{\boldsymbol{a}\} = \boldsymbol{a} + \{\boldsymbol{o}\} \subset \mathcal{A}$ und ganz $\mathcal{A}$ sind zu allen affinen Unterräumen von $\mathcal{A}$ parallel. Offensichtlich haben nur diese Unterräume diese Eigenschaft.

Schränken wir die Parallelitätsrelation $\parallel$ für festes $k \in \mathbb{N}$ mit $k \leq \dim \mathcal{A}$ auf die Menge aller k-dimensionalen affinen Unterräume von $\mathcal{A}$ ein, so liegt eine Äquivalenzrelation vor, denn $\boldsymbol{s}_1 + \boldsymbol{U}_1 \parallel \boldsymbol{s}_2 + \boldsymbol{U}_2$ und $\boldsymbol{s}_2 + \boldsymbol{U}_2 \parallel \boldsymbol{s}_3 + \boldsymbol{U}_3$ liefert $\boldsymbol{U}_1 = \boldsymbol{U}_2 = \boldsymbol{U}_3$ nach Satz 2.6.7, also auch $\boldsymbol{s}_1 + \boldsymbol{U}_1 \parallel \boldsymbol{s}_3 + \boldsymbol{U}_3$.

Die lineare Geometrie eines affinen Raumes beschäftigt sich mit der gegenseitigen Lage der affinen Unterräume eines affinen Raumes, also mit Punkten, Geraden, Ebenen und so weiter.

Aufgaben

A 6.1.1 Gegeben sei ein affiner Raum $\mathcal{A} = \boldsymbol{r} + X \subset V$. Beweise:

(a) Eine Teilmenge $\mathcal{A}_1 \subset \mathcal{A}$ ist genau dann ein affiner Unterraum, falls gilt: $\mathcal{A}_1 \neq \emptyset$, und für alle $\boldsymbol{a}, \boldsymbol{b}, \boldsymbol{c} \in \mathcal{A}_1$ liegt der affine Unterraum $\boldsymbol{c} + [\boldsymbol{a} - \boldsymbol{b}]$ in $\mathcal{A}_1$.

(b) Es seien $\mathcal{A}_1, \mathcal{A}_2$ affine Unterräume von $\mathcal{A}$. Es gilt $\mathcal{A}_1 \parallel \mathcal{A}_2$ genau dann, wenn es zu jeder Geraden $g_1 \subset \mathcal{A}_1$ eine parallele Gerade $g_2 \subset \mathcal{A}_2$ oder zu jeder Geraden $g_2 \subset \mathcal{A}_2$ eine parallele Gerade $g_1 \subset \mathcal{A}_1$ gibt.

A 6.1.2 Sei $\boldsymbol{C}$ ein linearer t-fehlerkorrigierender $[n, k]$-Code über $K = \mathrm{GF}(q)$ mit H als Kontrollmatrix. Die lineare Abbildung

$$s : K^{1\times n} \to K^{(n-k)\times 1} : \boldsymbol{x} \mapsto H\boldsymbol{x}^{\mathrm{T}}$$

ordnet jedem Wort sein *Syndrom* zu. Wegen $\ker s = \boldsymbol{C}$ sind die Fasern von s genau die Nebenklassen von $\boldsymbol{C}$ in $K^{1\times n}$, also affine Unterräume. In jeder Nebenklasse von $\boldsymbol{C}$ gibt es mindestens einen *Anführer*, das ist ein Wort mit minimalem Hamming-Gewicht.

(a) Beweise: Für alle $\boldsymbol{a}, \boldsymbol{x}, \boldsymbol{y} \in K^{1\times n}$ gilt $\operatorname{dist}_H(\boldsymbol{x}, \boldsymbol{y}) = \operatorname{dist}_H(\boldsymbol{a} + \boldsymbol{x}, \boldsymbol{a} + \boldsymbol{y})$. Jede Translation erhält also sämtliche Hamming-Abstände.

(b) Beweise: Ist $\boldsymbol{a} \in K^{1\times n}$ und hat ein Anführer einer Nebenklasse $\boldsymbol{a} + \boldsymbol{C}$ das Hamming-Gewicht w, so gibt es zu jedem Wort $\boldsymbol{x} \in \boldsymbol{a} + \boldsymbol{C}$ mindestens ein Codewort $\boldsymbol{y}$ im Hamming-Abstand w, aber kein Codewort mit kleinerem Hamming-Abstand. Gilt außerdem $w \leq t$, so hat die Nebenklasse $\boldsymbol{a} + \boldsymbol{C}$ genau einen Anführer und $\boldsymbol{y}$ ist eindeutig bestimmt.

(c) Der binäre *Wiederholungscode* der Länge 4 ist ein linearer [4, 1]-Code über $\mathbb{Z}_2$. Er hat die beiden Codewörter $(\overline{0}, \overline{0}, \overline{0}, \overline{0})$ und $(\overline{1}, \overline{1}, \overline{1}, \overline{1})$. Jedes Datenbit wird also viermal gesendet. Der Minimalabstand ist 4; daher liegt ein 1-fehlerkorrigierender Code vor. Bestimme eine Kontrollmatrix, die Nebenklassen dieses Codes und je Nebenklasse einen Anführer samt Syndrom. Für die Worte welcher Nebenklassen dieses Codes ist eine Fehlerkorrektur möglich?

Bemerkung: Bei der sogenannten *Syndrom-Decodierung* wird in jeder Nebenklasse genau ein Anführer festgelegt. Kommt ein Wort $\boldsymbol{a}'$ an, so wird dessen Syndrom $s(\boldsymbol{a}')$ berechnet. Genau für $s(\boldsymbol{a}') \neq \boldsymbol{o}$ liegt $\boldsymbol{a}'$ nicht im Code. In diesem Fall wird (an Hand einer gespeicherten Liste) jener Nebenklassenanführer $\boldsymbol{n}$ ermittelt, für den $s(\boldsymbol{a}') = s(\boldsymbol{n})$ erfüllt ist. Hat $\boldsymbol{n}$ ein Hamming-Gewicht $\leq t$, so wird $\boldsymbol{a}'$ zum Codewort $\boldsymbol{a} - \boldsymbol{n}$ korrigiert. Andernfalls kann eine Fehlermeldung ausgegeben werden.

6.2 Affine Linearkombinationen

6.2.1 In diesem Abschnitt legen wir mit den Bezeichnungen von Definition 6.1.3 einen affinen Raum $\mathcal{A} = \boldsymbol{r} + \boldsymbol{X} \subset \boldsymbol{V}$ zu Grunde.

Wir wollen jeder Familie von Punkten von $\mathcal{A}$ jenen affinen Unterraum zuordnen, der von den gegebenen Punkten „aufgespannt" wird. Anschauliches Vorbild seien dabei etwa zwei verschiedene Punkte und die von ihnen aufgespannte Gerade. Wir erreichen dieses Ziel, indem wir Linearkombinationen mit einer zusätzlichen Eigenschaft betrachten:

Sei $(\boldsymbol{m}_i)_{i\in I}$ eine Familie von Punkten in $\mathcal{A}$ und $(x_i)_{i\in I}$ eine Familie von Skalaren in K, wobei $x_i = 0$ für fast alle $i \in I$. Eine Linearkombination

$$\sum_{i\in I} x_i \boldsymbol{m}_i \quad \text{mit} \quad \sum_{i\in I} x_i = 1$$

wird als *affine Linearkombination* bezeichnet. Bei einer affinen Linearkombination folgt aus $\sum_{i\in I} x_i = 1$, dass I nicht leer ist, denn eine leere Summe von Skalaren ist definitionsgemäß gleich $0 \in K$.

Eine wesentliche Eigenschaft von affinen Linearkombinationen ist die Invarianz unter Translationen. Es folgt nämlich für jeden Schiebvektor $\boldsymbol{s} \in \boldsymbol{V}$ aus

$$\boldsymbol{x} = \sum_{i\in I} x_i \boldsymbol{m}_i \quad \text{mit} \quad \sum_{i\in I} x_i = 1$$

unmittelbar $\boldsymbol{s} = \sum_{i\in I} x_i \boldsymbol{s}$ und daher

$$\tau_{\boldsymbol{s}}(\boldsymbol{x}) = \boldsymbol{s} + \boldsymbol{x} = \sum_{i\in I} x_i(\boldsymbol{s} + \boldsymbol{m}_i) = \sum_{i\in I} x_i \tau_{\boldsymbol{s}}(\boldsymbol{m}_i).$$

Ist nun $\mathcal{M} = (\boldsymbol{m}_i)_{i\in I}$ eine Familie von Punkten eines affinen Raumes $\mathcal{A}$, so nennen wir die Menge aller affinen Linearkombinationen von $\mathcal{M}$ die *affine Hülle* von $\mathcal{M}$ und schreiben dafür

$\mathrm{H}(\mathcal{M})$. Aus der Translationsinvarianz von affinen Linearkombinationen folgt die Translationsinvarianz der affinen Hülle, in Zeichen,

$$\mathrm{H}((\tau_s(\boldsymbol{m}_i))_{i\in I}) = \tau_s(\mathrm{H}((\boldsymbol{m}_i)_{i\in I})) \text{ für alle } \boldsymbol{s} \in \boldsymbol{V}.$$

Für jede leere Familie von Punkten ist die affine Hülle ebenfalls leer, da wir keine affinen Linearkombinationen bilden können. Es gilt weiters:

Satz 6.2.2 *Sei $\mathcal{M} = (\boldsymbol{m}_i)_{i\in I}$ eine nicht leere Familie von Punkten eines affinen Raumes $\mathcal{A}$. Dann stimmt die affine Hülle $\mathrm{H}(\mathcal{M})$ von $\mathcal{M}$ mit dem affinen Unterraum*

$$\mathcal{A}' := \boldsymbol{m}_j + [(\boldsymbol{m}_i - \boldsymbol{m}_j)_{i\in I\setminus\{j\}}] \tag{6.2}$$

von $\mathcal{A}$ überein. Dabei kann $j \in I$ beliebig gewählt werden.

Beweis. Jede affine Linearkombination von $\mathcal{M}$ kann in der Form

$$\Big(1 - \sum_{i\in I\setminus\{j\}} x_i\Big)\boldsymbol{m}_j + \sum_{i\in I\setminus\{j\}} x_i\boldsymbol{m}_i = \boldsymbol{m}_j + \sum_{i\in I\setminus\{j\}} x_i(\boldsymbol{m}_i - \boldsymbol{m}_j)$$

mit einer Familie $(x_i)_{i\in I\setminus\{j\}}$ von Skalaren in K geschrieben werden, wobei $x_i = 0$ für fast alle $i \in I \setminus \{j\}$. Die Darstellung rechts vom Gleichheitszeichen zeigt uns, dass wir so genau die Punkte von $\mathcal{A}'$ erhalten. □

Die in Formel (6.2) angeschriebene Darstellung der affinen Hülle wird als *Punkt-Richtungsform* bezeichnet. Sie stützt sich auf einen willkürlich ausgewählten Punkt $\boldsymbol{m}_j$ von $\mathcal{M}$ und die Richtungsvektoren $\boldsymbol{m}_i - \boldsymbol{m}_j$. Im Gegensatz dazu ist bei einer Beschreibung mittels affiner Linearkombinationen kein Punkt ausgezeichnet.

Wir zeigen jetzt, in Analogie zur Vektorraumtheorie, einen anderen Zugang zur affinen Hülle. Er stützt sich auf die folgenden Ergebnisse:

Satz 6.2.3 *Der Durchschnitt einer nicht leeren Familie $(\boldsymbol{s}_i + \boldsymbol{U}_i)_{i\in I}$ von affinen Unterräumen eines affinen Raumes $\mathcal{A}$ ist entweder leer oder ein affiner Unterraum von $\mathcal{A}$.*

Beweis. Falls ein Punkt $\boldsymbol{a} \in \bigcap_{i\in I}(\boldsymbol{s}_i + \boldsymbol{U}_i)$ existiert, so folgt

$$\bigcap_{i\in I}(\boldsymbol{s}_i + \boldsymbol{U}_i) = \bigcap_{i\in I}(\boldsymbol{a} + \boldsymbol{U}_i) = \bigcap_{i\in I}(\tau_{\boldsymbol{a}}(\boldsymbol{U}_i)) = \tau_{\boldsymbol{a}}\Big(\bigcap_{i\in I}\boldsymbol{U}_i\Big) = \boldsymbol{a} + \Big(\bigcap_{i\in I}\boldsymbol{U}_i\Big), \tag{6.3}$$

da die Translation $\tau_{\boldsymbol{a}}$, so wie jede Bijektion, mit der Durchschnittsbildung verträglich ist. □

In Analogie zu Satz 2.3.9 gilt nun:

Satz 6.2.4 *Sei $\mathcal{M} = (\boldsymbol{m}_i)_{i\in I}$ eine nicht leere Familie von Punkten eines affinen Raumes $\mathcal{A}$. Dann ist die affine Hülle von $\mathcal{M}$ gleich dem Durchschnitt jener affinen Unterräume von $\mathcal{A}$, welche $\{\boldsymbol{m}_i \mid i \in I\}$ enthalten.*

Beweis. Vgl. den Beweis von 2.3.9. □

Ebenso folgt unmittelbar, dass die im Anschluss an Satz 2.3.9 angegebenen Eigenschaften sinngemäß auch für die affine Hülle gelten.

6.2.5 Eine nicht leere Familie $\mathcal{M} = (\boldsymbol{m}_i)_{i\in I}$ von Punkten eines affinen Raumes $\mathcal{A}$ heißt *affin abhängig*, wenn sich für mindestens ein $j \in I$ der Punkt $\boldsymbol{m}_j$ als Linearkombination der Form

$$\boldsymbol{m}_j = \sum_{i\in I\setminus\{j\}} x_i \boldsymbol{m}_i \quad \text{mit} \quad \sum_{i\in I\setminus\{j\}} x_i = 1$$

darstellen lässt. Eine nicht affin abhängige Familie von Punkten heißt *affin unabhängig*. In Analogie zu Satz 2.4.3 ist eine nicht leere Familie $\mathcal{M} = (\boldsymbol{m}_i)_{i\in I}$ von Punkten genau dann affin abhängig, wenn es eine Linearkombination

$$\boldsymbol{o} = \sum_{i\in I} x_i \boldsymbol{m}_i \quad \text{mit} \quad \sum_{i\in I} x_i = 0 \quad \text{und} \quad x_j \neq 0 \quad \text{für mindestens ein} \quad j \in I \tag{6.4}$$

gibt. Die Nebenbedingung $\sum_{i\in I} x_i = 0$ stellt jetzt sicher, dass sich der Punkt $\boldsymbol{m}_j$ als *affine* Linearkombination der restlichen Punkte darstellen lässt. Wir geben noch eine andere Beschreibung affin abhängiger Punkte.

Satz 6.2.6 *Eine nicht leere Familie $\mathcal{M} = (\boldsymbol{m}_i)_{i\in I}$ von Punkten ist genau dann affin abhängig, falls die Familie $(\boldsymbol{m}_i - \boldsymbol{m}_j)_{i\in\setminus\{j\}}$ von Vektoren linear abhängig ist. Dabei kann $j \in I$ beliebig gewählt werden.*

Beweis. Die Familie $\mathcal{M}$ ist nach (6.4) genau dann affin abhängig, wenn es eine Familie $(x_i)_{i\in I\setminus\{j\}}$ von Skalaren in K so gibt, dass

$$\boldsymbol{o} = \sum_{i\in I\setminus\{j\}} x_i \boldsymbol{m}_i + \Big(-\sum_{i\in I\setminus\{j\}} x_i\Big)\boldsymbol{m}_j = \sum_{i\in I\setminus\{j\}} x_i(\boldsymbol{m}_i - \boldsymbol{m}_j) \tag{6.5}$$

eine nicht triviale Linearkombination des Nullvektors ist. Diese Bedingung ist aber zugleich kennzeichnend für die lineare Abhängigkeit der Familie $(\boldsymbol{m}_i - \boldsymbol{m}_j)_{i\in I\setminus\{j\}}$. □

6.2.7 Sei $\mathcal{M}$ eine Familie von Punkten eines affinen Raumes $\mathcal{A}$. Dann sind folgende Bezeichnungen üblich: Ist $\mathcal{M}$ affin unabhängig, so wird die Familie von Punkten ein *Simplex* genannt. Gilt $\mathrm{H}(\mathcal{M}) = \mathcal{A}$, so nennen wir $\mathcal{M}$ ein *affines Erzeugendensystem* von $\mathcal{A}$. Eine *affine Basis* von $\mathcal{A}$ ist ein affin unabhängiges affines Erzeugendensystem von $\mathcal{A}$. Mit Hilfe der Sätze 6.2.2 und 6.2.6 lassen sich diese Eigenschaften einer Familie von Punkten leicht überprüfen. Ein Simplex aus drei Punkten wird ein *Dreieck*, ein Simplex aus vier Punkten ein *Tetraeder* genannt. Weiters heißt eine Familie $\mathcal{M}$ von Punkten *kollinear* bzw. *komplanar*, falls alle Punkte von $\mathcal{M}$ einer Geraden bzw. Ebene angehören.

Achtung! Eine Basis eines n-dimensionalen affinen Raumes besteht aus $n + 1$ Punkten. Ist etwa $\mathcal{A} = \boldsymbol{V}$ und $\{\boldsymbol{b}_1, \boldsymbol{b}_2, \ldots, \boldsymbol{b}_n\}$ eine Basis von $\boldsymbol{V}$, so gibt $\{\boldsymbol{o}, \boldsymbol{b}_1, \boldsymbol{b}_2, \ldots, \boldsymbol{b}_n\}$ eine affine Basis von $\mathcal{A} = \boldsymbol{V}$ ab. Bei einer affinen Basis und $\dim \mathcal{A} = n$ verwenden wir meistens $\{0, 1, \ldots, n\}$ als Indexmenge, womit auch hier der größte auftretende Index mit der Dimension übereinstimmt.

Beispiele 6.2.8

1. Für $\dim \mathcal{A} = 0$ gilt etwa $\mathcal{A} = \{\boldsymbol{p}\}$; hier ist $\{\boldsymbol{p}\}$ die einzige Basis. Bei $\dim \mathcal{A} = 1$ ist jede Familie in $\mathcal{A}$, die aus genau zwei verschiedenen Punkten besteht, eine Basis. Die Basen sind bei $\dim \mathcal{A} = 2$ genau die Dreiecke, bei $\dim \mathcal{A} = 3$ genau die Tetraeder.

2. Im affinen Raum $\mathcal{A} = \mathbb{R}^{3\times 1}$ seien die Punkte
$$\boldsymbol{m}_0 = (1,1,1)^{\mathrm{T}}, \quad \boldsymbol{m}_1 = (3,2,1)^{\mathrm{T}}, \quad \boldsymbol{m}_2 = (1,2,1)^{\mathrm{T}}, \quad \boldsymbol{m}_3 = (1,3,1)^{\mathrm{T}}$$
gegeben. Wir zeichnen den Punkt $\boldsymbol{m}_0$ aus und berechnen die Richtungsvektoren
$$\boldsymbol{m}_1 - \boldsymbol{m}_0 = (2,1,0)^{\mathrm{T}}, \quad \boldsymbol{m}_2 - \boldsymbol{m}_0 = (0,1,0)^{\mathrm{T}}, \quad \boldsymbol{m}_3 - \boldsymbol{m}_0 = (0,2,0)^{\mathrm{T}},$$
was $\dim[\{\boldsymbol{m}_1 - \boldsymbol{m}_0, \boldsymbol{m}_2 - \boldsymbol{m}_0, \boldsymbol{m}_3 - \boldsymbol{m}_0\}] = 2$ ergibt. Die gegebenen Punkte sind daher affin abhängig. Ihre affine Hülle ist eine affine Ebene mit der *Parameterdarstellung*
$$\begin{pmatrix} x_1 \\ x_2 \\ x_3 \end{pmatrix} = \begin{pmatrix} 1 \\ 1 \\ 1 \end{pmatrix} + t_1 \begin{pmatrix} 2 \\ 1 \\ 0 \end{pmatrix} + t_2 \begin{pmatrix} 0 \\ 1 \\ 0 \end{pmatrix} \quad \text{mit } (t_1, t_2) \in \mathbb{R}^2.$$
Andererseits sind die Vektoren $\boldsymbol{m}_1 - \boldsymbol{m}_0$, $\boldsymbol{m}_2 - \boldsymbol{m}_0$ l. u., womit die Punkte $\boldsymbol{m}_0, \boldsymbol{m}_1, \boldsymbol{m}_2$ ein Dreieck bilden, welches die Ebene aufspannt. Mit Hilfe dieser drei Punkte erhalten wir eine Parameterdarstellung der Ebene in der Form
$$\begin{pmatrix} x_1 \\ x_2 \\ x_3 \end{pmatrix} = t_0 \begin{pmatrix} 1 \\ 1 \\ 1 \end{pmatrix} + t_1 \begin{pmatrix} 3 \\ 2 \\ 1 \end{pmatrix} + t_2 \begin{pmatrix} 1 \\ 2 \\ 1 \end{pmatrix} \quad \text{mit } (t_0, t_1, t_2) \in \mathbb{R}^3 \text{ und } t_0 + t_1 + t_2 = 1.$$

3. Mit jeder Basis $(\boldsymbol{p}_0, \boldsymbol{p}_1, \ldots, \boldsymbol{p}_n)$ eines n-dimensionalen affinen Raumes $\mathcal{A}$ ist die Menge aller Punkte
$$\boldsymbol{p}_0 + \sum_{i=1}^{n} x_i(\boldsymbol{p}_i - \boldsymbol{p}_0) \quad \text{mit } x_i \in \{0,1\}$$
mitbestimmt. Sie hat 2^n Elemente und wird ein *Parallelepiped* genannt. Vgl. Abbildung 6.14 auf Seite 161. Für $n = 2$ spricht man von einem *Parallelogramm.*

6.2.9 Der *affine Verbindungsraum* einer Familie $(\mathcal{A}_i)_{i\in I}$ affiner Unterräume von $\mathcal{A}$ ist die affine Hülle von $\bigcup_{i\in I} \mathcal{A}_i$ und wird mit $\bigvee_{i\in I} \mathcal{A}_i$ bezeichnet. Bei nur endlich vielen affinen Unterräumen, etwa $\mathcal{A}_1, \mathcal{A}_2, \ldots, \mathcal{A}_k$ mit $k \in \mathbb{N}^{\times}$, schreiben wir auch $\mathcal{A}_1 \vee \mathcal{A}_2 \vee \cdots \vee \mathcal{A}_k$ für den Verbindungsraum.

Der affine Verbindungsraum ist als affine Hülle invariant unter Translationen. Wir beschreiben jetzt den Verbindungsraum von zwei affinen Unterräumen.

Satz 6.2.10 *Sind $\mathcal{A}_1 = \boldsymbol{s}_1 + \boldsymbol{U}_1$ und $\mathcal{A}_2 = \boldsymbol{s}_2 + \boldsymbol{U}_2$ affine Unterräume eines affinen Raumes $\mathcal{A}$, so ist*
$$\mathcal{A}_1 \vee \mathcal{A}_2 = \boldsymbol{s}_1 + (\boldsymbol{U}_1 + \boldsymbol{U}_2), \quad \text{falls } \mathcal{A}_1 \cap \mathcal{A}_2 \neq \emptyset, \tag{6.6}$$
bzw.
$$\mathcal{A}_1 \vee \mathcal{A}_2 = \boldsymbol{s}_1 + ([\boldsymbol{s}_2 - \boldsymbol{s}_1] \oplus (\boldsymbol{U}_1 + \boldsymbol{U}_2)), \quad \text{falls } \mathcal{A}_1 \cap \mathcal{A}_2 = \emptyset. \tag{6.7}$$

Beweis. Der Punkt $\boldsymbol{s}_1$ liegt in $\mathcal{A}_1 \vee \mathcal{A}_2$. Es genügt, daher den Unterraum $\boldsymbol{U} \subset \boldsymbol{V}$ aller Richtungsvektoren von $\mathcal{A}_1 \vee \mathcal{A}_2$ zu bestimmen. Wir unterscheiden zwei Fälle:

Fall 1: Für $\mathcal{A}_1 \cap \mathcal{A}_2 \neq \emptyset$ wählen wir einen Punkt $\boldsymbol{m} \in \mathcal{A}_1 \cap \mathcal{A}_2$. Dann ist $\boldsymbol{U}$ der von allen Differenzvektoren $\boldsymbol{x} - \boldsymbol{m}$ aufgespannte Unterraum, wenn $\boldsymbol{x}$ die Menge $\mathcal{A}_1 \cup \mathcal{A}_2$ durchläuft. Es folgt somit $\boldsymbol{U} = \boldsymbol{U}_1 + \boldsymbol{U}_2$.

Fall 2: Für $\mathcal{A}_1 \cap \mathcal{A}_2 = \emptyset$ (Abbildung 6.4) ist
$$\boldsymbol{s}_1 + \boldsymbol{a}_1 \neq \boldsymbol{s}_2 + \boldsymbol{a}_2 \quad \text{für alle } \boldsymbol{a}_1 \in \boldsymbol{U}_1 \text{ und alle } \boldsymbol{a}_2 \in \boldsymbol{U}_2,$$

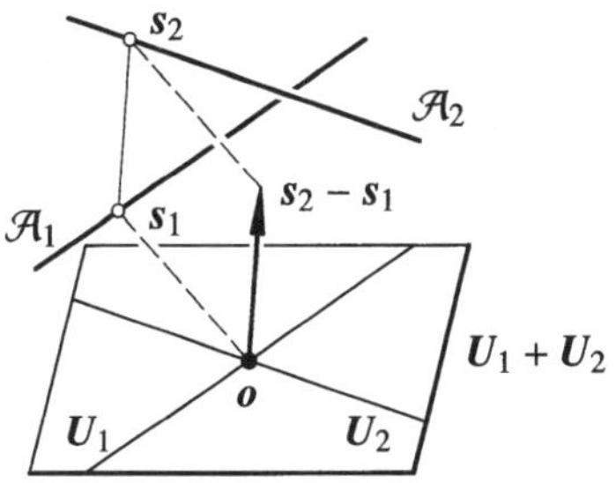

Abbildung 6.4

was $s_2 - s_1 \notin U_1 + U_2$ zeigt. Der Unterraum U enthält $s_2 - s_1$ sowie alle Vektoren aus $U_1 \cup U_2$. Daraus folgt

$$[s_2 - s_1] \oplus (U_1 + U_2) \subset U.$$

Es gilt $U = [\{x - s_1 \mid x \in \mathcal{A}_1 \cup \mathcal{A}_2\}]$. Außerdem ist $x - s_1 \in U_1$ für alle $x \in \mathcal{A}_1$ und

$$x - s_1 = (s_2 - s_1) + (x - s_2) \in [s_2 - s_1] \oplus U_2 \quad \text{für alle} \quad x \in \mathcal{A}_2.$$

Daher ist auch umgekehrt U eine Teilmenge von $[s_2 - s_1] \oplus (U_1 + U_2)$. □

Beispiel 6.2.11 Der Verbindungsraum zweier verschiedener Punkte $a, b \in \mathcal{A}$, also strenggenommen $(a + \{o\}) \vee (b + \{o\})$, ist die affine Gerade

$$a + [b - a] \oplus (\{o\} + \{o\}) = a + [b - a] = \{x \mid x = (1 - t)a + tb, t \in K\},$$

die wir auch kurz mit $a \vee b$ bezeichnen.

Wir schließen diesen Abschnitt mit einem Dimensionssatz. Da der Durchschnitt von zwei affinen Unterräumen leer sein kann, ist dabei eine Fallunterscheidung notwendig.

Satz 6.2.12 (Affiner Dimensionssatz) *Sind $\mathcal{A}_1 = s_1 + U_1$ und $\mathcal{A}_2 = s_2 + U_2$ endlichdimensionale affine Unterräume eines affinen Raumes $\mathcal{A}$, so gilt*

$$\dim \mathcal{A}_1 + \dim \mathcal{A}_2 = \dim(\mathcal{A}_1 \cap \mathcal{A}_2) + \dim(\mathcal{A}_1 \vee \mathcal{A}_2), \quad \textit{falls} \quad \mathcal{A}_1 \cap \mathcal{A}_2 \neq \emptyset, \tag{6.8}$$

bzw.

$$\dim \mathcal{A}_1 + \dim \mathcal{A}_2 = \dim(U_1 \cap U_2) + \dim(\mathcal{A}_1 \vee \mathcal{A}_2) - 1, \quad \textit{falls} \quad \mathcal{A}_1 \cap \mathcal{A}_2 = \emptyset. \tag{6.9}$$

Beweis. In jedem Fall gilt $\dim \mathcal{A}_i = \dim U_i$ für $i \in \{1, 2\}$. Ist $\mathcal{A}_1 \cap \mathcal{A}_2 \neq \emptyset$, so haben wir $\dim(\mathcal{A}_1 \cap \mathcal{A}_2) = \dim(U_1 \cap U_2)$ nach (6.3) und $\dim(\mathcal{A}_1 \vee \mathcal{A}_2) = \dim(U_1 + U_2)$ nach (6.6). Ist hingegen $\mathcal{A}_1 \cap \mathcal{A}_2$ leer, so gilt $\dim(\mathcal{A}_1 \vee \mathcal{A}_2) - 1 = \dim(U_1 + U_2)$ nach (6.7). Die Gültigkeit der Behauptungen ergibt sich nun durch Anwendung des Dimensionssatzes 2.8.9. □

Aufgaben

A 6.2.1 In $\mathbb{R}^{6\times 1}$ sei $\mathcal{A}_1$ die affine Hülle der Punkte

$$(1,2,1,0,0,1)^T, \quad (0,0,0,1,1,2)^T, \quad (1,0,1,0,0,1)^T, \quad (0,0,0,0,0,1)^T, \quad (0,2,0,0,0,1)^T.$$

Stelle $\mathcal{A}_1$ als Nebenklasse eines Unterraumes $U_1 \subset \mathbb{R}^{6\times 1}$ dar und bestimme eine affine Basis von $\mathcal{A}_1$. Zeige, dass $\mathcal{A}_1$ kein Unterraum des Vektorraumes $\mathbb{R}^{6\times 1}$ ist.

A 6.2.2 Im affinen Raum $\mathbb{R}^{4\times 1}$ seien gegeben: $\mathcal{A}_1 := \mathrm{H}(\{\boldsymbol{a},\boldsymbol{b},\boldsymbol{c}\})$ und $\mathcal{A}_2 := \mathrm{H}(\{\boldsymbol{d},\boldsymbol{e},\boldsymbol{f}\})$ mit

$$\boldsymbol{a} = (4,4,4,4)^{\mathrm{T}},\ \boldsymbol{b} = (5,4,6,5)^{\mathrm{T}},\quad \boldsymbol{c} = (7,5,4,5)^{\mathrm{T}},$$
$$\boldsymbol{d} = (1,0,0,0)^{\mathrm{T}},\ \boldsymbol{e} = (1,-1,6,2)^{\mathrm{T}},\ \boldsymbol{f} = (1,1,-6,-2)^{\mathrm{T}}.$$

Bestimme $\dim \mathcal{A}_1$, $\dim \mathcal{A}_2$, $\mathcal{A}_1 \cap \mathcal{A}_2$ und eine affine Basis von $\mathcal{A}_1 \vee \mathcal{A}_2$. Zeige $\mathcal{A}_1 \parallel \mathcal{A}_2$.

A 6.2.3 Gegeben sei ein vierdimensionaler affiner Raum $\mathcal{A}$. Beweise:

(a) Für alle affinen Ebenen $\mathcal{E}_1, \mathcal{E}_2 \subset \mathcal{A}$ trifft genau eine der folgenden Aussagen zu: (i) $\mathcal{E}_1 \parallel \mathcal{E}_2$. (ii) $\mathcal{E}_1 \cap \mathcal{E}_2$ ist eine Gerade. (iii) $\mathcal{E}_1 \cap \mathcal{E}_2$ ist ein Punkt. (iv) $\mathcal{E}_1 \cap \mathcal{E}_2 = \emptyset$, die Ebenen sind nicht parallel, aber beide zu einer Geraden parallel.

(b) Für alle affinen Hyperebenen $\mathcal{H}_1, \mathcal{H}_2 \subset \mathcal{A}$ trifft genau eine der folgenden Aussagen zu: (i) $\mathcal{H}_1 \parallel \mathcal{H}_2$. (ii) $\mathcal{H}_1 \cap \mathcal{H}_2$ ist eine Ebene.

(c) Für alle affinen Geraden $g \subset \mathcal{A}$ und alle affinen Ebenen $\mathcal{E} \subset \mathcal{A}$ trifft genau eine der folgenden Aussagen zu: (i) $g \parallel \mathcal{E}$. (ii) $g \cap \mathcal{E}$ ist ein Punkt. (iii) $g \cap \mathcal{E} = \emptyset$ und g ist nicht parallel zu $\mathcal{E}$.

(d) Für alle affinen Geraden $g \subset \mathcal{A}$ und alle affinen Hyperebenen $\mathcal{H} \subset \mathcal{A}$ trifft genau eine der folgenden Aussagen zu: (i) $g \parallel \mathcal{H}$. (ii) $g \cap \mathcal{E}$ ist ein Punkt.

Gib in allen Fällen auch die Dimension des Verbindungsraumes der beiden affinen Unterräume an.

6.3 Semiaffine Abbildungen

6.3.1 Wir besprechen jetzt strukturerhaltende Abbildungen affiner Räume, wobei wir von Vektorräumen $\boldsymbol{V}$ und $\boldsymbol{V}'$ über K ausgehen:

Definition 6.3.2 Sind $\mathcal{A} = \boldsymbol{r}+\boldsymbol{X} \subset \boldsymbol{V}$ und $\mathcal{A}' = \boldsymbol{r}'+\boldsymbol{X}' \subset \boldsymbol{V}'$ affine Räume, so heißt $\alpha : \mathcal{A} \to \mathcal{A}'$ eine *semiaffine Abbildung*, falls es einen Automorphismus $\zeta \in \mathrm{Aut}(K)$ so gibt, dass folgende Eigenschaft erfüllt ist: Für jede affine Linearkombination

$$\sum_{i\in I} c_i \boldsymbol{x}_i \quad \text{mit } c_i \in K,\quad \boldsymbol{x}_i \in \mathcal{A},$$

es ist also $\sum_{i\in I} c_i = 1$, gilt

$$\alpha\Big(\sum_{i\in I} c_i \boldsymbol{x}_i\Big) = \sum_{i\in I} \zeta(c_i)\alpha(\boldsymbol{x}_i).$$

Wir sprechen auch von einer *ζ-semiaffinen Abbildung*. Ist die obige Eigenschaft für $\zeta = \mathrm{id}_K$ erfüllt, so wird α kurz eine *affine Abbildung* genannt. Eine bijektive affine Abbildung heißt auch *Affinität*.

Die obige Definition ist sinnvoll, da mit jeder Familie von Punkten in $\mathcal{A}$ auch jede affine Linearkombination in $\mathcal{A}$ liegt. Es ist das Bild unter α eine affine Linearkombination der Bildpunkte, da aus $\sum_{i\in I} x_i = 1$ unmittelbar $\sum_{i\in I} \zeta(x_i) = \zeta(1) = 1$ folgt. Wir sagen daher auch, dass eine semiaffine Abbildung mit der Bildung affiner Linearkombinationen verträglich sei. Für $\mathrm{Aut}(K) = \{\mathrm{id}_K\}$, also etwa für $K = \mathbb{Z}_p$, $\mathbb{Q}$ oder $\mathbb{R}$ (vgl. Satz 1.12.5), ist jede semiaffine Abbildung eine affine Abbildung.

Sind $\alpha : \mathcal{A} \to \mathcal{A}'$ und $\alpha' : \mathcal{A}' \to \mathcal{A}''$ semiaffine Abbildungen, so ist auch $\alpha' \circ \alpha : \mathcal{A} \to \mathcal{A}''$ eine semiaffine Abbildung. Für eine semiaffine Bijektion α ist auch α^{-1} semiaffin.

Alle semiaffinen Bijektionen eines affinen Raumes $\mathcal{A}$ auf sich bilden die *semiaffine Gruppe* von $\mathcal{A}$. Die von allen Affinitäten $\mathcal{A} \to \mathcal{A}$ gebildete *affine Gruppe* von $\mathcal{A}$ ist ein Normalteiler der Gruppe aller semiaffinen Bijektionen und enthält ihrerseits die Gruppe aller Translationen

$\mathcal{A} \to \mathcal{A}$ als Normalteiler. Im Sonderfall $\mathcal{A} = \boldsymbol{V}$ wird die Gruppe der semiaffinen Bijektionen bzw. Affinitäten $\boldsymbol{V} \to \boldsymbol{V}$ mit $\mathrm{A\Gamma L}(\boldsymbol{V})$ bzw. $\mathrm{AGL}(\boldsymbol{V})$ bezeichnet. Das vorangestellte „A“ weist auf „affin“ hin.

Eine explizite Beschreibung einer semiaffinen Abbildung und zugleich einen Existenzbeweis für semiaffine Abbildungen gibt der folgende Satz.

Satz 6.3.3 *Es seien $\mathcal{A} = \boldsymbol{r} + \boldsymbol{X}$ und $\mathcal{A}' = \boldsymbol{r}' + \boldsymbol{X}'$ affine Räume.*

(a) *Sind $\alpha : \mathcal{A} \to \mathcal{A}'$ eine ζ-semiaffine Abbildung und $\boldsymbol{t} \in \mathcal{A}$, so ist*

$$f : \boldsymbol{X} \to \boldsymbol{X}' : \boldsymbol{x} - \boldsymbol{t} \mapsto \alpha(\boldsymbol{x}) - \alpha(\boldsymbol{t}) \quad \textit{mit} \quad \boldsymbol{x} \in \mathcal{A}$$

eine ζ-semilineare Abbildung, die nicht von der Auswahl des Punktes $\boldsymbol{t}$ abhängt.

(b) *Sind umgekehrt eine ζ-semilineare Abbildung $f : \boldsymbol{X} \to \boldsymbol{X}'$ und Punkte $\boldsymbol{t} \in \mathcal{A}$, $\boldsymbol{t}' \in \mathcal{A}'$ gegeben, so ist*

$$\alpha := \tau_{\boldsymbol{t}'} \circ f \circ \tau_{-\boldsymbol{t}} : \boldsymbol{x} \mapsto f(\boldsymbol{x} - \boldsymbol{t}) + \boldsymbol{t}'$$

eine ζ-semiaffine Abbildung mit der Eigenschaft $\alpha(\boldsymbol{t}) = \boldsymbol{t}'$.

Beweis. (a) Sei zunächst $\boldsymbol{t} \in \mathcal{A}$ fest gewählt. Die Abbildung f ist dann wohldefiniert, da sich einerseits jeder Vektor aus $\boldsymbol{X}$ eindeutig in der Form $\boldsymbol{x} - \boldsymbol{t}$ mit $\boldsymbol{x} \in \mathcal{A}$ darstellen lässt, und andererseits $\alpha(\boldsymbol{x}) - \alpha(\boldsymbol{t})$ in $\boldsymbol{X}'$ liegt. Für alle Vektoren $\boldsymbol{x} - \boldsymbol{t}$, $\boldsymbol{y} - \boldsymbol{t} \in \boldsymbol{X}$ und alle Skalare $c \in K$ gilt (vgl. Abbildung 6.5)

$$\begin{aligned} f((\boldsymbol{x} - \boldsymbol{t}) + c(\boldsymbol{y} - \boldsymbol{t})) &= f((\boldsymbol{x} + c\boldsymbol{y} - c\boldsymbol{t}) - \boldsymbol{t}) \\ &= \alpha(\boldsymbol{x} + c\boldsymbol{y} - c\boldsymbol{t}) - \alpha(\boldsymbol{t}) \\ &= \alpha(\boldsymbol{x}) + \zeta(c)\alpha(\boldsymbol{y}) - \zeta(c)\alpha(\boldsymbol{t}) - \alpha(\boldsymbol{t}) \\ &= f(\boldsymbol{x} - \boldsymbol{t}) + \zeta(c) f(\boldsymbol{y} - \boldsymbol{t}), \end{aligned}$$

da $\boldsymbol{x} + c\boldsymbol{y} - c\boldsymbol{t} \in \mathcal{A}$ eine affine Linearkombination ist. Daher ist f eine ζ-lineare Abbildung; es gilt insgesamt $\alpha(\boldsymbol{x}) = f(\boldsymbol{x} - \boldsymbol{t}) + \alpha(\boldsymbol{t})$ für alle $\boldsymbol{x} \in \mathcal{A}$, also $\alpha = \tau_{\alpha(\boldsymbol{t})} \circ f \circ \tau_{-\boldsymbol{t}}$.

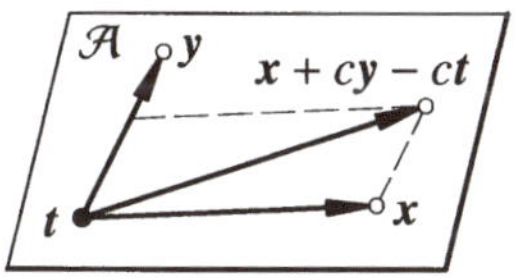

Abbildung 6.5

Ist $\tilde{\boldsymbol{t}} \in \mathcal{A}$ ein beliebiger Punkt, so folgt aus zuletzt gezeigten Formel $\alpha(\tilde{\boldsymbol{t}}) = f(\tilde{\boldsymbol{t}} - \boldsymbol{t}) + \alpha(\boldsymbol{t})$. Die Additivität von f zeigt nun die Gültigkeit von

$$\alpha(\boldsymbol{x}) - \alpha(\tilde{\boldsymbol{t}}) = f(\boldsymbol{x} - \boldsymbol{t}) + \alpha(\boldsymbol{t}) - (f(\tilde{\boldsymbol{t}} - \boldsymbol{t}) + \alpha(\boldsymbol{t})) = f(\boldsymbol{x} - \boldsymbol{t} - \tilde{\boldsymbol{t}} + \boldsymbol{t}) = f(\boldsymbol{x} - \tilde{\boldsymbol{t}})$$

für alle $\boldsymbol{x} \in \mathcal{A}$. Damit ist f unabhängig von der Auswahl des Punktes $\boldsymbol{t}$.

(b) Die Translationen $\tau_{-\boldsymbol{t}} : \mathcal{A} \to \boldsymbol{X}$ und $\tau_{\boldsymbol{t}'} : \boldsymbol{X}' \to \mathcal{A}'$ sind Affinitäten. Die ζ-semilineare Abbildung $f : \boldsymbol{X} \to \boldsymbol{X}'$ ist auch ζ-semiaffin. Daher ist α eine ζ-semiaffine Abbildung. Offensichtlich gilt $\alpha(\boldsymbol{t}) = f(\boldsymbol{t} - \boldsymbol{t}) + \boldsymbol{t}' = \boldsymbol{t}'$. □

Da jede semiaffine Abbildung α die zugehörige semilineare Abbildung eindeutig bestimmt, können wir diese mit f_α bezeichnen. Die Abbildung f_α bildet den Vektorraum der Richtungsvektoren von $\mathcal{A}$ in den Vektorraum der Richtungsvektoren von $\mathcal{A}'$ ab.

Der obige Beweis zeigt, dass sich jede semiaffine Abbildung α als Produkt von *zwei* Schiebungen und einer semilinearen Abbildung schreiben lässt. Ist jedoch $\mathcal{A} = X$, so können wir $t = o$ wählen, was wegen $\tau_{-o} = \mathrm{id}_X$ auf die Darstellung

$$\alpha = \tau_{\alpha(o)} \circ f_\alpha : X \to r' + X'$$

mit nur *einer* Schiebung führt.

Beispiele 6.3.4 Im Folgenden sei $\mathcal{A} = r + X \subset V$ ein affiner Raum.

1. Es seien $c \cdot \mathrm{id}_X$ mit $c \in K^\times$ eine Homothetie und $f \in \mathcal{A}$ ein Punkt. Dann heißt die Affinität

$$\alpha := \tau_f \circ (c \cdot \mathrm{id}_V) \circ \tau_{-f} : x \mapsto c(x - f) + f = cx + (1 - c)f$$

eine *Streckung* mit *Zentrum* f zum Faktor c (Abbildung 6.6). Der Punkt f und alle Geraden durch f bleiben unter α fest. Jede Gerade ist zu ihrer Bildgeraden parallel.

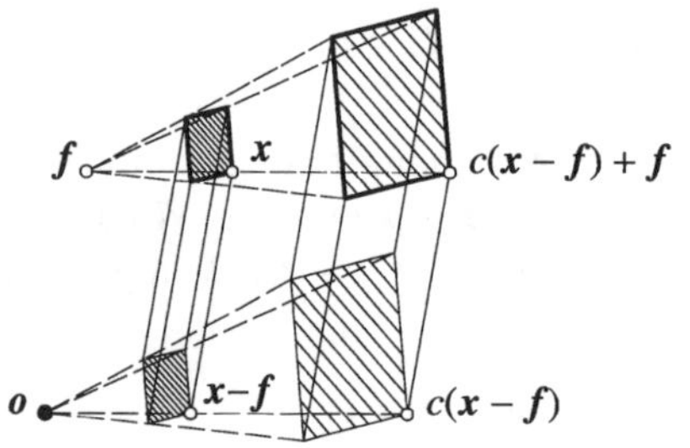

Abbildung 6.6

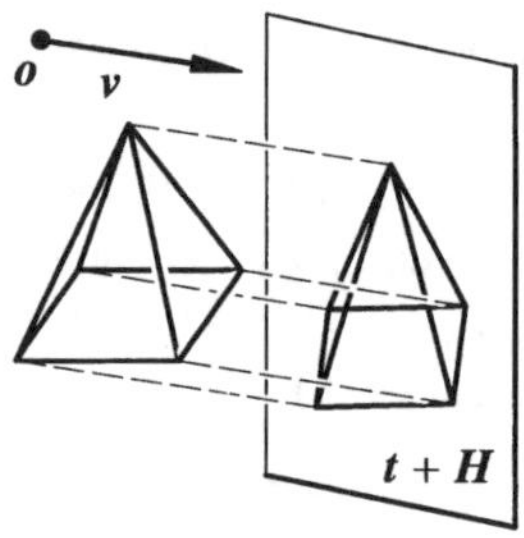

Abbildung 6.7

Für Char $K \neq 2$ und $c = -1$ liegt mit α die *Punktspiegelung* an f vor; es gilt hier

$$x \mapsto -(x - f) + f = -x + 2f \quad \text{für alle } x \in \mathcal{A}.$$

2. Es seien $a^* \in X^*$ eine Linearform, $v \in X$ ein Vektor und $t \in \mathcal{A}$ ein Punkt. Ferner sei $\langle a^*, v\rangle \neq 0$. Setzen wir $\ker a^* =: H$, so ist $t + H$ eine Hyperebene von $\mathcal{A}$. Für festes $c \in K$ liegt mit

$$\alpha : \mathcal{A} \to \mathcal{A} : x \mapsto \underbrace{(x - t) + (c - 1)\frac{\langle a^*, x - t\rangle}{\langle a^*, v\rangle} v}_{f_\alpha(x-t)} + t = x + (c - 1)\frac{\langle a^*, x - t\rangle}{\langle a^*, v\rangle} v$$

eine affine Abbildung vor. Die zugehörige lineare Abbildung f_α haben wir (in anderer Bezeichnung) schon in 4.2.7 Beispiel 2 untersucht. Die affine Abbildung α lässt die affine Hyperebene $t + H$ von $\mathcal{A}$ punktweise fest. Für jeden Punkt x des Raumes liegt der Bildpunkt $\alpha(x)$ auf der zu $[v]$ parallelen Geraden $x + [v]$. Wir diskutieren einige Sonderfälle:
$c = 0$: Dann ist f_α die Projektion auf H in Richtung $[v]$, und α heißt die *Parallelprojektion* von $\mathcal{A}$ auf $t + H$ in Richtung $[v]$. Hier wird jedem Punkt a von $\mathcal{A}$ der Schnittpunkt der Geraden $a + [v]$ mit der Hyperebene $t + H$ zugewiesen. Vgl. Abbildung 6.7 für den Fall $\dim \mathcal{A} = 3$. Parallelprojektionen werden oft zur Illustration räumlicher Objekte in einer ebenen Figur verwendet. Dies trifft insbesondere auf Abbildung 6.7 selbst zu, die ja in einer Ebene liegt.

$c \neq 0$: Hier ist f bijektiv. α heißt eine *perspektive Affinität* mit *Achse* $\boldsymbol{t}+\boldsymbol{H}$. Genau für $c = 1$ ist $\alpha = \mathrm{id}_{\mathcal{A}}$. Ist insbesondere $\operatorname{Char} K \neq 2$ und $c = -1$, so ist mit f auch α involutorisch; hier heißt α die *Affinspiegelung* an der Hyperebene $\boldsymbol{t} + \boldsymbol{H}$ in Richtung $[\boldsymbol{v}]$. Abbildung 6.8 illustriert dies für $\dim \mathcal{A} = 2$.

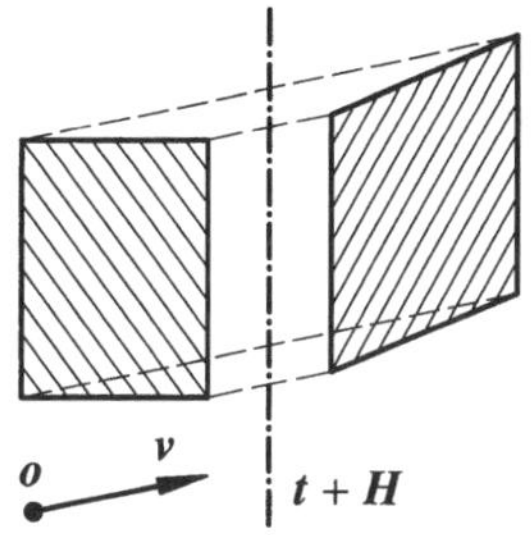

Abbildung 6.8

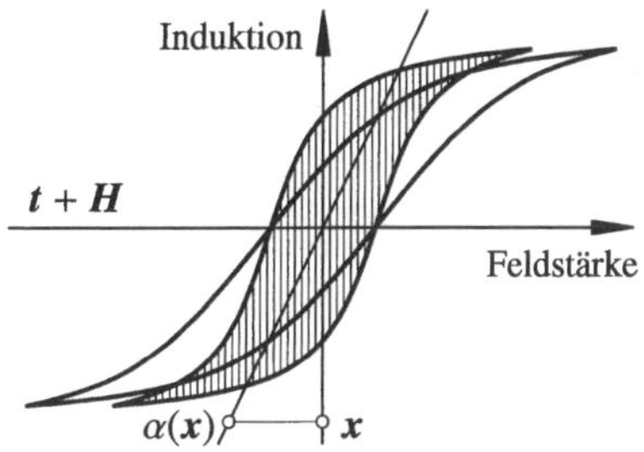

Abbildung 6.9

3. Wir ändern die Angabe aus Beispiel 2 dahin gehend ab, dass $\langle \boldsymbol{a}^*, \boldsymbol{v}\rangle = 0$, wobei aber $\boldsymbol{a}^* \neq \boldsymbol{o}^*$ und $\boldsymbol{v} \neq \boldsymbol{o}$. Nach 4.2.7 Beispiel 3 liegt dann für festes $c \in K$ mit

$$\alpha : \mathcal{A} \to \mathcal{A} : \boldsymbol{x} \mapsto \underbrace{(\boldsymbol{x}-\boldsymbol{t}) + c\langle \boldsymbol{a}^*, \boldsymbol{x}-\boldsymbol{t}\rangle \boldsymbol{v}}_{f_\alpha(\boldsymbol{x}-\boldsymbol{t})} + \boldsymbol{t} = \boldsymbol{x} + c\langle \boldsymbol{a}^*, \boldsymbol{x}-\boldsymbol{t}\rangle \boldsymbol{v}$$

eine Affinität vor. Sie wird eine *Scherung* mit *Achse* $\boldsymbol{t}+\boldsymbol{H}$ genannt. Hier ist die Gerade $[\boldsymbol{v}]$ zur Hyperebene $\boldsymbol{t}+\boldsymbol{H}$ parallel. Insbesondere für $\operatorname{Char} K = 2$ und $c \neq 0$ liegt mit α eine Involution vor. Abbildung 6.9 zeigt ein Beispiel aus dem Bereich des Magnetismus: Die Veränderung einer *Hysteresisschleife* durch einen Luftspalt im Eisenkern einer ringförmigen Feldspule entspricht geometrisch einer Scherung in einer Ebene.

4. Wenn eine semiaffine Abbildung $\alpha : \mathcal{A} \to \mathcal{A}$ einen Fixpunkt $\boldsymbol{t}$ besitzt, so spiegeln die Eigenschaften der Abbildung $f_\alpha : \boldsymbol{X} \to \boldsymbol{X}$ unmittelbar die entsprechenden Eigenschaften von α wider. Das zeigen die obigen Beispiele. Wir fragen nun aber nach semiaffinen Abbildungen, die keine Fixpunkte besitzen. Dazu setzen wir eine semiaffine Abbildung $\alpha : \mathcal{A} \to \mathcal{A}$, die einen Fixpunkt $\boldsymbol{t} \in \mathcal{A}$ besitzt, mit einer Translation $\tau_{\boldsymbol{s}}$ ($\boldsymbol{s} \in \boldsymbol{X}$) zusammen. Wir erhalten

$$\beta := \tau_{\boldsymbol{s}} \circ \alpha = \tau_{\boldsymbol{s}+\boldsymbol{t}} \circ f_\alpha \circ \tau_{-\boldsymbol{t}};$$

dabei gilt $f_\alpha = f_\beta$. Es hat β genau dann keinen Fixpunkt, falls

$$\beta(\boldsymbol{x}) - \boldsymbol{x} = \boldsymbol{s} + \boldsymbol{t} + f_\alpha(\boldsymbol{x}-\boldsymbol{t}) - \boldsymbol{x} \neq \boldsymbol{o} \text{ für alle } \boldsymbol{x} \in \mathcal{A}.$$

Das ist gleichwertig zu

$$-\boldsymbol{s} \notin (f_\alpha - \mathrm{id}_{\boldsymbol{X}})(\boldsymbol{X}). \tag{6.10}$$

Diese Bedingung ist genau dann erfüllbar, falls $(f_\alpha - \mathrm{id}_{\boldsymbol{X}})(\boldsymbol{X}) \neq \boldsymbol{X}$. Etwa bei den in Beispiel 2 betrachteten Abbildungen gilt $(f_\alpha - \mathrm{id}_{\boldsymbol{X}})(\boldsymbol{X}) = [\boldsymbol{v}]$, womit sich bei $\dim \mathcal{A} > 1$ sofort fixpunktfreie affine Abbildungen angeben lassen.

5. Wir fassen $\mathbb{R}^{n\times 1}$ und $\mathbb{R}^{m\times 1}$ für $n, m \in \mathbb{N}^\times$ als affine Räume auf. Es seien $D \subset \mathbb{R}^{n\times 1}$ eine offene nicht leere Menge, $\boldsymbol{t} = (t_1, t_2, \ldots, t_n)^{\mathrm{T}} \in D$ ein Punkt und $g : D \to \mathbb{R}^{m\times 1}$ eine in D stetig differenzierbare Abbildung. Die lineare Abbildung

$$\left(\frac{\mathrm{d}g}{\mathrm{d}\boldsymbol{x}}\right)_{\boldsymbol{t}} : \mathbb{R}^{n\times 1} \to \mathbb{R}^{m\times 1} : (h_1, h_2, \ldots, h_n)^{\mathrm{T}} \mapsto h_1 \frac{\partial g}{\partial x_1}(\boldsymbol{t}) + h_2 \frac{\partial g}{\partial x_2}(\boldsymbol{t}) + \cdots + h_n \frac{\partial g}{\partial x_n}(\boldsymbol{t})$$

ist die *totale Ableitung* von g an der Stelle $\boldsymbol{t}$ und

$$\alpha : \mathbb{R}^{n\times 1} \to \mathbb{R}^{m\times 1} : \boldsymbol{x} \mapsto g(\boldsymbol{t}) + \left(\frac{\mathrm{d}g}{\mathrm{d}\boldsymbol{x}}\right)_{\boldsymbol{t}} (\boldsymbol{x} - \boldsymbol{t})$$

eine g an der Stelle $\boldsymbol{t}$ approximierende affine Abbildung. Jede stetig differenzierbare Abbildung verhält sich in einer kleinen Umgebung eines Punktes ihrer Definitionsmenge näherungsweise wie eine affine Abbildung. Ist etwa α injektiv, so ist auch g in einer Umgebung von $\boldsymbol{t}$ injektiv. Abbildung 6.10 illustriert den Fall $n = m = 2$. Unter α geht das kleine schwarz hervorgehobene Quadrat links in das Parallelogramm rechts über.

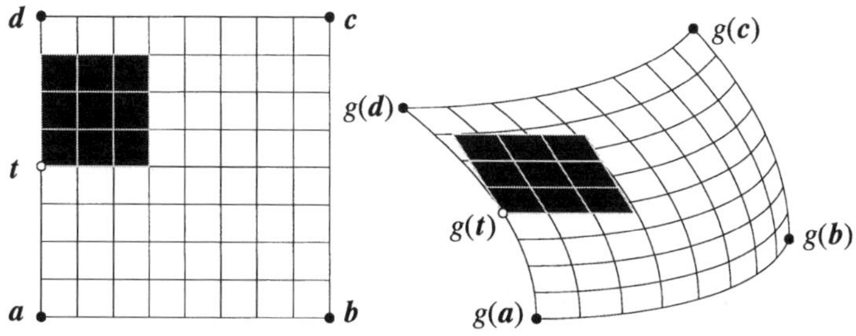

Abbildung 6.10

6.3.5 Wir stellen einige einfache Eigenschaften zusammen, die für jede semiaffine Abbildung $\alpha : \mathcal{A} \to \mathcal{A}'$ gelten: Jeder affine Unterraum $\boldsymbol{s} + \boldsymbol{U} \subset \mathcal{A}$ geht unter α in den affinen Unterraum

$$\alpha(\boldsymbol{s} + \boldsymbol{U}) = \tau_{\alpha(\boldsymbol{s})} \circ f_\alpha \circ \tau_{-\boldsymbol{s}}(\boldsymbol{s} + \boldsymbol{U}) = \alpha(\boldsymbol{s}) + f_\alpha(\boldsymbol{U})$$

über. Ist insbesondere $g := \boldsymbol{a} + [\boldsymbol{b}]$ eine Gerade von $\mathcal{A}$, so gibt es für $\alpha(g)$ nur zwei Möglichkeiten:

Fall 1: Für $\boldsymbol{b} \notin \ker f_\alpha$ wird g bijektiv auf die Gerade $\alpha(g) = \alpha(\boldsymbol{a}) + [f_\alpha(\boldsymbol{b})]$ abgebildet.

Fall 2: Für $\boldsymbol{b} \in \ker f_\alpha$ gilt $\alpha(g) = \{\alpha(\boldsymbol{a})\}$. Das Bild der Geraden besteht also aus genau einem Punkt.

Parallele Unterräume von $\mathcal{A}$ haben unter α parallele Bilder in $\mathcal{A}'$. Weiters gilt

$$\alpha(\mathrm{H}(\mathcal{M})) = \mathrm{H}(\alpha(\mathcal{M})) \text{ für alle } \mathcal{M} \subset \mathcal{A}.$$

Jede semiaffine Bijektion führt Simplizes in Simplizes und insbesondere affine Basen in affine Basen über. Falls es zu affinen Räumen $\mathcal{A}$ und $\mathcal{A}'$ eine affine Bijektion $\alpha : \mathcal{A} \to \mathcal{A}'$ gibt, so nennen wir diese Räume *isomorph*.

Wir bestimmen eine Angabe für semiaffine Abbildungen.

Satz 6.3.6 (Fortsetzungssatz für semiaffine Abbildungen) *Es seien $\mathcal{B} = (\boldsymbol{p}_i)_{i\in I}$ eine Basis eines affinen Raumes $\mathcal{A} = \boldsymbol{r} + \boldsymbol{X} \subset \boldsymbol{V}$, $\mathcal{A}' = \boldsymbol{r}' + \boldsymbol{X}' \subset \boldsymbol{V}'$ ein affiner Raum, $\zeta \in \mathrm{Aut}(K)$ und $\beta : \mathcal{B} \to \mathcal{A}'$ eine beliebige Abbildung. Dann gibt es genau eine ζ-semiaffine Abbildung $\alpha : \mathcal{A} \to \mathcal{A}'$ mit $\alpha(\boldsymbol{p}_i) = \beta(\boldsymbol{p}_i)$ für alle $i \in I$.*

Beweis. Wir wählen einen Index $j \in I$ fest aus und definieren eine ζ-lineare Abbildung $f : \boldsymbol{X} \to \boldsymbol{X}'$ nach dem Fortsetzungssatz 5.2.3 durch

$$f(\boldsymbol{p}_i - \boldsymbol{p}_j) := \beta(\boldsymbol{p}_i) - \beta(\boldsymbol{p}_j) \text{ für alle } i \in I \setminus \{j\}.$$

Dann ist $\alpha := \tau_{\beta(\boldsymbol{p}_j)} \circ f \circ \tau_{-\boldsymbol{p}_j}$ eine Lösungsabbildung. Liegt umgekehrt mit $\tilde{\alpha}$ eine Lösung vor, so gilt $\tilde{\alpha} = \tau_{\beta(\boldsymbol{p}_j)} \circ f_{\tilde{\alpha}} \circ \tau_{-\boldsymbol{p}_j}$ und $f = f_{\tilde{\alpha}}$ nach Satz 5.2.2, also $\alpha = \tilde{\alpha}$. □

Wir kommen zu einem sehr einfachen, aber dennoch wichtigen Ergebnis:

Satz 6.3.7 *Jeder affine Raum $\mathcal{A} = \boldsymbol{r} + \boldsymbol{X} \subset \boldsymbol{V}$ ist zum affinen Raum $\mathcal{A}' := \boldsymbol{X}$ isomorph.*

Beweis. Wir wählen einen beliebigen Punkt $\boldsymbol{u} \in \mathcal{A}$ aus. Die Translation $\tau_{-\boldsymbol{u}}$ bestimmt die affine Bijektion $\mathcal{A} \to \mathcal{A}' : \boldsymbol{x} \mapsto \boldsymbol{x} - \boldsymbol{u}$. Vgl. dazu Abbildung 6.3 auf Seite 143. □

6.3.8 Nach Satz 6.3.7 gibt es zu jedem affinen Raum $\mathcal{A} = \boldsymbol{r} + \boldsymbol{X} \subset \boldsymbol{V}$ eine Affinität auf einen affinen Raum, dessen Punktmenge ein Vektorraum ist. Ist $\boldsymbol{H}$ ein solcher Vektorraum, so könnten wir statt mit $\mathcal{A}$ immer auch mit $\boldsymbol{H}$ arbeiten. (Wir setzen hier bewusst nicht $\boldsymbol{H} = \boldsymbol{X}$ voraus, obwohl dies immer möglich wäre.)

Manchmal ist es aber zweckmäßiger, an Stelle von $\mathcal{A}$ einen isomorphen affinen Raum zu betrachten, dessen Punktmenge eine Nebenklasse einer Hyperebene eines Vektorraumes ist, wobei diese Nebenklasse den Nullvektor nicht enthält. Um ausgehend von $\mathcal{A}$ einen solchen Vektorraum zu erhalten, gehen wir zuerst zu einem oben beschriebenen Vektorraum $\boldsymbol{H}$ über, bilden dann die Produktmenge[2] $K \times \boldsymbol{H}$ und erklären auf den Paaren $(x, \boldsymbol{h}) \in K \times \boldsymbol{H}$ komponentenweise eine Addition und Multiplikation mit Skalaren aus K. So wird $K \times \boldsymbol{H}$ zu einem Vektorraum über K. Weiters gilt

$$K \times \boldsymbol{H} = (K \times \{\boldsymbol{o}\}) \oplus (\{0\} \times \boldsymbol{H}).$$

Daher ist[3] $0 \times \boldsymbol{H}$ eine Hyperebene von $K \times \boldsymbol{H}$ und $1 \times \boldsymbol{H}$ ein zu $\boldsymbol{H}$ isomorpher affiner Raum, wie die Affinität

$$\rho : \boldsymbol{H} \to 1 \times \boldsymbol{H} : \boldsymbol{x} \mapsto (1, \boldsymbol{o}) + (0, \boldsymbol{x}) = (1, \boldsymbol{x})$$

lehrt. Zu ρ gehört die lineare Bijektion $f_\rho : \boldsymbol{H} \to 0 \times \boldsymbol{H} : \boldsymbol{x} \mapsto (0, \boldsymbol{x})$. Für jeden affinen Unterraum $\boldsymbol{s} + \boldsymbol{U}$ von $\boldsymbol{H}$ gilt

$$\rho(\boldsymbol{s} + \boldsymbol{U}) = 1 \times (\boldsymbol{s} + \boldsymbol{U}) = (1, \boldsymbol{s}) + (0 \times \boldsymbol{U}).$$

Der affine Raum $1 \times \boldsymbol{H}$ hat den Vorteil, dass immer klar ist, ob ein Vektor aus $K \times \boldsymbol{H}$ einen Punkt beschreibt oder als Richtungsvektor (Differenzvektor zweier Punkte) auftritt. Im ersten Fall ist die erste Komponente gleich 1, im zweiten Fall gleich 0. Alle anderen Vektoren von $K \times \boldsymbol{H}$ haben in diesem Zusammenhang keine Bedeutung. Ein kleiner Nachteil ist, dass man zur Beschreibung eines n-dimensionalen affinen Raumes einen $(n+1)$-dimensionalen Vektorraum heranziehen muss.

Beispiel 6.3.9 Sei $\boldsymbol{H} := K^{n\times 1}$. Statt $K \times K^{n\times 1}$ verwenden wir den linear isomorphen Vektorraum $K^{(n+1)\times 1}$, wobei wir in $K^{n\times 1}$ Indizes $1, 2, \ldots, n$ und in $K^{(n+1)\times 1}$ Indizes $0, 1, \ldots, n$ verwenden. Zwischen der nullten und der ersten Koordinate eines Vektors schreiben wir manchmal einen Trennstrich, um die Sonderrolle der nullten Koordinate zu unterstreichen. Die Abbildung ρ lautet jetzt

$$(x_1, x_2, \ldots, x_n)^{\mathrm{T}} \overset{\rho}{\mapsto} (1 \mid x_1, x_2, \ldots, x_n)^{\mathrm{T}}.$$

[2] Die folgende Konstruktion ist ein Sonderfall der *äußeren direkten Summe* von Vektorräumen.

[3] Wir verwenden im Folgenden eine Kurzschreibweise für Teilmengen von $K \times \boldsymbol{H}$, etwa $1 \times \boldsymbol{H}$ statt $\{1\} \times \boldsymbol{H}$ oder $K \times \boldsymbol{o}$ statt $K \times \{\boldsymbol{o}\}$.

Etwa für eine Gerade in $\mathbb{R}^{2\times 1}$ gilt

$$\begin{pmatrix}3\\5\end{pmatrix}+\left[\begin{pmatrix}2\\1\end{pmatrix}\right] \overset{\rho}{\mapsto} \begin{pmatrix}1\\\hline 3\\5\end{pmatrix}+\left[\begin{pmatrix}0\\\hline 2\\1\end{pmatrix}\right].$$

Satz 6.3.10 *Es seien $\boldsymbol{H}$ und $\boldsymbol{H}'$ Vektorräume über K und $\alpha : \boldsymbol{H} \to \boldsymbol{H}'$ eine ζ-semiaffine Abbildung. Dann existiert genau eine ζ-semilineare Abbildung*

$$g : K \times \boldsymbol{H} \to K \times \boldsymbol{H}' \quad \textit{mit} \quad g(1, \boldsymbol{x}) = (1, \alpha(\boldsymbol{x})) \quad \textit{für alle} \quad \boldsymbol{x} \in \boldsymbol{H}.$$

Beweis. Die semiaffine Abbildung α kann in der Form $\alpha = \tau_{\alpha(\boldsymbol{o})} \circ f_\alpha$ mit $f_\alpha \in \zeta\text{-L}(\boldsymbol{H}, \boldsymbol{H}')$ angesetzt werden. Dann ist die Abbildung

$$g : K \times \boldsymbol{H} \to K \times \boldsymbol{H}' : (x_0, \boldsymbol{x}) \mapsto (\zeta(x_0), \zeta(x_0)\alpha(\boldsymbol{o}) + f_\alpha(\boldsymbol{x}))$$

ζ-semilinear und

$$g(1, \boldsymbol{x}) = (\zeta(1), \zeta(1)\alpha(\boldsymbol{o}) + f_\alpha(\boldsymbol{x})) = (1, \alpha(\boldsymbol{x})) \text{ für alle } \boldsymbol{x} \in \boldsymbol{H}.$$

Damit leistet g das Gewünschte.

Sei umgekehrt $\tilde{g} : K \times \boldsymbol{H} \to K \times \boldsymbol{H}'$ eine Lösungsabbildung. Da die affine Hyperebene $1 \times \boldsymbol{H}$ den Nullvektor $(0, \boldsymbol{o})$ nicht enthält, ist sie ein Erzeugendensystem des Vektorraumes $K \times \boldsymbol{H}$: Das zeigt Formel (6.7) aus Satz 6.2.10, angewendet auf $\mathcal{A}_1 := \{(0, \boldsymbol{o})\}$, $\mathcal{A}_2 := 1 \times \boldsymbol{H}$ und $\mathcal{A}_1 \vee \mathcal{A}_2 = [1 \times \boldsymbol{H}]$. Wegen $g|(1 \times \boldsymbol{H}) = \tilde{g}|(1 \times \boldsymbol{H})$ folgt $g = \tilde{g}$ nach Satz 5.2.2. □

Mit Satz 6.3.10 lässt sich die gesamte semiaffine Abbildung in eine semilineare Abbildung verpacken, was insbesondere beim Bilden von Produkten und beim Invertieren von semiaffinen Abbildungen zweckmäßig ist.

Beispiel 6.3.11 Sei eine semiaffine Abbildung

$$\alpha : K^{n\times 1} \to K^{m\times 1} : \begin{pmatrix}x_1\\x_2\\\vdots\\x_n\end{pmatrix} \mapsto \begin{pmatrix}t_1\\t_2\\\vdots\\t_m\end{pmatrix} + \begin{pmatrix}a_{11} & a_{12} & \dots & a_{1n}\\a_{21} & a_{22} & \dots & a_{2n}\\\dots & \dots & \dots & \dots\\a_{m1} & a_{m2} & \dots & a_{mn}\end{pmatrix} \cdot \begin{pmatrix}\zeta(x_1)\\\zeta(x_2)\\\vdots\\\zeta(x_n)\end{pmatrix}$$

mit $a_{ij}, t_i \in K$ und $\zeta \in \mathrm{Aut}(K)$ gegeben. Die in Satz 6.3.10 beschriebene ζ-semilineare Abbildung ist

$$g : K^{(n+1)\times 1} \to K^{(m+1)\times 1} : \begin{pmatrix}x_0\\\hline x_1\\x_2\\\vdots\\x_n\end{pmatrix} \mapsto \left(\begin{array}{c|cccc}1 & 0 & 0 & \dots & 0\\\hline t_1 & a_{11} & a_{12} & \dots & a_{1n}\\t_2 & a_{21} & a_{22} & \dots & a_{2n}\\\dots & \dots & \dots & \dots & \dots\\t_m & a_{m1} & a_{m2} & \dots & a_{mn}\end{array}\right) \cdot \begin{pmatrix}\zeta(x_0)\\\hline\zeta(x_1)\\\zeta(x_2)\\\vdots\\\zeta(x_n)\end{pmatrix}.$$

In der obigen $(m + 1) \times (n + 1)$ Matrix können der zu α gehörige Schiebvektor und die zu f_α gehörige Matrix unmittelbar abgelesen werden.

Aufgaben

A 6.3.1 Eine Affinität $\alpha : \mathbb{R}^{4\times 1} \to \mathbb{R}^{4\times 1}$ sei gegeben durch

$$\begin{pmatrix} x_1 \\ x_2 \\ x_3 \\ x_4 \end{pmatrix} \mapsto \begin{pmatrix} 0 & 0 & 1 & 1 \\ 1 & 1 & 1 & 1 \\ 2 & 2 & 1 & 0 \\ 1 & 0 & 1 & 1 \end{pmatrix} \cdot \begin{pmatrix} x_1 - 3 \\ x_2 - 2 \\ x_3 + 1 \\ x_4 - 1 \end{pmatrix} + \begin{pmatrix} 2 \\ 1 \\ 0 \\ 2 \end{pmatrix}.$$

Lege α^{-1} in der Form $\boldsymbol{x} \mapsto A^{-1} \cdot \boldsymbol{x} + \boldsymbol{t}$ mit $A \in \mathbb{R}^{4\times 4}$ und $\boldsymbol{t} \in \mathbb{R}^{4\times 1}$ fest.
Anleitung: Löse diese Aufgabe mit Hilfe einer Abbildung $g \in \mathrm{L}(\mathbb{R}^{5\times 1}, \mathbb{R}^{5\times 1})$ wie in Satz 6.3.10.

A 6.3.2 Zeige: Es gibt genau eine affine Abbildung $\alpha : \mathbb{R}^{3\times 1} \to \mathbb{R}^{3\times 1}$ zur folgenden Angabe:

(α) $(1,0,0)^{\mathrm{T}} \mapsto (0,0,3)^{\mathrm{T}}$, $(1,1,1)^{\mathrm{T}} \mapsto (5,1,0)^{\mathrm{T}}$, $(1,1,-1)^{\mathrm{T}} \mapsto (-1,-1,4)^{\mathrm{T}}$, $(2,2,0)^{\mathrm{T}} \mapsto (5,-2,3)^{\mathrm{T}}$.

(β) $(1,0,0)^{\mathrm{T}} \mapsto (1,0,2)^{\mathrm{T}}$, $(1,1,1)^{\mathrm{T}} \mapsto (6,1,-1)^{\mathrm{T}}$, $(1,1,-1)^{\mathrm{T}} \mapsto (0,-1,3)^{\mathrm{T}}$, $(2,2,0)^{\mathrm{T}} \mapsto (6,-2,2)^{\mathrm{T}}$.

(γ) $(1,0,0)^{\mathrm{T}} \mapsto (-2,1,1)^{\mathrm{T}}$, $(1,1,1)^{\mathrm{T}} \mapsto (3,2,-2)^{\mathrm{T}}$, $(1,1,-1)^{\mathrm{T}} \mapsto (-3,0,2)^{\mathrm{T}}$, $(2,2,0)^{\mathrm{T}} \mapsto (3,-1,1)^{\mathrm{T}}$.

Lege α in der Form $\boldsymbol{x} \mapsto A \cdot \boldsymbol{x} + \boldsymbol{t}$ mit $A \in \mathbb{R}^{3\times 3}$ und $\boldsymbol{t} \in \mathbb{R}^{3\times 1}$ fest.
Anleitung: Löse diese Aufgabe mit Hilfe einer Abbildung $g \in \mathrm{L}(\mathbb{R}^{4\times 1}, \mathbb{R}^{4\times 1})$ wie in Satz 6.3.10.

A 6.3.3 Gegeben sei ein affiner Raum $\mathcal{A}$ mit $\dim \mathcal{A} \geq 2$. Eine *Dilatation* ist eine bijektive semiaffine Abbildung $\alpha : \mathcal{A} \to \mathcal{A}$ mit der Eigenschaft $g \parallel \alpha(g)$ für alle Geraden $g \subset \mathcal{A}$. Zeige:

(a) Hat α mindestens zwei verschiedene Fixpunkte, so gilt $\alpha = \mathrm{id}_{\mathcal{A}}$.

(b) Hat α genau einen Fixpunkt, so ist $\alpha \neq \mathrm{id}_{\mathcal{A}}$ eine zentrische Streckung.

(c) Hat α keinen Fixpunkt, so ist $\alpha \neq \mathrm{id}_{\mathcal{A}}$ eine Translation.

A 6.3.4 Sei $\alpha : \mathcal{A} \to \mathcal{A}$ eine ζ-semiaffine Abbildung. Zeige:

(a) Ist $\zeta = \mathrm{id}_K$ und lässt α alle Punkte eines Simplex $\mathcal{S}$ einzeln fest, so besteht die affine Hülle $\mathrm{H}(\mathcal{S})$ nur aus Fixpunkten von α.

(b) Ist $\boldsymbol{V}$ ein Vektorraum über $\mathbb{C}$, $f_\alpha \in \Gamma\mathrm{L}(\boldsymbol{X})$ konjugiert linear und lässt α alle Punkte eines Simplex $\mathcal{S}$ einzeln fest, so bleiben in $\mathrm{H}(\mathcal{S})$ genau die Punkte folgender Menge unter α fest:

$$\Big\{ \sum_{s\in\mathcal{S}} x_s s \mid x_s \in \mathbb{R} \text{ und } \sum_{s\in\mathcal{S}} x_s = 1 \Big\}.$$

6.4 Affine Koordinaten und affine Funktionen

6.4.1 Sei im Folgenden $\mathcal{A} = \boldsymbol{r} + \boldsymbol{X} \subset \boldsymbol{V}$ ein n-dimensionaler affiner Raum mit $n < \infty$. Wir geben in $\mathcal{A}$ eine Basis $(\boldsymbol{u}, \boldsymbol{p}_1, \boldsymbol{p}_2, \ldots, \boldsymbol{p}_n)$ vor. Dann ist $\boldsymbol{B} := (\boldsymbol{p}_1 - \boldsymbol{u}, \boldsymbol{p}_2 - \boldsymbol{u}, \ldots, \boldsymbol{p}_n - \boldsymbol{u})$ eine Basis von $\boldsymbol{X}$ und die Affinität

$$\boldsymbol{B}^* \circ \tau_{-\boldsymbol{u}} : \mathcal{A} \to K^{n\times 1} : \boldsymbol{x} \mapsto \langle \boldsymbol{B}^*, \boldsymbol{x} - \boldsymbol{u} \rangle$$

heißt eine *Koordinatisierung* zum *affinen Koordinatensystem* $(\boldsymbol{u}, \boldsymbol{p}_1, \boldsymbol{p}_2, \ldots, \boldsymbol{p}_n)$. Der Punkt $\boldsymbol{u}$ wird als *Ursprung* bezeichnet, der Punkt $\boldsymbol{p}_i$ heißt der i-te *Einheitspunkt* des Koordinatensystems. Die Koordinatenspalten dieser Punkte sind der Nullvektor bzw. der i-te Vektor der kanonischen Basis von $K^{n\times 1}$. Die Gerade $\boldsymbol{u} \vee \boldsymbol{p}_i$ wird auch i-te *Koordinatenachse* genannt. Eine Koordinatisierung können wir auch durch einen Ursprung $\boldsymbol{u} \in \mathcal{A}$ samt einer Basis $\boldsymbol{B}$ von $\boldsymbol{X}$ vorgeben und das Koordinatensystem dann in der Kurzschreibweise $(\boldsymbol{u}, \boldsymbol{u} + \boldsymbol{B})$ andeuten. Im affinen Raum $K^{n\times 1}$ bestimmt $(\boldsymbol{o}, \boldsymbol{e}_1, \ldots, \boldsymbol{e}_n)$ das *kanonische Koordinatensystem* sowie die zugehörige *kanonische Koordinatisierung*, also die Abbildung $\mathrm{id}_{K^{n\times 1}}$.

6.4.2 Wir schließen an die Bezeichnungen aus 6.4.1 an. Es seien $\boldsymbol{B}^* \circ \tau_{-\boldsymbol{u}} : \mathcal{A} \to K^{n\times 1}$ und $\boldsymbol{B}'^* \circ \tau_{-\boldsymbol{u}'} : \mathcal{A}' \to K^{m\times 1}$ Koordinatisierungen affiner Räume. Ist $\alpha : \mathcal{A} \to \mathcal{A}'$ eine semiaffine Abbildung, so heißt $(\boldsymbol{B}'^* \circ \tau_{-\boldsymbol{u}'}) \circ \alpha \circ (\boldsymbol{B}^* \circ \tau_{-\boldsymbol{u}})^{-1} : K^{n\times 1} \to K^{m\times 1}$ die *Koordinatendarstellung* von α bezüglich der Koordinatensysteme $(\boldsymbol{u}, \boldsymbol{u} + \boldsymbol{B})$ und $(\boldsymbol{u}', \boldsymbol{u}' + \boldsymbol{B}')$. Diese Koordinatendarstellung ist daher eine semiaffine Abbildung und kann dann wie in Beispiel 6.3.11 beschrieben werden.

Beispiel 6.4.3 Wir betrachten ein elementares kartesisches Koordinatensystem in einer Anschauungsebene und das Gerätekoordinatensystem[4] eines Graphik-Bildschirms mit der Auflösung 1024×768. Bei den Gerätekoordinaten von Bildschirmen liegt der Ursprung links oben, die erste Koordinatenachse weist nach rechts und die zweite Koordinatenachse nach unten. Der dem Ursprung diagonal gegenüberliegende Punkt hat die Koordinaten $(1023, 767)$.

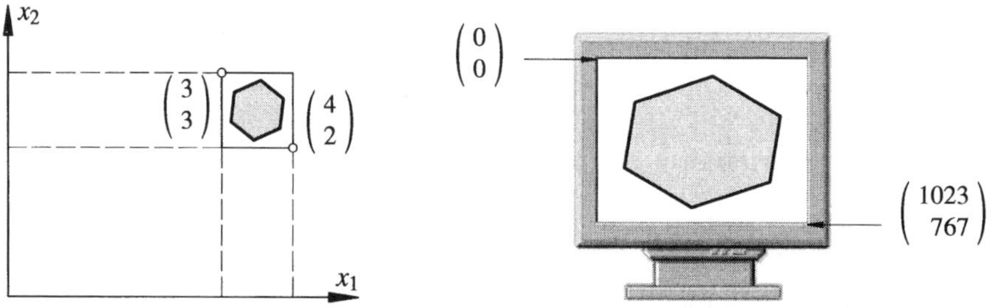

Abbildung 6.11

Es soll nun das zu den Koordinatenachsen parallel liegende Quadrat (vgl. Abbildung 6.11) formatfüllend am rechteckigen Bildschirm erscheinen. Wir legen die Koordinatendarstellung der gesuchten Affinität durch die Koordinaten zugeordneter Dreiecke fest:

$$\begin{pmatrix}3\\3\end{pmatrix} \mapsto \begin{pmatrix}0\\0\end{pmatrix}, \quad \begin{pmatrix}4\\3\end{pmatrix} \mapsto \begin{pmatrix}1023\\0\end{pmatrix}, \quad \begin{pmatrix}3\\2\end{pmatrix} \mapsto \begin{pmatrix}0\\767\end{pmatrix}.$$

Zur Berechnung der zugehörigen Matrix und des Schiebvektors wird zweckmäßig die Fortsetzung zu einer linearen Bijektion $\mathbb{R}^{3\times 1} \to \mathbb{R}^{3\times 1}$ herangezogen, die in Beispiel 6.3.11 beschrieben wurde. Durch elementare Spaltenumformungen erhalten wir:

$$\begin{array}{r|rr} 1 & 1 & 1 \\ \hline 3 & 4 & 3 \\ 3 & 3 & 2 \\ \hline\hline 1 & 1 & 1 \\ \hline 0 & 1023 & 0 \\ 0 & 0 & 767 \end{array} \quad \mapsto \cdots \mapsto \quad \begin{array}{r|rr} 1 & 0 & 0 \\ \hline 0 & 1 & 0 \\ 0 & 0 & 1 \\ \hline\hline 1 & 0 & 0 \\ \hline -3069 & 1023 & 0 \\ 2301 & 0 & -767 \end{array}$$

Da eine Affinität parallele Geraden in parallele Geraden überführt, wird auch der vierte Eckpunkt des Ausgangsquadrats in die vierte Ecke des Bildschirms übergeführt.

6.4.4 Sei $\mathcal{A} = \boldsymbol{r} + \boldsymbol{X}$ ein affiner Raum. Eine affine Funktion $\varphi : \mathcal{A} \to K$ wird – einer älteren Sprechweise folgend – auch als *lineare Funktion*[5] bezeichnet. Es gilt also

$$\varphi(\boldsymbol{x}) = \langle \boldsymbol{a}^*, \boldsymbol{x} - \boldsymbol{t} \rangle + a \quad \text{mit } \boldsymbol{a}^* \in \boldsymbol{X}^*,\ \boldsymbol{t} \in \boldsymbol{r} + \boldsymbol{X},\ a \in K.$$

[4]Die *Gerätekoordinaten* von Bildschirmen, Druckern, Plottern usw. sind auf ganzzahlige Werte innerhalb gewisser Intervalle beschränkt. Es sind also die reellen Koordinaten jeweils zu runden.

[5]Eine lineare Funktion braucht aber keine lineare Abbildung im Sinne von Definition 3.2.1 zu sein.

Für $a^* = o^*$ ist φ die konstante Funktion $x \mapsto a$. Bei $a^* \neq o^*$ ist $\varphi^{-1}(\{0\})$ eine Hyperebene von $\mathcal{A}$, genauer liegt eine Nebenklasse der Hyperebene $\ker a^* \subset X$ vor. Als *Gleichung* einer affinen Hyperebene von $\mathcal{A}$ folgt somit

$$\langle a^*, x - t\rangle + a = 0.$$

Dabei sind a^* und a durch die affine Hyperebene nur bis auf einen gemeinsamen Faktor aus $K^\times$ bestimmt. Vgl. die Bemerkungen im Anschluss an Satz 4.8.3. Im affinen Raum $K^{n\times 1}$ können wir ohne Einschränkung der Allgemeinheit $t = o$ setzen, was auf eine Gleichung der Form

$$a_1x_1 + a_2x_2 + \cdots + a_nx_n + a = 0 \text{ mit } (a_1, a_2, \ldots, a_n) \neq (0, 0, \ldots, 0)$$

führt. Jedes (m, n)-LGS kann somit als Bestimmung des Durchschnitts von m Hyperebenen im affinen Raum $K^{n\times 1}$ aufgefasst werden. Satz 6.2.3 über den Durchschnitt affiner Unterräume illustriert, dass die Lösungsmenge eines LGS entweder leer oder ein affiner Unterraum von $K^{n\times 1}$ ist. Es gilt die folgende Umkehrung:

Satz 6.4.5 *Jeder $(n-m)$-dimensionale affine Unterraum $l + U$ von $K^{n\times 1}$ ist die Lösungsmenge mindestens eines (m, n)-LGS.*

Beweis. Der $(n-m)$-dimensionale Unterraum U hat einen m-dimensionalen Annullatorraum $U^\circ = [\{a_1^*, a_2^*, \ldots, a_m^*\}]$. Wir bilden eine Matrix $A \in K^{m\times n}$, deren Zeilen die Koordinatenmatrizen der Linearformen $a_1^*, a_2^*, \ldots, a_m^*$ bezüglich der kanonischen Basen von $K^{n\times 1}$ und K sind. Dann ist U der Lösungsraum des homogenen (m, n)-LGS $A \cdot (x_j) = (0)$. Wir setzen nun

$$s_i := \langle a_i^*, l\rangle \text{ für } i \in \{1, 2, \ldots, m\}.$$

Dann ist $l + U$ die Lösungsmenge des (m, n)-LGS $A \cdot (x_j) = (s_i)$. □

Beispiel 6.4.6 Wir legen in $\mathbb{R}^{4\times 1}$ die affine Ebene $l + U$ mit

$$l = \begin{pmatrix} 1 \\ 1 \\ 1 \\ 1 \end{pmatrix}, \quad U = \left[\left\{\begin{pmatrix} 1 \\ 0 \\ 2 \\ 4 \end{pmatrix}, \begin{pmatrix} 0 \\ 1 \\ 3 \\ 5 \end{pmatrix}\right\}\right]$$

durch ein LGS fest. Da die gegebenen Basisvektoren von U bereits eine Matrix der Form $\binom{E_2}{A}$ bilden, können wir aus den Zeilen der Matrix $(-A \;\; E_2)$ bereits die Koeffizienten eines homogenen LGS mit Lösungsraum U ablesen. Setzen wir in die linken Teile dieser beiden Gleichungen jeweils $(1, 1, 1, 1)^T$ ein, so bekommen wir für das gesuchte (inhomogene) LGS die Konstanten rechts von den Gleichheitszeichen. Insgesamt erhalten wir

$$\begin{aligned} -2x_1 - 3x_2 + x_3 \phantom{{}+x_4} &= -4, \\ -4x_1 - 5x_2 \phantom{{}+x_3} + x_4 &= -8. \end{aligned}$$

6.4.7 Genau für $\dim \mathcal{A} = 1$ gibt es Affinitäten $\mathcal{A} \to K$. Da es nicht lohnt, zwischen $K^{1\times 1}$ und K zu unterscheiden, ist jede solche Abbildung eine Koordinatisierung.[6] Sie ist durch die Vorgabe eines Ursprungs u und eines davon verschiedenen Einheitspunktes $p_1 =: p$ bestimmt. Jeder Punkt $x \in \mathcal{A}$ hat dann bezüglich des affinen Koordinatensystems (u, p) eine einzige Koordinate x_1, die auch als das *Teilverhältnis* der Punkte x, p, u bezeichnet wird. Wir schreiben

$$\mathrm{TV}(x, p, u) := x_1.$$

[6] Hier ordnet sich die im Schulunterricht gebräuchliche *Zahlengerade* unter.

Es ist also

$$x_1 = \mathrm{TV}(\boldsymbol{x}, \boldsymbol{p}, \boldsymbol{u}) \quad \Leftrightarrow \quad \boldsymbol{x} = \boldsymbol{u} + x_1(\boldsymbol{p} - \boldsymbol{u}) = (1 - x_1)\boldsymbol{u} + x_1\boldsymbol{p}. \tag{6.11}$$

Insbesondere gilt $\mathrm{TV}(\boldsymbol{p}, \boldsymbol{p}, \boldsymbol{u}) = 1$ und $\mathrm{TV}(\boldsymbol{u}, \boldsymbol{p}, \boldsymbol{u}) = 0$.

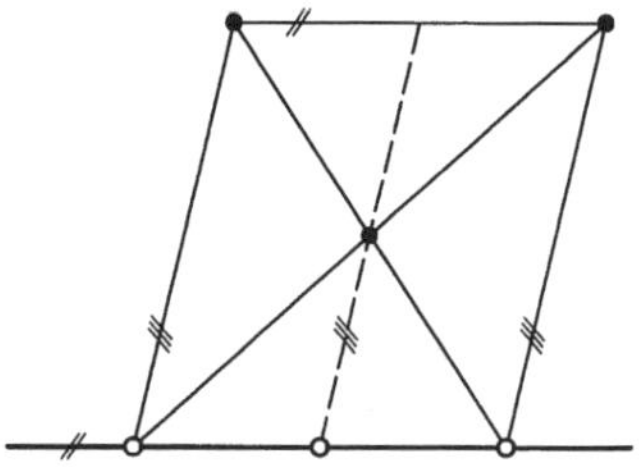

Abbildung 6.12

Hat der Skalarkörper K nicht die Charakteristik 2, so ist $2 \neq 0$, und es gibt zu je zwei verschiedenen Punkten $\boldsymbol{x}, \boldsymbol{y}$ einer affinen Geraden genau einen Punkt $\boldsymbol{m} \in \boldsymbol{x} \vee \boldsymbol{y}$ mit $\mathrm{TV}(\boldsymbol{m}, \boldsymbol{x}, \boldsymbol{y}) = \frac{1}{2}$. Dieser Punkt heißt der *Mittelpunkt* von $\boldsymbol{x}$ und $\boldsymbol{y}$. Nach (6.11) gilt

$$\boldsymbol{m} = \frac{1}{2}(\boldsymbol{x} + \boldsymbol{y}),$$

womit es auf die Reihenfolge der Punkte $\boldsymbol{x}$ und $\boldsymbol{y}$ nicht ankommt. Der Mittelpunkt $\boldsymbol{m}$ kann auch durch $\mathrm{TV}(\boldsymbol{x}, \boldsymbol{y}, \boldsymbol{m}) = -1$ beschrieben werden und lässt sich geometrisch konstruieren, falls die Gerade $\boldsymbol{x} \vee \boldsymbol{y}$ in einer affinen Ebene enthalten ist: Dazu wird $\boldsymbol{x}, \boldsymbol{y}$ in beliebiger Weise zu einem Parallelogramm ergänzt und dann die in Abbildung 6.12 angedeutete Konstruktion durchgeführt (Übungsaufgabe).

6.4.8 Gegeben sei eine ζ-semiaffine Abbildung $\alpha : \mathcal{A} \to \mathcal{A}'$, unter der eine Gerade $\boldsymbol{p} \vee \boldsymbol{u} \subset \mathcal{A}$ auf eine Gerade von $\mathcal{A}'$ abgebildet wird. Aus (6.11) folgt dann

$$\mathrm{TV}(\alpha(\boldsymbol{x}), \alpha(\boldsymbol{p}), \alpha(\boldsymbol{u})) = \zeta(\mathrm{TV}(\boldsymbol{x}, \boldsymbol{p}, \boldsymbol{u})).$$

Da aber bei $\mathrm{Char}\, K \neq 2$ für alle $\zeta \in \mathrm{Aut}(K)$ gilt $\zeta(\frac{1}{2}) = \frac{1}{2}$, ist die ζ-affine Abbildung $\alpha|(\boldsymbol{p} \vee \boldsymbol{u})$ jedenfalls mittelpunktstreu. Falls α sogar eine affine Abbildung ist, bleiben alle Teilverhältnisse unter α unverändert.

6.4.9 Wir setzen bis zum Ende dieses Abschnitts voraus, dass K ein angeordneter Körper ist. Die Partition

$$K = \{x \in K \mid x < 0\} \cup \{0\} \cup \{x \in K \mid x > 0\}$$

und die darauf fußenden Relationen $<$ und $\leq$ finden eine Reihe geometrischer Entsprechungen im affinen Raum $\mathcal{A} = \boldsymbol{r} + \boldsymbol{X} \subset \boldsymbol{V}$.

Es seien $\boldsymbol{x}, \boldsymbol{p}, \boldsymbol{u}$ drei verschiedene Punkte einer Geraden von $\mathcal{A}$. Falls $\mathrm{TV}(\boldsymbol{x}, \boldsymbol{p}, \boldsymbol{u}) < 0$, so sagen wir, der Punkt $\boldsymbol{u}$ liege *zwischen* $\boldsymbol{x}$ und $\boldsymbol{p}$. Damit ist der anschauliche Zwischenbegriff mathematisch konkretisiert.[7] Aus der leicht zu beweisenden Formel $\mathrm{TV}(\boldsymbol{p}, \boldsymbol{x}, \boldsymbol{u}) = \mathrm{TV}(\boldsymbol{x}, \boldsymbol{p}, \boldsymbol{u})^{-1}$ folgt dann, dass es bei dieser Definition auf die Reihenfolge der Punkte $\boldsymbol{p}$ und $\boldsymbol{u}$ nicht ankommt.

[7] Dieser Begriff ist aus dem Alltag bestens bekannt und bedarf daher im Anschauungsraum keiner Definition, wohl aber in einem allgemeinen affinen Raum über einem angeordneten Körper. Hingegen steht der Zwischenbegriff etwa in einem komplexen affinen Raum gar nicht zur Verfügung, da $\mathbb{C}$ keine Anordnung gestattet.

Ist eine Hyperebene $\mathcal{H}$ von $\mathcal{A}$ durch eine Gleichung

$$\langle \boldsymbol{a}^*, \boldsymbol{x} - \boldsymbol{t} \rangle + a = 0$$

mit $\boldsymbol{a}^* \in X^* \setminus \{\boldsymbol{o}^*\}$, $\boldsymbol{t} \in \mathcal{A}$ und $a \in K$ gegeben, so wird der affine Raum $\mathcal{A}$ in die drei Klassen

$$\{\boldsymbol{x} \mid \langle \boldsymbol{a}^*, \boldsymbol{x} - \boldsymbol{t} \rangle + a < 0\}, \quad \mathcal{H}, \quad \{\boldsymbol{x} \mid \langle \boldsymbol{a}^*, \boldsymbol{x} - \boldsymbol{t} \rangle + a > 0\}$$

zerlegt. Die erst- und die letztgenannte Menge heißt ein *offener Halbraum* bezüglich $\mathcal{H}$; diese Halbräume hängen nur von der Hyperebene $\mathcal{H}$ und nicht von der ausgewählten Gleichung ab. Es folgt leicht, dass zwei verschiedene Punkte $\boldsymbol{x}, \boldsymbol{y} \in \mathcal{A}$ genau dann im selben offenen Halbraum bezüglich $\mathcal{H}$ liegen, falls zwischen ihnen kein Punkt aus $\mathcal{H}$ liegt (Abbildung 6.13). Die beiden *abgeschlossenen Halbräume* bezüglich $\mathcal{H}$ sind

$$\{\boldsymbol{x} \mid \langle \boldsymbol{a}^*, \boldsymbol{x} - \boldsymbol{t} \rangle + a \leq 0\}, \qquad \{\boldsymbol{x} \mid \langle \boldsymbol{a}^*, \boldsymbol{x} - \boldsymbol{t} \rangle + a \geq 0\}.$$

Jeder dieser abgeschlossenen Halbräume ist also die Vereinigung der Hyperebene $\mathcal{H}$ mit einem offenen Halbraum bezüglich $\mathcal{H}$.

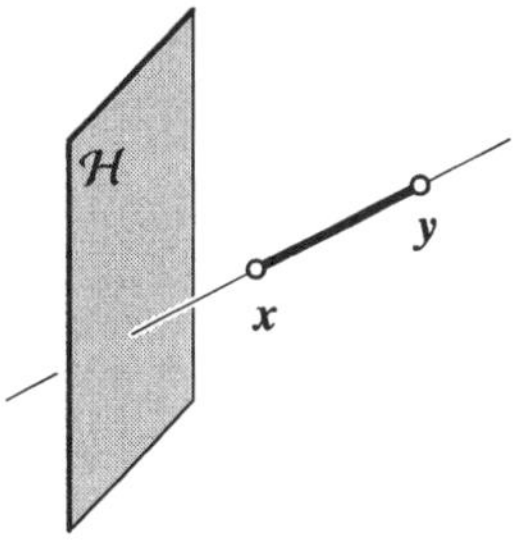

Abbildung 6.13

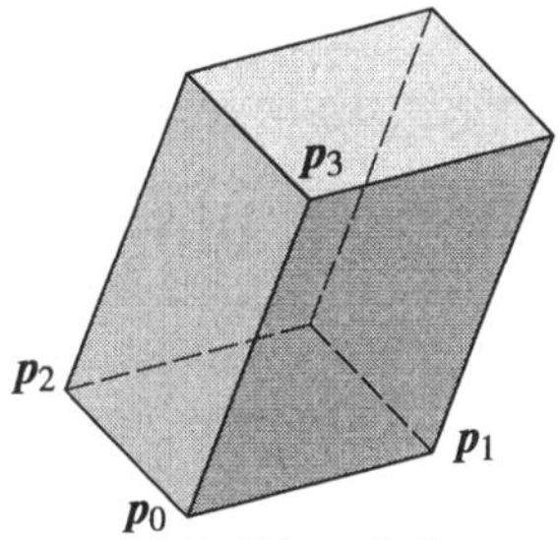

Abbildung 6.14

6.4.10 Sei $(\boldsymbol{p}_0, \boldsymbol{p}_1, \ldots, \boldsymbol{p}_n)$ eine Basis von $\mathcal{A}$. Dann heißt die Menge aller Punkte

$$\boldsymbol{p}_0 + \sum_{i=1}^{n} x_i(\boldsymbol{p}_i - \boldsymbol{p}_0) \text{ mit } 0 \leq x_i \leq 1 \tag{6.12}$$

ein *abgeschlossenes Parallelotop* (Abbildung 6.14). Wir erhalten die 2^n *Ecken* des Parallelotops, wenn wir in (6.12) zusätzlich $x_i \in \{0, 1\}$ verlangen. Die Ecken bilden daher ein Parallelepiped. Verschärfen wir hingegen (6.12) durch die Forderung $0 < x_i < 1$, so erhalten wir die Definition eines *offenen Parallelotops*. Ein Parallelotop einer affinen Geraden heißt eine *Strecke*, die Ecken werden hier als *Endpunkte* bezeichnet. Die offene Strecke mit den Endpunkten $\boldsymbol{p}_0$ und $\boldsymbol{p}_1$ ist genau die Menge aller Punkte zwischen $\boldsymbol{p}_0$ und $\boldsymbol{p}_1$.

Bemerkung 6.4.11 Sei $\mathcal{M}$ eine Teilmenge von $\mathbb{R}^{n\times 1}$, die Lösungsmenge eines endlichen Systems linearer Ungleichungen ist, also als Durchschnitt von endlich vielen abgeschlossenen Halbräumen entsteht. Ferner sei $\alpha : \mathbb{R}^{n\times 1} \to \mathbb{R}$ eine affine Funktion. Dabei repräsentieren die Punkte von $\mathbb{R}^{n\times 1}$ die mathematisch möglichen Produktionsprogramme eines Unternehmens. Die Ungleichungen ergeben sich aus bei der Produktion zu beachtenden Nebenbedingungen. Der Funktionswert $\alpha(\boldsymbol{x})$ beschreibt schließlich den für ein Produktionsprogramm $\boldsymbol{x} \in \mathbb{R}^{n\times 1}$ zu erwartenden Gewinn. Die *lineare Optimierung* hat das Ziel, einen Punkt von $\mathcal{M}$ zu finden, in dem $\alpha|\mathcal{M}$ ein Maximum besitzt. Vgl. dazu etwa [27, Kapitel 5].

Aufgaben

A 6.4.1 In der affinen Ebene $\mathbb{R}^{2\times 1}$ sei ein Koordinatensystem mit dem Ursprung $p_0 = (1,1)^T$ und den Einheitspunkten $p_1 = (0,0)^T$, $p_2 = (1,0)^T$ gegeben. Berechne die Koordinaten eines der folgenden Punkte: (α) $(-5,-2)^T$. (β) $(-3,4)^T$. (γ) $(6,-1)^T$.

A 6.4.2 Bestimme ein LGS, dessen Lösungsmenge die affine Hülle folgender Vektoren aus $\mathbb{R}^{4\times 1}$ ist: (α) $(2,1,-1,1)^T, (-3,-1,2,0)^T$. ($\beta$) $(1,-1,-1,1)^T, (0,-1,3,-1)^T$. ($\gamma$) $(0,2,2,-1)^T, (-1,1,3,2)^T$.

A 6.4.3 Gegeben seien Punkte x, y, p, u einer affinen Geraden $\mathcal{A}$. Beweise:

(a) $\mathrm{TV}(x,u,p) = 1 - \mathrm{TV}(x,p,u)$ für $u \neq p$.

(b) $\mathrm{TV}(p,x,u) = (\mathrm{TV}(x,p,u))^{-1}$ für $x \neq u \neq p$.

(c) $\mathrm{TV}(x,p,u) = \mathrm{TV}(y,p,u) \cdot \mathrm{TV}(x,y,u)$ für $y \neq u \neq p$ (*Multiplikationssatz*).

A 6.4.4 Beweise den *Satz von Ceva*[8]: Es seien $\{a,b,c\}$ ein Dreieck in einer affinen Ebene und d ein Punkt so, dass die Punkte $a_1 = (a \vee d) \cap (b \vee c)$, $b_1 = (b \vee d) \cap (a \vee c)$ und $c_1 = (c \vee d) \cap (a \vee b)$ existieren. Dann gilt

$$\mathrm{TV}(a,b,c_1) \cdot \mathrm{TV}(b,c,a_1) \cdot \mathrm{TV}(c,a,b_1) = -1.$$

6.5 Projektive Räume

6.5.1 Die affine Geometrie entspricht für $K = \mathbb{R}$ und Dimension ≤ 3 der anschaulichen Geometrie, wobei aber Begriffe wie „Abstand zweier Punkte“ oder „Winkel zweier Geraden“ nicht betrachtet werden. Schon früh haben Mathematiker erkannt, dass sich geometrische Sätze einheitlicher formulieren lassen, falls der Anschauungsraum durch zusätzliche Punkte erweitert wird. So haben etwa zwei verschiedene Geraden einer affinen Ebene entweder genau einen Schnittpunkt (der Normalfall) oder sie sind parallel (der Sonderfall). Wer kennt nicht die Bilder paralleler Eisenbahnschienen, die auf einem Photo als Teile schneidender Geraden erscheinen. Was liegt näher, als zu den parallelen Geraden einen neuen Punkt hinzuzufügen, der die Rolle des Schnittpunktes übernimmt? Eine präzise mathematische Beschreibung dieses Erweiterungsvorganges werden wir in Abschnitt 6.6 geben. Als Motivation betrachten wir zunächst nur die Erweiterung einer affinen Ebene $\mathcal{A} = r + X$ im Anschauungsraum. Sie erfolgt, indem wir $\mathcal{A}$ in eine größere Struktur einbetten:

Schritt 1: Wir wählen einen Ursprung O beliebig, aber nicht in der Ebene $\mathcal{A}$. Es sei $\mathcal{P}(V_O)$ die Menge aller eindimensionalen Unterräume von V_O, also die Menge aller Geraden durch den Ursprung. In der Mathematik werden die Elemente von Mengen gerne als *Punkte* bezeichnet, auch wenn sie gar keine Punkte im anschaulichen Sinn sind. Wir machen hier von dieser Möglichkeit Gebrauch und bezeichnen die Elemente von $\mathcal{P}(V_O)$ ab sofort als „Punkte“, wobei wir zur Eingewöhnung den Begriff immer zwischen Anführungszeichen setzen. Jeder „Punkt“ wird also durch einen Vektor ungleich o aufgespannt, der aber nur bis auf einen Faktor ungleich 0 eindeutig ist.

Schritt 2: Die Abbildung $\varepsilon : \mathcal{A} \to \mathcal{P}(V_O) : x \mapsto [x]$ ist injektiv. Genau jene „Punkte“ von $\mathcal{P}(V_O)$, die durch Richtungsvektoren von $\mathcal{A}$ aufgespannt werden, treten nicht als Bilder unter ε auf. Wir nennen sie „*Fernpunkte*“, da sie keinem Punkt von $\mathcal{A}$ entsprechen. In Abbildung 6.15 ist $[y] \subset X$ ein solcher „Fernpunkt“.

[8]Giovanni Ceva (1647–1734).

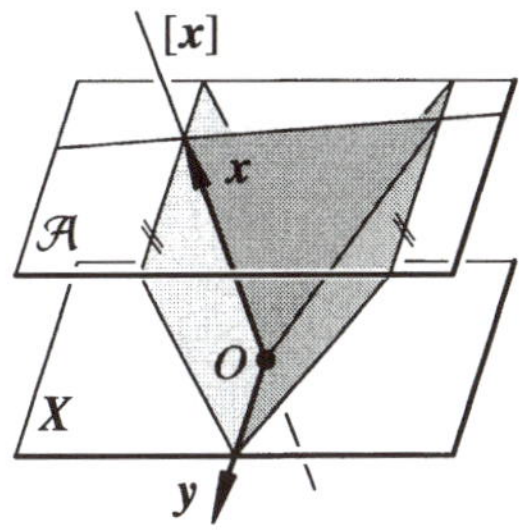

Abbildung 6.15

Schritt 3: Wir bezeichnen jede Teilmenge von $\mathcal{P}(V_O)$ als „Gerade“, wenn sie aus allen „Punkten“ (eindimensionalen Unterräumen) in einem festen zweidimensionalen Unterraum von V_O besteht.

Schritt 4: Jede Gerade von $\mathcal{A}$ spannt mit dem Ursprung O eine Ebene auf. Ihre Bildmenge unter ε ist also eine Teilmenge genau einer „Geraden“ von $\mathcal{P}(V_O)$. Nur der zweidimensionale Unterraum $\boldsymbol{X}$ der Richtungsvektoren von $\mathcal{A}$, also die zu $\mathcal{A}$ parallele Ebene durch O, entspricht keiner Geraden von $\mathcal{A}$. Die zugehörige „Gerade“ heißt die „*Ferngerade*“ von $\mathcal{P}(V_O)$.

Insgesamt haben wir also mit ε die Punktmenge $\mathcal{A}$ in die „Punktmenge“ $\mathcal{P}(V_O)$ eingebettet und in dieser „Geraden“ so erklärt, dass unter ε jede Gerade von $\mathcal{A}$ auf eine echte Teilmenge einer „Geraden“ von $\mathcal{P}(V_O)$ abgebildet wird. Nach dieser Einbettung ist die Sonderrolle paralleler Geraden aber eliminiert: Abbildung 6.15 zeigt das am Beispiel zweier verschiedener paralleler Geraden von $\mathcal{A}$. Beide besitzen den Richtungsvektor $\boldsymbol{y}$. Die zugehörigen „Geraden“ von $\mathcal{P}(V_O)$ haben daher den „Fernpunkt“ $[\boldsymbol{y}]$ gemeinsam.

Die folgende Definition besteht nun einfach darin, dass wir alle eindimensionalen Unterräume eines beliebigen Vektorraumes als Punkte eines Raumes erklären.[9]

Definition 6.5.2 Sei $\boldsymbol{V}$ ein Vektorraum über K. Dann heißt die Menge $\mathcal{P}(\boldsymbol{V})$ aller eindimensionalen Unterräume von $\boldsymbol{V}$ der *projektive Raum* zum Vektorraum $\boldsymbol{V}$. Die Elemente von $\mathcal{P}(\boldsymbol{V})$ werden *Punkte* genannt. Die *Dimension* eines projektiven Raumes $\mathcal{P}(\boldsymbol{V})$ wird durch $\dim \mathcal{P}(\boldsymbol{V}) := \dim \boldsymbol{V} - 1$ festgesetzt.[10]

Jeder Vektor $\boldsymbol{x} \in \boldsymbol{V} \setminus \{\boldsymbol{o}\}$ bestimmt genau einen Punkt von $\mathcal{P}(\boldsymbol{V})$, nämlich

$$[\boldsymbol{x}] = \{c\boldsymbol{x} \mid c \in K\} =: K\boldsymbol{x}.$$

Wir schreiben für Punkte auch große lateinische Buchstaben, etwa $X := K\boldsymbol{x}$. Die Vektoren aus $\boldsymbol{V} \setminus \{\boldsymbol{o}\}$ sind *Repräsentanten* für die Punkte von $\mathcal{P}(\boldsymbol{V})$. Zwei Vektoren ungleich $\boldsymbol{o}$ bestimmen genau dann denselben Punkt, wenn sie l. a. sind. Nur der Nullvektor bestimmt keinen Punkt. Die Definition der Dimension eines projektiven Raumes ist so gewählt, dass sie mit dem anschaulichen Dimensionsbegriff übereinstimmt. So wird ein Punkt zwar durch einen eindimensionalen Unterraum von $\boldsymbol{V}$ beschrieben, die „geometrische Dimension“ eines Punktes ist aber $1 - 1 = 0$.

[9]Alle hier vorgestellten Begriffe der projektiven Geometrie ergeben sich durch konsequente Übersetzung von Begriffen der Vektorraumtheorie. Bei tiefer liegenden Fragen (etwa nach Homomorphismen projektiver Räume) geht dieser einfache Zusammenhang leider verloren.

[10]Bei $\dim \boldsymbol{V} = \infty$ sei auch $\dim \mathcal{P}(\boldsymbol{V}) := \infty$.

6.5.3 Sei U ein Unterraum von V. Dann ist $\mathcal{P}(U)$ selbst ein projektiver Raum und wird ein *projektiver Unterraum* von $\mathcal{P}(V)$ genannt.[11] Durch die Zuordnung

$$U \mapsto \mathcal{P}(U)$$

wird die Menge $\mathrm{Sub}(V)$ aller Unterräume von V bijektiv auf die Menge aller projektiven Unterräume von $\mathcal{P}(V)$ abgebildet. Offensichtlich gilt dabei

$$U_1 \subset U_2 \quad \Leftrightarrow \quad \mathcal{P}(U_1) \subset \mathcal{P}(U_2) \tag{6.13}$$

für alle Unterräume U_1, U_2 von V. Der Unterschied zwischen U und $\mathcal{P}(U)$ ist nur formaler Natur: Es ist U eine Menge von Vektoren und $\mathcal{P}(U)$ eine Menge von eindimensionalen Unterräumen.

Ist $\dim U = 2$ oder $\dim U = 3$, so sprechen wir von einer *projektiven Geraden* bzw. einer *projektiven Ebene*. Falls U eine Hyperebene von V ist, so heißt $\mathcal{P}(U)$ auch eine *projektive Hyperebene* von $\mathcal{P}(V)$. Im Sinne der obigen Definition ist die Dimension einer projektiven Geraden bzw. projektiven Ebene gleich $2 - 1 = 1$ bzw. $3 - 1 = 2$.

Beispiele 6.5.4

1. Sei K ein Körper. Dann ist $\mathcal{P}(K^{2\times 1})$ eine projektive Gerade, deren Punkte die Form

   $$K(a_0, a_1)^{\mathrm{T}} \quad \text{mit} \quad (a_0, a_1)^{\mathrm{T}} \in K^{2\times 1} \quad \text{und} \quad (a_0, a_1)^{\mathrm{T}} \neq (0,0)^{\mathrm{T}}$$

   haben. Setzen wir $a_0 := 1$ und lassen wir a_1 in K laufen, so erhalten wir eine zu K gleichmächtige Menge von Punkten, da zu verschiedenen Elementen $a_1, a_1' \in K$ die l. u. Vektoren $(1, a_1)^{\mathrm{T}}, (1, a_1')^{\mathrm{T}}$ gehören. Ferner legt noch der Vektor $(0, 1)^{\mathrm{T}}$ einen bisher nicht erfassten Punkt fest. Weitere Punkte hat diese projektive Gerade nicht, da jeder Vektor aus $K^{2\times 1}$ in der Hülle eines Vektors der Gestalt $(1, a_1)^{\mathrm{T}}$ oder des Vektors $(0, 1)^{\mathrm{T}}$ liegt.

2. Die projektive Gerade $\mathcal{P}(\mathbb{Z}_3^{2\times 1})$ besitzt nach Beispiel 1 genau die vier Punkte

   $$\mathbb{Z}_3(\overline{1}, \overline{0})^{\mathrm{T}}, \ \mathbb{Z}_3(\overline{1}, \overline{1})^{\mathrm{T}}, \ \mathbb{Z}_3(\overline{1}, \overline{2})^{\mathrm{T}}, \ \mathbb{Z}_3(\overline{0}, \overline{1})^{\mathrm{T}}.$$

   Jeder Punkt hat genau zwei repräsentierende Vektoren.

3. Der Vektorraum $\mathbb{Z}_2^{3\times 1}$ hat genau $2^3 - 1 = 7$ Vektoren ungleich $\boldsymbol{o}$. Jeder Punkt der projektiven Ebene $\mathcal{P}(\mathbb{Z}_2^{3\times 1})$ besitzt (ausnahmsweise) nur einen Repräsentanten, da es in $\mathbb{Z}_2$ nur einen von Null verschiedenen Skalar gibt. Die projektive Ebene $\mathcal{P}(\mathbb{Z}_2^{3\times 1})$ hat genau 7 Punkte und 7 Geraden. Jede Gerade besteht aus genau 3 Punkten, durch jeden Punkt gehen genau 3 Geraden. Siehe Abbildung 6.19 auf Seite 170 links.[12]

4. Analog zu Beispiel 3 bestimmt $\mathbb{Z}_3^{3\times 1}$ eine projektive Ebene mit 13 Punkten und 13 Geraden. Eine anschauliche Skizze zeigt Abbildung 6.16, wobei die Beschriftung der Punkte durch passende Repräsentanten als Übungsaufgabe gestellt wird.

5. Ist $\dim V = 0$, so erhalten wir einen *leeren projektiven Raum*. Ist $\dim V = 1$, so besteht $\mathcal{P}(V)$ aus genau einem Punkt.

[11] Für die Unterräume eines projektiven Raumes wird kein Parallelitätsbegriff eingeführt.

[12] In den Abbildungen 6.16 und 6.19 werden manche Geraden einer endlichen projektiven Ebene durch Kurven veranschaulicht. Das lässt sich nicht vermeiden. Vgl. [1, Kapitel 8].

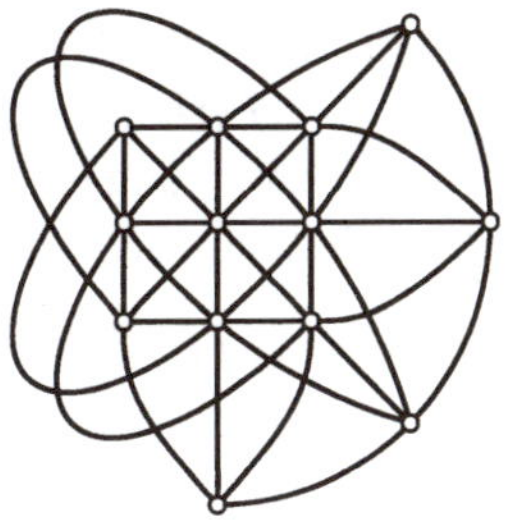

Abbildung 6.16

6. Eine Anlageberaterin empfiehlt einem Kunden, sein Kapital zu 40% in Rentenfonds, zu 20% in europäischen Aktien, zu 30% in asiatischen Aktien und zu 10% in Hedge-Dachfonds anzulegen. Vom Ankauf amerikanischer Aktien rät sie ab. Der Kunde folgt ihrem Vorschlag und legt 10000 Euro an. Das entspricht einem Vektor $(4000, 2000, 3000, 1000, 0)^T \in \mathbb{R}^{5\times 1}$. Das von der Beraterin vorgeschlagene *Risikoprofil* ist von der Kapitalhöhe unabhängig. Es entspricht dem *Punkt* $\mathbb{R}(4, 2, 3, 1, 0)^T$ im projektiven Raum $\mathcal{P}(\mathbb{R}^{5\times 1})$. Allerdings gestattet nicht jeder Punkt dieses projektiven Raumes eine Interpretation als Risikoprofil.

6.5.5 In Analogie zur affinen Geometrie erklären wir nun den von einer Familie von Punkten aufgespannten projektiven Unterraum. Die Definition ist hier viel einfacher: Ist $\mathcal{M} = (K\boldsymbol{m}_i)_{i\in I}$ eine Familie von Punkten im projektiven Raum $\mathcal{P}(\boldsymbol{V})$, so nennen wir

$$\mathrm{H}(\mathcal{M}) := \mathcal{P}([(\boldsymbol{m}_i)_{i\in I}])$$

die *projektive Hülle*[13] von $\mathcal{M}$.

Die projektive Hülle einer Familie von Punkten hängt offenbar nicht von der Auswahl der repräsentierenden Vektoren ab. Da die Bestimmung einer projektiven Hülle in $\mathcal{P}(\boldsymbol{V})$ auf die Bestimmung einer Hülle im Vektorraum $\boldsymbol{V}$ hinausläuft, lassen sich bekannte Ergebnisse unmittelbar übertragen: Die projektive Hülle ist stets ein projektiver Unterraum (vgl. Satz 2.3.6). Der Durchschnitt einer nicht leeren Familie von projektiven Unterräumen eines projektiven Raumes ist wieder ein projektiver Unterraum (vgl. Satz 2.3.8). Die projektive Hülle einer Familie $(K\boldsymbol{m}_i)_{i\in I}$ von Punkten ist gleich dem Durchschnitt jener projektiven Unterräume von $\mathcal{P}(\boldsymbol{V})$, welche die Punktmenge $\{K\boldsymbol{m}_i \mid i \in I\}$ enthalten (vgl. Satz 2.3.9).

6.5.6 Eine Familie $\mathcal{M} = (K\boldsymbol{m}_i)_{i\in I}$ von Punkten im projektiven Raum $\mathcal{P}(\boldsymbol{V})$ heißt *projektiv abhängig*, falls die Familie $(\boldsymbol{m}_i)_{i\in I}$ von Vektoren l. a. in $\boldsymbol{V}$ ist. Andernfalls heißt die Familie *projektiv unabhängig*. Hier kommt es nicht darauf an, welche Repräsentanten für die beteiligten Punkte gewählt werden. Die projektive Abhängigkeit von $\mathcal{M}$ bedeutet, dass einer der Punkte in der projektiven Hülle der anderen Punkte liegt. In Analogie zu 6.2.7 bezeichnen wir $\mathcal{M}$ als *Simplex*, *projektives Erzeugendensystem* oder *projektive Basis* von $\mathcal{P}(\boldsymbol{V})$, je nachdem $(\boldsymbol{m}_i)_{i\in I}$ linear unabhängig, ein Erzeugendensystem bzw. eine Basis von $\boldsymbol{V}$ ist. Die Begriffe *kollinear*, *komplanar*, *Dreieck* und *Tetraeder* werden wie in affinen Räumen verwendet.

6.5.7 Der *projektive Verbindungsraum* einer Familie projektiver Unterräume $(\mathcal{P}(\boldsymbol{U}_i))_{i\in I}$ von $\mathcal{P}(\boldsymbol{V})$, in Zeichen $\bigvee_{i\in I}\mathcal{P}(\boldsymbol{U}_i)$, ist die projektive Hülle von $\bigcup_{i\in I}\mathcal{P}(\boldsymbol{U}_i)$. Bei nur endlich vielen

[13] Dass „H" sowohl die affine als auch die projektive Hülle bezeichnet, sollte zu keinen Problemen führen.

projektiven Unterräumen, etwa $\mathcal{P}(\boldsymbol{U}_1), \mathcal{P}(\boldsymbol{U}_2), \ldots, \mathcal{P}(\boldsymbol{U}_k)$ mit $k \in \mathbb{N}^\times$, schreiben wir deren Verbindungsraum auch als $\mathcal{P}(\boldsymbol{U}_1) \vee \mathcal{P}(\boldsymbol{U}_2) \vee \cdots \vee \mathcal{P}(\boldsymbol{U}_k)$. Die Beschreibung eines projektiven Verbindungsraumes ist viel einfacher als die Beschreibung eines affinen Verbindungsraumes, da im Gegensatz zu Satz 6.2.10 keine Fallunterscheidung notwendig ist. Es gilt

$$\bigvee_{i \in I} \mathcal{P}(\boldsymbol{U}_i) = \mathcal{P}\Big(\sum_{i \in I} \boldsymbol{U}_i\Big). \tag{6.14}$$

Dementsprechend einfacher ist auch der folgende Satz:

Satz 6.5.8 (Projektiver Dimensionssatz) *Sind $\mathcal{P}(\boldsymbol{U}_1)$ und $\mathcal{P}(\boldsymbol{U}_2)$ endlichdimensionale Unterräume eines projektiven Raumes $\mathcal{P}(\boldsymbol{V})$, so gilt*

$$\dim \mathcal{P}(\boldsymbol{U}_1) + \dim \mathcal{P}(\boldsymbol{U}_2) = \dim(\mathcal{P}(\boldsymbol{U}_1) \cap \mathcal{P}(\boldsymbol{U}_2)) + \dim(\mathcal{P}(\boldsymbol{U}_1) \vee \mathcal{P}(\boldsymbol{U}_2)). \tag{6.15}$$

Beweis. Formel (6.15) ist eine unmittelbare Konsequenz des Dimensionssatzes für Vektorräume in 2.8.9, indem man dort jede der vier auftretenden Dimensionszahlen um 1 verringert. □

Beispiele 6.5.9

1. Für $\dim \mathcal{P}(\boldsymbol{V}) = -1$ ist die leere Menge $\emptyset = \mathcal{P}(\emptyset)$ eine projektive Basis. Für $\dim \mathcal{P}(\boldsymbol{V}) = 0$ ist $\mathcal{P}(\boldsymbol{V}) = \{K\boldsymbol{a}\}$, und $(K\boldsymbol{a})$ ist projektive Basis. Für $\dim \mathcal{P}(\boldsymbol{V}) = 1$ ist jede Teilmenge von $\mathcal{P}(\boldsymbol{V})$, die aus genau zwei verschiedenen Punkten besteht, eine Basis von $\mathcal{P}(\boldsymbol{V})$, da zwei Punkte genau dann verschieden sind, wenn sie durch l. u. Vektoren repräsentiert werden.

2. In der projektiven Ebene $\mathcal{P}(\mathbb{R}^{3\times 1})$ ist $\{\mathbb{R}(1,0,0)^{\mathrm{T}}, \mathbb{R}(1,1,0)^{\mathrm{T}}, \mathbb{R}(-1,1,1)^{\mathrm{T}}\}$ eine Basis[14], da die gegebenen Repräsentanten l. u. sind.

   Die Punkte $A = \mathbb{R}\boldsymbol{a}$ und $B = \mathbb{R}\boldsymbol{b}$ mit $\boldsymbol{a} = (1,0,1)^{\mathrm{T}}$ und $\boldsymbol{b} = (0,1,1)^{\mathrm{T}}$ sind verschieden, da $\boldsymbol{a}, \boldsymbol{b}$ l. u. sind. Ihre Verbindungsgerade $\{A\} \vee \{B\}$, wir schreiben dafür auch unpräzise, aber kurz $A \vee B$, können wir durch die *Parameterdarstellung*

   $$A \vee B = \Big\{X \in \mathcal{P}(\mathbb{R}^{3\times 1}) \mid X = \mathbb{R}\,(t_0\boldsymbol{a} + t_1\boldsymbol{b}),\ (0,0) \neq (t_0, t_1) \in \mathbb{R}^2\Big\}$$

   beschreiben. Indem wir den Annullatorraum von $[\{\boldsymbol{a}, \boldsymbol{b}\}]$ berechnen, erhalten wir $x_0 + x_1 - x_2 = 0$ als eine Gleichung der Geraden $A \vee B$.

3. In einem n-dimensionalen Raum $\mathcal{P}(\boldsymbol{V})$ hat jede Hyperebene $\mathcal{P}(\boldsymbol{U}_1)$ mit jeder Geraden $\mathcal{P}(\boldsymbol{U}_2)$, die nicht ganz in dieser Hyperebene liegt, genau einen Schnittpunkt: Wegen $\mathcal{P}(\boldsymbol{U}_2) \not\subset \mathcal{P}(\boldsymbol{U}_1)$ ist $\dim(\mathcal{P}(\boldsymbol{U}_1) \vee \mathcal{P}(\boldsymbol{U}_2)) > n - 1$, womit die Hyperebene und die Gerade den ganzen projektiven Raum aufspannen. Der Dimensionssatz liefert daher $\dim(\mathcal{P}(\boldsymbol{U}_1) \cap \mathcal{P}(\boldsymbol{U}_2)) = (n-1) + 1 - n = 0$. Demgegenüber gibt es in jedem n-dimensionalen affinen Raum zu jeder Hyperebene mindestens eine (parallele) Gerade, welche die Hyperebene nicht trifft, sofern nur $n \geq 2$.

   Im Sonderfall $n = 2$ folgt, dass je zwei verschiedene Geraden einer projektiven Ebene $\mathcal{P}(\boldsymbol{V})$ genau einen Schnittpunkt haben.

[14] Falls keine Missverständnisse zu erwarten sind, lassen wir das Wort „projektiv" gelegentlich weg, um schleppende Formulierungen zu vermeiden.

Aufgaben

A 6.5.1 Im dreidimensionalen projektiven Raum $\mathcal{P}(\mathbb{R}^{4\times 1})$ seien die Ebene $\mathcal{E}$ mit der Gleichung

$$x_0 - x_1 + x_2 - 3x_3 = 0$$

sowie die von den Punkten $\mathbb{R}(3,1,2,2)^{\mathrm{T}}$, $\mathbb{R}(5,2,2,3)^{\mathrm{T}}$, $\mathbb{R}(1,1,1,1)^{\mathrm{T}}$ aufgespannte Ebene $\mathcal{U}$ gegeben. Bestimme eine Basis von $\mathcal{E} \cap \mathcal{U}$.

A 6.5.2 In einem Vektorraum $\boldsymbol{V}$ seien zwei komplementäre Unterräume $\boldsymbol{U}_1$ und $\boldsymbol{U}_2$ gegeben, die beide ungleich $\{\boldsymbol{o}\}$ sind. Beweise: Durch jeden Punkt $X = K\boldsymbol{x} \in \mathcal{P}(\boldsymbol{V}) \setminus (\mathcal{P}(\boldsymbol{U}_1) \cup \mathcal{P}(\boldsymbol{U}_2))$ gibt es genau eine Gerade t_X, die sowohl mit $\mathcal{P}(\boldsymbol{U}_1)$ als auch mit $\mathcal{P}(\boldsymbol{U}_2)$ mindestens einen Schnittpunkt hat. Kann eine derartige *Treffgerade* mit $\mathcal{P}(\boldsymbol{U}_1)$ oder $\mathcal{P}(\boldsymbol{U}_2)$ mehr als einen Punkt gemeinsam haben?
Hinweis: Setze $\boldsymbol{x} = \boldsymbol{u}_1 + \boldsymbol{u}_2$ mit $\boldsymbol{u}_1 \in \boldsymbol{U}_1$ und $\boldsymbol{u}_2 \in \boldsymbol{U}_2$.

A 6.5.3 Im projektiven Raum $\mathcal{P}(\mathbb{R}^{4\times 1})$ seien windschiefe Geraden g_1, g_2 sowie ein Punkt X mit

$$g_1 = \mathbb{R}(1,0,-1,1)^{\mathrm{T}} \vee \mathbb{R}(1,1,0,0)^{\mathrm{T}}, \quad g_2 = \mathbb{R}(1,0,0,1)^{\mathrm{T}} \vee \mathbb{R}(1,1,1,1)^{\mathrm{T}}, \quad X = \mathbb{R}(3,-2,-3,4)^{\mathrm{T}}$$

gegeben. Berechne eine Gleichung der Verbindungsebene $\mathcal{E} := \{X\} \vee g_1$, den Schnittpunkt $\{S\} := \mathcal{E} \cap g_2$ und den Schnittpunkt der Geraden $t_X := S \vee X$ und g_1. Zeige, dass t_X die Treffgerade an g_1 und g_2 durch X ist.

A 6.5.4 Beweise: Eine Teilmenge $\mathcal{U}$ eines projektiven Raumes $\mathcal{P}(\boldsymbol{V})$ ist genau dann ein projektiver Unterraum, wenn $\mathcal{U}$ mit je zwei verschiedenen Punkten auch deren Verbindungsgerade enthält.

A 6.5.5 Es seien $K = \mathrm{GF}(q)$ ein endlicher Körper und $n \geq 1$ eine natürliche Zahl. Für jeden Punkt von $\mathcal{P}(K^{(n+1)\times 1})$ werde jener (eindeutig bestimmte) Repräsentant aus $K^{(n+1)\times 1}$ gewählt, der an der ersten von 0 verschiedenen Stelle das Element 1 besitzt. Diese Spaltenvektoren werden nun (in beliebiger Reihenfolge) zu einer Matrix H zusammengefasst.

(a) Bestimme die Länge, die Dimension und den Minimalabstand des linearen Codes mit der Kontrollmatrix H.

(b) Führe die Konstruktion für $q = n = 2$ durch. Zeige, dass dabei der binäre Hamming-Code aus A 2.7.4 entsteht.

Hinweis: Verwende A 4.8.6.

6.6 Zusammenhang von affinen und projektiven Räumen

6.6.1 Wir präzisieren jetzt die bereits in 6.5.1 angedeutete Kopplung zwischen affinen und projektiven Räumen. Sei $\boldsymbol{V}$ ein Vektorraum über K mit[15] $\dim \boldsymbol{V} > 0$. Wir zeichnen in $\boldsymbol{V}$ willkürlich eine Hyperebene $\boldsymbol{H}$ und einen Vektor $\boldsymbol{r} \in \boldsymbol{V} \setminus \boldsymbol{H}$ aus. Wegen $\boldsymbol{V} = [\boldsymbol{r}] \oplus \boldsymbol{H}$ besitzt jeder Vektor $\boldsymbol{v} \in \boldsymbol{V}$ eine eindeutige Zerlegung der Form

$$\boldsymbol{v} = x\boldsymbol{r} + \boldsymbol{h} \quad \text{mit } x \in K \text{ und } \boldsymbol{h} \in \boldsymbol{H}. \tag{6.16}$$

Die Abbildung

$$\boldsymbol{V} \to K \times \boldsymbol{H} : \boldsymbol{v} \mapsto (x, \boldsymbol{h})$$

[15]Die folgende Konstruktion versagt für $\dim V = 0$, weil es zwar einen leeren projektiven, aber keinen leeren affinen Raum gibt.

ist eine lineare Bijektion. Wir ersetzen im Folgenden den Vektorraum $\boldsymbol{V}$ durch den isomorphen Vektorraum $K \times \boldsymbol{H}$. An die Stelle der Hyperebene $\boldsymbol{H} \subset \boldsymbol{V}$ tritt dann $0 \times \boldsymbol{H} \subset K \times \boldsymbol{H}$ und an die Stelle des Vektors $\boldsymbol{r}$ das Paar $(1, \boldsymbol{o})$. Nun gilt:

Satz 6.6.2 *Wird aus einem projektiven Raum $\mathcal{P}(K \times \boldsymbol{H})$ die Hyperebene $\mathcal{P}(0 \times \boldsymbol{H})$ entfernt, so ist*

$$\xi : \mathcal{P}(K \times \boldsymbol{H}) \setminus \mathcal{P}(0 \times \boldsymbol{H}) \to \boldsymbol{H} : K(x, \boldsymbol{h}) \mapsto \frac{1}{x}\boldsymbol{h}$$

eine wohldefinierte Bijektion auf den affinen Raum $\boldsymbol{H}$. Die Umkehrabbildung ist gegeben durch

$$\varepsilon : \boldsymbol{H} \to \mathcal{P}(K \times \boldsymbol{H}) \setminus \mathcal{P}(0 \times \boldsymbol{H}) : \boldsymbol{x} \mapsto K(1, \boldsymbol{x}). \tag{6.17}$$

Beweis. Die Definition von ξ hängt nicht von der Auswahl eines Repräsentanten des Punktes $K(x, \boldsymbol{h})$ ab, da $(cx, c\boldsymbol{h})$ für alle $c \in K^\times$ denselben Bildpunkt liefert. Insbesondere besitzt jeder

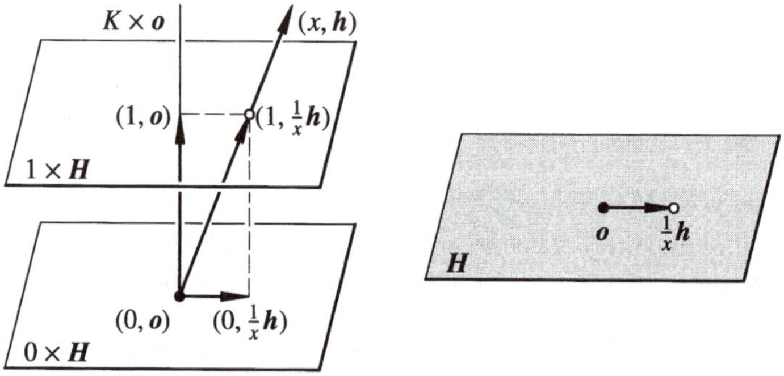

Abbildung 6.17

Punkt aus $\mathcal{P}(K \times \boldsymbol{H}) \setminus \mathcal{P}(0 \times \boldsymbol{H})$ genau einen Repräsentanten der Form $(1, \boldsymbol{x}) \in 1 \times \boldsymbol{H}$ (Abbildung 6.17). Es gilt also $\xi(K(1, \boldsymbol{x})) = \boldsymbol{x}$. Da $\varepsilon \circ \xi$ und $\xi \circ \varepsilon$ jeweils die Identität ergeben, ist ξ nach Satz 1.5.5 eine Bijektion und $\varepsilon = \xi^{-1}$. □

Durch die obige Konstruktion können wir im projektiven Raum $\mathcal{P}(K \times \boldsymbol{H})$ zwei Arten von Punkten unterscheiden: Jeder Punkt der Hyperebene $\mathcal{P}(0 \times \boldsymbol{H})$ heißt ein *Fernpunkt*, jeder andere Punkt ein *eigentlicher Punkt*. Es wird $\mathcal{P}(0 \times \boldsymbol{H})$ auch als die *Fernhyperebene* und $\mathcal{P}(K \times \boldsymbol{H}) \setminus \mathcal{P}(0 \times \boldsymbol{H})$ als *affiner Ausschnitt* des projektiven Raumes bezeichnet. Gleiches gilt natürlich auch für den projektiven Raum $\mathcal{P}(\boldsymbol{V})$, von dem wir zu Beginn ausgegangen sind. Es ist allerdings zu beachten, dass die Unterscheidung von Fern- und Nichtfernpunkten wesentlich von der Auswahl der Hyperebene $\boldsymbol{H} \subset \boldsymbol{V}$ abhängt. Hingegen bestimmt die anschließende Auswahl eines Vektors $\boldsymbol{r} \in \boldsymbol{V} \setminus \boldsymbol{H}$ nur jenen Punkt, der im affinen Ausschnitt den Ursprung abgibt.

Die Abbildung ε heißt die *Einbettung* des affinen Raumes $\boldsymbol{H}$ in den projektiven Raum $K \times \boldsymbol{H}$, der in diesem Zusammenhang auch der *projektive Abschluss* des affinen Raumes $\boldsymbol{H}$ genannt wird. Da jeder affine Raum nach Satz 6.3.7 zu einem affinen Raum isomorph ist, dessen Punktmenge ein Vektorraum ist, erfassen wir mit Satz 6.6.2 bis auf Isomorphie alle affinen Räume.

Beispiele 6.6.3

1. Gegeben sei der n-dimensionale projektive Raum $\mathcal{P}(K^{(n+1)\times 1})$. Die Überlegungen aus 6.6.1 sind besonders einfach durchzuführen, wenn wir als Fernhyperebene eine Hyperebene

$x_i = 0$ wählen. Wir illustrieren das für den Index $i = 0$, wobei wir $K^{(n+1)\times 1}$ mit $K \times K^{n\times 1}$ identifizieren. Wir erhalten so die Abbildung

$$\xi : K(x_0, x_1, \ldots, x_n)^{\mathrm{T}} \mapsto \left(\frac{x_1}{x_0}, \ldots, \frac{x_n}{x_0}\right)^{\mathrm{T}}.$$

Dazu gehört als Umkehrabbildung die Einbettung des affinen Raumes $\mathcal{A} = K^{n\times 1}$ in den projektiven Raum $\mathcal{P}(K^{(n+1)\times 1})$, also

$$\varepsilon : (x_1, x_2, \ldots, x_n)^{\mathrm{T}} \mapsto K(1, x_1, x_2, \ldots, x_n)^{\mathrm{T}}.$$

2. Die Punktmenge $\mathcal{P}(\boldsymbol{V}_O)$ lässt sich, wie schon in 6.5.1 beschrieben wurde, als Menge der Geraden durch den festen Punkt O des Anschauungsraumes auffassen. Die Unterräume von $\boldsymbol{V}_O$ entsprechen genau den projektiven Unterräumen. Dieser Standpunkt hat den Vorteil, dass der gesamte projektive Raum erfasst wird. Ein Nachteil ist jedoch, dass die Punkte der projektiven Ebene anschaulich als Geraden erscheinen.

   Ein affiner Ausschnitt von $\mathcal{P}(\boldsymbol{V}_O)$ lässt sich aber bijektiv auf eine affine Ebene abbilden, indem man jede Gerade durch O mit einer fest gewählten affinen Ebene schneidet, die nicht durch O hindurchgeht. (In Abbildung 6.17 ist das die Ebene $1 \times \boldsymbol{H}$.) Dieser Standpunkt hat den Vorteil, dass die Punkte der projektiven Ebene als anschauliche Punkte erscheinen. Ein Nachteil ist, dass nicht die ganze projektive Ebene erfasst wird, da eine projektive Gerade verloren geht.[16] Dementsprechend kann eine Figur in einer projektiven Ebene in verschiedenen affinen Ausschnitten sehr unterschiedlich aussehen, wird doch einmal dieser und einmal jener Punkt nicht mehr zu sehen sein. Die Abbildung 6.18 zeigt ein *Viereck* (A, B, C, D), das ist eine Familie von vier Punkten, von denen je drei ein Dreieck bilden. Ferner sind die sechs Verbindungsgeraden dieser vier Punkte und die drei sogenannten *Diagonalpunkte* P, Q, R des Vierecks in verschiedenen affinen Ausschnitten dargestellt. Das Viereck erscheint einmal als allgemeines Viereck (keiner der sieben Punkte ist ein Fernpunkt), dann als Trapez (P ist Fernpunkt) und schließlich als Parallelogramm (P und R sind Fernpunkte). Die in Klammern gesetzten Buchstaben bezeichnen immer einen Fernpunkt, was sich in der Parallelität gewisser Geraden niederschlägt.

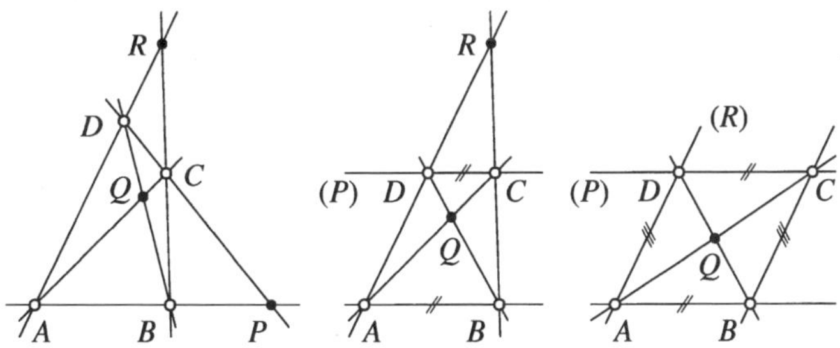

Abbildung 6.18

3. Für $\dim \boldsymbol{H} = 0$ besitzt $\mathcal{P}(K \times \boldsymbol{H})$ ebenso wie $\mathcal{A} = \boldsymbol{H}$ genau einen Punkt. Das ist der einzige Fall, in dem die Fernhyperebene $\mathcal{P}(0 \times \boldsymbol{H})$ keinen Punkt besitzt.

[16] Eine Landkarte in einem Atlas zeigt meist auch nur einen Teil der Erdoberfläche und gibt damit das Wesen der Erdkugel nur mangelhaft wieder.

4. Für $\dim \boldsymbol{H} = 1$ besitzt $\mathcal{P}(K \times \boldsymbol{H})$ genau einen Fernpunkt, nämlich $K(0, \boldsymbol{h})$, mit $\boldsymbol{h} \neq \boldsymbol{o}$. Jede projektive Gerade besteht also aus einer affinen Geraden vermehrt um einen Punkt. In der komplexen Analysis wird die projektive Einbettung von $\mathbb{C} = \mathbb{C}^{1\times 1}$ verwendet. Es wird also genau ein Punkt zu $\mathbb{C}$ hinzugefügt, der meist mit ∞ bezeichnet wird. Im Sinne unserer Bezeichnungen ist ∞ gleich $\mathbb{C}(0, 1)^{\mathrm{T}}$. Hingegen wird in der reellen Analysis die reelle Zahlengerade $\mathbb{R}$ durch *zwei verschiedene* Punkte $+\infty$ und $-\infty$ ergänzt. Der projektive Abschluss ist davon völlig verschieden, da nur *ein* Fernpunkt auftritt.

5. Für $\dim \boldsymbol{H} = 2$ bilden alle Fernpunkte von $\mathcal{P}(K \times \boldsymbol{H})$ eine Gerade. Jede projektive Ebene besteht also aus einer affinen Ebene vermehrt um eine *Ferngerade*. Der Zusammenhang der affinen Ebene $\mathbb{Z}_2^{2\times 1}$ und der projektiven Ebene $\mathcal{P}(\mathbb{Z}_2^{3\times 1})$ wird in Abbildung 6.19 illustriert, wobei die Ferngerade die Gleichung $x_0 = 0$ besitzt. Diese affine Ebene hat um drei Punkte und eine Gerade weniger als die zugehörige projektive Ebene.

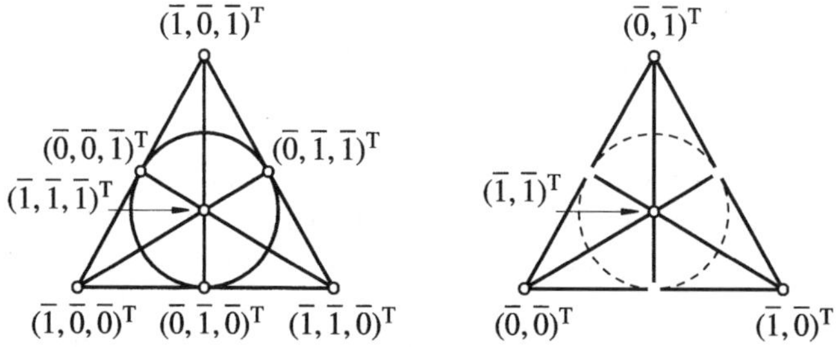

Abbildung 6.19

6. Sei $\boldsymbol{H}$ ein n-dimensionaler Vektorraum über $\mathbb{R}$ mit $n < \infty$; wir fassen ihn als affinen Raum auf. Einer bekannten Idealisierung aus der Physik folgend, betrachten wir *Massepunkte*. Ein Massepunkt ist eine punktförmige Masse der Größe $x \in \mathbb{R}$, die in einem Punkt $\boldsymbol{h} \in \boldsymbol{H}$ konzentriert ist. Dabei sollen auch nicht positive Werte für x erlaubt sein. Die Punkte mit Massengröße $x = 0$ spielen eine Sonderrolle, da sich eine Masse der Größe Null „überall und nirgendwo" befindet und daher keine physikalische Bedeutung hat. Sind in endlich vielen Punkten $\boldsymbol{h}_0, \boldsymbol{h}_1, \ldots, \boldsymbol{h}_k$ Massen der Größen $x_0, x_1, \ldots, x_k$ gegeben, so ist deren *physikalischer Schwerpunkt* durch den Punkt

$$\boldsymbol{s} := \frac{1}{\sum_{i=0}^{k} x_i} \sum_{i=0}^{k} x_i \boldsymbol{h}_i$$

und die Massengröße $\sum_{i=0}^{k} x_i$ gegeben, sofern letztere von Null verschieden ist. Andernfalls gibt es keinen physikalischen Schwerpunkt. Wir bilden nun die Menge der Massepunkte in $\mathbb{R} \times \boldsymbol{H}$ ab, indem wir einem Punkt $\boldsymbol{h}$ mit Massengröße x den Vektor $(x, x\boldsymbol{h})$ zuordnen. Alle Punkte mit verschwindender Massengröße werden auf $(0, \boldsymbol{o})$ abgebildet, auf der Menge der anderen Massepunkte ist die Abbildung injektiv. Nach Anwendung dieser Abbildung läuft die Berechnung des physikalischen Schwerpunkts von k Massepunkten einfach auf die Addition der betreffenden Vektoren hinaus, die in jedem Fall ausgeführt werden kann.

Wir betten den affinen Raum $\boldsymbol{H}$ in den projektiven Raum $\mathcal{P}(\mathbb{R} \times \boldsymbol{H})$ ein. Die Repräsentanten eines Punktes $\varepsilon(\boldsymbol{h}) = \mathbb{R}(1, \boldsymbol{h})$ sind genau jene Vektoren, die den im Punkt $\boldsymbol{h}$ zentrierten Massen einer Größe ungleich Null zugeordnet sind. Zusammenfassend gilt daher: Massepunkte entsprechen gewissen Vektoren, die (gewöhnlichen) Punkte hingegen gewissen eindimensionalen Unterräumen von $\mathbb{R} \times \boldsymbol{H}$, da der Massengröße keine geometrische Bedeutung zukommt.

6.6.4 Wir untersuchen einige Eigenschaften der in Satz 6.6.2 beschriebenen Bijektionen ε und ξ. Ist $\boldsymbol{s} \in \boldsymbol{H}$ und $\boldsymbol{U} \subset \boldsymbol{H}$ ein Unterraum, so hat der affine Unterraum $\boldsymbol{s} + \boldsymbol{U}$ die Bildmenge

$$\varepsilon(\boldsymbol{s} + \boldsymbol{U}) = \{K(1, \boldsymbol{s} + \boldsymbol{a}) \mid \boldsymbol{a} \in \boldsymbol{U}\} = \{K((1, \boldsymbol{s}) + (0, \boldsymbol{a})) \mid \boldsymbol{a} \in \boldsymbol{U}\}$$

im projektiven Raum. Das ist genau die Menge der eigentlichen Punkte des projektiven Unterraumes $\mathcal{P}(\boldsymbol{T})$ mit $\boldsymbol{T} := [(1, \boldsymbol{s})] \oplus (0 \times \boldsymbol{U})$. Ist $K(0, \boldsymbol{a})$ ein Fernpunkt von $\mathcal{P}(\boldsymbol{T})$, so gilt $\boldsymbol{a} \in \boldsymbol{U}$. Aus $(0, \boldsymbol{a}) = (1, \boldsymbol{s} + \boldsymbol{a}) - (1, \boldsymbol{s})$ lesen wir ab, dass die projektive Hülle von $\varepsilon(\boldsymbol{s} + \boldsymbol{U})$ mit $\mathcal{P}(\boldsymbol{T})$ übereinstimmt. Wir erkennen, dass die Fernpunkte von $\mathcal{P}(\boldsymbol{T})$ genau jene Punkte $K(0, \boldsymbol{a})$ sind, bei denen $\boldsymbol{a}$ ein von $\boldsymbol{o}$ verschiedener Richtungsvektor des gegebenen affinen Unterraumes ist.

Sei nun umgekehrt $\boldsymbol{T} \subset (K \times \boldsymbol{H})$ ein Unterraum, der nicht ganz in $0 \times \boldsymbol{H}$ liegt. Um die Bilder der eigentlichen Punkte von $\mathcal{P}(\boldsymbol{T})$ unter ξ beschreiben zu können, schneiden wir $\boldsymbol{T}$ mit $0 \times \boldsymbol{H}$. Wir erhalten einen Unterraum $0 \times \boldsymbol{U}$ von $\boldsymbol{T}$, der alle Fernpunkte von $\mathcal{P}(\boldsymbol{T})$ beschreibt. Offenbar ist $\boldsymbol{U}$ ein Unterraum von $\boldsymbol{H}$. Wir wählen einen Vektor $(1, \boldsymbol{s}) \in \boldsymbol{T}$. Es folgt

$$\boldsymbol{T} = [(1, \boldsymbol{s})] \oplus (0 \times \boldsymbol{U}),$$

da sich jeder Vektor $(y, \boldsymbol{t}) \in \boldsymbol{T}$ eindeutig in der Form

$$(y, \boldsymbol{t}) = y(1, \boldsymbol{s}) + (0, \boldsymbol{a}) \quad \text{mit} \quad \boldsymbol{a} := \boldsymbol{t} - y\boldsymbol{s} \in \boldsymbol{U}$$

zerlegen lässt. Wir erhalten daher $\xi(K(y, \boldsymbol{t})) = \frac{1}{y}\boldsymbol{t} = \boldsymbol{s} + \frac{1}{y}\boldsymbol{a} \in \boldsymbol{s} + \boldsymbol{U}$ für jeden eigentlichen Punkt $K(y, \boldsymbol{t})$ von $\mathcal{P}(\boldsymbol{T})$. Da wir so alle Vektoren von $\boldsymbol{s} + \boldsymbol{U}$ erreichen, folgt

$$\xi(\mathcal{P}(\boldsymbol{T}) \setminus \mathcal{P}(0 \times \boldsymbol{H})) = \boldsymbol{s} + \boldsymbol{U}.$$

Zusammenfassend erkennen wir, dass durch ξ eine Bijektion der Menge aller projektiven Unterräume von $\mathcal{P}(K \times \boldsymbol{H})$, die nicht ganz in der Fernhyperebene liegen, auf die Menge aller affinen Unterräume von $\boldsymbol{H}$ mitbestimmt wird.

Affine Unterräume $\boldsymbol{s}_1 + \boldsymbol{U}_1$ und $\boldsymbol{s}_2 + \boldsymbol{U}_2$ von $\boldsymbol{H}$ sind genau dann parallel, falls $\boldsymbol{U}_1 \subset \boldsymbol{U}_2$ oder $\boldsymbol{U}_2 \subset \boldsymbol{U}_1$. Für die zugehörigen projektiven Unterräume $\mathcal{P}([(1, \boldsymbol{s}_i)] \oplus (0 \times \boldsymbol{U}_i))$ bedeutet das, dass die Menge der Fernpunkte des einen Unterraumes ganz in der Menge der Fernpunkte des anderen Unterraumes enthalten ist. Insbesondere sind zwei affine Geraden genau dann parallel, falls sie denselben Fernpunkt hinzugefügt bekommen. Damit kann im affinen Raum $\boldsymbol{H}$ jeder Fernpunkt durch eine Klasse paralleler Geraden repräsentiert werden.

6.6.5 Sei $\boldsymbol{M} := (\boldsymbol{m}_i)_{i \in I}$ eine nicht leere Familie von Punkten in $\boldsymbol{H}$. Dann ist $(K(1, \boldsymbol{m}_i))_{i \in I}$ eine Familie von Punkten im projektiven Raum $\mathcal{P}(K \times \boldsymbol{H})$. Diese Familie ist genau dann projektiv abhängig, wenn es eine nicht triviale Linearkombination

$$\sum_{i \in I} x_i(1, \boldsymbol{m}_i) = \Big(\sum_{i \in I} x_i, \sum_{i \in I} x_i \boldsymbol{m}_i\Big) = (0, \boldsymbol{o})$$

mit Skalaren $x_i \in K$ gibt. Nach Formel (6.4) aus 6.2.5 ist das äquivalent dazu, dass die Familie $(\boldsymbol{m}_i)_{i \in I}$ affin abhängig in $\boldsymbol{H}$ ist. Unter der Abbildung ε geht daher die affine Hülle von $\boldsymbol{M}$ in die Menge der eigentlichen Punkte der projektiven Hülle von $(K(1, \boldsymbol{m}_i))_{i \in I}$ über. Analog entspricht unter ε jeder Durchschnitt und jeder Verbindungsraum affiner Unterräume einem Durchschnitt bzw. einem Verbindungsraum projektiver Unterräume.

Aufgaben

A 6.6.1 Im affinen Raum $\mathbb{R}^{3\times 1}$ seien gegeben:

$$x = (1,0,2)^{\mathrm{T}}, \quad g' = (1,0,-1)^{\mathrm{T}} + [(0,1,2)^{\mathrm{T}}], \quad h' = (0,-1,-1)^{\mathrm{T}} + [(0,1,1)^{\mathrm{T}}].$$

Bette $\mathbb{R}^{3\times 1}$ in $\mathcal{P}(\mathbb{R}^{4\times 1})$ ein und berechne die Treffgerade t_X durch den Punkt $X := \varepsilon(x)$ an die projektiven Geraden $g := \mathrm{H}(\varepsilon(g'))$ und $h := \mathrm{H}(\varepsilon(h'))$ sowie die Schnittpunkte $t_X \cap g$ und $t_X \cap h$. Hat die affine Gerade $t'_X := \varepsilon^{-1}(t_X)$ sowohl mit g' als auch mit h' einen gemeinsamen Punkt?

A 6.6.2 Wir verwenden die Angaben aus A 6.2.2. Bette $\mathbb{R}^{4\times 1}$ in $\mathcal{P}(\mathbb{R}^{5\times 1})$ ein und berechne Basen der durch $\mathcal{A}_1$ bzw. $\mathcal{A}_2$ bestimmten projektiven Unterräume $\mathcal{P}(U_1)$ bzw. $\mathcal{P}(U_2)$. Überprüfe, ob der Fernraum von $\mathcal{P}(U_1)$ im Fernraum von $\mathcal{P}(U_2)$ enthalten ist, oder umgekehrt.

6.7 Kollineare Abbildungen

6.7.1 Strukturerhaltende Abbildungen projektiver Räume lassen sich aus semilinearen Abbildungen von Vektorräumen gewinnen. Allerdings gibt es hier ein Problem: Das Bild eines eindimensionalen Unterraumes unter einer semilinearen Abbildung muss kein eindimensionaler Unterraum sein. Daher erhalten wir im Folgenden Abbildungen, die nur auf einer Teilmenge eines projektiven Raumes definiert sind.

Definition 6.7.2 Sind $\mathcal{P}(V)$ und $\mathcal{P}(V')$ projektive Räume über K, und ist $f : V \to V'$ eine semilineare Abbildung, so heißt die Abbildung

$$\mathcal{P}(f) : \mathcal{P}(V) \setminus \mathcal{P}(\ker f) \to \mathcal{P}(V') : Kx \mapsto K(f(x))$$

die durch f festgelegte *kollineare Abbildung*. Eine kollineare Abbildung heißt *projektiv*[17], falls sie durch eine lineare Abbildung festgelegt werden kann. Eine bijektive kollineare Abbildung heißt auch *Kollineation*.

Für jeden Punkt $X = Kx \in \mathcal{P}(V)$ liegt mit $K(f(x))$ ein Unterraum von V' vor, der von der Auswahl eines Repräsentanten nicht abhängt. Aber nur für $X \notin \mathcal{P}(\ker f)$ ist $K(f(x))$ ein Punkt von $\mathcal{P}(V')$. Deshalb ist die Definitionsmenge einer kollinearen Abbildung $\mathcal{P}(f) =: \kappa$ im Allgemeinen von $\mathcal{P}(V)$ verschieden. Der Unterraum $\mathcal{P}(\ker f) =: \mathcal{P}_\kappa$ heißt *Ausnahmeraum* von κ. Seine Punkte haben keine Bildpunkte.[18] Der Ausnahmeraum ist genau dann leer, wenn f injektiv ist. Die Tatsache, dass die Definitionsmenge einer kollinearen Abbildung κ nicht der ganze projektive Raum $\mathcal{P}(V)$ sein muss, bringt gewisse formale Probleme mit sich. Zur Vermeidung umständlicher und spitzfindiger Schreibweisen treffen wir zwei Vereinbarungen:

Ist $\mathcal{M} = (X_i)_{i\in I}$ eine Familie von Punkten in $\mathcal{P}(V)$, so sei deren *Bildmenge* (abweichend von 1.4.1) erklärt als

$$\kappa(\mathcal{M}) := \{\kappa(X) \mid X \in \mathcal{M} \setminus \mathcal{P}_\kappa\}.$$

Sind weiters $f : V \to V'$ und $f' : V' \to V''$ semilineare Abbildungen, so ist nach 1.5.1 das Produkt $\mathcal{P}(f') \circ \mathcal{P}(f)$ nur erklärt, falls die Bildmenge von $\mathcal{P}(f) =: \kappa$ eine Teilmenge der Definitionsmenge von $\mathcal{P}(f') =: \kappa'$ ist. Wir nehmen hier keine Rücksicht darauf und definieren $\mathcal{P}(f' \circ f) =: \kappa' \circ \kappa$ als *Produkt* der beiden kollinearen Abbildungen. Alle Punkte, die durch

[17] Diese Bezeichnung leitet sich von der in 6.7.3 Beispiel 2 besprochenen Projektion ab.

[18] Selbstverständlich lässt sich die Definition von κ „irgendwie“ auf die Punkte des Ausnahmeraumes $\mathcal{P}_\kappa$ erweitern, aber dabei geht die Kopplung zur semilinearen Abbildung f verloren.

Vektoren aus $\ker(f' \circ f) \setminus \ker f$ repräsentiert werden, haben zwar unter κ einen Bildpunkt, nicht aber unter $\kappa' \circ \kappa$.

Im Sinne der obigen Festsetzung ist das Produkt kollinearer Abbildungen wieder eine kollineare Abbildung. Für eine Kollineation κ ist auch κ^{-1} eine Kollineation. Falls es zu projektiven Räumen $\mathcal{P}(V)$, $\mathcal{P}(V')$ eine projektive Kollineation $\kappa : \mathcal{P}(V) \to \mathcal{P}(V')$ gibt, so nennen wir diese Räume *isomorph*. Das ist genau dann der Fall, wenn V und V' linear isomorph sind.

Beispiele 6.7.3 Die folgenden linearen Abbildungen haben wir schon in 4.2.7 und 6.3.4 untersucht. Nun beschreiben wir die zugehörigen kollinearen Abbildungen, wobei wir die Bezeichnungen geringfügig verändern, indem wir in Beispiel 2 statt $\boldsymbol{v}$ nun $\boldsymbol{z}$ schreiben.

1. Jede Homothetie $c \cdot \mathrm{id}_V$ (mit $c \in K^\times$) bestimmt die projektive Kollineation $\mathcal{P}(c \cdot \mathrm{id}_V) = \mathrm{id}_{\mathcal{P}(V)}$; es bleibt also jeder Punkt von $\mathcal{P}(V)$ fest.

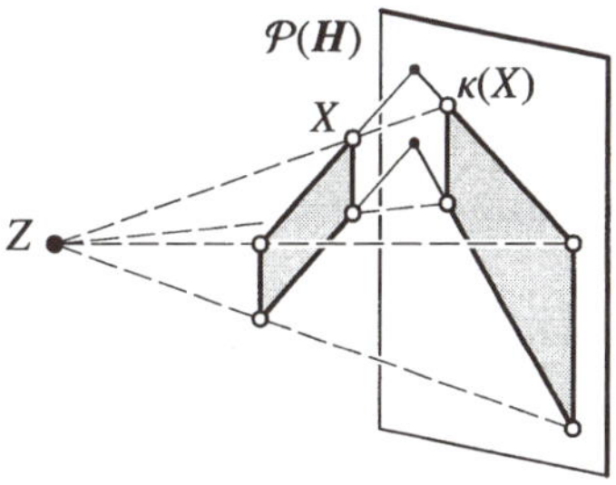

Abbildung 6.20

Abbildung 6.21

2. Es seien $\boldsymbol{a}^* : V \to K$ eine Linearform und $\boldsymbol{z} \in V$ ein Vektor mit $\langle \boldsymbol{a}^*, \boldsymbol{z} \rangle \neq 0$. Dann liegt für festes $c \in K$ mit
$$f : V \to V : \boldsymbol{x} \mapsto \boldsymbol{x} + (c-1)\,\frac{\langle \boldsymbol{a}^*, \boldsymbol{x} \rangle}{\langle \boldsymbol{a}^*, \boldsymbol{z} \rangle}\,\boldsymbol{z}$$
eine lineare Abbildung vor; $\boldsymbol{H} := \ker \boldsymbol{a}^*$ ist eine Hyperebene von V. Die projektive kollineare Abbildung $\kappa := \mathcal{P}(f)$ lässt die Hyperebene $\mathcal{P}(\boldsymbol{H})$ punktweise fest. Der Punkt $Z := K\boldsymbol{z}$ bleibt unter κ für $c \neq 0$ fest und hat für $c = 0$ keinen Bildpunkt. Für jeden Punkt $X \neq Z$ ist $\kappa(X)$ ein Punkt, der auf der Geraden $X \vee Z$ liegt. Wir diskutieren einige Sonderfälle:
$c = 0$: Es ist f die Projektion auf $\boldsymbol{H}$ in Richtung $[\boldsymbol{z}]$ und κ heißt *Projektion* auf $\mathcal{P}(\boldsymbol{H})$ mit dem *Projektionszentrum* Z (Abbildung 6.20). $\{Z\}$ ist der Ausnahmeraum von κ. Für jeden Punkt $X \neq Z$ ist $\kappa(X)$ genau der Schnittpunkt der Geraden $Z \vee X$ mit der Hyperebene $\mathcal{P}(\boldsymbol{H})$. Bei $\dim \mathcal{P}(V) = 3$ waren die Grundgesetze der Projektion aus einem Zentrum auf eine Ebene schon Dürer[19] bekannt. Weiters liegt hier das idealisierte geometrische Modell einer *photographischen Aufnahme* vor: Der Punkt Z entspricht dem optischen Zentrum des Linsensystems. Die Hyperebene $\mathcal{P}(\boldsymbol{H})$ wird durch die Filmebene materialisiert. Derartige Abbildungen werden auch in der Computergraphik zur Erstellung von Bildern und Animationen virtueller Objekte verwendet.
$c \neq 0$: Hier ist f bijektiv und κ heißt eine *perspektive Kollineation* mit *Achse* $\mathcal{P}(\boldsymbol{H})$ und *Zentrum* Z. Genau die Punkte von $\mathcal{P}(\boldsymbol{H})$ und Z bleiben unter κ fest. Insbesondere bei $\operatorname{Char} K \neq 2$ und $c = -1$ ist f involutorisch: Wegen $f = f^{-1}$ gilt auch $\kappa = \kappa^{-1}$. Mit Ausnahme des Falles

[19] Albrecht Dürer (1471–1528).

$\dim \mathcal{P}(V) = 0$ ist $\kappa \neq \mathrm{id}_{\mathcal{P}(V)}$, und diese involutorische Abbildung heißt *Projektivspiegelung* an der Hyperebene $\mathcal{P}(\boldsymbol{H})$ mit Zentrum Z. Eine Projektivspiegelung tritt etwa in Abbildung 6.21 auf (Photo einer ebenen Hausfassade[20]). Die beiden linken und die beiden rechten Fenster liegen in Wirklichkeit symmetrisch zur hellen Linie. Eine einfache Rechnung zeigt, dass ihre Bilder in einer Projektivspiegelung gekoppelt sind. Das Zentrum dieser Projektivspiegelung liegt weit rechts außerhalb des Bildes im gemeinsamen Schnittpunkt der Bilder aller horizontalen Geraden der Fassadenebene.

6.7.4 Sei $f : \boldsymbol{V} \to \boldsymbol{V}'$ eine semilineare Abbildung. Aus bekannten Eigenschaften von f folgen sofort Eigenschaften der kollinearen Abbildung $\kappa := \mathcal{P}(f)$. Da f nach 5.2.1 (vgl. auch Satz 3.2.4 (a)) jeden Unterraum $\boldsymbol{U}$ von $\boldsymbol{V}$ in den Unterraum $f(\boldsymbol{U})$ von $\boldsymbol{V}'$ überführt, geht unter κ der projektive Unterraum $\mathcal{P}(\boldsymbol{U}) \subset \mathcal{P}(\boldsymbol{V})$ in den projektiven Unterraum $\kappa(\mathcal{P}(\boldsymbol{U})) = \mathcal{P}(f(\boldsymbol{U}))$ über. Ist $\mathcal{P}(\boldsymbol{U})$ eine projektive Gerade, so gibt es nur drei Möglichkeiten:

Fall 1: Für $\dim(\ker f \cap \boldsymbol{U}) = 0$ bildet κ die Gerade $\mathcal{P}(\boldsymbol{U})$ bijektiv auf die Gerade $\kappa(\mathcal{P}(\boldsymbol{U}))$ ab. Das ist bei einer Kollineation stets der Fall.

Fall 2: Für $\dim(\ker f \cap \boldsymbol{U}) = 1$ hat genau ein Punkt von $\mathcal{P}(\boldsymbol{U})$ keinen Bildpunkt, alle anderen Punkte der Geraden haben denselben Bildpunkt. Dies trifft etwa für die Geraden durch das Zentrum einer Projektion zu. Vgl. 6.7.3 Beispiel 2.

Fall 3: Für $\dim(\ker f \cap \boldsymbol{U}) = 2$ liegt die Gerade ganz im Ausnahmeraum $\mathcal{P}_\kappa$ und hat keine Bildpunkte. Es ist also $\kappa(\mathcal{P}(\boldsymbol{U})) = \emptyset$.

Es folgt, dass unter einer kollinearen Abbildung stets kollineare Punkte der Definitionsmenge in kollineare Punkte der Zielmenge übergeführt werden. Daraus leitet sich die Bezeichnung für eine solche Abbildung ab.

Sei $\mathcal{M} = (X_i)_{i \in I}$ eine Familie von Punkten in $\mathcal{P}(\boldsymbol{V})$. Dann gilt

$$\kappa(\mathrm{H}(\mathcal{M})) = \mathrm{H}(\{\kappa(X_i) \mid i \in I \text{ und } X_i \notin \mathcal{P}_\kappa\})$$

nach der zu Satz 3.2.4 (c) analogen Eigenschaft für semilineare Abbildungen. Eine Kollineation führt Simplizes, projektive Erzeugendensysteme und insbesondere projektive Basen in gleichartige Familien über. Das folgt aus den betreffenden Eigenschaften für semilineare Bijektionen.

Wir haben in 6.7.3 Beispiel 1 gesehen, dass verschiedene semilineare Abbildungen dieselbe kollineare Abbildung festlegen können. Nun untersuchen wir die Frage nach allen semilinearen Abbildungen, welche dieselbe kollineare Abbildung bestimmen.

Satz 6.7.5 *Es seien f und g semilineare Abbildungen $\boldsymbol{V} \to \boldsymbol{V}'$.*

(a) *Für alle $c \in K^\times$ gilt $\mathcal{P}(f) = \mathcal{P}(cf)$.*

(b) *Wenn $\mathcal{P}(f)$ keinen oder mehr als einen Bildpunkt hat, folgt aus $\mathcal{P}(f) = \mathcal{P}(g)$ die Existenz eines Skalars $c \in K^\times$ mit $cf = g$.*

Beweis. (a) Wegen $Kf(\boldsymbol{x}) = K(cf)(\boldsymbol{x})$ für alle $c \in K^\times$ und alle $\boldsymbol{x} \in \boldsymbol{V}$ ist $\mathcal{P}(cf) = \mathcal{P}(f)$.

(b) Aus $\mathcal{P}(f) = \mathcal{P}(g)$ folgt jedenfalls $\ker f = \ker g$, da die Definitionsmengen der Abbildungen $\mathcal{P}(f)$ und $\mathcal{P}(g)$ gleich sind. Hat $\mathcal{P}(f)$ keinen Bildpunkt, so folgt $f = g$ aus $\ker f = \ker g = \boldsymbol{V}$.

[20]Stift Melk, 2002.

Andernfalls hat $\mathcal{P}(f)$ nach Voraussetzung mindestens zwei verschiedene Bildpunkte. Es gibt daher zwei Vektoren $\boldsymbol{a}, \boldsymbol{b} \in \boldsymbol{V}$, deren Bilder l. u. sind. Die Vektoren $\boldsymbol{a}, \boldsymbol{b}$ sind daher ebenfalls l. u. Für jeden Vektor $\boldsymbol{x} \in \boldsymbol{V} \setminus \ker f$ zeigt $\mathcal{P}(f)(K\boldsymbol{x}) = \mathcal{P}(g)(K\boldsymbol{x})$ die Existenz eines Skalars

$$c_{\boldsymbol{x}} \in K^{\times} \ \text{mit} \ c_{\boldsymbol{x}}(f(\boldsymbol{x})) = g(\boldsymbol{x}).$$

Wir zeigen, dass $c_{\boldsymbol{x}}$ eine von $\boldsymbol{x}$ unabhängige Konstante ist, und unterscheiden dazu:

Fall 1: Ist $(f(\boldsymbol{x}), f(\boldsymbol{a}))$ l. u., so folgt aus

$$g(\boldsymbol{x}+\boldsymbol{a}) = c_{\boldsymbol{x}+\boldsymbol{a}} f(\boldsymbol{x}+\boldsymbol{a}) = c_{\boldsymbol{x}+\boldsymbol{a}} f(\boldsymbol{x}) + c_{\boldsymbol{x}+\boldsymbol{a}} f(\boldsymbol{a}),$$
$$g(\boldsymbol{x}+\boldsymbol{a}) = g(\boldsymbol{x}) + g(\boldsymbol{a}) = c_{\boldsymbol{x}} f(\boldsymbol{x}) + c_{\boldsymbol{a}} f(\boldsymbol{a})$$

und der Eindeutigkeit der Darstellung als Linearkombination in der Basis $(f(\boldsymbol{x}), f(\boldsymbol{a}))$ dann $c_{\boldsymbol{x}+\boldsymbol{a}} = c_{\boldsymbol{x}} = c_{\boldsymbol{a}}$. Insbesondere ist $c_{\boldsymbol{a}} = c_{\boldsymbol{b}}$.

Fall 2: Ist $(f(\boldsymbol{x}), f(\boldsymbol{a}))$ l. a., so ersetzen wir in Fall 1 den Vektor $\boldsymbol{a}$ durch den Vektor $\boldsymbol{b}$. Das zeigt $c_{\boldsymbol{x}} = c_{\boldsymbol{b}} = c_{\boldsymbol{a}}$.

Für jeden Vektor $\boldsymbol{x} \in \ker f = \ker g$ ist $c_{\boldsymbol{a}}(f(\boldsymbol{x})) = c_{\boldsymbol{a}}\boldsymbol{o} = \boldsymbol{o} = g(\boldsymbol{x})$ offensichtlich erfüllt, was insgesamt $c_{\boldsymbol{a}} f = g$ ergibt. □

Hat $\mathcal{P}(f) = \mathcal{P}(g)$ genau einen Bildpunkt, so können f und g zu verschiedenen Körperautomorphismen gehören und müssen daher nicht proportional sein. Wird zusätzlich vorausgesetzt, dass f und g zum selben Körperautomorphismus gehören, so sind diese Abbildungen jedoch proportional (Übungsaufgabe).

Alle Kollineationen von $\mathcal{P}(\boldsymbol{V})$ auf sich bilden die *Kollineationsgruppe* $\mathrm{P\Gamma L}(\boldsymbol{V})$. Das $\Gamma\mathrm{L}$ vorangestellte „P“ weist auf den projektiven Raum hin. Die Abbildung $\Gamma\mathrm{L}(\boldsymbol{V}) \to \mathrm{P\Gamma L}(\boldsymbol{V}) : f \mapsto \mathcal{P}(f)$ ist ein surjektiver Gruppenhomomorphismus. Dessen Kern ist für $\dim \mathcal{P}(\boldsymbol{V}) \neq 0$ gleich der Menge aller Homothetien von $\boldsymbol{V}$. Im Fall $\dim \mathcal{P}(\boldsymbol{V}) = 0$ stimmt die gesamte Gruppe $\Gamma\mathrm{L}(\boldsymbol{V})$ mit dem Kern überein. Alle projektiven Kollineationen bilden den Normalteiler $\mathrm{PGL}(\boldsymbol{V})$ der Gruppe $\mathrm{P\Gamma L}(\boldsymbol{V})$, die sogenannte *projektive Gruppe* von $\mathcal{P}(\boldsymbol{V})$. Auch hier liegt ein surjektiver Gruppenhomomorphismus $\mathrm{GL}(\boldsymbol{V}) \to \mathrm{PGL}(\boldsymbol{V}) : f \mapsto \mathcal{P}(f)$ vor. Die Beweise werden als Übungsaufgabe gestellt.

6.7.6 Es ist nicht ganz leicht, eine nicht injektive kollineare Abbildung durch Urpunkte, deren Bildpunkte und einen Körperautomorphismus festzulegen.[21] Wir beschränken uns hier auf den Sonderfall, eine solche Angabe für Kollineationen endlichdimensionaler projektiver Räume zu entwickeln. Dazu benötigen wir den folgenden Begriff:

Eine Familie $(Q_i)_{i \in I}$ von Punkten eines endlichdimensionalen projektiven Raumes $\mathcal{P}(\boldsymbol{V})$ heißt ein *Bezugssystem*[22], falls für alle $j \in I$ die Familie $(Q_i)_{i \in I \setminus \{j\}}$ eine Basis von $\mathcal{P}(\boldsymbol{V})$ bildet. Kurz: Durch Wegstreichen eines beliebigen Punktes eines Bezugssystems entsteht eine Basis.

Satz 6.7.7 *Sei $\mathcal{P}(\boldsymbol{V})$ ein projektiver Raum mit* $\dim \mathcal{P}(\boldsymbol{V}) = n < \infty$.

(a) *Sei* $n \geq 0$. *Ist $(\boldsymbol{b}_0, \boldsymbol{b}_1, \ldots, \boldsymbol{b}_n)$ eine Basis von $\boldsymbol{V}$, so ergibt*

$$(K\boldsymbol{b}_0, K\boldsymbol{b}_1, \ldots, K\boldsymbol{b}_n, K\boldsymbol{b}) \ \textit{mit} \ \boldsymbol{b} := \sum_{i=0}^{n} \boldsymbol{b}_i$$

[21] Es gibt etwa projektive kollineare Abbildungen, die für fast alle Punkte einer algebraischen Raumkurve dasselbe leisten, ohne dass die Abbildungen gleich sind. Für ein tieferes Verständnis der hier auftretenden Probleme sind Kenntnisse notwendig, die uns nicht zur Verfügung stehen.

[22] Andere Bezeichnungen: Punkte allgemeiner Lage, Fundamentalmenge, Rahmen.

ein Bezugssystem von $\mathcal{P}(V)$ mit $n+2$ Punkten, und jedes Bezugssystem von $\mathcal{P}(V)$ lässt sich mit Hilfe einer Basis so darstellen.

(b) *Für $n = -1$ bestimmt die einzige Basis von $\boldsymbol{V} = \{\boldsymbol{o}\}$ das einzige Bezugssystem von $\mathcal{P}(V)$, nämlich die leere Familie von Punkten.*

(c) *Durch Basen $(\boldsymbol{b}_0, \boldsymbol{b}_1, \dots, \boldsymbol{b}_n)$ und $(\tilde{\boldsymbol{b}}_0, \tilde{\boldsymbol{b}}_1, \dots, \tilde{\boldsymbol{b}}_n)$ von $\boldsymbol{V}$ wird genau dann dasselbe Bezugssystem von $\mathcal{P}(V)$ festgelegt, falls ein Skalar $c \in K^\times$ existiert mit $\tilde{\boldsymbol{b}}_i = c\boldsymbol{b}_i$ für alle $i \in \{0, 1, \dots, n\}$.*

Beweis. (a) Zu zeigen ist, dass wir eine Basis von $\boldsymbol{V}$ erhalten, wenn wir aus $(\boldsymbol{b}_0, \boldsymbol{b}_1, \dots, \boldsymbol{b}_n, \boldsymbol{b})$ einen beliebigen Vektor wegstreichen. Wird $\boldsymbol{b}$ entfernt, so ist das richtig. Nach dem Austauschlemma 2.6.2 erhalten wir eine Basis von $\boldsymbol{V}$, falls wir einen beliebigen Vektor $\boldsymbol{b}_j$ der Basis $(\boldsymbol{b}_0, \boldsymbol{b}_1, \dots, \boldsymbol{b}_n)$ durch $\boldsymbol{b}$ ersetzen, da die j-te Koordinate von $\boldsymbol{b}$ bezüglich dieser Basis gleich $1 \in K$ ist. Daher liefert auch das Wegstreichen von $\boldsymbol{b}_j$ eine Basis von $\boldsymbol{V}$.

Ist nun umgekehrt ein Bezugssystem vorgegeben, so liegt wegen $n \geq 0$ eine Familie mit $n+2$ Punkten vor, die wir in der Form $(K\boldsymbol{q}_0, K\boldsymbol{q}_1, \dots, K\boldsymbol{q}_n, K\boldsymbol{q})$ anschreiben können. Dann ist $(\boldsymbol{q}_0, \boldsymbol{q}_1, \dots, \boldsymbol{q}_n)$ eine Basis von $\boldsymbol{V}$, und es gibt eine Linearkombination $\boldsymbol{q} = \sum_{i=0}^{n} c_i \boldsymbol{q}_i$ mit $c_i \in K$. Streichen wir in $(\boldsymbol{q}_0, \boldsymbol{q}_1, \dots, \boldsymbol{q}_n, \boldsymbol{q})$ einen beliebigen Vektor $\boldsymbol{q}_j$ weg, so erhalten wir wieder eine Basis von $\boldsymbol{V}$. Da $\boldsymbol{q}_j$ in der Hülle dieser Vektoren liegt, folgt $c_j \neq 0$. Somit ist

$$(c_0\boldsymbol{q}_0, c_1\boldsymbol{q}_1, \dots, c_n\boldsymbol{q}_n)$$

eine Basis von $\boldsymbol{V}$. Diese hat die gewünschte Eigenschaft, da die Basisvektoren der Reihe nach die Punkte $K\boldsymbol{q}_0, K\boldsymbol{q}_1, \dots, K\boldsymbol{q}_n$ repräsentieren und die Summe der Basisvektoren den Punkt $K\boldsymbol{q}$ festlegt.

(b) Die einzige Basis von $\boldsymbol{V} = \{\boldsymbol{o}\}$ ist die leere Familie () von Vektoren aus $\boldsymbol{V}$. Offenbar ist die leere Familie () von Punkten aus $\mathcal{P}(V) = \emptyset$ das einzige Bezugssystem von $\mathcal{P}(V)$.[23]

(c) Aus der Gleichheit der Bezugssysteme folgt die Existenz von Skalaren $c_i, c \in K^\times$ mit

$$\tilde{\boldsymbol{b}}_i = c_i\boldsymbol{b}_i \quad \text{für alle } i \in \{0, 1, \dots, n\} \quad \text{und} \quad \sum_{i=0}^{n} \tilde{\boldsymbol{b}}_i = c \sum_{i=0}^{n} \boldsymbol{b}_i.$$

Es folgt $\sum_{i=0}^{n} c_i\boldsymbol{b}_i = \sum_{i=0}^{n} c\boldsymbol{b}_i$. Die Eindeutigkeit der Darstellung eines Vektors als Linearkombination einer Basis ergibt $c_i = c$ für alle $i \in \{0, 1, \dots, n\}$. Die Umkehrung ist klar. □

Bei $n = 0$ fallen die beiden Punkte eines Bezugssystems zusammen, da $\boldsymbol{b} = \boldsymbol{b}_0$. Bei $n > 0$ sind die $n+2$ Punkte eines jeden Bezugssystems verschieden. Ein Bezugssystem einer projektiven Ebene ist ein Viereck. In einem dreidimensionalen projektiven Raum besteht ein Bezugssystem (Q_0, Q_1, Q_2, Q_3, Q) aus einem Tetraeder (Q_0, Q_1, Q_2, Q_3) und einem weiteren Punkt Q, der in keiner Seitenebene des Tetraeders liegt.

Der Fortsetzungssatz 5.2.3 liefert nun folgende Angabe für eine Kollineation:

Satz 6.7.8 *Es seien $(Q_0, Q_1, \dots, Q_n, Q)$ und $(Q'_0, Q'_1, \dots, Q'_n, Q')$ Bezugssysteme der projektiven Räume $\mathcal{P}(V)$ bzw. $\mathcal{P}(V')$ sowie $\zeta \in \mathrm{Aut}(K)$. Dann gibt es genau eine durch eine ζ-semilineare Abbildung $\boldsymbol{V} \to \boldsymbol{V}'$ bestimmte Kollineation κ mit*

$$\kappa(Q_0) = Q'_0, \quad \kappa(Q_1) = Q'_1, \quad \dots, \quad \kappa(Q_n) = Q'_n, \quad \kappa(Q) = Q'.$$

[23] Die Konstruktion aus (a) kann auch hier ausgeführt werden. Die (leere) Summe über alle Basisvektoren ergibt $\boldsymbol{b} = \boldsymbol{o}$, aber $(K\boldsymbol{b})$ ist keine Familie von Punkten. Dies erklärt auch, warum ein Bezugssystem für $n = -1$ *keine* Familie der Mächtigkeit $n + 2 = 1$ ist.

Beweis. (a) Die beiden gegebenen Bezugssysteme lassen sich nach Satz 6.7.7 durch Basen $(\boldsymbol{b}_0, \boldsymbol{b}_1, \dots, \boldsymbol{b}_n)$ und $(\boldsymbol{b}'_0, \boldsymbol{b}'_1, \dots, \boldsymbol{b}'_n)$ von $\boldsymbol{V}$ bzw. $\boldsymbol{V}'$ festlegen. Es gibt genau eine ζ-semilineare Bijektion

$$f : \boldsymbol{V} \to \boldsymbol{V}' \quad \text{mit} \quad \boldsymbol{b}_i \mapsto \boldsymbol{b}'_i \quad \text{für alle} \quad i \in \{0, 1, \dots, n\}.$$

Dann gilt auch $f(\sum_{i=0}^{n} \boldsymbol{b}_i) = \sum_{i=0}^{n} \boldsymbol{b}'_i$; daher ist $\mathcal{P}(f)$ eine Abbildung mit den geforderten Eigenschaften.

(b) Sei nun umgekehrt $g : \boldsymbol{V} \to \boldsymbol{V}'$ eine ζ-semilineare Abbildung, die eine Lösungsabbildung $\mathcal{P}(g)$ bestimmt. Dann legt für $n \geq 0$ die Basis $(g(\boldsymbol{b}_0), g(\boldsymbol{b}_1), \dots, g(\boldsymbol{b}_n))$ von $\boldsymbol{V}'$ ebenfalls das Bezugssystem $(Q'_0, Q'_1, \dots, Q'_n, Q')$ fest. Mit Satz 6.7.7 (c) folgt die Existenz eines Skalars $c \in K^{\times}$ mit $g(\boldsymbol{b}_i) = c\boldsymbol{b}'_i$ für alle $i \in \{0, 1, \dots, n\}$. Nun zeigt Satz 5.2.2 die Gleichheit $g = cf$, da g ebenfalls ζ-semilinear ist. □

Der obige Satz ist die mathematische Grundlage zur *Entzerrung* photographischer Aufnahmen von ebenen Figuren. Vgl. dazu das Beispiel 6.8.10.

Wir haben in Abschnitt 6.6 die Einbettung affiner Räume in projektive Räume untersucht. Sie zieht folgende Kopplung semiaffiner und kollinearer Abbildungen mit sich.

Satz 6.7.9 *Es seien $\boldsymbol{H}$ und $\boldsymbol{H}'$ Vektorräume über K, und es sei $\alpha : \boldsymbol{H} \to \boldsymbol{H}'$ eine ζ-semiaffine Abbildung. Ferner seien $\varepsilon : \boldsymbol{H} \to \mathcal{P}(K \times \boldsymbol{H}) \setminus \mathcal{P}(0 \times \boldsymbol{H})$ bzw. $\varepsilon' : \boldsymbol{H}' \to \mathcal{P}(K \times \boldsymbol{H}') \setminus \mathcal{P}(0 \times \boldsymbol{H}')$ die zugehörigen Einbettungen. Dann lässt sich $\varepsilon' \circ \alpha \circ \varepsilon^{-1}$ zu genau einer kollinearen Abbildung*

$$\kappa : \mathcal{P}(K \times \boldsymbol{H}) \setminus \mathcal{P}_{\kappa} \to \mathcal{P}(K \times \boldsymbol{H}')$$

fortsetzen.

Beweis. (a) Nach Satz 6.3.10 gibt es genau eine ζ-semilineare Abbildung $g : K \times \boldsymbol{H} \to K \times \boldsymbol{H}'$ mit $g(1, \boldsymbol{x}) = (1, \alpha(\boldsymbol{x}))$ für alle $\boldsymbol{x} \in \boldsymbol{H}$. Daher ist $\kappa := \mathcal{P}(g)$ eine Abbildung mit den geforderten Eigenschaften.

(b) Ist umgekehrt $\tilde{\kappa} = \mathcal{P}(\tilde{g})$ eine Lösungsabbildung, so leisten κ und $\tilde{\kappa}$ für alle eigentlichen Punkte dasselbe. Wir wählen nun einen eigentlichen Punkt A fest aus. Ist X ein Fernpunkt, so liegt auf der Geraden $A \vee X$ noch ein weiterer eigentlicher Punkt B. Es gibt nach 6.7.4 genau zwei Möglichkeiten:

Fall 1: Für $\kappa(A) = \tilde{\kappa}(A) = \kappa(B) = \tilde{\kappa}(B)$ hat jeder eigentliche Punkt der Geraden $A \vee B$ unter κ und $\tilde{\kappa}$ denselben Bildpunkt. Es liegt daher X für beide Abbildungen im jeweiligen Ausnahmeraum.

Fall 2: Für $\kappa(A) = \tilde{\kappa}(A) \neq \kappa(B) = \tilde{\kappa}(B)$ bilden sowohl κ als auch $\tilde{\kappa}$ die Gerade $A \vee B$ in bijektiver Weise auf dieselbe Gerade ab. Das ist nur so möglich, dass der Fernpunkt X unter beiden Abbildungen in den einzigen Fernpunkt der Bildgeraden übergeht.

Daher gilt $\kappa = \tilde{\kappa}$. □

Der Beweis zeigt, dass die kollineare Abbildung κ alle Fernpunkte, die nicht in $\mathcal{P}_{\kappa}$ liegen, in Fernpunkte überführt. Es ist κ genau dann projektiv bzw. bijektiv, falls die Abbildung α affin bzw. bijektiv ist.

Aufgaben

A 6.7.1 Die kanonische Basis $\boldsymbol{E} = (\boldsymbol{e}_0, \boldsymbol{e}_1, \boldsymbol{e}_2)$ von $\mathbb{R}^{3\times1}$ bestimmt das *kanonische Viereck*

$$Q_0 = \mathbb{R}\boldsymbol{e}_0, \quad Q_1 = \mathbb{R}\boldsymbol{e}_1, \quad Q_2 = \mathbb{R}\boldsymbol{e}_2, \quad Q = \mathbb{R}(\boldsymbol{e}_0 + \boldsymbol{e}_1 + \boldsymbol{e}_2)$$

der projektiven Ebene $\mathcal{P}(\mathbb{R}^{3\times1})$. Lege eine Abbildung $f \in \mathrm{GL}(\mathbb{R}^{3\times1})$ durch ihre Matrix $\langle \boldsymbol{E}^*, f(\boldsymbol{E})\rangle$ so fest, dass $\kappa := \mathcal{P}(f)$ die Punkte des Vierecks wie folgt permutiert:

$$(Q_0, Q_1, Q_2, Q) \overset{\kappa}{\mapsto} (Q_1, Q_0, Q, Q_2).$$

Berechne die drei Diagonalpunkte A, B, C des Vierecks und weise nach: κ ist Projektivspiegelung mit dem Diagonalpunkt $A = Q_0Q_1 \cap Q_2Q$ als Zentrum und der Verbindungsgeraden $B \vee C$ der beiden anderen Diagonalpunkte als Achse.

A 6.7.2 In der projektiven Ebene $\mathcal{P}(\mathbb{R}^{3\times1})$ sei das Viereck

$$Q'_0 = \mathbb{R}(-1, 1, -2)^{\mathrm{T}}, \quad Q'_1 = \mathbb{R}(2, -5, 1)^{\mathrm{T}}, \quad Q'_2 = \mathbb{R}(1, 2, -3)^{\mathrm{T}}, \quad Q' = \mathbb{R}(0, 0, 1)^{\mathrm{T}}$$

gegeben. Lege eine Abbildung $f \in \mathrm{GL}(\mathbb{R}^{3\times1})$ so fest, dass die projektive Kollineation $\kappa = \mathcal{P}(f)$ das kanonische Viereck (vgl. A 6.7.1) in das Viereck (Q'_0, Q'_1, Q'_2, Q') überführt.

A 6.7.3 In $\mathbb{R}^{2\times1}$ seien zwei Vierecke $(\boldsymbol{p}_0, \boldsymbol{p}_1, \boldsymbol{p}_2, \boldsymbol{p}_3)$ und $(\boldsymbol{p}'_0, \boldsymbol{p}'_1, \boldsymbol{p}'_2, \boldsymbol{p}'_3)$ gegeben:

$$\boldsymbol{p}_0 = \begin{pmatrix}0\\0\end{pmatrix}, \boldsymbol{p}_1 = \begin{pmatrix}2\\0\end{pmatrix}, \boldsymbol{p}_2 = \begin{pmatrix}0\\2\end{pmatrix}, \boldsymbol{p}_3 = \begin{pmatrix}2\\2\end{pmatrix}, \boldsymbol{p}'_0 = \begin{pmatrix}0\\2\end{pmatrix}, \boldsymbol{p}'_1 = \begin{pmatrix}2\\2\end{pmatrix}, \boldsymbol{p}'_2 = \begin{pmatrix}1\\3\end{pmatrix}, \boldsymbol{p}'_3 = \begin{pmatrix}2\\3\end{pmatrix}.$$

(a) Bette $\mathbb{R}^{2\times1}$ in $\mathcal{P}(\mathbb{R}^{3\times1})$ ein und bestimme eine Kollineation $\kappa \in \mathrm{PGL}(\mathbb{R}^{3\times1})$ so, dass $\varepsilon(\boldsymbol{p}_i) \overset{\kappa}{\mapsto} \varepsilon(\boldsymbol{p}'_i)$ für $i \in \{0, 1, 2, 3\}$.

(b) Die Ferngerade hat die Gleichung $x_0 = 0$. Lege ihr Bild und ihr Urbild bezüglich κ sowie die affinen Ausschnitte dieser beiden Geraden durch jeweils eine lineare Gleichung fest.

(c) Veranschauliche die Ergebnisse in einer Skizze.

Hinweis: Die Gleichung des Urbildes einer Geraden kann nach A 5.2.4 bestimmt werden.

6.8 Projektive Koordinaten

6.8.1 In den folgenden Überlegungen liegt ein n-dimensionaler projektiver Raum $\mathcal{P}(V)$ mit $n < \infty$ vor. Ist $\boldsymbol{B} = (\boldsymbol{b}_0, \boldsymbol{b}_1, \ldots, \boldsymbol{b}_n)$ eine Basis von $\boldsymbol{V}$, so bestimmt die zugehörige duale Basis $\boldsymbol{B}^*$ die projektive Kollineation

$$\mathcal{P}(\boldsymbol{B}^*) : \mathcal{P}(V) \to \mathcal{P}(K^{(n+1)\times1}) : K\boldsymbol{x} \mapsto K\langle \boldsymbol{B}^*, \boldsymbol{x}\rangle.$$

Diese wird als die *Koordinatisierung* zum *projektiven Koordinatensystem*[24]

$$(K\boldsymbol{b}_0, K\boldsymbol{b}_1, \ldots, K\boldsymbol{b}_n, K\boldsymbol{b}) \text{ mit } \boldsymbol{b} = \sum_{i=0}^{n} \boldsymbol{b}_i$$

bezeichnet. Jeder Repräsentant von $\mathcal{P}(\boldsymbol{B}^*)(K\boldsymbol{x})$ heißt eine *projektive Koordinatenspalte* des Punktes $K\boldsymbol{x}$. Bei $\mathcal{P}(V) \neq \emptyset$ werden die Punkte $K\boldsymbol{b}_0, K\boldsymbol{b}_1, \ldots, K\boldsymbol{b}_n$ als die *Grundpunkte* und der Punkt $K\boldsymbol{b}$ als der *Einheitspunkt* des Koordinatensystems bezeichnet.

Ein projektives Koordinatensystem und ein Bezugssystem sind dasselbe. Die Koordinatisierung $\mathcal{P}(\boldsymbol{B}^*)$ hängt in der Tat nur vom Koordinatensystem und nicht von der Auswahl der

[24] Für $n = -1$ besteht das Koordinatensystem abweichend von der nachfolgenden Formel aus der leeren Familie () von Punkten. Dieser Fall ist aber ohnehin nicht von Interesse.

Vektorraumbasis ab, die zu dessen Festlegung verwendet wird. Bei projektiven Koordinaten laufen die Indizes der Koordinaten immer von 0 bis n. Eine Koordinatenspalte eines Punktes ist nur bis auf einen Faktor $\neq 0$ bestimmt.[25] Die Bilder der Grundpunkte und des Einheitspunktes unter $\mathcal{P}(\boldsymbol{B}^*)$ sind der Reihe nach

$$K(1,0,\dots,0)^{\mathrm{T}},\quad K(0,1,\dots,0)^{\mathrm{T}},\quad \dots,\quad K(0,0,\dots,1)^{\mathrm{T}},\quad K(1,1,\dots,1)^{\mathrm{T}}.$$

Das sind genau die Punkte des *kanonischen Koordinatensystems* von $\mathcal{P}(K^{(n+1)\times 1})$.

Beispiel 6.8.2 Sei $\boldsymbol{H}$ ein n-dimensionaler Vektorraum über $\mathbb{R}$ mit $n < \infty$, den wir als affinen Raum auffassen. Ist $\boldsymbol{p}_0, \boldsymbol{p}_1, \dots, \boldsymbol{p}_n$ eine affine Basis von $\boldsymbol{H}$, so ist deren (geometrischer) *Schwerpunkt* (oder: Baryzentrum) erklärt als der Punkt

$$\boldsymbol{s} = \frac{1}{n+1}\sum_{i=0}^{n} \boldsymbol{p}_i.$$

Wir betten nun $\boldsymbol{H}$ in den projektiven Raum über $\mathbb{R} \times \boldsymbol{H}$ ein. Dann ist

$$(\mathbb{R}(1,\boldsymbol{p}_0), \mathbb{R}(1,\boldsymbol{p}_1), \dots, \mathbb{R}(1,\boldsymbol{p}_n), \mathbb{R}(1,\boldsymbol{s}))$$

ein projektives Koordinatensystem von $\mathcal{P}(\mathbb{R} \times \boldsymbol{H})$ zur Basis

$$\boldsymbol{B} := \left(\frac{1}{n+1}(1,\boldsymbol{p}_0), \frac{1}{n+1}(1,\boldsymbol{p}_1), \dots, \frac{1}{n+1}(1,\boldsymbol{p}_n)\right).$$

Ordnen wir jedem Punkt $\boldsymbol{h} \in \boldsymbol{H}$ die projektiven Koordinaten des Punktes $\mathbb{R}(1,\boldsymbol{h})$ zu, so erhalten wir die *baryzentrischen Koordinaten* von $\boldsymbol{h}$. Diese gestatten im Anschluss an 6.6.3 Beispiel 6 eine einfache physikalische Interpretation: Der Punkt $\boldsymbol{h}$ lässt sich als affine Linearkombination

$$\boldsymbol{h} = \frac{1}{\sum_{i=0}^{n} h_i}\sum_{i=0}^{n} h_i \boldsymbol{p}_i = \frac{n+1}{\sum_{i=0}^{n} h_i}\sum_{i=0}^{n} h_i\left(\frac{1}{n+1}\boldsymbol{p}_i\right)$$

mit $\sum_{i=0}^{n} h_i \neq 0$ schreiben. Er ist daher der physikalische Schwerpunkt zur Massebelegung $(h_0, h_1, \dots, h_n)$ in den Basispunkten. Stellen wir den Vektor $(1,\boldsymbol{h})$ als Linearkombination der

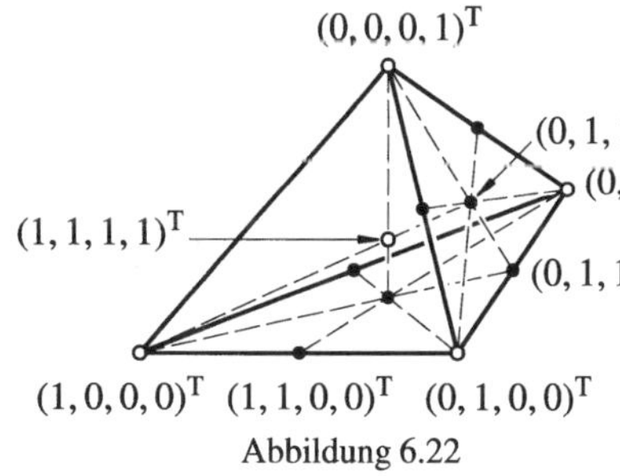

Abbildung 6.22

Basis $\boldsymbol{B}$ dar, so erkennen wir, dass $\mathbb{R}(h_0, h_1, \dots, h_n)$ die baryzentrischen Koordinaten von $\boldsymbol{h}$ sind. Für alle $c \in \mathbb{R}^{\times}$ ist $c(h_0, h_1, \dots, h_n)$ auch ein baryzentrischer Koordinatenvektor von $\boldsymbol{h}$. Das entspricht der Tatsache, dass proportionale Massebelegungen in den Basispunkten denselben physikalischen Schwerpunkt liefern. Die Fernhyperebene hat hier übrigens die Gleichung $\sum_{i=0}^{n} x_i = 0$. Die Fernpunkte entsprechen damit solchen Massebelegungen, deren Gesamtmasse

[25] Projektive Koordinaten werden auch in der Form einer fortlaufenden Proportion als $(x_0 : x_1 : \dots : x_n)$ geschrieben. Bei unserer Spaltenschreibweise ist das nicht möglich.

die Größe Null hat. Nur die Massebelegung $(0, 0, \dots, 0)$ bleibt ausgeschlossen. Abbildung 6.22 zeigt den dreidimensionalen Fall, wobei für einige Punkte ein baryzentrischer Koordinatenvektor angegeben ist.

6.8.3 Wenn wir eine projektive Gerade koordinatisieren, so hat jeder Punkt zwei projektive Koordinaten $x_0, x_1 \in K$. Da diese nur bis auf einen gemeinsamen Faktor in $K^\times$ bestimmt sind, ist deren Quotient $\frac{x_1}{x_0}$ von der Auswahl der Koordinatenspalte unabhängig. Um auch den Fall $x_0 = 0$ erfassen zu können, erweitern wir den Skalarkörper K um ein neues Element ∞ und definieren $\frac{x}{0} =: \infty$ für alle $x \in K^\times$. Damit können wir nun einen klassischen Begriff der projektiven Geometrie einführen: Sei $\mathcal{P}(\boldsymbol{U})$ eine Gerade eines projektiven Raumes $\mathcal{P}(\boldsymbol{V})$. Hat ein Punkt $X \in \mathcal{P}(\boldsymbol{U})$ bezüglich eines projektiven Koordinatensystems (P_0, P_1, P) dieser Geraden die Koordinatenspalte $(x_0, x_1)^{\mathrm{T}}$, so heißt

$$\mathrm{DV}(X, P, P_0, P_1) := \frac{x_1}{x_0} \in K \cup \{\infty\}$$

das *Doppelverhältnis* der Punkte X, P, P_0, P_1. Es ist also

$$\frac{x_1}{x_0} = \mathrm{DV}(K\boldsymbol{x}, K(\boldsymbol{b}_0 + \boldsymbol{b}_1), K\boldsymbol{b}_0, K\boldsymbol{b}_1) \quad \Leftrightarrow \quad K\boldsymbol{x} = K(x_0\boldsymbol{b}_0 + x_1\boldsymbol{b}_1). \tag{6.18}$$

Insbesondere gilt

$$\mathrm{DV}(P, P, P_0, P_1) = 1, \quad \mathrm{DV}(P_0, P, P_0, P_1) = 0, \quad \mathrm{DV}(P_1, P, P_0, P_1) = \infty.$$

Bei fest gewähltem Koordinatensystem ist $\mathrm{DV}(\,\cdot\,, P, P_0, P_1) : \mathcal{P}(\boldsymbol{U}) \to K \cup \{\infty\}$ eine Bijektion. Wir haben also mit $K \cup \{\infty\}$ ein neues Modell für eine projektive Gerade gefunden.

6.8.4 Hat der Skalarkörper K nicht die Charakteristik 2, so ist $2 \neq 0$ und daher $-1 \neq 1$; es gibt zu drei verschiedenen Punkten B, C, D einer projektiven Geraden genau einen Punkt A dieser Geraden mit

$$\mathrm{DV}(A, B, C, D) = -1.$$

Dieser Punkt heißt der *vierte harmonische Punkt*[26] zu B, C, D und (A, B, C, D) auch ein *harmonisches Punktequadrupel*. Eine einfache Rechnung zeigt die Gültigkeit der Vertauschungssätze

$$-1 = \mathrm{DV}(A, B, C, D) = \mathrm{DV}(B, A, C, D) = \mathrm{DV}(A, B, D, C)$$

und

$$-1 = \mathrm{DV}(A, B, C, D) = \mathrm{DV}(C, D, A, B) = \mathrm{DV}(D, C, B, A).$$

Aber nur in Ausnahmefällen ergibt jede Permutation eines harmonischen Punktequadrupels wieder ein harmonisches Quadrupel. Falls die Gerade $C \vee D$ in einer projektiven Ebene liegt, kann der Punkt A wie in Abbildung 6.23 gefunden werden: Durch B wird eine Hilfsgerade ungleich $C \vee D$ gelegt und auf dieser werden zwei weitere Punkte markiert. Werden diese Hilfspunkte mit C und D verbunden, so entstehen zwei neue Schnittpunkte, deren Verbindungsgerade durch den gesuchten Punkt A geht. Der Beweis erfolgt durch Nachrechnen und ist eine Übungsaufgabe.

[26]Die Bezeichnung hat ihren Ursprung in der sogenannten *harmonischen Teilung* einer *schwingenden Saite*.

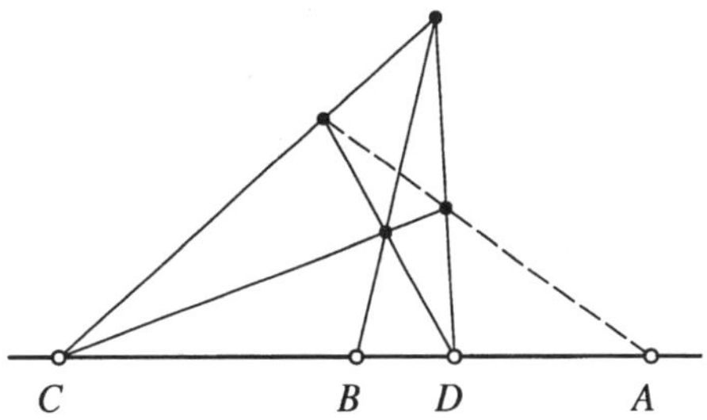

Abbildung 6.23

6.8.5 Bildet eine kollineare Abbildung $\kappa = \mathcal{P}(f)$ zu einer ζ-linearen Abbildung $f : \boldsymbol{V} \to \boldsymbol{V}'$ eine Gerade von $\mathcal{P}(\boldsymbol{V})$ auf eine Gerade von $\mathcal{P}(\boldsymbol{V}')$ ab, so folgt aus (6.18) für Punkte A, B, C, D dieser Geraden

$$\mathrm{DV}(\kappa(A), \kappa(B), \kappa(C), \kappa(D)) = \zeta(\mathrm{DV}(A, B, C, D)),$$

falls mindestens eines der oben angeschriebenen Doppelverhältnisse erklärt ist. Dabei ist $\zeta(\infty) := \infty$ zu setzen. Es ist daher jede projektive kollineare Abbildung κ doppelverhältnistreu. Da für alle $\zeta \in \mathrm{Aut}(K)$ gilt $\zeta(-1) = -1$, führt bei $\mathrm{Char}\, K \neq 2$ jede kollineare Abbildung harmonische Punktequadrupel in harmonische Punktequadrupel über, falls die vier Bildpunkte verschieden sind.

Beispiel 6.8.6 Wir schließen unter der Voraussetzung $\mathrm{Char}\, K \neq 2$ an 6.7.3 Beispiel 2 an. Die lineare Bijektion

$$f : \boldsymbol{V} \to \boldsymbol{V} : \boldsymbol{x} \mapsto \boldsymbol{x} + (-2)\frac{\langle \boldsymbol{a}^*, \boldsymbol{x}\rangle}{\langle \boldsymbol{a}^*, \boldsymbol{z}\rangle}\boldsymbol{z}$$

beschreibt eine Projektivspiegelung $\kappa := \mathcal{P}(f)$ mit Zentrum $Z := K\boldsymbol{z}$ und Achse $\mathcal{H} := \mathcal{P}(\boldsymbol{H})$. Jeder Punkt $X \notin \mathcal{H} \cup \{Z\}$ lässt sich als $X = K\boldsymbol{x}$ mit $\boldsymbol{x} = \boldsymbol{z} + \boldsymbol{h}$ und $\boldsymbol{h} \in \ker \boldsymbol{a}^* \setminus \{\boldsymbol{o}\}$ darstellen. Daher gilt $(Z \vee X) \cap \mathcal{H} = K\boldsymbol{h}$ sowie

$$f(\boldsymbol{x}) = f(\boldsymbol{z}) + f(\boldsymbol{h}) = -\boldsymbol{z} + \boldsymbol{h},$$

also $\mathrm{DV}(\kappa(P), P, Z, (Z \vee P) \cap \mathcal{H}) = -1$. Vgl. dazu Abbildung 6.23 auf Seite 181: Der Punkt B ist das Zentrum und die strichliert eingezeichnete Gerade durch A die Achse einer Projektivspiegelung, die C und D vertauscht.

6.8.7 Wir wenden Satz 6.7.9 auf eine Koordinatisierung eines affinen Raumes an und zeigen, dass wir so eine Koordinatisierung eines projektiven Raumes erhalten. Es seien (mit den Bezeichnungen aus 6.7.9) $\boldsymbol{B} = (\boldsymbol{b}_1, \boldsymbol{b}_2, \ldots, \boldsymbol{b}_n)$ eine Basis von $\boldsymbol{H}$, $\boldsymbol{u} \in \boldsymbol{H}$, $\boldsymbol{H}' = K^{n\times 1}$ und $\alpha = \boldsymbol{B}^* \circ \tau_{-\boldsymbol{u}} : \boldsymbol{H} \to K^{n\times 1}$ die Koordinatisierung zum affinen Koordinatensystem $(\boldsymbol{u}, \boldsymbol{u} + \boldsymbol{B})$.

Wir haben die beiden projektiven Einbettungen $\varepsilon : \boldsymbol{H} \to \mathcal{P}(K \times \boldsymbol{H})$ und $\varepsilon' : K^{n\times 1} \to \mathcal{P}(K^{(n+1)\times 1})$; vgl. 6.6.3 Beispiel 1. Die durch die affine Koordinatisierung α bestimmte projektive Kollineation $\kappa : \mathcal{P}(K \times \boldsymbol{H}) \to \mathcal{P}(K^{(n+1)\times 1})$ ist ebenfalls eine Koordinatisierung. Das zugehörige projektive Koordinatensystem gehört zur Basis $\boldsymbol{B}_0 := ((1, \boldsymbol{u}), (0, \boldsymbol{b}_1), (0, \boldsymbol{b}_2), \ldots, (0, \boldsymbol{b}_n))$ von $K \times \boldsymbol{H}$. Wir schreiben die verschiedenen Bilder eines Punktes $\boldsymbol{x} \in \boldsymbol{H}$ nochmals an:

$$\begin{array}{ccc} \boldsymbol{x} & \stackrel{\varepsilon}{\longmapsto} & K(1, \boldsymbol{x}) \\ {\scriptstyle \boldsymbol{B}^* \circ \tau_{-\boldsymbol{u}}}\downarrow & & \downarrow{\scriptstyle \mathcal{P}(\boldsymbol{B}_0^*)} \\ (x_1, x_2, \ldots, x_n)^{\mathrm{T}} & \underset{\varepsilon'}{\longmapsto} & K(1 \,|\, x_1, x_2, \ldots, x_n)^{\mathrm{T}} \end{array}$$

Es entspricht somit der Grundpunkt $K(1,\boldsymbol{u}) = \varepsilon(\boldsymbol{u})$ dem Ursprung. Die restlichen Grundpunkte sind die Fernpunkte in Richtung der Koordinatenachsen. Der Einheitspunkt des projektiven Koordinatensystems ist das ε-Bild jenes Punktes, dessen affine Koordinaten alle gleich 1 sind.

Der Name „Doppelverhältnis" kommt daher, dass es sich als Verhältnis zweier Teilverhältnisse interpretieren lässt. Wir präzisieren das im folgenden Satz:

Satz 6.8.8 *Es seien $\boldsymbol{H}$ ein Vektorraum und ε die Einbettung des affinen Raumes $\boldsymbol{H}$ in den projektiven Raum $\mathcal{P}(K \times \boldsymbol{H})$. Dann gilt:*

(a) *Sind $\boldsymbol{x}, \boldsymbol{p}, \boldsymbol{u}$ drei kollineare Punkte von $\boldsymbol{H}$ mit $\boldsymbol{u} \neq \boldsymbol{p}$, so ist*

$$\mathrm{TV}(\boldsymbol{x}, \boldsymbol{p}, \boldsymbol{u}) = \mathrm{DV}(\varepsilon(\boldsymbol{x}), \varepsilon(\boldsymbol{p}), \varepsilon(\boldsymbol{u}), K(0, \boldsymbol{p} - \boldsymbol{u})). \tag{6.19}$$

(b) *Sind $\boldsymbol{a}, \boldsymbol{b}, \boldsymbol{c}, \boldsymbol{d}$ vier kollineare Punkte von $\boldsymbol{H}$, und sind je zwei der Punkte $\boldsymbol{b}, \boldsymbol{c}, \boldsymbol{d}$ verschieden, so ist*

$$\mathrm{DV}(\varepsilon(\boldsymbol{a}), \varepsilon(\boldsymbol{b}), \varepsilon(\boldsymbol{c}), \varepsilon(\boldsymbol{d})) = \frac{\mathrm{TV}(\boldsymbol{a}, \boldsymbol{b}, \boldsymbol{c})}{\mathrm{TV}(\boldsymbol{a}, \boldsymbol{b}, \boldsymbol{d})}. \tag{6.20}$$

Beweis. (a) Es ist $\mathrm{TV}(\boldsymbol{x}, \boldsymbol{p}, \boldsymbol{u}) = x$ die affine Koordinate von $\boldsymbol{x}$ bezüglich des Koordinatensystems $(\boldsymbol{u}, \boldsymbol{p})$. Nach 6.8.7 hat daher der Punkt $\varepsilon(\boldsymbol{x}) = K(1, \boldsymbol{x})$ bezüglich des projektiven Koordinatensystems $(\varepsilon(\boldsymbol{u}), K(0, \boldsymbol{p} - \boldsymbol{u}), \varepsilon(\boldsymbol{p})) = (K(1, \boldsymbol{u}), K(0, \boldsymbol{p} - \boldsymbol{u}), K(1, \boldsymbol{p}))$ die projektive Koordinatenspalte $(1, x)^{\mathrm{T}}$, woraus die Richtigkeit der Behauptung unmittelbar folgt.

(b) Wir schreiben zunächst $\boldsymbol{a}$ und $\boldsymbol{b}$ als affine Linearkombination von $\boldsymbol{c}$ und $\boldsymbol{d}$, etwa in der Form

$$\boldsymbol{a} = (1 - x)\boldsymbol{c} + x\boldsymbol{d}, \qquad \boldsymbol{b} = (1 - y)\boldsymbol{c} + y\boldsymbol{d}.$$

Wegen $\boldsymbol{b} \neq \boldsymbol{c}, \boldsymbol{d}$ ist $y \neq 0, 1$. Es folgt unmittelbar

$$\begin{pmatrix} 1 \\ \boldsymbol{a} \end{pmatrix} = (1 - x)\begin{pmatrix} 1 \\ \boldsymbol{c} \end{pmatrix} + x\begin{pmatrix} 1 \\ \boldsymbol{d} \end{pmatrix}, \quad \begin{pmatrix} 1 \\ \boldsymbol{b} \end{pmatrix} = (1 - y)\begin{pmatrix} 1 \\ \boldsymbol{c} \end{pmatrix} + y\begin{pmatrix} 1 \\ \boldsymbol{d} \end{pmatrix}$$

sowie

$$\begin{pmatrix} 1 \\ \boldsymbol{a} \end{pmatrix} = \frac{1 - x}{1 - y}(1 - y)\begin{pmatrix} 1 \\ \boldsymbol{c} \end{pmatrix} + \frac{x}{y}y\begin{pmatrix} 1 \\ \boldsymbol{d} \end{pmatrix}.$$

Daher gilt nach der Definition des Doppelverhältnisses

$$\mathrm{DV}(\varepsilon(\boldsymbol{a}), \varepsilon(\boldsymbol{b}), \varepsilon(\boldsymbol{c}), \varepsilon(\boldsymbol{d})) = \frac{x(1 - y)}{y(1 - x)} \in K \cup \{\infty\}.$$

Aus dem obigen Ansatz folgt nach kurzer Rechnung

$$\boldsymbol{a} = \boldsymbol{c} + \frac{x}{y}(\boldsymbol{b} - \boldsymbol{c}) = \boldsymbol{d} + \frac{1 - x}{1 - y}(\boldsymbol{b} - \boldsymbol{d})$$

also

$$\frac{\mathrm{TV}(\boldsymbol{a}, \boldsymbol{b}, \boldsymbol{c})}{\mathrm{TV}(\boldsymbol{a}, \boldsymbol{b}, \boldsymbol{d})} = \frac{x}{y} : \frac{1 - x}{1 - y} \in K \cup \{\infty\}.$$

und damit die Gültigkeit von (6.20). □

In Formel (6.19) ist $K(0, \boldsymbol{p} - \boldsymbol{u})$ der Fernpunkt der betrachteten Geraden. Ein Teilverhältnis geht also – vereinfacht ausgedrückt – unter ε in ein Doppelverhältnis über, wobei an der letzten Stelle der Fernpunkt der projektiven Geraden einzutragen ist.

Harmonische Punktequadrupel hängen eng mit den Mittelpunkten in der affinen Geometrie zusammen. Wir setzen $\operatorname{Char} K \neq 2$ voraus. Gilt dann mit den Voraussetzungen aus Satz 6.8.8

für Punkte einer affinen Geraden von $\boldsymbol{H}$ die Beziehung $\mathrm{TV}(\boldsymbol{c}, \boldsymbol{d}, \boldsymbol{m}) = -1$, es ist also $\boldsymbol{m}$ der Mittelpunkt von $\boldsymbol{c}$ und $\boldsymbol{d}$, so folgt

$$\mathrm{DV}(\varepsilon(\boldsymbol{c}), \varepsilon(\boldsymbol{d}), \varepsilon(\boldsymbol{m}), K(0, \boldsymbol{c} - \boldsymbol{d})) = -1.$$

Der Fernpunkt der projektiven Geraden ist also gerade der vierte harmonische Punkt zu $\varepsilon(\boldsymbol{c}), \varepsilon(\boldsymbol{d}), \varepsilon(\boldsymbol{m})$. Durch zulässige Vertauschungen folgt aber auch

$$\mathrm{DV}(\varepsilon(\boldsymbol{m}), K(0, \boldsymbol{c} - \boldsymbol{d}), \varepsilon(\boldsymbol{c}), \varepsilon(\boldsymbol{d})) = -1,$$

was zeigt, dass wir das ε-Bild des Mittelpunkts $\boldsymbol{m}$ als vierten harmonischen Punkt zum Fernpunkt $K(0, \boldsymbol{c} - \boldsymbol{d})$ und den Punkten $\varepsilon(\boldsymbol{c})$, $\varepsilon(\boldsymbol{d})$ erhalten können.

6.8.9 Wir gehen von Basen $\boldsymbol{B} = (\boldsymbol{b}_0, \boldsymbol{b}_1, \ldots, \boldsymbol{b}_n)$ und $\boldsymbol{B}' = (\boldsymbol{b}'_0, \boldsymbol{b}'_1, \ldots, \boldsymbol{b}'_m)$ der Vektorräume $\boldsymbol{V}$ bzw. $\boldsymbol{V}'$ über K aus ($n, m \in \mathbb{N} \cup \{-1\}$). Diese Basen legen die Koordinatisierungen

$$\mathcal{P}(\boldsymbol{B}^*) : \mathcal{P}(\boldsymbol{V}) \to \mathcal{P}(K^{(n+1)\times 1}) \quad \text{und} \quad \mathcal{P}(\boldsymbol{B}'^*) : \mathcal{P}(\boldsymbol{V}') \to \mathcal{P}(K^{(m+1)\times 1})$$

der projektiven Räume $\mathcal{P}(\boldsymbol{V})$ bzw. $\mathcal{P}(\boldsymbol{V}')$ fest. Ist $f : \boldsymbol{V} \to \boldsymbol{V}'$ eine semilineare Abbildung, so wird

$$\mathcal{P}(\boldsymbol{B}'^*) \circ \mathcal{P}(f) \circ \mathcal{P}(\boldsymbol{B}^*)^{-1} = \mathcal{P}(\boldsymbol{B}'^* \circ f \circ (\boldsymbol{B}^*)^{-1})$$

als die *Koordinatendarstellung* der kollinearen Abbildung $\mathcal{P}(f)$ bezüglich der durch die Basen $\boldsymbol{B}$ und $\boldsymbol{B}'$ bestimmten projektiven Koordinatensysteme bezeichnet. Die semilineare Abbildung $\boldsymbol{B}'^* \circ f \circ (\boldsymbol{B}^*)^{-1}$ kann nach Satz 5.2.4 durch die Matrix $\langle \boldsymbol{B}'^*, f(\boldsymbol{B}) \rangle$ und einen Körperisomorphismus beschrieben werden.

Beispiel 6.8.10 Die Abbildung 6.24 zeigt ein Photo eines Mosaiks.[27] Eine Photographie entspricht einer Projektion aus einem Punkt auf eine Ebene. Deren Einschränkung auf eine projektive Ebene, die nicht durch das Projektionszentrum geht, ist eine projektive Kollineation. Das trifft hier für die Ebene des Mosaiks zu. Auf dem Photo sehen wir daher das Bild des Mosaiks unter einer projektiven Kollineation. Wir wollen es nun *entzerren*. Die mit A, B, C, D

Abbildung 6.24

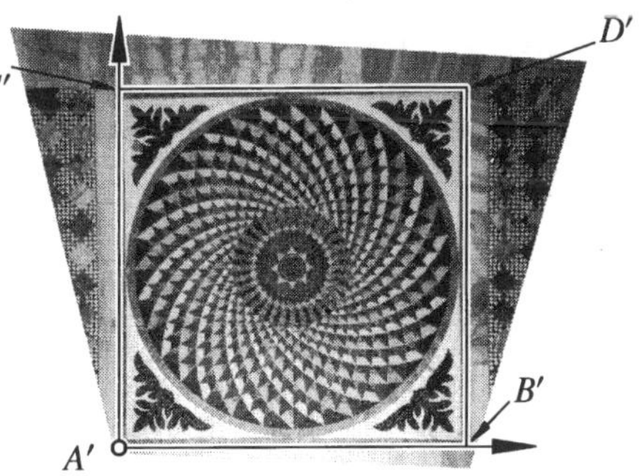

Abbildung 6.25

bezeichneten Punkte sind die Bilder eines Quadrats. Gesucht ist die Koordinatendarstellung jener Kollineation, unter der das Viereck (A, B, C, D) in ein Quadrat (A', B', C', D') mit der (willkürlich gewählten) Seitenlänge 32,5mm übergeht (Abbildung 6.25). Wir verknüpfen mit jedem

[27] Markusdom, Venedig 1998.

der Vierecke ein kartesisches Koordinatensystem, dessen Einheitsstrecken 1mm lang sind. Die Koordinaten der Punkte sind[28]

$$A:\begin{pmatrix}0{,}000\\0{,}000\end{pmatrix},\quad B:\begin{pmatrix}58{,}420\\1{,}863\end{pmatrix},\quad C:\begin{pmatrix}8{,}890\\35{,}560\end{pmatrix},\quad D:\begin{pmatrix}47{,}032\\37{,}126\end{pmatrix},$$

$$A':\begin{pmatrix}0\\0\end{pmatrix},\quad B':\begin{pmatrix}32{,}5\\0\end{pmatrix},\quad C':\begin{pmatrix}0\\32{,}5\end{pmatrix},\quad D':\begin{pmatrix}32{,}5\\32{,}5\end{pmatrix}.$$

Wir gehen nach 6.8.7 zu projektiven Koordinaten über und lösen zunächst die beiden linearen Gleichungssysteme

$$x_0\begin{pmatrix}1{,}000\\\hline 0{,}000\\0{,}000\end{pmatrix}+x_1\begin{pmatrix}1{,}000\\\hline 58{,}420\\1{,}863\end{pmatrix}+x_2\begin{pmatrix}1{,}000\\\hline 8{,}890\\35{,}560\end{pmatrix}=\begin{pmatrix}1{,}000\\\hline 47{,}032\\37{,}126\end{pmatrix}$$

und

$$y_0\begin{pmatrix}1\\\hline 0\\0\end{pmatrix}+y_1\begin{pmatrix}1\\\hline 32{,}5\\0\end{pmatrix}+y_2\begin{pmatrix}1\\\hline 0\\32{,}5\end{pmatrix}=\begin{pmatrix}1\\\hline 32{,}5\\32{,}5\end{pmatrix}.$$

Es folgt $x_0 = -0{,}661$, $x_1 = 0{,}651$, $x_2 = 1{,}010$, $y_0 = -1$, $y_1 = y_2 = 1$. Die Koordinatendarstellung der gesuchten Kollineation wird daher durch jene lineare Bijektion $f : \mathbb{R}^{3\times 1} \to \mathbb{R}^{3\times 1}$ induziert, welche

$$x_0\begin{pmatrix}1{,}000\\\hline 0{,}000\\0{,}000\end{pmatrix}\mapsto y_0\begin{pmatrix}1\\\hline 0\\0\end{pmatrix},\quad x_1\begin{pmatrix}1{,}000\\\hline 58{,}420\\1{,}863\end{pmatrix}\mapsto y_1\begin{pmatrix}1\\\hline 32{,}5\\0\end{pmatrix},\quad x_2\begin{pmatrix}1{,}000\\\hline 8{,}890\\35{,}560\end{pmatrix}\mapsto y_2\begin{pmatrix}1\\\hline 0\\32{,}5\end{pmatrix}$$

leistet. Die zugehörige Matrix ergibt sich nach kurzer Rechnung als

$$M := \begin{pmatrix}1{,}512 & 0{,}001 & -0{,}015\\ 0{,}000 & 0{,}861 & -0{,}215\\ 0{,}000 & -0{,}029 & 0{,}912\end{pmatrix}.$$

Damit wurde aus der Photographie das rechte (entzerrte) Bild berechnet. Es besitzt etwa der linke obere Eckpunkt des Photos die Koordinaten $(-0{,}889\,,38{,}989)^{\mathrm{T}}$. Wenn wir die Spalte $(1\,|-0{,}889\,,38{,}989)^{\mathrm{T}}$ mit der Matrix M multiplizieren, erhalten wir $(0{,}615\,|-6{,}056\,,23{,}538)^{\mathrm{T}}$ als projektive Koordinaten und – nach Division durch 0,615 – die Spalte $(-9{,}840\,,38{,}248)^{\mathrm{T}}$ als kartesische Koordinaten des zugeordneten Punktes in der Entzerrung.

Aufgaben

A 6.8.1 Im projektiven Raum $\mathcal{P}(\mathbb{R}^{4\times 1})$ seien die Punkte $Q_0 = \mathbb{R}(1,2,3,4)^{\mathrm{T}}$, $Q_1 = \mathbb{R}(-1,3,0,1)^{\mathrm{T}}$, $Q_2 = \mathbb{R}(1,-1,2,1)^{\mathrm{T}}$, $Q = \mathbb{R}(1,4,1,6)^{\mathrm{T}}$ sowie ein weiterer Punkt $X = \mathbb{R}(0,8,3,8)^{\mathrm{T}}$ gegeben. Zeige: (Q_0, Q_1, Q_2, Q) ist ein Bezugssystem der Ebene $\mathcal{E} = Q_0 \vee Q_1 \vee Q_2$. Weise $X \in \mathcal{E}$ nach und berechne die projektiven Koordinaten von X bezüglich (Q_0, Q_1, Q_2, Q).
Hinweis: Die Summe der gegebenen Repräsentanten von Q_0, Q_1 und Q_2 ist $(1,4,5,6)^{\mathrm{T}}$ und daher kein Repräsentant des Punktes Q.

[28]Die Koordinaten aus dem linken Bild wurden aus einer digitalisierten Vergrößerung ermittelt. Wir geben hier alle Zahlen auf 3 Dezimalstellen gerundet wieder, obwohl die Berechnungen mit höherer Genauigkeit durchgeführt wurden.

A 6.8.2 In der projektiven Ebene $\mathcal{P}(\mathbb{R}^{3\times 1})$ seien drei Punkte $B = \mathbb{R}(1,1,1)^{\mathrm{T}}$, $C = \mathbb{R}(1,0,1)^{\mathrm{T}}$, $D = \mathbb{R}(0,2,0)^{\mathrm{T}}$ gegeben.

(a) Zeige, dass diese drei Punkte kollinear sind.

(b) Bestimme den Schnittpunkt A der Geraden $B \vee C$ und der Geraden mit der Gleichung $4x_0 - x_1 = 0$.

(c) Berechne das Doppelverhältnis $\mathrm{DV}(A, B, C, D)$.

A 6.8.3 Es seien X, P, P_0, P_1 paarweise verschiedene Punkte einer projektiven Geraden. Zeige, dass folgende Formeln gelten:

(a) $\mathrm{DV}(X, P_0, P, P_1) = 1 - \mathrm{DV}(X, P, P_0, P_1)$.

(b) $\mathrm{DV}(P, X, P_0, P_1) = \mathrm{DV}(X, P, P_1, P_0) = \mathrm{DV}(X, P, P_0, P_1)^{-1}$.

(c) $\mathrm{DV}(P_1, P_0, P, X) = \mathrm{DV}(X, P, P_0, P_1)$.

A 6.8.4 Die Fassade eines Hauses ist ein 16 Meter langes und 9 Meter hohes Rechteck. An dieses soll ein 11 Meter langes und 12 Meter hohes Gebäude mit ebenfalls rechteckiger Fassade angebaut werden. Es liegt ein Photo des ersten Gebäudes vor, wobei die Bilder der Fassadenecken die folgenden affinen Koordinaten haben:

$$A' : \begin{pmatrix} 0 \\ 0 \end{pmatrix}, \quad B' : \begin{pmatrix} 3 \\ 0 \end{pmatrix}, \quad C' : \begin{pmatrix} 0 \\ 2{,}5 \end{pmatrix}, \quad D' : \begin{pmatrix} 3 \\ 2 \end{pmatrix};$$

vgl. Abbildung 6.26. Berechne – zwecks Erstellung einer Photomontage – die Koordinaten der Bilder der Eckpunkte der Fassade des geplanten Hauses. Vgl. dazu A 6.7.3.

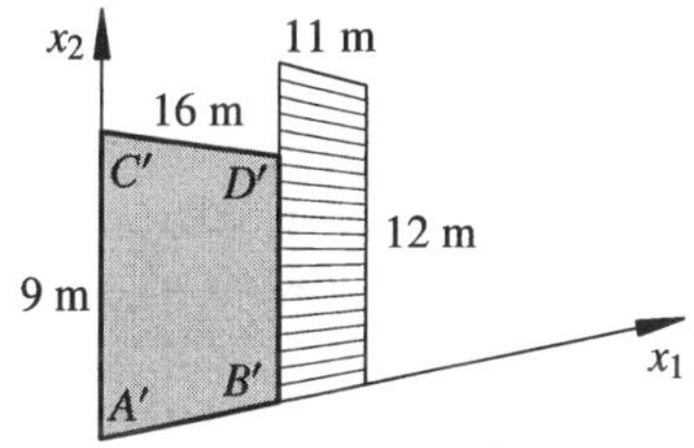

Abbildung 6.26

Kapitel 7

Determinantenformen und Determinanten

Eine Determinantenform ordnet jedem n-Tupel eines n-dimensionalen Vektorraumes $\boldsymbol{V}$ ein Element seines Skalarkörpers K zu, wobei die Abbildung in jedem Argument linear ist und jedem linear abhängigen n-Tupel den Wert Null zuweist. Unabhängig von der Dimension n bilden alle Determinantenformen von $\boldsymbol{V}$ in K einen eindimensionalen Vektorraum. Jede lineare Selbstabbildung f von $\boldsymbol{V}$ bewirkt eine lineare Abbildung auf diesem eindimensionalen Vektorraum. Diese wird durch genau einen Skalar beschrieben; das ist die Determinante der Abbildung f. Im reellen Fall kann diese Determinante als Volumenverzerrung interpretiert werden.

Es besitzt aber auch jede $n \times n$ Matrix eine Determinante: Das ist einerseits jener Skalar, den die kanonische Determinantenform ihren Spaltenvektoren (oder Zeilenvektoren) zuordnet, und andererseits die Determinante der zugehörigen linearen Abbildung.

Die Determinante einer Matrix kann verwendet werden, um sie auf ihre Invertierbarkeit zu überprüfen, um die Matrix gegebenenfalls zu invertieren, aber auch um lineare Gleichungssysteme nach der Regel von Cramer zu lösen. Wegen des großen Rechenaufwands haben diese Ergebnisse für große Matrizen allerdings nur theoretische Bedeutung.

7.1 Elementare Vorbemerkungen

7.1.1 Wir betrachten im Folgenden eine Ebene im Anschauungsraum durch den Ursprung O. Daher gehört zu dieser Ebene ein zweidimensionaler Unterraum $\boldsymbol{X} \subset \boldsymbol{V}_O$. Ist $(\boldsymbol{p}, \boldsymbol{q})$ eine Basis von $\boldsymbol{X}$, so bestimmt die affine Basis $(\boldsymbol{o}, \boldsymbol{p}, \boldsymbol{q})$ der Ebene $\boldsymbol{X}$ ein Parallelogramm bzw. nach 6.4.10 ein Parallelotop. Diesem kann nach Auszeichnung einer Einheit (etwa 1 cm^2) ein *Flächeninhalt* zugeordnet werden. Wir wählen nun in $\boldsymbol{X}$ eine Basis $\boldsymbol{B} = (\boldsymbol{b}_1, \boldsymbol{b}_2)$, welche ein Quadrat mit Flächeninhalt 1 bestimmt (kartesische Koordinaten). Für

$$\langle \boldsymbol{B}^*, \boldsymbol{p} \rangle = \begin{pmatrix} p_1 \\ p_2 \end{pmatrix}, \quad \langle \boldsymbol{B}^*, \boldsymbol{q} \rangle = \begin{pmatrix} q_1 \\ q_2 \end{pmatrix}$$

gibt die *zweireihige Determinante*

$$\begin{vmatrix} p_1 & q_1 \\ p_2 & q_2 \end{vmatrix} := p_1 q_2 - p_2 q_1 \tag{7.1}$$

den mit Vorzeichen versehenen Flächeninhalt des durch $(\boldsymbol{p}, \boldsymbol{q})$ bestimmten Parallelogramms an. Dieses Vorzeichen kann anschaulich so beschrieben werden: Wir betrachten die kürzeste Drehung, die $\boldsymbol{b}_1$ in $\boldsymbol{b}_2$ überführt (Abbildung 7.1); es sei das etwa eine Drehung gegen den

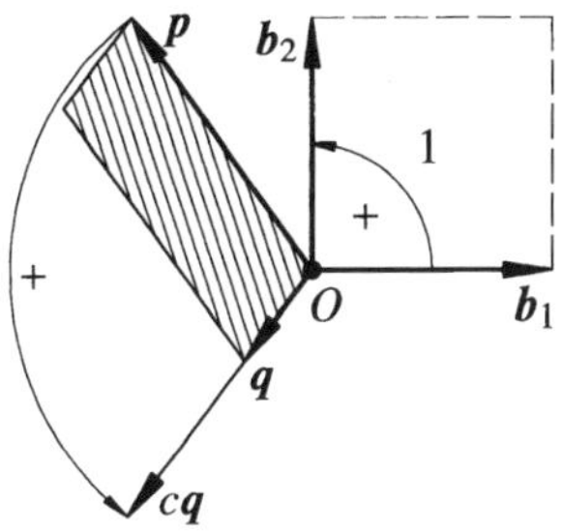

Abbildung 7.1

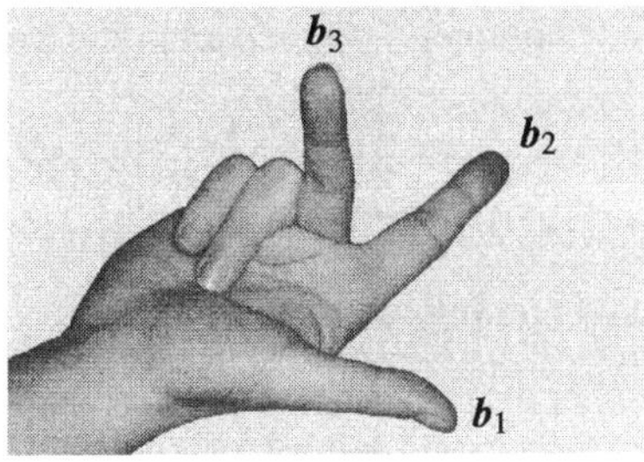

Abbildung 7.2

Uhrzeigersinn (*mathematisch positiv*, *Rechtsdrehung*[1]). Es gibt genau eine kürzeste Drehung, die $\boldsymbol{p}$ in einen Vektor $c\boldsymbol{q}$ mit $c \in \mathbb{R}^+$ überführt. Hat diese zweite Drehung denselben Drehsinn wie die erste Drehung, so ist das Signum der Determinante (7.1) gleich +1 und sonst −1. Für einen mathematischen Beweis dieser anschaulichen Aussagen müssten wir erst präzisieren, was etwa eine kürzeste Drehung oder ein Drehsinn ist.

Vertauschen wir die Reihenfolge der Vektoren $\boldsymbol{p}$ und $\boldsymbol{q}$, so wird die Determinante (7.1) mit −1 multipliziert. Es kommt also auf die Reihenfolge der Vektoren an. In Formel (7.1) können auch die Koordinaten zweier Vektoren $\boldsymbol{p}, \boldsymbol{q} \in \boldsymbol{X}$ eingesetzt werden, die kein Parallelogramm bestimmen. In diesem Fall hat die Determinante (7.1) den Wert 0.

Aussagen der Elementargeometrie über Flächeninhalte von Parallelogrammen lassen sich in Sätze über Determinanten übertragen: Für alle $c \in \mathbb{R}$ hat ein durch $(\boldsymbol{p}, \boldsymbol{q} + c\boldsymbol{p})$ bestimmtes Parallelogramm denselben Flächeninhalt wie das durch $(\boldsymbol{p}, \boldsymbol{q})$ festgelegte Parallelogramm. Rechnerisch heißt das

$$\begin{vmatrix} p_1 & q_1 + cp_1 \\ p_2 & q_2 + cp_2 \end{vmatrix} = p_1(q_2 + cp_2) - p_2(q_1 + cp_1) = \begin{vmatrix} p_1 & q_1 \\ p_2 & q_2 \end{vmatrix} \quad \text{für alle } c \in \mathbb{R}.$$

Eine andere Rechenregel für Determinanten ist etwa

$$\begin{vmatrix} cp_1 & q_1 \\ cp_2 & q_2 \end{vmatrix} = \begin{vmatrix} p_1 & cq_1 \\ p_2 & cq_2 \end{vmatrix} = c \begin{vmatrix} p_1 & q_1 \\ p_2 & q_2 \end{vmatrix} \quad \text{für alle } c \in \mathbb{R}.$$

Sie bedeutet geometrisch, dass sich der (mit Vorzeichen versehene) Flächeninhalt eines Parallelogramms mit dem Faktor c verändert, wenn einer der Vektoren $\boldsymbol{p}$ oder $\boldsymbol{q}$ mit c multipliziert wird. Hier ist auch $c = 0$ zulässig.

Es ist übrigens nicht notwendig, ein kartesisches Koordinatensystem zu verwenden. Alle oben angeführten Rechnungen bleiben richtig, solange nur $\boldsymbol{B}$ ein Parallelogramm mit Flächeninhalt 1 bestimmt.

7.1.2 Ähnliche Ergebnisse wie in 7.1.1 gelten auch für den Anschauungsraum bzw. den Vektorraum $\boldsymbol{V}_O$. Es bestimmt eine Basis $(\boldsymbol{p}, \boldsymbol{q}, \boldsymbol{r})$ über die affine Basis $(\boldsymbol{o}, \boldsymbol{p}, \boldsymbol{q}, \boldsymbol{r})$ ein Parallelepiped bzw. ein Parallelotop. Dieses hat ein *Volumen*, das von der Auswahl einer Maßeinheit (etwa 1 cm^3) abhängt. Wir verwenden jetzt eine Basis $\boldsymbol{B} = (\boldsymbol{b}_1, \boldsymbol{b}_2, \boldsymbol{b}_3)$ von $\boldsymbol{V}_O$ zu den Kanten eines

[1] Wir gehen dabei davon aus, dass wir die Ebene stets von einer Seite aus betrachten. Es ist übrigens beim *Linkswalzer* aus der Sicht der (zu Boden schauenden) Tanzenden eine Rechtsdrehung zu vollziehen.

Würfels mit Volumen 1. Haben dann die Vektoren $\boldsymbol{p}, \boldsymbol{q}, \boldsymbol{r} \in \boldsymbol{V}$ die Koordinaten

$$\langle \boldsymbol{B}^*, \boldsymbol{p}\rangle = \begin{pmatrix} p_1 \\ p_2 \\ p_3 \end{pmatrix}, \quad \langle \boldsymbol{B}^*, \boldsymbol{q}\rangle = \begin{pmatrix} q_1 \\ q_2 \\ q_3 \end{pmatrix}, \quad \langle \boldsymbol{B}^*, \boldsymbol{r}\rangle = \begin{pmatrix} r_1 \\ r_2 \\ r_3 \end{pmatrix},$$

so gibt die *dreireihige Determinante*

$$\begin{vmatrix} p_1 & q_1 & r_1 \\ p_2 & q_2 & r_2 \\ p_3 & q_3 & r_3 \end{vmatrix} = p_1q_2r_3 + p_2q_3r_1 + p_3q_1r_2 - p_3q_2r_1 - p_2q_1r_3 - p_1q_3r_2 \tag{7.2}$$

das vorzeichenbehaftete Volumen des durch $(\boldsymbol{p}, \boldsymbol{q}, \boldsymbol{r})$ bestimmten Parallelepipeds an. Anschaulich gilt für dieses Vorzeichen folgende Regel: Es seien $(\boldsymbol{b}_1, \boldsymbol{b}_2, \boldsymbol{b}_3)$ so angeordnet wie Daumen, Zeigefinger und Mittelfinger der rechten Hand (vgl. Abbildung 7.2[2]). Gilt das auch für $(\boldsymbol{p}, \boldsymbol{q}, \boldsymbol{r})$, so ist das Vorzeichen positiv und sonst negativ.[3] Diese *Rechte-Hand-Regel* kommt auch in der Physik vor.

Die in 7.1.1 gezeigten Rechenregeln gelten analog für dreireihige Determinanten und hängen mit Sätzen über Volumina von Parallelepipeden zusammen. Wir werden in den folgenden Abschnitten dieses Kapitels Determinanten in n-dimensionalen Vektorräumen einführen. Auf anschauliche Begriffen wie „Uhrzeigersinn" und „Rechte-Hand-Regel" können wir dabei selbstverständlich nicht aufbauen. Wir kommen darauf jedoch am Ende dieses Kapitels nochmals zurück.

7.2 Determinantenformen

7.2.1 Sei im Folgenden ein n-dimensionaler Vektorraum $\boldsymbol{V}$ über K vorausgesetzt, wobei $n < \infty$. Wir untersuchen Abbildungen $\boldsymbol{V}^n \to K$. Bei einer solchen Abbildung wird also, in Abhängigkeit von der Dimension $n = \dim \boldsymbol{V}$, jedem n-Tupel von Vektoren aus $\boldsymbol{V}$ ein Skalar zugewiesen. Die Reihenfolge der Vektoren wird dabei im Allgemeinen von Bedeutung sein.

Definition 7.2.2 Gegeben sei ein n-dimensionaler Vektorraum $\boldsymbol{V}$ über K. Eine Abbildung

$$\Delta : \boldsymbol{V}^n \to K$$

heißt eine *Determinantenform*, falls für alle $(\boldsymbol{x}_1, \boldsymbol{x}_2, \ldots, \boldsymbol{x}_n), (\boldsymbol{y}_1, \boldsymbol{y}_2, \ldots, \boldsymbol{y}_n) \in \boldsymbol{V}^n$, für alle $c \in K$ und alle $i, j \in \{1, 2, \ldots, n\}$ gilt:

1. $\Delta(\boldsymbol{x}_1, \ldots, \boldsymbol{x}_i + \boldsymbol{y}_i, \ldots, \boldsymbol{x}_n) = \Delta(\boldsymbol{x}_1, \ldots, \boldsymbol{x}_i, \ldots, \boldsymbol{x}_n) + \Delta(\boldsymbol{x}_1, \ldots, \boldsymbol{y}_i, \ldots, \boldsymbol{x}_n)$.
2. $\Delta(\boldsymbol{x}_1, \ldots, c\boldsymbol{x}_i, \ldots, \boldsymbol{x}_n) = c \cdot \Delta(\boldsymbol{x}_1, \ldots, \boldsymbol{x}_i, \ldots, \boldsymbol{x}_n)$.
3. $\Delta(\boldsymbol{x}_1, \boldsymbol{x}_2, \ldots, \boldsymbol{x}_n) = 0$, falls ein $\boldsymbol{x}_i = \boldsymbol{x}_j$ für $i \neq j$.

Die beiden ersten Forderungen bedeuten, dass eine Determinantenform Δ in jedem Argument linear ist.

[2] Die rechte Hand meiner Tochter Ursula, Wien 2005.

[3] Eine andere anschauliche Beschreibung des hier auftretenden Vorzeichens kann mit Hilfe von *rechtsgängigen* und *linksgängigen Schrauben* erfolgen. Eine linksgängige Schraubenmutter passt übrigens auch dann nicht auf ein rechtsgängiges Gewinde, falls sie umgedreht wird.

Beispiele 7.2.3

1. Die Abbildung $V^n \to K : (\boldsymbol{x}_1, \boldsymbol{x}_2, \ldots, \boldsymbol{x}_n) \mapsto 0$ ist eine Determinantenform; sie wird als *triviale Determinantenform* bezeichnet.
2. Die zweireihige Determinante aus (7.1) führt auf die nicht triviale Determinantenform

$$\mathbb{R}^{2\times 1} \times \mathbb{R}^{2\times 1} \to \mathbb{R} : \left(\begin{pmatrix} p_1 \\ p_2 \end{pmatrix}, \begin{pmatrix} q_1 \\ q_2 \end{pmatrix} \right) \mapsto \begin{vmatrix} p_1 & q_1 \\ p_2 & q_2 \end{vmatrix} = p_1 q_2 - p_2 q_1 .$$

Analog bestimmt (7.2) eine nicht triviale Determinantenform $\mathbb{R}^{3\times 1} \times \mathbb{R}^{3\times 1} \times \mathbb{R}^{3\times 1} \to \mathbb{R}$.

Um später zeigen zu können, dass es in jedem Fall nicht triviale Determinantenformen gibt, stellen wir einige Eigenschaften zusammen. Dabei bedienen wir uns auch der symmetrischen Gruppe S_n.

Satz 7.2.4 *Jede Determinantenform $\Delta : V^n \to K$ hat für alle $\boldsymbol{x}_1, \boldsymbol{x}_2, \ldots, \boldsymbol{x}_n \in V$, alle $c \in K$ und alle $i, j \in \{1, 2, \ldots, n\}$ mit $i \neq j$ die Eigenschaften*

$$\Delta(\boldsymbol{x}_1, \ldots, \underbrace{c\boldsymbol{x}_i + \boldsymbol{x}_j}_{j}, \ldots, \boldsymbol{x}_n) = \Delta(\boldsymbol{x}_1, \ldots, \boldsymbol{x}_j, \ldots, \boldsymbol{x}_n), \tag{7.3}$$

$$\Delta(\boldsymbol{x}_{\pi_{ij}(1)}, \boldsymbol{x}_{\pi_{ij}(2)}, \ldots, \boldsymbol{x}_{\pi_{ij}(n)}) = -\Delta(\boldsymbol{x}_1, \boldsymbol{x}_2, \ldots, \boldsymbol{x}_n). \tag{7.4}$$

Beweis. Mit den jeweils angegebenen Axiomen folgt[4]

$$\begin{aligned} \Delta(\ldots, \boldsymbol{x}_i, \ldots, c\boldsymbol{x}_i + \boldsymbol{x}_j, \ldots) &\overset{1.}{=} \Delta(\ldots, \boldsymbol{x}_i, \ldots, c\boldsymbol{x}_i, \ldots) + \Delta(\ldots, \boldsymbol{x}_i, \ldots, \boldsymbol{x}_j, \ldots) \\ &\overset{2.}{=} c \cdot \Delta(\ldots, \boldsymbol{x}_i, \ldots, \boldsymbol{x}_i, \ldots) + \Delta(\ldots, \boldsymbol{x}_i, \ldots, \boldsymbol{x}_j, \ldots) \\ &\overset{3.}{=} \Delta(\ldots, \boldsymbol{x}_i, \ldots, \boldsymbol{x}_j, \ldots). \end{aligned}$$

Ferner gilt

$$\begin{aligned} 0 &\overset{3.}{=} \Delta(\ldots, \boldsymbol{x}_i + \boldsymbol{x}_j, \ldots, \boldsymbol{x}_i + \boldsymbol{x}_j, \ldots) \\ &\overset{1.}{=} \Delta(\ldots, \boldsymbol{x}_i, \ldots, \boldsymbol{x}_i + \boldsymbol{x}_j, \ldots) + \Delta(\ldots, \boldsymbol{x}_j, \ldots, \boldsymbol{x}_i + \boldsymbol{x}_j, \ldots) \\ &\overset{(7.3)}{=} \Delta(\ldots, \boldsymbol{x}_i, \ldots, \boldsymbol{x}_j, \ldots) + \Delta(\ldots, \boldsymbol{x}_j, \ldots, \boldsymbol{x}_i, \ldots), \end{aligned}$$

was wegen $(\ldots, \boldsymbol{x}_j, \ldots, \boldsymbol{x}_i, \ldots) = (\ldots, \boldsymbol{x}_{\pi_{ij}(i)}, \ldots, \boldsymbol{x}_{\pi_{ij}(j)}, \ldots)$ die Gültigkeit von (7.4) bewirkt. □

Mit Hilfe der Sätze 1.13.3 und 1.13.6 folgt durch mehrfache Anwendung von Formel (7.4) die Gültigkeit der allgemeinen Vertauschungsformel[5]

$$\Delta(\boldsymbol{x}_{\sigma(1)}, \boldsymbol{x}_{\sigma(2)}, \ldots, \boldsymbol{x}_{\sigma(n)}) = \operatorname{sgn} \sigma \cdot \Delta(\boldsymbol{x}_1, \boldsymbol{x}_2, \ldots, \boldsymbol{x}_n) \quad \text{für alle } \sigma \in S_n . \tag{7.5}$$

Wir zeigen nun, dass wir das Δ-Bild eines beliebigen n-Tupels von Vektoren schon berechnen können, wenn wir die Koordinaten der Vektoren bezüglich einer Basis und das Δ-Bild dieser Basis kennen:

[4] Es sind in jedem n-Tupel jeweils nur die Stellen i und j angeschrieben, wobei wir etwa $i < j$ voraussetzen.

[5] Wir multiplizieren hier die ganze Zahl $\operatorname{sgn} \sigma$ mit einem Element $c \in K$ nach den Regeln $(+1) \cdot c := c$ und $(-1) \cdot c := -c$.

Satz 7.2.5 *Es seien $\Delta : V^n \to K$ eine Determinantenform, $\boldsymbol{B} = (\boldsymbol{b}_1, \boldsymbol{b}_2, \dots, \boldsymbol{b}_n)$ eine Basis von V und*

$$(\boldsymbol{x}_1, \boldsymbol{x}_2, \dots, \boldsymbol{x}_n) = \Big(\sum_{k_1=1}^{n} x_{k_1 1}\boldsymbol{b}_{k_1}, \sum_{k_2=1}^{n} x_{k_2 2}\boldsymbol{b}_{k_2}, \dots, \sum_{k_n=1}^{n} x_{k_n n}\boldsymbol{b}_{k_n}\Big)$$

ein n-Tupel von Vektoren aus V, wobei diese Vektoren als Linearkombinationen der Basis $\boldsymbol{B}$ dargestellt werden. Dann gilt

$$\Delta(\boldsymbol{x}_1, \boldsymbol{x}_2, \dots, \boldsymbol{x}_n) = \Delta(\boldsymbol{b}_1, \boldsymbol{b}_2, \dots, \boldsymbol{b}_n) \cdot \sum_{\sigma \in S_n} \operatorname{sgn}\sigma \cdot x_{\sigma(1)1} \cdot x_{\sigma(2)2} \cdots x_{\sigma(n)n}. \tag{7.6}$$

Beweis. Wir berechnen

$$\begin{aligned}\Delta(\boldsymbol{x}_1, \boldsymbol{x}_2, \dots, \boldsymbol{x}_n) &= \Delta\Big(\sum_{k_1=1}^{n} x_{k_1 1}\boldsymbol{b}_{k_1}, \sum_{k_2=1}^{n} x_{k_2 2}\boldsymbol{b}_{k_2}, \dots, \sum_{k_n=1}^{n} x_{k_n n}\boldsymbol{b}_{k_n}\Big)\\ &= \sum_{k_1=1}^{n}\sum_{k_2=1}^{n}\cdots\sum_{k_n=1}^{n} x_{k_1 1} \cdot x_{k_2 2} \cdots x_{k_n n} \cdot \Delta(\boldsymbol{b}_{k_1}, \boldsymbol{b}_{k_2}, \dots, \boldsymbol{b}_{k_n}).\end{aligned}$$

Diese n-fache Summe hat n^n Summanden, da die Summationsindizes $k_1, k_2, \dots, k_n$ unabhängig voneinander laufen. Es sind aber alle Summanden gleich 0, bei denen in $(\boldsymbol{b}_{k_1}, \boldsymbol{b}_{k_2}, \dots, \boldsymbol{b}_{k_n})$ an verschiedenen Stellen derselbe Basisvektor steht. Es genügt somit, jene Summanden zu betrachten, bei denen alle n Basisvektoren auftreten. Das ist genau dann der Fall, wenn $(k_1, k_2, \dots, k_n)$ aus $(1, 2, \dots, n)$ durch eine Permutation hervorgeht. Wir erhalten daher

$$\Delta(\boldsymbol{x}_1, \boldsymbol{x}_2, \dots, \boldsymbol{x}_n) = \sum_{\sigma \in S_n} x_{\sigma(1)1} \cdot x_{\sigma(2)2} \cdots x_{\sigma(n)n} \cdot \Delta(\boldsymbol{b}_{\sigma(1)}, \boldsymbol{b}_{\sigma(2)}, \dots, \boldsymbol{b}_{\sigma(n)}).$$

Indem wir alle n-Tupel von Basisvektoren in die natürliche Reihenfolge bringen, erhalten wir mit (7.5) und durch Herausheben schließlich

$$\Delta(\boldsymbol{x}_1, \boldsymbol{x}_2, \dots, \boldsymbol{x}_n) = \Delta(\boldsymbol{b}_1, \boldsymbol{b}_2, \dots, \boldsymbol{b}_n) \cdot \sum_{\sigma \in S_n} \operatorname{sgn}\sigma \cdot x_{\sigma(1)1} \cdot x_{\sigma(2)2} \cdots x_{\sigma(n)n}. \qquad \square$$

Formel (7.6) ist zur praktischen Berechnung von Funktionswerten nur eingeschränkt brauchbar, da $n!$ Summanden auftreten. Wir zeigen aber nun, dass umgekehrt gemäß (7.6) eine Determinantenform festgelegt werden kann.

Satz 7.2.6 (Existenzsatz für Determinantenformen) *Es seien $\boldsymbol{B} = (\boldsymbol{b}_1, \boldsymbol{b}_2, \dots, \boldsymbol{b}_n)$ eine Basis von V und $d \in K$ ein Skalar. Dann existiert genau eine Determinantenform $V^n \to K$ mit der Eigenschaft $(\boldsymbol{b}_1, \boldsymbol{b}_2, \dots, \boldsymbol{b}_n) \mapsto d$.*

Beweis. (a) Wir schließen an die Bezeichnungen aus Satz 7.2.5 an und betrachten ein beliebiges n-Tupel

$$(\boldsymbol{x}_1, \boldsymbol{x}_2, \dots, \boldsymbol{x}_n) = \Big(\sum_{k_1=1}^{n} x_{k_1 1}\boldsymbol{b}_{k_1}, \sum_{k_2=1}^{n} x_{k_2 2}\boldsymbol{b}_{k_2}, \dots, \sum_{k_n=1}^{n} x_{k_n n}\boldsymbol{b}_{k_n}\Big) \in V^n.$$

Nun definieren wir eine Abbildung

$$\Delta : V^n \to K : \Big(\sum_{k_1=1}^{n} x_{k_1 1}\boldsymbol{b}_{k_1}, \sum_{k_2=1}^{n} x_{k_2 2}\boldsymbol{b}_{k_2}, \dots, \sum_{k_n=1}^{n} x_{k_n n}\boldsymbol{b}_{k_n}\Big) \mapsto d \cdot \sum_{\sigma \in S_n} \operatorname{sgn}\sigma \cdot x_{\sigma(1)1} \cdot x_{\sigma(2)2} \cdots x_{\sigma(n)n}$$

und zeigen, dass es sich dabei um einen Determinantenform mit der Eigenschaft $\Delta(\boldsymbol{B}) = d$ handelt.

Zu Axiom 1: Sei $\boldsymbol{y}_i = \sum_{l_i=1}^{n} y_{l_i i}\boldsymbol{b}_{l_i}$ für ein $i \in \{1, 2, \ldots, n\}$ gegeben. Dann folgt

$$\begin{aligned}
&\Delta(\boldsymbol{x}_1, \ldots, \boldsymbol{x}_i + \boldsymbol{y}_i, \ldots, \boldsymbol{x}_n) \\
&= d \cdot \sum_{\sigma \in S_n} \operatorname{sgn} \sigma \cdot x_{\sigma(1)1} \cdots (x_{\sigma(i)i} + y_{\sigma(i)i}) \cdots x_{\sigma(n)n} \\
&= d \cdot \sum_{\sigma \in S_n} \operatorname{sgn} \sigma \cdot x_{\sigma(1)1} \cdots x_{\sigma(i)i} \cdots x_{\sigma(n)n} + d \cdot \sum_{\sigma \in S_n} \operatorname{sgn} \sigma \cdot x_{\sigma(1)1} \cdots y_{\sigma(i)i} \cdots x_{\sigma(n)n} \\
&= \Delta(\boldsymbol{x}_1, \ldots, \boldsymbol{x}_i, \ldots, \boldsymbol{x}_n) + \Delta(\boldsymbol{x}_1, \ldots, \boldsymbol{y}_i, \ldots, \boldsymbol{x}_n).
\end{aligned}$$

Zu Axiom 2: Für alle $c \in K$ ist

$$\begin{aligned}
\Delta(\boldsymbol{x}_1, \ldots, c\boldsymbol{x}_i, \ldots, \boldsymbol{x}_n)) &= d \cdot \sum_{\sigma \in S_n} \operatorname{sgn} \sigma \cdot x_{\sigma(1)1} \cdots c x_{\sigma(i)i} \cdots x_{\sigma(n)n} \\
&= cd \cdot \sum_{\sigma \in S_n} \operatorname{sgn} \sigma \cdot x_{\sigma(1)1} \cdots x_{\sigma(i)i} \cdots x_{\sigma(n)n} \\
&= c \cdot \Delta(\boldsymbol{x}_1, \ldots, \boldsymbol{x}_i, \ldots, \boldsymbol{x}_n).
\end{aligned}$$

Zu Axiom 3: Sei $\boldsymbol{x}_i = \boldsymbol{x}_j$ etwa für $i < j$. Wir benützen, dass mit $\sigma \mapsto \sigma \circ \pi_{ij}$ eine Bijektion der alternierenden Gruppe A_n auf $S_n \setminus A_n$ vorliegt, und berechnen

$$\begin{aligned}
&\Delta(\boldsymbol{x}_1, \ldots, \boldsymbol{x}_i, \ldots, \boldsymbol{x}_j, \ldots, \boldsymbol{x}_n) \\
&= d \cdot \sum_{\sigma \in A_n} (+1) \cdot x_{\sigma(1)1} \cdots x_{\sigma(i)i} \cdots x_{\sigma(j)j} \cdots x_{\sigma(n)n} + \\
&\quad d \cdot \sum_{\sigma \in A_n} (-1) \cdot x_{(\sigma\circ\pi_{ij})(1),1} \cdots x_{(\sigma\circ\pi_{ij})(i),i} \cdots x_{(\sigma\circ\pi_{ij})(j),j} \cdots x_{(\sigma\circ\pi_{ij})(n),n} \\
&= d \cdot \sum_{\sigma \in A_n} (+1) \cdot x_{\sigma(1)1} \cdots x_{\sigma(i)i} \cdots x_{\sigma(j)j} \cdots x_{\sigma(n)n} + \\
&\quad d \cdot \sum_{\sigma \in A_n} (-1) \cdot x_{\sigma(1)1} \cdots x_{\sigma(j)i} \cdots x_{\sigma(i)j} \cdots x_{\sigma(n)n} \\
&= 0.
\end{aligned}$$

Das letzte Gleichheitszeichen folgt daraus, dass $\boldsymbol{x}_i$ und $\boldsymbol{x}_j$ dieselben Koordinaten haben. Es gilt daher $x_{\sigma(i)i} = x_{\sigma(i)j}$ und $x_{\sigma(j)j} = x_{\sigma(j)i}$.

Die Determinantenform Δ leistet

$$\Delta(\boldsymbol{b}_1, \boldsymbol{b}_2, \ldots, \boldsymbol{b}_n) = d \cdot \sum_{\sigma \in S_n} \operatorname{sgn} \sigma \cdot \delta_{\sigma(1)1} \cdot \delta_{\sigma(2)2} \cdots \delta_{\sigma(n)n} = d,$$

da alle $\sigma \neq \mathrm{id}_{\{1,2,\ldots,n\}}$ einen Summanden mit Wert 0 liefern.

(b) Ist $\tilde{\Delta}$ ebenfalls eine Lösungsabbildung, so folgt $\Delta = \tilde{\Delta}$ aus $\Delta(\boldsymbol{B}) = \tilde{\Delta}(\boldsymbol{B})$ und (7.6). □

Der obige Beweis zeigt, dass zwei Determinantenformen $\Delta, \tilde{\Delta} : V^n \to K$ bereits dann übereinstimmen, wenn sie für die Vektoren einer Basis dasselbe leisten. Die Reihenfolge der Basisvektoren ist dabei wesentlich. Wir ziehen daraus nun eine einfache Folgerung:

Satz 7.2.7 *Alle Determinantenformen $V^n \to K$ bilden einen eindimensionalen Unterraum des Vektorraumes aller Funktionen $V^n \to K$.*

Beweis. Sei $\boldsymbol{B} = (\boldsymbol{b}_1, \boldsymbol{b}_2, \ldots, \boldsymbol{b}_n)$ eine Basis von $\boldsymbol{V}$. Nach Satz 7.2.6 existiert genau eine Determinantenform $\Delta_1 : \boldsymbol{V}^n \to K$ mit $\Delta_1(\boldsymbol{B}) = 1$. Ferner liegt für jedes $d \in K$ mit $d \cdot \Delta_1$ jene eindeutig bestimmte Determinantenform vor, die $\boldsymbol{B} \mapsto d$ leistet.

Ist umgekehrt $\Delta : \boldsymbol{V}^n \to K$ eine Determinantenform, so berechnen wir den Skalar $d := \Delta(\boldsymbol{B})$. Formel (7.6) liefert $\Delta = d \cdot \Delta_1$. Da Δ_1 nicht trivial ist, hat der Unterraum aller Determinantenformen $\boldsymbol{V}^n \to K$ die Dimension 1. □

Es gibt somit – abgesehen von einem Proportionalitätsfaktor in $K^\times$ – auf jedem n-dimensionalen Vektorraum nur eine nicht triviale Determinantenform.

7.2.8 Sei $(\boldsymbol{e}_1, \boldsymbol{e}_2, \ldots, \boldsymbol{e}_n)$ die kanonische Basis von $K^{n\times 1}$. Durch $(\boldsymbol{e}_1, \boldsymbol{e}_2, \ldots, \boldsymbol{e}_n) \mapsto 1$ wird gemäß Satz 7.2.6 (mit $d := 1$) die *kanonische Determinantenform*

$$\det : (K^{n\times 1})^n \to K$$

erklärt. Gleiches gilt sinngemäß in K^n und $K^{1\times n}$.

Der in 7.1 schon angerissene Begriff der Determinante einer Matrix gehört zum klassischen Bestand der linearen Algebra. Er beruht bei unserem Zugang auf der kanonischen Determinantenform $\det : (K^{n\times 1})^n \to K$ und der Zerlegung einer Matrix in ihre Spalten: Die *Determinante* einer Matrix $A = (a_{ij}) \in K^{n\times n}$ ist erklärt als

$$\begin{vmatrix} a_{11} & a_{12} & \ldots & a_{1n} \\ a_{21} & a_{22} & \ldots & a_{2n} \\ \cdots & \cdots & \cdots & \cdots \\ a_{n1} & a_{n2} & \ldots & a_{nn} \end{vmatrix} := \det\left(\begin{pmatrix} a_{11} \\ a_{21} \\ \vdots \\ a_{n1} \end{pmatrix}, \begin{pmatrix} a_{12} \\ a_{22} \\ \vdots \\ a_{n2} \end{pmatrix}, \ldots, \begin{pmatrix} a_{1n} \\ a_{2n} \\ \vdots \\ a_{nn} \end{pmatrix} \right) = \sum_{\sigma\in S_n} \operatorname{sgn}\sigma \cdot a_{\sigma(1)1} \cdot a_{\sigma(2)2} \cdots a_{\sigma(n)n},$$

wobei das letzte Gleichheitszeichen aus (7.6) folgt. Es ist auch üblich, diese Determinante kurz mit $|(a_{ij})|$ oder mit $\det A$ zu bezeichnen. Das Symbol det tritt also in zweifacher Bedeutung auf. Insbesondere ist daher $\det E_n = 1$. Mit Hilfe dieses Determinantenbegriffs erhält etwa Formel (7.6) die Form

$$\Delta(\boldsymbol{x}_1, \boldsymbol{x}_2, \ldots, \boldsymbol{x}_n) = \Delta(\boldsymbol{B}) \cdot \det(\langle \boldsymbol{B}^*, \boldsymbol{x}_1\rangle, \langle \boldsymbol{B}^*, \boldsymbol{x}_2\rangle, \ldots, \langle \boldsymbol{B}^*, \boldsymbol{x}_n\rangle). \tag{7.7}$$

7.2.9 Die Berechnung von Determinanten für kleines n kann mit Formel (7.6) erfolgen. Das ergibt[6] $\det(a_{11}) = a_{11}$ für $n = 1$ und

$$\begin{vmatrix} a_{11} & a_{12} \\ a_{21} & a_{22} \end{vmatrix} = a_{11}a_{22} - a_{21}a_{12}$$

für $n = 2$ (Merkregel: Hauptdiagonale minus Nebendiagonale). Die Formel für $n = 3$ lässt sich in ähnlicher Weise durch die *Regel von Sarrus*[7] beschreiben: Wir fügen die erste und zweite Spalte an die Matrix rechts an, also

$$\left(\begin{array}{ccc|cc} a_{11} & a_{12} & a_{13} & a_{11} & a_{12} \\ a_{21} & a_{22} & a_{23} & a_{21} & a_{22} \\ a_{31} & a_{32} & a_{33} & a_{31} & a_{32} \end{array}\right),$$

[6] Bei einer 1×1 Matrix sollte die Determinante nicht mit senkrechten Strichen geschrieben werden, weil das als absoluter Betrag gelesen werden könnte.

[7] Pierre-Frédéric Sarrus (1798–1861).

summieren dann die drei Produkte der Elemente in den Parallelen zur Hauptdiagonale und subtrahieren davon die drei Produkte der Elemente in den Parallelen zur Nebendiagonale. Vgl. Formel (7.2). Für $n \geq 4$ gibt es keine ähnlich einfachen Merkregeln.

Bei unserer Definition der Determinante sind die Spalten von A gegenüber den Zeilen ausgezeichnet. Es gilt jedoch:

Satz 7.2.10 *Für jede Matrix $A \in K^{n\times n}$ ist* $\det A = \det(A^{\mathrm{T}})$.

Beweis. Die Zerlegung von $A = (a_{ij})$ in Spalten liefert

$$\det A = \sum_{\sigma\in S_n} \operatorname{sgn}\sigma \cdot a_{\sigma(1)1} \cdot a_{\sigma(2)2} \cdots a_{\sigma(n)n}.$$

Vertauschen wir Spalten und Zeilen von A, so erhalten wir

$$\det(A^{\mathrm{T}}) = \sum_{\sigma\in S_n} \operatorname{sgn}\sigma \cdot a_{1\sigma(1)} \cdot a_{2\sigma(2)} \cdots a_{n\sigma(n)} = \sum_{\sigma\in S_n} \operatorname{sgn}(\sigma^{-1}) a_{1\sigma^{-1}(1)} \cdot a_{2\sigma^{-1}(2)} \cdots a_{n\sigma^{-1}(n)}.$$

Das letzte Gleichheitszeichen gilt, da mit σ auch σ^{-1} ganz S_n durchläuft. Aus der Bijektivität von σ und der Kommutativität der Multiplikation folgt

$$a_{\sigma(1)1} \cdot a_{\sigma(2)2} \cdots a_{\sigma(n)n} = a_{1\sigma^{-1}(1)} \cdot a_{2\sigma^{-1}(2)} \cdots a_{n\sigma^{-1}(n)} \quad \text{für alle} \quad \sigma \in S_n\,.$$

Wegen $\operatorname{sgn}\sigma = \operatorname{sgn}(\sigma^{-1})$ treten daher in den obigen Summen dieselben Summanden auf, was $\det A = \det(A^{\mathrm{T}})$ ergibt. □

Satz 7.2.10 zeigt, dass wir die Determinante einer Matrix auch durch Zerlegung in Zeilen berechnen können. Der Ursprung des Namens „Determinante" ist die Formel

$$(\operatorname{rg} A = n \iff \det A \neq 0) \quad \text{für alle} \quad A \in K^{n\times n}. \tag{7.8}$$

Der Skalar $\det A$ determiniert also, ob A regulär ist oder nicht. Der Beweis von Formel (7.8) ist im folgenden Satz enthalten.

Satz 7.2.11 *Sei $\Delta : \boldsymbol{V}^n \to K$ eine beliebige nicht triviale Determinantenform. Ein n-Tupel $(\boldsymbol{m}_1, \boldsymbol{m}_2, \ldots, \boldsymbol{m}_n) \in \boldsymbol{V}^n$ ist genau dann Basis von $\boldsymbol{V}$, falls $\Delta(\boldsymbol{m}_1, \boldsymbol{m}_2, \ldots, \boldsymbol{m}_n) \neq 0$.*

Beweis. Sei $(\boldsymbol{m}_1, \boldsymbol{m}_2, \ldots, \boldsymbol{m}_n)$ keine Basis. Es gelte etwa $\boldsymbol{m}_n = \sum_{i=1}^{n-1} x_i \boldsymbol{m}_i$. Das ergibt

$$\Delta(\boldsymbol{m}_1, \boldsymbol{m}_2, \ldots, \boldsymbol{m}_n) = \Delta(\boldsymbol{m}_1, \ldots, \boldsymbol{m}_{n-1}, \sum_{i=1}^{n-1} x_i \boldsymbol{m}_i) = \sum_{i=1}^{n-1} x_i \Delta(\boldsymbol{m}_1, \ldots, \boldsymbol{m}_{n-1}, \boldsymbol{m}_i) = 0.$$

Andererseits ordnet Δ mindestens einem n-Tupel einen Wert $\neq 0$ zu. Nach Satz 7.2.5 trifft das auch für jede Basis von $\boldsymbol{V}$ zu. □

Dieser Satz hat vor allem theoretische Bedeutung. Er zeigt, dass sich die Frage nach der Basiseigenschaft durch Einsetzen der Koordinaten in eine einzige Formel beantworten lässt.

Aufgaben

A 7.2.1 Berechne die Determinante der Matrix

$$A_t = \begin{pmatrix} 5-9t & -4 & -2 \\ -4 & 5-9t & -2 \\ -2 & -2 & 8-9t \end{pmatrix} \in \mathbb{R}^{3\times 3} \quad \text{mit } t \in \mathbb{R}.$$

Für welche $t \in \mathbb{R}$ ist A_t singulär? Bestimme für alle $t \in \mathbb{R}$ den Rang von A_t.

A 7.2.2 Sei $A \in \mathbb{R}^{4\times 4}$ eine der Matrizen aus A 3.5.3. Berechne deren Determinante nach der Formel

$$\det A = \sum_{\sigma \in S_4} \operatorname{sgn} \sigma \cdot a_{\sigma(1)1} \cdot a_{\sigma(2)2} \cdot a_{\sigma(3)3} \cdot a_{\sigma(4)4}.$$

Hinweis: Erstelle zunächst eine Liste aller 24 Permutationen aus S_4.

7.3 Determinanten linearer Abbildungen

7.3.1 Wir wollen jetzt das Wechselspiel von linearen Abbildungen und Determinantenformen genauer untersuchen. So wie bei den linearen Gleichungssystemen wird sich dieser Standpunkt als sehr zweckmäßig erweisen und uns zu einer zweiten Interpretation der Determinante einer Matrix führen. Wir vereinbaren dazu folgende Schreibweise: Sind $f : M \to N$ eine Abbildung und $n \in \mathbb{N}$, so sei

$$f^{(n)} : M^n \to N^n : (x_1, x_2, \ldots, x_n) \mapsto (f(x_1), f(x_2), \ldots, f(x_n))$$

die durch f mitbestimmte Abbildung von n-Tupeln.

Satz 7.3.2 *Ist sowohl $\boldsymbol{V}$ als auch $\boldsymbol{W}$ ein n-dimensionaler Vektorraum über K, ist $f \in \mathrm{L}(\boldsymbol{V}, \boldsymbol{W})$ und ist $\Delta : \boldsymbol{W}^n \to K$ eine Determinantenform, so ist auch die Abbildung*

$$\Delta \circ f^{(n)} \quad \boldsymbol{V}^n \to K$$

eine Determinantenform. Durch $\Delta \mapsto \Delta \circ f^{(n)}$ wird eine lineare Abbildung des Vektorraumes aller Determinantenformen $\boldsymbol{W}^n \to K$ in den Vektorraum aller Determinantenformen $\boldsymbol{W}^n \to K$ festgelegt.

Beweis. Aus der Linearität von f folgt, dass $\Delta \circ f^{(n)}$ eine Determinantenform ist. Der Beweis der Linearität von $\Delta \mapsto \Delta \circ f^{(n)}$ ist analog zum Beweis der Linearität der transponierten Abbildung in Satz 4.9.3 zu führen. □

Ist Δ nicht trivial, so ist $\Delta \circ f^{(n)}$ nach Satz 7.2.11 genau für eine lineare Bijektion f ebenfalls nicht trivial.

Wir beschränken uns auf den Sonderfall $f \in \mathrm{L}(\boldsymbol{V}, \boldsymbol{V})$. Dann legt $\Delta \mapsto \Delta \circ f^{(n)}$ eine lineare Selbstabbildung des Vektorraumes aller Determinantenformen $\boldsymbol{V}^n \to K$ fest. Da dieser Vektorraum die Dimension 1 hat, ist diese lineare Abbildung durch einen einzigen Skalar festgelegt.

Definition 7.3.3 Ist $\boldsymbol{V}$ ein n-dimensionaler Vektorraum und $f \in \mathrm{L}(\boldsymbol{V}, \boldsymbol{V})$, so ist die *Determinante* von f, in Zeichen $\det f$, ein Skalar aus K mit folgender Eigenschaft:

$$\det f \cdot \Delta = \Delta \circ f^{(n)} \quad \text{für alle Determinantenformen } \Delta : \boldsymbol{V}^n \to K.$$

Die Determinante von f ist also – vereinfacht ausgedrückt – jener Proportionalitätsfaktor, um den sich $\Delta \circ f^{(n)}$ von Δ unterscheidet. Zur Berechnung von $\det f$ genügt es, eine nicht triviale Determinantenform $\Delta : \boldsymbol{V}^n \to K$ und eine Basis $\boldsymbol{B} = (\boldsymbol{b}_1, \boldsymbol{b}_2, \ldots, \boldsymbol{b}_n)$ von $\boldsymbol{V}$ beliebig zu wählen. Wegen $\Delta(\boldsymbol{b}_1, \boldsymbol{b}_2, \ldots, \boldsymbol{b}_n) \neq 0$ folgt

$$\det f = \frac{\Delta \circ f^{(n)}(\boldsymbol{b}_1, \boldsymbol{b}_2, \ldots, \boldsymbol{b}_n)}{\Delta(\boldsymbol{b}_1, \boldsymbol{b}_2, \ldots, \boldsymbol{b}_n)} = \frac{\Delta(f(\boldsymbol{b}_1), f(\boldsymbol{b}_2), \ldots, f(\boldsymbol{b}_n))}{\Delta(\boldsymbol{b}_1, \boldsymbol{b}_2, \ldots, \boldsymbol{b}_n)}. \tag{7.9}$$

Vgl. 7.5.8 für die Interpretation von $\det f$ als Volumenverzerrung. Ferner folgt nach (7.7) die Formel

$$\det f = \frac{\Delta(f(\boldsymbol{b}_1), f(\boldsymbol{b}_2), \ldots, f(\boldsymbol{b}_n))}{\Delta(\boldsymbol{b}_1, \boldsymbol{b}_2, \ldots, \boldsymbol{b}_n)} = \frac{\Delta(\boldsymbol{B}) \cdot \det\langle \boldsymbol{B}^*, f(\boldsymbol{B})\rangle}{\Delta(\boldsymbol{B})} = \det\langle \boldsymbol{B}^*, f(\boldsymbol{B})\rangle. \tag{7.10}$$

Eine einfache Folgerung aus den Formeln (7.8) und (7.10) ist nun:

Satz 7.3.4 *Eine Abbildung $f \in \mathrm{L}(\boldsymbol{V}, \boldsymbol{V})$ ist genau dann bijektiv, falls* $\det f \neq 0$.

Durch $\det f \neq 0$ sind also in $\mathrm{L}(\boldsymbol{V}, \boldsymbol{V})$ genau die Elemente der allgemeinen linearen Gruppe $\mathrm{GL}(\boldsymbol{V})$ ausgezeichnet.

Satz 7.3.5 (Multiplikationssatz für Determinanten) *Für alle $f, g \in \mathrm{L}(\boldsymbol{V}, \boldsymbol{V})$ gilt*

$$\det g \cdot \det f = \det(g \circ f).$$

Die Abbildung $f \mapsto \det f$ ist ein Homomorphismus der allgemeinen linearen Gruppe $\mathrm{GL}(\boldsymbol{V})$ in die multiplikative Gruppe $(K^\times, \cdot)$. Bei $\dim \boldsymbol{V} \geq 1$ ist dieser Homomorphismus surjektiv.

Beweis. (a) Wir wählen eine nicht triviale Determinantenform Δ. Dann gilt

$$\det(g \circ f) \cdot \Delta = \Delta \circ (g \circ f)^{(n)} = (\Delta \circ g^{(n)}) \circ f^{(n)} = (\det g \cdot \Delta) \circ f^{(n)} = \det f \cdot (\det g \cdot \Delta).$$

Da Δ nicht trivial ist, folgt $\det(g \circ f) = \det g \cdot \det f$.

(b) Für alle $f \in \mathrm{GL}(\boldsymbol{V})$ ist $\det f \neq 0$, womit ein Homomorphismus $\mathrm{GL}(\boldsymbol{V}) \to K^\times$ vorliegt. Zum Beweis der Surjektivität wählen wir für $n \geq 1$ einen Skalar $t \in K^\times$ und eine Basis $(\boldsymbol{b}_1, \boldsymbol{b}_2, \ldots, \boldsymbol{b}_n)$ von $\boldsymbol{V}$. Die Abbildung

$$f \in \mathrm{GL}(\boldsymbol{V}) \text{ mit } \boldsymbol{b}_1 \mapsto t\boldsymbol{b}_1, \quad \boldsymbol{b}_2 \mapsto \boldsymbol{b}_2, \quad \ldots, \quad \boldsymbol{b}_n \mapsto \boldsymbol{b}_n$$

besitzt nach (7.9) die Determinante

$$\det f = \frac{\Delta(t\boldsymbol{b}_1, \boldsymbol{b}_2, \ldots, \boldsymbol{b}_n)}{\Delta(\boldsymbol{b}_1, \boldsymbol{b}_2, \ldots, \boldsymbol{b}_n)} = t.$$

Daher wird $\mathrm{GL}(\boldsymbol{V})$ auf $K^\times$ abgebildet. □

Für $\dim \boldsymbol{V} = 0$ gilt $\mathrm{GL}(\boldsymbol{V}) = \{\mathrm{id}_{\boldsymbol{V}}\}$, womit nur $1 \in K$ als Determinante auftritt. Aus Satz 7.3.5 folgt insbesondere

$$\det(f^{-1}) = (\det f)^{-1} \quad \text{für alle} \quad f \in \mathrm{GL}(\boldsymbol{V}).$$

Mit Hilfe von (7.10) lassen sich diese Ergebnisse auf Matrizen übertragen. Es folgt

$$\det B \cdot \det A = \det(B \cdot A) \quad \text{für alle} \quad A, B \in K^{n \times n},$$
$$\det(A^{-1}) = (\det A)^{-1} \quad \text{für alle} \quad A \in \mathrm{GL}_n(K).$$

Die Formel $\det B \cdot \det A = \det(B \cdot A)$ heißt auch *Multiplikationssatz von Cauchy*[8] für Determinanten quadratischer Matrizen. Mit der umgekehrten Schlussweise folgt aus $\det A = \det(A^{\mathrm{T}})$ das Ergebnis

$$\det f = \det(f^{\mathrm{T}}) \quad \text{für alle} \quad f \in \mathrm{L}(\boldsymbol{V}, \boldsymbol{V}).$$

7.3.6 Der in Satz 7.3.5 beschriebene Homomorphismus besitzt den Kern

$$\mathrm{SL}(\boldsymbol{V}) := \{f \in \mathrm{GL}(\boldsymbol{V}) \mid \det f = 1\},$$

welcher die *spezielle lineare Gruppe* von $\boldsymbol{V}$ genannt wird. $\mathrm{SL}(\boldsymbol{V})$ ist ein Normalteiler von $\mathrm{GL}(\boldsymbol{V})$. Analog wird

$$\mathrm{SL}_n(K) := \{A \in \mathrm{GL}_n(K) \mid \det A = 1\}$$

die *spezielle lineare Gruppe in n Variablen* genannt. Wegen Satz 7.3.5 ist durch $A \mapsto \det A$ ein Homomorphismus der Gruppe $\mathrm{GL}_n(K)$ in $(K^\times, \cdot)$ mit Kern $\mathrm{SL}_n(K)$ bestimmt.

Aufgaben

A 7.3.1 Sei $\boldsymbol{V}$ ein n-dimensionaler Vektorraum über K, $\boldsymbol{a}^* \in \boldsymbol{V}^* \setminus \{\boldsymbol{o}^*\}$, $\boldsymbol{v} \in \boldsymbol{V} \setminus \{\boldsymbol{o}\}$ und $\langle \boldsymbol{a}^*, \boldsymbol{v} \rangle = 0$. Beweise, dass für alle $c \in K$ die Abbildung

$$f_c : \boldsymbol{V} \to \boldsymbol{V} : \boldsymbol{x} \mapsto \boldsymbol{x} + c\langle \boldsymbol{a}^*, \boldsymbol{x} \rangle \boldsymbol{v}$$

der speziellen linearen Gruppe $\mathrm{SL}(\boldsymbol{V})$ angehört. Bestimme dazu eine „möglichst einfache" Koordinatenmatrix $\langle \boldsymbol{B}^*, f_c(\boldsymbol{B}) \rangle$. Veranschauliche f_c in einem zweidimensionalen Unterraum von $\boldsymbol{V}_O$. Vgl. 4.2.7 Beispiel 3.

A 7.3.2 Sei $\boldsymbol{V}$ ein Vektorraum über K mit $1 \leq \dim \boldsymbol{V} < \infty$. Zeige: $\mathrm{GL}(\boldsymbol{V})/\mathrm{SL}(\boldsymbol{V})$ ist isomorph zu $(K^\times, \cdot)$.

7.4 Berechnung und Entwicklung von Determinanten

7.4.1 Ein schlagkräftiges Hilfsmittel zur Berechnung von Determinanten sind elementare Spalten- und Zeilenumformungen. Dabei kann sich die Determinante einer Matrix $A \in K^{n \times n}$ zwar ändern, die auftretenden Fälle sind aber leicht zu überblicken.

Wir nehmen an, dass die Matrix $\tilde{A}$ aus A durch eine der folgenden elementaren Spaltenumformungen hervorgeht. Dabei seien $i, j \in \{1, 2, \ldots, n\}$ und $y \in K$.

- Vertauschen der i-ten Spalte mit der j-ten Spalte ($i \neq j$): Es gilt $\det \tilde{A} = -\det A$ nach Formel (7.4).
- Multiplikation der i-ten Spalte mit $y \neq 0$: Hier ist $\det \tilde{A} = y \cdot \det A$ nach Axiom 2.
- Addition der mit y multiplizierten i-ten Spalte zur j-ten Spalte ($i \neq j$): Es folgt $\det \tilde{A} = \det A$ nach Formel (7.3).

Dieselben Regeln gelten sinngemäß für Zeilenumformungen. Wir geben jetzt einen Typus von Matrizen an, deren Determinante sehr einfach berechnet werden kann.

[8] Von Augustin-Louis Cauchy (1789–1857) im Jahre 1812 angegeben.

Satz 7.4.2 *Die Determinante einer oberen Dreiecksmatrix berechnet sich zu*

$$\det\begin{pmatrix} a_{11} & a_{12} & \dots & a_{1n} \\ 0 & a_{22} & \dots & a_{2n} \\ \vdots & \vdots & \ddots & \vdots \\ 0 & 0 & \dots & a_{nn} \end{pmatrix} = a_{11} \cdot a_{22} \cdots a_{nn}.$$

Beweis. In der Summe $\sum_{\sigma\in S_n} \operatorname{sgn}\sigma \cdot a_{\sigma(1)1} \cdot a_{\sigma(2)2} \cdots a_{\sigma(n)n}$ liegt höchstens dann ein Summand $\neq 0$ vor, falls $\sigma(1) = 1, \sigma(2) \leq 2, \dots, \sigma(n) \leq n$, also $\sigma = \mathrm{id}_{\{1,2,\dots,n\}}$. □

Soll die Determinante einer $n \times n$ Matrix A berechnet werden, so transformieren wir A durch elementare Umformungen in eine obere Dreiecksmatrix. Wenn sich bei einer dieser Umformungen die Determinante ändert, ist dies durch einen entsprechenden Faktor vor der Determinante zu berücksichtigen.

Beispiel 7.4.3 Wir berechnen mit Hilfe von elementaren Zeilenumformungen die reelle Determinante

$$\begin{vmatrix} 4 & -4 & 8 & 0 \\ 0 & 2 & 2 & -2 \\ 1 & -1 & 3 & 2 \\ 0 & 1 & 1 & 1 \end{vmatrix} = 4 \cdot 2 \cdot \begin{vmatrix} 1 & -1 & 2 & 0 \\ 0 & 1 & 1 & -1 \\ 1 & -1 & 3 & 2 \\ 0 & 1 & 1 & 1 \end{vmatrix} = 8 \cdot \begin{vmatrix} 1 & -1 & 2 & 0 \\ 0 & 1 & 1 & -1 \\ 0 & 0 & 1 & 2 \\ 0 & 1 & 1 & 1 \end{vmatrix}$$

$$= 8 \cdot \begin{vmatrix} 1 & -1 & 2 & 0 \\ 0 & 1 & 1 & -1 \\ 0 & 0 & 1 & 2 \\ 0 & 0 & 0 & 2 \end{vmatrix} = 16.$$

7.4.4 Ein anderes Verfahren zur Berechnung von Determinanten beruht darauf, die Determinante einer $n \times n$ Matrix ($n \geq 1$) auf eine Summe von Determinanten von $(n-1) \times (n-1)$ Matrizen zurückzuführen. Dazu führen wir folgende Bezeichnung ein:

Sei $A = (a_{ij}) \in K^{n\times n}$. Dann erklären wir für jedes Paar (k, l) mit $k, l \in \{1, 2, \dots, n\}$ eine Matrix A_{kl}, die dadurch aus A entsteht, dass an die Stelle (k, l) die Zahl 1 und an allen anderen Stellen der k-ten Zeile und der l-ten Spalte die Zahl 0 gesetzt wird. Der *Kofaktor* des Elements a_{kl} sei definiert als

$$a^{\sharp}_{lk} := \det A_{kl}.$$

Die Matrix A_{kl} hat somit die Bauart

$$A_{kl} = \begin{pmatrix} a_{11} & \dots & 0 & \dots & a_{1n} \\ \dots & \dots & \dots & \dots & \dots \\ 0 & \dots & 1 & \dots & 0 \\ \dots & \dots & \dots & \dots & \dots \\ a_{n1} & \dots & 0 & \dots & a_{nn} \end{pmatrix}.$$

Ihre Determinante ist der Kofaktor $a^{\sharp}_{lk}$ (*nicht* $a^{\sharp}_{kl}$). Der Grund für die „falsche" Indexstellung liegt darin, dass wir den Kofaktor $\det A_{kl}$ an die Stelle (l, k) einer neuen Matrix schreiben werden. Zuvor geben wir jedoch ein Verfahren zur Berechnung von Kofaktoren an:

Satz 7.4.5 *Es seien $A = (a_{ij}) \in K^{n\times n}$ mit $n \geq 1$ und $k, l \in \{1, 2, \dots, n\}$. Wir schreiben A^-_{kl} für jene $(n-1)\times(n-1)$ Matrix, die aus A durch Wegstreichen der k-ten Zeile und l-ten Spalte entsteht.*[9] *Dann berechnet sich der Kofaktor $a^\sharp_{lk}$ zu*

$$a^\sharp_{lk} = \det A_{kl} = (-1)^{k+l} \det A^-_{kl}. \tag{7.11}$$

Beweis. Durch $k-1$ Vertauschungen benachbarter Zeilen

$$k \leftrightarrow k-1,\quad k-1 \leftrightarrow k-2,\quad \dots,\quad 2 \leftrightarrow 1$$

und anschließend $l-1$ Vertauschungen von benachbarten Spalten

$$l \leftrightarrow l-1,\quad l-1 \leftrightarrow l-2,\quad \dots,\quad 2 \leftrightarrow 1$$

geht A_{kl} über in die Matrix

$$B = \left(\begin{array}{c|ccc} 1 & 0 & \dots & 0 \\ \hline 0 & & & \\ \vdots & & A^-_{kl} & \\ 0 & & & \end{array}\right)$$

mit Determinante $\det B = (-1)^{k-1+l-1} \det A_{kl}$. Analog zum Beweis von Satz 7.4.2 ergibt sich $\det B = 1 \cdot \det A^-_{kl}$, also die Gültigkeit von (7.11). □

Die in Formel (7.11) auftretenden Terme $(-1)^{k+l}$ können über die *Schachbrettregel*

$$\begin{pmatrix} + & - & + & \dots \\ - & + & - & \dots \\ + & - & + & \dots \\ \dots & \dots & \dots & \dots \end{pmatrix}$$

in Evidenz gehalten werden. Die Bedeutung der Kofaktoren liegt nun im folgenden Ergebnis, bei dem wir die schon zuvor erwähnte *Matrix der Kofaktoren* von A verwenden:

Satz 7.4.6 *Sei $A = (a_{ij}) \in K^{n\times n}$ und $A^\sharp = (a^\sharp_{lk})$ die aus den Kofaktoren der Matrix A gebildete $n \times n$ Matrix. Dann gilt*

$$A \cdot A^\sharp = \operatorname{diag}(\det A, \det A, \dots, \det A). \tag{7.12}$$

Beweis. Wir ersetzen für festes k, l die k-te Zeile von A durch $(\delta_{1l}, \delta_{2l}, \dots, \delta_{nl})$; das ergibt

$$\tilde{A}_{kl} := \begin{pmatrix} a_{11} & \dots & a_{1l} & \dots & a_{1n} \\ \dots & \dots & \dots & \dots & \dots \\ 0 & \dots & 1 & \dots & 0 \\ \dots & \dots & \dots & \dots & \dots \\ a_{n1} & \dots & a_{nl} & \dots & a_{nn} \end{pmatrix} \leftarrow k\text{-te Zeile}$$

---

[9] Da die Zeilen- und Spaltenindizes der Elemente von A^-_{kl} wie üblich in der Menge $\{1, 2, \dots, n-1\}$ laufen sollen, müssen beim Übergang von A zu A^-_{kl} alle Zeilenindizes $i > k$ durch $i-1$ und alle Spaltenindizes $j > l$ durch $j-1$ ersetzt werden.

mit $\det \tilde{A}_{kl} = \det A_{kl} = a^\sharp_{lk}$, denn A_{kl} entsteht aus $\tilde{A}_{kl}$ durch elementare Zeilenumformungen, welche die Determinante nicht ändern. Wir berechnen jetzt die Stelle (i, k) der Matrix $A \cdot A^\sharp$, also das Produkt

$$(a_{i1}, a_{i2}, \ldots, a_{in}) \cdot \begin{pmatrix} a^\sharp_{1k} \\ a^\sharp_{2k} \\ \vdots \\ a^\sharp_{nk} \end{pmatrix} = a_{i1} \det \tilde{A}_{k1} + a_{i2} \det \tilde{A}_{k2} + \cdots + a_{in} \det \tilde{A}_{kn}.$$

Wir können die Faktoren a_{ij} jeweils in die k-te Zeile von $\tilde{A}_{kj}$ hineinziehen. Das ergibt:

$$\begin{vmatrix} a_{11} & a_{12} & \ldots & a_{1n} \\ \cdots & \cdots & \cdots & \cdots \\ a_{i1} & 0 & \ldots & 0 \\ \cdots & \cdots & \cdots & \cdots \\ a_{n1} & a_{n2} & \ldots & a_{nn} \end{vmatrix} + \begin{vmatrix} a_{11} & a_{12} & \ldots & a_{1n} \\ \cdots & \cdots & \cdots & \cdots \\ 0 & a_{i2} & \ldots & 0 \\ \cdots & \cdots & \cdots & \cdots \\ a_{n1} & a_{n2} & \ldots & a_{nn} \end{vmatrix} + \cdots + \begin{vmatrix} a_{11} & a_{12} & \ldots & a_{1n} \\ \cdots & \cdots & \cdots & \cdots \\ 0 & 0 & \ldots & a_{in} \\ \cdots & \cdots & \cdots & \cdots \\ a_{n1} & a_{n2} & \ldots & a_{nn} \end{vmatrix} \leftarrow k\text{-te Zeile}$$

Indem wir diese Summe als eine einzige Determinante schreiben, erhalten wir:

$$(a_{i1}, a_{i2}, \ldots, a_{in}) \cdot \begin{pmatrix} a^\sharp_{1k} \\ a^\sharp_{2k} \\ \vdots \\ a^\sharp_{nk} \end{pmatrix} = \begin{vmatrix} a_{11} & a_{12} & \ldots & a_{1n} \\ \cdots & \cdots & \cdots & \cdots \\ a_{i1} & a_{i2} & \ldots & a_{in} \\ \cdots & \cdots & \cdots & \cdots \\ a_{n1} & a_{n2} & \ldots & a_{nn} \end{vmatrix} \leftarrow k\text{-te Zeile} \qquad (7.13)$$

Die letzte Determinante ist 0 für $i \neq k$ und gleich $\det A$ für $i = k$. □

Als unmittelbare Folgerung haben wir:

Satz 7.4.7 (Entwicklungssatz von Laplace[10]) *Sei $A = (a_{ij}) \in K^{n \times n}$ und $A^\sharp = (a^\sharp_{kl}) \in K^{n \times n}$ die zugehörige Matrix der Kofaktoren. Dann gilt bei beliebiger Wahl von $i, j \in \{1, 2, \ldots, n\}$:*

$$\det A = a_{i1}a^\sharp_{1i} + a_{i2}a^\sharp_{2i} + \cdots + a_{in}a^\sharp_{ni}, \qquad (7.14)$$

$$\det A = a_{1j}a^\sharp_{j1} + a_{2j}a^\sharp_{j2} + \cdots + a_{nj}a^\sharp_{jn}. \qquad (7.15)$$

Beweis. Formel (7.14) ist identisch (7.13) für $i = k$. Wegen $\det A = \det(A^T)$ gilt (7.15). □

Das durch (7.14) bzw. (7.15) beschriebene Verfahren zur Berechnung einer Determinante heißt die *Entwicklung nach der i-ten Zeile* bzw. *Entwicklung nach der j-ten Spalte*.

Beispiel 7.4.8 Soll eine Determinante mit Hilfe des Entwicklungssatzes berechnet werden, so suche zunächst eine Zeile oder Spalte mit möglichst vielen Nullen. Der zu einer Null gehörige Kofaktor braucht nicht berechnet zu werden. Wir bestimmen etwa die Determinante der Matrix

$$A = \begin{pmatrix} 4 & -4 & 8 & 0 \\ 0 & 2 & 2 & -2 \\ 1 & -1 & 3 & 2 \\ 0 & 1 & 1 & 1 \end{pmatrix} \in \mathbb{R}^{4 \times 4}$$

[10] Pierre-Simon Laplace (1749–1827).

durch Entwicklung nach der ersten Spalte und mit der Regel von Sarrus:

$$\det A = (-1)^{1+1}\cdot 4 \cdot \begin{vmatrix} 2 & 2 & -2 \\ -1 & 3 & 2 \\ 1 & 1 & 1 \end{vmatrix} + (-1)^{3+1}\cdot 1 \cdot \begin{vmatrix} -4 & 8 & 0 \\ 2 & 2 & -2 \\ 1 & 1 & 1 \end{vmatrix} = 4\cdot 16 - 48 = 16.$$

Aufgaben

A 7.4.1 Berechne folgende Determinanten mit Elementen aus einem Körper K:

$$\begin{vmatrix} 0 & 1 & \dots & 1 \\ 1 & 0 & & 1 \\ \vdots & & \ddots & \vdots \\ 1 & 1 & \dots & 0 \end{vmatrix}, \qquad \operatorname{diag}(\square, \square, \dots, \square) \ \text{mit}\ \square := \begin{pmatrix} 0 & -1 \\ 1 & 0 \end{pmatrix}.$$

A 7.4.2 Sind K ein Körper, $n \in \mathbb{N}$ und $(x_0, x_1, \dots, x_n) \in K^{n+1}$, so wird die Matrix

$$\mathrm{V}(x_0, x_1, \dots, x_n) := \begin{pmatrix} x_0^n & x_0^{n-1} & \dots & x_0 & 1 \\ x_1^n & x_1^{n-1} & \dots & x_1 & 1 \\ \dots & \dots & \dots & \dots & \dots \\ x_n^n & x_n^{n-1} & \dots & x_n & 1 \end{pmatrix} \in K^{(n+1)\times(n+1)}$$

als die *Vandermonde-Matrix*[11] und die Determinante $\det \mathrm{V}(x_0, x_1, \dots, x_n)$ als die *Vandermonde-Determinante* von $(x_0, x_1, \dots, x_n)$ bezeichnet. Zeige:

$$\det \mathrm{V}(x_0, x_1, \dots, x_n) = \prod_{i<j} (x_i - x_j).$$

Hinweis: Verwende vollständige Induktion nach n; dabei ist das für $n = 0$ auftretende leere Produkt gleich 1.

A 7.4.3 Gegeben sei der $(n+1)$-dimensionale Vektorraum $\boldsymbol{U}_n$ der Polynomfunktionen $\mathbb{R} \to \mathbb{R}$ mit der Bauart

$$f : \mathbb{R} \to \mathbb{R} : x \mapsto a_n x^n + \dots + a_1 x + a_0.$$

Weiters seien $t_0, t_1, \dots, t_n \in \mathbb{R}$ genau $n+1$ verschiedene Skalare. Nach A 3.2.4 ist die Funktionenfamilie

$$f_i : \mathbb{R} \to \mathbb{R} : x \mapsto x^i \ \text{mit}\ i \in \{0, 1, \dots, n\}$$

eine Basis von $\boldsymbol{U}_n$. Berechne die Koordinaten der Evaluierungsabbildungen $v_{t_0}, v_{t_1}, \dots, v_{t_n}$ bezüglich der zu $(f_0, f_1, \dots, f_n)$ dualen Basis. Zeige mit Hilfe dieser Koordinaten, dass $(v_{t_0}, v_{t_1}, \dots, v_{t_n})$ eine Basis von $\boldsymbol{U}_n^*$ ist.

A 7.4.4 Fortsetzung von A 7.4.3.

(a) Beweise: Die zu $(v_{t_0}, v_{t_1}, \dots, v_{t_n})$ duale Basis ist für $i \in \{0, 1, \dots, n\}$ gegeben durch

$$v_{t_i}^* \in \boldsymbol{U}_n : x \mapsto \frac{\det \mathrm{V}(t_0, \dots, t_{i-1}, x, t_{i+1}, \dots, t_n)}{\det \mathrm{V}(t_0, t_1, \dots, t_n)},$$

wobei $\mathrm{V}(\dots)$ eine Vandermonde-Matrix bezeichnet.

(b) Gegeben seien $n+1$ Paare $(t_0, u_0), (t_1, u_1), \dots, (t_n, u_n) \in \mathbb{R}^2$ mit $n+1$ verschiedenen Zahlen t_i. Zeige mit Hilfe von (a), dass es genau eine Polynomfunktion $g \in \boldsymbol{U}_n$ mit $u_i = g(t_i)$ für alle $i \in \{0, 1, \dots, n\}$ gibt. Stelle g als Linearkombination von $(v_{t_0}^*, v_{t_1}^*, \dots, v_{t_n}^*)$ dar. Das ergibt die *Interpolationsformel von Lagrange*.

[11] Alexandre-Théophile Vandermonde (1735–1796).

Hinweis zu (a): Die Polynomfunktionen $v_{t_i}^*$ sind durch $v_{t_i}^*(t_j) = \delta_{ij}$ für alle $i, j \in \{0, 1, \ldots, n\}$ gekennzeichnet.

A 7.4.5 Es seien K ein Körper und $r, n \in \mathbb{N}$. Eine Blockmatrix der Form

$$A = \begin{pmatrix} A_1 & * & \ldots & * \\ 0 & A_2 & \ldots & * \\ \vdots & \vdots & \ddots & \vdots \\ 0 & 0 & \ldots & A_r \end{pmatrix} \in K^{n \times n}$$

wird eine *obere Block-Dreiecksmatrix* genannt, falls $A_1, A_2, \ldots, A_r$ quadratische Teilmatrizen sind. Beweise $\det A = \prod_{i=1}^r \det A_i$. Insbesondere gilt dies für *Block-Diagonalmatrizen*

$$A = \operatorname{diag}(A_1, A_2, \ldots, A_r),$$

bei denen die oben mit $*$ bezeichneten Teilmatrizen alle gleich Null sind.

Hinweis: Forme A durch elementare Zeilen- und Spaltenumformungen in eine obere Dreiecksmatrix um.

A 7.4.6 Es seien $K = \mathrm{GF}(q) = \{t_0, t_1, \ldots, t_{q-1}\}$ ein endlicher Körper und n eine natürliche Zahl. Wir definieren

$$H := \begin{pmatrix} 1 & 1 & \ldots & 1 & 0 \\ t_0 & t_1 & \ldots & t_{q-1} & 0 \\ t_0^2 & t_1^2 & \ldots & t_{q-1}^2 & 0 \\ \multicolumn{5}{c}{\cdots\cdots\cdots\cdots\cdots} \\ t_0^n & t_1^n & \ldots & t_{q-1}^n & 1 \end{pmatrix} \in K^{(n+1)\times(q+1)}.$$

(a) Beweise, dass die Matrix H für $1 \le n < q$ eine Kontrollmatrix eines q-ären linearen $[q+1, q-n]$-Codes $\boldsymbol{C}$ mit Minimalabstand $n+1$ ist.

(b) Zeige: Für $K = \mathrm{GF}(2)$ und $n = 2$ kann die Matrix H auf genau eine Art durch eine weitere Spalte zu einer Kontrollmatrix H' eines binären $[4, 1]$-Codes mit Minimalabstand 4 ergänzt werden. Weise nach, dass es sich bei diesem Code um den binären Wiederholungscode der Länge 4 aus A 6.1.2 handelt.

(c) Zeige: Für $K = \mathrm{GF}(4)$ und $n = 3$ kann die Matrix H auf mindestens eine Art durch eine weitere Spalte zu einer Kontrollmatrix H' eines $[6, 3]$-Codes[12] mit Minimalabstand 4 ergänzt werden. Lege einen derartigen Code durch eine Generatormatrix fest.

Hinweis: Verwende A 4.8.6 und A 7.4.2.

Bemerkung: Die Spalten der Matrix H bestimmen im n-dimensionalen projektiven Raum $\mathcal{P}(K^{(n+1)\times 1})$ die $q+1$ Punkte einer sogenannten *rationalen Normkurve*.

A 7.4.7 Gegeben seien $2n+1 \ge 3$ Steine mit folgender Eigenschaft: Wird irgendeiner der Steine beiseite gelegt, so lassen sich die verbleibenden $2n$ Steine so auf eine Balkenwaage legen, dass Gleichgewicht herrscht. Beweise, dass alle Steine dasselbe Gewicht besitzen.

Anleitung: Formuliere die $2n+1$ Gleichgewichtsbedingungen als homogenes LGS $A \cdot (x_j) = (0)$ mit ganzzahligen Koeffizienten und $x_1, x_2, \ldots, x_{2n+1}$ als den unbekannten Gewichten der Steine. Wähle eine $2n \times 2n$ Teilmatrix A' von A, die nach Reduktion ihrer Elemente modulo 2 die Determinante $\overline{1} \in \mathbb{Z}_2$ besitzt. Leite dann $\operatorname{rg} A' = \operatorname{rg} A = 2n$ her.

Hinweis: Verwende A 3.5.6.

[12]Für $q = 4$ wird von *quaternären* Codes gesprochen.

7.5 Anwendungen

7.5.1 Wir schließen dieses Kapitel mit einigen Anwendungen von Determinanten und Determinantenformen. Zunächst notieren wir eine bemerkenswerte Folgerung aus Satz 7.4.6:

Satz 7.5.2 *Sei $A = (a_{ij}) \in \mathrm{GL}_n(K)$. Dann ist das Element an der Stelle (l, k) der zu A inversen Matrix A^{-1} gegeben durch*

$$\frac{a^\sharp_{lk}}{\det A}. \tag{7.16}$$

Beweis. Das folgt aus Formel (7.12) und $\frac{1}{\det A}\operatorname{diag}(\det A, \det A, \dots, \det A) = E_n$. □

Beispiele 7.5.3

1. Wir können sofort zwei Elemente der ersten Zeile der zu A inversen Matrix aus Beispiel 7.4.8 angeben: Wir wissen bereits $a^\sharp_{11} = 16$, $a^\sharp_{13} = -48$ und $\det A = 16$, womit A^{-1} an den Stellen $(1, 1)$ und $(1, 3)$ die Elemente 1 bzw. -3 hat.
2. Die Inversenbestimmung mittels Satz 7.5.2 ist für Matrizen aus $\mathrm{GL}_2(K)$ sehr einfach: Es folgt
$$\begin{pmatrix} a_{11} & a_{12} \\ a_{21} & a_{22} \end{pmatrix}^{-1} = \frac{1}{a_{11}a_{22} - a_{21}a_{12}} \begin{pmatrix} a_{22} & -a_{12} \\ -a_{21} & a_{11} \end{pmatrix}.$$

Als weitere Anwendung von Determinanten geben wir eine explizite Formel für die Lösung gewisser linearer Gleichungssysteme an.

Satz 7.5.4 (Regel von Cramer[13]) *Gegeben sei ein (n, n)-LGS $A \cdot (x_j) = (s_i)$ mit $\det A \neq 0$. Wir schreiben A_j für jene $n \times n$ Matrix, die aus A entsteht, wenn die j-te Spalte durch die Spalte (s_i) ersetzt wird, $j \in \{1, 2, \dots, n\}$. Dann ist die einzige Lösung des LGS gegeben durch*

$$(l_1, l_2, \dots, l_n)^{\mathrm{T}} := \left(\frac{\det A_1}{\det A}, \frac{\det A_2}{\det A}, \dots, \frac{\det A_n}{\det A}\right)^{\mathrm{T}}. \tag{7.17}$$

Beweis. Wegen $\det A \neq 0$ ist $\operatorname{rg} A = n$. Das LGS hat daher genau eine Lösungsspalte $(l_j) \in K^{n\times 1}$. Schreiben wir $\boldsymbol{a}_1, \boldsymbol{a}_2, \dots, \boldsymbol{a}_n$ für die Spalten von A, so gilt

$$l_1\boldsymbol{a}_1 + l_2\boldsymbol{a}_2 + \dots + l_n\boldsymbol{a}_n = (s_i).$$

Für alle $j \in \{1, 2, \dots, n\}$ zeigt das

$$\det A_j = \det\Big(\boldsymbol{a}_1, \dots, \underbrace{l_1\boldsymbol{a}_1 + l_2\boldsymbol{a}_2 + \dots + l_n\boldsymbol{a}_n}_{j}, \dots, \boldsymbol{a}_n\Big) = l_j \cdot \det A,$$

woraus die Gültigkeit der Aussage sofort folgt. □

Die Cramersche Regel ist von großer theoretischer Bedeutung: Werden in einem (n, n)-LGS $A \cdot (x_j) = (s_i)$ über $\mathbb{R}$ oder $\mathbb{C}$ mit $\det A \neq 0$ die Elemente der Matrix A oder die Elemente der Spalte (s_i) etwa stetig so verändert, dass die Determinante auch weiterhin nicht verschwindet, so folgt aus der Regel von Cramer, dass sich auch die einzige Lösung stetig verändert.

[13] Im Jahr 1750 von Gabriel Cramer (1704–1752) gefunden.

Beispiel 7.5.5 Wir lösen das (2, 2)-LGS

$$\begin{aligned} 2x_1 + x_2 &= 7 \\ x_1 - 3x_2 &= 0 \end{aligned}$$

mit reellen Koeffizienten nach der Regel von Cramer. Es gilt

$$\det A = \begin{vmatrix} 2 & 1 \\ 1 & -3 \end{vmatrix} = -7, \quad \det A_1 = \begin{vmatrix} 7 & 1 \\ 0 & -3 \end{vmatrix} = -21, \quad \det A_2 = \begin{vmatrix} 2 & 7 \\ 1 & 0 \end{vmatrix} = -7$$

und somit $l_1 = 3$ sowie $l_2 = 1$.

7.5.6 Bei unseren bisherigen Untersuchungen über Determinantenformen sind wir noch auf keine Analoga zu „Drehsinn“ und „Rechte-Hand-Regel“ gestoßen. Diese anschaulich begründeten Begriffe beruhen nämlich darauf, dass es positive und negative reelle Zahlen gibt. Eine Verallgemeinerung ist möglich, wenn K ein angeordneter Körper ist.

Sei $\boldsymbol{V}$ ein n-dimensionaler Vektorraum über einem angeordneten Körper K. Eine lineare Abbildung $f \in \mathrm{GL}(\boldsymbol{V})$ mit $\det f > 0$ heißt *gleichsinnig* und sonst *gegensinnig*. Die Gruppe aller gleichsinnigen bzw. die Menge aller gegensinnigen Abbildungen in $\mathrm{GL}(\boldsymbol{V})$ wird mit $\mathrm{GL}^+(\boldsymbol{V})$ bzw. $\mathrm{GL}^-(\boldsymbol{V})$ bezeichnet. In der Gruppe $\mathrm{GL}_n(K)$ werden $\mathrm{GL}_n^+(K)$ und $\mathrm{GL}_n^-(K)$ sinngemäß erklärt.

Zwei Basen $(\boldsymbol{b}_i)_{i\in I}$ und $(\tilde{\boldsymbol{b}}_i)_{i\in I}$ von $\boldsymbol{V}$ mit *derselben Indexmenge* I bestimmen genau eine Abbildung $f \in \mathrm{GL}(\boldsymbol{V})$ mit $f(\boldsymbol{b}_i) = \tilde{\boldsymbol{b}}_i$ für alle $i \in I$. Ist diese lineare Bijektion f gleichsinnig, so heißen die beiden Basen *gleichorientiert*. Die Relation „gleichorientiert“ ist eine Äquivalenzrelation auf der Menge der Basen von $\boldsymbol{V}$ mit Indexmenge I: Die Reflexivität folgt aus $\det \mathrm{id}_{\boldsymbol{V}} = 1 > 0$, die Symmetrie aus der Abgeschlossenheit von $\mathrm{GL}^+(\boldsymbol{V})$ gegen Inversenbildung und die Transitivität aus dem Multiplikationssatz für Determinanten. Die Menge aller Basen von $\boldsymbol{V}$ mit Indexmenge I zerfällt für $n \geq 1$ in genau zwei (gleichberechtigte) Äquivalenzklassen. Für $n = 0$ ist () die einzige Basis, womit auch nur eine Äquivalenzklasse auftritt. Wir werden im Folgenden ohne Einschränkung der Allgemeinheit als Indexmenge I die Menge $\{1, 2, \ldots, n\}$ verwenden.

7.5.7 Ein n-dimensionaler Vektorraum $\boldsymbol{V}$ über einem angeordneten Körper K heißt *orientiert*, falls eine Klasse gleichorientierter Basen als Menge der *Rechtsbasen* ausgezeichnet wird. Die anderen Basen heißen *Linksbasen*. Wir bereits oben angedeutet wurde, kann die Festsetzung, was „rechts“ und „links“ sein soll, völlig willkürlich erfolgen. Andererseits gibt es in $K^{n\times 1}$ (K angeordnet) die sogenannte *kanonische Orientierung*. Diese beruht darauf, die kanonische Basis $(\boldsymbol{e}_1, \boldsymbol{e}_2, \ldots, \boldsymbol{e}_n)$ zu den Rechtsbasen zu zählen. Gleiches gilt sinngemäß für $K^{1\times n}$ und K^n.

Es gibt noch eine andere Möglichkeit, den Vektorraum $\boldsymbol{V}$ zu orientieren: Wird eine nicht triviale Determinantenform $\Delta : \boldsymbol{V}^n \to K$ vorgegeben, so sind zwei Basen $(\boldsymbol{b}_1, \boldsymbol{b}_2, \ldots, \boldsymbol{b}_n)$ und $(\tilde{\boldsymbol{b}}_1, \tilde{\boldsymbol{b}}_2, \ldots, \tilde{\boldsymbol{b}}_n)$ genau dann gleichorientiert, falls

$$\operatorname{sgn}(\Delta(\boldsymbol{b}_1, \boldsymbol{b}_2, \ldots, \boldsymbol{b}_n)) = \operatorname{sgn}(\Delta(\tilde{\boldsymbol{b}}_1, \tilde{\boldsymbol{b}}_2, \ldots, \tilde{\boldsymbol{b}}_n)).$$

Das folgt aus Formel (7.12). Als Rechtsbasen werden dann üblicherweise jene Basen ausgewählt, die unter Δ auf einen positiven Skalar abgebildet werden.

7.5.8 Ist $\mathcal{A} = \boldsymbol{r} + \boldsymbol{X} \subset \boldsymbol{V}$ ein n-dimensionaler affiner Raum über einem angeordneten Körper K, so lassen sich die obigen Begriffe vom Vektorraum $\boldsymbol{X}$ leicht in den affinen Raum $\mathcal{A}$ übertragen. Es können *gleichsinnige* und *gegensinnige* Affinitäten $\alpha : \mathcal{A} \to \mathcal{A}$ unterschieden werden, je nach Typus der zugehörigen linearen Bijektion $f_\alpha : \boldsymbol{X} \to \boldsymbol{X}$. Jede Translation von $\mathcal{A}$ ist wegen $f_\alpha = \mathrm{id}_{\boldsymbol{X}}$ gleichsinnig.

Jede affine Basis $(\boldsymbol{p}_0, \boldsymbol{p}_1, \ldots, \boldsymbol{p}_n)$ von $\mathcal{A}$ bestimmt die Basis $(\boldsymbol{p}_1 - \boldsymbol{p}_0, \ldots, \boldsymbol{p}_n - \boldsymbol{p}_0)$ von $\boldsymbol{X}$. Darauf aufbauend können *gleichorientierte* affine Basen definiert und analog zu 7.5.7 *Rechtsbasen* ausgezeichnet werden. Letzteres führt zu einem *orientierten affinen Raum* und ist gleichwertig zur Orientierung des Vektorraumes $\boldsymbol{X}$. Jede affine Basis $(\boldsymbol{p}_0, \boldsymbol{p}_1, \ldots, \boldsymbol{p}_n)$ von $\mathcal{A}$ legt gemäß 6.4.10 ein Parallelotop fest. Ist $\Delta : \boldsymbol{X}^n \to K$ eine nicht triviale Determinantenform, so heißt $\Delta(\boldsymbol{p}_1 - \boldsymbol{p}_0, \ldots, \boldsymbol{p}_n - \boldsymbol{p}_0)$ das *orientierte Volumen* des Parallelotops bezüglich[14] Δ. Ist $\alpha : \mathcal{A} \to \mathcal{A}$ eine Affinität, so werden bei Transformation unter α alle orientierten Volumina von Parallelotopen mit $\det f_\alpha$ multipliziert.[15] Dabei ist es gleichgültig, in welcher Einheit (also mit welcher nicht trivialen Determinantenform Δ) Volumina gemessen werden.

Aufgaben

A 7.5.1 Sei A eine der Matrizen aus A 3.5.3. Berechne mit Hilfe von Kofaktoren die Elemente der zweiten, dritten oder vierten Spalte von A^{-1}.

A 7.5.2 Löse einige der folgenden LGS (soweit möglich) nach der Regel von Cramer:

$$(\alpha)\ \begin{aligned} 3x_1 - 6x_2 &= -9 \\ -4x_1 + x_2 &= -2 \end{aligned} \qquad (\beta)\ \begin{aligned} 3x_1 - 6x_2 &= -9 \\ -4x_1 + 8x_2 &= -4 \end{aligned} \qquad (\gamma)\ \begin{aligned} x_1 - 2x_2 &= 3 \\ 2x_1 + x_2 &= 1 \end{aligned}$$

$$(\delta)\ \begin{aligned} 2x_1 + 3x_2 - x_3 &= 1 \\ x_1 + 4x_2 + 2x_3 &= 2 \\ 3x_1 - x_2 - x_3 &= 3 \end{aligned} \qquad (\varepsilon)\ \begin{aligned} x_1 + 2x_2 + x_3 &= 3 \\ 3x_1 + x_2 - x_3 &= -1 \\ 5x_1 - 3x_3 &= 5 \end{aligned} \qquad (\zeta)\ \begin{aligned} x_1 + x_2 - 1x_3 &= 1 \\ 2x_1 - 3x_3 &= 2 \\ 2x_2 + x_3 &= 1 \end{aligned}$$

A 7.5.3 Bestimme eine Polynomfunktion $f : \mathbb{R} \to \mathbb{R} : x \mapsto a_2x^2 + a_1x + a_0$ mit:

(α) $1 \mapsto 3,\ 2 \mapsto 11,\ 3 \mapsto 23$. (β) $-4 \mapsto 23,\ -1 \mapsto -1,\ 2 \mapsto 11$. (γ) $-3 \mapsto 11,\ -2 \mapsto 3,\ 4 \mapsto 39$.

Löse die Aufgabe einmal mit Hilfe der Regel von Cramer und dann noch einmal mittels der Interpolationsformel von Lagrange aus A 7.4.4.

A 7.5.4 Die Exponentialfunktion $\exp : \mathbb{R} \to \mathbb{R}$ leistet (auf vier Dezimalstellen gerundet)

x	1,0	1,1	1,2	1,3
$\exp x$	2,7183	3,0042	3,3201	3,6693

Bestimme mittels der Regel von Cramer eine Polynomfunktion $g : \mathbb{R} \to \mathbb{R} : x \mapsto a_2x^2 + a_1x + a_0$ zu drei der angegebenen Paare (Endergebnisse wieder auf vier Dezimalstellen runden). Überprüfe die Funktionswerte von exp und g an den Stellen $x = 1{,}15$, $x = 1{,}5$ und $x = 2$.

A 7.5.5 Untersuche, ob folgende Abbildungen $f \in \mathrm{L}(\mathbb{R}^{n\times 1}, \mathbb{R}^{n\times 1})$ gleichsinnig ($f \in \mathrm{GL}^+(\mathbb{R}^{n\times 1})$), gegensinnig ($f \in \mathrm{GL}^-(\mathbb{R}^{n\times 1})$), speziell ($f \in \mathrm{SL}(\mathbb{R}^{n\times 1})$) oder singulär sind:

(a) $f : \mathbb{R}^{n\times 1} \to \mathbb{R}^{n\times 1} : (x_1, x_2, \ldots, x_n)^{\mathrm{T}} \mapsto (-x_1, -x_2, \ldots, -x_n)^{\mathrm{T}}$.

(b) $f : \mathbb{R}^{n\times 1} \to \mathbb{R}^{n\times 1} : (x_1, x_2, \ldots, x_n)^{\mathrm{T}} \mapsto (x_{\sigma(1)}, x_{\sigma(2)}, \ldots, x_{\sigma(n)})^{\mathrm{T}}$ mit $\sigma \in \mathrm{S}_n$.

(c) $f : \mathbb{R}^{n\times 1} \to \mathbb{R}^{n\times 1} : (x_1, x_2, \ldots, x_n)^{\mathrm{T}} \mapsto (x_1, \ldots, x_p, -x_{p+1}, \ldots, -x_n)^{\mathrm{T}}$ mit $1 < p < n$.

(d) $f : \mathbb{R}^{n\times 1} \to \mathbb{R}^{n\times 1} : (x_1, x_2, \ldots, x_n)^{\mathrm{T}} \mapsto (x_1 - x_n, x_2 - x_{n-1}, \ldots, x_n - x_1)^{\mathrm{T}}$.

---

[14] Die kanonische Determinantenform $\det : (\mathbb{R}^{n\times 1})^n \to \mathbb{R}$ ist eine der Grundlagen für die Integralrechnung. Sie wird daher auch als *kanonische Volumsform* bezeichnet.

[15] Vgl. die Transformationsformel für Gebietsintegrale.

Kapitel 8

Lineare Selbstabbildungen

An den Beginn dieses Kapitels stellen wir einige Ergebnisse über Polynome und deren Nullstellen. Bei einer linearen Selbstabbildung eines Vektorraumes haben wir die Möglichkeit, jeden Vektor mit seinem Bildvektor zu vergleichen. Das führt uns zu Eigenvektoren und Eigenwerten. Wir untersuchen vornehmlich den endlichdimensionalen Fall. Hier sind die Eigenwerte einer linearen Abbildung genau die Nullstellen ihres charakteristischen Polynoms. Die linearen Abbildungen mit einer Basis aus Eigenvektoren entsprechen den diagonalisierbaren Matrizen. Da nicht jede Matrix diagonalisierbar ist, benötigen wir zum weiteren Ausbau der Theorie auch Hauptvektoren und Annullatorpolynome einer linearen Abbildung. Wir zeigen den Satz von Cayley und Hamilton; er besagt, dass das charakteristische Polynom einer linearen Abbildung ein Annullatorpolynom dieser Abbildung ist.

Zerfällt das charakteristische Polynom einer linearen Abbildung in Linearfaktoren, was über den komplexen Zahlen stets der Fall ist, so besitzt die Abbildung eine Koordinatenmatrix in Jordan-Normalform. Dazu gehört eine Basis aus Eigen- und Hauptvektoren. Die Jordan-Normalform liefert insbesondere eine Klassifikation der komplexen $n \times n$ Matrizen bis auf Ähnlichkeit. Die komplexe Erweiterung reeller Vektorräume gestattet es, diese Ergebnisse auf reelle Vektorräume zu übertragen. Das führt uns zur reellen Jordan-Normalform und zu einer Klassifikation der reellen $n \times n$ Matrizen bis auf Ähnlichkeit.

8.1 Polynome

8.1.1 Das Ziel dieses Abschnitts ist es, den Begriff des Polynoms zu präzisieren. Am Beginn unserer Überlegungen steht die folgende Definition:

Eine *K-Algebra* ist ein Vektorraum $\boldsymbol{V}$ über K gemeinsam mit einer inneren Verknüpfung (Multiplikation) $\cdot : \boldsymbol{V} \times \boldsymbol{V} \to \boldsymbol{V}$, wobei für alle $\boldsymbol{a}, \boldsymbol{b}, \boldsymbol{c} \in \boldsymbol{V}$ und alle $x \in K$ gilt:

$$\boldsymbol{a} \cdot (\boldsymbol{b} + \boldsymbol{c}) = (\boldsymbol{a} \cdot \boldsymbol{b}) + (\boldsymbol{a} \cdot \boldsymbol{c}),$$
$$(\boldsymbol{a} + \boldsymbol{b}) \cdot \boldsymbol{c} = (\boldsymbol{a} \cdot \boldsymbol{c}) + (\boldsymbol{b} \cdot \boldsymbol{c}),$$
$$x(\boldsymbol{a} \cdot \boldsymbol{b}) = (x\boldsymbol{a}) \cdot \boldsymbol{b} = \boldsymbol{a} \cdot (x\boldsymbol{b}).$$

Eine K-Algebra $\boldsymbol{V}$ heißt *assoziativ* bzw. *kommutativ*, falls gilt

$$(\boldsymbol{a} \cdot \boldsymbol{b}) \cdot \boldsymbol{c} = \boldsymbol{a} \cdot (\boldsymbol{b} \cdot \boldsymbol{c}) \text{ bzw. } \boldsymbol{a} \cdot \boldsymbol{b} = \boldsymbol{b} \cdot \boldsymbol{a} \text{ für alle } \boldsymbol{a}, \boldsymbol{b}, \boldsymbol{c} \in \boldsymbol{V}.$$

Die für Körper übliche *Vorrangregel* für die Multiplikation und Addition wird auch für K-Algebren angewendet. Wir schreiben statt $\boldsymbol{a} \cdot \boldsymbol{b}$ auch $\boldsymbol{ab}$.

8.1.2 In jeder K-Algebra $\boldsymbol{V}$ gilt $\boldsymbol{oa} = \boldsymbol{ao} = \boldsymbol{o}$ für alle $\boldsymbol{a} \in \boldsymbol{V}$. Das kann wie in 1.10.4 gezeigt werden. Sofern in einer K-Algebra $\boldsymbol{V}$ überhaupt ein neutrales Element bezüglich der Multiplikation existiert, wird dieses als *Einselement* bezeichnet. Sind $\boldsymbol{e}$ und $\boldsymbol{e}'$ Einselemente von $\boldsymbol{V}$, so folgt über $\boldsymbol{e} = \boldsymbol{e} \cdot \boldsymbol{e}' = \boldsymbol{e}'$ deren Gleichheit. Für $\boldsymbol{e} \neq \boldsymbol{o}$ bilden die Elemente von $[\boldsymbol{e}]$ einen zu K isomorphen Körper, wie die Bijektion $K \to [\boldsymbol{e}] : x \mapsto x\boldsymbol{e}$ zeigt. Andernfalls gilt $\boldsymbol{e} = \boldsymbol{o}$ und somit $\boldsymbol{V} = \{\boldsymbol{o}\}$.

Ist $\boldsymbol{V}$ eine assoziative K-Algebra mit Einselement $\boldsymbol{e}$, so sind für alle $\boldsymbol{a} \in \boldsymbol{V}$ und alle $n \in \mathbb{N}$ die *Potenzen* von $\boldsymbol{a}$ durch $\boldsymbol{a}^0 := \boldsymbol{e}$ und $\boldsymbol{a}^{n+1} := \boldsymbol{a} \cdot \boldsymbol{a}^n$ erklärt. Wenn für ein Element $\boldsymbol{x} \in \boldsymbol{V}$ die Familie $(\boldsymbol{x}^i)_{i\in\mathbb{N}}$ l. u. ist, wird $\boldsymbol{x}$ eine *Unbestimmte* über K genannt. Eine Unbestimmte über K ist also etwas ganz anderes als eine in einer Gleichung auftretende Unbekannte.

Beispiele 8.1.3

1. Sei $\boldsymbol{V}$ ein Vektorraum über K. Dann ist $\mathrm{L}(\boldsymbol{V}, \boldsymbol{V})$ mit dem Abbildungsprodukt $\circ$ (als Multiplikation) eine assoziative K-Algebra mit dem Einselement $\mathrm{id}_{\boldsymbol{V}}$. Vgl. die Formeln (3.7) in 3.6.2.
2. Für alle $n \in \mathbb{N}$ ist $K^{n\times n}$ mit der Matrizenmultiplikation eine assoziative K-Algebra mit dem Einselement E_n. Vgl. die Formeln (3.10) in 3.6.5.
3. Sei $(L, +, \cdot)$ ein Körper und K ein Unterkörper von L. Dann ist L eine kommutative und assoziative K-Algebra mit dem Einselement 1.
4. Ein Beispiel einer weder kommutativen noch assoziativen K-Algebra ist der Vektorraum $\mathbb{R}^{3\times 1}$ mit dem *Vektorprodukt*

$$(a_1, a_2, a_3)^{\mathrm{T}} \times (b_1, b_2, b_3)^{\mathrm{T}} := (a_2 b_3 - a_3 b_2, a_3 b_1 - a_1 b_3, a_1 b_2 - a_2 b_1)^{\mathrm{T}}$$

als Multiplikation. Es gibt hier kein Einselement. Wir werden dieses Vektorprodukt in 12.9.5 untersuchen.

Bemerkung 8.1.4 Jede assoziative K-Algebra ist auch ein *Ring*, das ist eine Menge R gemeinsam mit zwei inneren Verknüpfungen, einer Addition + und einer Multiplikation $\cdot$, wobei $(R, +)$ eine kommutative Gruppe ist, für die Multiplikation das Assoziativgesetz gilt und sowohl das Links- als auch das Rechts-Distributivgesetz erfüllt sind. Aus diesem Grund wird $(\mathrm{L}(\boldsymbol{V}, \boldsymbol{V}), +, \circ)$ auch als ein *Ring linearer Abbildungen* und $(K^{n\times n}, +, \cdot)$ als ein *Matrizenring* bezeichnet. Ein anderes Beispiel für einen Ring ist $(\mathbb{Z}, +, \cdot)$. Vgl. auch A 8.2.3.

8.1.5 Sei K ein Körper. Wir zeigen die Existenz einer K-Algebra, die von den Potenzen einer Unbestimmten über K erzeugt wird. Dazu führen wir im Vektorraum $K^{(\mathbb{N})}$ eine Multiplikation ein. Gemäß 2.3.7 Beispiel 3 sind die Elemente von $K^{(\mathbb{N})}$ jene Folgen $(a_i)_{i\in\mathbb{N}}$ in K, bei denen $a_i = 0$ für fast alle $i \in \mathbb{N}$ erfüllt ist. Wir definieren[1]

$$(a_0, a_1, \ldots) \cdot (b_0, b_1, \ldots) = (c_0, c_1, \ldots) \text{ durch } c_k := \sum_{i=0}^{k} a_i b_{k-i} \text{ für alle } k \in \mathbb{N}.$$

[1] Diese Definition ist auch in $K^{\mathbb{N}}$ sinnvoll und stimmt dort formal mit dem in der Analysis üblichen *Cauchy-Produkt* unendlicher Reihen überein.

Es ist also

$$c_0 = a_0b_0, \quad c_1 = a_0b_1 + a_1b_0, \quad c_2 = a_0b_2 + a_1b_1 + a_2b_0, \quad \ldots$$

Mit $(a_i)_{i\in\mathbb{N}}$ und $(b_j)_{j\in\mathbb{N}}$ liegt in der Tat auch $(c_k)_{k\in\mathbb{N}}$ in $K^{\langle\mathbb{N}\rangle}$: Ist etwa $a_i = 0$ für alle $i > n_a$ und $b_j = 0$ für alle $j > n_b$, wobei $n_a, n_b \geq -1$ ganze Zahlen bezeichnen, so folgt $c_k = 0$ für alle $k > n_a + n_b$.

Mit der obigen Multiplikation ist $K^{\langle\mathbb{N}\rangle}$ eine kommutative und assoziative K-Algebra mit dem Einselement $(1,0,0,\ldots) \neq (0,0,\ldots)$ (Übungsaufgabe). Wir identifizieren $(a_0,0,0,\ldots)$ mit $a_0 \in K$. Setzen wir nun

$$X := (0,1,0,0,\ldots),$$

so ist für $K^{\langle\mathbb{N}\rangle}$ die Bezeichnung $K[X]$ üblich. Mit vollständiger Induktion folgt sofort

$$X^n = (\delta_{n0}, \delta_{n1}, \ldots) \quad \text{für alle} \quad n \in \mathbb{N}.$$

Es ist daher $(X^i)_{i\in\mathbb{N}}$ die kanonische Basis von $K^{\langle\mathbb{N}\rangle}$. Somit ist X eine Unbestimmte über K. Es wird $K[X]$ die *Polynomalgebra* (auch: der *Polynomring*) über K genannt. Die Elemente von $K[X]$ heißen *Polynome* in der *Unbestimmten* X mit *Koeffizienten* aus K. Ein solches Polynom hat die Form

$$(a_0, a_1, \ldots, a_n, 0, \ldots) = \sum_{i\in\mathbb{N}} a_iX^i = a_nX^n + a_{n-1}X^{n-1} + \cdots + a_0$$

mit $n \in \mathbb{N}$. Oft werden wir Polynome aus $K[X]$ in der Form $P(X)$, $Q(X)$, ... abkürzen. Ist

$$P(X) = a_nX^n + a_{n-1}X^{n-1} + \cdots + a_0 \quad \text{und} \quad a_n \neq 0,$$

so heißt n der *Grad* des Polynoms $P(X)$, in Zeichen $n = \operatorname{grad} P(X)$. Falls $a_n = 1$, so heißt das Polynom $P(X)$ *normiert*. Zur Vermeidung von Fallunterscheidungen ordnen wir dem *Nullpolynom* $0 \in K[X]$ den Grad $-\infty$ zu; dabei sei $-\infty + (-\infty) := -\infty$, $-\infty + n := -\infty$ und $-\infty < n$ für alle $n \in \mathbb{N}$. Mit diesen Festsetzungen gilt[2] für alle $P(X), Q(X) \in K[X]$:

$$\operatorname{grad}(P(X)\cdot Q(X)) = \operatorname{grad} P(X) + \operatorname{grad} Q(X), \tag{8.1}$$

$$\operatorname{grad}(P(X) + Q(X)) \leq \max\{\operatorname{grad} P(X), \operatorname{grad} Q(X)\}. \tag{8.2}$$

Daraus erhalten wir die folgende *Kürzungsregel*.

Satz 8.1.6 *Für alle $P(X), P'(X), Q(X) \in K[X]$ mit $Q(X) \neq 0$ gilt:*

$$\textit{Aus} \quad P(X)\cdot Q(X) = P'(X)\cdot Q(X) \quad \textit{folgt} \quad P(X) = P'(X).$$

Beweis. Das Polynom $(P(X) - P'(X))Q(X) = 0$ hat den Grad $-\infty$. Aus (8.1) und $Q(X) \neq 0$ folgt $\operatorname{grad}(P(X) - P'(X)) = -\infty$, also $P(X) - P'(X) = 0$. □

8.1.7 Sind $\boldsymbol{V}$ und $\boldsymbol{W}$ zwei K-Algebren, so heißt eine lineare Abbildung $f : \boldsymbol{V} \to \boldsymbol{W}$ ein *K-Algebren-Homomorphismus*, falls

$$f(\boldsymbol{a}\cdot\boldsymbol{b}) = f(\boldsymbol{a})\cdot f(\boldsymbol{b}) \quad \text{für alle} \quad \boldsymbol{a}, \boldsymbol{b} \in \boldsymbol{V}.$$

In Analogie zur Gruppentheorie sprechen wir auch von einem *K-Algebren-Isomorphismus*, von *isomorphen K*-Algebren oder einem *K-Algebra-Automorphismus*.

[2] Ist M eine linear geordnete Menge, so bezeichnet $\max M$ (bzw. $\min M$) wie üblich das einzige maximale (bzw. minimale) Element von M, sofern ein derartiges Element existiert.

Beispiel 8.1.8 Sei $\boldsymbol{B} = (\boldsymbol{b}_1, \boldsymbol{b}_2, \ldots, \boldsymbol{b}_n)$ eine Basis eines Vektorraumes $\boldsymbol{V}$. Dann ist die Abbildung $\mathrm{L}(\boldsymbol{V}, \boldsymbol{V}) \to K^{n \times n} : f \mapsto \langle \boldsymbol{B}^*, f(\boldsymbol{B}) \rangle$ nach den Sätzen 3.6.4 und 3.3.11 ein K-Algebren-Isomorphismus.

Wir können nun das Einsetzen in ein Polynom präzisieren.

Satz 8.1.9 (Ersetzungssatz) *Sei V eine assoziative K-Algebra mit Einselement $\boldsymbol{e} \in \boldsymbol{V}$ und $\boldsymbol{v} \in \boldsymbol{V}$ beliebig, aber fest gewählt. Dann ist die Abbildung*

$$\psi_{\boldsymbol{v}} : K[X] \to \boldsymbol{V} : \sum_{i \in \mathbb{N}} a_i X^i \mapsto \sum_{i \in \mathbb{N}} a_i \boldsymbol{v}^i$$

ein K-Algebren-Homomorphismus.

Beweis. Nach dem Fortsetzungssatz 3.3.3 ist die durch $X^i \mapsto \boldsymbol{v}^i$ ($i \in \mathbb{N}$) bestimmte lineare Abbildung $K[X] \to \boldsymbol{V}$ gleich $\psi_{\boldsymbol{v}}$. Wir berechnen für $a_i, b_j \in K$:

$$\Big(\sum_{i \in \mathbb{N}} a_i X^i\Big)\Big(\sum_{j \in \mathbb{N}} b_j X^j\Big) =: \sum_{k \in \mathbb{N}} c_k X^k \overset{\psi_{\boldsymbol{v}}}{\longmapsto} \sum_{k \in \mathbb{N}} c_k \boldsymbol{v}^k;$$

$$\psi_{\boldsymbol{v}}\Big(\sum_{i \in \mathbb{N}} a_i X^i\Big) \cdot \psi_{\boldsymbol{v}}\Big(\sum_{j \in \mathbb{N}} b_j X^j\Big) = \Big(\sum_{i \in \mathbb{N}} a_i \boldsymbol{v}^i\Big)\Big(\sum_{j \in \mathbb{N}} b_j \boldsymbol{v}^j\Big) = \sum_{k \in \mathbb{N}} c_k \boldsymbol{v}^k.$$

Das letzte Gleichheitszeichen ergibt sich aus $(a_i \boldsymbol{v}^i)(b_j \boldsymbol{v}^j) = a_i b_j \boldsymbol{v}^{i+j}$ für alle $i, j \in \mathbb{N}$. □

Die Abbildung $\psi_{\boldsymbol{v}}$ ordnet jedem Polynom $P(X) \in K[X]$ seinen Wert an der Stelle $\boldsymbol{v}$ zu. Daher schreiben wir statt $\psi_{\boldsymbol{v}}(P(X))$ auch $P(\boldsymbol{v})$; es wird ja in $P(X)$ die Unbestimmte X durch $\boldsymbol{v}$ ersetzt.

Beispiel 8.1.10 Ist $\boldsymbol{V}$ ein Vektorraum über K, so ist $\mathrm{L}(\boldsymbol{V}, \boldsymbol{V})$ eine assoziative K-Algebra mit Einselement $\mathrm{id}_{\boldsymbol{V}}$. Es gilt etwa in $K[X]$

$$(X - a)(X + a) = X^2 - a^2.$$

Hier kann X durch eine Abbildung $f \in \mathrm{L}(\boldsymbol{V}, \boldsymbol{V})$ ersetzt werden, also[3]

$$(f - a\,\mathrm{id}_{\boldsymbol{V}}) \circ (f + a\,\mathrm{id}_{\boldsymbol{V}}) = f^2 - a^2\,\mathrm{id}_{\boldsymbol{V}}\,.$$

Aufgaben

A 8.1.1 In $\mathbb{R}^{2\times 2}$ bilden alle skalaren Matrizen $\mathrm{diag}(x, x)$ eine Teilmenge K, die mit der Matrizenaddition und Matrizenmultiplikation offensichtlich einen zu $\mathbb{R}$ isomorphen Körper ergibt.

(a) Bestimme eine Matrix $I \in \mathbb{R}^{2\times 2}$ mit der Eigenschaft $I^2 = \mathrm{diag}(-1, -1)$.

(b) Ermittle ein Menge L mit $K \subset L \subset \mathbb{R}^{2\times 2}$, die mit der Matrizenaddition und Matrizenmultiplikation einen zu $\mathbb{C}$ isomorphen Körper bildet. Gib einen Isomorphismus $\zeta : L \to \mathbb{C}$ explizit an.

A 8.1.2 Streichen wir in der Definition eines Körpers die Forderung nach der Kommutativität der Multiplikation und verlangen wir zusätzlich die Gültigkeit des Rechts-Distributivgesetzes, so erhalten wir die Definition eines *Schiefkörpers*. Zeige:

---

[3]Vorsicht! In der Analysis ist etwa $\sin^2 x$ als Schreibweise für $(\sin x)^2$ gebräuchlich und nicht für $\sin(\sin x)$. Hier steht jedoch f^2 für $f \circ f$.

(a) Die Menge

$$\mathbb{H} := \left\{ A \in \mathbb{C}^{2\times 2} \mid A = \begin{pmatrix} z_1 & z_2 \\ -\bar{z}_2 & \bar{z}_1 \end{pmatrix} \right\}$$

ist ein Schiefkörper, aber kein Körper.

(b) Alle Matrizen $\operatorname{diag}(x, x)$ mit $x \in \mathbb{R} \subset \mathbb{C}$ bilden einen zu $\mathbb{R}$ isomorphen Unterkörper von $\mathbb{H}$; wir identifizieren daher im Folgenden $\operatorname{diag}(x, x)$ mit $x \in \mathbb{R}$.

(c) $\mathbb{H}$ ist eine vierdimensionale assoziative Algebra über $\mathbb{R} \subset \mathbb{H}$ mit der Basis (E, I, J, K), wobei

$$E := \operatorname{diag}(1, 1), \quad I := \operatorname{diag}(i, -i), \quad J := \begin{pmatrix} 0 & 1 \\ -1 & 0 \end{pmatrix}, \quad K := \begin{pmatrix} 0 & i \\ i & 0 \end{pmatrix}.$$

Bemerkung: $\mathbb{H}$ heißt (reeller) *Quaternionenschiefkörper*.[4]

A 8.1.3

(a) Zeige, dass die acht Matrizen $\pm E$, $\pm I$, $\pm J$, $\pm K$ aus A 8.1.2 eine nicht kommutative Untergruppe von $\mathrm{GL}_2(\mathbb{C})$ bilden (*Quaternionengruppe*). Stelle eine Gruppentafel auf und beweise die Rechenregeln $IJ = K$, $JI = -K$ (analog bei zyklischer Vertauschung von I, J, K) und $I^2 = J^2 = K^2 = -E$.

(b) Gib zwei verschiedene zu $\mathbb{C}$ isomorphe Unterkörper von $\mathbb{H}$ an. Bestimme für einen solchen Unterkörper L eine Basis des Vektorraumes $\mathbb{H}$ über L.

(c) Zeige: $\mathbb{H}$ ist keine Algebra über L.

(d) Zeige, dass die quadratische Gleichung $x^2 = -1$ in $\mathbb{H}$ unendlich viele Lösungen hat.

Hinweis zu (d): Verwende, dass es unendlich viele Tripel $(x, y, z) \in \mathbb{R}^3$ mit $x^2 + y^2 + z^2 = 1$ gibt. Betrachte die Quaternion $xI + yJ + zK$.

A 8.1.4 Es seien $P(X) = a_nX^n + a_{n-1}X^{n-1} + \cdots + a_1X + a_0 \in K[X]$ ein Polynom und $t \in K$. Beim *Horner-Schema*[5] werden folgende Berechnungen durchgeführt:

	a_n	a_{n-1}	a_{n-2}	$\ldots$	a_0
t		ta'_n	ta'_{n-1}	$\ldots$	ta'_1
	$a_n =: a'_n$	$a_{n-1} + ta'_n =: a'_{n-1}$	$a_{n-2} + ta'_{n-1} =: a'_{n-2}$	$\ldots$	$a_0 + ta'_1 =: a'_0$

Als Merkregel zum Horner-Schema kann $\downarrow \nearrow \downarrow \nearrow \cdots \downarrow \nearrow \downarrow$ dienen. Dabei steht $\downarrow$ für eine Summenbildung. Ein Pfeil $\nearrow$ gibt an, dass der nächste Rechenschritt schräg oberhalb erfolgt.

(a) Zeige, dass

$$P(X) = (a'_nX^{n-1} + a'_{n-1}X^{n-2} + \cdots + a'_1)(X - t) + a'_0$$

gilt.

(b) Folgere aus (a), dass $a'_0 = P(t)$ erfüllt ist. Insbesondere gilt daher $P(t) = 0$ genau für $a'_0 = 0$.

(c) Wie kann das Horner-Schema erweitert werden, um $P(X)$ in der Form

$$P(X) = b_n(X - t)^n + b_{n-1}(X - t)^{n-1} + \cdots + b_1(X - t) + b_0$$

mit $b_n, b_{n-1}, \ldots, b_0 \in K$ darzustellen?

Bemerkung: Das Horner-Schema liefert eine bequeme Möglichkeit, um die Zahl $P(t)$ zu berechnen.

[4] Der Buchstabe $\mathbb{H}$ erinnert an William Rowan Hamilton (1805–1865). Er entdeckte die Quaternionen.

[5] William George Horner (1786–1837).

8.2 Nullstellen von Polynomen

8.2.1 Ein wichtiger Sonderfall des Ersetzungssatzes 8.1.9 liegt vor, falls $V = L$ ein Körper ist, der K als Unterkörper enthält. Gilt $P(t) = 0$ für ein $t \in L$ und ein Polynom $P(X) \in K[X]$, so heißt t eine *Nullstelle* des Polynoms $P(X)$ im Körper L. So besitzt etwa $X^2 - 1 \in K[X]$ die Nullstelle $1 \in K$; hingegen hat $X^2 + 1 \in \mathbb{Q}[X]$ keine Nullstelle in $\mathbb{R}$, wohl aber die beiden Nullstellen $\pm i \in \mathbb{C}$. Jedes *konstante Polynom* $a_0X^0 \in K[X]$ mit $a_0 \neq 0$ hat in K, aber auch in jedem Körper $L \supset K$, keine Nullstelle.

Bemerkung 8.2.2 Jedes Polynom $P(X) \in K[X]$ bestimmt die *Polynomfunktion*

$$P : K \to K : x \mapsto P(x).$$

Die Abbildung $K[X] \to K^K : P(X) \mapsto P$ ist für endliche Körper K nicht injektiv, da $K[X]$ eine unendliche, K^K aber eine endliche Menge ist. Bei $K = \mathrm{GF}(q)$ gilt übrigens (ohne Beweis)

$$x^q - x = 0 \text{ für alle } x \in K.$$

Bei einem unendlichen Körper K liegt hingegen eine Injektion vor, was in 8.2.10 aus Ergebnissen über die Nullstellen von Polynomen hergeleitet wird. Nur hier braucht somit zwischen einem Polynom $P(X)$ und der Polynomfunktion P nicht streng unterschieden zu werden.

8.2.3 Ist K ein Körper und $P(X) \in K[X]$, so ist die Bestimmung der Nullstellen von $P(X)$ trivial, falls $\operatorname{grad} P(X) < 2$.

Für $\operatorname{grad} P(X) = 2$ gilt die aus der Schule geläufige Lösungsformel für quadratische Gleichungen, falls K nicht die Charakteristik 2 hat. Analoge Formeln gibt es auch für die Nullstellen von Polynomen mit Grad 3 und 4. Das findet sich in jeder besseren Formelsammlung.[6]

Die weiteren Überlegungen beruhen allesamt auf dem folgenden Ergebnis.

Satz 8.2.4 (Divisionsalgorithmus) *Es seien $P(X)$ und $Q(X)$ Polynome aus $K[X]$ mit den Eigenschaften $Q(X) \neq 0$, $\operatorname{grad} P(X) = n$ und $\operatorname{grad} Q(X) = m$. Dann gibt es eindeutig bestimmte Polynome $S(X)$ und $R(X)$ so, dass gilt*

$$P(X) = S(X)Q(X) + R(X) \quad \textit{mit} \quad \operatorname{grad} R(X) < m.$$

Beweis. Sei $P(X) = a_nX^n + a_{n-1}X^{n-1} + \cdots + a_0$ und $Q(X) = b_mX^m + b_{m-1}X^{m-1} + \cdots + b_0$. Es sind zwei Fälle zu unterscheiden.

Fall 1: Für $n < m$ ergeben $S(X) := 0$ und $R(X) := P(X)$ die einzige Lösung.

Fall 2: Für $n \geq m$ setzen wir die gesuchten Polynome in der Form

$$S(X) := c_{n-m}X^{n-m} + c_{n-m-1}X^{n-m-1} + \cdots + c_0,$$
$$R(X) := d_{m-1}X^{m-1} + d_{m-2}X^{m-2} + \cdots + d_0$$

an, wobei $c_{n-m}, c_{n-m-1}, \ldots, c_0, d_{m-1}, d_{m-2}, \ldots, d_0$ noch zu bestimmende Elemente aus K bezeichnen. Zu zeigen bleibt, dass diese $n + 1$ Skalare existieren[7] und eindeutig bestimmt sind.

[6] Die üblichen Formelsammlungen behandeln meist den Fall $K = \mathbb{R}, \mathbb{C}$. Die dort angegebenen Ergebnisse für Polynome mit Grad 3 oder 4 lassen sich für $\operatorname{Char} K \neq 2, 3$ übertragen. Es ist keineswegs trivial, dass derartige Formeln überhaupt existieren, denn für Polynome mit Grad > 4 gibt es nach einem Satz von Abel (1824) keine allgemein gültigen Formeln, die nur mit den vier Grundrechnungsarten und Wurzelziehen auskommen. Von Sonderfällen abgesehen, ist hier für $K = \mathbb{R}, \mathbb{C}$ auf Näherungsverfahren zurückzugreifen.

[7] Für $m = 0$ ist $R(X) = 0$ (leere Summe). Es treten in diesem Fall nur $c_{n-m} = c_n, c_{n-m-1} = c_{n-1}, \ldots, c_0$ auf.

Wir führen dazu die Multiplikation $S(X) \cdot Q(X)$ durch und addieren dann $R(X)$. Ein Koeffizientenvergleich mit $P(X)$ liefert folgendes LGS in den $n+1$ Unbekannten $c_{n-m}, c_{n-m-1}, \dots, c_0, d_{m-1}, d_{m-2}, \dots, d_0$:

$$\begin{array}{cccccccc|c}
c_{n-m} & c_{n-m-1} & & c_0 & d_{m-1} & d_{m-2} & & d_0 & 1 \\
\hline
b_m & 0 & & 0 & 0 & 0 & & 0 & a_n \\
* & b_m & & 0 & 0 & 0 & & 0 & a_{n-1} \\
 & * & \ddots & & & & & & \vdots \\
 & & & b_m & 0 & 0 & & 0 & a_m \\
 & & & * & 1 & & & 0 & a_{m-1} \\
 & & & & * & 1 & & 0 & a_{m-2} \\
\vdots & \vdots & & \vdots & \vdots & * & \ddots & & \vdots \\
* & * & \dots & * & * & * & \dots & 1 & a_0
\end{array}$$

Die Koeffizientenmatrix dieses LGS ist eine untere Dreiecksmatrix, deren genauere Bauart nicht wesentlich ist. Wegen $b_m \neq 0$ besitzt diese Matrix den Rang $n+1$. Somit hat das LGS genau eine Lösung. □

Beachte im zweiten Fall $\operatorname{grad} S(X) = n - m$. Der Divisionsalgorithmus entspricht der aus der Schule geläufigen Division mit Rest in der Menge $\mathbb{Z}$ der ganzen Zahlen, etwa in der Form $p = sq + r$ $(p, q, r, s \in \mathbb{Z})$ mit der Nebenbedingung, dass der absolute Betrag von r kleiner als der absolute Betrag von $q \neq 0$ sein möge. Beim Divisionsalgorithmus für Polynome wird das Restpolynom $R(X)$ mit dem Polynom $Q(X)$ mit Hilfe der Gradzahlen dieser Polynome verglichen.

Beispiel 8.2.5 In $\mathbb{R}[X]$ seien $P(X) = X^3 + 2X^2 + 1$ und $Q(X) = X + 1$ gegeben. Wir berechnen:

$$\begin{array}{l}
(X^3 + 2X^2 \qquad + 1) : (X + 1) = X^2 + X - 1 \\
\underline{-(X^3 + \ X^2)} \\
\qquad\quad X^2 \\
\qquad \underline{-(\ X^2 + X)} \\
\qquad\qquad\quad -X + 1 \\
\qquad\qquad \underline{-(-X - 1)} \\
\qquad\qquad\qquad\quad 2 \quad \leftarrow \quad \text{Restpolynom } R(X)
\end{array}$$

Es ist also $S(X) = X^2 + X - 1$. Hier ist übrigens zu beachten, dass die erste Zeile

$$„(X^3 + 2X^2 + 1) : (X + 1) = X^2 + X - 1“$$

keine wahre Aussage ist, da $R(X) \neq 0$.

8.2.6 Wir übernehmen nun eine von den ganzen Zahlen geläufige Sprechweise. Es seien $P(X), Q(X) \in K[X]$ gegeben. Falls es mindestens ein Polynom $S(X) \in K[X]$ mit der Eigenschaft

$$P(X) = S(X)Q(X)$$

gibt, so heißt $P(X)$ ein *Vielfaches* des Polynoms $Q(X)$ und $Q(X)$ ein *Teiler* des Polynoms $P(X)$. Hat ein Teiler von $P(X)$ den Grad 1, so wird er auch ein *Linearfaktor* von $P(X)$ genannt.

Die Teilbarkeitslehre für ganze Zahlen lässt sich (mit gewissen Modifikationen) auf die Polynomalgebra $K[X]$ übertragen. Die einzigen ganzen Zahlen mit einem multiplikativen inversen Element sind ± 1, ihnen entsprechen in $K[X]$ die Elemente von $K^\times$. Das Analogon zu einer

Primzahl ist ein *irreduzibles Polynom*, das ist ein Polynom $P(X) \in K[X]$, $\operatorname{grad} P(X) \geq 1$, mit folgender Eigenschaft:

$$\text{Aus } P(X) = S(X)Q(X) \text{ mit } S(X), Q(X) \in K[X] \text{ folgt } S(X) \in K \text{ oder } Q(X) \in K.$$

Wir entwickeln hier nur einige wenige Resultate der Teilbarkeitslehre in $K[X]$, soweit sie für die Beschreibung der Nullstellen eines Polynoms von Bedeutung sind. Wir beschränken uns dabei auf die Nullstellen im Körper K.

Satz 8.2.7 *Sei $P(X) \in K[X]$. Es ist $t \in K$ genau dann Nullstelle von $P(X)$, falls $(X - t)$ ein Teiler von $P(X)$ ist.*

Beweis. (a) Sei t Nullstelle. Nach Satz 8.2.4 existieren Polynome $S(X)$ und $R(X)$ mit

$$P(X) = S(X)(X - t) + R(X) \quad \text{und} \quad \operatorname{grad} R(X) < \operatorname{grad}(X - t).$$

Wegen $\operatorname{grad}(X - t) = 1$ gilt $R(X) = d_0 \in K$. Wir ersetzen X durch t; das zeigt

$$0 = P(t) = S(t)(t - t) + d_0,$$

also $d_0 = R(X) = 0$.

(b) Gilt umgekehrt $P(X) = S(X)(X - t)$, so ist t Nullstelle des Polynoms $X - t$ und daher auch Nullstelle von $P(X)$. □

8.2.8 Sei $t \in K$ eine Nullstelle von $P(X) \in K[X]$ mit $\operatorname{grad} P(X) \geq 0$. Unter der *Vielfachheit* der Nullstelle t verstehen wir die größte natürliche Zahl m mit der Eigenschaft, dass $(X - t)^m$ ein Teiler von $P(X)$ ist. Das Nullpolynom wird bei dieser Definition ausgeschlossen, da jedes Polynom $Q(X) \in K[X]$ ein Teiler des Nullpolynoms ist. Es gilt ja $0 = 0 \cdot Q(X)$.

Mit dieser Begriffsbildung zeigen wir:

Satz 8.2.9 *Sei $P(X) \in K[X]$ ein Polynom mit* $\operatorname{grad} P(X) = n \geq 0$ *und r verschiedenen Nullstellen $t_1, t_2, \ldots, t_r \in K$; es bezeichne m_i die Vielfachheit von t_i für $i \in \{1, 2, \ldots, r\}$. Dann ist das Polynom $P(X)$ durch*

$$(X - t_1)^{m_1}(X - t_2)^{m_2} \cdots (X - t_r)^{m_r}$$

teilbar. Es folgt daraus $m_1 + m_2 + \cdots + m_r \leq n$.

Beweis. Für $r = 0$ ist der Satz in trivialer Weise richtig. Andernfalls gibt es nach Voraussetzung ein Polynom $S_1(X) \in K[X]$ mit

$$P(X) = (X - t_1)^{m_1} \cdot S_1(X).$$

Für $r = 1$ sind wir schon fertig. Bei $r > 1$ ist t_2 eine m_2-fache Nullstelle von $P(X)$, aber keine Nullstelle von $(X - t_1)^{m_1}$. Daher ist t_2 eine Nullstelle von $S_1(X)$ mit einer Vielfachheit $m_2' \leq m_2$. Gemäß Satz 8.1.6 kürzen wir beide Seiten der obigen Gleichung durch $(X - t_2)^{m_2'}$. Das ergibt auf der rechten Seite des Gleichheitszeichens ein Polynom, das t_2 nicht als Nullstelle hat. Diese Eigenschaft trifft dann aber auch auf das linksseitige Polynom zu, was $m_2 = m_2'$ ergibt. Es existiert daher ein Polynom $S_2(X)$ mit

$$P(X) = (X - t_1)^{m_1}(X - t_2)^{m_2} \cdot S_2(X).$$

Durch mehrfache Anwendung dieser Überlegung folgt schließlich die Gültigkeit der Behauptung über die Teilbarkeit von $P(X)$. Der Rest ist klar nach Formel (8.1). □

Wir formulieren eine unmittelbare Folgerung:

Satz 8.2.10 *Sei $P(X) \in K[X]$ ein Polynom mit* $\operatorname{grad} P(X) = n \geq 0$. *Dann hat $P(X)$ nur höchstens n verschiedene Nullstellen in K.*

Dieser Satz sagt nichts über die Existenz von Nullstellen aus. Es folgt jedoch, dass jedes Polynom $P(X) \in K[X]$ vom Grad $n \geq 0$ eine von der Nullfunktion verschiedene Polynomfunktion $K \to K$ bestimmt, falls K mehr als n Elemente besitzt.

Lässt sich ein Polynom $P(X) \in K[X]$, $\operatorname{grad} P(X) = n \geq 0$, in der Form

$$P(X) = a_n(X - t_1)^{m_1}(X - t_2)^{m_2} \cdots (X - t_r)^{m_r}$$

mit $t_1, t_2, \ldots, t_r \in K$ und $m_1, m_2, \ldots, m_r \in \mathbb{N}^{\times}$ schreiben, so sagen wir, dass $P(X)$ über K *in Linearfaktoren zerfällt*. Wir können dabei voraussetzen, dass $t_1, t_2, \ldots, t_r$ verschiedene Elemente von K sind. Dann sind $m_1, m_2, \ldots, m_r$ gerade die Vielfachheiten dieser Nullstellen und

$$m_1 + m_2 + \cdots + m_r = n.$$

Die obige Darstellung ist daher bis auf die Reihenfolge der Faktoren eindeutig.

Polynome, die in Linearfaktoren zerfallen, lassen sich über jedem Körper K sofort anschreiben. Insbesondere zerfällt jedes konstante Polynom $\neq 0$ in trivialer Weise ($r = 0$) in Linearfaktoren. Andererseits zerfallen etwa die Polynome

$$X^2 - 2 \in \mathbb{Q}[X], \quad X^2 + 1 \in \mathbb{R}[X], \quad X^2 + X + 1 \in \mathbb{Z}_2[X]$$

mangels Nullstellen über den jeweils angegeben Körpern nicht in Linearfaktoren. Setzen wir jedoch den Körper $\mathbb{C}$ der komplexen Zahlen voraus, so gilt:

Satz 8.2.11 (Fundamentalsatz der Algebra) *Jedes Polynom $P(X) \in \mathbb{C}[X]$ mit der Eigenschaft* $\operatorname{grad} P(X) \geq 0$ *zerfällt über $\mathbb{C}$ in Linearfaktoren.*

Auf einen Beweis dieses Satzes, der erstmals 1799 von Gauß bewiesen wurde, müssen wir hier verzichten.[8] Wir lesen aus dem Fundamentalsatz der Algebra ab, dass jedes irreduzible Polynom aus $\mathbb{C}[X]$ den Grad 1 hat.

Wir können nun einen Satz über reelle Polynome zeigen:

Satz 8.2.12 *Jedes Polynom*

$$P(X) = a_nX^n + a_{n-1}X^{n-1} + \cdots + a_0 \in \mathbb{R}[X] \ \ \textit{mit} \ \ \operatorname{grad} P(X) = n \geq 0,$$

lässt sich – abgesehen von der Reihenfolge der Faktoren – eindeutig als Produkt der Form

$$P(X) = a_n\left(\prod_{i=1}^{r}(X - t_i)^{m_i}\right)\left(\prod_{h=1}^{s}(X^2 + b_{h1}X + b_{h0})^{l_h}\right)$$

schreiben, wobei gilt:

(a) *$t_1, t_2, \ldots, t_r$ sind genau die verschiedenen reellen Nullstellen des Polynoms $P(X)$ und $m_1, m_2, \ldots, m_r$ deren Vielfachheiten.*

(b) *Für alle $h \in \{1, 2, \ldots, s\}$ sind die quadratischen Polynome $X^2 + b_{h1}X + b_{h0}$ voneinander verschieden und irreduzibel. Außerdem ist $l_h \geq 1$.*

---

[8]Ein Körper K heißt *algebraisch abgeschlossen*, falls jedes nicht konstante Polynom mindestens eine Nullstelle in K besitzt. Ist das der Fall, so zerfällt in $K[X]$ jedes Polynom $\neq 0$ über K in Linearfaktoren. Mit Methoden der Funktionentheorie kann sehr einfach gezeigt werden, dass $\mathbb{C}$ algebraisch abgeschlossen ist. Ferner gilt, dass jeder Körper isomorph zu einem Unterkörper eines algebraisch abgeschlossenen Körpers ist.

Beweis. (a) Wir fassen das gegebene Polynom $P(X) \in \mathbb{R}[X]$ als Element von $\mathbb{C}[X]$ auf, was wegen $\mathbb{R} \subset \mathbb{C}$ möglich ist. Dann zerfällt $P(X)$ über $\mathbb{C}$ in Linearfaktoren, etwa

$$P(X) = a_n(X - t_1)^{m_1}(X - t_2)^{m_2} \cdots (X - t_r)^{m_r}(X - u_1)^{k_1}(X - u_2)^{k_2} \cdots (X - u_p)^{k_p}$$

mit $r + p$ verschiedenen Zahlen $t_1, t_2, \ldots, t_r \in \mathbb{R}$ und $u_1, u_2, \ldots, u_p \in \mathbb{C} \setminus \mathbb{R}$. Aus

$$P(u_j) = 0$$

folgt durch Übergang zu konjugiert komplexen Zahlen dann

$$P(\overline{u}_j) = a_n\overline{u}_j^n + a_{n-1}\overline{u}_j^{n-1} + \cdots + a_0 = \overline{P(u_j)} = \overline{0} = 0,$$

wobei hier wesentlich eingeht, dass $P(X)$ ein Polynom mit reellen Koeffizienten ist. Es ist also die zu u_j konjugiert komplexe Zahl $\overline{u}_j \neq u_j$ ebenfalls eine Nullstelle von $P(X)$, und zwar mit derselben Vielfachheit wie u_j. Daher ist $p =: 2s$ gerade. Jedes Produkt

$$(X - u_j)(X - \overline{u}_j) = X^2 - (u_j + \overline{u}_j)X + u_j\overline{u}_j$$

ergibt ein Polynom mit reellen Koeffizienten und teilt $P(X)$. Das liefert die gewünschte Produktdarstellung.

(b) Liegt für $P(X)$ eine Produktdarstellung der gewünschten Form vor, so folgt durch Übergang von $\mathbb{R}[X]$ nach $\mathbb{C}[X]$, dass die auftretenden Polynome mit Grad 2 über $\mathbb{C}$ in Linearfaktoren zerfallen, wobei insgesamt genau die obige Zerlegung in Linearfaktoren auftritt. Da ein Produkt

$$(X - u)(X - u') = X^2 - (u + u')X + uu' \quad \text{mit } u, u' \in \mathbb{C} \setminus \mathbb{R}$$

genau dann ein Polynom aus $\mathbb{R}[X] \subset \mathbb{C}[X]$ ergibt, wenn $\overline{u} = u'$, folgt die Gleichheit der Darstellungen. □

Ein irreduzibles Polynom aus $\mathbb{R}[X]$ hat somit höchstens den Grad 2. Daraus folgt, dass jedes Polynom $P(X) \in \mathbb{R}[X]$, dessen Grad ungerade ist, mindestens eine Nullstelle hat.

Aufgaben

A 8.2.1 Bestimme für folgendes Polynom aus $K[X]$ sämtliche Nullstellen in K sowie deren Vielfachheit:

(α) $X^4 - X^3 - X^2 + X \in \mathbb{Z}_3[X]$.

(β) $X^3 - 2 \in \mathbb{Q}[X], \mathbb{R}[X], \mathbb{C}[X]$.

(γ) $(X^4 - X)^2 \in \mathrm{GF}(4)[X]$.

(δ) $X^3 + X^2 + X + 1 \in \mathbb{Q}[X], \mathbb{R}[X], \mathbb{C}[X]$.

(ε) $X^3 + X^2 + X + 1 \in \mathbb{Z}_2[X]$.

(ζ) $X^5 - X \in \mathbb{Z}_5[X]$.

A 8.2.2

(a) Beweise mit Hilfe der Ansätze aus A 7.4.3 und A 7.4.4: Ist $K = \mathrm{GF}(q)$ ein endlicher Körper, so ist *jede* Funktion $g : K \to K$ eine Polynomfunktion.

(b) Bestimme eine Polynomfunktion für die folgende Transposition von $\mathbb{Z}_5$:
(α) $\overline{2} \mapsto \overline{3}$, ($\beta$) $\overline{1} \mapsto \overline{4}$, ($\gamma$) $\overline{3} \mapsto \overline{4}$.

A 8.2.3 Sei $m \in \mathbb{N}^\times$ fest gewählt. Werden die Addition und Multiplikation in der Menge $\mathbb{Z}_m$ wie in einem Restklassenkörper definiert, so erhalten wir den *Restklassenring modulo m*. Der Ring $(\mathbb{Z}_m, +, \cdot)$ hat das neutrale Element $\overline{1} = 1 + \mathbb{Z}m$ bezüglich der Multiplikation. Der Polynomring $(\mathbb{Z}_m[X], +, \cdot)$ wird wie für einen Körper erklärt, ebenso die Begriffe Grad, Teiler, Vielfaches und Nullstelle.

(a) Gib ein Polynom $P(X) \in \mathbb{Z}_6[X]$ vom Grad 2 an, das *alle sechs* Elemente von $\mathbb{Z}_6$ als Nullstellen hat. Existiert auch ein normiertes Polynom vom Grad 2 mit dieser Eigenschaft?

(b) Gib ein normiertes Polynom $Q(X) \in \mathbb{Z}_6[X]$ vom Grad 3 an, das *alle sechs* Elemente von $\mathbb{Z}_6$ als Nullstellen hat.

(c) Gelten im Polynomring $\mathbb{Z}_6[X]$ die Formel (8.1) und die Kürzungsregel aus Satz 8.1.6?

8.3 Eigenwerte und Eigenvektoren

8.3.1 Es seien im Folgenden ein Vektorraum $\boldsymbol{V}$ über K und $f \in \mathrm{L}(\boldsymbol{V}, \boldsymbol{V})$ gegeben. Dann sind durch f einerseits die Unterräume $\ker f \subset \boldsymbol{V}$ und $f(\boldsymbol{V}) \subset \boldsymbol{V}$ sowie andererseits bei endlicher Dimension von $\boldsymbol{V}$ der Skalar $\det f \in K$ mitbestimmt. Wir kommen nun zu weiteren durch f festgelegten Vektoren und Skalaren. Sie ergeben sich daraus, dass wir nach jenen Vektoren $\boldsymbol{a}$ fragen, für die $(\boldsymbol{a}, f(\boldsymbol{a}))$ l. a. ist. Da dies auf den Nullvektor immer zutrifft, können wir uns dabei auf Vektoren $\boldsymbol{a} \in \boldsymbol{V} \setminus \{\boldsymbol{o}\}$ beschränken.

Definition 8.3.2 Ein Skalar $t \in K$ heißt *Eigenwert* von $f \in \mathrm{L}(\boldsymbol{V}, \boldsymbol{V})$, falls es mindestens einen Vektor $\boldsymbol{a} \in \boldsymbol{V} \setminus \{\boldsymbol{o}\}$ mit der Eigenschaft

$$f(\boldsymbol{a}) = t\boldsymbol{a} \tag{8.3}$$

gibt. Jeder solche Vektor $\boldsymbol{a} \neq \boldsymbol{o}$ wird ein *Eigenvektor* von f zum Eigenwert t genannt.

Diese Definition gibt uns keinen unmittelbaren Anhaltspunkt, wie ein Eigenwert von f tatsächlich zu finden ist. Wir haben ja mit (8.3) nur *eine* Gleichung, wohingegen mit t und $\boldsymbol{a}$ *zwei* Unbekannte auftreten.

Beispiele 8.3.3

1. Sei $t \in K$. Dann hat die Homothetie $t\,\mathrm{id}_{\boldsymbol{V}} : \boldsymbol{V} \to \boldsymbol{V}$ für $\dim \boldsymbol{V} \geq 1$ den einzigen Eigenwert t. Jeder Vektor $\boldsymbol{a} \in \boldsymbol{V} \setminus \{\boldsymbol{o}\}$ ist ein zugehöriger Eigenvektor.
2. Mit Hilfe des Fortsetzungssatzes lassen sich für $\dim \boldsymbol{V} \geq 2$ sofort lineare Abbildungen angeben, die zwei verschiedene Eigenwerte haben.
3. Sei $\mathrm{C}^\infty(\mathbb{R})$ der (unendlichdimensionale) Vektorraum aller beliebig oft stetig differenzierbaren Funktionen $\mathbb{R} \to \mathbb{R}$. Wir untersuchen den Differentiationsoperator
$$\frac{\mathrm{d}}{\mathrm{d}x} : \mathrm{C}^\infty(\mathbb{R}) \to \mathrm{C}^\infty(\mathbb{R}) : f(x) \mapsto \frac{\mathrm{d}f(x)}{\mathrm{d}x}$$
und die Funktionen $x \mapsto \exp(tx) = e^{tx}$ mit $t \in \mathbb{R}$. Wegen
$$\frac{\mathrm{d}e^{tx}}{\mathrm{d}x} = te^{tx}$$
ist jede reelle Zahl Eigenwert von $\frac{\mathrm{d}}{\mathrm{d}x}$. Wir werden später sehen, dass eine lineare Abbildung eines endlichdimensionalen Vektorraumes niemals unendlich viele Eigenwerte besitzt.
4. Die Abbildung $f \in \mathrm{GL}(\mathbb{R}^{2\times 1})$ mit $(x_1, x_2)^{\mathrm{T}} \mapsto (-x_2, x_1)^{\mathrm{T}}$ hat keine Eigenwerte, da für alle $(x_1, x_2)^{\mathrm{T}} \in \mathbb{R}^{2\times 1} \setminus \{(0,0)^{\mathrm{T}}\}$ gilt
$$\begin{vmatrix} x_1 & -x_2 \\ x_2 & x_1 \end{vmatrix} = x_1^2 + x_2^2 > 0.$$

5. Die Nullabbildung $0 \cdot \mathrm{id}_V : \boldsymbol{V} \to \boldsymbol{V}$ ist linear. Bei $\dim \boldsymbol{V} = 0$ hat die Nullabbildung keine Eigenwerte, da es in $\boldsymbol{V}$ keinen Vektor $\neq \boldsymbol{o}$ gibt. Bei $\dim \boldsymbol{V} \geq 1$ ist $0 \in K$ der einzige Eigenwert und jeder Vektor $\boldsymbol{a} \in \boldsymbol{V} \setminus \{\boldsymbol{o}\}$ ein zugehöriger Eigenvektor.

Ist $\boldsymbol{a}$ ein Eigenvektor von $f \in \mathrm{L}(\boldsymbol{V}, \boldsymbol{V})$, so ist der zugehörige Eigenwert wegen $\boldsymbol{a} \neq \boldsymbol{o}$ eindeutig festgelegt: Es ist jener Skalar, mit dem $\boldsymbol{a}$ zu multiplizieren ist, um $f(\boldsymbol{a})$ zu erhalten. Hingegen gehören zu einem Eigenwert im Allgemeinen mehrere Eigenvektoren. Genauer gilt:

Satz 8.3.4 *Sei $t \in K$ ein Eigenwert von $f \in \mathrm{L}(\boldsymbol{V}, \boldsymbol{V})$. Die Elemente des Unterraumes*

$$\ker(f - t\,\mathrm{id}_V)$$

sind – abgesehen vom Nullvektor – genau die Eigenvektoren von f zum Eigenwert t.

Beweis. Für alle $\boldsymbol{a} \in \boldsymbol{V}$ ist $f(\boldsymbol{a}) = t\boldsymbol{a}$ äquivalent zu $(f - t\,\mathrm{id}_V)(\boldsymbol{a}) = \boldsymbol{o}$. □

Mit jedem Eigenwert t ist also der Unterraum $\ker(f - t\,\mathrm{id}_V) \neq \{\boldsymbol{o}\}$ mitbestimmt. Er wird der *Eigenraum* von f zum Eigenwert t genannt. Auf Grund des obigen Satzes läuft die Bestimmung eines Eigenraumes von f bei bekanntem Eigenwert t darauf hinaus, den Kern der linearen Abbildung $f - t\,\mathrm{id}_V$ zu bestimmen. Wir notieren noch eine einfache Folgerung.

Satz 8.3.5 *Ein Skalar $t \in K$ ist genau dann ein Eigenwert von $f \in \mathrm{L}(\boldsymbol{V}, \boldsymbol{V})$, falls*

$$\ker(f - t\,\mathrm{id}_V) \neq \{\boldsymbol{o}\}.$$

Beweis. Folgt sofort aus der Definition 8.3.2 und Satz 8.3.4. □

Insbesondere ist $0 \in K$ genau dann ein Eigenwert von f, falls $\ker f \neq \{\boldsymbol{o}\}$. Das gilt aber bekanntlich genau dann, wenn f nicht injektiv ist.

Beispiele 8.3.6 Eigenwerte und Eigenvektoren linearer Abbildungen kommen bei verschiedensten Anwendungen der linearen Algebra vor.[9] Wir geben hier nur einige Stellen an, wo wir diesen Begriff bereits hätten verwenden können.

1. Ist $\alpha \in \mathrm{AGL}(\boldsymbol{V})$ eine Affinität, so ist eine Gerade $g = \boldsymbol{s} + [\boldsymbol{a}] \subset \boldsymbol{V}$ genau dann parallel zu ihrer Bildgeraden, wenn ihr Richtungsvektor $\boldsymbol{a}$ ein Eigenvektor der linearen Bijektion f_α ist.
2. Ist $\kappa = \mathcal{P}(f) \in \mathrm{PGL}(\boldsymbol{V})$ eine projektive Kollineation, so ist ein Punkt $K\boldsymbol{a}$ genau dann ein Fixpunkt von κ, falls $\boldsymbol{a}$ ein Eigenvektor der linearen Bijektion f ist.
3. Jede Abbildung $f \in \mathrm{L}(\boldsymbol{V}, \boldsymbol{V})$, $\dim \boldsymbol{V} = n < \infty$, bestimmt nach Satz 7.3.2 eine lineare Selbstabbildung des eindimensionalen Vektorraumes aller Determinantenformen $\boldsymbol{V}^n \to K$; der einzige Eigenwert dieser mitbestimmten Abbildung ist genau der Skalar $\det f$.

[9] Zu nennen wäre hier insbesondere die Schwingungslehre (Eigenfrequenzen). Hieraus leitet sich auch die Bezeichnung *Spektrum* für die Menge aller Eigenwerte einer linearen Abbildung ab.

Aufgaben

A 8.3.1 Zeige: Die lineare Abbildung

$$\frac{\mathrm{d}^2}{\mathrm{d}x^2} : \mathrm{C}^\infty(\mathbb{R}) \to \mathrm{C}^\infty(\mathbb{R}) : f(x) \mapsto \frac{\mathrm{d}^2 f(x)}{\mathrm{d}x^2}$$

besitzt jedes $t \in \mathbb{R}$ als Eigenwert, wobei der Eigenraum zu t mindestens die Dimension 2 hat.

A 8.3.2 Es seien $\boldsymbol{V}$ ein Vektorraum beliebiger Dimension und $g, h \in \mathrm{L}(\boldsymbol{V}, \boldsymbol{V})$. Beweise:

(a) Ein Skalar $t \in K^\times$ ist genau dann ein Eigenwert von $g \circ h$, wenn t ein Eigenwert von $h \circ g$ ist.

(b) Für $\dim \boldsymbol{V} < \infty$ gilt die Aussage aus (a) sogar für alle $t \in K$.

Hinweis: Betrachte bei $t \neq 0$ einen Eigenvektor $\boldsymbol{a}$ von $g \circ h$ und den Vektor $h(\boldsymbol{a})$.

A 8.3.3 Es seien $f \in \mathrm{L}(\boldsymbol{V}, \boldsymbol{V})$ und $\boldsymbol{a}^* \in \boldsymbol{V}^* \setminus \{\boldsymbol{o}^*\}$. Wir setzen $\boldsymbol{H} := \ker \boldsymbol{a}^*$. Beweise:

(a) $\boldsymbol{a}^*$ ist genau dann ein Eigenvektor von f^{T} zu einem Eigenwert $t \neq 0$, falls $f(\boldsymbol{H}) \subset \boldsymbol{H}$ und $f(\boldsymbol{V}) \not\subset \boldsymbol{H}$.

(b) $\boldsymbol{a}^*$ ist genau dann ein Eigenvektor von f^{T} zum Eigenwert $t = 0$, falls $f(\boldsymbol{V}) \subset \boldsymbol{H}$.

(c) Für $f \in \mathrm{GL}(\boldsymbol{V})$ ist 0 kein Eigenwert von f^{T}. Ferner ist in diesem Fall $\boldsymbol{a}^*$ genau dann ein Eigenvektor von f^{T}, falls $f(\boldsymbol{H}) = \boldsymbol{H}$.

Hinweis zu (c): Vgl. A 5.2.4.

8.4 Das charakteristische Polynom

8.4.1 In diesem Abschnitt sei $\boldsymbol{V}$ stets ein Vektorraum über K mit $\dim \boldsymbol{V} = n < \infty$. Wir betrachten zunächst jedoch nur den Sonderfall $\boldsymbol{V} = K^{n\times 1}$. Jede Matrix $A \in K^{n\times n}$ bestimmt die lineare Abbildung $f_A : K^{n\times 1} \to K^{n\times 1}$. Wir bezeichnen jeden Eigenwert, Eigenvektor bzw. Eigenraum von f_A auch als *Eigenwert*, *Eigenvektor* bzw. *Eigenraum* der Matrix A. Ist etwa $A = \mathrm{diag}(t_1, t_2, \ldots, t_n) \in K^{n\times n}$, so ist $\{t_1, t_2, \ldots, t_n\}$ eine Menge von Eigenwerten der Matrix A, da die Vektoren der kanonischen Basis von $K^{n\times 1}$ zugehörige Eigenvektoren sind.

8.4.2 Wir haben bisher vorwiegend Matrizen über einem Körper K betrachtet. Wir können aber auch *Matrizen über einer Polynomalgebra* $K[X]$ sowie die Menge $(K[X])^{n\times n}$ aller $n \times n$ Matrizen über $K[X]$ erklären; die für Matrizen über einem Körper eingeführten Begriffe (*Produkt* von Matrizen, *Diagonalmatrix*, *Dreiecksmatrix*, ...) lassen sich sinngemäß übertragen.[10] Dieses Matrizenprodukt ist assoziativ. Da $K[X]$ ein Einselement besitzt, lässt sich auch der Begriff der *Determinante* übertragen, wenn wir für alle $B = (P_{ij}(X)) \in (K[X])^{n\times n}$ setzen

$$\det B := \sum_{\sigma \in \mathrm{S}_n} \operatorname{sgn} \sigma \cdot P_{\sigma(1)1}(X) \cdot P_{\sigma(2)2}(X) \cdots P_{\sigma(n)n}(X). \tag{8.4}$$

Vgl. Satz 7.2.6. Es gelten dann insbesondere die Rechenregeln $\det B = \det B^{\mathrm{T}}$, die drei Gesetze aus Definition 7.2.2, Satz 7.2.4, der *Multiplikationssatz von Cauchy* aus 7.3.5 und der *Entwicklungssatz von Laplace* aus 7.4.7, wobei *Kofaktoren* sinngemäß zu erklären sind.

[10]Nicht übertragen wird hier jedoch der Rang einer Matrix, da er auf der Vektorraumstruktur von $K^{n\times 1}$ aufbaut.

8.4.3 Sei $A \in K^{n\times n}$ eine Matrix. Dann ist $A - XE_n \in (K[X])^{n\times n}$ eine Matrix über $K[X]$ und deren Determinante

$$\det(A - XE_n) =: \chi_A(X) \in K[X]$$

nach (8.4) in der Tat ein Polynom. Es wird das *charakteristische Polynom* von A genannt.

Die Bedeutung des charakteristischen Polynoms einer Matrix illustriert der folgende Satz. Er zeigt, dass es möglich ist, die Eigenwerte einer Matrix zu beschreiben, ohne wie in (8.3) auf die zugehörigen Eigenvektoren zurückzugreifen.

Satz 8.4.4 *Sei $A \in K^{n\times n}$. Ein Skalar $t \in K$ ist genau dann ein Eigenwert von A, falls t eine Nullstelle des charakteristischen Polynoms $\chi_A(X)$ ist.*

Beweis. Nach Satz 8.3.5 ist $t \in K$ genau dann ein Eigenwert von A, falls $\operatorname{rg}(A - tE_n) < n$. Das ist zu $\det(A - tE_n) = \chi_A(t) = 0$ äquivalent, wobei wir hier Satz 7.3.4 und den Ersetzungssatz 8.1.9 verwenden. □

Beispiele 8.4.5

1. Gegeben sei die Matrix
$$A = \begin{pmatrix} 0 & -1 \\ 1 & 0 \end{pmatrix} \in \mathbb{R}^{2\times 2}.$$
Es folgt
$$\chi_A(X) = \det\begin{pmatrix} -X & -1 \\ 1 & -X \end{pmatrix} = X^2 + 1 \in \mathbb{R}[X].$$
Es hat also A keine reellen Eigenwerte. Vgl. 8.3.3 Beispiel 4.
2. Fassen wir die Matrix A aus Beispiel 1 als Element von $\mathbb{C}^{2\times 2}$ auf, so folgt
$$\chi_A(X) = X^2 + 1 = (X + i)(X - i) \in \mathbb{C}[X].$$
Daher hat die Matrix A genau die Eigenwerte $\pm i \in \mathbb{C}$.
3. Jede Matrix $A \in \mathbb{R}^{n\times n}$, für die n ungerade ist, hat mindestens einen Eigenwert, da ihr charakteristisches Polynom mindestens eine Nullstelle in $\mathbb{R}$ hat. Vgl. Satz 8.2.12.

Satz 8.4.6 *Sei $A = (a_{ij}) \in K^{n\times n}$. Dann hat das charakteristische Polynom von A die Bauart*[11]

$$\chi_A(X) = (-1)^n X^n + (-1)^{n-1}(a_{11} + a_{22} + \cdots + a_{nn})X^{n-1} + \cdots + \det A.$$

Beweis. Wir berechnen $\det(A - XE_n)$ nach Formel (8.4). Der Summand zu $\sigma = \mathrm{id} \in S_n$ lautet:

$$\prod_{i=1}^{n}(a_{ii} - X) = (-1)^n X^n + (-1)^{n-1}(a_{11} + a_{22} + \cdots + a_{nn})X^{n-1} + \cdots$$

In jedem anderen Summanden kommen nur höchstens $n - 2$ Faktoren $a_{ii} - X$ vor, womit die Koeffizienten bei X^n und X^{n-1} schon bekannt sind. Es gilt

$$\chi_A(0) = \det(A - 0E_n) = \det A,$$

womit $\det A$ der Koeffizient bei $X^0 = 1$ ist. □

Der Skalar $\operatorname{sp} A := a_{11} + a_{22} + \cdots + a_{nn} \in K$ heißt die *Spur* der Matrix $A = (a_{ij})$.

[11] Das charakteristische Polynom einer $n \times n$ Matrix A wird gelegentlich als $\det(XE_n - A)$ erklärt. Gemäß dieser Definition, der wir nicht folgen, ist das charakteristische Polynom von A dann normiert.

8.4.7 Sei $A = \langle \boldsymbol{B}^*, f(\boldsymbol{B})\rangle$ eine Koordinatenmatrix von $f \in \mathrm{L}(\boldsymbol{V}, \boldsymbol{V})$ bezüglich einer Basis $\boldsymbol{B} = (\boldsymbol{b}_1, \boldsymbol{b}_2, \dots, \boldsymbol{b}_n)$ von $\boldsymbol{V}$. Ein Vektor $\boldsymbol{a} \in \boldsymbol{V}$ ist genau dann Eigenvektor von f zum Eigenwert $t \in K$, falls dessen Koordinatenspalte $\langle \boldsymbol{B}^*, \boldsymbol{a}\rangle$ ein Eigenvektor der Matrix A zum Eigenwert $t \in K$ ist. Wir können also die Eigenwerte von f mit Hilfe einer beliebigen Koordinatenmatrix $\langle \boldsymbol{B}^*, f(\boldsymbol{B})\rangle$ bestimmen.[12] Wechseln wir zu einer anderen Basis $\tilde{\boldsymbol{B}}$ von $\boldsymbol{V}$, so folgt nach Formel (4.6) aus 4.6.1 dann

$$\langle \tilde{\boldsymbol{B}}^*, f(\tilde{\boldsymbol{B}})\rangle = \langle \tilde{\boldsymbol{B}}^*, \boldsymbol{B}\rangle \cdot \langle \boldsymbol{B}^*, f(\boldsymbol{B})\rangle \cdot \langle \boldsymbol{B}^*, \tilde{\boldsymbol{B}}\rangle.$$

Die Kopplung zwischen diesen beiden Koordinatenmatrizen führt uns zur folgenden Definition. Eine Matrix $A \in K^{n\times n}$ heißt *ähnlich* zu einer Matrix $B \in K^{n\times n}$, in Zeichen $A \approx B$, falls eine Matrix $P \in \mathrm{GL}_n(K)$ mit

$$B = P^{-1}AP$$

existiert. Es folgt, dass $\approx$ eine Äquivalenzrelation auf $K^{n\times n}$ ist. Für jedes $f \in \mathrm{L}(\boldsymbol{V}, \boldsymbol{V})$ ist

$$\{\langle \boldsymbol{B}^*, f(\boldsymbol{B})\rangle \mid \boldsymbol{B} \text{ ist eine Basis von } \boldsymbol{V}\}$$

eine Klasse ähnlicher Matrizen aus $K^{n\times n}$.

Die obigen Überlegungen zeigen bereits, dass ähnliche Matrizen dieselben Eigenwerte besitzen. Wir verschärfen dieses Ergebnis im folgenden Satz:

Satz 8.4.8 *Ähnliche Matrizen $A, B \in K^{n\times n}$ haben dasselbe charakteristische Polynom.*

Beweis. Sei $B = P^{-1}AP$ mit $P \in \mathrm{GL}_n(K)$. Aus $(XE_n)P = P(XE_n)$ folgt

$$P^{-1}(A - XE_n)P = P^{-1}AP - P^{-1}(XE_n)P = B - XE_n.$$

Der Multiplikationssatz von Cauchy aus 7.3.5 zeigt

$$\chi_B(X) = \det(B - XE_n) = \det P^{-1} \cdot \det(A - XE_n) \cdot \det P = \det(A - XE_n) = \chi_A(X),$$

was zu beweisen war. □

Ist $f \in \mathrm{L}(\boldsymbol{V}, \boldsymbol{V})$, so ist das *charakteristische Polynom* $\chi_f(X)$ erklärt als das charakteristische Polynom einer Koordinatenmatrix $\langle \boldsymbol{B}^*, f(\boldsymbol{B})\rangle$, wobei $\boldsymbol{B}$ eine beliebige Basis von $\boldsymbol{V}$ bezeichnet. Desgleichen kann die *Spur* $\operatorname{sp} f$ als die Spur von $\langle \boldsymbol{B}^*, f(\boldsymbol{B})\rangle$ erklärt werden.

Wir erkennen aus dem obigen Satz, dass diese Definitionen nicht von der Auswahl der Basis $\boldsymbol{B}$ abhängen und somit sinnvoll sind.

8.4.9 Wir fassen die Vorgangsweise zur Bestimmung der Eigenwerte und Eigenräume von $f \in \mathrm{L}(\boldsymbol{V}, \boldsymbol{V})$ zusammen:

- Ermittle eine Koordinatenmatrix $A = \langle \boldsymbol{B}^*, f(\boldsymbol{B})\rangle$ von f.
- Berechne das charakteristische Polynom $\chi_A(X)$.
- Bestimme die verschiedenen Nullstellen $t_1, t_2, \dots, t_r \in K$ von $\chi_A(X)$.
- Zu jeder Nullstelle $t_i \in K$ von $\chi_A(X)$ gehört der Eigenraum $\ker(f - t_i \,\mathrm{id}_V)$. Dieser wird koordinatenmäßig erfasst als Lösungsraum des homogenen (n, n)-LGS

$$(A - t_iE_n) \cdot (x_j) = (0).$$

[12] Eine Koordinatenmatrix $\langle \boldsymbol{C}^*, f(\boldsymbol{B})\rangle$ zu verschiedenen Basen $\boldsymbol{B}$ und $\boldsymbol{C}$ zu betrachten, ergibt hier keinen Nutzen.

Die Dimension des Lösungsraumes des obigen LGS wird auch als *geometrische Vielfachheit* von t_i, die Vielfachheit von t_i als Nullstelle im charakteristischen Polynom von f auch als *algebraische Vielfachheit* von t_i bezeichnet. Wie das tiefer stehende Beispiel zeigt, müssen geometrische und algebraische Vielfachheit nicht übereinstimmen.

Beispiele 8.4.10 Wir ermitteln die Eigenwerte und Eigenräume von Matrizen.

1. Nach 8.4.5 Beispiel 2 hat die Matrix
$$A = \begin{pmatrix} 0 & -1 \\ 1 & 0 \end{pmatrix} \in \mathbb{C}^{2\times 2}$$
die Eigenwerte i und $-i$. Diese liefern die beiden homogenen linearen Gleichungssysteme
$$\begin{pmatrix} -i & -1 \\ 1 & -i \end{pmatrix}\begin{pmatrix} x_1 \\ x_2 \end{pmatrix} = \begin{pmatrix} 0 \\ 0 \end{pmatrix} \text{ bzw. } \begin{pmatrix} i & -1 \\ 1 & i \end{pmatrix}\begin{pmatrix} x_1 \\ x_2 \end{pmatrix} = \begin{pmatrix} 0 \\ 0 \end{pmatrix}$$
mit den eindimensionalen Lösungsräumen
$$[(i, 1)^{\mathrm{T}}] \text{ bzw. } [(-i, 1)^{\mathrm{T}}].$$
Hier ist die algebraische und geometrische Vielfachheit jeweils gleich 1.
2. Sei K beliebig. Die Matrix
$$\begin{pmatrix} 1 & 1 \\ 0 & 1 \end{pmatrix} \in K^{2\times 2}$$
hat das charakteristische Polynom $(1 - X)^2$, also $1 \in K$ mit der algebraischen Vielfachheit 2 als einzigen Eigenwert. Dazu gehört
$$[(1, 0)^{\mathrm{T}}]$$
als Eigenraum, womit die geometrische Vielfachheit nur 1 ist.

Aufgaben

A 8.4.1 Bestimme die Eigenwerte und Eigenvektoren folgender Matrix:
$$(\alpha) \begin{pmatrix} 0 & 1 & 0 & 0 \\ 0 & 0 & 1 & 0 \\ 0 & 0 & 0 & 1 \\ 1 & 0 & 0 & 0 \end{pmatrix} \in \mathbb{R}^{4\times 4}, \qquad (\beta) \begin{pmatrix} 1 & 1 & -1 \\ 0 & 1 & 0 \\ 1 & 0 & 1 \end{pmatrix} \in \mathbb{C}^{3\times 3},$$
$$(\gamma) \begin{pmatrix} \cos\varphi & -\sin\varphi \\ \sin\varphi & \cos\varphi \end{pmatrix} \in \mathbb{C}^{2\times 2} \text{ mit } \varphi \in \mathbb{R}, \quad (\delta) \begin{pmatrix} \cos\varphi & \sin\varphi \\ \sin\varphi & -\cos\varphi \end{pmatrix} \in \mathbb{R}^{2\times 2} \text{ mit } \varphi \in \mathbb{R}.$$
Hinweis: Beachte in (γ) den Sonderfall $\varphi \in \mathbb{Z}\pi$.

A 8.4.2 Beweise: Jedes Polynom $(-1)^n X^n + a_{n-1}X^{n-1} + \cdots + a_1 X + a_0 \in K[X]$ ist das charakteristische Polynom mindestens einer $n \times n$ Matrix über K.
Hinweis: Unterscheide die Fälle $(-1)^n = \pm 1$. Betrachte eine Matrix der Form
$$\begin{pmatrix} 0 & 1 & & \\ & & \ddots & \\ & & & 1 \\ * & * & * & * \end{pmatrix}$$
mit geeigneten Skalaren $(*)$ in der letzten Zeile und Nullen an den hier leer gelassenen Stellen.

A 8.4.3

(a) Beweise: Ist $t \in K$ ein Eigenwert von $f \in \mathrm{L}(\boldsymbol{V}, \boldsymbol{V})$, so ist seine algebraische Vielfachheit größer oder gleich seiner geometrischen Vielfachheit.

(b) Bestimme die geometrische und algebraische Vielfachheit sämtlicher Eigenwerte einer in 8.7.6 beschriebenen Jordan-Matrix $J_n(t)$.

A 8.4.4 Beweise:

(a) Sei $f \in \mathrm{L}(\boldsymbol{V}, \boldsymbol{V})$. Dann haben f und f^{T} dasselbe charakteristische Polynom.

(b) Eine projektive Kollineation $\kappa : \mathcal{P}(\boldsymbol{V}) \to \mathcal{P}(\boldsymbol{V})$ hat genau dann einen Fixpunkt, falls es eine *Fixhyperebene* gibt; das ist eine Hyperebene $\mathcal{P}(\boldsymbol{H}) \subset \mathcal{P}(\boldsymbol{V})$ mit $\kappa(\mathcal{P}(\boldsymbol{H})) = \mathcal{P}(\boldsymbol{H})$.

Hinweis: Vgl. A 8.3.3.

A 8.4.5

(a) Sei $\boldsymbol{H}$ ein Vektorraum über K mit $\dim \boldsymbol{H} < \infty$. Beweise: Wird eine Affinität $\alpha : \boldsymbol{H} \to \boldsymbol{H}$ zu einer projektiven Kollineation $\kappa : \mathcal{P}(K \times \boldsymbol{H}) \to \mathcal{P}(K \times \boldsymbol{H})$ erweitert, so hat κ immer einen Fixpunkt.

(b) Eine Affinität $\alpha : \mathbb{R}^{2\times 1} \to \mathbb{R}^{2\times 1}$ sei durch

$$\begin{pmatrix} x_1 \\ x_2 \end{pmatrix} \mapsto \begin{pmatrix} -7 & -3 \\ 18 & 8 \end{pmatrix} \begin{pmatrix} x_1 \\ x_2 \end{pmatrix} + \begin{pmatrix} -1 \\ -1 \end{pmatrix}$$

gegeben. Erweitere α zu einer Kollineation κ, bestimme deren Fixpunkte und Fixgeraden und dann daraus die Fixpunkte und Fixgeraden von α.

Hinweis: Vgl. A 8.3.3 und A 8.4.4.

A 8.4.6

(a) Über einem Körper K mit $\operatorname{Char} K = 0$ sei eine *Schachbrettmatrix*

$$A = \begin{pmatrix} 1 & 0 & 1 & \dots \\ 0 & 1 & 0 & \dots \\ 1 & 0 & 1 & \dots \\ \vdots & \vdots & \vdots & \ddots \end{pmatrix} \in K^{n\times n}$$

gegeben. Zeige, dass alle Spalten von A Eigenvektoren dieser Matrix sind. Bestimme die Dimension von $\ker A$. Gib dann ohne weitere Rechnung mit Hilfe der Überlegungen aus A 8.4.3 (a) das charakteristische Polynom der Matrix A an.

(b) Über einem beliebigen Körper K sei eine Matrix $A = (a_{ij}) \in K^{n\times n}$ mit der Eigenschaft

$$\sum_{i=1}^{n} a_{ij} = 1 \quad \text{für alle} \quad j \in \{1, 2, \dots, n\}$$

gegeben. Zeige, dass A den Eigenwert 1 besitzt. Hat eine Matrix auch den Eigenwert 1, falls die Summe über alle Elemente jeder Zeile gleich 1 ist?

Bemerkung: Die in (b) genannte Bedingung ist für $K = \mathbb{R}$ insbesondere dann erfüllt, falls A^{T} eine Markov-Matrix ist.

A 8.4.7 Es seien $f \in \mathrm{L}(\boldsymbol{V}, \boldsymbol{V})$ und $\Delta : \boldsymbol{V}^n \to K$ eine nicht triviale Determinantenform. Zeige:

(a) Die Abbildung

$$\Delta' : \boldsymbol{V}^n \to K : (\boldsymbol{x}_1, \boldsymbol{x}_2, \dots, \boldsymbol{x}_n) \mapsto \sum_{i=1}^{n} \Delta(\boldsymbol{x}_1, \dots, \boldsymbol{x}_{i-1}, f(\boldsymbol{x}_i), \boldsymbol{x}_{i+1}, \dots, \boldsymbol{x}_n)$$

ist eine Determinantenform.

(b) Für jede Basis $\boldsymbol{B}$ von $\boldsymbol{V}$ gilt $\Delta' = \operatorname{sp}(\langle \boldsymbol{B}^*, f(\boldsymbol{B})\rangle) \cdot \Delta$.

Bemerkung: Das Ergebnis aus (a) ermöglicht eine koordinatenfreie Definition der Spur von f durch $\Delta' = \operatorname{sp} f \cdot \Delta$.

A 8.4.8 Zeige unter den Voraussetzungen aus A 8.4.7:

(a) $\operatorname{sp} : \mathrm{L}(\boldsymbol{V}, \boldsymbol{V}) \to K : f \mapsto \operatorname{sp} f$ ist eine lineare Abbildung.

(b) $\operatorname{sp}(B \cdot A) = \operatorname{sp}(A \cdot B)$ für alle $A, B \in K^{n \times n}$.

(c) $\operatorname{sp}(g \circ f) = \operatorname{sp}(f \circ g)$ für alle $f, g \in \mathrm{L}(\boldsymbol{V}, \boldsymbol{V})$.

8.5 Diagonalisierbarkeit

8.5.1 Es sei weiterhin $\boldsymbol{V}$ stets ein Vektorraum über K mit $\dim \boldsymbol{V} = n < \infty$. Eine lineare Abbildung $f \in \mathrm{L}(\boldsymbol{V}, \boldsymbol{V})$ heißt *einfach strukturiert*, falls es eine Basis von $\boldsymbol{V}$ gibt, die aus Eigenvektoren von f besteht. Ferner nennen wir eine Matrix $A \in K^{n \times n}$ *diagonalisierbar*, falls sie ähnlich zu einer Diagonalmatrix ist. Diese beiden Begriffe hängen eng zusammen.

Satz 8.5.2 *Sei $f \in \mathrm{L}(\boldsymbol{V}, \boldsymbol{V})$. Dann gilt:*

(a) *Ist f einfach strukturiert, so ist jede Koordinatenmatrix $\langle \boldsymbol{B}^*, f(\boldsymbol{B}) \rangle$ von f diagonalisierbar.*

(b) *Ist mindestens eine Koordinatenmatrix $\langle \boldsymbol{B}^*, f(\boldsymbol{B}) \rangle$ von f diagonalisierbar, so ist f einfach strukturiert.*

Beweis. (a) Sei f einfach strukturiert. Es existiert daher mindestens eine Basis $\tilde{\boldsymbol{B}}$ von $\boldsymbol{V}$, die nur aus Eigenvektoren von f besteht. Somit ist $\langle \tilde{\boldsymbol{B}}^*, f(\tilde{\boldsymbol{B}}) \rangle$ eine Diagonalmatrix. Alle Koordinatenmatrizen der Bauart $\langle \boldsymbol{B}^*, f(\boldsymbol{B}) \rangle$ sind daher diagonalisierbar.

(b) Sei $\langle \boldsymbol{B}^*, f(\boldsymbol{B}) \rangle$ diagonalisierbar. Es gibt also mindestens eine reguläre Matrix P mit

$$P^{-1} \langle \boldsymbol{B}^*, f(\boldsymbol{B}) \rangle P = \operatorname{diag}(t_1, t_2, \dots, t_n).$$

Indem wir P als Matrix $\langle \boldsymbol{B}^*, \tilde{\boldsymbol{B}} \rangle$ eines Basiswechsels auffassen, zeigt uns die obige Gleichung, dass $\langle \tilde{\boldsymbol{B}}^*, f(\tilde{\boldsymbol{B}}) \rangle$ eine Diagonalmatrix ist. Daher besteht $\tilde{\boldsymbol{B}}$ nur aus Eigenvektoren von f. □

Beispiel 8.5.3 Für $n \geq 2$ ist nicht jede $n \times n$ Matrix diagonalisierbar. Das zeigt die in 8.4.10 Beispiel 2 betrachtete Matrix, die einen einzigen Eigenraum besitzt. Da dieser nur die Dimension 1 hat, ist es nicht möglich, eine Basis aus Eigenvektoren dieser Matrix zu finden.

Satz 8.5.4 *Ist $\boldsymbol{M} = (\boldsymbol{m}_1, \boldsymbol{m}_2, \dots, \boldsymbol{m}_r)$ eine Familie von Eigenvektoren von $f \in \mathrm{L}(\boldsymbol{V}, \boldsymbol{V})$, und sind die zugehörigen Eigenwerte $t_1, t_2, \dots, t_r$ verschieden, so ist $\boldsymbol{M}$ linear unabhängig.*

Beweis. Wir zeigen die Gültigkeit durch Induktion nach $r \geq 0$. Der Satz ist richtig für $r = 0$, da jede leere Familie l. u. ist. Für $r > 0$ ist nach Induktionsannahme $(\boldsymbol{m}_1, \boldsymbol{m}_2, \dots, \boldsymbol{m}_{r-1})$ l. u. Wir betrachten eine Linearkombination

$$\sum_{i=1}^{r} x_i \boldsymbol{m}_i = \boldsymbol{o}.$$

Durch Anwendung von f bzw. durch Multiplikation mit t_r erhalten wir daraus zwei weitere Linearkombinationen. Deren Differenz lautet

$$\sum_{i=1}^{r-1} x_i(t_i - t_r)\boldsymbol{m}_i = \boldsymbol{o}.$$

Da alle auftretenden Skalare $t_i - t_r$ von Null verschieden sind, folgt aus der Induktionsannahme $x_i = 0$ für $i \in \{1, 2, \ldots, r-1\}$ und wegen $\boldsymbol{m}_r \neq \boldsymbol{o}$ schließlich auch $x_r = 0$. □

Wir erhalten daraus:

Satz 8.5.5 *Sei $f \in \mathrm{L}(\boldsymbol{V}, \boldsymbol{V})$. Wenn das charakteristische Polynom $\chi_f(X)$ in Linearfaktoren zerfällt, etwa*

$$\chi_f(X) = (-1)^n(X - t_1)(X - t_2)\cdots(X - t_n)$$

mit n verschiedenen Eigenwerten $t_1, t_2, \ldots, t_n \in K$, so ist f einfach strukturiert.

Beweis. Zu $t_1, t_2, \ldots, t_n$ gehört nach Satz 8.5.4 eine l. u. Familie $(\boldsymbol{b}_1, \boldsymbol{b}_2, \ldots, \boldsymbol{b}_n)$ von Eigenvektoren von f. Diese Familie ist wegen $\dim \boldsymbol{V} = n$ eine Basis von $\boldsymbol{V}$. □

Für $n \geq 2$ ist die Umkehrung von Satz 8.5.5 nicht richtig. Das zeigt etwa die einfach strukturierte lineare Abbildung id_V, deren charakteristisches Polynom $(1 - X)^n$ genau eine Nullstelle hat. Satz 8.5.5 kann auch als Satz über die Diagonalisierbarkeit von Matrizen formuliert werden.

Die in Beispiel 8.5.3 und in 8.4.10 Beispiel 2 betrachtete Matrix besitzt ebenso wie die Einheitsmatrix E_2 das charakteristische Polynom $(X - 1)^2$, ist aber im Gegensatz zu dieser nicht diagonalisierbar. Um für eine Matrix entscheiden zu können, ob sie diagonalisierbar ist, sind zusätzliche Informationen notwendig. Diese entwickeln wir im nächsten Abschnitt.

Aufgaben

A 8.5.1 Zeige, dass die reellen Matrizen

$$A = \begin{pmatrix} 4 & 1 \\ -2 & 1 \end{pmatrix}, \quad B = \begin{pmatrix} 3 & -3 \\ 0 & 2 \end{pmatrix}$$

beide zur selben Diagonalmatrix C ähnlich sind. Bestimme eine reguläre Matrix P mit $B = P^{-1}AP$.

A 8.5.2

(a) Beweise: Sind $A, B \in K^{n\times n}$ ähnlich, es gelte etwa $B = P^{-1}AP$ mit $P \in \mathrm{GL}_n(K)$, so folgt daraus $B^k = P^{-1}A^kP$ alle $k \in \mathbb{N}$. Es sind also auch A^k und B^k ähnliche Matrizen.

(b) Gegeben sei die Matrix

$$A = \begin{pmatrix} 4 & 3 \\ 1 & 2 \end{pmatrix} \in \mathbb{R}^{2\times 2}.$$

Bestimme eine Diagonalmatrix $B = P^{-1}AP$ mit $P \in \mathrm{GL}_2(\mathbb{R})$. Berechne dann B^{100} und anschließend A^{100}.

Bemerkung: Die Elemente von $(c_{ij}) := A^{100}$ sind:
$c_{11} = 591645678915758854058796423962089672254904826331767253577709197998 0469,$
$c_{12} = 5916456789157588540587964239620896722549048263317672535777091979980468,$
$c_{21} = 1972152263052529513529321413206965574183016087772557511925697326660156,$
$c_{22} = 1972152263052529513529321413206965574183016087772557511925697326660157.$
Das braucht aber nicht überprüft zu werden.

A 8.5.3 Fortsetzung von A 3.5.2 (Sportwagen – Kleinwagen). Wir schreiben

$$A := \begin{pmatrix} 0 & \frac{2}{3} \\ 1 & \frac{1}{3} \end{pmatrix}.$$

für die transponierte Übergangsmatrix und rechnen mit Spaltenvektoren.

(a) Bestimme die Eigenwerte von A. Zeige, dass es einen Eigenvektor $(g_1, g_2)^{\mathrm{T}}$ zum Eigenwert 1 mit $g_1 + g_2 = 1$ gibt.

(b) Diagonalisiere die Matrix A und beweise mit Hilfe dieser Diagonalisierung

$$\lim_{k\to\infty} A^k = \begin{pmatrix} g_1 & g_1 \\ g_2 & g_2 \end{pmatrix}.$$

Dabei ist der Grenzübergang koordinatenweise zu verstehen. Wie lässt sich dieses Ergebnis interpretieren, wenn man $(g_1, g_2)^{\mathrm{T}}$ als Wahrscheinlichkeitsvektor auffasst?

A 8.5.4

(a) Es seien $A, B \in K^{n\times n}$. Zeige: Gibt es eine Basis von $K^{n\times 1}$, die aus gemeinsamen Eigenvektoren von A und B besteht, so kommutieren die Matrizen.

(b) Beweise: Die Menge aller mit einer gegebenen Matrix $A \in K^{n\times n}$ kommutierenden Matrizen $B \in K^{n\times n}$ ist ein Unterraum des Vektorraumes $K^{n\times n}$.

(c) Für $n \geq 2$ hat der in (b) beschriebene Unterraum mindestens die Dimension 2.

(d) Ist $A \in K^{n\times n}$ diagonalisierbar, so hat der Unterraum aus (b) mindestens die Dimension n.

A 8.5.5 Gegeben sei die Matrix

$$A = \begin{pmatrix} 0 & 0 & 4 \\ 2 & 2 & -4 \\ 1 & 0 & 0 \end{pmatrix} \in \mathbb{R}^{3\times 3}$$

Zeige, dass A diagonalisierbar ist. Ermittle mit den Ergebnissen aus A 8.5.4 eine Parameterdarstellung eines 3-dimensionalen Unterraumes von $\mathbb{R}^{3\times 3}$, dessen Elemente alle mit A kommutieren.

A 8.5.6 Beweise folgende Sätze über $f \in \mathrm{L}(V, V)$, wobei die Dimension von V auch unendlich sein darf:

(a) Es gilt genau dann $f \circ f = f$, falls V eine Basis aus Eigenvektoren von f besitzt und alle Eigenwerte von f der Menge $\{0, 1\}$ angehören.

(b) Für $\operatorname{Char} K \neq 2$ gilt genau dann $f \circ f = \mathrm{id}_V$, falls V eine Basis aus Eigenvektoren von f besitzt und alle Eigenwerte von f der Menge $\{-1, 1\}$ angehören.

A 8.5.7 Gegeben seien $t \in \mathbb{R}$ sowie die Matrix

$$A_t = \begin{pmatrix} 1 & 0 & 0 \\ t & 1 & 0 \\ 0 & -1 & 2 \end{pmatrix} \in \mathbb{R}^{3\times 3}.$$

Für welche $t \in \mathbb{R}$ ist die Matrix A_t diagonalisierbar?

8.6 Der Satz von Cayley-Hamilton

8.6.1 So wie zuvor sei V stets ein Vektorraum über K mit $\dim V = n < \infty$. Für $f \in \mathrm{L}(V, V)$ betrachten wir die Abbildungen $f^0 = \mathrm{id}_V$, $f^1 = f$, f^2 usw. Da der Vektorraum $\mathrm{L}(V, V)$ die Dimension n^2 hat, folgt die Existenz eines kleinsten Exponenten s mit $0 \le s \le n^2$ und

$$(f^0, f^1, \ldots, f^s) \text{ l. a.}$$

Dann ist $(f^0, f^1, \ldots, f^{s-1})$ eine l. u. Familie; es gibt daher eindeutig bestimmte Skalare $d_0, d_1, \ldots, d_{s-1} \in K$ mit[13]

$$f^s + d_{s-1}f^{s-1} + \cdots + d_0 f^0 = 0. \tag{8.5}$$

Bilden wir das normierte Polynom

$$\mu_f(X) := X^s + d_{s-1}X^{s-1} + \cdots + d_0,$$

so kann (8.5) in der Form $\mu_f(f) = 0$ geschrieben werden.

8.6.2 Ein Polynom $P(X) \in K[X]$ heißt ein *Annullatorpolynom* von $f \in \mathrm{L}(V, V)$, falls $P(f) = 0$. Das *Minimalpolynom* $\mu_f(X)$ von f ist jenes normierte Annullatorpolynom von f, welches den kleinsten Grad besitzt.

Die Überlegungen aus 8.6.1 zeigen, dass diese Definition des Minimalpolynoms sinnvoll ist. Die Begriffe Annullator- und Minimalpolynom lassen sich problemlos von $\mathrm{L}(V, V)$ nach $K^{n\times n}$ übertragen.[14] Wir schreiben $\mu_A(X)$ für das Minimalpolynom von $A \in K^{n\times n}$. Ähnliche Matrizen haben damit dieselben Annullatorpolynome und dasselbe Minimalpolynom.

Wir verschaffen uns nun einen Überblick über alle Annullatorpolynome einer linearen Selbstabbildung:

Satz 8.6.3 *Sei $\mu_f(X)$ das Minimalpolynom von $f \in \mathrm{L}(V, V)$. Dann sind die Annullatorpolynome von f genau die Vielfachen von $\mu_f(X)$.*

Beweis. (a) Sei $P(X)$ ein Annullatorpolynom. Nach Satz 8.2.4 existieren Polynome $S(X)$, $R(X)$ mit

$$P(X) = S(X)\mu_f(X) + R(X) \quad \text{und} \quad \operatorname{grad} R(X) < \operatorname{grad} \mu_f(X).$$

Aus $P(f) = \mu_f(f) = 0$ folgt $R(f) = 0$, was nach Definition von $\mu_f(X)$ nur mit $R(X) = 0$ möglich ist.

(b) Der Beweis der Umkehrung ist trivial. □

Beispiele 8.6.4 Gegeben sei eine Abbildung $f \in \mathrm{L}(V, V)$.

1. Sei $f = \mathrm{id}_V$ und $n \ge 1$. Dann ist $f^0 = \mathrm{id}_V \ne 0$ und
$$f^1 - f^0 = \mathrm{id}_V - \mathrm{id}_V = 0, \quad \text{also } \mu_{\mathrm{id}_V}(X) = X - 1.$$
2. Sei $f = 0 \cdot \mathrm{id}_V = 0$ und $n \ge 1$. Dann ist $f^0 = \mathrm{id}_V \ne 0$ und
$$f^1 - 0f^0 = 0 - 0 = 0, \quad \text{also } \mu_0(X) = X.$$
3. Sei $f = 0 \cdot \mathrm{id}_V = 0$ und $n = 0$. Hier gilt $\mathrm{id}_V = 0 \cdot \mathrm{id}_V$; es folgt $\mu_{\mathrm{id}_V}(X) = X^0 = 1$.

[13]Wir unterscheiden im Folgenden nicht streng zwischen $0 \in K$ und der Nullabbildung $0 \cdot \mathrm{id}_V$. Formel (8.5) zeigt übrigens, dass *kein* Element der K-Algebra $\mathrm{L}(V, V)$ eine Unbestimmte über K ist.

[14]Beim charakteristischen Polynom sind wir den – mühevolleren – umgekehrten Weg gegangen.

4. Sei $f \circ f = f$ und $f \neq 0, \mathrm{id}_V$. Nach A 3.2.2 ist f eine (nicht triviale) Projektion. Es ist daher (f^1, f^0) l. u., aber
$$f^2 - f^1 = 0, \quad \text{also } \mu_f(X) = X^2 - X = X(X-1).$$

Nach 8.6.1 ist $0 \leq \operatorname{grad} \mu_f(X) \leq n^2$ für alle $f \in \mathrm{L}(\boldsymbol{V}, \boldsymbol{V})$. Diese Abschätzung ist aber bei $n \geq 2$ sehr unscharf, wie der folgende Satz zeigt. Er stellt zugleich eine wichtige Verbindung zwischen dem Minimalpolynom und dem charakteristischen Polynom von f her.

Satz 8.6.5 (Cayley-Hamilton[15]) *Für $f \in \mathrm{L}(\boldsymbol{V}, \boldsymbol{V})$ ist das charakteristische Polynom $\chi_f(X)$ ein Annullatorpolynom von f. Das Minimalpolynom $\mu_f(X)$ ist daher ein Teiler des charakteristischen Polynoms $\chi_f(X)$.*

Beweis. Es seien $\boldsymbol{B} = (\boldsymbol{b}_1, \boldsymbol{b}_2, \ldots, \boldsymbol{b}_n)$ eine Basis von $\boldsymbol{V}$ und $A = (a_{ij}) = \langle \boldsymbol{B}^*, f(\boldsymbol{B})\rangle$. In den Spalten der Matrix A sind die Koordinaten der f-Bilder der Basisvektoren gemäß
$$f(\boldsymbol{b}_l) = \sum_{i=1}^{n} a_{il}\boldsymbol{b}_i \quad \text{für alle } l \in \{1, 2, \ldots, n\}$$
abzulesen. Wir schreiben das „übersichtlich“ wie ein Matrizenprodukt als
$$\begin{pmatrix} f & 0 & \ldots & 0 \\ 0 & f & \ldots & 0 \\ \vdots & \vdots & \ddots & \vdots \\ 0 & 0 & \ldots & f \end{pmatrix}\begin{pmatrix} \boldsymbol{b}_1 \\ \boldsymbol{b}_2 \\ \vdots \\ \boldsymbol{b}_n \end{pmatrix} = \begin{pmatrix} a_{11}\,\mathrm{id}_V & a_{21}\,\mathrm{id}_V & \cdots & a_{n1}\,\mathrm{id}_V \\ a_{12}\,\mathrm{id}_V & a_{22}\,\mathrm{id}_V & \cdots & a_{n2}\,\mathrm{id}_V \\ \multicolumn{4}{c}{\dotfill} \\ a_{1n}\,\mathrm{id}_V & a_{2n}\,\mathrm{id}_V & \cdots & a_{nn}\,\mathrm{id}_V \end{pmatrix}\begin{pmatrix} \boldsymbol{b}_1 \\ \boldsymbol{b}_2 \\ \vdots \\ \boldsymbol{b}_n \end{pmatrix}.$$
Beachte, dass die Elemente der transponierten Matrix A^{T} auftreten. Umformung ergibt
$$\begin{pmatrix} a_{11}\,\mathrm{id}_V - f & a_{21}\,\mathrm{id}_V & \cdots & a_{n1}\,\mathrm{id}_V \\ a_{12}\,\mathrm{id}_V & a_{22}\,\mathrm{id}_V - f & \cdots & a_{n2}\,\mathrm{id}_V \\ \multicolumn{4}{c}{\dotfill} \\ a_{1n}\,\mathrm{id}_V & a_{2n}\,\mathrm{id}_V & \cdots & a_{nn}\,\mathrm{id}_V - f \end{pmatrix}\begin{pmatrix} \boldsymbol{b}_1 \\ \boldsymbol{b}_2 \\ \vdots \\ \boldsymbol{b}_n \end{pmatrix} = \begin{pmatrix} \boldsymbol{o} \\ \boldsymbol{o} \\ \vdots \\ \boldsymbol{o} \end{pmatrix}. \tag{8.6}$$
Wir betrachten nun die Matrix
$$(B_{ij}(X)) := A^{\mathrm{T}} - XE_n \in (K[X])^{n \times n}.$$
Ihre Determinante ist das charakteristische Polynom von f, da transponierte Matrizen dieselbe Determinante haben. Sei $(B^\sharp_{kl}(X))$ die Matrix der Kofaktoren von $(B_{ij}(X))$. Formel (7.12) aus Satz 7.4.6 lautet dann
$$(B^\sharp_{kl}(X))(B_{ij}(X)) = \operatorname{diag}(\chi_f(X), \chi_f(X), \ldots, \chi_f(X)).$$
Dies bleibt richtig, wenn wir X durch f ersetzen. Multiplizieren wir daher beide Seiten von (8.6) von links mit $(B^\sharp_{kl}(f))$, so folgt
$$\begin{pmatrix} \chi_f(f) & 0 & \ldots & 0 \\ 0 & \chi_f(f) & \ldots & 0 \\ \vdots & \vdots & \ddots & \vdots \\ 0 & 0 & \ldots & \chi_f(f) \end{pmatrix}\begin{pmatrix} \boldsymbol{b}_1 \\ \boldsymbol{b}_2 \\ \vdots \\ \boldsymbol{b}_n \end{pmatrix} = \begin{pmatrix} \boldsymbol{o} \\ \boldsymbol{o} \\ \vdots \\ \boldsymbol{o} \end{pmatrix}.$$

[15] Arthur Cayley (1821–1895).

Wir lesen $\ker \chi_f(f) = V$ ab, das heißt $\chi_f(X)$ ist ein Annullatorpolynom von f. Der Rest ist klar nach Satz 8.6.3. □

Aus dem Satz von Cayley-Hamilton folgt

$$0 \le \operatorname{grad} \mu_f(X) \le n.$$

Diese Ungleichung kann ohne zusätzliche Voraussetzung nicht verschärft werden. Das zeigt eine lineare Abbildung f mit n verschiedenen Eigenwerten. Für diese ist $\mu_f(X) = (-1)^n \chi_f(X)$. Der einfache Beweis wird als Übungsaufgabe gestellt.

Beispiel 8.6.6 Die Matrizen

$$\begin{pmatrix} 1 & 0 \\ 0 & 1 \end{pmatrix}, \begin{pmatrix} 1 & 1 \\ 0 & 1 \end{pmatrix} \in K^{2\times 2}$$

haben dasselbe charakteristische Polynom $(1 - X)^2 = X^2 - 2X + 1$. Vgl. Beispiel 8.5.3. Die erste Matrix hat das Minimalpolynom $X - 1$ nach 8.6.4 Beispiel 1. Die zweite Matrix besitzt das Minimalpolynom $X^2 - 2X + 1$, da kein anderer normierter Teiler des charakteristischen Polynoms in Frage kommt. Es gilt in der Tat

$$\begin{pmatrix} 1 & 1 \\ 0 & 1 \end{pmatrix}^2 - 2\begin{pmatrix} 1 & 1 \\ 0 & 1 \end{pmatrix} + \begin{pmatrix} 1 & 0 \\ 0 & 1 \end{pmatrix} = \begin{pmatrix} 0 & 0 \\ 0 & 0 \end{pmatrix}.$$

8.6.7 Die obigen Überlegungen gestatten eine Variante: Es seien $\boldsymbol{a} \in V$ und $P(X) \in K[X]$. Wenn $P(f)(\boldsymbol{a}) = \boldsymbol{o}$, so heißt $P(X)$ ein *Annullatorpolynom von* $\boldsymbol{a}$ *bezüglich* $f \in \mathrm{L}(V, V)$. Es ist jedenfalls $\mu_f(X)$ ein solches Polynom, und unter allen derartigen Polynomen gibt es genau ein normiertes Polynom $\mu_{f,\boldsymbol{a}}(X)$ mit kleinstem Grad, welches das *Minimalpolynom von* $\boldsymbol{a}$ *bezüglich* f heißt. Analog zu Satz 8.6.3 folgt, dass jedes Annullatorpolynom von $\boldsymbol{a}$ bezüglich f ein Vielfaches von $\mu_{f,\boldsymbol{a}}(X)$ ist.

Beispiele 8.6.8

1. Für $\boldsymbol{o} \in V$ und jedes $f \in \mathrm{L}(V, V)$ gilt $f^0(\boldsymbol{o}) = \mathrm{id}_V(\boldsymbol{o}) = \boldsymbol{o}$, also $\mu_{f,\boldsymbol{o}}(X) = X^0 = 1$.
2. Ist $\boldsymbol{a}$ ein Eigenvektor von $f \in \mathrm{L}(V, V)$ zum Eigenwert t, so folgt $\mu_{f,\boldsymbol{a}}(X) = X - t$.
3. Wir schließen an Beispiel 4 aus 8.6.4 an. Jeder Vektor $\boldsymbol{a}$ aus $\ker f \setminus \{\boldsymbol{o}\}$ bzw. $f(V) \setminus \{\boldsymbol{o}\}$ ist ein Eigenvektor zum Eigenwert 0 bzw. 1, womit $\mu_{f,\boldsymbol{a}}(X)$ nach Beispiel 2 bekannt ist. Das Minimalpolynom jedes Vektors $\boldsymbol{a} \in V \setminus (\ker f \cup f(V))$ ist wegen $f(\boldsymbol{a}) \notin [\boldsymbol{a}]$ und $f^2(\boldsymbol{a}) - f(\boldsymbol{a}) = \boldsymbol{o}$ gleich
$$\mu_{f,\boldsymbol{a}}(X) = X^2 - X = \mu_f(X).$$

Aufgaben

A 8.6.1 Sei $f \in \mathrm{L}(V, V)$ eine nilpotente Abbildung. Zeige:

(a) Die Abbildung f hat keinen Eigenwert $\neq 0$.

(b) Es gilt $f^n = 0$, wobei $n = \dim V$.

A 8.6.2 Gegeben sei die reelle Matrix

$$A = \begin{pmatrix} 1 & 0 & -1 \\ 1 & 2 & 0 \\ 0 & -1 & 1 \end{pmatrix}.$$

Verwende den Satz von Cayley-Hamilton, um A^3 und A^4 als Linearkombinationen von A^0, A, A^2 darzustellen.

A 8.6.3 Gegeben seien $\boldsymbol{v} \in \boldsymbol{V}$ und $\boldsymbol{a}^* \in \boldsymbol{V}^*$. Bestimme das Minimalpolynom der Abbildung $f : \boldsymbol{V} \to \boldsymbol{V} : \boldsymbol{x} \mapsto \langle \boldsymbol{a}^*, \boldsymbol{x} \rangle \boldsymbol{v}$.
Hinweis: Betrachte für $f \neq 0$ die Abbildung f^2.

8.7 Die Normalform von Jordan

8.7.1 So wie zuvor sei $\boldsymbol{V}$ stets ein Vektorraum über K und $\dim \boldsymbol{V} = n < \infty$. Wir zeigen jetzt in mehreren Schritten, wie wir für $f \in \mathrm{L}(\boldsymbol{V}, \boldsymbol{V})$ zu einer „besonders einfachen" Koordinatenmatrix kommen können, falls das charakteristische Polynom von f über K in Linearfaktoren zerfällt. Zunächst verknüpfen wir mit f gewisse Unterräume von $\boldsymbol{V}$.

Ein Unterraum $\boldsymbol{U} \subset \boldsymbol{V}$ heißt *invariant* bezüglich f, falls $f(\boldsymbol{U}) \subset \boldsymbol{U}$. Wir sprechen auch kurz von einem *f-invarianten Unterraum*. Es sind etwa $\boldsymbol{V}$, $\{\boldsymbol{o}\}$ und jeder Eigenraum von f stets f-invariant. Es ist klar, dass die Summe und der Durchschnitt f-invarianter Unterräume wieder f-invariant sind. Für jeden f-invarianten Unterraum $\boldsymbol{U}$ können wir $f|\boldsymbol{U}$ als Selbstabbildung von $\boldsymbol{U}$ auffassen.

Satz 8.7.2 *Es seien $f \in \mathrm{L}(\boldsymbol{V}, \boldsymbol{V})$ und eine Zerlegung $\boldsymbol{V} = \boldsymbol{U}_1 \oplus \boldsymbol{U}_2 \oplus \cdots \oplus \boldsymbol{U}_r$ mit $r \geq 0$ gegeben, wobei f-invariante Unterräume $\boldsymbol{U}_j$ mit $\dim \boldsymbol{U}_j \geq 1$ für $j \in \{1, 2, \ldots, r\}$ vorliegen. Dann zerfällt das charakteristische Polynom von f in r Faktoren mit Gradzahlen ≥ 1.*

Beweis. Wir können eine Basis $\boldsymbol{B} = (\boldsymbol{b}_1, \boldsymbol{b}_2, \ldots, \boldsymbol{b}_n)$ so wählen, dass die ersten n_1 Vektoren in $\boldsymbol{U}_1$ liegen, die nächsten n_2 Vektoren in $\boldsymbol{U}_2$ usw. Die Koordinatenmatrix von f bezüglich dieser Basis hat dann die Form einer Block-Diagonalmatrix

$$\mathrm{diag}(A_1, A_2, \ldots, A_r) := \begin{pmatrix} A_1 & 0 & \ldots & 0 \\ 0 & A_2 & \ldots & 0 \\ \vdots & \vdots & \ddots & \vdots \\ 0 & 0 & \ldots & A_r \end{pmatrix} \in K^{n \times n}.$$

Dabei steht A_j für eine quadratische Teilmatrix mit $n_j \geq 1$ Zeilen. Nach A 7.4.5 gilt

$$\det \mathrm{diag}(A_1, A_2, \ldots, A_r) = \det A_1 \cdot \det A_2 \cdots \det A_r.$$

Wir können diese Formel auf Matrizen aus $K[X]^{n \times n}$ übertragen. Das zeigt

$$\chi_f(X) = \chi_{\mathrm{diag}(A_1, A_2, \ldots, A_r)}(X) = \chi_{A_1}(X) \cdot \chi_{A_2}(X) \cdots \chi_{A_r}(X),$$

was zu beweisen war. □

8.7.3 Im Gegensatz zu Satz 8.7.2 ist es weitaus schwieriger, aus einer Faktorisierung des charakteristischen Polynoms $\chi_f(X)$ eine Zerlegung von V in eine direkte Summe f-invarianter Unterräume herzuleiten. Wir machen den Weg in diese Richtung frei, indem wir weitere Beispiele invarianter Unterräume bestimmen. Dazu verallgemeinern wir zunächst die Begriffe „Eigenvektor“ und „Eigenraum“.

Sei $t \in K$ ein Eigenwert von $f \in \mathrm{L}(V, V)$. Ein Vektor $\boldsymbol{d} \in V$ heißt ein *Hauptvektor* von f zum Eigenwert t, falls es mindestens ein $i \in \mathbb{N}$ gibt mit

$$\boldsymbol{d} \in \ker(f - t\,\mathrm{id}_V)^i.$$

Die *kleinste* natürliche Zahl mit dieser Eigenschaft heißt die *Stufe* von $\boldsymbol{d}$.

Hat f mindestens einen Eigenwert, so ist der Nullvektor der einzige Hauptvektor von f mit der Stufe $m = 0$ und zwar zu jedem Eigenwert von f. Die Hauptvektoren von f mit Stufe $m = 1$ sind genau die Eigenvektoren von f. Ist $\boldsymbol{d}$ ein Hauptvektor von f zum Eigenwert t mit Stufe m, so ist $(X-t)^m$ ein Annullatorpolynom von $\boldsymbol{d}$ bezüglich f. Das Minimalpolynom $\mu_{f,\boldsymbol{d}}(X)$ ist dann nach 8.6.7 ein Teiler von $(X - t)^m$. Wegen der Minimalitätseigenschaft der Stufe m folgt daher

$$\mu_{f,\boldsymbol{d}}(X) = (X - t)^m.$$

Aus der Eindeutigkeit dieses Minimalpolynoms erkennen wir weiters: Jeder vom Nullvektor verschiedene Hauptvektor von f kann nicht zu zwei verschiedenen Eigenwerten von f gehören.

Der zu einem Eigenwert $t \in K$ von $f \in \mathrm{L}(V, V)$ gehörige *Hauptraum*, in Zeichen $V_f(t)$, sei die Menge aller Hauptvektoren von f zum Eigenwert t (mit beliebiger Stufe). Die Bezeichnung „Hauptraum“ motiviert der folgende Satz.

Satz 8.7.4 *Es seien $f \in \mathrm{L}(V, V)$ und t ein Eigenwert von f. Dann ist der Hauptraum $V_f(t)$ ein f-invarianter Unterraum von V.*

Beweis. Es gilt $\boldsymbol{o} \in V_f(t) \neq \emptyset$. Es seien nun $\boldsymbol{d}_1$ und $\boldsymbol{d}_2 \in V_f(t)$ Hauptvektoren der Stufen m_1 bzw. m_2 sowie $x \in K$. Wir betrachten die Unterräume

$$\{\boldsymbol{o}\} = \ker(f - t\,\mathrm{id}_V)^0 \subset \ker(f - t\,\mathrm{id}_V) \subset \cdots \subset \ker(f - t\,\mathrm{id}_V)^m \subset \cdots \subset V_f(t).$$

Für hinreichend großes m, etwa $m := \max\{m_1, m_2\}$, gilt daher $\boldsymbol{d}_1, \boldsymbol{d}_2 \in \ker(f - t\,\mathrm{id}_V)^m$, was $\boldsymbol{d}_1 + x\boldsymbol{d}_2 \in V_f(t)$ zeigt. Also ist $V_f(t)$ ein Unterraum von V.

Wir wählen $\boldsymbol{d} \in V_f(t)$ und bezeichnen mit m die Stufe von $\boldsymbol{d}$. Dann ergibt

$$(f - t\,\mathrm{id}_V)^m(f(\boldsymbol{d})) = (f \circ (f - t\,\mathrm{id}_V)^m)(\boldsymbol{d}) = f(\boldsymbol{o}) = \boldsymbol{o}$$

die Gültigkeit von $f(\boldsymbol{d}) \in V_f(t)$. Somit ist $V_f(t)$ ein f-invarianter Unterraum. □

Der obige Beweis zeigt auch, dass für alle $m \in \mathbb{N}$ die Menge der in $V_f(t)$ liegenden Hauptvektoren mit Stufe $\leq m$ einen f-invarianten Unterraum bildet.

Wir kommen nun zu einer wesentlichen Eigenschaft der Hauptvektoren von f:

Satz 8.7.5 *Sei $\boldsymbol{d}$ ein Hauptvektor von $f \in \mathrm{L}(V, V)$ zum Eigenwert $t \in K$ und $m \geq 1$ die Stufe von $\boldsymbol{d}$. Dann ist $(f - t\,\mathrm{id}_V)^{m-1}(\boldsymbol{d})$ ein Eigenvektor von f zum Eigenwert t. Es seien ferner Hauptvektoren $\boldsymbol{d}_1, \boldsymbol{d}_2, \ldots, \boldsymbol{d}_k$ von f zum Eigenwert t mit Stufen $m_1 \geq m_2 \geq \cdots \geq m_k \geq 1$ derart gegeben, dass*

$$\left((f - t\,\mathrm{id}_V)^{m_j-1}(\boldsymbol{d}_j)\right)_{j\in\{1,2,\ldots,k\}}$$

eine linear unabhängige Familie ist. Dann ist die Familie der Vektoren

$$\boldsymbol{c}_{ji} := (f - t\,\mathrm{id}_V)^{m_j - i}(\boldsymbol{d}_j)$$

linear unabhängig, wobei für jedes $j \in \{1, 2, \ldots, k\}$ *der Index* i *in der Menge* $\{1, 2, \ldots, m_j\}$ *läuft.*

Beweis. (a) Wegen $(f - t\,\mathrm{id}_V) \circ (f - t\,\mathrm{id}_V)^{m-1}(\boldsymbol{d}) = \boldsymbol{o}$ ist $(f - t\,\mathrm{id}_V)^{m-1}(\boldsymbol{d}) \neq \boldsymbol{o}$ ein Eigenvektor von f zum Eigenwert t.

(b) Wir schreiben im Folgenden kurz $\leftarrow\!\!\dashv$ für die Anwendung der Abbildung $f - t\,\mathrm{id}_V$. Es liegt daher folgende Situation vor, wobei wir von rechts nach links lesen:[16]

$$\begin{array}{l}
\boldsymbol{o} \leftarrow\!\!\dashv \boldsymbol{c}_{11} \leftarrow\!\!\dashv \boldsymbol{c}_{12} \leftarrow\!\!\dashv \;\ldots\ldots\ldots\ldots\ldots\; \leftarrow\!\!\dashv \boldsymbol{c}_{1m_1} = \boldsymbol{d}_1 \\
\boldsymbol{o} \leftarrow\!\!\dashv \boldsymbol{c}_{21} \leftarrow\!\!\dashv \boldsymbol{c}_{22} \leftarrow\!\!\dashv \;\ldots\ldots\ldots\ldots\ldots\; \leftarrow\!\!\dashv \boldsymbol{c}_{2m_2} = \boldsymbol{d}_2 \\
\ldots\ldots\ldots\ldots\ldots\ldots\ldots\ldots\ldots\ldots\ldots\ldots\ldots\ldots\ldots\ldots \\
\boldsymbol{o} \leftarrow\!\!\dashv \boldsymbol{c}_{k1} \leftarrow\!\!\dashv \boldsymbol{c}_{k2} \leftarrow\!\!\dashv \cdots \leftarrow\!\!\dashv \boldsymbol{c}_{km_k} = \boldsymbol{d}_k \\
\quad\;\text{l. u.}
\end{array} \tag{8.7}$$

Es ist daher $\boldsymbol{c}_{ji}$ ein Hauptvektor von f zum Eigenwert t mit Stufe i. Sei M die Menge aller Indexpaare (j, i), die bei den Vektoren $\boldsymbol{c}_{ji}$ auftreten. Wir betrachten nun eine Linearkombination

$$\sum_{(j,i)\in M} x_{ji}\boldsymbol{c}_{ji} = \boldsymbol{o} \quad \text{mit} \quad x_{ji} \in K. \tag{8.8}$$

Wir wenden auf diese Linearkombination $(f - t\,\mathrm{id}_V)^{m_1 - 1}$ an. Alle $\boldsymbol{c}_{ji}$ mit $i < m_1$ gehen in den Nullvektor über. Das zeigt

$$\sum_j x_{jm_1}\boldsymbol{c}_{j1} = \boldsymbol{o}, \tag{8.9}$$

wobei j jene Teilmenge von $\{1, 2, \ldots, k\}$ durchläuft, für die $m_j = m_1$ ist. In (8.9) liegt eine triviale Linearkombination vor, da die auftretenden Vektoren eine Teilfamilie der l. u. Familie $(\boldsymbol{c}_{11}, \boldsymbol{c}_{21}, \ldots, \boldsymbol{c}_{k1})$ bilden; vgl. A 2.4.4. Daher sind in (8.8) alle Skalare x_{jm_1} gleich 0; das sind genau die Skalare zu den Vektoren in der letzten Spalte des Schemas in (8.7). Bei $m_1 \geq 2$ wird die Abbildung $(f - t\,\mathrm{id}_V)^{m_1 - 2}$ auf die Linearkombination aus (8.8) angewendet. Das zeigt, dass alle Skalare x_{j,m_1-1} gleich 0 sind usw. Damit liegt insgesamt mit (8.8) eine triviale Linearkombination vor. □

Wir übertragen dieses Ergebnis jetzt auf Matrizen.

8.7.6 Eine obere Dreiecksmatrix der Bauart[17]

$$J_m(t) := \begin{pmatrix} t & 1 & & \\ & t & \ddots & \\ & & \ddots & 1 \\ & & & t \end{pmatrix} \in K^{m\times m} \quad \text{mit } m \geq 1, \quad t \in K,$$

also $a_{ii} = t$, $a_{i,i+1} = 1$, $a_{ij} = 0$ für $j > i + 1$ und $a_{ij} = 0$ für $j < i$, heißt eine *Jordan-Matrix*[18] oder auch ein *Jordan-Kästchen*.

[16] Wir bedienen uns dieser Schreibweise, weil wir die Vektoren $\neq \boldsymbol{o}$ später in der angegebenen Reihenfolge als Basisvektoren verwenden werden. Zur Illustration wurde der Fall $m_1 = m_2 > \cdots > m_k$ ausgewählt.

[17] An den leer gelassenen Stellen sind Nullen zu ergänzen.

[18] Camille Jordan (1838–1922).

Jordan-Matrizen haben folgende Bedeutung: Sei $\boldsymbol{d}$ ein Hauptvektor von $f \in \mathrm{L}(\boldsymbol{V}, \boldsymbol{V})$ mit Stufe $m \geq 1$ zum Eigenwert $t \in K$. Setzen wir

$$\boldsymbol{c}_i := (f - t\,\mathrm{id}_{\boldsymbol{V}})^{m-i}(\boldsymbol{d}) \text{ für } i \in \{1, 2, \ldots, m\},$$

so liegt nach Satz 8.7.5 mit $\boldsymbol{C} := (\boldsymbol{c}_1, \boldsymbol{c}_2, \ldots, \boldsymbol{c}_m)$ eine Basis eines f-invarianten Unterraumes $\boldsymbol{T} \subset \boldsymbol{V}$ vor. Bezüglich $\boldsymbol{C}$ wird $f|\boldsymbol{T} : \boldsymbol{T} \to \boldsymbol{T}$ durch die $m \times m$ Jordan-Matrix $J_m(t)$ beschrieben. Umgekehrt bestimmt auch jede Jordan-Matrix $J_m(t) \in K^{m\times m}$ eine lineare Abbildung von $K^{m\times 1}$, bezüglich der die Vektoren $\boldsymbol{e}_1, \boldsymbol{e}_2, \ldots, \boldsymbol{e}_m$ der kanonischen Basis von $K^{m\times 1}$ Hauptvektoren der Stufe $1, 2, \ldots, m$ sind.

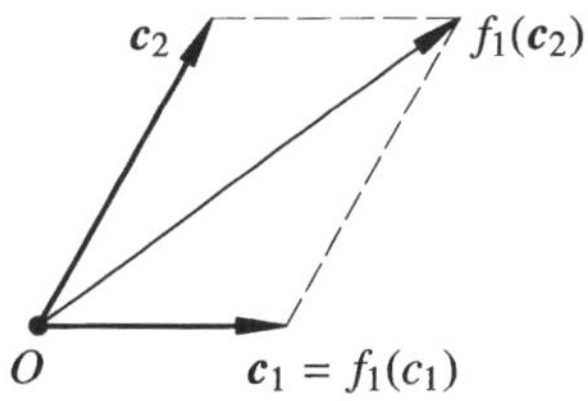

Abbildung 8.1

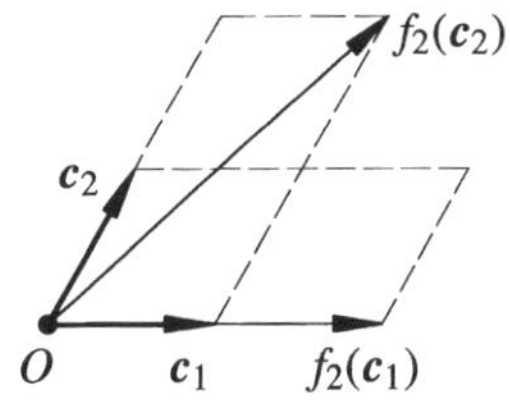

Abbildung 8.2

Die Abbildungen 8.1 und 8.2 illustrieren lineare Selbstabbildungen f_1 bzw. f_2 eines zweidimensionalen Unterraumes von $\boldsymbol{V}_O$, die bezüglich einer Basis $(\boldsymbol{c}_1, \boldsymbol{c}_2)$ durch Jordan-Matrizen $J_2(1)$ bzw. $J_2(2)$ beschrieben werden. Zur Matrix $J_2(1)$ gehört eine Scherung der durch $\boldsymbol{V}$ bestimmten affinen Ebene.

Satz 8.7.7 *Sei* $\chi_f(X) = (-1)^n(X - t)^n$ *das charakteristische Polynom von* $f \in \mathrm{L}(\boldsymbol{V}, \boldsymbol{V})$, *wobei* $n \geq 1$. *Dann gilt:*

(a) *Es gibt mindestens eine Basis* $\boldsymbol{C}$ *von* $\boldsymbol{V}$ *so, dass die Koordinatenmatrix* $\langle \boldsymbol{C}^*, f(\boldsymbol{C})\rangle$ *eine Block-Diagonalmatrix der Form*

$$\operatorname{diag}(\underbrace{J_{m_1}(t), \ldots, J_{m_1}(t)}_{k_1 \geq 1}, \underbrace{J_{m_2}(t), \ldots, J_{m_2}(t)}_{k_2 \geq 1}, \ldots, \underbrace{J_{m_p}(t), \ldots, J_{m_p}(t)}_{k_p \geq 1}) \tag{8.10}$$

ist, wobei[19] $m_1 > m_2 > \cdots > m_p \geq 1$. *Die geometrische Vielfachheit des Eigenwertes* t *beträgt*

$$\dim\ker(f - t\,\mathrm{id}_{\boldsymbol{V}}) = k_1 + k_2 + \cdots + k_p.$$

(b) *Ist* A' *eine Koordinatenmatrix von* f *in Form einer aus Jordan-Matrizen aufgebauten Block-Diagonalmatrix, so unterscheidet sich* A' *von der in* (8.10) *angegebenen Matrix höchstens in der Reihenfolge der auftretenden Jordan-Matrizen.*

Beweis. (a) Es ist t der einzige Eigenwert von f. Da $\chi_f(X)$ ein Annullatorpolynom von f ist, enthält $\boldsymbol{V}$ nur Hauptvektoren. Sei nun

$$\mu_f(X) = (X - t)^{m_1}$$

das Minimalpolynom von f. Dann gilt

$$\{\boldsymbol{o}\} \neq (f - t\,\mathrm{id}_{\boldsymbol{V}})^{m_1 - 1}(\boldsymbol{V}) =: \boldsymbol{U}_1.$$

[19]Orientierungshilfe: k_q gibt die Anzahl der *Kästchen* einer gewissen Größe an, m_q *misst* die Größe dieser Kästchen.

Es ist U_1 ein Unterraum des Eigenraumes $\ker(f - t\,\mathrm{id}_V)$. Wir wählen eine Basis von U_1 und setzen $k_1 := \dim U_1 \geq 1$. Jeden Vektor einer solchen Basis können wir in der Form

$$(f - t\,\mathrm{id}_V)^{m_1-1}(d_j), \quad j \in \{1, 2, \ldots, k_1\}$$

schreiben, wobei d_j ein Hauptvektor der Stufe m_1 ist. Wir definieren

$$c_{ji} := (f - t\,\mathrm{id}_V)^{m_1-i}(d_j) \text{ für } i \in \{1, 2, \ldots, m_1\}.$$

Für jedes $j \in \{1, 2, \ldots, k_1\}$ ist $(c_{j1}, \ldots, c_{jm_1})$ nach Satz 8.7.5 eine Basis eines m_1-dimensionalen Unterraumes T_j; die Familie

$$C_1 := (c_{11}, \ldots, c_{1m_1}, c_{21}, \ldots, c_{2m_1}, \ldots, c_{k_1 1}, \ldots, c_{k_1 m_1})$$

ist eine Basis von

$$W_1 := T_1 \oplus T_2 \oplus \cdots \oplus T_{k_1}.$$

Der Unterraum W_1 ist f-invariant. Die Koordinatenmatrix von $f|W_1 : W_1 \to W_1$ bezüglich C_1 ist eine Block-Diagonalmatrix

$$\mathrm{diag}(J_{m_1}(t), J_{m_1}(t), \ldots, J_{m_1}(t))$$

aus $k_1 \geq 1$ Jordan-Matrizen. Falls $W_1 \neq V$, gibt es wegen

$$(f - t\,\mathrm{id}_V)^0(W_1) \subsetneqq (f - t\,\mathrm{id}_V)^0(V)$$

und

$$(f - t\,\mathrm{id}_V)^{m_1-1}(W_1) = (f - t\,\mathrm{id}_V)^{m_1-1}(V) = U_1$$

eine größte natürliche Zahl m_2 mit $1 \leq m_2 < m_1$ und

$$(f - t\,\mathrm{id}_V)^{m_2-1}(W_1) \subsetneqq (f - t\,\mathrm{id}_V)^{m_2-1}(V). \tag{8.11}$$

Die beiden in (8.11) angeschriebenen Unterräume gehen unter $f - t\,\mathrm{id}_V$ in denselben Unterraum über. Nach A 3.2.5 existiert ein Unterraum $U_2 \subset \ker(f - t\,\mathrm{id}_V)$ mit

$$U_2 \oplus (f - t\,\mathrm{id}_V)^{m_2-1}(W_1) = (f - t\,\mathrm{id}_V)^{m_2-1}(V).$$

Wir wählen eine Basis von U_2 und setzen $k_2 := \dim U_2 \geq 1$. Jeden dieser Basisvektoren können wir in der Form

$$(f - t\,\mathrm{id}_V)^{m_2-1}(d_j), \quad j \in \{k_1 + 1, k_1 + 2, \ldots, k_1 + k_2\}$$

schreiben, wobei d_j ein Hauptvektor der Stufe m_2 ist. Setzen wir

$$c_{ji} := (f - t\,\mathrm{id}_V)^{m_2-i}(d_j) \text{ für } i \in \{1, 2, \ldots, m_2\},$$

so wiederholen sich die Überlegungen von oben: Wir erhalten eine Basis C_2 von

$$W_2 := T_{k_1+1} \oplus T_{k_1+2} \oplus \cdots \oplus T_{k_1+k_2}$$

mit $\dim W_2 = k_2 m_2$. Ferner hat $f|W_2 : W_2 \to W_2$ bezüglich C_2 die gesuchte Koordinatenmatrix. Nach Satz 8.7.5 ist $C_{1,2} := (C_1, C_2)$ eine Basis von $W_1 + W_2$, womit hier eine direkte Summe vorliegt.

Bei $W_1 \oplus W_2 \neq V$ ist das Verfahren zu wiederholen, wobei W_1 in den obigen Überlegungen durch $W_1 \oplus W_2$ zu ersetzen ist usw.

Nach endlich vielen Schritten liegt eine Basis $C := C_{1,2,\ldots,p}$ von V vor, bezüglich der f die gesuchte Koordinatenmatrix besitzt. In der Basis C treten genau $k_1 + k_2 + \cdots + k_p$ Eigenvektoren auf. Diese bilden eine Basis des Eigenraumes $\ker(f - t\,\mathrm{id}_V)$, wie die Anwendung von $f - t\,\mathrm{id}_V$ auf die Basis C zeigt. Daher gilt $\dim\ker(f - t\,\mathrm{id}_V) = k_1 + k_2 + \cdots + k_p$.

(b) Wir zeigen zunächst, dass die Zahlenpaare (k_q, m_q) für $q \in \{1, 2, \ldots, p\}$ alleine von f und nicht von der Basis $\boldsymbol{C}$ abhängen. Nach Satz 8.7.5, angewendet auf $\boldsymbol{C}$, gilt

$$\dim((f - t\,\mathrm{id}_V)^j(\boldsymbol{V}) \cap \ker(f - t\,\mathrm{id}_V))$$
$$= \begin{cases} k_1 + k_2 + \cdots + k_{p-1} + k_p & \text{für } j \in \{0, 1, \ldots, m_p - 1\}, \\ k_1 + k_2 + \cdots + k_{p-1} & \text{für } j \in \{m_p, m_p + 1, \ldots, m_{p-1} - 1\}, \\ \dots\dots\dots\dots\dots\dots\dots\dots\dots\dots\dots\dots & \\ k_1 & \text{für } j \in \{m_2, m_2 + 1, \ldots, m_1 - 1\}, \\ 0 & \text{für } j \in \{m_1, m_1 + 1, \ldots\}. \end{cases}$$

Wegen $k_1 + k_2 + \cdots + k_p > k_1 + k_2 + \cdots + k_{p-1} > \cdots > k_1 > 0$ sind die Zahlenfolgen $(m_1, m_2, \ldots, m_p)$ und $(k_1, k_1, \ldots, k_p)$ durch f alleine bestimmt.

Es sei etwa $A' = \langle \boldsymbol{C}'^*, f(\boldsymbol{C}') \rangle$ für eine Basis $\boldsymbol{C}'$ von $\boldsymbol{V}$. Da A' obere Dreiecksmatrix und t der einzige Eigenwert von f ist, gehören alle in A' auftretenden Jordan-Matrizen zum Eigenwert t. Wiederholen wir die obigen Überlegungen für die Basis $\boldsymbol{C}'$, so erkennen wir, dass sich A' und $\langle \boldsymbol{C}^*, f(\boldsymbol{C}) \rangle$ höchstens in der Reihenfolge der auftretenden Jordan-Matrizen unterscheiden. □

Beispiel 8.7.8 Wir betrachten zur Illustration von Satz 8.7.7 folgende Matrix

$$A = \begin{pmatrix} i & 1 & 0 & & & & & & & \\ 0 & i & 1 & & & & & & & \\ 0 & 0 & i & & & & & & & \\ & & & i & 1 & & & & & \\ & & & 0 & i & & & & & \\ & & & & & i & 1 & & & \\ & & & & & 0 & i & & & \\ & & & & & & & i & & \\ & & & & & & & & i & \\ & & & & & & & & & i \end{pmatrix} \in \mathbb{C}^{10 \times 10} \quad \text{mit} \quad \begin{cases} k_1 = 1, \quad m_1 = 3, \\ k_2 = 2, \quad m_2 = 2, \\ k_3 = 3, \quad m_3 = 1. \end{cases}$$

Die Vektoren der kanonischen Basis sind Hauptvektoren der zur Matrix A gehörigen linearen Abbildung f_A. Ihre Stufe kann aus der nachfolgenden Tabelle abgelesen werden, in welcher $\mapsfrom$ für die durch $A - iE_{10}$ bestimmte lineare Abbildung steht:

Stufe	1	2	3
	$\boldsymbol{e}_1 \mapsfrom$	$\boldsymbol{e}_2 \mapsfrom$	$\boldsymbol{e}_3$
	$\boldsymbol{e}_4 \mapsfrom$	$\boldsymbol{e}_5$	
	$\boldsymbol{e}_6 \mapsfrom$	$\boldsymbol{e}_7$	
	$\boldsymbol{e}_8$		
	$\boldsymbol{e}_9$		
	$\boldsymbol{e}_{10}$		

In Satz 8.7.7 ist $\boldsymbol{V} = \boldsymbol{V}_f(t)$ der einzige Hauptraum. Unter einer zusätzlichen Voraussetzung können wir $\boldsymbol{V}$ in eine direkte Summe von Haupträumen zerlegen.

Satz 8.7.9 (Zerlegung in Haupträume) *Sei $f \in \mathrm{L}(\boldsymbol{V}, \boldsymbol{V})$. Wenn das charakteristische Polynom von f in Linearfaktoren zerfällt, etwa*

$$\chi_f(X) = (-1)^n (X - t_1)^{n_1} (X - t_2)^{n_2} \cdots (X - t_r)^{n_r}$$

mit genau $r \geq 0$ verschiedenen Eigenwerten $t_1, t_2, \dots, t_r \in K$, dann ist

$$\boldsymbol{V} = \boldsymbol{V}_f(t_1) \oplus \boldsymbol{V}_f(t_2) \oplus \cdots \oplus \boldsymbol{V}_f(t_r)$$

und $\dim \boldsymbol{V}_f(t_j) = n_j$ *für* $j \in \{1, 2, \dots, r\}$.

Beweis. (a) Der Satz ist klar für $r = 0$ und folgt für $r = 1$ aus Satz 8.7.7; daher sei $r \geq 2$. Wir wählen einen Vektor

$$\boldsymbol{a} \in \boldsymbol{V}_f(t_1) \cap (\boldsymbol{V}_f(t_2) + \boldsymbol{V}_f(t_3) + \cdots + \boldsymbol{V}_f(t_r)).$$

Eine hinreichend hohe Potenz von $(X - t_1)$ ist ein Annullatorpolynom von $\boldsymbol{a}$ bezüglich f. Das ergibt, dass das Minimalpolynom $\mu_{f,\boldsymbol{a}}(X)$ ebenfalls eine Potenz von $(X - t_1)$ ist. Setzen wir

$$\boldsymbol{a} = \boldsymbol{a}_2 + \boldsymbol{a}_3 + \cdots + \boldsymbol{a}_r \text{ mit } \boldsymbol{a}_j \in \boldsymbol{V}_f(t_j), \quad j \in \{2, 3, \dots, r\},$$

so ist eine hinreichend hohe Potenz von $(X - t_2)(X - t_3) \cdots (X - t_r)$ ebenfalls ein Annullatorpolynom von $\boldsymbol{a}$ bezüglich f, da die einzelnen Vektoren $\boldsymbol{a}_2, \boldsymbol{a}_3, \dots, \boldsymbol{a}_r$ alle annulliert werden. Da die Eigenwerte $t_1, t_2, \dots, t_r$ verschieden sind, muss $\mu_{f,\boldsymbol{a}}(X) = 1$ bzw. $\boldsymbol{a} = \boldsymbol{o}$ gelten. Somit folgt die Existenz eines Unterraumes

$$\boldsymbol{U} = \boldsymbol{V}_f(t_1) \oplus \boldsymbol{V}_f(t_2) \oplus \cdots \oplus \boldsymbol{V}_f(t_r).$$

(b) Wir zeigen $\boldsymbol{U} = \boldsymbol{V}$. Für jeden Vektor $\boldsymbol{a} \in \boldsymbol{V}$ ist das Minimalpolynom $\mu_{f,\boldsymbol{a}}(X)$ ein Teiler des Minimalpolynoms $\mu_f(X)$ und nach dem Satz von Cayley-Hamilton daher ein Teiler des charakteristischen Polynoms $\chi_f(X)$. Somit zerfällt $\mu_{f,\boldsymbol{a}}(X)$ ebenfalls über K in Linearfaktoren.

Falls $\mu_{f,\boldsymbol{a}}(X)$ keine Nullstelle hat, ist $\mu_{f,\boldsymbol{a}}(X) = 1$, also $\boldsymbol{a} = \boldsymbol{o} \in \boldsymbol{U}$. Falls $\mu_{f,\boldsymbol{a}}(X)$ genau eine Nullstelle hat, etwa t_1, liegt $\boldsymbol{a}$ in $\boldsymbol{V}_f(t_1)$ und damit in $\boldsymbol{U}$. Sei im Rahmen eines Induktionsbeweises bereits gezeigt: Hat $\mu_{f,\boldsymbol{a}}(X)$ mindestens eine, aber höchstens $i \geq 1$ verschiedene Nullstellen, so liegt $\boldsymbol{a}$ in der Summe von höchstens i verschiedenen Haupträumen. Wir schließen von i auf $i + 1 \leq r$: Sei daher etwa

$$\mu_{f,\boldsymbol{a}}(X) = (X - t_1)^{s_1}(X - t_2)^{s_2} \cdots (X - t_{i+1})^{s_{i+1}}$$

mit $1 \leq s_j \leq n_j$ für alle $j \in \{1, 2, \dots, i + 1\}$. Dann gilt

$$\boldsymbol{v} := (f - t_{i+1} \operatorname{id}_V)^{s_{i+1}}(\boldsymbol{a}) \in \boldsymbol{V}_f(t_1) \oplus \boldsymbol{V}_f(t_2) \oplus \cdots \oplus \boldsymbol{V}_f(t_i),$$

da $(X - t_1)^{s_1}(X - t_2)^{s_2} \cdots (X - t_i)^{s_i}$ ein Annullatorpolynom (genauer: das Minimalpolynom) von $\boldsymbol{v}$ bezüglich f ist. Jeder der Unterräume $\boldsymbol{V}_f(t_1)$, $\boldsymbol{V}_f(t_2)$, $\dots$, $\boldsymbol{V}_f(t_i)$ ist f-invariant, id_V-invariant und daher auch invariant unter $(f - t_{i+1} \operatorname{id}_V)$. Es gilt

$$\ker(f - t_{i+1} \operatorname{id}_V) \cap \boldsymbol{V}_f(t_j) \subset \boldsymbol{V}_f(t_{i+1}) \cap \boldsymbol{V}_f(t_j) = \{\boldsymbol{o}\} \text{ für alle } j \in \{1, 2, \dots, i\}.$$

Es ist damit

$$(f - t_{i+1} \operatorname{id}_V)|\boldsymbol{V}_f(t_j) : \boldsymbol{V}_f(t_j) \to \boldsymbol{V}_f(t_j)$$

injektiv und wegen der endlichen Dimension von $\boldsymbol{V}_f(t_j)$ sogar bijektiv; wir können also

$$\boldsymbol{v} = (f - t_{i+1} \operatorname{id}_V)^{s_{i+1}}(\boldsymbol{a}_1 + \boldsymbol{a}_2 + \cdots + \boldsymbol{a}_i)$$

mit $\boldsymbol{a}_j \in \boldsymbol{V}_f(t_j)$ für alle $j \in \{1, 2, \dots, i\}$ setzen. Wir definieren

$$\boldsymbol{a}_{i+1} := \boldsymbol{a} - (\boldsymbol{a}_1 + \boldsymbol{a}_2 + \cdots + \boldsymbol{a}_i)$$

und berechnen

$$(f - t_{i+1} \operatorname{id}_V)^{s_{i+1}}(\boldsymbol{a}_{i+1}) = \boldsymbol{v} - \boldsymbol{v} = \boldsymbol{o}.$$

Das liefert $\boldsymbol{a}_{i+1} \in \boldsymbol{V}_f(t_{i+1})$; daher liegt $\boldsymbol{a} = \boldsymbol{a}_1 + \boldsymbol{a}_2 + \cdots + \boldsymbol{a}_i + \boldsymbol{a}_{i+1}$ in der Summe von höchstens $i+1$ verschiedenen Haupträumen.

(c) Nach den Überlegungen aus dem Beweis zu Satz 8.7.2 können wir durch Wahl je einer Basis von $\boldsymbol{V}_f(t_1)$, $\boldsymbol{V}_f(t_2)$, ..., $\boldsymbol{V}_f(t_r)$ eine Koordinatenmatrix von f in der Form

$$B = \operatorname{diag}(B_1, B_2, \ldots, B_r)$$

erhalten; dabei gilt

$$\chi_B(X) = \chi_{B_1}(X) \cdot \chi_{B_2}(X) \cdots \chi_{B_r}(X).$$

Da B_j für jedes $j \in \{1, 2, \ldots, r\}$ eine Koordinatenmatrix von

$$f|\boldsymbol{V}_f(t_j) : \boldsymbol{V}_f(t_j) \to \boldsymbol{V}_f(t_j)$$

abgibt, zerfallen die charakteristischen Polynome dieser eingeschränkten Abbildungen über K in Linearfaktoren. Da weiters jeder Hauptraum $\boldsymbol{V}_f(t_j)$ keine Eigenvektoren zu Eigenwerten $\neq t_j$ enthält, ist

$$(-1)^{n_j}(X - t_j)^{n_j}$$

das charakteristische Polynom von $f|\boldsymbol{V}_f(t_j)$. Das zeigt $\dim \boldsymbol{V}_f(t_j) = n_j$. □

Wir fassen unsere bisherigen Ergebnisse zusammen.

Satz 8.7.10 (Jordan-Normalform) *Sei $f \in \mathrm{L}(\boldsymbol{V}, \boldsymbol{V})$. Wenn das charakteristische Polynom von f in Linearfaktoren zerfällt, etwa*

$$\chi_f(X) = (-1)^n (X - t_1)^{n_1} (X - t_2)^{n_2} \cdots (X - t_r)^{n_r},$$

mit genau $r \geq 0$ verschiedenen Eigenwerten $t_1, t_2, \ldots, t_r \in K$, dann gilt:

(a) *Es gibt mindestens eine Basis $\boldsymbol{C}$ von $\boldsymbol{V}$ so, dass die Koordinatenmatrix $\langle \boldsymbol{C}^*, f(\boldsymbol{C}) \rangle$ eine Block-Diagonalmatrix der Form*

$$\operatorname{diag}(C_1, C_2, \ldots, C_r) \tag{8.12}$$

ist, wobei für jedes $j \in \{1, 2, \ldots, r\}$ die Matrix C_j selbst eine $n_j \times n_j$ Block-Diagonalmatrix ist, die gemäß (8.10) *aus Jordan-Matrizen zum Eigenwert t_j aufgebaut ist.*

(b) *Ist C' eine Koordinatenmatrix von f in Form einer aus Jordan-Matrizen aufgebauten Block-Diagonalmatrix, so unterscheidet sich C' von der in* (8.12) *angegebenen Matrix höchstens in der Reihenfolge der auftretenden Jordan-Matrizen.*

Beweis. (a) Nach Beweisschritt (c) aus Satz 8.7.9 kann auf jeden der Haupträume $\boldsymbol{V}_f(t_j)$ Satz 8.7.7 angewendet werden. Das liefert die Existenz einer Koordinatenmatrix der gewünschten Bauart.

(b) Da C' obere Dreiecksmatrix ist, und $\chi_{C'}(X) = \chi_f(X)$ gilt, kommen in den Jordan-Matrizen aus C' genau die Eigenwerte $t_1, t_2, \ldots, t_r$ vor. Wir fassen für alle $j \in \{1, 2, \ldots, r\}$ jene Jordan-Matrizen, die zum selben Eigenwert t_j gehören, in einer Block-Diagonalmatrix C'_j zusammen. Der Matrix $\operatorname{diag}(C'_1, C'_2, \ldots, C'_r)$ entspricht eine Zerlegung

$$\boldsymbol{V} = \boldsymbol{V}_1 \oplus \boldsymbol{V}_2 \oplus \cdots \oplus \boldsymbol{V}_r.$$

Jeder dieser Unterräume $\boldsymbol{V}_j$ ist im Hauptraum $\boldsymbol{V}_f(t_j)$ enthalten. Wegen

$$\boldsymbol{V} = \boldsymbol{V}_f(t_1) \oplus \boldsymbol{V}_f(t_2) \oplus \cdots \oplus \boldsymbol{V}_f(t_r)$$

folgt $V_j = V_f(t_j)$ für alle $j \in \{1, 2, \ldots, r\}$. Mit Satz 8.7.7 (b), angewendet auf jeden der Haupträume von f, folgt die Richtigkeit der Behauptung. □

Die in (8.12) angeschriebene Matrix besitzt *Jordan-Normalform*. Sie stellt eine möglichst einfache Koordinatenmatrix von f dar und ist, wie oben präzisiert, weitgehend eindeutig. Die Eindeutigkeitsaussage in Satz 8.7.10 bezieht sich jedoch nur auf Matrizen. Es ist durchaus möglich, dass für zwei verschiedene Basen $\boldsymbol{C}, \tilde{\boldsymbol{C}}$ von $\boldsymbol{V}$ mit $\langle \boldsymbol{C}^*, f(\boldsymbol{C})\rangle = \langle \tilde{\boldsymbol{C}}^*, f(\tilde{\boldsymbol{C}})\rangle$ dieselbe Matrix in Jordan-Normalform vorliegt.

Unter den Voraussetzungen von Satz 8.7.10 sind mit $f \in \mathrm{L}(\boldsymbol{V}, \boldsymbol{V})$ folgende Zahlen bzw. Zahlenpaare mitbestimmt:

- Die Anzahl r der Nullstellen $t_1, t_2, \ldots, t_r \in K$ des charakteristischen Polynoms.
- Die algebraischen Vielfachheiten $n_1, n_2, \ldots, n_r$ dieser Nullstellen. Sie sind zugleich die Dimensionen der zugehörigen Haupträume.
- Für jeden Hauptraum $\boldsymbol{V}_f(t_j)$, $j \in \{1, 2, \ldots, r\}$, die Zahl p_j und die Zahlenpaare (k_{ji}, m_{ji}) mit $i \in \{1, 2, \ldots, p_j\}$. Die Zahl p_j gibt an, wie viele verschiedene Größen die Matrizen $J_*(t_j)$ in der Jordan-Normalform haben. Die Paare (k_{ji}, m_{ji}) legen fest, dass k_{ji} Jordan-Matrizen $J_{m_{ji}}(t_j)$ auftreten. Dabei sei für festes j vorausgesetzt
$$m_{j1} > m_{j2} > \cdots > m_{jp_j}.$$
Es gilt dann weiters
$$k_{j1} + k_{j2} + \cdots + k_{jp_j} = \dim\ker(f - t_j\,\mathrm{id}_V) \ \text{(geometrische Vielfachheit von } t_j\text{)},$$
$$k_{j1}m_{j1} + k_{j2}m_{j2} + \cdots + k_{jp_j}m_{jp_j} = n_j \ \text{(algebraische Vielfachheit von } t_j\text{)}.$$

Nun können wir auch das Minimalpolynom von f angeben. Da $m_{11}, m_{21}, \ldots, m_{r1}$ die größten Zeilenzahlen der zu den Eigenwerten $t_1, t_2, \ldots, t_r$ gehörigen Jordan-Matrizen sind, folgt
$$\mu_f(X) = (X - t_1)^{m_{11}}(X - t_2)^{m_{21}} \cdots (X - t_r)^{m_{r1}}.$$
Genau für $m_{11} = m_{21} = \cdots = m_{r1} = 1$ ist f einfach strukturiert, da genau dann in einer Koordinatenmatrix von f in Jordan-Normalform nur Jordan-Matrizen der Größe 1×1 auftreten. Damit sind die Ergebnisse aus 8.5 verschärft. Die normierten Polynome
$$(X - t_1)^{m_{11}}, (X - t_1)^{m_{12}}, \ldots, (X - t_1)^{m_{1p_1}}, \ldots, (X - t_r)^{m_{r1}}, (X - t_r)^{m_{r2}}, \ldots, (X - t_r)^{m_{rp_r}}$$
heißen auch die *Elementarteiler* von f.

Wir formulieren noch eine Folgerung aus Satz 8.7.10:

Satz 8.7.11 *Jede Matrix $A \in K^{n\times n}$, deren charakteristisches Polynom über K in Linearfaktoren zerfällt, ist ähnlich zu einer Matrix in Jordan-Normalform. Zwei Matrizen, deren charakteristische Polynome über K in Linearfaktoren zerfallen, sind genau dann ähnlich, falls sie beide ähnlich zur selben Matrix in Jordan-Normalform sind.*

Damit kennen wir insbesondere die Elemente der Partition $\mathbb{C}^{n\times n}/\approx$. Die Bedeutung der Jordan-Normalform liegt vor allem darin, dass es bei einem gegebenen Problem oft auf Ähnlichkeitstransformationen einer damit zusammenhängenden Matrix, etwa aus $\mathbb{C}^{n\times n}$, nicht ankommt.

Es genügt daher, die Aufgabe für Matrizen in Jordan-Normalform zu lösen, was einen einfacheren Zugang ermöglicht. Zu nennen sind hier etwa lineare Differentialgleichungssysteme mit konstanten Koeffizienten.[20]

Beispiele 8.7.12

1. Gegeben seien ein 8-dimensionaler Vektorraum $\boldsymbol{V}$ über $\mathbb{R}$ sowie eine Abbildung $f \in$ L$(\boldsymbol{V}, \boldsymbol{V})$, die bezüglich einer Basis $\boldsymbol{B}$ die Koordinatenmatrix

$$A := \langle \boldsymbol{B}^*, f(\boldsymbol{B})\rangle = \begin{pmatrix} 2 & 1 & 1 & 1 & 1 & 1 & 1 & 1 \\ 0 & 2 & 0 & -1 & -1 & -1 & -1 & -1 \\ 0 & 0 & 2 & 1 & 1 & 1 & 1 & 1 \\ 0 & 0 & 0 & 2 & 0 & -1 & -1 & -1 \\ 0 & 0 & 0 & 0 & 2 & 1 & 0 & 0 \\ 0 & 0 & 0 & 0 & 0 & 2 & 1 & 1 \\ 0 & 0 & 0 & 0 & 0 & 0 & 2 & 3 \\ 0 & 0 & 0 & 0 & 0 & 0 & 0 & -1 \end{pmatrix} \in \mathbb{R}^{8\times 8}$$

besitzt. Da eine obere Dreiecksmatrix vorliegt, zerfällt das charakteristische Polynom von f über K in Linearfaktoren. Also besitzt f eine Koordinatenmatrix in Jordan-Normalform. Gesucht sind diese Matrix sowie das Minimalpolynom von f. Dazu gehen wir so vor:

Zunächst bestimmen wir die Eigenwerte von f und ihre algebraischen Vielfachheiten: Das charakteristische Polynom

$$\chi_f(X) = (2 - X)^7(-1 - X)$$

führt auf die Eigenwerte $t_1 = -1$ und $t_2 = 2$ mit den algebraischen Vielfachheiten $n_1 = 1$ bzw. $n_2 = 7$.

Nun ermitteln wir die Dimensionszahlen der von den Hauptvektoren der Stufen ≤ 1, ≤ 2, $\leq 3, \ldots$ von $\boldsymbol{V}_f(-1)$ bzw. $\boldsymbol{V}_f(2)$ aufgespannten Unterräume:

Der Eigenraum zum Eigenwert -1 fällt wegen $n_1 = 1$ mit dem Hauptraum $\boldsymbol{V}_f(-1)$ zusammen. Es wird also genau eine Jordan-Matrix $J_1(-1)$ auftreten.

Der Eigenraum zum Eigenwert 2 entspricht dem Lösungsraum des LGS

$$(A - 2E_8) \cdot (x_j) = (0).$$

Es genügt, den Rang der Matrix

$$(A - 2E_8) = \begin{pmatrix} 0 & 1 & 1 & 1 & 1 & 1 & 1 & 1 \\ 0 & 0 & 0 & -1 & -1 & -1 & -1 & -1 \\ 0 & 0 & 0 & 1 & 1 & 1 & 1 & 1 \\ 0 & 0 & 0 & 0 & 0 & -1 & -1 & -1 \\ 0 & 0 & 0 & 0 & 0 & 1 & 0 & 0 \\ 0 & 0 & 0 & 0 & 0 & 0 & 1 & 1 \\ 0 & 0 & 0 & 0 & 0 & 0 & 0 & 3 \\ 0 & 0 & 0 & 0 & 0 & 0 & 0 & -3 \end{pmatrix}$$

mittels elementarer Zeilen- oder Spaltenumformungen zu bestimmen. Es folgt

$$\text{rg}(A - 2E_8) = 5.$$

[20]Die hier vorgestellten Ergebnisse lassen sich noch weit verallgemeinern und ermöglichen dann etwa eine Klassifikation endlich erzeugter kommutativer Gruppen. Vgl. etwa [11, 160].

Das ergibt einen Eigenraum der Dimension $8-5=3$. Es werden daher drei Jordan-Matrizen $J_*(2)$ vorkommen, deren Größe aber noch nicht bekannt ist. Der Unterraum aller Hauptvektoren aus $\boldsymbol{V}_f(2)$ mit Stufe ≤ 2 entspricht dem Lösungsraum des LGS

$$(A-2E_8)^2\cdot(x_j)=(0).$$

Eine einfache Rechnung liefert

$$\operatorname{rg}\left((A-2E_8)^2\right)=\operatorname{rg}\begin{pmatrix} 0&0&0&0&0&0&0&0\\ 0&0&0&0&0&0&0&0\\ 0&0&0&0&0&0&0&0\\ 0&0&0&0&0&0&-1&-1\\ 0&0&0&0&0&0&1&1\\ 0&0&0&0&0&0&0&0\\ 0&0&0&0&0&0&0&-9\\ 0&0&0&0&0&0&0&9 \end{pmatrix}=2,$$

womit dieser Lösungsraum 6-dimensional ist. (3 · 2) – Dimensionen

Der Unterraum aller Hauptvektoren aus $\boldsymbol{V}_f(2)$ mit Stufe ≤ 3 entspricht dem Lösungsraum des LGS

$$(A-2E_8)^3\cdot(x_j)=(0).$$

Dessen Lösungsraum ist bereits ganz $\boldsymbol{V}_f(2)$, denn einerseits ist der Lösungsraum eine echte Obermenge des vorher gefundenen 6-dimensionalen Unterraumes, und andererseits ist der Lösungsraum im 7-dimensionalen Hauptraum $\boldsymbol{V}_f(2)$ enthalten.

Wir bestimmen die gesuchte Koordinatenmatrix von f in Jordan-Normalform: Diese stützt sich auf eine Basis $\boldsymbol{C}=(\boldsymbol{c}_1,\boldsymbol{c}_2,\dots,\boldsymbol{c}_8)$ von $\boldsymbol{V}$ mit folgenden Eigenschaften:

Stufe	1	2	3
$\boldsymbol{V}_f(-1)$	$\boldsymbol{c}_1$		
$\boldsymbol{V}_f(2)$	$\boldsymbol{c}_2 \leftarrow\!\!\dashv$	$\boldsymbol{c}_3 \leftarrow\!\!\dashv$	$\boldsymbol{c}_4$
	$\boldsymbol{c}_5 \leftarrow\!\!\dashv$	$\boldsymbol{c}_6$	
	$\boldsymbol{c}_7 \leftarrow\!\!\dashv$	$\boldsymbol{c}_8$	

Wir lesen daraus die Zahlen

$$\begin{aligned} &k_{11}=1,\ m_{11}=1,\ p_1=1,\ n_1=1,\\ &k_{21}=1,\ m_{21}=3,\ p_2=2,\ n_2=7,\\ &k_{22}=2,\ m_{22}=2 \end{aligned}$$

ab und erhalten

$$\langle \boldsymbol{C}^*, f(\boldsymbol{C})\rangle=\begin{pmatrix} -1&&&&&&&\\ &2&1&0&&&&\\ &0&2&1&&&&\\ &0&0&2&&&&\\ &&&&2&1&&\\ &&&&0&2&&\\ &&&&&&2&1\\ &&&&&&0&2 \end{pmatrix}.$$

Die Kenntnis der Basis $\boldsymbol{C}$ ist nicht notwendig, um diese Matrix anschreiben zu können.

Das Minimalpolynom von f ergibt sich, indem wir für jeden Eigenwert die maximale Kästchengröße berücksichtigen. Wir erhalten so

$$\mu_f(X) = (X-2)^3(X+1).$$

2. Gegeben seien ein 6-dimensionaler Vektorraum $\boldsymbol{V}$ über $\mathbb{R}$ sowie eine Abbildung $f \in \mathrm{L}(\boldsymbol{V}, \boldsymbol{V})$, die bezüglich einer Basis $\boldsymbol{B}$ die Koordinatenmatrix

$$A := \langle \boldsymbol{B}^*, f(\boldsymbol{B}) \rangle = \begin{pmatrix} 1 & -1 & 0 & 0 & 2 & 1 \\ 1 & 4 & 0 & 0 & -3 & -1 \\ 1 & 1 & 1 & 1 & -2 & -1 \\ 1 & 1 & -1 & 3 & -2 & -1 \\ 0 & 1 & 0 & 0 & 1 & 0 \\ 0 & -1 & 0 & 0 & 1 & 2 \end{pmatrix}$$

besitzt. Gesucht sind eine Koordinatenmatrix von f in Jordan-Normalform, eine Basis $\boldsymbol{C} = (\boldsymbol{c}_1, \boldsymbol{c}_2, \ldots, \boldsymbol{c}_6)$ von $\boldsymbol{V}$ so, dass $\langle \boldsymbol{C}^*, f(\boldsymbol{C}) \rangle$ diese Normalform besitzt, sowie das Minimalpolynom von f. Hier kann folgender Weg eingeschlagen werden:
Zunächst bestimmen wir die Eigenwerte von f und ihre algebraischen Vielfachheiten: Das charakteristische Polynom von f berechnet sich zu

$$\chi_f(X) = (2-X)^6,$$

was auf den einzigen Eigenwert $t_1 = 2$ und die algebraische Vielfachheit $n_1 = 6$ führt. Somit ist A ähnlich zu einer Matrix in Jordan-Normalform.
Nun bestimmen wir eine Basis des Eigenraumes[21] $\ker(f - 2\,\mathrm{id}_V)$: Dieser Eigenraum entspricht dem Lösungsraum des LGS

$$(A - 2E_6) \cdot (x_j) = (0).$$

Wir notieren folgendes Schema:

						x_1	x_2	x_3	x_4	x_5	x_6
1	0	0	0	0	0	−1	−1	0	0	2	1
0	1	0	0	0	0	1	2	0	0	−3	−1
0	0	1	0	0	0	1	1	−1	1	−2	−1
0	0	0	1	0	0	1	1	−1	1	−2	−1
0	0	0	0	1	0	0	1	0	0	−1	0
0	0	0	0	0	1	0	−1	0	0	1	0

Der rechte Teil ist die Matrix $A - 2E_6$, der linke Teil ist die Einheitsmatrix E_6. Wir lösen nun das LGS durch elementare Zeilenumformungen, die wir auch auf die Zeilen der Matrix E_6 anwenden:

						x_1	x_2	x_3	x_4	x_5	x_6
0	1	0	0	0	2	1	0	0	0	−1	−1
0	0	0	0	0	−1	0	1	0	0	−1	0
0	1	0	−1	0	1	0	0	1	−1	0	0
1	1	0	0	0	1	0	0	0	0	0	0
0	0	1	−1	0	0	0	0	0	0	0	0
0	0	0	0	1	1	0	0	0	0	0	0

[21] In diesem Beispiel hat f genau einen Eigenwert. Andernfalls sind die folgenden Schritte für jeden Eigenwert von f gesondert durchzuführen.

Bezeichnen wir die neue linke 6×6 Matrix mit B, so ist nach 4.6.4 die neue rechte Matrix gleich $B \cdot (A - 2E_6)$. Die Matrix B wird im Folgenden helfen, Rechenschritte zu sparen. Eine Basis des Eigenraumes $\ker(f - 2\,\mathrm{id}_V)$ ist nun etwa $\{\boldsymbol{a}_{11}, \boldsymbol{a}_{21}, \boldsymbol{a}_{31}\}$ mit[22]

$$\begin{aligned}\langle \boldsymbol{B}^*, \boldsymbol{a}_{11}\rangle &= (0,0,1,1,0,0)^{\mathrm{T}},\\ \langle \boldsymbol{B}^*, \boldsymbol{a}_{21}\rangle &= (1,1,1,1,1,0)^{\mathrm{T}},\\ \langle \boldsymbol{B}^*, \boldsymbol{a}_{31}\rangle &= (1,0,0,0,0,1)^{\mathrm{T}}.\end{aligned}$$

Wir ermitteln jetzt eine geeignete Basis des Hauptraumes $\boldsymbol{V}_f(2)$: Wir suchen eine maximale Familie von Hauptvektoren der Stufe 2, die unter $f - 2\,\mathrm{id}_V$ in l. u. Eigenvektoren übergehen. Dazu setzen wir

$$\boldsymbol{a}_{11} \hookleftarrow \boldsymbol{x}, \quad \boldsymbol{a}_{21} \hookleftarrow \boldsymbol{x}, \quad \boldsymbol{a}_{31} \hookleftarrow \boldsymbol{x}$$

an, wobei $\hookleftarrow$ für die Abbildung $f - 2\,\mathrm{id}_V$ steht. Das führt auf drei inhomogene LGS:

x_1	x_2	x_3	x_4	x_5	x_6	$\boldsymbol{a}_{11}$	$\boldsymbol{a}_{21}$	$\boldsymbol{a}_{31}$
−1	−1	0	0	2	1	0	1	1
1	2	0	0	−3	−1	0	1	0
1	1	−1	1	−2	−1	1	1	0
1	1	−1	1	−2	−1	1	1	0
0	1	0	0	−1	0	0	1	0
0	−1	0	0	1	0	0	0	1

Wir erhalten die äquivalenten Gleichungssysteme

x_1	x_2	x_3	x_4	x_5	x_6	$\boldsymbol{a}_{11}$	$\boldsymbol{a}_{21}$	$\boldsymbol{a}_{31}$
1	0	0	0	−1	−1	0	1	2
0	1	0	0	−1	0	0	0	−1
0	0	1	−1	0	0	−1	0	1
0	0	0	0	0	0	0	2	2
0	0	0	0	0	0	0	0	0
0	0	0	0	0	0	0	1	1

sofort, indem wir den linken Teil von oben abschreiben und die Koordinatenspalten von $\boldsymbol{a}_{11}$, $\boldsymbol{a}_{21}$, $\boldsymbol{a}_{31}$ mit der Matrix B von links multiplizieren. Wir lesen ab, dass von den drei Eigenvektoren $\boldsymbol{a}_{11}, \boldsymbol{a}_{21}, \boldsymbol{a}_{31}$ nur $\boldsymbol{a}_{11}$ im Bildraum von $f - 2\,\mathrm{id}_V$ liegt. Da die 3×3 Teilmatrix rechts unten den Rang 1 hat, können wir die Eigenraumbasis $(\boldsymbol{a}_{11}, \boldsymbol{a}_{21}, \boldsymbol{a}_{31})$ so verändern, dass maximal zwei Basisvektoren im Bildraum von $f - 2\,\mathrm{id}_V$ liegen. Dazu tauschen wir etwa $\boldsymbol{a}_{21}$ gegen

$$\tilde{\boldsymbol{a}}_{21} := \boldsymbol{a}_{21} - \boldsymbol{a}_{31} \;\text{ mit }\; \langle \boldsymbol{B}^*, \tilde{\boldsymbol{a}}_{21}\rangle = (0,1,1,1,1,-1)^{\mathrm{T}}.$$

[22]Die Bauart des letzten Schemas legt eine andere Wahl von $\boldsymbol{a}_{21}$ nahe. Der Vektor $\boldsymbol{a}_{21}$ wurde bewusst so gewählt, damit im nächsten Schritt der Fall gezeigt werden kann, dass ein Vektor ausgetauscht werden muss. Das gilt sinngemäß auch für die Auswahl des Vektors $\boldsymbol{a}_{22}$ weiter unten.

Eine Spaltenumformung im rechten Teil der obigen Matrix liefert

x_1	x_2	x_3	x_4	x_5	x_6	$\boldsymbol{a}_{11}$	$\tilde{\boldsymbol{a}}_{21}$	$\boldsymbol{a}_{31}$
1	0	0	0	−1	−1	0	−1	2
0	1	0	0	−1	0	0	1	−1
0	0	1	−1	0	0	−1	−1	1
0	0	0	0	0	0	0	0	2
0	0	0	0	0	0	0	0	0
0	0	0	0	0	0	0	0	1

sowie etwa die Hauptvektoren zweiter Stufe $\boldsymbol{a}_{12}, \boldsymbol{a}_{22}$ mit $\boldsymbol{a}_{11} \leftarrow\!\dashv \boldsymbol{a}_{12}$, $\tilde{\boldsymbol{a}}_{21} \leftarrow\!\dashv \boldsymbol{a}_{22}$ und

$$\begin{aligned}\langle \boldsymbol{B}^*, \boldsymbol{a}_{12}\rangle &= (0,0,-1,0,0,0)^{\mathrm{T}},\\ \langle \boldsymbol{B}^*, \boldsymbol{a}_{22}\rangle &= (0,1,-1,0,0,1)^{\mathrm{T}}.\end{aligned}$$

Somit ist $(\boldsymbol{a}_{11}, \tilde{\boldsymbol{a}}_{21}, \boldsymbol{a}_{31}, \boldsymbol{a}_{12}, \boldsymbol{a}_{22})$ eine Basis des Unterraumes der Hauptvektoren von f mit Stufe ≤ 2 zum Eigenwert 2.
Wir suchen jetzt eine maximale Familie von Hauptvektoren der Stufe 3, die unter $f - 2\,\mathrm{id}_V$ in l. u. Hauptvektoren der Stufe 2 übergehen. Wir setzen dazu

$$\boldsymbol{a}_{11} \leftarrow\!\dashv \boldsymbol{x}, \quad \tilde{\boldsymbol{a}}_{21} \leftarrow\!\dashv \boldsymbol{x}, \quad \boldsymbol{a}_{31} \leftarrow\!\dashv \boldsymbol{x}, \quad \boldsymbol{a}_{12} \leftarrow\!\dashv \boldsymbol{x}, \quad \boldsymbol{a}_{22} \leftarrow\!\dashv \boldsymbol{x}$$

an. Nach Berechnung der Matrizenprodukte $B \cdot \langle \boldsymbol{B}^*, \boldsymbol{a}_{12}\rangle$ und $B \cdot \langle \boldsymbol{B}^*, \boldsymbol{a}_{22}\rangle$ können wir sofort die umgeformten Gleichungssysteme

x_1	x_2	x_3	x_4	x_5	x_6	$\boldsymbol{a}_{11}$	$\tilde{\boldsymbol{a}}_{21}$	$\boldsymbol{a}_{31}$	$\boldsymbol{a}_{12}$	$\boldsymbol{a}_{22}$
1	0	0	0	−1	−1	0	−1	2	0	3
0	1	0	0	−1	0	0	1	−1	0	−1
0	0	1	−1	0	0	−1	−1	1	0	2
0	0	0	0	0	0	0	0	2	0	2
0	0	0	0	0	0	0	0	0	−1	−1
0	0	0	0	0	0	0	0	1	0	1

anschreiben. Keiner der Vektoren $\boldsymbol{a}_{12}$ und $\boldsymbol{a}_{22}$ liegt im Bildraum von $f - 2\,\mathrm{id}_V$. Wir können aber den Basisvektor $\boldsymbol{a}_{22}$ gegen den Vektor

$$\tilde{\boldsymbol{a}}_{22} := \boldsymbol{a}_{22} - \boldsymbol{a}_{12} - \boldsymbol{a}_{31}$$

austauschen, der ebenfalls Hauptvektor zweiter Stufe ist. Somit erhalten wir

x_1	x_2	x_3	x_4	x_5	x_6	$\boldsymbol{a}_{11}$	$\tilde{\boldsymbol{a}}_{21}$	$\boldsymbol{a}_{31}$	$\boldsymbol{a}_{12}$	$\tilde{\boldsymbol{a}}_{22}$
1	0	0	0	−1	−1	0	−1	2	0	1
0	1	0	0	−1	0	0	1	−1	0	0
0	0	1	−1	0	0	−1	−1	1	0	1
0	0	0	0	0	0	0	0	2	0	0
0	0	0	0	0	0	0	0	0	−1	0
0	0	0	0	0	0	0	0	1	0	0

sowie etwa den Hauptvektor $\boldsymbol{a}_{23}$ dritter Stufe mit $\tilde{\boldsymbol{a}}_{22} \leftarrow\!\dashv \boldsymbol{a}_{23}$ und

$$\langle \boldsymbol{B}^*, \boldsymbol{a}_{23}\rangle = (0,0,1,0,0,-1)^{\mathrm{T}}.$$

Da wir $\boldsymbol{a}_{22}$ gegen $\tilde{\boldsymbol{a}}_{22}$ ausgetauscht haben, müssen wir nun nachträglich $\tilde{\boldsymbol{a}}_{21}$ durch

$$\tilde{\tilde{\boldsymbol{a}}}_{21} := (f - 2\,\mathrm{id}_V)(\tilde{\boldsymbol{a}}_{22}) = (f - 2\,\mathrm{id}_V)(\boldsymbol{a}_{22} - \boldsymbol{a}_{12} - \boldsymbol{a}_{31}) = \tilde{\boldsymbol{a}}_{21} - \boldsymbol{a}_{11} - \boldsymbol{o}$$

ersetzen. Das liefert die Koordinatenspalten

$$\langle \boldsymbol{B}^*, \tilde{\boldsymbol{a}}_{22}\rangle = (-1,1,0,0,0,0)^{\mathrm{T}},$$
$$\langle \boldsymbol{B}^*, \tilde{\tilde{\boldsymbol{a}}}_{21}\rangle = (0,1,0,0,1,-1)^{\mathrm{T}}.$$

Wegen $\dim \boldsymbol{V}_f(2) = 6$ liegt mit $(\boldsymbol{a}_{11}, \tilde{\tilde{\boldsymbol{a}}}_{21}, \boldsymbol{a}_{31}, \boldsymbol{a}_{12}, \tilde{\boldsymbol{a}}_{22}, \boldsymbol{a}_{23})$ eine allerdings noch falsch geordnete Basis des Hauptraumes zum Eigenwert 2 vor. Daher müssen wir die ermittelten Basisvektoren umbenennen:

$$\begin{aligned} &\boldsymbol{c}_1 := \tilde{\tilde{\boldsymbol{a}}}_{21} \leftarrow\!\shortmid \boldsymbol{c}_2 := \tilde{\boldsymbol{a}}_{22} \leftarrow\!\shortmid \boldsymbol{c}_3 := \boldsymbol{a}_{23} \\ &\boldsymbol{c}_4 := \boldsymbol{a}_{11} \leftarrow\!\shortmid \boldsymbol{c}_5 := \boldsymbol{a}_{12} \\ &\boldsymbol{c}_6 := \boldsymbol{a}_{31} \end{aligned}$$

Bezüglich der Basis $\boldsymbol{C} := (\boldsymbol{c}_1, \boldsymbol{c}_2, \ldots, \boldsymbol{c}_6)$ von $\boldsymbol{V}$ ist dann

$$\langle \boldsymbol{C}^*, f(\boldsymbol{C})\rangle = \begin{pmatrix} 2 & 1 & 0 & & & \\ 0 & 2 & 1 & & & \\ 0 & 0 & 2 & & & \\ & & & 2 & 1 & \\ & & & 0 & 2 & \\ & & & & & 2 \end{pmatrix}$$

eine Koordinatenmatrix von f in Jordan-Normalform. Weiters gilt

$$\langle \boldsymbol{B}^*, \boldsymbol{C}\rangle = \begin{pmatrix} 0 & -1 & 0 & 0 & 0 & 1 \\ 1 & 1 & 0 & 0 & 0 & 0 \\ 0 & 0 & 1 & 1 & -1 & 0 \\ 0 & 0 & 0 & 1 & 0 & 0 \\ 1 & 0 & 0 & 0 & 0 & 0 \\ -1 & 0 & -1 & 0 & 0 & 1 \end{pmatrix}$$

sowie $\langle \boldsymbol{C}^*, f(\boldsymbol{C})\rangle = \langle \boldsymbol{B}^*, \boldsymbol{C}\rangle^{-1} \cdot \langle \boldsymbol{B}^*, f(\boldsymbol{B})\rangle \cdot \langle \boldsymbol{B}^*, \boldsymbol{C}\rangle$.
Als Minimalpolynom von f ergibt sich

$$\mu_f(X) = (X-2)^3.$$

8.7.13 Während wir in diesem Abschnitt bisher immer eine feste Abbildung aus $\mathrm{L}(\boldsymbol{V}, \boldsymbol{V})$ betrachtet haben, untersuchen wir zum Abschluss die gesamte Menge $\mathrm{L}(\boldsymbol{V}, \boldsymbol{V})$. Dabei nennen wir Abbildungen $f_1, f_2 \in \mathrm{L}(\boldsymbol{V}, \boldsymbol{V})$ *linear konjugiert*[23], falls es mindestens eine Abbildung $g \in \mathrm{GL}(\boldsymbol{V})$ gibt mit $f_2 = g^{-1} \circ f_1 \circ g$.

Es ist klar, dass hier eine Äquivalenzrelation auf $\mathrm{L}(\boldsymbol{V}, \boldsymbol{V})$ vorliegt. Nach der Definition ähnlicher Matrizen in 8.4.7 sind f_1 und f_2 genau dann linear konjugiert, falls

$$\langle \boldsymbol{B}^*, f_1(\boldsymbol{B})\rangle \approx \langle \tilde{\boldsymbol{B}}^*, f_2(\tilde{\boldsymbol{B}})\rangle$$

für Basen $\boldsymbol{B}$ und $\tilde{\boldsymbol{B}}$ von $\boldsymbol{V}$ gilt. Ist mit den obigen Bezeichnungen $f_2 = g^{-1} \circ f_1 \circ g$, so folgt, dass unter g^{-1} die Eigen- und Haupträume von f_1 zu einem Eigenwert t in jene Eigen- und Haupträume von f_2 übergehen, die ebenfalls zum Eigenwert t gehören. Linear konjugierte Abbildungen können also hinsichtlich ihrer Eigen- und Haupträume als gleich angesehen werden. Insbesondere haben linear konjugierte Abbildungen dasselbe charakteristische Polynom und dasselbe Minimalpolynom. Aus Satz 8.7.10 folgt nun unmittelbar:

[23] Bei dieser Definition kann $\dim \boldsymbol{V}$ beliebig gewählt werden.

Satz 8.7.14 *Zwei Abbildungen $f_1, f_2 \in \mathrm{L}(\boldsymbol{V}, \boldsymbol{V})$, deren charakteristische Polynome über K in Linearfaktoren zerfallen, sind genau dann linear konjugiert, falls ihre Koordinatenmatrizen in Jordan-Normalform übereinstimmen.*

Dabei ist „übereinstimmen" wie in Satz 8.7.10 (b) zu verstehen. Das liefert etwa für $K = \mathbb{C}$ eine Klassifikation aller linearen Abbildungen $\boldsymbol{V} \to \boldsymbol{V}$. Vgl. 8.9.10 für die einfachsten Fälle.

Aufgaben

A 8.7.1 Sei $\boldsymbol{V}$ ein Vektorraum über $\mathbb{R}$. Eine lineare Abbildung $f \in \mathrm{L}(\boldsymbol{V}, \boldsymbol{V})$ besitzt bezüglich einer Basis $\boldsymbol{B}$ von $\boldsymbol{V}$ eine der folgenden Matrizen bzw. die Transponierte einer der folgenden Matrizen als Koordinatenmatrix $\langle \boldsymbol{B}^*, f(\boldsymbol{B})\rangle$:

$$(\alpha)\begin{pmatrix} 2 & -1 & 0 & 1 \\ 0 & 2 & 0 & 0 \\ 0 & -1 & 2 & 1 \\ -1 & 0 & 1 & 2 \end{pmatrix}, \quad (\beta)\begin{pmatrix} 1 & 0 & 0 & 0 \\ 0 & 1 & 1 & 0 \\ -1 & 0 & 2 & 0 \\ 0 & -1 & 1 & 2 \end{pmatrix}, \quad (\gamma)\begin{pmatrix} 0 & 0 & 0 & 4 \\ -1 & 2 & 0 & 2 \\ 2 & -1 & 2 & -2 \\ -1 & 0 & 0 & 4 \end{pmatrix}.$$

(a) Berechne das charakteristische Polynom $\chi_f(X)$.

(b) Ermittle eine zu $\langle \boldsymbol{B}^*, f(\boldsymbol{B})\rangle$ ähnliche Matrix B in Jordan-Normalform.

(c) Berechne eine Basis $\boldsymbol{C}$ von $\boldsymbol{V}$ mit $\langle \boldsymbol{C}^*, f(\boldsymbol{C})\rangle = B$.

(d) Gib das Minimalpolynom $\mu_f(X)$ von f an.

A 8.7.2 Gegeben seien die reellen 4×4 Matrizen

$$A = \begin{pmatrix} 0 & 1 & 0 & 0 \\ -4 & 4 & 0 & 0 \\ -6 & 4 & 0 & 1 \\ -8 & 6 & -4 & 4 \end{pmatrix}, \quad B = \begin{pmatrix} -1 & 1 & 0 & 0 \\ -9 & 5 & 0 & 0 \\ -6 & 2 & 2 & 0 \\ -3 & 1 & 0 & 2 \end{pmatrix}.$$

Bestimme zu A und B ähnliche Matrizen in Jordan-Normalform. Zeige dann: Die beiden Matrizen haben dasselbe charakteristische Polynom und dasselbe Minimalpolynom, sind aber nicht ähnlich.

A 8.7.3 Es seien $f \in \mathrm{L}(\boldsymbol{V}, \boldsymbol{V})$ und $\boldsymbol{B}$ eine Basis von $\boldsymbol{V}$ so, dass $\langle \boldsymbol{B}^*, f(\boldsymbol{B})\rangle$ eine Jordan-Matrix ist. Beweise: Für alle $i \in \{0, 1, \ldots, n\}$ gibt es genau einen i-dimensionalen f-invarianten Unterraum $\boldsymbol{U}_i$; dabei gilt $\{\boldsymbol{o}\} = \boldsymbol{U}_0 \subset \boldsymbol{U}_1 \subset \cdots \subset \boldsymbol{U}_n = \boldsymbol{V}$. Es liegt also eine aufsteigende Unterraumkette vor; vgl. A 2.6.4.

A 8.7.4 Beweise: Jede Matrix $A \in K^{n \times n}$, deren charakteristisches Polynom über K in Linearfaktoren zerfällt, ist zu A^{T} ähnlich.
Anleitung: Zeige den Satz zuerst für Jordan-Matrizen und für Matrizen in Jordan-Normalform.
Bemerkung: Ohne Beweis sei mitgeteilt, dass jede Matrix zu ihrer transponierten Matrix ähnlich ist.

A 8.7.5 Fortsetzung von A 8.7.4: Bestimme eine Matrix $P \in \mathrm{GL}_2(\mathbb{C})$ so, dass

$$P^{-1} \cdot \begin{pmatrix} 1+i & 1 \\ -1 & -1+i \end{pmatrix} \cdot P = \begin{pmatrix} 1+i & 1 \\ -1 & -1+i \end{pmatrix}^{\mathrm{T}}.$$

A 8.7.6 Wir unterscheiden im Folgenden Polynome aus $\mathbb{R}[X]$ und die zugehörigen Polynomfunktionen nicht.

(a) Bestimme alle Eigenwerte des Differentiationsoperators $\frac{\mathrm{d}}{\mathrm{d}X} \in \mathrm{L}(\mathbb{R}[X], \mathbb{R}[X])$.

(b) Da $U_n := [\{1, X, X^2, \ldots, X^n\}]$ für alle $n \in \mathbb{N}$ ein $\frac{\mathrm{d}}{\mathrm{d}X}$-invarianter Unterraum ist, können wir $\frac{\mathrm{d}}{\mathrm{d}X}$ als Selbstabbildung von U_n auffassen. Ermittle eine Basis B_n von U_n so, dass $\langle B_n^*, \frac{\mathrm{d}}{\mathrm{d}X}(B_n)\rangle$ Jordan-Normalform besitzt.

A 8.7.7 Beweise die Existenz der *Jordan-Chevalley-Zerlegung*[24]: Wenn das charakteristische Polynom von $f \in \mathrm{L}(V, V)$ über K in Linearfaktoren zerfällt, so gibt es mindestens eine einfach strukturierte Abbildung $g \in \mathrm{L}(V, V)$ und mindestens eine nilpotente Abbildung $h \in \mathrm{L}(V, V)$ mit $f = g + h$ und $g \circ h = h \circ g$.
Bemerkung: Die Abbildungen g und h sind durch die Abbildung f sogar eindeutig bestimmt. Ferner gibt es Polynome $P(X), Q(X) \in K[X]$ mit $g = P(f)$ und $h = Q(f)$.

8.8 Komplexe Erweiterung reeller Vektorräume

8.8.1 Wir zeigen jetzt, dass sich jeder Vektorraum V über $\mathbb{R}$ in einen Vektorraum über den komplexen Zahlen $\mathbb{C}$ einbetten lässt. Die folgende Konstruktion verallgemeinert 1.10.3 Beispiel 4. Wir verwenden dabei zunächst die Paarschreibweise (x, y) für die komplexe Zahl $x + iy$.

Satz 8.8.2 *Sei V ein Vektorraum über $\mathbb{R}$. Dann wird $V \times V$ durch*

$$(\boldsymbol{a}, \boldsymbol{b}) + (\boldsymbol{a}', \boldsymbol{b}') := (\boldsymbol{a} + \boldsymbol{a}', \boldsymbol{b} + \boldsymbol{b}') \quad \textit{und} \quad (x, y)(\boldsymbol{a}, \boldsymbol{b}) := (x\boldsymbol{a} - y\boldsymbol{b}, x\boldsymbol{b} + y\boldsymbol{a})$$

für alle $(\boldsymbol{a}, \boldsymbol{b}), (\boldsymbol{a}', \boldsymbol{b}') \in V \times V$, $(x, y) \in \mathbb{R} \times \mathbb{R} = \mathbb{C}$ zu einem Vektorraum über $\mathbb{C}$.

Beweis. Übungsaufgabe. □

8.8.3 Ist V ein Vektorraum über $\mathbb{R}$, so heißt mit den Bezeichnungen aus Satz 8.8.2 der Vektorraum

$$(V \times V, \mathbb{C}) =: (V_{\mathbb{C}}, \mathbb{C})$$

die *komplexe Erweiterung* des Vektorraumes V und die Teilmenge $V \times \{\boldsymbol{o}\} \subset V_{\mathbb{C}}$ der *reelle Ausschnitt* von $V_{\mathbb{C}}$. Die Vektoren aus $V \times \{\boldsymbol{o}\} \subset V_{\mathbb{C}}$ werden in diesem Zusammenhang auch *reelle Vektoren* genannt.

Wir schreiben an Stelle von $(x, y) \in \mathbb{C}$ wieder $x + iy$. Dann folgt $(\boldsymbol{a}, \boldsymbol{b}) = (\boldsymbol{a}, \boldsymbol{o}) + i(\boldsymbol{b}, \boldsymbol{o})$ für alle $(\boldsymbol{a}, \boldsymbol{b}) \in V \times V$. Offensichtlich ist $V \times \{\boldsymbol{o}\}$ eine zu $(V, +)$ isomorphe Untergruppe von $(V \times V, +)$, die gemeinsam mit $\mathbb{R} \subset \mathbb{C}$ einen zu V linear isomorphen Vektorraum bildet. Wir identifizieren daher V mit dem reellen Ausschnitt $V \times \{\boldsymbol{o}\}$, indem wir zwischen $\boldsymbol{a}$ und $(\boldsymbol{a}, \boldsymbol{o})$ nicht unterscheiden. Damit erhalten wir für die Elemente von $V_{\mathbb{C}}$ die von den komplexen Zahlen geläufige Schreibweise $z = \boldsymbol{a} + i\boldsymbol{b}$ mit $\boldsymbol{a}, \boldsymbol{b} \in V$ an Stelle von $z = (\boldsymbol{a}, \boldsymbol{b}) \in V \times V$. Für einen so gegebenen Vektor z heißt $\operatorname{Re} z := \boldsymbol{a}$ der *Realteil* und $\operatorname{Im} z := \boldsymbol{b}$ der *Imaginärteil* von z.

Satz 8.8.4 *Es seien V ein Vektorraum über $\mathbb{R}$ und $V_{\mathbb{C}}$ seine komplexe Erweiterung. Ist eine Familie $M = (\boldsymbol{m}_j)_{j \in J}$ linear abhängig, linear unabhängig, Erzeugendensystem oder Basis im Vektorraum V, so hat M dieselbe Eigenschaft in $V_{\mathbb{C}}$.*

[24]Claude Chevalley (1909–1984).

Beweis. (a) Ist $\boldsymbol{M}$ l. a. in $\boldsymbol{V}$, so gibt es eine nicht triviale Linearkombination des Nullvektors $\boldsymbol{o}$ (mit reellen Skalaren). Wegen $\mathbb{R} \subset \mathbb{C}$ liegt dann aber auch eine nicht triviale Linearkombination (mit komplexen Skalaren) von $\boldsymbol{o}$ in $\boldsymbol{V}_\mathbb{C}$ vor. Daher ist $\boldsymbol{M}$ l. a. in $\boldsymbol{V}_\mathbb{C}$.

(b) Sei $\boldsymbol{M}$ l. u. in $\boldsymbol{V}$ und

$$\sum_{j\in J}(x_j + iy_j)\boldsymbol{m}_j = \boldsymbol{o} \quad \text{mit} \quad x_j, y_j \in \mathbb{R}.$$

Wir erhalten

$$\sum_{j\in J} x_j\boldsymbol{m}_j + i\Big(\sum_{j\in J} y_j\boldsymbol{m}_j\Big) = \boldsymbol{o} + i\boldsymbol{o}.$$

Die Definition der Gleichheit von Paaren gestattet es nun, in Realteil und Imaginärteil zu trennen. Das zeigt

$$\sum_{j\in J} x_j\boldsymbol{m}_j = \boldsymbol{o} \quad \text{und} \quad \sum_{j\in J} y_j\boldsymbol{m}_j = \boldsymbol{o},$$

also $x_j = y_j = 0$ für alle $j \in J$. Daher ist $\boldsymbol{M}$ l. u. auch in $\boldsymbol{V}_\mathbb{C}$.

(c) Sei $\boldsymbol{M}$ ein Erzeugendensystem von $\boldsymbol{V}$. Jeder Vektor aus $\boldsymbol{V}_\mathbb{C}$ lässt sich in der Form $\boldsymbol{x} + i\boldsymbol{y}$ mit $\boldsymbol{x}, \boldsymbol{y} \in \boldsymbol{V}$ darstellen. Dann gilt

$$\boldsymbol{x} = \sum_{j\in J} x_j\boldsymbol{m}_j \quad \text{und} \quad \boldsymbol{y} = \sum_{j\in J} y_j\boldsymbol{m}_j \quad \text{mit} \quad x_j, y_j \in \mathbb{R},$$

was zeigt, dass

$$\boldsymbol{x} + i\boldsymbol{y} = \sum_{j\in J}(x_j + iy_j)\boldsymbol{m}_j.$$

Der Rest ist klar. □

Für $\boldsymbol{M} \subset \boldsymbol{V}$ ist zu unterscheiden zwischen der Hülle $[\boldsymbol{M}]$ in $\boldsymbol{V}$ und der Hülle im Vektorraum $\boldsymbol{V}_\mathbb{C}$, die wir hier mit $[\boldsymbol{M}]_\mathbb{C}$ bezeichnen. Führen wir den Prozess der komplexen Erweiterung für einen Unterraum $\boldsymbol{U} \subset \boldsymbol{V}$ durch, so folgt $[\boldsymbol{U}]_\mathbb{C} = \boldsymbol{U}_\mathbb{C}$.

Beispiel 8.8.5 Wir betrachten die komplexe Erweiterung von $\mathbb{R}^{n\times 1}$. Nach Satz 8.8.2 haben die Vektoren von $\mathbb{R}_\mathbb{C}^{n\times 1}$ die Bauart $(x_1, x_2, \ldots, x_n)^\mathrm{T} + i(y_1, y_2, \ldots, y_n)^\mathrm{T}$ mit $x_j, y_k \in \mathbb{R}$. Die Abbildung

$$(x_1, x_2, \ldots, x_n)^\mathrm{T} + i(y_1, y_2, \ldots, y_n)^\mathrm{T} \mapsto (x_1 + iy_1, x_2 + iy_2, \ldots, x_n + iy_n)^\mathrm{T}$$

ist eine lineare Bijektion von $\mathbb{R}_\mathbb{C}^{n\times 1}$ auf $\mathbb{C}^{n\times 1}$, die es gestattet, diese beiden Vektorräume zu identifizieren.

Wir untersuchen jetzt die Fortsetzbarkeit linearer Abbildungen.

8.8.6 Es seien nun $\boldsymbol{V}$ und $\boldsymbol{W}$ Vektorräume über $\mathbb{R}$ sowie $f \in \mathrm{L}(\boldsymbol{V}, \boldsymbol{W})$. Eine semilineare Abbildung $g : \boldsymbol{V}_\mathbb{C} \to \boldsymbol{W}_\mathbb{C}$ heißt eine *komplexe Fortsetzung* von f, falls $f(\boldsymbol{x}) = g(\boldsymbol{x})$ für alle $\boldsymbol{x} \in \boldsymbol{V}$ erfüllt ist. Der folgende Satz beschreibt alle solchen komplexen Fortsetzungen:

Satz 8.8.7 *Sei $f \in \mathrm{L}(\boldsymbol{V}, \boldsymbol{W})$. Dann gilt:*

(a) *Die Abbildung f kann zu genau einer linearen Abbildung $f_\mathbb{C} : \boldsymbol{V}_\mathbb{C} \to \boldsymbol{W}_\mathbb{C}$ und zu genau einer konjugiert linearen Abbildung $\overline{f}_\mathbb{C} : \boldsymbol{V}_\mathbb{C} \to \boldsymbol{W}_\mathbb{C}$ fortgesetzt werden.*

(b) *Für $f(\boldsymbol{V}) = \{\boldsymbol{o}\}$ ist $f_\mathbb{C} = \overline{f}_\mathbb{C}$ die Nullabbildung.*

(c) *Für $f(\boldsymbol{V}) \neq \{\boldsymbol{o}\}$ sind $f_\mathbb{C}$ und $\overline{f}_\mathbb{C}$ verschieden.*

(d) *Außer* $f_{\mathbb{C}}$ *und* $\overline{f}_{\mathbb{C}}$ *gibt es keine komplexen Fortsetzungen von* f.

Beweis. Wir erklären Abbildungen

$$f_{\mathbb{C}} : V_{\mathbb{C}} \to W_{\mathbb{C}} : x + iy \mapsto f(x) + if(y), \qquad \overline{f}_{\mathbb{C}} : V_{\mathbb{C}} \to W_{\mathbb{C}} : x + iy \mapsto f(x) - if(y),$$

wobei $x, y \in V$. Es gilt $f_{\mathbb{C}}(x) = \overline{f}_{\mathbb{C}}(x) = f(x)$ für alle $x \in V$. Durch Nachrechnen erweist sich $f_{\mathbb{C}}$ als linear und $\overline{f}_{\mathbb{C}}$ als konjugiert linear.

Wir betrachten nun eine beliebige ζ-lineare komplexe Fortsetzung $g : V_{\mathbb{C}} \to W_{\mathbb{C}}$ von f. Dann gilt

$$g(x + iy) = g(x) + \zeta(i)g(y) = f(x) + \zeta(i)f(y) \text{ für alle } x, y \in V.$$

Für $f(V) = \{o\}$ ist $g = f_{\mathbb{C}} = \overline{f}_{\mathbb{C}}$ die Nullabbildung $V_{\mathbb{C}} \to W_{\mathbb{C}}$. Hier können wir über ζ keine weitere Aussage machen. Andernfalls gibt es mindestens einen Vektor $a \in V$ mit $f(a) \neq o$. Die Abbildungen $f_{\mathbb{C}}$ und $\overline{f}_{\mathbb{C}}$ sind nun gemäß Satz 5.1.6 verschieden, da sie zu verschiedenen Automorphismen von $\mathbb{C}$ gehören. Ferner folgt aus $g(a) = f(a) \neq o$ und

$$xg(a) = xf(a) = f(xa) = g(xa) = \zeta(x)g(a) \text{ für alle } x \in \mathbb{R},$$

dass $\mathbb{R}$ unter ζ elementweise fest bleibt. Daher ist nach Satz 1.12.6 entweder $\zeta = \mathrm{id}_{\mathbb{C}}$ oder ζ die Konjugation in $\mathbb{C}$. Zusammenfassend gilt also $g = f_{\mathbb{C}}$ oder $g = \overline{f}_{\mathbb{C}}$. □

Für die Abbildung f und ihre komplexen Fortsetzungen $f_{\mathbb{C}}$ sowie $\overline{f}_{\mathbb{C}}$ gilt weiters

$$\ker(f_{\mathbb{C}}) = \ker(\overline{f}_{\mathbb{C}}) = [\ker f]_{\mathbb{C}} \subset V_{\mathbb{C}},$$
$$f_{\mathbb{C}}(V_{\mathbb{C}}) = \overline{f}_{\mathbb{C}}(V_{\mathbb{C}}) = [f(V)]_{\mathbb{C}} \subset W_{\mathbb{C}}.$$

Wichtig ist der Sonderfall $V = W$ und $f = \mathrm{id}_V$: Es ist $(\mathrm{id}_V)_{\mathbb{C}}$ gleich der Identität in $V_{\mathbb{C}}$, $\overline{(\mathrm{id}_V)_{\mathbb{C}}} : V_{\mathbb{C}} \to V_{\mathbb{C}}$ leistet hingegen

$$x + iy \mapsto x - iy =: \overline{x + iy} \text{ für alle } x, y \in V.$$

Die konjugiert lineare Bijektion $\overline{(\mathrm{id}_V)_{\mathbb{C}}}$ heißt die *Spiegelung von* $V_{\mathbb{C}}$ *am reellen Ausschnitt* V. Sie ordnet jedem Vektor seinen *konjugiert komplexen* Vektor zu. Genau die reellen Vektoren bleiben unter $\overline{(\mathrm{id}_V)_{\mathbb{C}}}$ fest. Für $V \neq \{o\}$ ist $\overline{(\mathrm{id}_V)_{\mathbb{C}}}$ involutorisch.

8.8.8 Für $\dim V = n < \infty$ besitzt jede Koordinatisierung $B^* : V \to \mathbb{R}^{n\times 1}$ eine lineare komplexe Fortsetzung $B^*_{\mathbb{C}} : V_{\mathbb{C}} \to \mathbb{C}^{n\times 1}$, welche wieder eine Koordinatisierung abgibt, da B auch Basis von $V_{\mathbb{C}}$ ist. Für reelle Vektoren leisten B^* und $B^*_{\mathbb{C}}$ dasselbe. Daraus folgt:

Satz 8.8.9 *Es seien* $f \in \mathrm{L}(V, W)$ *und* $A \in \mathbb{R}^{m\times n}$ *die Koordinatenmatrix von* f *bezüglich der Basen* B *und* C *von* V *bzw.* W. *Dann ist* A *– aufgefasst als Matrix aus* $\mathbb{C}^{m\times n}$ *– sowohl die Koordinatenmatrix von* $f_{\mathbb{C}}$ *als auch von* $\overline{f}_{\mathbb{C}}$ *bezüglich der Basen* B *und* C *von* $V_{\mathbb{C}}$ *bzw.* $W_{\mathbb{C}}$.

8.8.10 Sei T ein Unterraum von $V_{\mathbb{C}}$. Der Unterraum $\overline{T} := \overline{(\mathrm{id}_V)_{\mathbb{C}}}(T)$ heißt der zu T *konjugiert komplexe* Unterraum. Der zu $\overline{T}$ konjugiert komplexe Unterraum ist offensichtlich wieder T. Falls es einen Unterraum $U \subset V$ mit der Eigenschaft $T = [U]_{\mathbb{C}}$ gibt, heißt T ein *reeller Unterraum* von C. Die reellen Unterräume sind also genau jene Unterräume, die als komplexe Erweiterung der Unterräume von V auftreten. Wir geben noch eine andere Beschreibung:

Satz 8.8.11 *Ein Unterraum* $T \subset V_{\mathbb{C}}$ *ist genau dann reell, falls* $T = \overline{T}$. *Für jeden Unterraum* $T \subset V_{\mathbb{C}}$ *sind* $T \cap \overline{T}$ *und* $T + \overline{T}$ *reelle Unterräume von* $V_{\mathbb{C}}$.

Beweis. (a) Ist $\boldsymbol{T}$ ein reeller Unterraum, so besitzt er ein Erzeugendensystem aus reellen Vektoren, was $\boldsymbol{T} = \overline{\boldsymbol{T}}$ zeigt.

(b) Ist umgekehrt $\boldsymbol{T} = \overline{\boldsymbol{T}}$, so betrachten wir die Menge $\boldsymbol{U}$ aller Fixvektoren von $\overline{(\mathrm{id}_V)_{\mathbb{C}}}$ in $\boldsymbol{T}$. Das ist genau die Menge $\boldsymbol{T} \cap \boldsymbol{V}$. Es ist $\boldsymbol{U}$ Unterraum von $\boldsymbol{V}$, da $\boldsymbol{o} \in \boldsymbol{U}$ und mit $\boldsymbol{a}, \boldsymbol{b} \in \boldsymbol{U}$ auch jede Linearkombination mit reellen Skalaren zu $\boldsymbol{U}$ gehört. Somit gilt $[\boldsymbol{U}]_{\mathbb{C}} \subset \boldsymbol{T}$. Sei nun ein Vektor $\boldsymbol{t} + i\boldsymbol{t}' \in \boldsymbol{T}$ mit $\boldsymbol{t}, \boldsymbol{t}' \in \boldsymbol{V}$ gegeben. Wegen

$$i(\overline{(\boldsymbol{t} + i\boldsymbol{t}')} - (\boldsymbol{t} + i\boldsymbol{t}')) = 2\boldsymbol{t}' \quad \text{und} \quad (\boldsymbol{t} + i\boldsymbol{t}') + \overline{(\boldsymbol{t} + i\boldsymbol{t}')} = 2\boldsymbol{t} \tag{8.13}$$

liegen $\boldsymbol{t}$ und $\boldsymbol{t}'$ in $\boldsymbol{T}$ und damit auch in $\boldsymbol{U}$, was $\boldsymbol{T} \subset [\boldsymbol{U}]_{\mathbb{C}}$ zeigt.

(c) Nach (b) sind die Unterräume $\boldsymbol{T} \cap \overline{\boldsymbol{T}}$ und $\boldsymbol{T} + \overline{\boldsymbol{T}}$ reell wegen $\boldsymbol{T} = \overline{\overline{\boldsymbol{T}}}$. □

Achtung! Ist $\boldsymbol{T}$ ein reeller Unterraum, so ist nur für $\boldsymbol{T} = \{\boldsymbol{o}\}$ jeder Vektor von $\boldsymbol{T}$ ein reeller Vektor; andernfalls gibt es mindestens einen Vektor $\boldsymbol{a} \in \boldsymbol{T} \cap (\boldsymbol{V} \setminus \{\boldsymbol{o}\})$, und $i\boldsymbol{a} \in \boldsymbol{T}$ ist ein nicht reeller Vektor.

Beispiele 8.8.12 Wir betrachten den Vektorraum $(\mathbb{R}^{3\times 1})_{\mathbb{C}} = \mathbb{C}^{3\times 1}$.

1. Sei $\boldsymbol{T} = [\{(i, 2+i, 1)^{\mathrm{T}}, (-i, 2-i, 1)^{\mathrm{T}}\}]_{\mathbb{C}}$. Da die gegebenen Vektoren konjugiert komplex sind, ist $\boldsymbol{T}$ ein reeller Unterraum. Nach (8.13) oder (einfacher) durch koordinatenweise Zerlegung des ersten gegebenen Vektors in Real- und Imaginärteil erhalten wir
$$\boldsymbol{T} = [\{(0,4,2)^{\mathrm{T}}, (2,2,0)^{\mathrm{T}}\}]_{\mathbb{C}} = [\{(0,2,1)^{\mathrm{T}}, (1,1,0)^{\mathrm{T}}\}]_{\mathbb{C}}.$$
2. Sei $\boldsymbol{T} := [\{(1,0,0)^{\mathrm{T}}, (1,1,i)^{\mathrm{T}}\}]_{\mathbb{C}}$. Wegen
$$\overline{\boldsymbol{T}} = [\{(1,0,0)^{\mathrm{T}}, (1,1,-i)^{\mathrm{T}}\}]_{\mathbb{C}} \neq \boldsymbol{T}$$
ist $\boldsymbol{T}$ kein reeller Unterraum. Reelle Unterräume sind hingegen
$$\boldsymbol{T} + \overline{\boldsymbol{T}} = \mathbb{C}^{3\times 1} \quad \text{und} \quad \boldsymbol{T} \cap \overline{\boldsymbol{T}} = [(1,0,0)^{\mathrm{T}}]_{\mathbb{C}}.$$

Bemerkung 8.8.13 Ist für $\dim \boldsymbol{V} = n < \infty$ eine Determinantenform $\Delta : \boldsymbol{V}^n \to \mathbb{R}$ gegeben, so folgt analog zu Satz 8.8.7 die Existenz genau einer Determinantenform $\Delta_{\mathbb{C}} : \boldsymbol{V}_{\mathbb{C}}^n \to \mathbb{C}$, die Δ nach $\boldsymbol{V}_{\mathbb{C}}$ fortsetzt. Es ist $\Delta_{\mathbb{C}}$ genau dann trivial, falls Δ trivial ist.

Aufgaben

A 8.8.1 Im Vektorraum $\mathbb{R}_{\mathbb{C}}^{4\times 1} = \mathbb{C}^{4\times 1}$ seien folgende Vektoren gegeben:

$$\boldsymbol{a} = (i-1, 0, i, i-1)^{\mathrm{T}}, \quad \boldsymbol{b} = (0, i-1, -1, 0)^{\mathrm{T}}, \quad \boldsymbol{c} = (1+i, 2, 1, 1+i)^{\mathrm{T}}, \quad \boldsymbol{d} = (1, -i, 0, 1)^{\mathrm{T}}.$$

Wir setzen $\boldsymbol{U} := [\{\boldsymbol{a}, \boldsymbol{b}\}]_{\mathbb{C}}$ und $\boldsymbol{T} := [\{\boldsymbol{c}, \boldsymbol{d}\}]_{\mathbb{C}}$. Zeige $\overline{\boldsymbol{U}} = \boldsymbol{T}$ und gib aus reellen Vektoren bestehende Basen von $\boldsymbol{U} + \boldsymbol{T}$ und $\boldsymbol{U} \cap \boldsymbol{T}$ an. Ist $\boldsymbol{U}$ ein reeller Unterraum?

A 8.8.2 Diskutiere mit Hilfe des Dimensionssatzes in $\mathbb{R}_{\mathbb{C}}^{6\times 1} = \mathbb{C}^{6\times 1}$ die mögliche Lage eines Unterraumes $\boldsymbol{U}$ ($\dim \boldsymbol{U} = 3$ oder $\dim \boldsymbol{U} = 4$) zu seinem konjugiert komplexen Unterraum $\overline{\boldsymbol{U}}$. Belege alle tatsächlich auftretenden Fälle durch je ein Beispiel.

A 8.8.3 Ist $\boldsymbol{V}$ ein Vektorraum über $\mathbb{C}$ und $\boldsymbol{B} = (\boldsymbol{b}_j)_{j\in J}$ eine Basis von $\boldsymbol{V}$, so definieren wir

$$[\boldsymbol{B}]_{\mathbb{R}} := \Big\{ \sum_{j\in J} x_j \boldsymbol{b}_j \mid x_j \in \mathbb{R} \text{ für alle } j \in J \Big\}.$$

(a) Beweise: $[\boldsymbol{B}]_{\mathbb{R}}$ ist mit den von $(\boldsymbol{V}, \mathbb{C})$ stammenden Operationen ein Vektorraum über $\mathbb{R}$; weiters ist $\boldsymbol{B}$ eine Basis von $[\boldsymbol{B}]_{\mathbb{R}}$.

(b) Gib eine lineare Bijektion der komplexen Erweiterung von $[\boldsymbol{B}]_{\mathbb{R}}$ auf $\boldsymbol{V}$ an.

(c) Illustriere die Konstruktion für $\boldsymbol{V} = \mathbb{C}$ in der Gaußschen Zahlenebene und beschreibe dort $[\boldsymbol{B}]_{\mathbb{R}}$ für alle Basen $\boldsymbol{B}$.

Bemerkung: Da diese Konstruktion die komplexe Erweiterung umkehrt, wird $[\boldsymbol{B}]_{\mathbb{R}}$ ein *reeller Ausschnitt* des komplexen Vektorraumes $\boldsymbol{V}$ genannt. Es hängt $[\boldsymbol{B}]_{\mathbb{R}}$ aber von der Auswahl der Basis $\boldsymbol{B}$ ab.

A 8.8.4 Ist $\boldsymbol{V}$ ein Vektorraum über $\mathbb{C}$, so können wir $\boldsymbol{V}$ mit den von $(\boldsymbol{V}, \mathbb{C})$ stammenden Operationen auch als Vektorraum über $\mathbb{R}$ auffassen. Bestimme aus einer Basis von $(\boldsymbol{V}, \mathbb{C})$ eine Basis von $(\boldsymbol{V}, \mathbb{R})$ und zeige $2 \cdot \dim(\boldsymbol{V}, \mathbb{C}) = \dim(\boldsymbol{V}, \mathbb{R})$, falls $\dim \boldsymbol{V} < \infty$. Illustriere die Konstruktion für $\boldsymbol{V} = \mathbb{C}$ in der Gaußschen Zahlenebene.
Bemerkung: Das ist *nicht* die Umkehrung der komplexen Erweiterung.

A 8.8.5 Zeige, dass es eine Abbildung $f \in \mathrm{L}(\mathbb{R}^{3\times 1}, \mathbb{R}^{3\times 1})$ gibt, deren komplexe Fortsetzung $f_{\mathbb{C}}$ die Vektoren $(1, 1, -1)^{\mathrm{T}}$, $(0, 1, i)^{\mathrm{T}}$, $(0, 1, -i)^{\mathrm{T}}$ als Eigenvektoren zu den Eigenwerten 0, i bzw. $-i$ besitzt. Gib die Koordinatenmatrix $\langle \boldsymbol{E}^*, f(\boldsymbol{E})\rangle$ an, wo $\boldsymbol{E}$ die kanonische Basis von $\mathbb{R}^{3\times 1}$ bezeichnet. Wie lauten die charakteristischen Polynome der Abbildungen f und $f_{\mathbb{C}}$?

8.9 Die reelle Normalform von Jordan

8.9.1 Zum Abschluss dieses Kapitels untersuchen wir die linearen Abbildungen eines n-dimensionalen Vektorraumes $\boldsymbol{V}$ über $\mathbb{R}$ mit $n < \infty$. Falls das charakteristische Polynom einer Abbildung $f \in \mathrm{L}(\boldsymbol{V}, \boldsymbol{V})$ über $\mathbb{R}$ nicht in Linearfaktoren zerfällt, betrachten wir die komplexe Erweiterung $\boldsymbol{V}_{\mathbb{C}}$ des Vektorraumes $\boldsymbol{V}$. Wir führen das Problem, eine Normalform unter den Koordinatenmatrizen von $f \in \mathrm{L}(\boldsymbol{V}, \boldsymbol{V})$ anzugeben, auf die lineare komplexe Fortsetzung $f_{\mathbb{C}}$ von f zurück. Das gestattet die Anwendung der Ergebnisse aus Abschnitt 8.7. Im Folgenden denken wir uns $\mathbb{R}[X]$ immer in natürlicher Weise in $\mathbb{C}[X]$ eingebettet.

Satz 8.9.2 *Sei $f \in \mathrm{L}(\boldsymbol{V}, \boldsymbol{V})$. Für die lineare komplexe Fortsetzung von f gilt:*

(a) *Die Abbildungen f und $f_{\mathbb{C}}$ haben dasselbe charakteristische Polynom.*

(b) *Ist $t \in \mathbb{R}$ Eigenwert von f, so ist t auch Eigenwert von $f_{\mathbb{C}}$. Sind ferner $m \in \mathbb{N}$ und $\boldsymbol{U}$ der Unterraum aller Hauptvektoren von f zum Eigenwert t mit Stufe $\leq m$, so ist $[\boldsymbol{U}]_{\mathbb{C}}$ der Unterraum aller Hauptvektoren von $f_{\mathbb{C}}$ zum Eigenwert t mit Stufe $\leq m$.*

(c) *Ist $u \in \mathbb{C} \setminus \mathbb{R}$ Eigenwert von $f_{\mathbb{C}}$, so ist auch die konjugiert komplexe Zahl $\overline{u}$ Eigenwert von $f_{\mathbb{C}}$. Ist ferner $\boldsymbol{d} \in \boldsymbol{V}_{\mathbb{C}}$ ein Hauptvektor von $f_{\mathbb{C}}$ zum Eigenwert u, so ist $\overline{\boldsymbol{d}}$ Hauptvektor von $f_{\mathbb{C}}$ derselben Stufe zum Eigenwert $\overline{u}$.*

Beweis. Die Gültigkeit der Aussagen in (a), (b) und (c) ergibt sich aus Satz 8.8.9, $\mathbb{R}[X] \subset \mathbb{C}[X]$ sowie durch Nachrechnen unter Benützung der Ergebnisse aus dem Beweis von Satz 8.2.12 über die Nullstellen reeller Polynome. □

8.9.3 Wir untersuchen zunächst den Sonderfall, dass $f_{\mathbb{C}}$ genau zwei verschiedene Eigenwerte $u, \overline{u} \in \mathbb{C} \setminus \mathbb{R}$ hat, deren geometrische Vielfachheit 1 beträgt. Sei $\boldsymbol{V}_{\mathbb{C}, f_{\mathbb{C}}}(u) =: \boldsymbol{T}(u)$ der zum Eigenwert u gehörige Hauptraum von $f_{\mathbb{C}}$. In der Jordan-Normalform von $f_{\mathbb{C}}$ gibt es dann genau eine Jordan-Matrix $J_m(u)$; dazu gehört eine Basis $(\boldsymbol{c}_1, \boldsymbol{c}_2, \ldots, \boldsymbol{c}_m)$ von $\boldsymbol{T}(u)$. Wenden wir auf $\boldsymbol{T}(u)$ die Spiegelung $\overline{(\mathrm{id}_V)_{\mathbb{C}}}$ an, so erhalten wir mit $\overline{\boldsymbol{T}(u)}$ den Hauptraum zu $\overline{u}$. Die Einschränkung

$$f_{\mathbb{C}} \mid \overline{\boldsymbol{T}(u)} : \overline{\boldsymbol{T}(u)} \to \overline{\boldsymbol{T}(u)}$$

besitzt bezüglich $(\overline{\boldsymbol{c}}_1, \overline{\boldsymbol{c}}_2, \ldots, \overline{\boldsymbol{c}}_m)$ die Jordan-Matrix $J_m(\overline{u})$ als Koordinatenmatrix. Daher ist $\boldsymbol{V}_{\mathbb{C}} = \boldsymbol{T}(u) \oplus \overline{\boldsymbol{T}(u)}$, und $\boldsymbol{C} := (\boldsymbol{c}_1, \boldsymbol{c}_2, \ldots, \boldsymbol{c}_m, \overline{\boldsymbol{c}}_1, \overline{\boldsymbol{c}}_2, \ldots, \overline{\boldsymbol{c}}_m)$ ist eine Basis von $\boldsymbol{V}_{\mathbb{C}}$. Für

$$u =: a + ib \quad (a, b \in \mathbb{R})$$

können wir $b > 0$ voraussetzen; andernfalls vertauschen wir u mit $\overline{u}$. Für alle $j \in \{1, 2, \ldots, m\}$ sind die Vektoren

$$\begin{aligned} \boldsymbol{d}_j &:= i(\overline{\boldsymbol{c}}_j - \boldsymbol{c}_j) = \overline{i}(\overline{\overline{\boldsymbol{c}}}_j - \overline{\boldsymbol{c}}_j) = 2 \cdot \operatorname{Im} \boldsymbol{c}_j, \\ \boldsymbol{d}_{m+j} &:= \boldsymbol{c}_j + \overline{\boldsymbol{c}}_j = \overline{\boldsymbol{c}}_j + \overline{\overline{\boldsymbol{c}}}_j = 2 \cdot \operatorname{Re} \boldsymbol{c}_j \end{aligned}$$

reell; vgl. (8.13). Ferner gilt

$$2\boldsymbol{c}_j = i\boldsymbol{d}_j + \boldsymbol{d}_{m+j}, \qquad 2\overline{\boldsymbol{c}}_j = -i\boldsymbol{d}_j + \boldsymbol{d}_{m+j}.$$

Daher liegt mit $\boldsymbol{D} := (\boldsymbol{d}_1, \boldsymbol{d}_2, \ldots, \boldsymbol{d}_{2m})$ eine Basis von $\boldsymbol{V}$ vor. Wir haben die (nicht reellen) Transformationsmatrizen

$$\langle \boldsymbol{D}^*, \boldsymbol{C} \rangle = \frac{1}{2} \begin{pmatrix} iE_m & -iE_m \\ E_m & E_m \end{pmatrix} \text{ und } \langle \boldsymbol{C}^*, \boldsymbol{D} \rangle = \begin{pmatrix} -iE_m & E_m \\ iE_m & E_m \end{pmatrix}.$$

Die Koordinatenmatrix von f bezüglich $\boldsymbol{D}$ berechnet sich dann zu

$$\langle \boldsymbol{D}^*, \boldsymbol{C} \rangle \cdot \begin{pmatrix} J_m(u) & 0 \\ 0 & J_m(\overline{u}) \end{pmatrix} \cdot \langle \boldsymbol{C}^*, \boldsymbol{D} \rangle = \begin{pmatrix} J_m(a) & -bE_m \\ bE_m & J_m(a) \end{pmatrix}.$$

8.9.4 Die obige Koordinatentransformation führt uns zu folgender Definition: Sei $u = a+ib \in \mathbb{C}$ mit[25] $a, b \in \mathbb{R}$, $b > 0$, und sei ferner $m \geq 1$. Eine Matrix der Form

$$J_{2m}(u, \overline{u}) := \begin{pmatrix} J_m(a) & -bE_m \\ bE_m & J_m(a) \end{pmatrix} \in \mathbb{R}^{2m \times 2m} \tag{8.14}$$

heißt eine *reelle Jordan-Matrix* oder auch ein *reelles Jordan-Kästchen*. Die Abbildungen 8.3 und 8.4 illustrieren lineare Selbstabbildungen f_1 bzw. f_2 eines 2-dimensionalen Unterraumes von $\boldsymbol{V}_O$, die bezüglich einer Basis $(\boldsymbol{c}_1, \boldsymbol{c}_2)$ durch die reellen Jordan-Matrizen $J_2(i, -i)$ bzw. $J_2(1+i, 1-i)$ beschrieben werden.

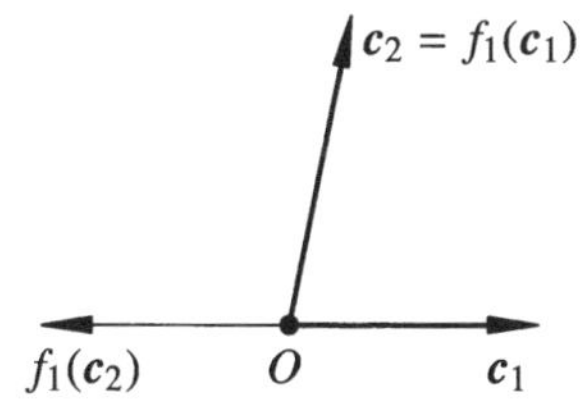

Abbildung 8.3

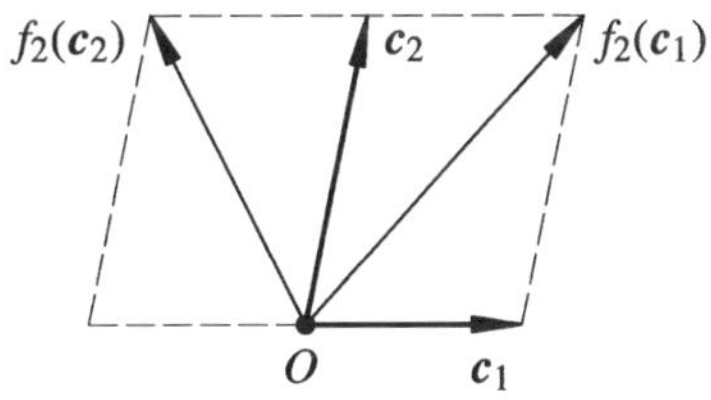

Abbildung 8.4

Satz 8.9.5 *Sei $\chi_f(X) = (-1)^n(X^2 + b_1X + b_0)^l$ das charakteristische Polynom von $f \in \mathrm{L}(\boldsymbol{V}, \boldsymbol{V})$ mit $l \geq 1$, wobei das Polynom $X^2 + b_1X + b_0$ die Nullstellen $u, \overline{u} \in \mathbb{C} \setminus \mathbb{R}$ habe mit* $\operatorname{Im} u > 0$. *Dann gilt:*

[25] Die Forderung $b > 0$ dient nur dazu, um später eine weitgehend eindeutige Normalform zu erhalten.

(a) *Es gibt mindestens eine Basis* $\boldsymbol{D}$ *von* $\boldsymbol{V}$ *so, dass die Koordinatenmatrix* $\langle \boldsymbol{D}^*, f(\boldsymbol{D})\rangle$ *eine Block-Diagonalmatrix der Form*

$$\operatorname{diag}(\underbrace{J_{2m_1}(u,\overline{u}),\ldots,J_{2m_1}(u,\overline{u})}_{k_1\geq 1},\ldots,\underbrace{J_{2m_p}(u,\overline{u}),\ldots,J_{2m_p}(u,\overline{u})}_{k_p\geq 1}) \tag{8.15}$$

ist, wobei $m_1 > m_2 > \cdots > m_p \geq 1$.

(b) *Ist* A' *eine Koordinatenmatrix von* f *in Form einer aus reellen Jordan-Matrizen aufgebauten Block-Diagonalmatrix, so unterscheidet sich* A' *von der in* (8.15) *angegebenen Matrix höchstens in der Reihenfolge der auftretenden reellen Jordan-Matrizen.*

Beweis. (a) Der zum Eigenwert $u \in \mathbb{C}\setminus\mathbb{R}$ gehörige Hauptraum von $f_{\mathbb{C}}$ besitzt eine im Beweis von Satz 8.7.7 beschriebene Darstellung als direkte Summe $f_{\mathbb{C}}$-invarianter Unterräume $\boldsymbol{T}_r(u)$, wobei mit den dort gewählten Bezeichnungen $r \in \{1,2,\ldots,k_1+k_2+\ldots+k_p\}$ gilt. Wählen wir einen Index r fest aus, so besitzt

$$f_{\mathbb{C}}|\boldsymbol{T}_r(u) : \boldsymbol{T}_r(u) \to \boldsymbol{T}_r(u)$$

bezüglich einer Basis $(\boldsymbol{c}_{r1},\boldsymbol{c}_{r2},\ldots,\boldsymbol{c}_{rm_q})$ von $\boldsymbol{T}_r$ eine Jordan-Matrix $J_{m_q}(u)$ als Koordinatenmatrix für ein $q \in \{1,2,\ldots,p\}$. Wir bilden nun diesen Unterraum $\boldsymbol{T}_r(u)$ unter der Spiegelung $\overline{(\mathrm{id}_V)_{\mathbb{C}}}$ ab. (Wenn wir dies für alle r durchführen, ergibt sich eine analoge Zerlegung des Hauptraumes von $f_{\mathbb{C}}$ zum Eigenwert $\overline{u}$.) Auf die direkte Summe

$$\boldsymbol{T}_r(u) \oplus \overline{\boldsymbol{T}_r(u)}$$

und die Basis $(\boldsymbol{c}_{r1},\boldsymbol{c}_{r2},\ldots,\boldsymbol{c}_{rm_q})$ wenden wir nun die Basistransformation aus 8.9.3 an. Das liefert eine aus reellen Vektoren bestehende Basis $(\boldsymbol{d}_{r1},\boldsymbol{d}_{r2},\ldots,\boldsymbol{d}_{r,2m_q})$ von $\boldsymbol{T}_r(u)\oplus\overline{\boldsymbol{T}_r(u)}$ sowie eine reelle Jordan-Matrix $J_{2m_q}(u,\overline{u})$.

Fassen wir die derart für alle $r \in \{1,2,\ldots,k_1+k_2+\ldots+k_p\}$ erklärten Basen in richtiger Reihenfolge zu einer Basis $\boldsymbol{D}$ von $\boldsymbol{V}$ zusammen, so hat $\langle \boldsymbol{D}^*, f(\boldsymbol{D})\rangle$ die gewünschte Form.

(b) Beide Matrizen sind über $\mathbb{C}$ ähnlich zur selben Matrix in Jordan-Normalform. Durch Umkehrung der Überlegungen aus 8.9.3 ergibt sich, dass jedes reelle Jordan-Kästchen von A' auf zwei Jordan-Kästchen über $\mathbb{C}$ zu konjugiert komplexen Eigenwerten führt. Die Behauptung folgt nun aus Satz 8.7.7. □

Nun geben wir eine Zerlegung von $\boldsymbol{V}$ in eine direkte Summe f-invarianter Unterräume an:

Satz 8.9.6 *Sei* $f \in \mathrm{L}(\boldsymbol{V},\boldsymbol{V})$. *Wir schreiben das charakteristische Polynom von* $f_{\mathbb{C}}$ *in der Form*

$$\chi_{f_{\mathbb{C}}}(X) = (-1)^n\Big(\prod_{h=1}^{r}(X-t_h)^{n_h}\Big)\Big(\prod_{j=1}^{s}(X-u_j)^{l_j}(X-\overline{u}_j)^{l_j}\Big),$$

wobei $t_1,t_2,\ldots,t_r$ *die* r *verschiedenen reellen Eigenwerte und* $u_1,\overline{u}_1,u_2,\overline{u}_2,\ldots,u_s,\overline{u}_s$ *die* $2s$ *verschiedenen nicht reellen Eigenwerte von* $f_{\mathbb{C}}$ *sind. Dann besitzt* $\boldsymbol{V}$ *eine Darstellung als direkte Summe*

$$\boldsymbol{V} = \Big(\bigoplus_{h=1}^{r}\boldsymbol{V}_f(t_h)\Big)\oplus\Big(\bigoplus_{j=1}^{s}\boldsymbol{V}_f(u_j,\overline{u}_j)\Big).$$

Dabei bezeichnet $\boldsymbol{V}_f(u_j,\overline{u}_j)$ *für* $j \in \{1,2,\ldots,s\}$ *jenen* f*-invarianten Unterraum von* $\boldsymbol{V}$, *der alle Vektoren enthält, die eine beliebige Potenz des reellen Polynoms* $X^2-(u_j+\overline{u}_j)X+u_j\overline{u}_j$ *als Minimalpolynom bezüglich* f *besitzen.*

Beweis. Wir wenden Satz 8.7.9 auf $f_\mathbb{C}$ an. Für jeden Hauptraum von $f_\mathbb{C}$ zu einem Eigenwert $u_j \in \mathbb{C} \setminus \mathbb{R}$ ist der konjugiert komplexe Unterraum der Hauptraum von $f_\mathbb{C}$ zum Eigenwert $\overline{u}_j$. Die direkte Summe $V_{\mathbb{C},f_\mathbb{C}}(u_j) \oplus V_{\mathbb{C},f_\mathbb{C}}(\overline{u}_j)$ ist ein reeller $f_\mathbb{C}$-invarianter Unterraum, dessen Elemente dadurch gekennzeichnet sind, dass ihr Minimalpolynom bezüglich $f_\mathbb{C}$ die Form

$$(X - u_j)^m (X - \overline{u}_j)^{m'} \quad \text{mit} \quad m, m' \in \mathbb{N}$$

besitzt. Das Minimalpolynom eines reellen Vektors aus $V_{\mathbb{C},f_\mathbb{C}}(u_j) \oplus V_{\mathbb{C},f_\mathbb{C}}(\overline{u}_j)$ ist notwendig reell und hat damit die Bauart

$$(X - u_j)^m (X - \overline{u}_j)^m = (X^2 - (u_j + \overline{u}_j)X + u_j\overline{u}_j)^m \quad \text{mit} \quad m \in \mathbb{N}.$$

Die Menge der reellen Vektoren von $V_{\mathbb{C},f_\mathbb{C}}(u_j) \oplus V_{\mathbb{C},f_\mathbb{C}}(\overline{u}_j)$ ist daher der Unterraum $V_f(u_j, \overline{u}_j) \subset V$. Der Rest ist klar. □

Satz 8.9.7 (Reelle Jordan-Normalform) *Sei* $f \in \mathrm{L}(V, V)$. *Wir schreiben das charakteristische Polynom von* $f_\mathbb{C}$ *in der Form*

$$\chi_{f_\mathbb{C}}(X) = (-1)^n \Big(\prod_{h=1}^{r} (X - t_h)^{n_h} \Big) \Big(\prod_{j=1}^{s} (X - u_j)^{l_j} (X - \overline{u}_j)^{l_j} \Big),$$

wobei $t_1, t_2, \ldots, t_r$ *die* r *verschiedenen reellen Eigenwerte und* $u_1, \overline{u}_1, u_2, \overline{u}_2, \ldots, u_s, \overline{u}_s$ *die* $2s$ *verschiedenen nicht reellen Eigenwerte von* $f_\mathbb{C}$ *sind mit* $\operatorname{Im} u_j > 0$. *Dann gilt:*

(a) *Es gibt mindestens eine Basis* D *von* V *so, dass die Koordinatenmatrix* $\langle D^*, f(D) \rangle$ *eine Block-Diagonalmatrix der Form*

$$\operatorname{diag}(C_1, C_2, \ldots, C_r, D_1, D_2, \ldots, D_s) \tag{8.16}$$

ist. Dabei ist für jedes $h \in \{1, 2, \ldots, r\}$ *die Matrix* C_h *selbst eine* $n_h \times n_h$ *Block-Diagonalmatrix, die gemäß* (8.10) *aus Jordan-Matrizen zum reellen Eigenwert* t_h *aufgebaut ist; ferner ist für jedes* $j \in \{1, 2, \ldots, s\}$ *die Matrix* D_j *selbst eine* $2l_j \times 2l_j$ *Block-Diagonalmatrix, die gemäß* (8.15) *aus reellen Jordan-Matrizen zu den konjugiert komplexen Eigenwerten* $u_j, \overline{u}_j$ *aufgebaut ist.*

(b) *Ist* $\operatorname{diag}(C', D')$ *eine Koordinatenmatrix von* f *in Form einer aus Jordan Matrizen aufgebauten Block-Diagonalmatrix* C' *und einer aus reellen Jordan-Matrizen aufgebauten Block-Diagonalmatrix* D', *so unterscheidet sich* $\operatorname{diag}(C', D')$ *von der oben angegebenen Matrix höchstens in der Reihenfolge der auftretenden Jordan-Matrizen bzw. reellen Jordan-Matrizen.*

Beweis. (a) Auf jeden der Haupträume $V_f(t_h)$ kann Satz 8.7.7 und auf jeden der f-invarianten Unterräume $V_f(u_j, \overline{u}_j)$ kann Satz 8.9.5 angewendet werden. Das liefert die Existenz einer Koordinatenmatrix mit der gewünschten Bauart.

(b) Beide Matrizen sind über $\mathbb{C}$ ähnlich zur selben Matrix in Jordan-Normalform. Durch Umkehrung der Überlegungen aus 8.9.3 ergibt sich, dass jedes reelle Jordan-Kästchen von D' über $\mathbb{C}$ auf zwei Jordan-Kästchen zu konjugiert komplexen Eigenwerten führt. Die Behauptung folgt nun aus Satz 8.7.10. □

Die in (8.16) genannte Matrix hat *reelle Jordan-Normalform*. Unter den Voraussetzungen von Satz 8.9.7 sind mit $f \in \mathrm{L}(V, V)$ folgende Zahlen bzw. Zahlenpaare mitbestimmt:

- Die Anzahl r der reellen Nullstellen $t_1, t_2, \ldots, t_r$ des charakteristischen Polynoms von f.

- Die algebraischen Vielfachheiten $n_1, n_2, \ldots, n_r$ dieser Nullstellen, die zugleich die Dimensionen der zugehörigen Haupträume sind.
- Für jeden Hauptraum $V_f(t_h)$, $h \in \{1, 2, \ldots, r\}$, jene Zahl, die angibt, wie viele verschiedene Größen die Matrizen $J_*(t_h)$ in der Jordan-Normalform haben; ferner jene Zahlenpaare, welche die Anzahl und Zeilenanzahl der auftretenden Jordan-Matrizen $J_*(t_h)$ angeben. Vgl. die analogen Überlegungen in 8.7.10.
- Die Anzahl $2s$ der verschiedenen nicht reellen Nullstellen $u_1, \overline{u}_1, u_2, \overline{u}_2, \ldots, u_s, \overline{u}_s$ des charakteristischen Polynoms von $f_{\mathbb{C}}$.
- Die algebraischen Vielfachheiten $l_1, l_2, \ldots, l_s$ je zweier konjugiert komplexen Nullstellen. Dann ist $2l_j$ die Dimension des f-invarianten Unterraumes $V_f(u_j, \overline{u}_j)$, $j \in \{1, 2, \ldots, s\}$.
- Für jeden Unterraum $V_f(u_j, \overline{u}_j)$, $j \in \{1, 2, \ldots, s\}$, jene Zahl, die angibt, wie viele verschiedene Größen die Matrizen $J_{2*}(u_j, \overline{u}_j)$ in der reellen Jordan-Normalform haben; ferner jene Zahlenpaare, welche die Anzahl und die Zeilenanzahl der auftretenden reellen Jordan-Matrizen $J_{2*}(u_j, \overline{u}_j)$ angeben.

Die zuletzt genannten Zahlenpaare ergeben sich unmittelbar aus den betreffenden Daten für die Jordan-Normalform der komplexen Fortsetzung $f_{\mathbb{C}}$.

Satz 8.9.8 *Jede Matrix $A \in \mathbb{R}^{n \times n}$ ist ähnlich zu einer Matrix in reeller Jordan-Normalform. Zwei Matrizen aus $\mathbb{R}^{n \times n}$ sind genau dann ähnlich, falls sie beide ähnlich zur selben Matrix in reeller Jordan-Normalform sind.*

Beweis. Folgt aus Satz 8.9.7. □

In Analogie zu Satz 8.7.14 gilt nun für reelle Vektorräume:

Satz 8.9.9 *Zwei Abbildungen $f_1, f_2 \in \mathrm{L}(V, V)$ sind genau dann linear konjugiert, falls ihre Koordinatenmatrizen in reeller Jordan-Normalform übereinstimmen.*

Damit ist auch die Klassifikation der linearen Abbildungen $V \to V$ gegeben.

Beispiel 8.9.10 Wir schreiben für $n \leq 4$ die Matrizen in reeller Jordan-Normalform an. Dabei seien $t, t_1, t_2, t_3, a, b \in \mathbb{R}$ mit $b > 0$:

$$(), \quad (t), \quad \begin{pmatrix} t_1 & \\ & t_2 \end{pmatrix}, \quad \begin{pmatrix} t & 1 \\ 0 & t \end{pmatrix}, \quad \begin{pmatrix} a & -b \\ b & a \end{pmatrix},$$

$$\begin{pmatrix} t_1 & & \\ & t_2 & \\ & & t_3 \end{pmatrix}, \quad \begin{pmatrix} t_1 & & \\ & t_2 & 1 \\ & 0 & t_2 \end{pmatrix}, \quad \begin{pmatrix} t & & \\ & a & -b \\ & b & a \end{pmatrix}, \quad \begin{pmatrix} t & 1 & 0 \\ 0 & t & 1 \\ 0 & 0 & t \end{pmatrix}.$$

Bei $n = 4$ treten dann außer jenen Matrizen, die sich aus den bereits angeschriebenen Matrizen in Form einer Block-Diagonalmatrix zusammensetzen lassen, noch die Matrizen

$$\begin{pmatrix} t & 1 & 0 & 0 \\ 0 & t & 1 & 0 \\ 0 & 0 & t & 1 \\ 0 & 0 & 0 & t \end{pmatrix}, \quad \begin{pmatrix} a & 1 & -b & 0 \\ 0 & a & 0 & -b \\ b & 0 & a & 1 \\ 0 & b & 0 & a \end{pmatrix}$$

auf. In jedem Falle ist ferner zu berücksichtigen, dass etwa $t_1 = t_2$ gelten kann.

Aufgaben

A 8.9.1 Sei $\boldsymbol{V}$ ein vierdimensionaler Vektorraum über $\mathbb{R}$. Eine Abbildung $f \in \mathrm{L}(\boldsymbol{V}, \boldsymbol{V})$ besitzt bezüglich einer Basis $\boldsymbol{B}$ von $\boldsymbol{V}$ die folgende Koordinatenmatrix $\langle \boldsymbol{B}^*, f(\boldsymbol{B}) \rangle$:

$$(\alpha) \begin{pmatrix} 3 & -1 & 1 & -7 \\ 9 & -3 & -7 & -1 \\ 0 & 0 & 4 & -9 \\ 0 & 0 & 2 & -4 \end{pmatrix}, \quad (\beta) \begin{pmatrix} 2 & 1 & -1 & 0 \\ 0 & 1 & -1 & 0 \\ 2 & 1 & -1 & 0 \\ 0 & 2 & -1 & -1 \end{pmatrix}, \quad (\gamma) \begin{pmatrix} 2 & 3 & 1 & -3 \\ -2 & 0 & 0 & 2 \\ 2 & 1 & 0 & -2 \\ 0 & 2 & 1 & -1 \end{pmatrix}.$$

(a) Bestimme das charakteristische Polynom und das Minimalpolynom von f sowie $f_{\mathbb{C}}$.

(b) Gib eine zu $\langle \boldsymbol{B}^*, f(\boldsymbol{B}) \rangle$ ähnliche komplexe Matrix in Jordan-Normalform sowie eine zu $\langle \boldsymbol{B}^*, f(\boldsymbol{B}) \rangle$ ähnliche Matrix in reeller Jordan-Normalform an.

(c) Ermittle eine Basis $\boldsymbol{D}$ von $\boldsymbol{V}$ so, dass $\langle \boldsymbol{D}^*, f(\boldsymbol{D}) \rangle$ reelle Jordan-Normalform besitzt.

A 8.9.2 Die Menge der Fixpunkte und Fixgeraden einer Kollineation einer projektiven Ebene bildet deren *Fixfigur*. Zeige, dass für jede nicht identische Kollineation κ einer reellen projektiven Ebene $\mathcal{P}(\boldsymbol{V})$ genau eine der in Abbildung 8.5 schematisch dargestellten Fixfiguren auftritt. Dabei steht jeder Punkt für

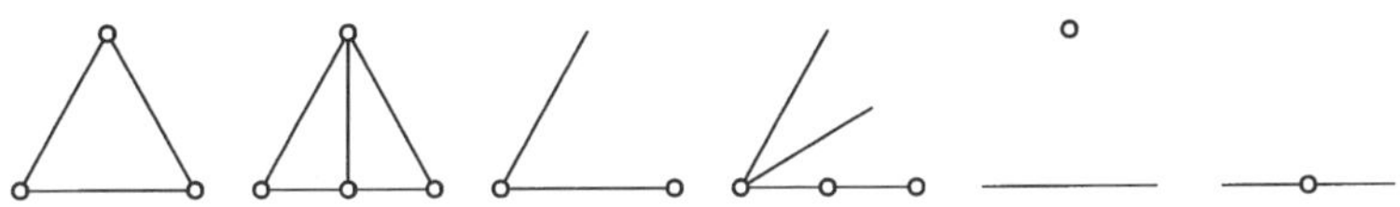

Abbildung 8.5

einen Fixpunkt und jede Gerade für eine Fixgerade. Drei kollineare Punkte bedeuten, dass alle Punkte der Geraden fest bleiben.[26] Drei kopunktale Geraden bedeuten, dass alle Geraden durch diesen Punkt fest bleiben.
Anleitung: Setze $\kappa = \mathcal{P}(f)$ und wähle für f eine Koordinatenmatrix in reeller Jordan-Normalform.

A 8.9.3 Skizziere analog zu A 8.9.2 eine vollständige Liste der Fixfiguren für nicht-identische Affinitäten einer reellen affinen Ebene, die einen Fixpunkt besitzen. Dabei tritt auch der Fall ein, dass alle Geraden fest bleiben, die zu einer Geraden parallel sind (Symbol: |||). Überlege weiters, wie sich für jede solche Affinität α die Fortsetzung zu einer projektiven Kollineation κ in die Liste aus A 8.9.2 einordnet. Welche Bedeutung hat ein Fernfixpunkt von κ für die Affinität α?
Anleitung: Wähle ein affines Koordinatensystem mit einem Fixpunkt von α als Ursprung und gehe dann wie in A 8.9.2 vor.

A 8.9.4 Führe die in A 8.9.3 formulierte Aufgabe für fixpunktfreie Affinitäten einer reellen affinen Ebene durch.
Anleitung: Wähle dabei ein Koordinatensystem $(\boldsymbol{u}, \boldsymbol{u} + \boldsymbol{B})$ so, dass $\langle \boldsymbol{B}^*, f(\boldsymbol{B}) \rangle$ reelle Jordan-Normalform hat, und gib dann „passende" Translationsvektoren an. Vgl. 6.3.4 Beispiel 4.

[26]Eine solche Gerade wird als *Fixpunktgerade* bezeichnet.

Kapitel 9

Sesquilinearformen

Die semilinearen (bzw. linearen) Abbildungen eines Vektorraumes in seinen Dualraum entsprechen in bijektiver Weise den Sesquilinearformen (bzw. Bilinearformen) auf diesem Vektorraum, womit sich die Sesquilinearformen früheren Ergebnissen unterordnen. Jede Sesquilinearform bestimmt eine Orthogonalitätsrelation für Vektoren; wir beschränken uns auf den Fall, dass diese Relation symmetrisch ist. Solche Formen heißen orthosymmetrisch. Wir bestimmen alle orthosymmetrischen Sesquilinearformen. Ferner untersuchen wir die Orthogonalität von Unterräumen. Eine große Rolle spielt dabei das Radikal des Vektorraumes, das ist der Unterraum jener Vektoren, die auf alle anderen Vektoren orthogonal sind. Bei einer radikalfreien Form besteht das Radikal nur aus dem Nullvektor. Derartige Formen werden in Kapitel 11 weiter untersucht.

Jede symmetrische Bilinearform bestimmt eine quadratische Form, bei einem Skalarkörper mit Charakteristik ungleich zwei gilt das auch umgekehrt.

Die Klassifikation der orthosymmetrischen Sesquilinearformen ist bei endlicher Dimension in manchen Fällen möglich. Wir behandeln insbesondere alternierende Bilinearformen über beliebigen Körpern sowie symmetrische Bilinearformen und hermitesche Sesquilinearformen über $\mathbb{R}$ bzw. $\mathbb{C}$. Die Klassifikation der beiden letztgenannten Typen stützt sich auf den Begriff der Signatur. Als Seitenstück über Matrizen erhalten wir so den Trägheitssatz von Sylvester.

9.1 Elementare Skalarprodukte

9.1.1 Im Vektorraum V_O ist nach Auszeichnung eines Vektors $\boldsymbol{e} \neq \boldsymbol{o}$, er entspricht der Vorgabe einer Maßeinheit, für je zwei Vektoren $\boldsymbol{a}, \boldsymbol{b}$ ein *Skalarprodukt*[1] erklärt; das ist eine Abbildung

$$V_O \times V_O \to \mathbb{R} : (\boldsymbol{x}, \boldsymbol{y}) \mapsto \boldsymbol{x} \cdot \boldsymbol{y}$$

mit aus der Schule geläufigen Rechenregeln: Das Skalarprodukt ist wie die kanonische Paarung linear in jedem der beiden Argumente. Für jeden Vektor $\boldsymbol{x}$ ist $\boldsymbol{x} \cdot \boldsymbol{x} \geq 0$ und

$$\|\boldsymbol{x}\| := \sqrt{\boldsymbol{x} \cdot \boldsymbol{x}}$$

die *Länge* von $\boldsymbol{x}$. Insbesondere gilt $\boldsymbol{e} \cdot \boldsymbol{e} = 1$. Durch

$$\boldsymbol{x} \cdot \boldsymbol{y} = 0$$

[1] Manche Autoren sprechen von einem *inneren Produkt*.

sind *orthogonale* (oder: *rechtwinkelige*) Vektoren gekennzeichnet. Ist $\boldsymbol{x}$ ein Vektor mit Länge 1 und $\boldsymbol{y}$ beliebig, so ist $(\boldsymbol{x} \cdot \boldsymbol{y})\boldsymbol{x}$ das Bild von $\boldsymbol{y}$ unter der *orthogonalen Projektion* auf $[\boldsymbol{x}]$, also jener Projektion p, deren Kern aus allen zu $\boldsymbol{x}$ orthogonalen Vektoren besteht. Der absolute Betrag von $\boldsymbol{x} \cdot \boldsymbol{y}$ stimmt mit der Länge des Vektors $p(\boldsymbol{y})$ überein. Das Skalarprodukt liefert für

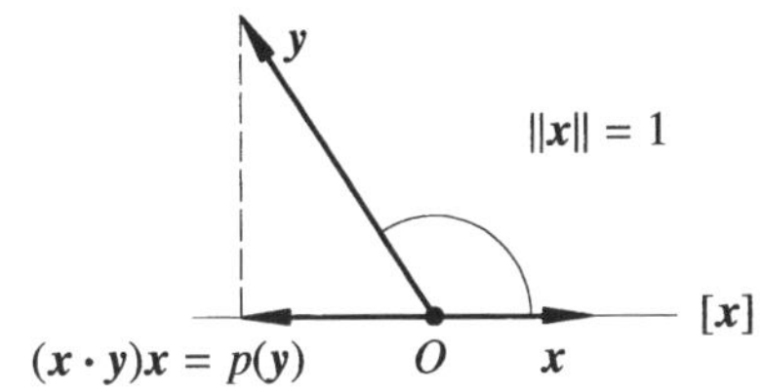

Abbildung 9.1

je zwei Vektoren $\boldsymbol{x}, \boldsymbol{y} \in V_O \setminus \{\boldsymbol{o}\}$ das *Winkelmaß*

$$\sphericalangle(\boldsymbol{x}, \boldsymbol{y}) = \arccos \frac{\boldsymbol{x} \cdot \boldsymbol{y}}{\|\boldsymbol{x}\| \, \|\boldsymbol{y}\|} \quad \text{mit } 0 \leq \sphericalangle(\boldsymbol{x}, \boldsymbol{y}) \leq \pi.$$

Siehe Abbildung 9.1. Orthogonale Vektoren $\neq \boldsymbol{o}$ sind durch $\sphericalangle(\boldsymbol{x}, \boldsymbol{y}) = \frac{\pi}{2}$ gekennzeichnet.

9.1.2 Sei in V_O eine Basis $\boldsymbol{B} = (\boldsymbol{b}_1, \boldsymbol{b}_2, \boldsymbol{b}_3)$ vorgegeben, die aus drei paarweise orthogonalen Vektoren mit Länge 1 besteht. Das Skalarprodukt zweier Vektoren $\boldsymbol{x}$, $\boldsymbol{y}$ mit Koordinatenspalten

$$\langle \boldsymbol{B}^*, \boldsymbol{x} \rangle = (x_1, x_2, x_3)^{\mathrm{T}}, \quad \langle \boldsymbol{B}^*, \boldsymbol{y} \rangle = (y_1, y_2, y_3)^{\mathrm{T}}$$

berechnet sich dann zu $\boldsymbol{x} \cdot \boldsymbol{y} = x_1 y_1 + x_2 y_2 + x_3 y_3$. Das legt es nahe, im Vektorraum $\mathbb{R}^{n \times 1}$ ein „Skalarprodukt" durch

$$(x_1, x_2, \ldots, x_n)^{\mathrm{T}} \cdot (y_1, y_2, \ldots, y_n)^{\mathrm{T}} := \sum_{i=1}^{n} x_i y_i$$

zu erklären. Wenn wir aber noch einen Schritt weiter gehen und etwa auf $\mathbb{C}^{2 \times 1}$ durch

$$(x_1, x_2)^{\mathrm{T}} \cdot (y_1, y_2)^{\mathrm{T}} := x_1 y_1 + x_2 y_2$$

ein „Skalarprodukt" einführen, so treten merkwürdige Phänomene auf: Etwa für den Vektor $(1, i)^{\mathrm{T}}$ ist

$$(1, i)^{\mathrm{T}} \cdot (1, i)^{\mathrm{T}} = 1 - 1 = 0.$$

Der Vektor $(1, i)^{\mathrm{T}}$ hat also die „Länge" 0, obwohl er nicht der Nullvektor ist. Ferner ist der Vektor $(1, i)^{\mathrm{T}}$ auch zu sich selbst „orthogonal", was der elementaren Vorstellung vom rechten Winkel völlig zuwiderläuft. Wir können auf $\mathbb{C}^{2 \times 1}$ ein „Skalarprodukt" aber auch durch

$$(x_1, x_2)^{\mathrm{T}} \cdot (y_1, y_2)^{\mathrm{T}} := \overline{x}_1 y_1 + \overline{x}_2 y_2$$

erklären. Das ergibt bei Beschränkung auf reelle Paare noch immer die elementaren Formeln. Mit diesem „Skalarprodukt" hat nur der Nullvektor die „Länge" 0, denn

$$(x_1, x_2)^{\mathrm{T}} \cdot (x_1, x_2)^{\mathrm{T}} = \overline{x}_1 x_1 + \overline{x}_2 x_2$$

ist für $(x_1, x_2)^{\mathrm{T}} \neq (0, 0)^{\mathrm{T}}$ eine positive reelle Zahl. Daher gibt es auch keine zu sich selbst „orthogonalen" Vektoren $\neq (0, 0)^{\mathrm{T}}$. Allerdings ist nun die Reihenfolge der Vektoren wesentlich, denn es gilt zum Beispiel $(1, 1)^{\mathrm{T}} \cdot (0, i)^{\mathrm{T}} = i \neq -i = (0, i)^{\mathrm{T}} \cdot (1, 1)^{\mathrm{T}}$.

9.1.3 Die im nächsten Abschnitt eingeführten „Sesquilinearformen“ stellen eine sehr weitgehende Verallgemeinerung der elementaren Skalarprodukte dar. Erst nachdem wir uns einen Überblick über Sesquilinearformen verschafft haben, werden wir den Begriff des Skalarprodukts in Kapitel 11 in allgemeiner Form präzisieren.

9.2 Definition und Beispiele von Sesquilinearformen

Definition 9.2.1 Es seien V ein Vektorraum über dem Körper K und $\zeta \in \mathrm{Aut}(K)$. Eine Abbildung $\sigma : V \times V \to K$ heißt eine *Sesquilinearform* bezüglich ζ, wenn für alle $\boldsymbol{x}, \boldsymbol{y}, \boldsymbol{z} \in V$ und alle $c \in K$ folgende Eigenschaften erfüllt sind.

1. $\sigma(\boldsymbol{x} + \boldsymbol{y}, \boldsymbol{z}) = \sigma(\boldsymbol{x}, \boldsymbol{z}) + \sigma(\boldsymbol{y}, \boldsymbol{z})$.
2. $\sigma(\boldsymbol{x}, \boldsymbol{y} + \boldsymbol{z}) = \sigma(\boldsymbol{x}, \boldsymbol{y}) + \sigma(\boldsymbol{x}, \boldsymbol{z})$.
3. $\sigma(c\boldsymbol{x}, \boldsymbol{y}) = \zeta(c)\sigma(\boldsymbol{x}, \boldsymbol{y})$.
4. $\sigma(\boldsymbol{x}, c\boldsymbol{y}) = c\sigma(\boldsymbol{x}, \boldsymbol{y})$.

Bei $\zeta = \mathrm{id}_K$ wird σ auch eine *Bilinearform* genannt.

Wir nennen σ auch kurz eine *ζ-Sesquilinearform*. Eine Sesquilinearform ist linear im rechten und ζ-semilinear im linken Argument, also eineinhalbfach linear.[2]

Beispiele 9.2.2

1. Jedes elementare Skalarprodukt auf dem Vektorraum V_O (vgl. 9.1.1) ist eine Bilinearform. Zu beachten ist jedoch, dass – im Gegensatz zu diesen Beispielen – bei einer Sesquilinearform nicht $\sigma(\boldsymbol{x}, \boldsymbol{y}) = \sigma(\boldsymbol{y}, \boldsymbol{x})$ für alle $\boldsymbol{x}, \boldsymbol{y} \in V$ gelten muss.
2. Es seien $V = K^{n\times 1}$ und $\zeta \in \mathrm{Aut}(K)$. Durch
$$((x_1, x_2, \ldots, x_n)^{\mathrm{T}}, (y_1, y_2, \ldots, y_n)^{\mathrm{T}}) \mapsto \sum_{i=1}^{n} \zeta(x_i) y_i$$
wird die *kanonische ζ-Sesquilinearform* auf $K^{n\times 1}$ definiert. Bei $\zeta = \mathrm{id}_K$ sprechen wir auch von der *kanonischen Bilinearform*. Dieselben Bezeichnungen gelten sinngemäß in $K^{1\times n}$ und K^n. Diese Sesquilinearform hat die folgende Eigenschaft: Für je zwei Vektoren $\boldsymbol{e}_i$ und $\boldsymbol{e}_j$ der kanonischen Basis $(\boldsymbol{e}_1, \boldsymbol{e}_2, \ldots, \boldsymbol{e}_n)$ gilt $(\boldsymbol{e}_i, \boldsymbol{e}_j) \mapsto \delta_{ij}$. Vgl. dazu auch Satz 9.2.4.
3. Für $\dim V = 2$ ist jede Determinantenform eine Bilinearform. Zu beachten ist jedoch, dass – im Gegensatz zu diesen Beispielen – bei einer Sesquilinearform nicht $\sigma(\boldsymbol{x}, \boldsymbol{x}) = 0$ für alle $\boldsymbol{x} \in V$ gelten muss.
4. Die *triviale Sesquilinearform* $V \times V \to K : (\boldsymbol{x}, \boldsymbol{y}) \mapsto 0$ ist eine ζ-Sesquilinearform für jeden Automorphismus $\zeta \in \mathrm{Aut}(K)$ und daher auch eine Bilinearform. Sie wird auch als *Nullform* bezeichnet.

Der folgende Satz liefert einen Zusammenhang von Sesquilinearformen $V \times V \to K$ und semilinearen Abbildungen $V \to V^*$.

[2]Das lateinische Wort „sesqui“ bedeutet „anderthalb“. Genau genommen ist σ eine *linksseitige* ζ-Sesquilinearform. Rechtsseitige Sesquilinearformen können analog erklärt werden. Diese sind im rechten Argument ζ-semilinear und im linken Argument linear.

Satz 9.2.3 *Sei V ein Vektorraum über K. Dann gilt:*

(a) *Sind eine ζ-Sesquilinearform $\sigma : V \times V \to K$ und ein Vektor $\boldsymbol{a} \in V$ fest vorgegeben, so ist die Abbildung*

$$\sigma(\boldsymbol{a}, \cdot) : V \to K : \boldsymbol{y} \mapsto \sigma(\boldsymbol{a}, \boldsymbol{y})$$

eine Linearform.

(b) *Für jede ζ-Sesquilinearform $\sigma : V \times V \to K$ liegt mit*

$$d_\sigma : V \to V^* : \boldsymbol{x} \mapsto \sigma(\boldsymbol{x}, \cdot)$$

eine ζ-semilineare Abbildung vor.

(c) *Für jeden Automorphismus $\zeta \in \mathrm{Aut}(K)$ bilden alle ζ-Sesquilinearformen $V \times V \to K$ einen Unterraum des Vektorraumes aller Abbildungen $V \times V \to K$. Dieser Unterraum wird durch die Abbildung $d : \sigma \mapsto d_\sigma$ linear und bijektiv auf den Vektorraum ζ-$\mathrm{L}(V, V^*)$ abgebildet.*

Beweis. Die Behauptungen in (a) und (b) sind richtig, da σ im zweiten Argument linear und im ersten Argument ζ-semilinear ist.

Die in (c) umschriebene Unterraumeigenschaft und die Linearität der Abbildung d ergeben sich unmittelbar. Sind ζ-Sesquilinearformen $\sigma_1 \neq \sigma_2$ gegeben, so existieren Vektoren $\boldsymbol{a}, \boldsymbol{b} \in V$ mit $\sigma_1(\boldsymbol{a}, \boldsymbol{b}) \neq \sigma_2(\boldsymbol{a}, \boldsymbol{b})$, was $d_{\sigma_1}(\boldsymbol{a}) = \sigma_1(\boldsymbol{a}, \cdot) \neq \sigma_2(\boldsymbol{a}, \cdot) = d_{\sigma_2}(\boldsymbol{a})$ und $d_{\sigma_1} \neq d_{\sigma_2}$ zeigt. Somit ist d injektiv. Zum Beweis der Surjektivität sei eine ζ-semilineare Abbildung $f : V \to V^*$ gegeben. Die Abbildung

$$V \times V \to K : (\boldsymbol{x}, \boldsymbol{y}) \mapsto \langle f(\boldsymbol{x}), \boldsymbol{y} \rangle$$

ist eine ζ-Sesquilinearform, die unter d auf f abgebildet wird. □

Damit ist die Frage nach allen ζ-Sesquilinearformen $V \times V \to K$ zur Frage nach allen ζ-semilinearen Abbildungen $V \to V^*$ äquivalent. Mit den obigen Bezeichnungen gilt

$$\sigma(\boldsymbol{x}, \boldsymbol{y}) = \langle d_\sigma(\boldsymbol{x}), \boldsymbol{y} \rangle \text{ für alle } \boldsymbol{x}, \boldsymbol{y} \in V. \tag{9.1}$$

Sätze und Begriffsbildungen über semilineare Abbildungen können nun unmittelbar in Sätze über Sesquilinearformen übergeführt werden. So können wir etwa den *Rang* und den *Defekt* einer Sesquilinearform σ als $\operatorname{rg} \sigma := \operatorname{rg} d_\sigma$ bzw. $\operatorname{def} \sigma := \operatorname{def} d_\sigma$ erklären.

Die Existenz von ζ-Sesquilinearformen ist durch den Fortsetzungssatz für ζ-semilineare Abbildungen $V \to V^*$ gesichert. Wir geben aber noch einen direkten Existenzbeweis an, der den dualen Vektorraum vermeidet.

(*) ergänzung im Skript

Satz 9.2.4 (Existenzsatz für Sesquilinearformen) *Es seien $(\boldsymbol{b}_i)_{i \in I}$ eine Basis von V, $(g_{ij})_{(i,j) \in I \times I}$ eine Familie in K und $\zeta \in \mathrm{Aut}(K)$. Dann existiert genau eine ζ-Sesquilinearform $V \times V \to K$ mit der Eigenschaft $(\boldsymbol{b}_i, \boldsymbol{b}_j) \mapsto g_{ij}$ für alle $(i, j) \in I \times I$.*

Beweis. Die Abbildung

$$\sigma : V \times V \to K : \Big(\sum_{i \in I} x_i \boldsymbol{b}_i, \sum_{j \in I} y_j \boldsymbol{b}_j \Big) \mapsto \sum_{i,j \in I} \zeta(x_i) y_j g_{ij} \tag{9.2}$$

ist offenbar eine ζ-Sesquilinearform mit den gewünschten Eigenschaften. Ist $\tilde{\sigma}$ eine weitere Lösung, so liegt mit $\sigma - \tilde{\sigma}$ eine ζ-Sesquilinearform vor, die allen Paaren von Basisvektoren und damit aber auch allen Paaren von Vektoren den Wert 0 zuordnet. Daher ist $\sigma = \tilde{\sigma}$. □

Durch die Familie (g_{ij}) ist die zu σ gehörige ζ-lineare Abbildung $d_\sigma : V \to V^*$ ebenfalls mitbestimmt. Für jedes $i \in I$ ist $d_\sigma(\boldsymbol{b}_i)$ jene Linearform, welche leistet

$$\langle d_\sigma(\boldsymbol{b}_i), \boldsymbol{b}_j\rangle = g_{ij} \quad \text{für alle} \quad j \in I. \tag{9.3}$$

9.2.5 Wir wenden die obigen Ergebnisse auf den Vektorraum $K^{n\times 1}$ und die kanonische Basis $\boldsymbol{E} = (\boldsymbol{e}_1, \boldsymbol{e}_2, \ldots, \boldsymbol{e}_n)$ an. Eine Matrix $G = (g_{ij}) \in K^{n\times n}$ und ein Automorphismus $\zeta \in \mathrm{Aut}(K)$ bestimmen nach (9.2) eine ζ-Sesquilinearform $\sigma : K^{n\times 1} \times K^{n\times 1} \to K$ mit

$$\left(\begin{pmatrix} x_1 \\ x_2 \\ \vdots \\ x_n \end{pmatrix}, \begin{pmatrix} y_1 \\ y_2 \\ \vdots \\ y_n \end{pmatrix}\right) \mapsto (\zeta(x_1), \zeta(x_2), \ldots, \zeta(x_n)) \begin{pmatrix} g_{11} & g_{12} & \cdots & g_{1n} \\ g_{21} & g_{22} & \cdots & g_{2n} \\ \cdots & \cdots & \cdots & \cdots \\ g_{n1} & g_{n2} & \cdots & g_{nn} \end{pmatrix} \begin{pmatrix} y_1 \\ y_2 \\ \vdots \\ y_n \end{pmatrix}.$$

Die Matrix (g_{ij}) bestimmt dabei auch die ζ-semilineare Abbildung d_σ, wobei

$$\langle d_\sigma(\boldsymbol{e}_i), \boldsymbol{E}\rangle = (g_{i1}, g_{i2}, \ldots, g_{in})$$

nach (9.3) erfüllt ist. Es ist also in der i-ten *Zeile* der Matrix die Linearform $d_\sigma(\boldsymbol{e}_i)$ abzulesen. Dementsprechend ist G auch von links mit dem *Zeilenvektor* $(\zeta(x_1), \zeta(x_2), \ldots, \zeta(x_n))$ zu multiplizieren, um das d_σ-Bild von $(x_1, x_2, \ldots, x_n)^{\mathrm{T}}$ zu erhalten.

Bemerkung 9.2.6 Sind $V_1, V_2, \ldots, V_r$ Vektorräume über demselben Körper K, so heißt eine Abbildung $V_1 \times V_2 \times \cdots \times V_r \to K$, die in jedem Argument linear ist, eine *Multilinearform*. Gilt insbesondere $V_1 = V_2 = \cdots = V_q =: V$ und $V_{q+1} = \cdots = V_r = V^*$, so ist auch die Bezeichnung *Tensor* gebräuchlich. Linearformen, Bilinearformen und Determinantenformen sind Beispiele für Tensoren.

Aufgaben

A 9.2.1 Welche der folgenden Abbildungen sind Sesquilinearformen oder sogar Bilinearformen? Gib für eine Sesquilinearform den Kern der zugehörigen Abbildung $d_\sigma : V \to V^*$ an.

(α) $\sigma : \mathbb{R}\times\mathbb{R} \to \mathbb{R} : (x, y) \mapsto xy$.

(β) $\sigma : \mathbb{R}\times\mathbb{R} \to \mathbb{R} : (x, y) \mapsto xy + 1$.

(γ) $\sigma : \mathbb{C}\times\mathbb{C} \to \mathbb{C} : (x, y) \mapsto \overline{x}y$.

(δ) $\sigma : \mathbb{C}\times\mathbb{C} \to \mathbb{C} : (x, y) \mapsto \overline{xy}$.

(ε) $\sigma : \mathbb{C}\times\mathbb{C} \to \mathbb{C} : (x, y) \mapsto \overline{x}x + \overline{x}y$.

(ζ) $\sigma : \mathbb{R}^{2\times 1}\times\mathbb{R}^{2\times 1} \to \mathbb{R} : ((x_1, x_2)^{\mathrm{T}}, (y_1, y_2)^{\mathrm{T}}) \mapsto x_1y_1 + y_2$.

(η) $\sigma : V \times V \to K : (\boldsymbol{x}, \boldsymbol{y}) \mapsto \zeta(\langle \boldsymbol{a}^*, \boldsymbol{x}\rangle)\cdot\langle \boldsymbol{b}^*, \boldsymbol{y}\rangle$ mit $\zeta \in \mathrm{Aut}(K)$ und $\boldsymbol{a}^*, \boldsymbol{b}^* \in V^*$ fest gewählt.

(ϑ) $\sigma : \mathrm{C}^1(\mathbb{R})\times\mathrm{C}^1(\mathbb{R}) \to \mathbb{R} : (f, g) \mapsto f(0)\cdot g'(1)$, wobei g' die erste Ableitung von g bezeichnet.

A 9.2.2 Eine ζ-Sesquilinearform $\sigma : V\times V \to K$ heißt *nicht ausgeartet*, wenn sie die folgenden beiden Eigenschaften erfüllt:

1. Für alle $\boldsymbol{x} \in V \setminus \{\boldsymbol{o}\}$ gibt es mindestens einen Vektor $\boldsymbol{b} \in V$ mit $\sigma(\boldsymbol{x}, \boldsymbol{b}) \neq 0$.
2. Für alle $\boldsymbol{y} \in V \setminus \{\boldsymbol{o}\}$ gibt es mindestens einen Vektor $\boldsymbol{a} \in V$ mit $\sigma(\boldsymbol{a}, \boldsymbol{y}) \neq 0$.

Beweise:

(a) Eigenschaft 1 ist zur Injektivität der ζ-semilinearen Abbildung $d_\sigma : V \to V^*$ äquivalent.

(b) Eigenschaft 2 ist zu $\bigcap_{\boldsymbol{x}\in V} \ker d_\sigma(\boldsymbol{x}) = \{\boldsymbol{o}\}$ äquivalent.

(c) Für $\dim V < \infty$ ist jede der beiden Eigenschaften für sich zur Bijektivität von d_σ äquivalent.

Bemerkung: Bei endlicher Dimension von V reicht daher eine der beiden Eigenschaften aus, um die nicht ausgearteten Sesquilinearformen zu kennzeichnen.

A 9.2.3 Gegeben seien die folgenden drei Bilinearformen auf dem Vektorraum $K^{\langle\mathbb{N}\rangle}$:

$$\sigma_1 : K^{\langle\mathbb{N}\rangle} \times K^{\langle\mathbb{N}\rangle} \to K : ((x_i)_{i\in\mathbb{N}}, (y_j)_{j\in\mathbb{N}}) \mapsto \sum_{i\in\mathbb{N}} x_i y_i,$$

$$\sigma_2 : K^{\langle\mathbb{N}\rangle} \times K^{\langle\mathbb{N}\rangle} \to K : ((x_i)_{i\in\mathbb{N}}, (y_j)_{j\in\mathbb{N}}) \mapsto \sum_{i\in\mathbb{N}} x_i y_{i+1},$$

$$\sigma_3 : K^{\langle\mathbb{N}\rangle} \times K^{\langle\mathbb{N}\rangle} \to K : ((x_i)_{i\in\mathbb{N}}, (y_j)_{j\in\mathbb{N}}) \mapsto \sum_{i\in\mathbb{N}} x_{i+1} y_i.$$

(a) Bestimme für $k \in \{1, 2, 3\}$ die Bilder der kanonischen Basisvektoren unter der durch σ_k mitbestimmten linearen Abbildung $d_{\sigma_k} =: d_k$.

(b) Beweise, dass σ_1 nicht ausgeartet ist, wohingegen für σ_2 bzw. σ_3 jeweils nur genau eine der beiden in A 9.2.2 genannten Eigenschaften erfüllt ist.

9.3 Kongruente Sesquilinearformen

9.3.1 Wir untersuchen das Wechselspiel von linearen Abbildungen und Sesquilinearformen. Frühere Überlegungen für Linearformen und Determinantenformen mögen dabei als Vorbild dienen. Für eine Abbildung f sei $(f, f) = f^{(2)}$; vgl. 7.3.1.

Satz 9.3.2 *Es seien V, W Vektorräume über K, $f : V \to W$ eine lineare Abbildung und $\sigma : W \times W \to K$ eine ζ-Sesquilinearform. Dann ist*

$$\sigma \circ (f, f) : V \times V \to K$$

ebenfalls eine ζ-Sesquilinearform.

Beweis. Die Gültigkeit ergibt sich unmittelbar durch Nachrechnen. □

9.3.3 Als erste Anwendung von Satz 9.3.2 zeigen wir für $\dim V = n < \infty$ die koordinatenmäßige Darstellung von Sesquilinearformen. Es seien $\boldsymbol{B} = (\boldsymbol{b}_1, \boldsymbol{b}_2, \ldots, \boldsymbol{b}_n)$ eine Basis von V und $\sigma : V \times V \to K$ eine ζ-Sesquilinearform. Dann heißt die ζ-Sesquilinearform

$$\sigma \circ ((\boldsymbol{B}^*)^{-1}, (\boldsymbol{B}^*)^{-1}) : K^{n\times 1} \times K^{n\times 1} \to K$$

die *Koordinatendarstellung* von σ bezüglich $\boldsymbol{B}$ und die Matrix

$$\sigma(\boldsymbol{B}, \boldsymbol{B}) := (g_{ij}) \in K^{n\times n} \quad \text{mit} \quad g_{ij} := \sigma(\boldsymbol{b}_i, \boldsymbol{b}_j) \tag{9.4}$$

die *Koordinatenmatrix* von σ bezüglich $\boldsymbol{B}$. Nach 9.2.5 gilt

$$\sigma(\boldsymbol{x}, \boldsymbol{y}) = \zeta(\langle \boldsymbol{B}^*, \boldsymbol{x}\rangle^{\mathrm{T}}) \cdot \sigma(\boldsymbol{B}, \boldsymbol{B}) \cdot \langle \boldsymbol{B}^*, \boldsymbol{y}\rangle \quad \text{für alle} \quad \boldsymbol{x}, \boldsymbol{y} \in V. \tag{9.5}$$

Diese Formel zeigt auch, dass die mitbestimmte ζ-semilineare Abbildung $d_\sigma : V \to V^*$ ebenfalls durch die Matrix $\sigma(\boldsymbol{B}, \boldsymbol{B})$ beschrieben werden kann. Es gilt

$$\langle d_\sigma(\boldsymbol{x}), \boldsymbol{B}\rangle = \zeta(\langle \boldsymbol{B}^*, \boldsymbol{x}\rangle^{\mathrm{T}}) \cdot \sigma(\boldsymbol{B}, \boldsymbol{B}) = \zeta(\langle \boldsymbol{B}^*, \boldsymbol{x}\rangle)^{\mathrm{T}} \cdot \langle d_\sigma(\boldsymbol{B}), \boldsymbol{B}\rangle.$$

In den *Zeilen* der Matrix $\langle d_\sigma(\boldsymbol{B}), \boldsymbol{B}\rangle$ können die d_σ-Bilder der Basisvektoren (in Form ihrer Koordinatenmatrizen) abgelesen werden; vgl. dazu auch 9.2.5. Der Rang der Koordinatenmatrix $\sigma(\boldsymbol{B}, \boldsymbol{B})$ stimmt daher nach der Definition in 9.2.3 mit dem Rang von σ überein.

9.3.4 Wir untersuchen das Transformationsverhalten der Koordinatenmatrix einer ζ-Sesquilinearform σ bei einem Basiswechsel. Es seien $\boldsymbol{B} = (\boldsymbol{b}_1, \boldsymbol{b}_2, \ldots, \boldsymbol{b}_n)$ und $\tilde{\boldsymbol{B}} = (\tilde{\boldsymbol{b}}_1, \tilde{\boldsymbol{b}}_2, \ldots, \tilde{\boldsymbol{b}}_n)$ Basen von $\boldsymbol{V}$. Indem wir in (9.5) einsetzen, folgt

$$\begin{aligned}\sigma(\boldsymbol{x}, \boldsymbol{y}) &= \zeta\Big(\big(\langle \boldsymbol{B}^*, \tilde{\boldsymbol{B}}\rangle \cdot \langle \tilde{\boldsymbol{B}}^*, \boldsymbol{x}\rangle\big)^{\mathrm{T}}\Big) \cdot \sigma(\boldsymbol{B}, \boldsymbol{B}) \cdot \big(\langle \boldsymbol{B}^*, \tilde{\boldsymbol{B}}\rangle \cdot \langle \tilde{\boldsymbol{B}}^*, \boldsymbol{y}\rangle\big) \\ &= \zeta(\langle \tilde{\boldsymbol{B}}^*, \boldsymbol{x}\rangle^{\mathrm{T}}) \cdot \underbrace{\zeta(\langle \boldsymbol{B}^*, \tilde{\boldsymbol{B}}\rangle^{\mathrm{T}}) \cdot \sigma(\boldsymbol{B}, \boldsymbol{B}) \cdot \langle \boldsymbol{B}^*, \tilde{\boldsymbol{B}}\rangle}_{=\sigma(\tilde{\boldsymbol{B}}, \tilde{\boldsymbol{B}})} \cdot \langle \tilde{\boldsymbol{B}}^*, \boldsymbol{y}\rangle.\end{aligned}$$

Somit gilt

$$\sigma(\tilde{\boldsymbol{B}}, \tilde{\boldsymbol{B}}) = \zeta(\langle \boldsymbol{B}^*, \tilde{\boldsymbol{B}}\rangle^{\mathrm{T}}) \cdot \sigma(\boldsymbol{B}, \boldsymbol{B}) \cdot \langle \boldsymbol{B}^*, \tilde{\boldsymbol{B}}\rangle.$$

Damit ist auch beschrieben, wie sich eine Koordinatenmatrix von d_σ bei einem Basiswechsel verändert. Wir sind damit auf folgenden Begriff gestoßen:

Sei $\zeta \in \mathrm{Aut}(K)$. Zwei Matrizen $A, B \in K^{n \times n}$ heißen *ζ-kongruent*, falls es mindestens eine Matrix $P \in \mathrm{GL}_n(K)$ gibt mit

$$B = \zeta(P^{\mathrm{T}})AP. \tag{9.6}$$

Beachte dabei $\zeta(P^{\mathrm{T}}) = (\zeta(P))^{\mathrm{T}}$. Für $\zeta = \mathrm{id}_K$ sprechen wir auch von *kongruenten Matrizen*. Die ζ-Kongruenz ist für festes ζ eine Äquivalenzrelation auf $K^{n \times n}$. Für jede ζ-Sesquilinearform $\sigma : \boldsymbol{V} \times \boldsymbol{V} \to K$ ist daher

$$\{\sigma(\boldsymbol{B}, \boldsymbol{B}) \mid \boldsymbol{B} \text{ ist eine Basis von } \boldsymbol{V}\}$$

eine Klasse ζ-kongruenter Matrizen von $K^{n \times n}$. Sind Matrizen ζ-kongruent, so sind sie auch äquivalent. Äquivalente Matrizen brauchen aber nicht ζ-kongruent zu sein.

Im Sonderfall $K = \mathbb{C}$ und $\zeta = \bar{\ }$ werden ζ-kongruente Matrizen auch *hermitesch kongruent*[3] genannt. Für jede Matrix $M \in \mathbb{C}^{m \times n}$ heißt $\overline{M^{\mathrm{T}}} = \overline{M}^{\mathrm{T}}$ die *hermitesch transponierte* Matrix von M. Sie wird in der Literatur auch mit M^{H} bezeichnet.

9.3.5 Es seien $G \in K^{n \times n}$, $\zeta \in \mathrm{Aut}(K)$ und $P \in K^{n \times n}$ eine Matrix, die eine elementare Spaltenumformung beschreibt. Wir erhalten

$$\zeta(P^{\mathrm{T}})GP = \zeta(P^{\mathrm{T}})(GP),$$

indem wir G zuerst der P entsprechenden Spaltenumformung und dann die Matrix GP der zu $\zeta(P^{\mathrm{T}})$ gehörigen Zeilenumformung unterwerfen. Das ergibt für $i, j \in \{1, 2, \ldots, n\}$ und $y \in K$ die *elementaren ζ-Kongruenzumformungen* einer Matrix G:

- Vertauschen der i-ten Spalte mit der j-ten Spalte und anschließendes Vertauschen der i-ten Zeile mit der j-ten Zeile.
- Multiplikation der i-ten Spalte mit $y \neq 0$ und anschließende Multiplikation der i-ten Zeile mit $\zeta(y) \neq 0$.
- Addition der mit y multiplizierten i-ten Spalte zur j-ten Spalte und anschließende Addition der mit $\zeta(y)$ multiplizierten i-ten Zeile zur j-ten Zeile ($i \neq j$).

Für $\zeta = \mathrm{id}_K$ sprechen wir auch kurz von einer *elementaren Kongruenzumformung*. Sind $P_1, P_2, \ldots, P_r$ Elementarmatrizen aus $K^{n \times n}$, so können wir nach dem Assoziativgesetz im Matrizenprodukt

$$\zeta(P_r^{\mathrm{T}}) \cdots \zeta(P_2^{\mathrm{T}}) \cdot \zeta(P_1^{\mathrm{T}}) \cdot G \cdot P_1 \cdot P_2 \cdots P_r$$

[3]Charles Hermite (1822–1901).

beliebig Klammern setzen. Daraus ist abzulesen, dass beim schrittweisen Umformen etwa auch zuerst nur Spaltenumformungen und danach die betreffenden Zeilenumformungen (in richtiger Reihenfolge!) durchgeführt werden können. Die Umformung einer Matrix G in eine Matrix G' kann dabei wie in 4.6.5 erfolgen:

$$\begin{array}{c|c} & E_n \\ \hline E_n & G \end{array} \overset{s}{\mapsto} \begin{array}{c|c} & s(E_n) \\ \hline E_n & s(G) \end{array} \overset{z}{\mapsto} \begin{array}{c|c} & s(E_n) \\ \hline z(E_n) & z(s(G)) \end{array} \mapsto \cdots \mapsto \begin{array}{c|c} & P \\ \hline \zeta(P^{\mathrm{T}}) & G' \end{array}$$

Es kann aber auf die Matrizen links unten von Anfang an verzichtet werden, da mit P die Matrix $\zeta(P^{\mathrm{T}})$ ohnehin bekannt ist.

Beispiele 9.3.6 Gegeben sei die Matrix

$$G = \begin{pmatrix} 4 & 2i \\ 2i & 0 \end{pmatrix} \in \mathbb{C}^{2\times 2}.$$

1. Wir fassen G als Koordinatenmatrix einer Sesquilinearform bezüglich der Konjugation auf. Die nachstehenden Umformungen liefern daher eine zu G hermitesch kongruente Matrix. Im ersten Schritt wird die erste Spalte von G mit $\frac{1}{2}$ multipliziert und danach die erste Zeile der so entstandenen Matrix mit der zu $\frac{1}{2}$ konjugiert komplexen Zahl, also mit $\frac{1}{2}$, multipliziert. Bei der nächsten Umformung wird das $(-i)$-Fache der ersten Spalte zur zweiten Spalte addiert und danach, wegen $\overline{-i} = i$, das i-Fache der ersten Zeile zur zweiten Zeile addiert:
$$\begin{pmatrix} 4 & 2i \\ 2i & 0 \end{pmatrix} \overset{s}{\mapsto} \begin{pmatrix} 2 & 2i \\ i & 0 \end{pmatrix} \overset{z}{\mapsto} \begin{pmatrix} 1 & i \\ i & 0 \end{pmatrix} \overset{s}{\mapsto} \begin{pmatrix} 1 & 0 \\ i & 1 \end{pmatrix} \overset{z}{\mapsto} \begin{pmatrix} 1 & 0 \\ 2i & 1 \end{pmatrix}.$$
Beachte, dass eine vollständige Umformung immer aus *zwei* Schritten besteht. Es sind daher die erste, die dritte und die fünfte Matrix zueinander hermitesch kongruent. Die anderen Matrizen stellen nur Zwischenergebnisse dar.
2. Wir fassen G als Koordinatenmatrix einer Bilinearform auf. Die nachstehenden Umformungen liefern daher eine zu G kongruente Matrix. Im ersten Schritt wird die erste Spalte von G mit $\frac{1}{2}$ multipliziert und danach die erste Zeile der so entstandenen Matrix mit $\frac{1}{2}$ multipliziert. Diese Umformung ist mit der in Beispiel 1 identisch. Bei der nächsten Umformung wird das $(-i)$-Fache der ersten Spalte zur zweiten Spalte addiert und danach aber – im Gegensatz zu oben – das $(-i)$-Fache der ersten Zeile zur zweiten Zeile addiert:
$$\begin{pmatrix} 4 & 2i \\ 2i & 0 \end{pmatrix} \overset{s}{\mapsto} \begin{pmatrix} 2 & 2i \\ i & 0 \end{pmatrix} \overset{z}{\mapsto} \begin{pmatrix} 1 & i \\ i & 0 \end{pmatrix} \overset{s}{\mapsto} \begin{pmatrix} 1 & 0 \\ i & 1 \end{pmatrix} \overset{z}{\mapsto} \begin{pmatrix} 1 & 0 \\ 0 & 1 \end{pmatrix}.$$

9.3.7 Eine zweite Anwendung von Satz 9.3.2 ist eine Klasseneinteilung der Menge aller Sesquilinearformen $V \times V \to K$. Falls es für Sesquilinearformen $\sigma_1 : V \times V \to K$ und $\sigma_2 : V \times V \to K$ mindestens ein $f \in \mathrm{GL}(V)$ gibt mit

$$\sigma_2 = \sigma_1 \circ (f, f),$$

so heißen σ_1 und σ_2 *kongruent*. Diese Relation ist eine Äquivalenzrelation auf der Menge aller Sesquilinearformen $V \times V \to K$. Bei $\dim V < \infty$ sind zwei ζ-Sesquilinearformen genau dann kongruent, falls sie bezüglich beliebig gewählter Basen ζ-kongruente Koordinatenmatrizen besitzen. Wir werden am Ende dieses Kapitels in einigen Fällen durch Angabe von Normalformen das ζ-Kongruenzproblem lösen können.

Aufgaben

A 9.3.1 Sei K ein Körper. Für alle $t \in K$ setzen wir

$$M(t) := \begin{pmatrix} 0 & -1 \\ t & 0 \end{pmatrix} \in K^{2\times 2} \text{ sowie } \square := M(1) = \begin{pmatrix} 0 & -1 \\ 1 & 0 \end{pmatrix}.$$

(a) Beweise: Die Abbildung $K^{2\times 2} \to K^{2\times 2} : X \mapsto \square \cdot X^{\mathrm{T}}$ ist eine Bijektion.

(b) Es seien $A, B \in K^{2\times 2}$. Beweise: A und B sind genau dann kongruent, wenn es ein $P \in \mathrm{GL}_2(K)$ so gibt, dass $\square \cdot B^{\mathrm{T}} = P^{\sharp} \cdot (\square \cdot A^{\mathrm{T}}) \cdot P$.

(c) Verwende (b), um zu überprüfen, für welche $t_1, t_2 \in K$ die Matrizen $M(t_1)$ und $M(t_2)$ kongruent sind.

Hinweis: Vergleiche die Eigenwerte der Matrizen $\square \cdot M(t_i)$ und achte auf $P^{\sharp} = (\det P)P^{-1}$.

9.4 Orthosymmetrische Sesquilinearformen

Um schleppende Formulierungen zu vermeiden, setzen wir ab sofort und für alle weiteren Kapitel fest:

Die Bezeichnung $\omega \in \mathrm{Aut}(K)$ schließt $\omega^2 = \mathrm{id}_K$ mit ein.

9.4.1 Wir führen jetzt mit Hilfe einer beliebigen ζ-Sesquilinearform $\sigma : \boldsymbol{V}\times\boldsymbol{V} \to K$ in Analogie zur elementaren Vektorrechnung eine *Orthogonalitätsrelation* ein. Dazu setzen wir

$$\perp_\sigma := \{(\boldsymbol{x}, \boldsymbol{y}) \in \boldsymbol{V} \times \boldsymbol{V} \mid \sigma(\boldsymbol{x}, \boldsymbol{y}) = 0\}.$$

Wir schreiben auch $\boldsymbol{x} \perp_\sigma \boldsymbol{y}$ (lies: $\boldsymbol{x}$ σ-orthogonal zu $\boldsymbol{y}$) an Stelle von $(\boldsymbol{x}, \boldsymbol{y}) \in \perp_\sigma$. Ist jeder Vektor einer Teilmenge $\boldsymbol{M} \subset \boldsymbol{V}$ zu jedem Vektor einer Teilmenge $\boldsymbol{N} \subset \boldsymbol{V}$ orthogonal, so verwenden wir dafür die Kurzschreibweise $\boldsymbol{M} \perp_\sigma \boldsymbol{N}$. Falls etwa $\boldsymbol{M} = \{\boldsymbol{m}\}$ aus nur einem Vektor besteht, schreiben wir auch kurz $\boldsymbol{m} \perp_\sigma \boldsymbol{N}$. Bei dieser Orthogonalitätsrelation ist im Allgemeinen die Reihenfolge der Vektoren zu beachten. Aus $\boldsymbol{x} \perp_\sigma \boldsymbol{y}$ braucht nicht $\boldsymbol{y} \perp_\sigma \boldsymbol{x}$ zu folgen. Ist jedoch $\perp_\sigma$ eine symmetrische Relation, so wird die Sesquilinearform σ *orthosymmetrisch* genannt.

9.4.2 Für jede ζ-Sesquilinearform $\sigma : \boldsymbol{V} \times \boldsymbol{V} \to K$ wird die zu σ *adjungierte Sesquilinearform* durch

$$\hat{\sigma} : \boldsymbol{V} \times \boldsymbol{V} \to K : (\boldsymbol{x}, \boldsymbol{y}) \mapsto \zeta^{-1}(\sigma(\boldsymbol{y}, \boldsymbol{x}))$$

erklärt. Mit $\hat{\sigma}$ liegt in der Tat eine ζ^{-1}-Sesquilinearform vor. Offensichtlich gilt $\hat{\hat{\sigma}} = \sigma$. Die Orthogonalitätsrelationen $\perp_\sigma$ und $\perp_{\hat{\sigma}}$ haben für alle $\boldsymbol{x}, \boldsymbol{y} \in \boldsymbol{V}$ die Eigenschaft

$$\boldsymbol{x} \perp_\sigma \boldsymbol{y} \quad\Leftrightarrow\quad \sigma(\boldsymbol{x}, \boldsymbol{y}) = 0 \quad\Leftrightarrow\quad \hat{\sigma}(\boldsymbol{y}, \boldsymbol{x}) = \zeta^{-1}(0) = 0 \quad\Leftrightarrow\quad \boldsymbol{y} \perp_{\hat{\sigma}} \boldsymbol{x}.$$

Eine Sesquilinearform σ ist daher genau dann orthosymmetrisch, falls σ und $\hat{\sigma}$ dieselbe Orthogonalitätsrelation bestimmen.

Bemerkung 9.4.3 Zur ζ-Sesquilinearform σ gehört genau eine ζ-semilineare Abbildung $d_\sigma : \boldsymbol{V} \to \boldsymbol{V}^*$. Deren transponierte Abbildung $(d_\sigma)^{\mathrm{T}} : \boldsymbol{V}^{**} \to \boldsymbol{V}^*$ ist ζ^{-1}-semilinear. Mit Hilfe der Abbildung $e : \boldsymbol{V} \to \boldsymbol{V}^{**}$ (vgl. 4.5.2) können wir $\boldsymbol{V}$ als Unterraum von $\boldsymbol{V}^{**}$ auffassen. Die Einschränkung $(d_\sigma)^{\mathrm{T}}|\boldsymbol{V}$ stimmt dann mit $d_{\hat{\sigma}}$ überein. Bei endlicher Dimension können wir $\boldsymbol{V}^{**}$ mit $\boldsymbol{V}$ identifizieren, womit in diesem Falle $(d_\sigma)^{\mathrm{T}} = d_{\hat{\sigma}}$ gilt.

9.4.4 Wir geben nun einige Beispiele von orthosymmetrischen Sesquilinearformen an, wobei wir hier erstmalig die zu Beginn dieses Abschnitts getroffene Vereinbarung bezüglich ω verwenden. Es seien $\omega \in \mathrm{Aut}(K)$ und $\sigma : \boldsymbol{V} \times \boldsymbol{V} \to K$ eine ω-Sesquilinearform. Falls

$$\sigma(\boldsymbol{x}, \boldsymbol{y}) = \omega(\sigma(\boldsymbol{y}, \boldsymbol{x})) \text{ für alle } \boldsymbol{x}, \boldsymbol{y} \in \boldsymbol{V},$$

so heißt σ eine *ω-symmetrische Sesquilinearform*, bei $\omega = \mathrm{id}_K$ auch *symmetrische Bilinearform*. Im Sonderfall $K = \mathbb{C}$ und $\omega = \bar{\ }$ ist für eine ω-symmetrische Sesquilinearform auch der Name *hermitesche Sesquilinearform* gebräuchlich. Die ω-symmetrischen ω-Sesquilinearformen σ sind durch

$$\sigma = \hat{\sigma}$$

gekennzeichnet und somit orthosymmetrisch.

Sei $\zeta \in \mathrm{Aut}(K)$. Eine ζ-Sesquilinearform $\sigma : \boldsymbol{V} \times \boldsymbol{V} \to K$ mit der Eigenschaft

$$\sigma(\boldsymbol{x}, \boldsymbol{x}) = 0 \text{ für alle } \boldsymbol{x} \in \boldsymbol{V}$$

wird *alternierende Sesquilinearform* genannt. Für eine solche Sesquilinearform folgt über

$$0 = \sigma(\boldsymbol{x}+\boldsymbol{y}, \boldsymbol{x}+\boldsymbol{y}) = \underbrace{\sigma(\boldsymbol{x}, \boldsymbol{x})}_{=0} + \sigma(\boldsymbol{x}, \boldsymbol{y}) + \sigma(\boldsymbol{y}, \boldsymbol{x}) + \underbrace{\sigma(\boldsymbol{y}, \boldsymbol{y})}_{=0} \tag{9.7}$$

die Orthosymmetrie. Die alternierenden Sesquilinearformen sind aber genau die *alternierenden Bilinearformen*, wie der folgende Satz zeigt.

Satz 9.4.5 *Sei $\zeta \in \mathrm{Aut}(K)$. Jede alternierende ζ-Sesquilinearform $\sigma : \boldsymbol{V} \times \boldsymbol{V} \to K$ ist bilinear.*

Beweis. (a) Sei σ trivial. Dann ist σ eine Bilinearform.

(b) Sei σ eine nicht triviale ζ-Sesquilinearform. Es gibt daher Vektoren $\boldsymbol{a}', \boldsymbol{b} \in \boldsymbol{V}$ mit $\sigma(\boldsymbol{a}', \boldsymbol{b}) \neq 0$; für einen geeigneten Vektor $\boldsymbol{a} \in [\boldsymbol{a}']$ folgt dann $\sigma(\boldsymbol{a}, \boldsymbol{b}) = 1$. Nach (9.7) ist $\sigma(\boldsymbol{b}, \boldsymbol{a}) = -1$. Das liefert

$$0 = \sigma(\boldsymbol{a} + x\boldsymbol{b}, \boldsymbol{a} + x\boldsymbol{b}) = x\sigma(\boldsymbol{a}, \boldsymbol{b}) + \zeta(x)\sigma(\boldsymbol{b}, \boldsymbol{a}) = x - \zeta(x) \text{ für alle } x \in K,$$

also $\zeta = \mathrm{id}_K$. □

9.4.6 Der folgende Typus von orthosymmetrischen Sesquilinearformen hängt mit den oben genannten Typen eng zusammen. Es sei wieder $\omega \in \mathrm{Aut}(K)$. Eine ω-Sesquilinearform $\sigma : \boldsymbol{V} \times \boldsymbol{V} \to K$ mit der Eigenschaft

$$\sigma(\boldsymbol{x}, \boldsymbol{y}) = -\omega(\sigma(\boldsymbol{y}, \boldsymbol{x})) \text{ für alle } \boldsymbol{x}, \boldsymbol{y} \in \boldsymbol{V}$$

wird *ω-schiefsymmetrisch* genannt. Für $\omega = \mathrm{id}_K$ sprechen wir von einer *schiefsymmetrischen Bilinearform*. Im Sonderfall $K = \mathbb{C}$ und $\omega = \bar{\ }$ tritt in Analogie zu früher die Bezeichnung *schiefhermitesch* an die Stelle von ω-schiefsymmetrisch. Die ω-schiefsymmetrischen ω-Sesquilinearformen σ sind durch

$$\sigma = -\hat{\sigma}$$

gekennzeichnet und somit orthosymmetrisch. Es können drei Fälle unterschieden werden:

Fall 1: Für $\mathrm{Char}\, K = 2$ sind die ω-schiefsymmetrischen Sesquilinearformen genau die ω-symmetrischen Sesquilinearformen, da $+1 = -1$.

Fall 2: Für Char $K \neq 2$ und $\omega = \mathrm{id}_K$ hat jede schiefsymmetrische Bilinearform σ die Eigenschaft $\sigma(\boldsymbol{x},\boldsymbol{x}) = -\sigma(\boldsymbol{x},\boldsymbol{x})$, also $2\sigma(\boldsymbol{x},\boldsymbol{x}) = 0$ für alle $\boldsymbol{x} \in V$. Wegen $2 \neq 0$ ist σ eine alternierende Bilinearform. Umgekehrt ist jede alternierende Bilinearform nach (9.7) auch schiefsymmetrisch.[4]

Fall 3: Für Char $K \neq 2$ und $\omega \neq \mathrm{id}_K$ gibt es ein $a \in K$ mit $a \neq \omega(a)$. Sei $c := a - \omega(a)$; dann gilt $c = -\omega(c) \neq 0$. Ist nun σ eine ω-schiefsymmetrische Sesquilinearform, so folgt aus

$$(c\sigma)(\boldsymbol{x},\boldsymbol{y}) = c\,(-\omega(\sigma(\boldsymbol{y},\boldsymbol{x}))) = \omega((c\sigma)(\boldsymbol{y},\boldsymbol{x})) \text{ für alle } \boldsymbol{x},\boldsymbol{y} \in V,$$

dass $c\sigma$ eine ω-symmetrische ω-Sesquilinearform ist und umgekehrt. Die ω-schiefsymmetrischen Sesquilinearformen sind daher genau die mit c^{-1} multiplizierten Vielfachen der ω-symmetrischen ω-Sesquilinearformen.

Satz 9.4.7 *Wird eine ω-Sesquilinearform $\sigma : V \times V \to K$ gemäß Satz* 9.2.4 *durch einen Automorphismus ω (an Stelle von ζ) und eine Familie $(g_{ij})_{(i,j)\in I\times I}$ festgelegt, so gilt:*

(a) *σ ist genau dann ω-symmetrisch, falls $g_{ij} = \omega(g_{ji})$ für alle $(i,j) \in I \times I$.*

(b) *σ ist genau dann ω-schiefsymmetrisch, falls $g_{ij} = -\omega(g_{ji})$ für alle $(i,j) \in I \times I$.*

(c) *Unter der Voraussetzung $\omega = \mathrm{id}_K$ ist σ genau dann alternierend, falls $g_{ij} = -g_{ji}$ für alle $(i,j) \in I \times I$ und $g_{ii} = 0$ für alle $i \in I$.*

Beweis. Übungsaufgabe. □

9.4.8 Bei endlicher Dimension führt uns der vorhergehende Satz zu folgenden Typen von quadratischen Matrizen: Sei $\omega \in \mathrm{Aut}(K)$. Eine Matrix $G \in K^{n\times n}$ heißt *ω-symmetrisch*, falls

$$G = \omega(G^{\mathrm{T}}).$$

Analog wird $G \in K^{n\times n}$ eine *ω-schiefsymmetrische* Matrix genannt, falls

$$G = -\omega(G^{\mathrm{T}}).$$

Für $\omega = \mathrm{id}_K$ sprechen wir sinngemäß von einer *symmetrischen* bzw. *schiefsymmetrischen* Matrix. Falls $K = \mathbb{C}$ und $\omega = \bar{\ }$, so sind die Bezeichnungen *hermitesch* bzw. *schiefhermitesch* üblich. Die Elemente g_{ii} der Hauptdiagonale einer ω-symmetrischen Matrix (g_{ij}) sind wegen $\omega(g_{ii}) = g_{ii}$ Fixelemente von ω, liegen also im Unterkörper[5] $\mathrm{Fix}(\omega) \subset K$. Bei $\omega = \mathrm{id}_K$ bedeutet das keine Einschränkung. Die Elemente g_{ii} der Hauptdiagonale einer ω-schiefsymmetrischen Matrix (g_{ij}) erfüllen die Bedingung $\omega(g_{ii}) = -g_{ii}$. Das bedeutet etwa für $K = \mathbb{C}$, dass alle Elemente der Hauptdiagonale einer hermiteschen bzw. schiefhermiteschen Matrix in $\mathbb{R}$ bzw. $\mathbb{R}i$ liegen, also reelle bzw. rein imaginäre Zahlen sind.

Eine Matrix $G = (g_{ij}) \in K^{n\times n}$ heißt *alternierend*, falls

$$G = -G^{\mathrm{T}} \text{ und } g_{ii} = 0 \text{ für alle } i \in \{1,2,\ldots,n\}.$$

Jede alternierende Matrix ist auch schiefsymmetrisch. Für Char $K \neq 2$ gilt auch die Umkehrung, da aus $G = -G^{\mathrm{T}}$ über $g_{ii} = -g_{ii}$ sofort $g_{ii} = 0$ für alle $i \in \{1,2,\ldots,n\}$ folgt. Für Char $K = 2$

[4]Das gilt auch für Char $K = 2$, wobei aber der Unterschied zwischen „schiefsymmetrisch" und „symmetrisch" wegfällt. Es ist bei Char $K = 2$ vielmehr zu unterscheiden, ob eine symmetrische Bilinearform alternierend ist oder nicht.

[5]Die Menge $\mathrm{Fix}(\zeta)$ aller Fixelemente eines Automorphismus $\zeta \in \mathrm{Aut}(K)$ bildet einen Unterkörper von K (Übungsaufgabe).

ist $G = -G^{\mathrm{T}}$ jedoch nur zur Symmetrie von G äquivalent, und $g_{ii} = 0$ ist eine zusätzliche Forderung, welche die alternierenden Matrizen unter den symmetrischen Matrizen auszeichnet.

Beispiele 9.4.9

1. Gegeben seien folgende Matrizen aus $\mathbb{C}^{3\times 3}$:

$$\begin{pmatrix} 1 & i & -i \\ i & 0 & 3 \\ -i & 3 & i \end{pmatrix}, \begin{pmatrix} 0 & i & -i \\ -i & 0 & 3 \\ i & -3 & 0 \end{pmatrix}, \begin{pmatrix} 1 & i & -i \\ -i & 0 & 3 \\ i & 3 & 7 \end{pmatrix}, \begin{pmatrix} i & i & -i \\ i & 0 & 3+i \\ -i & -3+i & 0 \end{pmatrix}.$$

   Die erste Matrix ist symmetrisch. Die zweite Matrix ist alternierend und zugleich schiefsymmetrisch. Die dritte Matrix ist hermitesch. Die vierte Matrix ist schiefhermitesch.

2. Gegeben seien folgende Matrizen aus $\mathrm{GF}(4)^{3\times 3}$, wobei ω den Automorphismus $x \mapsto x^2$ bezeichnet:

$$\begin{pmatrix} 1 & a & b \\ a & 0 & 1 \\ b & 1 & 0 \end{pmatrix}, \begin{pmatrix} 1 & a & b \\ b & 1 & 1 \\ a & 1 & 0 \end{pmatrix}, \begin{pmatrix} 0 & a & b \\ a & 0 & 1 \\ b & 1 & 0 \end{pmatrix}.$$

   Die erste Matrix ist (schief)symmetrisch. Die zweite Matrix ist ω-(schief)symmetrisch. Die dritte Matrix ist alternierend.

9.4.10 Sind $\sigma : \boldsymbol{W} \times \boldsymbol{W} \to K$ eine Sesquilinearform und $f \in \mathrm{L}(\boldsymbol{V}, \boldsymbol{W})$, so ist die Abbildung $\sigma \circ (f, f) : \boldsymbol{V} \times \boldsymbol{V} \to K$ nach Satz 9.3.2 ebenfalls eine Sesquilinearform. Ist σ insbesondere ω-symmetrisch, ω-schiefsymmetrisch bzw. alternierend, so besitzt auch $\sigma \circ (f, f)$ diese Eigenschaft.

Wenn wir hier $\boldsymbol{V} = \boldsymbol{W}$ setzen, so erkennen wir, dass jede zu σ kongruente Sesquilinearform vom selben Typus ist. Wenn wir andererseits bei $\dim \boldsymbol{V} = n < \infty$ eine Koordinatisierung $\boldsymbol{B}^* : \boldsymbol{V} \to K^{n\times 1}$ wählen, so erhalten wir mit $\sigma \circ ((\boldsymbol{B}^*)^{-1}, (\boldsymbol{B}^*)^{-1})$ eine Koordinatendarstellung von σ. Nach Satz 9.4.7 können wir den Typus von σ an der Koordinatenmatrix $\sigma(\boldsymbol{B}, \boldsymbol{B})$ und dem dazugehörigen Automorphismus unmittelbar ablesen. Da wir die Basis $\boldsymbol{B}$ dabei beliebig wählen können, erhalten wir folgendes Ergebnis:

Satz 9.4.11 *Jede zu einer ω-(schief)symmetrischen Matrix ω-kongruente Matrix ist ebenfalls ω-(schief)symmetrisch. Jede zu einer alternierenden Matrix kongruente Matrix ist ebenfalls alternierend.*

Beispiele 9.4.12

1. Es soll der Durchfluss von Wasser durch eine parallelogrammförmige Öffnung mathematisch beschrieben werden: Dazu gehen wir vom Anschauungsraum aus, den wir als affinen Raum zum Vektorraum $\boldsymbol{V}_O$ auffassen. Stellen wir uns ein Parallelogramm $\{\boldsymbol{p}, \boldsymbol{p}+\boldsymbol{a}, \boldsymbol{p}+\boldsymbol{b}, \boldsymbol{p}+\boldsymbol{a}+\boldsymbol{b}\}$ als Loch in einer Mauer vor (Abbildung 9.2), so müssen wir zunächst einen der beiden Halbräume bezüglich der Mauerebene als Innenseite und den anderen als Außenseite festsetzen. Wir machen das, indem wir $\boldsymbol{V}_O$ mittels einer Determinantenform $\Delta \neq 0$ orientieren. Alle Punkte $\boldsymbol{p} + \boldsymbol{n}$ mit $\Delta(\boldsymbol{a}, \boldsymbol{b}, \boldsymbol{n}) > 0$ sollen innen liegen. Damit wird die Reihenfolge der Vektoren $\boldsymbol{a}$ und $\boldsymbol{b}$ relevant. Zufluss (von außen nach innen) soll positiv, Abfluss (von innen nach außen) hingegen negativ gemessen werden.

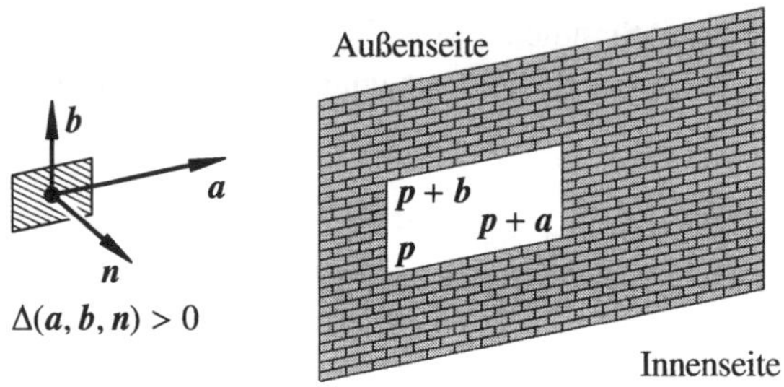

Abbildung 9.2

Wir setzen schließlich in jedem Punkt des affinen Raumes $\boldsymbol{V_O}$ denselben Strömungsvektor $\boldsymbol{s} \in \boldsymbol{V}$ voraus, d. h., jeder Massepunkt $\boldsymbol{m}$ des strömenden Wassers befindet sich nach einer Sekunde an der Stelle $\boldsymbol{m} + \boldsymbol{s}$. Die Abbildung

$$\sigma : \boldsymbol{V_O} \times \boldsymbol{V_O} \to \mathbb{R} : (\boldsymbol{x}, \boldsymbol{y}) \mapsto \Delta(\boldsymbol{x}, \boldsymbol{y}, \boldsymbol{s}) \ (\boldsymbol{s} \in \boldsymbol{V_O} \text{ fest})$$

ist eine alternierende Bilinearform. Es ist $\sigma(\boldsymbol{a}, \boldsymbol{b})$ das Durchflussvolumen (pro Sekunde) für das gegebene Parallelogramm. Vgl. dazu auch die Flächenintegrale zweiter Art in der reellen Analysis.

2. Im Anschluss an Beispiel 1 sei $(\boldsymbol{a}, \boldsymbol{b}, \boldsymbol{c})$ eine Rechtsbasis von $\boldsymbol{V_O}$. Es soll der gesamte Fluss durch die sechs Seitenflächen eines Parallelepipeds berechnet werden; vgl. Abbildung 9.3. Es ist zu beachten, dass die einzelnen Parallelogramme etwa durch $(\boldsymbol{a}, \boldsymbol{b})$ (unten), $(\boldsymbol{b}, \boldsymbol{a})$ (oben), $(\boldsymbol{c}, \boldsymbol{a})$ (vorne), $(\boldsymbol{a}, \boldsymbol{c})$ (hinten), $(\boldsymbol{b}, \boldsymbol{c})$ (links) und $(\boldsymbol{c}, \boldsymbol{b})$ (rechts) festgelegt werden, damit die jeweiligen Innenseiten zusammenpassen. Der gesamte Durchfluss ist dann

$$\sigma(\boldsymbol{a}, \boldsymbol{b}) + \sigma(\boldsymbol{b}, \boldsymbol{a}) + \sigma(\boldsymbol{c}, \boldsymbol{a}) + \sigma(\boldsymbol{a}, \boldsymbol{c}) + \sigma(\boldsymbol{b}, \boldsymbol{c}) + \sigma(\boldsymbol{c}, \boldsymbol{b}) = 0.$$

Das ist nicht weiter überraschend: Der Fluss durch ein Parallelogramm und das gegenüberliegende Parallelogramm heben einander stets auf.

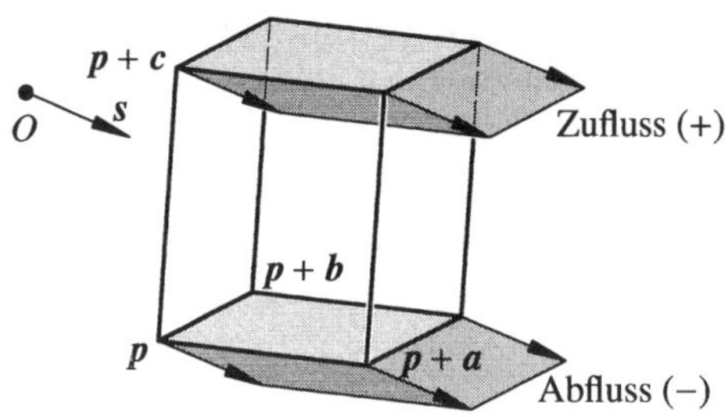

Abbildung 9.3

Wir bestimmen jetzt in zwei Schritten alle orthosymmetrischen Sesquilinearformen.

Satz 9.4.13 *Sind* $\sigma_i : V \times V \to K$ *Sesquilinearformen bezüglich* $\zeta_i \in \operatorname{Aut}(K)$, $i \in \{1, 2\}$, *mit der Eigenschaft* $\perp_{\sigma_1} = \perp_{\sigma_2}$, *so gilt:*

(a) $\sigma_1 = \sigma_2$ *bei* $\operatorname{rg} \sigma_1 = 0$.

(b) $\ker d_{\sigma_1} = \ker d_{\sigma_2}$ *bei* $\operatorname{rg} \sigma_1 = 1$.

(c) $\sigma_2 = c\sigma_1$ *mit* $c \in K^\times$ *bei* $\operatorname{rg} \sigma_1 \geq 2$.

Beweis. Für jeden Vektor $\boldsymbol{a} \in \boldsymbol{V}$ ist der Unterraum

$$\ker(d_{\sigma_1}(\boldsymbol{a})) = \{\boldsymbol{y} \in \boldsymbol{V} \mid \boldsymbol{a} \perp_{\sigma_1} \boldsymbol{y}\} = \{\boldsymbol{y} \in \boldsymbol{V} \mid \boldsymbol{a} \perp_{\sigma_2} \boldsymbol{y}\} = \ker(d_{\sigma_2}(\boldsymbol{a}))$$

entweder ganz $\boldsymbol{V}$ oder eine Hyperebene von $\boldsymbol{V}$. Es ist daher entweder $d_{\sigma_1}(\boldsymbol{a}) = \boldsymbol{o}^* = d_{\sigma_2}(\boldsymbol{a})$ oder $d_{\sigma_1}(\boldsymbol{a}) \neq \boldsymbol{o}^* \neq d_{\sigma_2}(\boldsymbol{a})$. Das zeigt $\ker d_{\sigma_1} = \ker d_{\sigma_2}$, und die Behauptungen sind für $\operatorname{rg}\sigma_1 \leq 1$ bereits verifiziert.

Sind die Linearformen $d_{\sigma_1}(\boldsymbol{a})$ und $d_{\sigma_2}(\boldsymbol{a})$ beide nicht trivial, so besitzen sie denselben Kern. Nach einer Bemerkung im Anschluss an Satz 4.8.3 existiert ein (unter Umständen von $\boldsymbol{a}$ abhängiger) Skalar $c_{\boldsymbol{a}} \in K^\times$ mit $d_{\sigma_2}(\boldsymbol{a}) = c_{\boldsymbol{a}} d_{\sigma_1}(\boldsymbol{a})$. Im noch offenen Fall $\operatorname{rg}\sigma_1 \geq 2$ folgt nun wie im Beweis von Satz 6.7.5 die Existenz eines einzigen Skalars $c \in K^\times$ mit $d_{\sigma_2} = c d_{\sigma_1}$, was zu $\sigma_2 = c\sigma_1$ gleichwertig ist. □

Bei $\operatorname{rg}\sigma_1 \geq 2$ gehören σ_1 und σ_2 zum selben Körperautomorphismus. Bei $\operatorname{rg}\sigma_1 = 1$ können σ_1 und σ_2 zu verschiedenen Automorphismen von K gehören. Falls jedoch $\operatorname{Aut}(K) = \{\mathrm{id}_K\}$ gilt, so folgt $d_{\sigma_2} = c d_{\sigma_1}$, also $\sigma_2 = c\sigma_1$ mit $c \in K^\times$ auch für $\operatorname{rg}\sigma_1 = 1$. Nun lassen sich alle orthosymmetrischen Sesquilinearformen angeben:

Satz 9.4.14 *Auf jede orthosymmetrische ζ-Sesquilinearform $\sigma : \boldsymbol{V} \times \boldsymbol{V} \to K$ mit* $\operatorname{rg}\sigma \neq 1$ *trifft genau eine der folgenden Aussagen zu:*

(a) *σ ist alternierende Bilinearform.*

(b) *Es gilt $\zeta^2 = \mathrm{id}_K$, und es gibt mindestens ein $c \in K^\times$ so, dass $c\sigma$ eine nicht alternierende ζ-symmetrische ζ-Sesquilinearform ist.*

Beweis. Wir zeigen, dass jede nicht alternierende orthosymmetrische Sesquilinearform die Bedingungen aus Fall (b) erfüllt. Nach Voraussetzung existiert ein Vektor $\boldsymbol{a} \in \boldsymbol{V}$ mit $\sigma(\boldsymbol{a}, \boldsymbol{a}) \neq 0$. Wir setzen $c := \sigma(\boldsymbol{a}, \boldsymbol{a})^{-1}$ und erhalten

$$(c\sigma)(\boldsymbol{a}, \boldsymbol{a}) = 1.$$

Wegen $\perp_\sigma = \perp_{c\sigma}$ ist $c\sigma$ ebenfalls orthosymmetrisch. Es sind also $c\sigma$ und $\widehat{c\sigma}$ nach Satz 9.4.13 proportionale Sesquilinearformen. Da

$$(c\sigma)(\boldsymbol{a}, \boldsymbol{a}) = 1 = \zeta^{-1}(1) = \widehat{c\sigma}(\boldsymbol{a}, \boldsymbol{a}),$$

ergibt sich sogar $c\sigma = \widehat{c\sigma}$, was $\zeta = \zeta^{-1}$ zur Folge hat. Daher ist $\zeta^2 = \mathrm{id}_K$ und $c\sigma$ eine ζ-symmetrische ζ-Sesquilinearform; vgl. 9.4.4. □

Bei $\operatorname{rg}\sigma = 1$ ist $\ker d_\sigma = \ker d_{\hat\sigma}$ notwendig und hinreichend für die Orthosymmetrie. Der Automorphismus ζ ist an keine Bedingungen gebunden.

Aufgaben

A 9.4.1 Sei σ die kanonische hermitesche Sesquilinearform auf $\mathbb{C}^{2\times 1}$.

(a) Bestimme die Koordinatenmatrix $\sigma(\boldsymbol{B}, \boldsymbol{B})$ bezüglich der Basis $\boldsymbol{B} = (\boldsymbol{b}_1, \boldsymbol{b}_2)$ mit $\boldsymbol{b}_1 := (1, i)^{\mathrm{T}}$, $\boldsymbol{b}_2 := (i, 0)^{\mathrm{T}}$.

(b) Ermittle Matrizen $P, Q \in \mathrm{GL}_2(\mathbb{C})$ mit $\sigma(\boldsymbol{B}, \boldsymbol{B}) = \overline{P}^{\mathrm{T}} P$ bzw. $\sigma(\boldsymbol{E}, \boldsymbol{E}) = E_2 = \overline{Q}^{\mathrm{T}} \cdot \sigma(\boldsymbol{B}, \boldsymbol{B}) \cdot Q$.

A 9.4.2 In dieser Aufgabe seien $\mathrm{Bil}(\boldsymbol{V})$ der Vektorraum aller Bilinearformen $\boldsymbol{V} \times \boldsymbol{V} \to K$, $\mathrm{Sym}(\boldsymbol{V}) \subset \mathrm{Bil}(\boldsymbol{V})$ die Menge aller symmetrischen und $\mathrm{Alt}(\boldsymbol{V}) \subset \mathrm{Bil}(\boldsymbol{V})$ die Menge aller alternierenden Bilinearformen.

(a) Zeige, dass Sym(V) und Alt(V) Unterräume von Bil(V) sind.

(b) Beweise: Für Char $K \neq 2$ gilt Bil(V) = Sym(V) ⊕ Alt(V).

(c) Zeige mit Hilfe von (b): Für Char $K \neq 2$ kann jede quadratische Matrix $A \in K^{n\times n}$ eindeutig als Summe einer symmetrischen und einer schiefsymmetrischen Matrix dargestellt werden.

A 9.4.3 In dieser Aufgabe sei $\omega \neq \mathrm{id}_K$ vorausgesetzt.

(a) Beweise: Alle ω-symmetrischen Sesquilinearformen $V \times V \to K$ bilden eine Untergruppe der additiven Gruppe des Vektorraumes $K^{V\times V}$.

(b) Sei $\sigma : V \times V \to K$ eine ω-symmetrische Sesquilinearform. Für welche $c \in K$ ist $c\sigma$ eine ω-symmetrische bzw. eine ω-schiefsymmetrische Sesquilinearform?

(c) Löse die Aufgaben (a) und (b) nochmals, nachdem aber überall die Begriffe „ω-symmetrisch" und „ω-schiefsymmetrisch" vertauscht wurden.

A 9.4.4 Ein seltenes Erz wird weltweit nur von zwei Bergbaubetrieben B_1, B_2 angeboten, aber in verschiedener Qualität und zu unterschiedlichen Preisen. Wir gehen davon aus, dass die Preise langfristig stabil sind, sich aber kurzfristig nach der Differenz aus Angebot und Nachfrage richten. Innerhalb gewisser Grenzen kann die Abbildung Angebotsüberhang ↦ Preisliste als affin angenommen werden. Nach Wahl geeigneter Basisgrößen beschreiben wir den Angebotsüberhang durch seine Koordinatenspalte $\boldsymbol{a} = (a_1, a_2)^{\mathrm{T}} \in \mathbb{R}^{2\times 1}$ und die zugehörige Preisliste durch eine Matrix $\alpha(\boldsymbol{a}) \in \mathbb{R}^{1\times 2}$.
Die folgenden Daten liegen vor:

Monat	Angebotsüberhang $\boldsymbol{a}$	Preisliste $\alpha(\boldsymbol{a})$
April	$(5, 10)^{\mathrm{T}}$	$(334, 291)$
Mai	$(10, -10)^{\mathrm{T}}$	$(331, 306)$
Juni	$(-5, 10)^{\mathrm{T}}$	$(344, 293)$

(a) Lege die Koordinatendarstellung der affinen Abbildung Angebotsüberhang ↦ Preisliste in der Form

$$\alpha : \mathbb{R}^{2\times 1} \to \mathbb{R}^{1\times 2} : \boldsymbol{a} \mapsto \boldsymbol{a}^{\mathrm{T}} \cdot G + \boldsymbol{t}$$

mit $G \in \mathbb{R}^{2\times 2}$ und $\boldsymbol{t} \in \mathbb{R}^{1\times 2}$ fest. Dann ist $\boldsymbol{t}$ das α-Bild von $(0, 0)^{\mathrm{T}}$; mit anderen Worten ist $\boldsymbol{t}$ jene Preisliste, die bei einem Gleichgewicht von Angebot und Nachfrage vorliegt. Die Matrix G beschreibt die lineare Abbildung

$$f_\alpha : \mathbb{R}^{2\times 1} \to \mathbb{R}^{1\times 2} : \text{Angebotsüberhang} \mapsto \text{Änderung der Preisliste gegenüber } \boldsymbol{t},$$

wobei aber die Bilder der kanonischen Basisvektoren von $\mathbb{R}^{2\times 1}$ in den *Zeilen* der Matrix abzulesen sind.

(b) Wird ein Einkauf bei den beiden Bergbaubetrieben durch einen Spaltenvektor $\boldsymbol{x} = (x_1, x_2)^{\mathrm{T}} \in \mathbb{R}^{2\times 1}$ erfasst, so ist

$$\sigma : \mathbb{R}^{2\times 1} \times \mathbb{R}^{2\times 1} \to \mathbb{R} : (\boldsymbol{a}, \boldsymbol{x}) \mapsto \boldsymbol{a}^{\mathrm{T}} \cdot G \cdot \boldsymbol{x}$$

eine Bilinearform. Welche praktische Bedeutung kommt ihr zu? Ist σ orthosymmetrisch?

(c) Für den Monat Juli wird ein Angebotsüberhang $\boldsymbol{a}_{\mathrm{Juli}} := (-10, 30)^{\mathrm{T}}$ prognostiziert. Bestimme alle Vektoren $\boldsymbol{x}$ mit $\boldsymbol{a}_{\mathrm{Juli}} \perp_\sigma \boldsymbol{x}$. Welche Bedeutung haben diese Vektoren $\boldsymbol{x}$?

(d) Ein Betrieb plant für den Monat August einen Einkauf $\boldsymbol{x}_{\mathrm{August}} := (x_1, x_2)^{\mathrm{T}}$ mit $x_2 = 2x_1 > 0$. Bestimme alle Vektoren $\boldsymbol{a}$ mit $\boldsymbol{a} \perp_\sigma \boldsymbol{x}_{\mathrm{August}}$. Welche Bedeutung haben diese Vektoren $\boldsymbol{a}$?

9.5 Orthogonalräume

9.5.1 Wir betrachten in diesem Abschnitt einen Vektorraum V über K und eine fest gewählte orthosymmetrische ω-Sesquilinearform $\sigma : V \times V \to K$. Ferner sei $d_\sigma : V \to V^*$ die durch σ mitbestimmte ω-semilineare Abbildung in den dualen Vektorraum. Wir schreiben an Stelle von $\perp_\sigma$ im Folgenden kurz $\perp$ für die durch σ bestimmte Orthogonalitätsrelation.

9.5.2 Ist M eine Teilmenge von V, so heißt

$$M^\perp := \{x \in V \mid x \perp M\}$$

der *Orthogonalraum*[6] von M bezüglich σ. Wir vermeiden jedoch im Folgenden den Zusatz „bezüglich σ". Der folgende Satz zeigt, dass die Bezeichnung „Orthogonalraum" in jedem Fall zutreffend ist.

Satz 9.5.3 *Für jede Teilmenge $M \subset V$ ist $M^\perp$ ein Unterraum von V. Genauer gilt*

$$M^\perp = d_\sigma^{-1}(M^\circ) = \bigcap_{m \in M} \ker(d_\sigma(m)). \tag{9.8}$$

Beweis. Wegen der Orthosymmetrie von σ lässt sich $M^\perp$ auf zwei Arten darstellen. Es gilt einerseits

$$x \in M^\perp \;\Leftrightarrow\; \sigma(x, m) = \langle d_\sigma(x), m\rangle = 0 \text{ für alle } m \in M \;\Leftrightarrow\; d_\sigma(x) \in M^\circ \;\Leftrightarrow\; x \in d_\sigma^{-1}(M^\circ)$$

und andererseits

$$y \in M^\perp \;\Leftrightarrow\; \sigma(m, y) = \langle d_\sigma(m), y\rangle = 0 \text{ für alle } m \in M \;\Leftrightarrow\; y \in \bigcap_{m \in M} \ker(d_\sigma(m)).$$

Jedes der beiden Ergebnisse zeigt, dass $M^\perp$ ein Unterraum ist. □

Die Formel $M^\perp = d_\sigma^{-1}(M^\circ)$ ist eher für theoretische Überlegungen geeignet. Insbesondere lassen sich damit aus Sätzen über Annullatorräume in einfacher Weise Sätze über Orthogonalräume gewinnen.

Mit der Formel $M^\perp = \bigcap_{m \in M} \ker(d_\sigma(m))$ kann für $V = K^{n \times 1}$ der Unterraum $M^\perp$ als Lösungsraum eines LGS gewonnen werden. Dabei genügt es, den Schnitt aller Unterräume $\ker d_\sigma(m)$ zu betrachten, wo m ein endliches Erzeugendensystem von $[M]$ durchläuft. Vgl. die weiter unten stehende Formel (9.10).

9.5.4 Wir behandeln nun einen wichtigen Sonderfall: Die Menge $V^\perp$ heißt *Radikalraum* von σ. Wir sprechen auch kurz vom *Radikal*. Gilt $V^\perp = \{o\}$, so wird die orthosymmetrische Sesquilinearform σ *radikalfrei* genannt. In diesem Fall ist der Nullvektor der einzige Vektor, der auf alle anderen Vektoren von V orthogonal steht.

Für $a \in V^\perp$ gilt $a \perp V$, also $d_\sigma(a) = o^*$, denn nur die Nullform o^* annulliert jeden Vektor aus V. Ist hingegen $a \in V \setminus V^\perp$, so gibt es einen Vektor $b \in V$ mit $0 \neq \sigma(a, b) = \langle d_\sigma(a), b\rangle$. Daher ist $d_\sigma(a) \neq o^*$ und $a^\perp$ die Hyperebene mit der Gleichung $\langle d_\sigma(a), x\rangle = 0$. In Übereinstimmung mit (9.8) gilt daher insgesamt

$$V^\perp = \ker d_\sigma. \tag{9.9}$$

[6] Bei einer nicht orthosymmetrischen Sesquilinearform σ ist zwischen ${}^\perp M := \{x \in V \mid x \perp M\}$ und $M^\perp := \{y \in V \mid M \perp y\}$ zu unterscheiden.

Satz 9.5.5 *Die Orthogonalitätsrelation hat folgende Eigenschaften:*

(a) *Für jede Teilmenge $M \subset V$ gilt*

$$M^{\perp} = [M]^{\perp} \tag{9.10}$$

sowie

$$M \subset (M^{\perp})^{\perp} =: M^{\perp\perp}. \tag{9.11}$$

(b) *Aus $M_1 \subset M_2 \subset V$ folgt $M_1^{\perp} \supset M_2^{\perp} \supset V^{\perp}$.*

(c) *Für jede nicht leere Familie $(U_i)_{i\in I}$ von Unterräumen von V gilt*

$$\Big(\sum_{i\in I} U_i\Big)^{\perp} = \bigcap_{i\in I} (U_i^{\perp}). \tag{9.12}$$

Beweis. (a) Formel (9.8) und $M^{\circ} = [M]^{\circ}$ (vgl. Satz 4.8.2) zeigen

$$M^{\perp} = d_{\sigma}^{-1}(M^{\circ}) = d_{\sigma}^{-1}([M]^{\circ}) = [M]^{\perp}.$$

Wegen der Symmetrie von $\perp$ ist $M^{\perp} \perp M$ gleichwertig zu $M \perp M^{\perp}$. Da $M^{\perp\perp}$ aus *allen* zu $M^{\perp}$ orthogonalen Vektoren besteht, ergibt das $M \subset M^{\perp\perp}$.

(b) Aus $M_1 \subset M_2 \subset V$ folgt $M_1^{\circ} \supset M_2^{\circ} \supset V^{\circ} = \{o^*\}$ nach Satz 4.8.2. Durch Übergang zu den Urbildern dieser Mengen erhalten wir

$$d_{\sigma}^{-1}(M_1^{\circ}) = M_1^{\perp} \supset d_{\sigma}^{-1}(M_2^{\circ}) = M_2^{\perp} \supset d_{\sigma}^{-1}(\{o^*\}) = V^{\perp}.$$

(c) Nach Satz 4.8.7 ist

$$\Big(\sum_{i\in I} U_i\Big)^{\perp} = d_{\sigma}^{-1}\Big(\Big(\sum_{i\in I} U_i\Big)^{\circ}\Big) = d_{\sigma}^{-1}\Big(\bigcap_{i\in I} (U_i^{\circ})\Big) = \bigcap_{i\in I} d_{\sigma}^{-1}(U_i^{\circ}) = \bigcap_{i\in I} (U_i^{\perp});$$

das dritte Gleichheitszeichen gilt, weil das Urbild eines Durchschnitts mit dem Durchschnitt der Urbilder übereinstimmt. □

Analog zu oben lässt sich auch das unscharfe Ergebnis

$$\Big(\bigcap_{i\in I} U_i\Big)^{\perp} \supset \sum_{i\in I} (U_i^{\perp}) \tag{9.13}$$

nachweisen. Dabei muss im Gegensatz zu Satz 4.8.10 auch bei endlich vielen Unterräumen kein Gleichheitszeichen auftreten, womit diese Formel wenig Bedeutung hat. Vgl. dazu 9.5.7 Beispiel 2 und andererseits Formel (9.18). Hingegen werden wir öfters von folgendem Ergebnis Gebrauch machen, das auf $V \subset V^{\perp\perp}$, also $V = V^{\perp\perp}$, aufbaut:

$$(U + V^{\perp})^{\perp} = U^{\perp} \cap V^{\perp\perp} = U^{\perp} \cap V = U^{\perp} \quad \text{für alle Unterräume } U \subset V. \tag{9.14}$$

9.5.6 Ist $(U_i)_{i\in I}$ eine Familie von Unterräumen von V mit der Eigenschaft $U_i \perp U_j$ für alle $i \neq j$, und ist die Summe $\sum_{i\in I} U_i$ direkt, so wird diese auch kurz als *orthogonale direkte Summe* bezeichnet. Nach (9.10) ist daher

$$U_j \perp \Big(\bigoplus_{i\in I\setminus\{j\}} U_i\Big) \quad \text{für alle } j \in I.$$

Beispiele 9.5.7 Sei K ein Körper. Die nachfolgenden Beispiele zeigen, dass ein Unterraum und sein Orthogonalraum keine direkte Summe zu bilden brauchen.

1. Wir betrachten die durch die Matrix
$$G = \operatorname{diag}(1, 1, -1, -1)$$
festgelegte symmetrische Bilinearform $\sigma : K^{4\times 1} \times K^{4\times 1} \to K$. Die Regularität von G zeigt, dass σ radikalfrei ist. Für je zwei Vektoren gilt
$$(x_1, x_2, x_3, x_4)^{\mathrm{T}} \perp (y_1, y_2, y_3, y_4)^{\mathrm{T}} \quad \Leftrightarrow \quad x_1y_1 + x_2y_2 - x_3y_3 - x_4y_4 = 0.$$
Wir erhalten daher den Orthogonalraum des Unterraumes
$$\boldsymbol{U}_1 =: [\{(1,0,0,0)^{\mathrm{T}}, (0,1,0,0)^{\mathrm{T}}\}]$$
als Lösungsraum des LGS $x_1 = x_2 = 0$. Es folgt $\dim \boldsymbol{U}_1^{\perp} = 2$, und $K^{4\times 1} = \boldsymbol{U}_1 \oplus \boldsymbol{U}_1^{\perp}$ ist eine orthogonale direkte Summe. Der Orthogonalraum von
$$\boldsymbol{U}_2 =: [\{(1,0,1,0)^{\mathrm{T}}, (0,1,0,0)^{\mathrm{T}}\}]$$
wird durch das LGS $x_1 - x_3 = x_2 = 0$ festgelegt. Es gilt zwar wieder $\dim \boldsymbol{U}_2^{\perp} = 2$, aber $\boldsymbol{U}_2 \cap \boldsymbol{U}_2^{\perp} = [(1,0,1,0)^{\mathrm{T}}]$, womit im Gegensatz zu vorher keine direkte Summe vorliegt. Es sei schließlich
$$\boldsymbol{U}_3 =: [\{(1,0,1,0)^{\mathrm{T}}, (0,1,0,1)^{\mathrm{T}}\}].$$
Hier gilt $\boldsymbol{U}_3 = \boldsymbol{U}_3^{\perp}$. Es kann also ein Unterraum mit seinem Orthogonalraum sogar übereinstimmen.
2. Die singuläre Matrix
$$G = \operatorname{diag}(1, -1, 0)$$
bestimmt eine symmetrische Bilinearform $\sigma : K^{3\times 1} \times K^{3\times 1} \to K$. Das Radikal ist der Kern von d_σ, besteht also aus allen Vektoren $(x_1, x_2, x_3)^{\mathrm{T}}$ mit der Eigenschaft
$$(x_1, x_2, x_3) \cdot G = (0,0,0),$$
was zu $x_1 = x_2 = 0$ äquivalent ist. Die Orthogonalräume von
$$\boldsymbol{U}_1 := [(1,0,0)^{\mathrm{T}}] \text{ bzw. } \boldsymbol{U}_2 := [(0,1,0)^{\mathrm{T}}] \text{ bzw. } \boldsymbol{U}_3 := [(1,0,1)^{\mathrm{T}}]$$
sind die Lösungsräume der Gleichungen $x_1 = 0$ bzw. $x_2 = 0$ bzw. $x_1 = 0$. Es folgt
$$(\boldsymbol{U}_1 \cap \boldsymbol{U}_2)^{\perp} = \{(0,0,0)^{\mathrm{T}}\}^{\perp} = K^{3\times 1} = \boldsymbol{U}_1^{\perp} + \boldsymbol{U}_2^{\perp}$$
aber
$$(\boldsymbol{U}_1 \cap \boldsymbol{U}_3)^{\perp} = \{(0,0,0)^{\mathrm{T}}\}^{\perp} = K^{3\times 1} \neq \boldsymbol{U}_1^{\perp} + \boldsymbol{U}_3^{\perp} = \boldsymbol{U}_1^{\perp} = \boldsymbol{U}_3^{\perp}.$$
3. Im Vektorraum $K^{(\mathbb{N})}$ ist die Abbildung
$$\sigma : K^{(\mathbb{N})} \times K^{(\mathbb{N})} \to K : ((x_i)_{i\in\mathbb{N}}, (y_j)_{j\in\mathbb{N}}) \mapsto \sum_{i\in\mathbb{N}} x_i y_i$$
eine radikalfreie symmetrische Bilinearform. Der Orthogonalraum der Hyperebene $\boldsymbol{H}_0$ mit der Gleichung $x_0 = 0$ ist offenbar die Hülle der Folge $(1, 0, 0, \ldots)$, also eindimensional. Umgekehrt ist auch $\boldsymbol{H}_0 = (1, 0, 0, \ldots)^{\perp}$, was $\boldsymbol{H}_0 = \boldsymbol{H}_0^{\perp\perp}$ zeigt. Der Kern der nicht trivialen Linearform
$$\boldsymbol{e}^* : (x_i)_{i\in\mathbb{N}} \mapsto \sum_{i\in\mathbb{N}} x_i$$
ist eine Hyperebene $\boldsymbol{H}$ von $K^{(\mathbb{N})}$. Sie enthält alle Folgen der Form $(1, -1, 0, 0, \ldots)$, $(0, 1, -1, 0, 0, \ldots)$, $(0, 0, 1, -1, 0, \ldots)$ usw. Für jede zu $\boldsymbol{H}$ orthogonale Folge $(x_i)_{i\in\mathbb{N}}$ gilt daher
$$0 = x_0 - x_1 = x_1 - x_2 = x_2 - x_3 = \cdots$$

Da aber für fast alle $i \in \mathbb{N}$ die Bedingung $x_i = 0$ erfüllt ist, ergibt sich $x_i = 0$ für alle $i \in \mathbb{N}$. Der Orthogonalraum $\boldsymbol{H}^\perp$ besteht also nur aus dem Nullvektor. Das liegt daran, dass $\boldsymbol{e}^*$ nicht im Bildraum der Abbildung d_σ liegt. Wir erkennen außerdem

$$\boldsymbol{H}^{\perp\perp} = (0, 0, \ldots)^\perp = K^{\langle\mathbb{N}\rangle} \neq \boldsymbol{H}.$$

Satz 9.5.8 *Sei $\boldsymbol{U}$ ein Unterraum von $\boldsymbol{V}$. Dann gilt:*

(a) *Die Einschränkung $\sigma' := \sigma|(\boldsymbol{U}\times\boldsymbol{U})$ ist eine orthosymmetrische Sesquilinearform mit dem Radikal $\boldsymbol{U}^{\perp_{\sigma'}} = \boldsymbol{U} \cap \boldsymbol{U}^\perp$.*

(b) *Für $\boldsymbol{V} = \boldsymbol{U} \oplus \boldsymbol{V}^\perp$ ist σ' radikalfrei.*

(c) *Die Abbildung*

$$\sigma'' : (\boldsymbol{V}/\boldsymbol{V}^\perp) \times (\boldsymbol{V}/\boldsymbol{V}^\perp) \to K : (\boldsymbol{x} + \boldsymbol{V}^\perp, \boldsymbol{y} + \boldsymbol{V}^\perp) \mapsto \sigma(\boldsymbol{x}, \boldsymbol{y})$$

ist eine radikalfreie orthosymmetrische Sesquilinearform.

Beweis. (a) Die Orthosymmetrie von σ' ist klar. Ein Vektor $\boldsymbol{a} \in \boldsymbol{U}$ ist genau dann zu allen Vektoren aus $\boldsymbol{U}$ orthogonal bezüglich σ', falls $\boldsymbol{a} \in \boldsymbol{U} \cap \boldsymbol{U}^\perp$.

(b) Aus $\boldsymbol{V} = \boldsymbol{U} + \boldsymbol{V}^\perp$ folgt $\boldsymbol{V}^\perp = \boldsymbol{U}^\perp \cap \boldsymbol{V}^{\perp\perp} = \boldsymbol{U}^\perp$. Es zeigt nun $\{\boldsymbol{o}\} = \boldsymbol{U} \cap \boldsymbol{V}^\perp = \boldsymbol{U} \cap \boldsymbol{U}^\perp$, dass σ' radikalfrei ist.

(c) Die Definition von σ'' ist sinnvoll, da für $\boldsymbol{x}, \boldsymbol{y} \in \boldsymbol{V}$ und $\boldsymbol{r}, \boldsymbol{s} \in \boldsymbol{V}^\perp$ folgt

$$\sigma(\boldsymbol{x} + \boldsymbol{r}, \boldsymbol{y} + \boldsymbol{s}) = \sigma(\boldsymbol{x}, \boldsymbol{y}) + \sigma(\boldsymbol{x}, \boldsymbol{s}) + \sigma(\boldsymbol{r}, \boldsymbol{y}) + \sigma(\boldsymbol{r}, \boldsymbol{s}) = \sigma(\boldsymbol{x}, \boldsymbol{y}).$$

Wir wählen ein Komplement $\boldsymbol{U}$ von $\boldsymbol{V}^\perp$. Dann ist

$$f : \boldsymbol{U} \to \boldsymbol{V}/\boldsymbol{V}^\perp : \boldsymbol{x} \mapsto \boldsymbol{x} + \boldsymbol{V}^\perp$$

eine lineare Bijektion und $\sigma' \circ (f^{-1}, f^{-1}) = \sigma''$. Da σ' nach (b) radikalfrei und orthosymmetrisch ist, gilt dies auch für σ''. □

Diese Zerlegung von $\boldsymbol{V}$ in eine direkte Summe $\boldsymbol{V} = \boldsymbol{U} \oplus \boldsymbol{V}^\perp$ oder der Übergang zum Faktorraum $\boldsymbol{V}/\boldsymbol{V}^\perp$ zeigen, dass σ durch $\boldsymbol{U}$, $\boldsymbol{V}^\perp$ und σ' bzw. durch $\boldsymbol{V}^\perp$ und σ'' völlig bestimmt ist. Während die Sesquilinearform σ' von der Auswahl eines Komplements von $\boldsymbol{V}^\perp$ abhängt, ist σ'' durch σ in natürlicher Weise mitbestimmt.

In endlichdimensionalen Vektorräumen lassen sich die obigen Ergebnisse nach Identifikation von $\boldsymbol{V}$ und $\boldsymbol{V}^{**}$ vereinfacht formulieren und weiter ausbauen, da wir für jede Teilmenge $\boldsymbol{M}^*$ von $\boldsymbol{V}^*$ den Unterraum $\bigcap_{\boldsymbol{m}^* \in \boldsymbol{M}^*} \ker \boldsymbol{m}^*$ als den Annullatorraum $\boldsymbol{M}^{*\circ} \subset \boldsymbol{V}$ auffassen können.

Satz 9.5.9 *Sei* $\dim \boldsymbol{V} = n < \infty$. *Dann gilt:*

(a) *Für jede Teilmenge $\boldsymbol{M} \subset \boldsymbol{V}$ ist*

$$\boldsymbol{M}^\perp = (d_\sigma(\boldsymbol{M}))^\circ. \tag{9.15}$$

(b) *Für jeden Unterraum $\boldsymbol{U}$ von $\boldsymbol{V}$ gilt die Dimensionsformel*

$$\dim \boldsymbol{U} + \dim \boldsymbol{U}^\perp = n + \dim(\boldsymbol{U} \cap \boldsymbol{V}^\perp). \tag{9.16}$$

(c) *Wird zusätzlich vorausgesetzt, dass σ radikalfrei ist, so hat jeder Unterraum $\boldsymbol{U}$ von $\boldsymbol{V}$ die Eigenschaft*

$$\boldsymbol{U}^{\perp\perp} = \boldsymbol{U}, \tag{9.17}$$

und für jede Familie $(\boldsymbol{U}_i)_{i\in I}$ von Unterräumen von $\boldsymbol{V}$ gilt

$$\Big(\bigcap_{i\in I} \boldsymbol{U}_i\Big)^{\perp} = \sum_{i\in I} (\boldsymbol{U}_i^{\perp}). \tag{9.18}$$

Beweis. (a) Formel (9.15) ist nur eine Umformulierung von (9.8).

(b) Es ist $\boldsymbol{V}^{\perp} = \ker d_{\sigma}$. Für jeden Unterraum $\boldsymbol{U} \subset \boldsymbol{V}$ ist nach der Rangformel

$$\dim d_{\sigma}(\boldsymbol{U}) = \dim \boldsymbol{U} - \dim(\boldsymbol{U} \cap \boldsymbol{V}^{\perp}).$$

Mit (9.15) folgt $\boldsymbol{U}^{\perp} = (d_{\sigma}(\boldsymbol{U}))^{\circ}$. Wir berechnen die Dimension dieses Annullatorraumes nach Satz 4.8.4. Das ergibt insgesamt

$$\dim \boldsymbol{U}^{\perp} = n - \dim d_{\sigma}(\boldsymbol{U}) = n - (\dim \boldsymbol{U} - \dim(\boldsymbol{U} \cap \boldsymbol{V}^{\perp})),$$

also die Gültigkeit von (9.16).

(c) Aus $\boldsymbol{V}^{\perp} = \{\boldsymbol{o}\}$ folgt $\dim \boldsymbol{U} = \dim \boldsymbol{U}^{\perp\perp}$ durch zweimalige Anwendung von (9.16). Da $\boldsymbol{U} \subset \boldsymbol{U}^{\perp\perp}$ nach (9.11) erfüllt ist, ergibt sich (9.17). Mit Hilfe von (9.12) und (9.17) gilt daher

$$\Big(\bigcap_{i\in I} \boldsymbol{U}_i\Big)^{\perp} = \Big(\bigcap_{i\in I} (\boldsymbol{U}_i^{\perp\perp})\Big)^{\perp} = \Big(\sum_{i\in I} (\boldsymbol{U}_i^{\perp})\Big)^{\perp\perp} = \sum_{i\in I} (\boldsymbol{U}_i^{\perp}). \qquad \square$$

Wir haben in 9.5.7 Beispiel 1 gesehen, dass ein Unterraum ganz in seinem Orthogonalraum liegen kann. In einem solchen Unterraum induziert σ eine Nullform. Für die Dimension eines derartigen Unterraumes gilt eine wichtige Ungleichung:

Satz 9.5.10 *Sei* $\dim \boldsymbol{V} = n < \infty$. *Für jeden Unterraum $\boldsymbol{U}$ mit der Eigenschaft $\boldsymbol{U} \subset \boldsymbol{U}^{\perp}$ ist*[7]

$$\dim \boldsymbol{U} \leq \left\lfloor \frac{n + \dim \boldsymbol{V}^{\perp}}{2} \right\rfloor. \tag{9.19}$$

Beweis. Wegen $\dim \boldsymbol{U} \leq \dim \boldsymbol{U}^{\perp}$ erhalten wir mit (9.16)

$$2 \dim \boldsymbol{U} \leq \dim \boldsymbol{U} + \dim \boldsymbol{U}^{\perp} = n + \dim(\boldsymbol{U} \cap \boldsymbol{V}^{\perp}) \leq n + \dim \boldsymbol{V}^{\perp},$$

woraus (9.19) unmittelbar folgt, da $\dim \boldsymbol{U}$ eine natürliche Zahl ist. $\square$

Wegen $n = \operatorname{rg} \sigma + \dim \boldsymbol{V}^{\perp}$ ist (9.19) gleichwertig zu

$$\dim \boldsymbol{U} \leq \left\lfloor \frac{\operatorname{rg} \sigma}{2} \right\rfloor + \dim \boldsymbol{V}^{\perp}. \tag{9.20}$$

[7] Es bezeichne $\lfloor x \rfloor$ für $x \in \mathbb{R}$ jene eindeutig bestimmte größte ganze Zahl, die kleiner oder gleich x ist (*Klammerfunktion* von Gauß).

Aufgaben

A 9.5.1 Eine schiefsymmetrische Bilinearform $\sigma : \mathbb{R}^{3\times 1} \times \mathbb{R}^{3\times 1} \to \mathbb{R}$ hat bezüglich der kanonischen Basis $\boldsymbol{E}$ von $\mathbb{R}^{3\times 1}$ die Koordinatenmatrix

$$\sigma(\boldsymbol{E}, \boldsymbol{E}) = \begin{pmatrix} 0 & 1 & 2 \\ -1 & 0 & -1 \\ -2 & 1 & 0 \end{pmatrix}.$$

(a) Lege das Radikal von σ durch eine Basis fest.

(b) Bestimme eine Gleichung jener Hyperebene von $\mathbb{R}^{3\times 1}$, die auf $(1, 1, -1)^{\mathrm{T}}$ bezüglich σ orthogonal steht.

(c) Bestimme den Orthogonalraum der Hyperebene $\boldsymbol{H}$ mit der Gleichung $x_1 + 2x_2 + x_3 = 0$. Gibt es einen Vektor $\boldsymbol{a} \in \boldsymbol{V}$ so, dass $\boldsymbol{a}^{\perp} = \boldsymbol{H}$?

A 9.5.2 Sei $\sigma : \boldsymbol{V} \times \boldsymbol{V} \to K$ eine orthosymmetrische ω-Sesquilinearform. Beweise:

(a) Für jede Teilmenge $\boldsymbol{M} \subset \boldsymbol{V}$ gilt $\boldsymbol{M}^{\perp\perp\perp} = \boldsymbol{M}^{\perp}$.

(b) Ist $\boldsymbol{U} \subset \boldsymbol{V}$ ein Unterraum, so gilt genau dann $\boldsymbol{U} = \boldsymbol{U}^{\perp\perp}$, wenn es eine Teilmenge $\boldsymbol{M} \subset \boldsymbol{V}$ so gibt, dass $\boldsymbol{U} = \boldsymbol{M}^{\perp}$.

9.6 Quadratische Formen

9.6.1 Es seien $\boldsymbol{V}$ ein Vektorraum über K und $\sigma : \boldsymbol{V} \times \boldsymbol{V} \to K$ eine Bilinearform. Wir betrachten jetzt eine durch σ mitbestimmte Abbildung[8]

$$q : \boldsymbol{V} \to K : \boldsymbol{x} \mapsto q(\boldsymbol{x}) := \sigma(\boldsymbol{x}, \boldsymbol{x}).$$

Oft wird die *Diagonale* von $\boldsymbol{V} \times \boldsymbol{V}$, das ist die Menge $\{(\boldsymbol{x}, \boldsymbol{x}) \mid \boldsymbol{x} \in \boldsymbol{V}\}$, stillschweigend mit $\boldsymbol{V}$ identifiziert, indem $(\boldsymbol{x}, \boldsymbol{x})$ und $\boldsymbol{x}$ nicht unterschieden werden. In diesem Sinne ist dann q die Einschränkung von σ auf die Diagonale von $\boldsymbol{V} \times \boldsymbol{V}$. Wir haben die Rechenregeln

$$q(c\boldsymbol{x}) = c^2 q(\boldsymbol{x}), \qquad q(\boldsymbol{x} + \boldsymbol{y}) = q(\boldsymbol{x}) + \sigma(\boldsymbol{x}, \boldsymbol{y}) + \sigma(\boldsymbol{y}, \boldsymbol{x}) + q(\boldsymbol{y}).$$

Diese Eigenschaften von q führen zur folgenden Begriffsbildung:

Definition 9.6.2 Sei $\boldsymbol{V}$ Vektorraum über K. Eine Abbildung $q : \boldsymbol{V} \to K$ heißt eine *quadratische Form*, wenn für alle $\boldsymbol{x}, \boldsymbol{y} \in \boldsymbol{V}$ und alle $c \in K$ gilt:

1. $q(c\boldsymbol{x}) = c^2 q(\boldsymbol{x})$.
2. Die Abbildung $(\boldsymbol{x}, \boldsymbol{y}) \mapsto q(\boldsymbol{x} + \boldsymbol{y}) - q(\boldsymbol{x}) - q(\boldsymbol{y})$ ist eine Bilinearform $\boldsymbol{V} \times \boldsymbol{V} \to K$.

Die Existenz quadratischer Formen ist durch die Überlegungen aus 9.6.1 gesichert. Dabei bestimmen Bilinearformen $\sigma_1, \sigma_2 : \boldsymbol{V} \times \boldsymbol{V} \to K$ genau dann dieselbe quadratische Form, falls $\sigma_1 - \sigma_2$ alternierend ist. Viele weitere Eigenschaften von q hängen jedoch von der Charakteristik von K ab:

Für Char $K \neq 2$ definieren wir nach der *Spaltformel* eine symmetrische Bilinearform

$$\sigma_q : \boldsymbol{V} \times \boldsymbol{V} \to K : (\boldsymbol{x}, \boldsymbol{y}) \mapsto \frac{1}{2}(q(\boldsymbol{x} + \boldsymbol{y}) - q(\boldsymbol{x}) - q(\boldsymbol{y})), \tag{9.21}$$

[8] Bei einem elementaren Skalarprodukt entspricht das jener Abbildung, die jedem Vektor das Quadrat seiner Länge zuordnet.

die sogenannte *Polarform* von q. Die in Axiom 2 genannte Bilinearform ist also $2\sigma_q$. Das ergibt

$$\sigma_q(\boldsymbol{x},\boldsymbol{x}) = \frac{1}{2}(q(2\boldsymbol{x}) - q(\boldsymbol{x}) - q(\boldsymbol{x})) = \frac{1}{2}(4q(\boldsymbol{x}) - q(\boldsymbol{x}) - q(\boldsymbol{x})) = q(\boldsymbol{x}) \text{ für alle } \boldsymbol{x} \in \boldsymbol{V}.$$

Durch σ_q wird also wieder q festgelegt. Ist andererseits σ' eine symmetrische Bilinearform mit der Eigenschaft $\sigma'(\boldsymbol{x},\boldsymbol{x}) = q(\boldsymbol{x})$ für alle $\boldsymbol{x} \in \boldsymbol{V}$, so ist die Differenz $\sigma_q - \sigma'$ eine symmetrische und zugleich alternierende Bilinearform. Da jede alternierende Bilinearform auch schiefsymmetrisch ist, liegt die Nullform vor. Es ist also $\sigma' = \sigma_q$. Eine quadratische Form und ihre Polarform bestimmen einander somit gegenseitig in eindeutiger Weise.

Für Char $K = 2$ ist die in Axiom 2 genannte Bilinearform alternierend, da

$$(\boldsymbol{x},\boldsymbol{x}) \mapsto q(\boldsymbol{x}+\boldsymbol{x}) - q(\boldsymbol{x}) - q(\boldsymbol{x}) = 4q(\boldsymbol{x}) - 2q(\boldsymbol{x}) = 0$$

für alle $\boldsymbol{x} \in \boldsymbol{V}$. Diese Bilinearform wird – abweichend von (9.21) – als *Polarform* von q bezeichnet. Wir verfolgen die Theorie der quadratischen Formen in diesem Falle nicht weiter.

9.6.3 Im Folgenden sei stets Char $K \neq 2$. Es kann routinemäßig gezeigt werden, dass alle quadratischen Formen $\boldsymbol{V} \to K$ einen Unterraum des Vektorraumes aller Abbildungen $\boldsymbol{V} \to K$ bilden, und dass alle symmetrischen Bilinearformen $\boldsymbol{V} \times \boldsymbol{V} \to K$ einen Unterraum des Vektorraumes aller Bilinearformen $\boldsymbol{V} \times \boldsymbol{V} \to K$ bilden. Ordnen wir jeder quadratischen Form q vermöge der Spaltformel (9.21) ihre Polarform zu, so liegt eine lineare Bijektion des Vektorraumes aller quadratischen Formen $\boldsymbol{V} \to K$ auf den Vektorraum aller symmetrischen Bilinearformen $\boldsymbol{V} \times \boldsymbol{V} \to K$ vor. Das ermöglicht es, Begriffe wie *Rang*, *Defekt* oder *Koordinatenmatrix* einer quadratischen Form als Rang, Defekt oder Koordinatenmatrix ihrer Polarform zu erklären.

Beispiele 9.6.4 Sei Char $K \neq 2$.

1. Die Abbildung $q : K \to K : x \mapsto x^2$ ist quadratische Form mit der Polarform
$$(x,y) \mapsto \frac{1}{2}((x+y)^2 - x^2 - y^2) = xy.$$
Es wird also $x^2 = xx$ in xy aufgespalten. Daraus leitet sich der Name „Spaltformel“ ab.
2. Die Abbildung $q : K^{2\times 1} \to K : (x_1,x_2)^{\mathrm{T}} \mapsto 2x_1x_2$ ist eine quadratische Form mit der Polarform
$$\left((x_1,x_2)^{\mathrm{T}},(y_1,y_2)^{\mathrm{T}}\right) \mapsto \frac{1}{2}(2(x_1+y_1)(x_2+y_2) - 2x_1x_2 - 2y_1y_2) = x_1y_2 + x_2y_1.$$
Hier führt die Spaltformel den Term $2x_1x_2 = x_1x_2 + x_2x_1$ in $x_1y_2 + x_2y_1$ über.
3. Gegeben sei die quadratische Form
$$q : \mathbb{R}^{3\times 1} \to \mathbb{R} : (x_1,x_2,x_3)^{\mathrm{T}} \mapsto 4x_1x_2 + x_2^2 + 2x_2x_3.$$
Die Linearität der Zuordnung $q \mapsto \sigma_q$ gestattet es, die Spaltformel auf jeden Summanden einzeln anzuwenden. Die Polarform ist daher die symmetrische Bilinearform
$$\sigma_q : \mathbb{R}^{3\times 1} \times \mathbb{R}^{3\times 1} \to \mathbb{R} : \left((x_1,x_2,x_3)^{\mathrm{T}},(y_1,y_2,y_3)^{\mathrm{T}}\right) \mapsto 2x_1y_2 + 2x_2y_1 + x_2y_2 + x_2y_3 + x_3y_2.$$
Ihre Koordinatenmatrix bezüglich der kanonischen Basis ist die symmetrische Matrix
$$\begin{pmatrix} 0 & 2 & 0 \\ 2 & 1 & 1 \\ 0 & 1 & 0 \end{pmatrix}.$$

Aufgaben

A 9.6.1 Sei $K^{2\times 2}$ der Vektorraum der 2×2 Matrizen über einem Körper K mit Char $K \neq 2$. Für $A \in K^{2\times 2}$ sei $A^\sharp$ die Matrix der Kofaktoren. Zeige:

(a) Die Abbildung $\det : K^{2\times 2} \to K : A \mapsto \det A$ ist eine quadratische Form, und die Abbildung

$$\sigma : K^{2\times 2} \times K^{2\times 2} \to K : (A, B) \mapsto \frac{1}{2}\,\mathrm{sp}(A \cdot B^\sharp)$$

ist ihre Polarform.

(b) Die symmetrische Bilinearform σ ist radikalfrei.

(c) Genau für eine singuläre Matrix $A \in K^{2\times 2}$ gilt $\sigma(A, A) = 0$. (Jedes solche A ist zu sich selbst orthogonal.)

(d) Die durch $\mathrm{sp}\,A = 0$ festgelegte Hyperebene von $K^{2\times 2}$ ist bezüglich σ zum eindimensionalen Unterraum aller skalaren 2×2 Matrizen orthogonal.

Anleitung zu (b): Bestimme die Koordinatenmatrix von σ bezüglich der kanonischen Basis von $K^{2\times 2}$.

A 9.6.2

(a) Eine Bilinearform $\sigma : \mathbb{R}^{2\times 1} \times \mathbb{R}^{2\times 1} \to \mathbb{R}$ sei durch

$$\sigma(\boldsymbol{E}, \boldsymbol{E}) = \begin{pmatrix} 1 & 3 \\ 1 & 5 \end{pmatrix}$$

gegeben. Bestimme die Koordinatenmatrix bezüglich $\boldsymbol{E}$ für die Polarform σ_q der durch σ mitbestimmten quadratischen Form $q : \boldsymbol{V} \to K : \boldsymbol{x} \mapsto \sigma(\boldsymbol{x}, \boldsymbol{x})$. Begründe ferner die Gültigkeit von $\sigma_q(\boldsymbol{E}, \boldsymbol{E}) = \frac{1}{2}\big(\sigma(\boldsymbol{E}, \boldsymbol{E}) + \sigma(\boldsymbol{E}, \boldsymbol{E})^{\mathrm{T}}\big)$.

(b) Eine quadratische Form $q : \mathbb{R}^{3\times 1} \to \mathbb{R}$ leistet $(x_1, x_2, x_3)^{\mathrm{T}} \mapsto x_1^2 - 2x_1x_2 - x_2^2 + 4x_2x_3$. Bestimme für die Polarform σ_q von q die Koordinatenmatrix bezüglich der kanonischen Basis $\boldsymbol{E} = (\boldsymbol{e}_1, \boldsymbol{e}_2, \boldsymbol{e}_3)$ sowie bezüglich der Basis $\boldsymbol{B} := (\boldsymbol{e}_1, \boldsymbol{e}_1 + \boldsymbol{e}_2, \boldsymbol{e}_1 + \boldsymbol{e}_2 + \boldsymbol{e}_3)$.

9.7 Komplexe Fortsetzung von Bilinearformen

9.7.1 So wie bei den linearen Selbstabbildungen reeller Vektorräume erweist es sich oft als zweckmäßig, eine Bilinearform eines Vektorraumes $\boldsymbol{V}$ über $\mathbb{R}$ in dessen komplexe Erweiterung $\boldsymbol{V}_{\mathbb{C}}$ fortzusetzen. Eine Sesquilinearform $\gamma : \boldsymbol{V}_{\mathbb{C}} \times \boldsymbol{V}_{\mathbb{C}} \to \mathbb{C}$ heißt eine *komplexe Fortsetzung* einer Bilinearform $\sigma : \boldsymbol{V} \times \boldsymbol{V} \to \mathbb{R}$, falls $\sigma(\boldsymbol{x}, \boldsymbol{y}) = \gamma(\boldsymbol{x}, \boldsymbol{y})$ für alle $\boldsymbol{x}, \boldsymbol{y} \in \boldsymbol{V}$. Der folgende Satz beschreibt alle solchen komplexen Fortsetzungen:

Satz 9.7.2 *Sei $\sigma : \boldsymbol{V} \times \boldsymbol{V} \to \mathbb{R}$ eine Bilinearform. Dann gilt:*

(a) *Die Bilinearform σ kann zu genau einer Bilinearform $\sigma_{\mathbb{C}} : \boldsymbol{V}_{\mathbb{C}} \times \boldsymbol{V}_{\mathbb{C}} \to \mathbb{C}$ und zu genau einer Sesquilinearform $\overline{\sigma}_{\mathbb{C}} : \boldsymbol{V}_{\mathbb{C}} \times \boldsymbol{V}_{\mathbb{C}} \to \mathbb{C}$ bezüglich der Konjugation fortgesetzt werden.*

(b) *Falls σ trivial ist, so ist $\sigma_{\mathbb{C}} = \overline{\sigma}_{\mathbb{C}}$ ebenfalls trivial.*

(c) *Falls σ nicht trivial ist, so sind $\sigma_{\mathbb{C}}$ und $\overline{\sigma}_{\mathbb{C}}$ verschieden.*

(d) *Außer $\sigma_{\mathbb{C}}$ und $\overline{\sigma}_{\mathbb{C}}$ gibt es keine komplexen Fortsetzungen von σ.*

Beweis. Wir erklären Abbildungen

$$\sigma_{\mathbb{C}} : V_{\mathbb{C}} \times V_{\mathbb{C}} \to \mathbb{C} : (\boldsymbol{x} + i\boldsymbol{y}, \boldsymbol{x}' + i\boldsymbol{y}') \mapsto \sigma(\boldsymbol{x}, \boldsymbol{x}') - \sigma(\boldsymbol{y}, \boldsymbol{y}') + i\sigma(\boldsymbol{x}, \boldsymbol{y}') + i\sigma(\boldsymbol{y}, \boldsymbol{x}'),$$
$$\overline{\sigma}_{\mathbb{C}} : V_{\mathbb{C}} \times V_{\mathbb{C}} \to \mathbb{C} : (\boldsymbol{x} + i\boldsymbol{y}, \boldsymbol{x}' + i\boldsymbol{y}') \mapsto \sigma(\boldsymbol{x}, \boldsymbol{x}') + \sigma(\boldsymbol{y}, \boldsymbol{y}') + i\sigma(\boldsymbol{x}, \boldsymbol{y}') - i\sigma(\boldsymbol{y}, \boldsymbol{x}'),$$

wobei $\boldsymbol{x}, \boldsymbol{x}', \boldsymbol{y}, \boldsymbol{y}' \in \boldsymbol{V}$. Es ist $\sigma_{\mathbb{C}}(\boldsymbol{x}, \boldsymbol{x}') = \overline{\sigma}_{\mathbb{C}}(\boldsymbol{x}, \boldsymbol{x}') = \sigma(\boldsymbol{x}, \boldsymbol{x}')$ für alle $\boldsymbol{x}, \boldsymbol{x}' \in \boldsymbol{V}$. Durch Nachrechnen erweist sich $\sigma_{\mathbb{C}}$ als bilinear und $\overline{\sigma}_{\mathbb{C}}$ als sesquilinear bezüglich der Konjugation.

Es sei nun γ eine beliebige ζ-sesquilineare komplexe Fortsetzung von σ. Dann gilt

$$\gamma(\boldsymbol{x} + i\boldsymbol{y}, \boldsymbol{x}' + i\boldsymbol{y}') = \sigma(\boldsymbol{x}, \boldsymbol{x}') + \zeta(i)i\sigma(\boldsymbol{y}, \boldsymbol{y}') + i\sigma(\boldsymbol{x}, \boldsymbol{y}') + \zeta(i)\sigma(\boldsymbol{y}, \boldsymbol{x}')$$

für alle $\boldsymbol{x}, \boldsymbol{x}', \boldsymbol{y}, \boldsymbol{y}' \in \boldsymbol{V}$. Ist σ trivial, so ist $\gamma = \sigma_{\mathbb{C}} = \overline{\sigma}_{\mathbb{C}}$ ebenfalls trivial. Hier können wir über ζ keine weitere Aussage machen. Andernfalls gibt es Vektoren $\boldsymbol{a}, \boldsymbol{b} \in \boldsymbol{V}$ mit $\sigma(\boldsymbol{a}, \boldsymbol{b}) \neq 0$. Dann ist

$$\sigma_{\mathbb{C}}(i\boldsymbol{a}, \boldsymbol{b}) = i\sigma_{\mathbb{C}}(\boldsymbol{a}, \boldsymbol{b}) = i\sigma(\boldsymbol{a}, \boldsymbol{b}) \neq -i\sigma(\boldsymbol{a}, \boldsymbol{b}) = -i\overline{\sigma}_{\mathbb{C}}(\boldsymbol{a}, \boldsymbol{b}) = \overline{\sigma}_{\mathbb{C}}(i\boldsymbol{a}, \boldsymbol{b}),$$

was $\sigma_{\mathbb{C}} \neq \overline{\sigma}_{\mathbb{C}}$ zeigt. Ferner folgt aus $\gamma(\boldsymbol{a}, \boldsymbol{b}) = \sigma(\boldsymbol{a}, \boldsymbol{b}) \neq 0$ und

$$x\gamma(\boldsymbol{a}, \boldsymbol{b}) = x\sigma(\boldsymbol{a}, \boldsymbol{b}) = \sigma(x\boldsymbol{a}, \boldsymbol{b}) = \gamma(x\boldsymbol{a}, \boldsymbol{b}) = \zeta(x)\gamma(\boldsymbol{a}, \boldsymbol{b}) \text{ für alle } x \in \mathbb{R},$$

dass $\mathbb{R}$ unter ζ elementweise fest bleibt. Daher ist nach Satz 1.12.6 entweder $\zeta = \mathrm{id}_{\mathbb{C}}$ oder ζ die Konjugation in $\mathbb{C}$. Zusammenfassend gilt also $\gamma = \sigma_{\mathbb{C}}$ oder $\gamma = \overline{\sigma}_{\mathbb{C}}$. □

Ist σ (schief)symmetrisch, so ergibt $\sigma_{\mathbb{C}}$ eine (schief)symmetrische und $\overline{\sigma}_{\mathbb{C}}$ eine (schief)hermitesche Sesquilinearform; die komplexe Erweiterung des Radikals von σ ist das gemeinsame Radikal von $\sigma_{\mathbb{C}}$ und $\overline{\sigma}_{\mathbb{C}}$.

Bei $\dim \boldsymbol{V} < \infty$ gilt in Analogie zu Satz 8.8.9, dass jede Koordinatenmatrix $\sigma(\boldsymbol{B}, \boldsymbol{B})$ von σ auch Koordinatenmatrix von $\sigma_{\mathbb{C}}$ und $\overline{\sigma}_{\mathbb{C}}$ ist.

9.7.3 Jede quadratische Form $q : \boldsymbol{V} \to \mathbb{R}$ kann über die komplexen Fortsetzungen ihrer Polarform σ_q nach $\boldsymbol{V}_{\mathbb{C}}$ fortgesetzt werden. Dabei treten die Abbildungen

$$q_{\mathbb{C}} : \boldsymbol{V}_{\mathbb{C}} \to \mathbb{C} : \boldsymbol{x} + i\boldsymbol{y} \mapsto \sigma_{q,\mathbb{C}}(\boldsymbol{x} + i\boldsymbol{y}, \boldsymbol{x} + i\boldsymbol{y}) = \sigma_q(\boldsymbol{x}, \boldsymbol{x}) + 2i\sigma_q(\boldsymbol{x}, \boldsymbol{y}) - \sigma_q(\boldsymbol{y}, \boldsymbol{y})$$
$$\overline{q}_{\mathbb{C}} : \boldsymbol{V}_{\mathbb{C}} \to \mathbb{C} : \boldsymbol{x} + i\boldsymbol{y} \mapsto \overline{\sigma}_{q,\mathbb{C}}(\boldsymbol{x} + i\boldsymbol{y}, \boldsymbol{x} + i\boldsymbol{y}) = \sigma_q(\boldsymbol{x}, \boldsymbol{x}) + \sigma_q(\boldsymbol{y}, \boldsymbol{y})$$

auf, wobei $\boldsymbol{x}, \boldsymbol{y} \in \boldsymbol{V}$. Es ist $q_{\mathbb{C}}$ eine quadratische Form mit der Polarform $\sigma_{q,\mathbb{C}}$. Hingegen ist $\overline{q}_{\mathbb{C}}$ für $q(\boldsymbol{V}) \neq \{0\}$ keine quadratische Form. Diese Abbildung ordnet jedoch jedem Vektor aus $\boldsymbol{V}_{\mathbb{C}}$ eine *reelle* Zahl zu, was in vielen Fällen vorteilhaft sein wird. Wir können daher $\overline{q}_{\mathbb{C}}$ als Abbildung in $\mathbb{R}$ auffassen und sind auf folgenden Typus von Abbildungen gestoßen:

Definition 9.7.4 Sei $\boldsymbol{V}$ ein Vektorraum über $\mathbb{C}$. Dann heißt eine Abbildung $h : \boldsymbol{V} \to \mathbb{R}$ eine *hermitesche Form*, falls gilt:

1. $h(c\boldsymbol{x}) = (\overline{c}c)h(\boldsymbol{x})$ für alle $\boldsymbol{x} \in \boldsymbol{V}$ und alle $c \in \mathbb{C}$.
2. $h(\boldsymbol{x} + \boldsymbol{y}) + h(\boldsymbol{x} - \boldsymbol{y}) = 2(h(\boldsymbol{x}) + h(\boldsymbol{y}))$ für alle $\boldsymbol{x}, \boldsymbol{y} \in \boldsymbol{V}$.
3. Die Abbildung $\boldsymbol{V} \times \boldsymbol{V} \to \mathbb{C} : (\boldsymbol{x}, \boldsymbol{y}) \mapsto h(\boldsymbol{x} + \boldsymbol{y}) + ih(i\boldsymbol{x} + \boldsymbol{y}) - (1 + i)(h(\boldsymbol{x}) + h(\boldsymbol{y}))$ ist eine Sesquilinearform.

Für jede hermitesche Sesquilinearform $\sigma : \boldsymbol{V} \times \boldsymbol{V} \to \mathbb{C}$ liegt mit $h : \boldsymbol{V} \to \mathbb{R} : \boldsymbol{x} \mapsto \sigma(\boldsymbol{x}, \boldsymbol{x})$ eine hermitesche Form vor, was die Existenz hermitescher Formen sicherstellt. Umgekehrt ist für jede hermitesche Form h die Abbildung

$$\sigma_h : \boldsymbol{V} \times \boldsymbol{V} \to \mathbb{C} : (\boldsymbol{x}, \boldsymbol{y}) \mapsto \frac{1}{2}\Big(h(\boldsymbol{x} + \boldsymbol{y}) + ih(\boldsymbol{x} + i\boldsymbol{y}) - (1 + i)(h(\boldsymbol{x}) + h(\boldsymbol{y}))\Big)$$

eine hermitesche Sesquilinearformen, welche die zu h gehörige *Polarform* heißt. Eine hermitesche Form und ihre Polarform bestimmen einander somit gegenseitig in eindeutiger Weise. Damit lassen sich Begriffe wie *Rang*, *Defekt* oder *Koordinatenmatrix* einer hermiteschen Form über ihre Polarform erklären. Die Ergebnisse über quadratische Formen (bei Char $K \neq 2$) übertragen sich sinngemäß.

Aufgaben

A 9.7.1 Sei $\sigma : \boldsymbol{V} \times \boldsymbol{V} \to \mathbb{R}$ eine alternierende Bilinearform eines reellen Vektorraumes $\boldsymbol{V}$. Bestimme alle Vektoren $\boldsymbol{x} \in \boldsymbol{V}_{\mathbb{C}}$ mit $\overline{\sigma}(\boldsymbol{x}, \boldsymbol{x}) = 0$, wo $\overline{\sigma} : \boldsymbol{V}_{\mathbb{C}} \times \boldsymbol{V}_{\mathbb{C}} \to \mathbb{C}$ die Fortsetzung von σ zu einer schiefhermiteschen Sesquilinearform bezeichnet.

A 9.7.2 Eine symmetrische Bilinearform $\sigma : \mathbb{R}^{4\times 1} \times \mathbb{R}^{4\times 1} \to \mathbb{R}$ hat bezüglich der kanonischen Basis $\boldsymbol{E}$ von $\mathbb{R}^{4\times 1}$ die Koordinatenmatrix

$$\sigma(\boldsymbol{E}, \boldsymbol{E}) = \begin{pmatrix} 1 & 2 & 3 & 0 \\ 2 & -1 & 0 & 1 \\ 3 & 0 & 0 & 2 \\ 0 & 1 & 2 & 0 \end{pmatrix}.$$

(a) Erweitere σ zu einer hermiteschen Sesquilinearform $\overline{\sigma} : \mathbb{C}^{4\times 1} \times \mathbb{C}^{4\times 1} \to \mathbb{C}$; berechne $\overline{\sigma}(\boldsymbol{a}, \boldsymbol{b})$ und $\overline{\sigma}(\boldsymbol{b}, \boldsymbol{a})$ für $\boldsymbol{a} = (1, i, 0, 2)^{\mathrm{T}}$, $\boldsymbol{b} = (i, i, 1, 1)^{\mathrm{T}}$.

(b) Lege den zu $\boldsymbol{a}$ orthogonalen Unterraum $[\boldsymbol{a}]^{\perp} \subset \mathbb{C}^{4\times 1}$ durch ein LGS sowie eine Basis fest.

(c) Ist σ radikalfrei?

9.8 Orthogonale Zerlegungen

Bis zum Ende des Kapitels setzen wir fest:

Sei $\boldsymbol{V}$ ein n-dimensionaler Vektorraum mit $n < \infty$.

9.8.1 Für einige Typen orthosymmetrischer ω-Sesquilinearformen werden wir besonders einfache Koordinatendarstellungen angeben. Diese Beruhen auf einer Zerlegung von $\boldsymbol{V}$ in eine orthogonale direkte Summe. Zunächst behandeln wir alternierende Bilinearformen. Dabei verwenden wir die Abkürzung

$$\square := \begin{pmatrix} 0 & -1 \\ 1 & 0 \end{pmatrix}. \tag{9.22}$$

Satz 9.8.2 *Sei $G = (g_{ij}) \in K^{n\times n}$ eine alternierende Matrix. Dann kann G schrittweise durch elementare Kongruenzumformungen in eine Block-Diagonalmatrix der Form*

$$\operatorname{diag}(\square, \square, \ldots, 0, 0, \ldots, 0) \tag{9.23}$$

übergeführt werden.

Beweis. Wir gehen wie folgt vor:

- Wenn G eine Nullmatrix ist, so sind wir fertig.
- Andernfalls existiert ein $g_{kl} \neq 0$ mit $k < l$. Indem wir die l-te Spalte mit $-g_{kl}^{-1}$ multiplizieren, erhalten wir an der Stelle (k, l) die Zahl -1. Anschließend multiplizieren wir die l-te Zeile mit $-g_{kl}^{-1}$. Wegen $k < l$ bleibt dabei die Stelle (k, l) unverändert. Vertausche nun die k-te Spalte mit der ersten Spalte. Wegen $1 \leq k < l$ bleibt dabei die l-te Spalte fest. Dann vertausche die k-te Zeile mit der ersten Zeile. Damit kommt -1 an die Position $(1, l)$. Vertausche jetzt die l-te Spalte mit der zweiten Spalte und dann die l-te Zeile mit der zweiten Zeile. Wegen $1 < 2 \leq l$ bleibt beim letzten Zeilentausch die erste Zeile fest. Die so transformierte Matrix hat daher die Bauart
$$\left(\begin{array}{cc|ccc} 0 & -1 & h_{13} & \dots & h_{1n} \\ 1 & 0 & h_{23} & \dots & h_{2n} \\ \hline -h_{13} & -h_{23} & * & \dots & * \\ \dots & \dots & \dots & \dots & \dots \\ -h_{1n} & -h_{2n} & * & \dots & * \end{array}\right).$$
Indem wir für $j \in \{3, 4, \dots, n\}$ zur j-ten Spalte geeignete Vielfache der ersten und zweiten Spalte addieren und anschließend die entsprechenden Zeilenumformungen durchführen, erhalten wir die kongruente Matrix
$$\operatorname{diag}(\square, G').$$

Dieses Verfahren ist jetzt mit G' zu wiederholen. Nach endlich vielen Schritten erreichen wir die gesuchte Matrix. □

Die in (9.23) angeschriebene Matrix heißt eine alternierende Matrix in *Normalform.*

Beispiel 9.8.3 Wir transformieren eine alternierende Matrix aus $\mathbb{Z}_5^{4\times 4}$ in Normalform. Sind zwei Spalten hervorgehoben, so werden diese im nächsten Schritt vertauscht. Ist nur eine Spalte hervorgehoben, so sind geeignete Vielfache dieser Spalte zu den anderen Spalten zu addieren. Gleiches gilt für Zeilen. Wir führen zunächst das $(2,3)$-Element $\bar{4} = -\bar{1}$ der Matrix an die Stelle $(1, 2)$:

$$\begin{pmatrix} \bar0 & \bar0 & \bar0 & \bar0 \\ \bar0 & \bar0 & \bar4 & \bar2 \\ \bar0 & \bar1 & \bar0 & \bar0 \\ \bar0 & \bar3 & \bar0 & \bar0 \end{pmatrix} \overset{s}{\mapsto} \begin{pmatrix} \bar0 & \bar0 & \bar0 & \bar0 \\ \bar0 & \bar0 & \bar4 & \bar2 \\ \bar1 & \bar0 & \bar0 & \bar0 \\ \bar3 & \bar0 & \bar0 & \bar0 \end{pmatrix} \overset{z}{\mapsto} \begin{pmatrix} \bar0 & \bar0 & \bar4 & \bar2 \\ \bar0 & \bar0 & \bar0 & \bar0 \\ \bar1 & \bar0 & \bar0 & \bar0 \\ \bar3 & \bar0 & \bar0 & \bar0 \end{pmatrix}$$

$$\overset{s}{\mapsto} \begin{pmatrix} \bar0 & \bar4 & \bar0 & \bar2 \\ \bar0 & \bar0 & \bar0 & \bar0 \\ \bar1 & \bar0 & \bar0 & \bar0 \\ \bar3 & \bar0 & \bar0 & \bar0 \end{pmatrix} \overset{z}{\mapsto} \begin{pmatrix} \bar0 & \bar4 & \bar0 & \bar2 \\ \bar1 & \bar0 & \bar0 & \bar0 \\ \bar0 & \bar0 & \bar0 & \bar0 \\ \bar3 & \bar0 & \bar0 & \bar0 \end{pmatrix}$$

$$\overset{s}{\mapsto} \begin{pmatrix} \bar0 & \bar4 & \bar0 & \bar0 \\ \bar1 & \bar0 & \bar0 & \bar0 \\ \bar0 & \bar0 & \bar0 & \bar0 \\ \bar3 & \bar0 & \bar0 & \bar0 \end{pmatrix} \overset{z}{\mapsto} \begin{pmatrix} \bar0 & \bar4 & \bar0 & \bar0 \\ \bar1 & \bar0 & \bar0 & \bar0 \\ \bar0 & \bar0 & \bar0 & \bar0 \\ \bar0 & \bar0 & \bar0 & \bar0 \end{pmatrix}$$

Wir ziehen jetzt einige Folgerungen:

Satz 9.8.4 *Jede alternierende Matrix $G \in K^{n \times n}$ ist kongruent zu genau einer alternierenden Matrix in Normalform. Der Rang von G ist daher eine gerade Zahl. Zwei alternierende Matrizen aus $K^{n \times n}$ sind genau dann kongruent, falls sie denselben Rang besitzen.*

Beweis. (a) Nach Satz 9.8.2 gibt es mindestens eine zu G kongruente alternierende Matrix in Normalform, etwa mit genau $s \geq 0$ Kästchen der Form $\square$. Wir lesen daraus $\operatorname{rg} G = 2s$ und die Eindeutigkeit der Matrix in Normalform ab.

(b) Haben zwei alternierende Matrizen aus $K^{n \times n}$ denselben Rang, etwa $2s$, so sind beide zur selben alternierenden Matrix in Normalform kongruent und daher auch zueinander kongruent. Die Umkehrung ist klar, da kongruente Matrizen denselben Rang besitzen. □

Wir formulieren diese Ergebnisse jetzt für alternierende Bilinearformen:

Satz 9.8.5 *Sei $\sigma : V \times V \to K$ eine alternierende Bilinearform. Dann gilt:*

(a) *Es gibt mindestens eine Basis $\boldsymbol{B}$ von V so, dass $\sigma(\boldsymbol{B}, \boldsymbol{B})$ eine alternierende Matrix in Normalform ist.*

(b) *Der Rang von σ ist eine gerade Zahl.*

(c) *V gestattet eine Zerlegung in eine orthogonale direkte Summe*

$$V = L_1 \oplus L_2 \oplus \cdots \oplus L_s \oplus V^{\perp}, \tag{9.24}$$

wobei für alle $i \in \{1, 2, \ldots, s\}$ die Einschränkung $\sigma|(L_i \times L_i)$ radikalfrei ist, $\dim L_i = 2$ *gilt und $2s$ gleich dem Rang von σ ist.*

Beweis. (a) Wir wählen eine Basis $\tilde{\boldsymbol{B}}$ von V. Dann ist $\sigma(\tilde{\boldsymbol{B}}, \tilde{\boldsymbol{B}})$ eine alternierende Matrix. Der im Beweis von Satz 9.8.2 beschriebene Übergang zu einer alternierenden Matrix in Normalform entspricht dem Wechsel zu einer Basis $\boldsymbol{B} = (\boldsymbol{b}_1, \boldsymbol{b}_2, \ldots, \boldsymbol{b}_n)$ mit den gewünschten Eigenschaften.

(b) Der Rang von σ ist nach Satz 9.8.4 eine gerade Zahl.

(c) Wir schließen an (a) an, wobei in der Matrix $\sigma(\boldsymbol{B}, \boldsymbol{B})$ genau s Kästchen der Form (9.22) auftreten mögen. Setzen wir

$$L_i := [(\boldsymbol{b}_{2i-1}, \boldsymbol{b}_{2i})] \quad \text{für} \quad i \in \{1, 2, \ldots, s\},$$

so hat $\sigma|(L_i \times L_i)$ eine Koordinatenmatrix der Form (9.22) und ist somit radikalfrei. Da die restlichen Basisvektoren $(\boldsymbol{b}_{2s+1}, \boldsymbol{b}_{2s+2}, \ldots, \boldsymbol{b}_n)$ im Radikal $V^{\perp}$ liegen und dieses die Dimension $n - 2s$ hat, folgt die Behauptung. □

Satz 9.8.6 *Zwei alternierende Bilinearformen $\sigma_1, \sigma_2 : V \times V \to K$ sind genau dann kongruent, falls sie denselben Rang besitzen.*

Beweis. Haben σ_1 und σ_2 denselben Rang, so besitzen sie nach Satz 9.8.5 (a) und Satz 9.8.4 bezüglich geeigneter Basen von V dieselbe Koordinatenmatrix in Normalform (9.23). Somit sind σ_1 und σ_2 kongruent. Der Beweis der Umkehrung ist trivial. □

Damit sind das Normalformenproblem kongruenter alternierender $n \times n$ Matrizen und die Klassifikation der alternierenden Bilinearformen bei beliebigem $n \in \mathbb{N}$ und beliebigem Körper K gelöst.

9.8.7 Wir wenden uns jetzt den ω-symmetrischen ω-Sesquilinearformen zu. Dabei müssen wir für $\operatorname{Char} K = 2$ alternierende Bilinearformen mit Rang > 0 immer explizit ausschließen. Wir brauchen diese einschränkende Voraussetzung, da es bei $\operatorname{Char} K = 2$ und $\dim \boldsymbol{V} \geq 2$ nicht triviale alternierende Bilinearformen gibt. Jede derartige Bilinearform ist symmetrisch, weil wegen $\operatorname{Char} K = 2$ die Begriffe „symmetrisch" und „schiefsymmetrisch" zusammenfallen. In $K^{n\times 1}$ entsprechen diese Abbildungen dem Automorphismus id_K gemeinsam mit einer alternierenden Matrix vom Rang > 0.

Für $\operatorname{Char} K \neq 2$ oder $\omega \neq \mathrm{id}_K$ sind derartige Einschränkungen nicht nötig.

Satz 9.8.8 *Es seien $\omega \in \mathrm{Aut}(K)$ und $G = (g_{ij}) \in K^{n\times n}$ eine ω-symmetrische Matrix. Wenn $\operatorname{Char} K = 2$ und $\omega = \mathrm{id}_K$ erfüllt sind, sei G aber keine alternierende Matrix mit Rang > 0. Dann kann G schrittweise durch elementare ω-Kongruenzumformungen in eine Diagonalmatrix*

$$\operatorname{diag}(g_1, g_2, \ldots, g_r, 0, 0, \ldots, 0)$$

mit $g_1, g_2, \ldots, g_r \neq 0$ übergeführt werden.

Beweis. (a) Wir beschreiben zunächst einige ω-Kongruenzumformungen. Danach geben wir an, wie mit deren Hilfe die gesuchte Diagonalmatrix erhalten werden kann.

(b) Gegeben sei eine ω-symmetrische Matrix mit einem Element $\neq 0$ in der Hauptdiagonale, etwa an der Stelle (i,i). Wir vertauschen die i-te Spalte mit der ersten Spalte und dann die i-te Zeile mit der ersten Zeile. Die transformierte Matrix hat die Bauart

$$\left(\begin{array}{c|ccc} h_{11} & h_{12} & \ldots & h_{1n} \\ \hline \omega(h_{12}) & * & \ldots & * \\ \vdots & \vdots & & \vdots \\ \omega(h_{1n}) & * & \ldots & * \end{array}\right)$$

mit $h_{11} \neq 0$. Indem wir für $j \in \{2, 3, \ldots, n\}$ zur j-ten Spalte ein geeignetes Vielfaches der ersten Spalte addieren und danach die entsprechenden Zeilenumformungen durchführen, erhalten wir eine ω-kongruente Block-Diagonalmatrix

$$\operatorname{diag}(h_{11}, H') \quad \text{mit} \quad h_{11} \neq 0.$$

(c) Es sei $\operatorname{Char} K \neq 2$ oder $\omega \neq \mathrm{id}_K$. Gegeben sei eine ω-symmetrische Matrix, deren Elemente in der Hauptdiagonale alle gleich 0 sind, aber mit einem Element $c \neq 0$, etwa an der Stelle (i,j) wobei $i < j$. Die Matrix hat also die Bauart[9]

$$\left(\begin{array}{cc|cc} 0 & c & \ldots & * \\ \omega(c) & 0 & & \vdots \\ \hline \vdots & & \ddots & * \\ * & \ldots & * & 0 \end{array}\right).$$

Wir zeigen, dass es mindestens ein $y \in K^{\times}$ gibt mit $yc + \omega(yc) \neq 0$: Für $\operatorname{Char} K \neq 2$ ist $y := c^{-1}$ eine Lösung, da $yc + \omega(yc) = 1 + \omega(1) = 2 \neq 0$. Für $\operatorname{Char} K = 2$ ist $\omega \neq \mathrm{id}_K$, und y kann derart gewählt werden, dass yc kein Fixelement von ω ist[10], was $yc + \omega(yc) \neq 0$ ergibt.

[9]Zur Illustration wurde $(i,j) = (1,2)$ gewählt.

[10]Es bleibt an dieser Stelle offen, ob es ein Verfahren gibt, um ein solches y tatsächlich zu finden.

Nun addieren wir zur i-ten Spalte y-mal die j-te Spalte und dann zur i-ten Zeile $\omega(y)$-mal die j-te Zeile. Das liefert eine ω-kongruente Matrix mit dem Element $yc + \omega(yc) \neq 0$ an der Stelle (i, i).

(d) Es sei $\operatorname{Char} K = 2$ und $\omega = \mathrm{id}_K$. Gegeben sei eine symmetrische Matrix $\operatorname{diag}(h_{11}, H')$ mit $h_{11} \neq 0$ und einer alternierenden Matrix H' mit Rang > 0. Es steht dann in der Matrix $\operatorname{diag}(h_{11}, H')$ etwa an den Stellen (k, l) und (l, k) mit $2 \leq k < l$ ein Skalar $c \neq 0$. Wir addieren die k-te Spalte zur ersten Spalte und danach die k-te Zeile zur ersten Zeile. Das ergibt eine Matrix der Form[11]

$$\left(\begin{array}{c|cc|cc} h_{11} & 0 & c & \dots & * \\ \hline 0 & 0 & c & & \vdots \\ c & c & 0 & & \\ \hline \vdots & & & \ddots & * \\ * & & \dots & * & 0 \end{array}\right).$$

Beachte, dass wir hier einen „Schritt zurück“ machen, da wir nun in der ersten Zeile und in der ersten Spalte außerhalb der Stelle $(1, 1)$ ein Element ungleich 0 haben, was zu Beginn nicht der Fall war. Nun können wir wie in (b) geeignete Vielfache der ersten Spalte zu den anderen Spalten addieren und danach die betreffenden Zeilenumformungen durchführen. Wir erhalten eine Matrix

$$\operatorname{diag}(h_{11}, H''),$$

welche an der Stelle (l, l) das Element $h_{11}^{-1}c^2 \neq 0$ hat. Die von den letzten $n - 1$ Zeilen und Spalten gebildete Teilmatrix H'' ist daher keine alternierende Matrix mit Rang > 0.

(e) Bei der Transformation der gegebenen Matrix G in Diagonalgestalt sind zwei Fälle zu unterscheiden, in denen verschieden vorzugehen ist:

Fall 1: $\omega \neq \mathrm{id}_K$ oder $\operatorname{Char} K \neq 2$.

- Wenn G eine Nullmatrix ist, so sind wir fertig.
- Falls ein Diagonalelement von G ungleich 0 ist, setzen wir $\tilde{G} := G$.
  Andernfalls wenden wir (c) an, um aus G eine Matrix $\tilde{G}$ mit einem Element $\neq 0$ in der Hauptdiagonale zu erhalten.
- Auf die Matrix $\tilde{G}$ wenden wir (b) an. Das ergibt eine Matrix $\operatorname{diag}(h_{11}, H')$ mit $h_{11} \neq 0$. Wir setzen $g_1 := h_{11}$ und $G' := H'$.

Fall 2: $\omega = \mathrm{id}_K$ und $\operatorname{Char} K = 2$.

- Wenn G eine Nullmatrix ist, so sind wir fertig.
- Da G nicht alternierend ist, können wir die Umformung aus (b) ausführen. Das ergibt eine Matrix $\operatorname{diag}(h_{11}, H')$ mit $h_{11} \neq 0$.
- Falls die so erhaltene symmetrische Teilmatrix H' keine alternierende Matrix mit Rang > 0 ist, sei $g_1 := h_{11}$ und $G' := H'$.
  Andernfalls wenden wir die Umformung aus (d) an, um aus $\operatorname{diag}(h_{11}, H')$ eine kongruente Matrix $\operatorname{diag}(h_{11}, H'')$ mit einer nicht alternierenden Teilmatrix H'' vom Rang > 0 zu erhalten; nun setzen wir $g_1 := h_{11}$ und $G' := H''$.

[11] Zur Illustration wurde $(k, l) = (2, 3)$ gewählt.

Das obige Verfahren ist nun mit G' zu wiederholen. Nach endlich vielen Schritten erreichen wir so die gesuchte Diagonalmatrix. □

Beispiele 9.8.9 Wir transformieren auf Diagonalgestalt. Vgl. die Bemerkungen in Beispiel 9.8.3 zur Bedeutung der hervorgehobenen Zeilen und Spalten.

1. Sei $K = \mathbb{R}$:

$$\begin{pmatrix} 0 & 2 & 2 \\ 2 & 0 & 2 \\ 2 & 2 & 0 \end{pmatrix} \overset{s}{\mapsto} \begin{pmatrix} 2 & 2 & 2 \\ 4 & 0 & 2 \\ 2 & 2 & 0 \end{pmatrix} \overset{z}{\mapsto} \begin{pmatrix} 4 & 4 & 2 \\ 4 & 0 & 2 \\ 2 & 2 & 0 \end{pmatrix}$$

$$\overset{s}{\mapsto} \begin{pmatrix} 4 & 0 & 0 \\ 4 & -4 & 0 \\ 2 & 0 & -1 \end{pmatrix} \overset{z}{\mapsto} \begin{pmatrix} 4 & 0 & 0 \\ 0 & -4 & 0 \\ 0 & 0 & -1 \end{pmatrix}$$

2. Sei $K = \mathbb{Z}_2$:

$$\begin{pmatrix} \bar{1} & \bar{0} & \bar{0} \\ \bar{0} & \bar{0} & \bar{1} \\ \bar{0} & \bar{1} & \bar{0} \end{pmatrix} \overset{s}{\mapsto} \begin{pmatrix} \bar{1} & \bar{0} & \bar{0} \\ \bar{0} & \bar{0} & \bar{1} \\ \bar{1} & \bar{1} & \bar{0} \end{pmatrix} \overset{z}{\mapsto} \begin{pmatrix} \bar{1} & \bar{0} & \bar{1} \\ \bar{0} & \bar{0} & \bar{1} \\ \bar{1} & \bar{1} & \bar{0} \end{pmatrix}$$

$$\overset{s}{\mapsto} \begin{pmatrix} \bar{1} & \bar{0} & \bar{0} \\ \bar{0} & \bar{0} & \bar{1} \\ \bar{1} & \bar{1} & \bar{1} \end{pmatrix} \overset{z}{\mapsto} \begin{pmatrix} \bar{1} & \bar{0} & \bar{0} \\ \bar{0} & \bar{0} & \bar{1} \\ \bar{0} & \bar{1} & \bar{1} \end{pmatrix}$$

$$\overset{s}{\mapsto} \begin{pmatrix} \bar{1} & \bar{0} & \bar{0} \\ \bar{0} & \bar{1} & \bar{0} \\ \bar{0} & \bar{1} & \bar{1} \end{pmatrix} \overset{z}{\mapsto} \begin{pmatrix} \bar{1} & \bar{0} & \bar{0} \\ \bar{0} & \bar{1} & \bar{1} \\ \bar{0} & \bar{1} & \bar{0} \end{pmatrix}$$

$$\overset{s}{\mapsto} \begin{pmatrix} \bar{1} & \bar{0} & \bar{0} \\ \bar{0} & \bar{1} & \bar{0} \\ \bar{0} & \bar{1} & \bar{1} \end{pmatrix} \overset{z}{\mapsto} \begin{pmatrix} \bar{1} & \bar{0} & \bar{0} \\ \bar{0} & \bar{1} & \bar{0} \\ \bar{0} & \bar{0} & \bar{1} \end{pmatrix}$$

3. Es seien $K = \mathrm{GF}(4)$ und ω die Abbildung $x \mapsto x^2$; es ist also $\omega(a) = b$:

$$\begin{pmatrix} 0 & a \\ b & 0 \end{pmatrix} \overset{s}{\mapsto} \begin{pmatrix} 0 & a \\ b & b \end{pmatrix} \overset{z}{\mapsto} \begin{pmatrix} 0 & a \\ b & 1 \end{pmatrix} \overset{s}{\mapsto} \begin{pmatrix} a & 0 \\ 1 & b \end{pmatrix} \overset{z}{\mapsto} \begin{pmatrix} 1 & b \\ a & 0 \end{pmatrix} \overset{s}{\mapsto} \begin{pmatrix} 1 & 0 \\ a & 1 \end{pmatrix} \overset{z}{\mapsto} \begin{pmatrix} 1 & 0 \\ 0 & 1 \end{pmatrix}$$

Satz 9.8.10 *Sei $\sigma : \boldsymbol{V} \times \boldsymbol{V} \to K$ eine ω-symmetrische ω-Sesquilinearform. Wenn* Char $K = 2$ *erfüllt ist, sei σ aber keine alternierende Bilinearform mit Rang > 0. Dann gilt:*

(a) *Es gibt mindestens eine Basis $\boldsymbol{B}$ von $\boldsymbol{V}$ so, dass*

$$\sigma(\boldsymbol{B}, \boldsymbol{B}) = \mathrm{diag}(g_1, g_2, \ldots, g_r, 0, 0, \ldots, 0) \tag{9.25}$$

mit $g_1, g_2, \ldots, g_r \neq 0$.

(b) *Der Vektorraum $\boldsymbol{V}$ gestattet eine Zerlegung in eine orthogonale direkte Summe*

$$\boldsymbol{V} = \boldsymbol{A}_1 \oplus \boldsymbol{A}_2 \oplus \cdots \oplus \boldsymbol{A}_r \oplus \boldsymbol{V}^{\perp},$$

wobei für alle $i \in \{1, 2, \ldots, r\}$ die Einschränkung $\sigma|(\boldsymbol{A}_i \times \boldsymbol{A}_i)$ radikalfrei ist, $\dim \boldsymbol{A}_i = 1$ *gilt und r gleich dem Rang von σ ist.*

Beweis. (a) Wir wählen eine Basis $\tilde{\boldsymbol{B}}$ von $\boldsymbol{V}$. Dann erfüllen ω und $\sigma(\tilde{\boldsymbol{B}}, \tilde{\boldsymbol{B}})$ die Voraussetzungen von Satz 9.8.8. Der dort beschriebene Übergang zu einer Diagonalmatrix entspricht dem Wechsel zu einer Basis $\boldsymbol{B} = (\boldsymbol{b}_1, \boldsymbol{b}_2, \ldots, \boldsymbol{b}_n)$ mit den gewünschten Eigenschaften.

(b) Wir schließen an (a) an, wobei $\sigma(\boldsymbol{B}, \boldsymbol{B})$ wie (9.25) vorausgesetzt sei. Setzen wir

$$\boldsymbol{A}_i := [\boldsymbol{b}_i] \text{ für } i \in \{1, 2, \ldots, r\},$$

so ist $\sigma|(\boldsymbol{A}_i \times \boldsymbol{A}_i)$ wegen $g_i \neq 0$ radikalfrei. Da die restlichen Basisvektoren $\boldsymbol{b}_{r+1}, \boldsymbol{b}_{r+2}, \ldots, \boldsymbol{b}_n$ im Radikal $\boldsymbol{V}^{\perp}$ liegen und dieses die Dimension $n - r$ hat, folgt die Behauptung. □

Bemerkung 9.8.11 Mit Satz 9.8.8 ist das Normalformenproblem ω-kongruenter ω-symmetrischer Matrizen über einem beliebigen Körper K noch nicht gelöst, sondern nur auf das Problem der ω-Kongruenz von ω-symmetrischen Diagonalmatrizen über K zurückgeführt! Das letztgenannte Problem ist tiefliegend. Es ist – soweit dem Autor bekannt – nur in Sonderfällen gelöst. Es ist nämlich keineswegs etwa so, dass sich ω-kongruente Diagonalmatrizen höchstens in der Reihenfolge der Diagonalelemente unterscheiden. Vgl. die Abschnitte 9.9 und 9.10 für weitergehende Ergebnisse.

Aufgaben

A 9.8.1 Bestimme zur folgenden alternierenden Matrix aus $\mathbb{R}^{4\times4}$ die kongruente Matrix in Normalform. Gib auch die Transformationsmatrix an:

$$(\alpha)\ \begin{pmatrix} 0 & 1 & 1 & 0 \\ -1 & 0 & 0 & 3 \\ -1 & 0 & 0 & 2 \\ 0 & -3 & -2 & 0 \end{pmatrix}, \quad (\beta)\ \begin{pmatrix} 0 & 2 & 6 & 0 \\ -2 & 0 & 0 & 1 \\ -6 & 0 & 0 & 2 \\ 0 & -1 & -2 & 0 \end{pmatrix}.$$

9.9 Symmetrische Bilinearformen komplexer Vektorräume

Satz 9.9.1 *Sei $\boldsymbol{V}$ ein Vektorraum über $\mathbb{C}$. Dann besitzt jede symmetrische Bilinearform $\sigma : \boldsymbol{V} \times \boldsymbol{V} \to \mathbb{C}$ bezüglich mindestens einer Basis $\boldsymbol{B}$ von $\boldsymbol{V}$ die Koordinatenmatrix*

$$\sigma(\boldsymbol{B}, \boldsymbol{B}) = \operatorname{diag}(E_r, 0, 0, \ldots, 0) \ \text{ mit } \ r = \operatorname{rg} \sigma. \tag{9.26}$$

Beweis. Nach Satz 9.8.10 (a) besitzt σ bezüglich einer Basis $\boldsymbol{V}$ eine Koordinatenmatrix

$$\operatorname{diag}(g_1, g_2, \ldots, g_r, 0, 0, \ldots, 0)$$

mit $g_1, g_2, \ldots, g_r \neq 0$. Wir bilden die reguläre Matrix

$$P = \operatorname{diag}\left(\frac{1}{\sqrt{g_1}}, \frac{1}{\sqrt{g_2}}, \ldots, \frac{1}{\sqrt{g_r}}, 1, 1, \ldots, 1\right),$$

wobei $\sqrt{g_i} \in \mathbb{C}$ eine (nach dem Fundamentalsatz der Algebra existierende) Quadratwurzel aus g_i bezeichnet. Es folgt

$$P^{\mathrm{T}} \cdot \operatorname{diag}(g_1, g_2, \ldots, g_r, 0, 0, \ldots, 0) \cdot P = \operatorname{diag}(E_r, 0, 0, \ldots, 0).$$

Offensichtlich gilt $\operatorname{rg} \sigma = r$. □

Satz 9.9.2 *Sei $\boldsymbol{V}$ ein Vektorraum über $\mathbb{C}$. Zwei symmetrische Bilinearformen $\sigma_1, \sigma_2 : \boldsymbol{V} \times \boldsymbol{V} \to \mathbb{C}$ sind genau dann kongruent, falls sie denselben Rang besitzen.*

Beweis. Haben σ_1 und σ_2 denselben Rang, so besitzen sie nach Satz 9.9.1 bezüglich geeigneter Basen von $\boldsymbol{V}$ dieselbe Koordinatenmatrix und sind daher kongruente Bilinearformen. Der Beweis der Umkehrung ist trivial. □

Die in (9.26) angeschriebene Matrix $\operatorname{diag}(E_r, 0, 0, \ldots, 0)$ heißt eine komplexe symmetrische Matrix in *Normalform*. Wir haben damit auch folgenden Satz über Matrizen bewiesen:

Satz 9.9.3 *Zwei symmetrische Matrizen aus* $\mathbb{C}^{n\times n}$ *sind genau dann kongruent, falls sie denselben Rang besitzen. Jede symmetrische Matrix aus* $\mathbb{C}^{n\times n}$ *mit Rang r ist kongruent zu einer Matrix* $\operatorname{diag}(E_r, 0, 0, \ldots, 0)$ *in Normalform.*

9.9.4 Sei $\sigma : \boldsymbol{V} \times \boldsymbol{V} \to \mathbb{C}$ wie in Satz 9.9.1 gegeben und $s := \left\lfloor \frac{r}{2} \right\rfloor$. Nach (9.20) gilt für jeden Unterraum $\boldsymbol{U} \subset \boldsymbol{V}$ mit der Eigenschaft $\boldsymbol{U} \subset \boldsymbol{U}^\perp$ die Ungleichung $\dim \boldsymbol{U} \leq s + n - r$. Wir zeigen, dass diese Schranke tatsächlich erreicht wird. Dazu gehen wir von einer in Satz 9.9.1 beschriebenen Basis $\boldsymbol{B} = (\boldsymbol{b}_1, \boldsymbol{b}_2, \ldots, \boldsymbol{b}_n)$ aus. Die $s + n - r$ Vektoren

$$\boldsymbol{b}_1 + i\boldsymbol{b}_2,\quad \boldsymbol{b}_3 + i\boldsymbol{b}_4,\quad \ldots,\quad \boldsymbol{b}_{2s-1} + i\boldsymbol{b}_{2s},\quad \boldsymbol{b}_{r+1},\quad \boldsymbol{b}_{r+2},\quad \ldots,\quad \boldsymbol{b}_n$$

sind linear unabhängig und spannen einen Unterraum $\boldsymbol{T}$ auf. Da jeder dieser Vektoren zu sich selbst und zu den anderen Vektoren orthogonal ist, hat $\boldsymbol{T}$ die gewünschten Eigenschaften.

Bemerkung 9.9.5 Die obigen Ergebnisse können sofort auf jene Skalarkörper K übertragen werden, in denen jedes Element $y \in K$ mindestens eine Quadratwurzel in K besitzt. Bei $\operatorname{Char} K = 2$ ist allerdings wieder eine Abgrenzung zu den alternierenden Bilinearformen bzw. alternierenden Matrizen mit Rang > 0 notwendig.

Ist K algebraisch abgeschlossen, so hat jedes $y \in K$ mindestens eine Quadratwurzel in K. Ist K hingegen ein angeordneter Körper oder ein endlicher Körper mit $\operatorname{Char} K \neq 2$, so gibt es mindestens ein $y \in K$ ohne Quadratwurzel in K.

Für $\operatorname{Char} K = 2$ erweist sich $x \mapsto x^2$ als injektive Abbildung von K in K. Daraus folgt, dass hier jedes $y \in K$ höchstens eine Quadratwurzel in K hat. Bei $\#K < \infty$ liegt sogar eine Bijektion (genauer: ein Automorphismus) von K vor, womit stets genau eine Quadratwurzel in K existiert. Es gibt aber unendliche Körper mit $\operatorname{Char} K = 2$, in denen nicht jedes $y \in K$ eine Quadratwurzel in K besitzt.

Aufgaben

A 9.9.1 Wir fassen die reelle symmetrische Matrix

$$(\alpha)\begin{pmatrix} -5 & 1 & -1 \\ 1 & -2 & 2 \\ -1 & 2 & -2 \end{pmatrix},\quad (\beta)\begin{pmatrix} 0 & 1 & 1 \\ 1 & 0 & 1 \\ 1 & 1 & 0 \end{pmatrix},\quad (\gamma)\begin{pmatrix} 4 & 2 & 2 \\ 2 & 2 & 3 \\ 2 & 3 & 14 \end{pmatrix},\quad (\delta)\begin{pmatrix} -1 & 1 & 1 \\ 1 & 1 & 1 \\ 1 & 1 & 0 \end{pmatrix}$$

als Elemente von $\mathbb{C}^{4\times 4}$ auf. Bestimme die kongruente Matrix in der Normalform aus Satz 9.9.3. Gib auch die Transformationsmatrix an.

9.10 Der Trägheitssatz von Sylvester

9.10.1 Bei den folgenden Überlegungen behandeln wir gleichzeitig symmetrische Bilinearformen reeller und hermitesche Sesquilinearformen komplexer Vektorräume. Die Beweise unterscheiden sich nur dadurch, dass über $\mathbb{R}$ alle Konjugationszeichen zu ignorieren sind. Wir verwenden $\mathbb{K}$ als gemeinsame Bezeichnung für $\mathbb{R}$ oder $\mathbb{C}$.

Satz 9.10.2 *Sei V ein Vektorraum über $\mathbb{K} = \mathbb{R}$ bzw. $\mathbb{K} = \mathbb{C}$. Dann besitzt jede symmetrische Bilinearform bzw. jede hermitesche Sesquilinearform $\sigma : V \times V \to \mathbb{K}$ bezüglich mindestens einer Basis $\boldsymbol{B}$ von V eine Koordinatenmatrix der Gestalt*

$$\sigma(\boldsymbol{B}, \boldsymbol{B}) = \operatorname{diag}(E_p, -E_{r-p}, 0, 0, \ldots, 0) \ \textit{mit}\ 0 \leq p \leq r = \operatorname{rg} \sigma. \tag{9.27}$$

Beweis. Nach Satz 9.8.10 (a) besitzt σ eine Koordinatenmatrix der Gestalt

$$\operatorname{diag}(g_1, g_2, \ldots, g_r, 0, 0, \ldots, 0)$$

mit $g_1, g_2, \ldots, g_r \in \mathbb{R}^\times$. Es seien etwa $g_1, g_2, \ldots, g_p$ positiv und $g_{p+1}, g_{p+2}, \ldots, g_r$ negativ. Wir bilden die reelle reguläre Matrix

$$P = \operatorname{diag}\left(\frac{1}{\sqrt{g_1}}, \frac{1}{\sqrt{g_2}}, \ldots, \frac{1}{\sqrt{g_p}}, \frac{1}{\sqrt{-g_{p+1}}}, \ldots, \frac{1}{\sqrt{-g_r}}, 1, 1, \ldots, 1\right),$$

wobei wir die Quadratwurzeln positiv ziehen. Es folgt $P = \overline{P}$ und

$$\overline{P}^{\mathrm{T}} \cdot \operatorname{diag}(g_1, g_2, \ldots, g_r, 0, 0, \ldots, 0) \cdot P = \operatorname{diag}(E_p, -E_{r-p}, 0, 0, \ldots, 0). \qquad \square$$

Die in (9.27) angeschriebene Matrix $\operatorname{diag}(E_p, -E_{r-p}, 0, 0, \ldots, 0)$ heißt eine reelle symmetrische bzw. hermitesche Matrix in *Normalform.* Wir wissen durch diesen Satz aber noch *nicht*, dass die Anzahl der positiven und negativen Elemente in einer solchen Matrix gegen Kongruenzumformungen bzw. hermitesche Kongruenzumformungen invariant ist. Wir zeigen jetzt, dass dies in der Tat der Fall ist.

Satz 9.10.3 *Es seien V Vektorraum über $\mathbb{K} = \mathbb{R}$ bzw. $\mathbb{K} = \mathbb{C}$ und $\sigma : V \times V \to \mathbb{K}$ eine symmetrische Bilinearform bzw. hermitesche Sesquilinearform. Dann besitzt V mindestens eine Zerlegung der Form*

$$\boldsymbol{V} = \boldsymbol{U}^+ \oplus \boldsymbol{U}^- \oplus \boldsymbol{V}^\perp$$

so, dass

$$\sigma(\boldsymbol{x}, \boldsymbol{x}) > 0 \ \textit{für alle}\ \boldsymbol{x} \in \boldsymbol{U}^+ \setminus \{\boldsymbol{o}\} \ \textit{und}\ \sigma(\boldsymbol{x}, \boldsymbol{x}) < 0 \ \textit{für alle}\ \boldsymbol{x} \in \boldsymbol{U}^- \setminus \{\boldsymbol{o}\}.$$

Wenn $\tilde{\boldsymbol{U}}^+ \oplus \tilde{\boldsymbol{U}}^- \oplus \boldsymbol{V}^\perp$ eine weitere derartige Zerlegung ist, dann gilt $\dim \boldsymbol{U}^+ = \dim \tilde{\boldsymbol{U}}^+$. Es ist daher das Tripel $(\dim \boldsymbol{U}^+, \dim \boldsymbol{U}^-, \dim \boldsymbol{V}^\perp)$ durch σ alleine bestimmt.

Beweis. (a) Wir wählen eine Basis $\boldsymbol{B} = (\boldsymbol{b}_1, \boldsymbol{b}_2, \ldots, \boldsymbol{b}_n)$ wie in Satz 9.10.2 beschrieben. Dann leisten $\boldsymbol{U}^+ := [(\boldsymbol{b}_1, \boldsymbol{b}_2, \ldots, \boldsymbol{b}_p)]$ und $\boldsymbol{U}^- := [(\boldsymbol{b}_{p+1}, \boldsymbol{b}_{p+2}, \ldots, \boldsymbol{b}_r)]$ das Gewünschte: Jeder Vektor $\boldsymbol{x} \in \boldsymbol{U}^+ \setminus \{\boldsymbol{o}\}$ besitzt eine Darstellung $\boldsymbol{x} = \sum_{i=1}^p x_i \boldsymbol{b}_i$; dabei können wir einen Index $k \in \{1, 2, \ldots, p\}$ so wählen, dass $x_k \neq 0$. Es folgt

$$\sigma(\boldsymbol{x}, \boldsymbol{x}) = \sigma\Big(\sum_{i=1}^p x_i \boldsymbol{b}_i, \sum_{j=1}^p x_j \boldsymbol{b}_j\Big) = \sum_{i=1}^p \overline{x}_i x_i \geq \overline{x}_k x_k > 0.$$

Die Aussage für $\boldsymbol{U}^-$ ist analog zu verifizieren.

(b) Sei nun eine Zerlegung $\tilde{\boldsymbol{U}}^{+} \oplus \tilde{\boldsymbol{U}}^{-} \oplus \boldsymbol{V}^{\perp}$ gegeben. Es gilt $\sigma(\boldsymbol{x}, \boldsymbol{x}) > 0$ für alle $\boldsymbol{x} \in \tilde{\boldsymbol{U}}^{+} \setminus \{\boldsymbol{o}\}$. Jeden Vektor $\boldsymbol{x} \in \boldsymbol{U}^{-} \oplus \boldsymbol{V}^{\perp}$ können wir in der Form $\boldsymbol{x} = \boldsymbol{u} + \boldsymbol{r}$ mit $\boldsymbol{u} \in \boldsymbol{U}^{-}$ und $\boldsymbol{r} \in \boldsymbol{V}^{\perp}$ schreiben, was $\sigma(\boldsymbol{x}, \boldsymbol{x}) = \sigma(\boldsymbol{u}, \boldsymbol{u}) \leq 0$ zeigt. Wir erhalten somit

$$\tilde{\boldsymbol{U}}^{+} \cap (\boldsymbol{U}^{-} \oplus \boldsymbol{V}^{\perp}) = \{\boldsymbol{o}\}$$

und $\dim \tilde{\boldsymbol{U}}^{+} \leq \dim \boldsymbol{U}^{+}$. Analog folgt $\dim \boldsymbol{U}^{+} \leq \dim \tilde{\boldsymbol{U}}^{+}$, also $\dim \boldsymbol{U}^{+} = \dim \tilde{\boldsymbol{U}}^{+}$.

(c) Aus

$$n - \dim \boldsymbol{V}^{\perp} = \dim \boldsymbol{U}^{+} + \dim \boldsymbol{U}^{-} = \dim \tilde{\boldsymbol{U}}^{+} + \dim \tilde{\boldsymbol{U}}^{-}$$

und $\dim \boldsymbol{U}^{+} = \dim \tilde{\boldsymbol{U}}^{+}$ ergibt sich unmittelbar $\dim \boldsymbol{U}^{-} = \dim \tilde{\boldsymbol{U}}^{-}$. □

9.10.4 Mit den Bezeichnungen aus Satz 9.10.3 heißt das durch σ eindeutig bestimmte Tripel $(\dim \boldsymbol{U}^{+}, \dim \boldsymbol{U}^{-}, \dim \boldsymbol{V}^{\perp})$ die *Signatur*[12] von σ. Hat σ die Signatur $(p, r - p, 0)$, ist σ also radikalfrei, so schreiben wir die Signatur von σ auch kurz als Paar $(p, r - p)$. Weiters schreiben wir etwa an Stelle von $(3, 2, 1)$, $(1, 2, 0)$ oder $(2, 0, 0)$ auch $(+{+}{+}{-}{-}0)$ bzw. $(+{-}{-})$ bzw. $(++)$. Als Anwendung erhalten wir folgende Klassifikation:

Satz 9.10.5 *Sei $\boldsymbol{V}$ Vektorraum über $\mathbb{K} = \mathbb{R}$ bzw. $\mathbb{K} = \mathbb{C}$. Zwei symmetrische Bilinearformen bzw. hermitesche Sesquilinearformen $\sigma_1, \sigma_2 : \boldsymbol{V} \times \boldsymbol{V} \to \mathbb{K}$ sind genau dann kongruent, falls sie dieselbe Signatur besitzen.*

Beweis. Haben σ_1 und σ_2 dieselbe Signatur $(p, r-p, n-r)$, so besitzen sie nach Satz 9.10.2 bezüglich geeigneter Basen von $\boldsymbol{V}$ dieselbe Koordinatenmatrix $\operatorname{diag}(E_p, -E_{r-p}, 0, 0, \ldots, 0)$. Daher sind σ_1 und σ_2 kongruent. Die Umkehrung ist klar. □

9.10.6 Um die vorherigen Ergebnisse auf Matrizen übertragen zu können, führen wir zunächst den Begriff der *Signatur* einer reellen Diagonalmatrix ein. Hat

$$G = \operatorname{diag}(g_1, g_2, \ldots, g_n) \in \mathbb{R}^{n \times n} \subset \mathbb{K}^{n \times n}$$

genau $r \geq 0$ von Null verschiedenen Diagonalelemente, von denen $p \geq 0$ positiv sind, so verstehen wir unter der *Signatur* von G das Tripel $(p, r-p, n-r)$. Die Bezeichnungen aus 9.10.4 finden auch hier sinngemäß Anwendung. Damit erhalten wir folgenden Satz über Matrizen:

Satz 9.10.7 (Trägheitssatz von Sylvester[13]) *Zwei symmetrische Matrizen aus $\mathbb{R}^{n \times n}$ sind genau dann kongruent, falls jede von ihnen zu einer Diagonalmatrix kongruent ist und diese Diagonalmatrizen dieselbe Signatur besitzen. Zwei hermitesche Matrizen aus $\mathbb{C}^{n \times n}$ sind genau dann hermitesch kongruent, falls jede von ihnen zu einer reellen Diagonalmatrix hermitesch kongruent ist und diese Diagonalmatrizen dieselbe Signatur besitzen.*

Vermöge des Trägheitssatzes kann nun die *Signatur* einer symmetrischen bzw. hermiteschen Matrix als Signatur einer kongruenten bzw. hermitesch kongruenten Diagonalmatrix erklärt werden.

---

[12] Manche Autoren verstehen unter der Signatur von σ die Zahl $\dim \boldsymbol{U}^{+} - \dim \boldsymbol{U}^{-}$.

[13] James Joseph Sylvester (1814–1897). Der Begriff „Trägheit“ bezieht sich hier darauf, dass sich die Signatur nicht ändert, wenn wir zwischen (hermitesch) kongruenten Diagonalmatrizen hin und her wechseln.

9.10.8 Sei $\sigma : V\times V \to \mathbb{K}$ wie in Satz 9.10.2 gegeben und $s := \min\{r-p, p\} \le \left\lfloor \frac{r}{2} \right\rfloor$. Ferner seien U^+ und U^- wie in Satz 9.10.3 erklärt. Besitzt ein Unterraum $U \subset V$ die Eigenschaft $U \subset U^\perp$, so hat U sowohl mit U^+ als auch mit U^- nur den Nullvektor gemeinsam. Es folgt die Ungleichung

$$\dim U \le \min\{n-p, n-(r-p)\} = \min\{r-p, p\} + n - r = s + n - r.$$

Gehen wir andererseits von einer in Satz 9.10.2 umschriebenen Basis $B = (b_1, b_2, \dots, b_n)$ aus, so sind die $s + n - r$ Vektoren

$$b_1 + b_{p+1},\quad b_2 + b_{p+2},\quad \dots,\quad b_s + b_{p+s},\quad b_{r+1},\quad b_{r+2},\quad \dots,\quad b_n$$

linear unabhängig und spannen einen Unterraum T auf. Da jeder dieser Vektoren zu sich selbst und zu den anderen Vektoren orthogonal ist, hat T die Eigenschaft $T \subset T^\perp$. Damit sind die Ergebnisse aus Satz 9.5.10 verschärft.

Bemerkung 9.10.9 Die obigen Ergebnisse gelten allgemeiner für ω-symmetrische Bilinearformen, falls der Fixelementekörper $\mathrm{Fix}(\omega) \subset K$ ein *euklidisch*[14] *angeordneter Körper* ist. Das ist ein Körper, in dem die Menge aller Quadrate $\neq 0$ einen Positivitätsbereich bildet. In diesem Falle hat für alle $y \in K^\times$ entweder y oder $-y$ genau eine positive Quadratwurzel in K. Ein euklidisch angeordneter Körper gestattet genau eine Anordnung. Der Körper $\mathbb{R}$ ist euklidisch angeordnet, nicht aber der Körper $\mathbb{Q}$; denn 2 ist zwar positiv, ist aber keine Quadratzahl in $\mathbb{Q}$.

9.10.10 Wir untersuchen jetzt das schon in Satz 9.10.3 betrachtete Vorzeichenverhalten einer quadratischen bzw. hermiteschen Form $h : V \to \mathbb{R}$ eines Vektorraumes V über $\mathbb{K} = \mathbb{R}$ bzw. $\mathbb{K} = \mathbb{C}$. Ist eine der Bedingungen

$$\begin{aligned}
h(x) > 0 &\quad \text{für alle} \quad x \in V \setminus \{o\},\\
h(x) < 0 &\quad \text{für alle} \quad x \in V \setminus \{o\},\\
h(x) \ge 0 &\quad \text{für alle} \quad x \in V,\\
h(x) \le 0 &\quad \text{für alle} \quad x \in V
\end{aligned}$$

erfüllt, so wird h dementsprechend *positiv definit*, *negativ definit*, *positiv semidefinit* bzw. *negativ semidefinit* genannt. Gibt es Vektoren $a, b \in V$ mit $h(a) < 0$ und $h(b) > 0$, so heißt h *indefinit*.[15]

Wir verwenden diese Bezeichnungen bei $\mathbb{K} = \mathbb{R}$ auch für symmetrische Bilinearformen und für symmetrische Matrizen, indem wir diese als Polarformen bzw. als Koordinatenmatrizen von quadratischen Formen auffassen. Das gilt sinngemäß bei $\mathbb{K} = \mathbb{C}$ auch für hermitesche Sesquilinearformen und hermitesche Matrizen.

Satz 9.10.11 *Es seien V ein Vektorraum über $\mathbb{K} = \mathbb{R}$ oder $\mathbb{K} = \mathbb{C}$ und*

$$\mathrm{diag}(E_p, -E_{r-p}, 0, 0, \dots, 0) \text{ mit } 0 \le p \le r$$

[14]Eukleides von Alexandria, auch Euklid (etwa 365–300 v. Chr.).

[15]Diese Definitionen sind bei beliebiger Dimension von V sinnvoll.

eine Koordinatenmatrix einer quadratischen bzw. hermiteschen Form $h : \boldsymbol{V} \to \mathbb{R}$. Dann gelten die folgenden Aussagen:

$$\begin{aligned} h \textit{ positiv definit} &\Leftrightarrow p = n; \\ h \textit{ negativ definit} &\Leftrightarrow r - p = n; \\ h \textit{ positiv semidefinit} &\Leftrightarrow r - p = 0; \\ h \textit{ negativ semidefinit} &\Leftrightarrow p = 0; \\ h \textit{ indefinit} &\Leftrightarrow 1 \leq p \leq r - 1. \end{aligned}$$

Beweis. Die Behauptungen gelten nach dem Beweis von Satz 9.10.3. □

9.10.12 Eine andere Kennzeichnung definiter Formen ist mit Hilfe von Determinanten möglich. Bei der folgenden Definition kann der Grundkörper K beliebig sein: Sei $G = (g_{ij}) \in K^{n \times n}$ und $k \in \{1, 2, \ldots, n\}$. Die Determinante der Teilmatrix

$$G_{(1,2,\ldots,k)} := \begin{pmatrix} g_{11} & g_{12} & \cdots & g_{1k} \\ g_{21} & g_{22} & \cdots & g_{2k} \\ \cdots & \cdots & \cdots & \cdots \\ g_{k1} & g_{k2} & \cdots & g_{kk} \end{pmatrix}$$

wird der k-te *Hauptminor* von G genannt.

Satz 9.10.13 (Hauptminorenkriterium) *Es seien $\boldsymbol{V}$ ein Vektorraum über $\mathbb{K} = \mathbb{R}$ bzw. $\mathbb{K} = \mathbb{C}$ und G eine Koordinatenmatrix einer quadratischen bzw. hermiteschen Form $h : \boldsymbol{V} \to \mathbb{R}$. Dann gilt:*

(a) *Die Form h ist genau dann positiv definit, falls alle Hauptminoren*

$$\det G_{(1)}, \quad \det G_{(1,2)}, \quad \ldots, \quad \det G_{(1,2,\ldots,n)}$$

positive reelle Zahlen sind.

(b) *Die Form h ist genau dann negativ definit, falls sämtliche Hauptminoren*

$$\det G_{(1)}, \quad \det G_{(1,2,3)}, \quad \ldots$$

negative und sämtliche Hauptminoren

$$\det G_{(1,2)}, \quad \det G_{(1,2,3,4)}, \quad \ldots$$

positive reelle Zahlen sind.

Beweis. (a) Sei $(\boldsymbol{b}_1, \boldsymbol{b}_2, \ldots, \boldsymbol{b}_n)$ eine solche Basis von $\boldsymbol{V}$, bezüglich derer h die Koordinatenmatrix G besitzt. Für alle $j \in \{0, 1, \ldots, n\}$ definieren wir

$$\boldsymbol{U}_j := [(\boldsymbol{b}_1, \boldsymbol{b}_2, \ldots, \boldsymbol{b}_j)].$$

Bei $j \geq 1$ gibt somit $G_{(1,2,\ldots,j)}$ die Koordinatenmatrix von $h|\boldsymbol{U}_j$ bezüglich $(\boldsymbol{b}_1, \boldsymbol{b}_2, \ldots, \boldsymbol{b}_j)$ ab.

Sei h positiv definit und $j \in \{1, 2, \ldots, n\}$. Nach den Sätzen 9.10.2 und 9.10.11 gilt

$$G_{(1,2,\ldots,j)} = \overline{P}^{\mathrm{T}} E_j P = \overline{P}^{\mathrm{T}} P \text{ mit } P \in \mathrm{GL}_j(\mathbb{K}).$$

Das ergibt

$$\det G_{(1,2,\ldots,j)} = \overline{\det P} \cdot \det P = |\det P|^2 \in \mathbb{R}^+.$$

Es seien nun umgekehrt alle Hauptminoren reell und positiv. Wir nehmen an, dass $h|\boldsymbol{U}_j$ für alle $j \in \{0, 1, \ldots, k\}$ schon als positiv definit nachgewiesen wurde. Im Fall $k = 0$ ist das in trivialer Weise richtig. Nun gehen wir folgendermaßen vor:

- Für $k = n$ sind wir fertig.
- Andernfalls schließen wir von k auf $k + 1$. Nach den Sätzen 9.10.2 und 9.10.11 gibt es eine Basis $(\tilde{\boldsymbol{b}}_1, \tilde{\boldsymbol{b}}_2, \ldots, \tilde{\boldsymbol{b}}_k)$ von $\boldsymbol{U}_k$, bezüglich welcher $h|\boldsymbol{U}_k$ durch die Einheitsmatrix E_k beschrieben wird. Die Matrix von $h|\boldsymbol{U}_{k+1}$ bezüglich $(\tilde{\boldsymbol{b}}_1, \ldots, \tilde{\boldsymbol{b}}_k, \boldsymbol{b}_{k+1})$ hat die Form
$$\begin{pmatrix} E_k & * \\ * & * \end{pmatrix} \in \mathbb{K}^{(k+1)\times(k+1)}.$$
Indem wir geeignete Vielfache der ersten k Spalten zur letzten Spalte addieren und dann die entsprechenden Zeilenumformungen durchführen, erhalten wir eine kongruente bzw. hermitesch kongruente Diagonalmatrix $\operatorname{diag}(E_k, c)$ mit $c \in \mathbb{R}$. Es gilt also
$$\overline{Q}^{\mathrm{T}} \cdot G_{(1,2,\ldots,k+1)} \cdot Q = \operatorname{diag}(E_k, c)$$
für eine Matrix $Q \in \mathrm{GL}_{k+1}(\mathbb{K})$. Wir berechnen
$$\det(\overline{Q}^{\mathrm{T}} \cdot G_{(1,2,\ldots,k+1)} \cdot Q) = \underbrace{\overline{\det Q} \cdot \det Q}_{\in \mathbb{R}^+} \cdot \underbrace{\det G_{(1,2,\ldots,k+1)}}_{\in \mathbb{R}^+} = c.$$
Das zeigt $c \in \mathbb{R}^+$. Wir können daher durch einen weiteren Basiswechsel erreichen, dass $h|\boldsymbol{U}_{k+1}$ durch E_{k+1} beschrieben wird; vgl. den Beweis von Satz 9.10.2. Nach Satz 9.10.11 ist die Einschränkung $h|\boldsymbol{U}_{k+1}$ wiederum positiv definit.

Diese Überlegung ist jetzt mit $\boldsymbol{U}_{k+1}$ zu wiederholen.

(b) Eine quadratische bzw. hermitesche Form h ist genau dann negativ definit, falls $-h$ positiv definit ist. Wegen $\det(-G_{(1,2,\ldots,j)}) = (-1)^j \det G_{(1,2,\ldots,j)}$ für alle $j \in \{1, 2, \ldots, n\}$ folgt die Gültigkeit der Behauptung unmittelbar aus (a). □

Beispiel 9.10.14 Die Hauptminoren der symmetrischen Matrix
$$G = \begin{pmatrix} 1 & 0 & 3 \\ 0 & 2 & 2 \\ 3 & 2 & 1 \end{pmatrix} \in \mathbb{R}^{3\times 3}$$
sind $\det G_{(1)} = 1$, $\det G_{(1,2)} = 2$, $\det G_{(1,2,3)} = \det G = -20$. Nach dem Hauptminorenkriterium ist G weder positiv noch negativ definit. Wegen $\det G \neq 0$ kann G auch nicht semidefinit sein. Somit ist G Koordinatenmatrix einer regulären indefiniten Form. Dieses Beispiel zeigt nebenbei, dass $g_{ii} > 0$ nicht hinreichend ist, um G als positiv definit zu erweisen.

Aufgaben

A 9.10.1 Wir fassen die in A 9.9.1 gegebenen Matrizen als Elemente von $\mathbb{R}^{4\times 4}$ auf. Bestimme für eine der in (α), (β) oder (γ) gegebenen Matrizen eine kongruente reelle Diagonalmatrix und lies daraus das Definitheitsverhalten der Matrix ab. Gib ferner das Definitheitsverhalten der Matrix aus (δ) ohne jede Rechnung an.
Hinweis zu (δ): Beachte die Elemente in der Hauptdiagonale.

A 9.10.2 Gegeben seien die komplexen Matrizen

$$\begin{pmatrix} 0 & i \\ -i & 0 \end{pmatrix}, \begin{pmatrix} 0 & i \\ i & 0 \end{pmatrix}, \begin{pmatrix} 1 & 0 \\ 0 & -1 \end{pmatrix}.$$

Bestimme für jede dieser Matrizen einerseits eine kongruente Matrix in Normalform und andererseits eine hermitesch kongruente Matrix in Normalform. Dabei sei $\operatorname{diag}(iE_p, -iE_{r-p}, 0, \dots, 0) \in \mathbb{C}^{n\times n}$ als eine schiefhermitesche Matrix in *Normalform* erklärt.

A 9.10.3 Gegeben sei die sowohl alternierende als auch hermitesche Matrix

$$A = \begin{pmatrix} 0 & i & 2i \\ -i & 0 & -i \\ -2i & i & 0 \end{pmatrix} \in \mathbb{C}^{3\times 3}.$$

Bestimme Matrizen $P, Q \in \mathrm{GL}_3(\mathbb{C})$ so, dass $B := P^{\mathrm{T}}AP$ eine zu A kongruente und $C := \overline{Q}^{\mathrm{T}}AQ$ eine zu A hermitesch kongruente Matrix in Normalform ist. Gib die Matrizen B und C an.

A 9.10.4

(a) Zeige mit Hilfe des Hauptminorenkriteriums, dass die quadratische Form

$$q : \mathbb{R}^{3\times 1} \to \mathbb{R} : (x_1, x_2, x_3)^{\mathrm{T}} \mapsto x_1^2 + 2x_2^2 + 6x_3^2 - 2x_1x_3 + 4x_2x_3$$

positiv definit ist.

(b) Sei $\boldsymbol{E}$ die kanonische Basis von $\mathbb{R}^{3\times 1}$. Stelle $\sigma_q(\boldsymbol{E}, \boldsymbol{E})$ in der Form $P^{\mathrm{T}}P$ mit $P \in \mathrm{GL}_3(\mathbb{R})$ dar.

A 9.10.5 Gegeben sei die hermitesche Matrix

$$G = \begin{pmatrix} 1 & 0 & -i \\ 0 & 1 & 0 \\ i & 0 & 2 \end{pmatrix} \in \mathbb{C}^{3\times 3}.$$

(a) Zeige mit Hilfe des Hauptminorenkriteriums, dass G positiv definit ist.

(b) Bestimme eine Matrix $P \in \mathrm{GL}_3(\mathbb{C})$ so, dass $\overline{P}^{\mathrm{T}}P = G$.

A 9.10.6 Es seien $\boldsymbol{V}$ ein reeller Vektorraum und $\sigma : \boldsymbol{V} \times \boldsymbol{V} \to \mathbb{R}$ eine positiv (oder negativ) semidefinite symmetrische Bilinearform. Dabei sei auch $\dim \boldsymbol{V} = \infty$ zugelassen. Beweise:

(a) Für alle $\boldsymbol{x} \in \boldsymbol{V}$ ist $\sigma(\boldsymbol{x}, \boldsymbol{x}) = 0$ zu $\boldsymbol{x} \in \boldsymbol{V}^{\perp}$ äquivalent.

(b) Die durch σ bestimmte Bilinearform

$$\sigma'' : (\boldsymbol{V}/\boldsymbol{V}^{\perp}) \times (\boldsymbol{V}/\boldsymbol{V}^{\perp}) \to \mathbb{R} : (\boldsymbol{x} + \boldsymbol{V}^{\perp}, \boldsymbol{y} + \boldsymbol{V}^{\perp}) \mapsto \sigma(\boldsymbol{x}, \boldsymbol{y})$$

ist positiv (negativ) definit.

Zeige ferner anhand je eines Beispiels: Das Hauptminorenkriterium bleibt nicht richtig, wenn die Eigenschaften „positiv definit“, „negativ definit“, „positive reelle Zahlen“ und „negative reelle Zahlen“ durch „positiv semidefinit“, „negativ semidefinit“, „nicht negative reelle Zahlen“ bzw. „nicht positive reelle Zahlen“ ersetzt werden.

A 9.10.7 Für welche $t \in \mathbb{R}$ ist die unten genannte quadratische Form q positiv definit? Bestimme auch das Definitheitsverhalten für die anderen Werte von $t \in \mathbb{R}$.

(α) $q : \mathbb{R}^{3\times 1} \to \mathbb{R} : (x_1, x_2, x_3)^{\mathrm{T}} \mapsto tx_1^2 + 2tx_1x_2 + 2(t+1)x_2^2 + 2x_2x_3 + x_3^2$.

(β) $q : \mathbb{R}^{3\times 1} \to \mathbb{R} : (x_1, x_2, x_3)^{\mathrm{T}} \mapsto -tx_1^2 - 2tx_1x_2 + 2x_2x_3 + x_3^2$.

(γ) $q : \mathbb{R}^{3\times 1} \to \mathbb{R} : (x_1, x_2, x_3)^{\mathrm{T}} \mapsto (t+1)x_1^2 + 2tx_1x_2 + 2x_1x_3 + (2t+1)x_2^2 + x_3^2$.

(δ) $q : \mathbb{R}^{3\times 1} \to \mathbb{R} : (x_1, x_2, x_3)^{\mathrm{T}} \mapsto (1-t)x_1^2 - 2tx_1x_2 + 2x_1x_3 - x_2^2 + x_3^2$.

Kapitel 10

Quadratische Funktionen und Quadriken

Alle in diesem Kapitel betrachteten Räume sind endlichdimensional; Körper der Charakteristik zwei sind ausgeschlossen.

Jede affine Quadrik ist die Niveaumenge einer quadratischen Funktion eines affinen Raumes. Dabei können zwei Typen von Quadriken (bzw. quadratischen Funktionen) unterschieden werden, je nachdem es mindestens einen oder keinen Mittelpunkt gibt.

Jede Quadrik in einem projektiven Raum $\mathcal{P}(V)$ wird durch eine quadratische Form $V \to K$ bestimmt. Deren Polarform ordnet jedem Punkt des Raumes seinen Polarraum zu. Dieser ist eine Hyperebene oder der gesamte projektive Raum. Der Polarraum eines Punktes der Quadrik wird als dessen Tangentialraum bezeichnet. Die Punkte einer projektiven Quadrik können danach unterschieden werden, ob ihr Tangentialraum eine Hyperebene ist oder nicht. Das führt zu einer Einteilung in reguläre und singuläre Punkte.

Wir besprechen den Zusammenhang von affinen und projektiven Quadriken, der auf einer einfachen Kopplung zwischen quadratischen Funktionen und quadratischen Formen beruht.

Für komplexe und reelle Räume werden die quadratischen Funktionen, die affinen Quadriken und die projektiven Quadriken klassifiziert.

10.1 Elementare Vorbemerkungen

10.1.1 Wir gehen von einer Ebene des Anschauungsraumes aus und wählen in dieser ein kartesisches Koordinatensystem. Wie wir schon in 4.1.1 gesehen haben, bestimmt jede Funktion eine Klasseneinteilung der Ebene in die sogenannten Fasern der Abbildung. In den folgenden Beispielen bezeichnen wir diese Fasern anschaulich als die *Niveaukurven* der Funktion. Wir greifen dabei auf einige aus der Elementargeometrie geläufige Begriffe zurück, die später allgemein präzisiert werden.

Beispiele 10.1.2 Gegeben sei eine Funktion $\lambda : \mathbb{R}^{2\times 1} \to \mathbb{R}$.

1. Sei
$$\lambda((x_1, x_2)^{\mathrm{T}}) = x_1^2 + x_2^2.$$
Die Niveaukurven dieser quadratischen Form werden durch Gleichungen $x_1^2 + x_2^2 = g$ mit $g \in \mathbb{R}$ festgelegt (Abbildung 10.1). Wir unterscheiden drei Fälle:
$g < 0$: Die Niveaukurve ist die leere Menge, da λ positiv definit ist.
$g = 0$: Die Niveaukurve besteht nur aus dem Punkt $(0, 0)^{\mathrm{T}}$.

$g > 0$: Als Niveaukurve ergibt sich ein Kreis mit Mittelpunkt $(0,0)^{\mathrm{T}}$ und Radius $\sqrt{g}$.

2. Die geometrische Veranschaulichung fällt anders aus, wenn wir die indefinite quadratische Form
$$\lambda((x_1,x_2)^{\mathrm{T}}) = x_1^2 - x_2^2 = (x_1 + x_2)(x_1 - x_2)$$
und deren Niveaukurven $x_1^2 - x_2^2 = g$ mit $g \in \mathbb{R}$ betrachten (Abbildung 10.2). Wir unterscheiden:
$g = 0$: Die Niveaukurve besteht aus den Geraden $x_1 = \pm x_2$.
$g \neq 0$: Wir erhalten eine Hyperbel mit Mittelpunkt $(0,0)^{\mathrm{T}}$. Die Geraden $x_1 = \pm x_2$ sind die Asymptoten der Hyperbel; die Hyperbel nähert sich diesen Geraden beliebig nahe an, ohne sie jemals zu schneiden.
3. Es sei schließlich
$$\lambda((x_1,x_2)^{\mathrm{T}}) = x_1^2 - 2x_2;$$
es ist also λ die Summe einer quadratischen Form und einer Linearform. Zu jedem $g \in \mathbb{R}$ gehört als Niveaukurve eine Parabel mit der Gleichung $x_1^2 - 2x_2 = g$ (Abbildung 10.3). Je zwei solche Parabeln können durch eine Translation in Richtung der zweiten Koordinatenachse ineinander übergeführt werden.

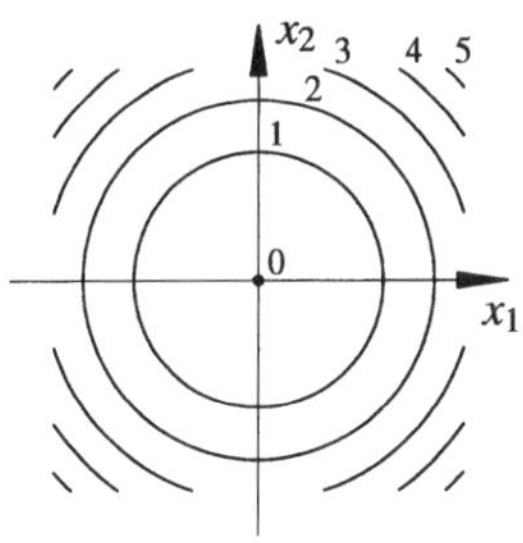

Abbildung 10.1

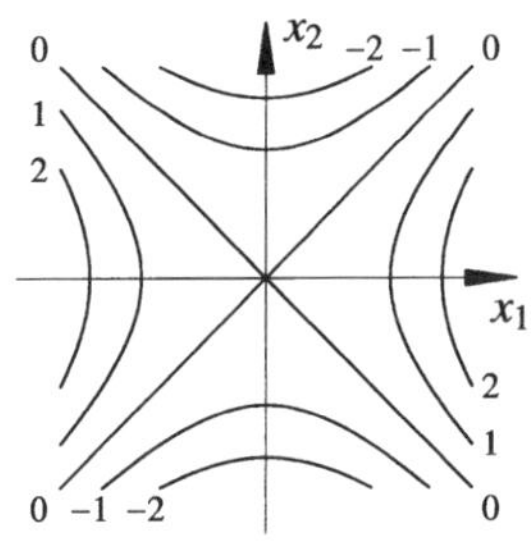

Abbildung 10.2

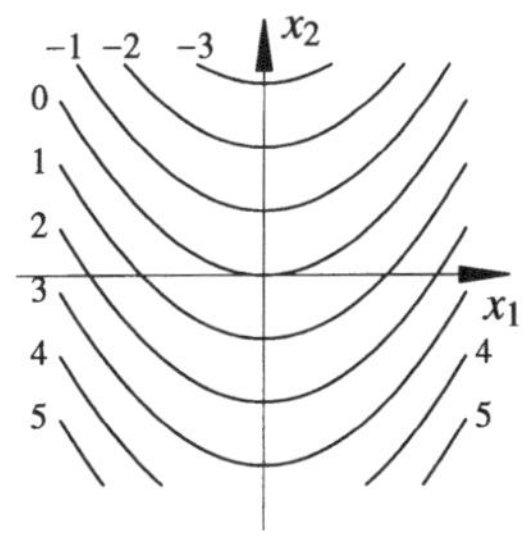

Abbildung 10.3

Die Verallgemeinerung dieser Überlegungen führt uns jetzt zu den sogenannten quadratischen Funktionen und zu deren Niveaumengen, welche Quadriken genannt werden.

10.2 Quadratische Funktionen

Sei $\mathcal{A}$ ein n-dimensionaler affiner Raum über K mit $n < \infty$ und Char $K \neq 2$.

10.2.1 Bei den folgenden Überlegungen setzen wir voraus, dass $\mathcal{A}$ in der Form $\mathcal{A} = \boldsymbol{r} + \boldsymbol{X}$ für einen n-dimensionalen Unterraum $\boldsymbol{X}$ eines Vektorraumes $\boldsymbol{V}$ über K gegeben sei. Eine Funktion $\lambda : \mathcal{A} \to K$ heißt *quadratisch*, falls es eine quadratische Form $q : \boldsymbol{X} \to K$, eine Linearform $\boldsymbol{g}^* : \boldsymbol{X} \to K$, einen Skalar $g \in K$ und einen Punkt $\boldsymbol{t} \in \mathcal{A}$ so gibt, dass gilt
$$\lambda(\boldsymbol{x}) = q(\boldsymbol{x} - \boldsymbol{t}) + 2\langle \boldsymbol{g}^*, \boldsymbol{x} - \boldsymbol{t}\rangle + g \quad \text{für alle} \quad \boldsymbol{x} \in \mathcal{A}. \tag{10.1}$$
Der Begriff der quadratischen Funktion ist hier nicht scharf gefasst, denn jede affine und jede konstante Funktion ist zu den quadratischen Funktionen zu zählen. Es bezeichnet σ im Folgenden die Polarform von q und $\perp$ die Orthogonalität bezüglich σ.

10.2.2 Sei eine quadratische Funktion $\lambda : \mathcal{A} \to K$ wie in (10.1) gegeben. Wir tauschen nun den Punkt $\boldsymbol{t}$ gegen einen Punkt $\tilde{\boldsymbol{t}} \in \mathcal{A}$ und erhalten

$$\begin{aligned} \lambda(\boldsymbol{x}) &= q((\boldsymbol{x}-\tilde{\boldsymbol{t}})+(\tilde{\boldsymbol{t}}-\boldsymbol{t})) + 2\langle \boldsymbol{g}^*, (\boldsymbol{x}-\tilde{\boldsymbol{t}})+(\tilde{\boldsymbol{t}}-\boldsymbol{t})\rangle + g \\ &= q(\boldsymbol{x}-\tilde{\boldsymbol{t}}) + 2\sigma(\boldsymbol{x}-\tilde{\boldsymbol{t}}, \tilde{\boldsymbol{t}}-\boldsymbol{t}) + q(\tilde{\boldsymbol{t}}-\boldsymbol{t}) + 2\langle \boldsymbol{g}^*, \boldsymbol{x}-\tilde{\boldsymbol{t}}\rangle + 2\langle \boldsymbol{g}^*, \tilde{\boldsymbol{t}}-\boldsymbol{t}\rangle + g \\ &= q(\boldsymbol{x}-\tilde{\boldsymbol{t}}) + 2\langle \underbrace{\boldsymbol{g}^* + d_\sigma(\tilde{\boldsymbol{t}}-\boldsymbol{t})}_{=:\tilde{\boldsymbol{g}}^*}, \boldsymbol{x}-\tilde{\boldsymbol{t}}\rangle + \underbrace{q(\tilde{\boldsymbol{t}}-\boldsymbol{t}) + 2\langle \boldsymbol{g}^*, \tilde{\boldsymbol{t}}-\boldsymbol{t}\rangle + g}_{=:\tilde{g}}. \end{aligned} \tag{10.2}$$

Wir erkennen, dass sich die quadratische Form q nicht ändert, falls wir von $\boldsymbol{t}$ zu $\tilde{\boldsymbol{t}}$ übergehen. Für $\boldsymbol{g}^*$ und g gilt das im Allgemeinen nicht. Es ist jedoch

$$\boldsymbol{g}^* + d_\sigma(X) = \tilde{\boldsymbol{g}}^* + d_\sigma(X), \tag{10.3}$$

und durch geeignete Wahl von $\tilde{\boldsymbol{t}}$ erreichen wir jede Linearform aus dieser Nebenklasse von $d_\sigma(X)$ in $\boldsymbol{X}^*$. Die Konstante $\tilde{g}$ ist der Funktionswert im Punkt $\tilde{\boldsymbol{t}}$.

Die folgenden Ergebnisse sind einfache Übungsaufgaben: Ist $\mathcal{A}_1 = \boldsymbol{r}_1 + \boldsymbol{X}_1$ ein affiner Unterraum von $\mathcal{A}$, so ist die Einschränkung $\lambda|\mathcal{A}_1$ ebenfalls eine quadratische Funktion. Ist $\mathcal{A}'$ ein endlichdimensionaler affiner Raum, $\alpha : \mathcal{A} \to \mathcal{A}'$ eine affine Abbildung und $\lambda' : \mathcal{A}' \to K$ eine quadratische Funktion, so ist auch $\lambda' \circ \alpha : \mathcal{A} \to K$ eine quadratische Funktion.

Für eine Koordinatisierung $\boldsymbol{B}^* \circ \tau_{-\boldsymbol{u}} : \mathcal{A} \to K^{n\times 1}$ von $\mathcal{A}$ (vgl. 6.4.1) heißt die quadratische Funktion

$$\lambda \circ (\boldsymbol{B}^* \circ \tau_{-\boldsymbol{u}})^{-1} : K^{n\times 1} \to K$$

die *Koordinatendarstellung* von λ bezüglich des affinen Koordinatensystems $(\boldsymbol{u}, \boldsymbol{u} + \boldsymbol{B})$.

Beispiel 10.2.3 Gegeben sei die quadratische Funktion

$$\lambda : \mathbb{R}^{2\times 1} \to \mathbb{R} : (x_1, x_2)^{\mathrm{T}} \mapsto (x_1 - 2)^2 - 2(x_2 - 1).$$

Hier gilt $\boldsymbol{t} = (2, 1)^{\mathrm{T}}$, $g = 0$ sowie

$$q : \mathbb{R}^{2\times 1} \to \mathbb{R} : (x_1, x_2)^{\mathrm{T}} \mapsto x_1^2, \quad \boldsymbol{g}^* : \mathbb{R}^{2\times 1} \to \mathbb{R} : (x_1, x_2)^{\mathrm{T}} \mapsto -x_2.$$

Wenn wir ausmultiplizieren, schreibt sich λ in der Form

$$(x_1, x_2)^{\mathrm{T}} \mapsto x_1^2 - 4x_1 - 2x_2 + 6.$$

Das ist eine Darstellung mit dem Punkt $\tilde{\boldsymbol{t}} = (0, 0)^{\mathrm{T}}$, derselben quadratischen Form q, der Linearform $\tilde{\boldsymbol{g}}^* : (x_1, x_2)^{\mathrm{T}} \mapsto -2x_1 - x_2$ und der Konstanten $\tilde{g} = \lambda((0, 0)^{\mathrm{T}}) = 6$.

Gemeinsam mit Formel (10.2) zeigt der folgende Satz, wie alle Darstellungen (10.1) einer quadratischen Funktion aussehen.

Satz 10.2.4 *Jede quadratische Funktion $\lambda : \mathcal{A} \to K$ besitzt bei fest gewähltem Punkt $\boldsymbol{t} \in \mathcal{A}$ genau eine Darstellung der Form* (10.1).

Beweis. (a) Sei zuerst die Nullfunktion $\lambda : \mathcal{A} \to K : \boldsymbol{x} \mapsto 0$ wie in (10.1) gegeben. Wir wählen $\boldsymbol{s} \in \boldsymbol{X}$ zunächst fest. Dann gilt

$$0 = \lambda(\boldsymbol{t} + c\boldsymbol{s}) = c^2 q(\boldsymbol{s}) + 2c\langle \boldsymbol{g}^*, \boldsymbol{s}\rangle + g$$

für alle $c \in K$. Wegen $\operatorname{Char} K \neq 2$ ist $\# K > 2$. Wir erkennen, dass das Polynom

$$q(\boldsymbol{s})X^2 + 2\langle \boldsymbol{g}^*, \boldsymbol{s}\rangle X + g \in K[X]$$

mehr als zwei Nullstellen in K besitzt. Es liegt daher das Nullpolynom vor, was $q(s) = 0$, $2\langle g^*, s\rangle = 0$ und $g = 0$ ergibt. Da dies für alle $s \in X$ gilt, folgt $q = g^* = o^*$, also die Eindeutigkeit der Darstellung.

(b) Liegen für eine beliebige quadratische Funktion λ zwei Darstellungen wie in (10.1) vor, so kann auf deren Differenz die Überlegung aus (a) angewendet werden. Das zeigt die Gleichheit der Darstellungen. □

Die Definition einer quadratischen Funktion hat den Nachteil, dass dabei bis zu *drei* Funktionen addiert werden. Wir zeigen jetzt, dass sich jede quadratische Funktion als Summe von höchstens *zwei* Funktionen darstellen lässt, wenn wir nur einen Punkt $\tilde{t} \in \mathcal{A}$ geeignet wählen.

Satz 10.2.5 *Sei* $\lambda : \mathcal{A} \to K : x \mapsto q(x-t) + 2\langle g^*, x-t\rangle + g$ *eine quadratische Funktion. Dann gilt:*

(A) *Für* $g^* \in d_\sigma(X)$ *gibt es mindestens einen Punkt* $\tilde{t} \in \mathcal{A}$ *so, dass gilt*

$$\lambda(x) = q(x-\tilde{t}) + \lambda(\tilde{t}) \ \text{für alle} \ x \in \mathcal{A}.$$

(B) *Für* $g^* \notin d_\sigma(X)$ *gibt es mindestens einen Punkt* $\tilde{t} \in \mathcal{A}$ *so, dass gilt*

$$\lambda(x) = q(x-\tilde{t}) + 2\langle g^*, x-\tilde{t}\rangle \ \text{für alle} \ x \in \mathcal{A}.$$

Beweis. (A) Nach Voraussetzung gibt es mindestens einen Punkt $\tilde{t} \in \mathcal{A}$ mit

$$d_\sigma(\tilde{t} - t) = -g^*.$$

Wir erhalten in (10.2) dann $\tilde{g}^* = o^*$.

(B) Nach Formel (9.15) aus 9.5.9 gilt $X^\perp = d_\sigma(X)^\circ$. Da $g^* \notin d_\sigma(X)$ folgt $\ker g^* \not\supset X^\perp$. Es gibt daher einen Vektor

$$s \in X^\perp \ \text{mit} \ \langle g^*, s\rangle = -1.$$

Wir setzen $\tilde{t} := t + \frac{g}{2}s$ in (10.2) ein. Da $d_\sigma(\tilde{t} - t) = o^*$, $q(\tilde{t} - t) = 0$ und $2\langle g^*, \tilde{t} - t\rangle = -g$ erfüllt sind, führt das in der Tat auf $\tilde{g}^* = g^*$ und $\tilde{g} = 0$. □

Im Fall (A) ist die lineare Gleichung

$$d_\sigma(x - t) = -g^* \ \text{mit} \ x \in \mathcal{A} \tag{10.4}$$

lösbar. Die Lösungen sind genau die Punkte des affinen Unterraumes $\tilde{t} + X^\perp$. Jeder solche Punkt m heißt ein *Mittelpunkt* der Funktion λ. Es gilt nämlich

$$\lambda(m+s) = q(m+s-m) + \tilde{g} = q(s) + \tilde{g} = q(-s) + \tilde{g} = \lambda(m-s) \ \text{für alle} \ s \in X.$$

Der Punkt m ist also ein *Symmetriezentrum* der Funktion λ.

Im Fall (B) ist die Gleichung (10.4) unlösbar. Die Funktion λ besitzt nun überhaupt keine Symmetriezentren (Übungsaufgabe). Der Punkt $\tilde{t}$ hat hingegen die Eigenschaft $\lambda(\tilde{t}) = 0$.

Beispiel 10.2.6 Zur Veranschaulichung von Satz 10.2.5 können die Beispiele in 10.1.2 herangezogen werden; dabei ist $\tilde{t}$ der Punkt mit den Koordinaten $(0,0)^{\mathrm{T}}$. In Beispiel 1 und 2 liegt Fall (A) vor. Da die betrachteten quadratischen Formen radikalfrei sind, gibt es genau einen Mittelpunkt. In Beispiel 3 hingegen liegt Fall (B) vor. Hier gilt $X^\perp = (\mathbb{R}^{2\times 1})^\perp = [(0,1)^{\mathrm{T}}]$ und $s = e_2 = (0,1)^{\mathrm{T}}$; $\tilde{g}^* = e_2^*$ ist die zweite kanonische Koordinatenform.

Wir beschreiben jetzt einen einfachen Zusammenhang von quadratischen Funktionen affiner Räume und quadratischen Formen. Dabei greifen wir auf die Bezeichnungen aus 6.3.8 zurück:

Satz 10.2.7 *Sei $\mathcal{A} = \boldsymbol{H}$ ein n-dimensionaler Vektorraum. Dann gelten die folgenden Aussagen:*

(a) *Zu jeder quadratischen Funktion $\lambda : \boldsymbol{H} \to K$ gibt es genau eine quadratische Form $q_0 : K \times \boldsymbol{H} \to K$ mit $q_0(1, \boldsymbol{x}) = \lambda(\boldsymbol{x})$ für alle $\boldsymbol{x} \in \boldsymbol{H}$.*

(b) *Die Menge aller quadratischen Funktionen $\boldsymbol{H} \to K$ wird durch $\lambda \mapsto q_0$ bijektiv auf die Menge aller quadratischen Formen $K \times \boldsymbol{H} \to K$ abgebildet.*

Beweis. (a) Wir gehen von einer Darstellung

$$\lambda : \boldsymbol{H} \to K : \boldsymbol{x} \mapsto q(\boldsymbol{x} - \boldsymbol{t}) + 2\langle \boldsymbol{g}^*, \boldsymbol{x} - \boldsymbol{t} \rangle + g$$

aus. Nachrechnen zeigt, dass die Abbildung

$$q_0 : K \times \boldsymbol{H} \to K : (x_0, \boldsymbol{x}) \mapsto q(\boldsymbol{x} - x_0\boldsymbol{t}) + 2x_0\langle \boldsymbol{g}^*, \boldsymbol{x} - x_0\boldsymbol{t} \rangle + gx_0^2$$

eine quadratische Form ist. Offenbar gilt $q_0(1, \boldsymbol{x}) = \lambda(\boldsymbol{x})$ für alle $\boldsymbol{x} \in \boldsymbol{H}$. Die Eindeutigkeit von q_0 folgt aus dem nachfolgenden Beweisteil (b).

(b) Ist $q_0 : K \times \boldsymbol{H} \to K$ eine quadratische Form und σ_0 deren Polarform, so erweist sich die Abbildung

$$\lambda : \boldsymbol{H} \to K : \boldsymbol{x} \mapsto q_0(1, \boldsymbol{x}) = \underbrace{q_0(0, \boldsymbol{x})}_{=:\, q(\boldsymbol{x})} + \underbrace{2\sigma_0((1, \boldsymbol{o}), (0, \boldsymbol{x}))}_{=:\, \boldsymbol{g}^*(\boldsymbol{x})} + \underbrace{q_0(1, \boldsymbol{o})}_{=:\, g}$$

als quadratische Funktion. Eine einfache Rechnung ergibt, dass die in (a) beschriebene Abbildung $\lambda \mapsto q_0$ und die oben beschriebene Abbildung $q_0 \mapsto \lambda$ zueinander invers sind. □

Beispiel 10.2.8 Betten wir $\mathbb{R}^{2\times1}$ durch $(x_1, x_2)^{\mathrm{T}} \mapsto (1, x_1, x_2)^{\mathrm{T}}$ in $\mathbb{R}^{3\times1}$ ein, so liefert die in 10.2.3 betrachtete quadratische Funktion

$$(x_1, x_2)^{\mathrm{T}} \mapsto x_1^2 - 4x_1 - 2x_2 + 6$$

die quadratische Form

$$q_0 : \mathbb{R}^{3\times1} \to \mathbb{R} : (x_0, x_1, x_2)^{\mathrm{T}} \mapsto x_1^2 - 4x_0x_1 - 2x_0x_2 + 6x_0^2.$$

Die Koordinatenmatrix von q_0 bezüglich der kanonischen Basis ist

$$\left(\begin{array}{c|cc} 6 & -2 & -1 \\ \hline -2 & 1 & 0 \\ -1 & 0 & 0 \end{array}\right).$$

In den markierten Blöcken können dabei die quadratische Form q, die Linearform $\boldsymbol{g}^*$ und die Konstante g abgelesen werden.

10.2.9 Wir kehren zu den Voraussetzungen aus 10.2.1 zurück und zeigen, wie sich die Koordinatendarstellung einer quadratischen Funktion durch Auswahl eines Koordinatensystems vereinfachen lässt. Dabei wenden wir Satz 10.2.7 auf die Koordinatendarstellung von λ an.

Nach Beispiel 6.3.11 entsprechen die affinen Koordinatentransformationen genau jenen linearen Bijektionen $K^{(n+1)\times1} \to K^{(n+1)\times1}$, welche durch die Matrizen

$$\left(\begin{array}{c|cccc} 1 & 0 & 0 & \dots & 0 \\ \hline t_1 & a_{11} & a_{12} & \dots & a_{1n} \\ t_2 & a_{21} & a_{22} & \dots & a_{2n} \\ \dots & \dots & \dots & \dots & \dots \\ t_n & a_{n1} & a_{n2} & \dots & a_{nn} \end{array}\right) \in \mathrm{GL}_{n+1}(K) \qquad (10.5)$$

beschrieben werden. Eine für $(n+1)\times(n+1)$ Matrizen erklärte elementare Spaltenumformung entspricht daher genau dann einer affinen Koordinatentransformation, falls die nullte Zeile der Einheitsmatrix E_{n+1} dabei nicht verändert wird. Diese einschränkende Bedingung müssen wir im Folgenden immer beachten.

Satz 10.2.10 *Sei $\lambda : \mathcal{A} \to K$ eine quadratische Funktion. Dann existiert mindestens ein affines Koordinatensystem von $\mathcal{A}$ derart, dass λ eine der folgenden Koordinatendarstellungen besitzt:*

(A) $(x_1, x_2, \ldots, x_n)^{\mathrm{T}} \mapsto g + \sum_{i=1}^{r} g_i x_i^2$ *mit* $g_i \neq 0$.

(B) $(x_1, x_2, \ldots, x_n)^{\mathrm{T}} \mapsto \sum_{i=1}^{r} g_i x_i^2 - 2x_n$ *mit* $g_i \neq 0$ *und* $r < n$.

Dieses affine Koordinatensystem kann ausgehend von einem beliebigen Koordinatensystem schrittweise durch elementare Spaltenumformungen einer $(n+1)\times(n+1)$ Matrix gefunden werden.

Beweis. Wir setzen ein affines Koordinatensystem $(\boldsymbol{u}, \boldsymbol{u}+\boldsymbol{B})$ mit Ursprung $\boldsymbol{u} \in \mathcal{A}$ und Basis $\boldsymbol{B} = (\boldsymbol{b}_1, \boldsymbol{b}_2, \ldots, \boldsymbol{b}_n)$ von $\boldsymbol{X}$ voraus. Die zugehörige Koordinatendarstellung von λ bestimmt dann nach Satz 10.2.7 eine quadratischen Form $K^{(n+1)\times 1} \to K$. Diese quadratische Form wird durch eine symmetrische Matrix

$$G_0 = \left(\begin{array}{c|ccc} g_{00} & g_{01} & \cdots & g_{0n} \\ \hline g_{10} & & & \\ \vdots & & G & \\ g_{n0} & & & \end{array}\right)$$

beschrieben, die in der oben angegebenen Weise in vier Teilmatrizen zerfällt. Die Zeilen- und Spaltenindizes laufen dabei in der Menge $\{0, 1, \ldots, n\}$. Nun gehen wir folgendermaßen vor:

- Wir beginnen gemäß 9.3.5 mit dem Ansatz

$$\frac{E_{n+1}}{G_0}$$

  und sprechen dabei von der oberen und der unteren Matrix. Wenn im Folgenden Zeilen- oder Spaltenindizes genannt werden, so beziehen sich diese immer auf die untere Matrix. Die Matrix G_0 wird nun elementaren Kongruenzumformungen unterworfen. Die zugehörigen Spaltenumformungen sind immer auch für die obere Matrix durchzuführen.

- Wir beschränken uns zunächst auf solche elementaren Kongruenzumformungen der unteren Matrix, an denen nur die Zeilen und Spalten mit den Indizes $1, 2, \ldots, n$ aktiv beteiligt sind.[1] Mit diesen Umformungen können wir G_0 so transformieren, dass die Teilmatrix G in eine kongruente Diagonalmatrix $\mathrm{diag}(g_1, g_2, \ldots, g_r, 0, 0, \ldots, 0)$ mit $g_1, g_2, \ldots, g_r \neq 0$

[1] Es sind also alle Kongruenzumformungen verboten, die auf den folgenden Spaltenumformungen aufbauen: Multiplikation der nullten Spalte mit einem Skalar $\neq 0$; Addition eines Vielfachen der nullten Spalte zu einer anderen Spalte; Addition eines Vielfachen einer anderen Spalte zur nullten Spalte; Vertauschung der nullten Spalte mit einer anderen Spalte.

übergeht; vgl. Satz 9.8.8. Das ergibt insgesamt eine neue Matrix, deren unterer Teil folgende Form besitzt:

$$\begin{array}{c|ccc|ccc}
g_{00} & * & \dots & * & * & \dots & * \\ \hline
* & g_1 & \dots & 0 & 0 & \dots & 0 \\
\vdots & \vdots & \ddots & \vdots & \vdots & & \vdots \\
* & 0 & \dots & g_r & 0 & \dots & 0 \\ \hline
* & 0 & \dots & 0 & 0 & \dots & 0 \\
\vdots & \vdots & & \vdots & \vdots & & \vdots \\
* & 0 & \dots & 0 & 0 & \dots & 0
\end{array}$$

Wir schreiben die neue obere Matrix aus Platzgründen nicht an. Sie hat die in Formel (10.5) angegebene Bauart mit $t_1 = t_2 = \cdots = t_n = 0$. Bis jetzt wurde ja der Ursprung $\boldsymbol{u} \in \mathcal{A}$ nicht verändert, sondern nur die Basis $\boldsymbol{B}$ von $\boldsymbol{X}$ durch eine geeignete Basis ersetzt.

- Wir addieren nun zur nullten Spalte bzw. Zeile geeignete Vielfache der Spalten bzw. Zeilen $1, 2, \dots, r$, damit eine Matrix folgender Bauart entsteht:

$$\begin{array}{c|ccc|ccc}
\tilde{g}_{00} & 0 & \dots & 0 & * & \dots & * \\ \hline
0 & g_1 & \dots & 0 & 0 & \dots & 0 \\
\vdots & \vdots & \ddots & \vdots & \vdots & & \vdots \\
0 & 0 & \dots & g_r & 0 & \dots & 0 \\ \hline
* & 0 & \dots & 0 & 0 & \dots & 0 \\
\vdots & \vdots & & \vdots & \vdots & & \vdots \\
* & 0 & \dots & 0 & 0 & \dots & 0
\end{array}$$

Jede solche Umformung entspricht einer Verschiebung des Ursprungs entlang einer Koordinatenachse ohne Änderung der Basis von $\boldsymbol{X}$.

- Sind die mit $*$ bezeichneten Elemente alle Null, so setzen wir $g := \tilde{g}_{00}$. Es liegt Fall (A) aus Satz 10.2.5 vor.

- Andernfalls können wir die Zeilen und Spalten $r + 1, r + 2, \dots, n$ so permutieren, dass an der Stelle $(0, n)$ ein Skalar $\neq 0$ steht (Umnummerierung der Basisvektoren). Durch eine elementare Kongruenzumformung (Multiplikation des n-ten Basisvektors mit einem geeigneten Skalar) erhalten wir an dieser Stelle -1, und durch Addition von geeigneten Vielfachen der n-ten Spalte bzw. Zeile zu den Spalten bzw. Zeilen mit den Zeigern 0 (Verschiebung des Ursprungs) sowie $r + 1, r + 2, \dots, n - 1$ (nochmalige Änderung der Basis von X) bekommen wir folgende Matrix:

$$\begin{array}{c|ccc|cccc}
0 & 0 & \dots & 0 & 0 & \dots & 0 & -1 \\ \hline
0 & g_1 & \dots & 0 & 0 & \dots & 0 & 0 \\
\vdots & \vdots & \ddots & \vdots & \vdots & & \vdots & \vdots \\
0 & 0 & \dots & g_r & 0 & \dots & 0 & 0 \\ \hline
0 & 0 & \dots & 0 & 0 & \dots & 0 & 0 \\
\vdots & \vdots & & \vdots & \vdots & & \vdots & \vdots \\
0 & 0 & \dots & 0 & 0 & \dots & 0 & 0 \\
-1 & 0 & \dots & 0 & 0 & \dots & 0 & 0
\end{array}$$

Wir lesen aus dieser Matrix ab, dass Fall (B) aus Satz 10.2.5 vorliegt.

Aus der (hier nicht angeschriebenen) letzten oberen Matrix ergibt sich das gesuchte affine Koordinatensystem $(\tilde{\boldsymbol{u}}, \tilde{\boldsymbol{u}} + \tilde{\boldsymbol{B}})$. Bezüglich dieses affinen Koordinatensystems hat dann λ die gesuchte Koordinatendarstellung, welche aus der letzten unteren Matrix abzulesen ist. □

Beispiel 10.2.11 Wir greifen auf Beispiel 10.2.8 zurück. Die linke untere Ecke der unteren Matrix hat schon Diagonalgestalt. Die Umformungen ergeben:

$$\begin{array}{c|cc} 1&0&0\\ \hline 0&1&0\\ 0&0&1\\ \hline\hline 6&-2&-1\\ \hline -2&1&0\\ -1&0&0 \end{array} \;\overset{s}{\mapsto}\; \begin{array}{c|cc} 1&0&0\\ \hline 2&1&0\\ 0&0&1\\ \hline\hline 2&-2&-1\\ \hline 0&1&0\\ -1&0&0 \end{array} \;\overset{z}{\mapsto}\; \begin{array}{c|cc} 1&0&0\\ \hline 2&1&0\\ 0&0&1\\ \hline\hline 2&0&-1\\ \hline 0&1&0\\ -1&0&0 \end{array}$$

$$\overset{s}{\mapsto}\; \begin{array}{c|cc} 1&0&0\\ \hline 2&1&0\\ 1&0&1\\ \hline\hline 1&0&-1\\ \hline 0&1&0\\ -1&0&0 \end{array} \;\overset{z}{\mapsto}\; \begin{array}{c|cc} 1&0&0\\ \hline 2&1&0\\ 1&0&1\\ \hline\hline 0&0&-1\\ \hline 0&1&0\\ -1&0&0 \end{array}$$

Es liegt also Fall (B) vor. Bezüglich des Koordinatensystems $(\tilde{\boldsymbol{u}}, \tilde{\boldsymbol{u}} + \tilde{\boldsymbol{B}})$ mit $\tilde{\boldsymbol{u}} = (2,1)^{\mathrm{T}}$ und $\tilde{\boldsymbol{B}} = \boldsymbol{E}$ hat λ die Koordinatendarstellung

$$\lambda \circ (\boldsymbol{E}^* \circ \tau_{-\tilde{\boldsymbol{u}}})^{-1} : \mathbb{R}^{2\times 1} \to \mathbb{R} : (\tilde{x}_1, \tilde{x}_2)^{\mathrm{T}} \mapsto \tilde{x}_1^2 - 2\tilde{x}_2.$$

10.2.12 Ist $K = \mathbb{C}$, so lässt sich Satz 10.2.10 dahingehend verschärfen, dass

$$g_1 = g_2 = \cdots = g_r = 1$$

gilt; vgl. dazu Satz 9.9.1. Diese *komplexe affine Normalform* der Koordinatendarstellung ist eindeutig bestimmt (Übungsaufgabe).

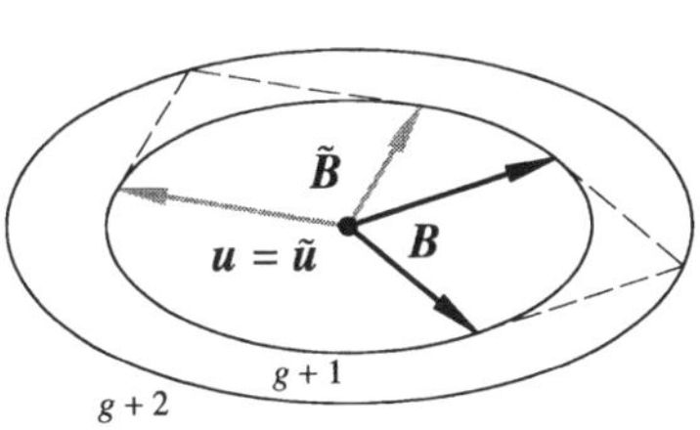

Abbildung 10.4

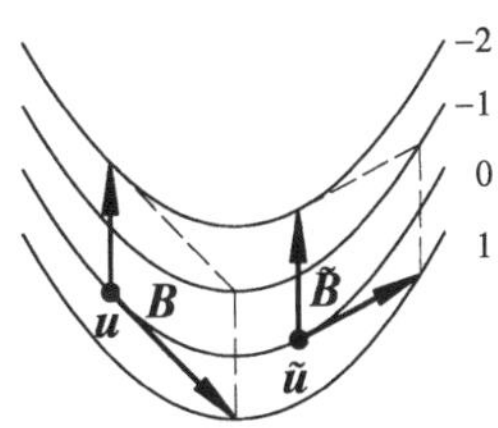

Abbildung 10.5

Bei $K = \mathbb{R}$ zeigt Satz 9.10.2, dass

$$g_1 = g_2 = \cdots = g_p = 1, \quad g_{p+1} = \cdots = g_r = -1 \;\text{ mit }\; 0 \le p \le r$$

erreicht werden kann. Diese *reelle affine Normalform* ist eindeutig bestimmt (Übungsaufgabe). Die Abbildungen 10.4 und 10.5 zeigen je zwei verschiedene Koordinatensysteme $(\boldsymbol{u}, \boldsymbol{u} + \boldsymbol{B})$ und $(\tilde{\boldsymbol{u}}, \tilde{\boldsymbol{u}} + \tilde{\boldsymbol{B}})$, bezüglich derer die Koordinatendarstellung einer gegebenen quadratische Funktion die Normalform $(x_1, x_2)^{\mathrm{T}} \mapsto g + x_1^2 + x_2^2$ bzw. $(x_1, x_2)^{\mathrm{T}} \mapsto x_1^2 - 2x_2$ besitzt.

Aufgaben

A 10.2.1 Gegeben sei eine quadratische Funktion $\lambda : \mathbb{R}^{n\times 1} \to \mathbb{R}$ mit $n = 2$ bzw. $n = 3$. Bestimme ein affines Koordinatensystem so, dass die betreffende Koordinatendarstellung von λ Normalform besitzt.

(α) $\lambda : (x_1, x_2)^{\mathrm{T}} \mapsto 2x_1^2 + 2x_1x_2 + 6x_1 + x_2^2 + 2x_2 + 7$.
(β) $\lambda : (x_1, x_2)^{\mathrm{T}} \mapsto x_1^2 + 2x_1x_2 + 2x_1 + 2x_2^2 + 2x_2$.
(γ) $\lambda : (x_1, x_2)^{\mathrm{T}} \mapsto 2x_1^2 + 4x_1 + 2x_2^2 + 2$.
(δ) $\lambda : (x_1, x_2)^{\mathrm{T}} \mapsto -2x_1x_2 + 2x_1 - x_2^2 - 2x_2 + 6$.
(ε) $\lambda : (x_1, x_2)^{\mathrm{T}} \mapsto x_1^2 + 2x_1x_2 + 2x_1 + 2x_2 + 1$.
(ζ) $\lambda : (x_1, x_2)^{\mathrm{T}} \mapsto x_1^2 + 2x_1x_2 + 2x_1 + x_2^2 + 2x_2 - 3$.
(η) $\lambda : (x_1, x_2)^{\mathrm{T}} \mapsto x_1^2 + 2x_1x_2 + 2x_1 + x_2^2 + 2x_2 + 2$.
(ϑ) $\lambda : (x_1, x_2)^{\mathrm{T}} \mapsto x_1^2 + 6x_1 + 2x_2 + 6$.
(ι) $\lambda : (x_1, x_2, x_3)^{\mathrm{T}} \mapsto x_1^2 + 2x_1x_3 + 2x_1 + 2x_2^2 + 2x_2x_3 + 2x_3^2 + 4x_3 + 2$.
(κ) $\lambda : (x_1, x_2, x_3)^{\mathrm{T}} \mapsto 2x_1x_2 - 2x_1x_3 + 2x_1 + 2x_2^2 + 4x_2 - x_3^2 - 2x_3 + 2$.
(λ) $\lambda : (x_1, x_2, x_3)^{\mathrm{T}} \mapsto 2x_1x_2 - 2x_1x_3 - 2x_1 + x_2^2 + 2x_2 - 6x_3 - 1$.
(μ) $\lambda : (x_1, x_2, x_3)^{\mathrm{T}} \mapsto -x_1^2 - 2x_1x_3 - 2x_1 + 2x_2^2 + 2x_2x_3 + 1$.
(ν) $\lambda : (x_1, x_2, x_3)^{\mathrm{T}} \mapsto x_1^2 - 2x_1x_2 - 4x_1 + 2x_2^2 + 2x_2 + 4$.
(ξ) $\lambda : (x_1, x_2, x_3)^{\mathrm{T}} \mapsto x_1^2 + 2x_1x_2 + 6x_1 + 2x_2^2 + 8x_2 + 2x_3 + 12$.
(o) $\lambda : (x_1, x_2, x_3)^{\mathrm{T}} \mapsto x_1^2 + 2x_1x_2 + 6x_1 + 4x_2 + 2x_3 + 10$.
(π) $\lambda : (x_1, x_2, x_3)^{\mathrm{T}} \mapsto x_1^2 + 2x_1x_2 + 6x_1 + x_2^2 + 4x_2 + 2x_3 + 6$.

A 10.2.2 Es seien $\mathcal{A}$ ein reeller affiner Raum, $\lambda : \mathcal{A} \to \mathbb{R}$ eine quadratische Funktion und $q : \boldsymbol{X} \to \mathbb{R}$ die zu λ gehörige quadratische Form. Beweise:

(a) Ist $\boldsymbol{m} \in \mathcal{A}$ ein Mittelpunkt von λ, so gilt:

$$\begin{aligned} q \text{ ist positiv semidefinit} &\Leftrightarrow \lambda(\boldsymbol{m}) \leq \lambda(\boldsymbol{x}) \text{ für alle } \boldsymbol{x} \in \mathcal{A}. \\ q \text{ ist positiv definit} &\Leftrightarrow \lambda(\boldsymbol{m}) < \lambda(\boldsymbol{x}) \text{ für alle } \boldsymbol{x} \in \mathcal{A} \setminus \{\boldsymbol{m}\}. \\ q \text{ ist negativ semidefinit} &\Leftrightarrow \lambda(\boldsymbol{m}) \geq \lambda(\boldsymbol{x}) \text{ für alle } \boldsymbol{x} \in \mathcal{A}. \\ q \text{ ist negativ definit} &\Leftrightarrow \lambda(\boldsymbol{m}) > \lambda(\boldsymbol{x}) \text{ für alle } \boldsymbol{x} \in \mathcal{A} \setminus \{\boldsymbol{m}\}. \end{aligned}$$

(b) Hat λ keinen Mittelpunkt, so ist λ surjektiv.

Hinweis: Verwende eine Koordinatendarstellung von λ in reeller affiner Normalform.

10.3 Affine Quadriken

Sei $\mathcal{A}$ ein n-dimensionaler affiner Raum über K mit Char $K \neq 2$.

10.3.1 Wie in Abschnitt 10.2 setzen wir $\mathcal{A} = \boldsymbol{r} + \boldsymbol{X} \subset \boldsymbol{V}$ voraus. Ist $\lambda : \mathcal{A} \to K$ eine quadratische Funktion, aber nicht die Nullfunktion, so heißt die Punktmenge

$$\Phi(\lambda) := \{\boldsymbol{x} \in \mathcal{A} \mid \lambda(\boldsymbol{x}) = 0\}$$

eine *affine Quadrik*. Wir sprechen im Folgenden kurz von einer Quadrik und nennen $\lambda(\boldsymbol{x}) = 0$ eine *Gleichung* der Quadrik.

Für alle $c \in K^{\times}$ ist $c\lambda(\boldsymbol{x}) = 0$ ebenfalls eine Gleichung von $\Phi(\lambda)$. Wir werden in Satz 10.5.7 sehen, dass wir damit in vielen Fällen schon *alle* Gleichungen von $\Phi(\lambda)$ haben.

10.3.2 Durch die Einteilung der quadratischen Funktionen in Satz 10.2.5 ist bereits eine erste (grobe) Einteilung der affinen Quadriken gegeben. Indem wir λ durch ein geeignetes Vielfaches ersetzen, können wir bezüglich eines geeigneten Koordinatensystems $(\boldsymbol{u}, \boldsymbol{u} + \boldsymbol{B})$ mit $\boldsymbol{B} = (\boldsymbol{b}_1, \boldsymbol{b}_2, \ldots, \boldsymbol{b}_n)$ eine Gleichung von $\Phi(\lambda)$ in folgender Form erhalten:

(A0) $\sum_{i=1}^{r} g_i x_i^2 = 0$ mit $g_i \neq 0$ und $1 \leq r \leq n$.

(A1) $\sum_{i=1}^{r} g_i x_i^2 = 1$ mit $g_i \neq 0$ und $0 \leq r \leq n$.

(B) $\sum_{i=1}^{r} g_i x_i^2 = 2x_n$ mit $g_i \neq 0$ und $0 \leq r < n$.

Sobald zwei Quadriken bezüglich geeigneter Koordinatensysteme durch dieselbe Gleichung beschrieben werden, sind sie vom Standpunkt der affinen Geometrie als gleichartig anzusehen, da es dann eine Affinität gibt, welche die eine in die andere Quadrik überführt.

10.3.3 Wir stellen im Folgenden einige einfache Eigenschaften affiner Quadriken zusammen. Die dabei vorgestellten Bezeichnungen sind historisch gewachsen.

Jede Quadrik $\Phi(\lambda)$ mit einer Gleichung vom Typus (A0) oder (A1) heißt eine *Mittelpunktsquadrik*; jeder Mittelpunkt der Funktion λ wird auch als *Mittelpunkt* der Quadrik $\Phi(\lambda)$ bezeichnet. Nach 10.2.5 bilden alle Mittelpunkte den $(n-r)$-dimensionalen affinen Unterraum $\boldsymbol{u} + \boldsymbol{X}^{\perp}$. Das Radikal $\boldsymbol{X}^{\perp}$ wird von den Vektoren $\boldsymbol{b}_{r+1}, \boldsymbol{b}_{r+2}, \ldots, \boldsymbol{b}_n$ aufgespannt.

Im Fall (A0) ist dieser affine Unterraum in $\Phi(\lambda)$ enthalten und wird als *Spitzenraum* bezeichnet. Die Quadrik $\Phi(\lambda)$ heißt dann ein *quadratischer Kegel*.[2] Für jeden Punkt $\boldsymbol{p} \in \Phi(\lambda)$ liegt auch der vom Spitzenraum und $\boldsymbol{p}$ aufgespannte affine Unterraum ganz auf dem Kegel. Vgl. etwa Abbildung 10.6, wo $r = n = 3$.

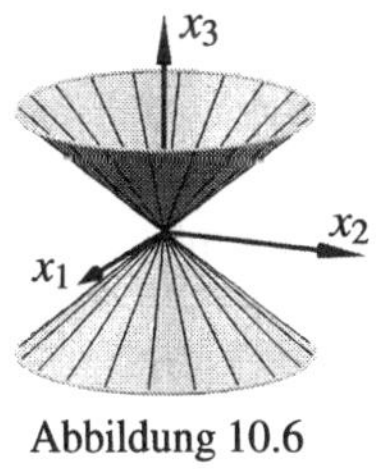

Abbildung 10.6

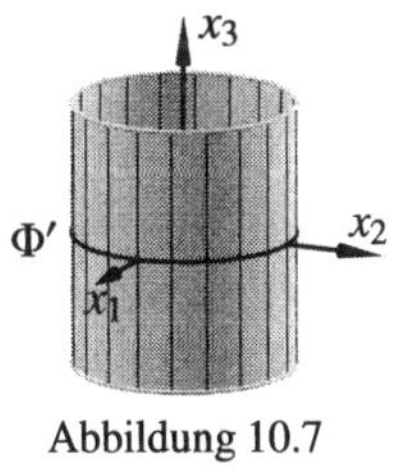

Abbildung 10.7

Im Fall (A1) liegt der Raum der Mittelpunkte nicht auf der Quadrik. Für $r = n$ wird $\Phi(\lambda)$ als ***reguläre Mittelpunktsquadrik*** (vgl. etwa Abbildung 10.4), für $r < n$ hingegen als *Zylinder* bezeichnet. Falls $\Phi(\lambda)$ ein Zylinder ist, wird durch die Gleichung

$$\sum_{i=1}^{r} g_i x_i^2 = 1$$

eine reguläre Mittelpunktsquadrik Φ' im affinen Unterraum $x_{r+1} = x_{r+2} = \cdots = x_n = 0$ bestimmt. $\Phi(\lambda)$ lässt sich wie folgt erzeugen: Durch jeden Punkt $\boldsymbol{p}$ von Φ' ist der Unterraum $\boldsymbol{p} + \boldsymbol{X}^{\perp} \neq \{\boldsymbol{p}\}$ zu legen. Die Vereinigungsmenge aller dieser Unterräume ist dann gleich $\Phi(\lambda)$. Vgl. etwa Abbildung 10.7, wo $r = 2$ und $n = 3$.

[2] Da wir nur quadratische Kegel betrachten, bezeichnen wir diese kurz als *Kegel*.

10.3.4 Jede Quadrik $\Phi(\lambda)$ mit einer Gleichung vom Typus (B) heißt *parabolisch*. Für $r = n - 1$ wird $\Phi(\lambda)$ als *Paraboloid* (vgl. etwa Abbildung 10.8), für $r < n - 1$ als *parabolischer Zylinder* bezeichnet (Abbildung 10.9). Bezüglich des gegebenen Koordinatensystems ist in der affinen Hyperebene $\boldsymbol{u} + \boldsymbol{H}$ mit der Gleichung $x_n = 0$ eine quadratische Funktion

$$\lambda_n : \boldsymbol{u} + \boldsymbol{H} \to K : (x_1, x_2, \ldots, x_{n-1}, 0)^{\mathrm{T}} \mapsto \frac{1}{2} \sum_{i=1}^{r} g_i x_i^2$$

festgelegt. Die parabolische Quadrik $\Phi(\lambda)$ kann als Graph dieser quadratischen Funktion aufgefasst werden: Für jeden Quadrikpunkt mit Koordinaten $(p_1, p_2, \ldots, p_n)^{\mathrm{T}}$ gibt die Koordinate p_n den Funktionswert von $(p_1, p_2, \ldots, p_{n-1}, 0)^{\mathrm{T}}$ unter λ_n an. Falls $\Phi(\lambda)$ ein parabolischer Zylinder ist, wird durch die Gleichung

$$\sum_{i=1}^{r} g_i x_i^2 = 2x_n$$

ein Paraboloid Φ' im affinen Unterraum $x_{r+1} = x_{r+2} = \cdots = x_{n-1} = 0$ bestimmt. Jeder parabolische Zylinder $\Phi(\lambda)$ lässt sich wie folgt erzeugen: Durch jeden Punkt $\boldsymbol{p}$ von Φ' ist der Unterraum[3] $\boldsymbol{p} + [\boldsymbol{b}_{r+1}, \boldsymbol{b}_{r+2}, \ldots, \boldsymbol{b}_{n-1}] \neq \{\boldsymbol{p}\}$ zu legen. Die Vereinigungsmenge aller dieser Unterräume ist dann gleich $\Phi(\lambda)$. Vgl. Abbildung 10.9, wo $r = 1$ und $n = 3$.

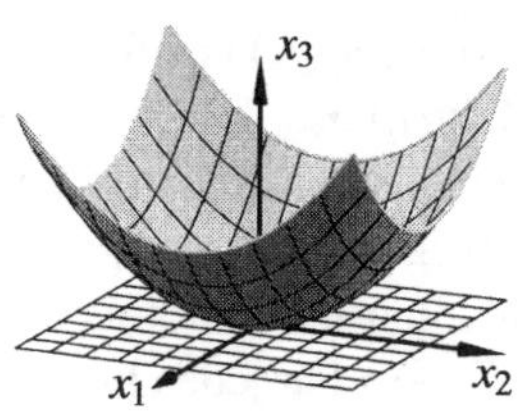

Abbildung 10.8

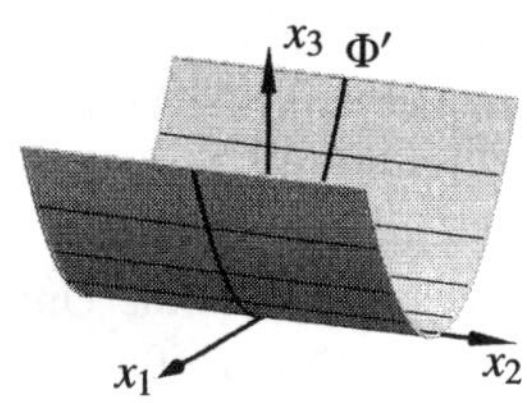

Abbildung 10.9

10.3.5 In den Quadrikgleichungen aus 10.3.2 treten nicht näher beschriebene Skalare $g_i \neq 0$ auf. Wir zeigen jetzt, dass wir diese Gleichungen für $K = \mathbb{C}$ und $K = \mathbb{R}$ noch weiter vereinfachen können.

Ist $K = \mathbb{C}$, so können wir für die Quadrik $\Phi(\lambda)$ eine Gleichung in *komplexer affiner Normalform* erreichen:

(A0) $\sum_{i=1}^{r} x_i^2 = 0$ mit $1 \leq r \leq n$.

(A1) $\sum_{i=1}^{r} x_i^2 = 1$ mit $0 \leq r \leq n$.

(B) $\sum_{i=1}^{r} x_i^2 = 2x_n$ mit $0 \leq r < n$.

Dazu genügt es, ausgehend von 10.3.2, die Basisvektoren analog zum Beweis von Satz 9.9.1 mit geeigneten Skalaren zu multiplizieren.

Ist $K = \mathbb{R}$, so können wir für $\Phi(\lambda)$ durch geeignete Wahl des Koordinatensystems und durch Multiplikation von λ mit ± 1 eine Gleichung in *reeller affiner Normalform* erreichen:

[3]Der Unterraum $[\boldsymbol{b}_{r+1}, \boldsymbol{b}_{r+2}, \ldots, \boldsymbol{b}_{n-1}]$ ist das Radikal der zu λ_n gehörigen quadratischen Form.

(A0) $\sum_{i=1}^{p} x_i^2 - \sum_{j=p+1}^{r} x_j^2 = 0$ mit $p \geq r - p$ und $1 \leq r \leq n$.

(A1) $\sum_{i=1}^{p} x_i^2 - \sum_{j=p+1}^{r} x_j^2 = 1$ mit $0 \leq r \leq n$.

(B) $\sum_{i=1}^{p} x_i^2 - \sum_{j=p+1}^{r} x_j^2 = 2x_n$ mit $p \geq r - p$ und $0 \leq r < n$.

Dazu genügt es, das in 10.3.2 ermittelte Koordinatensystem $(\boldsymbol{u}, \boldsymbol{u} + \boldsymbol{B})$ abzuändern: Falls im Fall (A0) oder im Fall (B) die Anzahl der positiven Koeffizienten g_i kleiner als die Anzahl der negativen Koeffizienten ist, multiplizieren wir die Gleichung mit -1; nur im Fall (B) ersetzen wir diesfalls den Vektor $\boldsymbol{b}_n$ durch $-\boldsymbol{b}_n$. Der im Beweis von Satz 9.10.2 beschriebene Basiswechsel liefert dann die gesuchte Gleichung.

Die Typenvielfalt der Quadriken in reellen affinen Räumen nimmt bei wachsendem n rasch zu. Jede Mittelpunktsquadrik mit einer Gleichung der Form

$$\sum_{i=1}^{n} x_i^2 = 1$$

heißt ein *Ellipsoid*, jede Mittelpunktsquadrik mit einer Gleichung der Form

$$\sum_{i=1}^{p} x_i^2 - \sum_{j=p+1}^{n} x_j^2 = 1 \quad \text{mit} \quad 1 \leq p < n$$

wird ein *Hyperboloid* genannt.

Beispiel 10.3.6 Wir geben für $1 \leq n \leq 3$ eine Liste aller Typen affiner Quadriken des n-dimensionalen reellen affinen Raumes an. Zunächst beschreiben wir aber für beliebige Dimension n einige besonders einfache Fälle:

(A0)	$x_1^2 - x_2^2 = 0$	zwei nicht parallele Hyperebenen ($n \geq 2$)
	$x_1^2 + x_2^2 + \cdots + x_r^2 = 0$	ein $(n-r)$-dimensionaler Unterraum ($1 \leq r \leq n$)
(A1)	$x_1^2 = 1$	zwei parallele Hyperebenen
	$-x_1^2 - x_2^2 - \cdots - x_r^2 = 1$	leere Menge ($0 \leq r \leq n$)
(B)	$0 = 2x_n$	eine Hyperebene

Für $n = 1$ werden durch die obige Tabelle alle Quadriken erfasst. Für $n = 2$ treten außerdem noch folgende Normalformen auf:

(A1)	$x_1^2 + x_2^2 = 1$	*Ellipse*
	$x_1^2 - x_2^2 = 1$	*Hyperbel*
(B)	$x_1^2 = 2x_2$	*Parabel*

Entsprechende Figuren finden sich in Beispiel 10.1.2. Nun sei $n = 3$. Dann gibt es noch folgende Typen:

(A0)	$x_1^2 + x_2^2 - x_3^2 = 0$	Kegel (Abbildung 10.6)
(A1)	$x_1^2 + x_2^2 = 1$	*elliptischer Zylinder* (Abbildung 10.7)
	$x_1^2 - x_2^2 = 1$	*hyperbolischer Zylinder* (Abbildung 10.11)
	$x_1^2 + x_2^2 + x_3^2 = 1$	Ellipsoid (Abbildung 10.10)
	$x_1^2 + x_2^2 - x_3^2 = 1$	*einschaliges Hyperboloid* (Abbildung 10.12)
	$x_1^2 - x_2^2 - x_3^2 = 1$	*zweischaliges Hyperboloid* (Abbildung 10.13)
(B)	$x_1^2 = 2x_3$	*parabolischer Zylinder* (Abbildung 10.9)
	$x_1^2 + x_2^2 = 2x_3$	*elliptisches Paraboloid* (Abbildung 10.8)
	$x_1^2 - x_2^2 = 2x_3$	*hyperbolisches Paraboloid* (Abbildung 10.14)

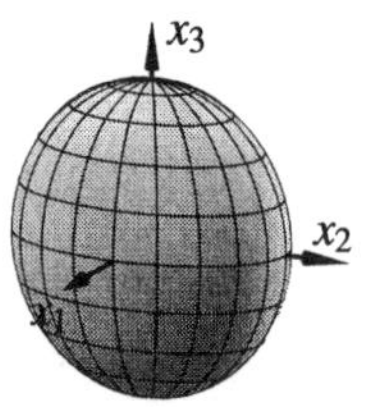

Abbildung 10.10

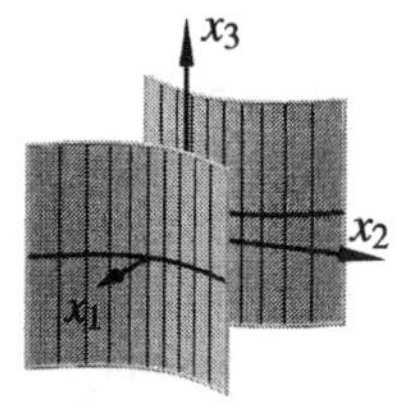

Abbildung 10.11

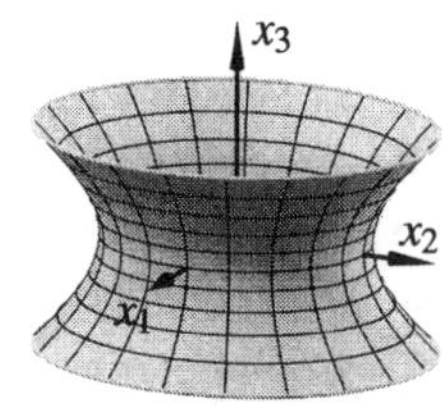

Abbildung 10.12

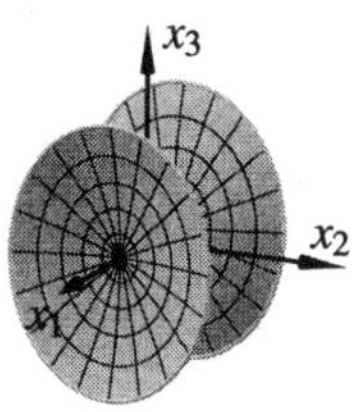

Abbildung 10.13

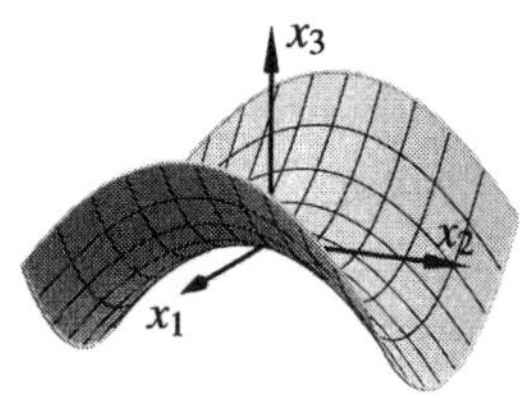

Abbildung 10.14

10.3.7 So wie sich jede quadratische Form in eine symmetrische Bilinearform aufspalten lässt, bestimmt auch jede quadratische Funktion $\lambda : \mathcal{A} \to K$ eine Funktion

$$\pi_\lambda : \mathcal{A} \times \mathcal{A} \to K : (\boldsymbol{x}, \boldsymbol{y}) \mapsto \frac{1}{2}\left(4\lambda\left(\frac{1}{2}(\boldsymbol{x} + \boldsymbol{y})\right) - \lambda(\boldsymbol{x}) - \lambda(\boldsymbol{y})\right) \tag{10.6}$$

mit den Eigenschaften $\pi_\lambda(\boldsymbol{x}, \boldsymbol{y}) = \pi_\lambda(\boldsymbol{y}, \boldsymbol{x})$ und $\pi_\lambda(\boldsymbol{x}, \boldsymbol{x}) = \lambda(\boldsymbol{x})$ für alle $\boldsymbol{x}, \boldsymbol{y} \in \mathcal{A}$. Ist λ wie in (10.1) durch

$$\lambda(\boldsymbol{x}) = q(\boldsymbol{x} - \boldsymbol{t}) + 2\langle \boldsymbol{g}^*, \boldsymbol{x} - \boldsymbol{t}\rangle + g$$

gegeben, und bezeichnet σ wieder die Polarform von q, so nimmt die *Spaltformel* (10.6) die folgende, leichter zu merkende Form an:

$$\pi_\lambda(\boldsymbol{x}, \boldsymbol{y}) = \sigma(\boldsymbol{x} - \boldsymbol{t}, \boldsymbol{y} - \boldsymbol{t}) + \langle \boldsymbol{g}^*, \boldsymbol{x} - \boldsymbol{t}\rangle + \langle \boldsymbol{g}^*, \boldsymbol{y} - \boldsymbol{t}\rangle + g. \tag{10.7}$$

Es sei nun $\boldsymbol{p} \in \mathcal{A}$ ein fest gewählter Punkt. Dann ist

$$\pi_\lambda(\boldsymbol{p}, \cdot) : \mathcal{A} \to K : \boldsymbol{y} \mapsto \pi_\lambda(\boldsymbol{p}, \boldsymbol{y}) \tag{10.8}$$

eine affine Funktion. Für jeden Punkt $\boldsymbol{p} \in \mathcal{A}$ wird durch die Gleichung

$$\pi_\lambda(\boldsymbol{p}, \boldsymbol{y}) = 0 \text{ mit } \boldsymbol{y} \in \mathcal{A} \tag{10.9}$$

entweder die leere Menge oder ein Unterraum von $\mathcal{A}$ festgelegt, der sogenannte *Polarraum* von $\boldsymbol{p}$ bezüglich $\Phi(\lambda)$. Ist $\boldsymbol{p}$ insbesondere ein Punkt der Quadrik, so geht dessen Polarraum durch

$\boldsymbol{p}$ und wird als *Tangentialraum* von $\Phi(\lambda)$ in $\boldsymbol{p}$ bezeichnet. Jede Gerade t durch $\boldsymbol{p}$, die ganz im Tangentialraum von $\boldsymbol{p}$ liegt, heißt eine *Tangente* der Quadrik. Wir sagen auch, dass t die Quadrik in $\boldsymbol{p}$ berührt. Der folgende Satz beschreibt die möglichen Fälle:

Satz 10.3.8 *Sei $\Phi(\lambda)$ eine affine Quadrik. Dann gilt:*

(a) *Für jeden Punkt $\boldsymbol{p} \in \Phi(\lambda)$, der nicht im Spitzenraum liegt, ist der Tangentialraum eine Hyperebene.*

(b) *Für jeden Punkt $\boldsymbol{p}$ im Spitzenraum ist der Tangentialraum gleich $\mathcal{A}$.*

(c) *Für jeden Punkt $\boldsymbol{p} \in \mathcal{A}\setminus\Phi(\lambda)$, der kein Mittelpunkt ist, ist der Polarraum eine Hyperebene.*

(d) *Für jeden Mittelpunkt $\boldsymbol{p} \in \mathcal{A} \setminus \Phi(\lambda)$ existiert kein Polarraum.*

Beweis. Nach 10.2.2 können wir $\lambda(\boldsymbol{x}) = q(\boldsymbol{x}-\boldsymbol{p}) + 2\langle \tilde{\boldsymbol{g}}^*, \boldsymbol{x}-\boldsymbol{p}\rangle + \lambda(\boldsymbol{p})$ mit einer quadratischen Form $q : \boldsymbol{X} \to K$ und einer Linearform $\tilde{\boldsymbol{g}}^* \in \boldsymbol{X}^*$ voraussetzen. Dabei gilt $\tilde{\boldsymbol{g}}^* = \boldsymbol{o}^*$ genau dann, wenn $\boldsymbol{p}$ ein Mittelpunkt ist. Ferner ist der Punkt $\boldsymbol{p}$ genau für $\lambda(\boldsymbol{p}) = 0$ in $\Phi(\lambda)$ enthalten. Wir erkennen daraus:

$$\begin{aligned}
\tilde{\boldsymbol{g}}^* &\neq \boldsymbol{o}^* \text{ und } \lambda(\boldsymbol{p}) = 0 \text{ im Fall (a),}\\
\tilde{\boldsymbol{g}}^* &= \boldsymbol{o}^* \text{ und } \lambda(\boldsymbol{p}) = 0 \text{ im Fall (b),}\\
\tilde{\boldsymbol{g}}^* &\neq \boldsymbol{o}^* \text{ und } \lambda(\boldsymbol{p}) \neq 0 \text{ im Fall (c),}\\
\tilde{\boldsymbol{g}}^* &= \boldsymbol{o}^* \text{ und } \lambda(\boldsymbol{p}) \neq 0 \text{ im Fall (d).}
\end{aligned}$$

Wir ersetzen in Formel (10.7) die Punkte $\boldsymbol{x}$ und $\boldsymbol{t}$ durch $\boldsymbol{p}$, die Linearform $\boldsymbol{g}^*$ durch $\tilde{\boldsymbol{g}}^*$ und den Skalar g durch $\lambda(\boldsymbol{p})$. Das ergibt

$$\pi_\lambda(\boldsymbol{p}, \boldsymbol{y}) = \underbrace{q(\boldsymbol{p}-\boldsymbol{p})}_{=0} + \underbrace{\langle \tilde{\boldsymbol{g}}^*, \boldsymbol{p}-\boldsymbol{p}\rangle}_{=0} + \langle \tilde{\boldsymbol{g}}^*, \boldsymbol{y}-\boldsymbol{p}\rangle + \lambda(\boldsymbol{p}) \quad \text{für alle } \boldsymbol{y} \in \mathcal{A}.$$

Jetzt bestimmen wir die Menge aller $\boldsymbol{y} \in \mathcal{A}$ mit $\pi_\lambda(\boldsymbol{p}, \boldsymbol{y}) = 0$. Das ist zur Berechnung der Lösungsmenge der linearen Gleichung $\langle \tilde{\boldsymbol{g}}^*, \boldsymbol{y}-\boldsymbol{p}\rangle + \lambda(\boldsymbol{p}) = 0$ gleichwertig, wobei $\boldsymbol{y}-\boldsymbol{p}$ einen „unbekannten Vektor" aus $\boldsymbol{X}$ bezeichnet. Nach der obigen Aufstellung und dem Satz von Kronecker-Capelli (vgl. 4.7.3) ist diese lineare Gleichung genau im Fall (d) nicht lösbar. In den Fällen (a) und (c) ist ihre Lösungsmenge eine affine Hyperebene von $\boldsymbol{X}$, im Fall (b) stimmt sie mit $\boldsymbol{X}$ überein. Daraus folgt nun die Gültigkeit der Behauptungen über den Polarraum von $\boldsymbol{p}$ unmittelbar. □

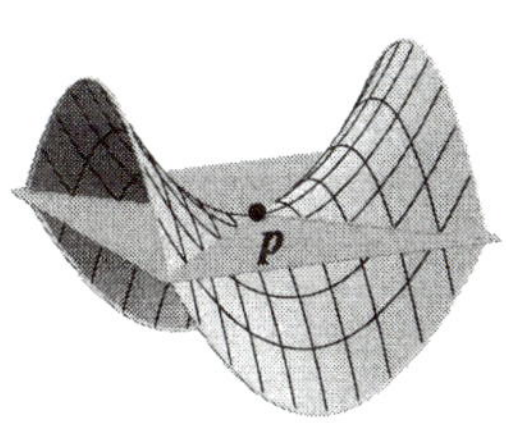

Abbildung 10.15

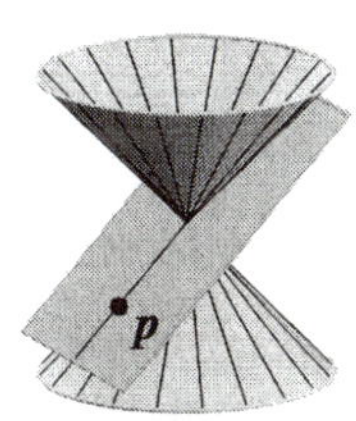

Abbildung 10.16

Die in (a) beschriebene Hyperebene wird auch als *Tangentialhyperebene*[4] bezeichnet. Vgl. die Abbildungen 10.15 und 10.16. Ein Punkt einer affinen Quadrik heißt *regulär* bzw. *singulär*, je nachdem sein Tangentialraum eine Hyperebene ist oder nicht. Ein Punkt einer affinen Quadrik ist also genau dann singulär, wenn er in ihrem Spitzenraum liegt.

Wir werden die Fälle (c) und (d) im Rahmen der Untersuchungen von Quadriken in projektiven Räumen weiter verfolgen und verstehen lernen.

Beispiele 10.3.9

1. Es seien $\mathcal{A} = \mathbb{R}^{2\times 1}$ und $\lambda((x_1, x_2)^{\mathrm{T}}) = x_1^2 - 2x_2$. Dann ist $\boldsymbol{p} = (4, 8)^{\mathrm{T}}$ ein Punkt der Parabel $\Phi(\lambda)$. Die (einzige) Tangente in diesem Punkt hat die Gleichung $4x_1 - x_2 - 8 = 0$.
2. Es seien $\mathcal{A} = \mathbb{R}^{3\times 1}$ und $\lambda((x_1, x_2, x_3)^{\mathrm{T}}) = x_1^2 - 2x_1 - x_2^2$. Der Punkt $\boldsymbol{p} = (1, 0, 2)^{\mathrm{T}}$ liegt nicht in $\Phi(\lambda)$. Die Gleichung $1 \cdot x_1 - x_1 - 1 - 0 \cdot x_2 = 0$ ist unlösbar; daher ist $\boldsymbol{p}$ ein Mittelpunkt. ($\Phi(\lambda)$ ist ein hyperbolischer Zylinder. Alle Mittelpunkte bilden die Gerade $\boldsymbol{p} + [(0, 0, 1)^{\mathrm{T}}]$.)

Aufgaben

A 10.3.1 Gegeben sei die affine Ebene $K^{2\times 1}$.

(a) Sei $\Phi(\lambda)$ die Parabel mit $\lambda((x_1, x_2)^{\mathrm{T}}) = x_1^2 - 2x_2$. Wir schneiden für $\{i, j\} = \{1, 2\}$ die Parallele zur x_i-Achse durch einen Parabelpunkt $\boldsymbol{p}$ und die Tangente in $\boldsymbol{p}$ mit der anderen Koordinatenachse. Es entstehen so zwei Schnittpunkte $\boldsymbol{s}_j$ und $\boldsymbol{t}_j$. Vgl. Abbildung 10.17. Zeige: Der Mittelpunkt von $\boldsymbol{s}_1$ und $(0, 0)^{\mathrm{T}}$ ist $\boldsymbol{t}_1$; der Mittelpunkt von $\boldsymbol{s}_2$ und $\boldsymbol{t}_2$ ist der Ursprung; der Mittelpunkt von $\boldsymbol{p}$ und $\boldsymbol{t}_2$ ist $\boldsymbol{t}_1$.

(b) Sei $\Phi(\lambda)$ die Hyperbel mit $\lambda((x_1, x_2)^{\mathrm{T}}) = x_1^2 - x_2^2 - 1$. Ihre Asymptoten a_1, a_2 haben die Gleichung $x_1 = x_2$ bzw. $x_1 = -x_2$. Wir schneiden für $\{i, j\} = \{1, 2\}$ die Parallele zu einer Asymptote a_i durch einen Hyperbelpunkt $\boldsymbol{p}$ und die Tangente in $\boldsymbol{p}$ mit der anderen Asymptote a_j. Es entstehen zwei Punkte $\boldsymbol{t}_j$ und $\boldsymbol{s}_j$. Vgl. Abbildung 10.18. Zeige: Der Mittelpunkt von $(0, 0)^{\mathrm{T}}$ und $\boldsymbol{t}_j$ ist $\boldsymbol{s}_j$; der Mittelpunkt von $\boldsymbol{t}_1$ und $\boldsymbol{t}_2$ ist $\boldsymbol{p}$.

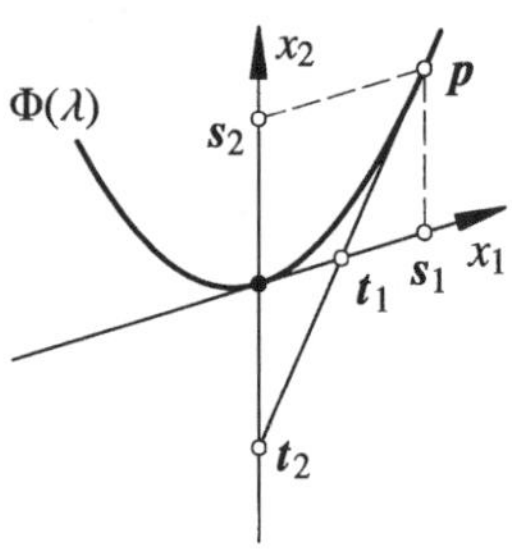

Abbildung 10.17

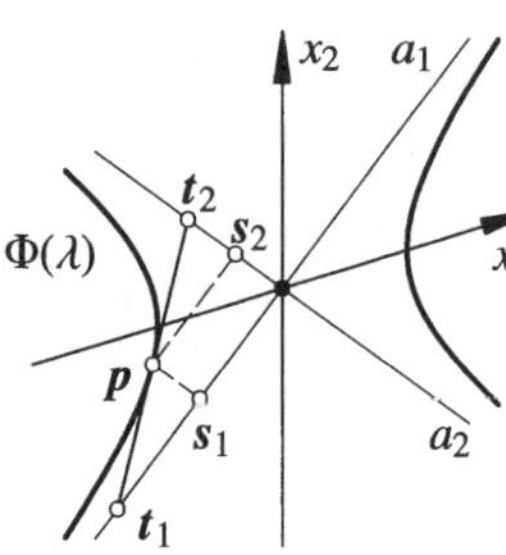

Abbildung 10.18

A 10.3.2 Im affinen Raum $K^{3\times 1}$ seien zwei Parabeln k_1, k_2 durch die Gleichungssysteme

$$k_1 : \left\{ \begin{array}{c} x_2 = 0 \\ 2x_3 = x_1^2 \end{array} \right\}, \quad k_2 : \left\{ \begin{array}{c} x_1 = 0 \\ 2ax_3 = x_2^2 \end{array} \right\} \quad \text{mit } a \in K^{\times}$$

gegeben; k_1 und k_2 sind beide Schnitt eines parabolischen Zylinders mit einer Ebene.

[4]Falls $\mathcal{A}$ ein reeller affiner Raum ist, so stimmen die Begriffe „Tangente“ und „Tangentialhyperebene“ mit den entsprechenden Begriffen aus der Differentialgeometrie überein. Für unsere Definition ist kein Grenzübergang notwendig.

(a) Beweise, dass die Menge $\{\boldsymbol{x} \in K^{3\times 1} \mid \boldsymbol{x} = \boldsymbol{x}_1 + \boldsymbol{x}_2 \text{ mit } \boldsymbol{x}_i \in k_i\}$ ein Paraboloid $\Phi(\lambda)$ ist. Gib dazu eine geeignete quadratische Funktion $\lambda : K^{3\times 1} \to K$ explizit an.

(b) Zeige für $K = \mathbb{R}$: Das Paraboloid $\Phi(\lambda)$ ist elliptisch bzw. hyperbolisch, falls $a > 0$ bzw. $a < 0$ erfüllt ist.

Bemerkung: Da $\Phi(\lambda) = \bigcup\{k_1 + \boldsymbol{x}_2 \mid \boldsymbol{x}_2 \in k_2\}$, entsteht $\Phi(\lambda)$ anschaulich durch Verschiebung der Parabel k_1 entlang der Parabel k_2. Gleiches gilt nach Vertauschung der Indizes 1 und 2. Vgl. die Abbildungen 10.8 und 10.14.

A 10.3.3 Im affinen Raum $\mathbb{R}^{3\times 1}$ seien ein Ellipsoid $\Phi(\lambda)$ durch $\lambda((x_1, x_2, x_3)^{\mathrm{T}}) = x_1^2 + x_2^2 + x_3^2 - 1$, der Punkt $\boldsymbol{n} := (0, 0, 1)^{\mathrm{T}} \in \Phi(\lambda)$ und die durch $x_3 = 0$ bestimmte Ebene $\mathcal{E}$ gegeben. Die Abbildung

$$\pi : \Phi(\lambda) \setminus \{\boldsymbol{n}\} \to \mathcal{E} : \boldsymbol{x} \mapsto (\boldsymbol{n} \vee \boldsymbol{x}) \cap \mathcal{E}$$

wird als *stereographische Projektion* aus dem Punkt $\boldsymbol{n}$ auf die Ebene $\mathcal{E}$ bezeichnet.

(a) Zeige, dass π wohldefiniert und bijektiv ist.

(b) Berechne für $\boldsymbol{x} = (x_1, x_2, x_3)^{\mathrm{T}} \in \Phi(\lambda) \setminus \{\boldsymbol{n}\}$ den Punkt $\pi(\boldsymbol{x})$ sowie für $\boldsymbol{y} = (y_1, y_2, 0)^{\mathrm{T}} \in \mathcal{E}$ den Punkt $\pi^{-1}(\boldsymbol{y})$.

Bemerkung: Stellen wir uns unter $\Phi(\lambda)$ die Erdoberfläche vor, so kann $\boldsymbol{n}$ als Nordpol und $\mathcal{E}$ als die Äquatorebene interpretiert werden.

A 10.3.4 Für welche der folgenden Abbildungen ψ ist die Bildmenge von ψ eine affine Quadrik $\Phi(\lambda)$ oder eine echte Teilmenge einer affinen Quadrik $\Phi(\lambda)$ von $\mathbb{R}^{n\times 1}$? Gib in jedem Fall eine Gleichung und den affinen Typus von $\Phi(\lambda)$ an.

(a) $\psi : \mathbb{R} \to \mathbb{R}^{2\times 1} : t \mapsto (\cos t, \sin t)^{\mathrm{T}}$.

(b) $\psi : \mathbb{R} \to \mathbb{R}^{2\times 1} : t \mapsto (\cosh t, \sinh t)^{\mathrm{T}}$.

(c) $\psi : \mathbb{R} \to \mathbb{R}^{2\times 1} : t \mapsto (t, t^2)^{\mathrm{T}}$.

(d) $\psi : \mathbb{R}^{\times} \to \mathbb{R}^{2\times 1} : t \mapsto (t, t^{-1})^{\mathrm{T}}$.

(e) $\psi : \mathbb{R}^2 \to \mathbb{R}^{3\times 1} : (t_1, t_2) \mapsto (t_1, t_2, t_1^2 + t_2^2)^{\mathrm{T}}$.

(f) $\psi : \mathbb{R}^2 \to \mathbb{R}^{3\times 1} : (t_1, t_2) \mapsto (t_1, t_2, t_1^2 - t_2^2)^{\mathrm{T}}$.

(g) $\psi : \mathbb{R}^2 \to \mathbb{R}^{3\times 1} : (t_1, t_2) \mapsto (\cos t_1 \cos t_2, \sin t_1 \cos t_2, \sin t_2)^{\mathrm{T}}$.

(h) $\psi : \mathbb{R}^2 \to \mathbb{R}^{3\times 1} : (t_1, t_2) \mapsto (\cos t_1, \sin t_1, t_2)^{\mathrm{T}}$.

(i) $\psi : \mathbb{R}^2 \to \mathbb{R}^{3\times 1} : (t_1, t_2) \mapsto (\cosh t_1, \sinh t_1, t_2)^{\mathrm{T}}$.

(j) $\psi : \mathbb{R}^2 \to \mathbb{R}^{3\times 1} : (t_1, t_2) \mapsto (\cos t_1 \cosh t_2, \sin t_1 \cosh t_2, \sinh t_2)^{\mathrm{T}}$.

(k) $\psi : \mathbb{R}^2 \to \mathbb{R}^{3\times 1} : (t_1, t_2) \mapsto (t_2 \cos t_1, t_2 \sin t_1, t_2)^{\mathrm{T}}$.

A 10.3.5 Im affinen Raum $\mathbb{R}^{3\times 1}$ sei ein quadratischer Kegel $\Phi(\lambda)$ mit $\lambda((x_1, x_2, x_3)^{\mathrm{T}}) = x_1^2 + x_2^2 - x_3^2$ gegeben (reelle affine Normalform).

(a) Bestimme drei affine Ebenen so, dass diese aus $\Phi(\lambda)$ eine Hyperbel, eine Parabel bzw. eine Ellipse ausschneiden.

(b) Zeige weiters, dass jeweils die parallele Ebene durch die Kegelspitze $\boldsymbol{o}$ mit $\Phi(\lambda)$ genau zwei Kegelgeraden, genau eine Kegelgerade bzw. nur die Kegelspitze $\boldsymbol{o}$ gemeinsam hat.

Bemerkung: Es ist daher eine Unterscheidung von „elliptischen", „hyperbolischen" bzw. „parabolischen Kegeln" nicht sinnvoll. Vgl. die Abbildungen 10.19, 10.20 und 10.21 sowie die Abbildungen 11.1, 11.2 und 11.3 auf Seite 322.

10.4 Projektive Quadriken

Sei $\mathcal{P}(V)$ ein n-dimensionaler projektiver Raum über K mit $n < \infty$ und $\operatorname{Char} K \neq 2$.

10.4.1 Ist eine quadratische Form $q : V \to K$ gegeben, wobei wir aber die Nullform ausschließen, so heißt die Punktmenge

$$\Psi(q) := \{K\boldsymbol{x} \in \mathcal{P}(V) \mid q(\boldsymbol{x}) = 0\}$$

eine *projektive Quadrik*. Wir sprechen im Folgenden aber auch kurz von einer Quadrik $\Psi(q)$ und nennen $q(\boldsymbol{x}) = 0$ eine *Gleichung* von $\Psi(q)$. Eine Quadrik einer projektiven Ebene heißt auch ein *Kegelschnitt*.

Nach der obigen Definition gehört ein Punkt $A \in \mathcal{P}(V)$ genau dann der Quadrik $\Psi(q)$ an, falls es mindestens einen Vektor $\boldsymbol{a} \in V$ mit $A = K\boldsymbol{a}$ und $q(\boldsymbol{a}) = 0$ gibt. Wegen $q(x\boldsymbol{a}) = x^2 q(\boldsymbol{a})$ für alle $x \in K$ wird dann aber jeder Vektor aus $K\boldsymbol{a}$ unter q auf 0 abgebildet. Wir können daher umgekehrt aus $\boldsymbol{b} \in V$ und $q(\boldsymbol{b}) \neq 0$ schließen, dass der Punkt $K\boldsymbol{b}$ der Quadrik nicht angehört.

Für alle $c \in K^\times$ ist auch $(cq)(\boldsymbol{x}) = 0$ eine Gleichung von $\Psi(q)$. Wir werden in Satz 10.4.10 sehen, dass wir damit in vielen Fällen bereits alle Gleichungen von $\Psi(q)$ haben.

Bemerkung 10.4.2 Wenn wir den projektiven Raum $\mathcal{P}(\boldsymbol{V}_O)$ als Menge der Geraden des Anschauungsraumes durch den ausgezeichneten Punkt O auffassen (vgl. 6.5.1), so erscheint eine projektive Quadrik $\Psi(q)$ als die Menge der Geraden durch O auf dem durch $q(\boldsymbol{x}) = 0$ festgelegten Kegel. Schneiden wir diesen Kegel mit einer nicht durch O gehenden affinen Ebene $\mathcal{E}$, so erhalten wir eine affine Quadrik[5], welche zur (teilweisen) Illustration der projektiven Quadrik verwendet werden kann. In Abbildung 10.19 entsteht so eine Hyperbel der Ebene $\mathcal{E}$; die beiden zu $\mathcal{E}$ parallelen Geraden des Kegels gehen dabei „verloren". Abbildung 10.20 zeigt eine Parabel. Hier ist genau eine Kegelgerade zu $\mathcal{E}$ parallel. In Abbildung 10.21 ist keine Gerade des Kegels zu $\mathcal{E}$ parallel; es tritt eine Ellipse auf. Wir werden den Zusammenhang von affinen und projektiven Quadriken in 10.5 genauer untersuchen.

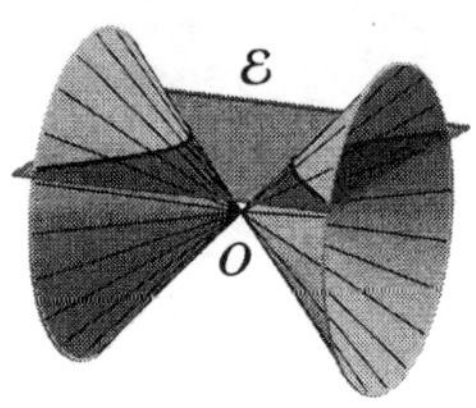

Abbildung 10.19

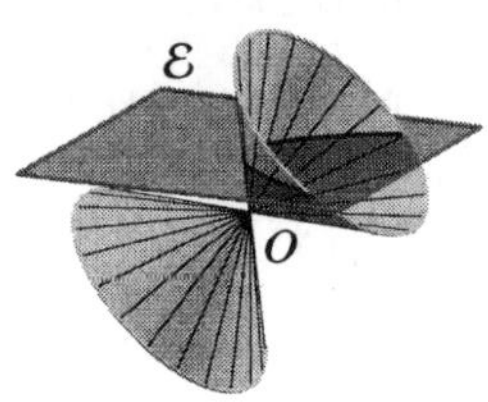

Abbildung 10.20

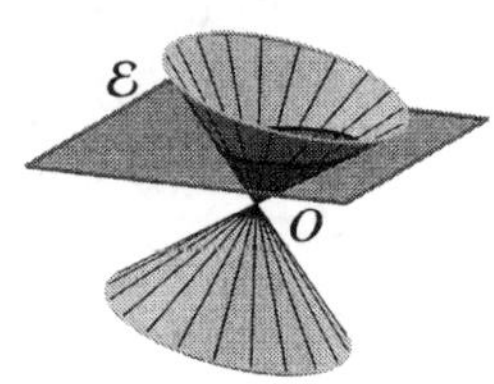

Abbildung 10.21

10.4.3 Wir gehen im Folgenden von einer Quadrik $\Psi(q)$ aus und schreiben σ für die Polarform der quadratischen Form q. Orthogonalität ($\perp$) ist immer bezüglich σ zu verstehen. Nach Satz 9.8.10 (a) gibt es mindestens eine Basis $\boldsymbol{B} = (\boldsymbol{b}_0, \boldsymbol{b}_1, \dots, \boldsymbol{b}_n)$ von $\boldsymbol{V}$ derart, dass $\Psi(q)$ eine Gleichung in folgender Form besitzt:

$$\sum_{i=0}^{r} g_i x_i^2 = 0 \text{ mit } g_i \neq 0 \text{ und } 0 \leq r \leq n. \tag{10.10}$$

[5]Dies ist auch der historische Ausgangspunkt für die Bezeichnung „Kegelschnitt".

Sobald zwei Quadriken bezüglich geeigneter Koordinatensysteme durch dieselbe Gleichung beschrieben werden, sind sie vom Standpunkt der projektiven Geometrie als gleichartig anzusehen, da es eine projektive Kollineation gibt, welche die eine in die andere Quadrik überführt.

10.4.4 Wir untersuchen jetzt die durch Formel (10.10) festgelegte Quadrik $\Psi(q)$. Die Vektoren $\boldsymbol{b}_{r+1}, \boldsymbol{b}_{r+2}, \ldots, \boldsymbol{b}_n$ spannen das Radikal $V^\perp$ auf. Es liegt daher der Unterraum $\mathcal{P}(V^\perp)$ ganz auf $\Psi(q)$ und wird als *Spitzenraum* bezeichnet. Genau für $r = n$ ist der Spitzenraum leer und $\Psi(q)$ wird eine *reguläre* Quadrik genannt. Eine nicht reguläre Quadrik heißt auch ein *quadratischer Kegel*, wobei wir aber wie in affinen Räumen kurz von einem *Kegel* sprechen.

Falls $\Psi(q)$ ein Kegel mit Spitzenraum $\mathcal{S} = \mathcal{P}(V^\perp)$ ist, so existiert ein Komplement U von $V^\perp$ bezüglich V. Nach Satz 9.5.8 ist $\sigma' := \sigma|(U \times U)$ radikalfrei und daher $\Psi(q) \cap \mathcal{P}(U) =: \Psi'$ eine reguläre Quadrik des Unterraumes $\mathcal{P}(U)$. Wir können ohne Einschränkung der Allgemeinheit annehmen, dass $(\boldsymbol{b}_0, \boldsymbol{b}_1, \ldots, \boldsymbol{b}_r)$ eine Basis von U ist. Aus der Bauart von (10.10) ergibt sich, dass sich $\Psi(q)$ folgendermaßen erzeugen lässt: Für $\Psi' \neq \emptyset$ wird jeder Punkt $P \in \Psi'$ mit dem Spitzenraum $\mathcal{S}$ verbunden. Die Vereinigungsmenge dieser projektiven Unterräume ist dann $\Psi(q)$. Für $\Psi' = \emptyset$ besteht die Quadrik $\Psi(q)$ nur aus dem Spitzenraum $\mathcal{S}$.

10.4.5 Für $K = \mathbb{C}$ lässt sich die Gleichung (10.10) auf die *komplexe projektive Normalform*

$$\sum_{j=0}^{r} x_j^2 = 0 \quad \text{mit} \quad 0 \leq r \leq n \tag{10.11}$$

bringen. Vgl. Satz 9.9.1. Ein Unterraum $\mathcal{P}(U)$ liegt genau dann ganz in $\Psi(q)$, falls $q|U$ eine Nullform ist. Das ist aber genau für $U \subset U^\perp$ der Fall. Aus 9.9.4 folgt die Existenz eines Unterraumes $\mathcal{P}(T) \subset \Psi$ mit

$$\dim \mathcal{P}(T) = \left\lfloor \frac{r+1}{2} \right\rfloor + (n+1) - (r+1) - 1 = \left\lfloor \frac{r+1}{2} \right\rfloor + n - r - 1;$$

jeder andere in $\Psi(q)$ enthaltene Unterraum hat höchstens die Dimension von $\mathcal{P}(T)$.

Wir untersuchen nun den Fall $K = \mathbb{R}$. Indem wir q gegebenenfalls durch $-q$ ersetzen, folgt aus Satz 9.10.2, dass $\Psi(q)$ eine Gleichung

$$\sum_{i=0}^{p} x_i^2 - \sum_{j=p+1}^{r} x_j^2 = 0 \quad \text{mit} \quad 0 \leq r \leq n \quad \text{und} \quad p+1 \geq r-p \tag{10.12}$$

gestattet. Das ist die *reelle projektive Normalform* einer Quadrikgleichung.

Da nach Voraussetzung $\min\{p+1, r-p\} = r-p$ erfüllt ist, folgt nach 9.10.8 die Existenz eines Unterraumes $\mathcal{P}(T) \subset \Psi$ mit

$$\dim \mathcal{P}(T) = (r-p) + (n+1) - (r+1) - 1 = n - p - 1;$$

jeder andere in $\Psi(q)$ enthaltene Unterraum hat höchstens die Dimension von $\mathcal{P}(T)$.

10.4.6 Wir geben für $1 \leq n \leq 3$ und $K = \mathbb{R}$ alle Typen projektiver Quadriken an. Zunächst beschreiben wir für beliebige Dimension n einige triviale Fälle:

$x_0^2 - x_1^2 = 0$ zwei verschiedene Hyperebenen ($n \geq 1$)

$x_0^2 + x_1^2 + \cdots + x_r^2 = 0$ ein $(n-r-1)$-dimensionaler Unterraum ($0 \leq r \leq n$)

Für $n = 1$ werden damit schon alle Fälle erfasst. Für $n = 2$ tritt zusätzlich nur noch auf:

$x_0^2 + x_1^2 - x_2^2 = 0$ regulärer Kegelschnitt

Ein regulärer Kegelschnitt enthält nach 10.4.5 Punkte, aber keine Geraden. Nun sei $n = 3$. Dann gibt es noch folgende Typen:

$$\begin{aligned} x_0^2 + x_1^2 - x_2^2 &= 0 \quad \text{Kegel} \\ x_0^2 + x_1^2 + x_2^2 - x_3^2 &= 0 \quad \textit{ovale Quadrik} \\ x_0^2 + x_1^2 - x_2^2 - x_3^2 &= 0 \quad \textit{ringartige Quadrik}^6 \end{aligned}$$

Der oben angeschriebene Kegel hat eine punktförmige Spitze S und besteht aus allen Geraden, die S mit den Punkten eines regulären Kegelschnitts verbinden. Dieser Kegel enthält keine Ebenen. Der Spitzenraum jeder ovalen bzw. ringartigen Quadrik ist leer. Jede ovale (ringartige) Quadrik enthält Punkte (Geraden), aber keine Unterräume höherer Dimension. Auf einer ringartigen Quadrik gehen durch jeden Punkt genau zwei Geraden (Übungsaufgabe). Vgl. die Abbildungen 13.7 und 13.8 auf Seite 400.

10.4.7 Ist $P = K\boldsymbol{p}$ ein Punkt von $\mathcal{P}(V)$ und $\Psi(q)$ eine projektive Quadrik, so heißt

$$P^\perp =: \{K\boldsymbol{y} \in \mathcal{P}(V) \mid \boldsymbol{p} \perp \boldsymbol{y}\}$$

der *Polarraum* des Punktes P bezüglich $\Psi(q)$. Alle Polarräume umfassen die Spitze $\mathcal{P}(V^\perp)$. Ist $P \in \Psi(q)$, so wird $P^\perp$ auch als *Tangentialraum* von $\Psi(q)$ im Punkt P bezeichnet. Ferner heißt jede Gerade t durch P, die ganz im Tangentialraum $P^\perp$ liegt, eine *Tangente* der Quadrik; wir sagen auch, dass t die Quadrik in P berührt. Für jeden Punkt S im Spitzenraum $\mathcal{P}(V^\perp)$ gilt $S^\perp = \mathcal{P}(V)$. Für jeden anderen Punkt P ist $P^\perp$ eine Hyperebene, die als *Polarhyperebene* bzw. für $P \in \Psi(q)$ als *Tangentialhyperebene* bezeichnet wird. Wir nennen einen Punkt $P \in \Psi(q)$ *regulär* bzw. *singulär*, je nachdem sein Tangentialraum eine Hyperebene ist oder nicht.

Wir geben jetzt eine rein geometrische Beschreibung der Tangenten einer Quadrik an:

Satz 10.4.8 *Sei $\Psi(q)$ eine projektive Quadrik. Dann gilt:*

(a) *Eine Gerade g ist genau dann Tangente von $\Psi(q)$, falls $\#(g \cap \Psi(q)) = 1$ oder $g \subset \Psi(q)$.*

(b) *Für alle Geraden g folgt aus $\#(g \cap \Psi(q)) \geq 3$ stets $g \subset \Psi(q)$.*

(c) *Für jeden Punkt $P \in \Psi(q)$ ist der Tangentialraum $P^\perp$ durch die Punktmenge $\Psi(q)$ alleine eindeutig bestimmt.*

Beweis. Es seien $P = K\boldsymbol{p} \in \Psi(q)$ ein Punkt, $A = K\boldsymbol{a}$ ein davon verschiedener Punkt und $g = A \vee P$. Ein Punkt X liegt genau dann in $(g \setminus \{P\}) \cap \Psi(q)$, falls $X = K(x\boldsymbol{p} + \boldsymbol{a})$, wobei $x \in K$ die Gleichung

$$q(x\boldsymbol{p} + \boldsymbol{a}) = x^2 q(\boldsymbol{p}) + 2x\sigma(\boldsymbol{p}, \boldsymbol{a}) + q(\boldsymbol{a}) = 2x\sigma(\boldsymbol{p}, \boldsymbol{a}) + q(\boldsymbol{a}) = 0$$

erfüllt. Wir unterscheiden drei Fälle:

Fall 1: Für $\sigma(\boldsymbol{p}, \boldsymbol{a}) \neq 0$ ist g keine Tangente, und die Gleichung hat genau eine Lösung. Es gilt daher $\#(g \cap \Psi(q)) = 2$.

Fall 2: Für $\sigma(\boldsymbol{p}, \boldsymbol{a}) = 0$ und $q(\boldsymbol{a}) \neq 0$ ist g eine Tangente. Die Gleichung ist unlösbar und $g \cap \Psi(q) = \{P\}$.

[6] Die Bezeichnung weist auf die topologische Äquivalenz zu einem *Torus* (auch *Kreisringfläche* genannt) hin. Um das zu begründen, muss $\mathcal{P}(V)$ zunächst mit einer passenden *Topologie* (einem System „offener Mengen") versehen werden. Diese lässt sich etwa für $\mathcal{P}(\mathbb{R}^{n+1})$ aus der Standardtopologie von $\mathbb{R}^{n+1}$ wie folgt gewinnen: Eine Menge $O \subset \mathcal{P}(\mathbb{R}^{n+1})$ werde „offen" genannt, falls $\{\boldsymbol{a} \in \mathbb{R}^{n+1} \setminus \{\boldsymbol{o}\} \mid \mathbb{R}\boldsymbol{a} \in O\}$ eine offene Menge in $\mathbb{R}^{n+1} \setminus \{\boldsymbol{o}\}$ ist.

Fall 3: Für $\sigma(\boldsymbol{p}, \boldsymbol{a}) = 0$ und $q(\boldsymbol{a}) = 0$ ist g eine Tangente. Die Lösungsmenge der Gleichung ist K, was $g \subset \Psi(q)$ ergibt.

Die Richtigkeit der Behauptungen in (a) und (b) folgt nun unmittelbar. Nach (a) ist $P^\perp$ die Vereinigungsmenge von $\{P\}$ sowie aller durch P gehenden Geraden, die mit $\Psi(q)$ nur den Punkt P gemeinsam haben oder in $\Psi(q)$ enthalten sind. □

Eine Gerade, die nicht ganz in einer Quadrik enthalten ist, kann diese also nur in höchstens zwei verschiedenen Punkten schneiden. Geraden, die mit einer Quadrik keinen Punkt gemeinsam haben, kann es übrigens nur dann geben, falls über K irreduzible Polynome mit Grad zwei existieren. Das ist etwa für $K = \mathbb{R}$ der Fall, nicht jedoch für $K = \mathbb{C}$.

Wir zeigen nun die Bedeutung der Polarhyperebene eines Punktes $P \in \mathcal{P}(V) \setminus \Psi(q)$.

Satz 10.4.9 *Es seien $\Psi(q)$ eine projektive Quadrik und $P \in \mathcal{P}(V) \setminus \Psi(q)$. Dann gilt:*

(a) *Die Projektivspiegelung mit Zentrum P und Achse $P^\perp$ lässt die Quadrik als Ganzes fest.*

(b) *Es ist $\{P \vee T \mid T \in P^\perp \cap \Psi(q)\}$ die Menge der Tangenten von $\Psi(q)$ durch den Punkt P.*

(c) *Falls $\Psi(q)$ mindestens einen regulären Punkt besitzt, so ist die Polarhyperebene $P^\perp$ durch die Punktmenge $\Psi(q)$ alleine eindeutig bestimmt.*

Beweis. (a) Wir setzen $P = K\boldsymbol{p}$. Die lineare Abbildung

$$f : \boldsymbol{V} \to \boldsymbol{V} : \boldsymbol{x} \mapsto \boldsymbol{x} - 2\,\frac{\sigma(\boldsymbol{p}, \boldsymbol{x})}{\sigma(\boldsymbol{p}, \boldsymbol{p})}\,\boldsymbol{p}$$

hat $\boldsymbol{p}^\perp$ und $K\boldsymbol{p}$ als Eigenräume zu den Eigenwerten $+1$ bzw. -1. Nach 6.7.3 Beispiel 2 ist $\mathcal{P}(f)$ die oben beschriebene Projektivspiegelung. Jeder Vektor $\boldsymbol{x} \in \boldsymbol{V}$ lässt sich wegen $\boldsymbol{V} = \boldsymbol{p}^\perp \oplus K\boldsymbol{p}$ in die orthogonalen Komponenten $\boldsymbol{x}_1 \in \boldsymbol{p}^\perp$ und $\boldsymbol{x}_2 \in [\boldsymbol{p}]$ zerlegen. Aus $\sigma(\boldsymbol{x}_1, \boldsymbol{x}_2) = 0$ folgt

$$\begin{aligned} q(\boldsymbol{x}) &= q(\boldsymbol{x}_1 + \boldsymbol{x}_2) = q(\boldsymbol{x}_1) + q(\boldsymbol{x}_2), \\ q(f(\boldsymbol{x})) &= q(\boldsymbol{x}_1 - \boldsymbol{x}_2) = q(\boldsymbol{x}_1) + q(\boldsymbol{x}_2). \end{aligned}$$

Daher gilt $q(\boldsymbol{x}) = q(f(\boldsymbol{x}))$. Die Quadrik bleibt somit unter $\mathcal{P}(f)$ als Ganzes fest. Vgl. die Abbildungen 10.22 und 10.23, wo einige unter $\mathcal{P}(f)$ wechselseitig zugeordnete Punkte von $\Psi(q)$ durch Pfeile markiert sind.

(b) Ist t eine Tangente von $\Psi(q)$ durch P, so hat diese wegen $P \notin \Psi(q)$ mit der Quadrik $\Psi(q)$ genau einen Punkt $T \neq P$ gemeinsam. Wegen $\mathcal{P}(f)(t) = t$ ist T ein Fixpunkt von $\mathcal{P}(f)$, was $T \in P^\perp$ ergibt. Ist umgekehrt $T = K\boldsymbol{t}$ ein Punkt von $P^\perp \cap \Psi(q)$, so folgt $\boldsymbol{t} \perp \boldsymbol{p}$. Die Gerade $P \vee T$ liegt daher in $T^\perp$ und ist somit eine Tangente.

(c) Wir zeigen zunächst, dass $\Psi(q)$ den ganzen Raum aufspannt: Ist R ein regulärer Punkt von $\Psi(q)$, so trägt jede Gerade g durch R, die nicht in der Tangentialhyperebene $R^\perp$ liegt, genau einen von R verschiedenen Quadrikpunkt. Es liegen daher alle Punkte von $\mathcal{P}(V) \setminus R^\perp$ in der projektiven Hülle der Quadrik $\Psi(q)$. Da jeder Punkt der Tangentialhyperebene $R^\perp$ auf mindestens einer Geraden liegt, die zwei verschiedenen Punkte aus $\mathcal{P}(V) \setminus R^\perp$ enthält, folgt die Gültigkeit der Behauptung.

Wir wählen einen Punkt $X \in \Psi(q)$. Dann schneidet die Gerade $P \vee X$ die Hyperebene $P^\perp$ in genau einem Punkt M_X. Nach Satz 10.4.8 hat die Gerade $P \vee X$ mit $\Psi(q)$ entweder genau den Punkt $X = M_X$ oder genau zwei verschiedene Punkte $X, \tilde{X}$ gemeinsam. Im letzteren Fall gilt nach den Eigenschaften einer Projektivspiegelung $\mathrm{DV}(X, \tilde{X}, P, M_X) = -1$; vgl. 6.8.6. In diesem

Doppelverhältnis ist die Reihenfolge von X und $\tilde{X}$ nach 6.8.4 belanglos. Es ist daher M_X durch P, X und $\Psi(q)$ alleine eindeutig bestimmt. Vgl. Abbildung 10.23.

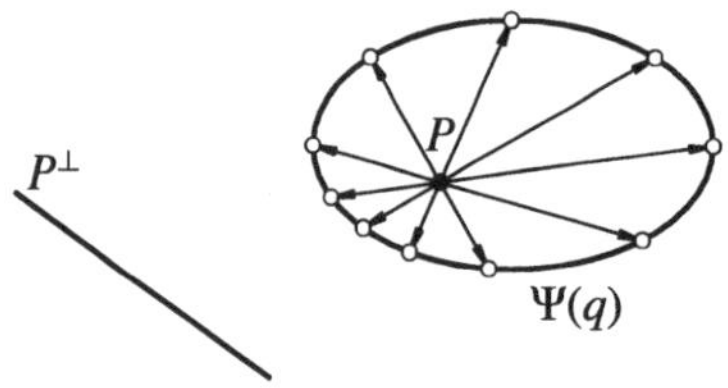

Abbildung 10.22

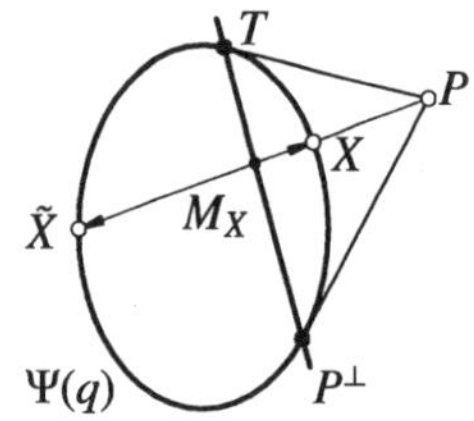

Abbildung 10.23

Es sei schließlich $\mathcal{M}$ die Menge aller Punkte M_X mit $X \in \Psi(q)$. Nach Konstruktion ist die projektive Hülle $\mathrm{H}(\mathcal{M})$ in $P^\perp$ enthalten. Da andererseits der Unterraum $\mathrm{H}(\mathcal{M}) \vee \{P\}$ alle Punkte der Quadrik enthält, folgt $\mathrm{H}(\mathcal{M}) \vee \{P\} = \mathcal{P}(V)$. Daher ist $\mathrm{H}(\mathcal{M}) = P^\perp$ durch P und $\Psi(q)$ alleine eindeutig bestimmt. □

Durch einen Punkt $P \in \mathcal{P}(V) \setminus \Psi(q)$ geht also genau dann mindestens eine Tangente, falls seine Polarhyperebene und die Quadrik nicht leeren Durchschnitt haben.

Zum Abschluss wenden wir uns der Frage nach allen Gleichungen einer Quadrik zu.

Satz 10.4.10 *Es seien $q_1 : V \to K$ und $q_2 : V \to K$ quadratische Formen. Ferner sei $\Psi(q_1)$ eine projektive Quadrik mit mindestens einem regulären Punkt. Dann folgt aus $\Psi(q_1) = \Psi(q_2)$ die Existenz eines Skalars $c \in K^\times$ mit $cq_1 = q_2$.*

Beweis. Aus Satz 10.4.8 (c), Satz 10.4.9 (c) und $\Psi(q_1) = \Psi(q_2)$ folgt, dass für jeden Punkt $P \in \mathcal{P}(V)$ die Polarräume bezüglich $\perp_1$ und $\perp_2$ übereinstimmen, d. h. $\perp_1 = \perp_2$. Es ist $\operatorname{rg} q_1 > 1$, da $\Psi(q_1)$ sonst eine Gleichung der Form $x_0^2 = 0$ und damit keinen regulären Punkt hätte. Aus Satz 9.4.13 folgt daher die Existenz eines Skalars $c \in K^\times$ mit $cq_1 = q_2$. □

Der obige Satz ist auch richtig, falls $\Psi(q_1)$ eine Hyperebene ist. Hingegen bestimmen etwa die nicht proportionalen Gleichungen $x_0^2 + x_1^2 = 0$ und $2x_0^2 + x_1^2 = 0$ dieselbe einpunktige Quadrik in der reellen projektiven Ebene $\mathcal{P}(\mathbb{R}^{3\times 1})$.

Aufgaben

A 10.4.1 Sei $\Psi(q) \neq \emptyset$ ein regulärer Kegelschnitt in einer projektiven Ebene $\mathcal{P}(V)$. Beweise:

(a) Ist N ein Punkt von $\Psi(q)$, so schneidet jede Gerade durch N mit Ausnahme der Tangente $N^\perp$ den regulären Kegelschnitt in genau zwei Punkten, von denen einer N ist. Die Gerade $N^\perp$ schneidet $\Psi(q)$ nur in N. Leite daraus ab, dass $\Psi(q)$ gleichmächtig zu einer Geraden von $\mathcal{P}(V)$ ist.

(b) Sind $P_0, P_2, P \in \Psi(q)$ drei verschiedene Punkte, und ist P_1 der Schnittpunkt der Tangenten von $\Psi(q)$ in den Punkten P_0 und P_2, so hat $\Psi(q)$ bezüglich des projektiven Koordinatensystems (P_0, P_1, P_2, P) die Gleichung $x_0 x_2 - x_1^2 = 0$.

(c) Beweise mit Hilfe von (b): In der projektiven Ebene $\mathcal{P}(K^{3\times 1})$ ist die Menge

$$\{K(1,t,t^2)^{\mathrm{T}} \mid t \in K\} \cup \{K(0,0,1)^{\mathrm{T}}\}$$

ein regulärer Kegelschnitt.

Hinweis zu (a): Verwende Satz 10.4.8 und vergleiche mit Figur 10.30 auf Seite 319.

A 10.4.2 Beweise den *Satz von Pascal*[7]: Es seien $1, 2, 3, 4, 5, 6$ sechs verschiedene Punkte eines regulären Kegelschnitts $\Psi(q)$ einer projektiven Ebene $\mathcal{P}(V)$. Dann sind $(1 \vee 2) \cap (4 \vee 5)$, $(2 \vee 3) \cap (5 \vee 6)$ und $(3 \vee 4) \cap (6 \vee 1)$ drei kollineare Punkte (Abbildung 10.24).

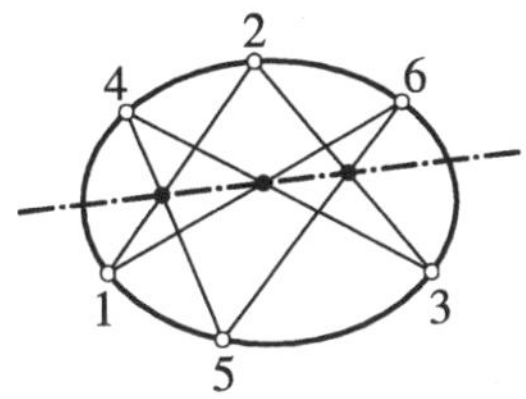

Abbildung 10.24

Anleitung: Überlege zuerst, dass es ein in A 10.4.1 beschriebenes projektives Koordinatensystem so gibt, dass die Punkte $1, 2, \ldots, 6$ die Koordinatenspalten $(1, 0, 0)^{\mathrm{T}}$, $(1, u, u^2)^{\mathrm{T}}$, $(1, 1, 1)^{\mathrm{T}}$, $(1, t, t^2)^{\mathrm{T}}$, $(0, 0, 1)^{\mathrm{T}}$, $(1, v, v^2)^{\mathrm{T}}$ mit drei verschiedenen Skalaren $t, u, v \in K \setminus \{0, 1\}$ haben.

A 10.4.3 Sei $\Psi(q) \neq \emptyset$ ein regulärer Kegelschnitt einer projektiven Ebene $\mathcal{P}(V)$. Ein Punkt $P \in \mathcal{P}(V) \setminus \Psi(q)$ heißt ein *Außenpunkt* von $\Psi(q)$, falls P auf mindestens einer Tangente von $\Psi(q)$ liegt, und sonst ein *Innenpunkt*. Zeige:

(a) Durch jeden Punkt $P \in \mathcal{P}(V) \setminus \Psi(q)$ gehen entweder genau zwei oder keine Tangenten von $\Psi(q)$. P ist genau dann ein Außenpunkt (bzw. Innenpunkt), falls seine Polare $P^{\perp}$ eine *Bisekante* (bzw. *Passante*) von $\Psi(q)$ ist, d. h. $\#(p \cap \Psi(q)) = 2$ (bzw. $= 0$).

(b) Ist $\#K = k < \infty$, so hat $\Psi(q)$ genau $\frac{1}{2}k(k+1)$ Außenpunkte und genau $\frac{1}{2}k(k-1)$ Innenpunkte.

(c) Ist $V = \mathbb{R}^{3\times 1}$ und $q((x_0, x_1, x_2)^{\mathrm{T}}) = x_0x_2 - x_1^2$, so ist $\mathbb{R}(p_0, p_1, p_2)^{\mathrm{T}}$ genau dann ein Innenpunkt von $\Psi(q)$, falls $p_0p_2 - p_1^2 > 0$.

(d) Für $K = \mathbb{C}$ hat $\Psi(q)$ keine Innenpunkte.

Hinweis zu (b): Beachte $\#\Psi(q) = k + 1$ und $\#\mathcal{P}(V) = k^2 + k + 1$.

10.5 Zusammenhang von affinen und projektiven Quadriken

10.5.1 Wir beschreiben jetzt den Zusammenhang von Quadriken in einem affinen Raum $\mathcal{A} = \boldsymbol{H}$, wobei $\boldsymbol{H}$ ein n-dimensionaler Vektorraum über K ist, und Quadriken im projektiven Raum $\mathcal{P}(K \times \boldsymbol{H})$. Nach Formel (6.17) aus Satz 6.6.2 ist

$$\varepsilon : \mathcal{A} \to \mathcal{P}(K \times \boldsymbol{H}) : \boldsymbol{x} \mapsto K(1, \boldsymbol{x})$$

die Einbettung von $\mathcal{A}$ in den projektiven Raum $\mathcal{P}(K \times \boldsymbol{H})$. Jede quadratische Funktion $\lambda : \mathcal{A} \to K$ bestimmt nach Satz 10.2.7 genau eine quadratische Form $q_0 : K \times \boldsymbol{H} \to K$ und umgekehrt. Damit geht aber jede affine Quadrik $\Phi(\lambda)$ unter ε in die Menge der eigentlichen Punkte der projektiven Quadrik $\Psi(q_0)$ über. Aus jeder projektiven Quadrik $\Psi(q_0)$ entsteht (bis auf die Bezeichnung) eine affine Quadrik, wenn wir alle ihre Fernpunkte wegnehmen. Wenn eine affine oder projektive Quadrik nichtproportionale Gleichungen besitzt, kann diese wechselseitige Zuordnung von der Auswahl einer Gleichung abhängen. Vgl. einerseits die Beispiele 4 und 5 in 10.5.2 sowie andererseits Satz 10.5.7.

[7] Blaise Pascal (1623–1662).

Beispiele 10.5.2 Wir setzen die affine Ebene $\mathcal{A} = \mathbb{R}^{2\times1}$ voraus, die wir in die projektive Ebene $\mathcal{P}(\mathbb{R}^{3\times1})$ einbetten.

1. Die Ellipse mit der Gleichung $x_1^2 + x_2^2 = 1$ bestimmt den regulären Kegelschnitt Ψ mit der Gleichung $x_1^2 + x_2^2 - x_0^2 = 0$. Es besitzt Ψ keine Fernpunkte, da die im Unterraum $x_0 = 0$ induzierte quadratische Form positiv definit ist.
2. Die Hyperbel mit der Gleichung $x_1^2 - x_2^2 = 1$ bestimmt den regulären Kegelschnitt Ψ mit der Gleichung $-x_0^2 + x_1^2 - x_2^2 = 0$. Schneiden wir Ψ mit der Ferngeraden $x_0 = 0$, so erhalten wir die beiden Punkte $\mathbb{R}(0, 1, \pm1)^{\mathrm{T}}$.
3. Die Parabel mit der Gleichung $x_1^2 = 2x_2$ führt zum regulären Kegelschnitt Ψ mit der Gleichung $x_1^2 - 2x_0x_2 = 0$; vgl. 10.5.5. Der einzige Fernpunkt von Ψ ist $\mathbb{R}(0, 0, 1)^{\mathrm{T}}$. Die Ferngerade ist also die Tangente in diesem Punkt.
4. Die Gleichung $x_1^2 = 0$ legt eine affine Gerade Φ fest. Dazu gehört die projektive Quadrik $x_1^2 = 0$, also ebenfalls eine Gerade.
5. Zur Gleichung $x_1 = 0$ gehören eine affine Gerade Φ' und die projektive Quadrik Ψ' mit der Gleichung $x_0x_1 = 0$. Während Φ' mit der Geraden Φ aus Beispiel 4 übereinstimmt, ist Ψ' von der vorher beschriebenen projektiven Quadrik Ψ verschieden.
6. Durch die Gleichung $1 = 0$ wird in der affinen Ebene die leere Menge bestimmt. Die projektive Quadrik dazu ist die Ferngerade $x_0^2 = 0$.

10.5.3 Im projektiven Raum $\mathcal{P}(K \times \boldsymbol{H})$ besitzt jeder Punkt P einen bezüglich $\Psi(q_0)$ polaren Unterraum $P^{\perp_0}$. Falls P und $P^{\perp_0}$ nicht in der Fernhyperebene enthalten sind, lassen sich die Spaltformeln (10.7) und (9.21) vergleichen. Für $P = K(1, \boldsymbol{p})$ folgt, dass der affine Polarraum des Punktes $\boldsymbol{p}$ bezüglich $\Phi(\lambda)$ genau $\varepsilon^{-1}(P^{\perp_0}) \neq \emptyset$ ist.

Die Abbildung $P \mapsto P^{\perp_0}$ wird im affinen Raum nur teilweise wiedergegeben, da einerseits der Polarraum eines Punktes P die Fernhyperebene sein kann, und andererseits auch jeder Fernpunkt P einen Polarraum besitzt. Die möglichen Fälle sind in der folgenden Tabelle zusammengefasst:

P	$P^{\perp_0}$
eigentlich	Fernhyperebene
Fernpunkt	ganzer Raum
Fernpunkt	eigentliche Hyperebene
Fernpunkt	Fernhyperebene

Im ersten Fall folgt mit $P =: K(1, \boldsymbol{m})$, dass der Punkt $\boldsymbol{m}$ keinen affinen Polarraum hat, was nach Satz 10.3.8 genau für einen Mittelpunkt der Fall ist. Wir wissen aus 10.2.5, dass die Spiegelung am Punkt $\boldsymbol{m}$ die affine Quadrik $\Phi(\lambda)$ als Ganzes fixiert. (Vgl. die Abbildungen 10.25

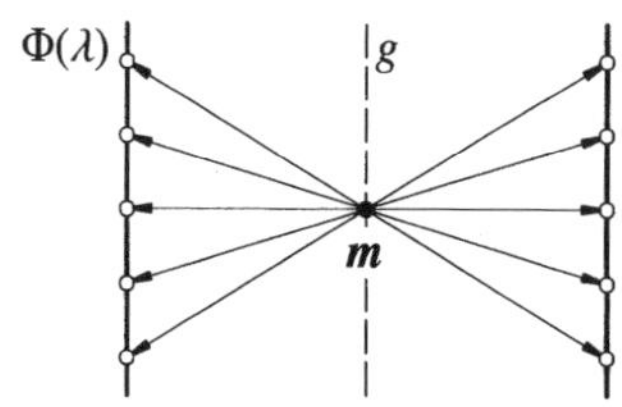

Abbildung 10.25

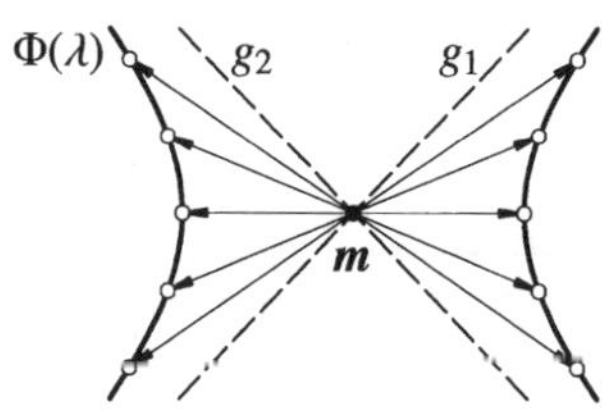

Abbildung 10.26

und 10.26.) Wenn wir diese Punktspiegelung in den projektiven Raum erweitern, so entsteht genau die in Satz 10.4.9 beschriebene Projektivspiegelung mit Zentrum P und Achse $P^{\perp_0}$.

Im zweiten Fall ist $P =: K(0, \boldsymbol{p})$ ein Fernpunkt im Spitzenraum der Quadrik $\Psi(q_0)$. Jede affine Gerade mit dem Richtungsvektor $\boldsymbol{p}$ hat mit $\Phi(\lambda)$ alle ihre Punkte oder keinen Punkt gemeinsam, da sie einer Tangente von $\Psi(q_0)$ entspricht. (In Abbildung 10.25 haben alle zu g parallelen Geraden diese Eigenschaft.)

Im dritten Fall sehen wir im affinen Raum nur die Hyperebene $\varepsilon^{-1}(P^{\perp_0})$, nicht aber den Fernpunkt P. Für $P \notin \Psi(q_0)$ wird $\varepsilon^{-1}(P^{\perp_0}) =: \mathcal{D}$ eine *Durchmesserhyperebene*[8] genannt. Die Hyperebene $\mathcal{D}$ enthält alle Mittelpunkte $\boldsymbol{m}$ von $\Phi(\lambda)$, da $P \in K(1, \boldsymbol{m})^{\perp_0}$. Die in Satz 10.4.9 beschriebene Projektivspiegelung erscheint im affinen Raum als Affinspiegelung an der Durchmesserhyperebene $\mathcal{D}$ in Richtung der durch den Fernpunkt P bestimmten Geraden. (Vgl. die Abbildungen 10.27 und 10.28.) Liegt P hingegen in $\Psi(q_0)$, so ist $P^{\perp_0}$ eine Tangentialhyper-

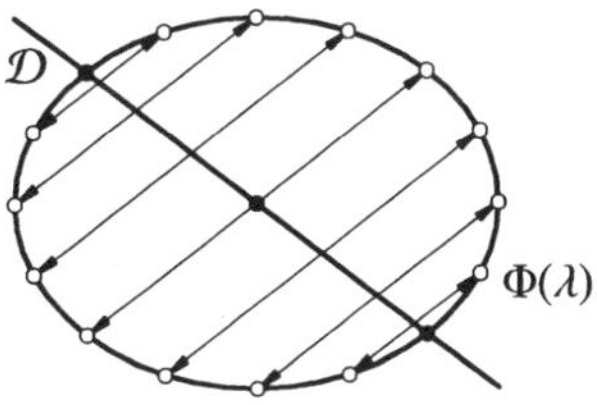

Abbildung 10.27

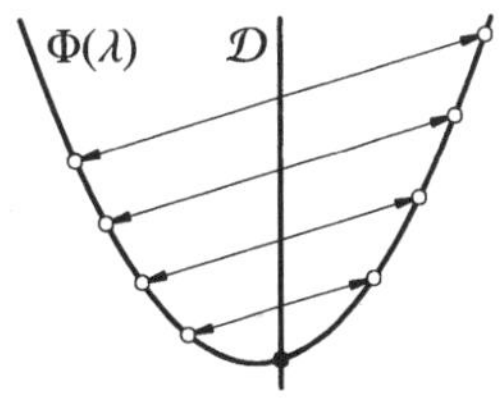

Abbildung 10.28

ebene von $\Psi(q_0)$ und $\varepsilon^{-1}(P^{\perp_0})$ heißt eine *asymptotische Hyperebene* der affinen Quadrik. (In Abbildung 10.26 sind die Asymptoten[9] g_1 und g_2 derartige Hyperebenen.)

Im vierten Fall ist die Fernhyperebene eine Tangentialhyperebene der projektiven Quadrik. Hier gehören weder der Punkt P noch seine Polarhyperebene zum affinen Raum. (In Abbildung 10.28 hat der durch $\mathcal{D}$ bestimmte Fernpunkt diese Eigenschaft.)

Der folgende Satz beschreibt die Einteilung der affinen Quadriken aus 10.3.2 von einem anderen Standpunkt.

Satz 10.5.4 *Es seien $\Phi(\lambda)$ eine affine Quadrik und $\Psi(q_0)$ die zugehörige projektive Quadrik. Dann haben die Spitze von $\Psi(q_0)$ und die Fernhyperebene je nach dem Typus von λ folgende Eigenschaften:*

Typus	*Spitze*	*Fernhyperebene*
(A0)	*eigentlich*	*nicht tangential*
(A1)	*fern*	*nicht tangential*
(B)	*fern*	*tangential*

Beweis. Wir gehen von den in 10.3.2 angegebenen Gleichungen für $\Phi(\lambda)$ aus. Ist λ vom Typus (A0), so wird $\Psi(q_0)$ durch die Gleichung

$$\sum_{i=1}^{r} g_i x_i^2 = 0 \text{ mit } g_i \neq 0 \text{ und } 1 \leq r \leq n$$

[8]Die Bezeichnung leitet sich vom Durchmesser eines Kreises, also einer Geraden durch dessen Mittelpunkt ab.

[9]In einer affinen Ebene wird eine asymptotische Hyperebene als *Asymptote* bezeichnet.

festgelegt. Der Punkt mit der Koordinatenspalte $(1, 0, 0, \ldots, 0)^T$ gehört zur Spitze von $\Psi(q_0)$. Die Spitze liegt daher nicht in der Fernhyperebene. Da jede Tangentialhyperebene von $\Psi(q_0)$ durch die Spitze geht, kann die Fernhyperebene keine Tangentialhyperebene sein.

Ist λ vom Typus (A1), so ist

$$\sum_{i=1}^{r} g_i x_i^2 = x_0^2 \text{ mit } g_i \neq 0 \text{ und } 0 \leq r \leq n$$

eine Gleichung von $\Psi(q_0)$. Die Spitze von $\Psi(q_0)$ wird durch das LGS $x_0 = x_1 = \cdots = x_r = 0$ festgelegt und liegt daher in der Fernhyperebene.[10] Der Polarraum eines Fernpunktes mit der Koordinatenspalte $(0, t_1, t_2, \ldots, t_n)^T$ besitzt nach der Spaltformel die Gleichung

$$\sum_{i=1}^{r} g_i t_i x_i = 0.$$

Daher ist die Fernhyperebene ($x_0 = 0$) keine Tangentialhyperebene.

Ist schließlich λ vom Typus (B), so erhalten wir für $\Psi(q_0)$ die Gleichung

$$\sum_{i=1}^{r} g_i x_i^2 = 2x_0 x_n \text{ mit } g_i \neq 0 \text{ und } 0 \leq r < n.$$

Der Fernpunkt mit der Koordinatenspalte $(0, 0, \ldots, 0, 1)^T$ gehört der projektiven Quadrik an. Sein Tangentialraum hat nach der Spaltformel die Gleichung $x_0 = 0$. Daher ist die Fernhyperebene eine Tangentialhyperebene und enthält somit die Spitze. □

Wir erkennen aus dem obigen Beweis: $\Phi(\lambda)$ ist genau dann ein Zylinder, falls $\Psi(q_0)$ ein Kegel ist, dessen Spitze ganz in der Fernhyperebene liegt. Genau für eine parabolische affine Quadrik ist die Fernhyperebene eine Tangentialhyperebene der zugehörigen projektiven Quadrik. Auch andere Ergebnisse über projektive Quadriken, etwa über die Tangenten an eine Quadrik aus einem Punkt, lassen sich auf affine Quadriken übertragen. So wie oben sind dabei aber Fallunterscheidungen notwendig.

10.5.5 Wir haben für $K = \mathbb{C}$ und $K = \mathbb{R}$ die affinen Quadriken in 10.3.5 und die projektiven Quadriken in 10.4.5 klassifiziert. Wenn wir von einer affinen Quadrik $\Phi(\lambda)$ und ihrer Gleichung in Normalform ausgehen, so ergibt sich der Typus der zugehörigen projektiven Quadrik $\Psi(q_0)$ im Fall (A) unmittelbar. Im Fall (B) lässt sich der Term $2x_0x_n$ durch einen Koordinatenwechsel in $x_0^2 - x_n^2$ überführen. Im Falle $K = \mathbb{C}$ kann anschließend sogar $x_0^2 + x_n^2$ erreicht werden. Damit lässt sich auch hier der Typus der projektiven Quadrik sofort angeben.

Beispiele 10.5.6 Wir betrachten einen dreidimensionalen reellen affinen Raum und die affinen Quadriken mit den in 10.3.6 angegebenen Gleichungen.

1. Für jedes Ellipsoid, jedes zweischalige Hyperboloid und jedes elliptische Paraboloid hat die quadratische Form q_0 die Signatur $(+++-)$, womit es auf diesen affinen Quadriken keine Geraden geben kann. Die zugehörigen projektiven Quadriken sind oval und daher vom Standpunkt der projektiven Geometrie gleichartig.
2. Jedes einschalige Hyperboloid und jedes hyperbolische Paraboloid bestimmt eine quadratische Form q_0 mit der Signatur $(++--)$. Auf diesen affinen Quadriken gehen durch jeden Punkt genau zwei Geraden, da die zugehörigen projektiven Quadriken ringartig sind.

[10] Falls die Spitze leer ist, trifft das in trivialer Weise zu.

Zum Abschluss wenden wir uns der Frage nach allen Gleichungen einer affinen Quadrik zu.

Satz 10.5.7 *Es seien $\lambda_1 : \boldsymbol{H} \to K$ und $\lambda_2 : \boldsymbol{H} \to K$ quadratische Funktionen. Ferner sei $\Phi(\lambda_1)$ eine affine Quadrik, die den ganzen affinen Raum aufspannt. Dann folgt aus $\Phi(\lambda_1) = \Phi(\lambda_2)$ die Existenz eines Skalars $c \in K^\times$ mit $c\lambda_1 = \lambda_2$.*

Beweis. Für $i \in \{1, 2\}$ bestimmt λ_i eine quadratische Form $q_{i,0}$. Wir schreiben für die zugehörigen projektive Quadrik kurz $\Psi_i := \Psi(q_{i,0})$. Nach Voraussetzung haben Ψ_1 und Ψ_2 außerhalb der Fernhyperebene dieselben Punkte. Wir zeigen jetzt, dass Ψ_1 und Ψ_2 auch dieselben Fernpunkte haben. Dazu weisen wir nach, dass jeder Fernpunkt, der einer der projektiven Quadriken *nicht* angehört, auch der anderen Quadrik *nicht* angehört.

Es sei also etwa $Y \notin \Psi_1$ ein Fernpunkt. Die Polarhyperebene $Y^{\perp_{1,0}}$ enthält Y nicht und ist daher nicht die Fernhyperebene (Abbildung 10.29). Da $\Phi(\lambda_1)$ den ganzen affinen Raum aufspannt, gibt es mindestens einen eigentlichen Punkt $X \in \Psi_1$, der nicht in $Y^{\perp_{1,0}}$ enthalten ist. Da $\perp_{1,0}$ eine symmetrische Relation ist, liegt Y nicht im Tangentialraum $X^{\perp_{1,0}}$. Die Gerade $g := X \vee Y$ ist somit keine Tangente von Ψ_1. Es gibt auf g noch genau einen Punkt $\tilde{X} \in \Psi_1$ mit $\tilde{X} \neq X$ und wegen $\#g \geq 4$ noch mindestens einen Punkt $\tilde{Y} \notin \Psi_1$ mit $\tilde{Y} \neq Y$. Da $X, \tilde{X}, \tilde{Y}$ keine Fernpunkte sind, folgt

$$X, \tilde{X} \in \Psi_2, \qquad \tilde{Y} \notin \Psi_2;$$

daher ist g keine Tangente von Ψ_2 und somit $Y \notin \Psi_2$ nach Satz 10.4.8 (a).

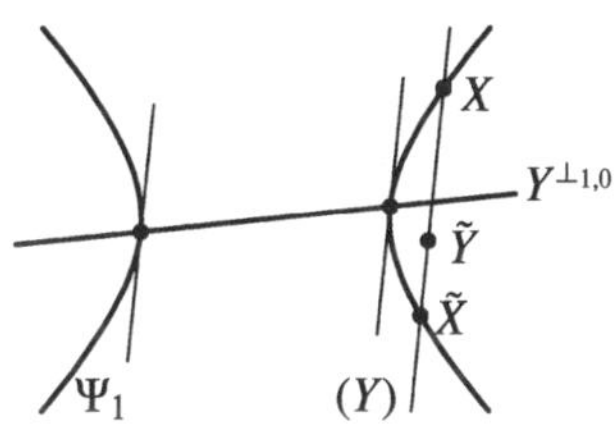

Abbildung 10.29

Der Spitzenraum von Ψ_1 ist ein echter Unterraum von $\mathcal{P}(K \times \boldsymbol{H})$, da $q_{1,0}$ keine Nullform ist. Da andererseits die eigentlichen Punkte von Ψ_1 den ganzen projektiven Raum aufspannen, hat Ψ_1 mindestens einen regulären Punkt. Aus Satz 10.4.10 folgt die Existenz eines Skalars $c \in K^\times$ mit $cq_{1,0} = q_{2,0}$ und somit $c\lambda_1 = \lambda_2$. □

Es ist im Gegensatz zu Satz 10.4.10 nicht richtig, dass eine affine Quadrik mit mindestens einem regulären Punkt ihre Gleichung bis auf einen Faktor eindeutig bestimmt. Das zeigen etwa die in 10.5.2 Beispiel 5 betrachteten affinen Quadriken. Weitere Gegenbeispiele lassen sich für endliche Skalarkörper leicht angeben, wo eine affine Quadrik aus einigen wenigen Punkten bestehen kann, die kein affines Erzeugendensystem abgeben.

Aufgaben

A 10.5.1 Gegeben sei eine der quadratischen Funktionen $\lambda : \mathbb{R}^{n\times 1} \to \mathbb{R}$ aus A 10.2.1. Gib den affinen Typus der Quadrik $\Phi(\lambda)$, den Typus der mitbestimmten projektiven Quadrik $\Psi(q)$ sowie eine Gleichung von $\Phi(\lambda)$ in reeller affiner Normalform an.

A 10.5.2 In $\mathcal{P}(\mathbb{R}^{3\times 1})$ sei der Kegelschnitt $\Psi(q)$ mit $q((x_0, x_1, x_2)^{\mathrm{T}}) = -x_0^2 + x_1^2 + x_2^2$ gegeben.

(a) Berechne die Polare $p = P^\perp$ von $P = \mathbb{R}(1,3,4)^\mathrm{T}$ (Geradengleichung festlegen) und die Schnittpunkte der Polaren p mit $\Psi(q)$. Wie lassen sich nun die Tangenten an $\Psi(q)$ durch den Punkt P aufspannen?

(b) Sei σ die Polarform von q. Lege die im Beweis von Satz 10.4.9 beschriebene lineare Bijektion f für $\boldsymbol{p} = (1,3,4)^\mathrm{T}$ fest und verifiziere nochmals, dass die mitbestimmte Projektivspiegelung den Kegelschnitt $\Psi(q)$ als Ganzes fest lässt.

(c) Fasse $x_0 = 0$ als Ferngerade auf und skizziere die obigen Ergebnisse in einer Anschauungsebene (kartesische Koordinaten).

A 10.5.3 Im affinen Raum $\mathbb{R}^{3\times 1}$ sei ein einschaliges Hyperboloid $\Phi(\lambda)$ mit $\lambda((x_1,x_2,x_3)^\mathrm{T}) = x_1^2 + x_2^2 - x_3^2 - 1$ gegeben. Bette $\mathbb{R}^{3\times 1}$ in $\mathcal{P}(\mathbb{R}^{4\times 1})$ ein und bestimme einen Fernpunkt P der durch $\Phi(\lambda)$ bestimmten projektiven Quadrik $\Psi(q)$. Stelle eine Gleichung der Tangentialebene in P auf und zeige, dass diese asymptotische Tangentialebene mit $\Psi(q)$ genau zwei Geraden gemeinsam hat. Welche Lage haben die affinen Ausschnitte dieser Geraden zueinander?

10.6 Anwendungen

10.6.1 Ein Tripel (a,b,c) positiver ganzer Zahlen heißt *pythagoräisch*[11], falls gilt

$$a^2 + b^2 = c^2.$$

Um alle solchen Tripel zu bestimmen, gehen wir von der projektiven Ebene $\mathcal{P}(\mathbb{Q}^{3\times 1})$ aus. Da die projektiven Koordinaten eines Punktes bis auf einen Faktor aus $\mathbb{Q}^\times$ eindeutig bestimmt sind, gibt es für jeden Punkt P teilerfremde ganze Zahlen p_0, p_1 und p_2 mit $P = \mathbb{Q}(p_0,p_1,p_2)^\mathrm{T}$. Eine solche teilerfremde ganzzahlige Koordinatenspalte ist bis auf Multiplikation mit ± 1 eindeutig bestimmt. Wir ermitteln nun alle Punkte des regulären Kegelschnitts Ψ mit der Gleichung

$$x_1^2 + x_2^2 = x_0^2.$$

(Zur Illustration in Abbildung 10.30 wurde $x_0 = 0$ als Ferngerade gewählt. Dann erscheint der affine Ausschnitt von Ψ als Ellipse.) Es ist offenbar $N := \mathbb{Q}(1,0,1)^\mathrm{T}$ ein Punkt von Ψ und die Tangente $N^\perp$ hat die Gleichung $x_2 = x_0$. Indem wir jede andere Gerade durch N mit Ψ schneiden, erhalten wir alle anderen Punkte von Ψ. Eine solche Gerade hat die Form $N \vee P$, wobei $P \notin N^\perp$ ein eigentlicher Punkt der Geraden $x_2 = 0$ ist. Wir können davon ausgehen, dass P die ganzzahlige teilerfremde Koordinatenspalte $(q,p,0)^\mathrm{T}$ mit $q \geq 1$ hat. Die affinen Koordinaten von P sind $(\frac{p}{q},0)^\mathrm{T}$. Alle von N verschiedenen Punkte der Geraden $N \vee P$ bilden die Menge

$$\{\mathbb{Q}(x_0,x_1,x_2)^\mathrm{T} \mid (x_0,x_1,x_2)^\mathrm{T} = t(1,0,1)^\mathrm{T} + (q,p,0)^\mathrm{T},\ t \in \mathbb{Q}\}.$$

Wenn wir in die Gleichung des Kegelschnitts einsetzen, erhalten wir eine lineare Gleichung in der Unbekannten t mit der Lösung $\frac{p^2-q^2}{2q}$. Sie liefert den Schnittpunkt S mit der ganzzahligen Koordinatenspalte $(p^2+q^2, 2pq, p^2-q^2)^\mathrm{T}$. Wir setzen

$$(a,b,c) := (2pq, p^2-q^2, p^2+q^2). \tag{10.13}$$

Falls $p > q \geq 1$ gilt, so ist das ein pythagoräisches Tripel; jede andere Wahl von (p,q) liefert kein pythagoräisches Tripel.

[11] Pythagoras von Samos (etwa 580–500 v. Chr.).

Umgekehrt liegt für jedes pythagoräische Tripel $(\tilde{a}, \tilde{b}, \tilde{c})$ der Punkt $\mathbb{Q}(\tilde{c}, \tilde{a}, \tilde{b})^{\mathrm{T}}$ am Kegelschnitt Ψ. Es wird daher $(\tilde{a}, \tilde{b}, \tilde{c})$ bis auf einen positiven rationalen Faktor durch die Formel (10.13) erfasst. Im gegebenen affinen Ausschnitt sind das genau jene Punkte von Ψ, deren affine Koordinaten (x_1, x_2) beide positiv sind.

Es sei erwähnt, dass sich das obige Verfahren noch verfeinern lässt. Dazu werden in (10.13) die teilerfremden ganzen Zahlen $p > q \geq 1$ so gewählt, dass genau eine von ihnen gerade ist. Unter dieser Voraussetzung werden durch (10.13) freilich nicht alle pythagoräischen Tripel erfasst. Wenn wir aber neben jedem derart entstehenden Tripel (a, b, c) auch noch (b, a, c) berücksichtigen, ergibt das insgesamt alle pythagoräischen Tripel.

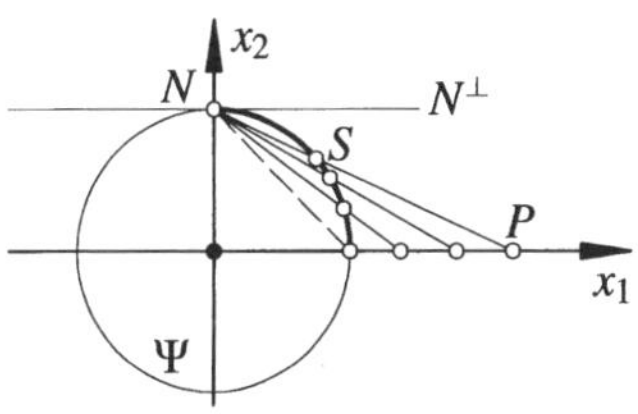

Abbildung 10.30

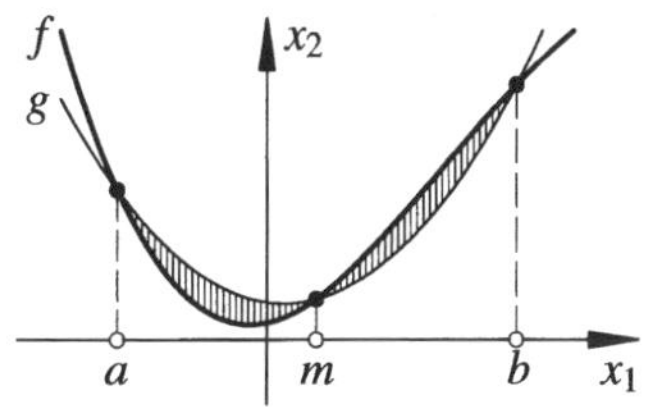

Abbildung 10.31

10.6.2 Gegeben seien reelle Zahlen $a < b$ und eine stetige Funktion $f \in C^0([a, b])$. Wir gehen von den Funktionswerten in den Punkten a, b und im Mittelpunkt $m = \frac{a+b}{2}$ aus. Dann ist

$$g : \mathbb{R} \to \mathbb{R} : x \mapsto f(a)\frac{(x-m)(x-b)}{(a-m)(a-b)} + f(m)\frac{(x-a)(x-b)}{(m-a)(m-b)} + f(b)\frac{(x-a)(x-m)}{(b-a)(b-m)}$$

nach der Interpolationsformel von Lagrange aus A 7.4.4 die einzige quadratische Funktion, welche in diesen drei Punkten dieselben Funktionswerte wie f besitzt. Der Graph von g ist entweder eine Parabel (vgl. Abbildung 10.31) oder eine Gerade. Eine einfache Rechnung liefert

$$\int_a^b g(x)\mathrm{d}x = \frac{b-a}{6}(f(a) + 4f(m) + f(b))$$

als Näherungswert für $\int_a^b f(x)\mathrm{d}x$. Das ist die *Fassregel von Kepler*[12]. Wenn f hinreichend oft stetig differenzierbar ist, lässt sich der dabei auftretende Fehler mit Hilfe einer nach Simpson[13] benannten Formel abschätzen.

Aufgaben

A 10.6.1 Ein Quadrupel (a, b, c, d) positiver ganzer Zahlen heißt *pythagoräisch*, falls gilt $a^2 + b^2 + c^2 = d^2$. Bestimme eine Parameterdarstellung einer solchen Menge M pythagoräischer Quadrupel, dass jedes pythagoräische Quadrupel bis auf einen positiven rationalen Faktor mit genau einem Element von M übereinstimmt.
Hinweis: Verwende die Quadrik $\Psi(q) \subset \mathcal{P}(\mathbb{Q}^{4\times 1})$ mit $q((x_0, x_1, x_2, x_3)^{\mathrm{T}}) = -x_0^2 + x_1^2 + x_2^2 + x_3^2$ und eine stereographische Projektion wie in A 10.3.3.

[12] Johannes Kepler (1571–1630) hat mit dieser Formel die Volumina von Fässern näherungsweise berechnet.
[13] Thomas Simpson (1710–1761).

Kapitel 11

Vektorräume mit Skalarprodukt

In jedem Vektorraum mit Skalarprodukt können nicht isotrope und isotrope Unterräume unterschieden werden. Genau in den nicht isotropen Unterräumen wird ein Skalarprodukt induziert. Jeder Vektor ist der Gradient einer Linearform; umgekehrt hat jede Linearform höchstens einen Gradienten. Zu jeder Basis gehört höchstens eine reziproke Basis; diese besteht aus den Gradienten der zur Basis gehörenden Koordinatenformen. Bei endlicher Dimension hat jede Linearform einen Gradienten und jede Basis eine reziproke Basis. Mit Hilfe von Orthogonalsystemen lassen sich orthogonale Projektionen einfach beschreiben. Wir zeigen das Orthogonalisierungsverfahren von E. Schmidt, welches zur Konstruktion von Orthogonalbasen dienen kann.

In reellen bzw. komplexen Vektorräumen sind positiv definite Skalarprodukte von großer Bedeutung, da sie keine isotropen Vektoren besitzen. Wir kommen so zu euklidischen bzw. unitären Vektorräumen. Hier kann jedem Vektor eine Länge zugeordnet werden und nicht nur, wie im allgemeinen Fall, ein Längenquadrat. Die Ungleichung von Cauchy-Schwarz führt uns zur Winkelmessung. Wir besprechen auch kurz den allgemeineren Begriff eines normierten Vektorraumes.

11.1 Definition und Beispiele von Skalarprodukten

11.1.1 In 9.1.1 haben wir die elementaren Skalarprodukte an den Beginn der Untersuchungen über Sesquilinearformen gestellt. Nun soll der Begriff des Skalarprodukts allgemein eingeführt werden:

Definition 11.1.2 Es seien V ein Vektorraum über K und $\omega \in \operatorname{Aut}(K)$. Jede radikalfreie ω-symmetrische ω-Sesquilinearform[1] und jede radikalfreie alternierende Bilinearform

$$\iota : V \times V \to K : (\boldsymbol{x}, \boldsymbol{y}) \mapsto \iota(\boldsymbol{x}, \boldsymbol{y}) =: \boldsymbol{x} \cdot \boldsymbol{y}$$

heißt ein *Skalarprodukt* auf V.

Ein Vektorraum besitzt im Allgemeinen viele Skalarprodukte. Bei den weiteren Untersuchungen betrachten wir aber meist ein fest gewähltes Skalarprodukt ι. Wir nennen (V, ι) auch einen *Vektorraum mit Skalarprodukt*. Dieser heißt *ω-symmetrisch*, falls ι eine ω-symmetrische ω-Sesquilinearform ist, und *symplektisch*, falls ι eine alternierende Bilinearform ist. Statt id_K-symmetrisch verwenden wir auch die Kurzbezeichnung *symmetrisch*.

---

[1] Es gilt weiterhin die Vereinbarung $\omega^2 = \mathrm{id}_K$.

Um Klammern zu sparen, benützen wir die *Vorrangregel* „Skalarprodukt vor Addition“. Es möge auch das Produkt „Skalar mal Vektor“ stärker binden als das Skalarprodukt. Es ist also $c\boldsymbol{x} \cdot \boldsymbol{y} = (c\boldsymbol{x}) \cdot \boldsymbol{y} = \omega(c)(\boldsymbol{x} \cdot \boldsymbol{y})$ für alle $c \in K$ und alle $\boldsymbol{x}, \boldsymbol{y} \in \boldsymbol{V}$. Zur Vermeidung von Missverständnissen empfiehlt es sich aber, hier auf die Klammern *nicht* zu verzichten, außer für $c = \omega(c)$. Die Orthogonalität bezüglich ι wird mit $\perp$ bezeichnet.

11.1.3 Für reelle und komplexe Vektorräume $\boldsymbol{V}$ sind – historisch bedingt – je nach Typus des Skalarprodukts folgende Namen üblich:

Körper	Skalarprodukt ι	Bezeichnung für $(\boldsymbol{V}, \iota)$
$\mathbb{R}, \mathbb{C}$	symmetrische Bilinearform	pseudoeuklidisch
$\mathbb{R}$	positiv definite symmetrische Bilinearform	euklidisch
$\mathbb{C}$	positiv definite hermitesche Sesquilinearform	unitär

Ein euklidischer oder unitärer Vektorraum wird auch *Prähilbertraum*[2] genannt.

Ist $(\boldsymbol{V}, \iota)$ ein reeller (pseudo)euklidischer Vektorraum, so erhalten wir durch komplexe Erweiterung von $\boldsymbol{V}$ und bilineare Fortsetzung von ι einen komplexen pseudoeuklidischen Vektorraum $(\boldsymbol{V}_{\mathbb{C}}, \iota_{\mathbb{C}})$. Ist $(\boldsymbol{V}, \iota)$ hingegen ein euklidischer Vektorraum, so ergibt die hermitesche Sesquilinearform $\bar{\iota}_{\mathbb{C}}$ einen unitären Vektorraum $(\boldsymbol{V}_{\mathbb{C}}, \bar{\iota}_{\mathbb{C}})$.

11.1.4 Sei $(\boldsymbol{V}, \iota)$ ein Vektorraum mit Skalarprodukt. Das Skalarprodukt ι ist definitionsgemäß radikalfrei, das heißt $\boldsymbol{V}^{\perp} = \{\boldsymbol{o}\}$. Ist $\boldsymbol{U} \subset \boldsymbol{V}$ ein Unterraum, so hat die Einschränkung $\iota' := \iota|(\boldsymbol{U} \times \boldsymbol{U})$ nach Satz 9.5.8 (a) das Radikal $\boldsymbol{U} \cap \boldsymbol{U}^{\perp}$. Gilt nun $\boldsymbol{U} \cap \boldsymbol{U}^{\perp} \neq \{\boldsymbol{o}\}$, so ist ι' *kein* Skalarprodukt auf $\boldsymbol{U}$. Jeder derartige Unterraum heißt *isotrop*[3]. Ein Vektor $\boldsymbol{a} \in \boldsymbol{V}$ heißt *isotrop*, falls $[\boldsymbol{a}]$ ein isotroper Unterraum ist. Der Nullvektor ist nicht isotrop, da $\{\boldsymbol{o}\} \cap \{\boldsymbol{o}\}^{\perp} = \{\boldsymbol{o}\}$. Für jeden Vektor $\boldsymbol{a} \in \boldsymbol{V} \setminus \{\boldsymbol{o}\}$ liegt mit

$$\boldsymbol{a}^{\perp} = \{\boldsymbol{x} \in \boldsymbol{V} \mid \boldsymbol{a} \cdot \boldsymbol{x} = 0\}$$

eine Hyperebene von $\boldsymbol{V}$ vor. Der Vektor $\boldsymbol{a}$ ist genau dann isotrop, falls $\boldsymbol{a} \cdot \boldsymbol{a} = 0$, also genau für $\boldsymbol{a} \in \boldsymbol{a}^{\perp}$. Für jeden Unterraum $\boldsymbol{U} \subset \boldsymbol{V}$ besteht $\boldsymbol{U} \cap \boldsymbol{U}^{\perp}$ – abgesehen vom Nullvektor – nur aus isotropen Vektoren. Vgl. dazu auch die Beispiele in 9.5.7 und 11.1.5.

Die Unterräume von $\boldsymbol{V}$ können noch nach einem anderen Gesichtspunkt beschrieben werden: Ein Unterraum $\boldsymbol{U} \subset \boldsymbol{V}$ heißt *anisotrop*, falls in ihm keine isotropen Vektoren liegen. Ist insbesondere der gesamte Vektorraum $\boldsymbol{V}$ anisotrop, so gilt $\boldsymbol{U} \cap \boldsymbol{U}^{\perp} = \{\boldsymbol{o}\}$ für alle Unterräume von $\boldsymbol{V}$. Es wird also in *jedem* Unterraum $\boldsymbol{U}$ ein Skalarprodukt induziert. Diese Tatsache unterstreicht die ausgezeichnete Rolle der anisotropen Vektorräume. Der andere Extremfall ist ein symplektischer Vektorraum $\boldsymbol{V}$. In ihm ist jeder Vektor $\neq \boldsymbol{o}$ isotrop.

Beispiele 11.1.5 In den folgenden Beispielen seien $\boldsymbol{V}$ ein n-dimensionaler Vektorraum über K, $n < \infty$, $\omega \in \mathrm{Aut}(K)$ und $\boldsymbol{B}$ eine Basis von $\boldsymbol{V}$.

1. Durch

$$\iota(\boldsymbol{B}, \boldsymbol{B}) := \mathrm{diag}(g_1, g_2, \ldots, g_n) \ \text{ mit } \ g_i = \omega(g_i) \neq 0 \ \text{ für alle } \ i \in \{1, 2, \ldots, n\}$$

[2]David Hilbert (1862–1943).

[3]Das griechische Wort „isotrop“ bedeutet „wendegleich“. Diese wenig treffende Bezeichnung leitet sich von den nicht reellen Eigenräumen $\mathbb{C}(\pm 1, i)^{\mathrm{T}} \in \mathbb{C}^{2\times 1}$ einer jeden Drehung von $\mathbb{R}^{2\times 1}$ ab; vgl. 9.1.2 und Satz 12.4.11. Die *Tropen* sind bekanntlich jener Teil der Erde, welcher vom nördlichen und südlichen *Wendekreis* begrenzt wird.

wird ein ω-symmetrisches Skalarprodukt ι auf V festgelegt. Nach Satz 9.8.10 (a) lässt sich jeder n-dimensionale ω-symmetrische Vektorraum über K so darstellen. In den nachfolgenden Beispielen 2 bis 6 stellen wir einige Sonderfälle zusammen.

2. Ist $V = K^{n\times 1}$, $\boldsymbol{B} = \boldsymbol{E}$ die kanonische Basis und $\iota(\boldsymbol{B}, \boldsymbol{B}) = E_n$ die Einheitsmatrix, so erhalten wir das *kanonische ω-symmetrische Skalarprodukt* auf $K^{n\times 1}$. Es leistet
$$(x_1, x_2, \ldots, x_n)^{\mathrm{T}} \cdot (y_1, y_2, \ldots, y_n)^{\mathrm{T}} = \sum_{i=1}^{n} \omega(x_i)\, y_i.$$
Bei $\omega = \mathrm{id}_K$ sprechen wir vom *kanonischen Skalarprodukt*. Dieselben Bezeichnungen gelten sinngemäß in $K^{1\times n}$ und K^n.

3. Für $K = \mathbb{C}$, $\omega = \mathrm{id}_{\mathbb{C}}$ und $\iota(\boldsymbol{B}, \boldsymbol{B}) = E_n$ erhalten wir einen pseudoeuklidischen Vektorraum. Bei $n \geq 2$ gibt es isotrope Vektoren, etwa $\boldsymbol{b}_1 + i\boldsymbol{b}_2$. Nach Satz 9.9.2 lässt sich jeder n-dimensionale komplexe pseudoeuklidische Vektorraum so darstellen.

4. Für $K = \mathbb{C}$, $\omega = \bar{\ }$ und $\iota(\boldsymbol{B}, \boldsymbol{B}) = E_n$ erhalten wir einen unitären Vektorraum. Da ι positiv definit ist, ist V anisotrop. Nach 9.10.11 lässt sich jeder n-dimensionale unitäre Vektorraum so darstellen.

5. Für $K = \mathbb{R}$, $\omega = \mathrm{id}_{\mathbb{R}}$ und $\iota(\boldsymbol{B}, \boldsymbol{B}) = (E_p, -E_{n-p})$ mit $0 \leq p \leq n$ erhalten wir einen pseudoeuklidischen Vektorraum. Genau für $p = 0$ liegt ein negativ definites und genau für $p = n$ ein positiv definites Skalarprodukt vor. Für $0 < p < n$ gibt es isotrope Vektoren, etwa $\boldsymbol{b}_1 + \boldsymbol{b}_n$. Alle isotropen Vektoren bilden gemeinsam mit $\boldsymbol{o}$ den *isotropen Kegel*; er hat die Gleichung $\boldsymbol{x} \cdot \boldsymbol{x} = 0$. Vgl. Abbildung 11.1.

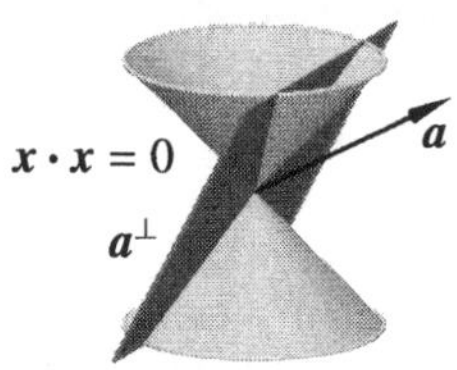

Abbildung 11.1

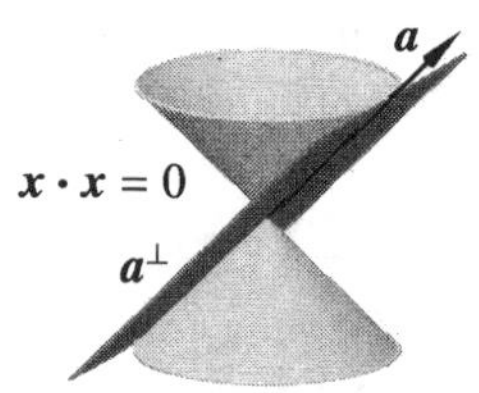

Abbildung 11.2

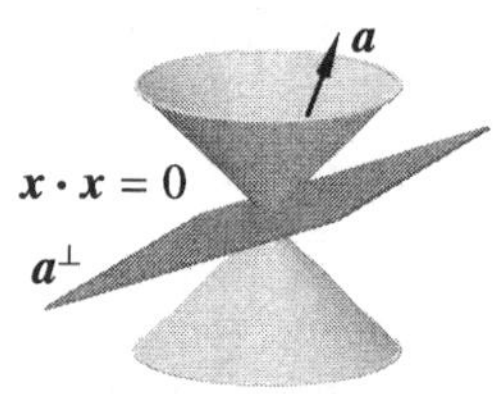

Abbildung 11.3

6. Der *Raumzeit* in der *speziellen Relativitätstheorie* liegt ein reeller vierdimensionaler pseudoeuklidischer Vektorraum V mit einem indefiniten Skalarprodukt zu Grunde, das durch
$$\iota(\boldsymbol{B}, \boldsymbol{B}) := \mathrm{diag}(1, 1, 1, -c^2)$$
erklärt wird, wobei $c > 0$ der Lichtgeschwindigkeit entspricht.[4] Ein Vektor $\boldsymbol{a} \in \boldsymbol{V}$ heißt *raumartig*, falls $\boldsymbol{a} \cdot \boldsymbol{a} > 0$ (Abbildung 11.1) oder $\boldsymbol{a} = \boldsymbol{o}$, *lichtartig*, falls $\boldsymbol{a} \cdot \boldsymbol{a} = 0$ und $\boldsymbol{a} \neq \boldsymbol{o}$ (Abbildung 11.2), *zeitartig*, falls $\boldsymbol{a} \cdot \boldsymbol{a} < 0$ (Abbildung 11.3). Die lichtartigen Vektoren im Sinne der Physik sind also genau die isotropen Vektoren im Sinne unserer Definition.

7. Es seien $n =: 2s$ eine gerade Zahl und G eine reguläre alternierende Matrix in Normalform; vgl. Formel (9.23) aus 9.8.2. Durch $\iota(\boldsymbol{B}, \boldsymbol{B}) := G$ wird auf V ein symplektisches Skalarprodukt erklärt. Nach Satz 9.8.5 (a) lässt sich jeder $2s$-dimensionale symplektische Vektorraum so darstellen. Ferner folgt aus Satz 9.8.5 (b), dass es keine symplektischen Vektorräume mit ungerader endlicher Dimension gibt.

[4] An Stelle dieses Skalarprodukts ι findet sich in der Literatur auch $-\iota$. Zur Veranschaulichung zeigen die Abbildungen 11.1, 11.2 und 11.3 den zu $\mathrm{diag}(1, 1, -c^2)$ gehörenden dreidimensionalen Fall.

8. Setzen wir in Beispiel 7 insbesondere $\boldsymbol{V} = K^{n\times 1} = K^{2s\times 1}$ und $\boldsymbol{B} = \boldsymbol{E}$, so erhalten wir das *kanonische symplektische Skalarprodukt*. Hier gilt

$$(x_1, x_2, \dots, x_n)^{\mathrm{T}} \bullet (y_1, y_2, \dots, y_n)^{\mathrm{T}} = \sum_{i=1}^{s} (x_{2i}y_{2i-1} - x_{2i-1}y_{2i}).$$

Beispiele 11.1.6 Wir stellen einige unendlichdimensionale Vektorräume mit Skalarprodukt zusammen:

1. Sei $\mathrm{C}^0(I)$ der reelle Vektorraum aller reellwertigen stetigen Funktionen eines Intervalls $I = [a, b] \subset \mathbb{R}$ mit $a < b$. Für $f, g \in \mathrm{C}^0(I)$ setzen wir

$$\iota(f, g) := \int_a^b f(x)g(x)\mathrm{d}x.$$

Dann ist $(\mathrm{C}^0(I), \iota)$ ein unendlichdimensionaler euklidischer Vektorraum.[5] Das folgt aus einfachen Ergebnissen der Integralrechnung. Etwa für $I := [-\pi, \pi]$ sind die konstante Funktion $x \mapsto 1$ und die Kosinusfunktion $x \mapsto \cos x$ orthogonal, da

$$\int_{-\pi}^{\pi} 1 \cdot \cos x \,\mathrm{d}x = \sin \pi - \sin(-\pi) = 0 - 0 = 0.$$

Wenn wir hingegen $I := [0, \frac{\pi}{2}]$ setzen, so sind die Funktionen $x \mapsto 1$ und $x \mapsto \cos x$ nicht orthogonal.

2. Analog zu Beispiel 1 können auch die auf $I \subset \mathbb{R}$ stetigen komplexwertigen Funktionen betrachtet werden. Diese bilden einen Vektorraum über $\mathbb{C}$. Hier setzen wir

$$\iota(f, g) := \int_a^b \overline{f(x)}g(x)\mathrm{d}x.$$

Es entsteht ein unendlichdimensionaler unitärer Vektorraum.

3. Im Vektorraum aller reellen (bzw. komplexen) Folgen $(x_n)_{n\in\mathbb{N}}$ bilden jene Folgen, für welche die reelle Reihe $\sum_{n=0}^{\infty} \overline{x}_n x_n$ konvergiert, einen Unterraum; er wird in der Literatur meist mit l^2 bczcichnet. Es ist

$$(x_n)_{n\in\mathbb{N}} \bullet (y_n)_{n\in\mathbb{N}} := \sum_{n=0}^{\infty} \overline{x}_n y_n$$

ein euklidisches (bzw. unitäres) Skalarprodukt auf l^2. Der Vektorraum l^2 ist ein Beispiel für einen unendlichdimensionalen *Hilbertraum*[6].

4. Die in 9.5.7 Beispiel 3 beschriebene symmetrische Bilinearform σ ist ein Skalarprodukt auf dem Vektorraum $K^{(\mathbb{N})}$.

Bemerkung 11.1.7 Wir werden die symplektischen Vektorräume trotz ihrer interessanten Eigenschaften nicht systematisch untersuchen. Manche der folgenden Ergebnisse gelten wörtlich gleich auch für symplektische Vektorräume, andere nur nach gewissen Modifikationen.

---

[5] Die Definition von ι bleibt sinnvoll, falls f und g dem Vektorraum aller über I quadratisch integrierbaren Funktionen angehören. Dann liegt aber bloß eine positiv semidefinite symmetrische Bilinearform vor.

[6] Das ist ein Prähilbertraum $(\boldsymbol{V}, \iota)$, der *vollständig* ist. Das heißt, für jede Folge $(\boldsymbol{a}_i)_{i\in\mathbb{N}}$ folgt aus $\|\boldsymbol{a}_i - \boldsymbol{a}_j\| \to 0$ für $i, j \to \infty$ die Existenz eines Vektors $\boldsymbol{a} \in \boldsymbol{V}$ mit $\|\boldsymbol{a}_i - \boldsymbol{a}\| \to 0$ für $i \to \infty$. Dabei verwenden wir hier die in 11.3.2 eingeführte Bezeichnung für die Länge eines Vektors. Jeder endlichdimensionale Prähilbertraum ist vollständig, bei unendlicher Dimension trifft das nicht immer zu.

Aufgaben

A 11.1.1 Sei K ein Körper. Wir versehen $K^{2\times 1}$ mit dem kanonischen Skalarprodukt. Untersuche für $K = \mathbb{Z}_2, \mathbb{Z}_3, \mathrm{GF}(4), \mathbb{Z}_5$, ob es in $K^{2\times 1}$ isotrope Vektoren gibt. Lege sämtliche zu sich selbst orthogonalen 1-dimensionalen Unterräume, also die Geraden des isotropen Kegels, durch Basisvektoren fest.

A 11.1.2 Sei $\boldsymbol{T}$ der Vektorraum der Polynomfunktionen $\mathbb{R} \to \mathbb{R}$. Für $f \in \boldsymbol{T}$ und $i \in \mathbb{N}$ sei (nur in dieser Aufgabe) $f^{(i)}$ die i-te Ableitung von f.

(a) Zeige, dass die Abbildung $\iota : \boldsymbol{T} \times \boldsymbol{T} \to \mathbb{R} : (f, g) \mapsto \sum_{i\in\mathbb{N}} f^{(i)}(0) \cdot g^{(i)}(0)$ ein positiv definites Skalarprodukt auf $\boldsymbol{T}$ ist.

(b) Sei $(f_i)_{i\in\mathbb{N}}$ die in A 3.2.4 beschriebene Basis von $\boldsymbol{T}$. Für $n \in \mathbb{N}$ setzen wir $\boldsymbol{B}_n := (f_0, f_1, \ldots, f_n)$, $\boldsymbol{U}_n := [\boldsymbol{B}_n]$ und $\iota_n := \iota|(\boldsymbol{U}_n \times \boldsymbol{U}_n)$. Bestimme die Koordinatenmatrix $\iota_n(\boldsymbol{B}_n, \boldsymbol{B}_n)$.

A 11.1.3 Sei K ein Körper und $(\boldsymbol{V}, \iota)$ ein vierdimensionaler symplektischer Vektorraum über K. Zeige: Für jeden zweidimensionalen Unterraum $\boldsymbol{U} \subset \boldsymbol{V}$ gilt entweder $\boldsymbol{U} \oplus \boldsymbol{U}^\perp = \boldsymbol{V}$ oder $\boldsymbol{U} = \boldsymbol{U}^\perp$. Belege anhand von Beispielen, dass beide Fälle tatsächlich auftreten.

A 11.1.4 Ist $\boldsymbol{C} \subset K^{1\times n}$ ein linearer q-ärer $[n, k]$-Code, so heißt der Unterraum $\boldsymbol{C}^\perp$ der zu $\boldsymbol{C}$ *duale*[7] *Code*. Dabei ist die Orthogonalität bezüglich des kanonischen Skalarprodukts von $K^{1\times n}$ gemeint. Beweise:

(a) Der Code $\boldsymbol{C}^\perp$ ist ein q-ärer $[n, n-k]$-Code.

(b) Jede Generatormatrix von $\boldsymbol{C}$ ist eine Kontrollmatrix von $\boldsymbol{C}^\perp$.

(c) Der erweiterte ternäre Golay-Code aus A 2.7.6 stimmt mit seinem dualen Code überein.

Bemerkung: Vgl. auch A 4.8.7.

11.2 Gradienten

11.2.1 In diesem Abschnitt sei $(\boldsymbol{V}, \iota)$ stets ein ω-symmetrischer Vektorraum. Ist $\boldsymbol{a}^* \in \boldsymbol{V}^*$ eine Linearform, so wird ein Vektor $\boldsymbol{a} \in \boldsymbol{V}$ ein *Gradient* von $\boldsymbol{a}^*$ genannt, falls $d_\iota(\boldsymbol{a}) = \boldsymbol{a}^*$ gilt, also

$$\langle \boldsymbol{a}^*, \boldsymbol{x} \rangle = \boldsymbol{a} \cdot \boldsymbol{x} \quad \text{für alle } \boldsymbol{x} \in \boldsymbol{V}.$$

Die Frage nach der Existenz von Gradienten ist leicht zu beantworten:

Satz 11.2.2 *Jede Linearform $\boldsymbol{V} \to K$ besitzt höchstens einen Gradienten. Bei endlicher Dimension von $(\boldsymbol{V}, \iota)$ hat jede Linearform $\boldsymbol{V} \to K$ genau einen Gradienten.*

Beweis. Eine Linearform $\boldsymbol{a}^* \in \boldsymbol{V}^*$ hat genau dann einen Gradienten, falls sie dem Unterraum $d_\iota(\boldsymbol{V}) \subset \boldsymbol{V}^*$ angehört. Wegen $\boldsymbol{V}^\perp = \ker d_\iota = \{\boldsymbol{o}\}$ ist $d_\iota : \boldsymbol{V} \to \boldsymbol{V}^*$ injektiv. Das zeigt die Eindeutigkeit des Gradienten.

Sei nun $\dim \boldsymbol{V} < \infty$. Satz 4.3.2 ergibt $\dim \boldsymbol{V} = \dim \boldsymbol{V}^*$. Ferner ist d_ι nach Satz 3.2.9 bijektiv, womit jede Linearform durch genau einen Gradienten festgelegt werden kann. □

Die Abbildung d_ι ist übrigens genau für $\dim \boldsymbol{V} < \infty$ surjektiv, was wir aber nicht beweisen werden. (Vgl. dazu Bemerkung 4.3.5.) Deshalb verläuft die Theorie der Vektorräume mit Skalarprodukt für $\dim \boldsymbol{V} = \infty$ bzw. $\dim \boldsymbol{V} < \infty$ zum Teil recht unterschiedlich.

[7]Die Bezeichnung *orthogonaler Code* würde besser zu unserer Terminologie passen, ist aber in der Codierungstheorie nicht üblich.

11.2.3 Sei $\boldsymbol{a}^* \in \boldsymbol{V}^* \setminus \{\boldsymbol{o}^*\}$. Dann ist $\boldsymbol{H} := \ker \boldsymbol{a}^*$ eine Hyperebene von $\boldsymbol{V}$. Nach Satz 9.5.3 gilt

$$\boldsymbol{H}^\perp = d_\iota^{-1}(\boldsymbol{H}^\circ) = d_\iota^{-1}([\boldsymbol{a}^*]).$$

Falls $\boldsymbol{a}^*$ einen Gradienten $\boldsymbol{a}$ besitzt, so spannt dieser $\boldsymbol{H}^\perp$ auf. Gibt es hingegen keinen Gradienten, so folgt $\boldsymbol{H}^\perp = \{\boldsymbol{o}\}$. Die nicht trivialen Linearformen, welche einen Gradienten besitzen, sind also dadurch gekennzeichnet, dass der Orthogonalraum ihres Kerns einen vom Nullvektor verschiedenen Vektor enthält. Vgl. 9.5.7 Beispiel 3.

Gehen wir umgekehrt von einem Vektor $\boldsymbol{a} \in \boldsymbol{V} \setminus \{\boldsymbol{o}\}$ aus, so ist $\boldsymbol{a}^\perp$ eine zu $\boldsymbol{a}$ orthogonale Hyperebene. Falls der Vektor $\boldsymbol{a}$ nicht isotrop ist, erweist sich

$$\boldsymbol{V} = [\boldsymbol{a}] \oplus \boldsymbol{a}^\perp$$

als eine orthogonale direkte Summe. Gilt allgemeiner für einen Unterraum $\boldsymbol{U} \subset \boldsymbol{V}$ die Gleichung $\boldsymbol{V} = \boldsymbol{U} \oplus \boldsymbol{U}^\perp$, so wird $\boldsymbol{U}^\perp$ das *orthogonale Komplement* von $\boldsymbol{U}$ genannt. Ist das der Fall, so gilt $\boldsymbol{U}^{\perp\perp} = \boldsymbol{U}$, womit $\boldsymbol{U}$ auch das orthogonale Komplement von $\boldsymbol{U}^\perp$ ist (Übungsaufgabe). Jede der beiden zu einer orthogonalen direkten Summe gehörenden Projektionen wird auch als *orthogonale Projektion* bezeichnet. Die Beispiele in 9.5.7 zeigen, dass ein Unterraum ein orthogonales Komplement besitzen kann oder auch nicht.

Der folgende Satz ist einfach zu zeigen, aber dennoch von großer Bedeutung.

Satz 11.2.4 *Sei $\boldsymbol{a} \neq \boldsymbol{o}$ ein nicht isotroper Vektor von $(\boldsymbol{V}, \iota)$. Die Abbildung*

$$p : \boldsymbol{V} \to \boldsymbol{V} : \boldsymbol{x} \mapsto \frac{\boldsymbol{a} \cdot \boldsymbol{x}}{\boldsymbol{a} \cdot \boldsymbol{a}} \boldsymbol{a} \tag{11.1}$$

ist die orthogonale Projektion auf $[\boldsymbol{a}]$, und die Abbildung

$$\mathrm{id}_V - p : \boldsymbol{V} \to \boldsymbol{V} : \boldsymbol{x} \mapsto \boldsymbol{x} - \frac{\boldsymbol{a} \cdot \boldsymbol{x}}{\boldsymbol{a} \cdot \boldsymbol{a}} \boldsymbol{a} \tag{11.2}$$

ist die orthogonale Projektion auf $\boldsymbol{a}^\perp$.

Beweis. Die Gültigkeit der Behauptungen folgt aus 4.2.7 Beispiel 2, wenn wir dort $\boldsymbol{v}$ durch $\boldsymbol{a}$ und $\boldsymbol{a}^*$ durch die Linearform mit dem Gradienten $\boldsymbol{a}$ ersetzen. □

Wir betrachten insbesondere $K^{n\times 1}$ mit dem kanonischen ω-symmetrischen Skalarprodukt und einen Vektor $\boldsymbol{a} = (a_1, a_2, \ldots, a_n)^{\mathrm{T}} \in K^{n\times 1}$ mit der Eigenschaft $\boldsymbol{a} \cdot \boldsymbol{a} = 1$. Dann gilt nach (11.1) für die Vektoren der kanonischen Basis $p(\boldsymbol{e}_j) = (\boldsymbol{a} \cdot \boldsymbol{e}_j)\boldsymbol{a} = \omega(a_j)\boldsymbol{a}$ und daher

$$\langle \boldsymbol{E}^*, p(\boldsymbol{E}) \rangle = \begin{pmatrix} \omega(a_1)a_1 & \omega(a_2)a_1 & \ldots & \omega(a_n)a_1 \\ \omega(a_1)a_2 & \omega(a_2)a_2 & \ldots & \omega(a_n)a_2 \\ \ldots & \ldots & \ldots & \ldots \\ \omega(a_1)a_n & \omega(a_2)a_n & \ldots & \omega(a_n)a_n \end{pmatrix} = \boldsymbol{a} \cdot \omega(\boldsymbol{a})^{\mathrm{T}}. \tag{11.3}$$

Beachte, dass in dieser Formel nach dem zweiten Gleichheitszeichen das *Matrizenprodukt* der Spalte $\boldsymbol{a}$ mit der Zeile $\omega(\boldsymbol{a})^{\mathrm{T}}$ gemeint ist und nicht ein Skalarprodukt! Damit lassen sich die oben besprochenen Projektionen leicht durch Matrizen beschreiben, welche offensichtlich hermitesch sind.

Aufgaben

A 11.2.1 Gegeben sei ein Vektorraum $\boldsymbol{V}$ über K mit einer Basis $(\boldsymbol{b}_j)_{j\in\mathbb{N}}$. Ein bilineares Skalarprodukt $\iota : \boldsymbol{V} \times \boldsymbol{V} \to K$ wird durch $\boldsymbol{b}_i \cdot \boldsymbol{b}_j := \delta_{ij}$ für alle $i, j \in \mathbb{N}$ festgelegt. Ermittle den Unterraum $d_\iota(\boldsymbol{V}) \subset \boldsymbol{V}^*$ und gib dann eine Linearform an, die keinen Gradienten besitzt.

A 11.2.2 Im Vektorraum $\mathbb{R}^{3\times 1}$ seien der Vektor

$$(\alpha)\ \boldsymbol{a} = (1,1,2)^{\mathrm{T}},\quad (\beta)\ \boldsymbol{a} = (-1,1,1)^{\mathrm{T}},\quad (\gamma)\ \boldsymbol{a} = (1,1,1)^{\mathrm{T}},\quad (\delta)\ \boldsymbol{a} = (2,2,1)^{\mathrm{T}}$$

und vier Skalarprodukte $\iota_1, \iota_2, \iota_3, \iota_4$ durch die Matrizen $\operatorname{diag}(1,1,1)$, $\operatorname{diag}(1,1,-1)$, $\operatorname{diag}(1,-1,-1)$ bzw. $\operatorname{diag}(-1,-1,-1)$ gegeben, jeweils bezüglich der kanonischen Basis $\boldsymbol{E}$. Lege für alle vier Skalarprodukte die beiden Orthogonalprojektionen auf $[\boldsymbol{a}]$ und $\boldsymbol{a}^\perp$ durch ihre Matrizen bezüglich $\boldsymbol{E}$ fest.

A 11.2.3 Löse A 11.2.2 sinngemäß in $\mathbb{C}^{3\times 1}$ für den Vektor

$$(\alpha)\ \boldsymbol{a} = (i,i,2)^{\mathrm{T}},\quad (\beta)\ \boldsymbol{a} = (-i,i,1)^{\mathrm{T}},\quad (\gamma)\ \boldsymbol{a} = (1,1,i)^{\mathrm{T}},\quad (\delta)\ \boldsymbol{a} = (2,2i,1)^{\mathrm{T}},$$

wobei $\iota_1, \iota_2, \iota_3, \iota_4$ aber hermitesche Sesquilinearform seien.

A 11.2.4 In dieser Aufgabe werden binäre lineare Codes der Länge $n \in \mathbb{N}^\times$ untersucht, wobei $\mathbb{Z}_2^{1\times n}$ mit dem kanonischen Skalarprodukt versehen wird. Ein Wort aus $\mathbb{Z}_2^{1\times n}$ heißt von *gerader* bzw. *ungerader Parität*, je nachdem sein Hamming-Gewicht gerade bzw. ungerade ist.

(a) Beweise: Alle Wörter in $\mathbb{Z}_2^{1\times n}$ mit gerader Parität bilden einen linearen $[n, n-1]$-Code $\boldsymbol{C}$. Er wird *Paritätscode* der Länge n genannt.

(b) Bestimme eine Linearform mit Kern $\boldsymbol{C}$ und den Gradienten dieser Linearform.

(c) Beweise: Der binäre *Wiederholungscode* der Länge n, das ist der vom Wort $(\overline{1}, \overline{1} \ldots, \overline{1})$ aufgespannte Unterraum von $\mathbb{Z}_2^{1\times n}$, besitzt den Paritätscode der Länge n als dualen Code.

(d) Für welche n bilden die beiden Codes $\boldsymbol{C}$ und $\boldsymbol{C}^\perp$ eine orthogonale direkte Summe?

Hinweis: Vgl. A 6.1.2 für den binären Wiederholungscode der Länge 4.

A 11.2.5 Ein linearer Code über $\mathbb{Z}_3$ heißt *ternärer Hamming-Code* der Länge $n = 13$, wenn er eine Kontrollmatrix $H \in \mathbb{Z}_3^{3\times 13}$ besitzt, deren Spalten sämtliche Punkte der projektiven Ebene $\mathcal{P}(\mathbb{Z}_3^{3\times 1})$ repräsentieren; vgl. A 6.5.5. Zu einem solchen Code gehört ein *ternärer Simplexcode* als dualer Code.

(a) Ermittle eine Kontrollmatrix H eines ternären Hamming-Codes $\boldsymbol{C}$ der Länge 13, deren Spalten die oben genannten Eigenschaft besitzen. Welche Dimension und welchen Minimalabstand hat dieser Code?

(b) Berechne eine Kontrollmatrix und die Dimension des dualen Codes $\boldsymbol{C}^\perp$.

(c) Zeige, dass jedes von $(\overline{0}, \overline{0}, \ldots, \overline{0})$ verschiedene Codewort von $\boldsymbol{C}^\perp$ das Hamming-Gewicht 9 besitzt. Leite daraus mit Hilfe von A 2.7.3 (a) ab, dass der Minimalabstand von $\boldsymbol{C}^\perp$ gleich 9 ist.

(d) Bilden die beiden Codes $\boldsymbol{C}$ und $\boldsymbol{C}^\perp$ eine orthogonale direkte Summe?

Hinweis zu (a): Ziehe A 4.8.6 zur Berechnung des Minimalabstandes $\operatorname{dist}_{\min}(\boldsymbol{C})$ heran. Hinweis zu (b): Nach A 11.1.4 ist H eine Generatormatrix von $\boldsymbol{C}^\perp$. Hinweis zu (c): Zeige die Gewichtseigenschaft zuerst für die Zeilen von H und dann für die Zeilen von QH mit einer beliebig gewählten Matrix $Q \in \mathrm{GL}_3(\mathbb{Z}_3)$. Beachte dabei, dass die Spalten der Matrix QH erneut alle 13 Punkte der projektiven Ebene $\mathcal{P}(\mathbb{Z}_3^{3\times 1})$ repräsentieren müssen.

11.3 Normierte Vektorräume

11.3.1 Sei (V, ι) ein Vektorraum mit Skalarprodukt. Wir beschreiben zunächst eine Vorstufe der Längenmessung: Für alle $\boldsymbol{a} \in V$ heißt $\boldsymbol{a} \cdot \boldsymbol{a} \in K$ das *Längenquadrat* des Vektors $\boldsymbol{a}$. Ein *normierter Vektor* $\boldsymbol{a}$ liegt vor, falls $\boldsymbol{a} \cdot \boldsymbol{a} = 1$. Beachte, dass in dieser Definition zwar ein Längenquadrat, aber keine Länge eines Vektors eingeführt wird. Das Längenquadrat eines Vektors braucht auch keine Quadratzahl zu sein.

11.3.2 Wir beschränken uns im Rest dieses Abschnitts auf Vektorräume über $\mathbb{R}$ und $\mathbb{C}$. Dabei verwenden wir $\mathbb{K}$ als gemeinsame Bezeichnung für $\mathbb{R}$ oder $\mathbb{C}$; für $\mathbb{K} = \mathbb{R}$ ist $\overline{x} := x$ und $\operatorname{Re} x := x$ für alle $x \in \mathbb{R}$.

Sei (V, ι) ein euklidischer oder unitärer Vektorraum. Dann wird die *Länge* eines Vektors $\boldsymbol{a} \in V$ erklärt als

$$\|\boldsymbol{a}\| := \sqrt{\boldsymbol{a} \cdot \boldsymbol{a}} \in \mathbb{R}^+ \cup \{0\}.$$

Hier ist nun tatsächlich das Längenquadrat $\boldsymbol{a} \cdot \boldsymbol{a}$ eines jeden Vektors $\boldsymbol{a} \in V$ das Quadrat seiner Länge. Es ist $\|\boldsymbol{a}\| = 0$ genau für $\boldsymbol{a} = \boldsymbol{o}$. Die Abbildung $\boldsymbol{a} \mapsto \|\boldsymbol{a}\|$ nennen wir auch die *Längenfunktion* von V in $\mathbb{R}$.

Es ist $\mathbb{R}$ mit dem kanonischen Skalarprodukt $(x, y) \mapsto xy$ und $\mathbb{C}$ mit dem kanonischen unitären Skalarprodukt $(x, y) \mapsto \overline{x}y$ ein euklidischer bzw. unitärer Vektorraum. Hier schreiben wir statt $\|x\|$ so wie bisher $|x|$ für den absoluten Betrag von $x \in \mathbb{K}$.

Für die Längen von zwei Vektoren und den absoluten Betrag ihres Skalarprodukts gilt der folgende berühmte Satz:

Satz 11.3.3 (Ungleichung von Cauchy-Schwarz[8]) *Sei (V, ι) euklidisch oder unitär. Dann ist*

$$|\boldsymbol{a} \cdot \boldsymbol{b}| \leq \|\boldsymbol{a}\| \, \|\boldsymbol{b}\| \quad \textit{für alle} \quad \boldsymbol{a}, \boldsymbol{b} \in V. \tag{11.4}$$

Gleichheit gilt genau dann, falls das Paar $(\boldsymbol{a}, \boldsymbol{b})$ linear abhängig ist.

Beweis. Der Fall $\boldsymbol{b} = \boldsymbol{o}$ ist trivial. Andernfalls betrachten wir die Projektion von $\boldsymbol{a}$ auf die zu $\boldsymbol{b}$ orthogonale Hyperebene, also den Vektor

$$\boldsymbol{a}' := \boldsymbol{a} - \frac{\boldsymbol{b} \cdot \boldsymbol{a}}{\boldsymbol{b} \cdot \boldsymbol{b}} \boldsymbol{b}.$$

Wegen $\boldsymbol{b} \cdot \boldsymbol{b} = \overline{\boldsymbol{b} \cdot \boldsymbol{b}}$ folgt

$$\begin{aligned}
0 \leq \boldsymbol{a}' \cdot \boldsymbol{a}' &= \boldsymbol{a} \cdot \boldsymbol{a} - \frac{\boldsymbol{b} \cdot \boldsymbol{a}}{\boldsymbol{b} \cdot \boldsymbol{b}}(\boldsymbol{a} \cdot \boldsymbol{b}) - \frac{\overline{\boldsymbol{b} \cdot \boldsymbol{a}}}{\boldsymbol{b} \cdot \boldsymbol{b}}(\boldsymbol{b} \cdot \boldsymbol{a}) + \frac{(\boldsymbol{b} \cdot \boldsymbol{a})(\overline{\boldsymbol{b} \cdot \boldsymbol{a}})}{(\boldsymbol{b} \cdot \boldsymbol{b})(\boldsymbol{b} \cdot \boldsymbol{b})}(\boldsymbol{b} \cdot \boldsymbol{b}) \\
&= \boldsymbol{a} \cdot \boldsymbol{a} - \frac{(\boldsymbol{b} \cdot \boldsymbol{a})(\boldsymbol{a} \cdot \boldsymbol{b})}{\boldsymbol{b} \cdot \boldsymbol{b}} \\
&= \|\boldsymbol{a}\|^2 - \frac{|\boldsymbol{a} \cdot \boldsymbol{b}|^2}{\|\boldsymbol{b}\|^2},
\end{aligned}$$

also $|\boldsymbol{a} \cdot \boldsymbol{b}|^2 \leq \|\boldsymbol{a}\|^2 \|\boldsymbol{b}\|^2$, womit (11.4) gezeigt ist. Gleichheit gilt genau für $\boldsymbol{a}' = 0$, d. h. für linear abhängige Vektoren $\boldsymbol{a}$ und $\boldsymbol{b}$. □

[8] Hermann Amandus Schwarz (1843–1921).

Satz 11.3.4 *Sei (V, ι) euklidisch oder unitär. Dann gilt für alle $x \in \mathbb{K}$ und alle $\boldsymbol{a}, \boldsymbol{b} \in V$:*

$$\|\boldsymbol{a} + \boldsymbol{b}\| \le \|\boldsymbol{a}\| + \|\boldsymbol{b}\|, \tag{11.5}$$

$$\|x\boldsymbol{a}\| = |x|\,\|\boldsymbol{a}\|. \tag{11.6}$$

Beweis. Wir bemerken zunächst

$$z + \bar{z} = 2\operatorname{Re} z \le 2|\operatorname{Re} z| \le 2\sqrt{(\operatorname{Re} z)^2 + (\operatorname{Im} z)^2} = 2|z| \quad \text{für alle } z \in \mathbb{K}.$$

Aus der Ungleichung von Cauchy-Schwarz und der obigen Formel, angewendet auf $z := \boldsymbol{a} \cdot \boldsymbol{b}$, folgt

$$\begin{aligned}
\|\boldsymbol{a} + \boldsymbol{b}\|^2 &= (\boldsymbol{a} + \boldsymbol{b}) \cdot (\boldsymbol{a} + \boldsymbol{b}) \\
&= \|\boldsymbol{a}\|^2 + \|\boldsymbol{b}\|^2 + \boldsymbol{a} \cdot \boldsymbol{b} + \boldsymbol{b} \cdot \boldsymbol{a} \\
&= \|\boldsymbol{a}\|^2 + \|\boldsymbol{b}\|^2 + \boldsymbol{a} \cdot \boldsymbol{b} + \overline{\boldsymbol{a} \cdot \boldsymbol{b}} \\
&\le \|\boldsymbol{a}\|^2 + \|\boldsymbol{b}\|^2 + 2|\boldsymbol{a} \cdot \boldsymbol{b}| \\
&\le \|\boldsymbol{a}\|^2 + \|\boldsymbol{b}\|^2 + 2\|\boldsymbol{a}\|\,\|\boldsymbol{b}\| \\
&= (\|\boldsymbol{a}\| + \|\boldsymbol{b}\|)^2.
\end{aligned}$$

Ferner ist $\|x\boldsymbol{a}\|^2 = (x\boldsymbol{a}) \cdot (x\boldsymbol{a}) = (\bar{x}x)(\boldsymbol{a} \cdot \boldsymbol{a}) = |x|^2\|\boldsymbol{a}\|^2$. □

11.3.5 In jedem euklidischen Vektorraum (V, ι) gilt nach (11.4) die Ungleichung

$$-1 \le \frac{\boldsymbol{a} \cdot \boldsymbol{b}}{\|\boldsymbol{a}\|\,\|\boldsymbol{b}\|} \le 1 \quad \text{für alle } \boldsymbol{a}, \boldsymbol{b} \in V \setminus \{\boldsymbol{o}\}.$$

Aus der Analysis ist die Kosinusfunktion[9]

$$\cos : \mathbb{R} \to [-1, 1] : x \mapsto \sum_{k=0}^{\infty} (-1)^k \frac{x^{2k}}{(2k)!}$$

in Form einer für alle $x \in \mathbb{R}$ konvergenten Potenzreihe bekannt. Die Einschränkung der Kosinusfunktion auf das Intervall $[0, \pi]$ ist bijektiv. Mit der zugehörigen Arkusfunktion können wir durch

$$\sphericalangle(\boldsymbol{x}, \boldsymbol{y}) := \arccos \frac{\boldsymbol{x} \cdot \boldsymbol{y}}{\|\boldsymbol{x}\|\,\|\boldsymbol{y}\|} \quad \text{mit } 0 \le \sphericalangle(\boldsymbol{x}, \boldsymbol{y}) \le \pi$$

das *Winkelmaß* von je zwei Vektoren $\boldsymbol{x}, \boldsymbol{y} \in V \setminus \{\boldsymbol{o}\}$ definieren.

Es sei nun $\dim V = 2$. Wird V durch die Vorgabe einer nicht trivialen Determinantenform $\Delta : V \to \mathbb{R}$ orientiert, so kann ein *orientiertes Winkelmaß* eingeführt werden. Dazu setzen wir für alle $\boldsymbol{x}, \boldsymbol{y} \in V \setminus \{\boldsymbol{o}\}$:

$$\vec{\sphericalangle}(\boldsymbol{x}, \boldsymbol{y}) := \begin{cases} -\sphericalangle(\boldsymbol{x}, \boldsymbol{y}), & \text{falls } \Delta(\boldsymbol{x}, \boldsymbol{y}) < 0 \text{ (Linksbasis);} \\ \sphericalangle(\boldsymbol{x}, \boldsymbol{y}) & \text{sonst.} \end{cases}$$

Das orientierte Winkelmaß ist für $\Delta(\boldsymbol{x}, \boldsymbol{y}) \ne 0$ von der Reihenfolge der Vektoren abhängig und liefert Maßzahlen im halboffenen Intervall $(-\pi, \pi]$. Vgl. Abbildung 11.4.

Die Längenfunktion eines euklidischen oder unitären Vektorraumes ordnet sich folgendem allgemeineren Begriff unter:

[9] Im Schulunterricht wird zuerst (mehr oder weniger genau) erklärt, was ein Winkelmaß ist, und dann werden die sogenannten Winkelfunktionen eingeführt. Wir gehen hier den umgekehrten Weg.

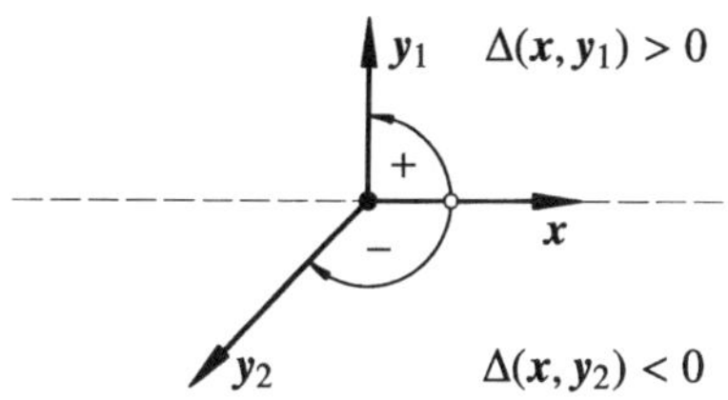

Abbildung 11.4

Definition 11.3.6 Eine *Norm* ist eine Abbildung

$$\|\cdot\| : \boldsymbol{V} \to \mathbb{R} : \boldsymbol{x} \mapsto \|\boldsymbol{x}\|$$

eines Vektorraumes $\boldsymbol{V}$ über $\mathbb{K} = \mathbb{R}$ oder $\mathbb{K} = \mathbb{C}$ mit folgenden Eigenschaften:

1. Aus $\|\boldsymbol{x}\| = 0$ folgt $\boldsymbol{x} = \boldsymbol{o}$ für alle $\boldsymbol{x} \in \boldsymbol{V}$.
2. $\|\boldsymbol{x} + \boldsymbol{y}\| \leq \|\boldsymbol{x}\| + \|\boldsymbol{y}\|$ für alle $\boldsymbol{x}, \boldsymbol{y} \in \boldsymbol{V}$.
3. $\|c\boldsymbol{x}\| = |c|\,\|\boldsymbol{x}\|$ für alle $c \in \mathbb{K}$ und alle $\boldsymbol{x} \in \boldsymbol{V}$.

Es heißt $(\boldsymbol{V}, \|\cdot\|)$ auch ein *normierter Vektorraum*. Einfache Eigenschaften sind

$$\|\boldsymbol{o}\| = \|0\boldsymbol{o}\| = |0|\,\|\boldsymbol{o}\| = 0$$

und

$$\|\boldsymbol{x}\| = \frac{1}{2}(\|\boldsymbol{x}\| + \|-\boldsymbol{x}\|) \geq \frac{1}{2}\|\boldsymbol{x} - \boldsymbol{x}\| = 0 \ \text{ für alle } \ \boldsymbol{x} \in \boldsymbol{V}.$$

Beispiele 11.3.7

1. Die Längenfunktion jedes euklidischen oder unitären Vektorraumes ist eine Norm; sie wird *euklidische* bzw. *unitäre Norm* genannt.
2. Sei $p \in \mathbb{R}$ mit $p \geq 1$ fest gewählt. Die *p-Norm* auf $\mathbb{K}^{n\times 1}$ wird durch

   $$\|(x_1, x_2, \ldots, x_n)^{\mathrm{T}}\|_p := \sqrt[p]{|x_1|^p + |x_2|^p + \cdots + |x_n|^p} \ \text{ für alle } \ (x_1, x_2, \ldots, x_n)^{\mathrm{T}} \in \mathbb{K}^{n\times 1}$$

   erklärt. Für $p \to \infty$ geht sie über in die *Maximumsnorm*

   $$\|(x_1, x_2, \ldots, x_n)^{\mathrm{T}}\|_\infty := \max\{|x_1|, |x_2|, \ldots, |x_n|\} \ \text{ für alle } \ (x_1, x_2, \ldots, x_n)^{\mathrm{T}} \in \mathbb{K}^{n\times 1}.$$

Bemerkung 11.3.8 Ist M eine Menge und $\mathrm{dist} : M \times M \to \mathbb{R}$ eine Abbildung, so heißt (M, dist) ein *metrischer Raum*, falls für alle $x, y, z \in M$ gilt:

1. $\mathrm{dist}(x, y) = \mathrm{dist}(y, x) \geq 0$.
2. $\mathrm{dist}(x, y) = 0$ genau für $x = y$.
3. $\mathrm{dist}(x, z) \leq \mathrm{dist}(x, y) + \mathrm{dist}(y, z)$ (*Dreiecksungleichung*).

Jeder normierte Vektorraum $(\boldsymbol{V}, \|\cdot\|)$ wird durch $(\boldsymbol{x}, \boldsymbol{y}) \mapsto \|\boldsymbol{x} - \boldsymbol{y}\|$ zu einem metrischen Raum. Für einen normierten Vektorraum $\boldsymbol{V}$ über $\mathbb{K}$ stellt sich die Frage nach der Stetigkeit der Abbildungen aus $\mathrm{L}(\boldsymbol{V}, \mathbb{K})$. Genau für $\dim \boldsymbol{V} = \infty$ gibt es in $\mathrm{L}(\boldsymbol{V}, \mathbb{K})$ unstetige Abbildungen. Das sind genau jene Linearformen, die keinen Gradienten besitzen.

Aufgaben

A 11.3.1 Beweise für Vektorräume $(\boldsymbol{V}, \iota)$ mit Skalarprodukt und alle Vektoren $\boldsymbol{a}, \boldsymbol{b} \in \boldsymbol{V}$:

(a) $(\boldsymbol{V}, \iota)$ beliebig: $\boldsymbol{a} \cdot \boldsymbol{a} + \boldsymbol{b} \cdot \boldsymbol{b} = \boldsymbol{c} \cdot \boldsymbol{c}$, falls $\boldsymbol{a} \perp \boldsymbol{b}$ und $\boldsymbol{c} := \boldsymbol{a} - \boldsymbol{b}$ (*Satz von Pythagoras*).

(b) $(\boldsymbol{V}, \iota)$ euklidisch: $\|\boldsymbol{a} - \boldsymbol{b}\|^2 = \|\boldsymbol{a}\|^2 + \|\boldsymbol{b}\|^2 - 2\|\boldsymbol{a}\|\,\|\boldsymbol{b}\| \cos(\sphericalangle(\boldsymbol{a}, \boldsymbol{b}))$ (*Kosinussatz*).

(c) $(\boldsymbol{V}, \iota)$ euklidisch: $\boldsymbol{a} \perp \boldsymbol{b} \Leftrightarrow \|\boldsymbol{a} + \boldsymbol{b}\|^2 = \|\boldsymbol{a}\|^2 + \|\boldsymbol{b}\|^2$.

(d) $(\boldsymbol{V}, \iota)$ euklidisch: $(\boldsymbol{a} + \boldsymbol{b}) \perp (\boldsymbol{a} - \boldsymbol{b}) \Leftrightarrow \|\boldsymbol{a}\| = \|\boldsymbol{b}\|$.

(e) $(\boldsymbol{V}, \iota)$ unitär: $4(\boldsymbol{a} \cdot \boldsymbol{b}) = \|\boldsymbol{b} + \boldsymbol{a}\|^2 - \|\boldsymbol{b} - \boldsymbol{a}\|^2 + i\|\boldsymbol{b} + i\boldsymbol{a}\|^2 - i\|\boldsymbol{b} - i\boldsymbol{a}\|^2$.

(f) $(\boldsymbol{V}, \iota)$ unitär: $\boldsymbol{a} \perp \boldsymbol{b} \Leftrightarrow \|x\boldsymbol{a} + y\boldsymbol{b}\|^2 = \|x\boldsymbol{a}\|^2 + \|y\boldsymbol{b}\|^2$ für alle $x, y \in \mathbb{C}$.

(g) $(\boldsymbol{V}, \iota)$ unitär mit $\dim \boldsymbol{V} \geq 2$: $\|\boldsymbol{a} + \boldsymbol{b}\|^2 = \|\boldsymbol{a}\|^2 + \|\boldsymbol{b}\|^2 \not\Rightarrow \boldsymbol{a} \perp \boldsymbol{b}$.

(h) $(\boldsymbol{V}, \iota)$ euklidisch oder unitär: $\|\boldsymbol{a} + \boldsymbol{b}\|^2 + \|\boldsymbol{a} - \boldsymbol{b}\|^2 = 2\|\boldsymbol{a}\|^2 + 2\|\boldsymbol{b}\|^2$ (*Parallelogrammsatz*).

Bemerkung: Gilt in einem normierten Vektorraum $(\boldsymbol{V}, \|\cdot\|)$ der Parallelogrammsatz, so stammt die Norm von einem Skalarprodukt.

A 11.3.2 Es seien $(\boldsymbol{V}, \iota)$ ein euklidischer oder unitärer Vektorraum und $p : \boldsymbol{V} \to \boldsymbol{U}$ eine Projektion auf einen Unterraum $\boldsymbol{U}$. Zeige: p ist genau dann eine Orthogonalprojektion, falls $\|p(\boldsymbol{a})\| \leq \|\boldsymbol{a}\|$ für alle $\boldsymbol{a} \in \boldsymbol{V}$. Hinweis: Verwende für eine Orthogonalprojektion den Satz von Pythagoras und zeige die Umkehrung indirekt.

A 11.3.3 Es seien $K = \mathrm{GF}(q)$ ein endlicher Körper und $n \in \mathbb{N}^{\times}$. Beweise, dass $K^{1\times n}$ bezüglich des Hamming-Abstandes $\mathrm{dist_H} : K^{1\times n} \to \mathbb{R}$ ein metrischer Raum ist.

11.4 Reziproke Basen

11.4.1 Auch in diesem Abschnitt sei $(\boldsymbol{V}, \iota)$ ein ω-symmetrischer Vektorraum. Eine Basis $(\boldsymbol{c}_i)_{i\in I}$ von $\boldsymbol{V}$ heißt zur Basis $(\boldsymbol{b}_j)_{j\in I}$ *reziprok*, falls gilt

$$\boldsymbol{c}_i \cdot \boldsymbol{b}_j = \delta_{ij} \quad \text{für alle} \quad (i, j) \in I \times I. \tag{11.7}$$

Beachte, dass die beiden Basen dieselbe Indexmenge besitzen.

Satz 11.4.2 *Zu jeder Basis $\boldsymbol{B} = (\boldsymbol{b}_j)_{j\in I}$ von $(\boldsymbol{V}, \iota)$ gibt es höchstens eine, bei endlicher Dimension von $\boldsymbol{V}$ jedoch genau eine reziproke Basis.*

Beweis. Eine Basis $(\boldsymbol{c}_i)_{i\in I}$ von $\boldsymbol{V}$ ist genau dann reziprok zu $\boldsymbol{B}$, falls

$$d_\iota(\boldsymbol{c}_i) = \boldsymbol{b}_i^* \quad \text{für alle} \quad i \in I, \tag{11.8}$$

d. h., falls für alle $i \in I$ der Vektor $\boldsymbol{c}_i$ der Gradient der Koordinatenform $\boldsymbol{b}_i^*$ ist. Da d_ι injektiv ist, kann es nur höchstens eine zu $\boldsymbol{B}$ reziproke Basis geben. Bei endlicher Dimension geht die zu $\boldsymbol{B}$ duale Basis $\boldsymbol{B}^*$ unter der semilinearen Bijektion d_ι^{-1} in die reziproke Basis zu $\boldsymbol{B}$ über. □

Da unter d_ι der Vektorraum $\boldsymbol{V}$ semilinear und bijektiv auf den Unterraum $d_\iota(\boldsymbol{V}) \subset \boldsymbol{V}^*$ abgebildet wird, zeigt uns Formel (11.8), dass es zu $\boldsymbol{B}$ genau dann eine reziproke Basis gibt, falls die l. u. Familie $(\boldsymbol{b}_i^*)_{i\in I}$ ein Erzeugendensystem von $d_\iota(\boldsymbol{V})$ bildet. Diese Bedingung ist bei endlicher Dimension stets erfüllt. Bei unendlicher Dimension können hingegen manche Koordinatenformen $\boldsymbol{b}_i^*$ außerhalb von $d_\iota(\boldsymbol{V})$ liegen; selbst wenn alle Koordinatenformen dem Unterraum $d_\iota(\boldsymbol{V})$ angehören, müssen diese kein Erzeugendensystem von $d_\iota(\boldsymbol{V})$ bilden.

Wenn $\boldsymbol{B} = (\boldsymbol{b}_j)_{j\in I}$ eine reziproke Basis besitzt, so bezeichnen wir diese mit $\hat{\boldsymbol{B}} = (\hat{\boldsymbol{b}}_i)_{i\in I}$. In diesem Fall ist $\boldsymbol{B}$ auch die reziproke Basis zu $\hat{\boldsymbol{B}}$, da

$$\boldsymbol{b}_j \bullet \hat{\boldsymbol{b}}_i = \omega(\hat{\boldsymbol{b}}_i \bullet \boldsymbol{b}_j) = \omega(\delta_{ij}) = \delta_{ji} \text{ für alle } (j,i) \in I \times I.$$

Abbildung 11.5 zeigt eine Basis $(\boldsymbol{b}_1, \boldsymbol{b}_2)$ und deren reziproke Basis; dabei liegt ein elementares Skalarprodukt zu Grunde, bezüglich dessen der Vektor $\boldsymbol{b}_1$ normiert ist.

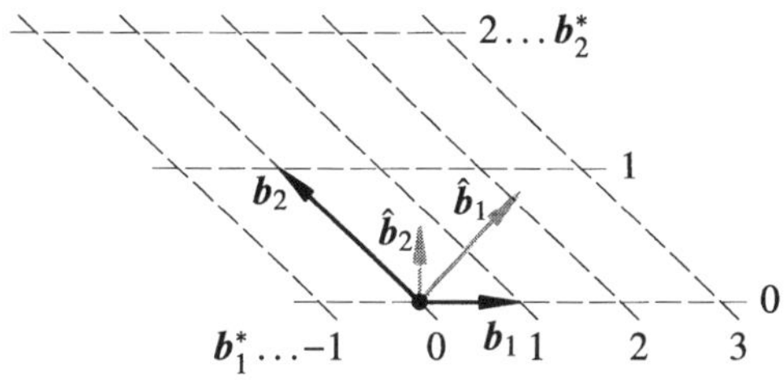

Abbildung 11.5

11.4.3 Im Sonderfall $(V, \iota) = (K^{n\times 1}, \iota)$ ergibt

$$\omega(\langle \boldsymbol{E}^*, \hat{\boldsymbol{B}}\rangle^{\mathrm{T}}) \cdot \iota(\boldsymbol{E}, \boldsymbol{E}) \cdot \langle \boldsymbol{E}^*, \boldsymbol{B}\rangle = E_n$$

eine kennzeichnende Beziehung zwischen einer Basis $\boldsymbol{B}$ von $K^{n\times 1}$ und ihrer reziproken Basis $\hat{\boldsymbol{B}}$. Diese Formel ermöglicht bei gegebener Basis $\boldsymbol{B}$ die explizite Berechnung von $\hat{\boldsymbol{B}}$ durch Invertieren einer Matrix.

11.4.4 Sei $\boldsymbol{B} = (\boldsymbol{b}_j)_{j\in I}$ eine Basis von $\boldsymbol{V}$ und $\hat{\boldsymbol{B}} = (\hat{\boldsymbol{b}}_i)_{i\in I}$ ihre reziproke Basis. Für jeden Vektor $\boldsymbol{x} \in \boldsymbol{V}$ gilt dann

$$\boldsymbol{x} = \sum_{j\in I} \langle \boldsymbol{b}_j^*, \boldsymbol{x}\rangle \boldsymbol{b}_j = \sum_{j\in I} (\hat{\boldsymbol{b}}_j \bullet \boldsymbol{x}) \boldsymbol{b}_j. \tag{11.9}$$

Für alle $i \in I$ ist daher das Skalarprodukt $\hat{\boldsymbol{b}}_i \bullet \boldsymbol{x}$ die i-te Koordinate von $\boldsymbol{x}$ bezüglich $\boldsymbol{B}$. Werden Vektoren $\boldsymbol{x}, \boldsymbol{y} \in \boldsymbol{V}$ in reziproken Basen linear kombiniert, etwa

$$\boldsymbol{x} = \sum_{i\in I} \hat{x}_i \hat{\boldsymbol{b}}_i, \quad \boldsymbol{y} = \sum_{j\in I} y_j \boldsymbol{b}_j,$$

so folgt

$$\boldsymbol{x} \bullet \boldsymbol{y} = \sum_{i,j\in I} (\omega(\hat{x}_i) y_j)(\hat{\boldsymbol{b}}_i \bullet \boldsymbol{b}_j) = \sum_{i,j\in I} \omega(\hat{x}_i) y_j \delta_{ij} = \sum_{i\in I} \omega(\hat{x}_i) y_i. \tag{11.10}$$

Für $\dim \boldsymbol{V} = n < \infty$ bestimmt daher jede Basis $\boldsymbol{B} = (\boldsymbol{b}_1, \boldsymbol{b}_2, \ldots, \boldsymbol{b}_n)$ die beiden Koordinatisierungen

$$\boldsymbol{B}^* : \boldsymbol{V} \to K^{n\times 1} : \boldsymbol{x} \mapsto \langle \boldsymbol{B}^*, \boldsymbol{x}\rangle = \hat{\boldsymbol{B}} \bullet \boldsymbol{x} \text{ und } \hat{\boldsymbol{B}}^* : \boldsymbol{V} \to K^{n\times 1} : \boldsymbol{x} \mapsto \langle \hat{\boldsymbol{B}}^*, \boldsymbol{x}\rangle = \boldsymbol{B} \bullet \boldsymbol{x}.$$

Dabei ist etwa $\hat{\boldsymbol{B}} \bullet \boldsymbol{x}$ als Abkürzung für die Spalte $(\hat{\boldsymbol{b}}_1 \bullet \boldsymbol{x}, \hat{\boldsymbol{b}}_2 \bullet \boldsymbol{x}, \ldots, \hat{\boldsymbol{b}}_n \bullet \boldsymbol{x})^{\mathrm{T}}$ zu verstehen. Die Koordinaten von $\boldsymbol{x} \in \boldsymbol{V}$ bezüglich $\boldsymbol{B}$ heißen auch *kontravariante Koordinaten* von $\boldsymbol{x}$ bezüglich $\boldsymbol{B}$, die Koordinaten von $\boldsymbol{x}$ bezüglich der reziproken Basis $\hat{\boldsymbol{B}}$ auch *kovariante Koordinaten* von $\boldsymbol{x}$ bezüglich $\boldsymbol{B}$. Als Anwendung zeigen wir:

Satz 11.4.5 *Sei $\boldsymbol{B} = (\boldsymbol{b}_1, \boldsymbol{b}_2, \ldots, \boldsymbol{b}_n)$ eine Basis von (V, ι). Hat ein Vektor $\boldsymbol{a} \in V \setminus \{\boldsymbol{o}\}$ die kovariante Koordinatenspalte*

$$\boldsymbol{B} \cdot \boldsymbol{a} = (\hat{a}_1, \hat{a}_2, \ldots, \hat{a}_n)^{\mathrm{T}},$$

so besitzt die zu $\boldsymbol{a}$ orthogonale Hyperebene bezüglich der Basis $\boldsymbol{B}$ die Gleichung

$$\omega(\hat{a}_1)x_1 + \omega(\hat{a}_2)x_2 + \cdots + \omega(\hat{a}_n)x_n = 0. \tag{11.11}$$

Beweis. Wir brauchen nur die Hyperebenengleichung $\boldsymbol{a} \cdot \boldsymbol{x} = 0$ gemäß Formel (11.10) darzustellen. □

Bemerkung 11.4.6 Oft werden kontra- und kovariante Koordinaten alleine durch die Indexposition unterschieden. Es bezeichnen üblicherweise x^i (oberer Index, kein Exponent!) kontravariante und x_i kovariante Koordinaten. In diesem Zusammenhang wird dann die Basis $\boldsymbol{B}$ in der Form $(\boldsymbol{b}_1, \boldsymbol{b}_2, \ldots, \boldsymbol{b}_n)$, die reziproke Basis aber als $(\boldsymbol{b}^1, \boldsymbol{b}^2, \ldots, \boldsymbol{b}^n)$ geschrieben.[10] Ferner wird die *Summationskonvention von Einstein*[11] verwendet: Über jeden Index, der in einem Term sowohl als oberer als auch als unterer Index vorkommt, ist von 1 bis n zu summieren. Wir werden diese Schreibweise, die in der multilinearen Algebra äußerst zweckmäßig ist, jedoch nicht verwenden.

Aufgaben

A 11.4.1 Sei (V, ι) wie in A 11.2.1 gegeben. Gib eine Basis von V an, zu der keine reziproke Basis existiert.
Anleitung: Gehe von einer Linearform $\boldsymbol{a}^* \neq \boldsymbol{o}^*$ mit $(\ker \boldsymbol{a}^*)^\perp = \{\boldsymbol{o}\}$ aus und wähle dann die Basisvektoren mit einer Ausnahme in der Hyperebene $\ker \boldsymbol{a}^*$.

A 11.4.2 Im euklidischen Vektorraum $\mathbb{R}^{3\times 1}$ (kanonisches Skalarprodukt) seien eine Basis $\boldsymbol{B}$ mit

$$\boldsymbol{b}_1 = (1,0,0)^{\mathrm{T}},\quad \boldsymbol{b}_2 = (1,1,0)^{\mathrm{T}},\quad \boldsymbol{b}_3 = (1,1,1)^{\mathrm{T}}$$

und ein Vektor $\boldsymbol{x} = (1,2,3)^{\mathrm{T}}$ gegeben.

(a) Bestimme die Vektoren der zu $\boldsymbol{B}$ reziproken Basis $\hat{\boldsymbol{B}} = (\hat{\boldsymbol{b}}_1, \hat{\boldsymbol{b}}_2, \hat{\boldsymbol{b}}_3)$.

(b) Berechne die Koordinatenspalten $\langle \boldsymbol{B}^*, \boldsymbol{x}\rangle$ sowie $\langle \hat{\boldsymbol{B}}^*, \boldsymbol{x}\rangle$.

(c) Berechne zur Probe $\boldsymbol{x} \cdot \boldsymbol{x} = 14$ unter alleiniger Benützung von $\langle \boldsymbol{B}^*, \boldsymbol{x}\rangle$ und $\langle \hat{\boldsymbol{B}}^*, \boldsymbol{x}\rangle$.

A 11.4.3 Löse A 11.4.2 sinngemäß im unitären Vektorraum $\mathbb{C}^{3\times 1}$ (kanonisches unitäres Skalarprodukt) mit folgenden Vektoren:

$$\boldsymbol{b}_1 = (1,0,0)^{\mathrm{T}},\quad \boldsymbol{b}_2 = (i,1,0)^{\mathrm{T}},\quad \boldsymbol{b}_3 = (i,i,1)^{\mathrm{T}},\quad \boldsymbol{x} = (3,2i,1)^{\mathrm{T}}.$$

Bemerkung: Es gilt auch hier $\boldsymbol{x} \cdot \boldsymbol{x} = 14$.

[10] Analog werden bei der dualen Basis $\boldsymbol{B}^*$ obere Indizes und bei dualen Koordinaten untere Indizes verwendet.
[11] Albert Einstein (1879–1955).

11.5 Orthogonalbasen und Orthogonalsysteme

11.5.1 Es sei weiterhin $(\boldsymbol{V}, \iota)$ ein ω-symmetrischer Vektorraum. Hat eine Basis $(\boldsymbol{b}_i)_{i\in I}$ von $\boldsymbol{V}$ die Eigenschaft

$$\boldsymbol{b}_i \perp \boldsymbol{b}_j \quad \text{für alle} \quad i, j \in I \quad \text{mit} \quad i \neq j,$$

so wird sie eine *Orthogonalbasis* genannt. Für jeden Vektor $\boldsymbol{b}_j$ einer solchen Basis ist $\boldsymbol{b}_j^{\perp} = [(\boldsymbol{b}_i)_{i\in I\setminus\{j\}}]$ die zu $\boldsymbol{b}_j$ orthogonale Hyperebene. Es folgt $\boldsymbol{b}_j \notin \boldsymbol{b}_j^{\perp}$, womit $\boldsymbol{b}_j$ ein nicht isotroper Vektor ist. Das zeigt

$$\left(\frac{1}{\boldsymbol{b}_j \cdot \boldsymbol{b}_j}\boldsymbol{b}_j\right) \cdot \boldsymbol{b}_j = 1,$$

da $\omega(\boldsymbol{b}_j \cdot \boldsymbol{b}_j) = \boldsymbol{b}_j \cdot \boldsymbol{b}_j$. Wir erkennen, dass die gegebene Orthogonalbasis eine reziproke Basis besitzt. Diese wird festgelegt durch

$$\hat{\boldsymbol{b}}_j := \frac{1}{\boldsymbol{b}_j \cdot \boldsymbol{b}_j}\boldsymbol{b}_j \quad \text{für alle} \quad j \in I.$$

Sind alle Vektoren einer Orthogonalbasis normiert, so sprechen wir von einer *Orthonormalbasis*, was wir auch mit ONB abkürzen. Eine Basis $(\boldsymbol{b}_i)_{i\in I}$ von $(\boldsymbol{V}, \iota)$ ist genau dann *selbstreziprok*, d. h. $\boldsymbol{b}_i = \hat{\boldsymbol{b}}_i$ für alle $i \in I$, falls sie eine Orthonormalbasis ist. Die Formeln aus Abschnitt 11.4 vereinfachen sich in diesem Fall dementsprechend; so gilt etwa

$$\Big(\sum_{i\in I} x_i\boldsymbol{b}_i\Big) \cdot \Big(\sum_{j\in I} y_j\boldsymbol{b}_j\Big) = \sum_{i\in I} \omega(x_i)y_i.$$

Wir kennen bereits Vektorräume mit Skalarprodukt, in denen es Orthogonalbasen oder sogar Orthonormalbasen gibt:

Satz 11.5.2 *Jeder endlichdimensionale ω-symmetrische Vektorraum $(\boldsymbol{V}, \iota)$ besitzt mindestens eine Orthogonalbasis, außer*[12] $(\boldsymbol{V}, \iota)$ *ist symplektisch und* $\dim \boldsymbol{V} > 0$. *Jeder endlichdimensionale komplexe pseudoeuklidische, euklidische oder unitäre Vektorraum besitzt mindestens eine Orthonormalbasis.*

Beweis. Eine Basis $\boldsymbol{B} = (\boldsymbol{b}_1, \boldsymbol{b}_2, \ldots, \boldsymbol{b}_n)$ ist genau dann Orthogonalbasis bzw. Orthonormalbasis, falls $\iota(\boldsymbol{B}, \boldsymbol{B})$ eine Diagonalmatrix bzw. Einheitsmatrix ist. Die Gültigkeit der Behauptungen ergibt sich nun unmittelbar aus den Sätzen 9.8.10 (a), 9.9.1, 9.10.2 und 9.10.11. □

Ist das Skalarprodukt ι eines reellen n-dimensionalen pseudoeuklidischen Vektorraumes $\boldsymbol{V}$ nicht positiv definit, so gibt es für $n \geq 1$ nach dem Trägheitssatz von Sylvester in jeder Orthogonalbasis mindestens einen Vektor $\boldsymbol{b}_i$ mit $\boldsymbol{b}_i \cdot \boldsymbol{b}_i < 0$, womit keine Orthonormalbasis existiert.

11.5.3 Wir verallgemeinern die in 11.5.1 eingeführten Begriffe, indem wir auf die Basiseigenschaft verzichten: Eine Familie $(\boldsymbol{a}_i)_{i\in I}$ von Vektoren in $(\boldsymbol{V}, \iota)$ heißt ein *Orthogonalsystem*, falls gilt:

$$\boldsymbol{a}_i \not\perp \boldsymbol{a}_i \quad \text{für alle} \quad i \in I,$$
$$\boldsymbol{a}_i \perp \boldsymbol{a}_j \quad \text{für alle} \quad i, j \in I \quad \text{mit} \quad i \neq j.$$

[12] Diese Einschränkung ist bei Char $K \neq 2$ überflüssig.

Ist jeder Vektor eines Orthogonalsystems normiert, so sprechen wir von einem *Orthonormalsystem.* Nach 11.5.1 ist jede Teilfamilie einer Orthogonalbasis (Orthonormalbasis) ein Orthogonalsystem (Orthonormalsystem). In einem euklidischen oder unitären Vektorraum lässt sich jedes Orthogonalsystem $(\boldsymbol{a}_i)_{i\in I}$ in das Orthonormalsystem $(\frac{1}{\|\boldsymbol{a}_i\|}\boldsymbol{a}_i)_{i\in I}$ überführen.

Wir stellen die wichtigsten Eigenschaften von Orthogonalsystemen zusammen.

Satz 11.5.4 *Sei $(\boldsymbol{a}_i)_{i\in I}$ ein Orthogonalsystem in $(\boldsymbol{V}, \iota)$. Dann gilt:*

(a) *Die Familie $(\boldsymbol{a}_i)_{i\in I}$ ist linear unabhängig.*

(b) *Der Unterraum $\boldsymbol{U} := [(\boldsymbol{a}_i)_{i\in I}]$ ist nicht isotrop.*

Beweis. (a) Da für jeden Index $j \in I$ der Vektor $\boldsymbol{a}_j$ nicht isotrop ist, folgt

$$\boldsymbol{a}_j \notin \boldsymbol{a}_j^{\perp} \supset [(\boldsymbol{a}_i)_{i\in I\setminus\{j\}}].$$

Das zeigt die lineare Unabhängigkeit.

(b) Nach (a) lässt sich jeder Vektor $\boldsymbol{u} \in \boldsymbol{U}$ eindeutig als Linearkombination $\boldsymbol{u} = \sum_{i\in I} y_i\boldsymbol{a}_i$ darstellen. Es liege nun $\boldsymbol{u}$ in $\boldsymbol{U} \cap \boldsymbol{U}^{\perp}$. Dann gilt

$$0 = \frac{\boldsymbol{a}_j \cdot \boldsymbol{u}}{\boldsymbol{a}_j \cdot \boldsymbol{a}_j} = \frac{\boldsymbol{a}_j \cdot (\sum_{i\in I} y_i\boldsymbol{a}_i)}{\boldsymbol{a}_j \cdot \boldsymbol{a}_j} = \frac{\boldsymbol{a}_j \cdot (y_j\boldsymbol{a}_j)}{\boldsymbol{a}_j \cdot \boldsymbol{a}_j} = y_j \quad \text{für alle} \quad j \in I,$$

also $\boldsymbol{u} = \boldsymbol{o}$. Daher ist $\boldsymbol{U}$ nicht isotrop. □

Der obige Satz zeigt, dass die Einschränkung $\iota' := \iota|(\boldsymbol{U} \times \boldsymbol{U})$ wieder ein Skalarprodukt ist; vgl. 11.1.4. Es ist daher $(\boldsymbol{a}_i)_{i\in I}$ eine Orthogonalbasis von $(\boldsymbol{U}, \iota')$.

Wir können nun die Beschreibung einer Orthogonalprojektion aus Satz 11.2.4 verallgemeinern. Sei $(\boldsymbol{a}_i)_{i\in I}$ ein Orthogonalsystem von $(\boldsymbol{V}, \iota)$. Für jeden Vektor $\boldsymbol{x} \in \boldsymbol{V}$ werden die *Fourier-Koeffizienten*[13] von $\boldsymbol{x}$ bezüglich $(\boldsymbol{a}_i)_{i\in I}$ definiert durch

$$x_i := \frac{\boldsymbol{a}_i \cdot \boldsymbol{x}}{\boldsymbol{a}_i \cdot \boldsymbol{a}_i} \quad \text{mit } i \in I.$$

Satz 11.5.5 *Es seien $(\boldsymbol{a}_i)_{i\in I}$ ein Orthogonalsystem in $(\boldsymbol{V}, \iota)$ und $\boldsymbol{U} := [(\boldsymbol{a}_i)_{i\in I}]$. Dann gilt:*

(a) *Die Abbildung*

$$p : \boldsymbol{U} \oplus \boldsymbol{U}^{\perp} \to \boldsymbol{U} \oplus \boldsymbol{U}^{\perp} : \boldsymbol{x} \mapsto \sum_{i\in I} \frac{\boldsymbol{a}_i \cdot \boldsymbol{x}}{\boldsymbol{a}_i \cdot \boldsymbol{a}_i}\boldsymbol{a}_i \tag{11.12}$$

ist die orthogonale Projektion auf $\boldsymbol{U}$, und

$$\mathrm{id}_{\boldsymbol{U}\oplus\boldsymbol{U}^{\perp}} - p : \boldsymbol{U} \oplus \boldsymbol{U}^{\perp} \to \boldsymbol{U} \oplus \boldsymbol{U}^{\perp} : \boldsymbol{x} \mapsto \boldsymbol{x} - \sum_{i\in I} \frac{\boldsymbol{a}_i \cdot \boldsymbol{x}}{\boldsymbol{a}_i \cdot \boldsymbol{a}_i}\boldsymbol{a}_i \tag{11.13}$$

ist die orthogonale Projektion auf $\boldsymbol{U}^{\perp}$.

(b) *Ein Vektor $\boldsymbol{x} \in \boldsymbol{V}$ mit den Fourier-Koeffizienten $(x_i)_{i\in I}$ bezüglich $(\boldsymbol{a}_i)_{i\in I}$ liegt genau dann in $\boldsymbol{U} \oplus \boldsymbol{U}^{\perp}$, falls für fast alle $i \in I$ gilt $x_i = 0$.*

[13] Jean-Baptiste-Joseph Fourier (1768–1830).

Beweis. (a) Jeder Vektor $\boldsymbol{x} \in \boldsymbol{U} \oplus \boldsymbol{U}^\perp$ lässt sich eindeutig in der Form $\boldsymbol{x} = \boldsymbol{u} + \boldsymbol{s}$ mit $\boldsymbol{u} \in \boldsymbol{U}$ und $\boldsymbol{s} \in \boldsymbol{U}^\perp$ schreiben. Nach (11.9) gilt

$$\boldsymbol{u} = \sum_{i \in I} \frac{\boldsymbol{a}_i \cdot \boldsymbol{u}}{\boldsymbol{a}_i \cdot \boldsymbol{a}_i} \boldsymbol{a}_i.$$

Die Skalare in dieser Linearkombination, also die Fourier-Koeffizienten von $\boldsymbol{u}$, sind fast alle gleich 0. Wegen

$$\boldsymbol{a}_i \cdot \boldsymbol{x} = \boldsymbol{a}_i \cdot (\boldsymbol{u} + \boldsymbol{s}) = \boldsymbol{a}_i \cdot \boldsymbol{u} \quad \text{für alle } i \in I$$

haben $\boldsymbol{u}$ und $\boldsymbol{x}$ dieselben Fourier-Koeffizienten. Es steht also auch in Formel (11.12) eine Linearkombination der Vektoren $\boldsymbol{a}_i$, womit p eine wohldefinierte lineare Abbildung ist. Wegen

$$p(\boldsymbol{x}) = p(\boldsymbol{u} + \boldsymbol{s}) = p(\boldsymbol{u}) + p(\boldsymbol{s}) = p(\boldsymbol{u}) = \boldsymbol{u} \quad \text{und} \quad (\mathrm{id}_{\boldsymbol{U} \oplus \boldsymbol{U}^\perp} - p)(\boldsymbol{x}) = \boldsymbol{x} - \boldsymbol{u} = \boldsymbol{s}$$

folgt die Gültigkeit der Behauptungen.

(b) Sind fast alle Fourier-Koeffizienten von $\boldsymbol{x}$ gleich 0, so zeigt die Linearkombination

$$\boldsymbol{x} = \underbrace{\sum_{i \in I} \frac{\boldsymbol{a}_i \cdot \boldsymbol{x}}{\boldsymbol{a}_i \cdot \boldsymbol{a}_i} \boldsymbol{a}_i}_{\in \boldsymbol{U}} + \underbrace{\Big(\boldsymbol{x} - \sum_{i \in I} \frac{\boldsymbol{a}_i \cdot \boldsymbol{x}}{\boldsymbol{a}_i \cdot \boldsymbol{a}_i} \boldsymbol{a}_i\Big)}_{\in \boldsymbol{U}^\perp},$$

dass $\boldsymbol{x} \in \boldsymbol{U} \oplus \boldsymbol{U}^\perp$ liegt. Die Umkehrung wurde schon in (a) gezeigt. □

Falls $\boldsymbol{U} \oplus \boldsymbol{U}^\perp = \boldsymbol{V}$, so ist durch (11.12) die orthogonale Projektion von $\boldsymbol{V}$ auf $\boldsymbol{U}$ gegeben. Das ist insbesondere der Fall, wenn ein endliches Orthogonalsystem vorliegt, da dann jeder Vektor nur endlich viele Fourier-Koeffizienten besitzt.

Nur bei einem unendlichen Orthogonalsystem kann $\boldsymbol{U} \oplus \boldsymbol{U}^\perp \neq \boldsymbol{V}$ gelten. Wenn dies zutrifft, dann kann jeder Vektor $\boldsymbol{x} \in \boldsymbol{V} \setminus (\boldsymbol{U} \oplus \boldsymbol{U}^\perp)$ mit Hilfe seiner Fourier-Koeffizienten durch Linearkombinationen der Form

$$\sum_{i \in I'} \frac{\boldsymbol{a}_i \cdot \boldsymbol{x}}{\boldsymbol{a}_i \cdot \boldsymbol{a}_i} \boldsymbol{a}_i, \quad \text{mit } I' \subset I \text{ endlich},$$

approximiert werden. Vgl. 11.5.6 Beispiel 2.

Beispiele 11.5.6

1. Der Vektorraum $\mathbb{C}^{3\times1}$ sei mit dem kanonischen unitären Skalarprodukt versehen. Durch

$$\boldsymbol{a}_1 := (1,0,0)^{\mathrm{T}}, \qquad \boldsymbol{a}_2 := \frac{1}{\sqrt{2}}(0,i,1)^{\mathrm{T}}$$

ist ein Orthonormalsystem gegeben, das einen Unterraum $\boldsymbol{U}$ aufspannt. Die Bilder der Vektoren der kanonischen Basis $\boldsymbol{E} = (\boldsymbol{e}_1, \boldsymbol{e}_2, \boldsymbol{e}_3)$ unter der Orthogonalprojektion $p : \mathbb{C}^{3\times1} \to \mathbb{C}^{3\times1}$ auf $\boldsymbol{U}$ sind wegen $\boldsymbol{a}_1 \cdot \boldsymbol{a}_1 = \boldsymbol{a}_2 \cdot \boldsymbol{a}_2 = 1$ daher

$$\begin{aligned}
p(\boldsymbol{e}_1) &= (\boldsymbol{a}_1 \cdot \boldsymbol{e}_1)\boldsymbol{a}_1 + (\boldsymbol{a}_2 \cdot \boldsymbol{e}_1)\boldsymbol{a}_2 = (1,0,0)^{\mathrm{T}}, \\
p(\boldsymbol{e}_2) &= (\boldsymbol{a}_1 \cdot \boldsymbol{e}_2)\boldsymbol{a}_1 + (\boldsymbol{a}_2 \cdot \boldsymbol{e}_2)\boldsymbol{a}_2 = \frac{1}{2}(0,1,-i)^{\mathrm{T}}, \\
p(\boldsymbol{e}_3) &= (\boldsymbol{a}_1 \cdot \boldsymbol{e}_3)\boldsymbol{a}_1 + (\boldsymbol{a}_2 \cdot \boldsymbol{e}_3)\boldsymbol{a}_2 = \frac{1}{2}(0,i,1)^{\mathrm{T}},
\end{aligned}$$

womit sich die Koordinatenmatrix

$$\langle \boldsymbol{E}^*, p(\boldsymbol{E}) \rangle = \frac{1}{2}\begin{pmatrix} 2 & 0 & 0 \\ 0 & 1 & i \\ 0 & -i & 1 \end{pmatrix}$$

sofort anschreiben lässt. Wir können diese Matrix auch so bestimmen, dass wir für $i \in \{1,2\}$ die Matrizen der Orthogonalprojektionen $p_i : \mathbb{C}^{3\times 1} \to \mathbb{C}^{3\times 1}$ auf $[\boldsymbol{a}_i]$ nach (11.3) berechnen. Wegen $p = p_1 + p_2$ folgt wie oben

$$\langle \boldsymbol{E}^*, p(\boldsymbol{E})\rangle = \begin{pmatrix} 1 \\ 0 \\ 0 \end{pmatrix}(1,0,0) + \frac{1}{2}\begin{pmatrix} 0 \\ i \\ 1 \end{pmatrix}(0,-i,1) = \begin{pmatrix} 1 & 0 & 0 \\ 0 & 0 & 0 \\ 0 & 0 & 0 \end{pmatrix} + \frac{1}{2}\begin{pmatrix} 0 & 0 & 0 \\ 0 & 1 & i \\ 0 & -i & 1 \end{pmatrix}.$$

2. Wir illustrieren (ohne Beweise und ohne Rechnungen) die Situation im unendlichdimensionalen Vektorraum $C^0([-\pi,\pi])$ mit dem Skalarprodukt aus 11.1.6 Beispiel 1. Die Funktionenfolge

$$(g_i(x))_{i\in\mathbb{N}} := (1, \sin x, \cos x, \sin(2x), \cos(2x), \ldots)$$

bildet ein Orthogonalsystem. Die Funktion

$$f : [-\pi,\pi] \to \mathbb{R} : x \mapsto \left\{ \begin{array}{ll} x+\pi & \text{falls } -\pi \le x < 2 \\ \frac{2+\pi}{\pi-2}(\pi - x) & \text{falls } \quad 2 \le x \le \pi \end{array} \right\}$$

gehört zu $C^0([-\pi,\pi])$. Die Berechnung der Fourier-Koeffizienten $(y_i)_{i\in\mathbb{N}}$ von f stützt sich auf die unbestimmten Integrale (ohne Integrationskonstanten)

$$\int 1\,\mathrm{d}x = x, \quad \int x\,\mathrm{d}x = \frac{x^2}{2}, \quad \int \sin(nx)\mathrm{d}x = -\frac{\cos(nx)}{n}, \quad \int \cos(nx)\mathrm{d}x = \frac{\sin(nx)}{n},$$

$$\int x\sin(nx)\mathrm{d}x = \frac{\sin(nx) - nx\cos(nx)}{n^2}, \qquad \int x\cos(nx)\mathrm{d}x = \frac{\cos(nx) + nx\sin(nx)}{n^2}.$$

Es gilt daher $y_i \neq 0$ für alle $i \in \mathbb{N}$.

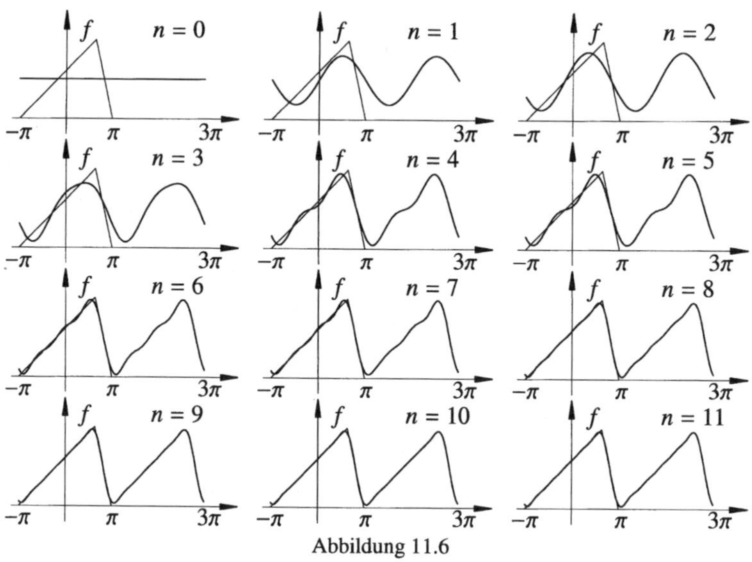

Abbildung 11.6

In diesem Beispiel konvergiert die *Fourier-Reihe*

$$\sum_{i=0}^{\infty} y_i g_i(x) \approx 2{,}571 + 1{,}593\sin x + 1{,}023\cos x - 0{,}331\sin(2x) - 0{,}724\cos(2x) + \cdots$$

in ganz $\mathbb{R}$; insbesondere im Intervall $[-\pi, \pi]$ konvergiert sie gegen f. Abbildung 11.6 zeigt der Reihe nach die Näherungsfunktionen $\sum_{i=0}^{n} y_i g_i$ für $n \in \{0, 1, \ldots, 11\}$ im Intervall $[-\pi, 3\pi]$ sowie die Funktion f. Wenn wir aus der Familie $(g_i)_{i\in\mathbb{N}}$ einige Funktionen wegstreichen, so liegt nach wie vor ein Orthogonalsystem vor. Es wird die entsprechende Teilreihe jedoch nicht mehr gegen f konvergieren.

Satz 11.5.7 (Orthogonalisierungsverfahren von E. Schmidt[14]) *Es seien (V, ι) ein anisotroper Vektorraum und $(\boldsymbol{b}_i)_{i\in I}$ eine Basis von V mit Indexmenge $I = \{1, 2, \ldots, n\}$ oder $I = \mathbb{N}^\times$. Dann existiert eine Orthogonalbasis $(\boldsymbol{a}_i)_{i\in I}$ von V mit*

$$[(\boldsymbol{b}_1, \boldsymbol{b}_2, \ldots, \boldsymbol{b}_k)] = [(\boldsymbol{a}_1, \boldsymbol{a}_2, \ldots, \boldsymbol{a}_k)] \text{ für alle } k \in I. \tag{11.14}$$

Beweis. Für $n = 0$ gilt der Satz in trivialer Weise. Andernfalls zeigen wir mit vollständiger Induktion nach $r \in I$, dass wir eine Orthogonalbasis $(\boldsymbol{a}_1, \boldsymbol{a}_2, \ldots, \boldsymbol{a}_r)$ von $\boldsymbol{U}_r := [(\boldsymbol{b}_1, \boldsymbol{b}_2, \ldots, \boldsymbol{b}_r)]$ so konstruieren können, dass die Gleichung aus (11.14) für alle $k \in I$ mit $k \le r$ erfüllt ist. Für $r = 1$ ist das richtig, wenn wir

$$\boldsymbol{a}_1 := \boldsymbol{b}_1$$

setzen, da der Vektor $\boldsymbol{a}_1$ nach Voraussetzung nicht isotrop ist. Nun gehen wir schrittweise vor:

- Für $r + 1 \notin I$ sind wir wegen $r = n$ schon fertig. (Nur bei $I = \mathbb{N}^\times$ tritt dieser Fall niemals ein.)
- Für $r+1 \in I$ ersetzen wir in der Basis $(\boldsymbol{a}_1, \boldsymbol{a}_2, \ldots, \boldsymbol{a}_r, \boldsymbol{b}_{r+1})$ von $\boldsymbol{U}_{r+1}$ den Vektor $\boldsymbol{b}_{r+1}$ durch

$$\boldsymbol{a}_{r+1} := \boldsymbol{b}_{r+1} - \sum_{j=1}^{r} \frac{\boldsymbol{a}_j \cdot \boldsymbol{b}_{r+1}}{\boldsymbol{a}_j \cdot \boldsymbol{a}_j} \boldsymbol{a}_j, \tag{11.15}$$

  also durch seine Orthogonalprojektion auf $\boldsymbol{U}_r^\perp$. Da $\boldsymbol{b}_{r+1}$ nicht in $\boldsymbol{U}_r$ liegt, gilt $\boldsymbol{a}_{r+1} \neq \boldsymbol{o}$. Das zeigt, dass $(\boldsymbol{a}_1, \boldsymbol{a}_2, \ldots, \boldsymbol{a}_{r+1})$ ein Orthogonalsystem von V und daher eine Orthogonalbasis des Unterraumes $\boldsymbol{U}_{r+1}$ ist. Nach Konstruktion ist die Gleichung aus (11.14) nun für alle $k \in I$ mit $k \le r + 1$ erfüllt.

Für $I = \mathbb{N}^\times$ bricht das obige Verfahren nicht ab. Es liefert vielmehr eine unendliche Familie $(\boldsymbol{a}_i)_{i\in I}$. Diese ist l. u. nach Satz 11.5.4 (a) und ein Erzeugendensystem von V, da jeder Vektor der Basis $(\boldsymbol{b}_i)_{i\in i}$ in der Hülle der Familie $(\boldsymbol{a}_i)_{i\in I}$ liegt. □

Für euklidische und unitäre Räume kann $(\boldsymbol{a}_i)_{i\in I}$ sogar als ONB erhalten werden, indem wir nachträglich $\boldsymbol{a}_i$ durch $\frac{1}{\|\boldsymbol{a}_i\|}\boldsymbol{a}_i$ ersetzen.

Das Verfahren von E. Schmidt liefert ausgehend von einer „nummerierten“ Basis $(\boldsymbol{b}_i)_{i\in I}$ eine „nummerierte“ Basis $(\boldsymbol{a}_i)_{i\in I}$. Werden Vektoren von $(\boldsymbol{b}_i)_{i\in I}$ „umnummeriert“ und dann orthogonalisiert, so liefert das im Allgemeinen *nicht* die Vektoren von $(\boldsymbol{a}_i)_{i\in I}$ in anderer Reihenfolge, sondern gänzlich andere Vektoren.

Beispiel 11.5.8 Der Vektorraum $\mathbb{C}^{3\times 1}$ sei mit dem kanonischen unitären Skalarprodukt versehen. Die Vektoren

$$\boldsymbol{b}_1 := (1, i, 0)^\mathrm{T}, \quad \boldsymbol{b}_2 := (i, i, 1)^\mathrm{T}$$

[14] Erhard Schmidt (1876–1959).

bilden eine Basis eines Unterraumes. Das Orthogonalisierungsverfahren von E. Schmidt ergibt die Orthogonalbasis

$$\begin{aligned} \boldsymbol{a}_1 := (1,i,0)^{\mathrm{T}}, \quad \boldsymbol{a}_2 &:= (i,i,1)^{\mathrm{T}} - \frac{(1,i,0)^{\mathrm{T}} \cdot (i,i,1)^{\mathrm{T}}}{(1,i,0)^{\mathrm{T}} \cdot (1,i,0)^{\mathrm{T}}} (1,i,0)^{\mathrm{T}} \\ &= (i,i,1)^{\mathrm{T}} - \frac{i+1}{2}(1,i,0)^{\mathrm{T}} = \frac{1}{2}(-1+i, 1+i, 2i)^{\mathrm{T}}. \end{aligned}$$

Nach 11.5.1 ist jede Teilfamilie einer Orthogonalbasis ein Orthogonalsystem. Das legt die Frage nahe, ob auch umgekehrt jedes Orthogonalsystem zu einer Orthogonalbasis erweitert werden kann. Das ist aber nur unter einschränkenden Voraussetzungen richtig. Zunächst wenden wir uns endlichdimensionalen Räumen zu:

Satz 11.5.9 *Für* $\dim \boldsymbol{V} < \infty$ *kann jedes Orthogonalsystem zu einer Orthogonalbasis von* $(\boldsymbol{V}, \iota)$ *erweitert werden, außer im Fall* $\omega = \mathrm{id}_K$ *und* $\mathrm{Char}\, K = 2$.

Beweis. Die Richtigkeit der Behauptung folgt aus dem Beweis zu Satz 9.8.8, denn nach Voraussetzung ist der dort in Beweisteil (d) angegebene „Schritt zurück", bei dem der erste Basisvektor gegen einen anderen Vektor ausgetauscht wird, nicht notwendig. □

Als Anwendung des Orthogonalisierungsverfahrens zeigen wir:

Satz 11.5.10 *Sei* $(\boldsymbol{V}, \iota)$ *ein* ω*-symmetrischer anisotroper Vektorraum mit einer abzählbaren*[15] *Basis. Dann kann jedes endliche Orthogonalsystem zu einer Orthogonalbasis von* $(\boldsymbol{V}, \iota)$ *erweitert werden.*

Beweis. Sei $(\boldsymbol{a}_1, \boldsymbol{a}_2, \ldots, \boldsymbol{a}_m)$ endliches Orthogonalsystem. Diese l. u. Familie lässt sich zu einer Basis ergänzen. Wir können die neu hinzugefügten Vektoren in der Form $(\boldsymbol{b}_{m+1}, \boldsymbol{b}_{m+2}, \ldots)$ anschreiben, weil jede Basis von $\boldsymbol{V}$ abzählbar ist.[16] Nun wenden wir das Orthogonalisierungsverfahren beginnend mit $(\boldsymbol{a}_1, \boldsymbol{a}_2, \ldots, \boldsymbol{a}_m)$ an und erhalten so die gesuchte Orthogonalbasis. □

Ein unendliches Orthogonalsystem kann im Allgemeinen nicht zu einer Orthogonalbasis erweitert werden. Das liegt daran, dass ein *vollständiges* Orthogonalsystem, das ist ein Orthogonalsystem $(\boldsymbol{a}_i)_{i \in I}$ mit der Eigenschaft

$$[(\boldsymbol{a}_i)_{i \in I}]^{\perp} = \{\boldsymbol{o}\},$$

keine Basis von $\boldsymbol{V}$ zu sein braucht.

Beispiele 11.5.11

1. Der unendlichdimensionale Vektorraum $(\boldsymbol{V}, \sigma)$ aus 9.5.7 Beispiel 3 ist für $K = \mathbb{R}$ euklidisch. Die dort betrachtete Hyperebene $\boldsymbol{H}$ besitzt nach Satz 11.5.10 eine Orthogonalbasis $\boldsymbol{C}$. Wegen $\boldsymbol{H}^{\perp} = \{\boldsymbol{o}\}$ liegt ein vollständiges Orthogonalsystem von $\boldsymbol{V}$ vor, welches somit zu keiner Orthogonalbasis von $\boldsymbol{V}$ erweitert werden kann.

[15] Eine Menge M heißt *abzählbar*, falls sie gleichmächtig einer Teilmenge von $\mathbb{N}$ ist. Eine solche Menge ist entweder endlich oder abzählbar unendlich ($\#M = \#\mathbb{N}$).

[16] Wir verwenden hier die im Anschluss an Satz 2.6.4 ohne Beweis erwähnte Tatsache, dass auch bei unendlicher Dimension je zwei Basen eines Vektorraumes gleichmächtig sind.

2. Im euklidischen Vektorraum $(C^0(I), \iota)$ aus 11.1.6 Beispiel 1 bilden alle Polynomfunktionen einen echten Unterraum $\boldsymbol{T} \neq C^0(I)$. Da $\boldsymbol{T}$ eine abzählbare Basis besitzt, gibt es auch eine abzählbare Orthogonalbasis von $\boldsymbol{T}$. Wegen $\boldsymbol{T}^\perp = \{\boldsymbol{o}\}$ (ohne Beweis[17]) ist jede Orthogonalbasis von $\boldsymbol{T}$ ein vollständiges Orthogonalsystem von $C^0(I)$.
3. Das in 11.5.6 Beispiel 2 angegebene Orthogonalsystem von $C^0([-\pi,\pi])$ ist vollständig (ohne Beweis), aber keine Basis von $C^0([-\pi,\pi])$.

Aufgaben

A 11.5.1 Ein Skalarprodukt ι auf $\mathbb{R}^{3\times 1}$ besitzt die ONB

$$\boldsymbol{b}_1 = (-5,3,1)^{\mathrm{T}},\quad \boldsymbol{b}_2 = (-6,3,2)^{\mathrm{T}},\quad \boldsymbol{b}_3 = (-2,1,1)^{\mathrm{T}}.$$

Berechne die Koordinatenmatrix von ι bezüglich der kanonischen Basis.

A 11.5.2 Im Vektorraum $\mathbb{K}^{n\times 1}$ (kanonisches euklidisches bzw. unitäres Skalarprodukt) sei eine Basis $\boldsymbol{B} = (\boldsymbol{b}_1, \boldsymbol{b}_2, \ldots, \boldsymbol{b}_n)$ gegeben.

(α) $n = 3$, $K = \mathbb{R}$: $\boldsymbol{b}_1 = (2,3,1)^{\mathrm{T}}$, $\boldsymbol{b}_2 = (1,-2,2)^{\mathrm{T}}$, $\boldsymbol{b}_3 = (2,2,1)^{\mathrm{T}}$.
(β) $n = 4$, $K = \mathbb{R}$: $\boldsymbol{b}_1 = (2,1,4,2)^{\mathrm{T}}$, $\boldsymbol{b}_2 = (1,3,2,6)^{\mathrm{T}}$, $\boldsymbol{b}_3 = (1,1,0,1)^{\mathrm{T}}$, $\boldsymbol{b}_4 = (3,-3,-1,3)^{\mathrm{T}}$.
(γ) $n = 3$, $K = \mathbb{C}$: $\boldsymbol{b}_1 = (1,1,1)^{\mathrm{T}}$, $\boldsymbol{b}_2 = (0,i,0)^{\mathrm{T}}$, $\boldsymbol{b}_3 = (i,0,0)^{\mathrm{T}}$.
(δ) $n = 3$, $K = \mathbb{C}$: $\boldsymbol{b}_1 = (i,\sqrt{2}i,i)^{\mathrm{T}}$, $\boldsymbol{b}_2 = (i,0,i)^{\mathrm{T}}$, $\boldsymbol{b}_3 = (0,-i,\sqrt{2}i)^{\mathrm{T}}$.
(ε) $n = 3$, $K = \mathbb{C}$: $\boldsymbol{b}_1 = (i,0,1)^{\mathrm{T}}$, $\boldsymbol{b}_2 = (1,0,0)^{\mathrm{T}}$, $\boldsymbol{b}_3 = (0,i,1)^{\mathrm{T}}$.
(ζ) $n = 3$, $K = \mathbb{C}$: $\boldsymbol{b}_1 = (i,2i,i)^{\mathrm{T}}$, $\boldsymbol{b}_2 = (i,0,i)^{\mathrm{T}}$, $\boldsymbol{b}_3 = (0,-i,2i)^{\mathrm{T}}$.
(η) $n = 3$, $K = \mathbb{C}$: $\boldsymbol{b}_1 = (0,1,1)^{\mathrm{T}}$, $\boldsymbol{b}_2 = (i,1,0)^{\mathrm{T}}$, $\boldsymbol{b}_3 = (1,-i,1)^{\mathrm{T}}$.
(ϑ) $n = 3$, $K = \mathbb{C}$: $\boldsymbol{b}_1 = (0,1,i)^{\mathrm{T}}$, $\boldsymbol{b}_2 = (0,0,1)^{\mathrm{T}}$, $\boldsymbol{b}_3 = (1,0,0)^{\mathrm{T}}$.

Ermittle aus $\boldsymbol{B}$ nach dem Verfahren von E. Schmidt eine Orthogonalbasis und dann eine Orthonormalbasis.

A 11.5.3 Es seien $(\boldsymbol{V}, \iota)$ ein euklidischer Vektorraum, $\boldsymbol{B} = (\boldsymbol{b}_1, \boldsymbol{b}_2, \ldots, \boldsymbol{b}_n)$ eine Basis von $\boldsymbol{V}$ und $\boldsymbol{A} = (\boldsymbol{a}_1, \boldsymbol{a}_2, \ldots, \boldsymbol{a}_n)$ die daraus nach dem Verfahren von E. Schmidt konstruierte Orthonormalbasis.

(a) Gib die Transformationsmatrix $\langle \boldsymbol{A}^*, \boldsymbol{B}\rangle$ sowie die Bauart von $\langle \boldsymbol{B}^*, \boldsymbol{A}\rangle$ an.
(b) Zeige: Die Basen $\boldsymbol{B}$ und $\boldsymbol{A}$ sind gleich orientiert.

A 11.5.4

(a) Es seien $\boldsymbol{B}$ eine ONB eines n-dimensionalen ω-symmetrischen Vektorraumes $(\boldsymbol{V}, \iota)$ mit $n < \infty$ und $\boldsymbol{U} \subset \boldsymbol{V}$ ein Unterraum. Wie kann mit Hilfe der Ergebnisse aus 4.8.5 unter Heranziehung von $\boldsymbol{U}^\perp = d_\iota(\boldsymbol{U})^\circ$ eine Basis des Orthogonalraumes $\boldsymbol{U}^\perp$ festgelegt werden?
(b) Im Vektorraum $\mathbb{C}^{4\times 1}$ (kanonisches unitäres Skalarprodukt) seien $\boldsymbol{c}_1 = (1,0,1,0)^{\mathrm{T}}$, $\boldsymbol{c}_2 = (i,1,i,-i)^{\mathrm{T}}$ und $\boldsymbol{U} = [\{\boldsymbol{c}_1, \boldsymbol{c}_2\}]$ gegeben. Bestimme gemäß (a) eine Basis $\{\boldsymbol{c}_3, \boldsymbol{c}_4\}$ von $\boldsymbol{U}^\perp$. Wir setzen $\boldsymbol{C} := (\boldsymbol{c}_1, \boldsymbol{c}_2, \boldsymbol{c}_3, \boldsymbol{c}_4)$. Berechne dann für die Orthogonalprojektion $p \in \mathrm{L}(\mathbb{C}^{4\times 1}, \mathbb{C}^{4\times 1})$ auf $\boldsymbol{U}$ die Matrix $\langle \boldsymbol{E}^*, p(\boldsymbol{E})\rangle$ mittels elementarer Umformungen aus der Matrix $\langle \boldsymbol{E}^*, p(\boldsymbol{C})\rangle$.

A 11.5.5 Ein Unterraum $\boldsymbol{U}$ von $\mathbb{R}^{3\times 1}$ (kanonisches Skalarprodukt) wird von den beiden Vektoren $(1,1,1)^{\mathrm{T}}$ und $(-1,1,0)^{\mathrm{T}}$ aufgespannt.

(a) Bestimme eine beliebige ONB von $\boldsymbol{U}$.

---

[17] Das folgt aus dem *Approximationssatz* von Karl Weierstraß (1815–1897). Dieser Satz sichert für jede Funktion $f \in C^0(I)$ und jedes reelle $\varepsilon > 0$ die Existenz eines Polynoms $P_\varepsilon(X)$ mit $|f(x) - P_\varepsilon(x)| \leq \varepsilon$ für alle $x \in I$.

(b) Lege mit Hilfe dieser ONB die Orthogonalprojektion auf $\boldsymbol{U}$ und die Orthogonalprojektion auf $\boldsymbol{U}^{\perp}$ durch ihre Koordinatenmatrizen bezüglich der kanonischen Basis fest.

(c) Bestimme ein LGS mit Lösungsmenge $\boldsymbol{U}$ und ein LGS mit Lösungsmenge $\boldsymbol{U}^{\perp}$.

A 11.5.6 Sei $I = [-1, 1]$. Wir versehen $\mathrm{C}^0(I)$ mit dem Skalarprodukt $(f, g) \overset{\iota}{\mapsto} \int_{-1}^{1} f(x)g(x)\mathrm{d}x$.

(a) Bestimme mit dem Verfahren von E. Schmidt eine ONB des von $\{f_i : x \mapsto x^i \mid i \in \{0, 1, 2, 3\}\}$ aufgespannten Unterraumes $\boldsymbol{U}_3 \subset \mathrm{C}^0(I)$. (Die zu dieser ONB gehörigen Polynome sind bis auf einen Faktor $\neq 0$ die sogenannten *Legendre-Polynome*[18] mit Grad 0, 1, 2, 3.)

(b) Ermittle das Bild der auf das Intervall I eingeschränkten Exponentialfunktion exp unter der Orthogonalprojektion $p : \mathrm{C}^0(I) \to \boldsymbol{U}_2$ mit $\boldsymbol{U}_2 := [\{f_0, f_1, f_2\}]$.

Bemerkung: Die in (b) zu ermittelnde Funktion aus $\boldsymbol{U}_2$ wird als *beste Approximation* von $\exp|I$ in $\boldsymbol{U}_2$ bezeichnet, da sie unter allen Funktionen aus $\boldsymbol{U}_2$ den kleinsten Abstand (vgl. 13.2.1) von $\exp|I$ besitzt.
Hinweis: Verwende in (a) die Koordinatenmatrix von ι bezüglich (f_0, f_1, f_2, f_3) zur Berechnung von Skalarprodukten.

A 11.5.7 Im Vektorraum $\mathbb{C}^{3\times1}$ (kanonisches unitäres Skalarprodukt) sei $\boldsymbol{U}$ der zum Vektor $\boldsymbol{a} = (1, i, 0)^{\mathrm{T}}$ orthogonale Unterraum.

(a) Bestimme eine Gleichung von $\boldsymbol{U}$ und eine ONB $(\boldsymbol{b}_1, \boldsymbol{b}_2)$ von $\boldsymbol{U}$.

(b) Ermittle mit Hilfe der ONB aus (a) für die Orthogonalprojektion $p : \mathbb{C}^{3\times1} \to \mathbb{C}^{3\times1}$ auf $\boldsymbol{U}$ die Koordinatenmatrix $\langle \boldsymbol{E}^*, p(\boldsymbol{E})\rangle$.

(c) Berechne die Orthogonalprojektion des Vektors $\boldsymbol{a} = (i, i, i)^{\mathrm{T}}$ auf den Unterraum $\boldsymbol{U}$ und gib die Länge des Vektors $\|\boldsymbol{a} - p(\boldsymbol{a})\|$ an.

A 11.5.8 Sei $(\boldsymbol{V}, \iota)$ euklidisch oder unitär.

(a) Beweise die *Ungleichung von Bessel*[19]: Sind $(\boldsymbol{a}_i)_{i\in I}$ ein Orthonormalsystem von $\boldsymbol{V}$ und J eine endliche Teilmenge von I, so gilt

$$\sum_{i\in J} |\boldsymbol{a}_i \cdot \boldsymbol{x}|^2 \leq \|\boldsymbol{x}\|^2 \quad \text{für alle } \boldsymbol{x} \in \boldsymbol{V}.$$

(b) Beweise die *Identität von Parseval*[20]: Ist $(\boldsymbol{b}_i)_{i\in I}$ eine ONB von $\boldsymbol{V}$, so gilt

$$\boldsymbol{x} \cdot \boldsymbol{y} = \sum_{i\in I} (\boldsymbol{x} \cdot \boldsymbol{b}_i)(\boldsymbol{b}_i \cdot \boldsymbol{y}) \quad \text{für alle } \boldsymbol{x}, \boldsymbol{y} \in \boldsymbol{V}.$$

Bemerkung: Aus (a) folgt für $I = \mathbb{N}$ sofort, dass die Folge der Fourier-Koeffizienten jedes Vektors $\boldsymbol{x} \in \boldsymbol{V}$ dem reellen bzw. komplexen Hilbert-Raum l^2 aus 11.1.6 Beispiel 3 angehört.

---

[18] Adrien-Marie Legendre (1752–1833).
[19] Friedrich Wilhelm Bessel (1784–1846).
[20] Marc-Antoine de Parseval des Chêsnes (1755–1836).

Kapitel 12

Adjungierte Abbildungen

Sowohl $(\boldsymbol{V}, \iota_V)$ als auch $(\boldsymbol{W}, \iota_W)$ sei ein ω-symmetrischer Vektorraum über K.

Zu jeder linearen Abbildung zwischen ω-symmetrischen Vektorräumen gibt es höchstens eine adjungierte Abbildung. Diese spielt eine ähnliche Rolle wie die transponierte Abbildung. Bei endlicher Dimension gibt es stets genau eine adjungierte Abbildung. Für isometrische Abbildungen stimmt das Skalarprodukt von je zwei Vektoren mit dem ihrer Bilder überein. Bei endlicher Dimension werden isometrische Bijektionen bezüglich orthonormaler Basen durch ω-orthogonale Matrizen beschrieben.

Wir untersuchen die normalen Abbildungen, das sind jene linearen Selbstabbildungen, welche eine adjungierte Abbildung besitzen und mit dieser kommutieren. Hier ordnen sich die selbstadjungierten, antiselbstadjungierten und bijektiven isometrischen Abbildungen unter. Für normale Abbildungen gilt der Spektralsatz. Er stellt unter gewissen Voraussetzungen die Existenz einer Orthonormalbasis aus Eigenvektoren sicher.

In euklidischen und unitären Vektorräumen endlicher Dimension führen wir den Spektralsatz mit den Ergebnissen über die (reelle) Jordan-Normalform zusammen. Aus dem Spektralsatz erhalten wir auch die Sätze über die Hauptachsentransformation, Singulärwertedarstellung und Polarzerlegung. Wir streifen auch kurz die QR-Zerlegung.

Andere Themen sind Gram-Matrizen und das Vektorprodukt. Mit Hilfe von Moore-Penrose-pseudoinversen Abbildungen können unlösbare lineare Gleichungssysteme über $\mathbb{R}$ und $\mathbb{C}$ näherungsweise gelöst werden.

Weitergehende Ergebnisse über pseudoeuklidische Vektorräume können [4] und [10] entnommen werden; für die numerische lineare Algebra verweisen wir auf [25].

12.1 Definition adjungierter Abbildungen

12.1.1 Der Ausgangspunkt für die nachfolgenden Ergebnisse ist die folgende einfache Überlegung: Sei $f \in \mathrm{L}(\boldsymbol{V}, \boldsymbol{W})$ fest vorgegeben. Für jeden Vektor $\boldsymbol{c} \in \boldsymbol{W}$ ist die Abbildung

$$\boldsymbol{V} \to K : \boldsymbol{x} \mapsto \boldsymbol{c} \cdot f(\boldsymbol{x})$$

eine Linearform. Diese *kann* einen Gradienten in $\boldsymbol{V}$ besitzen. Ist die Existenz dieses Gradienten für alle $\boldsymbol{c} \in \boldsymbol{W}$ erfüllt, so können wir jedem Vektor aus $\boldsymbol{W}$ den zugehörigen Gradienten zuordnen, also einen Vektor aus $\boldsymbol{V}$. Das führt uns zur folgenden Definition: Eine Abbildung $g : \boldsymbol{W} \to \boldsymbol{V}$ heißt zu $f \in \mathrm{L}(\boldsymbol{V}, \boldsymbol{W})$ *adjungiert*, falls[1]

$$\boldsymbol{c} \cdot f(\boldsymbol{x}) = g(\boldsymbol{c}) \cdot \boldsymbol{x} \quad \text{für alle } \boldsymbol{x} \in \boldsymbol{V} \text{ und alle } \boldsymbol{c} \in \boldsymbol{W}. \tag{12.1}$$

Beispiel 12.1.2 Wir versehen sowohl $\mathbb{C}^{3\times 1}$ als auch $\mathbb{C}^{2\times 1}$ mit dem kanonischen unitaren Skalarprodukt. Zur linearen Abbildung

$$f : \mathbb{C}^{3\times 1} \to \mathbb{C}^{2\times 1} : (x_1, x_2, x_3)^{\mathrm{T}} \mapsto (2x_1, (1+i)x_2)^{\mathrm{T}}$$

ist die Abbildung

$$g : \mathbb{C}^{2\times 1} \to \mathbb{C}^{3\times 1} : (c_1, c_2)^{\mathrm{T}} \mapsto (2c_1, (1-i)c_2, 0)^{\mathrm{T}}$$

adjungiert, da

$$(c_1, c_2)^{\mathrm{T}} \cdot (2x_1, (1+i)x_2)^{\mathrm{T}} = 2\bar{c}_1 x_1 + (1+i)\bar{c}_2 x_2 = (2c_1, (1-i)c_2, 0)^{\mathrm{T}} \cdot (x_1, x_2, x_3)^{\mathrm{T}}.$$

Wir wenden uns nun sogleich der Frage nach der Existenz einer adjungierten Abbildung zu und stellen dabei einen Zusammenhang mit der zu f transponierten Abbildung her.

Satz 12.1.3 *Sei $f \in \mathrm{L}(\boldsymbol{V}, \boldsymbol{W})$. Dann gilt:*

(a) *Ist $g : \boldsymbol{W} \to \boldsymbol{V}$ zu f adjungiert, so ist $f^{\mathrm{T}} \circ d_{\iota_W} = d_{\iota_V} \circ g$. Unter g zugeordnete Vektoren sind also die Gradienten von unter f^{T} zugeordneten Linearformen.*

(b) *Die Abbildung f besitzt höchstens eine adjungierte Abbildung.*

(c) *Zu f gibt es genau dann eine adjungierte Abbildung, falls die Verträglichkeitsbedingung*

$$(f^{\mathrm{T}} \circ d_{\iota_W})(\boldsymbol{W}) \subset d_{\iota_V}(\boldsymbol{V}) \tag{12.2}$$

erfüllt ist.

(d) *Bei* $\dim \boldsymbol{V} < \infty$ *hat f die adjungierte Abbildung*

$$d_{\iota_V}^{-1} \circ f^{\mathrm{T}} \circ d_{\iota_W} : \boldsymbol{W} \to \boldsymbol{V}. \tag{12.3}$$

Beweis. (a) Sei g eine zu f adjungierte Abbildung. Wir brauchen nur zu zeigen, dass

$$\begin{array}{ccc} \boldsymbol{W} & \xrightarrow{\;g\;} & \boldsymbol{V} \\ {\scriptstyle d_{\iota_W}}\downarrow & & \downarrow{\scriptstyle d_{\iota_V}} \\ \boldsymbol{W}^* & \xrightarrow[f^{\mathrm{T}}]{} & \boldsymbol{V}^* \end{array}$$

ein kommutatives Diagramm ist. Das gilt in der Tat, da

$$\langle (f^{\mathrm{T}} \circ d_{\iota_W})(\boldsymbol{c}), \boldsymbol{x} \rangle = \langle d_{\iota_W}(\boldsymbol{c}), f(\boldsymbol{x}) \rangle = \boldsymbol{c} \cdot f(\boldsymbol{x}) = g(\boldsymbol{c}) \cdot \boldsymbol{x} = \langle (d_{\iota_V} \circ g)(\boldsymbol{c}), \boldsymbol{x} \rangle$$

für alle $\boldsymbol{x} \in \boldsymbol{V}$ und alle $\boldsymbol{c} \in \boldsymbol{W}$.

(b) Es seien g und $\tilde{g}$ zu f adjungierte Abbildungen. Für alle $\boldsymbol{c} \in \boldsymbol{W}$ sind dann nach (a) die Vektoren $g(\boldsymbol{c})$ und $\tilde{g}(\boldsymbol{c})$ jeweils Gradienten der Linearform $(f^{\mathrm{T}} \circ d_{\iota_W})(\boldsymbol{c})$. Nach Satz 11.2.2 hat diese Linearform genau einen Gradienten, was $g(\boldsymbol{c}) = \tilde{g}(\boldsymbol{c})$ ergibt.

[1] Wir verwenden dasselbe Symbol $\cdot$ für ι_V und für ι_W.

(c) Wenn g zu f adjungiert ist, so folgt nach (a) aus $f^{\mathrm{T}} \circ d_{\iota_W} = d_{\iota_V} \circ g$, dass die Verträglichkeitsbedingung (12.2) erfüllt ist. Umgekehrt zeigt (12.2), dass $(f^{\mathrm{T}} \circ d_{\iota_W})(\boldsymbol{c})$ für alle $\boldsymbol{c} \in \boldsymbol{W}$ genau ein Urbild bezüglich d_{ι_V} besitzt. Das ermöglicht die Definition einer Abbildung

$$\hat{f} : \boldsymbol{W} \to \boldsymbol{V} : \boldsymbol{c} \mapsto \hat{f}(\boldsymbol{c}) \text{ mit } \{\hat{f}(\boldsymbol{c})\} := d_{\iota_V}^{-1}\{(f^{\mathrm{T}} \circ d_{\iota_W})(\boldsymbol{c})\}. \tag{12.4}$$

Diese Abbildung ist offensichtlich zu f adjungiert.

(d) Bei $\dim \boldsymbol{V} < \infty$ ist $d_{\iota_V} : \boldsymbol{V} \to \boldsymbol{V}^*$ eine Bijektion; die Verträglichkeitsbedingung (12.2) gilt daher. Außerdem kann die in (12.4) erklärte Abbildung (weniger umständlich) so wie in (12.3) geschrieben werden. □

Falls $f \in \mathrm{L}(\boldsymbol{V}, \boldsymbol{W})$ eine adjungierte Abbildung besitzt, so bezeichnen wir diese im Folgenden stets mit $\hat{f}$. Bei endlicher Dimension von $\boldsymbol{V}$ ist die Existenz von $\hat{f}$ gesichert. Vgl. jedoch 12.2.9 Beispiel 1 für eine lineare Abbildung, die keine adjungierte Abbildung besitzt. Wir notieren noch zwei einfache Eigenschaften von $\hat{f}$:

Satz 12.1.4 *Ist $\hat{f} : \boldsymbol{W} \to \boldsymbol{V}$ eine zu $f \in \mathrm{L}(\boldsymbol{V}, \boldsymbol{W})$ adjungierte Abbildung, so gilt:*

(a) *Die Abbildung $\hat{f}$ ist linear.*

(b) *Die Abbildung f ist zu $\hat{f}$ adjungiert.*

Beweis. (a) Für alle $\boldsymbol{c}_1, \boldsymbol{c}_2 \in \boldsymbol{W}$ und alle $x \in K$ ist $\hat{f}(\boldsymbol{c}_1 + x\boldsymbol{c}_2) = \hat{f}(\boldsymbol{c}_1) + x\hat{f}(\boldsymbol{c}_2)$, da beide Vektoren unter der injektiven ω-linearen Abbildung d_{ι_V} auf die Linearform

$$(f^{\mathrm{T}} \circ d_{\iota_W})(\boldsymbol{c}_1 + x\boldsymbol{c}_2) = (f^{\mathrm{T}} \circ d_{\iota_W})(\boldsymbol{c}_1) + \omega(x)(f^{\mathrm{T}} \circ d_{\iota_W})(\boldsymbol{c}_2)$$

abgebildet werden.

(b) Aus $\omega^2 = \mathrm{id}_K$ folgt

$$\boldsymbol{x} \cdot \hat{f}(\boldsymbol{c}) = \omega(\hat{f}(\boldsymbol{c}) \cdot \boldsymbol{x}) = \omega(\boldsymbol{c} \cdot f(\boldsymbol{x})) = f(\boldsymbol{x}) \cdot \boldsymbol{c} \text{ für alle } \boldsymbol{x} \in \boldsymbol{V} \text{ und alle } \boldsymbol{c} \in \boldsymbol{W},$$

was zu zeigen war. □

Der folgende Satz ist manchmal nützlich, wenn bewiesen werden soll, dass zwei gegebene lineare Abbildungen zueinander adjungiert sind.

Satz 12.1.5 *Es seien $(\boldsymbol{b}_i)_{i \in I}$ und $(\boldsymbol{c}_j)_{j \in J}$ Basen von $(\boldsymbol{V}, \iota_V)$ bzw. $(\boldsymbol{W}, \iota_W)$. Eine Abbildung $g \in \mathrm{L}(\boldsymbol{W}, \boldsymbol{V})$ ist genau dann adjungiert zu einer Abbildung $f \in \mathrm{L}(\boldsymbol{V}, \boldsymbol{W})$, falls*

$$\boldsymbol{c}_j \cdot f(\boldsymbol{b}_i) = g(\boldsymbol{c}_j) \cdot \boldsymbol{b}_i \textit{ für alle } i \in I \textit{ und alle } j \in J. \tag{12.5}$$

Beweis. Aus (12.5) folgt sofort, dass g zu f adjungiert ist. Die Umkehrung ist klar. □

12.1.6 Haben $f, f_1, f_2 \in \mathrm{L}(\boldsymbol{V}, \boldsymbol{W})$ adjungierte Abbildungen, und ist $c \in K$, so folgt durch Nachrechnen

$$\widehat{f_1 + f_2} = \hat{f}_1 + \hat{f}_2, \quad \widehat{cf} = \omega(c)\hat{f}.$$

Ist ferner $(\boldsymbol{X}, \iota_X)$ ein ω-symmetrischer Vektorraum, und hat $g \in \mathrm{L}(\boldsymbol{W}, \boldsymbol{X})$ eine adjungierte Abbildung, so gilt

$$\widehat{g \circ f} = \hat{f} \circ \hat{g}.$$

Vgl. die formal analogen Ergebnisse für f^{T} in 4.9.3 und Satz 4.9.4. In Satz 4.9.7 haben wir $(f(\boldsymbol{V}))^\circ = \ker f^{\mathrm{T}}$ und $(\ker f)^\circ = f^{\mathrm{T}}(\boldsymbol{W}^*)$ gezeigt. Diese Ergebnisse können *nicht immer* auf die Abbildungen f und $\hat{f}$ übertragen werden, indem das Zeichen $\circ$ durch $\perp$ ersetzt wird. Ferner ist *nicht immer* richtig, dass f genau dann injektiv bzw. surjektiv ist, falls $\hat{f}$ surjektiv bzw. injektiv ist. Ohne weitere Voraussetzungen können wir nur folgende Eigenschaften herleiten:

Satz 12.1.7 *Es seien $f \in \mathrm{L}(\boldsymbol{V}, \boldsymbol{W})$ und $\hat{f} \in \mathrm{L}(\boldsymbol{W}, \boldsymbol{V})$ adjungierte Abbildungen. Dann gilt:*

(a) $(f(\boldsymbol{V}))^{\perp} = \ker \hat{f}$.

(b) *Falls f surjektiv ist, so ist $\hat{f}$ injektiv.*

Beweis. (a) Für alle $\boldsymbol{c} \in \boldsymbol{W}$ gilt:

$$\boldsymbol{c} \in (f(\boldsymbol{V}))^{\perp} \Leftrightarrow 0 = \boldsymbol{c} \cdot f(\boldsymbol{x}) = \hat{f}(\boldsymbol{c}) \cdot \boldsymbol{x} \text{ für alle } \boldsymbol{x} \in \boldsymbol{V} \Leftrightarrow \hat{f}(\boldsymbol{c}) \in \boldsymbol{V}^{\perp} = \{\boldsymbol{o}\} \Leftrightarrow \boldsymbol{c} \in \ker \hat{f}.$$

(b) Für eine Surjektion f folgt aus (a) und $\boldsymbol{W}^{\perp} = \{\boldsymbol{o}\} = \ker \hat{f}$ die Injektivität von $\hat{f}$. □

Für die Surjektivität von $\hat{f}$ ist notwendig und hinreichend, dass der Unterraum $d_{\iota_W}(\boldsymbol{W}) \subset \boldsymbol{W}^*$ unter f^{T} auf den Unterraum $d_{\iota_V}(\boldsymbol{V}) \subset \boldsymbol{V}^*$ abgebildet wird. Wir erhalten bessere Resultate, wenn wir einen oder beide Vektorräume als endlichdimensional voraussetzen.

Satz 12.1.8 *Es seien $f \in \mathrm{L}(\boldsymbol{V}, \boldsymbol{W})$ und $\hat{f} \in \mathrm{L}(\boldsymbol{W}, \boldsymbol{V})$ adjungierte Abbildungen.*

(a) *Für* $\dim \boldsymbol{W} < \infty$ *gilt* $f(\boldsymbol{V}) = (\ker \hat{f})^{\perp}$ *und daher* $\operatorname{rg} f = \operatorname{rg} \hat{f}$.

(b) *Für* $\dim \boldsymbol{V} < \infty$ *oder* $\dim \boldsymbol{W} < \infty$ *gilt: Ist f injektiv, so ist $\hat{f}$ surjektiv.*

Beweis. (a) Aus Satz 12.1.7 (a) folgt $f(\boldsymbol{V}) = ((f(\boldsymbol{V}))^{\perp})^{\perp} = (\ker \hat{f})^{\perp}$ sowie

$$\operatorname{rg} f = \dim f(\boldsymbol{V}) = \dim(\ker \hat{f})^{\perp} = \dim \boldsymbol{W} - \operatorname{def} \hat{f} = \operatorname{rg} \hat{f},$$

wobei sich die Gültigkeit des vorletzten bzw. letzten Gleichheitszeichens aus Satz 9.5.9 (b) bzw. der aus Rangformel ergibt.

(b) Sei $\dim \boldsymbol{W} < \infty$. Da f linear und injektiv ist, gilt $\dim \boldsymbol{V} \leq \dim \boldsymbol{W} < \infty$. Es ist daher in jedem Fall $\dim \boldsymbol{V} < \infty$. Indem wir Satz 12.1.8 (a) auf $\hat{f}$ anwenden, erkennen wir $\operatorname{rg} \hat{f} = \operatorname{rg} f = \dim \boldsymbol{V}$. Es ist also $\hat{f}$ surjektiv, was zu beweisen war. □

Nur wenn $\boldsymbol{V}$ und $\boldsymbol{W}$ beide endlichdimensional sind, lassen sich die in 12.1.6 erwähnten Eigenschaften der transponierten Abbildung f^{T} sinngemäß auf die adjungierte Abbildung $\hat{f}$ übertragen. Wir besprechen zum Abschluss dieses Abschnitts die Koordinatendarstellung adjungierter Abbildungen.

Satz 12.1.9 *Es seien $\boldsymbol{B} = (\boldsymbol{b}_1, \boldsymbol{b}_2, \ldots, \boldsymbol{b}_n)$ und $\boldsymbol{C} = (\boldsymbol{c}_1, \boldsymbol{c}_2, \ldots, \boldsymbol{c}_m)$ Basen der Vektorräume $(\boldsymbol{V}, \iota_V)$ bzw. $(\boldsymbol{W}, \iota_W)$ sowie $\hat{\boldsymbol{B}}$ bzw. $\hat{\boldsymbol{C}}$ die jeweiligen reziproken Basen. Für $f \in \mathrm{L}(\boldsymbol{V}, \boldsymbol{W})$ und $\hat{f} \in \mathrm{L}(\boldsymbol{W}, \boldsymbol{V})$ gilt dann*

$$\langle \hat{\boldsymbol{B}}^*, \hat{f}(\hat{\boldsymbol{C}}) \rangle = \omega(\langle \boldsymbol{C}^*, f(\boldsymbol{B}) \rangle^{\mathrm{T}}). \tag{12.6}$$

Sind $\boldsymbol{B}$ und $\boldsymbol{C}$ orthonormale Basen, so folgt

$$\langle \boldsymbol{B}^*, \hat{f}(\boldsymbol{C}) \rangle = \omega(\langle \boldsymbol{C}^*, f(\boldsymbol{B}) \rangle^{\mathrm{T}}). \tag{12.7}$$

Beweis. Wegen $\hat{\boldsymbol{b}}_i^* = d_{\iota_V}(\boldsymbol{b}_i)$ und $\boldsymbol{c}_j^* = d_{\iota_W}(\hat{\boldsymbol{c}}_j)$ gilt

$$\langle \hat{\boldsymbol{b}}_i^*, \hat{f}(\hat{\boldsymbol{c}}_j) \rangle = \boldsymbol{b}_i \cdot \hat{f}(\hat{\boldsymbol{c}}_j) = f(\boldsymbol{b}_i) \cdot \hat{\boldsymbol{c}}_j = \omega(\hat{\boldsymbol{c}}_j \cdot f(\boldsymbol{b}_i)) = \omega(\langle \boldsymbol{c}_j^*, f(\boldsymbol{b}_i) \rangle)$$

für alle $i \in \{1, 2, \ldots, n\}$ und alle $j \in \{1, 2, \ldots, m\}$. Damit ist (12.6) bewiesen. Formel (12.7) folgt daraus unmittelbar, da eine ONB mit ihrer reziproken Basis zusammenfällt. □

Aufgaben

A 12.1.1 Es seien $\boldsymbol{a}^* \in \boldsymbol{V}^*$ und $\boldsymbol{w} \in \boldsymbol{W}$ gegeben.

(a) Gib eine notwendige und hinreichende Bedingung dafür an, dass $f : \boldsymbol{V} \to \boldsymbol{W} : \boldsymbol{x} \mapsto \langle \boldsymbol{a}^*, \boldsymbol{x}\rangle \boldsymbol{w}$ eine adjungierte Abbildung $\hat{f}$ besitzt.

(b) Wenn $\hat{f}$ existiert, wie lassen sich dann f und $\hat{f}$ mit Hilfe der gegebenen Skalarprodukte schreiben?

A 12.1.2 Es seien $\dim \boldsymbol{V} = n < \infty$ und $f \in \mathrm{L}(\boldsymbol{V}, \boldsymbol{V})$. Welcher Zusammenhang besteht zwischen den Koeffizienten der charakteristischen Polynome $\chi_f(X)$ und $\chi_{\hat{f}}(X)$?

A 12.1.3 Fortsetzung von A 12.1.2: Sei $(\boldsymbol{b}_1, \boldsymbol{b}_2, \dots, \boldsymbol{b}_n)$ eine Basis von $\boldsymbol{V}$ so, dass $\langle \boldsymbol{B}^*, f(\boldsymbol{B})\rangle$ Jordan-Normalform besitzt. Gib eine Basis $\boldsymbol{C}$ von $\boldsymbol{V}$ an, bezüglich welcher die Koordinatenmatrix $\langle \boldsymbol{C}^*, \hat{f}(\boldsymbol{C})\rangle$ Jordan-Normalform hat. Wie lautet diese Matrix?

A 12.1.4 Auf $\mathbb{C}^{2\times 1}$ bzw. $\mathbb{C}^{3\times 1}$ sei ein unitäres Skalarprodukt durch

$$\iota(\boldsymbol{E}_2, \boldsymbol{E}_2) = \begin{pmatrix} 2 & i \\ -i & 1 \end{pmatrix} \quad \text{bzw.} \quad \iota'(\boldsymbol{E}_3, \boldsymbol{E}_3) = \begin{pmatrix} 2 & 0 & 1 \\ 0 & 1 & 0 \\ 1 & 0 & 1 \end{pmatrix}$$

gegeben, wobei $\boldsymbol{E}_2$ bzw. $\boldsymbol{E}_3$ jeweils die kanonische Basis bezeichnet.

(a) Bestimme die Matrix $\langle \boldsymbol{E}_2^*, \hat{f}(\boldsymbol{E}_3)\rangle$ für $f \in \mathrm{L}(\mathbb{C}^{2\times 1}, \mathbb{C}^{3\times 1})$ mit

$$\langle \boldsymbol{E}_3^*, f(\boldsymbol{E}_2)\rangle = \begin{pmatrix} 1 & 1+i \\ i & 0 \\ 0 & 1 \end{pmatrix}.$$

(b) Überprüfe $f(\boldsymbol{a}) \cdot \boldsymbol{b} = \boldsymbol{a} \cdot \hat{f}(\boldsymbol{b})$ für $\boldsymbol{a} = (1, 2)^{\mathrm{T}}$ und $\boldsymbol{b} = (1, 1, 1)^{\mathrm{T}}$.

(c) Lege den Unterraum aller Vektoren, deren f-Bilder zu $\boldsymbol{b}$ orthogonal sind, durch ein LGS fest. Verwende dabei $\hat{f}$.

12.2 Isometrische Abbildungen

12.2.1 Wir kommen nun zu den strukturverträglichen Abbildungen für ω-symmetrische Vektorräume: Eine Abbildung $f \in \mathrm{L}(\boldsymbol{V}, \boldsymbol{W})$ heißt *isometrisch* oder eine *Isometrie*, falls

$$\boldsymbol{x} \cdot \boldsymbol{y} = f(\boldsymbol{x}) \cdot f(\boldsymbol{y}) \quad \text{für alle} \quad \boldsymbol{x}, \boldsymbol{y} \in \boldsymbol{V}. \tag{12.8}$$

Beispiel 12.2.2 Wir versehen sowohl $K^{n\times 1}$ als auch $K^{m\times 1}$ mit dem kanonischen Skalarprodukt und setzen $n < m$ voraus. Die lineare Abbildung

$$f : K^{n\times 1} \to K^{m\times 1} : (x_1, x_2, \dots, x_n)^{\mathrm{T}} \mapsto (x_1, x_2, \dots, x_n, 0, \dots, 0)^{\mathrm{T}}$$

ist isometrisch und injektiv, aber nicht surjektiv.

12.2.3 Wir stellen einige Eigenschaften einer Isometrie $f : \boldsymbol{V} \to \boldsymbol{W}$ zusammen, die unmittelbar aus der Definition folgen: Unter f gehen orthogonale Vektoren aus $\boldsymbol{V}$ in orthogonale Vektoren aus $\boldsymbol{W}$ über. Ferner hat jeder Vektor aus $\boldsymbol{V}$ dasselbe Längenquadrat wie sein Bildvektor. Für euklidische Vektorräume stimmen die Winkelmaße von Vektoren aus $\boldsymbol{V}$ mit denen ihrer f-Bilder überein.

Das Produkt zweier Isometrien ist wieder eine Isometrie. Die Inverse einer isometrischen Bijektion ist wieder eine isometrische Bijektion. Ferner gilt der folgende Satz, der trotz seines einfachen Beweises sehr wichtig ist:

Satz 12.2.4 *Jede Isometrie $f : \boldsymbol{V} \to \boldsymbol{W}$ ist injektiv.*

Beweis. Aus $\boldsymbol{a} \in \ker f$ folgt

$$\boldsymbol{a} \cdot \boldsymbol{y} = f(\boldsymbol{a}) \cdot f(\boldsymbol{y}) = \boldsymbol{o} \cdot f(\boldsymbol{y}) = 0 \text{ für alle } \boldsymbol{y} \in \boldsymbol{V},$$

also $\boldsymbol{a} \in \boldsymbol{V}^{\perp} = \{\boldsymbol{o}\}$. □

Bei $\dim \boldsymbol{V} = \dim \boldsymbol{W} < \infty$ ist daher jede isometrische Abbildung $\boldsymbol{V} \to \boldsymbol{W}$ auch surjektiv und damit eine isometrische Bijektion. Wir geben jetzt zwei Kennzeichnungen an.

Satz 12.2.5 *Sei $(\boldsymbol{b}_i)_{i \in I}$ eine Basis von $\boldsymbol{V}$. Eine Abbildung $f \in \mathrm{L}(\boldsymbol{V}, \boldsymbol{W})$ ist genau dann isometrisch, falls*

$$\boldsymbol{b}_i \cdot \boldsymbol{b}_j = f(\boldsymbol{b}_i) \cdot f(\boldsymbol{b}_j) \text{ für alle } i, j \in I. \tag{12.9}$$

Beweis. Aus (12.9) folgt durch Nachrechnen, dass f isometrisch ist. Die Umkehrung ist klar. □

Satz 12.2.6 *Eine Abbildung $f \in \mathrm{L}(\boldsymbol{V}, \boldsymbol{W})$, die eine adjungierte Abbildung besitzt, ist genau dann isometrisch, falls*

$$\hat{f} \circ f = \mathrm{id}_{\boldsymbol{V}}. \tag{12.10}$$

Beweis. Die Abbildung f ist genau dann isometrisch, falls sie (12.8) erfüllt. Das ist zu

$$(\boldsymbol{x} - (\hat{f} \circ f)(\boldsymbol{x})) \cdot \boldsymbol{y} = 0 \text{ für alle } \boldsymbol{x}, \boldsymbol{y} \in \boldsymbol{V}$$

und weiter zu $(\boldsymbol{x} - (\hat{f} \circ f)(\boldsymbol{x})) \in \boldsymbol{V}^{\perp}$ für alle $\boldsymbol{x} \in \boldsymbol{V}$ äquivalent. Wegen $\boldsymbol{V}^{\perp} = \{\boldsymbol{o}\}$ ist letzteres genau dann der Fall, wenn $\hat{f} \circ f = \mathrm{id}_{\boldsymbol{V}}$. □

Damit stellt sich die Frage, welche Isometrien $\boldsymbol{V} \to \boldsymbol{W}$ eine adjungierte Abbildung besitzen. Wir werden gleich sehen, dass es dabei nur auf den Bildraum der Isometrie ankommt.

Satz 12.2.7 *Eine Isometrie $f : \boldsymbol{V} \to \boldsymbol{W}$ besitzt genau dann eine adjungierte Abbildung, falls $\boldsymbol{W} = f(\boldsymbol{V}) \oplus f(\boldsymbol{V})^{\perp}$.*

Beweis. (a) Sei $\hat{f} : \boldsymbol{W} \to \boldsymbol{V}$ zu f adjungiert. Daher existiert die Abbildung $f \circ \hat{f} \in \mathrm{L}(\boldsymbol{W}, \boldsymbol{W})$. Wir wählen einen Vektor $\boldsymbol{c} \in \boldsymbol{W}$ beliebig aus. Dann gilt

$$\boldsymbol{c} = \underbrace{(f \circ \hat{f})(\boldsymbol{c})}_{=: \boldsymbol{c}_1 \in f(\boldsymbol{V})} + \underbrace{(\boldsymbol{c} - (f \circ \hat{f})(\boldsymbol{c}))}_{=: \boldsymbol{c}_2}.$$

Mit Hilfe von (12.10) folgt

$$(\boldsymbol{c} - (f \circ \hat{f})(\boldsymbol{c})) \cdot f(\boldsymbol{x}) = (\hat{f}(\boldsymbol{c}) - (\underbrace{\hat{f} \circ f}_{= \mathrm{id}_{\boldsymbol{V}}} \circ \hat{f})(\boldsymbol{c})) \cdot \boldsymbol{x} = (\hat{f}(\boldsymbol{c}) - \hat{f}(\boldsymbol{c})) \cdot \boldsymbol{x} = 0 \text{ für alle } \boldsymbol{x} \in \boldsymbol{V}.$$

Das zeigt $\boldsymbol{c}_2 \in f(\boldsymbol{V})^{\perp}$ und somit $\boldsymbol{W} = f(\boldsymbol{V}) + f(\boldsymbol{V})^{\perp}$. So wie $\iota_{\boldsymbol{V}}$ ist auch die Einschränkung $\iota_{\boldsymbol{W}} | (f(\boldsymbol{V}) \times f(\boldsymbol{V}))$ radikalfrei, da f isometrisch ist. Aus Satz 9.5.8 (a) folgt $f(\boldsymbol{V}) \cap f(\boldsymbol{V})^{\perp} = \{\boldsymbol{o}\}$, was insgesamt $\boldsymbol{W} = f(\boldsymbol{V}) \oplus f(\boldsymbol{V})^{\perp}$ ergibt.

(b) Sei $W = f(V) \oplus f(V)^{\perp}$. Dann existiert die Orthogonalprojektion $p : W \to f(V)$. Da f nach Satz 12.2.4 injektiv ist, gibt es gemäß Satz 3.2.4 (d) eine lineare Abbildung $g : f(V) \to V$, die jedem Vektor aus $f(V)$ sein einziges f-Urbild zuordnet. Wir rechnen nach, dass $g \circ p$ zu f adjungiert ist. Es gilt in der Tat

$$c \cdot f(x) = p(c) \cdot f(x) = (\underbrace{f \circ g}_{=\mathrm{id}_{f(V)}} \circ p)(c) \cdot f(x) = (g \circ p)(c) \cdot x \text{ für alle } x \in V \text{ und alle } c \in W,$$

wobei beim letzten Gleichheitszeichen eingeht, dass f isometrisch ist. □

Bei $\dim V < \infty$ hat nach Satz 12.1.3 (d) jedes $f \in \mathrm{L}(V, W)$ und erst recht jede Isometrie eine adjungierte Abbildung.

Jede surjektive Isometrie ist nach Satz 12.2.4 bijektiv. Der folgende Satz zeigt, dass jede derartige Abbildung eine adjungierte Abbildung besitzt.

Satz 12.2.8 *Eine bijektive Abbildung $f \in \mathrm{L}(V, W)$ ist genau dann isometrisch, falls die Abbildung f^{-1} zu f adjungiert ist.*

Beweis. Ist f eine isometrische Bijektion, so gilt $W = f(V) \oplus \{o\}$. Satz 12.2.7 zeigt, dass f eine adjungierte Abbildung besitzt. Diese stimmt nach (12.10) mit f^{-1} überein.

Gilt umgekehrt $\hat{f} = f^{-1}$, so folgt aus

$$x \cdot y = (f^{-1} \circ f)(x) \cdot y = (\hat{f} \circ f)(x) \cdot y = f(x) \cdot f(y) \text{ für alle } x, y \in V,$$

dass eine isometrische Bijektion vorliegt. □

Beispiele 12.2.9 Wir gehen vom symmetrischen Vektorraum $(K^{\langle\mathbb{N}\rangle}, \sigma)$ in 9.5.7 Beispiel 3 aus, schreiben aber statt σ jetzt ι.

1. In $K^{\langle\mathbb{N}\rangle}$ gibt es eine Hyperebene H mit $H^{\perp} = \{o\}$. Nach Satz 9.5.8 (a) ist die Einschränkung $\iota|(H \times H)$ radikalfrei. Wir verwenden sie als Skalarprodukt auf H. Dann ist die *Inklusionsabbildung*
$$f : H \to K^{\langle\mathbb{N}\rangle} : x \mapsto x$$
offenbar eine nicht surjektive Isometrie. Nach Satz 12.2.7 gibt es zu f keine adjungierte Abbildung, da H kein orthogonales Komplement in $K^{\langle\mathbb{N}\rangle}$ besitzt.
2. Die kanonische Basis $(e_i)_{i\in\mathbb{N}}$ von $K^{\langle\mathbb{N}\rangle}$ ist eine ONB. Durch $e_i \mapsto e_{i+1}$ für alle $i \in \mathbb{N}$ wird eine nicht surjektive Isometrie $f : K^{\langle\mathbb{N}\rangle} \to K^{\langle\mathbb{N}\rangle}$ festgelegt. Eine einfache Rechnung zeigt, dass die durch $e_0 \mapsto o$, $e_i \mapsto e_{i-1}$ für alle $i \in \mathbb{N}^{\times}$ bestimmte lineare Abbildung $g : K^{\langle\mathbb{N}\rangle} \to K^{\langle\mathbb{N}\rangle}$ zu f adjungiert ist.

12.2.10 Die ω-symmetrischen Vektorräume (V, ι_V) und (W, ι_W) heißen *isometrisch isomorph*, falls es mindestens eine isometrische Bijektion $f : V \to W$ gibt. Mit anderen Worten heißt das, dass ι_V und ι_W kongruente ω-Sesquilinearformen sind.

Satz 9.9.2 zeigt, dass zwei endlichdimensionale komplexe pseudoeuklidische Vektorräume genau dann isometrisch isomorph sind, wenn sie dieselbe Dimension besitzen. Aus Satz 9.10.5 folgt, dass zwei endlichdimensionale reelle (komplexe) Vektorräume, deren Skalarprodukt eine symmetrische Bilinearform (hermitesche Sesquilinearform) ist, genau dann isometrisch isomorph sind, wenn sie dieselbe Dimension haben und die Signaturen ihrer Skalarprodukte gleich sind.

Ist $\boldsymbol{B} = (\boldsymbol{b}_1, \boldsymbol{b}_2, \ldots, \boldsymbol{b}_n)$ eine ONB von $\boldsymbol{V}$, so ist die Koordinatisierung $\boldsymbol{B}^* : \boldsymbol{V} \to K^{n\times 1}$ eine isometrische Bijektion, wenn wir $K^{n\times 1}$ mit dem kanonischen ω-symmetrischen Skalarprodukt versehen. Wir können daher $\mathbb{R}^{n\times 1}$ gemeinsam mit dem kanonischen Skalarprodukt als „den" n-dimensionalen euklidischen Vektorraum bezeichnen. Analog ist $\mathbb{C}^{n\times 1}$ gemeinsam mit dem kanonischen hermiteschen Skalarprodukt „der" n-dimensionale unitäre Vektorraum. Es gibt – bis auf isometrische Isomorphie – auch nur genau einen euklidischen bzw. genau einen unitären Vektorraum mit einer abzählbar unendlichen Basis: Je zwei derartige euklidische bzw. unitäre Vektorräume besitzen nach Satz 11.5.10 eine abzählbare ONB und sind daher gemäß den Sätzen 3.4.4 und 12.2.5 isometrisch isomorph.

12.2.11 Wir versehen sowohl $K^{n\times 1}$ als auch $K^{m\times 1}$ mit dem kanonischen ω-symmetrischen Skalarprodukt. Eine Matrix $A \in K^{m\times n}$ bestimmt nach den Sätzen 12.1.9 und 12.2.6 genau dann eine Isometrie f_A, falls

$$\omega(A^{\mathrm{T}}) \cdot A = E_n \tag{12.11}$$

erfüllt ist. Diese Bedingung ist in Übereinstimmung mit Satz 12.2.5 äquivalent dazu, dass die Spalten von A ein Orthonormalsystem von $K^{m\times 1}$ bilden. Matrizen mit dieser Eigenschaft haben den Rang n. Sie haben in der Literatur keinen besonderen Namen.

Wir setzen jetzt $n = m$. Eine Matrix $A \in \mathrm{GL}_n(K)$ bestimmt nach den Sätzen 12.1.9 und 12.2.8 genau dann eine isometrische Bijektion f_A, falls

$$A^{-1} = \omega(A^{\mathrm{T}}) \tag{12.12}$$

erfüllt ist. Jede Matrix $A \in \mathrm{GL}_n(K)$, welche (12.12) erfüllt, heißt *ω-orthogonal.* Eine id_K-orthogonale Matrix heißt *orthogonal.*

Eine Matrix $A \in K^{n\times n}$ ist nach Satz 12.2.5 genau dann ω-orthogonal, falls die Spalten von A eine Orthonormalbasis[2] von $K^{n\times 1}$ bilden. Wegen

$$E_n = \omega(A^{\mathrm{T}}) \cdot A = A \cdot \omega(A^{\mathrm{T}}) \quad \Leftrightarrow \quad E_n = E_n^{\mathrm{T}} = \omega(A) \cdot A^{\mathrm{T}}$$

gilt diese Kennzeichnung auch für die Zeilen von A, sofern $K^{1\times n}$ mit dem kanonischen ω-symmetrischen Skalarprodukt versehen wird.

Die Menge aller ω-orthogonalen Matrizen aus $\mathrm{GL}_n(K)$ bildet die *ω-orthogonale Gruppe in n Variablen über K*, in Zeichen $\mathrm{O}_n(K, \omega)$. Die Menge aller orthogonalen Matrizen aus $\mathrm{GL}_n(K)$ bildet die *orthogonale Gruppe in n Variablen über K*, in Zeichen $\mathrm{O}_n(K)$. Für $K = \mathbb{C}$ und $\omega = \overline{}$ sind folgende Namen üblich: Eine ω-orthogonale Matrix wird *unitär* genannt. Ferner heißt $\mathrm{O}_n(\mathbb{C}, \overline{}) =: \mathrm{U}_n$ die *unitäre Gruppe in n Variablen.* Im reellen Fall wird statt $\mathrm{O}_n(\mathbb{R})$ auch kurz O_n geschrieben.

Beispiel 12.2.12 Die folgenden Matrizen sind orthogonal bzw. unitär, da ihre Spalten eine ONB von $\mathbb{R}^{2\times 1}$ bzw. $\mathbb{C}^{2\times 1}$ bilden:

$$\frac{1}{5}\begin{pmatrix} 3 & -4 \\ 4 & 3 \end{pmatrix} \in \mathrm{O}_2, \quad \frac{1}{2}\begin{pmatrix} 1+i & 1+i \\ -1+i & 1-i \end{pmatrix} \in \mathrm{U}_2 .$$

Zusammenfassend erhalten wir bei endlicher Dimension folgende Matrixdarstellung isometrischer Abbildungen:

[2] Die Bezeichnung „orthogonale Matrix" wurde vor langer Zeit geprägt. Im Sinne der heute üblichen sonstigen Terminologie wäre der Name „orthonormale Matrix" treffender.

Satz 12.2.13 *Es seien $\boldsymbol{B} = (\boldsymbol{b}_1, \boldsymbol{b}_2, \ldots, \boldsymbol{b}_n)$ bzw. $\boldsymbol{C} = (\boldsymbol{c}_1, \boldsymbol{c}_2, \ldots, \boldsymbol{c}_m)$ orthonormale Basen der Vektorräume $(\boldsymbol{V}, \iota_{\boldsymbol{V}})$ bzw. $(\boldsymbol{W}, \iota_{\boldsymbol{W}})$. Eine Abbildung $f \in \mathrm{L}(\boldsymbol{V}, \boldsymbol{W})$ ist genau dann isometrisch, falls*

$$\omega(\langle \boldsymbol{C}^*, f(\boldsymbol{B})\rangle^{\mathrm{T}}) \cdot \langle \boldsymbol{C}^*, f(\boldsymbol{B})\rangle = E_n.$$

Beweis. Es sind $\boldsymbol{B}^* : \boldsymbol{V} \to K^{n\times 1}$ und $\boldsymbol{C}^* : \boldsymbol{W} \to K^{n\times 1}$ isometrische Bijektionen, wenn wir $K^{n\times 1}$ bzw. $K^{m\times 1}$ mit dem kanonischen ω-symmetrischen Skalarprodukt versehen. Somit ist f genau dann isometrisch, falls $\langle \boldsymbol{C}^*, f(\boldsymbol{B})\rangle$ eine Isometrie von $K^{n\times 1}$ in $K^{m\times 1}$ bestimmt. Mit (12.11) folgt die Gültigkeit der Behauptung. □

12.2.14 Wenn wir unter den Voraussetzungen von Satz 12.2.13 die Basen $\boldsymbol{B}$ und $\boldsymbol{C}$ durch Basen $\tilde{\boldsymbol{B}}$ bzw. $\tilde{\boldsymbol{C}}$ ersetzen, so erhalten wir eine zu $\langle \boldsymbol{C}^*, f(\boldsymbol{B})\rangle$ äquivalente Matrix $\langle \tilde{\boldsymbol{C}}^*, f(\tilde{\boldsymbol{B}})\rangle$. Wir setzen nun aber voraus, dass $\tilde{\boldsymbol{B}}$ und $\tilde{\boldsymbol{C}}$ ebenfalls Orthonormalbasen sind. Dann ergeben sich ω-orthogonale Transformationsmatrizen $\langle \boldsymbol{B}^*, \tilde{\boldsymbol{B}}\rangle$ und $\langle \boldsymbol{B}^*, \tilde{\boldsymbol{B}}\rangle$. Das führt uns zur folgenden Definition:

Eine Matrix $A \in K^{m\times n}$ heißt *ω-orthogonal äquivalent* zu einer Matrix $B \in K^{m\times n}$, falls Matrizen $P \in \mathrm{O}_n(K, \omega)$ und $Q \in \mathrm{O}_m(K, \omega)$ mit $B = QAP$ existieren. Je nach Typus des Skalarprodukts sprechen wir auch von *orthogonal äquivalenten* Matrizen ($\omega = \mathrm{id}_K$) und *unitär äquivalenten* Matrizen.

Die Existenz von orthonormalen Basen vorausgesetzt, ist daher für $f \in \mathrm{L}(\boldsymbol{V}, \boldsymbol{W})$ die Menge

$$\{\langle \boldsymbol{C}^*, f(\boldsymbol{B})\rangle \mid \boldsymbol{B} \text{ ist eine ONB von } (\boldsymbol{V}, \iota_{\boldsymbol{V}}) \text{ und } \boldsymbol{C} \text{ ist eine ONB von } (\boldsymbol{W}, \iota_{\boldsymbol{W}})\}$$

eine Klasse ω-orthogonal äquivalenter Matrizen aus $K^{m\times n}$. Für festes $\omega \in \mathrm{Aut}(K)$ ist die Relation „ω-orthogonal äquivalent“ eine Äquivalenzrelation auf $K^{m\times n}$.

Im Sonderfall $\boldsymbol{V} = \boldsymbol{W}$ erhalten wir folgende Verschärfung des Begriffs der ähnlichen Matrizen: Eine Matrix $A \in K^{n\times n}$ heißt *ω-orthogonal ähnlich* zu einer Matrix $B \in K^{n\times n}$, falls eine Matrix $P \in \mathrm{O}_n(K, \omega)$ mit $B = P^{-1}AP$ existiert. Je nach Typus des Skalarprodukts sprechen wir auch von *orthogonal ähnlichen* Matrizen ($\omega = \mathrm{id}_K$) und *unitär ähnlichen* Matrizen.

Die Existenz von orthonormalen Basen vorausgesetzt, ist daher für $f \in \mathrm{L}(\boldsymbol{V}, \boldsymbol{V})$ die Menge

$$\{\langle \boldsymbol{B}^*, f(\boldsymbol{B})\rangle \mid \boldsymbol{B} \text{ ist eine ONB von } (\boldsymbol{V}, \iota_{\boldsymbol{V}})\}$$

eine Klasse ω-orthogonal ähnlicher Matrizen aus $K^{n\times n}$. Für festes $\omega \in \mathrm{Aut}(K)$ ist die Relation „ω-orthogonal ähnlich“ eine Äquivalenzrelation auf $K^{n\times n}$.

Für ω-orthogonal ähnliche Matrizen gilt eine wichtige Eigenschaft, die darauf beruht, dass jede ω-orthogonale Matrix P die Eigenschaft $P^{-1} = \omega(P^{\mathrm{T}})$ besitzt. Aus

$$B = P^{-1}AP = \omega(P^{\mathrm{T}}) \cdot A \cdot P$$

können wir ablesen, dass ω-orthogonal ähnliche Matrizen auch ω-kongruent sind. Wir werden das in Abschnitt 12.6 besser verstehen lernen, indem wir A einerseits als Koordinatenmatrix einer linearen Abbildung und andererseits als Koordinatenmatrix einer Sesquilinearform interpretieren.

Beispiel 12.2.15 Die beiden reellen Matrizen

$$A = \begin{pmatrix} 1 & 0 \\ 0 & 0 \end{pmatrix}, \quad B = \begin{pmatrix} 1 & 1 \\ 0 & 0 \end{pmatrix}$$

beschreiben Projektionen f_A bzw. f_B von $\mathbb{R}^{2\times 1}$ in sich mit demselben Bildraum $[(1, 0)^{\mathrm{T}}]$. Die Matrizen sind daher ähnlich. Die Projektion f_A ist eine Orthogonalprojektion, für f_B trifft das nicht zu. Jede zur symmetrischen Matrix A kongruente Matrix, und daher erst recht jede zu A

orthogonal ähnliche Matrix, ist ebenfalls symmetrisch. Da B nicht symmetrisch ist, sind A und B nicht orthogonal ähnlich.

Aufgaben

A 12.2.1 Zeige:

(a) Hat $f \in \mathrm{L}(\boldsymbol{V}, \boldsymbol{W})$ die Eigenschaft $\boldsymbol{x} \cdot \boldsymbol{x} = f(\boldsymbol{x}) \cdot f(\boldsymbol{x})$ für alle $\boldsymbol{x} \in \boldsymbol{V}$, so ist f isometrisch, falls eine der folgenden Bedingungen gilt: (i) $\omega = \mathrm{id}_K$ und $\operatorname{Char} K \neq 2$; (ii) $K = \mathbb{C}$ und $\omega = \bar{\ }$.

(b) Jede semilineare Abbildung $f : \boldsymbol{V} \to \boldsymbol{W}$ mit $\boldsymbol{x} \cdot \boldsymbol{y} = f(\boldsymbol{x}) \cdot f(\boldsymbol{y})$ für alle $\boldsymbol{x}, \boldsymbol{y} \in \boldsymbol{V}$ ist linear.

A 12.2.2 Bestimme alle $x_1, x_2, x_3 \in \mathbb{R}$ und alle $y_1, y_2, y_3, y_4 \in \mathbb{C}$ so, dass

$$\frac{1}{3}\begin{pmatrix} x_1 & 2 & 2 \\ -2 & 1 & x_3 \\ -2 & x_2 & 1 \end{pmatrix} \in \mathrm{O}_3 \quad \text{bzw.} \quad \frac{1}{2}\begin{pmatrix} 1 & -1 & 1 & y_1 \\ 1 & -1 & -1 & y_2 \\ 1 & 1 & -1 & y_3 \\ 1 & 1 & 1 & y_4 \end{pmatrix} \in \mathrm{U}_4 .$$

A 12.2.3 Zeige: Die reellen Matrizen

$$A = \begin{pmatrix} 1 & 0 & 0 \\ 0 & 2 & 1 \\ 0 & 0 & 2 \end{pmatrix}, \quad B = \begin{pmatrix} 1 & 0 & 1 \\ 0 & 2 & 1 \\ 0 & 0 & 2 \end{pmatrix}$$

sind ähnlich, aber nicht orthogonal ähnlich.
Hinweis: Untersuche, ob die Haupträume orthogonale Lage besitzen.

12.3 Normale Abbildungen

12.3.1 Wir untersuchen in diesem Abschnitt solche Abbildungen $f \in \mathrm{L}(\boldsymbol{V}, \boldsymbol{V})$, die hinsichtlich des ω-symmetrischen Skalarprodukts $\iota_V =: \iota$ ausgezeichnet sind. Die dabei wesentliche Begriffsbildung lautet folgendermaßen: Eine Abbildung $f \in \mathrm{L}(\boldsymbol{V}, \boldsymbol{V})$ heißt *normal*, falls f eine adjungierte Abbildung besitzt und mit dieser *kommutiert*, d. h. $f \circ \hat{f} = \hat{f} \circ f$.

Für jede normale Abbildung $f \in \mathrm{L}(\boldsymbol{V}, \boldsymbol{V})$ ist auch $\hat{f}$ normal, und es gilt

$$f(\boldsymbol{x}) \cdot f(\boldsymbol{y}) = (\hat{f} \circ f)(\boldsymbol{x}) \cdot \boldsymbol{y} = (f \circ \hat{f})(\boldsymbol{x}) \cdot \boldsymbol{y} = \hat{f}(\boldsymbol{x}) \cdot \hat{f}(\boldsymbol{y}) \quad \text{für alle } \boldsymbol{x}, \boldsymbol{y} \in \boldsymbol{V}. \qquad (12.13)$$

Falls f außerdem bijektiv ist, was bei einer normalen Abbildung nicht der Fall sein muss, liegt also mit $\hat{f} \circ f^{-1}$ eine isometrische Abbildung vor.

Die Nullabbildung und jede isometrische Bijektion von $\boldsymbol{V}$ sind normale Abbildungen. Wir geben jetzt weitere Beispiele an.

Satz 12.3.2 *Sei $(\boldsymbol{b}_i)_{i \in I}$ eine Orthogonalbasis von $(\boldsymbol{V}, \iota)$, die aus Eigenvektoren einer Abbildung $f \in \mathrm{L}(\boldsymbol{V}, \boldsymbol{V})$ besteht; für $i \in I$ sei ferner $t_i \in K$ der Eigenwert zu $\boldsymbol{b}_i$. Dann gilt:*

(a) *f ist normal.*

(b) *Die Eigenwerte von f sind genau die Elemente der Familie $(t_i)_{i \in I}$.*

(c) *Ein Skalar $t \in K$ ist genau dann ein Eigenwert von f, falls $\omega(t)$ ein Eigenwert von $\hat{f}$ ist. Trifft dies zu, so sind die zugehörigen Eigenräume von f bzw. $\hat{f}$ gleich.*

Beweis. (a) Nach dem Fortsetzungssatz 3.3.3 existiert genau eine Abbildung

$$g \in \mathrm{L}(\boldsymbol{V}, \boldsymbol{V}) \quad \text{mit} \quad \boldsymbol{b}_i \mapsto \omega(t_i)\boldsymbol{b}_i \quad \text{für alle} \quad i \in I.$$

Wir haben einerseits

$$\boldsymbol{b}_i \cdot f(\boldsymbol{b}_i) = \boldsymbol{b}_i \cdot (t_i \boldsymbol{b}_i) = (\omega(t_i)\boldsymbol{b}_i) \cdot \boldsymbol{b}_i = g(\boldsymbol{b}_i) \cdot \boldsymbol{b}_i \quad \text{für alle} \quad i \in I,$$
$$\boldsymbol{b}_i \cdot f(\boldsymbol{b}_j) = 0 = g(\boldsymbol{b}_i) \cdot \boldsymbol{b}_j \quad \text{für alle} \quad i, j \in I \quad \text{mit} \quad i \neq j,$$

womit g zu f nach Satz 12.1.5 adjungiert ist. Andererseits erhalten wir aus

$$(f \circ g)(\boldsymbol{b}_i) = t_i \omega(t_i)\boldsymbol{b}_i = (g \circ f)(\boldsymbol{b}_i) \quad \text{für alle} \quad i \in I$$

mit Hilfe von Satz 3.3.2, dass g mit f kommutiert.

(b) Nach Voraussetzung ist jedes Element der Familie $(t_i)_{i \in I}$ ein Eigenwert von f. Sei umgekehrt $t \in K$ ein Eigenwert von f und $\boldsymbol{a} \in \boldsymbol{V}$ ein zugehöriger Eigenvektor. Wir schreiben diesen Vektor als Linearkombination $\boldsymbol{a} = \sum_{i \in I} x_i \boldsymbol{b}_i$ mit $x_i \in K$. Wegen $\boldsymbol{a} \neq \boldsymbol{o}$ gibt es mindestens einen Index $j \in I$ mit $x_j \neq 0$. Berechnen wir die j-te Koordinate von $f(\boldsymbol{a})$ auf zwei Arten, so folgt $tx_j = t_j x_j$ und weiter $t = t_j$.

(c) Sei $t \in K$ ein Eigenwert von f. Nach Beweisschritt (b) wird der Eigenraum von f zum Eigenwert t von den Basisvektoren $\boldsymbol{b}_i$ zu jenen Indizes $i \in I$ aufgespannt, für die $t = t_i$ erfüllt ist. Dieser Eigenraum von f ist nach der Definition von $g = \hat{f}$ im Eigenraum von $\hat{f}$ zum Eigenwert $\omega(t)$ enthalten. Werden die obigen Überlegungen für $\hat{f}$ wiederholt, so folgt die Gültigkeit der Behauptungen über die Eigenwerte und Eigenräume von f und $\hat{f}$. □

Normale Abbildungen lassen sich im Allgemeinen nicht durch die Existenz einer Orthogonalbasis aus Eigenvektoren kennzeichnen, wie die folgenden Beispiele zeigen.

Beispiele 12.3.3

1. Im pseudoeuklidischen Vektorraum $(\mathbb{R}^{2\times 1}, \iota)$ mit dem indefiniten Skalarprodukt

   $$(x_1, x_2)^{\mathrm{T}} \cdot (y_1, y_2)^{\mathrm{T}} := x_1 y_1 - x_2 y_2$$

   besitzt die Abbildung

   $$f \in \mathrm{GL}(\mathbb{R}^{2\times 1}) : (x_1, x_2)^{\mathrm{T}} \mapsto (x_2, x_1)^{\mathrm{T}}$$

   die Eigenräume $[(1,1)^{\mathrm{T}}]$ bzw. $[(1,-1)^{\mathrm{T}}]$. Da jeder der beiden Eigenräume mit seinem Orthogonalraum zusammenfällt, gibt es keine Orthogonalbasis aus Eigenvektoren von f. Die Abbildung f ist jedoch normal, da sie mit ihrer adjungierten Abbildung

   $$\hat{f} \in \mathrm{GL}(\mathbb{R}^{2\times 1}) : (x_1, x_2)^{\mathrm{T}} \mapsto (-x_2, -x_1)^{\mathrm{T}}$$

   kommutiert.

2. Wir betrachten den symmetrischen Vektorraum $(K^{\langle\mathbb{Z}\rangle}, \iota)$ mit dem Skalarprodukt[3]

   $$\iota : K^{\langle\mathbb{Z}\rangle} \times K^{\langle\mathbb{Z}\rangle} \to K : ((x_i)_{i\in\mathbb{Z}}, (y_i)_{i\in\mathbb{Z}}) \mapsto \sum_{i\in\mathbb{Z}} x_i y_i.$$

   Die Familie $(\boldsymbol{e}_i)_{i\in\mathbb{Z}}$ mit $\boldsymbol{e}_i := (\delta_{ij})_{j\in\mathbb{Z}}$ ist die kanonische Orthonormalbasis von $K^{\langle\mathbb{Z}\rangle}$. Wir erklären eine isometrische Bijektion

   $$f \in \mathrm{O}(K^{\langle\mathbb{Z}\rangle}, \iota) \quad \text{durch} \quad \boldsymbol{e}_i \mapsto \boldsymbol{e}_{i+1} \quad \text{für alle} \quad i \in \mathbb{Z}.$$

[3] $(K^{\langle\mathbb{Z}\rangle}, \iota)$ ist zum Vektorraum $(K^{\langle\mathbb{N}\rangle}, \sigma)$ aus 9.5.7 Beispiel 3 isometrisch isomorph. Im vorliegenden Beispiel ist die Indexmenge $\mathbb{Z}$ bequemer zu handhaben.

Nun zeigen wir, dass f keine Eigenvektoren besitzt. Ist nämlich $(x_i)_{i\in\mathbb{Z}}$ nicht die Folge $(\dots,0,0,\dots)$, so gibt es einen größten Index $k \in \mathbb{Z}$ mit $x_k \neq 0$. Für das Bild $f((x_i)_{i\in\mathbb{Z}}) =: (y_j)_{j\in\mathbb{Z}}$ gilt daher

$$y_{k+1} = x_k \neq x_{k+1} = 0,$$

womit $(x_i)_{i\in\mathbb{Z}}$ und $(y_j)_{j\in\mathbb{Z}}$ linear unabhängig sind. Da f mit $f^{-1} = \hat{f}$ kommutiert, liegt eine normale Abbildung vor.

12.3.4 Eine Matrix $A \in K^{n\times n}$ heißt *ω-normal*, falls

$$\omega(A^{\mathrm{T}}) \cdot A = A \cdot \omega(A^{\mathrm{T}}).$$

Für $K = \mathbb{C}$ und $\omega = \bar{\ }$ sprechen wir auch von einer *konjugiert normalen* Matrix, bei $\omega = \mathrm{id}_K$ auch kurz von einer *normalen* Matrix.[4] Ist $\boldsymbol{B} = (\boldsymbol{b}_1, \boldsymbol{b}_2, \dots, \boldsymbol{b}_n)$ eine ONB von $(\boldsymbol{V}, \iota)$, so ist $f \in \mathrm{L}(\boldsymbol{V}, \boldsymbol{V})$ nach Satz 12.1.9 genau dann normal, falls $\langle \boldsymbol{B}^*, f(\boldsymbol{B})\rangle$ eine ω-normale Matrix ist.

Das Ziel der folgenden Überlegungen ist es, Satz 12.3.2 unter zusätzlichen Voraussetzungen umzukehren.

Satz 12.3.5 *Es seien $(\boldsymbol{V}, \iota)$ ein anisotroper ω-symmetrischer Vektorraum und $f \in \mathrm{L}(\boldsymbol{V}, \boldsymbol{V})$ eine normale Abbildung. Ein Skalar $t \in K$ ist genau dann ein Eigenwert von f, falls $\omega(t)$ ein Eigenwert von $\hat{f}$ ist. Trifft dies zu, so sind die zugehörigen Eigenräume von f bzw. $\hat{f}$ gleich.*

Beweis. Für alle $t \in K$ sind $f - t\,\mathrm{id}_V$ und $\hat{f} - \omega(t)\,\mathrm{id}_V$ nach 12.1.6 zueinander adjungierte Abbildungen. Mit f ist auch $f - t\,\mathrm{id}_V$ normal, da je zwei der Abbildungen f, $\hat{f}$, $t\,\mathrm{id}_V$ und $\omega(t)\,\mathrm{id}_V$ kommutieren. Für alle $\boldsymbol{a} \in \boldsymbol{V}$ gilt $\boldsymbol{a} \in \ker(f - t\,\mathrm{id}_V)$ genau für $(f - t\,\mathrm{id}_V)(\boldsymbol{a}) = \boldsymbol{o}$. Da es in $\boldsymbol{V}$ keine isotropen Vektoren gibt, ist das äquivalent zu

$$0 = (f - t\,\mathrm{id}_V)(\boldsymbol{a}) \bullet (f - t\,\mathrm{id}_V)(\boldsymbol{a}) \overset{(12.13)}{=} (\hat{f} - \omega(t)\,\mathrm{id}_V)(\boldsymbol{a}) \bullet (\hat{f} - \omega(t)\,\mathrm{id}_V)(\boldsymbol{a}),$$

was wiederum zu $(\hat{f} - \omega(t)\,\mathrm{id}_V)(\boldsymbol{a}) = \boldsymbol{o}$ sowie $\boldsymbol{a} \in \ker(\hat{f} - \omega(t)\,\mathrm{id}_V)$ gleichwertig ist. □

Wir verschärfen die im letzten Satz getroffenen Voraussetzungen nochmals:

Satz 12.3.6 (Spektralsatz) *Es seien $(\boldsymbol{V}, \iota)$ ein anisotroper ω-symmetrischer Vektorraum mit $\dim \boldsymbol{V} = n < \infty$ und $f \in \mathrm{L}(\boldsymbol{V}, \boldsymbol{V})$ eine normale Abbildung, deren charakteristisches Polynom über K in Linearfaktoren zerfällt. Dann gibt es eine Orthogonalbasis von $\boldsymbol{V}$, die aus Eigenvektoren von f besteht.*

Beweis. Der Satz ist richtig für $n \leq 1$. Wir führen den Beweis mit vollständiger Induktion nach n und schließen für $n > 1$ von $n-1$ auf n:

Es gibt mindestens einen Eigenvektor $\boldsymbol{b}_1$ von f, etwa zum Eigenwert $t_1 \in K$. Der Unterraum $[\boldsymbol{b}_1]$ ist f-invariant und auch $\hat{f}$-invariant nach Satz 12.3.5. Für alle $\boldsymbol{x} \in \boldsymbol{b}_1^\perp$ folgt

$$0 = \boldsymbol{x} \bullet \boldsymbol{b}_1 = \boldsymbol{x} \bullet f(\boldsymbol{b}_1) = \hat{f}(\boldsymbol{x}) \bullet \boldsymbol{b}_1.$$

Es ist also $\boldsymbol{b}_1^\perp$ ein $\hat{f}$-invarianter Unterraum. Die f-Invarianz von $\boldsymbol{b}_1^\perp$ kann analog gezeigt werden. Da $(\boldsymbol{V}, \iota)$ anisotrop ist, liegt mit $\iota' := \iota|(\boldsymbol{b}_1^\perp \times \boldsymbol{b}_1^\perp)$ ein Skalarprodukt auf $\boldsymbol{b}_1^\perp$ vor; vgl. 11.1.4. Ferner gilt $\boldsymbol{V} = [\boldsymbol{b}_1] \oplus \boldsymbol{b}_1^\perp$. Die lineare Abbildung

$$f' : [\boldsymbol{b}_1]^\perp \to [\boldsymbol{b}_1]^\perp : \boldsymbol{x} \mapsto f(\boldsymbol{x})$$

[4] Vorsicht! Viele Autoren betrachten für $K = \mathbb{C}$ ausschließlich den Fall $\omega = \bar{\ }$ und bezeichnen daher eine Matrix $A \in \mathbb{C}^{n\times n}$ als *normal*, falls $A\overline{A}^{\mathrm{T}} = \overline{A}^{\mathrm{T}}A$. Der Begriff der normalen Matrix stammt von Otto Toeplitz (1881–1940).

hat die adjungierte Abbildung

$$\hat{f}' : [\boldsymbol{b}_1]^\perp \to [\boldsymbol{b}_1]^\perp : \boldsymbol{x} \mapsto \hat{f}(\boldsymbol{x})$$

und ist daher normal. Wir ergänzen $\boldsymbol{b}_1$ durch eine Basis $\boldsymbol{B}' = (\boldsymbol{b}_2, \boldsymbol{b}_3, \ldots, \boldsymbol{b}_n)$ von $\boldsymbol{b}_1^\perp$ zu einer Basis $\boldsymbol{B} := (\boldsymbol{b}_1, \boldsymbol{b}_2, \ldots, \boldsymbol{b}_n)$ von $\boldsymbol{V}$. Dann gilt

$$\langle \boldsymbol{B}^*, f(\boldsymbol{B})\rangle = \operatorname{diag}(t_1, \langle (\boldsymbol{B}')^*, f'(\boldsymbol{B}')\rangle)$$

und daher $\chi_f(X) = (t_1 - X) \cdot \chi_{f'}(X)$; vgl. den Beweis von Satz 8.7.2. Wir können durch $t_1 - X$ kürzen. Das zeigt, dass auch das charakteristische Polynom $\chi_{f'}(X)$ über K in Linearfaktoren zerfällt. Nach Induktionsannahme besitzt daher $\boldsymbol{b}_1^\perp$ eine Orthogonalbasis aus Eigenvektoren von f'. Diese bildet gemeinsam mit $\boldsymbol{b}_1$ die gesuchte Orthogonalbasis aus Eigenvektoren von f. □

Unter den Voraussetzungen des Spektralsatzes stimmt für jeden Eigenwert t von f der Eigenraum mit dem Hauptraum überein. Die algebraische und die geometrische Vielfachheit sind also gleich. Ferner wird $\boldsymbol{V}$ durch die Eigenräume in eine orthogonale direkte Summe zerlegt; vgl. Satz 8.7.9. Mit dem Spektralsatz für normale Abbildungen haben wir einen der wichtigsten Sätze der linearen Algebra hergeleitet. Viele der nachfolgenden Ergebnisse werden auf ihm aufbauen. Zunächst beschreiben wir die normalen Abbildungen endlichdimensionaler unitärer und euklidischer Vektorräume und die dazugehörigen Matrizen.

Satz 12.3.7 *Sei $(\boldsymbol{V}, \iota)$ ein n-dimensionaler unitärer Vektorraum, $n < \infty$. Eine Abbildung $f \in$* L$(\boldsymbol{V}, \boldsymbol{V})$ *ist genau dann normal, falls es eine Orthonormalbasis aus Eigenvektoren von f gibt.*

Beweis. Wenn f normal ist, so können wir den Spektralsatz 12.3.6 anwenden, da das charakteristische Polynom von f über $\mathbb{C}$ in Linearfaktoren zerfällt. Es gibt daher eine Orthogonalbasis aus Eigenvektoren von f. Indem wir jeden Vektor dieser Basis normieren, also mit dem Kehrwert seiner Länge multiplizieren, erhalten wir die gesuchte ONB. Die Umkehrung gilt nach Satz 12.3.2. □

Satz 12.3.8 *Eine Matrix $A \in \mathbb{C}^{n\times n}$ ist genau dann konjugiert normal, falls sie unitär ähnlich zu einer Diagonalmatrix ist.*

Beweis. Wir versehen $\mathbb{C}^{n\times 1}$ mit dem kanonischen unitären Skalarprodukt.

Ist A konjugiert normal, so bestimmt sie eine normale Abbildung f_A des Vektorraumes $\mathbb{C}^{n\times 1}$. Daher besitzt $\mathbb{C}^{n\times 1}$ eine ONB $\boldsymbol{B} := (\boldsymbol{b}_1, \boldsymbol{b}_2, \ldots, \boldsymbol{b}_n)$ aus Eigenvektoren von f_A. Setzen wir $\langle \boldsymbol{E}^*, \boldsymbol{B}\rangle =: P$, so liegt eine unitäre Matrix vor. Somit ist $\langle \boldsymbol{B}^*, f(\boldsymbol{B})\rangle = P^{-1}AP = \overline{P}^{\mathrm{T}}AP$ eine zu A unitär ähnliche Diagonalmatrix.

Ist umgekehrt $P^{-1}AP$ eine Diagonalmatrix und $P \in \mathrm{U}_n$, so ergeben die Spalten von P eine ONB aus Eigenvektoren der linearen Abbildung f_A. Diese ist nach Satz 12.3.7 normal. Daher ist A konjugiert normal. □

12.3.9 Um die normalen Abbildungen eines n-dimensionalen euklidischen Vektorraumes $(\boldsymbol{V}, \iota)$ beschreiben zu können, greifen wir auf dessen Erweiterung $(\boldsymbol{V}_{\mathbb{C}}, \bar{\iota}_{\mathbb{C}})$ zu einem unitären Vektorraum zurück. Sind eine Abbildung $f \in$ L$(\boldsymbol{V}, \boldsymbol{V})$ und ihre adjungierte Abbildung $\hat{f}$ gegeben, so betrachten wir deren lineare komplexe Fortsetzungen $f_{\mathbb{C}}$ bzw. $\hat{f}_{\mathbb{C}}$. Diese Abbildungen sind adjungiert im Sinne des unitären Vektorraumes $(\boldsymbol{V}_{\mathbb{C}}, \bar{\iota}_{\mathbb{C}})$. Das folgt aus Satz 12.1.5, angewendet auf eine Basis aus reellen Vektoren. Ist f insbesondere normal, so gilt das auch für $f_{\mathbb{C}}$, da $f_{\mathbb{C}} \circ \hat{f}_{\mathbb{C}}$ und $\hat{f}_{\mathbb{C}} \circ f_{\mathbb{C}}$ für mindestens eine reelle Basis dasselbe leisten. Wir merken an dieser Stelle auch an, dass konjugiert komplexe Vektoren stets konjugiert komplexe Skalarprodukte besitzen, da für alle $\boldsymbol{a}, \boldsymbol{b}, \boldsymbol{a}', \boldsymbol{b}' \in \boldsymbol{V}$ gilt:

$$(\boldsymbol{a} \pm i\boldsymbol{b}) \bullet (\boldsymbol{a}' \pm i\boldsymbol{b}') = \boldsymbol{a} \bullet \boldsymbol{a}' + \boldsymbol{b} \bullet \boldsymbol{b}' \pm i(\boldsymbol{a} \bullet \boldsymbol{b}' - \boldsymbol{b} \bullet \boldsymbol{a}'). \tag{12.14}$$

Daher bilden für jede ONB von $\boldsymbol{V}_{\mathbb{C}}$ auch die konjugiert komplexen Vektoren eine ONB.

Ferner benötigen wir die in 8.9.3 beschriebene Basistransformation (nur für den Fall $m = 1$) in etwas modifizierter Form: Sei $\dim \boldsymbol{V} = 2$ und $f \in \mathrm{L}(\boldsymbol{V}, \boldsymbol{V})$. Wir setzen voraus, dass $f_{\mathbb{C}}$ die Eigenwerte $u, \overline{u} \in \mathbb{C} \setminus \mathbb{R}$ mit $u = a + bi$, $a, b \in \mathbb{R}$ und $b > 0$ besitzt. Die zugehörigen eindimensionalen Eigenräume $\boldsymbol{T}(u)$ und $\overline{\boldsymbol{T}(u)}$ seien orthogonal. Ist $\boldsymbol{c}$ ein normierter Basisvektor von $\boldsymbol{T}(u)$, so ist $\boldsymbol{C} := (\boldsymbol{c}, \overline{\boldsymbol{c}})$ nach (12.14) eine nicht reelle ONB von $\boldsymbol{V}_{\mathbb{C}}$. Die Vektoren

$$\boldsymbol{d}_1 := \frac{i\sqrt{2}}{2}(\overline{\boldsymbol{c}} - \boldsymbol{c}), \quad \boldsymbol{d}_2 := \frac{\sqrt{2}}{2}(\boldsymbol{c} + \overline{\boldsymbol{c}})$$

sind reell; $\boldsymbol{D} := (\boldsymbol{d}_1, \boldsymbol{d}_2)$ ist eine Basis von $\boldsymbol{V}$. Da die Transformationsmatrizen

$$\langle \boldsymbol{D}^*, \boldsymbol{C} \rangle = \frac{\sqrt{2}}{2}\begin{pmatrix} i & -i \\ 1 & 1 \end{pmatrix} \quad \text{und} \quad \langle \boldsymbol{C}^*, \boldsymbol{D} \rangle = \frac{\sqrt{2}}{2}\begin{pmatrix} -i & 1 \\ i & 1 \end{pmatrix}$$

unitär sind, ist $\boldsymbol{D}$ sogar eine ONB von $\boldsymbol{V}$. Der hier angegebene Basiswechsel unterscheidet sich von dem in 8.9.3 nur um den reellen Faktor $\sqrt{2}$ bzw. dessen Kehrwert $\frac{\sqrt{2}}{2}$. Die Koordinatenmatrix von f bezüglich $\boldsymbol{D}$ ist daher die reelle 2×2 Jordan-Matrix

$$\langle \boldsymbol{D}^*, \boldsymbol{C} \rangle \cdot \operatorname{diag}(u, \overline{u}) \cdot \langle \boldsymbol{C}^*, \boldsymbol{D} \rangle = \begin{pmatrix} a & -b \\ b & a \end{pmatrix}. \tag{12.15}$$

Satz 12.3.10 *Sei $(\boldsymbol{V}, \iota)$ ein n-dimensionaler euklidischer Vektorraum, $n < \infty$. Eine Abbildung $f \in \mathrm{L}(\boldsymbol{V}, \boldsymbol{V})$ ist genau dann normal, falls gilt: Es gibt mindestens eine Orthonormalbasis, bezüglich welcher f durch eine Block-Diagonalmatrix beschrieben wird, die aus einer Diagonalmatrix und aus reellen 2×2 Jordan-Matrizen aufgebaut ist.*

Beweis. (a) Sei f normal. Dann existiert mindestens eine ONB von $\boldsymbol{V}_{\mathbb{C}}$ aus Eigenvektoren von $f_{\mathbb{C}}$. Der Vektorraum $\boldsymbol{V}_{\mathbb{C}}$ ist also orthogonale direkte Summe der Eigenräume von $f_{\mathbb{C}}$.

Jeder Eigenraum von $f_{\mathbb{C}}$ zu einem Eigenwert $t \in \mathbb{R}$ ist reell und besitzt eine ONB aus reellen Vektoren.

Sei nun $u = a + bi$ mit $a, b \in \mathbb{R}$ und $b > 0$ ein nicht reeller Eigenwert von $f_{\mathbb{C}}$. Der zugehörige Eigenraum hat eine ONB $(\boldsymbol{c}_1, \boldsymbol{c}_2, \ldots, \boldsymbol{c}_p)$. Es ist

$$[(\boldsymbol{c}_1, \overline{\boldsymbol{c}}_1)]_{\mathbb{C}} \oplus [(\boldsymbol{c}_2, \overline{\boldsymbol{c}}_2)]_{\mathbb{C}} \oplus \cdots \oplus [(\boldsymbol{c}_p, \overline{\boldsymbol{c}}_p)]_{\mathbb{C}} \tag{12.16}$$

eine orthogonale direkte Summe aus reellen zweidimensionalen Unterräumen von $\boldsymbol{V}_{\mathbb{C}}$. Dieser Summenraum stimmt mit der Summe der Eigenräume zu u und $\overline{u}$ überein. Indem wir auf jeden der zweidimensionalen Unterräume in (12.16) die Basistransformation aus 12.3.9 anwenden, erhalten wir eine reelle ONB.

Fassen wir schließlich die einzelnen Teilbasen in beliebiger Reihenfolge zu einer ONB $\boldsymbol{D}$ von $\boldsymbol{V}$ zusammen, so hat die Koordinatenmatrix $\langle \boldsymbol{D}^*, f(\boldsymbol{D}) \rangle$ die gewünschte Bauart; vgl. (12.15).

(b) Hat f bezüglich einer ONB eine Koordinatenmatrix A der angegebenen Form, so folgt $AA^{\mathrm{T}} = A^{\mathrm{T}}A$, da

$$\begin{pmatrix} a & -b \\ b & a \end{pmatrix}\begin{pmatrix} a & b \\ -b & a \end{pmatrix} = \begin{pmatrix} a^2 + b^2 & 0 \\ 0 & a^2 + b^2 \end{pmatrix} = \begin{pmatrix} a & b \\ -b & a \end{pmatrix}\begin{pmatrix} a & -b \\ b & a \end{pmatrix}$$

für alle $a, b \in \mathbb{R}$. Daher ist f normal. □

Die betreffende Aussage über reelle Matrizen lautet:

Satz 12.3.11 *Eine Matrix aus $\mathbb{R}^{n\times n}$ ist genau dann normal, falls sie orthogonal ähnlich zu einer Block-Diagonalmatrix ist, die aus einer Diagonalmatrix und aus reellen 2×2 Jordan-Matrizen aufgebaut ist.*

Beweis. Analog zum Beweis von Satz 12.3.8. □

Die in den Sätzen 12.3.10 und 12.3.11 beschriebenen Block-Diagonalmatrizen haben reelle Jordan-Normalform. Für jede reelle normale Matrix treten also in ihrer reellen Jordan-Normalform keine reellen $2m \times 2m$ Jordan-Matrizen mit $m > 1$ auf.

Aufgaben

A 12.3.1 Ein pseudoeuklidisches Skalarprodukt ι auf $\mathbb{R}^{3\times 1}$ hat bezüglich der kanonischen Basis $\boldsymbol{E}$ die Matrix $\iota(\boldsymbol{E}, \boldsymbol{E}) = \mathrm{diag}(1, 1, -1)$. Eine Abbildung $f \in \mathrm{L}(\mathbb{R}^{3\times 1}, \mathbb{R}^{3\times 1})$ sei gegeben durch

$$\langle \boldsymbol{E}^*, f(\boldsymbol{E})\rangle = \begin{pmatrix} 0 & -2 & -4 \\ 2 & 0 & -1 \\ -4 & -1 & 0 \end{pmatrix}.$$

Lege die zu f adjungierte Abbildung $\hat{f}$ durch die Matrix $\langle \boldsymbol{E}^*, \hat{f}(\boldsymbol{E})\rangle$ fest und überprüfe, ob f normal ist oder nicht.

A 12.3.2 Zeige unter den Voraussetzungen des Spektralsatzes 12.3.6: Hat f genau r verschiedene Eigenwerte $t_1, t_2, \ldots, t_r \in K$, und bezeichnen wir für $j \in \{1, 2, \ldots, r\}$ die Orthogonalprojektion auf den zu t_j gehörigen Eigenraum mit $p_j : \boldsymbol{V} \to \boldsymbol{V}$, so gilt

$$f = \sum_{j=1}^{r} t_j p_j \quad \text{sowie} \quad \mathrm{id}_{\boldsymbol{V}} = \sum_{j=1}^{r} p_j.$$

A 12.3.3 Fortsetzung von A 12.3.2.

(a) Beweise: Ist $Q(X) \in K[X]$ ein Polynom, so ist $Q(f) \in \mathrm{L}(\boldsymbol{V}, \boldsymbol{V})$ ebenfalls normal und hat die Darstellung $Q(f) = \sum_{j=1}^{r} Q(t_j) p_j$.

(b) Wir setzen zusätzlich $f \in \mathrm{GL}(\boldsymbol{V})$ voraus. Zeige, dass dann f^{-1} normal ist und die Darstellung $f^{-1} = \sum_{j=1}^{r} t_j^{-1} p_j$ besitzt.

12.4 Isometrische Gruppen

12.4.1 In diesem Abschnitt untersuchen wir die isometrischen Bijektionen von eines ω-symmetrischen Vektorraumes $(\boldsymbol{V}, \iota_{\boldsymbol{V}})$ auf sich, wobei wir weiterhin $\iota_{\boldsymbol{V}} =: \iota$ setzen.

Die von allen isometrischen Bijektionen gebildete Untergruppe von $\mathrm{GL}(\boldsymbol{V})$ heißt die *isometrische Gruppe* $\mathrm{Iso}(\boldsymbol{V}, \iota)$. Ist $(\boldsymbol{V}, \iota)$ symmetrisch bzw. unitär, so heißt die isometrische Gruppe auch *orthogonale Gruppe* $\mathrm{O}(\boldsymbol{V}, \iota)$ bzw. *unitäre Gruppe*[5] $\mathrm{U}(\boldsymbol{V}, \iota)$ von $\boldsymbol{V}$. Entsprechend wird eine isometrische Bijektion auch *orthogonal* bzw. *unitär* genannt.

Nach Satz 12.2.8 gilt $\hat{f} = f^{-1}$ für alle $f \in \mathrm{Iso}(\boldsymbol{V}, \iota)$. Wegen $f \circ f^{-1} = f^{-1} \circ f$ enthält die isometrische Gruppe von $\boldsymbol{V}$ nur normale Abbildungen.

[5] Manche Autoren bezeichnen die isometrische Gruppe $\mathrm{Iso}(\boldsymbol{V}, \iota)$ stets als unitäre Gruppe $\mathrm{U}(\boldsymbol{V}, \iota)$.

Bemerkung 12.4.2 Die orthogonale Gruppe der Raumzeit (vgl. 11.1.5 Beispiel 6) heißt auch *Lorentz-Gruppe*[6]. Ihre Elemente werden auch Lorentz-Transformationen genannt. Ist $(\boldsymbol{V}, \iota)$ ein symplektischer Vektorraum, so kann wie oben eine isometrische Gruppe $\mathrm{Iso}(\boldsymbol{V}, \iota)$ erklärt werden. Sie wird *symplektische Gruppe* genannt und mit $\mathrm{Sp}(\boldsymbol{V}, \iota)$ bezeichnet. Daneben gibt es bei $\mathrm{Char}\, K = 2$ noch andere Untergruppen von $\mathrm{GL}(\boldsymbol{V})$, die orthogonal genannt werden. Diese hängen mit den in 9.6.2 erwähnten (und nicht weiter betrachteten) quadratischen Formen zusammen.

Beispiel 12.4.3 Sei $\mathrm{Char}\, K \neq 2$. Ferner sei ein nicht isotroper Vektor $\boldsymbol{a} \in \boldsymbol{V} \setminus \{\boldsymbol{o}\}$ gegeben. Dann ist $\boldsymbol{V} = [\boldsymbol{a}] \oplus \boldsymbol{a}^{\perp}$ eine orthogonale direkte Summe. Die Abbildung

$$f : \boldsymbol{V} \to \boldsymbol{V} : \boldsymbol{x} \mapsto \boldsymbol{x} - 2\frac{\boldsymbol{a} \cdot \boldsymbol{x}}{\boldsymbol{a} \cdot \boldsymbol{a}}\boldsymbol{a}$$

ist eine involutorische isometrische Bijektion; vgl. den Beweis von Satz 10.4.9. Die Abbildung f ändert sich nicht, wenn wir $\boldsymbol{a}$ durch einen anderen Vektor aus $[\boldsymbol{a}] \setminus \{\boldsymbol{o}\}$ ersetzen. Es sind $[\boldsymbol{a}]$ und $\boldsymbol{a}^{\perp}$ Eigenräume zu den Eigenwerten -1 bzw. $+1$, weshalb f die *orthogonale Spiegelung* in Richtung $\boldsymbol{a}$ (oder: an der Hyperebene $\boldsymbol{a}^{\perp}$) genannt wird. Ist p die orthogonale Projektion auf $[\boldsymbol{a}]$, so gilt $f = \mathrm{id}_{\boldsymbol{V}} - 2p$. Mit Hilfe von Formel (11.3) aus 11.2.4 lässt sich daher für $\boldsymbol{V} = K^{n \times 1}$ und das kanonische ω-symmetrische Skalarprodukt die Koordinatenmatrix $\langle \boldsymbol{E}^*, f(\boldsymbol{E}) \rangle$ sofort anschreiben.

Wir verschärfen zunächst Satz 12.3.2.

Satz 12.4.4 *Eine Abbildung $f \in \mathrm{L}(\boldsymbol{V}, \boldsymbol{V})$, die alle Vektoren einer Orthogonalbasis als Eigenvektoren besitzt, ist genau dann isometrisch, falls für alle Eigenwerte t von f die Bedingung*

$$t\omega(t) = 1 \tag{12.17}$$

erfüllt ist. Ist das der Fall, so ist f bijektiv.

Beweis. Sei $(\boldsymbol{b}_i)_{i \in I}$ eine Orthogonalbasis, die aus Eigenvektoren von f zu Eigenwerten $t_i \in K$ besteht. Es gilt somit $\boldsymbol{b}_i \cdot \boldsymbol{b}_j = 0 = f(\boldsymbol{b}_i) \cdot f(\boldsymbol{b}_j)$ für alle $i, j \in I$ mit $i \neq j$. Daher ist f gemäß Satz 12.2.5 genau dann isometrisch, falls

$$\boldsymbol{b}_i \cdot \boldsymbol{b}_i = f(\boldsymbol{b}_i) \cdot f(\boldsymbol{b}_i) = \omega(t_i)t_i(\boldsymbol{b}_i \cdot \boldsymbol{b}_i) \text{ für alle } i \in I$$

erfüllt ist, was wegen $\boldsymbol{b}_i \cdot \boldsymbol{b}_i \neq 0$ zu $t_i\omega(t_i) = 1$ für alle $i \in I$ äquivalent ist. Nach Satz 12.3.2 (b) hat f außer den Skalaren t_i keine Eigenwerte.

Es bleibt zu zeigen, dass aus der Bedingung $t_i\omega(t_i) = 1$ für alle $i \in I$ die Bijektivität von f folgt. Dies ist aber nach Satz 3.2.5 (c) klar, da sich $t_i \neq 0$ für alle $i \in I$ ergibt, womit das f-Bild der Basis $(\boldsymbol{b}_i)_{i \in I}$ wieder eine Basis ist. □

In gleicher Weise zeigt Satz 12.3.5:

Satz 12.4.5 *Es seien $(\boldsymbol{V}, \iota)$ ein anisotroper ω-symmetrischer Vektorraum und $f \in \mathrm{L}(\boldsymbol{V}, \boldsymbol{V})$ eine isometrische Bijektion. Dann gilt für jeden Eigenwert t von f die Gleichung $t\omega(t) = 1$.*

Für endlichdimensionale unitäre und euklidische Vektorräume können wir den Spektralsatz verwenden, um die isometrischen Abbildungen zu beschreiben:

[6] Hendrik Antoon Lorentz (1853–1928).

Satz 12.4.6 *Sei (V, ι) ein n-dimensionaler unitärer Vektorraum, $n < \infty$. Eine Abbildung $f \in$ L(V, V) ist genau dann unitär, falls es mindestens eine Orthonormalbasis aus Eigenvektoren von f gibt und alle Eigenwerte von f den absoluten Betrag* 1 *haben.*

Beweis. Jede unitäre Abbildung f ist normal, womit wir aus Satz 12.3.7 die Existenz einer ONB aus Eigenvektoren von f ablesen können. Aus (12.17) folgt $t\bar{t} = |t|^2 = 1$ für jeden Eigenwert von f, also $|t| = 1$. Die Umkehrung haben wir schon in Satz 12.4.4 gezeigt. □

Mit Hilfe der komplexen Exponentialfunktion $\exp : \mathbb{C} \to \mathbb{C} : z \mapsto \sum_{k=0}^{\infty} \frac{z^k}{k!} =: e^z$ kann jede komplexe Zahl t in der Form

$$t = re^{i\vartheta} = r(\cos\vartheta + i\sin\vartheta) \text{ mit } r \in \mathbb{R}^+ \cup \{0\} \text{ und } -\pi < \vartheta \leq \pi \tag{12.18}$$

geschrieben werden (*Polardarstellung*). Wegen $|t|^2 = t\bar{t} = r^2 e^{i\vartheta - i\vartheta} = r^2$ ist r durch t eindeutig bestimmt. Für $t \neq 0$ ist auch ϑ eindeutig bestimmt. Genau die komplexen Zahlen mit absolutem Betrag 1 haben die Bauart

$$t = e^{i\vartheta} = \cos\vartheta + i\sin\vartheta \text{ mit } -\pi < \vartheta \leq \pi. \tag{12.19}$$

Nach Satz 12.2.13 sind die Koordinatenmatrizen der unitären Abbildungen bezüglich orthonormaler Basen genau die unitären Matrizen. Aus dem obigen Satz und der Kennzeichnung der konjugiert normalen Matrizen in Satz 12.3.8 erhalten wir daher unmittelbar:

Satz 12.4.7 *Eine Matrix $A \in \mathbb{C}^{n\times n}$ ist genau dann unitär, falls sie unitär ähnlich zu einer Diagonalmatrix ist, deren Diagonalelemente den absoluten Betrag* 1 *besitzen.*

Die Determinante jeder Matrix $A \in \mathrm{U}_n$ ist eine komplexe Zahl mit absolutem Betrag 1, da $1 = \det E_n = \det(A\overline{A}^{\mathrm{T}}) = \det A \cdot \overline{\det A}$.

Wir wenden uns nun den Abbildungen eines n-dimensionalen euklidischen Vektorraumes (V, ι) zu. Dabei schließen wir an die Bezeichnungen und Ergebnisse aus 12.3.9 an.

Satz 12.4.8 *Sei (V, ι) ein n-dimensionaler euklidischer Vektorraum, $n < \infty$. Eine Abbildung $f \in$ L(V, V) ist genau dann orthogonal, falls es mindestens eine Orthonormalbasis gibt, bezüglich welcher f durch eine Block-Diagonalmatrix beschrieben wird, die aus einer Einheitsmatrix, einer negativen Einheitsmatrix und aus reellen* 2×2 *Jordan-Matrizen der Form*

$$\begin{pmatrix} \cos\varphi_* & -\sin\varphi_* \\ \sin\varphi_* & \cos\varphi_* \end{pmatrix} \text{ mit } 0 < \varphi_* < \pi \tag{12.20}$$

aufgebaut ist.

Beweis. Für eine orthogonale Abbildung f ist $f_{\mathbb{C}}$ unitär, womit $f_{\mathbb{C}}$ nur Eigenwerte mit absolutem Betrag 1 und $V_{\mathbb{C}}$ eine Basis aus Eigenvektoren von $f_{\mathbb{C}}$ besitzt. Jeder Eigenwert t von $f_{\mathbb{C}}$ kann wie in (12.19) angeschrieben werden. Genau für $\vartheta \in \{0, \pi\}$ ist t reell; genauer gilt in diesem Fall $t = \pm 1$. Andernfalls führen $e^{i\vartheta}$ und $e^{-i\vartheta}$ nach 12.3.9 zu einer reellen ONB und zu einer reellen 2×2 Jordan-Matrix $J_2(e^{i\varphi}, e^{-i\varphi})$, wobei $\varphi := |\vartheta|$ und $0 < \varphi < \pi$. Diese Matrix hat die in (12.20) angegebene Gestalt.

Die Umkehrung folgt aus Satz 12.2.13, da die beschriebene Koordinatenmatrix orthogonal ist. □

Nach Satz 12.2.13 sind die Koordinatenmatrizen der orthogonalen Abbildungen bezüglich orthonormaler Basen genau die orthogonalen Matrizen. Aus dem obigen Satz und der Kennzeichnung der normalen Matrizen in Satz 12.3.8 erhalten wir daher unmittelbar:

Satz 12.4.9 *Eine Matrix aus* $\mathbb{R}^{n\times n}$ *ist genau dann orthogonal, falls sie orthogonal ähnlich zu einer Block-Diagonalmatrix ist, die aus einer Einheitsmatrix, einer negativen Einheitsmatrix und aus reellen* 2×2 *Jordan-Matrizen der in* (12.20) *angegebenen Form aufgebaut ist.*

12.4.10 Wir können in einem n-dimensionalen euklidischen Vektorraum $(\boldsymbol{V},\iota)$ gleichsinnige und gegensinnige lineare Abbildungen unterscheiden. Das führt auf die Gruppe der *Drehungen* $\mathrm{O}^+(\boldsymbol{V},\iota) := \mathrm{O}(\boldsymbol{V},\iota)\cap \mathrm{GL}^+(\boldsymbol{V})$ und die Menge $\mathrm{O}^-(\boldsymbol{V},\iota) = \mathrm{O}(\boldsymbol{V},\iota)\cap \mathrm{GL}^-(\boldsymbol{V})$. Da jede Matrix $A\in \mathrm{O}_n$ wegen $1=\det(AA^{\mathrm{T}})$ die Determinante ± 1 besitzt, folgt

$$\mathrm{O}^+(\boldsymbol{V},\iota) = \mathrm{SL}(\boldsymbol{V})\cap \mathrm{O}(\boldsymbol{V},\iota) =: \mathrm{SO}(\boldsymbol{V},\iota).$$

Analoge Bezeichnungen (O_n^+, O_n^-, SO_n) gelten für reelle orthogonale Matrizen.

Die Drehungsgruppe SO_1 besteht nur aus der Einheitsmatrix E_1. Wir untersuchen nun den Fall $n=2$ und bestimmen dazu alle Matrizen der Gruppe SO_2.

Satz 12.4.11 *Eine Matrix* $A\in\mathbb{R}^{2\times 2}$ *gehört genau dann der Drehungsgruppe* SO_2 *an, falls sie die Bauart*

$$A=\begin{pmatrix}\cos\vartheta & -\sin\vartheta\\ \sin\vartheta & \cos\vartheta\end{pmatrix} \quad \textit{mit } -\pi<\vartheta\le\pi \tag{12.21}$$

besitzt. Die Gruppe SO_2 *ist kommutativ.*

Beweis. Eine Matrix $A=(a_{ij})\in\mathbb{R}^{2\times 2}$ gehört genau dann zu SO_2, falls die Spalten der Matrix eine Rechts-ONB des euklidischen Vektorraumes $\mathbb{R}^{2\times 1}$ bilden. Für jeden normierten Vektor $(a_{11},a_{21})^{\mathrm{T}}$ sind $(\mp a_{21},\pm a_{11})^{\mathrm{T}}$ die einzigen beiden normierten und zu ihm orthogonalen Vektoren; wegen

$$\det\begin{pmatrix}a_{11} & \mp a_{21}\\ a_{21} & \pm a_{11}\end{pmatrix}=\pm 1$$

liefert nur $(-a_{21},a_{11})^{\mathrm{T}}$ eine Matrix aus SO_2. Es gibt genau eine reelle Zahl ϑ mit $-\pi<\vartheta\le\pi$, $\cos\vartheta=a_{11}$ und $\sin\vartheta=a_{21}$, woraus die Richtigkeit der Behauptung folgt. Vgl. Abbildung 12.1.

Die Kommutativität von SO_2 kann leicht nachgerechnet werden. □

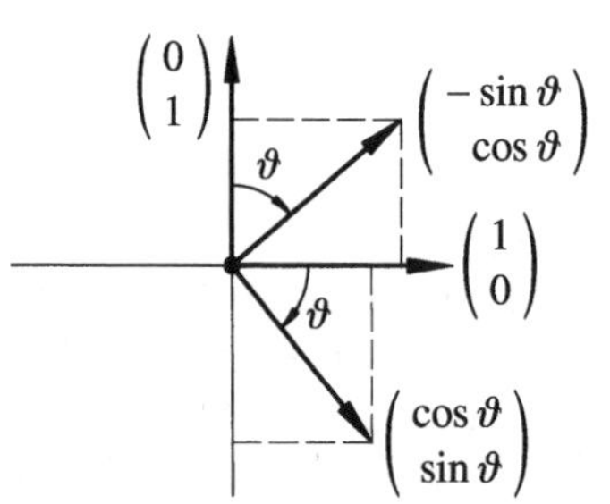

Abbildung 12.1

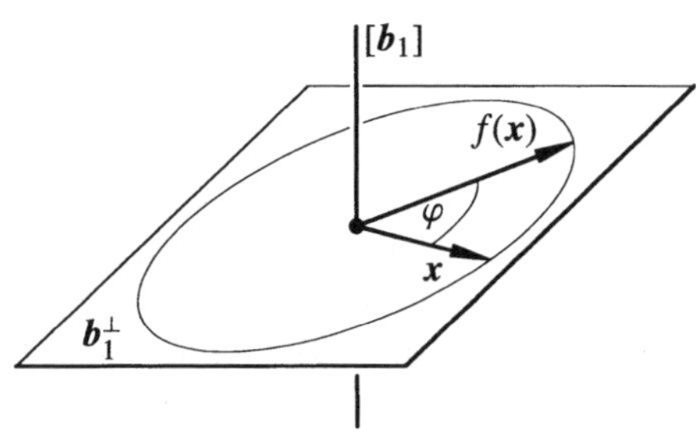

Abbildung 12.2

Wir wollen jetzt noch die Bedeutung der reellen Zahl ϑ angeben:

Satz 12.4.12 *Es seien $(\boldsymbol{V}, \iota)$ ein 2-dimensionaler euklidischer Vektorraum und $\boldsymbol{B} = (\boldsymbol{b}_1, \boldsymbol{b}_2)$ eine Orthonormalbasis. Wird die Koordinatenmatrix $\langle \boldsymbol{B}^*, f(\boldsymbol{B})\rangle$ einer Abbildung $f \in \mathrm{SO}(\boldsymbol{V}, \iota)$ wie in* (12.21) *angeschrieben, so gilt für alle $\boldsymbol{a} \in \boldsymbol{V} \setminus \{\boldsymbol{o}\}$:*

(a) $\sphericalangle(\boldsymbol{a}, f(\boldsymbol{a})) = |\vartheta|$.

(b) $\vec{\sphericalangle}(\boldsymbol{a}, f(\boldsymbol{a})) = \vartheta$, *wobei $\boldsymbol{V}$ so zu orientieren ist, dass $\boldsymbol{B}$ eine Rechtsbasis ist.*

Beweis. (a) Für den Basisvektor $\boldsymbol{b}_1$ und jeden Skalar $x \in \mathbb{R}^\times$ gilt $\cos(\sphericalangle(x\boldsymbol{b}_1, f(x\boldsymbol{b}_1))) = \cos\vartheta$, also $\sphericalangle(x\boldsymbol{b}_1, f(x\boldsymbol{b}_1)) = |\vartheta|$. Jeder Vektor $\boldsymbol{a} \in \boldsymbol{V} \setminus \{\boldsymbol{o}\}$ lässt sich in der Form $\boldsymbol{a} = x\tilde{\boldsymbol{b}}_1$ mit $\|\tilde{\boldsymbol{b}}_1\| = 1$ schreiben. Der Vektor $\tilde{\boldsymbol{b}}_1$ kann zu einer ONB $\tilde{\boldsymbol{B}} = (\tilde{\boldsymbol{b}}_1, \tilde{\boldsymbol{b}}_2)$ ergänzt werden, die zu $\boldsymbol{B}$ gleichorientiert ist. Dann ist

$$\langle \tilde{\boldsymbol{B}}^*, f(\tilde{\boldsymbol{B}})\rangle = \langle \tilde{\boldsymbol{B}}^*, \boldsymbol{B}\rangle \cdot \langle \boldsymbol{B}^*, f(\boldsymbol{B})\rangle \cdot \langle \boldsymbol{B}^*, \tilde{\boldsymbol{B}}\rangle = \langle \boldsymbol{B}^*, f(\boldsymbol{B})\rangle,$$

da alle angeschriebenen Matrizen der kommutativen Gruppe SO_2 angehören. Es folgt daher $\sphericalangle(\boldsymbol{a}, f(\boldsymbol{a})) = |\vartheta|$.

(b) Sei zunächst $\vartheta \neq \pi$. Für den Basisvektor $\boldsymbol{b}_1$ und jeden Skalar $x \in \mathbb{R}^\times$ gilt dann

$$\vec{\sphericalangle}(x\boldsymbol{b}_1, f(x\boldsymbol{b}_1)) = |\vartheta| \operatorname{sgn} \begin{vmatrix} x & x\cos\vartheta \\ 0 & x\sin\vartheta \end{vmatrix} = |\vartheta| \operatorname{sgn}(x^2 \sin\vartheta) = \vartheta.$$

Der Rest des Beweises kann nun wie in (a) geführt werden. Im Sonderfall $\vartheta = \pi$ folgt die Behauptung sofort aus (a). □

Der Skalar ϑ geht in $\tilde{\vartheta} = -\vartheta$ über, wenn wir von $\boldsymbol{B}$ zu einer entgegengesetzt orientierten ONB $\tilde{\boldsymbol{B}}$ wechseln, außer im Fall $\vartheta = \pi$, wo auf Grund des willkürlich gewählten Intervalls $\tilde{\vartheta} = \vartheta = \pi$ gilt. In einem orientierten euklidischen Vektorraum $(\boldsymbol{V}, \iota)$ der Dimension 2 heißt ϑ das *Drehmaß* von $f \in \mathrm{SO}(\boldsymbol{V}, \iota)$. Oft wird ϑ auch als *orientierter Drehwinkel* bezeichnet. Für $0 < \vartheta < \pi$ liegt eine *Rechtsdrehung* und für $-\pi < \vartheta < 0$ eine *Linksdrehung* vor. Die Identität ($\vartheta = 0$) und die Drehung zum Maß $\vartheta = \pi$ (Spiegelung an $\boldsymbol{o}$) entziehen sich dieser Einteilung.

Satz 12.4.13 (Satz von Euler-d'Alembert[7]) *In jedem euklidischen Vektorraum $(\boldsymbol{V}, \iota)$ ungerader endlicher Dimension hat jede Drehung mindestens einen Eigenvektor zum Eigenwert* 1.

Beweis. Jede Drehung hat bezüglich mindestens einer ONB eine in Satz 12.4.8 beschriebene Koordinatenmatrix, welche sich aus einer Einheitsmatrix E_p, einer negativen Einheitsmatrix $-E_q$ und reellen 2×2 Jordan-Matrizen zusammensetzt. Da jedes solche 2×2 Kästchen nach (12.20) die Determinante 1 hat, ist $q \geq 0$ eine gerade Zahl und somit $p \geq 1$ ungerade. □

12.4.14 Satz 12.4.13 gilt insbesondere bei $\dim \boldsymbol{V} = 3$. Hier hat jede Drehung f für mindestens eine ONB $\boldsymbol{B} = (\boldsymbol{b}_1, \boldsymbol{b}_2, \boldsymbol{b}_3)$ eine Matrix der Form

$$A = \begin{pmatrix} 1 & 0 & 0 \\ 0 & \cos\varphi & -\sin\varphi \\ 0 & \sin\varphi & \cos\varphi \end{pmatrix} \quad \text{mit } 0 \leq \varphi \leq \pi.$$

Der Unterraum $\boldsymbol{b}_1^\perp$ ist f-invariant, und es gilt

$$\sphericalangle(\boldsymbol{x}, f(\boldsymbol{x})) = \varphi \ \text{ für alle } \boldsymbol{x} \in [\boldsymbol{b}_1]^\perp \setminus \{\boldsymbol{o}\};$$

[7] Leonhard Euler (1707–1783), Jean-Baptiste le Rond d'Alembert (1711–1783).

vgl. Abbildung 12.2. Der eindimensionale Unterraum $[\boldsymbol{b}_1]$ und die Zahl φ werden auch als *Drehachse* bzw. *Drehwinkel* φ bezeichnet. Beachte, dass hier kein orientiertes Winkelmaß vorliegt.

Drehwinkel und Drehachse von f lassen sich leicht berechnen: Wir lesen aus der Matrix A die Gleichung $\operatorname{sp} A = \operatorname{sp} f = 1 + 2\cos\varphi$ ab, was

$$\cos\varphi = \frac{\operatorname{sp} f - 1}{2}$$

ergibt. Da ähnliche Matrizen dieselbe Spur besitzen, kann $\cos\varphi$ aus einer beliebigen Koordinatenmatrix von f ermittelt werden. Ferner zeigt

$$A + A^{\mathrm{T}} - (\operatorname{sp} A - 1)E_3 = \begin{pmatrix} 2-2\cos\varphi & 0 & 0 \\ 0 & 0 & 0 \\ 0 & 0 & 0 \end{pmatrix},$$

dass für $\varphi \neq 0$ die lineare Abbildung $f + \hat{f} - (\operatorname{sp} f - 1)\operatorname{id}_V$ den Bildraum $[\boldsymbol{b}_1]$ besitzt. Der Einsatz dieser Formel bietet sich an, falls die Koordinatenmatrix von f bezüglich einer ONB gegeben ist, da dann $\hat{f}$ durch die transponierte Matrix beschrieben wird.

Aufgaben

A 12.4.1 Berechne in $\mathbb{C}^{3\times 1}$ (kanonisches unitäres Skalarprodukt) die kanonische Koordinatenmatrix der orthogonalen Spiegelung in Richtung $\boldsymbol{a}$ für

$$(\alpha)\ \boldsymbol{a} = (1,1,i)^{\mathrm{T}},\quad (\beta)\ \boldsymbol{a} = (-1,i,1)^{\mathrm{T}},\quad (\gamma)\ \boldsymbol{a} = (i,-i,-1)^{\mathrm{T}}.$$

A 12.4.2 Beweise: In einem dreidimensionalen euklidischen Vektorraum $(\boldsymbol{V}, \iota)$ kommutieren zwei nicht identische Drehungen $f_1, f_2 \in \mathrm{SO}(\boldsymbol{V}, \iota)$ genau dann, falls entweder f_1, f_2 dieselbe Drehachse haben oder f_1, f_2 orthogonale Drehachsen und beide den Drehwinkel π besitzen. Leite daraus ab, dass die Gruppen SO_n für $n > 2$ nicht kommutativ sind.

A 12.4.3 Zeige: Die reelle Matrix

$$(\alpha)\ \frac{1}{7}\begin{pmatrix} -3 & 2 & 6 \\ -6 & -3 & -2 \\ 2 & -6 & 3 \end{pmatrix},\quad (\beta)\ \frac{1}{5}\begin{pmatrix} 3 & 4 & 0 \\ 0 & 0 & 5 \\ 4 & -3 & 0 \end{pmatrix},\quad (\gamma)\ \frac{1}{2}\begin{pmatrix} 1 & -\sqrt{2} & -1 \\ 1 & \sqrt{2} & -1 \\ \sqrt{2} & 0 & \sqrt{2} \end{pmatrix}$$

beschreibt eine Drehung im euklidischen Vektorraum $\mathbb{R}^{3\times 1}$ (kanonisches Skalarprodukt). Bestimme einen Basisvektor der Drehachse sowie den Drehwinkel.

A 12.4.4 Der Vektorraum $\mathbb{R}^{2\times 1}$ sei mit dem pseudoeuklidischen Skalarprodukt $(x_1,x_2)^{\mathrm{T}} \cdot (y_1,y_2)^{\mathrm{T}} := x_1y_1 - x_2y_2$ versehen. Zeige:

(a) Für alle $t \in \mathbb{R}$ ist die Abbildung f_t mit

$$\langle \boldsymbol{E}, f_t(\boldsymbol{E})\rangle := \begin{pmatrix} \cosh t & \sinh t \\ \sinh t & \cosh t \end{pmatrix}$$

eine Isometrie. ($\{f_t \mid t \in \mathbb{R}\}$ heißt *pseudoeuklidische Drehungsgruppe*.)

(b) Berechne die Eigenwerte und Eigenräume von f_t.

(c) Durch $t \mapsto \langle \boldsymbol{E}, f_t(\boldsymbol{E})\rangle$ wird die Gruppe $(\mathbb{R}, +)$ injektiv und homomorph in $\mathrm{SL}_2(\mathbb{R})$ abgebildet.

(d) Veranschauliche die bekannten Formeln $\cosh t = \frac{1}{2}(e^t + e^{-t})$ und $\sinh t = \frac{1}{2}(e^t - e^{-t})$ anhand der f_t-Bilder der Vektoren $(1,1)^{\mathrm{T}}$, $(1,-1)^{\mathrm{T}}$ und $(1,0)^{\mathrm{T}} = \frac{1}{2}((1,1)^{\mathrm{T}} + (1,-1)^{\mathrm{T}})$ in einer Skizze.

12.5 Selbstadjungierte Abbildungen

12.5.1 Wir wenden uns jetzt einem weiteren Typus normaler Abbildungen von $(\boldsymbol{V}, \iota_{\boldsymbol{V}}) = (\boldsymbol{V}, \iota)$ zu: Eine Abbildung $f \in \mathrm{L}(\boldsymbol{V}, \boldsymbol{V})$ heißt *selbstadjungiert* bzw. *antiselbstadjungiert*, falls f bzw. $-f$ adjungierte Abbildung zu f ist.

Jede (anti)selbstadjungierte Abbildung ist in der Tat normal, da f mit $\pm f$ kommutiert.

Beispiele 12.5.2 Wir kennen bereits Beispiele (anti)selbstadjungierter Abbildungen:

1. Jede isometrische Abbildung $f : \boldsymbol{V} \to \boldsymbol{V}$ mit der Eigenschaft $f \circ f = \mathrm{id}_{\boldsymbol{V}}$ ist bijektiv. Satz 12.2.8 zeigt $f^{-1} = \hat{f}$. Wegen $f = f^{-1}$ liegt eine selbstadjungierte Abbildung vor.
2. Die Nullabbildung $0 \cdot \mathrm{id}_{\boldsymbol{V}}$ ist sowohl selbstadjungiert als auch antiselbstadjungiert.

Ferner gilt:

Satz 12.5.3 *Jede orthogonale Projektion $p : \boldsymbol{V} \to \boldsymbol{V}$ ist selbstadjungiert.*

Beweis. Sei $\boldsymbol{V} = \boldsymbol{U} \oplus \boldsymbol{U}^{\perp}$ und $p : \boldsymbol{V} \to \boldsymbol{V}$ die orthogonale Projektion auf $\boldsymbol{U}$. Sind $\boldsymbol{c}, \boldsymbol{x} \in \boldsymbol{V}$, so schreiben wir $\boldsymbol{c}_1 := p(\boldsymbol{c})$, $\boldsymbol{c}_2 := \boldsymbol{c} - \boldsymbol{c}_1$, $\boldsymbol{x}_1 := p(\boldsymbol{x})$, $\boldsymbol{x}_2 := \boldsymbol{x} - \boldsymbol{x}_1$. Wegen $\boldsymbol{c}_2, \boldsymbol{x}_2 \in \boldsymbol{U}^{\perp}$ folgt

$$\begin{aligned} \boldsymbol{c} \bullet p(\boldsymbol{x}) &= (\boldsymbol{c}_1 + \boldsymbol{c}_2) \bullet \boldsymbol{x}_1 = \boldsymbol{c}_1 \bullet \boldsymbol{x}_1 + 0, \\ p(\boldsymbol{c}) \bullet \boldsymbol{x} &= \boldsymbol{c}_1 \bullet (\boldsymbol{x}_1 + \boldsymbol{x}_2) = \boldsymbol{c}_1 \bullet \boldsymbol{x}_1 + 0, \end{aligned}$$

was zu zeigen war. □

Sind $f_1, f_2 \in \mathrm{L}(\boldsymbol{V}, \boldsymbol{V})$ selbstadjungiert und liegt der Skalar c im Fixelementekörper $\mathrm{Fix}(\omega)$, so sind auch $f_1 + f_2$ und cf_1 nach 12.1.6 selbstadjungiert. Es ist daher mit der oben betrachteten orthogonalen Projektion p etwa auch $\mathrm{id}_{\boldsymbol{V}} - 2p$ eine selbstadjungierte Abbildung. Für $\boldsymbol{U} = [\boldsymbol{a}] \neq \{\boldsymbol{o}\}$ und $\mathrm{Char}\, K \neq 2$ ist das die orthogonale Spiegelung in Richtung $[\boldsymbol{a}]$. Vgl. Beispiel 12.4.3 und 12.5.2 Beispiel 1.

12.5.4 Für alle $f \in \mathrm{L}(\boldsymbol{V}, \boldsymbol{V})$ haben f und $-f$ denselben Kern und denselben Bildraum. Jede (anti)selbstadjungierte Abbildung $f \in \mathrm{L}(\boldsymbol{V}, \boldsymbol{V})$ hat daher nach Satz 12.1.7 (a) die Eigenschaft

$$(f(\boldsymbol{V}))^{\perp} = \ker f.$$

Daraus folgt, dass jede surjektive (anti)selbstadjungierte Abbildung auch injektiv ist; vgl. Satz 12.1.7 (b). Falls $\dim \boldsymbol{V}$ endlich ist, lassen sich weitergehende Aussagen mit Hilfe von Satz 12.1.8 gewinnen. Wir schreiben diese jedoch nicht alle nochmals an.

Für $\mathrm{Char}\, K \neq 2$ und $\omega = \mathrm{id}_K$ hat jede antiselbstadjungierte Abbildung f die Eigenschaft

$$\boldsymbol{x} \perp f(\boldsymbol{x}) \text{ für alle } \boldsymbol{x} \in \boldsymbol{V},$$

da $\boldsymbol{x} \bullet f(\boldsymbol{x}) = -f(\boldsymbol{x}) \bullet \boldsymbol{x} = -(\boldsymbol{x} \bullet f(\boldsymbol{x}))$. Für $\mathrm{Char}\, K = 2$ bedeuten die Begriffe „selbstadjungiert" und „antiselbstadjungiert" offenbar dasselbe. Bei endlicher Dimension gilt nach Satz 12.1.9:

Satz 12.5.5 *Ist $\boldsymbol{B} = (\boldsymbol{b}_1, \boldsymbol{b}_2, \dots, \boldsymbol{b}_n)$ eine Orthonormalbasis von $(\boldsymbol{V}, \iota)$, so ist $f \in \mathrm{L}(\boldsymbol{V}, \boldsymbol{V})$ genau dann (anti)selbstadjungiert, falls $\langle \boldsymbol{B}^*, f(\boldsymbol{B}) \rangle$ eine ω-(schief)symmetrische Matrix ist.*

Wir verschärfen jetzt Satz 12.3.2.

Satz 12.5.6 *Eine Abbildung $f \in \mathrm{L}(V, V)$, die alle Vektoren einer Orthogonalbasis als Eigenvektoren besitzt, ist genau dann selbstadjungiert bzw. antiselbstadjungiert, falls für alle Eigenwerte t von f die Bedingung*

$$t = \omega(t) \;\; bzw. \;\; t = -\omega(t) \tag{12.22}$$

erfüllt ist.

Beweis. Die Richtigkeit der Behauptungen folgt unmittelbar aus der im Beweis von Satz 12.3.2 angegebenen Beschreibung der zu f adjungierten Abbildung. □

Mit Hilfe der Sätze 12.5.5 und 12.5.6 lassen sich Beispiele (anti)selbstadjungierter Abbildungen leicht angeben. Ferner zeigt Satz 12.3.5:

Satz 12.5.7 *Es seien (V, ι) ein anisotroper ω-symmetrischer Vektorraum und $f \in \mathrm{L}(V, V)$ eine selbstadjungierte bzw. antiselbstadjungierte Abbildung. Dann gilt für jeden Eigenwert t von f die Gleichung $t = \omega(t)$ bzw. $t = -\omega(t)$.*

Wir notieren zwei wichtige Sonderfälle: In einem anisotropen Vektorraum gehören die Eigenwerte einer selbstadjungierten Abbildung dem Fixelementekörper $\mathrm{Fix}(\omega)$ an. Bei $\mathrm{Char}\, K \neq 2$ und $\omega = \mathrm{id}_K$ hat eine antiselbstadjungierte Abbildung höchstens den Eigenwert $t = 0$. Auf die Voraussetzung, dass es keine isotropen Vektoren gibt, kann im obigen Satz nicht verzichtet werden. Vgl. die in 12.3.3 Beispiel 1 angegebene Abbildung; diese ist antiselbstadjungiert und hat die Eigenwerte ± 1.

Für endlichdimensionale unitäre und euklidische Vektorräume können wir den Spektralsatz verwenden, um die (anti)selbstadjungierten Abbildungen zu beschreiben:

Satz 12.5.8 *Sei (V, ι) ein n-dimensionaler unitärer Vektorraum, $n < \infty$. Eine Abbildung $f \in \mathrm{L}(V, V)$ ist genau dann selbstadjungiert bzw. antiselbstadjungiert, falls es eine Orthonormalbasis aus Eigenvektoren von f gibt, wobei alle Eigenwerte von f reell bzw. rein imaginär[8] sind.*

Beweis. Sei f selbstadjungiert und daher normal. Wir lesen aus Satz 12.3.7 die Existenz einer ONB aus Eigenvektoren von f ab. Aus der ersten Gleichung in (12.22) folgt $t = \bar{t}$ für jeden Eigenwert $t \in \mathbb{C}$, also $t \in \mathbb{R}$. Die Umkehrung haben wir schon in Satz 12.5.6 gezeigt. Der Beweis für eine antiselbstadjungierte Abbildung verläuft analog. □

Nach Satz 12.5.5 sind die Koordinatenmatrizen der (anti)selbstadjungierten Abbildungen bezüglich orthonormaler Basen genau die (schief)hermiteschen Matrizen. Aus dem obigen Satz und der Kennzeichnung der konjugiert normalen Matrizen in Satz 12.3.8 erhalten wir daher unmittelbar:

Satz 12.5.9 *Eine Matrix $A \in \mathbb{C}^{n \times n}$ ist genau dann hermitesch bzw. schiefhermitesch, falls sie unitär ähnlich zu einer Diagonalmatrix mit reellen bzw. rein imaginären Diagonalelementen ist.*

[8]Beachte: $0 = 0i$ ist rein imaginär.

12.5.10 Wir wenden uns nun den Abbildungen eines n-dimensionalen euklidischen Vektorraumes (V, ι) zu. Dabei schließen wir an die Bezeichnungen und Ergebnisse aus 12.3.9 an. Es folgt, dass für jede (anti)selbstadjungierte Abbildung $f \in \mathrm{L}(V, V)$ mit $f_{\mathbb{C}}$ eine gleichartige Abbildung vorliegt.

Satz 12.5.11 *Sei (V, ι) ein n-dimensionaler euklidischer Vektorraum, $n < \infty$. Eine Abbildung $f \in \mathrm{L}(V, V)$ ist genau dann selbstadjungiert, falls es eine Orthonormalbasis aus Eigenvektoren von f gibt.*

Beweis. Für eine selbstadjungierte Abbildung f ist $f_{\mathbb{C}}$ nach 12.3.9 ebenfalls selbstadjungiert, womit $f_{\mathbb{C}}$ nur reelle Eigenwerte besitzt. Dann zerfällt aber das charakteristische Polynom von f über $\mathbb{R}$ in Linearfaktoren. Da f normal ist, folgt aus Satz 12.3.10 die Existenz der gesuchten ONB. Die Umkehrung haben wir schon in Satz 12.5.6 gezeigt. □

In endlichdimensionalen euklidischen Räumen sind also – im Gegensatz zu den unitären Räumen – die selbstadjungierten Abbildungen durch die Existenz einer ONB aus Eigenvektoren gekennzeichnet. Nach 12.5.5 sind die Koordinatenmatrizen der selbstadjungierten Abbildungen bezüglich orthonormaler Basen genau die symmetrischen Matrizen. Aus dem obigen Satz folgt somit:

Satz 12.5.12 *Eine Matrix aus $\mathbb{R}^{n \times n}$ ist genau dann symmetrisch, falls sie orthogonal ähnlich zu einer Diagonalmatrix ist.*

Wir beschreiben jetzt die antiselbstadjungierten Abbildungen bzw. die schiefsymmetrischen Matrizen. Dazu bemerken wir, dass zu einer rein imaginären Zahl $u = ib$ mit $b > 0$ eine reelle Jordan-Matrix der Form

$$\begin{pmatrix} 0 & -b \\ b & 0 \end{pmatrix} \in \mathbb{R}^{2\times 2}$$

gehört, also eine schiefsymmetrische Matrix.

Satz 12.5.13 *Sei (V, ι) ein n-dimensionaler euklidischer Vektorraum, $n < \infty$. Eine Abbildung $f \in \mathrm{L}(V, V)$ ist genau dann antiselbstadjungiert, falls gilt: Es gibt mindestens eine Orthonormalbasis, bezüglich welcher f durch eine Block-Diagonalmatrix beschrieben wird, die aus einer Nullmatrix und aus reellen 2×2 Jordan-Matrizen zu rein imaginären Eigenwerten aufgebaut ist.*

Beweis. Für eine antiselbstadjungierte Abbildung f ist $f_{\mathbb{C}}$ nach 12.3.9 ebenfalls antiselbstadjungiert, womit $f_{\mathbb{C}}$ nur rein imaginäre Eigenwerte besitzt. Da f normal ist, folgt aus Satz 12.3.10 die Existenz der gesuchten ONB. Die Umkehrung ergibt sich aus Satz 12.5.5, da die beschriebene Koordinatenmatrix schiefsymmetrisch ist. □

Satz 12.5.14 *Eine Matrix aus $\mathbb{R}^{n \times n}$ ist genau dann schiefsymmetrisch, falls sie orthogonal ähnlich zu einer Block-Diagonalmatrix ist, die aus einer Nullmatrix und aus reellen 2×2 Jordan-Matrizen zu rein imaginären Eigenwerten aufgebaut ist.*

Aufgaben

A 12.5.1 Für Char $K \neq 2$ seien $\boldsymbol{U} \subset \boldsymbol{V}$ ein Unterraum mit $\{\boldsymbol{o}\} \neq \boldsymbol{U} \neq \boldsymbol{V}$ und $p \in \mathrm{L}(\boldsymbol{V}, \boldsymbol{V})$ die Orthogonalprojektion auf $\boldsymbol{U}$.

(a) Zeige: Die Abbildung $f := 2p - \mathrm{id}_{\boldsymbol{V}}$ ist eine involutorische isometrische Bijektion. (Sie wird als *orthogonale Spiegelung* in Richtung $\boldsymbol{U}^{\perp}$ oder als orthogonale Spiegelung am Unterraum $\boldsymbol{U}$ bezeichnet.) Die Eigenräume von f sind $\boldsymbol{U}$ und $\boldsymbol{U}^{\perp}$.

(b) Begründe, warum f selbstadjungiert ist.

(c) Stelle die orthogonale Spiegelung in Richtung $\boldsymbol{U}$ als Linearkombination von $\mathrm{id}_{\boldsymbol{V}}$ und p dar.

A 12.5.2 Beweise:

(a) Falls zu einer Projektion $p : \boldsymbol{V} \to \boldsymbol{V}$ die adjungierte Abbildung $\hat{p} : \boldsymbol{V} \to \boldsymbol{V}$ existiert, so ist diese ebenfalls eine Projektion.

(b) Eine Projektion $p : \boldsymbol{V} \to \boldsymbol{V}$ ist genau dann Orthogonalprojektion, falls p selbstadjungiert ist.

(c) Ist $\boldsymbol{V}$ anisotrop, so ist eine Projektion $p : \boldsymbol{V} \to \boldsymbol{V}$ genau dann eine Orthogonalprojektion, falls p normal ist.

Hinweis zu (c): Ist die Projektion p normal, so folgt $\ker \hat{p} = \ker p$ mit Hilfe von Formel (12.13) aus 12.3.1.

A 12.5.3 Wir versehen $\mathbb{C}^{3\times 1}$ mit dem kanonischen unitären Skalarprodukt. Sei $f \in \mathrm{L}(\mathbb{C}^{3\times 1}, \mathbb{C}^{3\times 1})$ durch die Matrix

$$\langle \boldsymbol{E}^*, f(\boldsymbol{B})\rangle = \frac{1}{7}\begin{pmatrix} -3+2i & 2i & 6 \\ 3-6i & 3 & -2i \\ 2-6i & -6i & 3 \end{pmatrix}$$

gegeben, wobei $\boldsymbol{E} = (\boldsymbol{e}_1, \boldsymbol{e}_2, \boldsymbol{e}_3)$ die kanonische Basis und $\boldsymbol{B}$ die Basis $(\boldsymbol{e}_1 + \boldsymbol{e}_2, \boldsymbol{e}_2, \boldsymbol{e}_3)$ bezeichnet. Bestimme die Matrix $\langle \boldsymbol{E}^*, f(\boldsymbol{E})\rangle$ und überprüfe mit deren Hilfe, ob f hermitesch, schiefhermitesch, unitär oder normal ist.

A 12.5.4 Gegeben seien die Matrizen

$$A_1 = \begin{pmatrix} 1 & 0 & 1 \\ 0 & 1 & 1 \\ 1 & 1 & 0 \end{pmatrix} \in \mathbb{R}^{3\times 3} \quad \text{und} \quad A_2 = \begin{pmatrix} 1 & i & -i \\ -i & 2 & 0 \\ i & 0 & 2 \end{pmatrix} \in \mathbb{C}^{3\times 3}.$$

Bestimme Matrizen $P \in \mathrm{O}_3$ und $Q \in \mathrm{U}_3$ so, dass $P^{-1}A_1P$ und $Q^{-1}A_2Q$ Diagonalmatrizen sind.

A 12.5.5 Wir versehen $\mathbb{R}^{4\times 1}$ mit dem kanonischen Skalarprodukt. Eine schiefsymmetrische Abbildung $f \in \mathrm{L}(\mathbb{R}^{4\times 1}, \mathbb{R}^{4\times 1})$ hat bezüglich der kanonischen Basis $\boldsymbol{E}$ die Koordinatenmatrix

$$\langle \boldsymbol{E}^*, f(\boldsymbol{E})\rangle = \begin{pmatrix} 0 & -1 & -1 & 0 \\ 1 & 0 & 0 & 1 \\ 1 & 0 & 0 & -1 \\ 0 & -1 & 1 & 0 \end{pmatrix}.$$

(a) Bestimme die Eigenwerte der komplexen Fortsetzung $f_{\mathbb{C}}$.

(b) Lege eine zu $\langle \boldsymbol{E}^*, f_{\mathbb{C}}(\boldsymbol{E})\rangle$ unitär ähnliche Matrix in Jordan-Normalform fest.

(c) Lege eine zu $\langle \boldsymbol{E}^*, f(\boldsymbol{E})\rangle$ orthogonal ähnliche Matrix in reeller Jordan-Normalform fest.

12.6 Die Hauptachsentransformation

12.6.1 Wir haben in Satz 9.2.3 gesehen, dass in jedem Vektorraum $\boldsymbol{V}$ über K zu jeder ζ-Sesquilinearform $\sigma : \boldsymbol{V} \times \boldsymbol{V} \to K$ genau eine ζ-semilineare Abbildung $d_\sigma : \boldsymbol{V} \to \boldsymbol{V}^*$ gehört und umgekehrt. Dabei gilt $\sigma(\boldsymbol{x}, \boldsymbol{y}) = \langle d_\sigma(\boldsymbol{x}), \boldsymbol{y}\rangle$ für alle $\boldsymbol{x}, \boldsymbol{y} \in \boldsymbol{V}$. Wir entwickeln jetzt für ω-symmetrische Vektorräume eine ähnliche Querverbindung zwischen ω-Sesquilinearformen und dem Skalarprodukt ι.

Satz 12.6.2 *Sei $(\boldsymbol{V}, \iota)$ ein ω-symmetrischer Vektorraum. Dann gilt:*

(a) *Für jedes $f \in \mathrm{L}(\boldsymbol{V}, \boldsymbol{V})$ ist die Abbildung $\boldsymbol{V} \times \boldsymbol{V} \to K : (\boldsymbol{x}, \boldsymbol{y}) \mapsto f(\boldsymbol{x}) \cdot \boldsymbol{y}$ eine ω-Sesquilinearform.*

(b) *Zu jeder ω-Sesquilinearform $\sigma : \boldsymbol{V} \times \boldsymbol{V} \to K$ gibt es höchstens eine Abbildung $f \in \mathrm{L}(\boldsymbol{V}, \boldsymbol{V})$ mit*

$$\sigma(\boldsymbol{x}, \boldsymbol{y}) = f(\boldsymbol{x}) \cdot \boldsymbol{y} \text{ für alle } \boldsymbol{x}, \boldsymbol{y} \in \boldsymbol{V}. \tag{12.23}$$

Bei $\dim \boldsymbol{V} < \infty$ *gibt es genau eine solche Abbildung f.*

Beweis. (a) Da f linear ist, folgt die Richtigkeit der Behauptung unmittelbar.

(b) Haben $f, \tilde{f} \in \mathrm{L}(\boldsymbol{V}, \boldsymbol{V})$ die in (12.23) genannte Eigenschaft, so zeigt

$$0 = \sigma(\boldsymbol{x}, \boldsymbol{y}) - \sigma(\boldsymbol{x}, \boldsymbol{y}) = f(\boldsymbol{x}) \cdot \boldsymbol{y} - \tilde{f}(\boldsymbol{x}) \cdot \boldsymbol{y} = (f - \tilde{f})(\boldsymbol{x}) \cdot \boldsymbol{y} \text{ für alle } \boldsymbol{x}, \boldsymbol{y} \in \boldsymbol{V}$$

die Gültigkeit von $(f - \tilde{f})(\boldsymbol{V}) \subset \boldsymbol{V}^\perp = \{\boldsymbol{o}\}$, also $f = \tilde{f}$.

Ist $\dim \boldsymbol{V} < \infty$, so setzen wir

$$f := d_\iota^{-1} \circ d_\sigma : \boldsymbol{V} \to \boldsymbol{V}. \tag{12.24}$$

Es gilt dann $d_\sigma = d_\iota \circ f$ sowie

$$\sigma(\boldsymbol{x}, \boldsymbol{y}) = \langle d_\sigma(\boldsymbol{x}), \boldsymbol{y}\rangle = \langle (d_\iota \circ f)(\boldsymbol{x}), \boldsymbol{y}\rangle = f(\boldsymbol{x}) \cdot \boldsymbol{y} \text{ für alle } \boldsymbol{x}, \boldsymbol{y} \in \boldsymbol{V}.$$

□

Der obige Beweis zeigt, dass sich eine ω-Sesquilinearform σ genau dann in der Form (12.23) schreiben lässt, wenn es ein $f \in \mathrm{L}(\boldsymbol{V}, \boldsymbol{V})$ gibt mit

$$d_\sigma = d_\iota \circ f. \tag{12.25}$$

Da d_ι injektiv ist, trifft das genau dann zu, wenn die Verträglichkeitsbedingung $d_\sigma(\boldsymbol{V}) \subset d_\iota(\boldsymbol{V})$ erfüllt ist. Bei endlicher Dimension ist das stets der Fall, da $d_\iota(\boldsymbol{V}) = \boldsymbol{V}^*$.

12.6.3 Wir gehen von einer Abbildung $f \in \mathrm{L}(\boldsymbol{V}, \boldsymbol{V})$ und der zugehörigen ω-Sesquilinearform $\sigma : \boldsymbol{V} \times \boldsymbol{V} \to K$ mit $d_\sigma = d_\iota \circ f$ aus. Zu σ gibt es in jedem Fall die adjungierte Sesquilinearform $\hat{\sigma}$; vgl. 9.4.2. Wenn es eine Abbildung $g \in \mathrm{L}(\boldsymbol{V}, \boldsymbol{V})$ mit $d_{\hat{\sigma}} = d_\iota \circ g$ gibt, so zeigt

$$\boldsymbol{x} \cdot f(\boldsymbol{y}) = \omega(f(\boldsymbol{y}) \cdot \boldsymbol{x}) = \omega(\sigma(\boldsymbol{y}, \boldsymbol{x})) = \hat{\sigma}(\boldsymbol{x}, \boldsymbol{y}) = g(\boldsymbol{x}) \cdot \boldsymbol{y} \text{ für alle } \boldsymbol{x}, \boldsymbol{y} \in \boldsymbol{V},$$

dass g die zu f adjungierte Abbildung $\hat{f}$ ist. Analog folgt umgekehrt aus der Existenz von $\hat{f}$ die Gültigkeit von $d_{\hat{\sigma}} = d_\iota \circ \hat{f}$. Es ist daher f genau dann (anti)selbstadjungiert, wenn σ eine ω-(schief)symmetrische Sesquilinearform ist.

12.6.4 Es seien $\boldsymbol{B} = (\boldsymbol{b}_1, \boldsymbol{b}_2, \ldots, \boldsymbol{b}_n)$ eine Basis von $\boldsymbol{V}$ und $f \in \mathrm{L}(\boldsymbol{V}, \boldsymbol{V})$. Die zugehörige ω-Sesquilinearform $\sigma : \boldsymbol{V} \times \boldsymbol{V} \to K$ leistet

$$\begin{aligned} \sigma(\boldsymbol{x}, \boldsymbol{y}) &= f(\boldsymbol{x}) \bullet \boldsymbol{y} \\ &= \omega((\langle \boldsymbol{B}^*, f(\boldsymbol{B})\rangle \cdot \langle \boldsymbol{B}^*, \boldsymbol{x}\rangle)^{\mathrm{T}}) \cdot \iota(\boldsymbol{B}, \boldsymbol{B}) \cdot \langle \boldsymbol{B}^*, \boldsymbol{y}\rangle \\ &= \omega(\langle \boldsymbol{B}^*, \boldsymbol{x}\rangle^{\mathrm{T}}) \cdot \underbrace{\omega(\langle \boldsymbol{B}^*, f(\boldsymbol{B})\rangle^{\mathrm{T}}) \cdot \iota(\boldsymbol{B}, \boldsymbol{B})}_{=\sigma(\boldsymbol{B},\boldsymbol{B})} \cdot \langle \boldsymbol{B}^*, \boldsymbol{y}\rangle \end{aligned}$$

für alle $\boldsymbol{x}, \boldsymbol{y} \in \boldsymbol{V}$. Diese Formel für $\sigma(\boldsymbol{B}, \boldsymbol{B})$ vereinfacht sich, falls f selbstadjungiert ist. Nur in diesem Sonderfall werden wir sie auch anwenden. Dann ist $\sigma(\boldsymbol{x}, \boldsymbol{y}) = \boldsymbol{x} \bullet f(\boldsymbol{y})$, was

$$\sigma(\boldsymbol{B}, \boldsymbol{B}) = \iota(\boldsymbol{B}, \boldsymbol{B}) \cdot \langle \boldsymbol{B}^*, f(\boldsymbol{B})\rangle \quad (\text{nur für } f = \hat{f}) \tag{12.26}$$

ergibt. Noch einfacher wird die Situation, sobald f selbstadjungiert und $\boldsymbol{B}$ eine ONB ist, weil dann $\sigma(\boldsymbol{B}, \boldsymbol{B}) = \langle \boldsymbol{B}^*, f(\boldsymbol{B})\rangle$ erfüllt ist.

12.6.5 Wir untersuchen im Folgenden einen n-dimensionalen euklidischen oder unitären Vektorraum $(\boldsymbol{V}, \iota)$ über $\mathbb{K} = \mathbb{R}$ bzw. $\mathbb{K} = \mathbb{C}$. Nach Satz 9.10.2 besitzt jede symmetrische Bilinearform ($\mathbb{K} = \mathbb{R}$) bzw. jede hermitesche Sesquilinearform ($\mathbb{K} = \mathbb{C}$) mindestens eine Koordinatenmatrix der Form $\mathrm{diag}(E_p, -E_{r-p}, 0, 0, \ldots, 0)$. Wir zeigen jetzt eine Variante dieser Aussage, bei der wir uns auf Orthonormalbasen beschränken. Es ist dies einer der klassischen Sätze der linearen Algebra:

Satz 12.6.6 (Hauptachsentransformation) *Ist $\sigma : \boldsymbol{V} \times \boldsymbol{V} \to \mathbb{K}$ eine symmetrische Bilinearform bzw. hermitesche Sesquilinearform eines n-dimensionalen euklidischen bzw. unitären Vektorraumes $(\boldsymbol{V}, \iota)$, $n < \infty$, so existiert mindestens eine Orthonormalbasis $\boldsymbol{B} = (\boldsymbol{b}_1, \boldsymbol{b}_2, \ldots, \boldsymbol{b}_n)$ von $\boldsymbol{V}$ so, dass $\sigma(\boldsymbol{B}, \boldsymbol{B})$ eine reelle Diagonalmatrix ist.*

Beweis. Nach Satz 12.6.2 gibt es genau eine Abbildung $f \in \mathrm{L}(\boldsymbol{V}, \boldsymbol{V})$ mit

$$\sigma(\boldsymbol{x}, \boldsymbol{y}) = f(\boldsymbol{x}) \bullet \boldsymbol{y} \quad \text{für alle } \boldsymbol{x}, \boldsymbol{y} \in \boldsymbol{V}.$$

Da $\sigma = \hat{\sigma}$, folgt $f = \hat{f}$ aus 12.6.3. Da eine selbstadjungierte Abbildung f vorliegt, existiert mindestens eine ONB $\boldsymbol{B} = (\boldsymbol{b}_1, \boldsymbol{b}_2, \ldots, \boldsymbol{b}_n)$ aus Eigenvektoren von f; die zugehörigen Eigenwerte sind reell. Vgl. Satz 12.5.8 und Satz 12.5.13. Sei

$$\langle \boldsymbol{B}^*, f(\boldsymbol{B})\rangle = \mathrm{diag}(t_1, t_2, \ldots, t_n).$$

Aus (12.26) folgt daher

$$\sigma(\boldsymbol{B}, \boldsymbol{B}) = \iota(\boldsymbol{B}, \boldsymbol{B}) \cdot \langle \boldsymbol{B}^*, f(\boldsymbol{B})\rangle = E_n \cdot \mathrm{diag}(t_1, t_2, \ldots, t_n) = \mathrm{diag}(t_1, t_2, \ldots, t_n),$$

was zu beweisen war. □

Jede ONB von $\boldsymbol{V}$ mit den oben geforderten Eigenschaften besteht aus Eigenvektoren von f. Dabei ergeben jene Basisvektoren, die zum Eigenwert 0 gehören, eine Basis des Radikals von σ. Die eindimensionalen Unterräume $[\boldsymbol{b}_i]$ heißen *Hauptachsen* von σ. Falls f genau n verschiedene Eigenwerte besitzt, sind die Hauptachsen eindeutig bestimmt. Vgl. 13.4.3 für die geometrische Interpretation der Hauptachsen.

Die Bedeutung der im obigen Satz genannten ONB liegt darin, dass sowohl $\sigma(\boldsymbol{B}, \boldsymbol{B})$ als auch $\iota(\boldsymbol{B}, \boldsymbol{B}) = E_n$ Diagonalmatrizen sind. Wir geben noch eine andere Formulierung an, bei der – entgegen der generellen Annahme dieses Kapitels – in $\boldsymbol{V}$ (zunächst) kein Skalarprodukt gegeben sei.

Satz 12.6.7 *Sei V ein n-dimensionaler Vektorraum über $\mathbb{K} = \mathbb{R}$ bzw. $\mathbb{K} = \mathbb{C}$ mit $n < \infty$. Ferner seien $\sigma_1, \sigma_2 : V \times V \to \mathbb{K}$ zwei symmetrische Bilinearformen bzw. zwei hermitesche Sesquilinearformen, von denen mindestens eine definit ist. Dann existiert mindestens eine Basis $\boldsymbol{B} = (\boldsymbol{b}_1, \boldsymbol{b}_2, \dots, \boldsymbol{b}_n)$ von V so, dass sowohl $\sigma_1(\boldsymbol{B}, \boldsymbol{B})$ als auch $\sigma_2(\boldsymbol{B}, \boldsymbol{B})$ Diagonalmatrizen sind.*

Beweis. Sei etwa σ_1 definit. Dann ist σ_1 oder $-\sigma_1$ positiv definit und kann als Skalarprodukt auf V interpretiert werden. Nun zeigt Satz 12.6.6 die Existenz von $\boldsymbol{B}$. □

Der entsprechende Satz über Matrizen lautet:

Satz 12.6.8 *Es seien G_1, G_2 zwei symmetrische Matrizen aus $\mathbb{R}^{n \times n}$ bzw. zwei hermitesche Matrizen aus $\mathbb{C}^{n \times n}$, von denen mindestens eine definit ist. Dann existiert mindestens eine Matrix $P \in \mathrm{GL}_n(\mathbb{K})$ so, dass sowohl $\overline{P}^{\mathrm{T}} G_1 P$ als auch $\overline{P}^{\mathrm{T}} G_2 P$ Diagonalmatrizen sind.*

Der letzte Satz wird oft als simultane Transformation auf Diagonalgestalt umschrieben.

Beispiele 12.6.9

1. Gegeben seien die reellen symmetrischen Matrizen

$$G_1 = \frac{1}{3}\begin{pmatrix} 2 & 1 \\ 1 & 2 \end{pmatrix}, \quad G_2 = \begin{pmatrix} 1 & 0 \\ 0 & -1 \end{pmatrix}.$$

Nach dem Hauptminorenkriterium ist G_1 positiv definit. Wir fassen G_1, G_2 als Koordinatenmatrizen symmetrischer Bilinearformen σ_1, σ_2 bezüglich der kanonischen Basis $\boldsymbol{E}$ von $\mathbb{R}^{2\times 1}$ auf und bestimmen gemäß (12.26) die Matrix

$$A := G_1^{-1} G_2 = \begin{pmatrix} 2 & 1 \\ -1 & -2 \end{pmatrix}$$

einer Abbildung $f_A \in \mathrm{L}(\mathbb{R}^{2\times 1}, \mathbb{R}^{2\times 1})$. Es ist $\chi_A(X) = X^2 - 3$. Die Spalten der Matrix

$$P := \begin{pmatrix} -1 & -1 \\ 2+\sqrt{3} & 2-\sqrt{3} \end{pmatrix}$$

sind (beliebig gewählte) l. u. Eigenvektoren von A. Es folgt

$$P^{\mathrm{T}} G_1 P = \mathrm{diag}\left(4 + 2\sqrt{3}, 4 - 2\sqrt{3}\right), \quad P^{\mathrm{T}} G_2 P = \mathrm{diag}\left(-6 - 4\sqrt{3}, -6 + 4\sqrt{3}\right).$$

Damit haben wir beide Matrizen auf Diagonalgestalt gebracht. Die Spalten von P bilden allerdings keine ONB sondern nur eine Orthogonalbasis bezüglich jenes Skalarprodukts auf $\mathbb{R}^{2\times 1}$, welches durch die Matrix G_1 bestimmt wird. Es gilt $4 + 2\sqrt{3} = (1 + \sqrt{3})^2$ und $4 - 2\sqrt{3} = (1 - \sqrt{3})^2$. Definieren wir daher

$$Q := \mathrm{diag}\left(\frac{1}{1+\sqrt{3}}, \frac{1}{1-\sqrt{3}}\right) = \frac{1}{4}\,\mathrm{diag}\left(1 - \sqrt{3}, 1 + \sqrt{3}\right)$$

so ist $(PQ)^{\mathrm{T}} G_1 (PQ) = E_2$ und $(PQ)^{\mathrm{T}} G_2 (PQ) = \mathrm{diag}\left(-\sqrt{3}, \sqrt{3}\right)$. Die Spalten von PQ bilden (bezüglich G_1) eine ONB. Daher sind die Diagonalelemente von $(PQ)^{\mathrm{T}} G_2 (PQ)$ genau die Eigenwerte der Matrix A. Vgl. den Beweis von Satz 12.6.6.

2. Wir versehen den Vektorraum $\mathbb{C}^{3\times 1}$ mit dem kanonischen unitären Skalarprodukt. Eine hermitesche Sesquilinearform σ sei durch

$$\sigma(\boldsymbol{E},\boldsymbol{E}) = \begin{pmatrix} 8 & -2i & 2 \\ 2i & 5 & -4i \\ 2 & 4i & 5 \end{pmatrix}$$

gegeben. Mit den Bezeichnungen aus Beispiel 1 gilt jetzt $G_1 = E_3$ und $G_2 = \sigma(\boldsymbol{E},\boldsymbol{E})$, also $A = \sigma(\boldsymbol{E},\boldsymbol{E})$. Das charakteristische Polynom $\chi_A(X) = -X^3 + 18X^2 - 81X$ hat die zweifache Nullstelle 9 und die einfache Nullstelle 0. Eine Basis aus normierten Eigenvektoren erhalten wir, indem wir eine Orthonormalbasis aus dem Eigenraum zum Eigenwert 9 und einen normierten Eigenvektor aus dem Eigenraum zum Eigenwert 0 aufsuchen. Eine der unendlich vielen Lösungen kann aus den Spalten der Matrix

$$P := \frac{1}{3}\begin{pmatrix} 2 & 2 & 1 \\ 2i & -i & -2i \\ -1 & 2 & -2 \end{pmatrix} \in \mathrm{U}_3$$

abgelesen werden. Es gilt daher

$$\overline{P}^{\mathrm{T}} G_2 P = \operatorname{diag}(9,9,0) = P^{-1}AP.$$

Je nachdem, ob wir $G_2 = A$ als Matrix (bezüglich $\boldsymbol{E}$) der hermiteschen Sesquilinearform σ oder der durch A bestimmten selbstadjungierten linearen Abbildung f_A auffassen, kann die oben stehende Transformation als hermitesche Kongruenztransformation bzw. unitäre Ähnlichkeitstransformation interpretiert werden.

Aufgaben

A 12.6.1 Gegeben seien die hermiteschen Matrizen

$$G_1 = \begin{pmatrix} 1 & 0 \\ 0 & 2 \end{pmatrix}, \quad G_2 = \begin{pmatrix} 0 & 4i \\ -4i & 0 \end{pmatrix}.$$

Bestimme eine Matrix $P \in \mathrm{GL}_2(\mathbb{C})$ so, dass $\overline{P}^{\mathrm{T}} G_1 P$ und $\overline{P}^{\mathrm{T}} G_2 P$ beide Diagonalmatrizen sind. Gib diese Diagonalmatrizen auch tatsächlich an.

A 12.6.2 Löse A 12.6.1 sinngemäß für die folgenden reellen symmetrischen Matrizen:

$$G_1 = \begin{pmatrix} 3 & 1 \\ 1 & 0 \end{pmatrix}, \quad G_2 = \begin{pmatrix} 6 & 2 \\ 2 & 1 \end{pmatrix}.$$

12.7 Die Singulärwertedarstellung

12.7.1 In diesem Abschnitt seien $(\boldsymbol{V}, \iota_{\boldsymbol{V}})$ und $(\boldsymbol{W}, \iota_{\boldsymbol{W}})$ beide euklidisch oder unitär, wobei $\dim \boldsymbol{V} =: n < \infty$ und $\dim \boldsymbol{W} =: m < \infty$. So wie bisher steht $\mathbb{K}$ für $\mathbb{R}$ bzw. $\mathbb{C}$. Wir lassen jedoch zunächst den Vektorraum $\boldsymbol{W}$ beiseite und untersuchen solche Eigenschaften von linearen Selbstabbildungen von $\boldsymbol{V}$, die auf dem Skalarprodukt beruhen.

Eine Abbildung $f \in \mathrm{L}(\boldsymbol{V}, \boldsymbol{V})$ wird *positiv (semi)definit*, *negativ (semi)definit* bzw. *indefinit* genannt, falls f selbstadjungiert ist und die Sesquilinearform $\boldsymbol{V} \times \boldsymbol{V} \to \mathbb{K} : (\boldsymbol{x}, \boldsymbol{y}) \mapsto f(\boldsymbol{x}) \bullet \boldsymbol{y}$ die entsprechende Eigenschaft besitzt. Vgl. Satz 12.6.2 (a) und 12.6.3. Ist f etwa positiv definit, so gilt

$$\boldsymbol{x} \cdot f(\boldsymbol{x}) = f(\boldsymbol{x}) \cdot \boldsymbol{x} \in \mathbb{R}^+ \quad \text{für alle} \quad \boldsymbol{x} \in \boldsymbol{V} \setminus \{\boldsymbol{o}\}.$$

Das entscheidende Hilfsmittel für viele Ergebnisse ist der folgende Satz. Er verallgemeinert das bekannte Ergebnis, dass es aus jeder nicht negativen reellen Zahl t genau eine nicht negative reelle Quadratwurzel $\sqrt{t}$ gibt.

Satz 12.7.2 (Quadratwurzelsatz) *Sei $f \in \mathrm{L}(\boldsymbol{V}, \boldsymbol{V})$ positiv semidefinit. Dann gilt:*

(a) *Es existiert genau eine positiv semidefinite Abbildung $g \in \mathrm{L}(\boldsymbol{V}, \boldsymbol{V})$ mit $g \circ g = f$.*

(b) *Es ist f genau dann positiv definit, falls dies für g der Fall ist.*

Beweis. (a) Da f selbstadjungiert ist, gibt es nach Satz 12.5.8 bzw. Satz 12.5.11 eine ONB $\boldsymbol{B} = (\boldsymbol{b}_1, \boldsymbol{b}_2, \ldots, \boldsymbol{b}_n)$ aus Eigenvektoren von f. Die zugehörige Koordinatenmatrix ist nach (12.26) positiv semidefinit, hat also die Form

$$\langle \boldsymbol{B}^*, f(\boldsymbol{B}) \rangle = \operatorname{diag}(t_1, t_2, \ldots, t_n) \quad \text{mit} \quad t_i \in \mathbb{R}^+ \cup \{0\}. \tag{12.27}$$

Wir definieren $g \in \mathrm{L}(\boldsymbol{V}, \boldsymbol{V})$ durch die reelle positiv semidefinite Diagonalmatrix

$$\langle \boldsymbol{B}^*, g(\boldsymbol{B}) \rangle = \operatorname{diag}(\sqrt{t_1}, \sqrt{t_2}, \ldots, \sqrt{t_n}) \tag{12.28}$$

und erhalten so eine Lösung.

Es seien umgekehrt $\tilde{g} \in \mathrm{L}(\boldsymbol{V}, \boldsymbol{V})$ eine Lösungsabbildung und $\boldsymbol{a}$ ein Eigenvektor von $\tilde{g}$ zum Eigenwert $w \in \mathbb{R}$. Da $\tilde{g}$ positiv semidefinit ist, gilt $\tilde{g}(\boldsymbol{a}) \cdot \boldsymbol{a} = (w\boldsymbol{a}) \cdot \boldsymbol{a} \geq 0$, also $w \geq 0$. Wegen $f(\boldsymbol{a}) = w^2\boldsymbol{a}$ ist $\boldsymbol{a}$ ein Eigenvektor von f, etwa zum Eigenwert $t_j = w^2$. Aus $w \geq 0$ folgt $w = \sqrt{t_j}$. Der Vektor $\boldsymbol{a}$ liegt daher in der Hülle jener Vektoren von $\boldsymbol{B}$, die zum Eigenwert t_j von f bzw. $\sqrt{t_j}$ von g gehören. Das zeigt

$$g(\boldsymbol{a}) = \sqrt{t_j}\,\boldsymbol{a} = w\boldsymbol{a} = \tilde{g}(\boldsymbol{a}).$$

Da $\boldsymbol{V}$ eine ONB aus Eigenvektoren von $\tilde{g}$ besitzt, folgt $g = \tilde{g}$ nach Satz 3.3.2.

(b) Die Abbildung f bzw. g ist genau dann positiv definit, falls sie nur positive Eigenwerte besitzt. Die Behauptung folgt daher aus (12.27) bzw. (12.28). □

Die im Satz beschriebene Abbildung $g =: \sqrt{f}$ wird als *Quadratwurzel* von f bezeichnet. Dieses Ergebnis gilt sinngemäß auch für Matrizen: Jede positiv semidefinite Matrix $A \in \mathbb{K}^{n\times n}$ besitzt genau eine positiv semidefinite *Quadratwurzel* $\sqrt{A}$. Nun verknüpfen wir mit jeder Abbildung aus $\mathrm{L}(\boldsymbol{V}, \boldsymbol{W})$ eine positiv semidefinite Abbildung aus $\mathrm{L}(\boldsymbol{V}, \boldsymbol{V})$:

Satz 12.7.3 *Sei $f \in \mathrm{L}(\boldsymbol{V}, \boldsymbol{W})$. Dann ist $\hat{f} \circ f$ positiv semidefinit,*

$$\ker(\hat{f} \circ f) = \ker f \quad \textit{und} \quad (\hat{f} \circ f)(\boldsymbol{V}) = (\ker f)^{\perp}. \tag{12.29}$$

Beweis. Wegen $\widehat{(\hat{f} \circ f)} = \hat{f} \circ f$ ist $\hat{f} \circ f$ selbstadjungiert. Aus

$$(\hat{f} \circ f)(\boldsymbol{x}) \cdot \boldsymbol{x} = f(\boldsymbol{x}) \cdot f(\boldsymbol{x}) \in \mathbb{R}^+ \cup \{0\} \quad \text{für alle} \quad \boldsymbol{x} \in \boldsymbol{V}$$

folgt, dass $\hat{f} \circ f$ positiv semidefinit ist.

Ein Vektor $\boldsymbol{a} \in \boldsymbol{V}$ liegt genau dann im Kern von $\hat{f} \circ f$, falls $f(\boldsymbol{a}) \in \ker \hat{f}$. Nach Satz 12.1.7 (a) gilt $(f(\boldsymbol{V}))^{\perp} = \ker \hat{f}$. Da $\boldsymbol{V}$ keine isotropen Vektoren besitzt, ist die Bedingung $f(\boldsymbol{a}) \in \ker \hat{f}$ zu $f(\boldsymbol{a}) = \boldsymbol{o}$, also $\boldsymbol{a} \in \ker f$ äquivalent.

Wenden wir Satz 12.1.8 (a) auf die selbstadjungierte Abbildung $\hat{f} \circ f$ und dann das zuvor gezeigte Ergebnis an, so ergibt das $(\hat{f} \circ f)(V) = (\ker(\hat{f} \circ f))^{\perp} = (\ker f)^{\perp}$. □

12.7.4 Mit jeder Abbildung $f \in \mathrm{L}(V, W)$ sind die positiven Eigenwerte[9] von $\sqrt{\hat{f} \circ f}$ mitbestimmt; sie heißen die *Singulärwerte*[10] von f. Unter der *Vielfachheit* eines Singulärwertes w von f verstehen wir die algebraische Vielfachheit des Eigenwertes w von $\sqrt{\hat{f} \circ f}$. Da diese Abbildung selbstadjungiert ist, stimmen algebraische und geometrische Vielfachheit des Eigenwertes w überein. Nach (12.28) ist eine positive reelle Zahl w genau dann ein Singulärwert von f, falls w^2 ein Eigenwert von $\hat{f} \circ f$ ist.

Analog werden die *Singulärwerte* einer Matrix $A \in \mathbb{K}^{m \times n}$ als die positiven Eigenwerte der Matrix $\sqrt{\overline{A}^{\mathrm{T}} A}$ erklärt. Die Singulärwerte von $f \in \mathrm{L}(V, W)$ sind genau die Singulärwerte einer beliebigen Koordinatenmatrix von f bezüglich orthonormaler Basen. Eine Bedeutung dieser Singulärwerte zeigt uns der folgende Satz.

Satz 12.7.5 *Sei* $f \in \mathrm{L}(V, W)$. *Dann gilt:*

(a) *Es existiert mindestens eine Orthonormalbasis von* $(\ker f)^{\perp}$, *deren Bild unter* f *eine Orthogonalbasis von* $f(V)$ *ist.*

(b) *Für jede solche Orthonormalbasis* $(\boldsymbol{b}_1, \boldsymbol{b}_2, \ldots, \boldsymbol{b}_r)$ *von* $(\ker f)^{\perp}$ *sind die Längen* $\|f(\boldsymbol{b}_1)\|$, $\|f(\boldsymbol{b}_2)\|, \ldots, \|f(\boldsymbol{b}_r)\|$ *genau die Singulärwerte von* f, *ihrer Vielfachheit entsprechend oft angeschrieben.*

Beweis. (a) Es gibt mindestens eine ONB $(\boldsymbol{b}_1, \boldsymbol{b}_2, \ldots, \boldsymbol{b}_n)$ aus Eigenvektoren der positiv semidefiniten Abbildung $\hat{f} \circ f$. Die erste Formel in (12.29) zeigt $\operatorname{def}(\hat{f} \circ f) = \operatorname{def} f$, woraus

$$\operatorname{rg}(\hat{f} \circ f) = \operatorname{rg} f =: r$$

mit Hilfe der Rangformel aus Satz 3.2.8 folgt. Wir können daher voraussetzen, dass etwa $(\boldsymbol{b}_{r+1}, \boldsymbol{b}_{r+2}, \ldots, \boldsymbol{b}_n)$ eine Basis von $\ker(\hat{f} \circ f) = \ker f$ ist. Den zum Eigenvektor $\boldsymbol{b}_i$ gehörigen Eigenwert schreiben wir für $i \in \{1, 2, \ldots, n\}$ in der Form w_i^2 mit $w_i \in \mathbb{R}^+ \cup \{0\}$, was $w_1, w_2, \ldots, w_r > 0$ und $w_{r+1} = \cdots = w_n = 0$ ergibt. Somit ist $(\boldsymbol{b}_1, \boldsymbol{b}_2, \ldots, \boldsymbol{b}_r)$ eine Basis von $(\ker f)^{\perp}$ und $(f(\boldsymbol{b}_1), f(\boldsymbol{b}_2), \ldots, f(\boldsymbol{b}_r))$ eine Basis von $f(V)$. Es gilt

$$f(\boldsymbol{b}_i) \cdot f(\boldsymbol{b}_j) = (\hat{f} \circ f)(\boldsymbol{b}_i) \cdot \boldsymbol{b}_j = (w_i^2 \boldsymbol{b}_i) \cdot \boldsymbol{b}_j = w_i^2 (\boldsymbol{b}_i \cdot \boldsymbol{b}_j) = w_i^2 \delta_{ij}$$

für alle $i, j \in \{1, 2, \ldots, r\}$. Daher liegt in der Tat eine Orthogonalbasis von $f(V)$ vor, deren Vektoren die in (b) beschriebene Länge besitzen. Die Aussage über die Vielfachheiten der Singulärwerte folgt aus der Gleichheit von algebraischer und geometrischer Vielfachheit der Eigenwerte von $\hat{f} \circ f$.

(b) Ist umgekehrt eine geeignete ONB $(\boldsymbol{b}_1, \boldsymbol{b}_2, \ldots, \boldsymbol{b}_r)$ von $(\ker f)^{\perp}$ gegeben, so gilt

$$0 = f(\boldsymbol{b}_i) \cdot f(\boldsymbol{b}_j) = (\hat{f} \circ f)(\boldsymbol{b}_i) \cdot \boldsymbol{b}_j \quad \text{für alle } \; i \neq j.$$

Das zeigt aber, dass jeder Vektor $\boldsymbol{b}_i$ ein Eigenvektor von $\hat{f} \circ f$ ist. Die Behauptung gilt daher nach Beweisteil (a). □

[9]Die Beschränkung auf die positiven Eigenwerte stellt sicher, dass f und $\hat{f}$ dieselben Singulärwerte besitzen. Vgl. Satz 12.7.6.

[10]Für $f \in \mathrm{GL}(V)$ gibt der kleinste Singulärwert im Sinn einer gewissen Norm auf $\mathrm{L}(V, V)$ den Abstand von f zu einer nächstgelegenen singulären Abbildung an. Daher kommt der Name.

Wir zeigen jetzt eine Variante von Satz 4.6.7 und bestimmen für $f \in \mathrm{L}(\boldsymbol{V}, \boldsymbol{W})$ eine „möglichst einfache" Koordinatenmatrix bezüglich orthonormaler Basen. Zusätzlich zum Rang von f spielen nun die Singulärwerte von f eine wesentliche Rolle.

Satz 12.7.6 (Singulärwertedarstellung) *Sei $f \in \mathrm{L}(\boldsymbol{V}, \boldsymbol{W})$. Dann existieren Orthonormalbasen $\boldsymbol{B} = (\boldsymbol{b}_1, \boldsymbol{b}_2, \ldots, \boldsymbol{b}_n)$ von $\boldsymbol{V}$ und $\boldsymbol{C} = (\boldsymbol{c}_1, \boldsymbol{c}_2, \ldots, \boldsymbol{b}_m)$ von $\boldsymbol{W}$ mit*

$$\langle \boldsymbol{C}^*, f(\boldsymbol{B})\rangle = \begin{pmatrix} W & 0 \\ 0 & 0 \end{pmatrix}, \quad W = \mathrm{diag}(w_1, w_2, \ldots, w_r) \ \textit{und} \ w_1 \geq w_2 \geq \cdots \geq w_r.$$

Dabei sind $w_1, w_2, \ldots, w_r$ genau die Singulärwerte von f, ihrer Vielfachheit entsprechend oft angeschrieben.

Beweis. Sei $(\boldsymbol{b}_1, \boldsymbol{b}_2, \ldots, \boldsymbol{b}_r)$ eine ONB von $(\ker f)^\perp$ mit den in Satz 12.7.5 genannten Eigenschaften, wobei wir $\|f(\boldsymbol{b}_1)\| \geq \|f(\boldsymbol{b}_2)\| \geq \cdots \geq \|f(\boldsymbol{b}_r)\|$ voraussetzen können. Wir setzen

$$\boldsymbol{c}_i := \frac{1}{\|f(\boldsymbol{b}_i)\|} f(\boldsymbol{b}_i) \ \text{ für } \ i \in \{1, 2, \ldots, r\}.$$

Wir ergänzen nun die gegebenen Vektoren zu einer ONB $\boldsymbol{B} = (\boldsymbol{b}_1, \boldsymbol{b}_2, \ldots, \boldsymbol{b}_n)$ von $\boldsymbol{V}$ und zu einer ONB $\boldsymbol{C} = (\boldsymbol{c}_1, \boldsymbol{c}_2, \ldots, \boldsymbol{c}_m)$ von $\boldsymbol{W}$. Dann ist $\langle \boldsymbol{C}^*, f(\boldsymbol{B})\rangle$ die gesuchte Matrix. Vgl. Abbildung 12.3

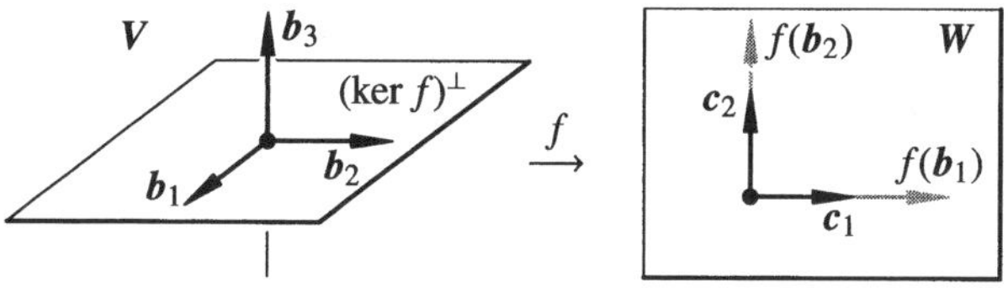

Abbildung 12.3

für den Fall $n = 3$, $m = r = 2$. □

Die in Satz 12.7.6 beschriebene Koordinatenmatrix von f ist nach Satz 12.7.5 (b) eindeutig bestimmt. Die Eindeutigkeit bezieht sich aber nur auf die Matrix und nicht auf die Orthonormalbasen $\boldsymbol{B}$ und $\boldsymbol{C}$.

Aus der Singulärwertedarstellung von f ist unmittelbar abzulesen, dass f und $\hat{f}$ dieselben Singulärwerte besitzen. Als weitere Folgerung erhalten wir:

Satz 12.7.7 (Singulärwertezerlegung) *Sei $A \in \mathbb{K}^{m\times n}$. Dann existieren Matrizen $P \in \mathrm{O}_n$, $Q \in \mathrm{O}_m$ bzw. $P \in \mathrm{U}_n$, $Q \in \mathrm{U}_m$ mit*

$$A = Q \cdot \begin{pmatrix} W & 0 \\ 0 & 0 \end{pmatrix} \cdot P, \quad W = \mathrm{diag}(w_1, w_2, \ldots, w_r) \ \textit{und} \ w_1 \geq w_2 \geq \cdots \geq w_r.$$

Dabei sind $w_1, w_2, \ldots, w_r$ genau die Singulärwerte von A, ihrer Vielfachheit entsprechend oft angeschrieben.

Beweis. Wir fassen A als Koordinatenmatrix einer Abbildung $f \in \mathrm{L}(\mathbb{K}^{n\times 1}, \mathbb{K}^{m\times 1})$ bezüglich der kanonischen Basen $\boldsymbol{E}_n$ und $\boldsymbol{E}_m$ auf und berechnen die in Satz 12.7.6 beschriebene Matrix $\langle \boldsymbol{C}^*, f(\boldsymbol{B})\rangle$. Dann ist

$$A = \langle \boldsymbol{E}_m^*, \boldsymbol{C}\rangle \cdot \langle \boldsymbol{C}^*, f(\boldsymbol{B})\rangle \cdot \langle \boldsymbol{B}^*, \boldsymbol{E}_n\rangle$$

die gesuchte Zerlegung. □

Jede $m \times n$ Matrix über $\mathbb{K}$ ist also orthogonal bzw. unitär äquivalent zu einer oben beschriebenen Matrix $\begin{pmatrix} W & 0 \\ 0 & 0 \end{pmatrix}$, welche die *Normalform* aus dieser Klasse orthogonal bzw. unitär äquivalenter Matrizen heißt. Diese Normalform ist eindeutig bestimmt.

Aufgaben

A 12.7.1 Wir fassen $\mathbb{R}^{3\times1}$ als euklidischen Vektorraum auf (kanonisches Skalarprodukt). Eine Abbildung $f \in \mathrm{L}(\mathbb{R}^{3\times1}, \mathbb{R}^{3\times1})$ hat bezüglich der kanonischen Basis $\boldsymbol{E}$ die Koordinatenmatrix

$$\langle \boldsymbol{E}^*, f(\boldsymbol{E})\rangle = \frac{1}{25}\begin{pmatrix} 9 & 12 & -40 \\ 0 & 0 & 0 \\ -12 & -16 & -30 \end{pmatrix}.$$

Offensichtlich gilt $\operatorname{rg} f = 2$. Bestimme eine ONB $(\boldsymbol{b}_1, \boldsymbol{b}_2, \boldsymbol{b}_3)$ von $\mathbb{R}^{3\times1}$ so, dass gilt: $(f(\boldsymbol{b}_1), f(\boldsymbol{b}_2))$ ist ein Orthogonalsystem von $\mathbb{R}^{3\times1}$ und $\ker f = [\boldsymbol{b}_3]$. Gib auch die Singulärwerte von f an.

A 12.7.2 Wir fassen $\mathbb{R}^{3\times1}$ und $\mathbb{R}^{4\times1}$ je als euklidischen Vektorraum auf (kanonisches Skalarprodukt). Durch die Matrix

$$A := \begin{pmatrix} 2 & 0 & -10 \\ -11 & 0 & 5 \\ 0 & 3 & 0 \\ 0 & -4 & 0 \end{pmatrix}$$

wird eine injektive Abbildung $f_A \in \mathrm{L}(\mathbb{R}^{3\times1}, \mathbb{R}^{4\times1})$ festgelegt. Bestimme eine ONB von $\mathbb{R}^{3\times1}$, deren f-Bild ein Orthogonalsystem in $\mathbb{R}^{4\times1}$ ist. Gib auch die Singulärwerte von f an.

12.8 Polar- und QR-Zerlegung

12.8.1 In diesem Abschnitt bezeichnet $(\boldsymbol{V}, \iota)$ stets einen euklidischen oder unitären Vektorraum der Dimension $n < \infty$.

Wir wenden die Ergebnisse aus 12.7 nun auf lineare Selbstabbildungen von $\boldsymbol{V}$ an und zeigen ein bemerkenswertes Ergebnis: Aus der isometrischen Gruppe und der Menge der positiv semidefiniten Abbildungen – das sind Teilmengen von $\mathrm{L}(\boldsymbol{V}, \boldsymbol{V})$, die wir bereits gut beherrschen – lässt sich ganz $\mathrm{L}(\boldsymbol{V}, \boldsymbol{V})$ gewinnen.

Satz 12.8.2 (Polar-Zerlegung) *Sei $f \in \mathrm{L}(\boldsymbol{V}, \boldsymbol{V})$. Dann existieren mindestens eine isometrische Abbildung $g \in \mathrm{Iso}(\boldsymbol{V}, \iota)$ und mindestens eine positiv semidefinite Abbildung $s \in \mathrm{L}(\boldsymbol{V}, \boldsymbol{V})$ mit*

$$f = g \circ s.$$

In jeder solchen Zerlegung gilt $s = \sqrt{\hat{f} \circ f}$.

Beweis. (a) Wir gehen von den Bezeichnungen aus Satz 12.7.6 aus und definieren eine positiv semidefinite Abbildung $s \in \mathrm{L}(\boldsymbol{V}, \boldsymbol{V})$ durch

$$\boldsymbol{b}_i \mapsto \begin{cases} w_i \boldsymbol{b}_i & \text{für } i \in \{1, 2, \ldots, r\}, \\ \boldsymbol{o} & \text{für } i \in \{r+1, r+2, \ldots, n\}. \end{cases}$$

Eine isometrische Abbildung $g \in \mathrm{Iso}(\boldsymbol{V}, \iota)$ sei durch $\boldsymbol{b}_i \mapsto \boldsymbol{c}_i$ für $i \in \{1, 2, \ldots, n\}$ festgelegt. Dann gilt $f = g \circ s$.

(b) Für jede Polar-Zerlegung $f = g \circ s$ gilt

$$\hat{f} \circ f = (\widehat{g \circ s}) \circ g \circ s = \hat{s} \circ \hat{g} \circ g \circ s = s \circ g^{-1} \circ g \circ s = s \circ s,$$

also $s = \sqrt{\hat{f} \circ f}$ nach dem Quadratwurzelsatz 12.7.2. □

Falls $f \in \mathrm{GL}(\boldsymbol{V})$, so ist s bijektiv und daher in einer Polar-Zerlegung auch $g = f \circ s^{-1}$ eindeutig bestimmt. Die Polar-Zerlegung kann auch als Satz über Matrizen formuliert werden:

Satz 12.8.3 *Sei $A \in \mathbb{K}^{n\times n}$. Dann existieren mindestens eine Matrix $Q \in \mathrm{O}_n$ bzw. $Q \in \mathrm{U}_n$ und mindestens eine positiv semidefinite Matrix $S \in \mathbb{K}^{n\times n}$ mit*

$$A = QS$$

In jeder solchen Zerlegung gilt $S = \sqrt{\bar{A}^{\mathrm{T}} A}$.

Die Polar-Zerlegung hat ihren Namen von der Polardarstellung einer komplexen Zahl t in der Form $t = re^{i\vartheta} = r(\cos\vartheta + i\sin\vartheta)$ mit $r \geq 0$ und $-\pi < \vartheta \leq \pi$; vgl. Formel (12.18). Die reelle Zahl r ist der positiv semidefinite und die komplexe Zahl $e^{i\vartheta}$ der unitäre Faktor. Im Gegensatz zum allgemeinen Fall kommt es hier auf die Reihenfolge der Faktoren nicht an.

Wir wissen, dass jede lineare Abbildung bezüglich mindestens einer Basis eine Koordinatenmatrix in Jordan-Normalform hat, falls ihr charakteristisches Polynom über $\mathbb{K}$ in Linearfaktoren zerfällt. Unter den Basen mit dieser Eigenschaft ist aber im Allgemeinen keine ONB. Wenn wir uns auf orthonormale Basen beschränken, ist allerdings folgendes richtig:

Satz 12.8.4 (Satz von Schur[11]) *Wenn das charakteristische Polynom einer Abbildung $f \in \mathrm{L}(\boldsymbol{V}, \boldsymbol{V})$ über $\mathbb{K}$ in Linearfaktoren zerfällt, dann wird f bezüglich mindestens einer Orthonormalbasis von $(\boldsymbol{V}, \iota)$ durch eine obere Dreiecksmatrix beschrieben.*

Beweis. Es gibt mindestens eine Basis $\boldsymbol{B} = (\boldsymbol{b}_1, \boldsymbol{b}_2, \ldots, \boldsymbol{b}_n)$ von $\boldsymbol{V}$ so, dass $\langle \boldsymbol{B}^*, f(\boldsymbol{B})\rangle$ Jordan-Normalform besitzt. Wir wenden nun das Orthogonalisierungsverfahren von E. Schmidt aus 11.5.7 an. Dann normieren wir die erhaltenen Vektoren. Das ergibt eine ONB $\boldsymbol{C} = (\boldsymbol{c}_1, \boldsymbol{c}_2, \ldots, \boldsymbol{c}_n)$ mit der Eigenschaft

$$\boldsymbol{U}_i := [(\boldsymbol{b}_1, \boldsymbol{b}_2, \ldots, \boldsymbol{b}_i)] = [(\boldsymbol{c}_1, \boldsymbol{c}_2, \ldots, \boldsymbol{c}_i)] \quad \text{für alle } i \in \{1, 2, \ldots, n\}.$$

Da die Matrix $\langle \boldsymbol{B}^*, f(\boldsymbol{B})\rangle$ eine obere Dreiecksmatrix ist, sind alle Unterräume $\boldsymbol{U}_i$ invariant unter f. Aus der obigen Formel folgt nun aber umgekehrt, dass auch $\langle \boldsymbol{C}^*, f(\boldsymbol{C})\rangle$ eine obere Dreiecksmatrix ist. □

Das entsprechende Ergebnis über Matrizen lautet:

Satz 12.8.5 *Jede Matrix aus $\mathbb{R}^{n\times n}$, deren charakteristisches Polynom über $\mathbb{R}$ in Linearfaktoren zerfällt, ist orthogonal ähnlich zu einer oberen Dreiecksmatrix. Jede Matrix aus $\mathbb{C}^{n\times n}$ ist unitär ähnlich zu einer oberen Dreiecksmatrix.*

[11] Issai Schur (1875–1941).

12.8.6 Wir schwächen die obigen Ergebnisse im Folgenden ab, indem wir auch Matrizen zulassen, die etwas allgemeiner als obere Dreiecksmatrizen sind: Eine Matrix $A = (a_{ij}) \in \mathbb{K}^{n\times n}$ heißt eine *Hessenberg-Matrix*[12], falls $a_{ij} = 0$ für alle Paare (i, j) mit $j - i \geq 2$. Eine Hessenberg-Matrix hat also die Form

$$\begin{pmatrix} a_{11} & \cdots & & \cdots & a_{1n} \\ a_{21} & \ddots & & & \vdots \\ 0 & \ddots & \ddots & & \vdots \\ \vdots & \ddots & \ddots & \ddots & \vdots \\ 0 & \cdots & 0 & a_{n,n-1} & a_{nn} \end{pmatrix}.$$

Jede Block-Diagonalmatrix, die aus Kästchen der Größe ≤ 2 aufgebaut ist, aber auch jede obere Dreiecksmatrix ist eine Hessenberg-Matrix.

Im Gegensatz zum Beweis des Satzes von Schur gehen beim Beweis des folgenden Satzes keinerlei Ergebnisse über Eigenwerte und Eigenvektoren ein. Darin liegt die Bedeutung der Hessenberg-Matrizen.

Satz 12.8.7 *Jede Abbildung $f \in \mathrm{L}(\boldsymbol{V}, \boldsymbol{V})$ wird bezüglich mindestens einer Orthonormalbasis von $(\boldsymbol{V}, \iota)$ durch eine Hessenberg-Matrix beschrieben.*

Beweis. Hat eine quadratische Matrix zwei oder weniger Spalten, so ist sie eine Hessenberg-Matrix. Es genügt daher, den Fall $n > 2$ zu betrachten. Wir nehmen dazu an, dass wir bereits eine ONB

$$\boldsymbol{C}_k = (\boldsymbol{c}_1, \boldsymbol{c}_2, \ldots, \boldsymbol{c}_k, \boldsymbol{b}_{k+1}, \ldots, \boldsymbol{b}_n)$$

von $\boldsymbol{V}$ so gefunden haben, dass gilt: f besitzt bezüglich dieser Basis eine Matrix, die so aus einer Hessenberg-Matrix H_k der Größe $k \times k$, einer $(n-k) \times (k-1)$ Nullmatrix, einer Spalte $\boldsymbol{d}_{n-k} = (d_{k+1}, d_{k+2}, \ldots, d_n)^{\mathrm{T}}$ und einer beliebigen $n \times (n-k)$ Matrix so zusammengesetzt ist, dass sie insgesamt die Form

$$\left(\begin{array}{ccc|c|ccc} & & & & * & \cdots & * \\ & H_k & & & \vdots & & \vdots \\ & & & & \vdots & & \vdots \\ \hline 0 & \cdots & 0 & d_{k+1} & \vdots & & \vdots \\ \vdots & & \vdots & \vdots & \vdots & & \vdots \\ 0 & \cdots & 0 & d_n & * & \cdots & * \end{array}\right) \tag{12.30}$$

besitzt. Das ist für $k = 1$ in trivialer Weise richtig. Nun gehen wir schrittweise vor.

- Falls $k = n-1$, so setzen wir $\boldsymbol{C} := \boldsymbol{C}_{n-1}$. Da $\boldsymbol{d}_1$ nur ein Element besitzt, ist $\langle \boldsymbol{C}^*, f(\boldsymbol{C})\rangle$ eine Hessenberg-Matrix. Somit sind wir fertig.

- Für $k < n-1$ projizieren wir $f(\boldsymbol{c}_k)$ orthogonal auf den von $(\boldsymbol{b}_{k+1}, \boldsymbol{b}_{k+2}, \ldots, \boldsymbol{b}_n)$ aufgespannten Unterraum und erhalten so einen Vektor $\boldsymbol{c}'_k$ mit den Koordinaten

$$\langle \boldsymbol{C}^*_k, \boldsymbol{c}'_k\rangle = (0, 0, \ldots, 0, d_{k+1}, d_{k+2}, \ldots, d_n)^{\mathrm{T}}.$$

[12]Gerhard Hessenberg (1874–1925). Diese Definition ist auch über einem beliebigen Körper K sinnvoll.

- Falls $\boldsymbol{c}'_k$ und $\boldsymbol{b}_{k+1}$ linear unabhängig sind, tauschen wir die ONB $\boldsymbol{C}_k$ so gegen eine ONB
$$\boldsymbol{C}_{k+1} := (\boldsymbol{c}_1, \ldots, \boldsymbol{c}_k, \boldsymbol{c}_{k+1}, \tilde{\boldsymbol{b}}_{k+2}, \ldots, \tilde{\boldsymbol{b}}_n)$$
aus, dass die Bedingung $[\boldsymbol{c}_{k+1}] = [\boldsymbol{c}'_k]$ erfüllt ist. Vgl. Abbildung 12.4.
- Sind $\boldsymbol{c}'_k$ und $\boldsymbol{b}_{k+1}$ aber l. a., also genau für $d_{k+2} = \cdots = d_n = 0$, so setzen wir $\boldsymbol{C}_{k+1} := \boldsymbol{C}_k$ und $\boldsymbol{c}_{k+1} := \boldsymbol{b}_{k+1}$.

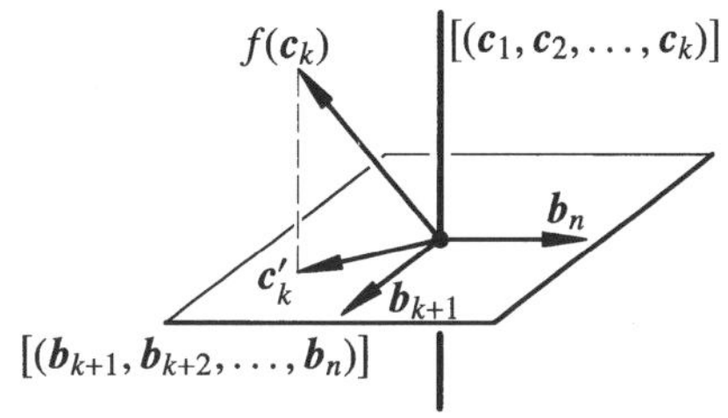

Abbildung 12.4

Wegen $f(\boldsymbol{c}_k) \in [(\boldsymbol{c}_1, \boldsymbol{c}_2, \ldots, \boldsymbol{c}_{k+1})]$ hat die Matrix $\langle \boldsymbol{C}^*_{k+1}, f(\boldsymbol{C}_{k+1})\rangle$ in jedem Fall wieder die in (12.30) angegebene Form, aber mit einer Hessenberg-Matrix H_{k+1}, einer $(n-k-1)\times k$ Nullmatrix, einer Spalte $\boldsymbol{d}_{n-k-1} \in \mathbb{K}^{(n-k-1)\times 1}$ und einer beliebigen $n \times (n-k-1)$ Matrix. Dieses Verfahren bricht für $k = n - 1$ ab. □

Im obigen Beweis bleibt offen, wie die Basistransformation von $\boldsymbol{C}_k$ zu $\boldsymbol{C}_{k+1}$ zweckmäßig gewählt wird, sofern ein Austausch $\boldsymbol{b}_{k+1} \mapsto \boldsymbol{c}_{k+1}$ notwendig wird. Wir zeigen dazu einen einfachen Satz über die in Beispiel 12.4.3 beschriebenen orthogonalen Spiegelungen.

Satz 12.8.8 *Je zwei verschiedene Vektoren $\boldsymbol{a}, \boldsymbol{b} \in V$, welche die Bedingungen $\|\boldsymbol{a}\| = \|\boldsymbol{b}\|$ und $\boldsymbol{a} \cdot \boldsymbol{b} \in \mathbb{R}$ erfüllen, werden von der orthogonalen Spiegelung in Richtung $\boldsymbol{a} - \boldsymbol{b}$ vertauscht.*

Beweis. Wir bezeichnen die orthogonale Spiegelung in Richtung $\boldsymbol{a} - \boldsymbol{b}$ mit g und berechnen zunächst
$$2((\boldsymbol{a} - \boldsymbol{b}) \cdot \boldsymbol{a}) = 2(\boldsymbol{a} \cdot \boldsymbol{a} - \boldsymbol{a} \cdot \boldsymbol{b}) = \boldsymbol{a} \cdot \boldsymbol{a} - \boldsymbol{a} \cdot \boldsymbol{b} - \boldsymbol{b} \cdot \boldsymbol{a} + \boldsymbol{b} \cdot \boldsymbol{b} = (\boldsymbol{a} - \boldsymbol{b}) \cdot (\boldsymbol{a} - \boldsymbol{b}).$$
Es folgt
$$g(\boldsymbol{a}) = \boldsymbol{a} - 2\,\frac{(\boldsymbol{a} - \boldsymbol{b}) \cdot \boldsymbol{a}}{(\boldsymbol{a} - \boldsymbol{b}) \cdot (\boldsymbol{a} - \boldsymbol{b})}(\boldsymbol{a} - \boldsymbol{b}) = \boldsymbol{a} - \frac{(\boldsymbol{a} - \boldsymbol{b}) \cdot (\boldsymbol{a} - \boldsymbol{b})}{(\boldsymbol{a} - \boldsymbol{b}) \cdot (\boldsymbol{a} - \boldsymbol{b})}(\boldsymbol{a} - \boldsymbol{b}) = \boldsymbol{b},$$
was zu beweisen war. □

Die Voraussetzung $\boldsymbol{a} \cdot \boldsymbol{b} \in \mathbb{R}$ ist nur in unitären Vektorräumen von Bedeutung. Zur Berechnung einer Koordinatenmatrix von g bezüglich einer ONB wird $\boldsymbol{a} - \boldsymbol{b}$ zweckmäßig durch einen normierten Vektor ersetzt. Vgl. Beispiel 12.4.3.

12.8.9 Wir kehren nun zum Beweis von Satz 12.8.7 zurück und geben zwei orthogonale Spiegelungen an, welche ein passendes Vielfaches von $\boldsymbol{b}_{k+1}$ mit $-\boldsymbol{c}'_k$ bzw. $\boldsymbol{c}'_k$ vertauschen, sofern $\boldsymbol{b}_{k+1}$ und $\boldsymbol{c}'_k$ l. u. sind. Dazu setzen wir
$$\boldsymbol{b}'_{k+1} := \begin{cases} \dfrac{d_{k+1}}{|d_{k+1}|}\,\|\boldsymbol{c}'_k\|\,\boldsymbol{b}_{k+1} & \text{für } d_{k+1} \neq 0, \\ \|\boldsymbol{c}'_k\|\,\boldsymbol{b}_{k+1} & \text{sonst.} \end{cases}$$

Es folgt $\|b'_{k+1}\| = \|\mp c'_k\|$. Wegen $b_{k+1} \cdot c'_k = d_{k+1}$ gilt $b'_{k+1} \cdot (\mp c'_k) = \mp \frac{|d_{k+1}|^2}{|d_{k+1}|} \|c'_k\| \in \mathbb{R}$. Jeder der beiden normierten Vektoren

$$s_\pm := \frac{1}{\|b'_{k+1} \pm c'_k\|}(b'_{k+1} \pm c'_k)$$

legt nach Beispiel 12.4.3 eine Spiegelung $g_\pm$ fest, die b'_{k+1} und $\mp c'_k$ vertauscht und $c_1, c_2, \dots, c_k$ nicht verändert. Wir können daher C_{k+1} als Bild von C_k unter einer dieser Spiegelungen definieren.[13] Die orthogonale Matrix

$$\langle C_k^*, C_{k+1}\rangle = \langle C_k^*, g_\pm(C_k)\rangle = E_n - 2\langle C_k^*, s_\pm\rangle \cdot \overline{\langle C_k^*, s_\pm\rangle}^{\mathrm{T}}$$

wird auch als *Householder-Matrix*[14] bezeichnet. Wir notieren noch das entsprechende Ergebnis über Matrizen:

Satz 12.8.10 *Jede Matrix aus $\mathbb{K}^{n\times n}$ ist orthogonal ähnlich bzw. unitär ähnlich zu einer Hessenberg-Matrix.*

Setzen wir in diesem Satz eine symmetrische ($\mathbb{K} = \mathbb{R}$) bzw. hermitesche Matrix ($\mathbb{K} = \mathbb{C}$) voraus, so erhalten wir eine Hessenberg-Matrix $H = (h_{ij})$ mit der Eigenschaft $h_{ij} = 0$ für alle Paare (i, j) mit $|i - j| \geq 2$, also eine sogenannte *Tridiagonalmatrix*.

Beispiel 12.8.11 Gesucht ist eine zur Matrix

$$A = \begin{pmatrix} 1 & -1 & 2 \\ 3 & 1 & -1 \\ 4 & 1 & 1 \end{pmatrix} \in \mathbb{R}^{3\times 3}$$

orthogonal ähnliche Hessenberg-Matrix. Wir schließen an die Bezeichnungen aus dem Beweis von Satz 12.8.7 für $k = 1$ an. Ausgehend von der kanonischen Basis (e_1, e_2, e_3) sei $c_1 := e_1$, $b_2 := e_2$ und $b_3 := e_3$. Die Orthogonalprojektion von $f(c_1)$ auf die Hülle von (b_2, b_3) ist $c'_1 = (0, 3, 4)^{\mathrm{T}}$. Dieser Vektor liegt nicht in $[b_2]$. Wir bekommen daher nach 12.8.9

$$b'_2 = \frac{3}{|3|} \|(0, 3, 4)^{\mathrm{T}}\| (0, 1, 0)^{\mathrm{T}} = (0, 5, 0)^{\mathrm{T}},$$

$s_+ = \frac{\sqrt{5}}{20} (0, 8, 4)^{\mathrm{T}} = \frac{\sqrt{5}}{5} (0, 2, 1)^{\mathrm{T}}$, die Householder-Matrix

$$P := E_3 - 2\left(\frac{\sqrt{5}}{5}\right)^2 \begin{pmatrix} 0 \\ 2 \\ 1 \end{pmatrix} (0, 2, 1) = \frac{1}{5} \begin{pmatrix} 5 & 0 & 0 \\ 0 & -3 & -4 \\ 0 & -4 & 3 \end{pmatrix} \in O_3$$

und schließlich die Hessenberg-Matrix

$$P^{\mathrm{T}}AP = \begin{pmatrix} 1 & -1 & 2 \\ -5 & 1 & 1 \\ 0 & -1 & 1 \end{pmatrix}.$$

Der folgende Satz beschreibt eine Faktorisierung von Matrizen, deren Bedeutung in 12.8.13 erläutert wird.

[13] In der numerischen Mathematik empfiehlt sich immer die Verwendung von g_+, da die $(k + 1)$-te Koordinate von $b'_{k+1} - c'_k$ einen absoluten Betrag besitzen kann, der unter der Rechengenauigkeit liegt.

[14] Alston Scott Householder (1904–1993).

Satz 12.8.12 (QR-Zerlegung) *Ist $A \in \mathbb{K}^{n\times n}$ eine Matrix, so existieren eine orthogonale bzw. unitäre Matrix $Q \in \mathbb{K}^{n\times n}$ und eine obere Dreiecksmatrix $R \in \mathbb{K}^{n\times n}$ mit $A = QR$.*

Beweis. Wir nehmen an, dass wir bereits eine Zerlegung $A = Q_k R_k$ mit einer orthogonalen bzw. unitären Matrix Q_k und einer Matrix

$$R_k = \left(\begin{array}{c|c} T_k & * \\ \hline 0 & * \end{array}\right)$$

gefunden haben, wobei T_k eine obere Dreiecksmatrix der Größe $k \times k$ bezeichnet. Für $k = 0$ ist das in trivialer Weise möglich. Nun gehen wir schrittweise vor:

- Falls $k = n$, so setzen wir $Q := Q_n$, $R := R_n$ und sind fertig.
- Andernfalls sei $\boldsymbol{r}_{k+1}$ die $(k+1)$-te Spalte der Matrix R_k. Wir projizieren $\boldsymbol{r}_{k+1}$ orthogonal auf die Hülle der kanonischen Basisvektoren $\boldsymbol{e}_{k+1}, \boldsymbol{e}_{k+2}, \ldots, \boldsymbol{e}_n$ und erhalten so eine Spalte
$$\boldsymbol{r}'_{k+1} = (0, 0, \ldots, 0, d_{k+1}, d_{k+2}, \ldots, d_n)^{\mathrm{T}}.$$
- Falls $\boldsymbol{r}'_{k+1}$ und $\boldsymbol{e}_{k+1}$ linear unabhängig sind, gibt es eine orthogonale Spiegelung g, die $\boldsymbol{r}'_{k+1}$ mit einem passenden Vielfachen von $\boldsymbol{e}_{k+1}$ vertauscht; vgl. 12.8.9. Dabei bleiben $\boldsymbol{e}_1, \boldsymbol{e}_2, \ldots, \boldsymbol{e}_k$ fest, da sie zur Spiegelungsrichtung orthogonal sind. Daher gilt
$$g(\boldsymbol{r}_{k+1}) = g(\boldsymbol{r}_{k+1} - \boldsymbol{r}'_{k+1}) + g(\boldsymbol{r}'_{k+1}) \in [(\boldsymbol{e}_1, \boldsymbol{e}_2, \ldots, \boldsymbol{e}_k)] + [\boldsymbol{e}_{k+1}].$$
Sei S die Matrix dieser Spiegelung.
- Sind $\boldsymbol{r}'_{k+1}$ und $\boldsymbol{e}_{k+1}$ aber l. a., also genau für $d_{k+2} = \cdots = d_n = 0$, so setzen wir $S := E_n$.

Die Matrix $Q_{k+1} := Q_k S$ ist orthogonal, und die Matrix $R_{k+1} := S R_k$ hat wieder die oben angegebene Form mit einer oberen Dreiecksmatrix T_{k+1}. Offenbar gilt $A = (Q_k S)(S R_k) = Q_{k+1} R_{k+1}$. Dieses Verfahren bricht für $k = n$ ab. □

Wird in Satz 12.8.12 eine reguläre Matrix A vorausgesetzt, so sind auch Q und R regulär. Aus $A = QR = Q'R'$ folgt dann $Q^{-1}Q' = RR'^{-1}$. Das zeigt, dass RR'^{-1} eine orthogonale bzw. unitäre Matrix ist. Da aber mit R' auch R'^{-1} eine obere Dreiecksmatrix ist, liegt mit RR'^{-1} ebenfalls eine obere Dreiecksmatrix vor. Beide Eigenschaften zeigen uns

$$RR'^{-1} = \operatorname{diag}(e^{i\varphi_1}, e^{i\varphi_2}, \ldots, e^{i\varphi_n})$$

mit nicht notwendig verschiedenen reellen Zahlen φ_i, wobei bei einer reellen Matrix A nur $\varphi_i \in \{0, \pi\}$ möglich ist. Die QR-Zerlegung einer regulären Matrix kann daher eindeutig gemacht werden, indem zusätzlich verlangt wird, dass in der Diagonale von R nur positive reelle Zahlen $r_1 \geq r_2 \geq \cdots \geq r_n$ stehen.

12.8.13 Sobald wir zu einer Matrix $A \in \mathbb{K}^{n\times n}$ eine ähnliche obere Dreiecksmatrix gefunden haben, stehen in deren Hauptdiagonale die Eigenwerte von A. Auf dieser Beobachtung beruht das *QR-Verfahren*[15] zur näherungsweisen Berechnung der Eigenwerte einer reellen oder komplexen Matrix. Das QR-Verfahren beginnt mit einer QR-Zerlegung $A =: A_0 = QR$ der gegebenen Matrix. Wir gehen zur unitär bzw. orthogonal ähnlichen Matrix

$$A_1 := \overline{Q}^{\mathrm{T}} A_0 Q = \overline{Q}^{\mathrm{T}} QRQ = RQ$$

[15] Wir skizzieren das Verfahren hier nur in groben Zügen und verweisen auf die Literatur zur numerischen Mathematik (z. B. [25]) für eine genaue Beschreibung.

über und wiederholen diesen Vorgang mit A_1. Wenn wir nach endlich vielen Schritten eine Matrix A_n erreicht haben, deren Elemente unterhalb der Hauptdiagonale einen kleinen absoluten Betrag besitzen, dann erscheint es plausibel, dass in der Hauptdiagonale gute Näherungswerte für die Eigenwerte stehen.

Freilich muss ein solcher Ansatz nicht zum Ziel führen. Ist etwa A_0 eine orthogonale Matrix, so lautet deren QR-Zerlegung $A_0 = A_0 E_n$, was $A_1 = E_n A_1 = A_0$ ergibt usw. Eine genauere Analyse zeigt, dass das QR-Verfahren hier versagt, weil alle Eigenwerte von A den absoluten Betrag 1 haben. In der Praxis funktioniert das QR-Verfahren nur bei solchen Matrizen zufriedenstellend, deren Eigenwerte nicht nahezu gleichen absoluten Betrag besitzen. Desgleichen kann das QR-Verfahren bei reellen Matrizen, deren charakteristisches Polynom über $\mathbb{R}$ nicht in Linearfaktoren zerfällt, nicht unmittelbar zum Ziel führen.

Der Rechenaufwand beim QR-Verfahren lässt sich vermindern, wenn $A = A_0$ eine Hessenberg-Matrix ist, was mit Satz 12.8.10 stets erreicht werden kann. Es sind dann nämlich auch $A_1, A_2, \ldots$ Hessenberg-Matrizen, wie wir ohne Beweis anmerken. Wenn in einer der Hessenberg-Matrizen A_i ein Element direkt unterhalb der Hauptdiagonale gleich 0 ist, so lässt sich die Matrix in der Form

$$A_i = \begin{pmatrix} A_i' & * \\ 0 & A_i'' \end{pmatrix}$$

darstellen. Da $\chi_{A_i}(X) = \chi_{A_i'}(X) \cdot \chi_{A_i''}(X)$ erfüllt ist, lässt sich das Problem der Bestimmung der Eigenwerte von A dann in zwei Einzelprobleme aufspalten.

Beispiel 12.8.14 Gegeben sei die Hessenberg-Matrix

$$A_0 = \begin{pmatrix} -1 & -8 & 1 & 10 \\ 1 & 4 & -1 & -6 \\ 0 & 2 & 2 & 2 \\ 0 & 0 & 1 & 5 \end{pmatrix}.$$

Ihre Eigenwerte sind $1, 2, 3, 4$. Mehrfache Anwendung des QR-Verfahrens liefert (auf 3 Stellen gerundet) die Matrizen

$$A_{10} = \begin{pmatrix} 4{,}346 & -7{,}459 & 9{,}778 & 7{,}387 \\ 0{,}060 & 2{,}768 & -4{,}065 & 1{,}462 \\ 0{,}000 & 0{,}025 & 1{,}893 & -1{,}532 \\ 0{,}000 & 0{,}000 & 0{,}004 & 0{,}993 \end{pmatrix}, \quad A_{20} = \begin{pmatrix} 4{,}015 & -7{,}248 & 9{,}815 & 7{,}400 \\ 0{,}002 & 2{,}987 & -4{,}532 & 1{,}110 \\ 0{,}000 & 0{,}000 & 1{,}998 & -1{,}570 \\ 0{,}000 & 0{,}000 & 0{,}000 & 1{,}000 \end{pmatrix},$$

$$A_{30} = \begin{pmatrix} 4{,}001 & -7{,}245 & 9{,}810 & 7{,}396 \\ 0{,}000 & 2{,}999 & -4{,}541 & 1{,}095 \\ 0{,}000 & 0{,}000 & 2{,}000 & -1{,}573 \\ 0{,}000 & 0{,}000 & 0{,}000 & 1{,}000 \end{pmatrix}.$$

Aufgaben

A 12.8.1 Ermittle die Polar-Zerlegung $A = QS$ (mit $Q \in \mathrm{O}_2$, $S \in \mathbb{R}^{2\times 2}$ positiv semidefinit) von

$$A = \begin{pmatrix} -6 & -4 \\ 13 & 6 \end{pmatrix} \in \mathrm{GL}_2(\mathbb{R}).$$

Gib weiters auch die *umgekehrte Polar-Zerlegung* $A = S'Q'$ mit $Q' \in \mathrm{O}_2$ und einer positiv semidefiniten Matrix $S' \in \mathbb{R}^{2\times 2}$ an. Warum gilt hier $Q = Q'$?

A 12.8.2 Bestimme eine Matrix $P \in O_3$ so, dass für

$$A = \begin{pmatrix} 7 & 14 & -\frac{77}{5} \\ 0 & -5 & 9 \\ 0 & -16 & 19 \end{pmatrix}$$

mit $P^{-1}AP$ eine orthogonal ähnliche obere Dreiecksmatrix vorliegt.

A 12.8.3 Führe die QR-Zerlegung und den ersten Schritt des QR-Verfahrens für die folgenden beiden Matrizen A und B durch:

$$A = \begin{pmatrix} 0 & 0 \\ 1 & 2 \end{pmatrix}, \quad B = \begin{pmatrix} 3 & 4 \\ 4 & 4 \end{pmatrix} \in \mathbb{R}^{2\times 2}.$$

A 12.8.4 Bestimme eine zur Matrix

$$A = \begin{pmatrix} 0 & 1 & 1 \\ 0 & 1 & 0 \\ 1 & 1 & 0 \end{pmatrix} \in \mathbb{R}^{3\times 3}$$

orthogonal ähnliche Hessenberg-Matrix.

A 12.8.5 Sei $A \in \mathrm{GL}_n(\mathbb{K})$. Wenden wir das Orthonormalisierungsverfahren von E. Schmidt auf die Spalten von A an, so ergibt das eine Matrix $Q \in \mathrm{U}_n$ bzw. $Q \in \mathrm{O}_n$. Zeige $R := Q^{-1}A$ ist eine reguläre obere Dreiecksmatrix (Sonderfall der QR-Zerlegung $A = QR$).

12.9 Gram-Matrizen

12.9.1 Wir betrachten in diesem Abschnitt einen anisotropen ω-symmetrischen Vektorraum $(\boldsymbol{V}, \iota)$ über K. Die Dimension von $\boldsymbol{V}$ sei beliebig.

Ist $(\boldsymbol{a}_1, \boldsymbol{a}_2, \ldots, \boldsymbol{a}_r) \in \boldsymbol{V}^r$ ein r-Tupel von Vektoren, $r \geq 0$, so heißt

$$\mathrm{G}(\boldsymbol{a}_1, \boldsymbol{a}_2, \ldots, \boldsymbol{a}_r) := \begin{pmatrix} \boldsymbol{a}_1 \cdot \boldsymbol{a}_1 & \boldsymbol{a}_1 \cdot \boldsymbol{a}_2 & \cdots & \boldsymbol{a}_1 \cdot \boldsymbol{a}_r \\ \boldsymbol{a}_2 \cdot \boldsymbol{a}_1 & \boldsymbol{a}_2 \cdot \boldsymbol{a}_2 & \cdots & \boldsymbol{a}_2 \cdot \boldsymbol{a}_r \\ \cdots & \cdots & \cdots & \cdots \\ \boldsymbol{a}_r \cdot \boldsymbol{a}_1 & \boldsymbol{a}_r \cdot \boldsymbol{a}_2 & \cdots & \boldsymbol{a}_r \cdot \boldsymbol{a}_r \end{pmatrix} \in K^{r\times r}$$

die *Gram-Matrix*[16] von $(\boldsymbol{a}_1, \boldsymbol{a}_2, \ldots, \boldsymbol{a}_r)$ und $\det \mathrm{G}(\boldsymbol{a}_1, \boldsymbol{a}_2, \ldots, \boldsymbol{a}_r)$ die *Gram-Determinante* von $(\boldsymbol{a}_1, \boldsymbol{a}_2, \ldots, \boldsymbol{a}_r)$.

Setzen wir $\boldsymbol{A} := (\boldsymbol{a}_1, \boldsymbol{a}_2, \ldots, \boldsymbol{a}_r)$, so ist im Sinne unserer schon bisher verwendeten Kurzschreibweise $\mathrm{G}(\boldsymbol{A}) = \iota(\boldsymbol{A}, \boldsymbol{A}) = \boldsymbol{A} \cdot \boldsymbol{A}$. Die Matrix $\mathrm{G}(\boldsymbol{A})$ ist ω-symmetrisch; daher gilt

$$\det \mathrm{G}(\boldsymbol{A}) = \omega\big(\det(\mathrm{G}(\boldsymbol{A})^{\mathrm{T}})\big) \in \mathrm{Fix}(\omega). \tag{12.31}$$

Die Gram-Determinante $\det \mathrm{G}(\boldsymbol{a}_1, \boldsymbol{a}_2, \ldots, \boldsymbol{a}_r)$ hängt von der Reihenfolge der Vektoren nicht ab: Ist $\sigma \in \mathrm{S}_r$ eine Permutation, etwa ein Produkt von k Transpositionen, so geht $\mathrm{G}(\boldsymbol{a}_1, \boldsymbol{a}_2, \ldots, \boldsymbol{a}_r)$ durch k Spaltenvertauschungen gefolgt von k Zeilenvertauschungen in die Matrix $\mathrm{G}(\boldsymbol{a}_{\sigma(1)}, \boldsymbol{a}_{\sigma(2)}, \ldots, \boldsymbol{a}_{\sigma(r)})$ über. Da $(-1)^{2k} = 1$, folgt

$$\det \mathrm{G}(\boldsymbol{a}_1, \boldsymbol{a}_2, \ldots, \boldsymbol{a}_r) = \det \mathrm{G}(\boldsymbol{a}_{\sigma(1)}, \boldsymbol{a}_{\sigma(2)}, \ldots, \boldsymbol{a}_{\sigma(r)}).$$

[16] Jørgen Pedersen Gram (1850–1916).

Es stellt sich die Frage nach der Bedeutung der Matrix $\mathrm{G}(\boldsymbol{a}_1, \boldsymbol{a}_2, \ldots, \boldsymbol{a}_r)$. Ist $(\boldsymbol{a}_1, \boldsymbol{a}_2, \ldots, \boldsymbol{a}_r)$ l. u., also Basis eines r-dimensionalen Unterraumes $\boldsymbol{U} \subset \boldsymbol{V}$, so ist $\mathrm{G}(\boldsymbol{a}_1, \boldsymbol{a}_2, \ldots, \boldsymbol{a}_r)$ eine Koordinatenmatrix der Einschränkung $\iota|(\boldsymbol{U} \times \boldsymbol{U})$. Diese Interpretation ist für eine l. a. Folge von Vektoren nicht möglich. Es kann aber jede Gram-Matrix als Koordinatenmatrix einer linearen Abbildung aufgefasst werden; vgl. A 12.9.6. Wir zeigen zunächst eine weitere Eigenschaft:

Satz 12.9.2 *Ein r-Tupel* $\boldsymbol{A} = (\boldsymbol{a}_1, \boldsymbol{a}_2, \ldots, \boldsymbol{a}_r)$ *von Vektoren aus* $(\boldsymbol{V}, \iota)$ *ist genau dann linear unabhängig, falls* $\det \mathrm{G}(\boldsymbol{A}) \neq 0$.

Beweis. Ist $\boldsymbol{A}$ l. u., so spannen die Vektoren $\boldsymbol{a}_1, \boldsymbol{a}_2, \ldots, \boldsymbol{a}_r$ einen r-dimensionalen Unterraum $\boldsymbol{U} \subset \boldsymbol{V}$ auf. Die Matrix $\mathrm{G}(\boldsymbol{A})$ ist eine Koordinatenmatrix von $\iota|(\boldsymbol{U} \times \boldsymbol{U})$. Diese Einschränkung ist radikalfrei, da $(\boldsymbol{V}, \iota)$ anisotrop ist. Daraus folgt die Regularität von $\mathrm{G}(\boldsymbol{A})$ sowie $\det \mathrm{G}(\boldsymbol{A}) \neq 0$.

Ist $\boldsymbol{A}$ hingegen l. a., so gilt $r \geq 1$ und es lässt sich etwa der Vektor $\boldsymbol{a}_r$ aus den anderen Vektoren linear kombinieren. Wegen der Linearität des Skalarprodukts im zweiten Argument ist dann auch die r-te Spalte von $\mathrm{G}(\boldsymbol{A})$ eine Linearkombination der anderen Spalten, was $\det \mathrm{G}(\boldsymbol{A}) = 0$ ergibt. □

Wegen des großen Rechenaufwands ist die Berechnung einer Gram-Determinante zur Überprüfung der linearen Unabhängigkeit nur beschränkt zu empfehlen. Die obige Kennzeichnung hat jedoch Bedeutung bei theoretischen Überlegungen. Wir beschreiben jetzt für endliche Dimension einen Zusammenhang von Gram-Determinanten mit Determinantenformen:

Satz 12.9.3 *Sei* $\dim \boldsymbol{V} = n < \infty$. *Zu jeder nicht trivialen Determinantenform* $\Delta : \boldsymbol{V}^n \to K$ *gibt es genau einen Skalar* $c_\Delta \in \mathrm{Fix}(\omega)^\times$ *so, dass für alle* $(\boldsymbol{a}_1, \boldsymbol{a}_2, \ldots, \boldsymbol{a}_n) \in \boldsymbol{V}^n$ *gilt:*

$$\det \mathrm{G}(\boldsymbol{a}_1, \boldsymbol{a}_2, \ldots, \boldsymbol{a}_n) = \omega(\Delta(\boldsymbol{a}_1, \boldsymbol{a}_2, \ldots, \boldsymbol{a}_n)) \cdot c_\Delta \cdot \Delta(\boldsymbol{a}_1, \boldsymbol{a}_2, \ldots, \boldsymbol{a}_n). \tag{12.32}$$

Beweis. Es gibt eine Basis $\boldsymbol{B} = (\boldsymbol{b}_1, \boldsymbol{b}_2, \ldots, \boldsymbol{b}_n)$ von $\boldsymbol{V}$ mit $\Delta(\boldsymbol{B}) = 1$. Definieren wir $c_\Delta := \mathrm{G}(\boldsymbol{B})$, so gilt $c_\Delta \in \mathrm{Fix}(\omega)$ nach (12.31). Ist nun $\tilde{\boldsymbol{B}}$ eine beliebige Basis von $\boldsymbol{V}$, so folgt

$$\underbrace{\iota(\tilde{\boldsymbol{B}}, \tilde{\boldsymbol{B}})}_{=\mathrm{G}(\tilde{\boldsymbol{B}})} = \omega(\langle \boldsymbol{B}^*, \tilde{\boldsymbol{B}} \rangle^{\mathrm{T}}) \cdot \underbrace{\iota(\boldsymbol{B}, \boldsymbol{B})}_{=\mathrm{G}(\boldsymbol{B})} \cdot \langle \boldsymbol{B}^*, \tilde{\boldsymbol{B}} \rangle.$$

Berechnen wir hier auf beiden Seiten die Determinante, so erhalten wir

$$\det \mathrm{G}(\tilde{\boldsymbol{B}}) = \omega(\Delta(\tilde{\boldsymbol{B}})) \cdot c_\Delta \cdot \Delta(\tilde{\boldsymbol{B}}),$$

da $\Delta(\tilde{\boldsymbol{B}}) = \det(\langle \boldsymbol{B}^*, \tilde{\boldsymbol{B}} \rangle) \cdot \Delta(\boldsymbol{B}) = \det(\langle \boldsymbol{B}^*, \tilde{\boldsymbol{B}} \rangle) \cdot 1$ erfüllt ist. Insgesamt gilt (12.32) daher für alle Basen von $\boldsymbol{V}$ und nach den Sätzen 7.2.11 und 12.9.2 in trivialer Weise $(0 = 0)$ für alle l. a. n-Tupel von Vektoren aus $\boldsymbol{V}$. □

Wir können auf der rechten Seite von (12.32) den Faktor $c_\Delta = \omega(c_\Delta)$ in den ersten Faktor hineinziehen. Das ergibt die zu Δ *adjungierte Determinantenform* $\hat{\Delta} := c_\Delta \cdot \Delta$. Es sind insbesondere jene Determinantenformen ausgezeichnet, welche der Bedingung $\Delta = \hat{\Delta}$ genügen. Solche Formen gibt es genau dann, falls es mindestens einen Skalar $t \in K^\times$ und mindestens eine Basis $\boldsymbol{B}$ so gibt, dass $\omega(t)t = \det \mathrm{G}(\boldsymbol{B})$. Wir verfolgen diese Frage jedoch nur in einem Sonderfall weiter.

Satz 12.9.4 *Sei (V, ι) ein orientierter n-dimensionaler euklidischer Vektorraum mit $n < \infty$. Dann gibt es genau eine Determinantenform $\Delta : V^n \to \mathbb{R}$, die allen Rechts-Orthonormalbasen den Wert 1 zuordnet. Eine Determinantenform stimmt genau dann mit ihrer adjungierten Determinantenform überein, falls sie gleich $\pm\Delta$ ist.*

Beweis. Wir bemerken zunächst, dass die Gram-Determinante jeder ONB gleich $\det E_n = 1$ ist. Es gibt genau eine Determinantenform Δ, die eine fest gewählte Rechts-ONB $\boldsymbol{B} = (\boldsymbol{b}_1, \boldsymbol{b}_2, \ldots, \boldsymbol{b}_n)$ auf 1 abbildet. Es folgt $c_\Delta = 1$ und $\Delta = \hat{\Delta}$. Für jede andere ONB $\tilde{\boldsymbol{B}}$ zeigt (12.32) die Gültigkeit von $(\Delta(\tilde{\boldsymbol{B}}))^2 = 1$. Genau für eine Rechts-ONB ist $\Delta(\tilde{\boldsymbol{B}}) > 0$, also $\Delta(\tilde{\boldsymbol{B}}) = 1$. Damit hat Δ die im Satz geforderte Eigenschaft.

Jede nicht triviale Determinantenform ist ein Vielfaches von Δ, etwa $d \cdot \Delta$ mit $d \in \mathbb{R}^\times$, und stimmt nach (12.32) genau dann mit ihrer adjungierten Determinantenform überein, falls $d^2 = 1$. □

Im euklidischen Vektorraum $\mathbb{R}^{n\times 1}$ gibt es einerseits das kanonische Skalarprodukt und anderseits die kanonische Determinantenform $\det = \widehat{\det}$. Sie ordnet der kanonischen Basis und damit auch jeder Rechts-ONB die Zahl 1 zu.

Sei $\boldsymbol{U}$ ein r-dimensionaler Unterraum eines orientierten n-dimensionalen euklidischen Vektorraumes $(\boldsymbol{V}, \iota)$. Dann ist $\boldsymbol{U}$ selbst ein euklidischer Vektorraum mit dem induzierten Skalarprodukt. Durch die Orientierung von $\boldsymbol{V}$ wird aber für $0 < r < n$ keine Orientierung von $\boldsymbol{U}$ mitbestimmt. Es lässt sich ja jede Basis $(\boldsymbol{u}_1, \boldsymbol{u}_2, \ldots, \boldsymbol{u}_r)$ von $\boldsymbol{U}$ sowohl zu einer Rechts- als auch zu einer Linksbasis von $\boldsymbol{V}$ erweitern. Dementsprechend ist in $\boldsymbol{U}$ nach Satz 12.9.4 eine Determinantenform $\Delta_U : \boldsymbol{U}^r \to \mathbb{R}$ nur bis auf einen Faktor ± 1 eindeutig bestimmt. Diese Determinantenform beherrscht die r-dimensionale Volumenmessung, also etwa für $r = 2$ das Ausmessen von Flächeninhalten. Nach (12.32) ist

$$\det \mathrm{G}(\boldsymbol{a}_1, \boldsymbol{a}_2, \ldots, \boldsymbol{a}_r) = \Delta_U(\boldsymbol{a}_1, \boldsymbol{a}_2, \ldots, \boldsymbol{a}_r)^2$$

für jedes r-Tupel $(\boldsymbol{a}_1, \boldsymbol{a}_2, \ldots, \boldsymbol{a}_r)$ von Vektoren aus $\boldsymbol{U}$. Es gibt also etwa für zwei Vektoren $\boldsymbol{a}_1, \boldsymbol{a}_2$ die Gram-Determinante $\mathrm{G}(\boldsymbol{a}_1, \boldsymbol{a}_2)$ das Quadrat des Flächeninhalts des von $\boldsymbol{a}_1, \boldsymbol{a}_2$ aufgespannten Parallelogramms an. Gram-Determinanten finden sich bei den Formeln zur Berechnung von Oberflächen in der Integralrechnung wieder.

12.9.5 Es seien $(\boldsymbol{V}, \iota)$ und Δ wie in Satz 12.9.4 gegeben. Für $n \geq 1$ ist dann für jedes $(n-1)$-Tupel $(\boldsymbol{a}_1, \boldsymbol{a}_2, \ldots, \boldsymbol{a}_{n-1}) \in \boldsymbol{V}^{n-1}$ die Abbildung

$$\boldsymbol{V} \to \mathbb{R} : \boldsymbol{x} \mapsto \Delta(\boldsymbol{a}_1, \boldsymbol{a}_2, \ldots, \boldsymbol{a}_{n-1}, \boldsymbol{x})$$

eine Linearform. Ihr Gradient wird mit $\boldsymbol{a}_1 \times \boldsymbol{a}_2 \times \cdots \times \boldsymbol{a}_{n-1}$ bezeichnet. Die Abbildung

$$\boldsymbol{V}^{n-1} \to \boldsymbol{V} : (\boldsymbol{a}_1, \boldsymbol{a}_2, \ldots, \boldsymbol{a}_{n-1}) \mapsto \boldsymbol{a}_1 \times \boldsymbol{a}_2 \times \cdots \times \boldsymbol{a}_{n-1}$$

heißt *Vektorprodukt*. Für $n = 2$ wird das Vektorprodukt von $\boldsymbol{a}_1$ in der Form $\boldsymbol{a}_1^\times$ geschrieben.

Es ist $\boldsymbol{a}_1 \times \boldsymbol{a}_2 \times \cdots \times \boldsymbol{a}_{n-1} = \boldsymbol{o}$ genau dann, wenn $\boldsymbol{a}_1, \boldsymbol{a}_2, \ldots, \boldsymbol{a}_{n-1}$ l. a. sind. Liegen hingegen l. u. Vektoren vor, so ergibt

$$(\boldsymbol{a}_1, \boldsymbol{a}_2, \ldots, \boldsymbol{a}_{n-1}, \boldsymbol{a}_1 \times \boldsymbol{a}_2 \times \cdots \times \boldsymbol{a}_{n-1})$$

eine Rechtsbasis, $\boldsymbol{a}_1 \times \boldsymbol{a}_2 \times \cdots \times \boldsymbol{a}_{n-1}$ ist orthogonal zur Hyperebene $[(\boldsymbol{a}_1, \boldsymbol{a}_2, \ldots, \boldsymbol{a}_{n-1})]$ und

$$\|\boldsymbol{a}_1 \times \boldsymbol{a}_2 \times \cdots \times \boldsymbol{a}_{n-1}\|^2 = \det \mathrm{G}(\boldsymbol{a}_1, \boldsymbol{a}_2, \ldots, \boldsymbol{a}_{n-1});$$

der Beweis ist eine Übungsaufgabe.

Zur Berechnung des Vektorprodukts wählen wir eine Rechts-ONB $\boldsymbol{B}$. Wir erhalten die Koordinaten von $\boldsymbol{a}_1 \times \boldsymbol{a}_2 \times \cdots \times \boldsymbol{a}_{n-1}$ durch Entwicklung der Determinante

$$\det(\langle \boldsymbol{B}^*, \boldsymbol{a}_1\rangle, \langle \boldsymbol{B}^*, \boldsymbol{a}_2\rangle, \ldots, \langle \boldsymbol{B}^*, \boldsymbol{a}_{n-1}\rangle, \langle \boldsymbol{B}^*, \boldsymbol{x}\rangle)$$

nach der letzten Spalte. Es gilt etwa in $\mathbb{R}^{2\times 1}$ (mit der kanonischen Basis als Rechts-ONB)

$$\begin{pmatrix} a_1 \\ a_2 \end{pmatrix}^{\times} = \begin{pmatrix} -a_2 \\ a_1 \end{pmatrix}$$

und analog in $\mathbb{R}^{3\times 1}$

$$(a_1, a_2, a_3)^{\mathrm{T}} \times (b_1, b_2, b_3)^{\mathrm{T}} = \left(\begin{vmatrix} a_2 & b_2 \\ a_3 & b_3 \end{vmatrix}, \begin{vmatrix} a_3 & b_3 \\ a_1 & b_1 \end{vmatrix}, \begin{vmatrix} a_1 & b_1 \\ a_2 & b_2 \end{vmatrix} \right)^{\mathrm{T}}.$$

Wie schon in 8.1.3 Beispiel 4 erwähnt wurde, ist $(\boldsymbol{V}, +, \times)$ für $\dim \boldsymbol{V} = 3$ eine nicht assoziative $\mathbb{R}$-Algebra. Wir stellen noch einige für $\dim \boldsymbol{V} = 3$ gültige Formeln zusammen. Die Beweise dazu sind Übungsaufgaben. Für alle $\boldsymbol{a}, \boldsymbol{b} \in \boldsymbol{V}$ gelten das *Antikommutativgesetz*

$$\boldsymbol{a} \times \boldsymbol{b} = -\boldsymbol{b} \times \boldsymbol{a},$$

die *Identität von Lagrange*

$$\|\boldsymbol{a} \times \boldsymbol{b}\|^2 = \|\boldsymbol{a}\|^2 \, \|\boldsymbol{b}\|^2 - (\boldsymbol{a} \cdot \boldsymbol{b})^2 = \det \mathrm{G}(\boldsymbol{a}, \boldsymbol{b}),$$

sowie

$$\|\boldsymbol{a} \times \boldsymbol{b}\| = \|\boldsymbol{a}\| \, \|\boldsymbol{b}\| \sin(\sphericalangle(\boldsymbol{a}, \boldsymbol{b})).$$

Für je drei Vektoren $\boldsymbol{a}, \boldsymbol{b}, \boldsymbol{c} \in \boldsymbol{V}$ sind die *Identität von Graßmann*[17]

$$\boldsymbol{a} \times (\boldsymbol{b} \times \boldsymbol{c}) = (\boldsymbol{a} \cdot \boldsymbol{c})\boldsymbol{b} - (\boldsymbol{a} \cdot \boldsymbol{b})\boldsymbol{c}$$

sowie die *Identität von Jacobi*[18]

$$\boldsymbol{a} \times (\boldsymbol{b} \times \boldsymbol{c}) + \boldsymbol{b} \times (\boldsymbol{c} \times \boldsymbol{a}) + \boldsymbol{c} \times (\boldsymbol{a} \times \boldsymbol{b}) = \boldsymbol{o}$$

erfüllt. Sind vier Vektoren $\boldsymbol{a}, \boldsymbol{b}, \boldsymbol{c}, \boldsymbol{d} \in \boldsymbol{V}$ gegeben, so ist

$$(\boldsymbol{a} \times \boldsymbol{b}) \times (\boldsymbol{c} \times \boldsymbol{d}) = \Delta(\boldsymbol{a}, \boldsymbol{b}, \boldsymbol{d})\boldsymbol{c} - \Delta(\boldsymbol{a}, \boldsymbol{b}, \boldsymbol{c})\boldsymbol{d},$$
$$(\boldsymbol{a} \times \boldsymbol{b}) \cdot (\boldsymbol{c} \times \boldsymbol{d}) = (\boldsymbol{a} \cdot \boldsymbol{c})(\boldsymbol{b} \cdot \boldsymbol{d}) - (\boldsymbol{b} \cdot \boldsymbol{c})(\boldsymbol{a} \cdot \boldsymbol{d}),$$

wobei Δ die durch das Skalarprodukt und die Orientierung eindeutig bestimmte Determinantenform bezeichnet.

Aufgaben

A 12.9.1 Sei $\mathbb{R}^{n\times 1}$ mit dem kanonischen Skalarprodukt ausgestattet.

(a) Berechne für $n = 3$ den Flächeninhalt des von den Vektoren $(1, 1, 2)^{\mathrm{T}}$ und $(3, -1, 1)^{\mathrm{T}}$ aufgespannten Parallelogramms.

(b) Berechne für $n = 4$ den Rauminhalt des von den Vektoren $(2, 1, 0, -1)^{\mathrm{T}}$, $(1, 0, 1, 0)^{\mathrm{T}}$ und $(-2, 1, 1, 0)^{\mathrm{T}}$ aufgespannten Parallelotops.

A 12.9.2 Ein positiv definites Skalarprodukt von $\mathbb{R}^{4\times 1}$ besitzt bezüglich der kanonischen Basis die Koordinatenmatrix $\mathrm{diag}(1, 1, 2, 3)$. Bestimme die Gram-Matrix $\mathrm{G}(\boldsymbol{a}, \boldsymbol{b}, \boldsymbol{c})$ sowie die Gram-Determinante $\det \mathrm{G}(\boldsymbol{a}, \boldsymbol{b}, \boldsymbol{c})$ für $\boldsymbol{a} = (1, 0, 2, 1)^{\mathrm{T}}$, $\boldsymbol{b} = (0, 2, 1, 0)^{\mathrm{T}}$, $\boldsymbol{c} = (0, 0, 0, 1)^{\mathrm{T}}$.

[17] Hermann Graßmann (1809–1877).
[18] Carl Gustav Jacobi (1804–1851).

A 12.9.3 Berechne bezüglich des kanonischen Skalarprodukts das Vektorprodukt der Vektoren aus A 12.9.2 und gib eine Gleichung der von den Vektoren $\boldsymbol{a}, \boldsymbol{b}, \boldsymbol{c}$ aufgespannten Hyperebene an.

A 12.9.4 Es seien $(\boldsymbol{V}, \iota)$ ein 3-dimensionaler orientierter euklidischer Vektorraum und $f \in \mathrm{L}(\boldsymbol{V}, \boldsymbol{V})$.

(a) Zeige: f ist genau dann antiselbstadjungiert, falls es einen Vektor $\boldsymbol{a} \in \boldsymbol{V}$ gibt mit $f(\boldsymbol{x}) = \boldsymbol{a} \times \boldsymbol{x}$. Gib eine analoge Darstellung für $\hat{f}$ an.

(b) Bestimme die Koordinatenmatrix von f bezüglich einer Rechts-ONB $\boldsymbol{B}$ für $\langle \boldsymbol{B}^*, \boldsymbol{a}\rangle = (a_1, a_2, a_3)^{\mathrm{T}}$.

A 12.9.5 Sei $(\boldsymbol{V}, \iota)$ ein n-dimensionaler euklidischer Vektorraum. Zeige: Sind $(\boldsymbol{b}_1, \boldsymbol{b}_2, \ldots, \boldsymbol{b}_r)$ eine Basis eines Unterraumes $\boldsymbol{U}$ von $\boldsymbol{V}$ und $p : \boldsymbol{V} \to \boldsymbol{U}$ die orthogonale Projektion auf $\boldsymbol{U}$, so gilt

$$\det \mathrm{G}(\boldsymbol{a}, \boldsymbol{b}_1, \boldsymbol{b}_2, \ldots, \boldsymbol{b}_r) = \det \mathrm{G}(\boldsymbol{b}_1, \boldsymbol{b}_2, \ldots, \boldsymbol{b}_r) \cdot \|\boldsymbol{a} - p(\boldsymbol{a})\|^2 \quad \text{für alle} \quad \boldsymbol{a} \in \boldsymbol{V}.$$

Bemerkung: Ziehen der Quadratwurzel liefert die Formel „Volumen = Grundfläche mal Höhe“.

A 12.9.6 Es seien $r \in \mathbb{N}$ und $\boldsymbol{A} = (\boldsymbol{a}_1, \boldsymbol{a}_2, \ldots, \boldsymbol{a}_r)$ ein r-Tupel von Vektoren aus $(\boldsymbol{V}, \iota)$. Ferner seien $\boldsymbol{B} = (\boldsymbol{b}_1, \boldsymbol{b}_2, \ldots, \boldsymbol{b}_r)$ eine Basis eines beliebig gewählten ω-symmetrischen Vektorraumes $(\boldsymbol{X}, \iota_{\boldsymbol{X}})$ und $f \in \mathrm{L}(\boldsymbol{X}, \boldsymbol{V})$ durch $\boldsymbol{b}_i \mapsto \boldsymbol{a}_i$ festgelegt. Dann gilt

$$\mathrm{G}(\boldsymbol{A}) = \langle \hat{\boldsymbol{B}}^*, (\hat{f} \circ f)(\boldsymbol{B})\rangle.$$

Bemerkung: Als $(\boldsymbol{X}, \iota_{\boldsymbol{X}})$ kann etwa $K^{r\times 1}$ mit dem kanonischen ω-symmetrischen Skalarprodukt gewählt werden.

12.10 Moore-Penrose-pseudoinverse Abbildungen

12.10.1 Wir setzen in diesem Abschnitt voraus, dass die ω-symmetrischen Vektorräume $(\boldsymbol{V}, \iota_{\boldsymbol{V}})$ und $(\boldsymbol{W}, \iota_{\boldsymbol{W}})$ beide anisotrop und endlichdimensional sind. Im Folgenden sei $n := \dim \boldsymbol{V}$ und $m := \dim \boldsymbol{W}$.

Zu einer nicht bijektiven Abbildung gibt es bekanntlich keine inverse Abbildung, da mindestens ein Element der Zielmenge kein oder mehr als ein Urbild besitzt. Es hat aber jede Abbildung $f \in \mathrm{L}(\boldsymbol{V}, \boldsymbol{W})$ eine verallgemeinerte inverse Abbildung, falls $\boldsymbol{V}$ und $\boldsymbol{W}$ die oben genannten Eigenschaften haben.

Eine Abbildung $g \in \mathrm{L}(\boldsymbol{W}, \boldsymbol{V})$ heißt eine *Moore-Penrose-Pseudoinverse*[19] von $f \in \mathrm{L}(\boldsymbol{V}, \boldsymbol{W})$, falls gilt:

1. $f \circ g \circ f = f,\ g \circ f \circ g = g.$

2. $g \circ f$ und $f \circ g$ sind selbstadjungiert.

Die Bedeutung einer Moore-Penrose-pseudoinversen Abbildung ist aus der obigen Definition nicht unmittelbar abzulesen. Der folgende Satz gibt aber eine explizite Beschreibung.[20]

[19] Von Eliakim Hastings Moore (1862–1932) im Jahre 1920 entwickelt und von Roger Penrose (geboren 1931) im Jahre 1955 wieder entdeckt.

[20] Für beliebige Vektorräume $\boldsymbol{V}, \boldsymbol{W}$ über K (ohne Skalarprodukt) kann durch Forderung 1 alleine eine Pseudoinverse g zu f erklärt werden. Diese braucht jedoch nicht eindeutig zu sein.

Satz 12.10.2 *Es seien $f \in \mathrm{L}(\boldsymbol{V}, \boldsymbol{W})$, $f_1 : \boldsymbol{W} \to f(\boldsymbol{V})$ die Orthogonalprojektion auf $f(\boldsymbol{V})$ und $f_2 : f(\boldsymbol{V}) \to \boldsymbol{V}$ jene Abbildung, die jedem Vektor aus $f(\boldsymbol{V})$ sein einziges f-Urbild in $(\ker f)^\perp$ zuordnet. Dann ist*

$$f^\dagger := f_2 \circ f_1$$

die einzige Moore-Penrose-Pseudoinverse von f.

Beweis. (a) Die Abbildung f_2 ist wohldefiniert, da $(\ker f)^\perp$ unter f bijektiv auf $f(\boldsymbol{V})$ abgebildet wird (vgl. den Beweis von Satz 3.2.8), und linear gemäß Satz 3.2.4 (d). Nach Konstruktion erfüllt $f^\dagger$ die Forderung 1 aus 12.10.1. Die Abbildungen $f^\dagger \circ f \in \mathrm{L}(\boldsymbol{V}, \boldsymbol{V})$ und $f \circ f^\dagger \in \mathrm{L}(\boldsymbol{W}, \boldsymbol{W})$ sind die orthogonalen Projektionen auf $(\ker f)^\perp$ bzw. $f(\boldsymbol{V})$ und daher selbstadjungiert. Vgl. Abbildung 12.5.

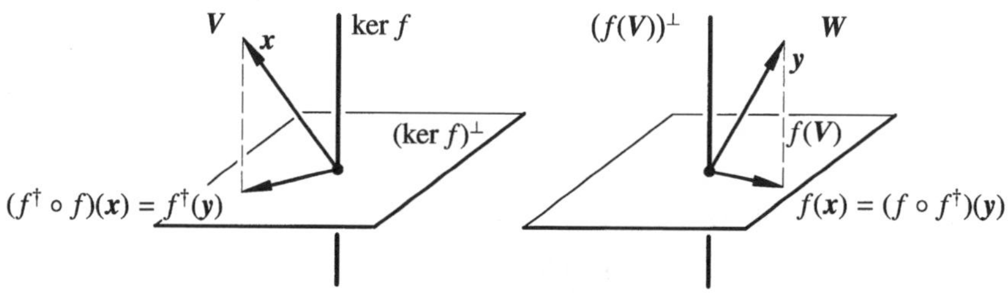

Abbildung 12.5

(b) Sei g eine Moore-Penrose-Pseudoinverse von f. Wir bestimmen zuerst den Kern und den Bildraum von $f \circ g$. Es gilt

$$\begin{aligned} \ker g \subset \ker(f \circ g) \subset \ker(g \circ f \circ g) &= \ker g, \\ f(\boldsymbol{V}) = (f \circ g \circ f)(\boldsymbol{V}) \subset (f \circ g)(\boldsymbol{W}) &\subset f(\boldsymbol{V}), \end{aligned}$$

womit in beiden Formeln alle Inklusionszeichen durch Gleichheitszeichen ersetzt werden dürfen. Die selbstadjungierte Abbildung $f \circ g$ ist wegen $(f \circ g) \circ (f \circ g) = f \circ g$ nach A 3.2.2 und A 12.5.2 (b) eine Orthogonalprojektion, woraus wir

$$\ker g = \ker(f \circ g) = ((f \circ g)(\boldsymbol{W}))^\perp = (f(\boldsymbol{V}))^\perp$$

ablesen. Da f auch Moore-Penrose-pseudoinverse Abbildung von g ist, können wir in der oben stehenden Formel f mit g vertauschen und dann zu Orthogonalräumen übergehen. Das ergibt

$$(\ker f)^\perp = g(\boldsymbol{W}).$$

Nun vergleichen wir g mit $f^\dagger = f_2 \circ f_1$. Da sich die Orthogonalprojektionen $f_1 : \boldsymbol{W} \to f(\boldsymbol{V})$ und $f \circ g : \boldsymbol{W} \to \boldsymbol{W}$ nur formal (in der Zielmenge) unterscheiden, folgt

$$(f \circ g)(\boldsymbol{y}) = f_1(\boldsymbol{y}) \quad \text{für alle} \quad \boldsymbol{y} \in \boldsymbol{W}.$$

Setzen wir hier $\boldsymbol{y} \in f(\boldsymbol{V})$ voraus, so gilt $(f \circ g)(\boldsymbol{y}) = f_1(\boldsymbol{y}) = \boldsymbol{y}$. Es ordnet also g ebenso wie f_2 jedem Element von $f(\boldsymbol{V})$ sein einziges Urbild in $(\ker f)^\perp$ zu. Zusammenfassend gilt daher

$$g(\boldsymbol{y}) = g((f \circ g)(\boldsymbol{y})) = g(\underbrace{f_1(\boldsymbol{y})}_{\in f(\boldsymbol{V})}) = f_2(f_1(\boldsymbol{y})) = f^\dagger(\boldsymbol{y}) \quad \text{für alle} \quad \boldsymbol{y} \in \boldsymbol{W},$$

was zu beweisen war. □

Die Eindeutigkeit der Moore-Penrose-Pseudoinversen zeigt, dass für alle $f \in \mathrm{L}(\boldsymbol{V}, \boldsymbol{W})$ und alle $c \in \mathbb{K}^{\times}$ gilt

$$f^{\dagger\dagger} = f, \quad (cf)^{\dagger} = \frac{1}{c} f^{\dagger}.$$

Der Beweis von $(\hat{f})^{\dagger} = \widehat{(f^{\dagger})}$ wird als Übungsaufgabe gestellt. Für jede lineare Bijektion f ist offensichtlich $f^{\dagger} = f^{-1}$.

12.10.3 Eine Matrix $B \in K^{n\times m}$ heißt eine *Moore-Penrose-ω-Pseudoinverse* einer Matrix $A \in K^{m\times n}$, falls gilt

1. $ABA = A$ und $BAB = B$.
2. BA und AB sind beide ω-symmetrisch.

Es ist üblich, für $\omega = \mathrm{id}_K$, aber auch für $K = \mathbb{C}$ und $\omega = \bar{\ }$ kurz von einer *Moore-Penrose-pseudoinversen Matrix* zu sprechen. Letzteres ist inkonsequent und kommt daher, dass ein bilineares Skalarprodukt auf $\mathbb{C}^{n\times 1}$ für $n > 1$ stets isotrope Vektoren besitzt und damit nicht unseren Voraussetzungen genügt.

Bezüglich orthonormaler Basen werden zueinander Moore-Penrose-pseudoinverse lineare Abbildungen genau durch Moore-Penrose-ω-pseudoinverse Matrizen beschrieben. Zu $A \in K^{m\times n}$ existiert somit genau eine Moore-Penrose-ω-pseudoinverse Matrix, die wir mit $A^{\dagger}$ bezeichnen. Bei dieser Schreibweise muss ω aus dem Zusammenhang heraus klar sein.

Gilt für ω-orthogonal äquivalente Matrizen $A, B \in K^{m\times n}$ etwa $B = QAP$ mit $P \in \mathrm{O}_n(K, \omega)$ und $Q \in \mathrm{O}_m(K, \omega)$, so ist

$$B^{\dagger} = P^{-1} \cdot A^{\dagger} \cdot Q^{-1} = \omega(P^{\mathrm{T}}) \cdot A^{\dagger} \cdot \omega(Q^{\mathrm{T}}), \tag{12.33}$$

da A und QAP als Koordinatenmatrizen derselben linearen Abbildung bezüglich orthonormaler Basen aufgefasst werden können.

12.10.4 Zur Bestimmung der Moore-Penrose-pseudoinversen Abbildung von $f \in \mathrm{L}(\boldsymbol{V}, \boldsymbol{W})$, $\operatorname{rg} f = r$, ist deren Beschreibung in Satz 12.10.2 wenig geeignet. Vielmehr kann folgende Vorgangsweise gewählt werden: Wegen

$$\ker \hat{f} = \ker f^{\dagger} = (f(\boldsymbol{V}))^{\perp} \ \text{ und } \ \hat{f}(\boldsymbol{W}) = f^{\dagger}(\boldsymbol{W}) = (\ker f)^{\perp}$$

können wir

$$f^{\dagger} = h \circ \hat{f} \ \text{ mit } \ h \in \mathrm{L}(\boldsymbol{V}, \boldsymbol{V}) \ \text{ und } \ h((\ker f)^{\perp}) = (\ker f)^{\perp}$$

ansetzen. Wir müssen also h so bestimmen, dass

$$(h \circ \hat{f} \circ f)(\boldsymbol{x}) = \boldsymbol{x} \ \text{ für alle } \ \boldsymbol{x} \in (\ker f)^{\perp}.$$

Dazu wählen wir in $\ker f$ eine Basis $(\boldsymbol{b}_{r+1}, \boldsymbol{b}_{r+2}, \ldots, \boldsymbol{b}_n)$ und ergänzen diese durch Vektoren aus $(\ker f)^{\perp}$ zu einer Basis $(\boldsymbol{b}_1, \boldsymbol{b}_2, \ldots, \boldsymbol{b}_n)$ von $\boldsymbol{V}$. Wir erhalten

$$\langle \boldsymbol{B}^*, (\hat{f} \circ f)(\boldsymbol{B}) \rangle = \begin{pmatrix} D & 0 \\ 0 & 0 \end{pmatrix} \in K^{n\times n} \ \text{ mit } \ D \in \mathrm{GL}_r(K).$$

Wir definieren nun h durch

$$\langle \boldsymbol{B}^*, h(\boldsymbol{B}) \rangle := \begin{pmatrix} D^{-1} & * \\ 0 & * \end{pmatrix} \in K^{n\times n},$$

wobei an den mit Sternen bezeichneten Stellen beliebige wählbare Elemente stehen, die alle gleich 0 gesetzt werden können.

Ist f durch eine Koordinatenmatrix bezüglich zweier beliebiger orthonormaler Basen gegeben, so ist eine Koordinatentransformation in $\boldsymbol{V}$ notwendig, um die obigen Rechnungen durchzuführen. Dabei wird die Basis $\boldsymbol{B}$ zweckmäßig ebenfalls als ONB gewählt, da dann die inverse Transformation durchführbar ist, ohne eine Matrix zu invertieren.

Einfacher zu behandeln ist der Fall $r = n$, da dann $\hat{f} \circ f$ bijektiv ist. Wegen $(\ker f)^{\perp} = \boldsymbol{V}$ folgt $h \circ (\hat{f} \circ f) = \mathrm{id}_{\boldsymbol{V}}$ und somit

$$f^{\dagger} = (\hat{f} \circ f)^{-1} \circ \hat{f} \text{ (nur für } f \text{ injektiv).} \tag{12.34}$$

Alternativ bietet sich ein Ansatz

$$f^{\dagger} = \hat{f} \circ g \quad \text{mit} \quad g \in \mathrm{L}(\boldsymbol{W}, \boldsymbol{W}) \quad \text{und} \quad g((f(\boldsymbol{V}))^{\perp}) = (f(\boldsymbol{V}))^{\perp}$$

an, wobei g so zu bestimmen ist, dass

$$(f \circ \hat{f} \circ g)(\boldsymbol{y}) = \boldsymbol{y} \quad \text{für alle} \quad \boldsymbol{y} \in f(\boldsymbol{V}).$$

Das kann analog zu oben behandelt werden. Bequem ist hier der Fall $r = m$, da dann $f \circ \hat{f}$ bijektiv ist. Es folgt

$$f^{\dagger} = \hat{f} \circ (f \circ \hat{f})^{-1} \text{ (nur für } f \text{ surjektiv).} \tag{12.35}$$

Aus (12.34) und (12.35) erhalten wir für $A \in K^{m \times n}$ die Formeln

$$A^{\dagger} = (\omega(A^{\mathrm{T}}) \cdot A)^{-1} \cdot \omega(A^{\mathrm{T}}) \quad \text{(nur für } \operatorname{rg} A = n\text{),} \tag{12.36}$$

$$A^{\dagger} = \omega(A^{\mathrm{T}}) \cdot (A \cdot \omega(A^{\mathrm{T}}))^{-1} \quad \text{(nur für } \operatorname{rg} A = m\text{).} \tag{12.37}$$

12.10.5 Sind $(\boldsymbol{V}, \iota_{\boldsymbol{V}})$ und $(\boldsymbol{W}, \iota_{\boldsymbol{W}})$ beide euklidisch oder unitär, so ist die Ermittlung der Moore-Penrose-Pseudoinversen von $A \in \mathbb{K}^{m \times n}$ noch einfacher, falls die Singulärwertezerlegung

$$A = Q \cdot \begin{pmatrix} W & 0 \\ 0 & 0 \end{pmatrix} \cdot P$$

mit einer regulären Diagonalmatrix $W = \operatorname{diag}(w_1, w_2, \ldots, w_r)$ bekannt ist. Deren inverse Matrix hat ebenfalls Diagonalgestalt. Es folgt

$$\begin{pmatrix} W & 0 \\ 0 & 0 \end{pmatrix}^{\dagger} = \begin{pmatrix} W^{-1} & 0 \\ 0 & 0 \end{pmatrix} \in \mathbb{R}^{n \times m}$$

und nach (12.33) insgesamt

$$A^{\dagger} = \overline{P}^{\mathrm{T}} \cdot \begin{pmatrix} W^{-1} & 0 \\ 0 & 0 \end{pmatrix} \cdot \overline{Q}^{\mathrm{T}}.$$

12.10.6 Die Moore-Penrose-pseudoinversen Abbildungen werden in der Ausgleichsrechnung verwendet: Gegeben sei ein (m, n)-LGS

$$A \cdot (x_j) = (s_i)$$

mit Koeffizienten aus $\mathbb{K}$, das weder lösbar noch eindeutig lösbar zu sein braucht. Wir versehen nun sowohl $\mathbb{K}^{n \times 1}$ als auch $\mathbb{K}^{m \times 1}$ mit dem kanonischen euklidischen bzw. unitären Skalarprodukt. Sei p die Orthogonalprojektion von $\mathbb{K}^{m \times 1}$ auf den von den Spalten der Matrix A aufgespannten Unterraum. Jede Spalte $(l_j) \in \mathbb{K}^{n \times 1}$ mit der Eigenschaft

$$A \cdot (l_j) = p(s_i)$$

heißt eine *verallgemeinerte Lösung* des LGS. Solche verallgemeinerten Lösungen existieren nach dem Satz von Kronecker-Capelli. Der *Fehlervektor* $A \cdot (l_j) - (s_i) = p(s_i) - (s_i)$ ist genau dann $\boldsymbol{o}$, falls eine Lösung vorliegt. Die Funktion

$$\mathbb{K}^{n\times 1} \to \mathbb{R} : (x_j) \mapsto \|A \cdot (x_j) - (s_i)\|$$

nimmt (ebenso wie ihr Quadrat) ihr Minimum genau in der Menge der verallgemeinerten Lösungen an. Das folgt aus Satz 13.2.2 über den Abstand affiner Unterräume. Es wird daher von der *Methode der kleinsten Fehlerquadrate* gesprochen. Unter allen verallgemeinerten Lösungen liegt nur $A^\dagger \cdot (s_i)$ in $(\ker A)^\perp$ und stellt die *kürzeste verallgemeinerte Lösung* dar. Auch hier folgt die Minimalität aus Satz 13.2.2.

Ist $\operatorname{rg} A = n$, so ist $\ker A$ der Nullraum. In diesem Fall gibt es genau eine verallgemeinerte Lösung. Diese ist die einzige Lösung des sogenannten Systems der *Normalgleichungen*

$$(\overline{A}^{\mathrm{T}} A) \cdot (x_j) = \overline{A}^{\mathrm{T}} \cdot (s_i).$$

Multiplizieren wir nämlich beide Seiten von links mit $(\overline{A}^{\mathrm{T}} A)^{-1}$, so erhalten wir nach (12.36) das äquivalente LGS

$$E_n \cdot (x_j) = A^\dagger \cdot (s_i).$$

Es sei an dieser Stelle eine Warnung angebracht: Die oben eingeführten Begriffe sind nur invariant gegen orthogonale bzw. unitäre Koordinatentransformationen. Beim Gauß-Algorithmus wird ein LGS $A \cdot (x_j) = (s_i)$ mit Hilfe einer regulären Matrix Q in ein äquivalentes LGS $(QA) \cdot (x_j) = Q \cdot (s_i)$ übergeführt. Die verallgemeinerten Lösungen dieser Systeme stimmen überein, falls Q orthogonal bzw. unitär ist. Das ist aber im Allgemeinen nicht der Fall. Vgl. dazu A 12.10.7.

Bei konkreten Anwendungsbeispielen bleibt immer die Frage, ob die hier verwendeten Skalarprodukte auf $\mathbb{K}^{n\times 1}$ und $\mathbb{K}^{m\times 1}$ überhaupt eine Bedeutung im Rahmen der Problemstellung haben. Wenn ja, dann kann nach einer Interpretation der oben eingeführten Begriffe gefragt werden. Wenn nein, dann liefern diese Ansätze zumindest eine Näherungslösung des LGS.

Beispiel 12.10.7 Für zwei Werte $t_1, t_2 \in \mathbb{R}$ wurde durch Beobachtungen festgestellt, dass (t_1, t_2) eine Lösung des LGS

$$\begin{aligned} 3x_1 + 2x_2 &= 7{,}1 \\ x_1 + x_2 &= 2{,}9 \\ x_2 &= 2{,}1 \end{aligned}$$

sein sollte. Da bei jeder Messung ein kleiner Fehler auftritt, wurden drei Gleichungen ermittelt, um die Messungenauigkeit auszugleichen. Wir kürzen das gegebene (3, 2)-LGS in der Form $A \cdot (x_j) = (s_i)$ ab. Dieses LGS ist unlösbar, da $\operatorname{rg} A = 2$ und $\operatorname{rg}(A|(s_i)) = 3$. Wir berechnen daher

$$A^{\mathrm{T}}A = \begin{pmatrix} 3 & 1 & 0 \\ 2 & 1 & 1 \end{pmatrix} \begin{pmatrix} 3 & 2 \\ 1 & 1 \\ 0 & 1 \end{pmatrix} = \begin{pmatrix} 10 & 7 \\ 7 & 6 \end{pmatrix}, \quad A^{\mathrm{T}} \cdot (s_i) = \begin{pmatrix} 3 & 1 & 0 \\ 2 & 1 & 1 \end{pmatrix} \begin{pmatrix} 7{,}1 \\ 2{,}9 \\ 2{,}1 \end{pmatrix} = \begin{pmatrix} 24{,}2 \\ 19{,}2 \end{pmatrix}$$

und erhalten als einzige Lösung des Normalgleichungssystems bzw. als einzige verallgemeinerte Lösung des ursprünglichen LGS den Vektor

$$\begin{pmatrix} l_1 \\ l_2 \end{pmatrix} = \begin{pmatrix} 0{,}98 \\ 2{,}05 \end{pmatrix}.$$

Berechnen wir zur Probe $A \cdot (l_j)$, so ergibt sich $(7{,}05\,,3{,}04\,,2{,}05)^{\mathrm{T}}$ und $\|A \cdot (l_j) - (s_i)\| = 0{,}14$ als Fehler. (Alle Zahlen wurden gerundet.)

Aufgaben

A 12.10.1 Gib reelle Matrizen A und B so an, dass die Matrix $(BA)^\dagger$ von $A^\dagger B^\dagger$ verschieden ist.

A 12.10.2 Bestimme die Singulärwertezerlegung und die Moore-Penrose-Pseudoinverse für folgende reelle Matrizen:

$$A = (1, 1, 1, 1),\quad B = \begin{pmatrix} 0 & 1 & 0 \\ 1 & 0 & 0 \end{pmatrix},\quad C = \begin{pmatrix} 1 & 1 \\ 0 & 0 \end{pmatrix}.$$

A 12.10.3

(a) Gegeben sei eine Matrix $A \in \mathbb{K}^{m\times n}$, deren Spalten ein Orthonormalsystem von $\mathbb{K}^{m\times 1}$ (kanonisches euklidisches bzw. unitäres Skalarprodukt) bilden. Berechne $A^\dagger$.

(b) Berechne die Singulärwertezerlegung und die Moore-Penrose-Pseudoinverse der $m \times n$ Nullmatrix über $\mathbb{K}$.

A 12.10.4

(a) Berechne nach der Methode der kleinsten Fehlerquadrate die *Ausgleichsgerade*, das ist der Graph einer affinen Funktion $f : \mathbb{R} \to \mathbb{R} : x_1 \mapsto g_1x_1 + g$, zu den vier (nicht kollinearen) Punkten

$$(-2, 4)^{\mathrm{T}}, (-1, 3)^{\mathrm{T}}, (0, 1)^{\mathrm{T}}, (2, 0)^{\mathrm{T}} \in \mathbb{R}^{2\times 1}.$$

(b) Zeige: Die „horizontale" Ausgleichsgerade durch $n \geq 1$ Punkte

$$(a_1, b_1)^{\mathrm{T}}, (a_2, b_2)^{\mathrm{T}}, \dots, (a_n, b_n)^{\mathrm{T}} \in \mathbb{R}^{2\times 1}$$

ist der Graph der konstanten Funktion $f : \mathbb{R} \to \mathbb{R} : x_1 \mapsto \frac{1}{n}(b_1 + b_2 + \cdots + b_n)$.

A 12.10.5 Berechne nach der Methode der kleinsten Fehlerquadrate die *Ausgleichsparabel*, das ist der Graph einer quadratischen Funktion $f : \mathbb{R} \to \mathbb{R} : x_1 \mapsto g_{11}x_1^2 + g_1x_1 + g$, zu den vier Punkten aus A 12.10.4.

A 12.10.6 Bestimme die Moore-Penrose-pseudoinverse Matrix von

$$A = \begin{pmatrix} 1 & 0 & 0 \\ 1 & 0 & 0 \\ 1 & 1 & 1 \end{pmatrix} \in \mathbb{R}^{3\times 3}$$

und bestimme mit deren Hilfe die kürzeste verallgemeinerte Lösung des (3, 3)-LGS $A \cdot (x_j) = (0, 2, 2)^{\mathrm{T}}$. Gib weiters sämtliche verallgemeinerten Lösungen des LGS an.
Bemerkung: Die Aufgabe liefert die *Ausgleichsebene*, das ist der Graph einer affinen Funktion $f : \mathbb{R}^{2\times 1} \to \mathbb{R} : (x_1, x_2)^{\mathrm{T}} \mapsto g_1x_1 + g_2x_2 + g$, zu den Punkten $(0, 0, 0)^{\mathrm{T}}$, $(0, 0, 2)^{\mathrm{T}}$, $(1, 1, 2)^{\mathrm{T}}$. Beachte, dass im Ursprung $(0, 0)^{\mathrm{T}}$ widersprüchliche Funktionswerte vorliegen.

A 12.10.7 Gegeben sei das unlösbare lineare Gleichungssystem

$$\begin{aligned} ax_1 + ax_2 &= 2a \\ x_1 + 2x_2 &= 3 \\ x_1 + x_2 &= 3 \end{aligned}$$

mit Koeffizienten aus $\mathbb{R}$ und $a \neq 0$. Löse das LGS näherungsweise nach der Methode der kleinsten Fehlerquadrate und zeige, dass die Näherungslösung von a abhängig ist.

Kapitel 13

Metrisch-affine Geometrie

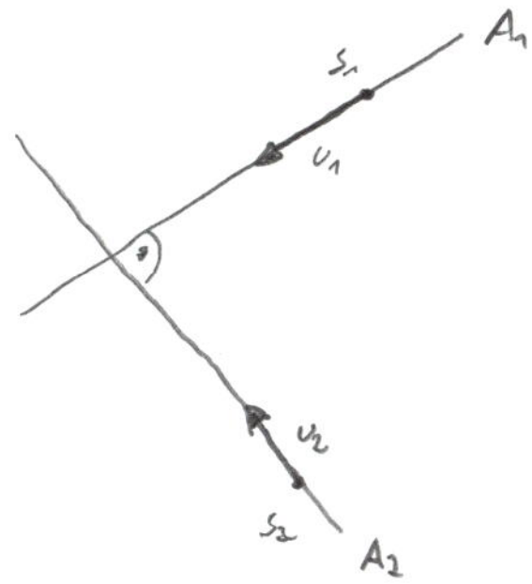

Wird der Vektorraum der Differenzvektoren eines affinen Raumes mit einem ω-symmetrischen Skalarprodukt versehen, so bekommen wir einen metrisch-affinen Raum. Viele Begriffe der Elementargeometrie wie Sphäre, Abstand und Winkelmaß lassen sich hier wiederfinden, insbesondere wenn wir einen euklidischen oder unitären affinen Raum voraussetzen. Wir zeigen auch die ursprüngliche geometrische Bedeutung der Hauptachsentransformation auf, indem wir die Quadriken in euklidischen Räumen untersuchen. Als Anwendung der Singulärwertedarstellung diskutieren wir die Abstandsverzerrung bei affinen Abbildungen euklidischer Räume.

13.1 Metrisch-affine Räume

13.1.1 Sei $\mathcal{A}$ ein affiner Raum, also eine Nebenklasse $\boldsymbol{r} + \boldsymbol{X}$ eines Unterraumes $\boldsymbol{X}$ in einem Vektorraum $\boldsymbol{V}$ über einem Körper K. Wir setzen jetzt zusätzlich voraus, dass der Unterraum $\boldsymbol{X}$ ein ω-symmetrisches Skalarprodukt ι besitzt. Dann heißt $(\mathcal{A}, \iota)$ ein *metrisch-affiner Raum*. Ist $\boldsymbol{X}$ insbesondere ein (pseudo)euklidischer oder unitärer Vektorraum, so wird $(\mathcal{A}, \iota)$ ein *(pseudo) euklidischer* bzw. *unitärer Raum* genannt.

Ist für einen Unterraum $\mathcal{A}_1 = \boldsymbol{s}_1 + \boldsymbol{U}_1$ von $\mathcal{A}$ die Einschränkung von ι auf $\boldsymbol{U}_1 \times \boldsymbol{U}_1$ radikalfrei, so ist $\mathcal{A}_1$ wieder ein metrisch-affiner Raum. Jeder affine Unterraum eines euklidischen oder unitären Raumes hat diese Eigenschaft.

13.1.2 Wir stellen jetzt einige Begriffe zusammen, die sich unmittelbar aus dem ω-symmetrischen Vektorraum $(\boldsymbol{X}, \iota)$ ableiten:

Zwei affine Unterräume $\mathcal{A}_1 = \boldsymbol{s}_1 + \boldsymbol{U}_1$ und $\mathcal{A}_2 = \boldsymbol{s}_2 + \boldsymbol{U}_2$ heißen *orthogonal*, in Zeichen $\mathcal{A}_1 \perp \mathcal{A}_2$, falls die zugehörigen Vektorräume der Richtungsvektoren $\boldsymbol{U}_1$ und $\boldsymbol{U}_2$ orthogonal sind. Jeder einpunktige Unterraum ist zu allen affinen Unterräumen von $\mathcal{A}$ orthogonal. Da ι radikalfrei ist, besteht auch umgekehrt jeder Unterraum mit dieser Eigenschaft aus nur einem Punkt.

Unter dem *Abstandsquadrat* zweier Punkte $\boldsymbol{a}, \boldsymbol{b} \in \mathcal{A}$ verstehen wir den Skalar

$$(\boldsymbol{b} - \boldsymbol{a}) \cdot (\boldsymbol{b} - \boldsymbol{a}) \in K.$$

euklid, unitär

Wegen $(\boldsymbol{b} - \boldsymbol{a}) \cdot (\boldsymbol{b} - \boldsymbol{a}) = (\boldsymbol{a} - \boldsymbol{b}) \cdot (\boldsymbol{a} - \boldsymbol{b})$ ist die Reihenfolge der Punkte bei dieser Definition irrelevant. Das Abstandsquadrat jedes Punktes von sich selbst ist 0, aber auch je zwei Punkte einer Geraden mit einem isotropen Richtungsvektor haben das Abstandsquadrat 0. Die Menge

dist $(a,b) = \|b-a\| = \|a-b\|$

aller Punkte $\boldsymbol{x} \in \mathcal{A}$, die von einem festen Punkt $\boldsymbol{m} \in \mathcal{A}$ ein festes Abstandsquadrat $c \in K$ haben, wird eine *Sphäre* mit *Mittelpunkt* $\boldsymbol{m}$ und *Radiusquadrat* c genannt. Es ist

$$(\boldsymbol{x} - \boldsymbol{m}) \cdot (\boldsymbol{x} - \boldsymbol{m}) = c, \tag{13.1}$$

eine Gleichung dieser Sphäre. In einer metrisch-affinen Ebene wird eine Sphäre auch ein *Kreis* genannt. Falls $\dim \mathcal{A} < \infty$, $\operatorname{Char} K \neq 2$ und ι bilinear ist, dann liegt mit jeder Sphäre eine affine Quadrik vor, wobei $\boldsymbol{m}$ auch ein Mittelpunkt im Sinne der Definition in 10.3.3 ist.

Beispiele 13.1.3

1. Im metrisch-affinen Raum $K^{n\times 1}$ mit dem kanonischen ω-symmetrischen Skalarprodukt ist

$$\sum_{i=1}^{n} (\omega(x_i - m_i))(x_i - m_i) = c \tag{13.2}$$

eine Gleichung der Sphäre Σ mit Mittelpunkt $\boldsymbol{m} = (m_1, m_2, \ldots, m_n)^{\mathrm{T}}$ und Radiusquadrat $c \in K$. Wir diskutieren in den nachfolgenden Beispielen einige Sonderfälle:

2. Im n-dimensionalen euklidischen Raum $\mathbb{R}^{n\times 1}$ nimmt (13.2) die Form

$$\sum_{i=1}^{n} (x_i - m_i)^2 = c$$

an. Es ist $\Sigma = \emptyset$ für $c < 0$ und $\Sigma = \{\boldsymbol{m}\}$ für $c = 0$. Für $c > 0$ ist Σ (affin gesehen) ein Ellipsoid. Vgl. Abbildung 10.1 in 10.1.2.

3. Im n-dimensionalen unitären Raum $\mathbb{C}^{n\times 1}$ erhalten wir

$$\sum_{i=1}^{n} \overline{(x_i - m_i)}(x_i - m_i) = c.$$

Da die links angeschriebene Summe für alle Punkte eine nicht negative reelle Zahl ergibt, kann nur für $c \in \mathbb{R}^+ \cup \{0\}$ eine nicht leere Menge Σ auftreten. Dabei gilt $\Sigma = \{\boldsymbol{m}\}$ für $c = 0$ wie in Beispiel 2. Für $c > 0$ treten aber gravierende Unterschiede auf: Ist nämlich $\boldsymbol{a}$ ein normierter Vektor, so schneidet die Gerade $\boldsymbol{m} + [\boldsymbol{a}]$ die Sphäre Σ in der unendlichen Menge

$$\{\boldsymbol{m} + z\sqrt{c}\,\boldsymbol{a} \mid z \in \mathbb{C}, |z| = 1\}.$$

Eine solche Sphäre ist daher keine affine Quadrik.

4. In der pseudoeuklidischen Ebene $\mathbb{R}^{2\times 1}$ mit $\iota(\boldsymbol{E}, \boldsymbol{E}) = \operatorname{diag}(1, -1)$ ist

$$(x_1 - m_1)^2 - (x_2 - m_2)^2 = c$$

Gleichung eines Kreises Σ. Dieser ist für $c \neq 0$ (affin gesehen) eine Hyperbel und für $c = 0$ die Vereinigung von zwei Geraden. Vgl. Abbildung 10.2 in 10.1.2.

Aufgaben

A 13.1.1 In der unitären Ebene $\mathcal{A} = \mathbb{C}^{2\times 1}$ (kanonisches unitäres Skalarprodukt) sei Σ die Sphäre mit der Gleichung $(\boldsymbol{x} - \boldsymbol{m}) \cdot (\boldsymbol{x} - \boldsymbol{m}) = 1$, wobei $\boldsymbol{m} = (0, m_2)^{\mathrm{T}}$. Ermittle den Durchschnitt von Σ mit der durch $x_2 = 0$ festgelegten Geraden in Abhängigkeit von m_2.

13.2 Abstands- und Winkelmessung

13.2.1 In diesem Abschnitt setzen wir $(\mathcal{A}, \iota) = (\boldsymbol{r} + \boldsymbol{X}, \iota)$ als einen euklidischen oder unitären Raum voraus.

Der *Abstand* (oder: die *Distanz*) zweier Punkte $\boldsymbol{p}, \boldsymbol{q} \in \mathcal{A}$ wird als die nicht negative reelle Zahl $\operatorname{dist}(\boldsymbol{p}, \boldsymbol{q}) := \|\boldsymbol{p} - \boldsymbol{q}\|$ erklärt. Es liegt hier ein metrischer Raum im Sinne von Definition 11.3.8 vor (Übungsaufgabe). Die Menge aller Punkte, die von einem festen Punkt $\boldsymbol{m} \in \mathcal{A}$ einen festen Abstand $r \geq 0$ besitzen, ist die durch (13.2) beschriebene Sphäre Σ, wobei $c := r^2$ zu setzen ist. Die Zahl r heißt der *Radius* der Sphäre.

Allgemeiner ist der Abstand zweier nicht leerer Punktmengen $\mathcal{X}, \mathcal{Y} \subset \mathcal{A}$ die reelle Zahl

$$\operatorname{dist}(\mathcal{X}, \mathcal{Y}) := \inf\{\|\boldsymbol{x} - \boldsymbol{y}\| \mid \boldsymbol{x} \in \mathcal{X}, \boldsymbol{y} \in \mathcal{Y}\}.$$

Da diese Teilmenge von $\mathbb{R}$ nach unten durch 0 beschränkt ist, existiert dieses Infimum. Es braucht aber kein Minimum vorzuliegen.

Wir untersuchen nun den Abstand zweier affiner Unterräume $\mathcal{A}_1$ und $\mathcal{A}_2$. Dabei verwenden wir den Begriff der *orthogonalen Treffgeraden*, das ist eine Gerade $g \perp \mathcal{A}_i$ mit $g \cap \mathcal{A}_i \neq \emptyset$ für $i \in \{1, 2\}$. Da affine Unterräume mit nicht leerem Durchschnitt den Abstand 0 haben, beschränken wir uns auf Unterräume mit leerem Durchschnitt.

Satz 13.2.2 *Es seien $\mathcal{A}_1$ und $\mathcal{A}_2$ zwei endlichdimensionale affine Unterräume eines euklidischen oder unitären Raumes $(\mathcal{A}, \iota)$, wobei $\mathcal{A}_1 \cap \mathcal{A}_2 = \emptyset$. Dann gilt:*

(a) *Es existiert mindestens eine orthogonale Treffgerade t von $\mathcal{A}_1$ und $\mathcal{A}_2$.*

(b) *Es ist $\operatorname{dist}(\mathcal{A}_1, \mathcal{A}_2) = \operatorname{dist}(\boldsymbol{p}_1, \boldsymbol{p}_2)$, wo $\{\boldsymbol{p}_i\} := \mathcal{A}_i \cap t$ für $i \in \{1, 2\}$.*

Beweis. (a) Sei $\mathcal{A}_i := \boldsymbol{s}_i + \boldsymbol{U}_i$. Dann ist

$$\boldsymbol{W} := [\boldsymbol{s}_2 - \boldsymbol{s}_1] \oplus (\boldsymbol{U}_1 + \boldsymbol{U}_2)$$

ein Unterraum von $\boldsymbol{X}$, in dem alle weiteren Rechnungen ablaufen; vgl. 6.2.10. Wegen $\dim \boldsymbol{W} < \infty$ können wir in der obigen direkten Summe $\boldsymbol{s}_2 - \boldsymbol{s}_1$ gegen einen normierten Vektor $\boldsymbol{n} \in \boldsymbol{W}$ mit $\boldsymbol{n} \perp (\boldsymbol{U}_1 + \boldsymbol{U}_2)$ austauschen. Das zcigt dic Existenz einer Linearkombination

$$\boldsymbol{s}_2 - \boldsymbol{s}_1 = d\boldsymbol{n} + \boldsymbol{a}_1 - \boldsymbol{a}_2 \quad \text{mit} \quad \boldsymbol{a}_i \in \boldsymbol{U}_i \quad \text{und} \quad d \in \mathbb{K}.$$

Wir setzen nun $\boldsymbol{p}_i := \boldsymbol{s}_i + \boldsymbol{a}_i \in \mathcal{A}_i$. Dann ist $\boldsymbol{p}_2 - \boldsymbol{p}_1 = d\boldsymbol{n}$ und $\boldsymbol{p}_1 \vee \boldsymbol{p}_2$ eine orthogonale Treffgerade von $\mathcal{A}_1$ und $\mathcal{A}_2$. Vgl. Abbildung 13.1.

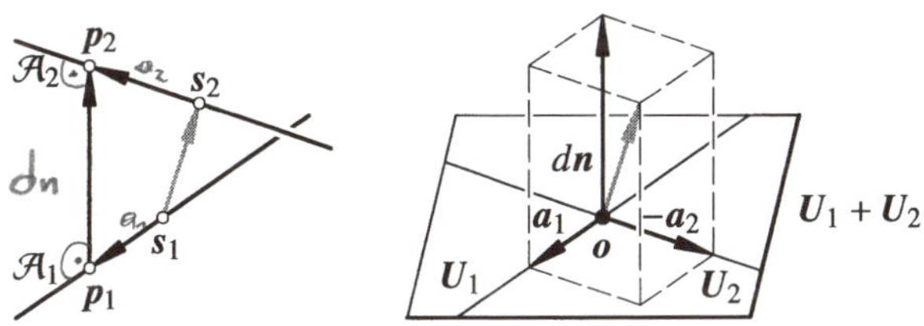

Abbildung 13.1

(b) Wir wählen Punkte $\boldsymbol{q}_i \in \mathcal{A}_i$ beliebig aus; es ist $\boldsymbol{q}_i = \boldsymbol{p}_i + \tilde{\boldsymbol{a}}_i$ mit einem Vektor $\tilde{\boldsymbol{a}}_i \in \boldsymbol{U}_i$. Wegen $\boldsymbol{n} \perp (\tilde{\boldsymbol{a}}_2 - \tilde{\boldsymbol{a}}_1)$ folgt

$$\|\boldsymbol{q}_2 - \boldsymbol{q}_1\|^2 = \|d\boldsymbol{n} + \tilde{\boldsymbol{a}}_2 - \tilde{\boldsymbol{a}}_1\|^2 = \|d\boldsymbol{n}\|^2 + \|\tilde{\boldsymbol{a}}_2 - \tilde{\boldsymbol{a}}_1\|^2 \geq \|d\boldsymbol{n}\|^2 = \|\boldsymbol{p}_2 - \boldsymbol{p}_1\|^2.$$

Somit ist $\|p_2 - p_1\| = |d|$ der Abstand von $\mathcal{A}_1$ und $\mathcal{A}_2$. □

Um den Abstand von $\mathcal{A}_1$ und $\mathcal{A}_2$ zu berechnen, genügt es, die Länge der Orthogonalprojektion von $s_2 - s_1$ auf $[n]$ zu berechnen, also

$$\operatorname{dist}(\mathcal{A}_1, \mathcal{A}_2) = \|(n \cdot (s_2 - s_1))n\| = |n \cdot (s_2 - s_1)|. \tag{13.3}$$

Der obige Satz gilt auch für unendlichdimensionale affine Unterräume $\mathcal{A}_1$, $\mathcal{A}_2$, falls es mindestens eine zu $\mathcal{A}_1$ und $\mathcal{A}_2$ orthogonale Gerade gibt.

Beispiel 13.2.3 Wir greifen auf 9.5.7 Beispiel 3 mit $K := \mathbb{R}$ zurück, schreiben statt σ jetzt aber ι für das Skalarprodukt. Im unendlichdimensionalen affinen Raum $\mathbb{R}^{\langle\mathbb{N}\rangle}$ gibt es keine zur Hyperebene $H := \ker e^*$ orthogonale Gerade. Sei $s := (1, 0, 0, \ldots)$. Die Hyperebene $s + H$ ist zu H disjunkt und parallel; sie hat die Gleichung $\langle e^*, x\rangle = 1$. Es gibt aber keine orthogonale Treffgerade der beiden Hyperebenen. Die Hyperebene H liegt übrigens *dicht*, d. h., sie hat von jedem Punkt des affinen Raumes $\mathbb{R}^{\langle\mathbb{N}\rangle}$ (und insbesondere auch von $s + H$) den Abstand 0 (Übungsaufgabe).

Besitzt eine affine Hyperebene jedoch eine orthogonale Gerade, so kann der Abstand eines beliebigen Punktes leicht ermittelt werden.

Satz 13.2.4 (Hesse-Normalform[1]) *Es seien $(\mathcal{A}, \iota)$ ein euklidischer oder unitärer Raum und $\mathcal{H}$ eine affine Hyperebene mit der Gleichung*

$$n \cdot (x - s) + a = 0 \quad \textit{mit} \quad s \in \mathcal{A}, \quad n \in X, \quad \|n\| = 1.$$

Dann gilt für jeden Punkt $p \in \mathcal{A}$ die Abstandsformel

$$\operatorname{dist}(p, \mathcal{H}) = |n \cdot (p - s) + a|.$$

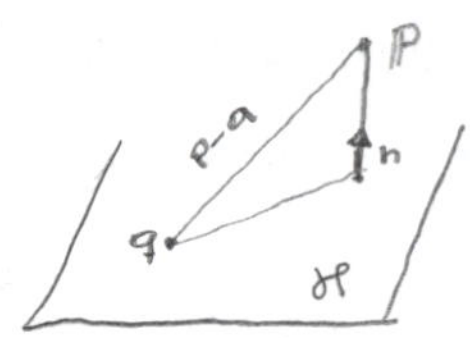

Beweis. Der Punkt $q := -an + s$ liegt in $\mathcal{H}$. Nach (13.3) ist

$$\operatorname{dist}(p, \mathcal{H}) = |n \cdot (p - q)| = |n \cdot (p + an - s)| = |n \cdot (p - s) + a|,$$

was zu zeigen war. □

13.2.5 Wir behandeln jetzt die Winkelmessung in euklidischen Räumen. Sind $g_1 = s_1 + [a_1]$ und $g_2 = s_2 + [a_2]$ zwei Geraden von $\mathcal{A}$, so ist das Winkelmaß zweier Richtungsvektoren $x_1 a_1$, $x_2 a_2$ mit $x_1, x_2 \in \mathbb{R}^\times$ gleich

$$\sphericalangle(x_1 a_1, x_2 a_2) = \arccos\left(\operatorname{sgn}(x_1 x_2)\,\frac{a_1 \cdot a_2}{\|a_1\|\,\|a_2\|}\right) \in [0, \pi]$$

und damit *nicht* unabhängig von der zulässigen Auswahl der Richtungsvektoren aus $[a_1]$ bzw. $[a_2]$. Wir vermeiden diese Abhängigkeit indem wir das *Winkelmaß* der beiden Geraden als

$$\sphericalangle(g_1, g_2) := \arccos\left(\frac{|a_1 \cdot a_2|}{\|a_1\|\,\|a_2\|}\right) \in [0, \frac{\pi}{2}]$$

erklären. Bei dieser Definition brauchen wir nicht zu verlangen, dass die Geraden einen Punkt gemeinsam haben. Das Winkelmaß zweier Geraden ändert sich nicht, falls eine oder beide Geraden beliebig verschoben werden.

[1]Ludwig Otto Hesse (1811–1874).

Ist $\dim \mathcal{A} = 2$, und wird der zugehörige Vektorraum $\boldsymbol{X}$ durch die Vorgabe einer nicht trivialen Determinantenform $\Delta : \boldsymbol{X} \to \mathbb{R}$ orientiert, so kann durch

$$\vec{\sphericalangle}(g_1, g_2) := \left\{ \begin{array}{ll} \arccos\left(\operatorname{sgn} \Delta(\boldsymbol{a}_1, \boldsymbol{a}_2) \frac{\boldsymbol{a}_1 \cdot \boldsymbol{a}_2}{\|\boldsymbol{a}_1\| \|\boldsymbol{a}_2\|}\right) & \text{für } g_1 \nparallel g_2 \\ 0 & \text{für } g_1 \parallel g_2 \end{array} \right\} \in [0, \pi)$$

ein *orientiertes Winkelmaß* für je zwei Geraden $\boldsymbol{s}_1 + [\boldsymbol{a}_1]$ und $\boldsymbol{s}_2 + [\boldsymbol{a}_2]$ eingeführt werden, das in der Tat nicht von der Auswahl der Richtungsvektoren abhängt. Die Reihenfolge der Geraden geht bei diesem orientieren Winkelmaß wesentlich ein, außer die Geraden sind parallel. Anschaulich formuliert gilt: Der Winkel von der ersten Geraden zur zweiten Geraden wird im Sinne von Δ (also etwa gegen den Uhrzeigersinn) gemessen.

Betrachten wir an Stelle von Geraden jedoch zwei Halbgeraden $\boldsymbol{s}_1 + \mathbb{R}^+\boldsymbol{a}_1$ und $\boldsymbol{s}_2 + \mathbb{R}^+\boldsymbol{a}_2$, so kann das Winkelmaß und das orientierte Winkelmaß für Vektoren unmittelbar übertragen werden, indem wir nur Vektoren aus $\mathbb{R}^+\boldsymbol{a}_1$ und $\mathbb{R}^+\boldsymbol{a}_2$ zur Winkelmessung heranziehen.

Bemerkung 13.2.6 Wir haben in einer euklidischen Ebene insgesamt vier verschiedene Möglichkeiten der Winkelmessung kennengelernt. Es gibt noch andere Winkelmessungen: Etwa den historisch gemessenen Winkel, wie er in der Physik beim Begriff der Winkelgeschwindigkeit benötigt wird; z. B. 100 Umdrehungen pro Sekunde $= 100 \cdot 2\pi \sec^{-1}$. Vgl. weiters den Begriff Winkel (oder: Maß) einer Drehung.

Aufgaben

A 13.2.1 Im euklidischen Raum $\mathbb{R}^{4\times 1}$ (kanonisches Skalarprodukt) seien zwei windschiefe Geraden $g = \boldsymbol{a}_1 \vee \boldsymbol{a}_2$ und $h = \boldsymbol{b}_1 \vee \boldsymbol{b}_2$ gegeben mit

$$\boldsymbol{a}_1 = (3,4,2,3)^{\mathrm{T}}, \quad \boldsymbol{a}_2 = (-1,0,4,5)^{\mathrm{T}}, \quad \boldsymbol{b}_1 = (2,1,-3,3)^{\mathrm{T}}, \quad \boldsymbol{b}_2 = (-4,1,1,1)^{\mathrm{T}}.$$

Bestimme die g und h orthogonal schneidende Gerade t, deren Schnittpunkte mit g und h sowie den Abstand $\operatorname{dist}(g, h)$.

A 13.2.2 Berechne den Abstand der windschiefen Geraden g und h in $\mathbb{R}^{n\times 1}$ (kanonisches Skalarprodukt):

(α) $n = 3$: $g = (0,-1,1)^{\mathrm{T}} + [(1,2,0)^{\mathrm{T}}]$, $h = (1,-2,4)^{\mathrm{T}} + [(-1,-1,1)^{\mathrm{T}}]$.

(β) $n = 4$: $g = (2,0,2,-1)^{\mathrm{T}} + [(1,0,1,-1)^{\mathrm{T}}]$, $h = (0,-2,2,-1)^{\mathrm{T}} + [(0,2,-1,0)^{\mathrm{T}}]$.

Anleitung: Verwende das Vektorprodukt, um in (α) einen zu g und h orthogonalen Vektor zu finden.

A 13.2.3 Sei $g = \boldsymbol{b} \vee \boldsymbol{c}$ eine Gerade eines euklidischen Raumes $(\mathcal{A}, \iota) = (\boldsymbol{H}, \iota)$ und $\boldsymbol{a} \in g$.

(a) Zeige: $|\operatorname{TV}(\boldsymbol{a}, \boldsymbol{b}, \boldsymbol{c})| = \dfrac{\operatorname{dist}(\boldsymbol{a}, \boldsymbol{c})}{\operatorname{dist}(\boldsymbol{b}, \boldsymbol{c})}$.

(b) Gib nach Einbettung in einen projektiven Raum eine analoge Formel für den Absolutbetrag des Doppelverhältnisses von vier Punkten der Geraden g an; vgl. Formel (6.20) in Satz 6.8.8.

A 13.2.4 Im euklidischen oder unitären Raum $(\mathcal{A}, \iota)$ sei $\boldsymbol{s} \in \mathcal{A}$ ein fest gewählter Punkt.

(a) Beweise: Ist $\boldsymbol{n} \cdot (\boldsymbol{x} - \boldsymbol{s}) + a = 0$ eine Gleichung einer Hyperebene $\mathcal{H}$ in Hesse-Normalform, so ist der Vektor $\boldsymbol{n} \in \boldsymbol{X}$ nur bis auf einen Faktor aus $\mathbb{K}$ mit dem Absolutbetrag 1 bestimmt. Für jeden Punkt $\boldsymbol{p} \in \mathcal{A} \setminus \mathcal{H}$ gibt es genau einen normierten und zu $\mathcal{H}$ orthogonalen Vektor $\tilde{\boldsymbol{n}}$ und einen Skalar $\tilde{a}$ so, dass $\operatorname{dist}(\boldsymbol{p}, \mathcal{H}) = \tilde{\boldsymbol{n}} \cdot (\boldsymbol{p} - \boldsymbol{s}) + \tilde{a}$.

(b) Bestimme Gleichungen in Hesse-Normalform für $s = o$ und folgende Hyperebenen $\mathcal{H}$ von $\mathbb{K}^{n\times 1}$ (kanonisches euklidisches bzw. unitäres Skalarprodukt):

$$\mathbb{K}^{n\times 1} = \mathbb{R}^{3\times 1} : 4x_1 + 3x_2 + 2x_3 - 1 = 0, \quad \mathbb{K}^{n\times 1} = \mathbb{C}^{2\times 1} : x_1 + x_2 - i = 0, \quad ix_1 + x_2 = 0.$$

Dabei ist für die ersten beiden Hyperebenen jene Gleichung auszuwählen, welche für $p := o$ die in (a) genannte Eigenschaft hat.

13.3 Kongruenzabbildungen

13.3.1 Es seien $(\mathcal{A}, \iota) = (r + X, \iota)$ und $(\mathcal{A}', \iota') = (r' + X', \iota')$ metrisch-affine Räume über demselben Körper K. Eine affine Abbildung $\alpha : \mathcal{A} \to \mathcal{A}'$ heißt eine *Kongruenzabbildung*, falls die mitbestimmte lineare Abbildung $f_\alpha : X \to X'$ isometrisch ist. Bei einer Kongruenzabbildung stimmt damit das Abstandsquadrat je zweier Urpunkte mit dem Abstandsquadrat ihrer Bildpunkte überein. So wie f_α ist auch α stets eine injektive Abbildung.

Wenn es zu metrisch-affinen Räumen eine bijektive Kongruenzabbildung gibt, so heißen die Räume *kongruent isomorph*. Die Ergebnisse aus 12.2.10 über isometrisch isomorphe Vektorräume lassen sich zwanglos in Sätze über kongruent isomorphe metrisch-affine Räume überführen. Insbesondere gilt, dass je zwei euklidische bzw. unitäre Räume mit derselben endlichen Dimension kongruent isomorph sind.

13.3.2 Wir haben den aus der Schulmathematik bekannten Begriff des kartesischen Koordinatensystems schon bisher im Anschauungsraum verwendet. In einem beliebigen n-dimensionalen metrisch-affinen Raum $(\mathcal{A}, \iota)$ heißt ein affines Koordinatensystem $(u, u + B)$ *kartesisch*, falls $B = (b_1, b_2, \ldots, b_n)$ eine Orthonormalbasis ist. Die zugehörige Koordinatisierung

$$B^* \circ \tau_{-u} : \mathcal{A} \to K^{n\times 1}$$

ist eine bijektive Kongruenzabbildung, wenn wir $K^{n\times 1}$ mit dem kanonischen ω-symmetrischen Skalarprodukt versehen. Damit haben wir mit $K^{n\times 1}$ ein Standardmodell für jene metrisch-affinen Räume, die ein kartesisches Koordinatensystem besitzen.

Hat etwa eine affine Hyperebene $\mathcal{H} \subset \mathcal{A}$ bezüglich eines kartesischen Koordinatensystems die Gleichung

$$\sum_{i=1}^{n} a_i x_i + a = 0, \tag{13.4}$$

so sind $(\omega(a_1), \omega(a_2), \ldots, \omega(a_n))^{\mathrm{T}}$ die Koordinaten eines Richtungsvektors einer zu $\mathcal{H}$ orthogonalen Geraden.

13.3.3 Wir untersuchen im Folgenden *Bewegungen*, das sind die bijektiven Kongruenzabbildungen eines metrisch-affinen Raumes $(\mathcal{A}, \iota)$ auf sich. Sie bilden offenbar eine Gruppe, die sogenannte *Bewegungsgruppe*. Jede Translation τ_s mit $s \in X$ ist offenbar eine Bewegung.

Beispiele 13.3.4

1. Es seien $\operatorname{Char} K \neq 2$, $a \neq o$ ein nicht isotroper Vektor von X und $\mathcal{H} = t + a^\perp$ die zu $[a]$ orthogonale Hyperebene von $\mathcal{A}$ durch den Punkt t. Die Affinspiegelung α an $\mathcal{H}$ in Richtung a leistet

$$x \mapsto (x - t) - 2\,\frac{a \cdot (x - t)}{a \cdot a}\,a + t = x - 2\,\frac{a \cdot (x - t)}{a \cdot a}\,a \quad \text{für alle } x \in \mathcal{A}.$$

Nach Satz 12.2.13 ist α eine Bewegung. Sie heißt die (orthogonale) *Spiegelung* an der Hyperebene $\mathcal{H}$. Alle Punkte von $\mathcal{H}$ bleiben unter α fest.
Es gilt $(f_\alpha - \mathrm{id}_X)(X) = [\boldsymbol{a}]$. Bei $\dim \mathcal{A} > 1$ können wir α mit einer solchen Translation τ_s zusammensetzen, für die $\boldsymbol{s} \in \boldsymbol{a}^\perp \setminus \{\boldsymbol{o}\}$ erfüllt ist. Wegen $\boldsymbol{s} \notin [\boldsymbol{a}]$ erhalten wir nach Formel (6.10) aus 6.3.4 eine fixpunktfreie Bewegung β, welche *Gleitspiegelung* genannt wird.

2. Sind $(\mathcal{A}, \iota)$ ein n-dimensionaler euklidischer Raum, $\boldsymbol{t} \in \mathcal{A}$ und $f \in \mathrm{SO}(\boldsymbol{X}, \iota)$, so wird $\alpha = \tau_{\boldsymbol{t}} \circ f_\alpha \circ \tau_{-\boldsymbol{t}}$ als *Drehung* um den Punkt $\boldsymbol{t}$ bezeichnet. Bei ungerader Dimension von $\boldsymbol{X}$ bleibt nach dem Satz von Euler-d'Alembert (vgl. 12.4.13) mindestens eine Gerade $\boldsymbol{t} + [\boldsymbol{a}]$ unter α punktweise fest. Setzen wir α mit einer Translation $\tau_s \neq \mathrm{id}_{\mathcal{A}}$ zusammen, wobei $\boldsymbol{s} \in [\boldsymbol{a}]$, so erhalten wir eine *Schraubung* um die *Achse* $\boldsymbol{t} + [\boldsymbol{a}]$. Diese hat nach Formel (6.10) aus 6.3.4 keinen Fixpunkt, da $\boldsymbol{a} \perp (f_\alpha - \mathrm{id}_X)(\boldsymbol{X})$.

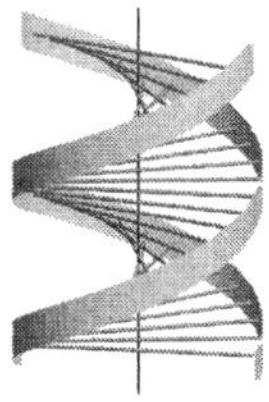

Abbildung 13.2

Etwa für $n = 3$ setzt sich eine Schraubung aus einer Drehung um die Gerade $\boldsymbol{t} + [\boldsymbol{a}]$ und einer Schiebung entlang der Geraden $\boldsymbol{t} + [\boldsymbol{a}]$ zusammen. Es gehen etwa die Stufen einer Wendeltreppe aus der ersten Stufe durch mehrfache Anwendung einer festen Schraubung hervor, aber auch das geometrische Modell der *Desoxyribonukleinsäure* (Abbildung 13.2) basiert auf einer Schraubung.

13.3.5 Es seien K ein angeordneter Körper und $\dim \mathcal{A} = n < \infty$. Dann können wir *gleichsinnige* und *gegensinnige* Bewegungen unterscheiden, je nach Typus der zugehörigen linearen Bijektion von $\boldsymbol{X}$. Der Begriff der Bewegung leitet sich natürlich aus der Vorstellung ab, dass ein starrer Körper von einer Lage in eine andere Lage gebracht wird, ohne ihn zu deformieren. Im Alltag hat man es mit stetigen Bewegungen zu tun, wie sie etwa ein Roboterarm oder eine rollende Kugel ausführen. Ein stetige Bewegung besteht aus „vielen gleichsinnigen Bewegungen" im Sinne der obigen Definition.[2]

Es ist etwa jede Schraubung in einem n-dimensionalen euklidischen Raum eine gleichsinnige Bewegung, jede Spiegelung an einer Hyperebene hingegen eine gegensinnige Bewegung.

Bemerkung 13.3.6 Im Jahre 1953 haben F. S. Beckman und D. A. Quarles jr. gezeigt, dass jede Abbildung $\alpha : \mathcal{A} \to \mathcal{A}$ eines n-dimensionalen euklidischen Raumes, $1 < n < \infty$, die je zwei Punkte mit Abstand 1 in zwei Punkte mit Abstand 1 überführt, eine Bewegung ist. Dieser tiefliegende *Satz von Beckman-Quarles* ist beachtenswert. Es wird weder verlangt, dass α injektiv oder surjektiv ist, noch gibt es irgendwelche Voraussetzungen über die Bilder von affinen Linearkombinationen. All das folgt aus der (nur scheinbar schwachen) Voraussetzung, dass der Abstand 1 erhalten bleibt. Für eindimensionale und unendlichdimensionale euklidische Räume ist dieser Satz nicht richtig. Vgl. dazu [3].

[2] Eine präzise mathematische Formulierung führt in die Theorie der *Lie-Gruppen*, benannt nach Sophus Lie (1842–1899).

Aufgaben

A 13.3.1 Es seien $(\mathcal{A}, \iota)$ ein dreidimensionaler euklidischer Raum und $(\boldsymbol{u}, \boldsymbol{u} + \boldsymbol{B})$ ein kartesisches Koordinatensystem von $\mathcal{A}$.

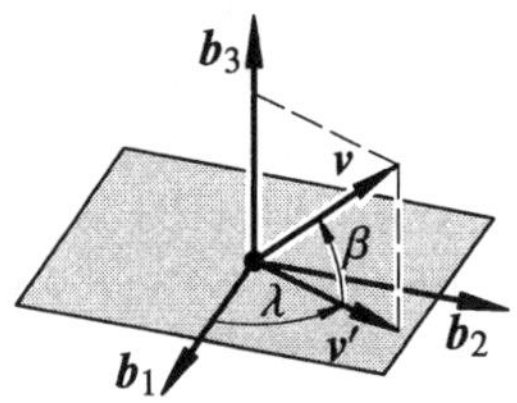

Abbildung 13.3

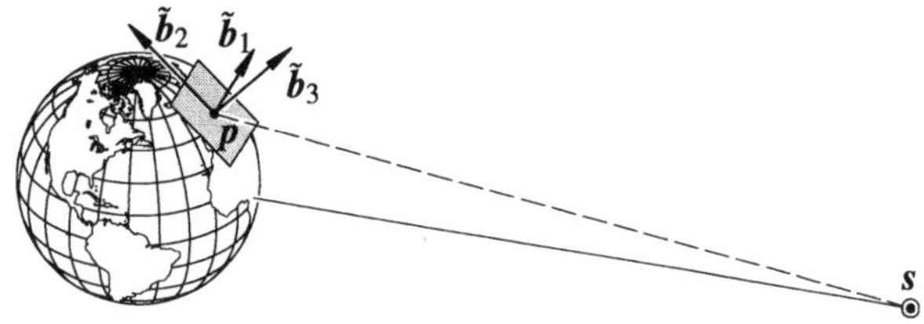

Abbildung 13.4

(a) Sei $\boldsymbol{p} \in \mathcal{A}$ ein Punkt. Wir setzen $\boldsymbol{v} := \boldsymbol{p} - \boldsymbol{u}$ und bezeichnen mit $\boldsymbol{v}'$ das Bild von $\boldsymbol{v}$ unter der Orthogonalprojektion auf $[\{\boldsymbol{b}_1, \boldsymbol{b}_2\}]$. Zeige: Hat ein Punkt $\boldsymbol{p}$ die Koordinatenspalte

$$\langle \boldsymbol{B}^*, \boldsymbol{p} - \boldsymbol{u} \rangle = \rho(\cos\lambda \cdot \cos\beta, \sin\lambda \cdot \cos\beta, \sin\beta)^{\mathrm{T}} \in \mathbb{R}^{3\times 1}$$

mit $\rho \in \mathbb{R}^+ \cup \{0\}$, $-\pi < \lambda \leq \pi$ und $-\frac{\pi}{2} \leq \beta \leq \frac{\pi}{2}$, so gilt $\operatorname{dist}(\boldsymbol{p}, \boldsymbol{u}) = \rho$. Für $|\beta| \neq \frac{\pi}{2}$ sind $[\{\boldsymbol{v}', \boldsymbol{b}_3\}]$ und $[\{\boldsymbol{b}_1, \boldsymbol{b}_2\}]$ zweidimensional. Wenn wir diese Unterräume orientieren, indem wir $(\boldsymbol{v}', \boldsymbol{b}_3)$ und $(\boldsymbol{b}_1, \boldsymbol{b}_2)$ als Rechtsbasen auffassen, so gilt

$$\beta = \vec{\sphericalangle}(\boldsymbol{v}', \boldsymbol{v}) \text{ und } \lambda = \vec{\sphericalangle}(\boldsymbol{b}_1, \boldsymbol{v}').$$

Vgl. Abbildung 13.3.

(b) Zeige: Jeder Punkt $\boldsymbol{p}$ von $\mathcal{A}$ lässt sich in der in (a) angegebenen Form darstellen. Die Elemente eines solchen Zahlentripels (ρ, λ, β) heißen *geographische Koordinaten* von $\boldsymbol{p}$. Für welche Punkte von $\mathcal{A}$ sind diese Koordinaten nicht eindeutig bestimmt?

Bemerkung: Für jede Sphäre mit Mittelpunkt $\boldsymbol{u}$ kann λ als *geographische Länge* und β als *geographische Breite* interpretiert werden.

A 13.3.2 Wir wählen ein kartesisches Koordinatensystem $(\boldsymbol{u}, \boldsymbol{u} + \boldsymbol{B})$ so, dass die (kugelförmig angenäherte) Erde in den zugehörigen geographischen Koordinaten durch $\rho = 1$ beschrieben wird und λ sowie β die gewöhnliche geographische Länge bzw. Breite sind. Dabei ist die Verwendung von Altgrad (°) üblich. (E = Ost, W = West, N = Nord, S = Süd; westliche Länge und südliche Breite sind durch negative Werte zu erfassen.) Jeder *geostationäre Satellit* befindet sich dann in einem Punkt der Äquatorebene $(\beta = 0)$ mit $\rho \approx 6{,}64$.

(a) Bestimme für einen der unten genannten Orte $\boldsymbol{p}$ sowie einen TV-Satelliten $\boldsymbol{s}$ deren räumliche kartesische Koordinaten.

Altnagelberg	15,0° E, 48,8° N	Oberdrauburg	13,0° E, 46,7° N
Bad Goisern	13,6° E, 47,6° N	St. Gallenkirch	9,0° E, 47,0° N
Bad Segeberg	10,0° E, 53,9° N	St. Veit an der Glan	14,3° E, 46,8° N

Intelsat 707	53,0° W	Astra 1H	19,2° E
Intelsat 801	31,5° W	Eutelsat W6	21,5° E
Intelsat 901	18,0° W	Intelsat 904	60,0° E
Eutelsat Atlantic Bird 1	12,5° W	Eutelsat W5	70,5° E

(b) Lege im Punkt $\boldsymbol{p}$ ein kartesisches Koordinatensystem $(\boldsymbol{p}, \boldsymbol{p} + \tilde{\boldsymbol{B}})$ so fest, dass dessen dritte Achse durch den Erdmittelpunkt geht und „nach oben" orientiert ist, die erste Achse nach Osten und die zweite Achse nach Norden weist. Berechne zwecks Ausrichtung einer Parabolspiegelantenne die geographischen Koordinaten des ausgewählten Satelliten $\boldsymbol{s}$ bezüglich dieses Koordinatensystems. Vgl. Abbildung 13.4.

Hinweise: Der erste Basisvektor des neuen Koordinatensystems in (a) hat die Form $\langle \boldsymbol{B}^*, \tilde{\boldsymbol{b}}_1 \rangle = (-\sin\lambda, \cos\lambda, 0)^{\mathrm{T}} \in \mathbb{R}^{3\times 1}$, und $\tilde{\boldsymbol{b}}_2$ lässt sich mit Hilfe des Vektorprodukts aus $\tilde{\boldsymbol{b}}_3$ und $\tilde{\boldsymbol{b}}_1$ berechnen. In den gängigen Tabellen zur Ausrichtung von Empfangsantennen wird neben dem *Elevationswinkel* β meist nicht der Winkel λ gegen die Ostrichtung sondern der *Azimutalwinkel*, das ist der Winkel gegen die Nordrichtung angegeben (Norden = 0°, Osten = 90°, Süden = 180°, Westen = −90°). Manchmal wird auch gegen die Südrichtung gemessen.

A 13.3.3

(a) Beweise den *Hauptsatz der ebenen Kinematik*: Jede gleichsinnige Bewegung einer euklidischen Ebene ist eine Drehung um einen Punkt oder eine Translation.

(b) Beweise den *Hauptsatz der räumlichen Kinematik*: Jede gleichsinnige Bewegung eines euklidischen 3-dimensionalen Raumes ist eine Drehung um einen Achse, eine Schraubung oder eine Translation.

Hinweis: Verwende die reelle Jordan-Normalform und A 8.9.4.

A 13.3.4

(a) Sei $(\mathcal{A}, \iota) = (\boldsymbol{H}, \iota)$ ein 3-dimensionaler euklidischer Raum und ε die Einbettung von $\mathcal{A}$ in $\mathcal{P}(\boldsymbol{V})$ mit $\boldsymbol{V} := \mathbb{R} \times \boldsymbol{H}$. Zeige: Wird eine nicht triviale Schraubung von $\mathcal{A}$ um eine Achse a zu einer projektiven Kollineation $\kappa = \mathcal{P}(g)$ mit $g \in \mathrm{GL}(\boldsymbol{V})$ fortgesetzt, so hat g den Eigenwert 1. Der Eigenraum zum Eigenwert 1 ist eindimensional und bestimmt den Fernpunkt A der Schraubachse. Der Hauptraum $\boldsymbol{V}_g(1)$ ist hingegen zweidimensional; $\varepsilon^{-1}(\mathcal{P}(\boldsymbol{V}_g(1)))$ stimmt mit der Schraubachse a überein.

(b) In $\mathbb{R}^{3\times 1}$ wird durch eine der Matrizen aus A 12.4.3 eine Drehung α bestimmt. Diese wird mit der durch den Vektor $(1, 0, 0)^{\mathrm{T}}$ bestimmten Translation τ zusammengesetzt. Berechne gemäß (a) die Achse der Schraubung $\tau \circ \alpha$.

A 13.3.5 In $\mathbb{R}^{3\times 1}$ sei eine Bewegung α mit

$$\begin{pmatrix} x_1 \\ x_2 \\ x_3 \end{pmatrix} \mapsto \begin{pmatrix} 2 \\ 0 \\ 1 \end{pmatrix} + \begin{pmatrix} 0 & -1 & 0 \\ 1 & 0 & 0 \\ 0 & 0 & 1 \end{pmatrix} \begin{pmatrix} x_1 \\ x_2 \\ x_3 \end{pmatrix}$$

gegeben. Zeige: α ist eine Schraubung. Bestimme gemäß A 13.3.4 die Schraubachse a von α und stelle α in der Form $\alpha = \tau \circ \beta$ dar, wobei τ eine Translation in Richtung a und β eine Drehung um a ist.

A 13.3.6 Es seien $(\mathcal{A}, \iota) = (\boldsymbol{V}, \iota)$ ein vierdimensionaler euklidischer Raum und $\boldsymbol{B} = (\boldsymbol{b}_1, \boldsymbol{b}_2, \boldsymbol{b}_3, \boldsymbol{b}_4)$ eine ONB von $\boldsymbol{V}$. Für alle $\varphi \in \mathbb{R}$ wird eine Drehung f_φ über ihre Koordinatenmatrix

$$\langle \boldsymbol{B}^*, f_\varphi(\boldsymbol{B}) \rangle = \begin{pmatrix} \cos\varphi & -\sin\varphi & 0 & 0 \\ \sin\varphi & \cos\varphi & 0 & 0 \\ 0 & 0 & \cos\varphi & -\sin\varphi \\ 0 & 0 & \sin\varphi & \cos\varphi \end{pmatrix}.$$

erklärt. Zeige:

(a) Ist $\boldsymbol{a} \in \boldsymbol{V} \setminus \{\boldsymbol{o}\}$, so ist die Bahn $\{f_\varphi(\boldsymbol{a}) \mid \varphi \in \mathbb{R}\}$ ein Kreis mit Mittelpunkt $\boldsymbol{o}$ und damit in genau einer Ebene durch $\boldsymbol{o}$ enthalten.

(b) Sei $\boldsymbol{U} \neq [\{\boldsymbol{b}_3, \boldsymbol{b}_4\}]$ eine in (a) beschriebene Trägerebene eines Bahnkreises. Ist p die orthogonale Projektion von $\boldsymbol{V}$ auf $[\{\boldsymbol{b}_1, \boldsymbol{b}_2\}]$, so hat $\sphericalangle(\boldsymbol{x}, p(\boldsymbol{x}))$ für alle $\boldsymbol{x} \in \boldsymbol{U} \setminus \{\boldsymbol{o}\}$ einen konstanten Wert.

(c) Gib einen zu $[\{\boldsymbol{b}_1, \boldsymbol{b}_2\}]$ komplementären Unterraum $\boldsymbol{U}' \neq [\{\boldsymbol{b}_3, \boldsymbol{b}_4\}]$ von $\boldsymbol{V}$ so an, dass $\sphericalangle(\boldsymbol{x}, p(\boldsymbol{x}))$ für $\boldsymbol{x} \in \boldsymbol{U}' \setminus [\{\boldsymbol{b}_1, \boldsymbol{b}_2\}]^{\perp}$ keinen konstanten Wert hat.

Bemerkung: Jede solche Ebene $\boldsymbol{U}$ heißt zu $[\{\boldsymbol{b}_1, \boldsymbol{b}_2\}]$ *äquiangular* (oder: *isoklin*).

13.4 Quadratische Funktionen und Quadriken in euklidischen Räumen

13.4.1 Wir untersuchen in diesem Abschnitt die quadratischen Funktionen und die Quadriken eines n-dimensionalen euklidischen Raumes $(\mathcal{A}, \iota) = (\boldsymbol{r}+\boldsymbol{X}, \iota)$ mit $n < \infty$. Die Ergebnisse lassen sich nicht unmittelbar auf unitäre Räume übertragen, da deren Skalarprodukt eine hermitesche Sesquilinearform ist.

Satz 13.4.2 *Es seien $(\mathcal{A}, \iota)$ ein n-dimensionaler euklidischer Raum und $\lambda : \mathcal{A} \to K$ eine quadratische Funktion. Dann existiert mindestens ein kartesisches Koordinatensystem von $\mathcal{A}$ derart, dass λ eine der folgenden Koordinatendarstellungen besitzt:*

(A) $$(x_1, x_2, \ldots, x_n)^{\mathrm{T}} \mapsto g + \sum_{i=1}^{p} g_i x_i^2 - \sum_{j=p+1}^{r} g_j x_j^2 \textit{ mit } g_i, g_j > 0 \textit{ und } p \leq r \leq n.$$

(B) $$(x_1, x_2, \ldots, x_n)^{\mathrm{T}} \mapsto \sum_{i=1}^{p} g_i x_i^2 - \sum_{j=p+1}^{r} g_j x_j^2 - 2g_{0n}x_n \textit{ mit } g_i, g_j, g_{0n} > 0 \textit{ und } p \leq r < n.$$

Beweis. Wir gehen von einem kartesischen Koordinatensystem $(\boldsymbol{u}, \boldsymbol{u} + \boldsymbol{B})$ mit Ursprung $\boldsymbol{u} \in \mathcal{A}$ und Basis $\boldsymbol{B} = (\boldsymbol{b}_1, \boldsymbol{b}_2, \ldots, \boldsymbol{b}_n)$ von $\boldsymbol{X}$ aus; dann stellen wir λ in der Form

$$\boldsymbol{x} \mapsto q(\boldsymbol{x} - \boldsymbol{u}) + 2\boldsymbol{g} \cdot (\boldsymbol{x} - \boldsymbol{u}) + \lambda(\boldsymbol{u})$$

mit einer quadratischen Form $q : \boldsymbol{X} \to \mathbb{R}$ und einem Gradienten $\boldsymbol{g} \in \boldsymbol{X}$ dar. Es seien σ die Polarform zu q und $f : \boldsymbol{X} \to \boldsymbol{X}$ jene selbstadjungierte Abbildung, für die $\sigma(\boldsymbol{B}, \boldsymbol{B}) = \langle \boldsymbol{B}^*, f(\boldsymbol{B}) \rangle$ erfüllt ist. Nach Satz 12.6.6 gibt es mindestens eine ONB $\tilde{\boldsymbol{B}} = (\tilde{\boldsymbol{b}}_1, \tilde{\boldsymbol{b}}_2, \ldots, \tilde{\boldsymbol{b}}_n)$ aus Eigenvektoren von f. Wir können diese Eigenvektoren so wählen, dass genau $\tilde{\boldsymbol{b}}_1, \tilde{\boldsymbol{b}}_2, \ldots, \tilde{\boldsymbol{b}}_p$ zu Eigenwerten $g_i > 0$ und $\tilde{\boldsymbol{b}}_{p+1}, \ldots, \tilde{\boldsymbol{b}}_r$ zu Eigenwerten $-g_j < 0$ gehören. Bei der Wahl der restlichen Vektoren der Basis $\tilde{\boldsymbol{B}}$ sind aber entsprechend der affinen Klassifikation zwei Fälle zu unterscheiden:

(A) Hier gilt $\boldsymbol{g} \in [(\tilde{\boldsymbol{b}}_1, \tilde{\boldsymbol{b}}_2, \ldots, \tilde{\boldsymbol{b}}_r)]$, was zu $\boldsymbol{g} \perp \tilde{\boldsymbol{b}}_{r+1}, \ldots, \tilde{\boldsymbol{b}}_n$ gleichwertig ist. Die Auswahl von $\tilde{\boldsymbol{b}}_{r+1}, \ldots, \tilde{\boldsymbol{b}}_n$ unterliegt keiner weiteren Bedingung.

(B) In diesem Fall sind $\tilde{\boldsymbol{b}}_{r+1}, \ldots, \tilde{\boldsymbol{b}}_n \in \ker f$ so zu wählen, dass die Nebenbedingungen

$$\boldsymbol{g} \perp \tilde{\boldsymbol{b}}_{r+1}, \ldots, \tilde{\boldsymbol{b}}_{n-1} \text{ und } \boldsymbol{g} \cdot \tilde{\boldsymbol{b}}_n =: -g_{0n} < 0$$

erfüllt sind.

In jedem Fall ist

$$\tilde{G} := \sigma(\tilde{\boldsymbol{B}}, \tilde{\boldsymbol{B}}) = \langle \tilde{\boldsymbol{B}}^*, f(\tilde{\boldsymbol{B}}) \rangle = \operatorname{diag}(g_1, g_2, \ldots, g_p, -g_{p+1}, \ldots, -g_r, 0, 0, \ldots, 0).$$

Die Koordinatendarstellung von λ bezüglich $(\boldsymbol{u}, \boldsymbol{u}+\tilde{\boldsymbol{B}})$ bestimmt nach Satz 10.2.7 eine quadratische Form $\mathbb{R}^{(n+1)\times 1} \to \mathbb{R}$, welche durch eine symmetrische Matrix $\tilde{G}_0 \in \mathbb{R}^{(n+1)\times(n+1)}$ beschrieben wird. Die Zeilen- und Spaltenindizes laufen dabei in $\{0, 1, \ldots, n\}$. Es gilt

$$\tilde{G}_0 = \left(\begin{array}{c|c} \lambda(\boldsymbol{u}) & (\tilde{\boldsymbol{B}} \cdot \boldsymbol{g})^{\mathrm{T}} \\ \hline \tilde{\boldsymbol{B}} \cdot \boldsymbol{g} & \tilde{G} \end{array}\right).$$

Wie im Beweis von Satz 10.2.10 kann nun durch Verschieben des Ursprungs $\boldsymbol{u}$ bei fester Basis $\tilde{\boldsymbol{B}}$ die gewünschte Koordinatendarstellung erhalten werden. □

Die oben angegebene Koordinatendarstellung von λ hat *euklidische Normalform* und ist bis auf die Reihenfolge der Koordinaten jeweils eindeutig bestimmt. Im Gegensatz zur affinen Normalform, die alleine durch elementare Umformungen bestimmt werden kann, ist hier für $n > 1$ ein Eigenwertproblem zu lösen. Vgl. die Abbildungen 10.4 und 10.5 in 10.2.12 mit den Abbildungen 13.5 und 13.6. Letztere zeigen jeweils ein kartesische Koordinatensystem $(\tilde{\boldsymbol{u}}, \tilde{\boldsymbol{u}} + \tilde{\boldsymbol{B}})$, welches eine Koordinatendarstellung in euklidischer Normalform liefert.

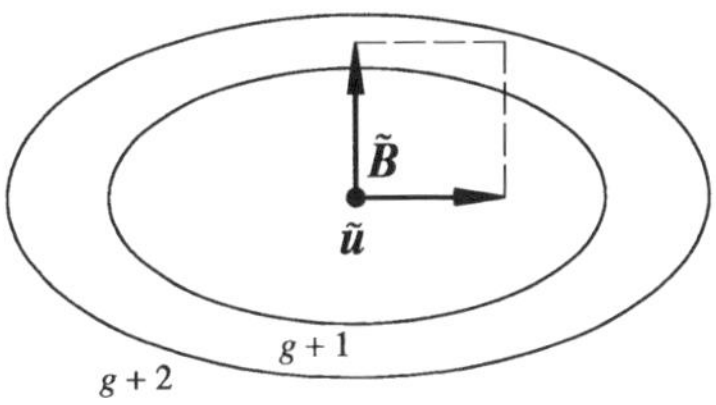

Abbildung 13.5

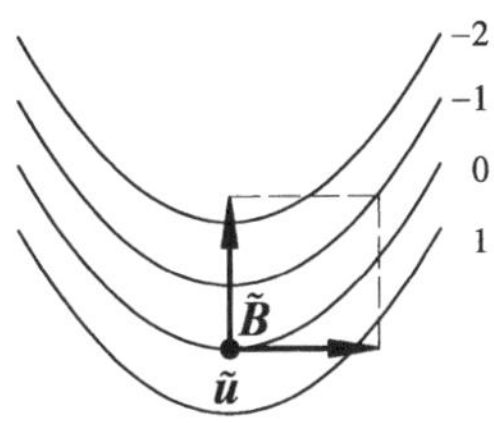

Abbildung 13.6

13.4.3 Sei $\Phi(\lambda)$ affine Quadrik in einem n-dimensionalen euklidischen Raum $(\mathcal{A}, \iota)$. Dann können wir durch geeignete Wahl eines kartesischen Koordinatensystems $(\boldsymbol{u}, \boldsymbol{u} + \boldsymbol{B})$ und durch Multiplikation von λ mit einem passenden Faktor (vgl. 10.3.5) ausgehend von Satz 13.4.2 eine Gleichung in *euklidischer Normalform* erreichen:

$$\text{(A0)} \quad \sum_{i=1}^{p} g_i x_i^2 - \sum_{j=p+1}^{r} g_j x_j^2 = 0 \text{ mit } g_i, g_j > 0,\ p \geq r - p \text{ und } 1 \leq r \leq n.$$

$$\text{(A1)} \quad \sum_{i=1}^{p} g_i x_i^2 - \sum_{j=p+1}^{r} g_j x_j^2 = 1 \text{ mit } g_i, g_j > 0 \text{ und } 0 \leq r \leq n.$$

$$\text{(B)} \quad \sum_{i=1}^{p} g_i x_i^2 - \sum_{j=p+1}^{r} g_j x_j^2 = 2x_n \text{ mit } g_i, g_j > 0,\ p \geq r - p \text{ und } 0 \leq r < n.$$

Wir beschreiben kurz die Lage des Koordinatensystems relativ zur Quadrik:

Fall (A): Der Ursprung $\boldsymbol{u}$ ist ein Mittelpunkt und die Koordinatenachsen $\boldsymbol{u} + [\boldsymbol{b}_k]$, $k \in \{1, 2, \ldots, n\}$, heißen die *Hauptachsen* der Quadrik.[3] Jede Spiegelung an einer Hyperebene durch $\boldsymbol{u}$ in Richtung einer Hauptachse lässt die Quadrik fest. Für einen Kegel (A0) liegt $\boldsymbol{u}$ in der Spitze des Kegels $\Phi(\lambda)$; jede Hauptachse trifft den Kegel daher entweder nur in $\boldsymbol{u}$ oder sie ist ganz in ihm enthalten. Wenn der Typus (A1) vorliegt, dann liegen auf jeder der Hauptachsen $\boldsymbol{u} + [\boldsymbol{b}_i]$,

[3] An Hand der hier auftretenden Quadriken lässt sich die Hauptachsentransformation aus 12.6 geometrisch veranschaulichen.

$i \in \{1, 2, \ldots, p\}$, genau zwei Punkte der Quadrik. Sie werden *Scheitel* genannt und haben vom Mittelpunkt $\boldsymbol{u}$ den Abstand $\frac{1}{\sqrt{g_i}}$. Die Tangentialhyperebenen in diesen Scheiteln sind zur jeweiligen Hauptachse orthogonal. Auf den Hauptachsen $\boldsymbol{u} + [\boldsymbol{b}_j]$, $j \in \{p+1, p+2, \ldots, n\}$, liegen keine Punkte von $\Phi(\lambda)$. Vgl. Abbildung 13.7, welche ein einschaliges Hyperboloid ($g_1x_1^2 + g_2x_2^2 - g_3x_3^2 = 1$) zeigt. Auf der ersten und zweiten Koordinatenachse liegen je zwei Scheitel.

Fall (B): Der Ursprung $\boldsymbol{u}$ liegt auf der parabolischen Quadrik und heißt ein *Scheitel*; die Tangentialhyperebene von $\Phi(\lambda)$ im Ursprung hat die Gleichung $x_n = 0$, die dazu orthogonale Gerade $\boldsymbol{u}+[\boldsymbol{b}_n]$ wird als *Hauptachse* bezeichnet. Die anderen Koordinatenachsen sind Tangenten der Quadrik. Jede Spiegelung an einer Hyperebene durch den Scheitel $\boldsymbol{u}$ in Richtung einer solchen Tangente lässt die Quadrik fest. In Abbildung 13.8 ist das an Hand eines hyperbolischen Paraboloids ($g_1x_1^2 - g_2x_2^2 = 2x_3$) illustriert.

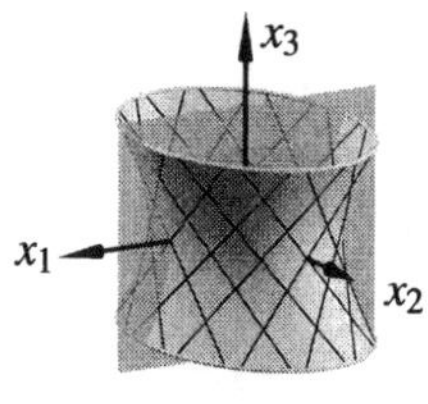

Abbildung 13.7

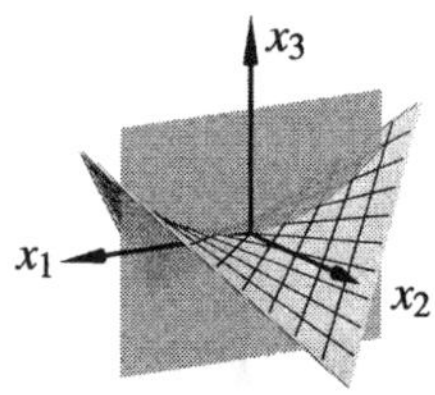

Abbildung 13.8

Die euklidische Normalform einer Quadrikgleichung ist im Fall (A0) nur bis auf einen positiven reellen Faktor eindeutig, in allen anderen Fällen jedoch eindeutig bestimmt.

13.4.4 Es sind jene Quadriken ausgezeichnet, bei denen in einer Gleichung in euklidischer Normalform ein Eigenwert $\neq 0$ mit Vielfachheit > 1 auftritt. In diesem Fall wird von einer *Drehquadrik* gesprochen, da jede solche Quadrik nicht triviale Drehungen in sich gestattet. Der einfachste Typus ist natürlich für $n \geq 2$ die Sphäre mit Radius $r > 0$. Ihre Gleichung in euklidischer Normalform lautet

$$\frac{1}{r^2}\sum_{i=1}^{n} x_i^2 = 1.$$

Etwa für $n = 3$ legen die Gleichungen

$$g_1(x_1^2 + x_2^2) = 1 \text{ und } g_1(x_1^2 + x_2^2) = 2x_3 \text{ mit } g_1 > 0$$

einen Drehzylinder bzw. ein Drehparaboloid fest. Diese bleiben unter allen Drehungen um die dritte Koordinatenachse fest.

Beispiele 13.4.5

1. Wir fassen $\mathbb{R}^{3\times 1}$ mit dem kanonischen Skalarprodukt als euklidischen Raum auf. Gegeben sei die quadratische Funktion

$$\lambda : \mathbb{R}^{3\times 1} \to \mathbb{R} : (x_1, x_2, x_3)^{\mathrm{T}} \mapsto x_1^2 + 2x_2 + 6x_3 - 5.$$

Dazu gehören bezüglich des kanonischen Koordinatensystems die symmetrische Matrix $G := \operatorname{diag}(1, 0, 0)$, der Gradient $\boldsymbol{g} := (0, 1, 3)^{\mathrm{T}}$ und die Konstante -5. Die Matrix G hat schon Diagonalgestalt. Der Eigenraum zum Eigenwert 1 ist $[\boldsymbol{e}_1]$, der Eigenraum zum Eigenwert 0, also $\ker G$, ist die Hülle von $(\boldsymbol{e}_2, \boldsymbol{e}_3)$. Da diese Vektoren nicht zu $\boldsymbol{g}$ orthogonal sind, liegt Typus (B) vor. Ein zu $\boldsymbol{g}$ orthogonaler Vektor aus $\ker G$ ist $(0, -3, 1)^{\mathrm{T}}$. Normieren wir diesen Vektor und ergänzen wir dann zu einer ONB von $\ker G$, so bekommen wir mit

$$\tilde{\boldsymbol{b}}_1 := \begin{pmatrix} 1 \\ 0 \\ 0 \end{pmatrix}, \ \tilde{\boldsymbol{b}}_2 := \frac{\sqrt{10}}{10}\begin{pmatrix} 0 \\ -3 \\ 1 \end{pmatrix}, \ \tilde{\boldsymbol{b}}_3 := \frac{-\sqrt{10}}{10}\begin{pmatrix} 0 \\ 1 \\ 3 \end{pmatrix}$$

eine ONB $\tilde{\boldsymbol{B}}$ von $\mathbb{R}^{3\times 1}$ mit der gewünschten Eigenschaft. Wir berechnen die Skalarprodukte $\boldsymbol{g} \cdot \tilde{\boldsymbol{B}} = (0, 0, -\sqrt{10})$ und erhalten die Matrix

$$\left(\begin{array}{r|rrr} -5 & 0 & 0 & -\sqrt{10} \\ \hline 0 & 1 & 0 & 0 \\ 0 & 0 & 0 & 0 \\ -\sqrt{10} & 0 & 0 & 0 \end{array}\right)$$

der durch λ mitbestimmten quadratischen Form. Wir multiplizieren die letzte Spalte mit $-\frac{5}{2}\frac{1}{\sqrt{10}}$ und addieren sie zur nullten Spalte. Anschließend führen wir die entsprechende Zeilenumformung durch. Das ergibt die neue Koordinatenmatrix

$$\left(\begin{array}{r|rrr} 0 & 0 & 0 & -\sqrt{10} \\ \hline 0 & 1 & 0 & 0 \\ 0 & 0 & 0 & 0 \\ -\sqrt{10} & 0 & 0 & 0 \end{array}\right).$$

Die neue Koordinatendarstellung von λ leistet

$$(\tilde{x}_1, \tilde{x}_2, \tilde{x}_3)^{\mathrm{T}} \mapsto \tilde{x}_1^2 - 2\sqrt{10}\,\tilde{x}_3.$$

Dividieren wir durch $\sqrt{10}$, so erhalten wir

$$\frac{1}{\sqrt{10}}\,\tilde{x}_1^2 = 2\tilde{x}_3$$

als Gleichung von $\Phi(\lambda)$ in euklidischer Normalform. Es liegt ein parabolischer Zylinder vor. Um auch das zugehörige Koordinatensystem zu bestimmen, kann über jede Matrix der quadratischen Form die betreffende Transformationsmatrix geschrieben werden, was oben aus Platzgründen nicht gemacht wurde. Es ergeben sich der Reihe nach die folgenden Matrizen:

$$\left(\begin{array}{c|ccc} 1 & 0 & 0 & 0 \\ \hline 0 & 1 & 0 & 0 \\ 0 & 0 & 1 & 0 \\ 0 & 0 & 0 & 1 \end{array}\right) \mapsto \left(\begin{array}{c|ccc} 1 & 0 & 0 & 0 \\ \hline 0 & 1 & 0 & 0 \\ 0 & 0 & \frac{-3\sqrt{10}}{10} & \frac{-\sqrt{10}}{10} \\ 0 & 0 & \frac{\sqrt{10}}{10} & \frac{-3\sqrt{10}}{10} \end{array}\right) \mapsto \left(\begin{array}{c|ccc} 1 & 0 & 0 & 0 \\ \hline 0 & 1 & 0 & 0 \\ \frac{1}{4} & 0 & \frac{-3\sqrt{10}}{10} & \frac{-\sqrt{10}}{10} \\ \frac{3}{4} & 0 & \frac{\sqrt{10}}{10} & \frac{-3\sqrt{10}}{10} \end{array}\right)$$

Aus der letzten Transformationsmatrix können der neue Ursprung $\tilde{\boldsymbol{u}} = (0, \frac{1}{4}, \frac{3}{4})^{\mathrm{T}}$ und auch nochmals die ONB $\tilde{\boldsymbol{B}}$ abgelesen werden.

2. Eine quadratische Funktion einer euklidischen Ebene hat bezüglich eines kartesischen Koordinatensystems $(\boldsymbol{u}, \boldsymbol{u} + \boldsymbol{B})$ die Koordinatendarstellung

$$\mathbb{R}^{2\times 1} \to \mathbb{R} : (x_1, x_2)^{\mathrm{T}} \mapsto 7x_1^2 - 12x_1x_2 - 2x_2^2 - 16x_1 + 28x_2 - 8.$$

Dazu gehören die symmetrische Matrix

$$G := \begin{pmatrix} 7 & -6 \\ -6 & -2 \end{pmatrix},$$

der Gradient $\boldsymbol{g}$ mit den Koordinaten $\boldsymbol{B} \cdot \boldsymbol{g} = (-8, 14)^{\mathrm{T}}$ und die Konstante $\lambda(\boldsymbol{u}) = -8$. Die Eigenwerte von G sind 10 und -5. Daher liegt Typus (A) vor. Wir bestimmen einen Mittelpunkt $\boldsymbol{m}$ nach Formel (10.4) aus 10.2.5 (mit $\boldsymbol{t} = \boldsymbol{o}$). Das führt auf das LGS $(m_1, m_2) \cdot G = (8, -14)$. Es folgt $\boldsymbol{B} \cdot \boldsymbol{m} = (2, 1)^{\mathrm{T}}$ sowie $\lambda(\boldsymbol{m}) = -10$. Im kartesischen Koordinatensystem mit Ursprung $\tilde{\boldsymbol{u}} := \boldsymbol{m}$ und einer geeigneten ONB $(\tilde{\boldsymbol{b}}_1, \tilde{\boldsymbol{b}}_2)$ lautet die Koordinatendarstellung von λ daher

$$(\tilde{x}_1, \tilde{x}_2)^{\mathrm{T}} \mapsto 10\tilde{x}_1^2 - 5\tilde{x}_2^2 - 10$$

Die gesuchte Gleichung von $\Phi(\lambda)$ in Normalform ist somit

$$\tilde{x}_1^2 - \frac{1}{2}\tilde{x}_2^2 = 1.$$

Es liegt eine Hyperbel vor. Um ein zugehöriges kartesisches Koordinatensystem angeben zu können, müssten noch Vektoren einer ONB $(\tilde{\boldsymbol{b}}_1, \tilde{\boldsymbol{b}}_2)$ berechnet werden. Ihre Koordinatenspalten sind normierte Eigenvektoren von G zu den Eigenwerten 10 bzw. -5. Abbildung 13.9 zeigt eines der insgesamt vier derartigen Koordinatensysteme. Die anderen Lösungen gehören zum selben Ursprung $\tilde{\boldsymbol{u}}$ und den Basen $(\tilde{\boldsymbol{b}}_1, -\tilde{\boldsymbol{b}}_2)$, $(-\tilde{\boldsymbol{b}}_1, \tilde{\boldsymbol{b}}_2)$ bzw. $(-\tilde{\boldsymbol{b}}_1, -\tilde{\boldsymbol{b}}_2)$.

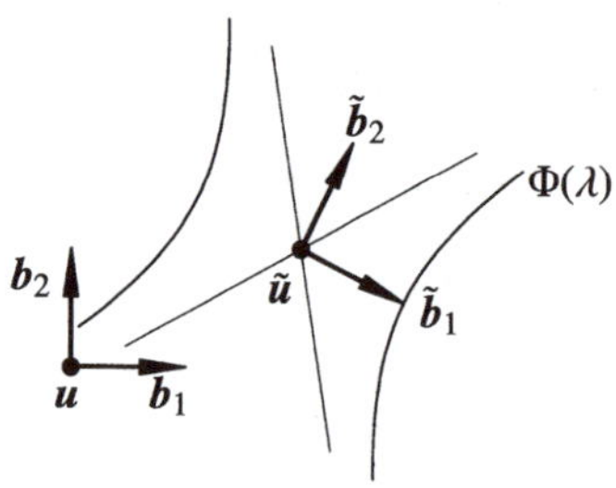

Abbildung 13.9

3. Ändern wir in der Angabe von Beispiel 2 die Zahl -8 auf 2 ab, so verläuft die Rechnung weitgehend analog zu oben. Da aber $\lambda(\tilde{\boldsymbol{u}}) = 0$, ergibt sich Typus (A0). Die Quadrik $\Phi(\lambda)$ besteht aus zwei verschiedenen Geraden, welche übrigens genau die Asymptoten der vorher betrachteten Hyperbel sind. Eine Gleichung in euklidischer Normalform lautet

$$\tilde{x}_1^2 - \frac{1}{2}\tilde{x}_2^2 = 0.$$

Aufgaben

A 13.4.1 Gegeben sei eine quadratische Funktion $\lambda : \mathbb{R}^{n\times 1} \to \mathbb{R}$. Bestimme ein kartesisches Koordinatensystem von $\mathbb{R}^{n\times 1}$ (kanonisches Skalarprodukt) so, dass die betreffende Koordinatendarstellung von λ euklidische Normalform besitzt. Gib den affinen und den euklidischen Typus der Quadrik $\Phi(\lambda)$, den Typus der mitbestimmten projektiven Quadrik $\Psi(q)$ sowie eine Gleichung von $\Phi(\lambda)$ in euklidischer Normalform an.

(α) $\lambda : (x_1, x_2)^{\mathrm{T}} \mapsto 9x_1^2 - 24x_1x_2 - 10x_1 + 16x_2^2 + 180x_2 + 325.$

(β) $\lambda : (x_1, x_2)^{\mathrm{T}} \mapsto 52x_1^2 + 28x_1x_2 - 208x_1 + 73x_2^2 - 56x_2 - 512.$

(γ) $\lambda : (x_1, x_2)^{\mathrm{T}} \mapsto 7x_1^2 + 2x_1x_2 - 14x_1 + 7x_2^2 - 2x_2 - 9.$

(δ) $\lambda : (x_1, x_2, x_3)^{\mathrm{T}} \mapsto 5x_1^2 + 4x_1x_2 + 8x_1x_3 - 10x_1 + 8x_2^2 - 4x_2x_3 - 4x_2 + 5x_3^2 - 8x_3 + \frac{11}{4}.$

(ε) $\lambda : (x_1, x_2, x_3)^{\mathrm{T}} \mapsto 4x_1^2 - 4x_1x_2 - 4x_1x_3 - 5x_1 + 4x_2^2 - 4x_2x_3 + 7x_2 + 4x_3^2 + 7x_3 + 1.$

(ζ) $\lambda : (x_1, x_2, x_3)^{\mathrm{T}} \mapsto 13x_1^2 - 10x_1x_2 + 13x_2^2 + 18x_3^2 - 72.$

A 13.4.2 Sei $(\mathcal{A}, \iota)$ ein 3-dimensionaler euklidischer Raum. Beweise den *Satz von Wren*[4] (1669): Sind g und h zwei windschiefe, aber nicht orthogonale Geraden, und ist Γ die Menge aller Drehungen mit Achse g, so ist

$$\Phi := \bigcup_{\alpha \in \Gamma} \alpha(h)$$

ein einschaliges Drehhyperboloid.
Hinweis: Wähle ein kartesisches Koordinatensystem so, dass die erste Koordinatenachse g und h orthogonal schneidet und die Gerade g die dritte Koordinatenachse ist.

13.5 Abstandsverzerrung bei affinen Abbildungen

13.5.1 Wir setzen in diesem Abschnitt zunächst einen n-dimensionalen euklidischen oder unitären Raum $(\mathcal{A}, \iota)$ und einen gleichartigen m-dimensionalen Raum $(\mathcal{A}', \iota')$ voraus mit $n, m < \infty$. Während bei einer Kongruenzabbildung $\mathcal{A} \to \mathcal{A}'$ je zwei Punkte von $\mathcal{A}$ denselben Abstand wie ihre Bildpunkte besitzen, ist das bei einer affinen Abbildung im Allgemeinen nicht der Fall. Es gilt jedoch folgende Abschätzung:

Satz 13.5.2 *Sei $\alpha : \mathcal{A} \to \mathcal{A}'$ eine injektive affine Abbildung. Sind die Punkte $\boldsymbol{p}_0, \boldsymbol{p}_1 \in \mathcal{A}$ verschieden, so gilt die Ungleichung*

$$w_{\min} \leq \frac{\operatorname{dist}(\alpha(\boldsymbol{p}_0), \alpha(\boldsymbol{p}_1))}{\operatorname{dist}(\boldsymbol{p}_0, \boldsymbol{p}_1)} \leq w_{\max}, \tag{13.5}$$

wobei $w_{\min}$ und $w_{\max}$ den kleinsten bzw. den größten Singulärwert der linearen Abbildung $f_\alpha : X \to X'$ bezeichnen.

Beweis. Da der Abstand von zwei Punkten $\boldsymbol{p}_0, \boldsymbol{p}_1$ die Länge des Vektors $\boldsymbol{p}_0 - \boldsymbol{p}_1$ ist, genügt es, die Ungleichung

$$w_{\min} \leq \frac{\|f_\alpha(\boldsymbol{a})\|}{\|\boldsymbol{a}\|} \leq w_{\max} \quad \text{für alle } \boldsymbol{a} \in X \setminus \{\boldsymbol{o}\} \tag{13.6}$$

zu beweisen. Nach Satz 12.7.5 gibt es eine ONB $\boldsymbol{B} = (\boldsymbol{b}_1, \boldsymbol{b}_2, \ldots, \boldsymbol{b}_n)$ von X und eine ONB $\boldsymbol{C} = (\boldsymbol{c}_1, \boldsymbol{c}_2, \ldots, \boldsymbol{c}_m)$ von X' mit $f_\alpha(\boldsymbol{b}_i) = w_i\boldsymbol{c}_i$ für alle $i \in \{1, 2, \ldots, n\}$; hier sind die Skalare $w_i > 0$ die Singulärwerte von f_α. Wir haben etwa

$$\boldsymbol{a} = \sum_{i=1}^{n} x_i\boldsymbol{b}_i, \quad \text{also} \quad \|\boldsymbol{a}\|^2 = \sum_{i=1}^{n} \overline{x}_i x_i,$$

sowie

$$f_\alpha(\boldsymbol{a}) = \sum_{i=1}^{n} w_i x_i \boldsymbol{b}_i, \quad \text{also} \quad \|f_\alpha(\boldsymbol{a})\|^2 = \sum_{i=1}^{n} w_i^2 \overline{x}_i x_i.$$

[4]Christopher Wren (1632–1723).

Aus

$$w_{\min}^2 \sum_{i=1}^{n} \overline{x}_i x_i \leq \|f_\alpha(\boldsymbol{a})\|^2 \leq w_{\max}^2 \sum_{i=1}^{n} \overline{x}_i x_i$$

folgt unmittelbar die Gültigkeit der Behauptung. □

Schreiben wir die Gerade $\boldsymbol{p}_0 \vee \boldsymbol{p}_1$ in der Form $\boldsymbol{p}_0 + [\boldsymbol{a}]$, so erkennen wir, dass der in (13.5) auftretende Quotient wegen $\|x\boldsymbol{a}\| = |x|\,\|\boldsymbol{a}\|$ und $\|f_\alpha(x\boldsymbol{a})\| = |x|\,\|f_\alpha(\boldsymbol{a})\|$ für alle $x \in \mathbb{K}$ nur von der Geraden $\boldsymbol{p}_0 \vee \boldsymbol{p}_1$ und nicht von den ausgewählten Punkten abhängt. Er heißt der *Verzerrungsfaktor* der Geraden. Parallele Geraden haben offenbar denselben Verzerrungsfaktor.

Insbesondere für $w_{\min} = w_{\max}$ ist der Abstand von je zwei verschiedenen Punkten aus $\mathcal{A}$ bis auf einen konstanten Faktor gleich dem Abstand ihrer Bildpunkte. Eine solche Abbildung heißt eine *Ähnlichkeitsabbildung*.

13.5.3 Zur Beschreibung der Abstandsverzerrung bei einer injektiven affinen Abbildung α genügt es nach Satz 13.5.2, das Bild einer einzigen *Einheitssphäre* Σ zu kennen, etwa mit der Gleichung $(\boldsymbol{x} - \boldsymbol{m}) \cdot (\boldsymbol{x} - \boldsymbol{m}) = 1$, $\boldsymbol{m} \in \mathcal{A}$. Verwenden wir $\alpha(\boldsymbol{m})$ als Ursprung und die im Beweis von Satz 13.5.2 beschriebene Basis $\boldsymbol{C}$, um ein kartesisches Koordinatensystem von $(\mathcal{A}', \iota)$ festzulegen, so wird $\alpha(\Sigma)$ durch die Gleichungen

$$\sum_{i=1}^{n} \frac{1}{w_i^2} \overline{x}_i x_i = 1, \qquad x_{n+1} = x_{n+2} = \cdots = x_m = 0$$

beschrieben. Da die Einheitssphären in unitären Räumen keine Quadriken sind, beschränken wir uns im Folgenden auf euklidische Räume. Hier ist das Bild jeder Einheitssphäre von $(\mathcal{A}, \iota)$ ein Ellipsoid im n-dimensionalen Bildraum von α; es wird ein *Verzerrungsellipsoid* von f_α genannt. Der Singulärwert w_i ist somit der Abstand vom Ursprung $\alpha(\boldsymbol{m})$ zum Scheitel auf der i-ten Koordinatenachse. Vgl. Abbildung 13.10.

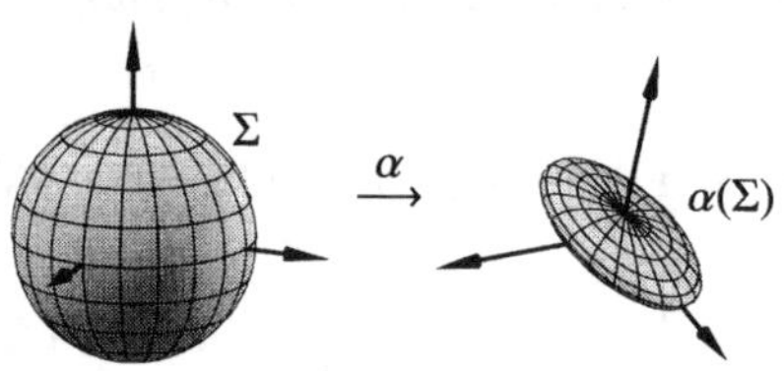

Abbildung 13.10

13.5.4 Wir lassen nun für euklidische Räume auch nicht injektive affine Abbildungen $\alpha : \mathcal{A} \to \mathcal{A}'$ zu. Nach Satz 12.7.5 haben f_α und die Einschränkung $f_\alpha|(\ker f)^\perp$ dieselben Singulärwerte. Die obigen Ergebnisse gelten daher für alle Punkte $\boldsymbol{p}_0, \boldsymbol{p}_1 \in \mathcal{A}$, sofern nur $\boldsymbol{a} := \boldsymbol{p}_0 - \boldsymbol{p}_1 \in (\ker f_\alpha)^\perp$. Ist diese Bedingung nicht erfüllt, so betrachten wir die orthogonale Projektion $p : \boldsymbol{X} \to \boldsymbol{X}$ in Richtung $\ker f_\alpha$ und setzen

$$\varphi(\boldsymbol{p}_0, \boldsymbol{p}_1) := \begin{cases} \sphericalangle(\boldsymbol{a}, p(\boldsymbol{a})) & \text{für } \boldsymbol{a} \notin (\ker f_\alpha)^\perp, \\ \frac{\pi}{2} & \text{für } \boldsymbol{a} \in (\ker f_\alpha)^\perp. \end{cases}$$

Wegen $\alpha(\boldsymbol{p}_1) = \alpha(\boldsymbol{p}_0 + p(\boldsymbol{a}))$ und $\|p(\boldsymbol{a})\| = \cos\varphi(\boldsymbol{p}_0, \boldsymbol{p}_1)\|\boldsymbol{a}\|$ tritt an die Stelle von (13.5) die allgemeinere Formel

$$w_{\min} \cos\varphi(\boldsymbol{p}_0, \boldsymbol{p}_1) \leq \frac{\operatorname{dist}(\alpha(\boldsymbol{p}_0), \alpha(\boldsymbol{p}_1))}{\operatorname{dist}(\boldsymbol{p}_0, \boldsymbol{p}_1)} \leq w_{\max} \cos\varphi(\boldsymbol{p}_0, \boldsymbol{p}_1) \tag{13.7}$$

für je zwei verschiedene Punkte $\boldsymbol{p}_0, \boldsymbol{p}_1$ von $\mathcal{A}$.

Um das α-Bild einer Einheitssphäre $\Sigma \subset \mathcal{A}$ mit der Gleichung $(\boldsymbol{x} - \boldsymbol{m}) \cdot (\boldsymbol{x} - \boldsymbol{m}) = 1$ zu beschreiben, projizieren wir diese zunächst orthogonal auf den Unterraum $\boldsymbol{m} + (\ker f)^{\perp}$. Wir erhalten den Schnitt der *Vollkugel*

$$(\boldsymbol{x} - \boldsymbol{m}) \cdot (\boldsymbol{x} - \boldsymbol{m}) \leq 1$$

mit $\boldsymbol{m} + (\ker f)^{\perp}$. Vgl. Abbildung 13.11. Es ist daher $\alpha(\Sigma)$ jenes „Vollellipsoid", welches durch das Verzerrungsellipsoid von $\alpha|(\boldsymbol{m} + (\ker f)^{\perp})$ bestimmt wird.

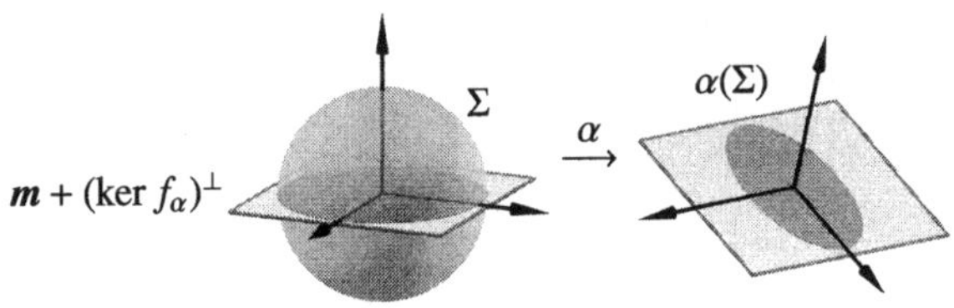

Abbildung 13.11

Beispiel 13.5.5 Das Verzerrungsellipsoid bzw. die dahinter stehende Singulärwertezerlegung kann zur (nicht verlustfreien) *Datenkompression* verwendet werden.[5] Wir illustrieren das hier in groben Zügen an einem gerasterten Bild[6] mit 300 Zeilen und 200 Spalten. Wir fassen das Bild als Matrix $A \in \mathbb{R}^{300\times 200}$ auf, wobei wir den Grauwert eines Bildpunktes in geeigneter Weise durch eine reelle Zahl beschreiben, und ermitteln die Singulärwertezerlegung

$$A = Q\begin{pmatrix} W & 0 \\ 0 & 0 \end{pmatrix}P.$$

Einige Werte können der nachfolgenden Tabelle entnommen werden:

$w_1 = 134{,}664$	$w_8 = 5{,}926$	$w_{64} = 0{,}985$
$w_2 = 17{,}995$	$w_{16} = 3{,}139$	$w_{128} = 0{,}293$
$w_4 = 9{,}952$	$w_{32} = 1{,}987$	$w_{200} = 0{,}037$

Es ist also $r = n = 200$. Wenn wir in der Matrix W die letzten $r-k$ Singulärwerte gleich 0 setzen, so erhalten wir eine Matrix W_k, in der nur noch die Singulärwerte $w_1, w_2, \ldots, w_k$ aufscheinen. Die Matrix

$$A_k = Q \cdot \begin{pmatrix} W_k & 0 \\ 0 & 0 \end{pmatrix} \cdot P$$

definiert ein neues Bild. Um dieses zu übermitteln, brauchen wir aber nicht $300 \cdot 200 = 60000$ Informationen zu senden, sondern nur die ersten k Zeilen von Q, die ersten k Spalten von P sowie die ersten k Singulärwerte, also $501 \cdot k$ Informationen. (Für $k \leq \frac{60000}{501} \approx 119$ tritt tatsächlich

[5] Vgl. [26, 444].

[6] Windmühle bei Retz, 1989.

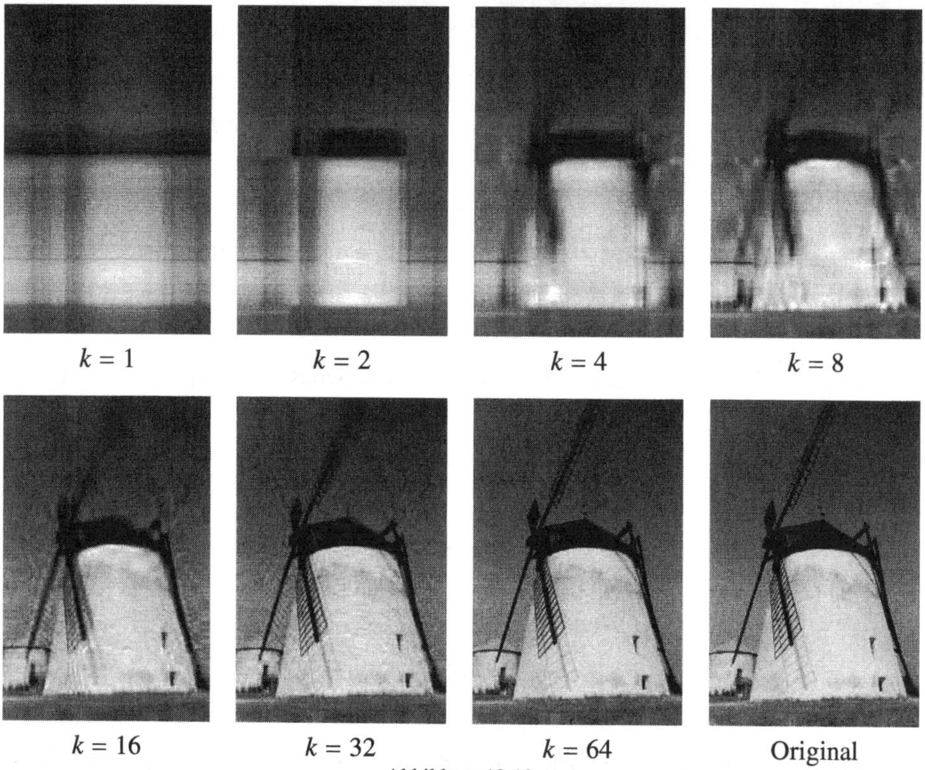

Abbildung 13.12

eine Reduktion ein, sonst nicht!) Aus diesen Daten kann der Empfänger A_k berechnen. Zur Illustration wurden in Abbildung 13.12 auch unrealistisch kleine Werte für k gewählt.

Diese Datenkompression beruht also darauf, ein sehr flaches Verzerrungsellipsoid, welches in unserem Beispiel in einem 200-dimensionalen euklidischen Raum liegt, durch ein Vollellipsoid zu ersetzen, welches in einem euklidischen Raum kleinerer Dimension liegt.

Aufgaben

A 13.5.1 Es seien $\mathcal{A} = \boldsymbol{r} + \boldsymbol{X}$ ein n-dimensionaler euklidischer Raum und $\mathcal{A}_1 = \boldsymbol{t} + \boldsymbol{X}_1$ ein m-dimensionaler Unterraum von $\mathcal{A}$. Ist $p : \boldsymbol{X} \to \boldsymbol{X}$ die orthogonale Projektion auf $\boldsymbol{X}_1$, so heißt $\alpha := \tau_t \circ p \circ \tau_{-t}$ die *orthogonale Projektion* auf den affinen Unterraum $\mathcal{A}_1$. Beweise: Für jedes kartesische Koordinatensystem $(\boldsymbol{u}, \boldsymbol{u} + \boldsymbol{B})$ von $\mathcal{A}$ ist die Summe der Quadrate der Verzerrungsfaktoren der Koordinatenachsen $\boldsymbol{u} + [\boldsymbol{b}_i]$, $i \in \{1, 2, \ldots, n\}$, gleich m.
Anleitung: Zeige $\operatorname{sp}(\hat{p} \circ p) = m$ zunächst mit Hilfe der Koordinatenmatrix von $\hat{p} \circ p$ bezüglich einer ONB $\boldsymbol{C}$ von $\boldsymbol{X}$ mit m Vektoren in $\boldsymbol{X}_1$. Überlege dann, dass $\operatorname{sp}(\langle \boldsymbol{B}^*, (\hat{p} \circ p)(\boldsymbol{B}) \rangle)$ mit der gesuchten Summe übereinstimmt.

Literaturverzeichnis

[1] Aigner, M. und G. M. Ziegler: *Das BUCH der Beweise.* Springer, Berlin Heidelberg New York, 2002.

[2] Artmann, B.: *Lineare Algebra.* Birkhäuser, Basel Boston Berlin, 2. Auflage, 1989.

[3] Benz, W.: *Geometrische Transformationen.* Bibliographisches Institut, Mannheim, 1992.

[4] Benz, W.: *Classical Geometries in Modern Contexts. Geometry of Real Inner Product Spaces.* Birkhäuser, Basel Boston Berlin, 2005.

[5] Beutelspacher, A. und U. Rosenbaum: *Projektive Geometrie. Von den Grundlagen bis zu den Anwendungen.* Vieweg, Braunschweig, 2. Auflage, 2004.

[6] Brieskorn, E.: *Lineare Algebra und analytische Geometrie I.* Vieweg, Braunschweig Wiesbaden, 1983.

[7] Brieskorn, E.: *Lineare Algebra und analytische Geometrie II.* Vieweg, Braunschweig Wiesbaden, 1983.

[8] Cohn, P. M.: *Algebra. Vol. 1.* John Wiley & Sons Ltd., Chichester, 2nd edition, 1982.

[9] Eisenreich, G.: *Lineare Algebra und analytische Geometrie.* Akademie-Verlag, Berlin, 3. Auflage, 1991.

[10] Gohberg, I., P. Lancaster, and L. Rodman: *Indefinite Linear Algebra and Applications.* Birkhäuser, Basel, 2005.

[11] Gruenberg, K. W. and A. J. Weir: *Linear Geometry.* Springer, New York Heidelberg Berlin, 2nd edition, 1977.

[12] Halmos, P. R.: *Naive Mengenlehre.* Vandenhoeck & Ruprecht, Göttingen, 4. Auflage, 1976.

[13] Heinhold, J., B. Riedmüller und H. Fischer: *Aufgaben und Lösungen zur Linearen Algebra und Analytischen Geometrie I.* Hanser, München Wien, 3. Auflage, 1977.

[14] Heinhold, J., B. Riedmüller und H. Fischer: *Aufgaben und Lösungen zur Linearen Algebra und Analytischen Geometrie II.* Hanser, München Wien, 3. Auflage, 1981.

[15] Hungerford, T. W.: *Algebra.* Springer, Berlin Heidelberg New York, 1974.

[16] Jänich, K.: *Lineare Algebra.* Springer, Berlin Heidelberg New York, 6. Auflage, 1996.

[17] Klingenberg, W.: *Lineare Algebra und Geometrie.* Springer, Berlin Heidelberg, 2. Auflage, 1990.

[18] Koecher, M.: *Lineare Algebra und analytische Geometrie.* Springer, Berlin Heidelberg New York Tokyo, 4. Auflage, 1997.

[19] Kostrikin, A. I. and Y. I. Manin: *Linear Algebra and Geometry.* Gordon and Breach, Amsterdam, 1997.

[20] Kowalsky, H.-J. und G. O. Michler: *Lineare Algebra.* W. de Gruyter, Berlin New York, 12. Auflage, 2003.

[21] Schaal, H.: *Lineare Algebra und Analytische Geometrie. Band I.* Vieweg, Braunschweig, 1976.

[22] Schaal, H.: *Lineare Algebra und Analytische Geometrie. Band II.* Vieweg, Braunschweig, 1976.

[23] Schaal, H. und E. Glässner: *Lineare Algebra und Analytische Geometrie. Band III. Aufgaben mit Lösungen.* Vieweg, Braunschweig, 1977.

[24] Schulz, R.-H.: *Codierungstheorie. Eine Einführung.* Vieweg, Wiesbaden, 2. Auflage, 2003.

[25] Stoer, J. und R. Bulirsch: *Numerische Mathematik 2.* Springer, Berlin, 5. Auflage, 2005.

[26] Strang, G.: *Linear Algebra and its Applications.* Harcourt Brace Jovanovich, San Diego, 3rd edition, 1988.

[27] Stroth, G.: *Lineare Algebra.* Heldermann, Lemgo, 2. Auflage, 2008.

[28] Tarski, A.: *Einführung in die mathematische Logik.* Vandenhoeck & Ruprecht, Göttingen, 5. Auflage, 1977.

[29] Tietz, H.: *Lineare Geometrie.* Vandenhoeck & Rueprecht, Göttingen, 2. Auflage, 1973.

Symbolverzeichnis

Das griechische Alphabet

Logik

Mengen

Relationen und Abbildungen

Familien, Matrizen

Gruppen, Körper und Homomorphismen

Vektorräume

Lineare und semilineare Abbildungen

Determinantenformen und Determinanten

det	kanonische Determinantenform, 192
$\det A$, $\lvert(a_{ij})\rvert$	Determinante, 192
$\det f$	Determinante, 194
$a^{\sharp}_{lk}$	Kofaktor, 197
$A^{\sharp}$	Matrix der Kofaktoren von A, 198
$\det G_{(1,2,\ldots,k)}$	Hauptminor, 289
$\hat{\Delta}$	adjungierte Determinantenform, 380

Sesquilinearformen

$\boldsymbol{x} \perp \boldsymbol{y}$, $\boldsymbol{x} \perp_{\sigma} \boldsymbol{y}$	orthogonale Vektoren, 255, 262, 269
d_{σ}	semilineare Abbildung zu σ, 257
$\operatorname{rg} \sigma$	Rang, 257
$\operatorname{def} \sigma$	Defekt, 257
$\sigma(\boldsymbol{B}, \boldsymbol{B})$	Koordinatenmatrix, 259
$\langle d_{\sigma}(\boldsymbol{B}), \boldsymbol{B} \rangle$	Koordinatenmatrix, 259
$\boldsymbol{M} \perp_{\sigma} \boldsymbol{N}$	orthogonale Mengen, 262
$\hat{\sigma}$	adjungierte Sesquilinearform, 262
$\boldsymbol{M}^{\perp}$	Orthogonalraum, 269
σ_q	Polarform von q, 275
$(+++--0)$	Signatur, 287

Komplexe Erweiterung

$\boldsymbol{V}_{\mathbb{C}}$	komplexe Erweiterung, 244
$[\boldsymbol{M}]_{\mathbb{C}}$	Hülle in $\boldsymbol{V}_{\mathbb{C}}$, 245
$f_{\mathbb{C}}$	lineare komplexe Fortsetzung, 245
$\overline{f}_{\mathbb{C}}$	konjugiert lineare komplexe Fortsetzung, 245
$\overline{\boldsymbol{v}}$	konjugiert komplexer Vektor, 246
$\overline{\boldsymbol{T}}$	konjugiert komplexer Unterraum, 246
$\Delta_{\mathbb{C}}$	komplexe Fortsetzung, 247
$\sigma_{\mathbb{C}}$	bilineare komplexe Fortsetzung, 277
$\overline{\sigma}_{\mathbb{C}}$	sesquilineare komplexe Fortsetzung, 277

Lineare Geometrie

τ_s	Translation, 141
$\mathrm{T}(\boldsymbol{V})$	Translationsgruppe, 141
$\dim(\boldsymbol{r} + \boldsymbol{X})$	Dimension, 142
$\parallel$	Parallelitätsrelation, 144
$\mathrm{H}(\mathcal{M})$	affine oder projektive Hülle, 146, 165
$\mathcal{M} \vee \mathcal{N}$	Verbindungsraum, 148, 165
$\mathrm{A\Gamma L}(\boldsymbol{V})$	semiaffine Gruppe, 151
$\mathrm{AGL}(\boldsymbol{V})$	affine Gruppe, 151
f_{α}	semilineare Abbildung zu α, 152
$\mathrm{TV}(\boldsymbol{x}, \boldsymbol{p}, \boldsymbol{u})$	Teilverhältnis, 159
$\mathcal{P}(\boldsymbol{V})$	projektiver Raum, 163
$\dim \mathcal{P}(\boldsymbol{V})$	Dimension, 163
(P)	Fernpunkt, 169
$\mathcal{P}(f)$	kollineare Abbildung, 172
$\mathcal{P}_{\kappa}$	Ausnahmeraum, 172
$\mathrm{P\Gamma L}(\boldsymbol{V})$	Kollineationsgruppe, 175
$\mathrm{PGL}(\boldsymbol{V})$	projektive Gruppe, 175
$\mathcal{P}(\boldsymbol{B}^*)$	projektive Koordinatisierung, 178
$\mathrm{DV}(X, P, P_0, P_1)$	Doppelverhältnis, 180

Quadratische Funktionen und Quadriken

(A), (B)	Typen von affinen Funktionen, 295
$\Phi(\lambda)$	affine Quadrik, 300
(A0), (A1), (B)	Typen von affinen Quadriken, 301
π_{λ}	Aufspaltung von λ, 304
$\Psi(q)$	projektive Quadrik, 308
$P^{\perp}$	Polarraum, 310

Metrisch-affine Geometrie

$\mathcal{A}_1 \perp \mathcal{A}_2$	orthogonale affine Unterräume, 389
$\operatorname{dist}(\boldsymbol{a}, \boldsymbol{b})$	Abstand, 391
$\operatorname{dist}(\mathcal{X}, \mathcal{Y})$	Abstand, 391
$\sphericalangle(g_1, g_2)$	Winkelmaß, 392
$\vec{\sphericalangle}(g_1, g_2)$	orientiertes Winkelmaß, 393

Sachverzeichnis

Berliner Studienreihe zur Mathematik

Bislang erschienene Titel:

Band 1	*H. Herrlich*: Einführung in die Topologie. Metrische Räume
Band 2	*H. Herrlich*: Topologie I: Topologische Räume
Band 3	*H. Herrlich*: Topologie II: Uniforme Räume
Band 4	*K. Denecke, K. Todorov*: Algebraische Grundlagen der Arithmetik
Band 5	*E. Eichhorn, E.-J. Thiele (Hrsg.)*: Vorlesungen zum Gedenken an Felix Hausdorff
Band 6	*G. H. Golub, J. M. Ortega*: Wissenschaftliches Rechnen und Differentialgleichungen
Band 7	*G. Stroth*: Lineare Algebra
Band 8	*K. H. Hofmann*: Analysis I: an Introduction to Mathematics via Analysis in English and German
Band 9	*Th. Ihringer*: Diskrete Mathematik
Band 10	*Th. Ihringer*: Allgemeine Algebra
Band 11	*E. Landau*: Grundlagen der Analysis
Band 12	*D. M. Burton, H. Dalkowski*: Handbuch der elementaren Zahlentheorie
Band 13	*K.-H. Fieseler, L. Kaup*: Algebraische Geometrie – Grundlagen
Band 14	*G. Köhler*: Analysis
Band 15	*Th. Camps, S. Kühling, G. Rosenberger*: Einführung in die mengentheoretische und die algebraische Topologie
Band 16	*H. Havlicek*: Lineare Algebra für Technische Mathematiker
Band 17	*M. Drmota, B. Gittenberger, G. Karigl, A. Panholzer*: Mathematik für Informatik
Band 18	*W. Rautenberg*: Messen und Zählen. Eine einfache Konstruktion der reellen Zahlen
Band 19	*Th. Camps, V. große Rebel, G. Rosenberger*: Einführung in die kombinatorische und die geometrische Gruppentheorie
Band 20	*J. Flachsmeyer*: Origami und Mathematik. Papier falten – Formen gestalten

Heldermann Verlag